宏大爆破技术丛书

Hongda Blasting Technology Series

宏大爆破论文集

A Collection of Papers by Hongda Blasting

——岩土爆破、硐室及其他爆破、现场混装炸药、矿山治理

—Rock Blasting, Chamber and Other Blasting, Site Mixing for Explosives and Mine Treatment

李萍丰 主编

Li Pingfeng Editor in Chief

北 京

冶 金 工 业 出 版 社

2023

内 容 提 要

本论文集收录的是自宏大爆破公司创建以来在科技期刊和相关专业会议论文集公开发表过约1280篇科技论文中的500余篇。论文集分为三册出版，主要内容包括岩土爆破、硐室爆破、城市控制爆破、现场混装炸药、矿山治理、拆除爆破、井下爆破和企业管理等。本论文集集中反映了30多年来宏大爆破公司在经济建设的诸多领域所取得的创新成果，可为相关领域从业人员提供借鉴。

本书可供矿山企业的技术和管理人员、科研院所的技术人员和高校师生参考使用。

图书在版编目(CIP)数据

宏大爆破论文集．岩土爆破、硐室及其他爆破、现场混装炸药、矿山治理/李萍丰主编．—北京：冶金工业出版社，2022.10（2023.5重印）

（宏大爆破技术丛书）

ISBN 978-7-5024-9290-8

Ⅰ.①宏…　Ⅱ.①李…　Ⅲ.①爆破技术—文集　Ⅳ.①TB41-53

中国版本图书馆CIP数据核字(2022)第176897号

宏大爆破论文集——岩土爆破、硐室及其他爆破、现场混装炸药、矿山治理

出版发行　冶金工业出版社　　**电　　话**　(010)64027926

地　　址　北京市东城区嵩祝院北巷39号　　**邮　　编**　100009

网　　址　www.mip1953.com　　**电子信箱**　service@mip1953.com

责任编辑　王梦梦　程志宏　美术编辑　彭子赫　版式设计　孙跃红

责任校对　李　娜　责任印制　禹　蕊

北京捷迅佳彩印刷有限公司印刷

2022年10月第1版，2023年5月第2次印刷

880mm×1230mm　1/16；59.5印张；1923千字；926页

定价348.00元

投稿电话　(010)64027932　投稿信箱　tougao@cnmip.com.cn

营销中心电话　(010)64044283

冶金工业出版社天猫旗舰店　yjgycbs.tmall.com

（本书如有印装质量问题，本社营销中心负责退换）

《宏大爆破论文集》
编 委 会

序　言

欣然接受为《宏大爆破论文集》作序。广东宏大爆破股份有限公司三十三年内在科技期刊和相关会议公开发表的科技论文达1280余篇，平均每月发表论文3篇，对于一个爆破企业实属难能可贵，可喜可贺！

科技创新是企业发展的驱动力。论文集的出版从一个侧面反映出宏大爆破对科技创新的重视程度和实实在在取得的成果，也是宏大爆破能从一个产值几百万元的爆破公司发展到如今市值达260亿元并涵盖民爆产品、爆破工程和军工产品的综合性上市公司的重要原因。

中国爆破行业协会成立近30年来，我国爆破行业在新技术、新工艺、新材料、新设备的研发与应用获得了突破，取得了举世瞩目的成就，得益于像宏大爆破一样的全国爆破行业的科技工作者的努力和奋斗。我真诚希望工程爆破企业、科研院所和相关学校不断加强加大对爆破行业科技创新的投入，勇于探索和创新，为推动我国工程爆破行业的发展做出更大的贡献。

本论文集反映了宏大爆破在经济建设诸多领域取得的成果和应用实例。本论文集包含了爆破理论、爆破技术、爆破实践和爆破管理等方面的内容，是一部兼专业性、针对性和实用性的论文集，可为爆破行业的从业人员、在校大学生提供参考和借鉴。

中国工程院院士

2022年6月18日

Foreword

I am glad to write a foreword to "A Collection of Papers by Hongda Blasting". In the past 33 years, Guangdong Hongda Blasting Co., Ltd. has published more than 1280 scientific and technological papers in scientific journals and blasting related conferences, with an average of 3 papers published every month. This is remarkable and gratifying for a blasting enterprise!

Sci-tech innovation is the driving force of enterprise development. The publication of the Collection reflects Hongda Blasting has been focusing attention on sci-tech innovation and has achieved tangible achievements, which is an important reason for Hongda Blasting's developing from a blasting company with an output value of several million yuan to a comprehensive listed enterprise with a market value of 26 billion yuan, covering civil explosive products, blasting engineering and military products.

Since the establishment of China Society of Explosives and Blasting nearly 30 years ago, China's blasting industry has made remarkable breakthroughs and achievements in the research, development and application of new technologies, new crafts, new materials and new equipment. It is thanks to the efforts and struggles of sci-tech workers in the national blasting industry like those in Hongda Blasting. I sincerely hope that engineering blasting enterprises, research institutes and related universities and colleges will constantly increase the investment in sci-tech innovation in the blasting industry, and be bold in exploring and blazing new trails so as to make greater contributions to the development of the engineering blasting industry in our country.

This Collection reflects the achievements and application examples of Hongda Blasting in many fields of economic construction. It covers blasting theory, blasting technology, blasting practice and blasting management, and is a professional, targeted and practical paper collection, which can provide a reference for practitioners in the blasting industry and college students.

Academician of Chinese Academy of Engineering

Wang Xuguang

June 18, 2022

前　言

正值全国人民喜迎中国共产党的二十大胜利召开之际，《宏大爆破论文集》公开出版了！本论文集是广东宏大爆破股份有限公司（以下简称“宏大爆破”）从1988年到2021年年底期间经过科研创新和现场实践后在科技期刊和相关会议文集中公开发表的1280余篇科技论文中精选出512篇编辑出版发行。

本论文集展示了宏大爆破三十多年参与国家建设，在硐室爆破、城市爆破、露天矿山爆破、地下矿山爆破、智能爆破等领域的理论研究、技术创新和施工管理方面取得的重要成果。经过同仁们的共同努力，宏大爆破先后获得了国家技术进步奖3项，省部级科技进步奖30余项，获得国家级工法2项、省部级工法30余项，获授权发明专利180余项；完成包括惠州港爆破定向填海工程、广州旧体育馆爆破拆除工程、沈阳五里河体育场爆破拆除工程、大型防波堤采石场工程等在内的国内外具有广泛影响的典型工程数百项。这些成果的取得和普遍推广应用不仅极大地提升了公司的科学技术和管理水平，也有力地推动了我国爆破行业技术进步。

我相信本论文集的出版必将激励年轻一代爆破工作者更加自信并积极地投身到科技创新中去，将科技成果转化成现实生产力，为国家经济建设服务。本论文集的出版也是与同行兄弟单位交流合作的载体，必将推动爆破行业科学技术和管理水平的进一步提升与发展。

本论文集由郑炳旭担任编委会主任、郑明钗担任编委会副主任，按爆破工程类型和论文发表大致顺序分三部出版，为便于交流增加了英文目录、英文篇名和英文摘要。论文集第一部由谢守冬任主编，内容以岩土爆破为主；第二部由李萍丰任主编，内容以岩土爆破、硐室爆破、城市控制爆破、现场混装炸药和矿山治理等内容为主；第三部由黄明健任主编，内容以拆除爆破、井下爆破和企业管理等内容为主。

由于时间跨度较大、作者水平所限，论文集时效问题及缺点错误难免，恳请专家、同仁批评指正。

在本论文集的搜集和编辑过程中得到了宏大爆破同仁和相关兄弟单位论文合作者的大力支持，在此表示衷心感谢！

对长期关心和支持宏大爆破科技进步的国内外同仁致以崇高的敬意！

广东宏大爆破股份有限公司董事长

中国爆破行业协会轮值会长

《宏大爆破论文集》编委会主任

2022年6月10日

Preface

Just as the whole nation is welcoming the successful opening of the 20th National Congress of the Communist Party of China, "A Collection of Papers by Hongda Blasting" is published! The Collection is a selection of 512 scientific and technological papers published by colleagues of Guangdong Hongda Blasting Co., Ltd. ("Hongda Blasting" for short) in scientific journals and related conference proceedings from 1988 to the end of 2021.

The Collection shows the important achievements of Hongda Blasting in the theoretical research, technological innovation and construction management of chamber blasting, urban blasting, open-pit mine blasting, underground mine blasting, intelligent blasting, etc. For the national construction in the past 33 years. Through the joint efforts of colleagues, Hongda Blasting has won 3 National Science and Technology Progress Awards and more than 30 Provincial and Ministerial Science and Technology Awards, and has been granted 2 National Construction Methods, more than 30 Provincial and Ministerial Construction Methods, and more than 180 invention patents. Additionally, it has completed hundreds of typical projects with a wide national and international influence, such as the directional reclamation project of Huizhou Port, the blasting demolition project of Guangzhou Old Gymnasium, the blasting demolition project of Shenyang Wulihe Stadium, and the quarry project of some large breakwater. The achievements and their widely application not only greatly enhance the scientific technology and management level of the company, but also greatly promote the technical progress of the national blasting industry.

I believe that the publication of this Collection will encourage the younger generation of blasting workers to be more confidently and actively participate in scientific and technological innovation, and transform scientific and technological achievements into real productive forces so as to serve the national economic construction. The publication is also the medium of exchange and cooperation with peer organizations, which will promote the further development of science, technology and management level of the blasting industry.

I serve as the director of the editorial board of the Collection, and Zheng Mingchai as the deputy director of the editorial board. The Collection is published into three books based on the types of the blasting projects and the publication sequence of the papers, and English contents, English titles and English abstracts are added for the convenience of international communication. The first book focusing on rock blasting is edited by Xie Shoudong, the second with rock blasting, chamber blasting, urban control blasting, site mixing for explosives and mine treatment as the main content is by Li Pingfeng, and the third, which mainly covers demolition blasting, underground blasting and enterprise management, is by Huang Mingjian.

Due to a long-span publication time of the papers and the limitation of the authors' knowledge, being behind time and shortcomings in the Collection are inevitable. We sincerely invite experts and colleagues to criticize and correct it.

In the process of collecting and editing the papers, we have received great support from our colleagues of Hongda Blasting and peers in other organizations. Here we would like to express our heartfelt thanks to them!

The highest respect to the peers at home and abroad for the long-term care and support to the technology progress of Hongda Blasting!

Chairman of the Board of Directors of Hongda Blasting

Rotating Chairman of China Society of Explosives and Blasting

Director of the Editorial Board of the Collection

Zheng Bingxu

June 10, 2022

目　录

岩土爆破

硐室及其他爆破

现场混装炸药

矿山治理

岩土爆破

Rock Blasting

我国爆破行业发展面临的问题与思考

宋锦泉　郑炳旭

（广东宏大爆破股份有限公司，广东 广州，510623）

摘　要：针对行业发展存在的相关问题与困难，为适应新形势的要求，从国内外经济形势的发展现状出发，阐述了国际经济全球化面临的挑战以及国内经济减速等影响我国爆破行业发展的新形势，对我国爆破行业的发展现状困难与机遇进行了深入分析，特别是对以互联网、大数据和云计算为代表的信息技术以及人工智能的发展对爆破行业即将带来的深刻影响进行了探讨。对当前影响我国爆破行业发展的外部环境、内部机制、监管尺度等相关问题进行了深入思考，提出了调整爆破行业结构、促进企业转型升级、推进企业信息化建设和国际化进程等解决之道，并对主管部门、行业组织如何在推进行业结构调整、企业转型升级中发挥更大作用提出建议。

关键词：我国爆破行业；新形势；信息技术；人工智能；共享经济；结构调整；转型升级；发展思考

Problems and Thinking on the Development of Blasting Industry in China

Song Jinquan　Zheng Bingxu

(Guangdong Hongda Blasting Co., Ltd., Guangdong Guangzhou, 510623)

Abstract: In view of the related problems and difficulties in the development of the industry, in order to meet the development requirements of the new situation, from the development of the domestic and international economic situation, the international economic globalization challenges and the domestic economic slowdown and so on, the impact of China's blasting industry development of the new situation is elaborated. The difficulties and opportunities of the development of blasting industry in China is analyed deeply. Especially the internet, large data and cloud computing as the representative of the information technology and artificial intelligence development, the profound impact of the blasting industry is discussed deeply. The external environment, internal mechanism, supervision scale and so on which affect the development of blasting industrv is discussed deeply. Adiusting of the blasting industry structure, promote enterprise transformation and upgrading, and promote enterprise information construction and internationalization process and other solutions are proposed, and put forword suggestion of the authorities, industry organizations how to promote the restructuring of the industry, enterprise transformation and upgrading to play a greater role.

Keywords: China's blasting industry; new trend; information technology; artificial intelligence; share the economy; structural adiustment; upgrade; development thinking

当前，国际上，形势风云变幻，保护主义开始抬头，经济全球化面临严峻挑战，加大了爆破行业走向国际的风险；在我国，工业化、信息化、城镇化和农业现代化的深入实施，“一带一路”倡议持续推进，为爆破行业的发展创造了更大的空间。同时，信息技术和人工智能的进步也给爆破行业的发展注入了新的动力，一些新的监管措施、新的规范、标准的出台也给爆破行业的发展提出了新的要求。爆破行业如何更好地适应新形势的发展，成了我们必须认真思考的现实问题。

原载于《工程爆破》，2017，23（5）：91-94。

1 爆破发展面临的新形势

1.1 国内外经济形势

近年来国际形势风云变幻，经济全球化和产业自动化所造成的社会经济体系面临重新洗牌，英国脱欧、美国特朗普上台等“黑天鹅”事件频频发生，冲击着原本十分脆弱的国际经济秩序和发展格局，世界经济增长乏力，大宗商品价格低迷，特别是保护主义开始抬头，产业全球化和贸易自由化受到空前挑战。

我国经济运行由高速发展转换到了中高速发展，其本质是增长动力的转换与接续，从追求速度、效益的高增长模式向质量效益型转化[1]。传统产业出现了增速陡降、效益下滑、压力加大的情况，爆破行业影响明显。2013~2016 年 4 年间，我国爆破消耗的工业炸药分别为 439 万吨、432 万吨、368 万吨、354 万吨；工业雷管 17.7 亿枚、16.6 亿枚、12.5 亿枚、11.2 亿枚。

认识我国经济新常态，适应新常态，引领新常态是当前和今后一个时期我国经济发展的大逻辑，特别是随着钢铁、煤炭等行业以化解产能为重点供给侧结构改革全面铺开，爆破行业必须加强对新常态的认识。必须通过转变增长方式、整合市场资源、转换发展模式、借力科技创新、提升发展质量，切实提高行业的科技创新能力和推进行业结构调整和企业转型升级。

1.2 一批新的行业法规、标准及规定付诸实施

众所周知，爆破是以民用爆炸物品的使用为核心。近年来，随着科技进步、社会发展、人们安全意识和环保意识的提高以及国内外反恐的需要，国家加强了对民用爆炸物品流通和使用的监管，相关部门先后制订、修订、出台并实施了一系列的法律法规、部门规章、国家及行业标准、制度和规定。这些文件及时出台和实施对规范爆破作业行为、引导爆破行业的健康良性发展发挥了积极作用。但每一件相关文件的出台或多或少给爆破行业带来一些影响，如何更好地贯彻、执行、适应和领会这些新实施的法律法规、标准与规定是爆破行业每个企业及每个涉爆人员必须面对的现实问题。

近年来，出台实施的与爆破行业密切相关的法律法规、部门规章、标准及规定主要如下[2]：

2006 年 9 月 1 日实施的《民用爆炸物品安全管理条例》、2009 年 8 月 1 日实施的《民用爆炸物品储存库治安防范要求》（GA 837—2009）和《小型民用爆炸物品储存库安全规范》（GA 838—2009）、2012 年 6 月 1 日实施的《爆破作业单位资质条件和管理要求》（GA 990—2012）和《爆破作业项目管理要求》（GA 991—2012）、2012 年 8 月 1 日实施的《土方与爆破工程施工及验收规范》（GB 50201—2012）、2014 年 12 月 25 日发布的《关于放开民爆器材出厂价有关问题的通知》（发改价格〔2014〕2936 号）、2015 年 1 月 1 日《建筑业企业资质标准》（建市〔2014〕159 号）（取消了 19 个专业承包资质类别，其中包括土石方工程专业承包企业资质和爆破与拆除工程专业承包企业资质）、2015 年 7 月 1 日实施的《爆破安全规程》（GB 6722—2014）、2015 年出台并实施的《民用爆炸物品从严管控十条规定》、2016 年 1 月 1 日实施的《爆破作业人员资格条件和管理要求》（GA 53—2015）；相关法律有 2014 年 12 月 1 日施行新的《安全生产法》、2016 年 1 月 1 日施行的《反恐怖主义法》和于 2017 年 10 月 1 日施行的《民法总则》。

1.3 新技术、新工艺、新材料、新设备的研发与应用

伴随着国民经济的发展和科技水平的进步，我国爆破行业的发展进入了一个新阶段。近年来在中国爆破行业协会的积极推动下，我国爆破行业在新技术、新工艺、新材料、新设备的研发与应用等方面获得重大进展，特别是精细爆破、高台阶抛掷爆破、浅埋隧道降振爆破、高大建筑物拆除爆破、抗震救灾抢险爆破、爆破挤淤、水下炸礁、爆炸加工等方面的理论研究与工程实践都取得重要突破。在现场混装爆破、中深孔台阶爆破、电子雷管研发与推广应用、远程测振技术以及民用爆炸物品末端管控等方面也得到较好发展[3]。这些创新成果极大地促进了我国爆破行业的科技发展与进步，为我国爆破行业的结构调整和企业转型升级奠定了良好的技术基础。

2 我国爆破行业发展面临的问题

2.1 爆破企业“小、散、低”的现象

据不完全统计，我国现有爆破作业单位近15000家，其中营业性爆破企业2600余家，营业性企业中一级160余家、二级企业270余家。营业性企业每家的年平均营业收入不足5000万元，年超过一亿元的不到10%，炸药年使用量超过2万吨的营业性企业屈指可数。规模较小、分布不均、技术水平普遍较低。许多规模较小的爆破公司特别是原从事爆破器材销售的改转公司存在着技术力量薄弱、管理不到位、制度不健全，容易形成安全隐患，直接危及爆破安全及行业的发展。我国爆破行业的分布与集中度与国外先进国家相比还存在较大差距[4]（见表1~表3）。

表1 全球2014年工业炸药消耗量

Table 1 The total industrial explosives consumption of the world in 2014 （万吨）

序号	地区、国家	炸药消耗	序号	地区、国家	炸药消耗
1	中国	430	6	非洲	120~130
2	美国	300	7	南美洲	80~100
3	北美地区（美国以外）	30	8	印度	80
4	欧洲	130	9	亚洲其他地区	30~50
5	澳洲	100~120	总计	1300~1500	

表2 美国爆破企业工业炸药耗量

Table 2 The industrial explosives consumption of American blasting companies （万吨）

序号	主要企业	市场份额/%	年份		
			2011	2012	2013
1	Orica	30~35	300	328	305
2	IPL	30~35			
3	Austin及其他小规模企业	30~35			

表3 澳大利亚爆破企业构成

Table 3 Blasting companies constitute in Australia

序号	主要企业	市场份额/%	特 点
1	Orica	55~60	民爆产品、钻孔以及爆破等服务
2	Dyno	40~45	民爆产品、钻孔、爆破服务
3	Maxam	2~5	爆破器材，爆破设计及爆破服务
4	Downer Edi、Blast Tech等	1~2	炸药生产线、提供起爆器材及爆破服务

2.2 爆破企业创新能力不足

技术创新是可持续发展的主要动力。目前，我国爆破行业总体处于整个产业价值链的中低端，在施工能力过剩、生产要素成本刚性上升的情况下，企业的竞争优势不再来自规模和数量，而是来自技术、管理、效率以及商业模式等。因此，创新将成为企业转型升级和可持续发展的主要源泉和动力。

领先的跨国爆破企业均将创新与企业核心战略变革、战略资源的获得及核心人才价值相结合，形成良好的创新激励机制和创新文化，以客户为中心，持续地推进创新活动，不断地实现技术上或商业模式上的创新，从而获得核心竞争力。而我国大部分爆破企业在科研开发方面投入较低，内部创新体系简单，人员配备不合理，激励机制不到位，严重限制了企业的竞争力。

2.3 爆破行业市场体制还不完善不健全

目前，在我国爆破行业，市场体制还有许多不完善、不健全的地方，存在与行业结构优化趋势相矛盾的一面。如政策完全执行度不高，地方保护主义还在一些地方盛行。近年来成立的资质不同、规模各异的爆破公司涌向市场，但真正能够提供较好爆破服务的实力公司很少，更加剧了市场的乱象。

3 我国爆破行业发展的思考

爆破行业如何走出困境，实现华丽转身，笔者认为以下几方面值得重视。

3.1 调整爆破行业结构，推进企业整合与重组

我国爆破企业和从业人员众多，良莠不齐，面对这种情况，应以压缩技术水平低、安全保障弱、生产规模小的企业数量来对我国爆破行业结构进行调整，有实力的企业应充分利用自己的技术、资金和营销优势，通过外部整合与内部整改相结合，运用市场手段，推进行业内企业整合与重组。并在整合与重组中触发新的增长动力，推行现代企业制度，建立规模化、专业化爆破队伍，达到提质增效的目的。

3.2 加强改革创新，实现企业转型升级

“把创新摆在国家发展全局的核心位置”是党中央在十八届五中全会提出的发展观念。观念决定思路，思路决定出路。自 2012 年“两个标准”实施以来，爆破企业进入全面市场化竞争态势，同时也倒逼企业通过改革方式、创新途径增强企业的核心竞争力。

从发展趋势看，技术创新、安全高效、节能环保、智能无人化是爆破行业追求的方向。就目前来说，爆破企业技术与装备的升级换代、安全管理水平的切实提高、经营理念与模式的创新等是爆破企业实现转型升级重要抓手。

3.3 全面推进爆破行业信息化建设

2013 年 7 月，习近平视察中国科学院时指出：“大数据是工业社会的‘自由’资源，谁掌握了数据，谁就掌握了主动权”[5]。近年来，随着互联网（物联网）、云计算、大数据为典型代表的信息技术快速发展、相互协作，大数据决策、在线监测、远程维护得到迅猛发展，信息技术已成为全球新一轮科技革命和产业变革的核心驱动和经济发展的主要引擎，也必将助力行业升级，给行业带来巨大的变革与创新。信息技术的发展促进了在线化、数字化施工方式，让生产资料的利用更加集约高效；促进产业链上、下游企业加强开放合作，打破了不同行业发展的组织边界；促进企业商业设计、组织形式、服务方式和科技创新的有机融合，以及不同行业跨界合作，加速行业间的融合发展；促进企业在加强国际人才、技术、资本等方面的流动和融合；促进施工设备、办公室、社会资本、先进技术等社会资源快速调度，实现资源使用权的高效流动和资源的优化配置；促进移动服务、精准营销、就近提供、个性定制、资源共享、线上线下融合等爆破企业服务模式创新。同时，借助人工智能，通过案例学习，形成智能爆破设计系统与实施体系，进一步提高爆破作业的发展水平。

3.4 持续推进爆破企业国际化

我国爆破企业要有比肩国际一流企业的雄心，不断扩大国际视野，向世界一流爆破企业看齐，加强与国际先进爆破企业交流与合作，学习国际企业先进技术与管理理念，努力打造成世界级爆破企业。在追求国际化进程中，要主动融入全球爆破产业市场，融入到经济全球化和区域经济一体化进程中，为企业的发展寻求更大的发展空间，在全球范围内进行资源的有效配置，提升企业在国际上的竞争力。

澳瑞凯公司在爆破器材、矿山爆破领域聚焦于“客户驱动”的新技术、新应用的开发和改进，每年投入研发的费用占到销售额的 2%以上，进行大量的技术创新和服务模式创新，是我国爆破企业学习与比拼的标杆。

“一带一路”是我国一个长远的对外经济战略，是我国同中亚、东南亚、南亚、西亚、东非及欧洲经贸和文化交流的大通道。西方学者预测，“一带一路”规划未来20~30年仅在基础设施方面投入将超过20万亿美元。其战略目标的实施，将是一个长远和持续的过程，也必将有效带动我国爆破国际化。

北方爆破科技有限公司在缅甸的莱比塘铜矿是国家“一带一路”倡议的重大项目，项目总投资10.65亿美元，年采剥总量2760万立方米。在纳米比亚湖山铀矿的项目，是中国在非洲最大的实业投资项目，是中国与非洲经贸合作的标志性工程，总投资近50亿美元。爆破总量为85805万立方米。

广东宏大爆破股份有限公司巴基斯坦塔尔煤田剥离项目是中国机械设备工程股份有限公司投资的煤电一体化项目，年产量380万吨的露天煤矿，总投资20亿美元。

水电十四局在厄瓜多尔的辛克雷水电站，总投资23亿美元，总装机150万千瓦，在斯里兰卡的卡卢河大坝工程，总投资10多亿美元。

这些爆破企业走向国外的成功案例有一个共同的特点，就是紧跟国家战略、随着央企走出去，例如北方爆破科技有限公司是随北方公司和中广核集团走出去的，广东宏大爆破股份有限公司和中铁十四局分别是随国机集团和中国电建走出去的。因此，找一个合适的战略合作伙伴也相当重要。

3.5 主管部门、行业组织的更大作为

爆破行业是一个跨领域、多学科交叉的特殊行业，也是高危行业。主管部门及相关机构出台了一系列政策措施，加强了对爆破行业的监管力度。主要集中在两个方面：一方面确保生产安全；另一方面防止民用爆炸物品流失。由于爆破作业的特殊性，爆破企业及从业人员按照相关要求，在防止民用爆炸物品流失的环节上做了大量防范工作，并进行了大量投入（如末端管控等），客观上也为国家反恐维稳、为社会公共安全做出了重大贡献，有关部门也应在企业税费减免上有所考虑。

这些年来，主管部门、行业组织在促进行业转型升级、推进行业科技进步、创新发展方面做了大量卓有成效的工作。特别是中爆协开展了大量的学术研讨与技术交流，组织修订了《爆破安全规程》、编写出版了大型工具书《爆破手册》和爆破作业人员培训教材、评审了行业科技奖和爆破优秀人才、编写了《中长期科学与技术发展纲要》以及进行的行业标准编写与工法评审，极大地推动了爆破科学发展与技术进步。希望行业组织继续发挥桥梁纽带作用，在主管部门的支持下，帮助爆破企业解决一些诸如安全生产许可证办理等实际问题、推动诸如创新型人才和创新型企业的评选、推进在重点高校、重点科研院所、重点爆破企业单位建立以爆破为主要研究内容或研究方向的省部级工程中心、省部级重点实验室、省部级企业技术中心、省部级科技创新中心，适当时候升级到国家级，推进建立企业创新联盟，并由点到面，带动全行业加快科技创新，在促进爆破企业转型升级及爆破行业的结构调整中有更大作为。

参考文献

[1] 周跃辉. 经济新常态的本质是增长动力的转换［J］. 行政管理改革，2015（8）：61-65.

Zhou Y H. The nature of the new economic norm is the transformation of the growth momentum［J］. Administration Reform, 2015(8)：61-65.

[2] 公安部治安管理局. 爆炸物品安全监管常用执法规范选编（修订本）［M］. 北京：群众出版社，2016.

Ministry of Public Security Authority. Law enforcement standard compilation of commonly used explosives safety regulation (revised edition)［M］. Beijing：Masses Publishing House，2016.

[3] 汪旭光. 中国爆破新进展［M］. 北京：冶金工业出版社，2014.

Wang X G. New progress of blasting in China［M］. Beijing：Metallurgical Industry Press，2014.

[4] Finance. cnr. cn/gundong［EB/OL］.（2017-03-12）. http：//523652194. shtml.

[5] 国家大数据战略［EB/OL］.（2015-11-12）. http：//news. cnr. cn/native/gd/20151112/t20151112_520490152_1. shtml.

局部爆破法强制崩落采空区的应用实践

林谋金[1,2]　黄胜贤[1]　陈晶晶[1]　沈兆武[2]

（1. 宏大矿业有限公司，广东 广州，510623；
2. 中国科学技术大学 近代力学系，安徽 合肥，230027）

摘　要：为了能准确有效地对采空区进行处理，采用三维激光扫描对采空区进行扫描并获取其参数，根据参数分析采空区的稳定性。结果表明：工程实例中的采空区中部顶板厚度小于最小安全厚度，因此需要对空区采用边界局部爆破法进行强制崩落处理。另外根据三维激光扫描得到的空区参数可对采空区爆破处理后的填充效果进行评估，为后续露天剥采作业提供安全保障。

关键词：露天开采；采空区；三维激光扫描；效果评估

Application of Small Area Blasting for Caving Goaf

Lin Moujin[1,2]　Huang Shengxian[1]　Chen Jingjing[1]　Shen Zhaowu[2]

(1. Hongda Mining Co., Ltd., Guangdong Guangzhou, 510623; 2. Department of Modern Mechanics, University of Science and Technology of China, Anhui Hefei, 230027)

Abstract: In order to dispose goaf effectively and accurately, the specific parameters of the underground goaf are obtained by the cavity auto-scanning laser system, which provides a basis for the analysis of goaf stability. The results show that the thickness of goaf in the central was smaller than the safe range, and the local blasting along the border should be adopted to force caving mine goaf. The padding effect is evaluated according to specific parameters of the underground goaf, which provides security for the subsequent open-pit.

Keywords: opencast working; mine goaf; cavity auto-scanning laser system; effect appraisal

由于露天开采具有改善劳动条件、高效利用采掘设备以及降低生产成本等诸多优点，因此部分有色金属矿山利用地采转露采的开采方法对隐患资源进行复采[1]。随着露天开采层面的逐年下降，采场距离原地采遗留的采空区越来越近，施工安全问题比较突出，为了实现遗留采空区治理与隐患资源开采协同作业，需要对采空区进行探测和处理，目前采空区处理的方法主要为充填法和崩落法[2]。由于大宝山矿需要处理的采空区均在露天开采设计范围内，如采用充填法进行处理，存在二次装运的问题，经济上不合理，因此采空区的处理往往采用崩落爆破法进行处理，目前爆破处理方法主要有硐室爆破、中深孔爆破以及诱导爆破崩落。张成良等人针对采空区暴露面积大以及围岩坚硬的特点，提出了采用硐室爆破崩落围岩的方法来处理采空区，结果表明采用硐室爆破处理采空区的方法不仅可行而且有效[3]。王春毅等人采用中深孔爆破成功处理了下层空区顶板与上层空区底板之间隔层厚度小于最小安全厚度时的多层空区[4]。贾宝珊采用微差起爆方法在正常台阶中深孔采矿爆破作业的同时同步对爆区内的空区进行处理，爆破效果良好[5]。首先采用自动激光扫描系统（CALS）对空区进行三维扫描并获得采空区的几何参数，然后根据参数对空区爆破方案进行合理设计以及对爆破后填充效果进行评估，该处理流程可为处理空区提供一定的参考价值。

基金项目：广东省产学研合作院士工作站（2013B090400026）。
原载于《爆破》，2016，33（1）：89-92，123。

1 工程概况

本文处理的采空区位于大宝山矿 35 线原 650m 中段 7 号采场周边，在采空区北边有三处塌陷区，采空区的南部部分位于 685 平台与 697 平台的边坡上。根据地质资料可知采空区所在的岩层位于中泥盆统东岗岭组下亚组（D_2d^a），附近工程地质钻孔所取岩芯显示该区域岩体破碎，大部分为松散体，岩体条件较差。现场潜孔钻从地表到钻至 2m 吹出的岩粉为白色，而后吹出的岩粉为灰色，因此判断该采空区顶板大部分为硫砂矿。在 685 平台钻孔后对该采空区进行了三维激光扫描，采空区空间位置如图 1 所示。由三维激光扫描得到采空区的投影面积为 852.7m^2，空区的体积为 5200m^3，空区最大高度为 16.3m，其出现在空区中部，空区顶板到地表的最小厚度为 11.9m，最大跨度为 22.6m，长度为 56m，采空区标高为 656~673m。

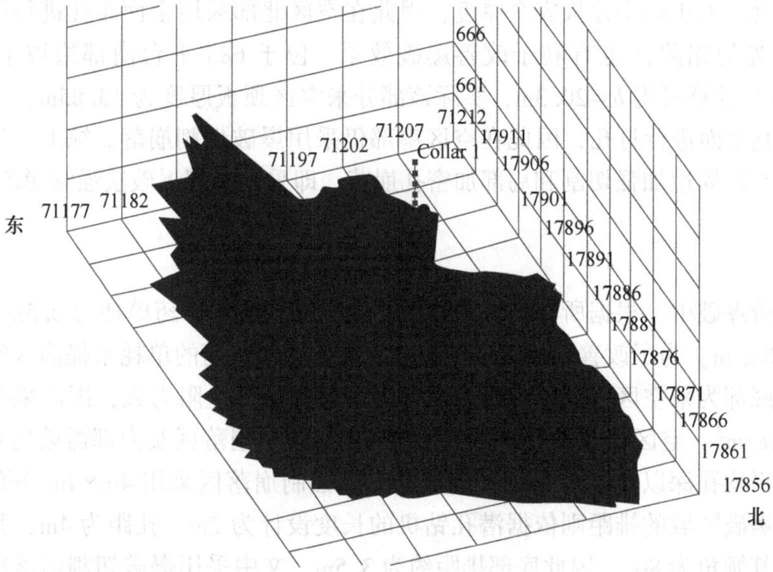

图 1 采空区空间形态

Fig. 1 The goaf spatial form

2 空区处理

由于采空区在爆破施工时可能面临塌陷，因此在确定爆破方案前需要分析采空区的安全厚度，即爆破处理空区需要制定一定的流程，具体空区处理流程如图 2 所示，其中采空区的位置形状参数已经通过上述的三维激光扫描得到。

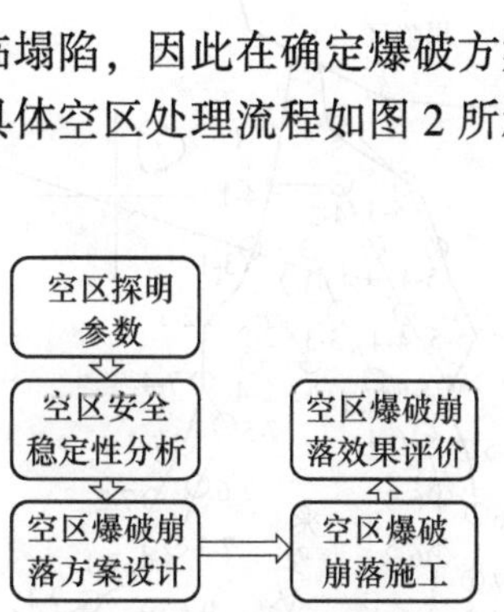

图 2 空区爆破处理流程

Fig. 2 The goaf blasting process

2.1 空区安全性分析

目前可用于采空区顶板保安层厚度的理论计算方法有很多种，主要有传统顶板厚度分析方法，包括载荷传递线交汇法、厚跨比法、梁板受力情况估算法等，另外还有极限分析法及弹性小变形薄板理论方法。牛小明将载荷传递线交汇法、厚跨比法以及梁板受力情况估算法进行综合分析判断，拟合得到不同岩性的采空区跨度和顶板安全厚度之间的关系式[6]；邱海涛基于极限分析法与弹性力学小变形薄板理论分析法得到的硫铁矿采空区跨度和顶板安全厚度进行拟合得到的表达式为[7]

$$h = 0.76b + 3.53 \tag{1}$$

式中 h——顶板厚度，m；

b——采空区的跨度，m。

根据现场岩性可知文中采空区的岩性为硫砂矿，该采空区中部最大跨度为 22.6m，因此根据式（1）计算可得 h=20.7m，由三维激光扫描结果显示该空区中部顶板厚度为 11.9m，其小于最小顶板安全厚度 20.7m，处于高度危险状态，随时有塌方的可能性。另外，由于 35 线 655 采空区顶板以松散岩体为主，在采空区上方作业风险较大，且钻孔成孔困难，因此爆破设计时在采空区中部区域不布置炮孔。位于采空区的北部顶板厚度为 15~17m，其最大跨度为 14.8m，根据式（1）计算可得 h=14.78m，该部分空区顶板厚度略大于最小顶板安全厚度，因此在空区北部采用全面布孔进行爆破强制崩落，另外空区北部存在原先的塌陷区也有利于改善爆破效果。位于 685 平台南部边坡下的采空区跨度为 22.1m，根据式（1）计算可得 h=20.3m，实际该部分采空区顶板厚度为 13.85m，其小于顶板安全厚度 20.3m，不宜在其上面进行打孔，因此在空区南部仍采用爆破切割崩落。综上所述，该采空区的处理整体方案定为采空区周边加强切割和局部加密孔崩落，即采用局部爆破法强制崩落方式处理采空区。

2.2 参数设计

在大宝山矿台阶爆破中，根据所在区域的岩性并经实践验证的炸药单耗为 0.5kg/m^3，炮孔单位长度装药量约为 13.8kg/m。为了改善采空区的填充效果需要增加炸药的单耗来提高采空区的岩石破碎程度，但考虑到炮孔底部为采空区，其下盘阻力没有台阶爆破的下盘阻力大，因此采空区爆破处理的炸药单耗仍采用 0.5kg/m^3。空区处理爆破布孔分为北部爆破强制崩落区及南部爆破切割崩落区，根据三维扫描空区得到的平均孔深以及装药量计算公式，北部强制崩落区采用 4m×4m 布孔。考虑到安全因素，空区中间部分爆破区域的排距则依据潜孔钻机的长度设计为 2m，孔距为 4m，其中靠近空区中部的炮孔为倾斜孔，其倾角为 80°，因此底部排距约为 3.5m。文中采用爆破切割崩落空区顶板来填充采空区而不需要对边帮进行爆破填充，因此将最外围的炮孔布置在空区边帮略靠近空区中部的位置，炮孔分布如图 3 所示，其中钻孔直径为 140mm，图 3 编号中前半部分为雷管段别，后半部分为同一段别的炮孔编号。为了达到预期的爆破效果，南部边坡下的空区需要增加两个倾斜孔，其倾角为 70°，如图 3 中所示的孔 8-7 以及孔 9-4。

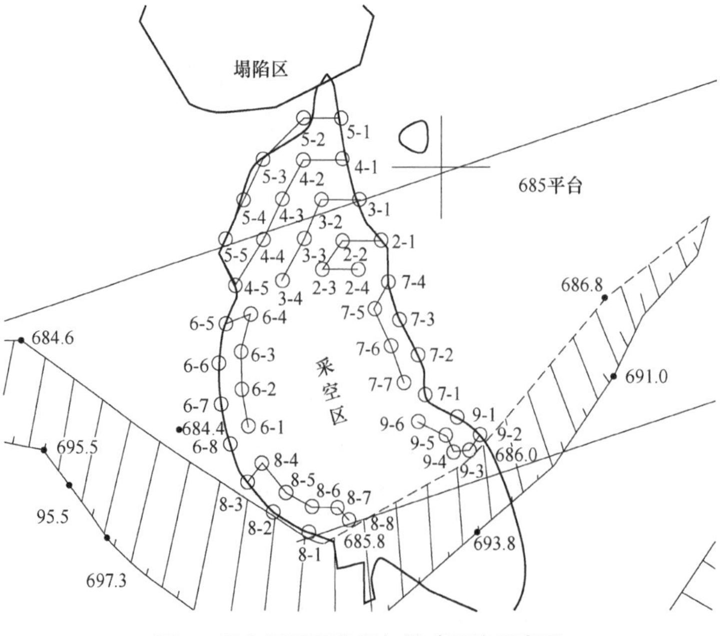

图 3　采空区平面位置与爆破网路示意图

Fig. 3　The planimetric position and blasting network

由于离采空区爆破区域距离为56m处有一平硐，为了保证平硐的安全，本次爆破需要考虑爆破振动对平硐的影响。根据爆区与平硐距离及其最大允许质点振动速度20cm/s（矿山巷道：围岩稳定无支护）进行计算来控制爆破药量[8]。大量实测资料表明，爆破振动的大小与炸药量、距离、介质情况、地形条件以及爆炸方法等因素有关，目前主要根据萨道夫斯基经验公式进行计算，其表达式为[9]

$$Q = R^3\left(\frac{V}{K}\right)^{\frac{3}{\alpha}} \tag{2}$$

式中 V——保护对象所在地质点振动安全允许速度，cm/s；

R——测点到爆源中心距离，m；

Q——延时爆破中最大一段药量，kg；

K——与炸药性质、爆破方式、地形地质条件有关的系数；

α——衰减指数。

根据公式及现场地质条件取$K=256$，$\alpha=1.7$并计算得到允许最大单段起爆药量Q为1953kg。空区爆破网路采用目前矿山使用的地表逐孔网路连接，根据控制最大起爆药量的要求进行分段起爆，孔内使用双发非电毫秒延期雷管，雷管段别从2段到9段。由于采空区的北部存在塌陷区，因此爆破首先从爆区西北部双排同时起爆，并选用对角起爆顺序，爆破网路如图3所示，其中炮孔的编号首数字为雷管段别。另外由图4可得爆破网路中的最大单段装药量为1240kg，小于最大单段允许药量，满足平硐振动安全要求，其中使用炸药总量为6006kg。

2.3 钻孔与装药

为了准确掌握炮孔底部与采空区自由面的距离，防止因炮孔底部的抵抗线过小，引起炸药能量的损失，实际钻孔优先采用穿透后再进行统一堵塞炮孔底部处理，另外由于炮孔打穿导致炮孔内无水，可给装药带来便利。在打孔过程中作好孔深记录，以便设计装药量，在钻孔过程中若遇到卡钻，说明钻头可能将要钻透空区（空区顶板岩石较为松散，容易卡钻），并根据周围钻孔深度判断是否需要部分回填。655采空区的孔深分布图如图4所示，该采空区爆破处理共设计钻孔47个，钻孔总深度为774m。由于采空区具有塌陷危险，因此需要划定警戒区域，钻孔施工中的设备均停于采空区警戒范围外，并保证在同一区域只有一台钻机进行作业，在钻孔作业时，必须有专人观察周围岩层的动态，若发现异常需立即撤离。

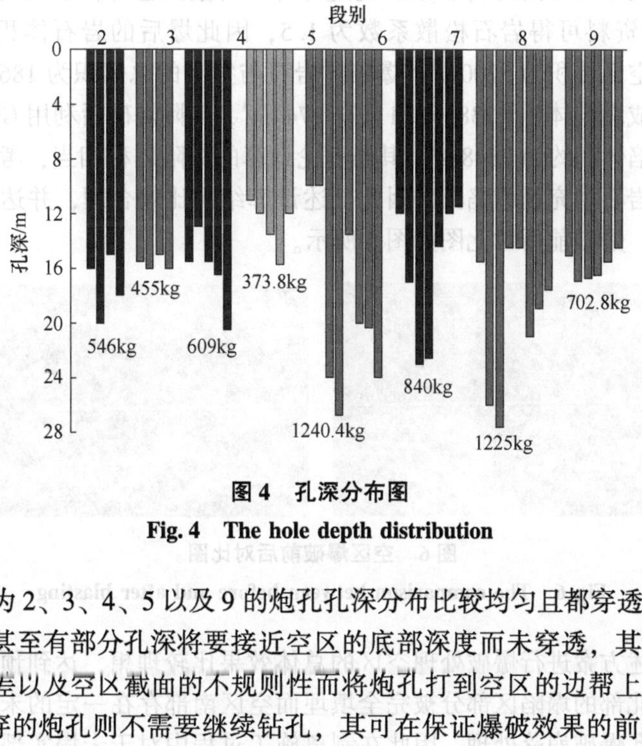

图4 孔深分布图

Fig. 4 The hole depth distribution

由图4可得，段别为2、3、4、5以及9的炮孔孔深分布比较均匀且都穿透，而段别为6、7以及8的炮孔孔深差异较大，甚至有部分孔深将要接近空区的底部深度而未穿透，其原因可能是由于炮孔定位或者三维扫描存在误差以及空区截面的不规则性而将炮孔打到空区的边帮上，因此对于孔深超过周边穿孔孔深2m仍未打穿的炮孔则不需要继续钻孔，其可在保证爆破效果的前提下提高经济效益，另外边帮上的炮孔也可采用向空区中部倾斜一个小角度，确保炮孔穿透空区。

在工程爆破中，岩石的移动与破碎主要是由爆炸冲击波、爆炸产物气体的楔入以及界面反射波的共同作用引起的，而炮孔堵塞主要是为了防止爆炸产物气体泄漏而造成炸药能量损失，因此炮孔堵塞质量关系到爆破效果，若堵塞长度过小，不仅引起冲天炮导致能量损失，且易出现飞石，若堵塞长度过大，将引起炮孔利用率低，导致炸药对岩石的爆破作用强度不够，并使大块增多。为了使爆破后岩石块度更均匀，有利于对空区进行填充，对于孔深大于 18m 时采用间隔装药，中部用 2m 空气间隔，空气间隔的上下部分都用同段双发雷管起爆，其中，空气间隔施工时将装有少量土的编织袋制成直径与药卷相近的圆柱状，用铁丝捆住后下放到炮孔中预定位置，然后将孔口的铁丝固定在炮孔边上的沙袋后继续装药卷，对于孔深小于 18m 采用连续装药。另外透孔应先吊孔堵塞并参考大宝山台阶爆破中实践经验，在下部采用细岩粉充填 3.5m 后再进行装药，另外上部采用细岩粉密实充填，充填高度为 4m，装药结构和堵塞长度如图 5 所示。

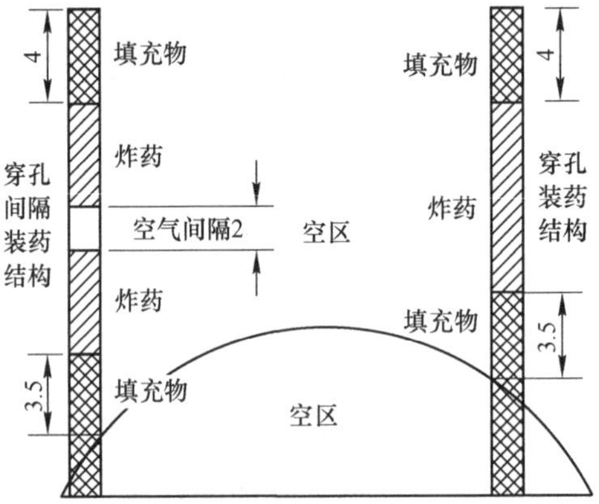

图 5 炮孔装药结构和堵塞示意图（单位：m）

Fig. 5 The charge structure of blasthole（unit：m）

3 填充效果评估

由三维激光扫描得到采空区的几何参数后通过计算可得空区上部体积约为 18656m^3，其中爆破部分的体积为 4912m^3，由资料可得岩石松散系数为 1.5，因此爆后的岩石体积为 $18656-4912+4912\times1.5=21112$m^3，爆破前空区体积为 5200m^3，爆破前岩石与空区的总体积为 $18656+5200=23856$m^3，因此理论上爆破后的应形成塌陷体积$=23856-21112=2744$m^3，实际爆破后利用 GPS 测量仪测得采空区最大下沉 12m，爆破后塌陷体积约为 2848m^3，其与理论计算的塌陷体积相当，考虑到空区南部部分未完全填满而空区北部部分岩石填充到塌陷区，因此上述计算结果比较合理，并达到对采空区爆破处理后的填充效果评估的目标。爆破前后对比图如图 6 所示。

图 6 空区爆破前后对比图

Fig. 6 The comparison between before and after blasting

由图 6 可得采用上述方案进行爆破处理空区的总体效果比较理想，达到预期目标，较大体积的空区已全部垮塌，即空区北部的塌陷区部分被完全填埋而空区南部存在一定的未填满空间，主要是由于边坡的存在而未进行打孔爆破崩落处理，因此在剥离施工过程中对于未塌实部分需要特别注意。综上所述，经过对空区进行崩落爆破处理，实现了局部采场作业条件再造，排除该区域附近露天剥采作业的安全隐患，为后续露天剥采作业提供安全保障。

4 结论

本文结论如下。

（1）通过三维激光扫描等手段获取采空区的有效参数，以便对空区进行安全稳定性分析，为空区崩落爆破方案设计提供依据，实现高效合理处理采空区。

（2）采空区炮孔优先采用穿孔处理，对于孔深超过周边穿孔孔深2m仍未打穿的炮孔则不需要继续钻孔，防止炮孔打在空区边帮上造成钻孔里程增加以及炸药浪费，另外边帮上的炮孔也可采用向空区中部倾斜一个小角度，确保炮孔穿透空区，可以提高爆破处理采空区的经济效益。

（3）根据三维激光扫描得到的采空区几何参数可对采空区爆破处理后进行填充效果评估，排除该区域附近露天剥采作业的安全隐患，为后续露天剥采作业提供安全保障。

参考文献

[1] 王海君，李克民，陈树召，等．地下转露天开采的采空区危害与探测技术探讨［J］．煤炭工程，2010（10）：69-71.
Wang Haijun，Li Kemin，Chen Shuzhao，et al. Discussion on goaf dangers and detection technology for mining converted from underground to surface［J］. Coal Engineering，2010（10）：69-71.

[2] 陈庆发．隐患资源开采与采空区治理协同研究［D］．长沙：中南大学，2009.
Chen Qingfa. Study on synergism of hidden danger resources mining and goafs treatment［D］. Changsha：Central South University，2009.

[3] 张成良，侯克鹏，李克钢．硐室爆破法处理采空区的应用实践［J］．工程爆破，2008（4）：53-56，59.
Zhang Chengliang，Hou Kepeng，Li Kegang. Application of chamber blasting to handling goaf area［J］. Engineering Blasting，2008（4）：53-56，59.

[4] 王春毅，程建勇．露天中深孔爆破处理地下采空区的实践［J］．采矿技术，2008（3）：61-62.
Wang Chunyi，Cheng Jianyong. Application of medium-length blasting in disposing of underground goaf［J］. Mining Technology，2008（3）：61-62.

[5] 贾宝珊，闫伟峰．露天正常台阶深孔爆破处理地下采空区的实践［J］．爆破，2012，29（4）：65-69.
Jia Baoshan，Yan Weifeng. Application of bench deep hole blasting in disposing of underground goaf［J］. Blasting，2012，29（4）：65-69.

[6] 牛小明．露天开采境界下覆采空区顶板稳定性研究［D］．长沙：长沙矿山研究院，2013.
Niu Xiaoming. Study on roofs' stability of cavities under open-pit mine［D］. Changsha：Changsha Institute of Mining Research，2013.

[7] 邱海涛，潘懿．露天开采下地下采空区顶板保安层厚度的计算分析［J］．采矿技术，2012，12（3）：47-49.
Qiu Haitao，Pan Yi. Calculation and analysis of security roof layer thickness for mining goaf［J］. Mining Technology，2012，12（3）：47-49.

[8] GB 6722—2003 爆破安全规程［S］．北京：中国标准出版社，2004.
GB 6722—2003 Safety regulations for blasting［S］. Beijing：China Standardization Press，2004.

[9] 郑晋溪．萨道夫斯基公式在隧道中夹岩爆破振速分析中的适用性研究［J］．福建建设科技，2011（5）：68-70.
Zheng Jinxi. Applicability research of sadov's vibration formula in analyzing of tunnel blasting vibration velocity［J］. Fujian Construction Science & Technology，2011（5）：68-70.

空气间隔装药预裂爆破岩体损伤分布特征及控制技术

朱 强[1,2] 陈 明[1,2] 郑炳旭[3] 严 鹏[1,2]

（1. 武汉大学 水资源与水电工程科学国家重点试验室，湖北 武汉，430072；
2. 武汉大学 水工岩石力学教育部重点实验室，湖北 武汉，430072；
3. 广东宏大爆破股份有限公司，广东 广州，510623）

摘 要：空气间隔装药预裂爆破作为一项新型轮廓爆破技术，其对岩体的损伤特性严重影响了技术的推广应用。采用现场试验与数值计算相结合的方法，对经山寺铁矿空气间隔装药预裂爆破试验的岩体损伤分布特征进行比较分析。结果表明，空气间隔装药预裂爆破的岩体损伤分布特征与传统预裂爆破存在明显的差异，装药段存在明显的粉碎破坏区，爆破损伤区的范围显著大于空气段以及传统预裂爆破，但在岩体较完整处，空气段的岩体损伤相对不明显。为了控制岩体损伤效应，装药段采用反向起爆的方式以及使用径向不耦合的筒状药卷，可以优化空气间隔装药预裂爆破效果。

关键词：岩石力学；空气间隔装药；预裂爆破；岩体损伤；声波检测

Distribution and Control Technology of Rock Damage Induced by Air-deck Charge Presplitting Blasting

Zhu Qiang[1,2] Chen Ming[1,2] Zheng Bingxu[3] Yan Peng[1,2]

(1. State Key Laboratory of Water Resources and Hydropower Engineering Science, Wuhan University, Hubei Wuhan, 430072; 2. Key Laboratory of Rock Mechanics in Hydraulic Structural Engineering, Ministry of Education, Wuhan University, Hubei Wuhan, 430072;
3. Guangdong Hongda Blasting Co., Ltd., Guangdong Guangzhou, 510623)

Abstract: Presplitting blasting with air-deck charge has been applied as a new contour blasting technique, but the rock damage characteristics of which has severely limited its application prospect. The air-deck charge presplitting blasting experiment has been conducted in Jingshansi iron mine. And the rock damage characteristics was studied by using a method of combining acoustic detection with numerical simulation. It is reported that there were significant differences between air-deck charge presplitting blasting and traditional presplitting blasting in the distribution of rock damage. The damage zone size of the rock near the charging section was much larger than that near air section, which was also larger than the rock damage zone size in traditional presplitting blasting. There was smash district in remaining rock near the charging section. While in some intact rock mass, the damage zone of the rock near air section was not obvious. Taking advantage of indirect initiation and casing charge structure could be benefit to decreasing the rock damage effects of presplitting blasting with air-deck charge.

Keywords: rock mechanics; air-deck charge; presplitting blasting; rock mass damage; acoustic detection

1 引言

钻孔爆破是岩石高边坡开挖的最主要手段，爆破产生的爆炸冲击波将不可避免地会导致岩体损伤，

基金项目：国家自然科学基金面上项目（51279146）；新世纪优秀人才支持计划资助项目（NCET-2012-0425）；水利部科技推广计划项目（TG1522）。

原载于《岩石力学与工程学报》，2016，35（1）：2758-2765。

影响岩体的稳定性。岩体爆破损伤一直是国内外学者研究的热点问题[1,2]。

为保证岩体按设计轮廓面成型并尽量减少爆破对围岩的损伤影响，开挖轮廓部位通常采用预裂爆破或光面爆破等传统轮廓爆破技术。传统的轮廓爆破一般采用轴向间隔径向不耦合装药，并用导爆索串联各药卷起爆，以控制炮孔内的爆炸压力，实现对爆破损伤效应的控制。但是贯穿全孔的导爆索的使用，导致爆破成本增加，而绑扎过程又限制施工速度，影响工程进度，因此在工程实践中，探求一种高效、快速、经济的新型轮廓爆破技术，成为新的研究课题[3]。

空气间隔装药技术是由苏联 N. V. Melnikov[4] 首先提出并发展起来的，已在国外的采矿业中得到大量应用。但是将空气间隔装药技术用于预裂爆破的研究起步较晚，N. V. Melnikov 和 L. N. Marchenko[5] 在实验室对空气间隔装药技术用于预裂爆破进行了研究。W. L. Fourney 等人[6,7] 也先后在实验室对空气间隔装药预裂爆破的作用机制进行了研究。B. Mohanty[8] 首先在英国一个露天煤矿中进行了空气间隔装药预裂爆破试验。在国内，娄德兰[9] 在地基保护层开挖中采用了空气间隔爆破技术，保证基坑稳定以及周边建筑设施的安全。W. B. Lu 等人[10,11] 运用激波管理论来分析空气间隔预裂装药炮孔内的压力波传播过程，较好地揭示了炮孔内应力变化过程及爆破破岩机制。上述研究表明，空气间隔装药预裂爆破可以取得良好的轮廓控制效果，并且在成本和施工效率上更具有优势。但在工程实践中由于空气间隔装药预裂爆破装药段的岩体损伤范围较大，该技术尚未得到大规模的推广。

因此，为了深入地研究空气间隔装药预裂爆破损伤特性，完善空气间隔装药技术，本文将采用现场试验和数值计算相结合的方法，在现场试验声波检测结果的基础上，采用基于 LS-DYNA 二次开发的损伤仿真技术，对空气间隔装药预裂爆破过程进行数值分析，研究保留岩体中爆破损伤分布特征，并采取合理措施减小装药段岩体的损伤范围，为其在实际工程中推广应用提供参考。

2 空气间隔装药预裂爆破损伤特性的现场测试

在岩石高边坡（尤其是矿山边坡）开挖轮廓部位通常采用如图 1 所示的预裂爆破技术，各孔间的起爆顺序为预裂孔→主爆孔→缓冲孔，先爆的预裂孔能在开挖岩体和保留岩体之间形成预裂缝，由于主爆孔和缓冲孔产生的应力波不能直接穿过预裂缝而对保留岩体产生损伤，起到隔振的作用。缓冲孔可以进一步防止主爆孔爆破对保留岩体的破坏与损伤。因此在预裂爆破中，边坡开挖在保留岩体产生损伤主要是轮廓面附近的预裂孔爆破造成的。

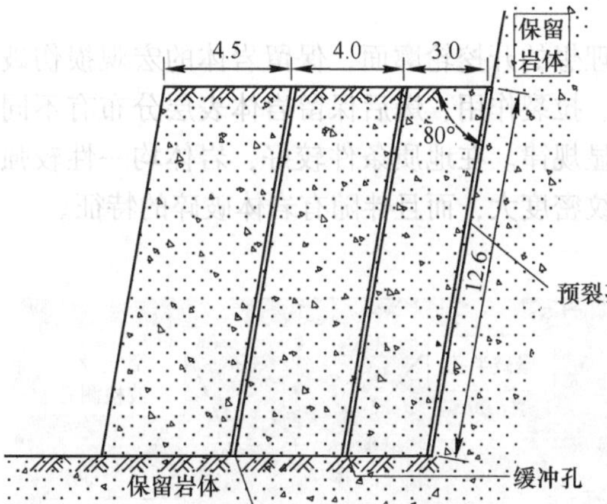

图 1 边坡开挖炮孔布置示意图（单位：m）

Fig. 1 Blasthole layout of slope excavation blasting（unit：m）

2.1 空气间隔装药预裂爆破现场试验方案

为了验证空气间隔装药预裂爆破效果，结合经山寺铁矿上覆岩层的剥离施工，开展了空气间隔装药预裂爆破的现场试验研究。经山寺铁矿位于河南省中部，是高强度露天开采铁矿，地质构造由经山北坡向斜和南坡背斜组成，矿体走向近 EW，倾角 100°~180°。边坡的岩组主要由白云石大理岩、磁铁大理岩、磁铁辉石岩、辉石大理岩、角闪岩组成，边坡中下部主要由辉石磁铁矿层直接构成。

现场试验的炮孔布置及预裂孔的装药结构如图 2 所示。为了尽量减少矿山边坡轮廓开挖时的预裂孔数量，比较不同孔间距预裂爆破孔的轮廓成型质量，设计预裂孔为宽孔距即孔间距取较大倍数孔径，预裂孔间距分别取 12、15 及 18 倍孔径。其中，12 和 15 倍孔径部位的岩体裂隙比较发育，而 18 倍孔径处的岩体较为完整。预裂孔的孔径为 140mm，长度为 12.6m，试验中的空气层所占比例约为 74%，装药段长度 3.0m，空气段长度 8.4m，堵塞长度 1.2m。为了确保预裂成缝，尽量缩小了同排预裂孔的起爆时差，分别采用了 MS1、MS3 段雷管。炮孔装药采用现场混装乳化炸药，炸药的起爆雷管设置在靠近炮孔底部的位置，即采用反向起爆的方式。

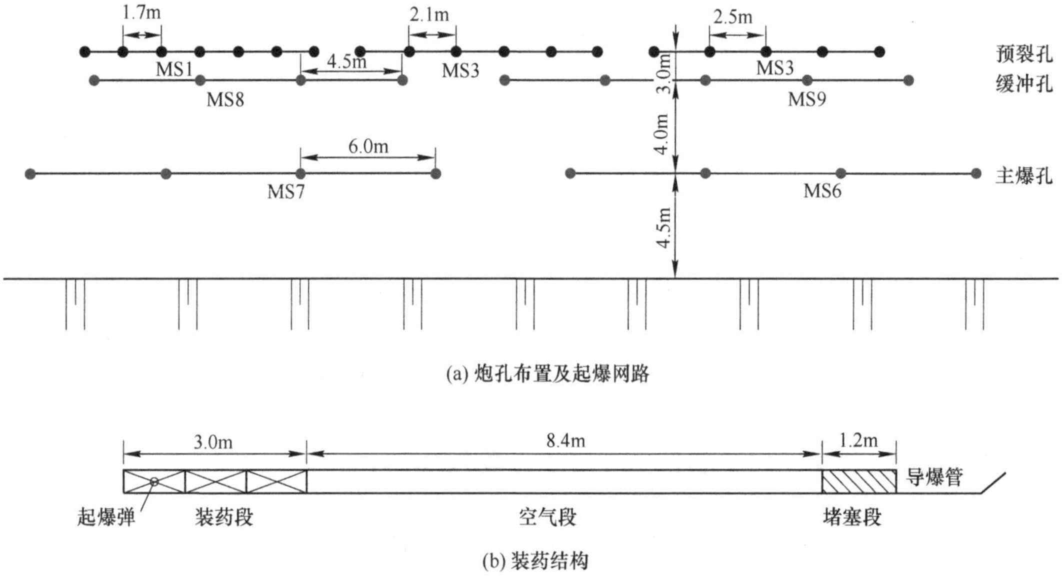

图 2 空气间隔装药预裂爆破试验方案

Fig. 2 Experimental scheme of air-deck charge presplitting blasting

2.2 爆破损伤特性的现场测试

爆破结束后，形成了较为理想的开挖轮廓面，保留岩体的宏观损伤破坏特征如图 3 所示。爆炸荷载对后台阶岩体有较强的抬动、拉裂作用，爆后保留岩体表层分布有不同密集程度的爆生裂隙，以张开拉裂为主要特征，分布无明显规律。在地质条件较好，岩体均一性较强的区域裂纹密度较低；而在地质条件较差的区域，不但裂纹密度大，而且伴随有岩体破碎的特征。

图 3 预裂爆破装药段岩体损伤破坏特征

Fig. 3 Damage characteristics of remaining rock mass after blasting

在沿炮孔轴向方向，空气段岩体损伤相对不明显，爆破残留半孔也较完整，开挖轮廓的平整度较好；装药段的岩体较空气段裂隙明显增多，炮孔壁被明显粉碎破坏。而传统的预裂爆破采用轴向间隔径向不耦合装药，炮孔周围的裂隙虽然会明显增多，但一般不产生粉碎区。

为了准确判断和分析开挖过程中空气间隔装药预裂爆破对边坡保留岩体的损伤效应，爆破后分别在装药段和空气段岩体中钻设孔深 10m，孔径为 90mm 声波测试孔，采用单孔声波测试法进行岩体爆破损伤的检测，声波检测孔布置如图 4 所示。图 5 给出了预裂孔间距为 18 倍孔径（2.5m）的试验段声波检测结果[12]。在较完整的岩体中，空气段声波速度没有明显的变化，而装药段的声波速度有明显降低，由岩体中声波速度变化趋势可知，空气段的损伤深度明显比装药段的损伤深度小。

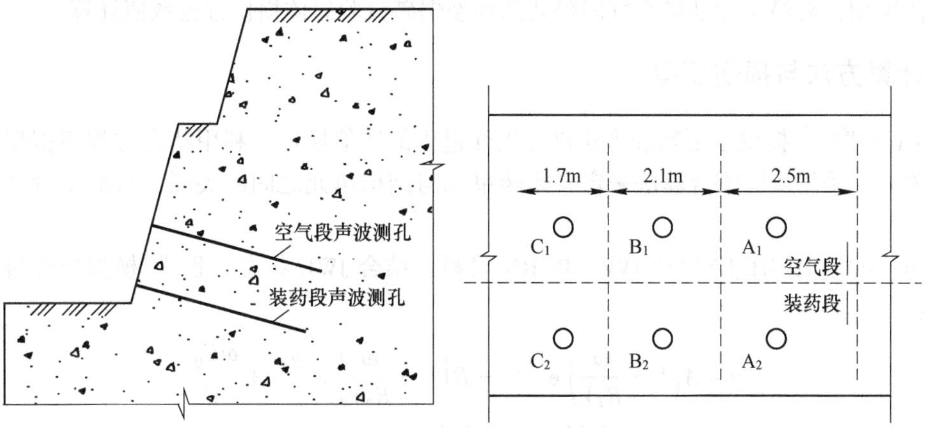

图 4 声波测试测孔布置示意图

Fig. 4 Layout of acoustic detection holes

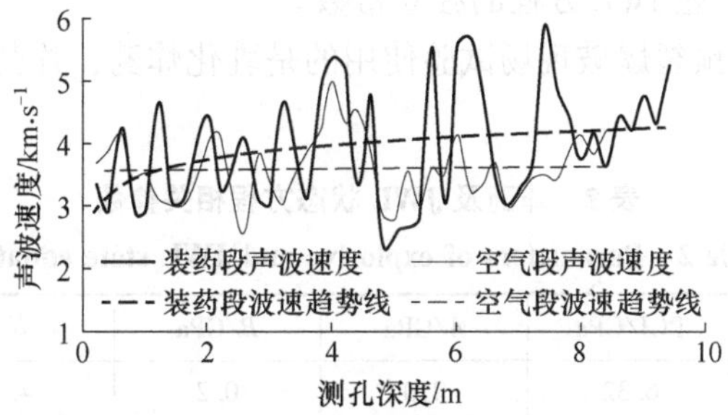

图 5 预裂孔间距为 18 倍孔径试验段声波检测结果[12]

Fig. 5 Acoustic detection figure of presplitting distance between holes of 18 times blasthole diameter[12]

根据规范[13]规定，当声波速度降低率大于 10%，判断岩体受到爆破损伤破坏。图 5 所示的预裂孔间距为 18 倍孔径的试验区装药段损伤深度约为 1.2m，空气段岩体损伤不明显。其他声波检测点损伤深度见表 1。

表 1 各声波检测点岩体损伤深度

Table 1 Damage depth distribution of remaining rock mass

检测孔号	损伤深度/m
A_1	（不明显）
A_2	1.2
B_1	1.4
B_2	1.8
C_1	0.9
C_2	2.1

由表1可知，边坡爆破开挖对岩体损伤破坏主要集中在岩体表层2.1m范围内，其中空气间隔段的岩体损伤深度主要分布在表层岩体1.4m范围内，局部较完整岩体处的损伤不明显；而装药段的损伤深度主要分布在表层岩体1.2~2.1m范围内。由此可见，装药段的耦合装药结构对保留岩体的损伤效应较大。

3 空气间隔装药预裂爆破数值模拟

本文采用基于LS-DYNA二次开发的爆破损伤数值仿真技术，以及在经典的KUS模型[14]基础上改进的拉压损伤模型，对经山寺铁矿空气间隔装药预裂爆破试验岩体损伤进行数值计算。

3.1 数值计算方法与损伤模型

LS-DYNA程序[15]提供了更精确方法进行爆炸过程的数值模拟，利用状态方程模拟爆炸过程中压力与体积的关系，采用流固耦合算法来定义炸药单元与结构单元之间的关联，从而实现炸药与结构的耦合计算。

炸药采用*MAT_HIGH_EXPLOSIVE_ BURN材料，结合JWL状态方程[16]模拟爆炸过程中压力与体积的关系：

$$p = A\left(1 - \frac{\omega}{R_1 V}\right)e^{-R_1 V} + B\left(1 - \frac{\omega}{R_2 V}\right)e^{-R_2 V} + \frac{\omega E_0}{V} \tag{1}$$

式中 p——JWL状态方程决定的压力；

V——相对体积；

E_0——初始比内能；

A，B，R_1，R_2，ω——描述JWL方程的独立常数。

经山寺铁矿空气间隔装药预裂爆破现场试验使用的是乳化炸药，炸药和JWL状态方程相关参数如表2所示。

表2 炸药及JWL状态方程相关参数

Table 2 Parameters of explosive and JWL state equation

密度/$kg \cdot m^{-3}$	爆速/$m \cdot s^{-1}$	PCJ/GPa	A/GPa	B/GPa	R_1	R_2	ω
1250	4500	6.32	220	0.2	4.5	1.1	0.35

注：PCJ为CJ（Chapman-Jouget）压力。

空气采用*MAT_NULL材料，同时结合多线性方程描述空气的作用：

$$P = C_0 + C_1\mu + C_2\mu^2 + C_3\mu^3 + (C_4 + C_5\mu + C_6\mu^2)e \tag{2}$$

式中，$C_0=C_1=C_2=C_3=C_6=0$；$C_4=C_5=0.4$；$\mu=\rho/\rho_0$，其中，ρ，ρ_0分别为初始与当前的材料密度；e为比内能。

KUS损伤模型能够比较准确反映岩体的损伤效应，本文中损伤模型采用在此模型上改进，考虑压缩损伤，并修正宏观弹性常数的拉压损伤模型。

胡英国等人[17] 给出了拉压模型具体详细数学推导过程。考虑损伤的最不利因素，计算岩体损伤变量和损伤等效体积量的表达式为

$$D = \max(D_t,\ D_c) \tag{3}$$

$$\overline{K} = K(1 - D) \tag{4}$$

式中 D——损伤变量；

D_t——拉伸损伤系数；

D_c——压缩损伤系数；

K，$\overline{K}$——原始体积模量和损伤等效体积模量。

爆破荷载下反应岩石的损伤特性的增量本构关系表达式：

$$\mathrm{d}\sigma_{ij} = \overline{K}\mathrm{d}\varepsilon_{kk}\delta_{ij} + 2\overline{G}\mathrm{d}e_{ij} \tag{5}$$

式中 σ_{ij}——应力张量；

ε_{kk}——体积应变张量；

e_{ij}——偏应变张量；

$\overline{G}$——剪切模量。

岩体中的声波传播速度与其物理力学性质密切相关。岩体中纵波传播速度可表示为

$$V_{\mathrm{p}} = \sqrt{3K(1-\mu)/[\rho(1+\mu)]} \tag{6}$$

若近似认为密度 ρ 和泊松比 μ 不变，由式（7）可得

$$\overline{K} = K(1-\eta)^2 \tag{7}$$

式中 η——波速降低率，$\eta=1-\overline{V}_{\mathrm{p}}/V_{\mathrm{p}}$，$V_{\mathrm{p}}$ 和 $\overline{V}_{\mathrm{p}}$ 分别为爆破前后的声波速度。

由此可得损伤变量 D 与声波降低率 η 的对应关系：

$$D = 1-(1-\eta)^2 \tag{8}$$

根据规范[13] 规定，以声波速度降低 10%判断爆破损伤范围的标准，得到损伤变量 D 的损伤阈值为 0.19。

3.2 计算模型与参数

根据现场试验数据建立了如图 6 所示的计算模型。计算模型高 18.0m，半径为 5.0m，炮孔直径 140mm，炮孔深 12.6m。模型中有炸药、岩体、空气以及堵塞 4 种材料，炸药与炮孔轴向不耦合，堵塞段长 1.2m，装药段为 3.0m，空气段 8.4m，空气段位于装药段上部，空气段所占比例为 74%。2 个垂直侧面取对称边界条件，周围边界条件设为无反射边界以减小应力波反射的影响，反映爆源周围岩体的实际受力状态。

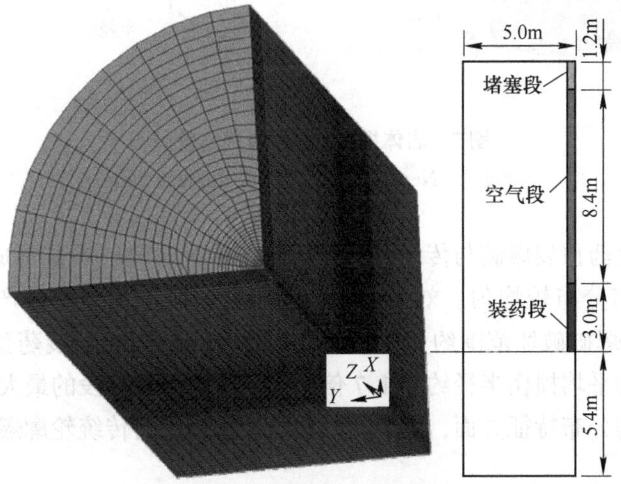

图 6 岩体损伤数值计算模型

Fig. 6 Numerical calculation model

针对上述计算模型，结合经山寺铁矿上覆岩层的大理岩力学试验结果，并参考郑炳旭[18] 的研究成果，数值计算采用的岩体物理力学参数及损伤模型的参数见表 3。

表 3 计算参数

Table 3 Parameters for calculation

密度/kg·m^{-3}	动弹性模量 /GPa	泊松比	动抗拉强度 /GPa	损伤参数		K_{IC} /MN·m$^{-3/2}$	损伤系数 λ/kg·J^{-1}
				m	k		
2600	55	0.27	4	2.33×10^{24}	7	0.92	0.00001

3.3 岩体损伤计算结果

通过 FORTRAN 语言编程描述拉压损伤模型建立的数学过程，并通过 LS-DYNA 自定义接口实现模型的导入，对空气间隔装药预裂爆破试验进行岩体损伤计算。图 7 给出了反向起爆条件下岩体损伤分布云图以及炮孔底部装药段岩体损伤轮廓图。

3.4 计算结果比较与分析

首先比较数值计算结果和现场试验结果，根据图 7（a）可知，二者在岩体损伤破坏的宏观特征方面是比较一致的，即空气段岩体损伤相对不明显，而装药段岩体存在明显粉碎破坏区。图 7（b）是根据损伤变量阈值判断的装药段岩体损伤范围，数值计算得到的装药段保留岩体最大损伤半径约为 2.0m，与声波检测显示的爆破损伤范围为 2.1m 的结果基本吻合，因此数值模拟方法较好地反映了空气间隔装药预裂爆破岩体实际的损伤特性。

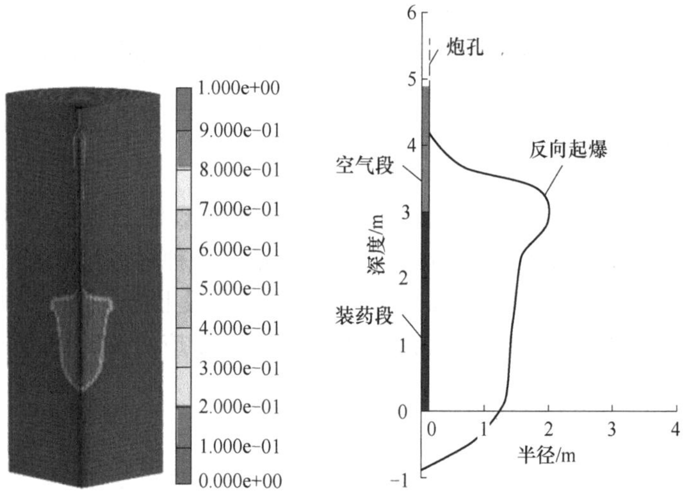

(a) (b)

图 7 岩体损伤云图以及损伤轮廓图

Fig. 7 Nephograms of rock damage zone

其次比较空气间隔装药预裂爆破与传统的预裂爆破，传统的轮廓爆破造成的岩体损伤范围一般较小，且沿着炮孔轴向损伤分布较均匀。刘美山[19] 的研究表明，预裂爆破产生的爆破破坏范围约为 4.5 倍炮孔直径，而光面爆破破坏范围约为 3 倍的炮孔直径。空气间隔装药预裂爆破数值计算结果显示，在空气段保留岩体的平均损伤半径约为 1.7 倍炮孔直径，而装药段的最大损伤半径约为 14 倍炮孔直径。这表明在岩体损伤分布特征方面，空气间隔装药预裂爆破与传统轮廓爆破存在明显的差异。

4 空气间隔装药预裂爆破装药段爆破损伤控制

在空气间隔装药预裂爆破中，由于炸药都集中在炮孔底部，在装药段岩体中产生了较为明显的损伤，影响了该轮廓爆破技术的推广应用。因此，如何采取合理起爆方式、装药结构等来降低爆破损伤区范围成为重要的研究问题。

4.1 起爆方式

刘殿书等人[20] 的研究表明，采用柱状装药结构时，起爆点的位置决定了爆轰波、岩体中的应力波以及岩石破裂的传播与发展方向。根据起爆药包在柱状装药结构中的不同位置，有正向起爆、反向起爆等不同的起爆方式，因此起爆方式对空气间隔装药预裂爆破岩体损伤特性有重要影响。为控制装药段岩体的损伤，需要确定空气间隔装药预裂爆破合理的起爆方式。

图 8（a）中给出了不同起爆方式的起爆点在柱状装药结构中的位置，正向起爆和反向起爆分别将起爆点设置在距离装药的顶部和底部 0.5m 处。通过数值计算得到正向起爆条件下的空气间隔装药预裂爆破岩体损伤云图（图 8（b）），将其与反向起爆条件下的岩体损伤云图（图 7（a））比较，描绘出不同起爆方式岩体损伤轮廓对比（见图 8（c））。

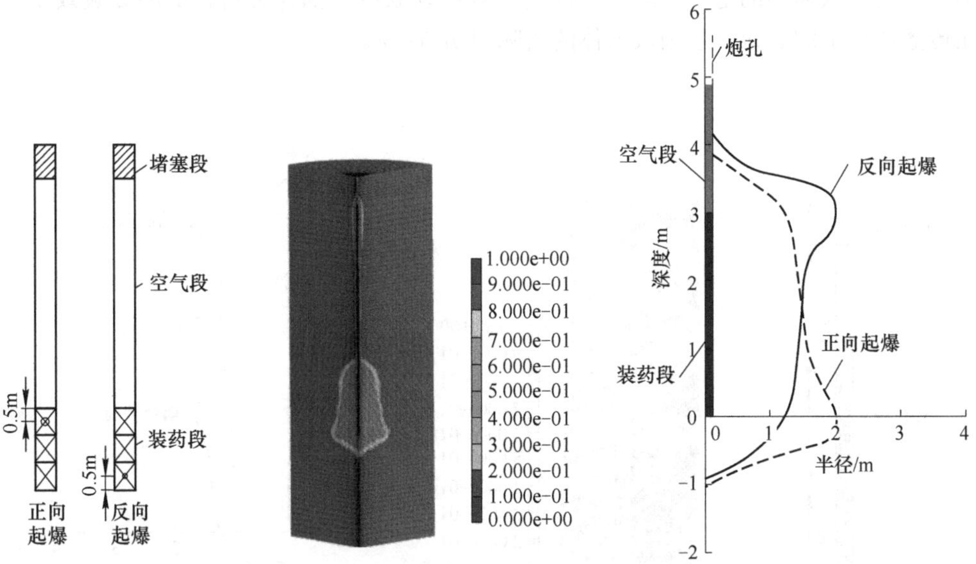

(a) 不同起爆方式　(b)正向起爆损伤分布　(c) 不同起爆方式损伤分布

图 8　反向起爆与正向起爆条件下岩体损伤对比

Fig. 8　Comparison of rock damage range in different detonation modes

根据岩体损伤云图及轮廓对比图，空气间隔装药预裂爆破在不同的起爆方式下，空气段岩体损伤均不明显，而装药段保留岩体的损伤均较大，装药段岩体损伤分布也存在着明显的差异：反向起爆岩体损伤区域主要集中在装药段上部，而正向起爆的岩体损伤区域主要集中在装药段下部，显然正向起爆不利于炮孔底部保留岩体的保护。

表 4 统计了不同起爆方式的保留岩体损伤范围，结果显示，起爆方式对岩体损伤体积以及最大损伤半径影响较小，围岩损伤总体积基本保持不变，装药段附近岩体的损伤体积也基本是一致的，而保留岩体的最大损伤半径都在 2.00m 左右。但是起爆方式对孔底围岩损伤影响存在较大差异，正向起爆方式造成的孔底岩体最大损伤深度以及损伤体积都要明显大于反向起爆，反向起爆孔底岩体的最大损伤深度和损伤体积较正向起爆分别可以减少 13% 和 68%，能更好地保护炮孔底部保留岩体。因此仅从控制岩体损伤效应的角度，反向起爆是空气间隔装药预裂爆破更合理的起爆方式。

表 4　不同起爆方式岩体损伤统计

Table 4　Rock damage data in different detonation modes

起爆方式	岩体最大损伤半径/m	炮孔底部损伤深度/m	围岩损伤总体积/m^3	装药段围岩损伤体积/m^3	孔底岩体损伤体积/m^3
反向	1.97	0.90	8.11	7.62	0.51
正向	2.04	1.04	8.19	7.70	1.60

4.2 装药结构

在钻孔爆破中，炸药与岩体的耦合状态对炮孔壁所受的峰值压力有重要影响。为了进一步控制岩体损伤效应，在装药段采用具有一定的径向装药不耦合系数的筒状药卷。为了更直观地比较岩体损伤控制效果，采取控制预裂孔总装药量不变的方式。在这种情况下，通过增加套管的方式减小装药直径为 110mm，并增大装药段的长度，实现装药径向不耦合，其装药结构如图 9（a）所示。

在计算模型中，各种介质（炸药、空气、岩石等）所采用的材料、参数和计算方法与前文所述保持一致。采用 LS-DYNA 程序计算可以得到采用筒状药卷的空气间隔装药预裂爆破的岩体损伤分布云图（见图 9（b）），以及不同装药结构岩体损伤轮廓对比（见图 9（c））。从岩体损伤分布云图可以看出，装药段采用筒状药卷可以降低装药段岩体的损伤范围。采用筒状药卷炸药爆轰后，爆炸冲击波不是直接作用在炮孔壁上，而是需要通过在空气层的传播，因此，炮孔壁面所承受的峰值压力较耦合装药明显减小。采用筒状药卷的空气间隔装药预裂爆破可以取得与耦合装药相似的爆破效果，同时由于爆炸荷载在传播过程中的衰减，装药段岩体的实际损伤范围减小。

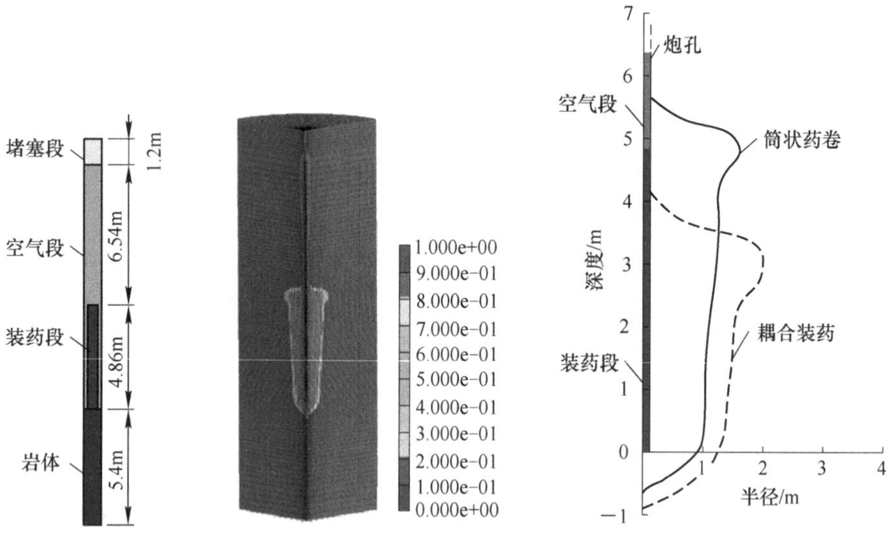

(a) 装药结构　(b) 岩体损伤云图　(c) 岩体损伤轮廓对比

图 9　不同装药结构的岩体损伤对比

Fig. 9　Comparison of rock damage range in different charge structure

表 5 统计了不同装药结构的保留岩体损伤范围，结果表明，采用筒状药卷可以减少装药段围岩损伤体积和岩体最大损伤半径，同时孔底岩体损伤深度和损伤体积均明显减小。因此，为了优化预裂爆破效果，空气间隔装药预裂爆破装药段可以采用径向不耦合的筒状药卷。

表 5　不同装药结构岩体损伤比较

Table 5　Rock damage data of different charge structures

装药结构	岩体最大损伤半径/m	炮孔底部损伤深度/m	围岩损伤总体积/m^3	装药段围岩损伤体积/m^3	孔底岩体损伤体积/m^3
筒状药卷	1.61	0.65	6.45	6.06	0.17
耦合装药	1.97	0.90	8.11	7.62	0.51

5　结论

为了研究空气间隔装药预裂爆破岩体损伤分布特征，本文采用了现场试验和数值模拟相结合的研究方法，通过比较分析现场试验结果和数值计算结果，得到如下结论。

（1）爆破损伤数值模拟方法较好地反映了实际岩体的损伤效应，数值计算结果与现场试验结果在岩体宏观损伤破坏特征、岩体损伤范围等方面是互相吻合的。

（2）现场试验和数值计算的结果比较统一地揭示了空气间隔装药预裂爆破岩体损伤分布特征，装药段存在明显粉碎破坏区；而在岩体较完整处，空气段的岩体损伤相对不明显。其岩体损伤分布特征与传统预裂爆破存在明显差异。

（3）为了控制空气间隔装药预裂爆破岩体损伤效应，可以从起爆方式、装药结构等方面采取有效的措施优化预裂爆破效果。采用反向起爆可以减小炮孔底部岩体的最大损伤深度和损伤体积；装药段采用径向不耦合的筒状药卷可以减小装药段岩体损伤范围。

需要说明的是，数值模拟分析是基于各向同性的假设，没有考虑实际工程中岩体往往存在节理、裂隙及软弱夹层等各向异性特征的影响，该方面还有待进一步研究和完善。

参考文献

[1] 杨小林，王树仁．岩石爆破损伤及数值模拟［J］．煤炭学报，2000，25（1）：19-23.

Yang Xiaolin，Wang Shuren. Rock damage by blasting and its numerical simulation［J］．Journal of China Coal Society，2000，25（1）：19-23.

[2] 朱传云，喻胜春．爆破引起岩体损伤的判别方法研究［J］．工程爆破，2001，7（1）：12-16.

Zhu Chuanyun，Yu Shengchun. Study on the criterion of rockmass damage casued by blasting［J］．Engineering Blasting，2001，7（1）：12-16.

[3] 吴亮，朱红兵，卢文波．空气间隔装药爆破研究现状与探讨［J］．工程爆破，2009，15（1）：16-19.

Wu Liang，Zhu Hongbing，Lu Wenbo. An overview and discussion of the study on air-decking blasting［J］．Engineering Blasting，2009，15（1）：16-19.

[4] Melnikov N V. Charge construction influence on explosion operations efficiency［C］// Reports of the Science Symposium on Drilling，Explosives，Explosion Operations and Study of Physical and Mechanical Properties of Rocks. Rolla，USA：Gosgortekhizdat，1962：35-38.

[5] Melnikov N V，Marchenko L N. Effective methods of application of explosion energy in mining and construction［C］// The 12th US Symposium on Rock Mechanics（USRMS）．［S. l.］：American Rock Mechanics Association，1971：359-378.

[6] Fourney W L，Barker D B，Holloway D C. Model studies of explosive well stimulation techniques［J］．International Journal of Rock Mechanics and Mining Sciences and Geomechanics Abstracts，1981，18（2）：113-127.

[7] Pal Roy P，Singh R B. Air-decking principle and its applications in production and presplit blasting［J］．CIM bulletin，2001，94（1）：60-64.

[8] Mohanty B. Wall control blasts and explosive systems［C］// C-I-L Technical.［S. l.］：［s. n.］，1981：55-59.

[9] 娄德兰．标准药卷光面爆破［J］．爆破，1994，11（2）：45-48.

Lou Delan. Standard cartridge smooth blasting［J］．Blasting，1994，11（2）：45-48.

[10] Lu W B，Hustrulid W. Further study of the mechanism of the air-decking blasting［J］．International Journal for Rock Fragmentation by Blasting，2003，7（4）：231-255.

[11] 朱红兵，卢文波，吴亮．空气间隔装药爆破机理研究［J］．岩土力学，2007，28（5）：986-990.

Zhu Hongbing，Lu Wenbo，Wu Liang. Research on mechanism of air-decking technique in bench blasting［J］．Rock and Soil Mechanics，2007，28（5）：986-990.

[12] 陈明，朱洋洋，郑炳旭，等．基于声波检测的空气间隔装药预裂爆破损伤特性研究［J］．爆破，2013，30（3）：1-4.

Chen Ming，Zhu Yangyang，Zheng Bingxu，et al. Study of damage characteristics of presplitting blasting with air-decking charge based on sound wave tests［J］．Blasting，2013，30（3）：1-4.

[13] 中华人民共和国行业标准编写组．DL/T 5389—2007 水工建筑物岩石基础开挖工程施工技术规范［S］．北京：中国电力出版社，2007.

The Professional Standards Compilation Group of People's Republic of China. DL/T 5389—2007 Construction technical specifications on rock-foundation excavating engineering of hydraulic structures［S］．Beijing：China Electric Power Press，2007.

[14] Kuszmaul J S. A new constitutive model for fragmentation of rock under dynamic loading［C］// Proceedings of the 2nd International Symposium on Rock Fragmentation by Blasting. Columbia：［s. n.］，1987：412-423.

[15] Lstc. LS-DYNA theoretical manual［R］．California：Livermore Software Technology Corporation，2003.

[16] Yang R，Brwden W F，Katsabanis P D. A new constitutive model for blast damage［J］．International Journal of Rock Mechanics and Mining Sciences and Geomechanics Abstracts，1996，33（3）：245-254.

[17] 胡英国，卢文波，金旭浩，等．岩石高边坡开挖爆破动力损伤的数值仿真［J］．岩石力学与工程学报，2012，31（11）：2204-2213.

Hu Yingguo，Lu Wenbo，Jin Xuhao，et al. Numerical simulation for excavation blasting dynamic damage of rock high slope［J］．Chinese Journal of Rock Mechanics and Engineering，2012，31（11）：2204-2213.

[18] 郑炳旭．经山寺铁矿优化开采综合爆破技术［J］．岩石力学与工程学报，2012，31（8）：1530-1536.

Zheng Bingxu. Multiple blasting techniques for exploitation optimizion of Jinshan temple iron mine [J]. Chinese Journal of Rock Mechanics and Engineering, 2012, 31 (8): 1530-1536.

[19] 刘美山. 特高陡边坡开挖爆破技术及其对边坡稳定性的影响 [博士学位论文] [D]. 合肥: 中国科学技术大学, 2007.

Liu Meishan. The excavation blasting technique of particularly high and steep slope and the influence on its stability [Ph. D. Thesis] [D]. Hefei: University of Science and Technology of China, 2007.

[20] 刘殿书, 谢夫海, 陈寿峰. 起爆方式对岩石爆破破碎影响的数值模拟研究 [J]. 中国矿业大学学报, 1999, 28 (6): 605-607.

Liu Dianshu, Xie Fuhai, Chen Shoufeng. Numerical simulation on rock fragmentation by blasting under different detonation manners [J]. Journal of China University of Mining and Technology, 1999, 28 (6): 605-607.

露天煤矿高温爆破施工工艺与组织管理

崔晓荣[1,2]

(1. 宏大矿业有限公司，广东 广州，510623；
2. 广东宏大爆破股份有限公司，广东 广州，510623)

摘　要：为了安全高效地实施高温爆破作业，对高温爆破的安全保障措施、施工工艺流程和现场组织管理进行了研究和分析。首先，通过综合分析煤层自燃露天矿山地质条件、开采成本、施工效率、爆破器材性能等因素，提出从控制高温爆破环境、提高爆破器材耐热性能和优化爆破施工工艺三个方面共同构筑防火墙保障施工安全；其次，分析了高温爆破作业的施工工艺流程，其核心一是要进行大量的专项准备工作，并将爆破工艺环节中的警戒和联网前置以便缩短爆破器材留置在高温炮孔中的时间，二是抓好联网和装药两个重要工艺并明确操作标准和质量标准；最后，将安全保障措施和施工工艺要求落实到现场组织管理中并可靠执行。实践表明，通过规范化的安全措施、施工工艺和组织管理，能够实现安全高效的高温爆破作业。

关键词：露天煤矿；高温爆破；煤矿自燃；安全措施；施工工艺；施工管理

Construction Technology and Organization of Blasting in Opencast Coal Mine with High Temperature

Cui Xiaorong[1,2]

(1. Hongda Mine Co., Ltd., Guangdong Guangzhou, 510623;
2. Guangdong Hongda Blasting Co., Ltd., Guangdong Guangzhou, 510623)

Abstract: The safety measures, construction process and site management of high-temperature blasting zone were discussed for the safety and efficiency of construction project. First of all, by comprehensively analyzing the factor of the geology, the mining cost, the mining efficiency of open-pit coal mine with spontaneous combustion and the properties of explosive materials, the safety firewall was put forward from three aspects, including controlling high-temperature surroundings, improving the heat resistance properties of explosive materials and shorting the indwelling time of explosive materials in blasting-holes. Secondly, by discussing the construction process of high temperature blasting, the key method was considered to prepare special measures, and to strengthen the operation & quality standard of ignition circuit and charging. Finally, the safety measures and the technology requirements were implemented to the site organization and management. Practice shows that the efficient high temperature blasting operation can be performed by the standardization of safety measures, construction technology and organization management.

Keywords: opencast coal mine; high-temperature blasting; coal spontaneous combustion; safety measures; construction technology; construction organization

煤层露头火灾是指在自然环境下未开采的煤炭因氧化聚热沿煤层露头引发的燃烧现象，煤层自燃不断向深部发展所形成的大面积煤田火灾，是人类面临的重大自然灾害之一。我国西北、华北和东北地区蕴藏着占全国储量80%以上，年产量占全国60%~70%的巨厚煤层，煤炭大多燃点很低，加上干旱少雨，在季风和烈日照射的综合作用下，极易发生煤田火灾。根据调查，我国北方煤田自燃火区有

基金项目：广东省产学研合作院士工作站项目（2013B090400026）。
原载于《爆破》，2016，33（2）：149-154。

56 处，累计燃烧面积 720km^2，正在燃烧的火区面积 17.20km^2，已烧失的煤炭为 42.2 亿吨，每年直接烧失煤炭 2000 万吨，主要集中于北纬 35°~45°，以新疆、宁夏和内蒙古西部的煤层自燃火灾最为严重[1,2]。在进行自燃煤层的露天开采或者灾害治理时，无论是采取先灭火后爆破还是先高温炮孔临时降温后爆破的方法，由于地下火区的隐蔽性和地质环境的复杂性，将火区矿山治理到自然的原始状态是很困难的，所以在火区煤矿开采时不可避免地遇到高温深孔台阶爆破[3-5]，如宏大现施工的宁煤集团大峰矿和汝箕沟矿、宁夏大石头煤矿和林利煤矿等。

1 高温爆破施工特性分析

1.1 煤矿自燃露天矿山的特点

在我国西北地区，不少煤矿矿山由于干旱少雨、煤层埋藏较浅，煤炭在太阳辐射和风化的综合作用下，地表附近的土层和煤岩体发生热破坏，结构变得松散，这不仅使煤体产生了大量自由面，易于煤氧复合反应，还为氧气的渗入提供了漏风通道，形成煤炭自燃现象。地下开采过程中，采煤巷道以及采煤放顶进一步加剧了氧气渗入，与煤表面的活性结构发生物理吸附、化学吸附和化学反应，放出热量并导致热量不断聚集，煤温不断上升；随着煤温上升，煤岩体内的热应力逐渐增大，热破坏加剧，使得煤层空隙率增大，自由表面增多，同时火风压随着煤温的上升也逐渐增大，漏风强度和耗氧速度也随之加大，加速了煤氧复合反应[6-9]。

因此，由地下开采转入露天复采的煤层自燃矿山，往往牵涉到较大规模的高温岩体爆破剥离。从煤层自燃发火过程可以看出，松散煤体内的漏风流场、氧浓度场、温度场相互作用、相互影响，而且随着时间和空间的变化而变化，矿山地质条件十分复杂，往往因技术、经济等方面的原因，难以做到完全灭火后再露天开采。地采转露采煤炭自燃矿山地质条件异常复杂，漏风流场、氧浓度场、温度场更加复杂，矿山高温区分布和温度高低因季节、气温、风向等不断变化，给高温爆破安全施工带来了很大的不确定性。

1.2 露天煤矿高温爆破要点

我国最新颁布的《爆破安全规程》（GB 6722—2014）中，定义“高温岩石爆破”为“在高于60℃的岩石中实施的爆破作业”。通过近三年来的现场统计分析，露天煤矿高温爆破的炮孔绝大部分在200℃以下，浇水降温效果明显，温度回升较慢；少部分处于200~300℃，浇水降温效果较差，温度回升较快；超过300℃的炮孔很少，浇水降温难，温度回升快，无有效措施不宜装药爆破。

考虑到煤矿自燃露天矿山的地质复杂性，高温环境不断演变的随机性和不确定性，加上爆破器材品种单一性[2,10]，很难采取单一措施保障高温爆破施工安全，不少矿山因地制宜地采取组合措施并固化成经验和工艺流程（见表1）进行300℃以下高温炮孔爆破，实现地采转入露天复采回收隐患资源，同时达到灾害环境治理的目的。

表1 不同高温爆破矿山施工特点

Table 1 Characters of high-temperature blasting in opencast coal mine

矿山	高温矿山特点	爆破器材选择	装药流程	优点	缺点
大峰矿	高温孔数量多，温度分布范围广，部分高达 300~600℃；矿山岩石裂隙发育，孔壁破碎	粉状乳化炸药，导爆索起爆网路	装药环节，先铺设和连接地表起爆网路，再将一端配重的导爆索丢到孔底，再装填粉乳，最后堵塞	散装炸药，装药的连续性好，可防卡孔断药及盲炮	“少孔多爆”原则，最多8孔一爆，装药总时间短。频繁爆破，影响正常挖运生产
大石头矿	高温孔数量多，温度分布范围广，部分高达 300~600℃；基建剥离范围内孔壁相对完整	胶状乳化炸药，孔内导爆索起爆，孔外导爆管雷管起爆网路	先装胶状乳化炸药，再装最后一卷绑扎导爆索的乳化炸药起爆药包，孔口起爆方式	胶状乳化炸药耐温性能较佳，属于抗水型炸药	包装型炸药，装药过程中可能因高温孔壁破碎导致卡孔现象。频繁爆破，影响正常挖运生产

续表 1
Continues Table 1

矿山	高温矿山特点	爆破器材选择	装药流程	优点	缺点
汝箕沟矿	高温孔数量较多，但异常高温孔（超过200℃）的不多；炮孔岩壁相对完整	通常采用导爆索起爆网路和粉状乳化炸药；大量注水降温炮孔装填胶状乳化炸药	装药环节，先铺设和连接地表起爆网路，再将一端配重的导爆索丢到孔底，再装填粉乳，最后堵塞。异常高温孔，大量注水降温确保温度反弹慢，改用胶状乳化炸药	装填散装炸药，传爆连续，防卡孔断药，防盲炮	“少孔多爆”原则，最多8孔一爆，装药总时间短。频繁爆破，影响正常挖运生产
林利矿	高温孔较少，温度不高（低于200℃），炮孔岩壁相对完整	胶状乳化炸药、孔内导爆索起爆	先浇水降温，再装药爆破。先装常温孔，再装高温孔	对正常挖运作业影响小	无

300℃以上高温区域，如果岩石节理发育，直接用专用机械拆解后再挖装；如果岩石节理不发育，一般将该区域留成孤岛，让岩石在高温中烧烤并喷水促进裂隙发育，再用专用机械拆解，必要时布置1~3个炮孔辅助破碎，采取紧急装药措施。尽管煤层自燃露天矿山的特点各不相同，但普遍认为高温爆破施工安全是此类矿山开采的重点和难点，均采取了一定的技术和管理措施来保障施工安全，共性是统筹分析技术、经济、安全、效率等方面的制约因素，综合应用多项技术管理措施共同构筑起一道道安全防火墙，确保高温爆破施工安全。

1.3 露天煤矿高温爆破的工艺流程

经调研分析，涉及露天煤矿高温爆破的矿山，虽采取了不同的爆破器材和组织管理措施，但是基本指导原则和工艺流程是类似的，首先是对炮孔进行降温，其次是优选耐高温爆破器材或者进行耐温防护，最后是尽量减少炸药在高温环境中的时间。一般情况下，将炮孔降温和炸药耐温防护作为高温爆破装药前的专项准备工作，而减少炸药在高温环境中时间通过优化调整装药爆破流程来实现，并确保各工艺环节之间顺畅。

与常温爆破相比，高温爆破施工工艺流程（见图 1）的不同点主要体现在如下几个方面。

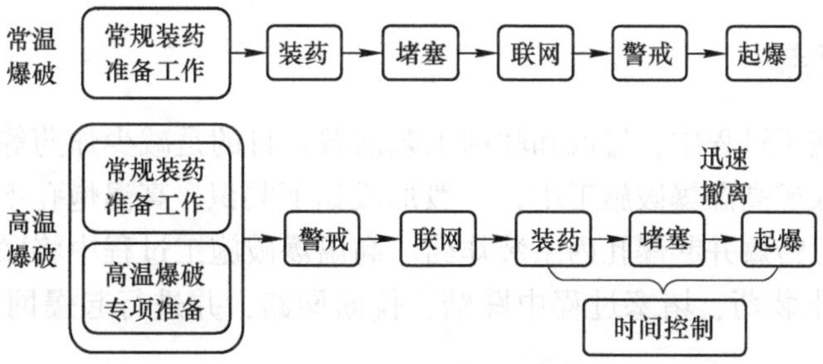

图 1 高温爆破施工流程图

Fig. 1 Process sequence for high-temperature blasting

(1) 大量的高温爆破专项准备工作，包括爆破方案设计阶段和装药爆破施工阶段的工作。

(2) 常规爆破工艺环节的顺序是“装药”“堵塞”“联网”“警戒”和“起爆”，高温爆破时将“警戒”和“联网”前置。

(3) 高温爆破时需要严格控制装药时间，指从“装药”（爆破器材进入高温炮孔内）开始至“起爆”的时间段，一般包括“装药”“堵塞”和“起爆”三个环节。

2 高温爆破专项准备工作

总结多个涉及高温爆破施工矿山的经验教训，认为高温爆破专项准备工作主要分以下几个方面保障高温爆破施工安全：

(1) 设计阶段要对高温爆破有的放矢，包括高温炮孔测温和高温爆破方案设计，方案设计力求影响因素考虑周全、技术和管理措施针对性强、易于技术交底落实、施工工艺操作方便；

(2) 施工阶段采取有效措施降低炮孔温度来保障安全，包括异常高温炮孔降温、高温炮孔降温效果监控与评价、爆破器材的耐热防护及二次加工等；

(3) 为缩短装填炸药在高温炮孔环境下的时间，充分做好相应工艺环节的准备工作，包括装填炮孔集中验收防止装药卡孔、炮孔堵塞材料灌袋以便高效率高质量堵孔、精确分配每孔所需装炸药、提高装药速度并避免炸药补领、避免分配炸药多余影响装药后的迅速撤离等（见图 2）。

另外，应急预案的编制、演练、应急器材的准备等，是高温爆破施工安全的最后一道防线，也是高温爆破专项准备工作的重要内容之一。

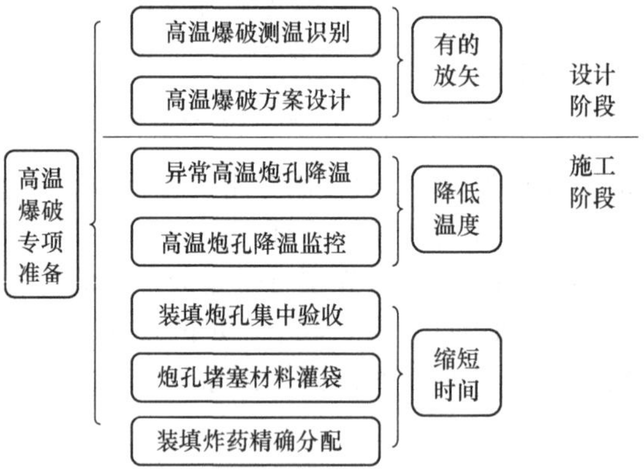

图 2　高温爆破专项准备工作

Fig. 2　Special preparations for high-temperature blasting

3　高温爆破施工组织与保障措施

除了繁杂而细致的高温爆破专项准备工作，高温爆破装药爆破施工中最重要的两个工艺环节是“联网”和“装药”，要有条不紊地组织，确保衔接顺畅、质量可靠。

3.1　起爆网路连接要点

高温爆破装药爆破施工过程中，警戒和联网工艺前置，目的是减少炸药等爆破器材留置在高温炮孔中的时间。国内露天煤矿高温爆破施工中，一般形成如下共识，高温炮孔不用雷管起爆，用耐温能力相对较强的导爆索进行传爆并起爆孔内主装炸药。高温爆破施工过程中将联网工艺前置，所以联网的过程中理顺网路，防止装药、堵塞过程中踩踏、拉断网路，并进行起爆网路检查无误后方可开始装药[11,12]。

3.2　高温孔装药爆破工艺

选用适合露天煤矿火区高温爆破的主装炸药时，不仅要考虑炸药的耐高温性能，还要考虑炸药成本以及与起爆器材的匹配情况。露天煤矿高温爆破时，往往仍采用常规民用炸药，一般通过提高炸药耐温性能、降低装药环境温度、炸药隔热防护和缩短炸药受热时间等一项或多项措施使其满足施工安全要求。综合分析炸药的耐热性能、抗水能力、包装形式、装药工艺等，高温爆破主装炸药普遍采用胶状乳化炸药或粉状乳化炸药。

3.2.1　粉状乳化炸药主装药工艺流程

当主装药采用粉状乳化炸药时，施工工艺如图 3 所示，其好处是装药时不会卡孔，但是炸药的防水性能较差，不能采用边灌水降温边装药法和“水袋”药包花装法（装药过程中向炮孔中丢水袋，水袋坠落过程中破碎，水流淌出来对炸药进行降温）施工。散装的粉状乳化炸药难以进行隔热防护，当炮孔温度高且难以降温时应慎用，降温后炮孔内部有积水时亦不宜采用。

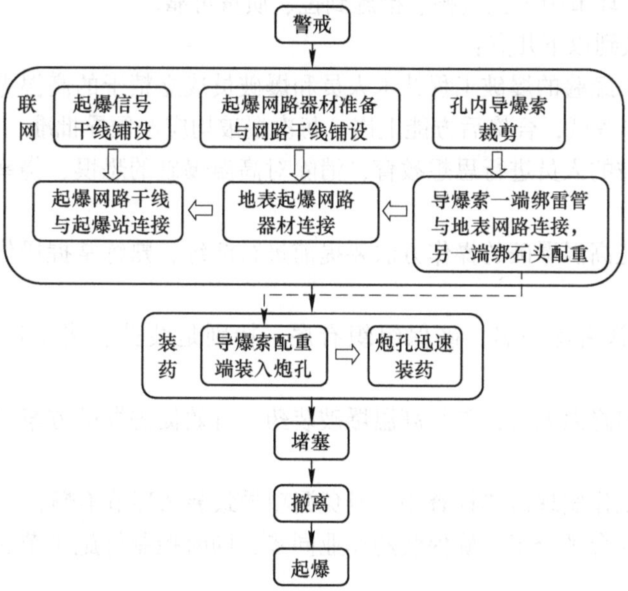

图 3 粉状乳化炸药装药工艺

Fig. 3 Process sequence of charging powder emulsion explosive

一切准备工作就绪后，在爆破总指挥的指令下，装药人员按照预先分工同步开始装药，先放导爆索到孔底（导爆索一端配重），再往炮孔内装定量散装炸药，然后用已装袋的堵塞材料进行堵孔，完成装药后迅速撤离，人员全部撤离到安全位置后立即起爆。

3.2.2 胶状乳化炸药主装药工艺流程

当主装药采用胶状乳化炸药时，施工工艺如图 4 所示，其好处是防水性能较好，可以采用边灌水降温边装药法或“水袋”药包花装法施工。但是，成品胶状乳化炸药装药时可能会出现卡孔的现象，影响装药效率，装药质量亦难以保证；因此采用该技术时，在装药前一定要 100%验孔，当爆破区域岩石完整性差时炮孔不宜过深（一般不超过 8m），尽量避免装药过程中卡孔。

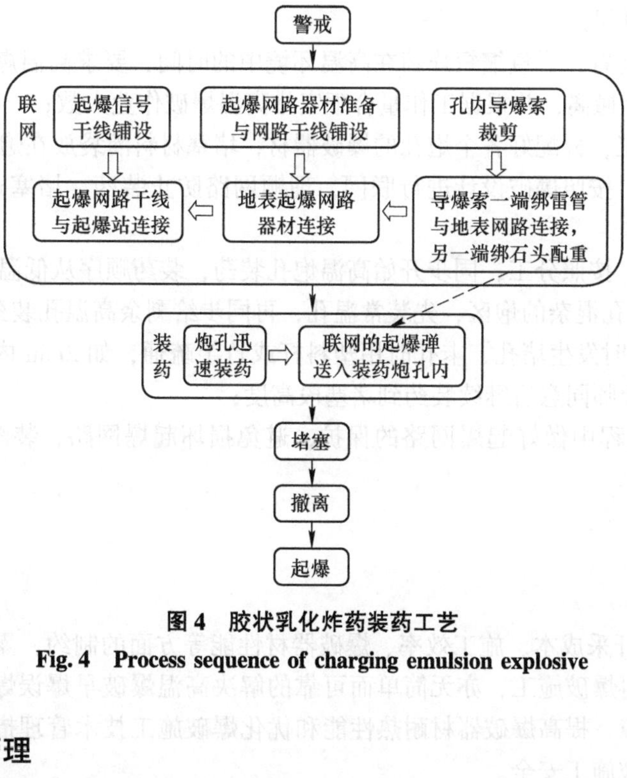

图 4 胶状乳化炸药装药工艺

Fig. 4 Process sequence of charging emulsion explosive

3.3 高温爆破技术管理

为了保证深孔高温爆破的施工安全，分别从技术和管理上总结经验教训，并进行安全技术交底和专业技能培训，确保施工环节中工艺流畅、措施到位、质量可靠。

在管理方面，主要做到以下几点：

（1）选择有丰富施工经验的爆破工程技术人员和爆破员成立精干的高温爆破作业小组，并对小组进行技术培训和技能操作考试，合格后方能上岗，每次爆破均应经领导批准；

（2）对参加高温爆破的人员进行思想教育，消除对高温爆破的恐惧、侥幸和麻痹心理，严格听从统一指挥；

（3）爆破人员对深孔高温爆破的操作方法要提前进行演练，熟练掌握操作规范，满足质量和效率的要求；

（4）装药过程中设总指挥一名，确保组织有序，特别是装药、堵塞环节，要同步开始、协调一致；

（5）爆破设计和测温降温人员，参与高温爆破装药，有效促进爆破方案设计务实规范和提高炮孔测温降温人员的责任心；

（6）装药前的准备工作实现清单检查制，避免漏项导致装药环节不畅；

（7）爆破现场总指挥合理分工，确保装药作业同步，同时控制好施工节奏和装药质量，操作标准规范、紧张有序；

（8）统一做好应急预案，不断总结施工中的经验教训，确保持续进步。

在技术方面，主要做到以下几点：

（1）矿山施工过程中，及时、准确地识别高温炮孔，并进行标记、编号；

（2）根据高温爆破区域分布及各个高温炮孔的特点，进行高温爆破施工的方案设计（含爆破器材合理选型、二次加工、科学试验等）和施工组织设计，必要时合理调整爆区规模，分次爆破以减少装药时间和现场同时作业人数；

（3）技术措施具有针对性，经济合理，按照炮孔初始温度、降温方法和降温难度，采取不同的技术措施；

（4）装药前复测孔温，按照设计要求采取降温措施，并测量验证降温效果，降温效果不能满足设计要求的放弃装药；

（5）准备装药前，检查炮孔是否有塌孔、堵孔等现象，发现塌孔、堵孔装药前进行处理，不得边装药边处理，延长装药时间；

（6）爆破警戒工作前置，尽量缩短炸药在高温环境中的时间，要求高温爆破作业面附近的非爆破作业人员应在装药前全部撤离，并根据工作量合理安排高温爆破作业人数；

（7）装药前合理分工，分配好各个炮孔的爆破器材，堵塞材料灌袋放在炮孔边；

（8）联网工作前置，按照爆破设计进行联网，理顺网路防止装药、堵塞过程中踩踏、拉断网路，并进行网路检查；

（9）在统一指挥下，按照分工，同步开始高温炮孔装药，装药顺序从低温孔到高温孔；

（10）常温孔和高温孔混杂的炮区，先装常温孔，再同步给剩余高温孔装药；

（11）高温炮孔装药时发生堵孔、卡孔时用塑料杆或竹竿疏通，如2min内不能成功疏通，则不再疏通，征得现场爆破工程师同意后继续装药到堵塞段高度；

（12）装药、堵塞过程中做好起爆网路的保护，避免损坏起爆网路，装药堵塞完毕后迅速撤离，立即起爆。

4 结论

（1）因矿山地质、开采成本、施工效率、爆破器材性能等方面的制约，露天煤矿高温爆破施工很难做到完全灭火降温后再爆破施工，亦无简单而可靠的解决高温爆破早爆误爆事故的良方，只能通过消除或控制高温爆破环境、提高爆破器材耐热性能和优化爆破施工技术管理措施三个方面共同构筑防火墙，综合保障高温爆破施工安全。

（2）与常温爆破施工相比，高温爆破施工需要大量专项准备工作，同时将爆破工艺环节的警戒和联网前置，装药堵塞完毕后迅速撤离并立即起爆，尽量缩短爆破器材留置在高温炮孔中的时间。

（3）联网和装药是高温爆破施工中的重要工艺环节，通过技术和管理措施将流程中各个环节固化，确保各项工作有条不紊、高效率高质量地进行。

参 考 文 献

[1] 管海宴，冯·亨特伦，谭永杰，等．中国北方煤田自然环境调查与分析［M］．北京：煤炭工业出版社，1998.

[2] 郑炳旭．中国高温介质爆破研究现状与展望［J］．爆破，2010，27（3）：13-17，35.
Zheng Bingxu. Current status and prospect of high-temperature blasting research in China［J］. Blasting，2010，27（3）：13-17，35.

[3] 周名辉，唐洪佩，杨开山．露天煤矿高温爆破技术研究［J］．爆破，2014，31（2）：119-122.
Zhou Minghui，Tang Hongpei，Yang Kaishan. Study of high temperature area blasting in opencast coal mine［J］. Blasting，2014，31（2）：119-122.

[4] 许晨，李克民，李晋旭，等．露天煤矿高温火区爆破的安全技术探究［J］．露天采矿技术，2014（4）：73-75，89.
Xu Chen，Li Kemin，Li Jinxu，et al. Security technology research on high-temperature fire area blasting in surface mine［J］. Opencast Mining Technology，2014（4）：73-75，89.

[5] 蔡建德．露天煤矿高温区爆破安全作业技术研究［J］．工程爆破，2013，19（1/2）：73，92-95.
Cai Jiande. Security technology of high-temperature blasting in open pit coal mine［J］. Engineering Blasting，2013，19（1/2）：73，92-95.

[6] 李增华．煤炭自燃的自由基反应机理［J］．中国矿业大学学报，1996，25（3）：111-114.
Li Zenghua. Mechanism of free radical reactions in spontaneous of coal［J］. Journal of China University of Mining and Technology，1996，25（3）：111-114.

[7] 罗道成，刘俊峰．不同反应条件对煤中自由基的影响［J］．煤炭学报，2008，33（7）：807-811.
Luo Daocheng，Liu Junfeng. Effect of different reaction conditions on the free radicals in coal［J］. Journal of China Coal Society，2008，33（7）：807-811.

[8] Lopeza D，Sanadab Y，Mondragona F. Effect of low-temperature oxidation of coal on hydrogen-transfer capability［J］. Fuel，1998，77（14）：1623-1628.

[9] Wang H. Theoretical analysis of reaction regimes in lowtemperature oxidation of coal［J］. Fuel，1999，78（9）：1073-1081.

[10] 束学来，郑炳旭，郭子如，等．耐热炸药机理分析与优化浅析［J］．工程爆破，2014，20（5）：59-63.
Shu Xuelai，Zheng Bingxu，Guo Ziru，et al. Mechanism and optimization analysis of heat resistant explosives［J］. Engineering Blasting，2014，20（5）：59-63.

[11] 崔晓荣，周听清，李战军．超大规模起爆网络在拆除爆破中的应用研究［J］．爆破器材，2009，38（1）：14-17.
Cui Xiaorong，Zhou Tingqing，Li Zhanjun. Application study on super priming circuit used in blasting demolition［J］. Explosive Materials，2009，38（1）：14-17.

[12] 崔晓荣，李战军，周听清，等．拆除爆破中的大规模起爆网络的可靠性分析［J］．爆破，2012，29（2）：110-113.
Cui Xiaorong，Li Zhanjun，Zhou Tingqing，et al. Reliability analysis of larger-scale priming circuit used in blasting demolition［J］. Blasting，2012，29（2）：110-113.

牙轮钻工作参数与岩体强度对应关系的理论分析与实验研究

郭汝坤[1]　冯　春[1]　李战军[2]　乔继延[1]　李世海[1]

（1. 中国科学院力学研究所 流固耦合系统力学重点实验室，北京，100190；
2. 广东宏大爆破股份有限公司，广东 广州，510623）

摘　要：以露天矿开采为背景，基于牙轮钻单齿冲击压入破岩的机理，借助理论分析及现场实验，建立了牙轮钻的工作参数（进尺速度、钻杆轴压、转速）与岩体强度（黏聚力、内摩擦角）的对应关系。理论分析时，基于布西内斯科问题弹性力学解和 Drucker-Prager 塑性准则，给出了单齿压入破碎区域的几何形态，建立了单齿破岩体积与钻杆轴压、黏聚力、内摩擦角间的函数关系；并根据钻杆旋转一周单齿破岩体积的累积量和宏观破岩体积相等，建立了进尺速度、转速与单齿破岩体积的对应关系。理论分析的结果表明，单齿作用下，破碎区域基本呈椭球形，并在压入点附近的表层出现薄层破碎；进尺速度与转速呈线性关系，进尺速度与钻杆轴压呈 3/2 次方的关系，进尺速度与黏聚力呈-3/2 次方的关系，内摩擦角对进尺速度的影响可以忽略。在鞍千矿南采区进行了牙轮钻钻进规律的现场实验，研究了进尺速度与钻杆轴压、转速、黏聚力间的对应关系，得到了与理论分析一致的结果。研究成果可以为牙轮钻工作参数的优化设计及岩体强度的动态测试提供依据。

关键词：牙轮钻；单齿破岩体积；轴压；进尺速度；岩体强度；D-P 塑性准则

Theoretical and Experimental Studies on Relationship between Working Parameters of Cone Drill and Rock Strengths

Guo Rukun[1]　Feng Chun[1]　Li Zhanjun[2]　Qiao Jiyan[1]　Li Shihai[1]

(1. Key Laboratory for Mechanics in Fluid Solid Coupling Systems, Institute of Mechanics, Chinese Academy of Sciences, Beijing, 100190; 2. Guangdong Hongda Blasting Co., Ltd., Guangdong Guangzhou, 510623)

Abstract: The relationship between operating parameters of cone drill (drilling speed, drill pipe axial force, rotational speed) and rock mass strengths (cohesion, internal friction angle) is established by means of theoretical analysis and field tests based on the single-tooth impact and pressure rock fragmentation mechanisms. The geometrical morphology of broken area by single-tooth is obtained, and the relationship among single-tooth rock fragmentation volume, drill pipe axial force, cohesion and internal friction angle is established based on the Boussinesq elasticity solution and D-P plastic criterion in theoretical analysis. The relationship among single-tooth rock fragmentation volume, drilling speed and rotational speed established by the relationship that the accumulation of single-tooth rock-breaking volume and the macro rock volume is equal when the drill pipe rotates a circle. The results of theoretical analysis show that the fractured area basically exhibits ellipsoid and a thin layer in the surface layer under the single-tooth pressure. The relationship between drilling speed and rotational speed is linear, that between drilling speed and drill pipe axial force is 3/2 power,

基金项目：国家重点基础研究发展计划项目（2015CB250903）；中国科学院战略性先导科技专项 B 类（XDB10030303）；国家自然科学基金青年基金项目（11302230，11302229）；广东宏大爆破股份有限公司“基于数字模拟的露天爆破设计软件”研发项目（0980011081）。

原载于《岩土工程学报》，2016，38（7）：1221-1229。

and that between drilling speed and cohesion is −3/2 power. The influence of internal friction angle on the penetration rate can be ignored. Field tests on the drilling law of conedrill are conducted in the south mining area of Anqian Mine, and the relationship among drilling speed, drill pipe axial force, rotational speed and cohesion is obtained. The theoretical analysis and the actual measurements coincide fairly well. The research achievements may provide a basis for the optimization design of working parameter of conedrill and dynamic tests on rock mass strengths.

Keywords: cone drill; single−tooth rock fragmentation volume; axial force; drilling speed; rock mass strength; D−P plastic criterion

1 引言

牙轮钻是露天矿爆破开采的主要破岩工具，其工作性能直接影响到钻孔质量、钻进速度以及钻孔成本[1]。牙轮钻的破岩过程十分复杂，影响因素较多，研究牙轮钻头的破岩机理，揭示钻进过程中各参量之间的内在联系，合理选择破岩参数进行高效破岩，一直是理论界和工程界的关注重点，具有较高的研究价值[2]。

在牙轮钻的钻头上镶嵌有成排排列并凸出于圆锥面的破岩刃具（见图 1），牙轮钻工作时，钻杆将压力和扭矩传递给牙轮钻头，钻头一方面向孔底挤压，另一方面进行自转及公转，从而引起牙轮表面的破岩刃具不断地冲击压入岩石，并最终导致岩石在压力和冲击力作用下的破碎解体。

图 1 牙轮钻钻头照片
Fig. 1 Photo of cone drill bit

国内外的专家、学者对单齿破岩机理进行了大量的研究，并取得了丰硕的成果。Lawn[3]、Lindqvist[4] 给出了基于 Boussinesq 应力场的裂纹产生机理；Hertz[5] 对脆性材料侵入过程中裂纹的产生机制进行了研究，采用球形压头进行侵入试验发现了赫兹裂纹，并解释了其产生机理；Ostojic 等人[6] 对钝压头侵入时裂纹的形成过程进行了总结和描述；赵伏军等人[7] 研究了动静载荷耦合作用下压头侵入岩石的断裂性质，研究了钻进过程中裂纹长度和载荷、侵入速度之间的关系；刘清友等人[8] 建立了盘式单牙轮钻头破岩机理仿真模型，并与试验结果进行了对比；Liu 等人[9] 基于 RFPA 软件研究了岩屑坑的形成过程，建立了裂纹计算经验模型；石祥超等人[10] 应用 $FLAC^{3D}$ 模拟了单齿加载速度对侵入破岩的影响；Su 等人[11] 采用颗粒流 PFC^{3D} 对岩石的切削破坏进行了模拟，取得了和试验较为一致的结果；祝效华等人[12] 研究了钻井过程中钻柱、钻头、岩石相互作用下的牙轮钻头动力学特性；马德坤[13] 对牙轮钻头的几何学、运动学以及钻头与岩石的相互作用做了系统的分析研究。

总体而言，现有的理论和分析对于单齿作用下裂纹的产生机理、空间形态及牙轮钻头的几何学、运动学有了较为深刻的认识，但关于钻头破岩效果与钻杆轴压、转速、牙齿形状、岩石力学性质等因素之间关系的研究却鲜见报道。

本文基于布西内斯科问题弹性力学解和 D-P 塑性准则研究了钻杆轴压、岩石黏聚力、内摩擦角对单齿破岩体积的影响规律；并根据钻杆旋转一周单齿破岩体积的累积量和宏观破岩体积相等，建立了进尺速度与钻杆轴压、转速、岩石性质之间的定量表达式；通过鞍千矿南采区的现场实验，证明了上述表达式的准确性。

2 牙轮钻破岩过程的理论分析

单齿冲击压入破岩是牙轮钻的主要破岩模式，牙轮钻的单齿破岩体积及旋转一周的单齿破岩次数是影响宏观进尺速度的主要因素。

牙轮钻钻进过程中，涉及的工作参数包括轴压、转速、进尺速度及扭矩等，其中轴压及转速为可控参数，进尺速度与扭矩为响应参数；涉及的岩体强度参数包括黏聚力、内摩擦角及抗拉强度等。

考虑到钻孔底部的岩石主要受牙轮钻刃具的冲压作用，扭矩及岩体抗拉强度影响不大，因此本文将重点研究牙轮钻钻进过程中轴压、转速、进尺速度与岩体黏聚力、内摩擦角的对应关系。

首先研究轴压 N、转速 n_T、进尺速度 v 和单齿破岩体积 V_0 之间的关系，接着研究单齿破岩体积和单齿压力、岩体黏聚力、内摩擦角的对应关系，最后建立牙轮钻钻进过程中轴压、转速、进尺速度与岩体黏聚力、内摩擦角的对应关系。

2.1 工作参数 N，n_T，v 和单齿破岩体积的对应关系

若某瞬间钻杆轴压为 N，3 个牙轮此时刻母线上有 k_1，k_2，k_3 个齿与岩石同时接触，一个齿上所受到的力为 F，

$$F = \frac{N}{k_1 + k_2 + k_3} \tag{1}$$

设 k 个齿破碎的岩石体积为 ΔV，其表达式为

$$\Delta V = kV_0 \tag{2}$$

式中 V_0——单齿破岩体积。

一个牙轮自转一周能破碎的体积 V_i 可表述为

$$V_i = \sum_{j=1}^{m_1} (\Delta V)_i = \sum_{j=1}^{m_1} (k_i V_0)_j \tag{3}$$

3 个牙轮自转一周所能破碎的岩石体积可表述为

$$V = V_1 + V_2 + V_3 \tag{4}$$

设牙轮自转一周的时间内，各齿的破岩体积均相等（为 V_0），则式（4）可进一步表述为

$$V = \left(\sum_{j=1}^{m_1} (k_1)_j + \sum_{j=1}^{m_2} (k_2)_j + \sum_{j=1}^{m_3} (k_3)_j \right) V_0 \tag{5}$$

式中 m_1，m_2，m_3——牙轮 1，2，3 上布齿的母线数，令

$$K = \sum_{j=1}^{m_1} (k_1)_j + \sum_{j=1}^{m_2} (k_2)_j + \sum_{j=1}^{m_3} (k_3)_j \tag{6}$$

则式（6）可进一步表述为

$$V = KV_0 \tag{7}$$

当牙轮钻机及牙轮钻头型号确定时，K 为常数。

若牙轮钻头孔底角 $\alpha=0$，牙轮主锥角为 $2\varphi_0$，则牙轮转速 n_L 和钻头转速 n_T 之间的关系式为

$$\frac{n_T}{n_L} = \sin\varphi_0 \tag{8}$$

钻进过程中，根据钻杆转动一周单齿破岩体积的累积值和通过进尺计算的破岩总体积相等的原则，建立单齿破岩体积 V_0 和钻杆轴压 N、进尺速度 v、转速 n_T 之间的关系为

$$\frac{\pi R^2 v}{n_T} = V\frac{1}{\sin\varphi_0} = KV_0\frac{1}{\sin\varphi_0} \tag{9}$$

式（9）可进一步表述为

$$v = \frac{Kn_{\mathrm{T}}}{\pi R^2 \sin\varphi_0} V_0 \tag{10}$$

式中 R——钻孔半径。

接下来建立单齿破岩体积 V_0 和岩体强度之间的关系。

2.2 单齿破岩体积和岩体强度的对应关系

2.2.1 单齿作用应力解及破碎区表述

单齿压入过程中岩体内部的应力状态分析可以简化为半无限空间受法向集中力作用的问题，即布西内斯科（Boussinesq）问题（见图2），该问题在柱坐标系下的弹性力学解式为

$$\left.\begin{aligned}
\sigma_\rho &= \frac{F}{2\pi R^2}\left[(1-2\mu)\frac{R}{R+z} - \frac{3\rho^2 z}{R^3}\right] \\
\sigma_\theta &= \frac{(1-2\mu)F}{2\pi R^2}\left(\frac{z}{R} - \frac{R}{R+z}\right) \\
\sigma_z &= -\frac{3Fz^3}{2\pi R^5} \\
\tau_{z\rho} &= -\frac{3F\rho z^2}{2\pi R^5} \\
\tau_{\theta\rho} &= 0 \\
\tau_{z\theta} &= 0
\end{aligned}\right\} \tag{11}$$

式中 F——单点的压力；
R——空间一点距作用点的距离；
z，ρ——柱坐标系坐标；
μ——泊松比；
σ_ρ，σ_θ，σ_z，$\tau_{z\rho}$，$\tau_{\theta\rho}$，$\tau_{z\theta}$——对应方向的正应力和剪应力。

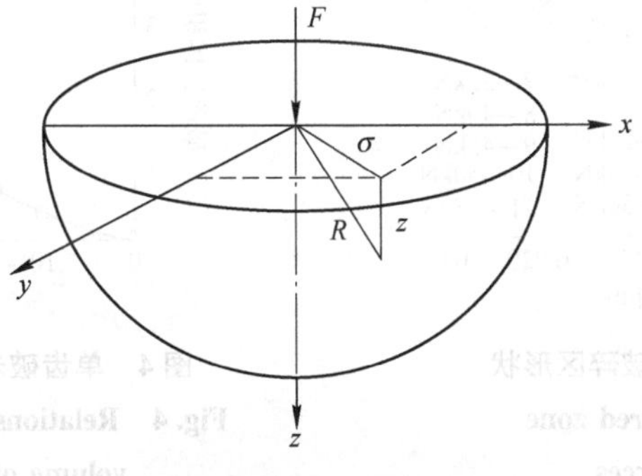

图2 单齿破岩体积理论分析示意图

Fig. 2 Sketch map for theoretical analysis of single-tooth fragmentation volume

将上述柱坐标系下的应力解转换到笛卡尔坐标系下，

$$\sigma_{\mathrm{d}} = \beta^{\mathrm{T}} \sigma_{\mathrm{c}} \beta \tag{12}$$

式中

$$\beta = \begin{bmatrix} \cos\theta & \sin\theta & 0 \\ -\sin\theta & \cos\theta & 0 \\ 0 & 0 & 1 \end{bmatrix} \tag{13}$$

由于其对称性，取 $\theta=0$，并进行简化，得应力张量为

$$\begin{bmatrix} \sigma_x & \tau_{xy} & \tau_{xz} \\ \tau_{yx} & \sigma_y & \tau_{yz} \\ \tau_{zx} & \tau_{zy} & \sigma_z \end{bmatrix} = \begin{bmatrix} \sigma_\rho & 0 & \tau_{z\rho} \\ 0 & \sigma_\theta & 0 \\ \tau_{z\rho} & 0 & \sigma_z \end{bmatrix} \tag{14}$$

根据其应力状态，引入 D-P（Drucker-Prager）塑性准则计算判断塑性区域边界，对塑性区域围绕 z 轴旋转一周进行积分可得到塑性体积，即可认为单齿破岩体积。塑性准则可表述为

$$F = \sqrt{J_2} + \alpha I_1 - K = 0 \tag{15}$$

式中 I_1，J_2——主应力及八面体剪应力，可表述为

$$I_1 = \sigma_x + \sigma_y + \sigma_z \tag{16}$$

$$J_2 = \frac{1}{6}[(\sigma_x - \sigma_y)^2 + (\sigma_y - \sigma_z)^2 + (\sigma_z - \sigma_x)^2 + 6(\tau_{xy}^2 + \tau_{yz}^2 + \tau_{zx}^2)] \tag{17}$$

α，K 为 Drucker-Prager 准则中的材料参数，通过外角点外接 D-P 圆的方法，建立 α，K 与 Mohr-Coulomb 准则中黏聚力、内摩擦角的函数关系为

$$\alpha = \frac{2\sin\varphi}{\sqrt{3}(3 - \sin\varphi)} \tag{18}$$

$$K = \frac{6c\cos\varphi}{\sqrt{3}(3 - \sin\varphi)} \tag{19}$$

单齿破岩体积 V_0 和单齿压力 F、内摩擦角 φ、黏聚力 c 之间的关系为

$$V_0 = V_0(F,\ \varphi,\ c) \tag{20}$$

根据上述基于塑性理论的概化模型研究压力 F、黏聚力 c 和内摩擦角 φ 对单齿破岩体积 V_0的影响规律。

2.2.2 压力 F 对破岩体积 V_0 的影响规律

单齿破岩破碎区域基本呈椭球形，并在单齿压入点附近的表层出现薄层破碎。当岩石性质不发生改变时，即岩石的黏聚力 c=20MPa，内摩擦角 φ=35°时，不同单齿压力下的破碎区形状如图 3 所示。可看出随着单齿压力的增大破碎区的范围逐渐增大。

计算不同单齿压力下的破碎区体积如图 4 所示，表明单齿破岩体积与压力的 3/2 次方成正比。

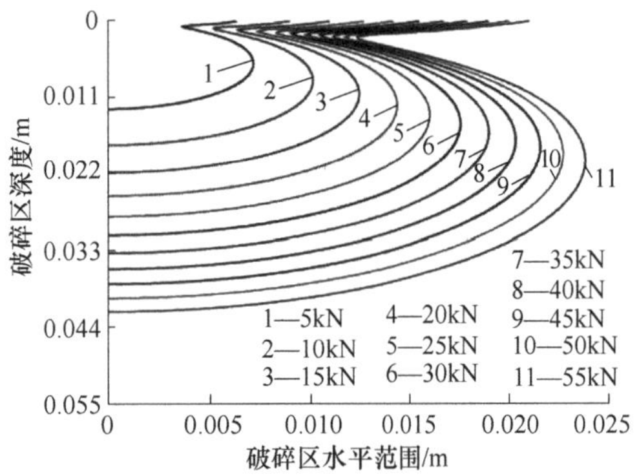

图 3 不同单齿压力下的破碎区形状

Fig. 3 Shape of fractured zone under different forces

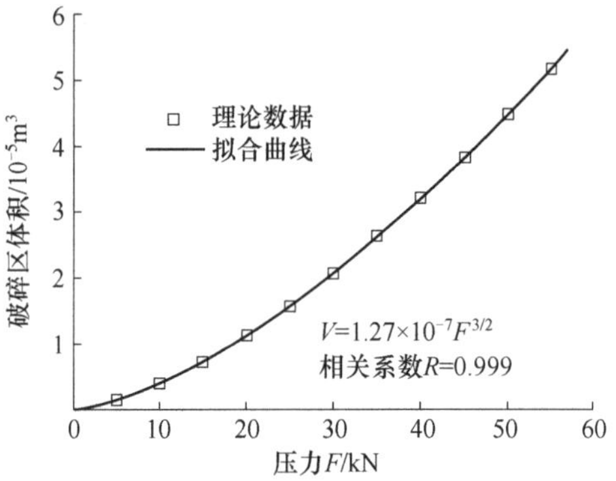

图 4 单齿破岩体积随单齿压力的变化曲线

Fig. 4 Relationship between rock fragmentation volume of a single tooth and force

2.2.3 黏聚力 c 对破岩体积 V_0 的影响规律

为了研究黏聚力 c 对单齿破岩体积 V_0 的影响规律，取单齿压力 F=5kN 和内摩擦角 φ=35°，且保持不变，仅改变 c 的取值，取值范围 3~30MPa。不同黏聚力 c 下的破碎区形状如图 5 所示，不同黏聚力 c 下的破碎区形状具有很好的相似性，但破碎区的大小有较大的差异。

单齿破岩体积 V_0随黏聚力 c 的变化曲线如图 6 所示。由图 6 可得，当单齿压力 F 和内摩擦角 φ 不改变时，黏聚力 c 越小，破碎区范围越大；单齿破岩体积 V_0 和黏聚力 c 的-3/2 次方呈线性关系。

2.2.4 内摩擦角 φ 对破岩体积 V_0 的影响规律

为了研究内摩擦角 φ 对单齿破岩体积 V_0 的影响规律，取单齿压力 F=5kN，黏聚力 c=10MPa，且保持不变，仅改变 φ 的取值，取值范围为 5°~50°。

不同内摩擦角 φ 下的破碎区形状如图 7 所示。由图可得，不同内摩擦角 φ 下的破碎区形状亦有较好的相似性，内摩擦角 φ 变化时，破碎区的大小和形状均变化不大。

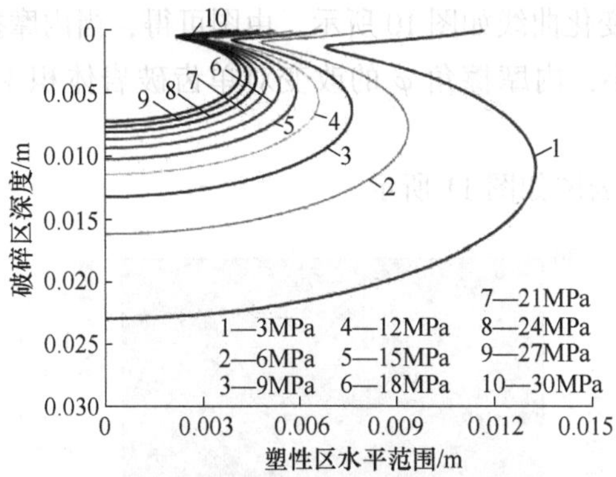

图 5 不同黏聚力下的破碎区形状

Fig. 5 Shapes of fractured zone under different cohesions

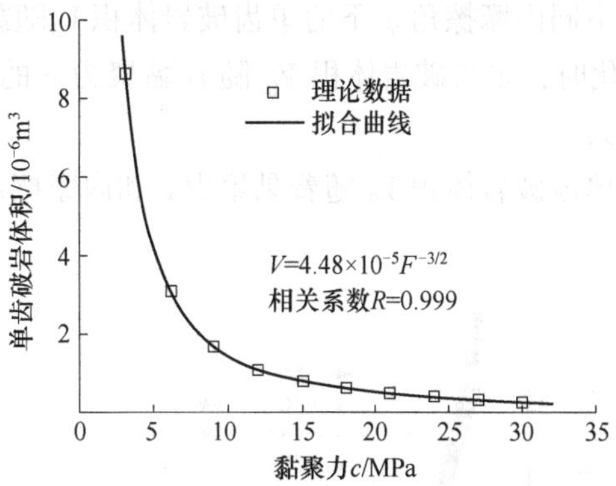

图 6 单齿破岩体积随黏聚力的变化曲线

Fig. 6 Relationship between rock fragmentation volume of a single tooth and cohesion

单齿破岩体积 V_0 随内摩擦角 φ 的变化曲线如图 8 所示。由图 8 可得，当单齿压力 F 和黏聚力 c 不改变时，内摩擦角 φ 越小破碎区的范围越大，破碎区体积 V_0 随着内摩擦角 φ 的增加而线性减小，即单齿破岩体积 V_0 和内摩擦角 φ 呈线性关系。但总体而言，单齿破岩体积 V_0 随内摩擦角 φ 的变化并不大，基本可以忽略。

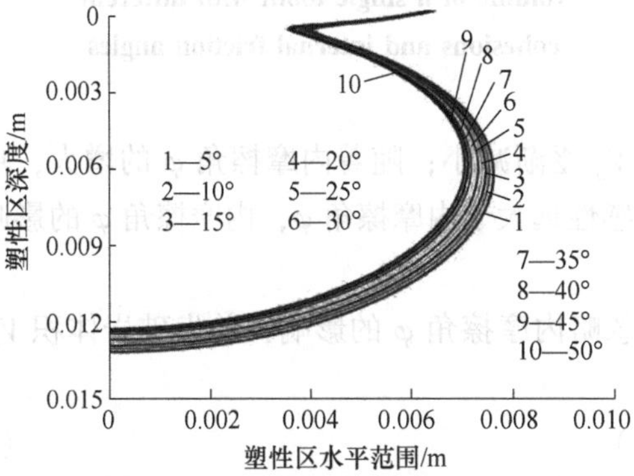

图 7 不同内摩擦角下的破碎区形状

Fig. 7 Shapes of fractured zone under different internal friction angles

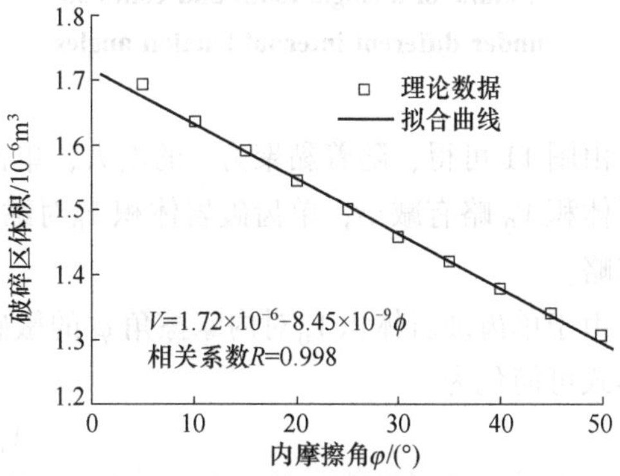

图 8 单齿破岩体积随内摩擦角的变化曲线

Fig. 8 Relationship between rock fragmentation volume of a single tooth and internal friction angle

2.2.5 c 和 φ 同时改变对破岩体积 V_0 的影响规律

不同黏聚力 c 下的单齿破岩体积 V_0 随内摩擦角 φ 的变化曲线如图 9 所示。由图 9 可得，单齿破岩体积 V_0 随着内摩擦角 φ 呈线性变化；黏聚力 c 较小时，单齿破岩体积 V_0 随内摩擦 φ 变化斜率较大；随着黏聚力 c 的增大，斜率逐渐减小。

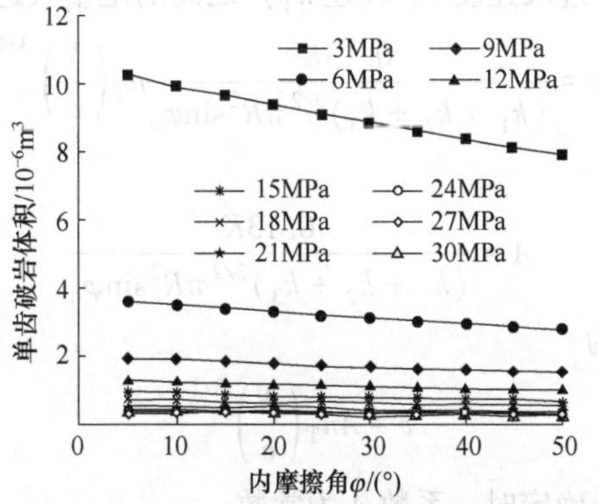

图 9 不同黏聚力下单齿破岩体积随内摩擦角的变化曲线

Fig. 9 Relationship between the rock fragmentation volume of a single tooth and internal friction angle under different cohesion

不同内摩擦角 φ 下的单齿破岩体积 V_0 随黏聚力 c 的变化曲线如图 10 所示。由图可得，当内摩擦角 φ 变化时，单齿破岩体积 V_0 随着黏聚力 c 的增大而减小，内摩擦角 φ 的改变对单齿破岩体积 V_0 影响不大。

单齿破岩体积 V_0 随着黏聚力 c 和内摩擦角 φ 的变化云图如图 11 所示。

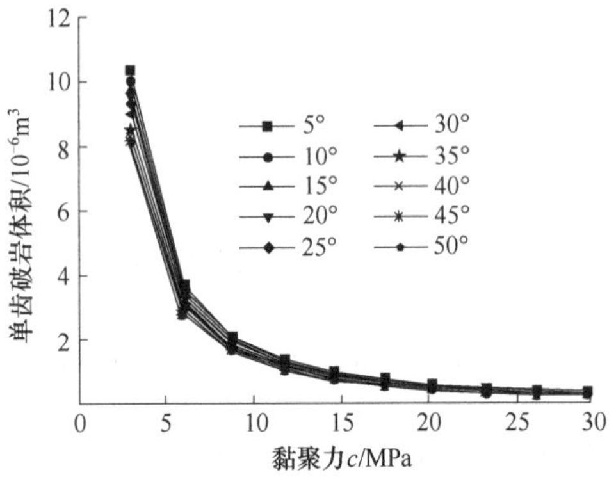

图 10 不同黏聚力下单齿破岩体积随内摩擦角变化曲线

Fig. 10 Relationship between rock fragmentation volume of a single tooth and cohesion under different internal friction angles

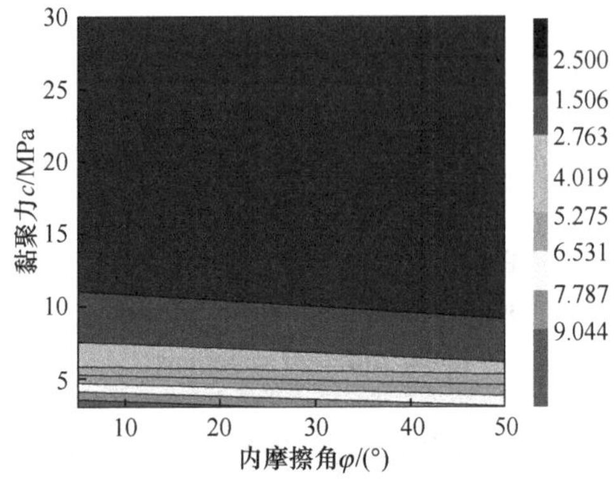

图 11 单齿破岩体积随内摩擦角和黏聚力变化云图

Fig. 11 Variation of rock fragmentation volume of a single tooth with different cohesions and internal friction angles

由图 11 可得，随着黏聚力 c 的增大，单齿破岩体积 V_0 逐渐减小；随着内摩擦角 φ 的增大，单齿破岩体积 V_0 略有减小；单齿破岩体积 V_0 对黏聚力 c 的敏感性远大于内摩擦角 φ，内摩擦角 φ 的影响可以忽略。

由于单齿破岩体积 V_0 对内摩擦角 φ 的敏感性较低，忽略内摩擦角 φ 的影响，单齿破岩体积 V_0 的表达式可简化为

$$V_0 = V_0(F,\ c) \tag{21}$$

又根据上述对单齿压力 F、黏聚力 c 对单齿破岩体积 V_0 的影响规律，式（21）可定量表述为

$$V_0 = 0.13\left(\frac{F}{c}\right)^{3/2} \tag{22}$$

通过式（22）就建立了单齿破岩体积 V_0 和岩体力学性质之间的定量关系。

2.3 工作参数与岩体强度的对应关系

将单齿破岩体积 V_0 和岩石力学性质（黏聚力 c）的定量关系式（22）代入式（10）可得岩石黏聚力 c 和工作参数（钻杆轴压 N、进尺速度 v、转速 n_T）之间的定量表达式为

$$v = \frac{0.13K}{(k_1 + k_2 + k_3)^{3/2}\pi R^2 \sin\varphi_0} n_T \left(\frac{N}{c}\right)^{3/2} \tag{23}$$

令 A 表述前面的系数，即

$$A = \frac{0.13K}{(k_1 + k_2 + k_3)^{3/2}\pi R^2 \sin\varphi_0} \tag{24}$$

则式（24）可进一步表述为

$$v = A n_T \left(\frac{N}{c}\right)^{3/2} \tag{25}$$

当牙轮钻机及牙轮钻头型号确定时，系数 A 为常数。

从上述公式可以看出，进尺速度 v 和转速 n_T 之间为线性关系，进尺速度 v 和钻杆轴压 N 的 3/2 次方呈线性关系，进尺速度 v 和黏聚力 c 的−3/2 次方呈线性关系。

3 现场试验与验证

3.1 试验设备及试验方案

在鞍钢集团辽宁鞍山市鞍千矿南采场区选取48平台作为试验点，场地可粗略地分为灰岩和赤铁矿等两类，钻机型号为中钢集团衡阳重型机械有限公司出产的YZ-35C型牙轮钻机。

在牙轮钻钻进过程中对相关数据进行监测。其中，转速 n_T 直接从钻机控制台的转速表上读取，并通过在钻杆上粘贴参考片进行校核。钻杆轴压 N 通过控制台的油压表进行控制，并通过在钻杆上粘贴应变片建立油压表读数与钻杆轴压 N 之间的函数关系。进尺随时间的变化主要依靠固定于回转小车上的激光测距仪获得，并通过求导获得进尺速度 v。此外，为了验证进尺速度与岩体强度的关系（见式（26）），需在钻孔区域取样并进行室内实验，获得灰岩和赤铁矿的岩石力学强度（主要为黏聚力及内摩擦角）。

现场试验分3组进行，具体试验方案如下：

（1）在同一孔内恒定转速 n_T，改变钻杆轴压 N，监测进尺速度 v，即验证进尺速度 v 随钻杆轴压 N 的变化关系；

（2）在同一孔内恒定钻杆轴压 N，改变转速 n_T，监测进尺速度 v，即验证进尺速度 v 随钻杆转速 n_T 的变化关系；

（3）在不同岩性孔内采用同一个钻杆轴压 N 和转速 n_T，监测进尺速度 v，即验证进尺速度 v 随岩石黏聚力 c 的变化关系。

3.2 试验结果分析

3.2.1 单孔内岩性变化研究

为了研究单孔内岩体性质的变化情况，恒定转速为90r/min，恒定钻杆压力为155.0kN，测试单孔内的进尺深度曲线如图12所示。

进尺曲线的斜率即为进尺速度 v，从图12可以看出，在地表以下0~6m范围内，刚开始有较高的钻进速度，随着时间的推移，钻进速度不断减小，其线性度较差。在地表以下6~15m，进尺有较高的线性度，即进尺速度恒定，表明该区段岩性相对均一。

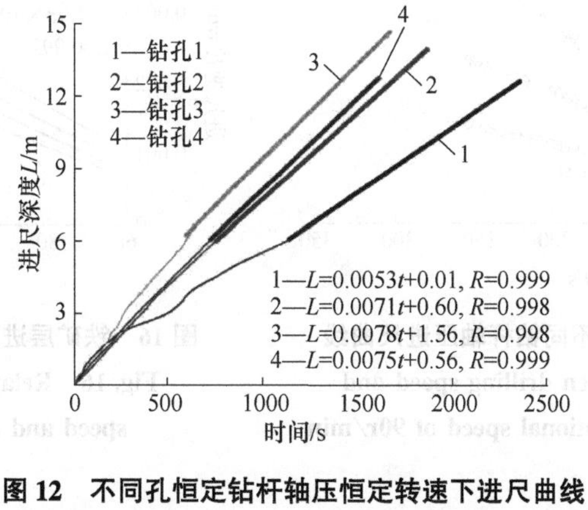

图12 不同孔恒定钻杆轴压恒定转速下进尺曲线

Fig. 12 Drilling speeds of different drills under constant axial force and rotational speed

从图12可以看出，地表以下6~15m，在同一个钻孔内的岩石性质变化不大。因此，在地表以下6~15m同一钻孔内假设岩石黏聚力 c 恒定来研究压力、转速与进尺速度间关系的试验方案是可行的。

3.2.2 钻杆轴压 N 对进尺速度 v 的影响规律

典型的激光测距仪得到的恒定转速为60r/min，75r/min，90r/min时不同压力进尺曲线如图13~图15所示，从进尺曲线线性拟合结果可以看出，进尺曲线的线性度很好，相关系数都接近于1，曲线拟合的斜率即为进尺速度。

依据此组牙轮钻在铁矿石地层钻进时的进尺曲线，拟合得到铁矿石地层钻进速度 v 随钻杆轴压 N 的变化曲线如图 16 所示，此时 A，n_T，c 均为恒定的值。

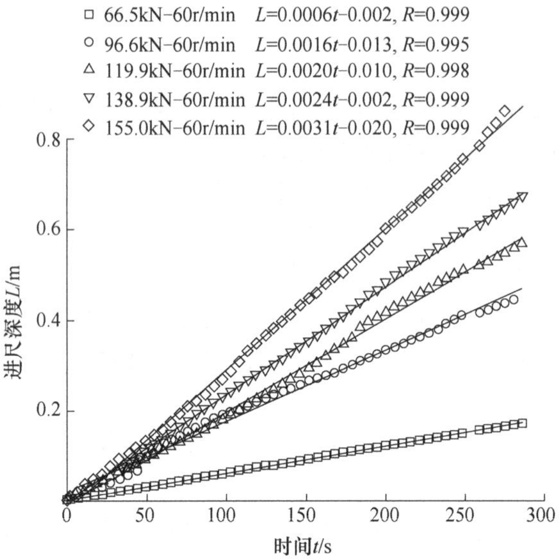

图 13 恒定转速为 60r/min 不同钻杆轴压进尺曲线

Fig. 13 Relationship between drilling speed and axial force under constant rotational speed of 60r/min

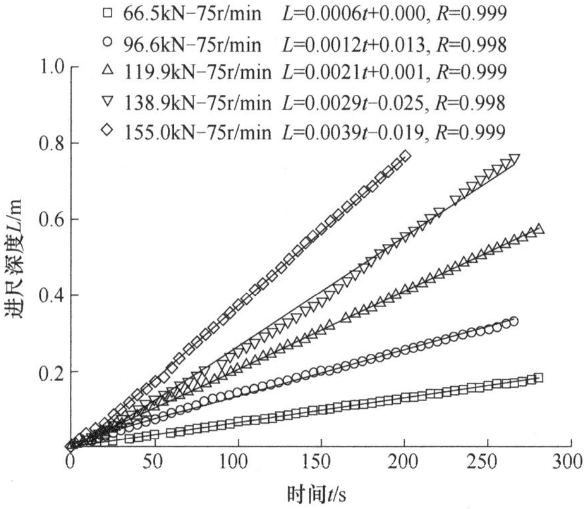

图 14 恒定转速为 75r/min 不同钻杆轴压进尺曲线

Fig. 14 Relationship between drilling speed and axial force under constant rotational speed of 75r/min

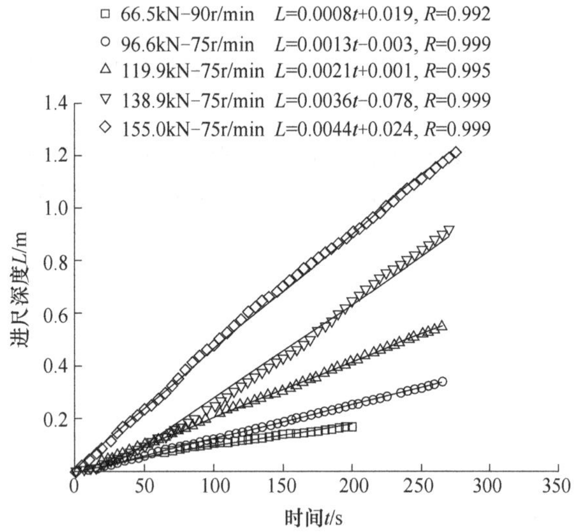

图 15 恒定转速为 90r/min 不同钻杆轴压进尺曲线

Fig. 15 Relationship between drilling speed and axial force under constant rotational speed of 90r/min

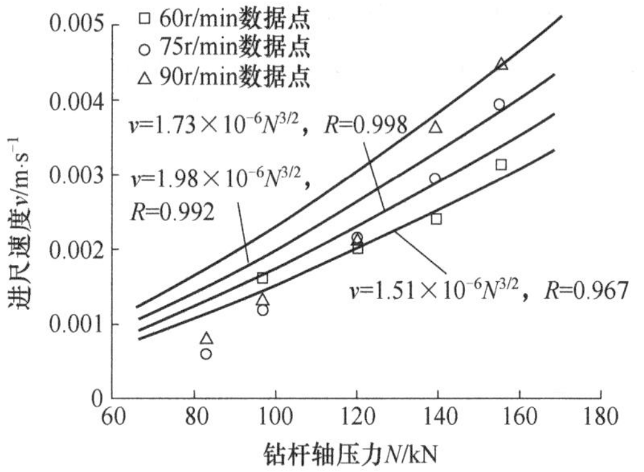

图 16 铁矿层进尺速度随钻杆轴压变化曲线

Fig. 16 Relationship between drilling speed and axial force of iron ore

根据式（25）进行拟合，相关系数 R 分别为 0.992，0.998，0.967，由此可得在铁矿石地层中进尺速度 v 随钻杆轴压 N 的变化规律和理论推导的基本一致。

由多组试验数据统计得灰岩地层钻进速度 v 随钻杆轴压 N 的变化曲线如图 17 所示，此时 A，n_T，c 均为恒定的值。

根据式（25）进行拟合，相关系数分别 R 为 0.957，0.991，0.950，由此可得在灰岩地层中进尺速度 v 随钻杆轴压 N 的变化规律和理论推导基本一致。

3.2.3 转速对进尺速度的影响规律

由多组试验数据统计得灰岩地层在钻杆轴压保持 138.9kN 时，钻进速度 v 随钻杆转速 n_T 的变化曲线如图 18 所示，此时，A，N，c 均为恒定的值，根据式（26）进行拟合，相关系数 R 为 0.954，由此可得在灰岩地层中进尺速度 v 随转速 n_T 的变化规律和理论推导基本一致。

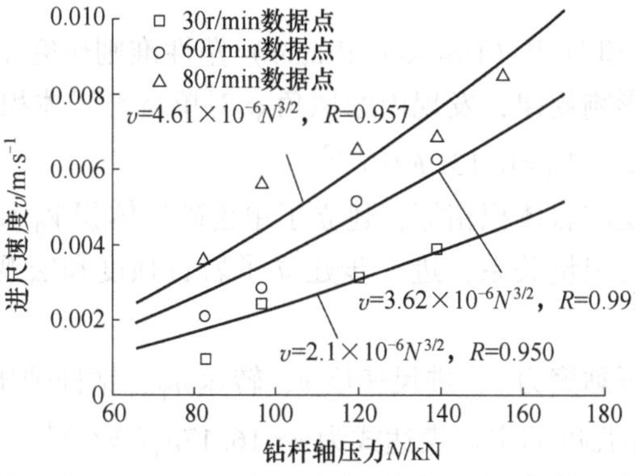

图 17　灰岩中进尺速度随钻杆轴压变化曲线

Fig. 17　Relationship between drilling speed and axial force of rock

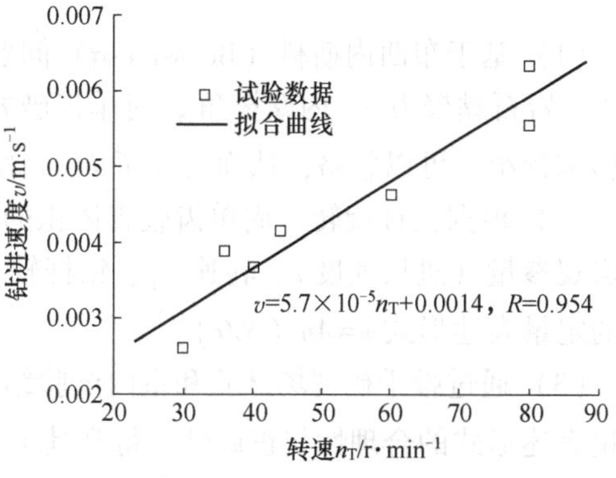

图 18　恒定轴压下的转速对进尺速度的影响

Fig. 18　Relationship between drilling speed and rotational speed under constant axial force of 138. 9kN

3.2.4　岩石性质对进尺速度的影响规律

为了验证岩石的黏聚力 c 和钻进速度 v 之间的关系，在不同地层中进行钻孔试验。

钻进的岩体可大致分为灰岩 A、灰岩 B 和赤铁矿三类，保持转速 n_T 为 60r/min，针对每一个孔改变钻杆轴压 N 进行测试，岩石进尺速度 v 随钻杆轴压 N 的变化曲线如图 19 所示。

对上述钻孔附近位置的岩石进行取样并做室内强度试验。测得灰岩 A、灰岩 B 和赤铁矿的黏聚力 c 分别为 28. 27MPa，34. 36MPa，68. 04MPa。

考虑钻杆轴压 N 和黏聚力 c 的联合作用，采用式（25）进行拟合，结果如图 20 所示。由图 20 的拟合曲线可得，式（25）中的常数 $A=16.17$，相关系数为 0. 915。

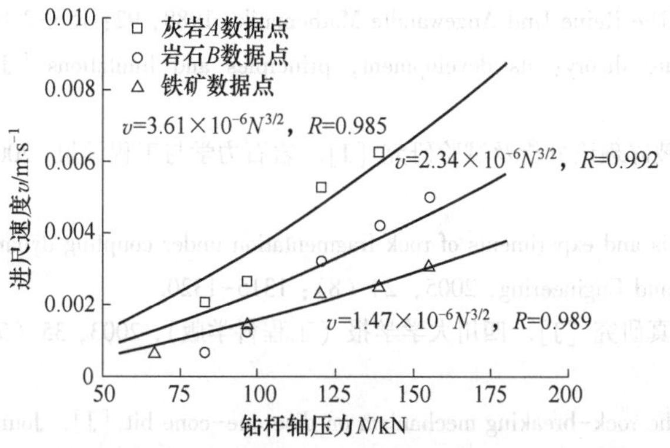

图 19　定轴压定转速下进尺速度随岩性的变化曲线

Fig. 19　Relationship between drilling speed and rock property under constant axial force and rotational speed

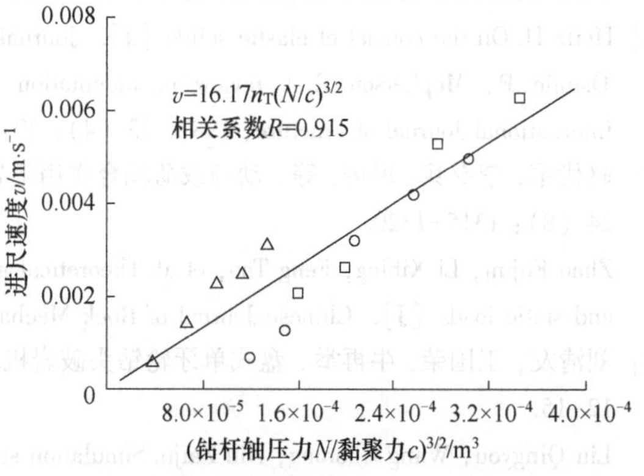

图 20　进尺速度 v 随 $(N/c)^{3/2}$ 变化曲线

Fig. 20　Relationship between v and $(N/c)^{3/2}$

由此，对于鞍千矿生产所用的 YZ-35C 型牙轮钻机，其工作参数（进尺速度 v，转速 n_T，钻杆轴压 N）和岩石性质（黏聚力）之间的定量表达式为

$$v = 16.17 n_T \left(\frac{N}{c}\right)^{3/2} \tag{26}$$

针对鞍千矿生产所用的钻头，根据式（25）对 A 值进行粗略的估算。取 $k_1=k_2=k_3=3$，$R=0.25$m，$m_1=m_2=m_3=18$，$\varphi_0=22.5°$，估算出 A 值为 10. 37，试验拟合的结果与之较为接近。由于钻进过程中上一母线上的齿会对下一母线上齿的作用位置产生损伤破坏，故理论推导得到的 A 值比试验结果偏小，具有一定的合理性。

4 结论与展望

（1）基于布西内斯科（Boussinesq）问题弹性力学解和D-P（Drucker-Prager）塑性准则研究了压力 F、岩石黏聚力 c、内摩擦角 φ 对单齿破岩体积 V_0 的影响规律，发现内摩擦角 φ 对单齿破岩体积 V_0 的影响较小，可以忽略，从而建立了 F，c 和 V_0 的定量关系 $V_0=0.13(F/c)^{3/2}$。

（2）根据钻杆旋转一周单齿破岩体积的累积值和宏观破岩体积相等，建立了单齿破岩体积 V_0 和钻进宏观参量（进尺速度 v、转速 n_T、钻杆轴压 N）之间的定量关系，进一步建立了岩石强度和宏观参量的定量表述形式 $v=An_T(N/c)^{3/2}$。

（3）通过鞍千矿现场试验和室内试验结果验证了岩石黏聚力 c、进尺速度 v、转速 n_T、钻杆轴压 N 定量表述形式的合理性与正确性，得到其工作参数和岩体强度的定量表达式为 $v=16.17n_T(N/c)^{3/2}$。

（4）对于牙轮钻头形状、磨损程度等不同时，牙轮钻工作参数和岩体强度之间的对应关系仍需进一步的研究。

参 考 文 献

[1] 王清峰，朱才朝，宋朝省，等．牙轮钻头单牙轮的破岩仿真研究［J］．振动与冲击，2010，29（10）：108-112.
Wang Qingfeng, Zhu Caichao, Song Chaosheng, et al. Non-linear dynamic analysis of a roller cone bit-well rock system with rock-cone bit interaction [J]. Journal of Vibrat Ion and Shock, 2010, 29 (10): 108-112.

[2] 杨岳峰，梁正召，唐春安．冲击作用下的压头破岩机制研究［J］．岩土力学，2013，34（6）：1775-1786.
Yang Yuefeng, Liang Zhengzhao, Tang Chunan. Rock fragmentation mechanism induced by a drill bit subjected to dynamic loading [J]. Rock and Soil Mechanics, 2013, 34 (6): 1775-1786.

[3] Lawn B R. Microfracture beneath point indentations in brittle solids [J]. Journal of Materials Science, 1975, 10 (1): 113-122.

[4] Lindqvist P A. Stress fields and subsurface crack propagation of single and multiple rock indentation and disc cutting [J]. Rock Mechanics & Rock Engineering, 1984, 17 (2): 97-112.

[5] Hertz H. On the contact of elastic solids [J]. Journal Für Die Reine Und Angewandte Mathematik, 1988, 92: 156-228.

[6] Ostojic P, Mcpherson R. A review of indentation fracture theory: its development, principles and limitations [J]. International Journal of Fracture, 1987, 33 (4): 297-312.

[7] 赵伏军，李夕兵，冯涛，等．动静载荷耦合作用下岩石破碎理论分析及试验研究［J］．岩石力学与工程学报，2005，24（8）：1315-1320.
Zhao Fujun, Li Xibing, Feng Tao, et al. Theoretical analysis and experiments of rock fragmentation under coupling dynamic and static loads [J]. Chinese Journal of Rock Mechanics and Engineering, 2005, 24 (8): 1315-1320.

[8] 刘清友，王国荣，牛再举．盘式单牙轮钻头破岩机理仿真研究［J］．四川大学学报（工程科学版），2003，35（5）：12-15.
Liu Qingyou, Wang Guorong, Niu Zaiju. Simulation study the rock-breaking mechanism on dise one-cone bit [J]. Journal of Sichuan University (Engineering Science Edition), 2003, 35 (5): 12-15.

[9] Liu H Y, Kou S Q, Lindqvist P, et al. Numerical simulation of the rock fragmentation process induced by indenters [J]. International Journal of Rock Mechanics & Mining Sciences, 2002, 39 (4): 491-505.

[10] 石祥超，孟英峰，李皋，等．加载速度对单齿压入破岩过程的影响［J］．石油钻探技术，2010，38（4）：19-21.
Shi Xiangchao, Meng Yingfeng, Li Gao, et al. The effect of loading rate on single-tooth feeding and breaking rock [J]. Petroleum Drilling Techniques, 2010, 38 (4): 19-21.

[11] Su O, Akcin N A. Numerical simulation of rock cutting using the discrete element method [J]. International Journal of Rock Mechanics & Mining Sciences, 2011, 48 (3): 434-442.

[12] 祝效华，刘清友，童华．牙轮钻头动力学特性仿真研究［J］．石油学报，2004，25（4）：96-100.
Zhu Xiaohua, Liu Qingyou, Tong Hua. Emulation research on dynamics of roller cone bit [J]. Acta Petro Lei Sinica, 2004, 25 (4): 96-100.

[13] 马德坤．牙轮钻头工作力学［M］．北京：石油工业出版社，2009.
Ma Dekun. Bit working mechanics [M]. Beijing: Petroleum Industry Press, 2009.

煤矿火区炮孔温度特性及快速测温方法的研究

束学来　谢守冬　张万忠

（宏大矿业有限公司，广东 广州，510623）

摘　要：针对煤矿火区炮孔测温效率和测温准确性间存在的矛盾，首先分析火区炮孔温度来源，然后在此基础上，通过 Ansys 热分析软件模拟不同温度来源的炮孔内部温度分布规律，并通过现场钻孔测温验证其准确性，最后结合炮孔温度分布规律，得出快速测温方法。结果表明：热源温度的热传导和裂隙中高温气体的热对流是火区炮孔高温的主要来源。通过粗略测温、观察炮孔等方式，得出炮孔只受热源温度和孔口冷空气影响时，对炮孔下端位置进行重点测温，可提高测温效率，并保障测温准确性。

关键词：煤矿火区；炮孔温度特性；温度来源；快速测温

Study on Temperature Characteristic and Fast Temperature Measuring Method of Blast Hole in Coal Mine Fire Area

Shu Xuelai　Xie Shoudong　Zhang Wanzhong

(Hongda Mining Co., Ltd., Guangdong Guangzhou, 510623)

Abstract: It's difficult to control the temperature measuring efficiency and accuracy simultaneously of blast hole in coal mine fire area. Based on the blast hole temperature source, the software Ansys was applied to simulate the blast hole wall temperature distribution of different temperature source, and the measuring accuracy was verified by temperature of on-site drilling. Then the fast temperature measuring methods was obtained combined with blast hole temperature distribution. The results show the main sources of blast hole temperature just from the heat conduction of heat source and the heat convection of high temperature gas in fissures. When the blast hole temperature was only influence by the heat source temperature and cold air in blast hole orifice through primary temperature observation, the temperature measuring of the blast hole bottom would improve the temperature measuring efficiency and accuracy greatly.

Keywords: coal mine fire area; blast hole temperature characteristics; temperature source; fast temperature measuring

在我国内蒙古、宁夏等地，存在着大量的煤矿火区，煤矿火区的煤层开采首先要爆破剥离其上层的围岩，而对火区炮孔测温又是安全爆破的前提。现在对火区的测温主要是使用红外测温仪和热电偶等测量仪器，红外测温仪在炮孔的整段测温过程中，测温点跳跃较大，测温准确性差；热电偶由于空气热传导速率低，响应时间较长，严重影响测温效率[1]。而通过了解炮孔温度特性，可针对性的对炮孔部分位置进行重点测温，增加测温准确性，减少测温点，提高测温效率，但是这方面的资料目前较缺乏，故对此进行研究。

1　火区炮孔温度的来源

岩石是由各种各样的岩屑或造岩的矿物在长时间的地质环境作用下遵循一定的规律借助于胶结物、结晶黏结或联接而形成的物质[2]。岩石自身不会发生燃烧，根据热力学知识可知，其温度的来源主要是通过热传导、热对流、热辐射三种方式形成[3]。

原载于《爆破》，2016，33（3）：64-67。

热传导是相接处的物质或同一物质之间因为温度差而发生的热量交换过程。煤层燃烧产生高温，其火焰温度可达1000℃以上，故会加热其上方温度较低的围岩[4]。由于岩石的热传导速率较小，使得离火源距离越远，温度越低。

热对流是由于密度较大的介质下移、密度较小的物质上移而发生相对移动产生的。一方面炮孔钻好后，炮孔内部气体温度较高，密度较小将向上方移动，炮孔孔口空气温度较低，密度较大将向炮孔下方移动，形成热对流，对炮孔降温，但一段时间后，会形成热平衡，炮孔内温度稳定，该种情况下，炮孔中温度受其初始温度、外界空气温度、炮孔深度影响较大；另一方面火区炮孔孔壁并非完整，其存在大量的裂隙，且裂隙的深度、宽度大小不一，裂隙是由于岩石在高温与雨水等作用而形成的，部分裂隙与下部燃烧的煤或高温位置相通，产生大量高温气体，当炮孔钻好后，炮孔位置压力减小，由于烟筒效应，高温气体会向该处汇聚，形成对流对炮孔进行加热，此外煤形成的气体产物可能仍为燃烧状态，其对流加热效果将更为明显，炮孔中的温度变化与含热气体裂隙多少有关，裂隙越多，裂隙温度变化大，炮孔温度分布越复杂[5]。

热辐射也是种能量交换形式，当物体温度高于绝对零度时，就会向外发射电磁波，遇到可以吸收电磁波的物质时即可以全部吸收或部分吸收，转换成能量，温度发生升高。温差越大、距离越近，热辐射越大，故与燃烧的煤层接触的岩石，热辐射较剧烈，而较远的区域，热辐射强度较差。热辐射一般在400℃以上高温下才能明显感觉到，火区爆破时，炮孔温度一般不高于400℃，故其影响可忽略[6]。

2 火区炮孔温度规律

2.1 火区炮孔温度规律数值模拟

结合煤矿火区温度的产生来源，利用ANSYS软件模拟火区炮孔温度分布情况。煤矿火区的温度来源主要可分为高温热源的热传导以及裂隙中热气体的热对流，故模拟工况主要以这两种方式为主。且为了方便模拟，假设火区炮孔除了热源裂隙和上端孔口外，处于完整状态，不存在其他的可通风、散热处[7]。

模拟工况为温度场，用壁面代表火源位置和裂隙位置，两者温度都为200℃，孔口壁面温度为25℃。模型长为100mm，宽为14mm，裂隙长为50mm，宽为14mm，为10∶1建模。分为热传导模拟、底部单一裂隙热对流模拟、中部单一裂隙热对流模拟、多裂隙热对流模拟、热传导和热对流相互作用模拟五种情况，其结果对应如图1~图5所示。

对比以上分析结果，可得出以下规律：

（1）最高温度出现在最高温度热源处；

（2）炮孔温度最高处位于炮孔下端；

（3）仅热传导影响时，炮孔内部温度均匀变化；

（4）裂隙影响时，炮孔下端温度变化缓慢，且裂隙越少，变化越缓慢；

（5）热源上部炮孔温度变化较快，但是变化速率较均匀。

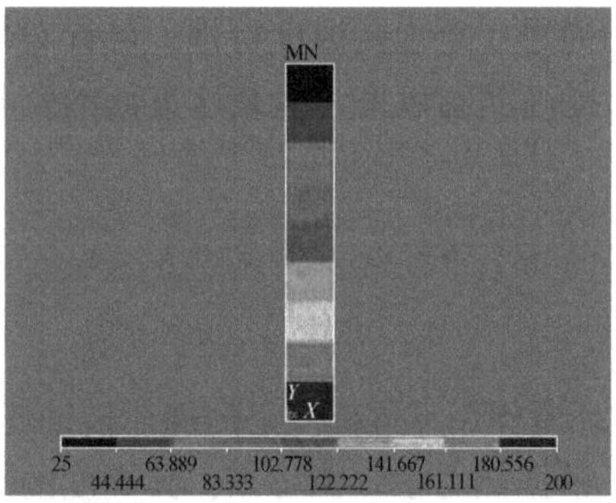

图1 热传导模拟

Fig. 1 Simulation on heat conduction

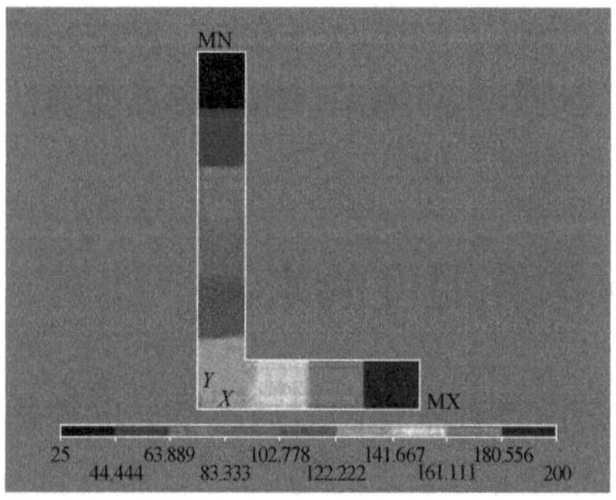

图2 底部单一裂隙热对流模拟

Fig. 2 Heat convection simulation of bottom single fissure

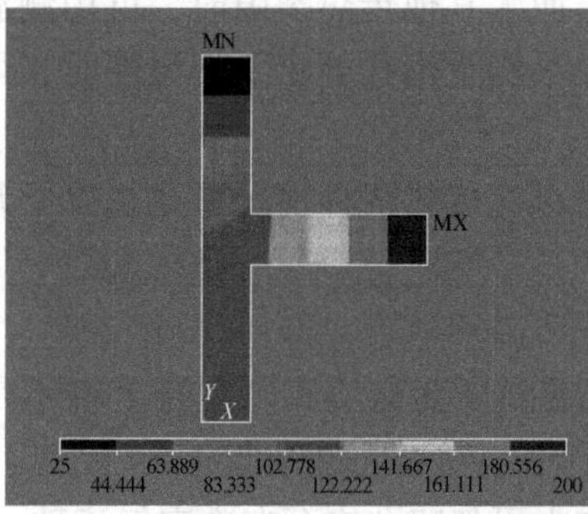

图3 中部单一裂隙热对流数值模拟

Fig. 3 Heat convection simulation of central single fissure

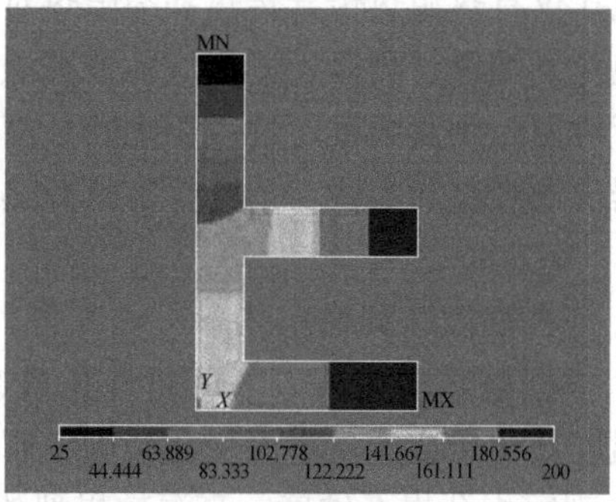

图4 多裂隙热对流模拟

Fig. 4 Heat convection simulation of multi-fissure

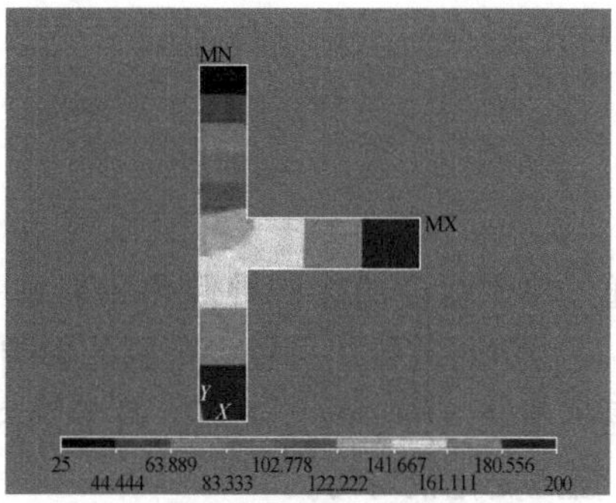

图5 热传导和热对流相互作用模拟

Fig. 5 Interaction simulation on the heat conduction and the heat convection

2.2 火区炮孔温度规律的实践

宁夏大石头煤矿具有大量的煤矿火区，通过选择不同位置，钻孔径为 140mm、孔深为 7m 的炮孔，使用热电偶从孔口到孔底每间隔 1m 测温一次，精确测炮孔温度，对数值模拟结果进行验证，测得炮孔温度如图 6 所示。

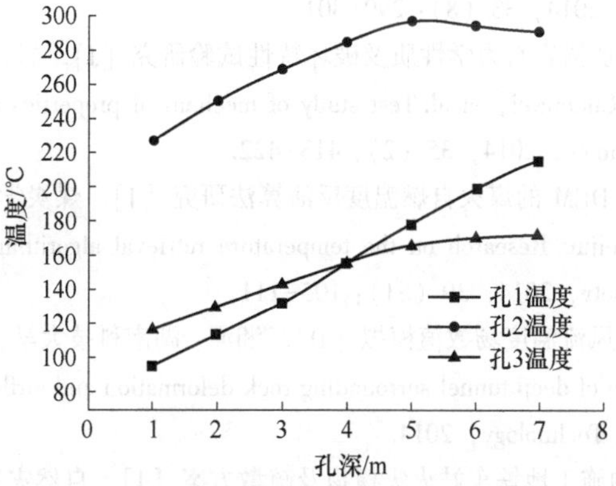

图6 炮孔深度和温度的关系

Fig. 6 Relationship of blast hole depth and temperature

结果可见，炮孔下端为温度最高区域、炮孔上部温度变化均匀、炮孔下端温度变化缓慢，和数值模拟结果相同。

2.3 快速测温

由上述分析可见，炮孔下端为温度最高区域，或者温度与最高温度相差不大。

在炮孔仅有热源热传导传热和裂隙热对流传热两种情况，而无其他传热裂隙时，可用测温仪器重点只对炮孔下端进行测温，测出炮孔最高温度。在测温仪器无法测量炮孔整个下端温度时，可对炮孔底部进行测温，用其温度定性代表炮孔最高温度。

根据现场观察和实践，炮孔仅有热源热传导传热和裂隙热对流传热两种情况可通过以下几点进行判断。

（1）炮孔温度达到稳定状态。

（2）根据粗略测温结果。可对炮孔快速测温，若炮孔下端温度变化快，则炮孔下端不是最高温度，若温度变化慢或者基本无变化，则说明最高温度在炮孔下端。

（3）观察炮孔岩石硬度。高温软岩裂隙较多，而硬岩基本上可忽略孔内存在冷空气流动。

（4）观察炮孔有无穿孔或者靠近地下河流等。若炮孔发生穿孔等，说明下部可能存在大量冷空气流动，需要注意。

（5）观察炮区自由面壁面。若壁面明显可见较多裂隙，且裂隙较大，需要慎重。

3 结论

本文结论如下。

（1）火区炮孔的高温主要是通过热源温度的热传导传热和裂隙中高温气体的热对流传热形成的。裂隙中热气体的可燃性和流动性，使得热对流传热可较大范围的影响炮孔温度。

（2）炮孔最高温度位于最高温热源处，位于炮孔下端，且下端温度变化较缓慢；裂隙上端温度受冷空气对流影响，温度变化较大，但是变化较均匀。

（3）通过采取粗略测温、观察炮孔是否穿孔等方法，确定炮孔仅有热源热传导传热和裂隙热对流传热时，可使用测温仪器重点对炮孔下端进行测温，快速测得炮孔最高温度，也可以对孔底测温，定性测出炮孔最高温度。

参考文献

[1] 束学来，郑炳旭，郭子如，等．测温技术在煤矿火区爆破中的应用［J］．煤炭技术，2014，33（8）：299-301.
Shu Xuelai，Zheng Bingxu，Guo Ziru，et al. Application of temperature measurement technology in coal mine fire area blasting［J］．Coal Technology，2014，33（8）：299-301.

[2] 陈璐，谭云亮，臧传伟，等．加锚岩石力学性质及破坏特性试验研究［J］．岩石力学，2014，35（2）：413-422.
Chen Lu，Tan Yunliang，Zang Chuanwei，et al. Test study of mechanical properties and failure characteristics of anchored rock［J］．Rock and Soil Mechanics，2014，35（2）：413-422.

[3] 谭琨，廖志宏，杜培军．基于DEM的煤火自燃温度反演算法研究［J］．煤炭学报，2014，39（S1）：105-111.
Tan Kun，Liao Zhihong，Du Peijun. Research on the temperature retrieval algorithms of coal spontaneous based on DEM［J］．Journal of China Coal Society，2014，39（S1）：105-111.

[4] 陈桂义．深部矿井巷道围岩与风流温度场数值模拟［D］．湘潭：湖南科技大学，2014.
Chen Guiyi. Numerical simulation of deep tunnel surrounding rock deformation and airflow temperature field［D］．Xiangtan：Hunan University of Science and Technology，2014.

[5] 崔铁军，马云东．基于FDS的施工地铁车站火灾模拟及疏散方案［J］．自然灾害学报，2013，22（6）：178-184.
Cui Tiejun，Ma Yundong. FDS-based fire simulation and evacuation plan for subway station in course of construction［J］．Journal of Natural Disasters，2013，22（6）：178-184.

[6] 束学来，郑炳旭，郭子如，等．煤矿火区降温措施的分析与实践［J］．爆破，2014，31（3）：154-158.
Shu Xuelai，Zheng Bingxu，Guo Ziru，et al. Analysis and practical of cooling measures in coal mine fire area［J］．Blasting，2014，31（3）：154-158.

[7] 肖旸．煤田火区煤岩体裂隙渗流的热—流—固多场耦合力学特性研究［D］．西安：西安科技大学，2013.
Xiao Yang. Study on the mechanical characteristics of coal-rock mass of coalfield fires with thermo-hydro-mechanical coupling for fissure seepage［D］．Xian：Xian University of Science and Technoogy，2013.

全孔蓄水法在高温火区爆破中的应用

林谋金[1,2]　郑炳旭[1]　李战军[1]　崔晓荣[1]　周科平[2]　束学来[1]

（1. 宏大矿业有限公司，广东 广州，510623；
2. 中南大学 资源与安全工程学院，湖南 长沙，410083）

摘　要：针对高温炮孔因裂隙多导致蓄不住水的情况，将内层带有不透水材料的套管快速下放到炮孔并在短时间内注满水，在套管中装有模拟药卷并采用热电偶测量套管中的水温变化。结果表明：全孔蓄水可使工业炸药与起爆器材长时间保持在最高温度不超过水浴温度的环境中，因此能大幅延长高温火区装药施工时间。探索出高温火区的全孔蓄水爆破方法，并通过爆区规模试验，效果良好，该方法能保证施工安全，同时基本解决高温火区较大规模爆破的问题。

关键词：露天开采；高温火区；全孔蓄水；高温爆破；套管

Application of Impounding Water Blasthole Method in Fire Area Blasting

Lin Moujin[1,2]　Zheng Bingxu[1]　Li Zhanjun[1]　Cui Xiaorong[1]　Zhou Keping[2]　Shu Xuelai[1]

（1. Hongda Mining Co., Ltd., Guangdong Guangzhou, 510623;
2. School of Resources and Safety Engineering, Central South University, Hunan Changsha, 410083）

Abstract: With the case that the water can't contain in high temperature blasthole because of a lot of cracks, a method was proposed by putting the sleeve in the blasthole and filling the sleeve with water in a short period. Thermocouple temperature measuring technology was applied to measure the temperature of water in sleeve around explosive cartridge. The results show that impounding water in blasthole kept the temperature of the explosive cartridge and initiating materials at the boiling point of water for a long time, which greatly improved the safe charging operation time in fire area. The construction method of impounding water blasthole for high-temperature zone blasting achieved good practical effects through full scale test, which ensured the safety of blasting construction well.

Keywords: open-pit mining; fire area; impounding water in blasthole; large scale blasting; sleeve

我国某些煤炭与含硫矿等矿山由于有长时间的自燃而造成部分矿岩存在高温现象[1]。这些高温火区给深孔爆破开采带来极大的安全隐患，很多研究人员从不同方面对高温火区的治理进行研究和探索。史秀志通过现场和室内试验研究高温控制爆破过程中容易出现的安全问题，同时给出了不同温度条件下应采用的新型隔热材料及装药结构[2]。周名辉采用加入 $CaCl_2$、$MgCl_2$ 的水对炮孔降温，并选用粉状乳化炸药外缠三层石棉实现高温火区爆破[3]。王涛采用干冰在露天煤矿高温火区内进行炮孔局部降温试验，结果表明干冰对孔深小于 8m 的炮孔能起到有效降温及维持低温效果的作用[4]。但上述所取的成果仍不能较好地满足现场较大规模爆破需要，因此高温火区深孔较大规模爆破仍是一个难题。为了应对高温火区存在较大规模爆破开采的难题，石文才发明了一种可以有效地减缓套筒内炸药温升速度的耐温隔热护套[5]，其易于成品化且施工简单，具有满足较大规模爆破的可能，但其成本较高，因此暂不适合现场需求。通过将内层带有不透水材料的套管快速下放到炮孔并在短时间内注满水，营造一

基金项目：广东省产学研合作院士工作站（2013B090400026）。
原载于《爆破》，2016，33（3）：114-117。

个水孔环境，使工业炸药与起爆器材能长时间保持在最高温度不超过水浴温度的环境中，另外通过在套管中装有模拟药卷并采用热电偶测量套管中水的温度变化，得到水的温度变化曲线可为全孔蓄水施工方法的制定提供一定依据[6]。

1　高温火区爆破存在的问题

目前国内高温爆破一般采用注水降温或者对普通爆破器材进行隔热防护，另外也可使用耐高温爆破器材等方法，但由于露天高温火区爆破与其他高温爆破相比存在自身特点，上述方法不都适用于露天矿高温火区爆破施工。露天高温火区爆破的主要特点有以下几点。

（1）炮孔温度高。以大峰露天煤矿为例，由于受到煤层自燃的影响，矿区普遍存在100~250℃间的高温区，有时也会出现300~500℃超高温区[3]，因此普通的耐高温爆破器材不能满足要求。

（2）隔热防护成本高。由于矿山开采的爆破规模较大，炸药使用量多，目前对普通爆破器材进行隔热防护成本较高，不适用于矿山大规模爆破。

（3）注水降温效果不理想。由于高温火区中的岩石裂隙发育充分，炮孔内的水难以存留，注水降温后的炮孔温度在短时间内就会回升到先前温度。另外往高温炮孔中注水时会产生大量水蒸气，高温岩石遇到水发生破裂后产生的碎石都可能冲出炮孔，其冲出孔外达数米并存在伤人可能性，如图1所示。

图1　注水后的水蒸气

Fig. 1　The vapor after water injection

（4）不能进行较大规模爆破。针对高温火区爆破存在的问题，蔡建德提出了反程序深孔高温爆破方法[7]，该方法需要在炮孔温度回升前进行快速装药、填充、起爆等工作，整个爆破作业过程非常仓促，安全隐患大，单次炸药装填量少，即不能进行较大规模爆破，严重制约剥离挖运工作的进度。因此，应寻找一种成本合理、施工方便、在保证安全前提下能进行较大规模爆破的方法来满足高温火区爆破工程的迫切需要。

2　套管中水的温度变化

为了得到放置在10m深高温炮孔中的套管在装完6m药卷后水温的变化情况，通过在套管中装模拟药卷并采用热电偶测量套管中水温的变化，得到的温度变化曲线如图2所示，可为全孔蓄水施工方法制定提供一定的依据。

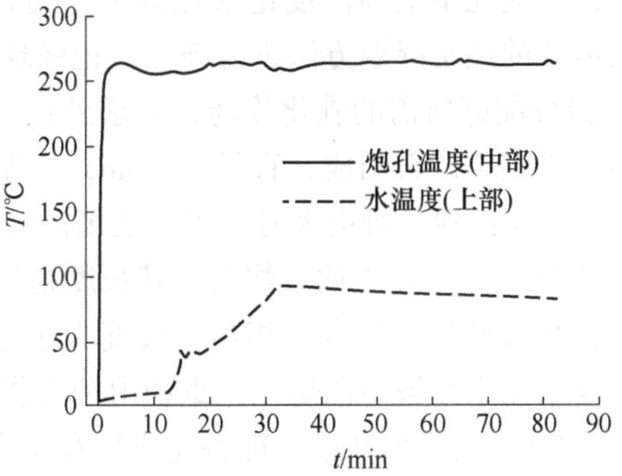

图 2　水的温度历史曲线

Fig. 2　The water temperature-history curves

由图 2 可得，炮孔的中部温度为 260℃左右，另外根据前期炮孔测温显示炮孔的底部温度为 320℃左右。套管中的水在 30min 左右上升到水沸点温度，而后长时间保持在水浴温度环境。因此，将内层带有不透水材料的套管快速下放到炮孔并在短时间内注满水的蓄水施工方法可营造一个水孔环境，使工业炸药与起爆器材能长时间保持在最高温度不超过水浴温度的环境中，能大幅延长高温火区装药施工时间。另外，图 2 中水的温升曲线可为高温火区爆破蓄水施工方法的制定提供一定依据。

3　高温火区爆破施工方法

3.1　蓄水装药前的准备

由于高温火区中的岩石裂隙发育充分，炮孔内的水难以存留，使得炮孔温度回升较快，通过将内层带有不透水材料的套管快速下放到炮孔并在短时间内注满水，因此炮孔内的水得以存留并营造一个水孔环境，使工业炸药与起爆器材能长时间保持在最高温度不超过水浴温度的环境中。另外根据上述的水孔环境情况，高温火区爆破施工可采用二号岩石乳化炸药作为主爆药以及采用导爆索作为起爆器材。

为了尽量减少装药时间，需要在注水装药施工前将准备工作做好，准备好的材料如图 3 所示，注水装药前的准备工作主要有以下几点。

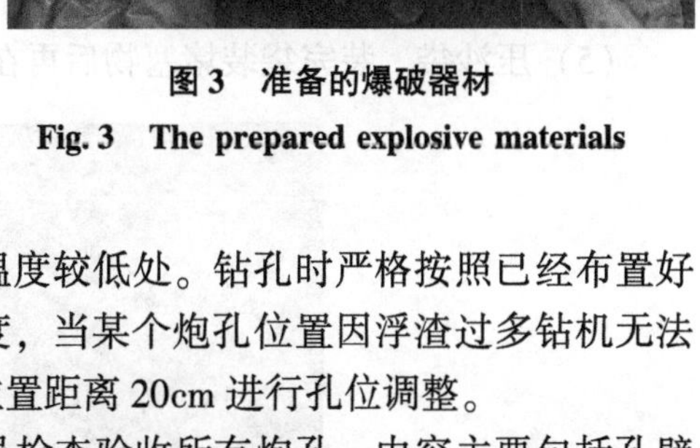

图 3　准备的爆破器材

Fig. 3　The prepared explosive materials

(1) 清理爆区。根据爆破计划，提前对指定爆破区域安排挖掘机清理浮石渣，包括清理松动的碎石、平整工作面，确保潜孔钻机作业顺利及工作人员行走安全。

(2) 布孔。根据项目技术部门设计的高温火区爆破施工方案，爆破现场技术人员做好布孔工作，用测量皮尺丈量距离，另外孔深不宜超过 12m。

(3) 钻孔。布孔完成后，安排施工队用潜孔钻机按照布置好的炮孔位置钻孔。由于岩石温度较高，钻出的岩屑温度也高，在钻孔时工人要做好防护措施，同时空压机要停在温度较低处。钻孔时严格按照已经布置好的炮孔位置开钻，不得随意更改方位，保证钻孔深度和垂直度，当某个炮孔位置因浮渣过多钻机无法钻进时，可先人工清理浮渣至岩石位置，同时可按不超过原位置距离 20cm 进行孔位调整。

(4) 验收炮孔。所有炮孔钻完后，爆破工程师安排技术员检查验收所有炮孔，内容主要包括孔壁是否满足下放套管要求、孔距与排距是否在设计或者调整后的合理范围内，深度是否达到设计标准，没有达到或超过深度时要求重新钻孔或回填至设计深度，测量孔深时采用带有长度标志的细钢丝测量孔深，以避免烧毁皮卷尺。

(5) 测温。爆破工程师安排技术员对所有炮孔进行测温，孔温测量分别采用红外测温仪与热电偶进行测量，测量时读取最高温度，将炮孔中最高温度记录在纸上并用石头压在炮孔边上，对超过施工温度范围的炮孔进行标记后采用传统的注水降温方法进行施工，记录现场所测数据并签字确认。

（6）准备材料。在每个炮孔旁分配好所需的乳化炸药，要求外包装无破损且需要叠放在袋装堵塞物上面；袋装堵塞物可由小号编织袋装填砂石而成，直径110mm，长度50cm，填充物由现场的石子与沙土混合而成，石子挑选颗粒小于5cm；沙袋可由大号编织袋装填沙土而成，尺寸远大于炮孔的直径，重量不低于30kg；导爆索与炸药绑好但端口不能插入炸药，其长度超过孔深1.5m；套管底部装入重物并用两道铁丝轧口，确保不漏水，其直径与炮孔直径相当，长度大于炮孔深度，另外套管外表面需要用水润湿，防止其在下放过程中因未注水而被高温烧坏；重物由塑料袋装填沙土制成，其直径110mm，长度30cm，确保其重量能使套管顺利下放到炮孔中，准备完成后在每个炮孔口放置一个套管，另外需要清理每个孔口的碎石，确保孔口的碎石在下放套管与注水时不落入炮孔中。

（7）人员分配。装药施工时爆区的人数不宜超过9人，其中，8人负责具体操作施工，1人负责指挥及处理其他突发事件，所分配的人员应事先经过培训，熟练掌握操作过程。装药施工时4人一组，2人负责下放套管并注水，2人负责装药、堵塞与压沙袋。

（8）爆破警戒。在预定爆破时间前半小时开始爆破警戒，警戒工作严格按照爆破设计要求进行，一般情况下高温火区深孔爆破的警戒范围为300m，设置好警戒岗位，安排专人负责警戒，同时配备对讲机，及时汇报警戒情况。

（9）联网。在爆破警戒同时开始联网，指挥人员指挥施工人员统一进行联网，为了保证安全，起爆网路采用导爆索与电雷管组合成不可逆起爆网路或者其他不可逆起爆网路，另外带有导爆索的炸药与其他炸药保持0.5m以上的距离，将母线短路，保证网路的安全性。

3.2 注水装药施工

（1）下放套管。联网完成后开始下放套管，下放套管前起爆人员要到达起爆站并检查网路是否正常，正常后即通知爆破总指挥可以开始下放套管，下放套管时需要快速下放并保证套管不扭转，同时需要保证孔口的碎石不落入炮孔中，防止卡孔，操作时先对温度较低的炮孔下放套管，再对温度较高的炮孔下放套管。

（2）注水。当套管到底后快速向套管内注水，注水时仍需要保证孔口的碎石不落入炮孔中，防止卡孔。当套管注满水后需要观察是否漏水，如果渗漏速度较慢，可以填入10cm沙土，如果渗漏速度较快，可以填入50cm到100cm沙土，如果填入沙土后仍不能阻止渗漏，舍弃该孔，另外注水后对长度过长的套管进行裁剪，使其高出炮孔孔口20cm即可。

（3）装药。当一个炮孔注完水后即可开始装药，装药时首先向套管中装入带有导爆索的药卷，根据炮孔的深度与导爆索下沉的长度判断药卷是否到达孔底，如果到底则继续快速装填其他全部药卷，如果未到底则根据导爆索的剩余长度装填合适药卷，并保证上部存有不少于4m的水。

（4）堵塞。当装药完成后，在炮孔中装填3.5m袋装堵塞物，保持炮孔上部存有不少于0.5m水，堵塞完后爆破现场如图4所示。

（5）压沙袋。装完袋装堵塞物后再在炮孔口压上沙袋，另外需要确保导爆索不打结。

图4 爆破施工现场

Fig. 4 The blasting operation

（6）人员撤离。当所有炮孔按上述工序施工完毕后，装药人员迅速撤离，撤离时要注意脚下的导爆索和脚线，以防踢断，爆破指挥迅速检测爆区网路，确认爆区网路完好后和装药工人一起上车马上撤离爆区，撤离时需要准备一辆运人车停在爆区边缘并保持发动状态。

（7）起爆。达到预定的起爆时间，确认警戒无异常时，爆破指挥下达起爆命令。

（8）检查爆破效果。爆破 20min 待炮烟散去后，爆破工程师方可进去检查，重点检查爆破效果、有无盲炮、爆堆是否稳定等。

（9）解除警戒。爆破工程师确认现场全部起爆无危险后，向爆破指挥报告检查情况，爆破指挥即可发出解除警戒命令。若爆破存在未爆现象或现场有滚石等危险状况，则爆破工程师需通知有关人员进行处理，未能及时处理的，需在周围设置危险标志。

4 结论

通过在套筒中装有模拟药卷并采用热电偶测量套筒中水的温度变化，为全孔蓄水施工方法的制定提供一定依据，得到的结论如下所示。

（1）通过将内层带有不透水材料的套管快速下放到炮孔并在短时间内注满水的施工方法营造水孔环境，使工业炸药与起爆器材能长时间保持在最高温度不超过水浴温度的环境中。

（2）由于全孔蓄水施工方法有充分的时间进行装药施工，因此该施工方法能在保证安全前提下能进行较大规模的高温火区爆破。

（3）全孔蓄水施工方法可将导爆索放置到孔底，即使发生卡孔现象也能将全孔炸药引爆，消除爆破后存在的安全隐患。

（4）全孔蓄水施工方法适用于最高温度低于 300℃ 高温炮孔，因此该施工方法能满足大部分高温火区爆破要求，对于最高温度高于 300℃ 的炮孔宜采用传统的注水降温方法进行快速施工或者用机器强挖。

参 考 文 献

[1] 齐俊德，禹学成．浅谈宁夏煤田火灾现状及综合治理［J］．陕西煤炭，2007（1）：36-38.

Qi Junde，Yu Xuecheng. Present situation and comprehensive treatment of fire accident in Ningxia coal-field［J］．Shanxi Coal，2007（1）：36-38.

[2] 史秀志，谢本贤，鲍侠杰．高温控制爆破工艺及新型隔热材料的试验研究［J］．矿业研究与开发，2005（1）：68-71.

Shi Xiuzhi，Xie Benxian，Bao Xiajie. Experimental study of controlled blasting technology of high temperature coagulation and new heat insulation material［J］．Mining R & D，2005（1）：68-71.

[3] 周名辉，唐洪佩，杨开山．露天煤矿高温爆破技术研究［J］．爆破，2014，31（2）：119-122.

Zhou Minghui，Tang Hongpei，Yang Kaishan. Study of high temperature area blasting in opencast coal mine［J］．Blasting，2014，31（2）：119-122.

[4] 王涛，张贵峰，廖新旭．露天煤矿高温火区干冰降温试验研究［J］．工程爆破，2014，20（4）：45-47，22.

Wang Tao，Zhang Guifeng，Liao Xinxu. Experimental study of high temperrature area cooling of opencast coal mine by using solid carbon dioxide［J］．Engineering Blasting，2014，20（4）：45-47，22.

[5] 石文才．耐温隔热护套：中国，专 CN 104006709 A［P］．2014-08-27.

[6] 张明春，肖燕红．热电偶测温原理及应用［J］．攀枝花科技与信息，2009，34（3）：58-62.

Zhang Mingchun，Xiao Yanhong. Principle and application of thermocouple temperature［J］．Panzhihua Sci-Tech & Information，2009，34（3）：58-62.

[7] 蔡建德．露天煤矿高温区爆破安全作业技术研究［J］．工程爆破，2013，19（1/2）：92-95，73.

Cai Jiande. Security technology of high-temperature blasting in open pit coal mine［J］．Engineering Blasting，2013，19（1/2）：92-95，73.

基于现场混装的宽孔距空气间隔预裂爆破技术

陈　明[1a,1b]　张　俊[1a,1b]　郑炳旭[2]　胡英国[1a,1b]　卢文波[1a,1b]　宋锦泉[2]

（1. 武汉大学 a. 水资源与水电工程科学国家重点试验室；
b. 水工岩石力学教育部重点
试验室，湖北 武汉，430072；
2. 广东宏大爆破股份有限公司，广东 广州，510623）

摘　要：采用理论分析与现场试验相结合的方法研究了混装车装药条件下的宽孔距空气间隔预裂爆破技术。理论分析结果表明：空气间隔装药预裂爆破条件下，即使预裂孔间距较大，炮孔间岩体在爆生气体压力作用下产生的应力强度因子也往往大于岩石的断裂韧度，炮孔间可以形成预裂缝。结合河南经山寺露天铁矿上覆岩层剥离进行的现场试验结果显示：岩体质量较好时，采用 18 倍孔径的宽孔距空气间隔装药预裂爆破技术，可获得较好的边坡轮廓成型质量，但是炮孔装药段的岩体损伤较严重，损伤深度明显大于非装药段。

关键词：炸药混装车；空气间隔；预裂爆破；轮廓；损伤

Wide-space and Air-decking Pre-splitting Blasting Technique based on Explosive Mixing-loading Truck

Chen Ming[1a,1b]　Zhang Jun[1a,1b]　Zheng Bingxu[2]　Hu Yingguo[1a,1b]　Lu Wenbo[1a,1b]　Song Jinquan[2]

（1. a. State Key Laboratory of Water Resources and Hydropower Engineering Science;
b. Key Laboratory of Rock Mechanics in Hydraulic Structural Engineering,
Ministry of Education, Wuhan University, Hubei Wuhan, 430072;
2. Guangdong Hongda Blasting Co., Ltd., Guangdong Guangzhou, 510623）

Abstract: The wide-space and air-decking presplitting blasting technique based on explosive mixing-loading truck was studied combined with theoretical analysis and field test. Theoretical analysis results show that, under presplitting blasting condition of air-decking charge, even if the spacing between presplitting holes was relatively big, the stress intensity factor of blasthole rock mass resulted from detonation gas pressure was generally larger than rock fracture toughness. Therefore, the presplitting cracks could be formed between the blastholes. Combined with the field test results of open pit iron mine overburden stripping in Jingshan temple of Henan province, some conclusions could be drawn that when the rock mass quality was relatively good, much better forming quality of slope contour profile could be obtained when the presplitting blasting technique was applied with wide-space and air-decking charge with 18 times of blasthole diameter. However, the disadvantage of this method mainly due to the serious damage on rock mass around the blasthole charge segments, and the rock damage zone was obviously larger than the non-charge segments.

Keywords: explosive mixing-loading truck; air-decking charge; pre-splitting blasting; contour profile; damage

矿山开采过程中，为了达到安全、经济及快速开采的目的，邻近矿山边坡部位的岩体开挖通常采用轮廓控制爆破技术。传统的轮廓爆破技术在装药时采用径向不耦合装药结构方式，费时且造价高。探求一种既能达到控制爆破开挖质量，又能快速、经济施工的新型轮廓爆破方式，是工程爆破领域的

基金项目：国家自然科学基金面上项目（No. 51279146、No. 51479147）；水利部科技推广计划项目（TG1522）。
原载于《爆破》，2016，33（3）：1-4，30。

新需求。采用现场混装车装药条件下的空气间隔装药预裂爆破技术，就是能够满足上述要求的新型轮廓爆破方式之一。与传统预裂爆破不同的是，该技术采用径向耦合装药，且装药相对集中，利用炸药爆炸后在孔内空气中形成的冲击波及爆生气体压力破坏岩体形成预裂缝。

关于空气间隔装药预裂爆破技术的理论和工程实践，国内外已有研究。1981 年 Mohanty B 首次在英国的一个露天煤矿中将空气间隔爆破技术用于预裂爆破[1]。Nicholas 等人随后在澳大利亚的矿山开采中使用了空气间隔预裂爆破技术[2]。Correa 等人在实验室和现场对空气间隔爆破技术用于预裂爆破进行了较为详细的研究[3]。孙再南在武钢大冶铁矿东露天采场临近边坡爆破起爆方式采用空气间隔爆破技术[4]。毕可程在露天铁矿进行了大孔径预裂爆破技术的实验与应用研究[5]。以上的空气间隔预裂爆破技术研究，预裂爆破炮孔间距一般局限于 7~12 倍孔径，而且炮孔径向较少采用耦合装药。基于现场混装的空气间隔装药预裂爆破技术，因炮孔装药段周围岩体的爆破损伤相对较严重，以及相关的爆破机理和设计准则尚需完善，在实际工程中应用并不多。

基于矿山经济、快速开采的需求，分析空气间隔预裂爆破的成缝机理，并结合现场生产进行试验，研究炸药混装车装药条件下的边坡宽孔距空气间隔装药预裂爆破技术。

1 空气间隔装药预裂爆破成缝机理

1.1 空气间隔装药爆炸荷载的确定

炸药混装车装药条件下的轴向空气层间隔装药爆破，其装药段为耦合装药，根据凝聚炸药爆轰波的 CJ 理论，对于耦合装药，炮孔初始平均爆轰压力 p_0 为波阵面后最大压力的一半，即

$$p_0 = \frac{\rho_e D^2}{2(\gamma + 1)} \tag{1}$$

式中，ρ_e 为炸药密度；D 为炸药的爆轰速度；γ 为爆生气体的绝热指数，γ 近似取为 3.0。

空气段的孔壁受到的荷载主要由装药段炸药起爆后沿炮孔轴向传播过来的冲击波所提供，经过炮孔中反射波及稀疏波的反复作用后，炮孔平均压力 p^* 为[6]

$$p^* = p_0\left(\frac{L_e}{L_e + L_a}\right)^{\gamma} \tag{2}$$

式中，L_e 为炮孔内装药长度；L_a 为炮孔内空气层长度；其他符号含义同式（1）。

1.2 空气间隔装药预裂爆破裂纹扩展模型

预裂爆破成缝理论分析中，假定岩体为均质材料。预裂爆破中要形成炮孔间贯穿裂缝，需满足 2 个条件：（1）沿炮孔连线方向发展的裂缝的尖端应力强度因子超过岩体的断裂韧度；（2）非装药段炮孔内的爆生气体压力小于岩石的动态抗压强度，炮孔周围的岩体不被压碎。

裂纹稳定传播的条件可描述为

$$K_I(t) > K_{ID} \tag{3}$$

式中，$K_I(t)$ 为缝裂纹尖端应力强度因子；K_{ID} 为岩石的动态断裂韧度。

卢文波等人改进了轮廓爆破裂纹扩展模型和相应的裂纹尖端应力强度因子的计算方法[7]。考虑相邻炮孔爆炸荷载和岩体地应力的联合作用的裂纹扩展模型如图 1 所示。

图 1 中，$u(x, t)$ 为 t 时刻裂纹的张开位移；$L(t)$ 为 t 时刻爆生气体驱动的裂纹的总长度；$L_1(t)$ 为 t 时刻爆生气体贯入裂纹的长度；L_0 为应力波作用下产生的径向裂纹的初始长度，这里 L_0 取 $3R$，R 为炮孔半径；a 为炮孔间距；$p(t)$ 为炮孔中气体压力衰减过程；$p(x, t)$ 为沿裂纹方向分布的爆炸气体压力；σ 为垂直于裂纹面的岩体远场应力。

邻近炮孔的爆生气体准静态压力引起的炮孔裂纹尖端侧向拉应力 σ_1 和 σ_2，可通过轮廓爆破过程中围岩瞬态应力场的数值计算得到。

则作用在裂缝面上的有效闭合应力 σ' 为

$$\sigma' = \sigma - \sigma_1 - \sigma_2 \tag{4}$$

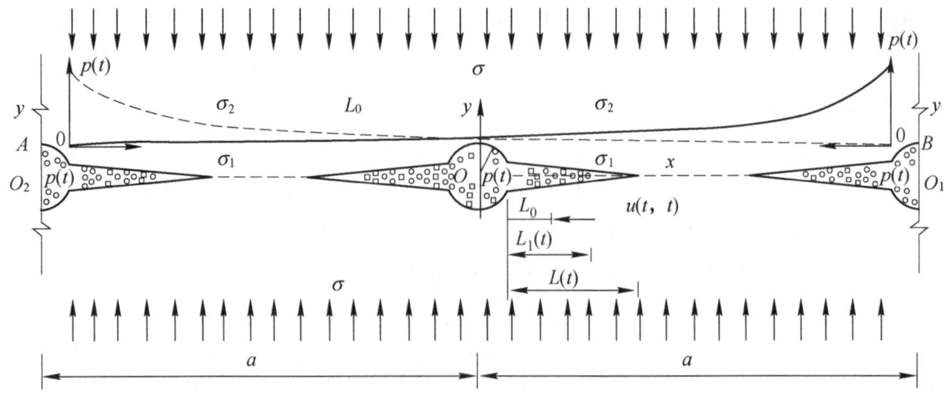

图 1　爆生气体驱动下的裂纹扩展模型

Fig. 1　Crack propagation model under detonation gas

由此得到此模型下的裂纹尖端的应力强度因子为

$$K_I(t)=2\left[\frac{L(t)+R}{\pi}\right]^{0.5}\int_0^{L_1(t)+R}\left\{\frac{p(x,\ t)-\sigma'}{[L(t)+R]^2-x^2}\right\}\mathrm{d}x \tag{5}$$

式中，裂纹扩展总长度 $L(t)=\int_0^t C_f(t)\,\mathrm{d}t$，其中，$C_f(t)$ 为裂纹的扩展速度，一般可取 $C_f(t)=0.38C_p$，C_p 为岩石介质的纵波波速；爆生气体贯入长度 $L_1(t)=\int_0^t v_e(t)\,\mathrm{d}t$，$v_e(t)$ 为爆生气体在裂纹中前端的流动速度。

裂纹的张开位移可用 Pair 公式计算

$$u(x,\ t)=\frac{4(1-\mu)}{\pi G}\int_0^{L(t)+R}\left[\int_0^{\zeta}\frac{p(\zeta,\ t)-\sigma'}{(\xi^2-\zeta^2)^{0.5}}\right]\cdot\frac{\xi\mathrm{d}\xi}{(\xi^2-x^2)^{0.5}} \tag{6}$$

式中，μ 为岩体的泊松比；G 为岩体的剪切模量；ξ 为裂纹扩展的瞬间长度；ζ 为该瞬间长度的微段长度。

计算中假设爆生气体压力沿裂纹长度方向呈近似均匀分布，且等于 $p(t)$。炮孔中爆生气体的压力可由多方气体状态方程得到

$$p(t)[V(t)]^{\gamma}=\text{const} \tag{7}$$

式中，$V(t)$ 为爆生气体的总体积；γ 为等熵指数，近似取为 3.0。

由式（2）~式（7）可判断裂纹的扩展状态，进而分析裂纹的整个扩展过程。

为防止预裂爆破本身对孔壁附近保留岩体产生过大损伤，需要保证预裂爆破过程中非装药段炮孔压力低于孔壁岩体的动态抗压强度，即

$$p_0<[\sigma_d] \tag{8}$$

式中，$[\sigma_d]$ 为岩石的动态抗压强度。

1.3　宽孔距空气间隔装药预裂爆破成缝分析

由以上裂纹扩展模型，分析空气间隔装药预裂爆破成缝。选取河南经山寺露天铁矿上覆盖的大理岩作为研究对象，其相关的岩石物理参数如表 1 所示。常规露天台阶预裂爆破不考虑地应力的影响，垂直于缝面的地应力取为零。经山寺露天铁矿矿体开采及上覆岩层剥离中使用的混装炸药密度约为 1.25g/cm^3、爆速约为 4500m/s，炮孔直径 140mm。空气间隔预裂爆破中空气层的比例通常为 70%~90%，可由式（2）计算预裂爆破炮孔中的爆炸荷载，由式（5）~式（7）可得到不同孔距、不同空气层比例时炮孔中心连线上各点的应力强度因子的变化规律[6]。

表 1　岩石动力学参数表

Table1　Parameters list of rock mass mechanics

密度/kg·m^{-3}	弹性模量/GPa	泊松比	抗压强度/MPa	抗拉强度/MPa	剪切模量/GPa
2600.00	55.00	0.27	117.00	4.00	21.70

计算结果表明，宽孔距即孔间距取较大倍数孔径的预裂爆破，当炮孔间距取为 12~24 倍孔径时，炮孔间的应力强度因子主要受爆炸荷载变化的影响，如炮孔间距为 18 倍孔径时，岩石应力强度因子随空气层比例及距离的变化如图 2 所示，其他炮孔间距条件下炮孔间的岩石应力强度因子分布规律近似于图 2。

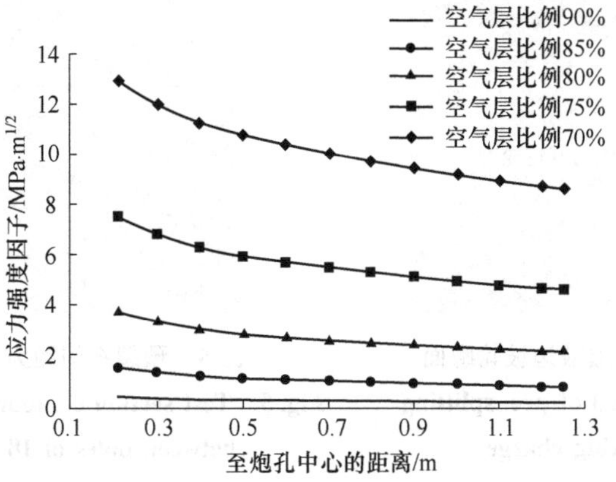

图 2 应力强度因子的变化规律

Fig. 2 The changing rule of the stress intensity factor

由图 2 可知，当爆炸荷载足够大时，即使预裂炮孔间距较宽，炮孔间的应力强度因子仍可大于大理岩 0. 6~1. 5MPa · $m^{1/2}$ 的断裂韧度[8]，表明较大的炮孔间距也可预裂成缝。如图 2 所示，当预裂孔中空气层比例小于 85%时，炮孔间距为 18 倍孔径仍可预裂成缝。

2 宽孔距空气间隔装药预裂爆破现场试验

2.1 爆破试验设计

为进一步验证宽孔距预裂爆破效果，结合河南经山寺铁矿上覆岩层的剥离施工，开展了空气间隔装药预裂爆破的现场试验研究。预裂孔布置设计如图 3 所示，预裂孔长约 12. 5m，孔径 140mm，炮孔倾角 80°，炸药采用现场混装乳化炸药。为了比较不同孔间距预裂爆破孔的轮廓成型质量，设计预裂孔为宽孔距即孔间距取较大倍数孔径，预裂孔间距分别取 12 倍、15 倍及 18 倍孔径，预裂孔距离前排缓冲孔 3. 0m，孔底装药，为了确保预裂成缝，试验中的空气层比例约为 75%，堵塞长度 1. 2m。爆破试验的炮孔布置及起爆网路如图 3 所示。

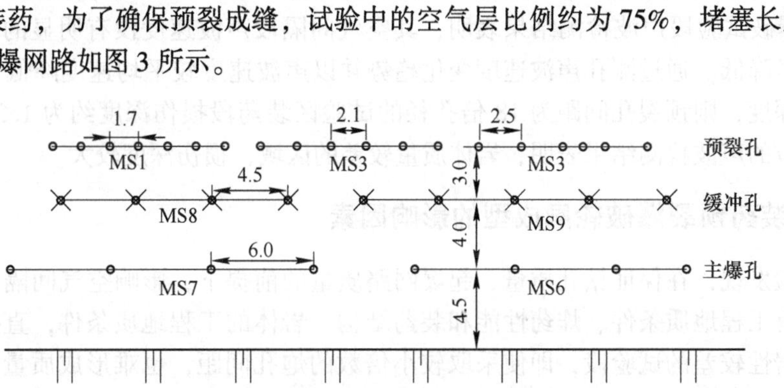

图 3 炮孔布置及起爆网路图（单位：m）

Fig. 3 The diagram of bore-hole layout and detonating network（unit：m）

2. 2 预裂爆破轮廓成型的质量分析

2. 2. 1 轮廓成型的质量

预裂爆破完成后，形成了较为平整的轮廓面，图 4 和图 5 给出了爆后预裂爆破部位的轮廓图。

图 4 中由空气间隔装药预裂爆破形成的轮廓面以上，是铁矿开采中实际采用的缓冲爆破形成的开

挖轮廓[8]，对比可知，采用空气间隔装药预裂爆破形成的开挖轮廓相对较为平整。

图 4　空气间隔装药预裂爆破边坡轮廓面

Fig. 4　Slope contour record of pre-splitting blasting of air-decking charge

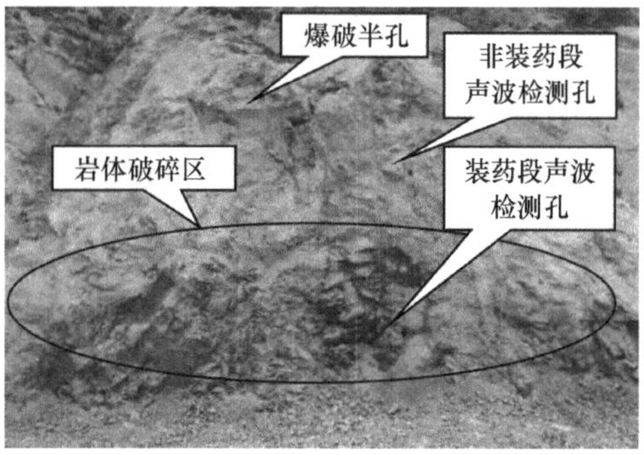

图 5　预裂孔间距为 18 倍孔径试验段的轮廓面

Fig. 5　Test section contour surface of pre-splitting distance between holes of 18 times blast-hole diameter

炸药混装车条件下的空气间隔装药预裂爆破试验受试验场地工程地质条件的影响较大，预裂爆破区试验区域跨过一段较为破碎的岩体，爆破后，破碎岩体段难以发现残存的半孔，但在岩性较好的试验段，岩体的半孔率较高，尤其是炮孔间距为 18 倍孔径（距离约 2. 5m）的空气间隔装药预裂爆破试验段，如图 5 所示，轮廓的平整度较好，半孔率较高。试验结果表明，在岩性较好的开挖段，采用较大的孔间距，仍可取得较好的效果。

2. 2. 2　损伤范围

图 5 给出了爆破完成后，开挖轮廓面保留岩体的宏观损伤破坏图。由图 5 可知，爆破过程中，爆炸荷载对后台阶岩体有较强的抬动、拉裂作用。岩体爆破后保留岩体表层分布有不同密集程度的爆生裂隙，这些裂隙以张开拉裂为主要特征，分布无明显规律，在地质条件较好，岩体均一性较强的区域裂纹密度较低，而在地质条件较差的区域，不但裂纹密度大，而且伴随有岩体破碎的特征。其中装药段的保留岩体较未装药段岩体的裂隙明显增多，装药部位炮孔壁岩体被明显破碎。而传统的预裂爆破，由于沿炮孔的径向及轴向均是不耦合装药，炮孔周围的可能产生爆生裂纹，但一般不产生粉碎区。

通过布置在炮孔装药段及非装药段岩体中的声波检测孔得到的声波波速变化趋势也表明，非装药段的损伤深度较装药段的明显偏小，岩体较好的区域，损伤深度一般较小，预裂孔间距为 18 倍孔径（2. 5m）的预裂爆破试验段声波检测结果表明，其空气间隔段声波速度没有明显的降低。而装药段的声波速度则有明显降低。通过测孔声波速度变化趋势并以声波速度较平均速度降低 10% 为标准判别的各个测孔的损伤深度，则预裂孔间距为 18 倍孔径的试验区装药段损伤深度约为 1. 2m，空气层段损伤不明显。其他部位的声波检测结果表明，岩体质量较差的区域，损伤深度较大。

2. 3　空气间隔装药预裂爆破轮廓成型的影响因素

本次现场试验发现，在保证钻孔质量、起爆网路质量的前提下，影响空气间隔装药预裂爆破轮廓成型的因素主要有工程地质条件、炸药性能和装药结构。岩体的工程地质条件，直接影响到预裂爆破的成型质量。在岩性较差的试验段，即使采取较小倍数的炮孔间距，也难形成质量较好的轮廓，而岩性较好的试验段，较大倍数的炮孔间距可得到质量较好的轮廓面。

炸药的性能和装药结构（空气层比例），直接影响到爆破过程中整个炮孔的平均爆轰压力以及耦合装药段的初始平均爆轰压力，初始平均爆轰压力过大，将导致装药段岩体的压碎区及损伤区显著增大。

3　结论

通过以上分析，可得如下初步认识。

（1）空气间隔装药预裂爆破条件下，即使炮孔间距较大，由炮孔爆生气体压力形成的应力强度因子也往往大于岩石的断裂韧度，炮孔间仍可以形成预裂缝。

（2）岩体的工程地质条件直接影响空气间隔装药预裂爆破的轮廓成型质量。岩体质量较好时，采用宽孔距的空气间隔装药预裂爆破技术，可取得较好的轮廓成型质量。

（3）炸药混装车装药条件下的空气间隔预裂爆破，装药段的损伤受炸药的性能和装药结构影响。装药段的损伤深度明显大于非装药段的。

需要说明的是，本次现场试验仅进行了 3 组参数的爆破试验，有待结合现场生产进行更多的试验，以积累更多的试验数据，完善炸药混装车条件下的空气间隔装药预裂爆破设计，控制装药段的爆破损伤破坏问题，从而推广该项技术在水电、矿山等行业领域非关键开挖轮廓部位的应用。

参 考 文 献

[1] Mohanty B. Wall control blasts and explosive systems [R]. C-I-L Technical, December, 1981.

[2] Carland Robert M, Biggs Horace Gene, Holland David. Achieving ore-waste separation by dual-fragmentation blasting [C] //Proceedings of the Conference on Explosives and Blasting Technique, 1990: 423-428.

[3] Correa Carlos E. Use of air-decks to reduce subdrillings in Escondida Mine [J]. Fragblast, 2003, 7 (2): 79-86.

[4] 孙再南．东露天采场临近边坡的爆破工作 [J]．爆破，1998，15 (4)：12-19.
Sun Zainan. Near slope blasting experience in open pit [J]. Blasting, 1998, 15 (4): 12-19.

[5] 毕可程．大孔径预裂爆破技术在高村露天铁矿的实验与应用 [J]．现代矿业，2011，7 (7)：85-86.
Bi Kecheng. The experimental and application of largespace pre-splitting blasting technique in open pit iron mine of Gao village [J]. Modern Mining, 2011, 7 (7): 85-86.

[6] 朱红兵．空气间隔装药爆破机理及应用研究 [D]．武汉：武汉大学博士学位论文，2006.
Zhu Hongbing. Study on the mechanism and application of air-decking blasting [D]. Wuhan: Doctoral Dissertation of Wuhan University, 2006.

[7] 卢文波，陶振宇．爆生气体驱动的裂纹扩展速度研究 [J]．爆破与冲击，1994，14 (3)：264-268.
Lu Wenbo, Tao Zhenyu. A study of fracture propagation velocity driven by gases of explosion products [J]. Explosion and Shock Waves, 1994, 14 (3): 264-268.

[8] 郑炳旭．经山寺铁矿优化开采综合爆破技术 [J]．岩石力学与工程学报，2012，31 (8)：1530-1536.
Zheng Bingxu. Multiple blasting techniques for exploitation optimizion of Jingshan temple iron mine [J]. Chinese Journal of Rock Mechanics and Engineering, 2012, 31 (8): 1530-1536.

岩体强度对牙轮单齿作用下破碎坑的体积及形态影响研究

郭汝坤[1]　冯　春[1]　李战军[2]　李世海[1]

（1. 中国科学院力学研究所 流固耦合系统力学重点实验室，北京，100190；
2. 广东宏大爆破股份有限公司，广东 广州，510623）

摘　要： 借助连续-非连续单元法（CDEM），对牙轮钻单齿压入破岩的机制进行了探讨，研究了加载过程中破碎体积及破碎坑的演化规律，分析了岩体凝聚力和内摩擦角对单齿破岩体积及破碎坑形态的影响。数值计算结果表明，破碎坑基本上呈半椭球体，其宽深比仅受内摩擦角控制，随着内摩擦角的增加，破碎坑的宽深比减小。破碎坑的宽度、深度及单齿破岩体积可用齿压 F、钻齿半径 r、凝聚力 c 及内摩擦角 φ 表征，基于数值计算结果给出了破碎坑的宽度、深度及单齿破岩体积定量表述的公式；基于相关理论公式，考虑各个同时与岩石接触的几个齿轮对岩石的损伤是相互影响的，引入单齿破岩体积的修正系数，建立了牙轮钻的工作参数（轴压、转速、进尺速度等）与岩体凝聚力及内摩擦角的函数关系。在鞍千矿南采区进行了牙轮钻随钻测试的现场试验，获得了不同岩性下的单齿破岩体积，并就近取样测试了岩体的凝聚力及内摩擦角。当修正系数取 0.363 时，现场测试结果与基于数值计算得到的单齿破岩体积基本一致，从而证明了数值计算及相关理论推导的正确性。研究成果可以为岩体强度的动态测试提供依据。

关键词： 单齿破岩体积；破岩机制；连续-非连续单元法（CDEM）；钻进速度；岩体强度；破碎坑形态

Influence of Rock Mass Strength on Volume and Shape of Fragmental Pit Generated by a Single Tooth of Roller Bit

Guo Rukun[1]　Feng Chun[1]　Li Zhanjun[2]　Li Shihai[1]

(1. Key Laboratory for Mechanics in Fluid Solid Coupling Systems, Institute of Mechanics, Chinese Academy of Sciences, Beijing, 100190;
2. Guangdong Hongda Blasting Co., Ltd., Guangdong Guangzhou, 510623)

Abstract: Based on a continuous-discontinuous element method (CDEM), this paper is to discuss fracture mechanism of rocks under compressive loading applied by a single tooth of roller bit. The CEDM is then applied to investigate the fracture evolution process of rock mass under compressive loading, and to analyze the effect of cohesion, internal friction angle on rock fragmental volume and the patterns of fragmental pit. Numerical results show that the shape of fragmental pit is basically a semi-ellipsoid and the ratio of width to depth of the fragmental pit is only affected by the internal friction angle. With the increase of internal friction angle, the ratio of width to depth decreases gradually. The width and depth of fragmental pit and the volume of fragment can be described by the single tooth pressure F, tooth radius r, cohesion c and internal friction angle φ. By considering the rock damage influenced by several bits which are in contact with rock simultaneously, the correction coefficient of single tooth fragmental volume is introduced. Then the relationship between operating parameters of roller bit (i. e. , axial force of drill pipe, rotational speed and drilling speed) and rock mass strength (i. e. , cohesion and internal friction angle) is established. Field experiments are conducted at the south

---

基金项目： 国家重点基础研究发展计划项目（973 计划）（No. 2015CB250903）；中国科学院战略性先导科技专项（B 类）（No. XDB10030303）；广东宏大爆破股份有限公司“基于数字模拟的露天爆破设计软件”研发项目资助。

原载于《岩土力学》，2016，37（10）：2971-2978。

mining area of Anqian mine, and the rock fragmental volumes of different rock properties are obtained. The corresponding cohesive strength and internal friction angle of the rock mass are obtained by laboratory tests. When the correction factor is 0.363, the field testing results coincide well with the theoretical results, which demonstrates the validity of numerical analysis and formula derivation. The results will be used for the field test of dynamic strength of rock mass.

Keywords: rock fragmental volume under single tooth; rock fracture mechanism; continuous-discontinuous element method (CDEM); drilling speed; strength of rock mass; shape of fragmental pit

1 引言

牙轮钻是露天矿爆破开采、石油及天然气钻探开发中的主要破岩工具，其工作性能直接影响到钻孔质量、钻进速度以及钻孔成本[1]。牙轮钻的破岩过程十分复杂，影响因素较多，研究牙轮钻头的破岩机制，揭示钻进过程中各参量之间的内在联系，合理选择破岩参数进行高效破岩，一直是理论界和工程界的关注重点，具有较高的研究价值[2]。

牙轮钻工作时，钻杆将压力和扭矩传递给牙轮钻头，钻头一方面向孔底挤压；另一方面进行自转及公转，从而引起牙轮表面的破岩刃具碾压破岩，并最终导致岩石在压力作用下的破碎解体。

国内外的专家、学者对单齿破岩机制进行了大量的研究，并取得了丰硕的成果。Lawn[3]、Lindqvist[4] 基于 Boussinesq 弹性力学解给出了应力场的裂纹产生机制；Ostojic[5] 对钝压头侵入时裂纹的形成过程进行了总结和描述；Hertz[6] 对侵入脆性材料过程中裂纹的产生机制进行了研究，采用球形压头进行侵入试验发现了赫兹裂纹，并解释了其产生机制；刘清友等人[7] 建立了盘式单牙轮钻头破岩机制仿真模型，并与试验结果进行了对比；赵伏军等人[8] 研究了动、静载荷耦合作用下压头侵入岩石的断裂性质，研究了钻进过程中裂纹长度与载荷、侵入速度之间的关系；Liu 等人[9] 基于 RFPA 软件研究了岩屑坑的形成过程，建立了裂纹计算的经验模型；况雨春等人[10] 以现场实钻数据为基础，采用黑箱法建立钻头破岩的仿真模型，并对决定钻头钻进性能的齿坑模型和牙齿吃入岩石的力-吃深模型进行了仿真计算；马德坤[11] 对牙轮钻头的几何学、运动学以及钻头与岩石的相互作用做了系统的分析研究。

石祥超等人[12] 应用 $\mathrm{FLAC^{3D}}$ 模拟了单齿加载速度对侵入破岩的影响；Su 等人[13] 采用颗粒流 $\mathrm{PFC^{3D}}$ 对岩石的切削破坏进行了模拟，取得了与试验较为一致的结果；祝效华等人[14] 研究了钻井过程中钻柱、钻头、岩石相互作用下的牙轮钻头动力学特性；廖志毅等人[15] 基于细观损伤有限元方法，模拟分析了刀具在单一动载、动静联合荷载、静态围压条件下动、静联合荷载 3 种情况下岩体破碎的全过程。蔡灿等人[16] 研究了牙齿低速冲击下的破岩机制，分析了单齿冲击下岩石破碎坑的形貌，提出了分区建立物理和力学模型的建议。

总体而言，现有的理论和分析对于单齿作用下裂纹的产生机制、空间形态及牙轮钻头的几何学、运动学有了较为深刻的认识，但关于钻头破岩过程中损伤场及破裂场的演化规律，破岩效果与钻杆轴压、转速及岩石力学性质等因素之间关系的研究却鲜见报道。

本文基于连续-非连续单元法（CDEM）研究了单齿加载过程中破碎体积及破碎坑的演化规律、探讨了岩体凝聚力和内摩擦角对单齿破岩体积及破碎坑形态的影响，建立了牙轮钻进尺速度、钻杆轴压、转速与岩体凝聚力、内摩擦角的对应关系。并根据钻杆旋转一周单齿破岩体积的累积量和宏观破岩体积相等，建立了进尺速度与钻杆轴压、转速、岩石性质之间的定量表达式。最后，通过鞍千矿南采区的现场试验，证明了数值计算所得结论的可靠性和准确性。

2 计算方法及本构模型

2.1 CDEM 计算方法

本文的数值模拟主要采用连续-非连续单元方法（CDEM）进行。CDEM[17-21] 方法是一种将有限元与离散元进行耦合计算，通过块体边界及块体内部的断裂来分析材料渐进破坏过程的数值模拟方法。

CDEM 中包含块体及界面两个基本概念，块体由一个或多个有限元单元组成，用于表征材料的连续变形特征；界面由块体边界组成，通过在块体边界上引入可断裂的一维弹簧实现材料中裂纹扩展过程的模拟。

CDEM 方法的控制方程为质点运动方程，并采用基于增量方式的显式欧拉前差法进行动力问题的求解，在每一时步包含有限元的求解及离散元的求解两个步骤，整个计算过程中采用不平衡率表征系统受力的平衡程度。

2.2 拉剪联合的应变软化模型

本文采用拉剪联合的应变软化模型[22]，其中拉伸破坏采用最大拉应力准则，剪切破坏采用摩尔-库仑准则，根据拉伸塑性应变折减抗拉强度实现拉伸软化，根据剪切塑性应变折减抗剪强度实现剪切软化。利用该模型描述单齿压载荷作用下的岩石剪切损伤破坏及拉伸损伤破坏过程。

首先利用增量形式的有限元法计算本时步单元的应力增量，计算公式为

$$\Delta\sigma_{ij} = 2G\Delta\varepsilon_{ij} + \left(K - \frac{2}{3}G\right)\Delta\theta\delta_{ij} \tag{1}$$

式中，$\Delta\sigma_{ij}$ 为当前时步的应力增量；$\Delta\varepsilon_{ij}$ 为当前时步的应变增量；$\Delta\theta$ 为当前时步的体应变增量；K 为体积模量；G 为剪切模量；δ_{ij} 为 Kronecker 符号。

而后计算本时步单元的试探应力，计算公式为

$$\sigma_{ij} = \Delta\sigma_{ij} + \sigma_{ij\text{-old}} \tag{2}$$

式中，σ_{ij} 为本时步的试探应力；$\sigma_{ij\text{-old}}$ 为上一时步的应力。

根据试探应力张量 σ_{ij} 计算当前时步的主应力 σ_1、σ_2 及 σ_3，根据式（3）判断该应力状态是否已经达到或超过 Mohr-Coulomb 准则及最大拉应力准则，为

$$\left.\begin{aligned} f^{\mathrm{s}} &= \sigma_1 - \sigma_3 N_\varphi + 2c(t)\sqrt{N_\varphi} \\ f^{\mathrm{t}} &= \sigma_3 - \sigma_{\mathrm{t}}(t) \\ h &= f^{\mathrm{t}} + \alpha^{\mathrm{p}}(\sigma_1 - \sigma^{\mathrm{p}}) \end{aligned}\right\} \tag{3}$$

式中，f^{s}为剪切屈服函数；f^{t}为拉伸屈服函数；h 为判别因子；$c(t)$、$\sigma_{\mathrm{t}}(t)$ 为块体当前时步的内聚力及抗拉强度；N_φ、α^{p}、σ^{p} 为常数，计算公式为

$$\left.\begin{aligned} N_\varphi &= (1 + \sin\varphi)/(1 - \sin\varphi) \\ \alpha^{\mathrm{p}} &= \sqrt{1 + N_\varphi^2} + N_\varphi \\ \sigma^{\mathrm{p}} &= \sigma_{\mathrm{t}}(t)N_\varphi - 2c(t)\sqrt{N_\varphi} \end{aligned}\right\} \tag{4}$$

式中，φ 为块体内摩擦角。

如果$f^{\mathrm{s}} \geqslant 0$ 且 $h \leqslant 0$，单元发生剪切破坏；如果$f^{\mathrm{t}} \geqslant 0$ 且 $h > 0$，则发生拉伸破坏。

当单元发生剪切破坏时，采用下式进行主应力的修正：

$$\left.\begin{aligned} \sigma_{1\text{-new}} &= \sigma_1 - \lambda^{\mathrm{s}}(\alpha_1 - \alpha_2 N_\psi) \\ \sigma_{2\text{-new}} &= \sigma_2 - \lambda^{\mathrm{s}}\alpha_2(1 - N_\psi) \\ \sigma_{3\text{-new}} &= \sigma_3 - \lambda^{\mathrm{s}}(-\alpha_1 N_\psi + \alpha_2) \end{aligned}\right\} \tag{5}$$

式中，λ^{s}、N_ψ、α_1 和 α_2 为常数，其表达式为

$$\left.\begin{aligned} \lambda^{\mathrm{s}} &= f^{\mathrm{s}}/[(\alpha_1 - \alpha_2 N_\psi) - (-\alpha_1 N_\psi + \alpha_2)N_\psi] \\ \alpha_1 &= K + 4G/3 \\ \alpha_2 &= K - 2G/3 \\ N_\psi &= (1 + \sin\psi)/(1 - \sin\psi) \end{aligned}\right\} \tag{6}$$

式中，ψ 为剪胀角。

当单元发生拉伸破坏时，要进行主应力的修正，其计算公式为

$$\left.\begin{aligned} \sigma_{1\text{-new}} &= \sigma_1 - [\sigma_3 - \sigma_{\mathrm{t}}(t)]\alpha_2/\alpha_1 \\ \sigma_{2\text{-new}} &= \sigma_2 - [\sigma_3 - \sigma_{\mathrm{t}}(t)]\alpha_2/\alpha_1 \\ \sigma_{3\text{-new}} &= \sigma_{\mathrm{t}}(t) \end{aligned}\right\} \tag{7}$$

将经过 Mohr-Coulomb 准则及最大拉应力准则修正后的主应力转换至整体坐标系，根据有限元法计算由单元应力贡献出的节点力。

同时，根据当前时步的等效塑性剪应变及塑性体应变，对凝聚力及抗拉强度值进行折减，计算公式为

$$\left.\begin{aligned} c(t+\Delta t) &= -c \times \gamma_p/\gamma_{\lim} + c \\ \sigma_t(t+\Delta t) &= -\sigma_t \times \varepsilon_p/\varepsilon_{\lim} + \sigma_t \end{aligned}\right\} \tag{8}$$

式中，$c(t+\Delta t)$ 及 $\sigma_t(t+\Delta t)$ 为下一时步的凝聚力及抗拉强度值；Δt 为计算时步；c 及 σ_t 为初始时刻的凝聚力及抗拉强度值；γ_p 及 ε_p 为当前时刻等效塑性剪应变及塑性体应变；$\gamma_{\lim}$ 及 $\varepsilon_{\lim}$ 为剪切断裂应变及拉伸断裂应变。

基于拉剪联合的应变软化模型，可以定义三类损伤因子，分别为拉伸损伤因子 α、剪切损伤因子 β 及联合损伤因子 χ，计算公式为

$$\left.\begin{aligned} \alpha &= 1 - \sigma_t(t)/\sigma_t \\ \beta &= 1 - c(t)/c \\ \chi &= 1 - (1-\alpha)(1-\beta) \end{aligned}\right\} \tag{9}$$

由于单齿压入的破坏形式主要为剪切破坏，也存在少量的拉伸破坏，下文进行单齿压入岩石损伤破裂的数值分析时，统计指标均采用联合损伤因子 χ，并把 $c=0$ 和抗拉强度 $\sigma_t=0$ 的总区域作为岩石完全破碎的区域，其包含的体积即为单齿破岩体积。

3 单齿破岩模拟与结果分析

3.1 数值计算模型

单齿作用于岩体具有对称性，取其 1/4 进行研究，建立数值计算模型如图 1 所示，其中褐色部分为牙轮钻齿单元，紫色和黄色部分为岩石单元，牙轮钻钻齿采用 1/4 半圆球，直径为 2cm，模型尺寸为 20cm×20cm×20cm，为了提高计算效率，距离钻进位置较远的部分采用粗网格，在钻进位置附近进行网格加密，共计剖分四面体网格 48017 个。

图 1 单齿破岩数值计算模型

Fig. 1 Numerical model of rock fracture under a single tooth

计算采用 CDEM 法，计算中牙轮钻头和岩石进行接触计算，牙轮钻头的本构模型采用线弹性模型，岩石的本构模型采用拉剪联合下的应变软化模型。计算中，牙轮钻头的弹性模量为 200GPa，泊松比为 0.3，密度为 7.8g/cm^3；岩石的弹性模量为 50GPa，泊松比为 0.25，密度为 2.5g/cm^3，拉伸断裂应变为 0.3%，剪切断裂应变为 0.6%。

3.2 载荷施加及边界条件

在单齿破岩过程中，随着加载的进行，齿尖附近的岩石将逐渐发生挤压破坏，并进一步导致应力的调整及破碎区的演化。影响单齿破岩体积 V_0 的因素主要有凝聚力 c、内摩擦角 φ、单齿压力 F、钻

齿半径 r。破碎坑的宽度 R 和深度 H 及单齿破岩体积 V_0 可表述为

$$\left.\begin{aligned} R &= R(F,\ c,\ r,\ \tan\varphi) \\ H &= H(F,\ c,\ r,\ \tan\varphi) \\ V_0 &= V_0(R,\ H) \end{aligned}\right\} \tag{10}$$

为了研究破碎坑的 R、H 及单齿破岩体积与岩体强度参数之间的关系，进行凝聚力及内摩擦角的双参数研究，凝聚力取 7 个水平，内摩擦角取 5 个水平，共计 35 组算例。其中，凝聚力 c 分别取 3、5、15、25、35、45、55MPa，内摩擦角 φ 分别取 20°、25°、30°、35°、40°。由于钻机在钻进过程中是力加载过程，因此，在数值计算中亦采用力加载模式，先给牙轮钻头施加一个线性增加的力，经过 0.02s 后保持不变，0.08s 后线性减小，载荷函数为

$$F = \begin{cases} 1000\pi t & 0\text{s} \leqslant t \leqslant 0.02\text{s} \\ 20\pi & 0.02\text{s} \leqslant t \leqslant 0.08\text{s} \\ 1000\pi(0.1 - t) & 0.08\text{s} \leqslant t \leqslant 0.10\text{s} \end{cases} \tag{11}$$

式中，F 为加载力，kN；t 为加载时间，s。

边界条件为前、后、左、右 4 个侧面及底面法向约束，钻头水平方向全约束，在钻头上表面施加法向载荷。将最终强度为 0 的单元作为破碎单元，对这些单元的体积进行统计，作为单齿破岩体积。

矿山牙轮钻钻进深度一般在 15m，产生的地应力不到 0.5MPa，与几十兆帕的岩体强度相比，可以忽略，因此，实际计算时不考虑围压的作用。牙轮钻主要靠碾压破岩，冲击效应较弱，计算中可认为每一个时刻为平衡状态，采用准静态算法（虚质量法）进行计算。

3.3 破碎过程分析

当 $c=5$MPa、$\varphi=30°$时，不同时刻的损伤破裂场如图 2 所示（为了便于清晰观察，取图 1 中紫色部分进行观察）。由图 2 可得，损伤因子等于 1 的部分为破碎坑（图中深色部分），其形状基本为半椭球体，从破碎坑向下，损伤程度逐渐减小。

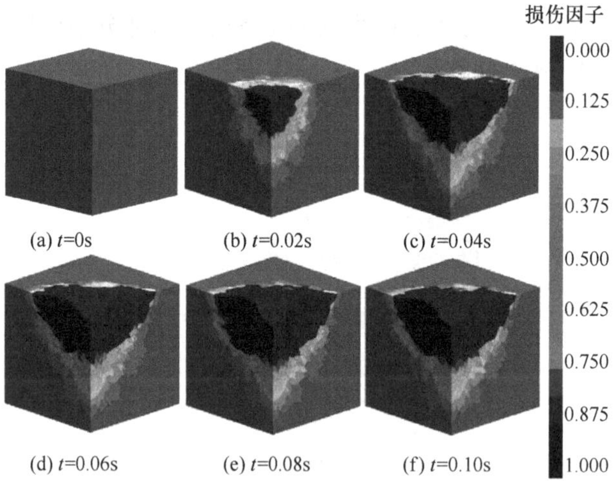

图 2　$c=5$MPa、$\varphi=30°$单齿破岩损伤破裂场演化过程

Fig. 2　Evolution process of damage and fracture of rock under a single tooth when $c=5$MPa, $\varphi=30°$

由图 2 还可以看出，初始时刻岩体不存在损伤破裂，随着加载的进行，损伤破裂开始发生、发展；从不同时刻的损伤破裂场可看出，时间越长，破碎坑越大；加载到 0.04s，损伤范围基本形成；继续加载，损伤区逐渐演化为破裂区，但损伤范围几乎不变。

单齿破岩体积随加载时间变化曲线如图 3 所示。由图 3 可知，0.02s 之前，由于载荷线性增加，岩石基本呈加速破碎状态；0.02~0.04s，载荷达到最大值，且保持不变，岩石破碎速率也保持在一个较高的值；当超过 0.04s 后，尽管载荷稳定在最高值，但钻齿周围岩体破碎的耗能作用，导致岩石的破碎速率逐渐降低。

数值计算得到的破碎坑的宽度 R 和深度 H 如图 4 所示。定义 R 和 H 的比为 m，则

$$m = R/H \tag{12}$$

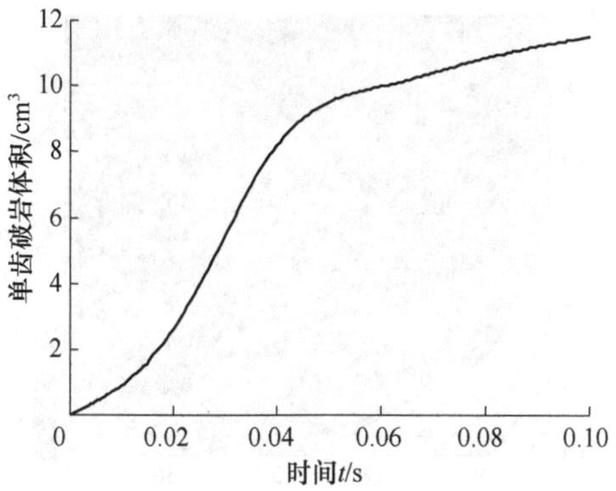

图 3 单齿破岩体积随时间变化曲线

Fig. 3 Relationship between rock fracture volume and time under single tooth

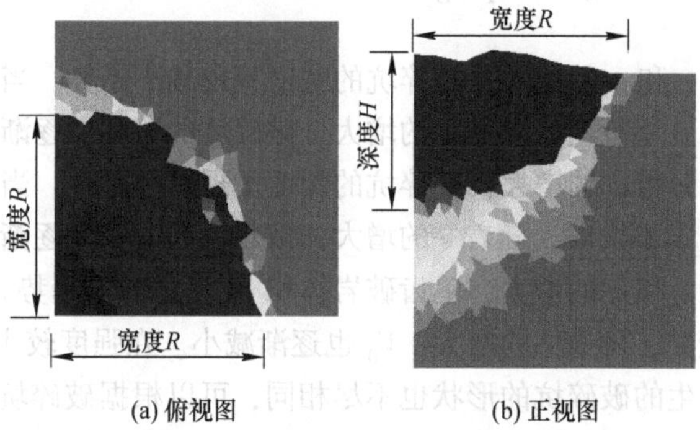

图 4 $c=5$MPa、$\varphi=30°$单齿破岩破碎坑宽度 R 和深度 H

Fig. 4 Width and depth of fragmental pit when $c=5$MPa, $\varphi=30°$

由图 4 可知，破碎坑的水平剖面有着较好的对称性，基本呈圆形；而破碎坑的竖直剖面基本呈抛物线形。定义完全损伤与零损伤之间的区域为损伤过渡带，则上表面处的过渡带宽度最窄，钻齿底部的过渡带宽度最宽。

3.4 c 和 φ 对破碎坑的影响规律

进行双参数研究，c 分别取 3MPa、5MPa、15MPa、25MPa、35MPa、45MPa、55MPa，φ 分别取 20°、25°、30°、35°、40°，经 CDEM 计算得到破碎坑的宽度、深度及单齿破岩破碎体积随 c 和 φ 变化如图 5~图 7 所示。

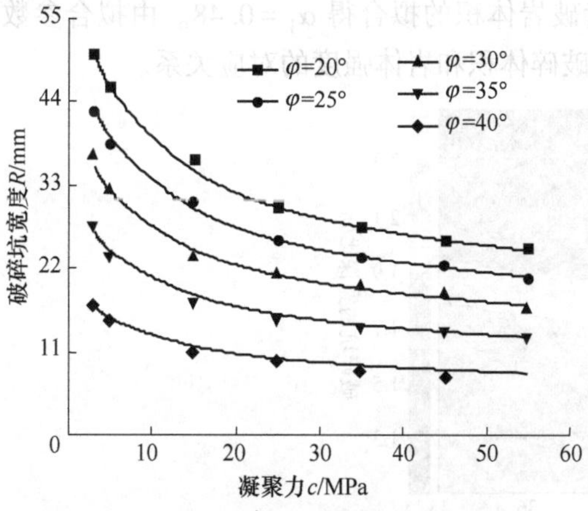

图 5 破碎坑的宽度随强度变化曲线

Fig. 5 Variations of fragmental pit width with strength of rock mass

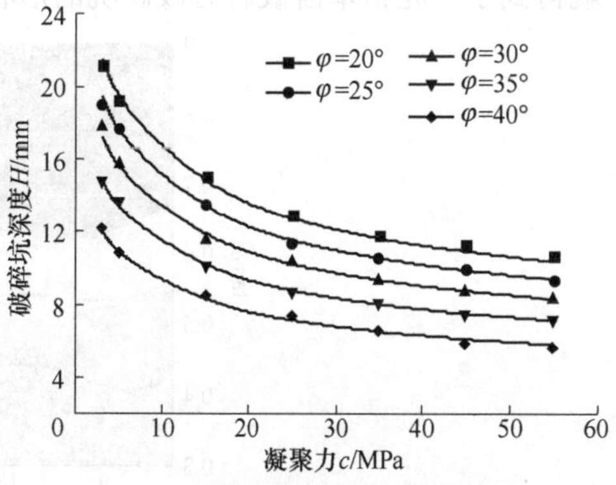

图 6 破碎坑的深度随强度变化曲线

Fig. 6 Variations of fragmental pit depth with strength of rock mass

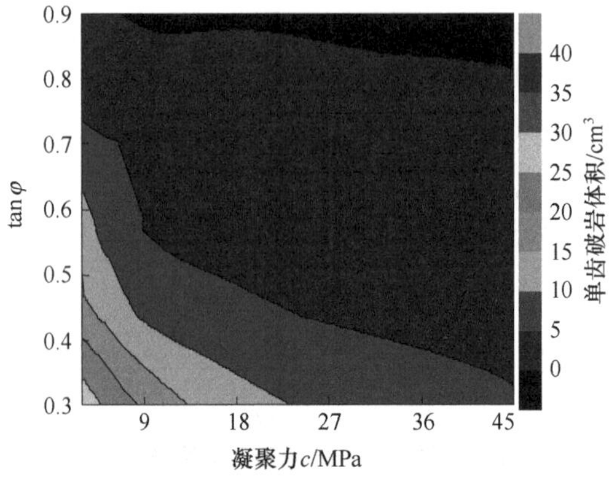

图 7 单齿破岩体积 V_0 云图

Fig. 7 Nephogram of rock fracture volume

由图 5 可以看出，随着 c 和 φ 的增大，破碎坑的宽度呈现减小趋势。当 c 不变时，随着 φ 的增大，破碎坑的宽度逐渐减小。当 φ 不变时，随着 c 的增大，破碎坑的宽度也逐渐减小。

从图 6 可以看出，随着 c 和 φ 的增大，破碎坑的深度呈现减小趋势。当 c 不变时，随着 φ 的增大，破碎坑的深度逐渐减小。当 φ 不变时，随着 c 的增大，破碎坑的深度也逐渐减小。

从图 7 可以看出，随着 c 和 φ 的增大，单齿破岩体积 V_0 呈现减小趋势。当 c 不变时，随着 φ 的增大，V_0逐渐减小。当 φ 不变时，随着 c 的增大，V_0 也逐渐减小。在强度较小时，V_0 有较大的梯度。

当岩体强度不同时，产生的破碎坑的形状也不尽相同，可以根据破碎坑的宽深比 m 来进一步研究 c 和 φ 的影响规律。

破碎坑的宽深比 m 的随凝聚力和内摩擦角变化云图如图 8 所示。从图 8 中可看出，当 φ 不变时，m 几乎保持水平条带，说明宽深比随凝聚力的变化不大。当凝聚力不变时，云图竖直方向有梯度变化，说明 m 随 $\tan\varphi$ 的增加而减小。由于 m 随 c 的变化不大，可认为该比值的变化仅受 $\tan\varphi$ 控制，根据式（10）结合数值计算结果，可将式（10）表述为如下无量纲的形式：

$$\left.\begin{aligned}\frac{R}{r}&=\left(\frac{F}{\pi r^2c}\right)^A(\alpha_R\tan\varphi+\beta_R)\\\frac{H}{r}&=\left(\frac{F}{\pi r^2c}\right)^A(\alpha_H\tan\varphi+\beta_H)\\V_0&=\alpha_VR^2H\end{aligned}\right\}\tag{13}$$

式中，A、α_R、α_H、α_V、β_R、β_H 为拟合参数。通过拟合破碎坑宽度和深度的数据得到 $A=0.25$，$\alpha_R=-14.5$，$\beta_R=15.4$，$\alpha_H=-3.95$，$\beta_H=5.71$；通过对单齿破岩体积的拟合得 $\alpha_V=0.48$。由拟合参数及式（13）就得到了牙轮钻单齿破岩时破碎坑的形状参数及破碎体积和岩体强度的对应关系。

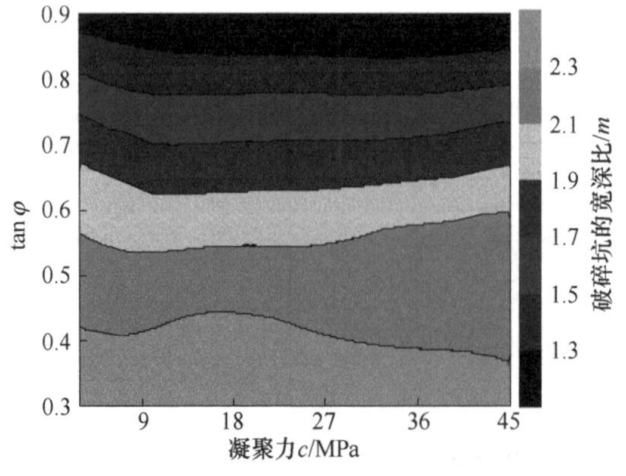

图 8 破碎坑的宽深比 α 云图

Fig. 8 Nephogram of the ratio α of depth to width for the fragmental pit

4 现场试验与验证

4.1 试验设备及试验方案

在鞍千矿南采场区选取试验点，场地主要为赤铁矿，钻机型号为中钢集团衡阳重型机械有限公司出产的 YZ-35C 型牙轮钻机。

在牙轮钻钻进过程中对相关数据进行监测。其中，转速 n_T 直接从钻机控制台的转速表上读取，并通过在钻杆上粘贴参考片进行校核。钻杆轴压 N 通过控制台的油压表进行控制，并通过在钻杆上粘贴应变片建立油压表读数与钻杆轴压 N 之间的函数关系。进尺随时间的变化主要依靠固定于回转小车上的激光测距仪获得，并通过求导获得进尺速度 v。此外，需在钻孔区域取样并进行室内试验，获得赤铁矿的力学强度（主要为 c、φ）。

由于钻进过程中监测到的是宏观变量，如钻杆轴压 N、转速 n_T、进尺速度 v 等，需要进一步建立起这些宏观变量与 V_0 之间的关系。

4.2 钻进中 N、n_T、v 和 V_0 的对应关系

若某瞬间钻杆轴压为 N，3 个牙轮此时刻分别有 k_1、k_2、k_3 个齿与岩石同时接触，设每一个齿上所受到的力 F 均相等。

$$F = N/(k_1 + k_2 + k_3) \tag{14}$$

设 k 个齿破碎的岩石体积为 ΔV，其表达式为

$$\Delta V = kV_0 \tag{15}$$

第 i 个牙轮自转一周能破碎的体积 V_i 可表述为

$$V_i = \sum_{j=1}^{m_i} (\Delta V)_j = \sum_{j=1}^{m_i} (k_i V_0)_j \tag{16}$$

式中，m_i 为第 i 个牙轮上布齿的母线数；j 为第 j 次压入破碎。

3 个牙轮自转一周所能破碎的岩石体积可表述为

$$V = V_1 + V_2 + V_3 \tag{17}$$

设牙轮自转一周的时间内，各齿的破岩体积均相等（为 V_0），则式（17）可进一步表述为

$$V = \left(\sum_{j=1}^{m_1} (k_1)_j + \sum_{j=1}^{m_2} (k_2)_j + \sum_{j=1}^{m_3} (k_3)_j\right) V_0 \tag{18}$$

式中，m_1、m_2、m_3 分别为牙轮 1、2、3 上布齿的母线数，令

$$K = \sum_{j=1}^{m_1} (k_1)_j + \sum_{j=1}^{m_2} (k_2)_j + \sum_{j=1}^{m_3} (k_3)_j \tag{19}$$

则式（18）可进一步表述为

$$V = KV_0 \tag{20}$$

当牙轮钻机及牙轮钻头型号确定时，K 即为常数。

若牙轮钻头孔底角 $\alpha_0 = 0°$，牙轮主锥角为 $2\varphi_0$，则牙轮转速 n_L 和钻头转速 n_T 之间的关系为

$$\frac{n_T}{n_L} = \sin\varphi_0 \tag{21}$$

钻进过程中，根据钻杆转动一周单齿破岩体积的累积值和通过进尺计算的破岩总体积相等的原则，建立 V_0 与 N、v、n_T 之间的关系式如下：

$$\frac{\pi {R_0}^2 v}{n_T} = V\frac{1}{\sin\varphi_0} = KV_0\frac{1}{\sin\varphi_0} \tag{22}$$

式（22）可进一步表述为

$$v = \frac{Kn_T}{\pi {R_0}^2 \sin\varphi_0} V_0 \tag{23}$$

式中，R_0 为钻孔半径。对钻进速度和单齿破岩体积进行理论估算，取 $k_1=k_2=k_3=3$，$R_0=0.25m$，$m_1=m_2=m_3=18$，$\varphi_0=22.5°$，将参数和上述数值计算得到的 V_0 表达式代入式（23），粗略估算 v、N、c、φ 的定量表达式为

$$v=\frac{423.3n_T}{\pi {R_0}^2}V_0 \tag{24}$$

由于牙轮的上一母线上的齿会对下一母线上齿的作用位置产生损伤破坏，而数值计算时仅研究了单齿作用，各个同时与岩石接触的几个齿轮对岩石的损伤是相互影响的，故引入单齿破岩体积修正系数 η，则式（24）可修正为

$$v=\frac{423.3n_T}{\pi {R_0}^2}\eta V_0 \tag{25}$$

4.3 试验结果分析

为了验证岩石的 c、φ 与 v 之间的规律性，在灰岩、混合岩、赤铁矿 3 种不同岩性的地层中进行随钻监测的试验。钻进时，n_T保持为 60r/min，N 保持为 138kN，根据式（25）得单齿破岩体积的表达式为

$$V_0=\frac{v\pi {R_0}^2}{423.3n_T\eta} \tag{26}$$

现场随钻监测试验测试结果见表 1。

表 1 不同岩石性质的测试结果

Table 1 Testing results of different rocks

岩性	凝聚力/MPa	内摩擦角/(°)	进尺速度/m·s^{-1}	试验单齿破岩体积/m^3
灰岩	28.27	38	6.25×10^{-3}	2.897×10^{-6}
混合岩	34.36	40	4.20×10^{-3}	1.947×10^{-6}
赤铁矿	68.04	41	2.47×10^{-3}	1.145×10^{-6}

根据式（13）第 3 式计算得到理论单齿破岩体积分别为 7.72×10^{-6}、4.84×10^{-6}、$2.38\times10^{-6}m^3$。当修正系数取 0.363 时，理论破岩破岩体积和试验单齿破岩体积基本相等，说明了数值计算得到的单齿破岩体积计算公式的合理性。

5 结论与展望

本文结论与展望如下。

（1）基于连续-非连续单元法对牙轮钻单齿压入破岩的机制进行了探讨。计算结果表明，破碎坑基本上呈半椭球体，对称性较好。随着加载的进行，岩体的损伤破裂开始发生、发展；时间越长，破碎坑越大；加载到 0.04s，损伤范围基本形成；继续加载，损伤区逐渐演化为破裂区，但损伤范围几乎不变。

（2）研究了岩体凝聚力和内摩擦角对单齿作用下破碎坑形态的影响。结果表明，破碎坑的空间形态仅受内摩擦角控制，几乎不受凝聚力控制；随着内摩擦角的增加，破碎坑的宽深比 m 逐渐减小。

（3）研究了岩体凝聚力和内摩擦角对破碎坑宽度、深度及单齿破岩体积的影响，破碎坑宽度、深度及单齿破岩体积随着岩体强度的增大而减小。基于数值计算结果及量纲分析给出了破碎坑宽度、深度及单齿破岩体积与凝聚力和内摩擦角定量表达。

（4）考虑各个同时与岩石接触的几个齿轮对岩石的损伤是相互影响的，引入单齿破岩体积的修正系数，建立了牙轮钻的工作参数（轴压、转速、进尺速度等）与岩体凝聚力及内摩擦角的函数关系。

（5）在鞍千矿南采区进行了牙轮钻钻进规律的现场试验，获得不同岩性下的试验单齿破岩体积，并就近取样测试了岩体的凝聚力及内摩擦角。当修正系数取 0.363 时，现场测试结果与基于数值计算

得到的单齿破岩体积基本一致，证明了数值计算及相关理论推导的正确性。本文的研究成果可以为岩体强度的动态测试提供依据。

（6）修正系数的选取依赖于多齿之间的相互影响及钻进过程中前端的岩石的损伤，这部分的模拟工作仍需进一步的研究。

参考文献

[1] 王清峰，朱才朝，宋朝省，等．牙轮钻头单牙轮的破岩仿真研究［J］．振动与冲击，2010，29（10）：108-112.

Wang Qingfeng，Zhu Caichao，Song Chaosheng，et al. Nonlinear dynamic analysis of a roller cone bit-well rock system with rock-cone bit interaction［J］．Journal of Vibration and Shock，2010，29（10）：108-112.

[2] 杨岳峰，梁正召，唐春安．冲击作用下的压头破岩机制研究［J］．岩土力学，2013，34（6）：1775-1785.

Yang Yuefeng，Liang Zhengzhao，Tang Chunan. Rock fragmentation mechanism induced by a drill bit subjected to dynamic loading［J］．Rock and Soil Mechanics，2013，34（6）：1775-1785.

[3] Lawn B R. Microfracture beneath point indentations in brittle solids［J］．Journal of Materials Science，1975，10（1）：113-122.

[4] Lindqvist P A. Stress fields and subsurface crack propagation of single and multiple rock indentation and disc cutting［J］．Rock Mechanics & Rock Engineering，1984，17（2）：97-112.

[5] Ostojic P，Mcpherson R. A review of indentation fracture theory：its development，principles and limitations［J］．International Journal of Fracture，1987，33（4）：297-312.

[6] Hertz H. On the contact of elastic solids［J］．Journal fur die Reine und Angewandte Mathematic，1988，92：156-228.

[7] 刘清友，王国荣，牛再举．盘式单牙轮钻头破岩机理仿真研究［J］．四川大学学报（工程科学版），2003，35（5）：12-15.

Liu Qingyou，Wang Guorong，Niu Zaiju. Simulation study the rock-breaking mechanism on dies one-cone bit［J］．Journal of Sichuan University（Engineering Science Edition），2003，35（5）：12-15.

[8] 赵伏军，李夕兵，冯涛，等．动静载荷耦合作用下岩石破碎理论分析及试验研究［J］．岩石力学与工程学报，2005，24（8）：1315-1320.

Zhao Fujun，Li Xibing，Feng Tao，et al. Theoretical analysis and experiments of rock fragmentation under coupling dynamic and static loads［J］．Chinese Journal of Rock Mechanics and Engineering，2005，24（8）：1315-1320.

[9] Liu H Y，Kou S Q，Lindqvist P，et al. Numerical simulation of the rock fragmentation process induced by indenters［J］．International Journal of Rock Mechanics and Mining Sciences，2002，39（4）：491-505.

[10] 况雨春，伍开松，杨迎新，等．三牙轮钻头破岩过程计算机仿真模型［J］．岩土力学，2009，30（增刊）：235-238.

Kuang Yuchun，Wu Kaisong，Yang Yingxin，et al. Simulation model of drilling process of three-cone bit［J］．Rock and Soil Mechanics，2009，30（Supp.）：235-238.

[11] 马德坤．牙轮钻头工作力学［M］．北京：石油工业出版社，2009.

Ma Dekun. Bit working mechanics［M］．Beijing：Petroleum Industry Press，2009.

[12] 石祥超，孟英峰，李皋，等．加载速度对单齿压入破岩过程的影响［J］．石油钻探技术，2010，38（4）：19-21.

Shi Xiangchao，Meng Yingfeng，Li Gao，et al. The effect of loading rate on single-tooth feeding and breaking rock［J］．Petroleum Drilling Techniques，2010，38（4）：19-21.

[13] Su O，Akcin N A. Numerical simulation of rock cutting using the discrete element method［J］．International Journal of Rock Mechanics and Mining Sciences，2011，48（3）：434-442.

[14] 祝效华，刘清友，童华．牙轮钻头动力学特性仿真研究［J］．石油学报，2004，25（4）：96-100.

Zhu Xiaohua，Liu Qingyou，Tong Hua. Emulation research on dynamics of roller cone bit［J］．Acta Petrolei Sinica，2004，25（4）：96-100.

[15] 廖志毅，梁正召，唐春安，等．动静组合作用下刀具破岩机制数值分析［J］．岩土力学，2013，34（9）：2682-2698.

Liao Zhiyi，Liang Zhengzhao，Tang Chunan，et al. Numerical simulation of rock fracture mechanism induced by a drill bit under combined dynamic and static loading［J］．Rock and Soil Mechanics，2013，34（9）：2682-2698.

[16] 蔡灿，伍开松，廉栋，等．单齿冲击作用下破岩机制分析［J］．岩土力学，2015，36（6）：1059-1675.

Cai Can，Wu Kaisong，Lian Dong，et al. Study of rock-breaking mechanism under single-tooth impact［J］．Rock and Soil

Mechanics, 2015, 36 (6): 1059-1675.

[17] Li S H, Wang J G, Liu B S, et al. Analysis of critical excavation depth for a jointed rock slope using a face-to-face discrete element method [J]. Rock Mechanics and Rock Engineering, 2007, 40 (4): 331-348.

[18] Feng C, Li S H, Liu X Y, et al. A semi-spring and semi-edge combined contact model in CDEM and its application to analysis of Jiweishan landslide [J]. Journal of Rock Mechanics and Geotechnical Engineering, 2014, 6 (1): 26-35.

[19] 李世海, 冯春, 刘晓宇, 等. 用于描述地质体块体颗粒的连续及非连续计算模型——CDEM 最新进展 [C] //颗粒材料计算力学研究进展. 大连: 大连理工大学出版社, 2012: 21-23.

Li Shihai, Feng Chun, Liu Xiaoyu, et al. The latest developments of continue-discontinue element model which describes the geological block particles [C] //National Conference on Computational Mechanics of Granular Materials (CMGM-2012). Dalian: Dalian University of Technology Press, 2012: 21-23.

[20] Li S H, Zhao M H, Wang Y N, et al. A new numerical method for DEM-block and particle model [J]. International Journal of Rock Mechanics and Mining Sciences, 2004, 41 (3): 436-440.

[21] Li S H, Liu X Y, Liu T P, et al. Continuum-based discrete element method and its applications [C] //Proceedings of UK-China Summer School/International Symposium on DEM. Beijing: [s. n.], 2008: 147-170.

[22] Jing L, Stephansson O. Fundamentals of discrete element methods for rock engineering theory and applications [M]. Amsterdam: Elsevier Press, 2007.

频分多址检测法在硐室爆破盲炮识别过程中电雷管安全性试验研究

刘连生[1,2]　刘江超[1]　董贵法[1]　廖敏敏[1]　蔡建德[3]

（1. 江西理工大学资源与环境工程学院，江西 赣州，341000；
2. 江西省矿业工程重点实验室，江西 赣州，341000；
3. 广东宏大爆破股份有限公司，广东 广州，510623）

摘　要：针对频分多址法（FDMA）在硐室爆破盲炮检测识别过程中的电雷管安全性问题，结合该方法原理，通过2种信号发生器在不同功率、不同距离和不同电爆网路感应面积的情况下发射电磁信号，进行现场电爆网路模拟试验并检测感应电流。对电流变化趋势进行分析发现：（1）当电爆网路感应面积不大于 $0.5m^2$ 时，在2种信号发生器工作状态下电雷管都是安全的；（2）当电爆网路感应面积与信号发生器面积相等，分别为 $1.32m^2$ 和 $0.78m^2$，且二者距离重合时电雷管全部会被引爆；（3）当电爆网路感应面积大于 $0.5m^2$，且放置位置与信号发生器重合时电雷管均会被引爆。通过分析试验结果得出：在信号发生器功率不大于120W的条件下，只要保证电爆网路感应面积小于 $0.5m^2$，电雷管均不会发生爆炸。

关键词：硐室爆破；盲炮识别；频分多址法；电雷管安全性

Experimental Study on Safety of Electric Detonator during Process of Identifying the Misfire in Chamber Blasting by Frequency Division Multiple Access Method

Liu Liansheng[1,2]　Liu Jiangchao[1]　Dong Guifa[1]　Liao Minmin[1]　Cai Jiande[3]

（1. School of Resource and Environmental Engineering，Jiangxi University of Science and Technology，Jiangxi Ganzhou，341000；2. Jiangxi Key Laboratory of Mining Engineering，Jiangxi Ganzhou，341000；3. Guangdong Hongda Blasting Engineering Co.，Ltd.，Guangdong Guangzhou，510623）

Abstract：Aiming at safety of electric detonator about identification of misfire in chamber blasting by Frequency Division Multiple Access Method，doing experiments and test induced current about electric blasting network combing the theory and two single generation in the case of different power，distance and inductive area. Analyzing the change trend of current，the result showed that：（1）Detonators are safe under working state of two single generation when inductive area of electric blasting network is less than or equal to $0.5m^2$；（2）Detonators are explosive when inductive area of electric blasting network and single generation is $1.32m^2$，$0.78m^2$，and their position is coincide；（3）Electric detonators are detonated when area of electric blasting network is bigger than $0.5m^2$，and position of electric blasting network and single generation is coincide. By analyziny the test，the results show that when power of single generation less than or equal to 120W and inductive area of electric blasting network is less than $0.5m^2$，electric detonators are safe.

Keywords：chamber blasting；misfire identification；Frequency Division Multiple Access；safety of electric detonator

基金项目：中国有色金属工业协会与中国工程爆破协会联合重大科研专项“硐室爆破盲炮检测、识别、排除与高温矿山爆破安全技术”（编号：CSEBKY20100001）和江西省科技支撑计划项目“铜矿床井下中深孔爆破开采盲炮快速检测与识别的关键技术与装备”（编号：20142BBE50008）联合资助。

原载于《黄金科学技术》，2016，24（5）：73-79。

频分多址检测法[1] 相对高精度磁法、瞬变电磁法和瞬态电磁耦合检测法[2-11] 具有精度高、快速及高效的特点，可以有效检测出地下 225m 硐室盲炮的存在[12]，探测性能更优越。但是，与其他 3 种方法一样，当有盲炮存在且电爆网路处于闭合状态时，由于电磁场的改变会产生感应电流，有可能引爆电雷管造成安全事故，所以需要对电雷管的安全性进行研究。

前人分别从不同角度对电雷管的安全性进行研究。例如，田子建等人[13] 从矿井射频能量的角度对雷管安全性进行分析，得出在本安全距离内射频设备的功率不超过 255mW 就能保证雷管的安全；占必文等人[14] 依据电爆网路盲炮产生的原因，通过构建盲炮事故树求出其最小割集，找出产生盲炮的原因，并从安全工程的角度对盲炮的预防进行系统梳理和分析；姚洪志等人[15] 发现在一定的频率下，当电雷管所处位置的平均功率在双对数坐标下对应的坐标在安全功率密度曲线上方时，电雷管有可能是危险的；Qu 等人[16] 采用一种 X 射线安全检查设备进行雷管检测，提高了判定炸药、雷管等危险物品的准确性；颜景龙等人[17] 利用电子雷管延时可量化计算的特性，并结合分析爆破振动波的方法来识别盲炮。

根据前人研究成果并结合电磁感应现象，在实验室做硐室爆破盲炮频分多址检测系统工作状态下的电雷管安全性试验，研究信号发生器工作状态下的电雷管安全性及不同发射频率时电爆网路中的感应电流变化规律。

1 频分多址法原理

硐室爆破盲炮频分多址检测法是在硐室内预先放置电磁信号发生器，各个装药硐室发射不同频率的电磁信号，地面上的无线接收装置接收各个硐室发送的不同频率电磁信号，根据不同频率信号对应不同盲炮地址，达到硐室爆破盲炮检测的目的。其检测过程分为以下 3 个步骤：

（1）在各个检测的装药硐室内预置信号发生器，安装完成后，暂不开启信号发生器，先在地面检测一次电磁信号源，确立自然环境中存在的电磁背景场；

（2）启动信号发生器后，在地面再检测一次电磁信号源，保证所有信号发生器正常运行，并消除电磁背景场的干扰；

（3）硐室爆破完成后，信号发生器按照设置的时间自动开始发射信号，地面接收机同时开始检测信号，并根据检测到的信号和频率来确定盲炮是否存在及其具体位置（见图 1）。

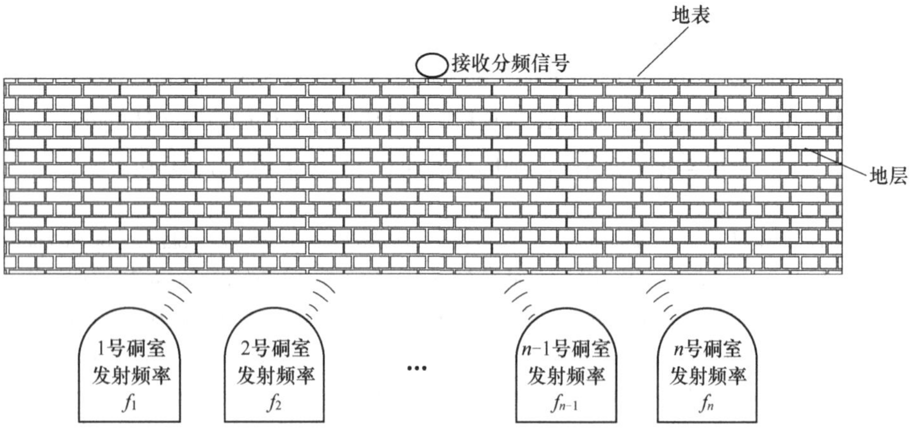

图 1 硐室爆破盲炮频分多址检测法布置示意图

2 电雷管安全性试验

2.1 试验内容

为了解地下信号发生器工作状态下电雷管的安全性及不同发射频率时电爆网路中感应电流的变化

规律，根据工程实践，设计试验内容包括：

（1）发射频率和信号发生器距电爆网路距离均为变量时的电雷管安全性试验；

（2）发射频率、信号发射器距电爆网路距离及感应面积均为变量条件下电雷管安全性试验；

（3）信号发射器、发射频率、感应面积、信号发射器与电爆网路的距离均为变量的条件下电雷管安全性试验。

2.2 试验器材及其参数

试验采用赣州有色冶金化工厂（原803厂）生产的同一批雷管，以确保雷管参数相差不大，器材主要为电爆网路和2个不同的信号发生器，对信号发生器进行编号，分别为信号发生器Ⅰ和信号发生器Ⅱ，基本参数见表1。

表1 信号发生器基本参数

信号发生器编号	面积/m^2	工作电压/V	发射功率/W	发射频率范围/Hz
Ⅰ	1.32	12	120	800~5000
Ⅱ	0.785	12	65	800~5000

2.3 试验参数的选取

在试验过程中，选定信号发生器与电爆网路的距离、电爆网路的感应面积和信号发生器的发射频率作为试验参数，考虑到信号发生器的发射频率范围为800~5000Hz，选取6个频率参数进行试验。电爆网路感应面积与信号发生器面积相等时产生的感应电流最大，因此试验电爆网路感应面积最大选取为1.32m^2，见表2。

表2 试验参数选取

频率/Hz	距离/m	电爆网路感应面积/m^2
975	0	0.10
1225	0.2，0.4	0.30
1775	0.6	0.50
2775	0.8	0.70
3535	1，2	1.00
4135	3.5	1.32

3 试验结果

3.1 试验过程

信号发生器与电爆网路的距离根据试验参数由远至近进行试验，发射不同频率的信号，信号发射时间为10s，根据选取的试验参数进行试验，将电雷管放入防爆铁桶内，并将其与感应线圈进行连接，试验装置可简化为图2所示。

（1）将信号发生器Ⅰ与信号控制器连接用于调控发射频率，调整电爆网路的感应面积依次为1.32m^2、1.00m^2、0.70m^2、0.50m^2、0.30m^2、0.10m^2。其中，当电爆网路感应面积为0.70m^2、0.50m^2、0.30m^2时，由于电爆网路感应面积逐步减小，为简便试验，电爆网路与信号发生器之间的距离从0.4m、0.2m、0m开始。

（2）信号发生器Ⅱ的面积和功率均小于信号发生器Ⅰ，电爆网路感应面积的选取应从相对小的数值开始，因此选取感应面积为0.785m^2、0.636m^2、0.502m^2，进行不同距离不同频率下的电雷管安全性试验。

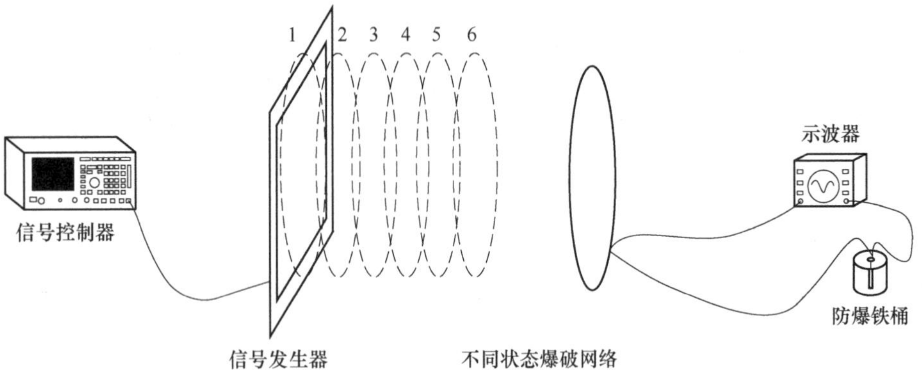

1—距离0m；2—距离0.2m；3—距离0.4m；4—距离0.6m；5—距离0.8m；6—距离1m

图2　试验装置简化图

3.2　试验结果及分析

信号发生器Ⅰ在距电爆网路不同距离上发射不同频率电磁信号对电雷管进行安全性检测，信号发生器面积为1.32m²，电爆网路感应面积分别选为1.32m²、1.00m²、0.70m²、0.50m²、0.30m²、0.10m²，电爆网路与信号发生器距离分别为0.4m、0.2m、0m，对不同情况下电雷管感应电流进行检测（见图3），其中感应网路面积用S表示，频率用f表示。

将上述检测结果与所测电雷管最终状态进行综合分析可以得到：

（1）当电爆网路感应面积为1.32m²，电爆网路与信号发生器Ⅰ的距离不大于0.2m时，在信号发生器不同发射频率下电雷管均会发生爆炸，而距离大于0.2m后电雷管均是安全的；

（2）当电爆网路感应面积为1.00m²，电爆网路距信号发生器Ⅰ为0m时，在信号发生器不同发射频率下电雷管均会发生爆炸，而距离大于0m后电雷管均是安全的；

（3）当电爆网路感应面积为0.70m²，电爆网路距信号发生器Ⅰ为0m时，在信号发生器不同发射

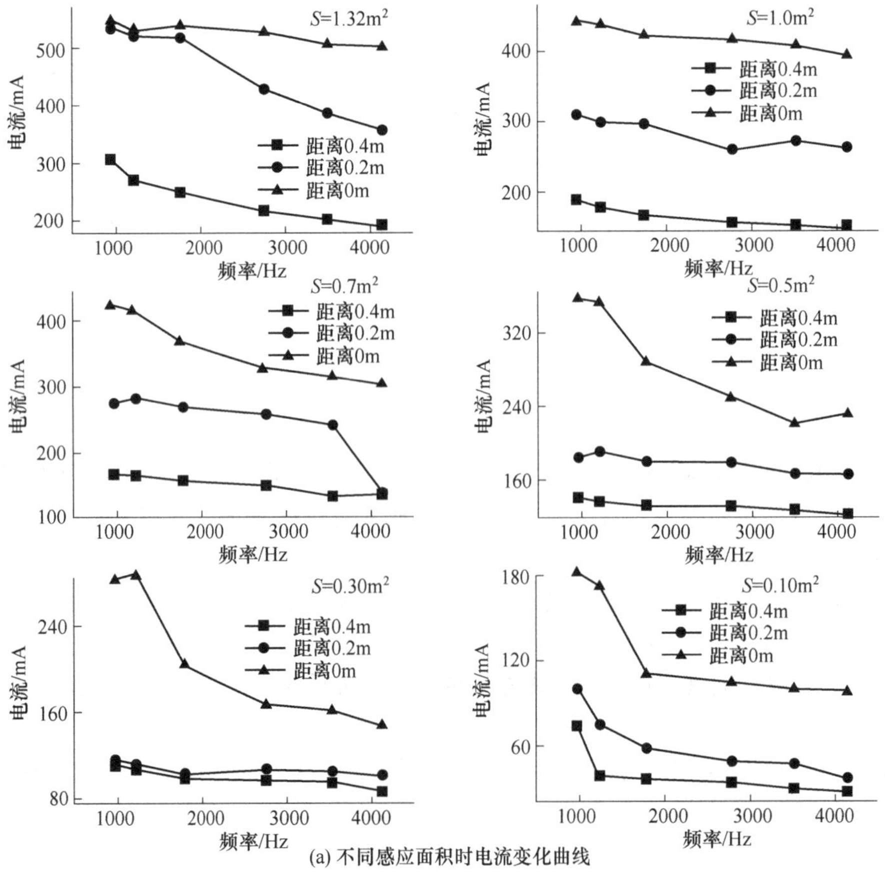

(a) 不同感应面积时电流变化曲线

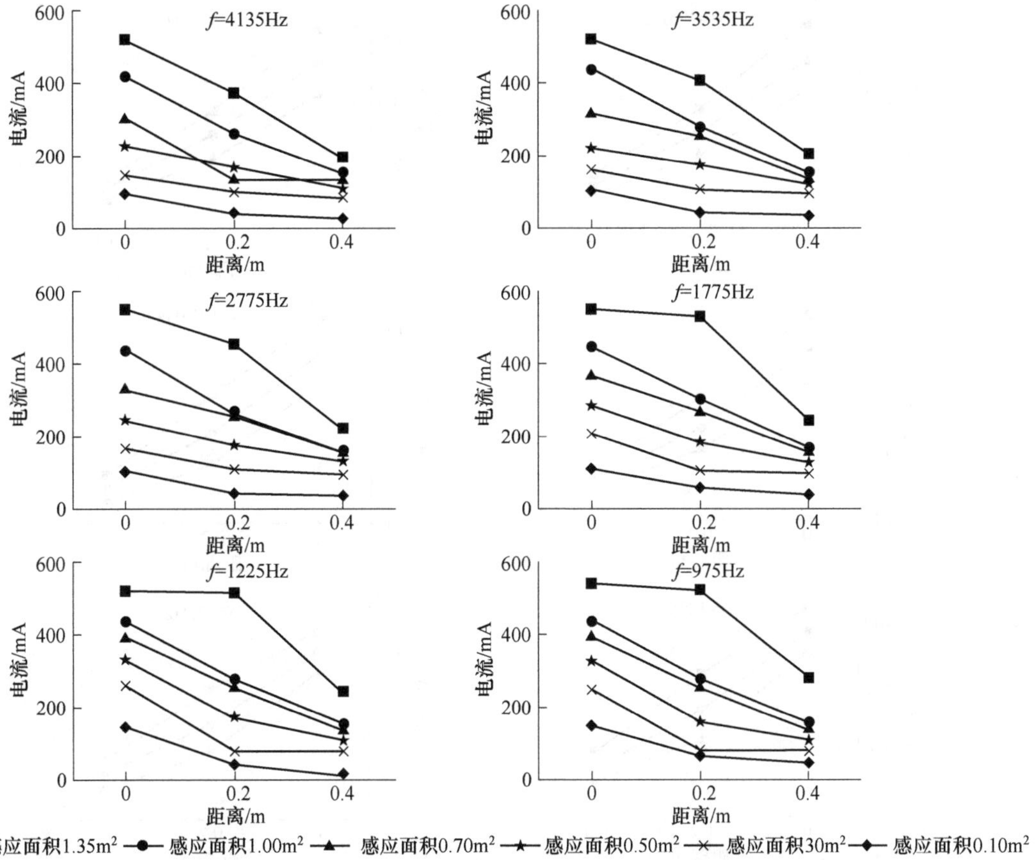

(b) 不同发射频率时电流变化曲线

图 3 信号发生器Ⅰ发射信号时不同条件下电流变化曲线

频率下电雷管可发生爆炸，而距离大于 0m 后电雷管均是安全的；

（4）当电爆网路感应面积小于 $0.5\mathrm{m}^2$ 时，信号发生器Ⅰ在不同距离上发射不同频率的信号，电雷管始终是安全的，不会被引爆。

信号发生器Ⅱ在距电爆网路不同距离上发射不同频率，对电雷管安全性进行检测，信号发生器面积为 $0.78\mathrm{m}^2$，电爆网路感应面积 S 分别为 $0.78\mathrm{m}^2$、$0.63\mathrm{m}^2$、$0.50\mathrm{m}^2$，对应电雷管试验最终结果如图 4 所示。

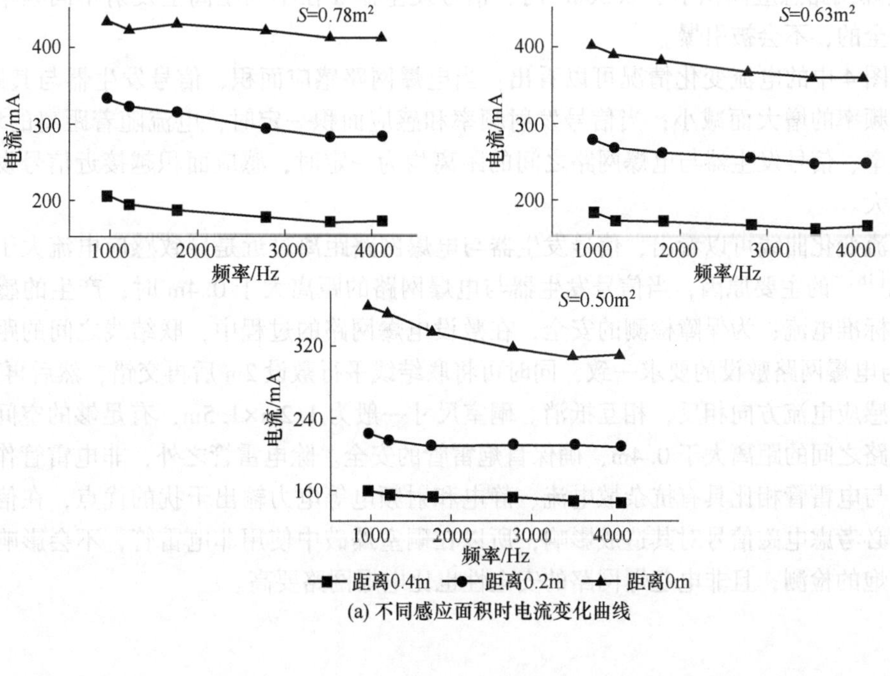

(a) 不同感应面积时电流变化曲线

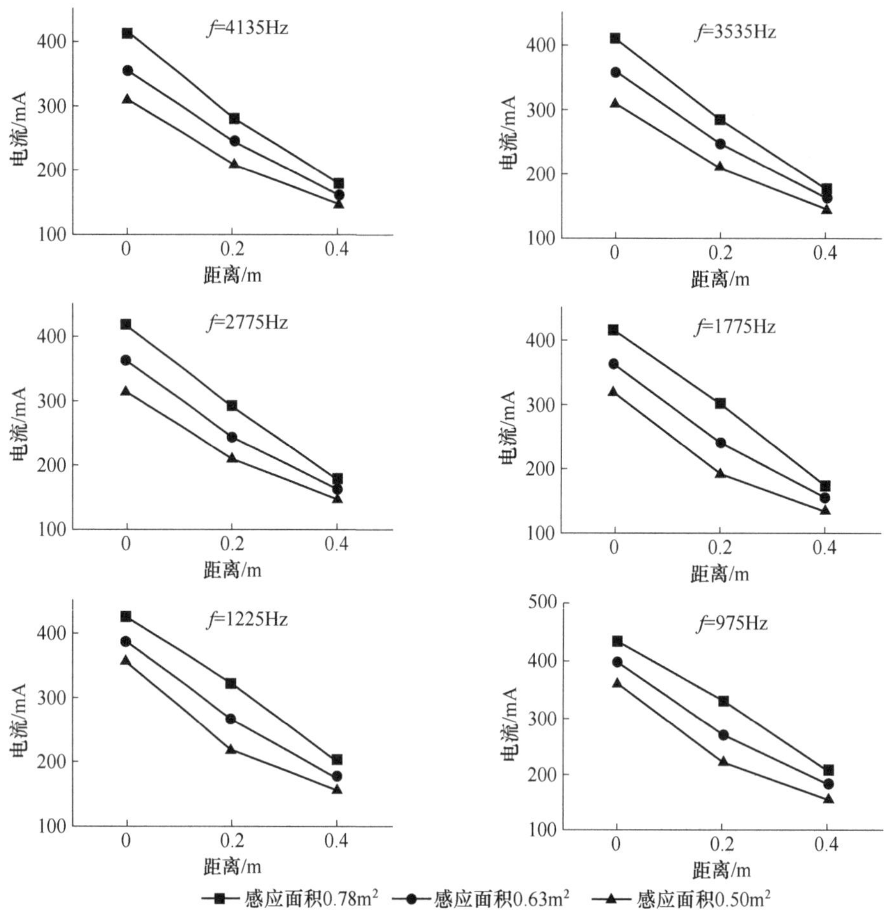

(b) 不同发射频率时电流变化曲线

图 4　信号发生器Ⅱ发射信号时不同条件下电流变化曲线

将上述检测结果与所测电雷管最终状态进行综合分析可以得到：

（1）当电爆网路感应面积为 0.78m^2，电爆网路距信号发生器Ⅱ为 0m 时，在信号发生器不同发射频率下，电雷管均会发生爆炸，而距离大于 0m 后电雷管均是安全的；

（2）当电爆网路感应面积为 0.63m^2，电爆网路距信号发生器Ⅱ为 0m 时，在信号发生器不同发射频率下，电雷管均会发生爆炸，而距离大于 0m 后电雷管均是安全的；

（3）当电爆网路感应面积小于 0.50m^2 时，信号发生器Ⅱ在不同距离上发射不同频率的信号，电雷管始终是安全的，不会被引爆。

从图 3 和图 4 中的电流变化情况可以看出：当电爆网路感应面积、信号发生器与其距离一定时，感应电流随着频率的增大而减小；当信号发射频率和感应面积一定时，电流随着距离的增大而减小；当信号发射频率、信号发生器与电爆网路之间的距离均为一定时，感应面积越接近信号发生器，检测的感应电流越大。

从上述电流变化曲线可以看出，信号发生器与电爆网路距离过近是导致感应电流大于国家规定标准电流 450mA[18] 的主要原因，当信号发生器与电爆网路的距离大于 0.4m 时，产生的感应电流均小于国家规定的标准电流；为保障检测的安全，在敷设电爆网路的过程中，联结线之间的距离可设置在 15cm 左右，与电爆网路敷设的要求一致，同时可将联结线平行敷设 2m 后再交错，然后再敷设 2m，这样可使产生的感应电流方向相反，相互抵消。硐室尺寸一般为 1.2m×1.5m，有足够的空间使得信号发生器与电爆网路之间的距离大于 0.4m，确保盲炮雷管的安全。除电雷管之外，非电雷管作为矿山常用的雷管之一，与电雷管相比具有抗杂散电流、静电和射频电等电力输出干扰的优点，在信号发生器工作的过程中不必考虑电磁信号对其造成影响，所以在硐室爆破中使用非电雷管，不会影响频分多址法对硐室爆破盲炮的检测，且非电起爆网路的安全性也比电爆网路要高。

4 结论

当电磁场产生的感应电流超过电雷管自身的起爆电流时就会产生爆炸，电流与信号发生器的功率、电爆网路与信号发生器的距离、信号发生器的激发频率和电爆网路感应面积都有关系，由试验结果可知2种信号发生器在一定条件下都能够致使电雷管爆炸，规律如下。

（1）在确保线路连接完好的情况下，电爆网路感应面积不大于0.5m^2时，信号发生器Ⅰ和信号发生器Ⅱ工作状态下电雷管均是安全的。

（2）在确保线路连接完好的情况下，电爆网路感应面积与信号发生器的面积相等，且放置位置重合时，信号发生器Ⅰ和信号发生器Ⅱ工作状态下电雷管均会引起爆炸。

（3）在确保线路连接完好的情况下，电爆网路感应面积大于0.5m^2，且电爆网路放置位置与信号发生器重合时电雷管均会发生爆炸。不重合时电爆网路感应面积越接近信号发生器面积，距信号发生器越近，发生爆炸的可能性就越大。

通过试验可以得出，在信号发生器功率不大于120W的条件下，只要保证电爆网路的感应面积小于0.5m^2，电雷管均不会发生爆炸。

参 考 文 献

[1] 刘连生，席振铢，郑炳旭，等．土岩爆破盲炮快速检测与识别关键技术及装备［J］．中国科技成果，2015，11（2）：39-41，45.

[2] 吕国印．瞬变电磁法的现状与发展趋势［J］．物探化探计算技术，2007，29（增刊）：111-115.

[3] 刘连生，梁龙华，吴吉洋，等．瞬变电磁法用于检测语识别硐室盲炮的可行性探讨［J］．中国工程科学，2014，16（11）：107-112.

[4] 刘召军，郑振云，郑民，等．磁电综合方法在青海南戈滩多金属矿勘查中的应用［J］．黄金科学技术，2013，21（5）：40-45.

[5] 薛国强，李貅，底青云．瞬变电磁法理论与应用研究进展［J］．地球物理学进展，2007，22（4）：1195-1200.

[6] 刘连生，周子荣，梁龙华，等．瞬态电磁耦合法检测与识别硐室盲炮的可行性探讨［J］．工程爆破，2015，21（3）：60-68.

[7] 楚福录，刘爱平，李卫东．高精度磁测在哑弹探测中的实验效果［C］// 国家安全工程地球物理研究——第二届国家安全地球物理学术研讨会论文集．北京：中国地球物理学会，2006：157-161.

[8] 刘连生，邱金铭，焦永斌，等．高精度磁法用于硐室盲炮检测的可行性探讨［J］．工程爆破，2013，19（5）：19-22.

[9] 舒立霞，罗先熔，李天虎，等．甘肃白银Ⅰ号多金属矿普查区物化探找矿研究［J］．黄金科学技术，2010，18（1）：27-31.

[10] 万玲．地下水磁共振与瞬变电磁联合反演方法及探测系统研究［D］．长春：吉林大学，2013.

[11] 孙怀凤，李术才，李貅，等．隧道瞬变电磁多点阵列式探测方法研究［J］．岩石力学与工程学报，2011，30（11）：2225-2233.

[12] 刘连生，廖敏敏，周子荣，等．频分多址法用于硐室盲炮检测与识别的试验［J］．工程爆破，2015，21（6）：84-90.

[13] 田子建，王帅，张立亚，等．矿井射频能量对雷管安全性的影响［J］．中国矿业大学学报，2011，40（1）：18-22.

[14] 占必文，张光权，陶铁军，等．基于事故树分析的电爆网路盲炮预防研究［J］．工程爆破，2013，19（5）：57-60.

[15] 姚洪志，封青梅，杜斌，等．电雷管的射频安全性［J］．爆破器材，2008，37（2）：4-6.

[16] Qu J J，Liang S L，Wang G L，et al. Device for testing explosive with backscatter technology. CN：101113960B［P］. 2010.

[17] 颜景龙，张乐．电子雷管爆破振动波分析识别盲炮的方法［J］．工程爆破，2011，17（1）：74-77.

[18] 中国国家质量监督检验检疫总局．工业电雷管：GB 8031—2005［S］．北京：中国标准出版社，2006.

高温爆破中不可逆起爆网路的应用研究

崔晓荣[1,2]　林谋金[2]

（1. 宏大矿业有限公司，广东 广州，510623；
2. 广东宏大爆破股份有限公司，广东 广州，510623）

摘　要：为了避免高温爆破早爆事故的扩大升级，对不可逆起爆网路进行了研究和分析。首先，分析高温爆破作业安全对起爆网路的功能要求，提出并定义了不可逆起爆网路；其次，通过起爆网路器材选型和起爆网路传爆属性分析，优选并推荐使用“四通连接大把抓复式起爆网路”和“雷管孔外接力逐孔起爆网路”两种不可逆起爆网路；最后，合理应用不可逆起爆网路，将爆破工艺流程中的警戒和联网工序前置，缩短爆破器材在高温炮孔中的留置时间。实践表明：不可逆起爆网路能够有效避免高温爆破早爆事故的扩大升级，有利于灾后盲炮的处理。

关键词：露天煤矿；高温爆破；爆破器材；不可逆起爆网路；传爆路径

Application of Irreversible Priming Circuit for High-temperature Blasting

Cui Xiaorong[1,2]　Lin Moujin[2]

（1. Hongda Mine Co., Ltd., Guangdong Guangzhou, 510623;
2. Guangdong Hongda Blasting Co., Ltd., Guangdong Guangzhou, 510623）

Abstract: In order to avoid the expansion and upgrading of accidental explosion of the high-temperature blasting, the irreversible priming circuit was studied. Firstly, based on the analysis of the functional requirements of the priming circuit of high-temperature blasting, the irreversible priming circuit was defined. By optimizing the materials property and detonation path, the two irreversible priming circuits, Nonel tube priming system with batch nodes & 4-way nodes and the hole by hole detonation priming with detonators outside the blasting-holes, were recommend to be applied in the high-temperature blasting. The process of pre-warning and networking were implemented ahead of time to shorten the indwelling time of explosive materials in the high - temperature blasting - holes. The practice shows that the irreversible priming circuit effectively avoided the expansion and upgrading of accidental explosion in the hightemperature blasting, which would help to the deal with the misfire accidental explosion.

Keywords: opencast coal mine; high - temperature blasting; explosive materials; irreversible priming circuit; detonation path

近年来，在露天煤矿高温火区爆破作业中，早爆、误爆事故时有发生，甚至发生较大的安全责任事故[1,2]。基于我国露天煤矿高温爆破普遍使用常规民爆器材的现状，各矿山主要通过炮孔临时降温、爆破器材隔热防护和控制装药时间等措施避免早爆，取得了一些经验[3-6]。但是，对高温爆破器材选型及起爆网路设计等方面的研究还不充分，各有各的施工经验，缺少对比分析和彼此借鉴，对高温爆破起爆网路设计这一避免较大安全事故发生的行之有效的途径普遍视而不见。

基金项目：广东省产学研合作院士工作站项目（2013B090400026）。
原载于《爆破》，2017，34（1）：138-142。

1 高温爆破不可逆爆破网路的定义

经现场调研分析宁夏大峰煤矿、大石头煤矿、汝箕沟煤矿、林利煤矿等存在煤层自燃现象的露天矿山，结合高温爆破施工工艺流程，认为露天煤矿高温爆破施工过程中，对起爆网路的要求主要体现在如下几个方面：

(1) 起爆网路连接方便快捷；

(2) 爆破器材具有较好的耐温性能，能够满足安全施工要求；

(3) 起爆网路传爆稳定、可靠，避免炮孔漏爆而留下盲炮，高温爆破中遗留盲炮就意味着留下了巨大安全隐患；

(4) 高温爆破作业时，万一某一炮孔发生早爆事故，不会引起其他炮孔爆炸，起爆网路传爆不可逆，从而避免灾害的扩大升级；

(5) 某一炮孔发生早爆事故，不会损坏原起爆网路的正向传爆功能，确保灾后其他炮孔的正常起爆，安全排除剩余隐患。

在国内外高温爆破施工中，前三点一般比较重视并形成共识，作为高温爆破施工的重要经验；后两点普遍不够重视，现场爆破工程师很少提及，但部分工地所采用的起爆网路具有传爆不可逆的属性。

综上所述，对高温爆破不可逆起爆网路进行定义：爆破作业时某一个或几个炮孔内的爆破器材因耐温性能不佳或者炮孔温度异常诱发早爆事故，早爆炮孔不会诱发其他炮孔的爆炸避免事故的扩大升级，亦不会损坏原起爆网路的正向传爆功能，确保灾后其他炮孔的正常起爆实现安全排除剩余隐患的目的。因此，高温爆破不可逆起爆理念及相关器材选型、网路设计是高温爆破设计、施工和研究的重要课题之一，应在高温爆破施工中推广应用。

2 高温爆破起爆网路器材的选型

基于国内普遍使用常规民爆器材进行高温爆破施工的现状，不论采用炮孔临时降温、炸药隔热防护、配方上提高炸药耐温性能和严格控制爆破器材在高温环境中的时间等一种或者数种措施来保障施工安全，选用耐温性能相对较佳的起爆器材及不可逆起爆设计均是有益无害的。

2.1 起爆网路器材耐热性能分析

露天矿山台阶爆破使用的起爆网路器材包括起爆元件和传爆元件。起爆元件主要是雷管，分导爆管雷管和工业电雷管；传爆元件主要是塑料导爆管和工业导爆索，导爆索亦具有起爆功能。露天矿山台阶爆破一般采用毫秒微差系列导爆管雷管，一孔或者数孔一响，确保爆破后破碎块度均匀、台阶眉线整齐、爆破振动较小；一般不用电雷管，一是大型露天矿山使用牙轮钻、电铲等大型电动设备，现场往往有高压线、拖地电缆和杂散电流，二是当前民爆厂生产的电雷管往往是瞬发电雷管，难以满足大型露天矿山台阶爆破的质量和安全要求。清原红光电器厂研制了可在100℃下正常使用高强度导爆管雷管，沈兆武发明了在100℃下24h可保证安全的高精度高安全无起爆药延期雷管，耐温100℃的雷管虽有成熟技术但推广应用不够，耐温超过100℃的雷管国内更是很少见；宏大爆破技术人员经现场试验，普通塑料导爆管雷管在50~100℃时，导爆管软化、强度变低，传爆时容易爆管，影响传爆稳定性，亦影响延期精度，不宜在高温爆破中使用[1]。工业电雷管的国家标准要求“100℃环境中4h不爆炸”，具有一定的耐温能力，但大型矿山上杂散电流多，往往也很少使用。

基于我国生产的雷管大多使用感度高的起爆药，耐热性能较低，因此高温爆破施工时往往要求炮孔内无雷管；而导爆索的药芯材料一般是军用炸药，感度较低，耐温性能较好，在国内露天煤矿高温爆破施工中得到普遍使用。药芯材料工业黑索金耐热性能标准要求200℃不熔化，宏大爆破相关技术人员进行现场试验验证，导爆索在高温条件下只会发生燃烧不会发生爆炸，在150℃高温下2min内即可发生燃烧，导爆索燃烧本身难以引起较大的安全事故，但当导爆索被烧断而破坏起爆网路时容易产生盲炮隐患。高温爆破中遗留盲炮，安全隐患极大，且处理困难，所以导爆索的使用中要避免被烧断，要在合理的温度环境中使用。

2.2 配套主装炸药耐热性能分析

露天矿山台阶爆破使用的主装药目前仍是常规的民用炸药，包括乳化炸药、铵油炸药、膨化硝铵炸药、多孔粒状铵油炸药和粉状乳化炸药等，其优点是价格便宜、来源广泛，缺点是难以直接满足高温爆破的安全性能要求。因此，露天煤矿高温爆破时，一般通过如下途径使其满足施工安全要求：

（1）选用耐温性能相对较佳的民用炸药品种或者对民用炸药耐温性能进行改善；

（2）降低装药环境温度，即爆破区域灭火降温和炮孔临时降温；

（3）对民用炸药进行隔热防护；

（4）控制炸药在高温环境的时间，即严格控制开始装药至起爆的时间。

另外，考虑到高温爆破对起爆器材和施工工艺的特殊要求，主装炸药的选型及其防护措施，应综合考虑主装炸药与起爆网路的匹配，确保安全可靠起爆主装炸药。

2.3 高温爆破器材优选

高温爆破施工中，一般用耐温性能更佳的导爆索起爆炮孔内的主装药，必要时先起爆扩爆药柱（或起爆具），再传爆给主装药。关于主装药的耐热性能，从物理化学性能上分析，认为含水炸药比非含水炸药耐温性能佳，因为炸药失水过程中需要吸收大量的热，并可避免热点的出现；炸药成分中，硝酸铵的耐温性能较差，应避免硝酸铵直接与高温环境接触，否则容易形成局部的热点。高温爆破中一般推荐使用物理敏化的胶状乳化炸药，即采用微晶玻璃球或者珍珠岩粉敏化。

宏大爆破技术人员亦在应用隔热防护材料的基础上，对露天矿山常用的民用炸药进行了耐温性能对比试验，铵油炸药和乳化炸药在80℃放置数小时后，仍能用8号雷管起爆，但耐热4h后乳化炸药的爆速下降并趋于稳定，铵油炸药爆速仍有较大幅度下降；乳化炸药在130℃的高温环境下6h才会失效，80℃下放置12h仍能够正常起爆，只是爆速略有下降。亦有学者对耐温民用炸药进行了研究，认为研制关键是消除和抑制硝酸铵析晶和分解，提高引起接触反应的临界反应温度，延长起始反应时间，通常加入一些抑制剂，从而提高民用炸药的耐热性能。

综上所述，高温爆破炮孔内推荐装填物理敏化的胶状乳化炸药，用导爆索起爆，且往往采用孔口起爆方式，操作方便，有利于缩短炸药在高温环境中的时间，典型高温炮孔装药结构如图1所示。地表起爆网路使用器材的选型，因安全性能控制相对方便，常用导爆管、导爆索和导爆管雷管。

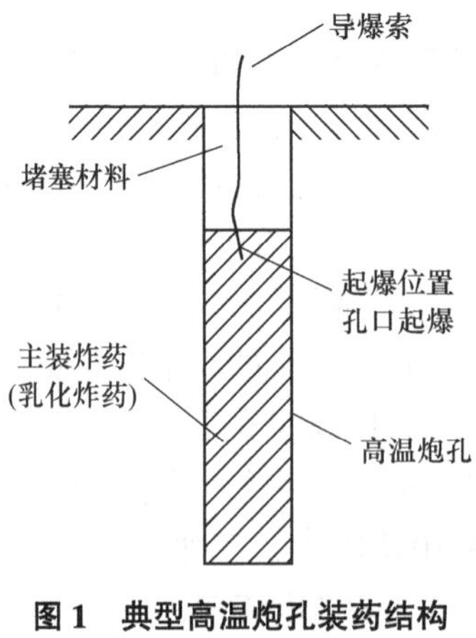

图1 典型高温炮孔装药结构

Fig. 1 Typical charge structure of hightemperature blast-holes

当然，当炮孔温度不高、孔内无水（一般要对高温孔进行注水降温）、高温炮孔孔壁不完整时，亦有采用散装炸药（如粉状乳化炸药）进行爆破作业的，装填粉状乳化炸药不易卡孔，但需要严格控制开始装药到起爆的时间。

3 高温爆破起爆网路设计与分析

高温爆破的起爆网路一般位于地表敞露空间，只要避开明火和非闭合裂隙，就能确保起爆网路安全。非闭合裂隙处往往在异常高温区，从裂隙冒出大量高温气体，甚至出现高温气体被点燃的现象。为了匹配如图1所示的高温炮孔装药结构，一种方式是通过导爆索连接各个高温炮孔引出孔口的导爆索，即导爆索起爆网路；一种方式是通过雷管起爆各个高温炮孔引出孔口的导爆索，再将起爆雷管连成网路。导爆索起爆网路和电雷管起爆网路明显完全符合不可逆起爆网路的要求，下面分析导爆管雷管（含导爆管）起爆网路的传爆属性。

3.1 导管雷起爆网路设计与分析

3.1.1 四通连接起爆网路

露天矿山爆破施工中，经常使用四通连接起爆网路，其连接操作方便，网路传播路径四通八达，传爆可靠。但是，在高温爆破施工中不推荐使用四通连接起爆网路，因为万一某一个高温炮孔早爆，必将引起整个爆区误爆，传爆路径可逆，容易导致较大安全事故。

3.1.2 大把抓起爆网路

“大把抓”起爆网路的适用范围是炮孔多且集中，每个“大把抓”节点可以起爆20发左右的起爆雷管。与拆除爆破不同，台阶爆破炮孔数较少且分散，每孔距离数米，进行较多的“大把抓”操作不方便，且每个大把抓节点处的起爆雷管数非常有限，无论是树状结构还是链式结构的“大把抓”起爆网路[7,8]，均不能发挥其优势，操作亦不方便，与高温爆破施工工艺不匹配。

3.1.3 四通连接大把抓复式起爆网路

为了避免二次“大把抓”操作上的不方便，往往用“四通”连接各大把抓的传爆雷管，形成起爆网路。对于大规模的拆除爆破，一次起爆雷管数量特别大，往往要求形成多个环路和多个传爆路径，设计成“单链”和“双链”大把抓四通连接复式起爆网路[7,8]。但是，与拆除爆破相比，矿山高温爆破为了控制装药时间，一次爆破的炮孔数少，一般不超过20~30个炮孔，甚至几个炮孔，爆破网路规模很小。以一个大把抓起爆3~4个孔为例，往往一次爆破仅仅起爆几个大把抓，用四通直接串联大把抓的传爆雷管形成闭合网路（见图2），再引至起爆站用激发枪起爆网路。起爆信号发出以后，每个炮孔的主装药及其传爆导爆索，都是经过两个以上导爆管雷管的接力传爆，正向传爆稳定可靠；对于导爆管雷管而言，雷管本身（指基础雷管）的爆炸可能引起其脚线的爆炸，即不能引爆另一发雷管，所以该网路系具有不可逆传爆属性。

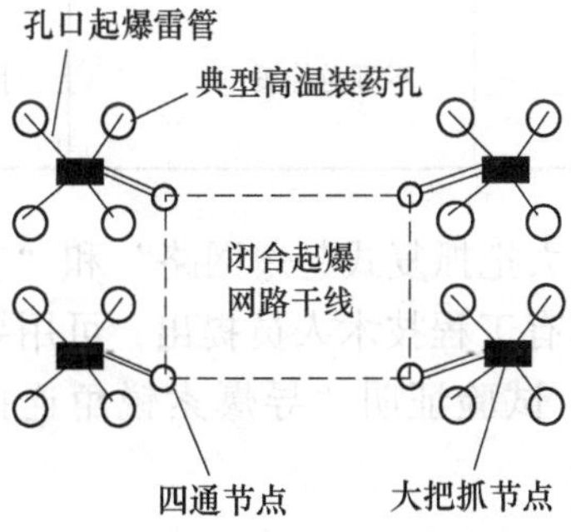

图2 小型四通连接大把抓复式起爆网路

Fig. 2 Nonel tube priming system with batch nodes & 4-way nodes

3.1.4 孔外雷管接力逐孔起爆网路

孔外雷管接力逐孔起爆网路（见图3）的设计原理等同于奥瑞凯公司推荐的逐孔爆破技术，只不过是将其原来的孔内雷管移到孔口来起爆导爆索，原孔外雷管使用不变。特别注意，每个炮孔都必须经历2个及以上雷管的传爆，延期设计时可引入“虚拟炮孔的概念”，未经过2个及以上雷管传爆的炮孔为虚拟炮孔，这样才能保证起爆网路传爆不可逆。

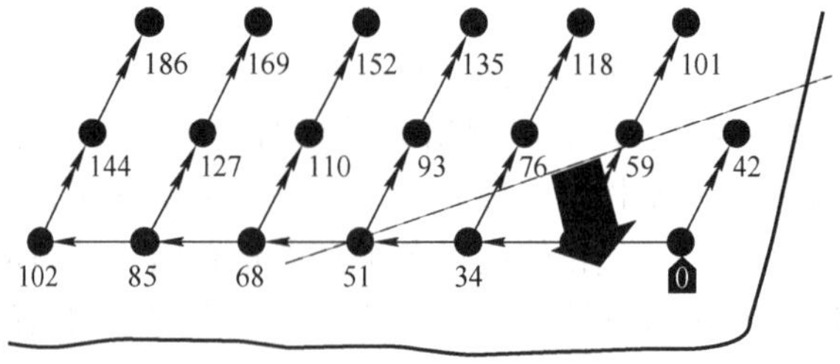

图3 孔外雷管接力逐孔起爆网路

Fig. 3 Hole by hole detonation priming by detonators outside the blast-holes

3.2 高温爆破起爆网路优选

为了实现起爆网路的不可逆传爆，亦可研发新型爆破器材元件改良现有雷管结构或者传爆网路，如中国科学技术大学沈兆武教授提出利用不可逆传爆元件进行不可逆起爆网路设计，本文暂不讨论。当通过普通雷管起爆如图1所示的典型高温炮孔时，对6种常规起爆器材构建的起爆网路进行对比分析，见表1。

表1 常规起爆网路的性能分析

Table 1 Characters of common priming circuits

起爆网路类型	网路爆破器材	网路传爆属性	优缺点分析
导爆索起爆网路	导爆索	传爆可逆	空气冲击波大、爆破噪声大，非微差爆破
电雷管起爆网路	电雷管、电导线	不可逆传爆，但灾后原起爆网路遭破坏	抗杂散电流和感应电流能力差，操作比较不方便
四通连接起爆网路	导爆管、四通	传爆可逆	网路连接操作方便，起爆网路四通八达
大把抓起爆网路	导爆管雷管	不可逆传爆	适用于大规模起爆网路，当炮孔分散时操作不方便
四通连接大把抓复式起爆网路	导爆管雷管、导爆管、四通	不可逆传爆	大小规模起爆网路均适用，且操作方便
孔外雷管接力逐孔起爆网路	导爆管雷管	不可逆传爆	操作方便

综上所述，推荐使用“四通连接大把抓复式起爆网路”和“雷管孔外接力逐孔起爆网路”，其符合不可逆起爆网路的定义。另外，亦有工程技术人员提出，可用导爆索绑扎角度变化控制传爆路径，导爆索钝角可传爆、锐角不可传爆，试验证明“导爆索锐角连接不可逆传爆”的可靠性低，不宜使用。

3.3 高温爆破网路连接与施工组织

通常情况下，为了缩短爆破器材在高温炮孔环境中的累计时间，将爆破施工工艺流程中的“警戒”和“联网”前置，即按照要求严格控制高温爆破工艺流程中的“装药”“堵塞”和“起爆”的总时间，避免孔内爆破器材发生早爆事故。“联网”前置指向炮孔内装药之前，先在地面按照炮孔分布预先连好起爆网路，然后开始迅速装药，最后将预先连接好在网路上的起爆药包送入炮孔，采用孔口起爆的方式，具体施工步骤如图4所示。

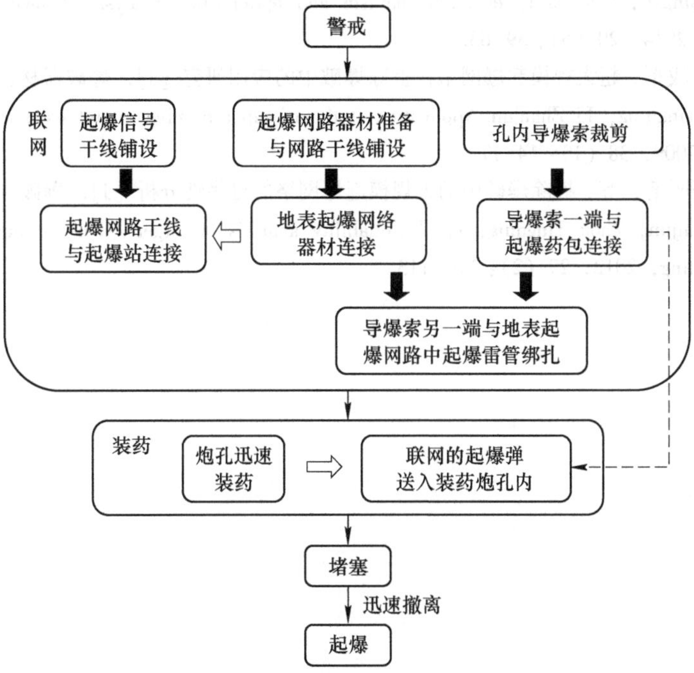

图 4 高温爆破施工工艺流程图

Fig. 4 Process sequence for high-temperature blasting in detail

4 结语

对不可逆起爆网路进行定义并明确设计标准，即高温爆破作业时某一个或几个炮孔内的爆破器材因耐温性能不佳或者炮孔温度异常诱发早爆事故，早爆炮孔不会诱发其他炮孔的爆炸避免事故的扩大升级，亦不会损坏原起爆网路的正向传爆功能，确保灾后其他炮孔的正常起爆实现安全排除剩余隐患的目的。

高温爆破施工过程中，地表起爆网路推荐使用传爆不可逆的“四通连接大把抓复式起爆网路”和“雷管孔外接力逐孔起爆网路”，同时为了缩短起爆器材在高温炮孔中的留置时间，一般将爆破工艺流程中的警戒和联网（含网路检查）前置，严格控制爆破器材在高温环境中的累计时间，即装药、堵塞、撤离和起爆的总时间。

参 考 文 献

[1] 郑炳旭．中国高温介质爆破研究现状与展望［J］．爆破，2010，27（3）：13-17，35.
Zheng Bingxu. Current status and prospect of high-temperature blasting research in China［J］. Blasting，2010，27（3）：13-17，35.

[2] 管海宴，冯・亨特伦，谭永杰，等．中国北方煤田自然环境调查与分析［M］．北京：煤炭工业出版社，1998.

[3] 周名辉，唐洪佩，杨开山．露天煤矿高温爆破技术研究［J］．爆破，2014，31（2）：119-122.
Zhou Minghui，Tang Hongpei，Yang Kaishan. Study of high temperature area blasting in opencast coal mine［J］. Blasting，2014，31（2）：119-122.

[4] 许晨，李克民，李晋旭，等．露天煤矿高温火区爆破的安全技术探究［J］．露天采矿技术，2014（4）：73-75，89.
Xu Chen，Li Kemin，Li Jinxu，et al. Security technology research on high-temperature fire area blasting in surface mine［J］. Opencast Mining Technology，2014（4）：73-75，89.

[5] 蔡建德．露天煤矿高温区爆破安全作业技术研究［J］．工程爆破，2013，19（1/2）：92-95，73.
Cai Jiande. Security technology of high-temperature blasting in open pit coal mine［J］. Engineering Blasting，2013，19（1/2）：92-95，73.

[6] 束学来，郑炳旭，郭子如，等．耐热炸药机理分析与优化浅析［J］．工程爆破，2014，20（5）：59-63.

Shu Xuelai, Zheng Bingxu, Guo Ziru, et al. Mechanism and optimization analysis of heat resistant explosives [J]. Engineering Blasting, 2014, 20 (5): 59-63.

[7] 崔晓荣, 周听清, 李战军. 超大规模起爆网络在拆除爆破中的应用研究 [J]. 爆破器材, 2009, 38 (1): 14-17.
Cui Xiaorong, Zhou Tingqing, Li Zhanjun. Application study on super priming circuit used in blasting demolition [J]. Explosive Materials, 2009, 38 (1): 14-17.

[8] 崔晓荣, 李战军, 周听清, 等. 拆除爆破中的大规模起爆网络的可靠性分析 [J]. 爆破, 2012, 29 (2): 110-113.
Cui Xiaorong, Li Zhanjun, Zhou Tingqing, et al. Reliability analysis of larger-scale priming circuit used in blasting demolition [J]. Blasting, 2012, 29 (2): 110-113.

海南三亚铁炉港特大型采石场深孔爆破工程

郑炳旭

（广东宏大爆破工程有限公司，广东 广州，510623）

摘　要：本文介绍了海南三亚某大型采石场工程，详细介绍了工程特点、爆破技术、施工组织管理。该工程实践证明：在狭小的场地采用中小设备，可以实现强化开采，其关键在爆破质量、施工道路和施工组织管理。
关键词：强化开采；爆破质量；中小设备

Deep Hole Blasting Project of Super Large Quarry in Tielu Port, Sanya, Hainan Province

Zheng Bingxu

(Guangdong Hongda Blasting Co., Ltd., Guangdong Guangzhou, 510623)

Abstract: This paper introduces a large quarry project in Sanya, Hainan Province, and details the project characteristics, blasting technology, and construction organization and management. The practice of this project proves that the use of small and medium equipment in narrow sites can realize intensive mining, and the key lies in blasting quality, transportation road and operation organization management.
Keywords: intensive mining; blasting quality; small and medium-sized equipment

1　工程概况

海南三亚铁炉港采石工程日爆破石方量达 5 万立方米，是目前全国石方爆破总量最大的单项爆破工程之一，施工方案是深孔台阶爆破，采取多台阶布置（见图 1），挖掘机选石，汽车运输（见图 2），码头装船（见图 3）。在一个东西长不足 300m、高差 180m 的山坡上，有 10 台英格索兰 ϕ140 钻机，160 多台 1.0~1.2m^3 挖掘机，370 台 15~25t 载重汽车进行强化开采作业，通过合理规划、组织，完成以往只有用大型设备才能完成的高强度开采。

图 1　多台阶布置

图 2 挖掘机选石与汽车运输

图 3 码头装船

2 工程特点

(1) 规模大。该采石工程总开采量约 1000 万立方米，工期为 7 个月。

(2) 日产量大。生产高峰期，日开采规格石 3.2 万立方米，弃方 1.8 万立方米，合计 5 万立方米。

(3) 爆破块度要求非常严格。成品石料主要提供给防波堤使用，包括堤心石和规格石两部分，共有 15 种规格，其岩石级配相当严格（见表 1）。

表 1 岩石级配

品 种	规 格	备 注
堤心石	规格 1	800kg 以下块石，其中 10kg 以下块石不得大于 10%，200~800kg 块石含量不得大于 20%
	规格 2	500kg 以下块石，其中 10kg 以下块石不得大于 5%，200~500kg 块石含量不得大于 20%
	规格 3	500kg 以下块石，其中 10kg 以下块石不得大于 10%，200~500kg 块石含量不得大于 20%
规格石	12 种	10~100kg；60~100kg；100~200kg；150~300kg；200~400kg；200~500kg；300~400kg；400~800kg；500~1000kg；700~900kg；1000~1500kg；1500~2000kg

(4) 工作面长度不足 300m，均衡生产困难。爆破工作面长度不足 300m，高差不足 150m，采用多台阶同时开采，只有计划、调度、钻爆、装运、工作面清理等各个环节互相配合，才能实现连续、均衡、高产。由于采用多台阶同时开采，必须解决好运输道路规划和维护。

(5) 中小型设备施工。生产高峰期采用 160 多台 1.0~1.2m^3 斗容的挖掘机，用于开挖、选石、装车，370 台 15~25t 的载重车配合挖运。大量的挖掘机主要用于挑选石料，要求 10kg 以下的小石块不能超过 5%。

(6) 组织系统复杂。爆破设计、布孔、装药放炮、二次破碎、挑选、挖运、过磅、装船调度等 8 个工序构成一个较为庞大、复杂的系统工程。

3 爆破技术

3.1 爆破设计

通过现场调研，将岩石分为易爆、中等可爆及较难爆三个类别，经计算机设计优化及现场试验，定出三类岩石的具体爆破参数：三类岩石的炸药单耗分别为 0.33kg/m^3、0.38kg/m^3、0.42kg/m^3；ϕ140 钻孔通孔负担的爆破面积分别为 25m^2、23m^2、20m^2；超钻为 0.5~1.5m。

3.2 钻孔

钻孔质量是保障爆破效果的关键，本工地采用全站仪测量布孔，开孔误差不得超过 10cm，超钻误差不得超过 20cm，钻孔斜度偏差控制在 1.5°之内。

3.3 减少粉矿的措施

本工程要求开采规格石，小于 10kg 的岩块均作为粉矿，不但不计入成本，还要求施工方自费运到废石场，因此降低粉矿率就成为本工程是否盈利的关键因素。为了降低粉矿率，摸索出了一整套技术措施：

（1）全孔不耦合装药，孔底装 ϕ120mm 或 ϕ110mm 条装药，上部装 ϕ100mm、ϕ90mm 或 ϕ80mm 条装药。

（2）扩大孔网参数，对特别破碎易爆地带，单孔负担爆破面积有时扩大到 30m^2。

（3）增加填塞的长度，孔口段极破碎岩体，填塞段增加到 4m。

（4）按岩体性质分区开采不同规格的石料。

（5）适当加大二次破碎率，找到适合本工程的最佳大块率，作为设计依据。

3.4 边坡保护

合同要求永久边坡整齐、稳定，并进行绿化。该工程单价低，预裂爆破成本高，预留保护层爆破进度跟不上，在实际施工中对永久边坡实施了缓冲爆破，即缓冲孔间距和最小抵抗线均为正常爆破孔的 0.7 倍，单孔装药量是正常爆破孔的一半，既保证了爆破产量，又保护了边坡。

3.5 二次破碎

本工程二次破碎在 10%左右，为减小超钻带来的过粉碎，减小了超钻量，为此根底处理量也比较大，根底和二次破碎对装运有比较大的干扰，为此，对二次破碎工作进行了严格的管理，并采取了一系列技术措施：

（1）根底多用抬炮处理，与台阶爆破第一响同时起爆；

（2）对影响挖运作业的二次破碎及时钻孔，与台阶爆破同时起爆；

（3）大批量的二次破碎采用白天钻孔，夜里 2：00 装药，早晨 6：30 起爆，为挖运提供良好的作业面。

4 施工组织

4.1 管理工作

现场管理是高强度开采作业的保障。现场工作围绕着“数、序、招”三个字展开。

（1）数，即对有关生产的所有环节做到心中有数，包括以下 10 个方面。

1）甲方、监理的要求：每月、每天的数量、规格，进度款支付能力，执行合同的情况等。

2）人、材、机的需求：设备状况、数量、效率、完好率及机修配件；各种材料的来源、价格、质量及供求状况；各类人员的数量、技术水平，各工序管理人员的工作关系是否和谐。

3）地质状况：各类岩石的分布，什么地方配合采什么规格的石料。

4）现场状况：每个台阶有多少储量，如何做到平衡开采。

5）技术状况：有哪些主要技术环节，能采取什么技术措施，还有哪些技术潜力可挖，技术人员能力够不够，缺哪方面的人员，有哪些技术问题亟待解决。

6）安全状况：哪些环节容易出安全问题，安全制度、安全人员情况应急措施等。

7）质量状况：质量要求具体化，质量存在哪些问题，主要矛盾是什么，应制定什么制度措施，开展什么活动。

8）经济状况：随时进行经济核算，掌握动态成本，了解影响成本的技术因素和管理因素在成本中所占的比例。

9）进度：按进度要求安排人、材、机，了解哪些因素制约工程进度。

10）施工大环境：除了和甲方、监理的关系外，还有周围环境要求，相邻单位或人员关系，与当地政府有关部门的联系等各种关系是否协调。

（2）序，是指施工管理工作千头万绪，应按轻、重、缓、急分类，按急、重、轻、缓的顺序安排工作。

1）急：需要马上解决问题的“卡脖子”项目，以保证工程正常进行。

2）重：凡影响合同执行，关系到重大经济效益的技术问题、安全问题、质量问题都属重大问题，要有针对性地进行研究、试验、整理，投入较多的力量，力求得到圆满的解决。

3）轻：需要尽快妥善处理，虽对工程正常进行有影响，但并不是“卡脖子”项目，应安排人力、物力去逐一解决。

4）缓：对正常生产影响不大，可以往后放一下缓办的事。

（3）招，也就是办法。对各种问题做到心中有数，并按其轻、重、缓、急，提出解决问题的办法，加以解决。

1）管理手段：对因为组织管理疏漏而出现的问题，通过调整机构、制定制度、加强管理的方法加以解决。

2）行政手段：对人员、设备、材料方面的问题，可以通过调整人员、更新设备、调换材料来解决。

3）技术手段：针对影响生产的关键技术问题，组织现场技术攻关，请专家指导，对人员进行培训，制定严格的岗位责任制。

4）关系手段：应处理好左邻右舍、甲方监理、当地政府等各种关系，做到相互配合，团结协作。

5）经济手段：通过采取具体的奖、罚措施，调动劳动者的积极性，惩处违章违纪行为。

4.2 施工管理组织及管理办法

4.2.1 施工管理组织

现场施工管理，由总工负责现场规划，指导各专业部门的工作；由总调安排、组织“人、材、机”进行施工；钻爆大队在总工和总调的指导下工作，一是按总工安排进行台阶爆破的设计、布孔、钻孔、装药、起爆工作；二是组织二次爆破，按施工计划准备出台阶爆破掌面。

4.2.2 现场进度管理

（1）总工办派人随时掌握每天运出的石料和石渣量，各台阶的作业长度、宽度、爆破松方量及设备分布，并每天以报表完整反映生产进度和各生产台阶的状况。

（2）根据报表，甲方进度与石料规格要求，提出钻爆和挖运要求。

（3）有些规格的石料对块度有特殊要求，可根据现场爆破的实际情况，将特殊规格石挑出并堆放在料场，以作为备料。

4.2.3 质量管理

（1）提样品。在磅房附近摆放不同质量的石块样品，使有关人员（尤其是挖掘机司机）都知道合格石料的标准。

（2）抽检。在开始阶段由监理随意抽检，将运石车调到抽检场地，对各类石料进行分筛。

（3）检查。监理自始至终监督运输车辆，对大块不合格或碎料量超标的车辆在抽检场进行筛分检查。

4.2.4 安全、环保及技术管理

安全、环保管理包括爆破、装运、装船、边坡稳定及边坡绿化，废石场稳定及废石场绿化等，均制定详细管理制度，并有专人负责。

爆破技术管理具体包括：

（1）爆破工程师做每一炮的具体设计，包括布孔参数、装药结构、超钻、填塞、起爆网路、爆破方量，报总工程师批准后，负责现场布孔、验孔。

（2）指派一名爆破技术员负责解炮及抬炮。

(3) 爆破工程师根据每炮爆破后的解炮率、抬炮率、粉矿率，调整下一炮的布孔参数和装药结构，从而使爆破设计趋于优化。

4.2.5 道路管理

保证运输道路畅通是本工程实现高强度开采的关键，具体做法是：

(1) 形成环形通道，保证顺畅通车；

(2) 做好排水，保证中雨不停产，大雨后可立即通车；

(3) 安排人员、设备，做好路面维护；

(4) 专门安排调度人员负责指挥交通运输工作。

5 结语

实践证明，在狭窄的场地采用中小型开采设备，可以实现强化开采，其关键是爆破质量的控制及作业面、施工道路的保障。我们经过努力，采用中小型设备，在工作面长度不足300m、高180m的场地，日采石量达到5万立方米，为今后进行高质量、大规模生产的台阶爆破提供了新的经验。

远程控制装置在火区高温爆破中的应用

林谋金[1] 束学来[1] 马宏昊[2] 李战军[1] 崔晓荣[1]

（1. 广东宏大爆破股份有限公司，广东 广州，510623；2. 中国科学技术大学 中国科学院材料力学行为和设计重点实验室，安徽 合肥，230026）

摘　要：为了提高煤矿火区高温爆破的安全性，采用远程控制装置进行装药施工。结果表明：远程控制装置可在远程控制一次性完成下放导爆索、装药、堵塞工作（危险时段），装置中的钢管以及容器底部少量的堵塞物能防止雷管爆炸产生的能量与冲击波引爆容器内部的炸药，另外，开关网路可使所有炮孔同时完成下放导爆索、装药、堵塞的工作，使整个炮区中在最短时间内完成装填工作并引爆炸药。远程控制装药施工方法使施工人员远离高温火区，在实际应用中操作简便，克服了传统高温爆破工艺限制炮孔孔数的不足，能够对高温火区进行大规模爆破，从而提高矿山剥离挖运效率，并提高高温爆破的安全性。

关键词：露天开采；高温爆破；远程控制；安全性

Application of Remote Control Device in Fire Area Blasting

Lin Moujin[1] Shu Xuelai[1] Ma Honghao[2] Li Zhanjun[1] Cui Xiaorong[1]

(1. Hongda Blasting Co., Ltd., Guangdong Guangzhou, 510623;
2. CAS Key Laboratory of Mechanical Behavior and Design of Materials (LMBD),
University of Science and Technology of China, Anhui Hefei, 230026)

Abstract: To improve the security of high-temperature blasting, the remote control device was implemented. The results show that down-pass detonating cord, charging, blocking work can be finished by the remote control device in certain distance. The steel tube and some sands at bottom of the container can prevent detonator from detonating explosives in the container. Fire area blasting can be completed in less time, because down-pass detonating cord, charging, stemming work in all the hole can be finished by the switch network at the same time. Remote control charging method detracts people from the hurt of the fire area and can be user-friendly controlled in practical application. Remote control charging method overcomes the disadvantages of traditional method due to the restriction in the number of high-temperature hole. The technology achieves large scale blasting in the fire area and improves efficiency of stripping in mine and blasting safety.

Keywords: open-pit mining; high-temperature blasting; remote control; security

我国某些煤炭与含硫矿等矿山由于自燃现象而造成部分矿岩存在高温现象，其温度范围为40～800℃，对爆破剥离施工构成较大威胁[1]。研究人员从不同方面对高温爆破施工方案进行探索，目前的高温爆破施工一般采用降温后快速装药施工，或者对爆破器材进行防护后再装填施工。周名辉采用加入$CaCl_2$、$MgCl_2$的水对炮孔降温，然后进行装药施工[2]；王涛采用干冰对高温炮孔进行降温试验，结果表明干冰对孔深小于8m的炮孔能起到有效降温及维持低温效果的作用[3]；史秀志通过试验研究高温控制爆破过程中容易出现的安全问题，同时采用的新型隔热材料对爆破器材进行防护[4]；林谋金通过全孔蓄水的方法使爆破器材处于水浴温度中，从而达到安全爆破的目的[5]。由于注水降温后部分炮孔温度回升较快，因此需要在炮孔温度大幅回升前进行快速装药、堵塞、起爆等工作，整个爆破施

基金项目：广东省产学研合作院士工作站（2013B090400026）。
原载于《爆破》，2017，34（1）：133-137。

工过程安全隐患较大。采用防护材料对爆破器材进行防护后能有效延缓爆破器材温度上升的时间[6]，但防护材料成本较高，不利于露天矿山大范围推广应用。另外，上述两种施工方法除了自身固有的缺点外，还有一个共同特点是需要施工人员在高温炮孔边进行近距离下放导爆索、装药、堵塞等操作，如果出现早爆、误爆等意外，将严重威胁施工人员生命安全，而且两种施工方法为了控制施工人员数量，采用“少孔多爆”的原则进行高温爆破，严重影响矿山剥离挖运工作。通过设计一种远程控制装药装置，使施工人员在下放导爆索、装药、堵塞时（危险时段）能够远离高温火区，同时可在一次高温爆破中进行多孔施工，从而达到大规模高温爆破的目的。

1 远程控制装药装置设计

一般中深孔爆破的施工程序为钻孔、装药、填塞、联网、警戒、起爆，在这一套施工程序中，从装药到起爆要完成填塞联网和警戒这一系列工作，而装药到起爆前的这一段时间则是深孔高温爆破的危险期，蔡建德提出的反程序施工方法将联网和警戒工作做在装药工作前面[7]，同时加快装药与填塞的速度就可大大减少炸药在高温孔中的时间，那么危险时间段就可大大缩短，深孔高温爆破的安全性就可大幅增加，如图 1 所示。

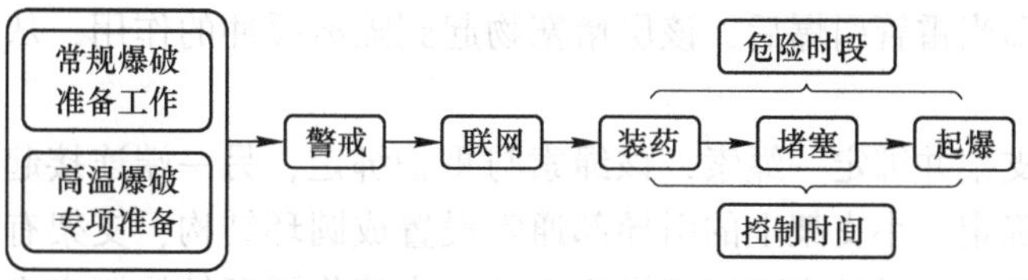

图 1 反程序深孔高温爆破工艺流程

Fig. 1 The wording routine of reverse order deep hole high-temperature blasting

需要指出的是，反程序施工方法与普通施工方法都要求施工人员在高温炮孔边进行近距离下放导爆索、装药、堵塞等操作，如果出现早爆、误爆等意外，将严重威胁施工人员生命安全，而且两者为了控制施工人员数量，采用“少孔多爆”的原则进行高温爆破，严重影响矿山剥离挖运工作。本文通过探索一种远程控制装药装置及其施工方法，达到施工人员在下放导爆索、装药、堵塞时（危险时段）能够远离高温火区，同时可在一次高温爆破进行多孔施工的目的。另外，为了便于现场施工，设计远程控制装药装置时需要考虑操作简便，同时材料可重复利用，以达到成本可控的目的。

远程控制装药装置包括用于装载爆破材料的装药模块、用于远程启动装药动作的装药控制模块以及用于远程引爆炸药的远程引爆模块。其中，装药模块包括容器 1、用于支撑容器的支撑机构 2、堵塞物 3、炸药 4，装药控制模块包括通过绑扎封堵容器下端口的绳索 11、钢管 10、用于炸断绳索的电雷管 7 以及用于远程控制电雷管工作的开关网路 12，远程引爆模块包括重物 9、导爆索 6、小支架 5、电雷管 7 以及起爆网路 8，如图 2 所示。

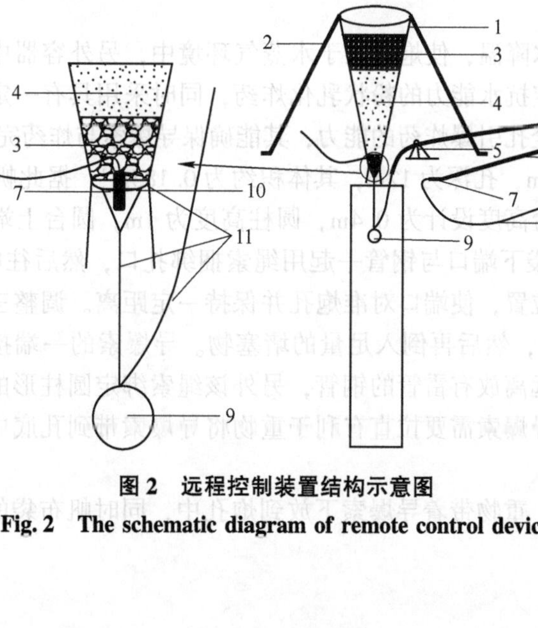

图 2 远程控制装置结构示意图

Fig. 2 The schematic diagram of remote control device

远程控制装药装置的工作原理是利用下端口事先封堵的容器装载爆破需要的炸药和堵塞物，并用支撑机构支撑在高温炮孔上方，并使得容器的下端口对准高温炮孔孔口，这样当容器的下端口打开时就可以让炸药和堵塞物自动落入到高温炮孔中。容器的下端口的打开通过远程控制，具体是通过绳索对容器的下端口进行封堵，并让该绳索与可以将其炸断的雷管连接，再让雷管与可远程控制其爆破的开关网路连接，当通过开关网路远程控制雷管爆炸后，可以将封堵容器的绳索先炸断，容器的下端口就会自动打开，使得炸药和堵塞物自动地落入到高温炮孔中。在爆破物料自动落入高温炮孔中的同时，还实现了引爆炸药的导爆索的埋设，即通过设置重物悬挂于雷管上，当雷管爆炸时，用于悬挂重物的绳索也被炸断，使得重物和爆破物料一起自动掉落，而重物的掉落又会同步地带着导爆索进入到高温炮孔中，最终使得导爆索埋在落入到高温炮孔中炸药中，最后通过起爆网路即可实现远程控制高温爆破。另外，除了采用电雷管远程打开容器下端口外，也可采用电控开关进行远程控制。

容器形状为漏斗型，其里面分层装有炸药与堵塞物，体积略大于炮孔中需要装填炸药与堵塞物的总体积。容器一端套在支撑机构上，一端对准高温炮孔的孔口，并用穿过钢管的绳索捆扎封口，对准高温炮孔孔口一端的直径略小于高温炮孔的直径。容器一般采用编织袋或帆布袋，有利于绳索直接绑扎在下端口实现封堵，也便于通过雷管炸断绳索，使封堵的端口可靠地打开，另外，在不使用时也便于折叠放置，占用空间小。容器的最下层还设有一层不少于 10cm 的堵塞物，使钢管中的雷管与帆布袋中炸药保持一定距离，即当雷管引爆后，该层堵塞物起到隔离缓冲的作用，从而避免雷管直接引爆容器内的炸药。

导爆索一端穿过小支架并绑定一绳索，该绳索与重物绑定，另一端连接起爆网路，导爆索的长度根据高温炮孔深度进行确定。小支架上的引导部通常设置成圆环结构，支架有利于引导导爆索平稳地随着重物落入到高温炮孔中，另外也可以不设定支架，直接将圆环结构固定在支撑机构上。在重物和导爆索之间接有绳索，一方面，避免导爆索在准备阶段处于高温炮孔中，从而避免施工时发生危险，另一方面，便于实现导爆索与重物的连接，避免导爆索直接与重物连接时带来的连接困难。重物通过一绳索穿过钢管悬挂在炮孔中，重物为柱状且直径为炮孔直径的一半，其重量能将导爆索的一端下拉到高温炮孔孔底。

钢管中插一个接有开关网路的电雷管（也可以是无线雷管），该雷管头部朝下，使射流远离帆布袋中炸药，钢管内径大于两倍绳索的直径与电雷管直径之和，其长度大于电雷管长度。设置钢管的目的在于当雷管引爆时，确保可以炸断钢管内的绳索，同时也确保雷管的爆炸不会炸坏容器，并防止爆炸产生的热量与冲击波影响到容器内部的炸药，从而导致炸药爆炸。

综上所述，当容器下端开关被打开时，容器中的堵塞物、炸药、堵塞物会依次注入炮孔中，从而完成装药、堵塞的工作。另外，容器下端开关被打开的同时，导爆索也开始被重物带到孔底，从而完成下放导爆索的工作，进而一次性完成下放导爆索、装药、堵塞工作。

2 现场试验

由于高温爆破前需要注水降温，使炮孔处于水蒸气环境中，另外容器中的炸药在重力作用下能流入炮孔中，因此采用具有一定抗水能力的粉状乳化炸药，同时采用具有一定耐热能力的导爆索作为起爆器材，另外，导爆索具有全孔引爆炸药的能力，其能确保导爆索与炸药完全接触上。

试验炮孔的直径为 140mm，孔深为 12m，其体积约为 $0.185m^3$，据此帆布袋体积设计为 $0.196m^3$，包括圆台与圆柱两部分，圆台高度设计为 0.4m，圆柱高度为 1m，圆台上端的直径为 460mm，下端直径为 130mm。试验时将帆布袋下端口与钢管一起用绳索捆绑扎口，然后往帆布袋中装填 10cm 高度的堵塞物，最后调整三脚架的位置，使端口对准炮孔并保持一定距离。调整三脚架后往帆布袋中倒入炸药（根据孔深确定的炸药量），然后再倒入足量的堵塞物。导爆索的一端接有起爆网路，一端接有绳索，绳索的长度使导爆索能远离放有雷管的钢管，另外该绳索绑定圆柱形的重物，同时该重物通过另一绳索悬挂在钢管上，另外导爆索需要拉直有利于重物将导爆索带到孔底中。远程控制装药过程如图 3 所示。

钢管中的电雷管起爆后，重物带着导爆索下放到炮孔中，同时帆布袋的下端口也打开，粉状炸药

(a) 装药前 (b) 装药过程 (c) 堵塞过程 (d) 爆破后

图3 远程控制装药过程

Fig. 3 The process of remote control charging

开始往炮孔中注入，炸药注完后，堵塞物开始往炮孔中注入，整个过程持续时间约为45s。钢管中的雷管未引爆帆布袋中的炸药，即采取雷管放在钢管中、雷管头部朝下以及帆布袋底部装有砂土等措施能保证使用雷管炸断绳索的安全性，另外，帆布袋的端口也未被雷管炸坏，即雷管的能量得到有效控制。综上所述，现场试验效果良好，达到了通过远程控制一次性完成下放导爆索、装药、堵塞的目的，另外，支架与帆布袋在爆破后未受到破坏，其能回收用于下一次使用，有利于控制高温爆破施工成本，提高经济效益。

3 远程控制施工方法

3.1 施工准备

为了实施远程控制装药，需要在施工人员撤离炮区前将准备工作做好，需要准备好的材料如图4所示，前期的准备工作主要有以下几个方面。

（1）清理爆区、布孔、钻孔。

（2）测温。采用红外测温仪与多点热电偶相互验证测温，测得炮孔最高温度后将其记录在纸上并用石头压在炮孔边上。

（3）降温。对超过施工温度范围的炮孔进行注水降温。

（4）测孔深。准备材料前需要测量注水降温后的炮孔孔深，用于确定需要准备的炸药量。

（5）验证孔壁。将用于下拉导爆索的重物下放到炮孔中，确保重物能顺利下放到孔底。

（6）准备材料。主要包括开口三脚支架、漏斗型的编织袋或帆布袋、堵塞物、粉状乳化炸药、小支架、导爆索、电雷管、导线、重物、小钢管、绳索等。

（7）架设远程控制装药装置。将支架架在炮孔上，然后将编织袋或帆布袋上端固定在支架上，下

(a) 支架与帆布袋 (a) Stand and canvas bag
(b) 粉状乳化炸药 (b) Powder emulsion explosive
(c) 导爆索 (c) Detonating cord
(d) 电雷管 (d) Electric detonator

图4 准备的材料

Fig. 4 The prepared materials

端用绳子捆绑扎口，调整支腿角度使容器端口与孔口距离合适。将少量堵塞物倒入容器中，并重新调整开口支架位置使容器端口对准炮孔孔口，然后根据需求量将粉状乳化炸药与堵塞物依次倒入容器中。

（8）连接开关网路。将电雷管插入小钢管中并固定，然后将这些电雷管连接成开关网路。

（9）连接起爆网路。将接有导爆索的电雷管连接成起爆网路。

（10）爆破警戒。两种网路连接完成后开始爆破警戒，警戒工作严格按照爆破设计要求进行，一般情况下高温火区深孔爆破的警戒范围为300m，设置好警戒岗位，安排专人负责警戒，同时配备对讲机，及时汇报警戒情况。

（11）人员撤离。当炮区内的准备工作完毕后，施工人员开始撤离炮区，撤离时要注意脚下的导爆索和脚线，以防踢断。

3.2 远程控制装药

（1）检查网路。起爆站分别检测开关网路与起爆网路，如有问题应及时排除。

（2）引爆开关网路。达到预定的起爆时间，确认警戒无异常时引爆开关网路，使导爆索、粉状乳化炸药以及堵塞物一次性落入炮孔中。

（3）引爆起爆网路。待炮区中所有的炮孔都完成堵塞工作后（一般为1~2min）引爆起爆网路。

（4）检查爆破效果。爆破20min待炮烟散去后，可采用人工或无人机对炮区进行检查，重点检查爆破效果、有无盲炮、爆堆是否稳定等。

（5）解除警戒。爆破工程师确认现场全部起爆无危险后，向爆破指挥报告检查情况，爆破指挥即可发出解除警戒命令。若爆破存在未爆现象或现场有滚石等危险状况，则爆破工程师需通知有关人员进行处理，未能及时处理的，需在周围设置危险标志。

（6）回收支架。在检查爆破效果与挖运时可对未损坏的支撑支架、编织袋或帆布袋进行回收，以便下次重复使用。

4 结论

本文结论如下。

（1）远程控制装药装置可以使施工人员在下放导爆索、装药、堵塞时（危险时段）能够远离高温火区，同时一次性完成下放导爆索、装药、堵塞工作，从而提高高温爆破的安全性。

（2）远程控制装药装置中的钢管以及容器底部少量的堵塞物能防止雷管爆炸产生的能量与冲击波引爆容器内部的炸药，从而达到安全打开容器下端口的目的。

（3）开关网路可将炮区中所有容器下端口的绳索同时炸断，达到同时下放导爆索、装药、堵塞的工作，使整个炮区中的炮孔在最短时间内完成装填工作，从而能在最短时间内引爆炸药，达到安全爆破的目的。

（4）远程控制装药装置使导爆索下放到孔底，其能确保导爆索与炸药完全接触上，从而能够全孔引爆炮孔中装填的炸药。

（5）远程控制装药施工方法在实际应用中操作简便，其克服了传统高温爆破工艺限制炮孔孔数的不足，能够对高温火区进行大规模爆破，从而提高矿山剥离挖运效率，具有显著的经济效益与社会效益。

参 考 文 献

[1] 齐俊德，禹学成．浅谈宁夏煤田火灾现状及综合治理［J］．陕西煤炭，2007（1）：36-38.
Qi Junde，Yu Xuecheng. Present situation and comprehensive treatment of fire accident in Ningxia coal-field［J］. Shanxi Coal，2007（1）：36-38.

[2] 周名辉，唐洪佩，杨开山．露天煤矿高温爆破技术研究［J］．爆破，2014，31（2）：119-122.
Zhou Minghui，Tang Hongpei，Yang Kaishan. Study of high temperature area blasting in opencast coal mine［J］.

Blasting, 2014, 31 (2): 119-122.

[3] 王涛，张贵峰，廖新旭. 露天煤矿高温火区干冰降温试验研究 [J]. 工程爆破，2014，20 (4)：45-47，22.

Wang Tao, Zhang Guifeng, Liao Xinxu. Experimental study of high temperature area cooling of opencast coal mine by using solid carbon dioxide [J]. Engineering Blasting, 2014, 20 (4): 45-47, 22.

[4] 史秀志，谢本贤，鲍侠杰. 高温控制爆破工艺及新型隔热材料的试验研究 [J]. 矿业研究与开发，2005 (1)：68-71.

Shi Xiuzhi, Xie Benxian, Bao Xiajie. Experimental study of controlled blasting technology of high temperature coagulation and new heat insulation material [J]. Mining R & D, 2005 (1): 68-71.

[5] 林谋金，郑炳旭，李战军，等. 全孔蓄水法在高温火区爆破中的应用 [J]. 爆破，2016，33 (3)：114-117.

Lin Moujin, Zheng Bingxu, Li Zhanjun, et al. Application of impounding water blasthole method in fire area blasting [J]. Blasting, 2016, 33 (3): 114-117.

[6] 林谋金，郑炳旭，李战军，等. 高温炮孔中乳化炸药升温规律分析 [J]. 爆破器材，2016，45 (1)：47-50，55.

Lin Moujin, Zheng Bingxu, Li Zhanjun, et al. Temperature raising analysis of emulsion explosive in high temperature blast hole [J]. Explosive Materials, 2016, 45 (1): 47-50, 55.

[7] 蔡建德. 露天煤矿高温区爆破安全作业技术研究 [J]. 工程爆破，2013，19 (1/2)：92-95，73.

Cai Jiande. Security technology of high-temperature blasting in open pit coal mine [J]. Engineering Blasting, 2013, 19 (1/2): 92-95, 73.

降低碎石粉矿率的爆破技术改进方法探讨

王 铁

（广东宏大爆破股份有限公司，广东 广州，510623）

摘 要：碎石场产生粉矿的过程有两个：爆破过程和破碎过程。通过研究爆破施工过程，从调整孔网参数、装药结构和起爆顺序等爆破技术方面采取措施，降低碎石粉矿率，取得了良好的效果。

关键词：碎石场；粉矿率；爆破技术

Improvement of Blasting Technology for the Reduction of Fine Ore Rate in Stone Crushing

Wang Tie

（Guangdong Hongda Blasting Co., Ltd., Guangdong Guangzhou, 510623）

Abstract: Fine ores are produced in two ways: blasting operation and crushing process. This paper reports that the reduction of fine ores can be realized by improving blasting technology such as readjusting parameters of the hole network, charging structure, and detonating sequence, which have proved effective.

Keywords: gravel plant; rate of fine ore; blasting technology

广州市顺兴石场位于从化市太平镇东南飞鹅村附近，周围环境如图 1 所示。矿区范围呈不规则多边形，总矿区面积 0.4665km^2，岩石全年爆破破碎总量 380 万立方米。岩石类型较复杂，有硅化岩、构造角砾岩、糜棱岩等，风化节理发育于强风化岩带中，多呈“V”形且被泥质所充填，水文地质复杂程度为简单类型，对开采影响较小。

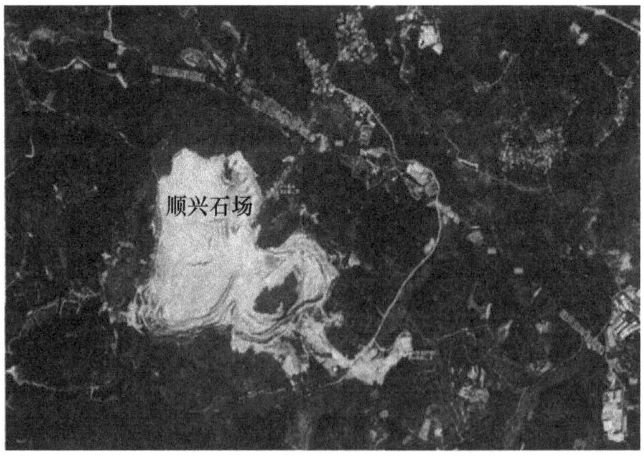

图 1 顺兴石场周围环境图

顺兴石场碎石机要求进料岩石最大块度小于 1000mm，产品为 10~20mm、20~30mm、30~40mm 规格碎石，副产品为 0~5mm、5~10mm 石粉，采用四段——闭路破碎流程。由于副产品石粉价格较规格碎石低很多，业主要求采取措施降低副产品的比例，即降低粉矿率（根据协议，副产品 0~5mm 的石

原载于《广东水利电力职业技术学院学报》，2017，15（4）：61-63。

粉作为粉矿）以提高综合经济效益。

分析岩石从原岩到规格碎石的所经历过程，结合爆破工艺流程和破碎工艺流程，岩石在爆破和破碎两个过程中都会产生粉岩，因此，影响粉矿率的因素主要有两方面：爆破过程产生粉矿和破碎过程产生粉矿。破碎过程所产生的粉矿率与岩石性质、破碎设备型号、进料尺寸、筛分粒径等破碎工艺有关，是由整套破碎系统固有的特性决定的，一般无法改变。作为爆破施工方，本文从爆破技术方面来降低粉矿。

1 爆破工艺流程及爆破参数设计

1.1 爆破工艺流程

根据岩石性质和地形条件，本爆破采石工程采用台阶爆破，台阶爆破的工艺流程如图 2 所示。

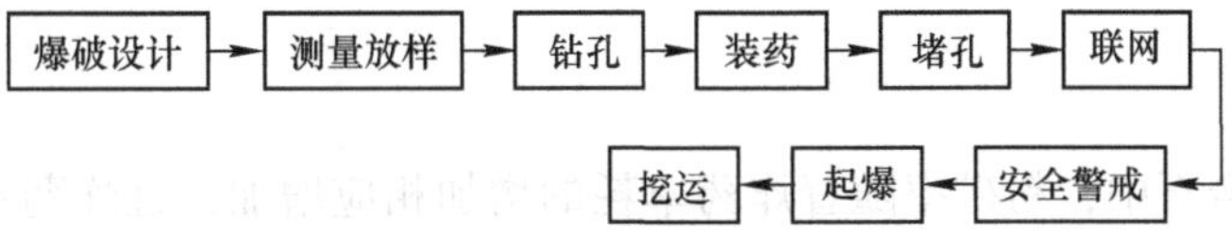

图 2 爆破的工艺流程

1.2 爆破参数设计

本工程爆破采用条状乳化炸药，根据最大单响药量，实行排间或孔间微差，按预定的起爆顺序起爆，孔内延期。起爆网络采用非电导爆管复式环形闭合起爆网络。孔网参数如下：

台阶高度 H ：$H=15$m；

孔径 d：140mm；

底盘抵抗线 W_1：$W_1=(25\sim45)d=4.5$m；

超深 h ：$h=(0.1\sim0.2)H=1.8$m；

钻孔倾角 α ：垂直孔；

孔深 L ：孔深 $L=H+h$；

堵塞长度 L_2：$L_2=(20\sim40)d=4$m；

装药长度 L_1：$L_1=L-L_2=12.8$m；

单位炸药消耗量 q ：选取 $q=0.4\sim0.5\text{kg/m}^3$，现取 $q=0.42\text{kg/m}^3$，在施工过程中逐步调整到位；

单孔装药量 Q ：$Q=q_1\times L_1$，q_1 为线装药密度，取 13kg/m；

孔距 a、排距 b ：$a=mb$，其中 m 是炮孔密集系数，一般情况下 $m=1.3\sim1.8$，取 $m=1.5$。

单孔装药量 Q、台阶高度 H、孔距 a、排距 b 及炸药单耗 q 的关系为：$Q=qabH$，将 $a=mb$ 代入上式，得：$a=6.3$m、$b=4.2$m。

爆破现场如图 3 所示。

图 3 爆破现场

2 降低粉矿率的爆破技术

炸药在岩体中爆炸会产生冲击波、应力波和弹性地震波。在硬岩中，冲击波在爆心周围短距离内传播，冲击波压力极高，远大于岩石的动抗压强度，可使岩石发生过粉碎，冲击波所对应的区域称为粉碎圈[1]。爆破过程产生粉矿的部位主要在粉碎圈，粉碎圈范围大小取决于岩石特性（包括岩石的动态抗压强度、岩石波阻抗等）、炸药特性（包括炸药的爆速、密度、波阻抗）、钻爆参数（包括底盘抵抗线、孔距、炮孔密集系数、超深、堵塞长度等）、装药结构（包括不耦合系数、上部装药线密度及长度、下部装药线密度及长度等）等条件[2,3]。因此，为使爆破过程少产生粉矿，需要减少单耗，调整装药结构，采用空气间隔装药，降低爆破冲击波峰值。为防止单耗降低带来大块增多的不良后果，将原设计孔网参数调整为大孔距小排距布置，并采用大斜线起爆方式，增加了先后起爆之间的自由面，以便满足既减少粉矿又不产生大块的要求。

2.1 调整装药结构

据研究，在同一类岩石中，粉矿率随着炸药单耗的增加相应增加，且炸药单耗对粉矿率的影响在软岩较硬岩大[4]。因此，为减少单耗，将炮孔下部的连续装药结构调整为空气间隔装药（见图4），下部岩体在连续装药条件下可顺利抛出原位，上部岩体在下部岩体掏空的情况下，少量装药就可将上部岩体推出，大大减少了粉碎圈[5]。

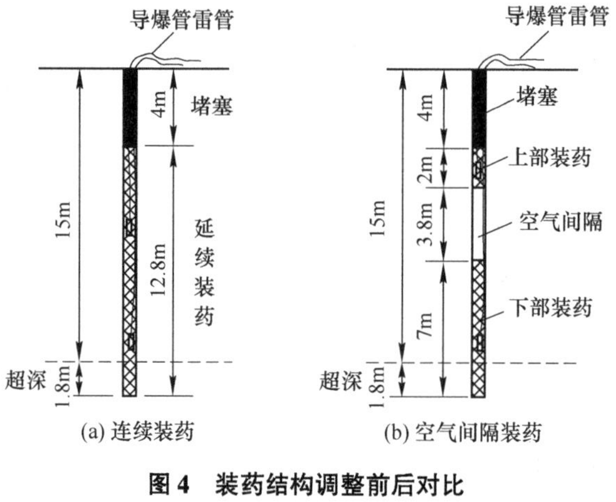

图 4 装药结构调整前后对比

2.2 改善微差间隔和起爆顺序

孔间微差爆破由于充分利用了微差爆破的优点，爆破效果好，降振效应高。经生产经验证实，采用25ms 的微差时间较 50ms 及以上的微差时间更有利于减少粉矿率。因此，本工程采用 25ms 的孔间微差。

将原小斜线起爆顺序调整为大斜线起爆，增加了炮孔自由面，可以增加炮孔之间由于微差产生的相互剪切，从而增加碰撞机会减少大块率[6,7]。起爆顺序如图 5 所示。

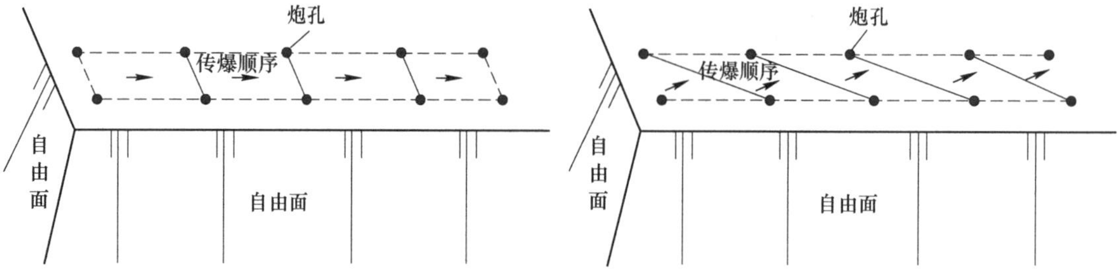

图 5 起爆顺序调整前后对比

2.3 调整孔网参数

据研究，在炸药单耗相同的情况下，粉矿率随孔距的增加而减少，但增加到一定程度后，粉矿率又随孔距的增加而增加。因此，炮孔密集系数不宜大于 1.5。

将原孔网参数孔距 6.3m 和排距 4.2m 调整为孔距 6.5m 和排距 4.0m，不仅保持了延米爆破方量不变，而且调整后为大孔距小排距布局，排间剪切作用较一般密集系数明显，可减少大块率。

2.4 粉矿控制效果

综合调整以上参数后，经过挖装运输及各级破碎重量计量，最终粉矿率平均从原来的 34%降到 32%左右，取得了一定的控制效果。

3 结论

本文从爆破技术方面减少岩石爆破粉碎圈来减少粉矿率，取得了一定的效果。然而，降低粉矿率是一项复杂的工作，它牵涉爆破和破碎两个方面，虽然从两方面单独入手，分别可得到阶段性的降低粉矿率的效果，但是综合考虑两者的相互影响关系，还需进一步实验论证。鉴于条件限制，本文仅为抛砖引玉之作，希望有更多研究关注粉矿率问题。

参 考 文 献

[1] 江东平，朱磊．耦合装药条件下爆破粉碎圈半径的计算 [J]．现代矿业，2013，29 (4)：14-15，18.

[2] 刘玲平，唐涛，李萍丰，等．装药结构对台阶爆破粉矿率的影响研究 [J]．采矿技术，2010，10 (1)：67-70.

[3] 蔡建德，郑炳旭，汪旭光，等．多种规格石料开采块度预测与爆破控制技术研究 [J]．岩石力学与工程学报，2012，31 (7)：1462-1468.

[4] 徐建宇．浅谈台阶爆破粉矿率的影响因素及控制措施 [J]．煤矿爆破，2015 (1)：33-35.

[5] 胡涛，王明君．某露天矿爆破参数优化及块度预测 [J]．露天采矿技术，2015 (6)：39-42.

[6] 张洋．黄山东 17 号铜镍矿中深孔爆破参数优化改进 [J]．新疆有色金属，2016，39 (3)：25-27.

[7] 况思全．宜春钽铌矿凿岩爆破参数优化及应用分析 [J]．世界有色金属，2017 (2)：113-114.

频分多址盲炮检测技术与系统在深孔爆破中的应用研究

刘连生[1,2]　兰德沛[1]　张声辉[1]　潘荣森[3]　蔡建德[4]

（1. 江西理工大学 资源与环境工程学院，江西 赣州，341000；
2. 江西省矿业工程重点实验室，江西 赣州，341000；
3. 江西铜业股份有限公司永平铜矿，江西 上饶，334506；
4. 广东宏大爆破股份有限公司，广东 广州，510623）

摘　要： 针对深孔爆破中盲炮难以检测和识别的问题，开发了基于电磁波传播理论的深孔爆破盲炮频分多址检测技术与系统，并对检测系统的性能进行了试验研究。结果表明：在岩土体中传播的电磁信号发射频率越低其穿透能力越强，传播距离越远；在同等收发水平距离条件下，电磁信号幅值随着盲炮埋深的增加而减小，同时随着地下信号发生器发射频率的增大而减小；而且随着频率的增大，衰减趋势更明显。该盲炮检测系统良好的频响范围是 2012～5025Hz，对埋深不大于 40m 和收发水平距离不大于 30m 的深孔爆破盲炮，具有良好的检测识别能力。频分多址盲炮检测技术与系统可满足深孔爆破盲炮检测的要求。

关键词： 深孔爆破盲炮；盲炮检测识别；频分多址法；盲炮埋深；电磁信号幅值

Research on Application of Frequency Division Multiple Access Misfire Detection Technology and System in Deep Hole Blasting

Liu Liansheng[1,2]　Lan Depei[1]　Zhang Shenghui[1]　Pan Rongsen[3]　Cai Jiande[4]

(1. School of Resources and Environmental Engineering, Jiangxi University of Science and Technology, Jiangxi Ganzhou, 341000; 2. Jiangxi Key Laboratory of Mining Engineering, Jiangxi Ganzhou, 341000; 3. Yongping Copper Mine, Jiangxi Copper Co., Ltd., Jiangxi Shangrao, 334506;
4. Guangdong Hongda Blasting Engineering Co., Ltd., Guangdong Guangzhou, 510623)

Abstract: Regarding the problem of the misfire in deep hole blasting, which it is difficult to detect and identify, the frequency division multiple access misfire detection technology and system based on electromagnetic wave propagation theory is developed, meanwhile, the performance of the detection system is studied. The results show that with the lower transmitting frequency of electromagnetic signal in rock－soil body, the penetration ability will be stronger and the transmission distance will be farther. Based on the condition of same horizontal distance, the amplitude variation of electromagnetic signal decreases with the increase of buried depth of the misfire, it also decreases with the increase of emission frequency of the underground signal generator, and the attenuation tendency with the increase of emission frequency is more obvious. The system response more obvious to frequency in 2012～5025Hz, it has a better recognition ability when the misfires are located in the depth less than or equal to 40m and the distance less than or equal to 30m. Frequency division multiple access misfire detection technology and system can be successed for the detection of misfire in deep hole blasting.

Keywords: deep hole blasting misfire; misfire detection and identification; frequency division multiple access method; misfire depth of subsurface; electromagnetic signal amplitude

---

基金项目： 中国有色金属工业协会与中国工程爆破协会重大科研专项“硐室爆破盲炮检测、识别、排除与高温矿山爆破安全技术”（编号：CSEBKY-20100001）和江西省科技支撑计划项目“铜矿床井下中深孔爆破开采盲炮快速检测与识别的关键技术与装备”（编号：20142BBE50008）联合资助。

原载于《黄金科学技术》，2017，25（2）：54-61。

深孔爆破已广泛应用于矿山开采、道路路堑和路基开挖等工程中[1-3]，但在施工过程中由于存在起爆系统联接不好、爆破时矿岩移动切断爆破网路，以及其他人为因素的影响，很容易产生盲炮[4-8]。盲炮一旦产生，如果未及时发现或妥善处理，易造成巨大的安全事故，对人员、设备安全和施工进度都将产生严重影响。因此，快速检测、识别和排除盲炮对于保障工程爆破的安全实施具有重大意义。

目前，深孔爆破盲炮的研究主要集中于寻找其产生原因和预防方面[9-12]，近年来已有部分学者开始讨论盲炮的检测和识别方法。李启月等人[13] 通过分析爆破荷载使振动信号产生的能量突变，来确定微差爆破中是否存在盲炮，以及盲炮的大体位置；占必文等人[14] 系统研究了电爆网路中盲炮产生的原因，建立了事故树模型，发现导致盲炮发生的基本事件有 29 个；颜景龙等人[15] 通过对比炮孔实际的起爆时间和设计延时的差异，来判断是否存在盲炮；Ewusi[16] 通过测量远程爆破振动信号来识别隧道爆破盲炮，并取得良好的应用效果。

上述盲炮检测方法均是基于爆破地震波在岩层中的传播规律，但是不同的爆破参数和工程地质条件均能影响爆破振动信号的时频特征和能量分布[17,18]，因此，当用于识别大规模爆破中埋藏较深的盲炮时，无法保证这些方法的精确性。基于此，在自主研发的硐室爆破盲炮频分多址检测系统[19-24] 的基础上，针对深孔爆破的特点，研发了深孔爆破频分多址检测系统。硐室爆破盲炮频分多址检测系统的基本原理是通过检测地下信号发生器发射的电磁波来识别有无盲炮，最大检测深度为地下 100m，可同时识别多个盲炮。盲炮频分多址检测系统中的地下信号发生器尺寸小于炮孔直径，且深孔爆破的孔径又远小于硐室爆破，这就要求对硐室爆破盲炮频分多址检测系统中的信号发生器进行小型化改造，而小型化改造后信号发生器的发射功率和发射磁矩都会变小[25]，其发射的电磁信号能否达到地面并被准确检测成为关键，因此非常有必要对此进行试验检验。针对发射频率的分辨能力和不同埋深频率的识别能力开展了试验研究，为系统的进一步优化设计和推广应用提供了重要依据。

1 频分多址盲炮检测法理论分析

频分多址检测法为有源检测法，即事先在深孔中起爆区域预置目标体——地下信号发生器。完好的信号发生器可按设定的时间段产生电磁波，电磁波从炮孔所在位置经过未爆岩土体进入空气，进而传播到达接收位置，炸药爆炸后发生器粉碎，电磁波消失，通过对比爆破前后地面电磁场的变化，便能判断是否产生盲炮及其所在炮孔位置。

岩土体属半导电媒质，有一定的磁导率，在电磁场的作用下，电磁波在岩土体中传播时，会产生传导电流，发热做功，造成电磁波能的损耗。因此，岩土体中电磁波传播的距离是有限的，介质的磁导率越高，电磁波的振幅衰减越快，传播距离就越短[26-29]。因此，采用频分多址法检测盲炮的关键在于地下预置信号发生器发出的信号能否传播到地面并被仪器检测到。

平面电磁波在无限大、均匀半导体媒质中的麦克斯韦（Maxwell）方程为

$$\nabla \times E = - j\omega\mu H \tag{1}$$

$$\nabla \times H = - j\omega\varepsilon_k E \tag{2}$$

式中，μ 为磁导率，H/m；ω 为角频率；H 为辅助磁场，A/m；E 为电场，V/m；j 为电流密度，A/m^2；∇为旋度算符，m^{-1}；$\varepsilon_k = \varepsilon - j\dfrac{\sigma}{\omega}$为电介质常数的复数形式，$\sigma$ 和 ω 为实常数。

对式（1）、式（2）取旋，得到矢量波动方程，略去电场传播规律并以平面波方式进行表达，可写成：

$$E = E_0 e^{-(\beta + j\alpha)_r} \tag{3}$$

式中，E_0 为常矢量，代表电场矢量的起始振幅和极化方向；r 为传播方向的矢径；α 为相位衰减系数；β 为幅值衰减系数。

由式（3）可知，电磁波振幅沿传播方向按 $e^{-\beta r}$ 呈指数规律衰减，其中：

$$\alpha = \omega\left\{\frac{\mu\varepsilon}{2}\left[\sqrt{1 + \left(\frac{\sigma}{\omega\varepsilon}\right)^2} - 1\right]\right\}^{\frac{1}{2}} \tag{4}$$

$$\beta = \omega\left\{\frac{\mu\varepsilon}{2}\left[\sqrt{1+\left(\frac{\sigma}{\omega\varepsilon}\right)^2}+1\right]\right\}^{\frac{1}{2}} \tag{5}$$

在深孔爆破盲炮检测工作中，电磁波穿透的岩土体为半导电媒质，为了减弱岩土体对电磁波的衰减（幅值衰减系数 β 越小越好），应采用较低的发射频率（即 ω 降低），并提高半导电媒质 ε 的值，满足 $\frac{\sigma}{\omega\varepsilon}\approx 1$，$\alpha$ 和 β 的表达式可简化为

$$\alpha = \beta \approx \sqrt{\pi f \mu \sigma} \tag{6}$$

采用电磁波实现深孔爆破盲炮检测，电磁波在岩土体中的传播和穿透能力是不可回避的问题。由式（6）可以得出：在岩层中传递电磁波时，这种半导电媒质要吸收电磁波的能量。电磁波的频率越高，或媒质的磁导率越大，电磁波的振幅衰减越快，穿透能力越弱，则传播距离就越短；电磁波的频率越低，或媒质的磁导率越小，电磁波的振幅衰减越慢，越有利于信号的传送。因此，在进行深孔爆破盲炮检测时，应使电磁波的发射频率尽量低，以满足深孔爆破盲炮检测的深度要求。

2 深孔爆破盲炮频分多址检测技术与系统

为了检测深孔爆破中的盲炮，将信号发生器放置在每一个装药炮孔内，并设置不同的发射频率，同时在地面无线接收检测来自地下不同炮孔发送的特定频率电磁信号。爆破后，如果能检测到发送信号，说明信号发生器能正常工作，此炮孔内的炸药没有被引爆，存在盲炮；如果未检测到发送信号，说明爆破成功，不存在盲炮。不同炮孔内信号发生器的发射频率不同，因此根据信号频率差异，可以很方便地区分盲炮所在的位置，从而达到检测盲炮是否产生并进行定位的目的。

具体检测步骤：（1）在图 1 所示的各装药炮孔内预置不同发射频率（f_1，f_2，…，f_n）的信号发生器，然后用岩粉将炮孔堵塞；（2）深孔爆破起爆前实行信号检测，在启动信号发生器的情况下各炮孔发射不同频率的电磁信号，同时用信号接收机检测一次，确保所有频率发射正常，并获得合适的检测参数；（3）深孔爆破起爆后实行盲炮检测，信号发生器按照预设的时间自行启动工作，信号接收机同步检测信号；（4）根据检测到的信号来确定是否存在盲炮，并根据信号频率确定盲炮所在位置。

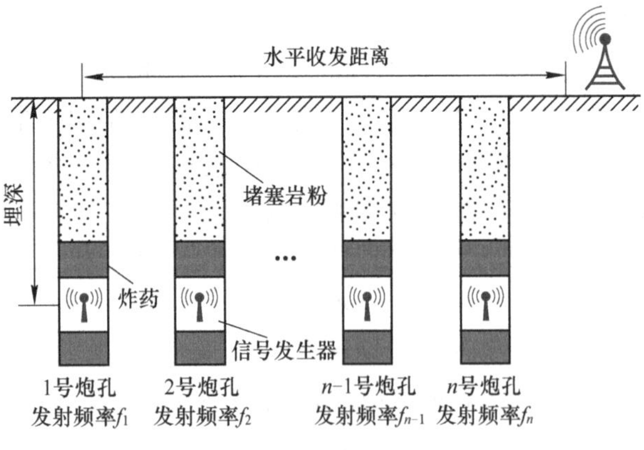

图 1 深孔爆破盲炮频分多址检测系统布置示意图

Fig. 1 Schematic diagram of the layout of frequency division multiple access misfire detection system in deep hole blasting

深孔爆破盲炮频分多址检测系统由地下信号发生器和地上检测部分组成（见图 2）。其中，地下信号发生器由时间控制器、频率控制器和功率放大模块组成，地上检测部分由频带磁场传感器、数据采集模块和显控终端组成。

深孔爆破盲炮频分多址检测系统与硐室爆破盲炮频分多址盲炮检测系统的地上检测部分是完全相同的，图 3 是 CMDS-Ⅰ型硐室爆破盲炮检测系统样机，开发了 2 款深孔爆破信号发生器，分别是直径 70mm（发射功率 5~20W，见图 4）和直径 50mm（发射功率 1W，见图 5）的信号发生器，均可用于不同孔径和孔深的深孔爆破盲炮检测与识别。

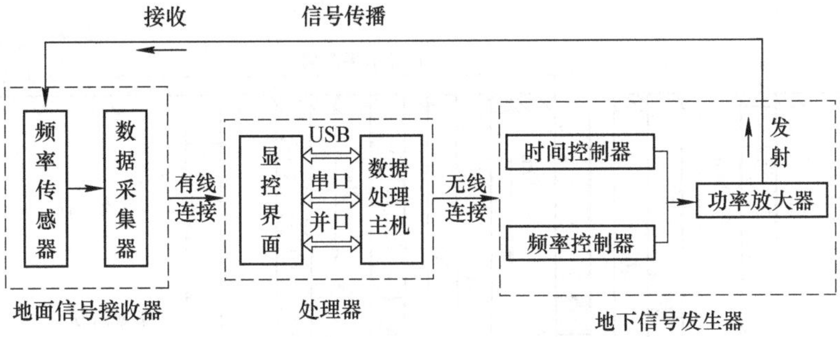

图 2　深孔爆破盲炮频分多址检测系统示意图

Fig. 2　Schematic diagram of frequency division multiple access misfire detection system in deep hole blasting

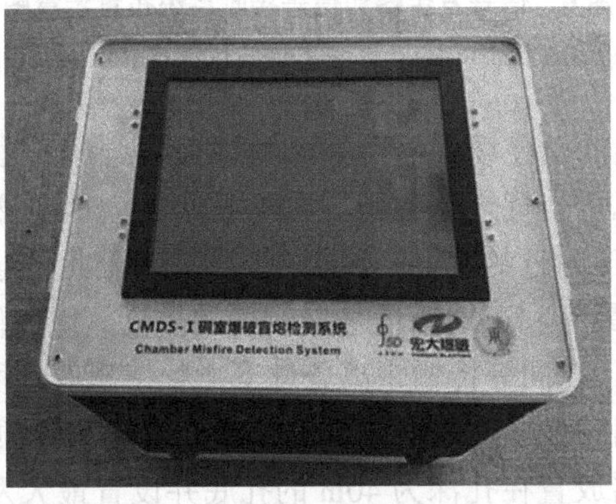

图 3　CMDS-Ⅰ型硐室爆破盲炮检测系统样机

Fig. 3　CMDS-Ⅰ prototype of frequency division multiple access misfire detection system in deep hole blasting

图 4　深孔爆破地下信号发生器样机（70mm）

Fig. 4　Prototype of underground signal generator in deep hole blasting (70mm)

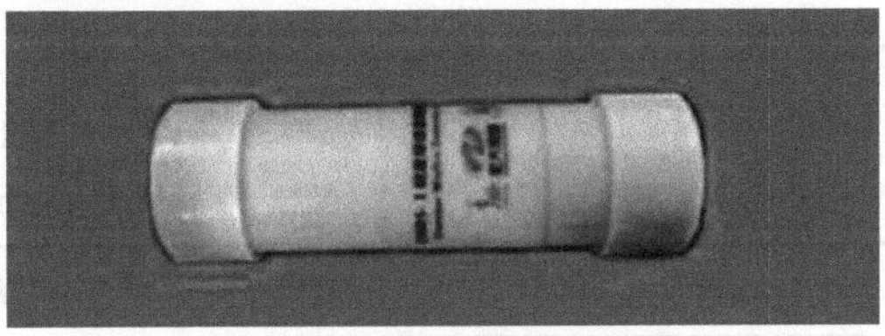

图 5　深孔爆破地下信号发生器样机（50mm）

Fig. 5　Prototype of underground signal generator in deep hole blasting (50mm)

3　频分多址盲炮检测系统的现场应用

3.1　试验方案

现场试验的目的是研究信号发生器所发射的电磁波随埋深变化在岩土体内传播的衰减规律，并通过改变接收系统与信号发生器的水平距离和发射电磁波的频率，来研究深孔爆破盲炮频分多址检测系统对信号的可探测深度和分辨能力。试验地点选在某金属矿露天土石方剥离爆破现场，该矿山台阶高度为15m，爆破孔孔深为16.5m，采空区探测孔孔深为20~40m，孔径为140mm。

如图6所示，在不同炮孔位置（用埋深表示）布置了不同频率的信号发生器，其中埋深20m（频率5000Hz）和埋深40m（频率2012Hz和5000Hz）的3个炮孔填装了炸药，并且放置直径70mm的信号发生器；其他炮孔将信号发生器（直径50mm）布置在固定位置后，用岩粉堵塞至孔口，不进行装药。因为炮孔是彼此相邻的，通过检测爆破后未填装炸药炮孔内信号发生器的工作状态，可以判断出炸药爆炸后是否会对相邻孔内的信号发生器产生干扰，甚至损坏。

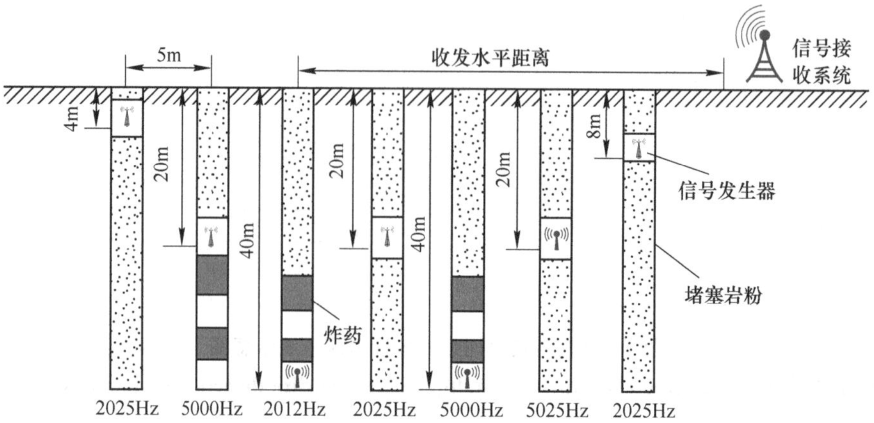

图 6 信号发生器和信号接收系统布置示意图

Fig. 6 Schematic diagram of the layout of signal generrator and signal reception system

只有当地下信号发生器发出的电磁场信号传播到地面后仍强于背景电磁场噪声，地面信号接收器才能进行检测和识别。一般情况下，背景电磁场主要为天然的大地电磁场和随机人文工业电磁场的叠加。天然大地电磁场在频段 1kHz 附近的信号强度最低[30]，基于此，地下信号发生器发射频率范围选在 1kHz 附近（1000~5025Hz）最有利于地面信号接收机的接收。地下信号发生器发射信号的传输距离受频率和发射功率的制约[31,32]，在同等传输距离条件下，频率越低，所需发射功率就越大，即信号发生器的体积越大。为了快速找到满足炮孔孔径和传输距离要求的最低频率，将发射频率 2012Hz（上述频率范围的一半）的信号发生器放置在孔深为 40m 的孔底并设置最大发射功率，在与炮孔水平距离为 40m 处接收到的信号强度幅值只有 46mV，因此认为 2012Hz 是满足要求的最低频率。频分多址盲炮检测系统的检测精度可达到 2Hz[20]，能够识别 2012~5025Hz 的任何 2 个频率，因此选择发射频率为 2012Hz、2025Hz、5000Hz 和 5025Hz 的信号发生器进行不同埋深和收发水平距离的试验，表 1 为设置的试验参数。

表 1 试验参数

Table 1 Experimental parameters

埋深/m	频率/Hz	收发水平距离/m
4	2025	0、5、10、20、30
8	2025	0、10、20、30
20	2025	0、10、20、30
	5000	25
	5025	0、10、20
40	2012	40
	5000	40

3.2 试验结果与分析

按上述试验参数布置好信号发生器和接收系统后，通过系统主机发送命令以连接信号发射端和接收端，并设置工作参数，然后对系统的检测时间进行设置。系统检测分为深孔爆破前检测和深孔爆破后检测，爆前检测的目的是检测系统能否正常地检测到预置发送机发出的信号，如果无法检测到合适的信号强度，需要用户调整信号发生器的工作频率或功率。

图 7 是系统显控终端显示的爆破前后电磁波信号幅值随时间变化的曲线图。系统会根据爆前、爆后 2 次检测信号的强度对比，自动分析各炮孔的爆破情况。图 7（a）和图 7（b）中第 8~20s 爆后信

号幅值为0，说明炮孔内炸药起爆成功并损毁了信号发生器；图7（c）和图7（d）中爆前、爆后信号幅值变化不大，说明这些变化应是岩土体被爆成散体后介电常数改变所引起的，可见相邻炮孔爆炸后不会影响信号发生器的正常工作状态。

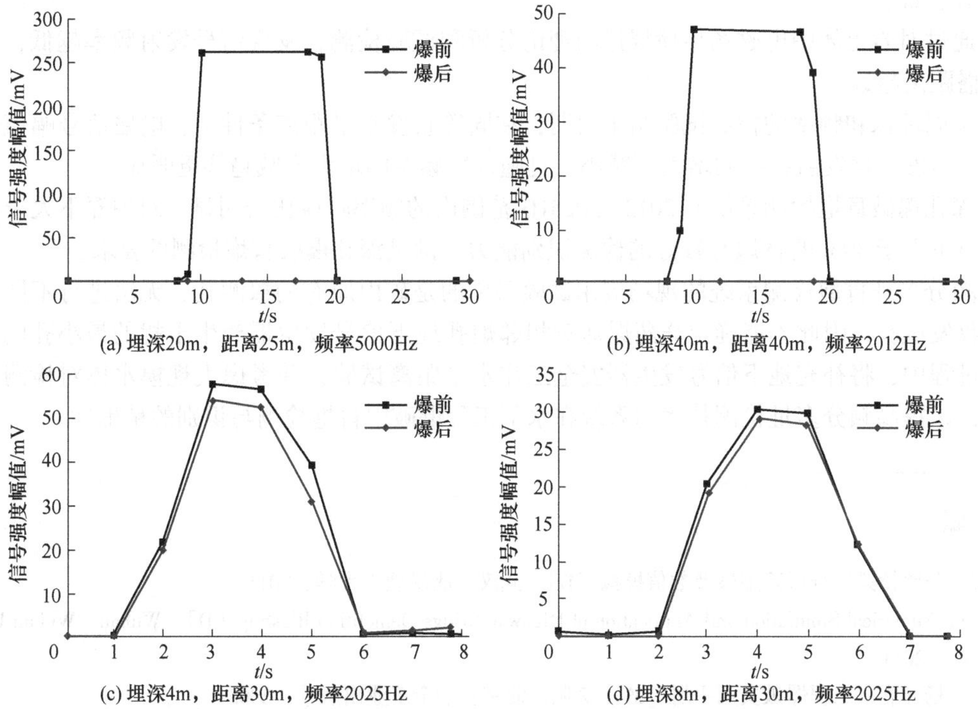

(a) 埋深20m，距离25m，频率5000Hz (b) 埋深40m，距离40m，频率2012Hz

(c) 埋深4m，距离30m，频率2025Hz (d) 埋深8m，距离30m，频率2025Hz

图7 爆破前后电磁波信号幅值响应图

Fig. 7 Amplitude response of electromagnetic wave signal before and after blasting

频分多址盲炮检测方法可行的关键在于信号发生器能否在地面上引起足够大的电磁信号变化，即在炸药爆炸前后信号幅值变化量必须足够大。如图8（a）所示，随着收发水平距离的增大，电磁信号幅值整体呈下降趋势，当距离达到30m时，电磁信号幅值降到最低；从图8（b）可以看出，在同等水平收发距离的条件下，频率为2025Hz的信号幅值整体大于5025Hz的幅值，即频率越低，信号衰减越慢，这与上述理论分析完全吻合。在图8（a）中，水平收发距离第0~5m，埋深8m的电磁信号幅值变化量相对于埋深4m的幅值变化量衰减了16.7%，第10~30m二者幅值变化量相差不大；在图8（b）中，埋深20m、频率由2025Hz增大到5025Hz时，在水平收发距离第0m处衰减了72.6%，在第20m处衰减了60.7%。

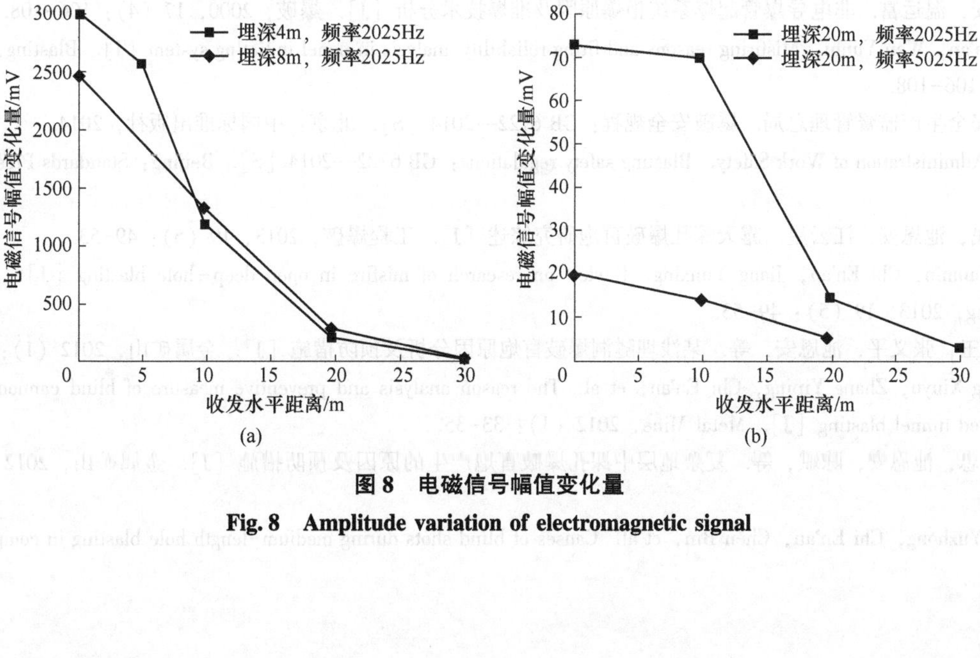

图8 电磁信号幅值变化量

Fig. 8 Amplitude variation of electromagnetic signal

4 结论

本文结论如下。

（1）通过对岩土体中电磁场传播规律的理论分析和试验检测，发现信号发射频率越低，穿透能力越强，传播距离越远。

（2）不同埋深和频率的检测试验结果表明，在同等收发水平距离条件下，电磁信号幅值随盲炮埋深和地下信号发生器发射频率的增大而减小，且随发射频率的增大衰减趋势更明显。

（3）深孔爆破盲炮检测系统对2012~5025Hz范围内的频率响应比较明显，对埋深不大于40m和收发水平距离不大于30m的盲炮有较好的检测识别能力，满足深孔爆破盲炮检测的要求。

（4）频分多址盲炮检测系统的现场应用试验采用的是矿山原有的探测孔，无法进行不同孔间距的电磁信号收发试验，因此不能确定炸药爆炸对相邻炮孔地下信号发生器产生干扰的最小孔间距。在今后的研究过程中，将补充地下信号发生器安全工作水平距离试验，并考虑大规模水体对检测与识别精度的影响，以提高频分多址检测技术与系统在水下工程爆破中盲炮检测与识别的精确性。

参考文献

[1] 池恩安. 公路桥梁组合拆除爆破及数值模拟［D］. 武汉：武汉理工大学，2011.
Chi En'an. Numerical Simulation and Application of Highway Bridge Demolition Blasting［D］. Wuhan：Wuhan University of Tecnology，2011.

[2] 刘殿中，杨仕春. 工程爆破实用手册［M］. 2版. 北京：冶金工业出版社，2003.
Liu Dianzhong，Yang Shichun. Engineering Blasting Manual［M］. 2nd Edition. Beijing：Metallurgical Industry Press，2003.

[3] 汪旭光. 中国典型爆破工程与技术［M］. 北京：冶金工业出版社，2006.
Wang Xuguang. Typical Blasting Engineering and Technology of China［M］. Beijing：Metallurgical Industry Press，2006.

[4] 方明山. 一次硐室盲炮的原因分析及处理［J］. 爆破，2000，17（4）：109-111.
Fang Mingshan. Reasons of misfire in chamber blasting and its disposal［J］. Blasting，2000，17（4）：109-111.

[5] 李晓虎，贾海波，薛延河，等. 南泥湖露天矿台阶爆破拒爆事故调查与分析［J］. 工程爆破，2013，19（3）：46-49.
Li Xiaohu，Jia Haibo，Xue Yanhe，et al. Survey and analysis of misfire accidents in Nannihu open pit bench blasting［J］. Engineering Blasting，2013，19（3）：46-49.

[6] 贺秀英. 浅谈峨口铁矿中孔爆破拒爆［J］. 矿业工程，2008，6（6）：36-37.
He Xiuying. Discussion of middle-sized hole blasting failure in Ekou iron ore mine［J］. Mining Engineering，2008，6（6）：36-37.

[7] 池恩安，温运富. 非电导爆管起爆系统拒爆原因及准爆技术分析［J］. 爆破，2000，17（4）：106-108.
Chi En'an，Wen Yunfu. Misfiring reasons and firing reliability analysis in nonel initiating system［J］. Blasting，2000，17（4）：106-108.

[8] 中国安全生产监督管理总局. 爆破安全规程：GB 6722—2014［S］. 北京：中国标准出版社，2014.
State Administration of Work Safety. Blasting safety regulations：GB 6722—2014［S］. Beijing：Standards Press of China，2014.

[9] 任艳民，池恩安，江云星. 露天深孔爆破盲炮研究综述［J］. 工程爆破，2013，19（5）：49-53.
Ren Yanmin，Chi En'an，Jiang Yunxing. Review on research of misfire in open deep-hole blasting［J］. Engineering Blasting，2013，19（5）：49-53.

[10] 张修玉，张义平，池恩安，等. 某浅埋隧洞爆破盲炮原因分析及预防措施［J］. 金属矿山，2012（1）：33-35.
Zhang Xiuyu，Zhang Yiping，Chi En'an，et al. The reason analysis and preventive measure of blind cannon in shallow covered tunnel blasting［J］. Metal Mine，2012（1）：33-35.

[11] 潘玉忠，池恩安，陈斌，等. 复杂地层中深孔爆破盲炮产生的原因及预防措施［J］. 金属矿山，2012（2）：27-29.
Pan Yuzhong，Chi En'an，Chen Bin，et al. Causes of blind shots during medium-length hole blasting in complex stratum

and itspreventionmeasures [J]. Metal Mine, 2012 (2): 27-29.

[12] 王清华, 江小波. 某工程盲炮原因分析及预防措施 [J]. 金属矿山, 2009 (1): 177-178.
Wang Qinghua, Jiang Xiaobo. The reason analysis and preventive measure of blind cannon in engineering blasting [J]. Metal Mine, 2009 (1): 177-178.

[13] 李启月, 刘高, 黄治成, 等. 基于小波变换的时—能密度法的盲炮识别研究 [J]. 矿冶工程, 2011, 31 (2): 1-4.
Li Qiyue, Liu Gao, Huang Zhicheng, et al. Study on misfire identification by time-energy density analysis based on wavelet transform [J]. Mining and Metallurgical Engineering, 2011, 31 (2): 1-4.

[14] 占必文, 张光权, 陶铁军, 等. 基于事故树分析的电爆网路盲炮预防研究 [J]. 工程爆破, 2013, 19 (4): 57-60.
Zhan Biwen, Zhang Guangquan, Tao Tiejun, et al. Research on the prevention of misfire in the blasting electric circuit based on FTA [J]. Engineering Blasting, 2013, 19 (4): 57-60.

[15] 颜景龙, 张乐. 电子雷管爆破振动波分析识别盲炮的方法 [J]. 工程爆破, 2011, 17 (1): 74-77.
Yan Jinglong, Zhang Le. Method of misfire identification by monitoring vibration of the blasting with digital electronic detonator [J]. Engineering Blasting, 2011, 17 (1): 74-77.

[16] Ewusi S. Misfires Identification in Tunnel Blasts [D]. Exeter: University of Exeter, 2013.

[17] 袁璞. 爆炸荷载作用下深部岩体分区破裂模型试验研究 [D]. 淮南: 安徽理工大学, 2016.
Yuan Pu. Experimental Study on Zonal Disintegration in Deep Rock Mass Under Blasting Load [D]. Huainan: Anhui University of Science and Technology, 2016.

[18] Arrowsmith S J, Arrowsmith M D, Hedlin M A H, et al. Discrimination of delay-fired mine blasts in wyoming using an automatic time-frequency discriminant [J]. Bulletin of the SeismologicalSociety of America, 2006, 96 (6): 2368-2382.

[19] 刘连生, 席振铢, 郑炳旭, 等. 土岩爆破盲炮快速检测与识别关键技术及装备 [J]. 中国科技成果, 2015, 11 (2): 39-41, 45.
Liu Liansheng, Xi Zhenzhu, Zheng Bingxu, et al. Key techniquesand equipment for rapid detection and identification misfire in soil-rock blasting [J]. China Science and Technology Achievements, 2015, 11 (2): 39-41, 45.

[20] 刘连生, 廖敏敏, 周子荣, 等. 频分多址法用于硐室盲炮检测与识别的试验 [J]. 工程爆破, 2015, 21 (6): 84-90.
Liu Liansheng, Liao Minmin, Zhou Zirong, et al. Study on detection and identification of misfire in chamber blasting by frequency divisionmultiple accessmethod [J]. Engineering Blasting, 2015, 21 (6): 84-90.

[21] 刘连生, 周子荣, 梁龙华, 等. 瞬态电磁耦合法检测与识别硐室盲炮的可行性探讨 [J]. 工程爆破, 2015, 21 (3): 60-68.
Liu Liansheng, Zhou Zirong, Liang Longhua, et al. Feasibility study on the transient electromangnetic coupling method in detection and identification of misfire in chamber blasting [J]. Engineering Blasting, 2015, 21 (3): 60-68.

[22] 刘连生, 梁龙华, 吴吉洋, 等. 瞬变电磁法用于检测与识别硐室盲炮的可行性探讨 [J]. 中国工程科学, 2014, 16 (11): 107-112.
Liu Liansheng, Liang Longhua, Wu Jiyang, et al. Feasibility study of the transient electromagnetic method for chamber blasting misfire detection and recognition [J]. Engineering Sciences, 2014, 16 (11): 107-112.

[23] 刘连生, 邱金铭, 焦永斌, 等. 高精度磁法用于硐室盲炮检测的可行性探讨 [J]. 工程爆破, 2013, 19 (5): 19-22.
Liu Liansheng, Qiu Jinming, Jiao Yongbin, et al. A feasibility study of the high precision magnetic method for chamber blasting misfire detection [J]. Engineering Sciences, 2013, 19 (5): 19-22.

[24] 刘连生, 刘江超, 董贵法, 等. 频分多址检测法在硐室爆破盲炮识别过程中电雷管安全性试验研究 [J]. 黄金科学技术, 2016, 24 (5): 73-79.
Liu Liansheng, Liu Jiangchao, Dong Guifa, et al. Experimental study on safety of electric detonator during process of identifying the misfire in chamber blasting by frequency division multiple access method [J]. Gold Science and Technology, 2016, 24 (5): 73-79.

[25] 姜志海, 岳建华, 刘树才. 多匝重叠小回线装置的矿井瞬变电磁观测系统 [J]. 煤炭学报, 2007, 158 (11): 1152-1156.
Jiang Zhihai, Yue Jianhua, Liu Shucai. Mine transient electrom agnetic observation system of small multi-turn coincident

configuration [J]. Journal of China Coal Society, 2007, 158 (11): 1152-1156.

[26] 郑鹏, 刘政豪, 魏玉科, 等. HT_ cSQUID 低频通信接收机和穿墙通信接收实验 [J]. 物理学报, 2014, 63 (19): 408-416.

Zheng Peng, Liu Zhenghao, Wei Yuke, et al. HT_ cSQUID low frequency receiver and through - wall receiving experiments [J]. Acta Physical Sinica, 2014, 63 (19): 408-416.

[27] Kong J A. Electromagnetic Wave Theory [M]. New York: Wiley Interscience, 1990.

[28] Smith D R, Schurig D. Electromagnetic wave propagation in media with indefinite permittivity and permeability tensors [J]. Physical Review Letters, 2003, 90 (7): 1-4.

[29] Papas C H. Theory of Electromagnetic Wave Propagation [M]. New York: Dover Publications, 2011.

[30] 薛军平, 龙霞, 席振铢, 等. 实测 1~100 kHz 大地电磁场分析 [J]. 地球物理学进展, 2014, 29 (6): 2566-2571.

Xue Junping, Long Xia, Xi Zhenzhu, et al. Measured magnetotelluric field in 1~100 kHz frequency band [J]. Progress in Geophysics, 2014, 29 (6): 2566-2571.

[31] Rappaport T S. Wireless Communications: Principles and Practice [M]. New Jersey: PrenticeHall, 2001: 541-602.

[32] 高明, 吉祥, 刘宇, 等. ZigBee 技术在室内定位中的应用 [J]. 西安: 西安工业大学学报, 2010, 30 (1): 9-12.

Gao Ming, Ji Xiang, Liu Yu, et al. Application of ZigBee technology in indoor localization [J]. Xi'an: Journal of Xi'an Technological University, 2010, 30 (1): 9-12.

Hoek-Brown 准则在初始地应力场评估中的应用研究

欧　哲[1]　李战军[2]　杨家富[2]　王　铁[2]　邹　明[1]

（1. 宏大国源（芜湖）资源环境治理有限公司，安徽 芜湖，241200；
2. 广东宏大爆破股份有限公司，广东 广州，510623）

摘　要：以基于岩体波速的 Hoek-Brown 准则为理论基础，根据岩体的稳定性条件建立了初始地应力场中水平地应力 σ_H 取值范围的计算模型，并通过已有的地应力测量数据验证了计算模型的合理性。在该计算模型的基础上，对平均水平地应力 σ_{Hmean}、水平地应力和垂直地应力的比值 σ_H/σ_V、侧压系数 λ 沿深度 h 的分布特征进行了研究，从岩体稳定性的角度较合理地解释了 σ_H/σ_V 在地层中的分布现象。在给定 σ_{Hmean} 和 λ 沿 h 分布的边界条件的基础上，建立了 σ_{Hmean} 和 h 之间、λ 和 h 之间的非线性函数关系式，并将后者应用于工程实例中的初始地应力场计算。结果表明：在此初始地应力场条件下模拟出的岩体开挖后的应力和位移分布与现场地质调查情况基本相符，在地应力资料缺乏的情况下为初始地应力场评估提供了新的思路和方法。

关键词：岩体波速；Hoek-Brown 准则；初始地应力场；水平地应力；侧压系数；非线性函数关系

Application Research on Hoek-Brown Criterion in Initial Ground Stress Field Evaluation

Ou Zhe[1]　Li Zhanjun[2]　Yang Jiafu[2]　Wang Tie[2]　Zou Ming[1]

（1. Hongda Guoyuan（Wuhu）Resources and Environment Management Co., Ltd., Anhui Wuhu, 241200;
2. Guangdong Hongda Blasting Co., Ltd., Guangdong Guangzhou, 510623）

Abstract: Based on the theory of Hoek-Brown criterion of rock mass wave velocity, a calculation model of the values range of horizontal geostress（σ_H）in initial ground stress field was built according to the stability condition of rock mass, and the rationality of the calculation model was proved by the existing in-situ stress measurements data. Based on the calculation model, studies about distribution characteristics of average horizontal geostress（σ_{Hmean}）, ratio of horizontal geostress and vertical geostress（σ_H/σ_V）, coefficient of horizontal pressure（λ）all distribute along depth（h）were carried out. A reasonable explanation of the distributing phenomenon of σ_H/σ_V in stratum was given from the perspective of rock mass stability. Based on the given boundary conditions of σ_{Hmean} and λ along h, the nonlinear function relations between both σ_{Hmean} and h, λ and h were built, and the latter was applied to calculate the initial ground stress field in the engineering example. The results show that, the stress and displacement distribution in the slope after excavation simulated by the initial ground stress field is consistent with geological investigation situation. New ideas and methods about evaluating initial ground stress field are given in the case of lack of in-situ stress data.

Keywords: rock mass wave velocity; Hoek-Brown criterion; initial ground stress field; horizontal geostress; coefficient of horizontal pressure; nonlinear function relation

1　引言

地应力是引起矿山、水利水电、土木建筑和各种地下或露天岩土开挖工程变形和破坏的根本作用

原载于《地下空间与工程学报》，2017，13（2）：387-401。

力。构造应力场和重力应力场是现今地应力场的主要组成部分[1]。岩体初始地应力场则是指在没有进行任何地面或地下工程之前，天然岩体中各个位置及各个方向存在的应力空间分布状态，它在地质年代上是随着时间和空间而不断变化的非稳定场，但相对于工程建设而言，完全可以把它看成是一个相对稳定的应力场[2]。

工程中实测地应力是提供岩体初始地应力最直接、最有效的方法，但由于地应力场成因复杂，影响因素很多，测点相对分散，使得地应力测量结果具有一定的离散性。因此，需要在现场实测地应力资料的基础上，通过有效的计算分析方法，反演得到适用范围较大的地应力场。目前，国内外多采用以某些位置的现场实测地应力资料来反演区域岩体初始地应力场的应力回归方法[3-10]。然而，地应力测量也有其自身明显的局限性，例如，应力解除法中所用的各种传感器都有以下共同的缺点：（1）需要额外钻孔，测量时间较长；（2）受现场试验条件限制，对岩石的完整性要求较高；（3）测量深度较浅，很难获得深部岩体地应力；（4）费用较高，测量次数很有限。因此，地应力测量经常出现测量数据稀少，甚至无法测得有效数据的情况。

当地应力测量遇到阻碍，无法通过反演的方法获得初始地应力场时，其他的初始地应力计算分析方法便体现出了重要价值。例如：将岩体自重应力场作为岩体初始地应力场的自重应力场法；认为岩体在较大应力的持续作用下，由于长期的流变作用而处于类似静水压力状态的海姆法；认为地应力水平分量与垂直分量的比值成某一系数的侧压系数法。其中，侧压系数法考虑了垂直地应力和水平地应力随深度的变化特征，能够较为全面而真实地评估初始地应力场，具有较高的研究价值和应用价值。

工程岩体开挖之前，在地形较为平缓的情况下，岩体初始地应力场中的垂直地应力可以通过岩体平均重度乘以岩体深度来计算，根据现场测试结果证实此方法是合理有效的[11]。然而，水平地应力由于受到地质构造和板块运动等因素的影响，很难计算出来[12,13]。一些学者[14-17]已经提出几个假说来预测水平地应力。Karl 等人[14]认为，在未受扰动的水平状沉积岩中，水平地应力应为垂直地应力的 1/3。但现场测量结果[15]表明，初始水平地应力比垂直地应力的 1/3 大很多。Talobre[16]根据 Heim[17]提出的一个早期的建议，认为经过若干地质年代的长时间变形过程，岩体所承受的应力差可能会很小，到达一定深度后，其水平地应力和垂直地应力应趋于相等（即趋向静水压力场），这个转变点的深度即为临界深度。但这只适用于深部岩体初始地应力场，对浅部岩体并不适用。在国内相关规范中也给出了估算水平地应力的方法，《工程岩体分级标准》（GB 50218—94）中总结国内外已有的水平地应力现场实测结果，认为侧压系数一般为 0.5～5.0，其中，我国的侧压系数为 0.8～3.0，通过垂直地应力和侧压系数计算出水平地应力的取值范围。此方法适用于大区域的初始地应力场评估，若用于地质条件较为复杂的小区域（如工程建设区域）岩体，则可能与实际情况产生较大出入。由此可见，计算出合理的水平地应力对初始地应力场评估具有重要意义，而现有的水平地应力计算方法仍存在许多有待改进的地方。单纯地依赖垂直地应力和工程经验给出的侧压系数来计算水平地应力，已很难满足初始地应力场的评估要求。

在无法获得地应力测量数据的情况下，考虑引入其他获取方便、测试范围大且与地应力有关的岩体参数，建立科学合理的计算模型，快速地计算出水平地应力的取值范围，可达到较为准确的评估工程建设区域内岩体初始地应力场的目的。岩体波速测量与地应力测量相比有许多明显的优势：（1）可直接利用已有的地质钻孔进行现场测量，无需额外钻孔；（2）对岩体的完整性要求较低，在破碎的岩体中仍能获得有效的测量数据；（3）测量范围大，可获得深部岩体的测量数据；（4）测量方便、快速，可在同一测量点反复测量，直至获得足够的测量数据。地质钻孔造成岩体内初始地应力释放，当初始地应力较高时会导致岩体内节理裂隙的张开甚至扩展，岩体的强度指标和完整性降低；当初始地应力较低时则岩体仍能基本保持原有的强度和完整性。岩体波速恰好能够反映岩体完整性，表征岩体结构面性状和岩块性质，有较好的应用效果[18]，在一定程度上能够反映初始地应力的大小和分布。综合以上岩体波速的优势和特点，考虑引入岩体波速来计算水平地应力的取值范围，以达到在缺乏地应力测量数据的情况下，较为准确地评估初始地应力场的目的。

本文以基于岩体波速的 Hoek-Brown 准则[19]为理论基础，根据岩体的稳定性条件建立了初始地应力场中水平地应力 σ_H 取值范围的计算模型，并通过已有的 σ_H 实测资料验证了计算模型的合理性。在计算模型的基础上，对平均水平地应力 σ_{Hmean} 沿深度 h 的非线性分布特征进行了研究，给出了

σ_{Hmean} 与 h 之间的非线性函数关系式（a、b、c 为待定系数）$\sigma_{Hmean}=a\ln h+bh+c$（$a>0$，$b>0$），将非线性拟合结果与线性拟合结果进行了比较。在计算模型的基础上，给出了水平地应力与垂直地应力之比 σ_H/σ_V 的取值范围，从岩体稳定性的角度解释了地壳表面附近的 σ_H/σ_V 分布在一个较广的范围内，但在深部区域分布在 $\sigma_H/\sigma_V=1$ 周围的一个狭小范围内这一现象。根据 σ_H/σ_V 取值范围的计算结果，给出了侧压系数 λ 和 h 之间的非线性函数关系式（a、b 为待定系数）$\lambda=ah^b+1$（$a>0$，$b<0$），将非线性拟合结果与线性拟合结果进行了比较。引入工程实例，通过数值模拟的方法计算分析了边坡开挖前的初始地应力场和开挖后的应力场及位移场，对开挖后的边坡进行了稳定性评价。计算结果表明：以 $\lambda=65.554h^{-0.624}+1$ 作为初始地应力场计算条件时，模拟出的边坡开挖后应力和位移的分布情况与现场地质调查情况基本相符；而当 $\lambda=1$ 时，所计算的结果却与现场地质调查情况有较大出入。

2 基于岩体波速的 Hoek-Brown 准则

2.1 广义 Hoek-Brown 准则

Hoek 和 Brown 于 1980 年提出了节理岩体强度经验公式——Hoek-Brown 准则[20]，并得到了极为广泛的应用，已成为确定节理岩体强度参数的一个通用方法。广义 Hoek-Brown 准则是 E. Hoek 等人[21] 针对最初的强度准则在实际应用过程中出现的问题进行的修正，其准则如下：

$$\sigma_1=\sigma_3+\sigma_c\left(m_b\frac{\sigma_3}{\sigma_c}+s\right)^a \tag{1}$$

式中，σ_1，σ_3 分别为岩体破坏时的最大和最小主应力；σ_c 为岩石的单轴抗压强度；m_b，s 均为与岩体特性有关的材料参数；a 为表征节理岩体的常数。估算 m_b、s 和 a 3 个参数的计算公式[21] 分别如下：

$$\left.\begin{aligned}m_b&=m_i\exp\left(\frac{GSI-100}{28-14D}\right)\\ s&=\exp\left(\frac{GSI-100}{9-3D}\right)\\ a&=\frac{1}{2}+\frac{1}{6}\left(e^{\frac{-GSI}{15}}-e^{-\frac{20}{3}}\right)\end{aligned}\right\} \tag{2}$$

式中，m_i 为完整岩石经验常数，与岩石类型有关，主要反映岩石的软硬程度，可通过查表取值[22]，岩石越硬取值越大；地质强度指标 GSI 的确定主要受岩体的岩性、结构和不连续面等条件的控制，是通过对路堑、洞脸及钻孔岩芯等表面开挖或暴露的岩体进行肉眼观察来描述和评价，再通过查表取值[23]；D 为岩体扰动参数，它的取值从未扰动岩体的 $D=0$ 至强扰动岩体的 $D=1$[21]。

2.2 基于岩体波速的 Hoek-Brown 准则

在用 Hoek-Brown 准则解决相关岩体工程问题的过程中，准确地给出待定参数 m_b、s 和 a 的取值是其中的一项重要环节。由式（2）可知，只要给出 GSI 值和 D 值，以上 3 个待定参数即可确定。夏开宗等人[19] 在分析了已有的 GSI 值和 D 值量化方法的利弊之后，在 Barton、E. Hoek 等人的研究成果基础上，建立了岩体波速与 GSI 值和 D 值之间的关系式，具体如下：

$$GSI=15V_{ud}-7.5 \tag{3}$$

$$D=2\left[1-\frac{10^{(V_{ud}-3.5)/3}}{10^{(V_d-3.5)/3}}\right] \tag{4}$$

式中，V_{ud} 为未扰动的岩体波速；V_d 为扰动的岩体波速，岩体波速单位均为 km/s，式（4）也可写成如下形式：

$$D=2(1-R_s) \tag{5}$$

式中，$R_s=10^{(V_u-V_{ud})/3}$，表示岩体受扰动后波速的下降程度。$R_s=1$ 对应 $D=0$ 的情形，表示岩体未受任何扰动或扰动极小；$R_s=0.5$ 对应 $D=1$ 的情形，表示岩体遭受强烈扰动。

将式（3）~式（5）代入式（2）中即得到基于岩体波速的 Hoek-Brown 准则：

$$\left.\begin{aligned} m_b &= m_i \exp\left(\frac{15V_{ud} - 107.5}{28R_s}\right) \\ s &= \exp\left(\frac{15V_{ud} - 107.5}{3 + 6R_s}\right) \\ a &= \frac{1}{2} + \frac{1}{6}\left(e^{\frac{7.5-15V_{ud}}{15}} - e^{-\frac{20}{3}}\right) \end{aligned}\right\} \tag{6}$$

3 水平地应力的取值范围研究

3.1 建立计算模型

Hoek-Brown 准则适用于完整岩体或破碎的节理岩体，将岩体破坏划分为拉伸破坏和剪切破坏两种机制，当岩体中某点产生上述两种破坏时，基于 Hoek-Brown 准则的破坏判据如下。

3.1.1 拉伸破坏判据

当 σ_3 满足式（7）时，该点产生拉伸破坏，张拉裂缝沿着平行于 σ_1 的方向扩展。

$$\sigma_3 > \frac{s\sigma_c}{m_b} \tag{7}$$

3.1.2 剪切破坏判据

当 σ_1 和 σ_3 满足式（8）时，该点产生剪切破坏。

$$\sigma_1 > \sigma_3 + \sigma_c\left(m_b \frac{\sigma_3}{\sigma_c} + s\right)^a \tag{8}$$

式（8）的含义在于：当某点的实际最大主应力 σ_1 超过 σ_3 作用下破坏所需的最大主应力时，该点即产生剪切破坏。

在未开挖之前，岩体内的初始地应力场基本处于极限平衡状态或稳定状态。由于岩体内部存在节理、裂隙等天然缺陷，在地应力作用下这些缺陷附近常产生应力集中现象，此时 σ_1 和 σ_3 的数值均有较大增长，根据 Hoek-Brown 准则的破坏判据可知，此时容易产生剪切破坏。因此，岩体在天然状态若要保持稳定，其内部应力场应满足以下条件：

$$\sigma_1 \leqslant \sigma_3 + \sigma_c\left(m_b \frac{\sigma_3}{\sigma_c} + s\right)^a \tag{9}$$

式（9）中 σ_c 可由室内单轴试验给出，在未扰动的情况下，同种岩性的 σ_c 差别很小。其他待定参数 m_b、s 和 a 均可由式（6）计算给出，其中 V_{ud} 在未扰动岩体中的变化率通常低于 10%[18]，按测量次数求取平均值即可。由之前给出的 R_s 计算公式和定义可知，在未扰动岩体中 $R_s=1$。通过查阅文献［24］~［27］的未扰动岩体声波测量数据可以发现，V_{ud} 一般为 4~5 km/s，代入 a 的计算公式可得 a 的取值为 0.505~0.502，此时可按照狭义 Hoek-Brown 准则的表达式取 $a=0.5$。将 $R_s=1$ 和 $a=0.5$ 代入式（6）和式（9）可得：

$$\left.\begin{aligned} m_b &= m_i \exp\left(\frac{15V_{ud} - 107.5}{28}\right) \\ s &= \exp\left(\frac{15V_{ud} - 107.5}{9}\right) \\ a &= \frac{1}{2} \end{aligned}\right\} \tag{10}$$

$$\sigma_1 \leqslant \sigma_3 + \sqrt{m_b\sigma_c\sigma_3 + s\sigma_c^2} \tag{11}$$

在地壳岩体中，假设垂直地应力 σ_V 与水平地应力 σ_H 都是主应力[11]。在此考虑两种不同的情况：

$\sigma_H<\sigma_V$ 和 $\sigma_H>\sigma_V$。

当 $\sigma_H<\sigma_V$ 时，水平地应力为最小主应力，即 $\sigma_H=\sigma_3$，而 $\sigma_V=\sigma_1$，由式（11）可以得到此时未扰动岩体的稳定条件为：

$$\sigma_V \leqslant \sigma_H + \sqrt{m_b\sigma_c\sigma_H + s\sigma_c^2} \tag{12}$$

求解关于 σ_H 的不等式（12）可得：

$$\left(\sigma_V + \frac{1}{2}m_b\sigma_c\right) - \sqrt{m_b\sigma_c\sigma_V + \frac{1}{4}m_b^2\sigma_c^2 + s\sigma_c^2} \leqslant \sigma_H \leqslant \left(\sigma_V + \frac{1}{2}m_b\sigma_c\right) + \sqrt{m_b\sigma_c\sigma_V + \frac{1}{4}m_b^2\sigma_c^2 + s\sigma_c^2} \tag{13}$$

当 $\sigma_H>\sigma_V$ 时，水平地应力为最大主应力，即 $\sigma_H=\sigma_1$，而 $\sigma_V=\sigma_3$，由式（11）可以得到此时未扰动岩体的稳定条件为：

$$\sigma_H \leqslant \sigma_V + \sqrt{m_b\sigma_c\sigma_V + s\sigma_c^2} \tag{14}$$

观察式（13）和式（14）不难发现：

$$\left(\sigma_V + \frac{1}{2}m_b\sigma_c\right) - \sqrt{m_b\sigma_c\sigma_V + \frac{1}{4}m_b^2\sigma_c^2 + s\sigma_c^2} \leqslant \sigma_V + \sqrt{m_b\sigma_c\sigma_V + s\sigma_c^2} \leqslant \left(\sigma_V + \frac{1}{2}m_b\sigma_c\right) + \sqrt{m_b\sigma_c\sigma_V + \frac{1}{4}m_b^2\sigma_c^2 + s\sigma_c^2} \tag{15}$$

若未扰动岩体在上述两种情况下均保持稳定状态，则 σ_H 需同时满足式（13）和式（14），即落在式（13）和式（14）的交集之内，由式（15）可知交集应为：

$$\left(\sigma_V + \frac{1}{2}m_b\sigma_c\right) - \sqrt{m_b\sigma_c\sigma_V + \frac{1}{4}m_b^2\sigma_c^2 + s\sigma_c^2} \leqslant \sigma_H \leqslant \sigma_V + \sqrt{m_b\sigma_c\sigma_V + s\sigma_c^2} \tag{16}$$

式（16）给出的即是岩体初始地应力场中水平地应力的取值范围。其中垂直地应力 σ_V 用上部覆盖岩体的平均重度乘以其深度来计算，可表示为：

$$\sigma_V = \gamma h \tag{17}$$

式中，γ 为覆盖岩体的平均重度；h 为深度。将式（17）代入式（16）可得：

$$\left(\gamma h + \frac{1}{2}m_b\sigma_c\right) - \sqrt{m_b\sigma_c\gamma h + \frac{1}{4}m_b^2\sigma_c^2 + s\sigma_c^2} \leqslant \sigma_H \leqslant \gamma h + \sqrt{m_b\sigma_c\gamma h + s\sigma_c^2} \tag{18}$$

式（18）即为在基于岩体波速的 Hoek-Brown 准则理论基础上给出的岩体初始地应力场中水平地应力取值范围的计算模型。

3.2 计算模型的验证

式（18）左右两侧的表达式分别为岩体内某一深度水平地应力的取值下限和取值上限，可令左右两侧表达式分别为 σ_{Hmin} 和 σ_{Hmax}，即

$$\sigma_{Hmin} \leqslant \sigma_H \leqslant \sigma_{Hmax} \tag{19}$$

式（19）左右两侧相减可得：

$$\Delta\sigma_H = \sqrt{m_b\sigma_c\gamma h + s\sigma_c^2} + \sqrt{m_b\sigma_c\gamma h + \frac{1}{4}m_b^2\sigma_c^2 + s\sigma_c^2} - \frac{1}{2}m_b\sigma_c \geqslant \sqrt{m_b\sigma_c\gamma h + s\sigma_c^2} \tag{20}$$

式中，$\Delta\sigma_H$ 即为水平地应力取值范围的大小，由式（20）可知，$\Delta\sigma_H$ 与计算参数 m_b、σ_c、s、γ 和 h 之间均成单调递增的函数关系，其中 m_b 和 s 的大小由 V_{ud} 和 m_i 决定，且由式（10）可知它们之间亦成单调递增的函数关系，因此，$\Delta\sigma_H$ 是关于 m_i、V_{ud}、σ_c、γ 和 h 的单调递增函数。

自然界的岩石按坚硬程度可分为硬质岩和软质岩两个大类，国内通常将 σ_c 大于 30MPa 的岩石划为硬质岩，反之则划为软质岩。通过查阅相关资料[28] 可知，随着岩石坚硬程度的增大，m_i、V_{ud}、σ_c 和 γ 的数值均有随之增大的趋势，从而导致 $\Delta\sigma_H$ 增大。在未扰动岩体中，由于岩石存在软硬差异，使得 m_i、V_{ud}、σ_c 和 γ 均有一定的取值范围，岩石从硬质岩向软质岩过渡时，m_i 的取值从 15~5，V_{ud} 从 5~4km/s，σ_c 从 100~20MPa，γ 从 0.03~0.02MN/m^3。将 m_i、V_{ud}、σ_c 和 γ 的取值区间同步等分成 5

段，即得到 m_i、V_{ud}、σ_c 和 γ 的 6 组数据（见表 1）。给定深度 h，将每组数据代入式（20）中可得出 6 组 σ_{Hmin}、σ_{Hmax} 和 $\Delta\sigma_H$，根据单调函数的连续性可知，6 组 σ_{Hmin}、σ_{Hmax} 和 $\Delta\sigma_H$ 之间包含了在未扰动岩体中以硬质岩为主、以软质岩为主和两者均衡这 3 种情况下，深度为 h 时水平地应力的取值范围。

表 1　计算模型参数分组取值

Table 1　Grouping values of calculation model parameters

组数	V_{ud}/km · s^{-1}	m_i	σ_c/MPa	γ/MN · m^{-3}
1	5.0	15	100	0.030
2	4.8	13	84	0.028
3	4.6	11	68	0.026
4	4.4	9	52	0.024
5	4.2	7	36	0.022
6	4.0	5	20	0.020

深度 h 的计算范围取 0~3000m，每隔 200m 按照表 1 给出的 6 组参数计算出每组对应的 σ_{Hmin} 和 σ_{Hmax}，计算结果如图 1 所示。分析计算结果可知，地表附近的水平地应力较小，取值范围为 0~20MPa，随着深度的增加，水平地应力的取值范围 $\Delta\sigma_H$ 不断扩大，岩体坚硬程度越大，$\Delta\sigma_H$ 扩大的速度越快，这说明在同一深度条件下，硬质岩内的水平地应力大小和分布较软质岩更为复杂，随机性更强。Ranalli 等人[29] 综合了前人资料，对 150 多个岩石地应力测量数据按地质构造环境，即地盾区、褶皱带以及沉积层等进行了分类，研究了水平地应力随深度的分布特点（见图 2（a））。为了方便比较，将图 1 中水平地应力 0~100MPa 的部分截出（见图 2（b））。在图 2（a）中找出两个水平地应力最小值，将二者相连，确定一条直线将其作为水平地应力的下限边界；再找出两个水平地应力最大值，同样连成一条直线作为水平地应力的上限边界。在图 2（b）中将位于两侧的第 6 组数据点 σ_{Hmin} 和 σ_{Hmax} 分别相连，所得的两条曲线即为水平地应力的下限边界和上限边界。当埋深为 500m 时，图 2（a）和图 2（b）中水平地应力的上限边界值均在 100MPa 左右；当埋深为 2750m 时，图 2（a）和图 2（b）中水平地应力的下限边界值均在 10MPa 左右；在地表附近，图 2（a）和图 2（b）中水平地应力大部分均在 0~20MPa。根据以上分析可知，通过本文给出的计算模型得到的水平地应力取值范围与实测的地应力分布范围具有很好的一致性，由此可以证明该计算模型是合理的。

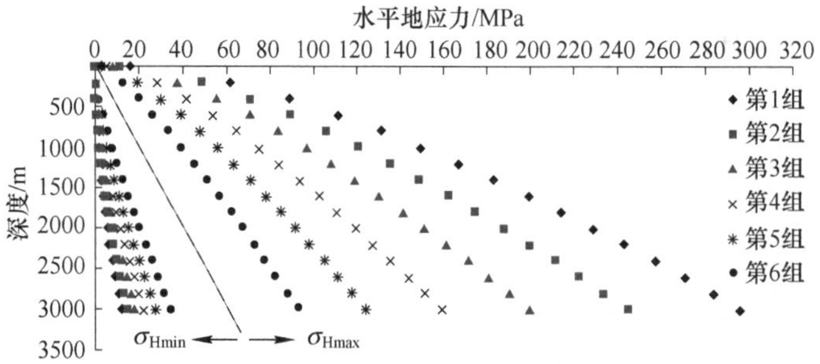

图 1　σ_{Hmin} 和 σ_{Hmax} 随深度的变化

Fig. 1　σ_{Hmin} and σ_{Hmax} changing with depth

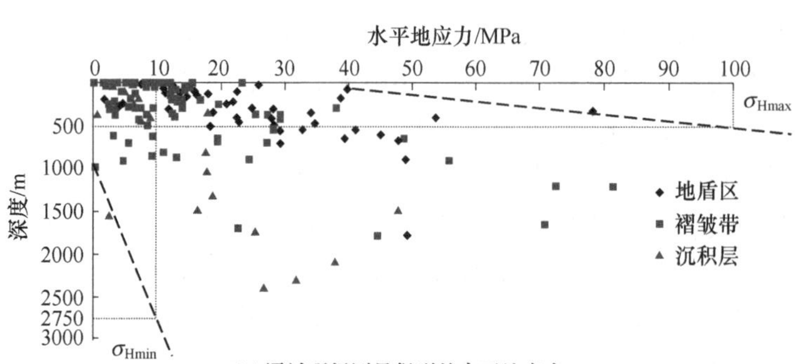

(a) 通过现场测量得到的水平地应力

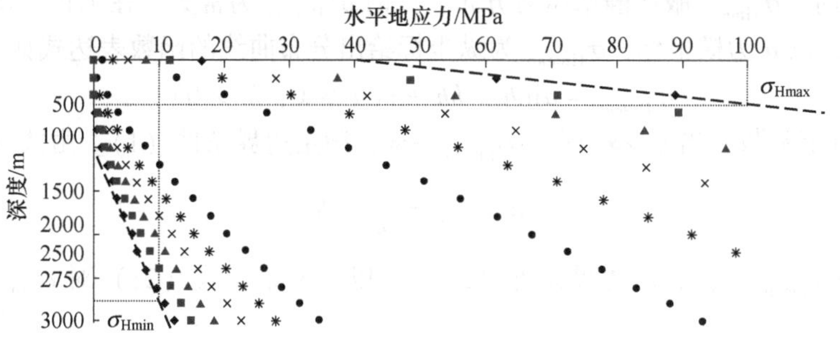

(b) 通过计算模型得到的水平地应力

图 2 水平地应力测量值和计算值对比

Fig. 2 Comparison of measured values and calculated values of horizontal in-situ stress

4 平均水平地应力沿深度的非线性分布特征研究

二维地应力场评估中通常采用平均水平地应力 σ_{Hmean} 作为评估量，σ_{Hmean} 等于 σ_{Hmin} 和 σ_{Hmax} 的算术平均值。将图 1 中 6 组同深度的 σ_{Hmin} 和 σ_{Hmax} 分组求取平均值，得到相应的 6 组 σ_{Hmean}，每组 σ_{Hmean} 用样条曲线连接，从曲线可以看出 σ_{Hmean} 与深度 h 之间存在某种非线性函数关系，如图 3 所示。

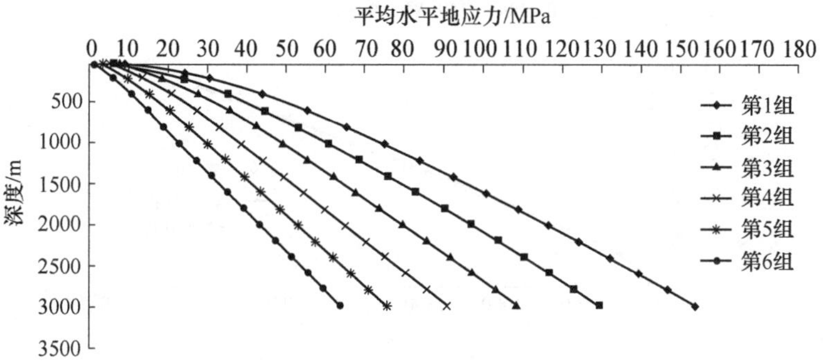

图 3 σ_{Hmean} 随深度的变化

Fig. 3 σ_{Hmean} changing with depth

图 3 中从第 1 组至第 6 组曲线反映了未扰动岩体由硬质岩向软质岩过渡时，岩体内平均水平地应力随深度的变化。在地表附近 σ_{Hmean} 分布在 0~10MPa 这个较小的范围内，随着深度的增加，σ_{Hmean} 不断增长，岩石的质地越坚硬，增长的速度越快。由于较快的增长速度，使得在相同深度条件下，硬质岩内的 σ_{Hmean} 大于软质岩，即硬质岩比软质岩具有更高的应力水平，储存了更多的弹性应变能。在实际工程中，岩体深部高地应力区开挖时，硬质岩常常由于大量应变能的急剧释放而发生岩爆等脆性破坏，而软质岩却很少发生类似情况，这说明由图 3 得出的结论与实际情况是一致的。

在地应力测量的过程中，一些学者[29-31] 很早就发现了地应力与岩体埋深之间存在着某种函数关系。目前，给出地应力与埋深之间函数关系的方法通常是根据现场的测量结果，通过回归分析的方法反演计算出函数表达式，回归方式多采用一元或多元线性回归分析[3-10]。深部岩体由于趋于静水压力场，其地应力与埋深呈近似线性的关系；而浅部岩体由于风化作用的影响，岩体的成分和结构会产生不同程度的变化，这种变化导致了地应力场的重分布，主要表现在构造应力的释放，这使得地应力（尤其是水平地应力）的分布呈现出非线性特征。从图 3 中 6 组曲线的走势可以看出，曲线的斜率均随着深度的增加而增大，并逐渐趋于某一定值，即 σ_{Hmean} 沿深度 h 的分布曲线有从非线性向线性转变的趋势，这与前面理论分析的结果是一致的。

假设 σ_{Hmean} 沿深度 h 的分布曲线是非线性的，且需满足如下边界条件：

(1) 当 $h\to\infty$ 时，地应力场为静水压力场，此时 $\sigma_{Hmean}=\sigma_V\to\infty$。

（2）当 $h \to \infty$ 时，σ_{Hmean} 服从静水压力分布，此时 σ'_{Hmean} 为常数。在工程应用中，通常将地应力用深度的函数表示，以 h 为横坐标，σ_{Hmean} 为纵坐标给出分布曲线的函数表达式如下：

$$\sigma_{Hmean} = a\ln h + bh + c(a > 0,\ b > 0) \tag{21}$$

式中，a、b、c 为待定常数，当 $h \to \infty$ 时，$\sigma_{Hmean} \to \infty$，满足边界条件（1）。由式（21）可得：

$$\sigma'_{Hmean} = \frac{a}{h} + b \tag{22}$$

当 $h \to \infty$ 时，$\sigma'_{Hmean} = b$，满足边界条件（2）。所以本文采用式（21）对 σ_{Hmean} 和 h 进行非线性拟合。

由于图 3 中的 6 组曲线来自同一计算模型，因此，6 组曲线应为同一函数形式，选取第 4 组曲线的数据作为拟合对象。拟合采用两种方法，一种是传统的线性拟合，另一种是根据式（21）进行非线性拟合，拟合结果绘于图 4 中。从图 4 可以看出，非线性拟合的精度要高于线性拟合。当深度 h 为 500~3000m 时，非线性曲线的平均斜率为 0.027，与线性曲线斜率 0.028 相差 3.57%；当深度 h 为 0~500m 时，非线性曲线的平均斜率为 0.043，与线性曲线斜率 0.028 相差 34.88%。由此可见，在深部岩层，线性函数和非线性函数的水平地应力计算结果差别不大；而在浅部岩层若采用线性函数来计算水平地应力则可能会产生较大的误差。

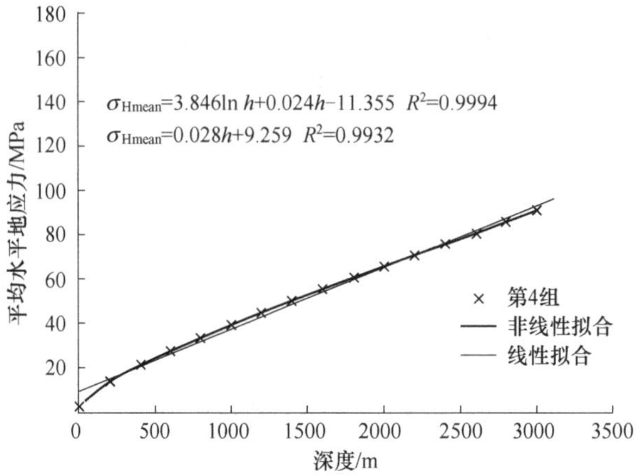

图 4　σ_{Hmean} 和 h 的线性和非线性拟合结果

Fig. 4　Results of linear and nonlinear fitting of σ_{Hmean} and h

5　侧压系数的理论计算与分布特征研究

5.1　σ_H/σ_V 的分布特征和取值范围研究

Brown 等人[30] 通过对世界各地的地应力现场测量结果进行统计分析，发现在地壳浅部表面附近 σ_H/σ_V（水平地应力/垂直地应力）的值分布在一个很广的范围内，但在深部区域内，却分布在直线 $\sigma_H/\sigma_V=1$ 周围的一个狭小的范围内这一现象。关于 σ_H/σ_V 随深度变化这一现象已有一些学者进行了探讨[32-39]，建立了多个模型，并利用这些模型分析、讨论了该现象，但对此现象给出合理解释的却很少。

式（16）的中间和两侧同时除以 σ_V 即可得到估算 σ_H/σ_V 取值范围的计算模型：

$$\left(1 + \frac{m_b\sigma_c}{2\sigma_V}\right) - \sqrt{\frac{m_b\sigma_c}{\sigma_V} + \frac{m_b^2\sigma_c^2}{4\sigma_V^2} + \frac{s\sigma_c^2}{\sigma_V^2}} \leqslant \frac{\sigma_H}{\sigma_V} \leqslant 1 + \sqrt{\frac{m_b\sigma_c}{\sigma_V} + \frac{s\sigma_c^2}{\sigma_V^2}} \tag{23}$$

计算 σ_H/σ_V 取值范围时令 $\sigma_V=\gamma h$。将表 1 中的 6 组数据代入式（23），深度 h 计算范围和取值间隔均不变，由此算出在不同深度时 σ_H/σ_V 的最小值 $(\sigma_H/\sigma_V)_{min}$ 和最大值 $(\sigma_H/\sigma_V)_{max}$，计算结果如图 5 所示。式（23）的右边减去左边即为 σ_H/σ_V 的取值范围 $\Delta(\sigma_H/\sigma_V)$，在图 5 中靠近地表区域的

σ_H/σ_V 分布在较大的取值范围 $\Delta(\sigma_H/\sigma_V)$ 内，随着深度的增加 σ_H/σ_V 和 $\Delta(\sigma_H/\sigma_V)$ 均不断减小，当深度 $h\to\infty$ 时，由式（23）可知此时 $\sigma_H/\sigma_V=1$，$\Delta(\sigma_H/\sigma_V)=0$，且岩石越软，$\sigma_H/\sigma_V$ 趋向 1 的速度越快。这与 Talobre[16] 和 Heim[17] 提出的预测水平地应力的静水压力场理论是一致的，当岩体到达一定深度后，其水平地应力和垂直地应力趋于相等，即趋向静水压力场，该理论在应用于一些软岩（如煤）时已经得到了证实。

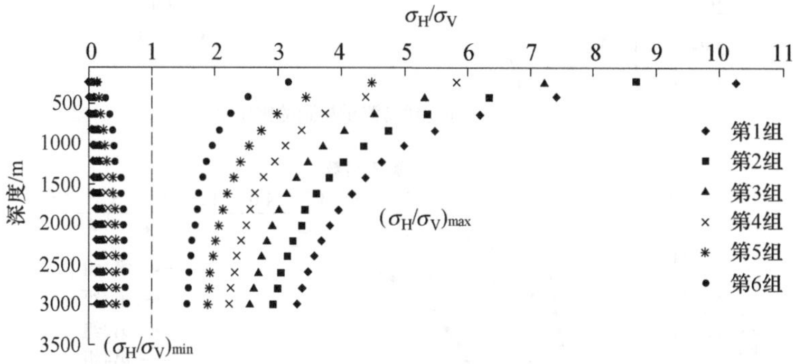

图 5 $(\sigma_H/\sigma_V)_{min}$ 和 $(\sigma_H/\sigma_V)_{max}$ 随深度的变化

Fig. 5 $(\sigma_H/\sigma_V)_{min}$ and $(\sigma_H/\sigma_V)_{max}$ changing with depth

式（23）是从式（16）推导出来的，而式（16）来自式（12）和式（14）的交集，当 σ_H 落在交集内时未扰动岩体方能保持稳定。因此，本文给出的计算模型在岩体强度准则的理论基础上，从岩体稳定性的角度解释了 σ_H/σ_V 的分布特征，即在地壳表面附近 σ_H/σ_V 分布在一个较广的范围内，但在深部区域，分布在 $\sigma_H/\sigma_V=1$ 周围的一个狭小范围内这一现象。

5.2 侧压系数的理论计算与分布特征研究

侧压系数 λ 是平均水平地应力与垂直地应力的比值，而平均水平地应力为最大水平地应力与最小水平地应力的算术平均值。即

$$\lambda=\frac{\sigma_{Hmean}}{\sigma_V}=\frac{\sigma_{Hmin}+\sigma_{Hmax}}{2\sigma_V}=\frac{1}{2}\left[\left(\frac{\sigma_H}{\sigma_V}\right)_{min}+\left(\frac{\sigma_H}{\sigma_V}\right)_{max}\right] \tag{24}$$

对于不同地区、不同深度，λ 值各有差异[30]。试验结果表明[40]，侧压系数除影响岩石的变形和强度特性外，也对岩石的破坏机制产生重要的影响。因此，侧压系数不仅是评估初始地应力场的重要参数，也是岩石力学特性研究中必须考虑的重要因素。

Brown 等人[30] 研究了世界各地 120 个现场应力测量的数据，根据数据所在地区分类编制了侧压系数 λ 随深度 h 的变化图，如图 6（a）所示。根据之前已计算出的 6 组 $(\sigma_H/\sigma_V)_{min}$ 和 $(\sigma_H/\sigma_V)_{max}$ 按式（26）算出 6 组侧压系数 λ，每组 λ 用样条曲线连接，如图 6（b）所示。类似于图 2（a），在图 6（a）中用曲线勾勒出了侧压系数 λ 沿深度的大致分布范围，左侧曲线为 λ 的下限边界，右侧曲线为 λ 的上限边界，对应到图 6（b）中，λ 的下限和上限边界则分别为第 6 组和第 1 组曲线。在图 6（a）和（b）中，λ 在地壳表面附近分布范围较广，随着深度 h 的增加，图 6（a）中 λ 的值在直线 $\lambda=1$ 附近的区域振动，图 6（b）中 λ 的值则逐渐趋近于 1，这两种情况都与 σ_H/σ_V 的分布特征非常相似。

当深度 h 等于 500m、1000m 和 3000m 时，图 6（a）中 λ 上限边界对应的侧压系数分别为 3.50、2.50 和 1.50，图 6（b）中 λ 上限边界对应的侧压系数分别为 3.35、2.50 和 1.65，同深度的 λ 相差小于 10%，且两图中上限曲线的形状和走势是一致的，这说明通过本文计算模型绘出的 λ 上限边界与现场测量的 λ 上限边界具有较好的一致性。

由于图 6（a）中部分 $\lambda<1$，而图 6（b）中所有 $\lambda>1$，这使得两图中的下限边界有所偏差。在未扰动的浅部岩体地应力场中，σ_H 通常比 σ_V 占优势，即 $\lambda>1$，即使在深部岩体两者也是近似相等。但是当岩体受到强烈扰动（如地震、爆破等）而导致地应力释放时，由于 σ_V 以岩体的自重应力为主，对扰动的敏感性较小，而 σ_H 以构造应力为主，对扰动极为敏感，在相同的扰动下，σ_H 的应力释放量通

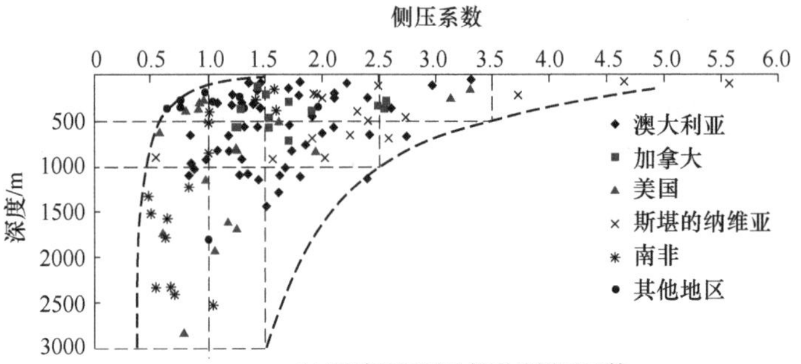

(a) 通过现场测量得到的侧压系数

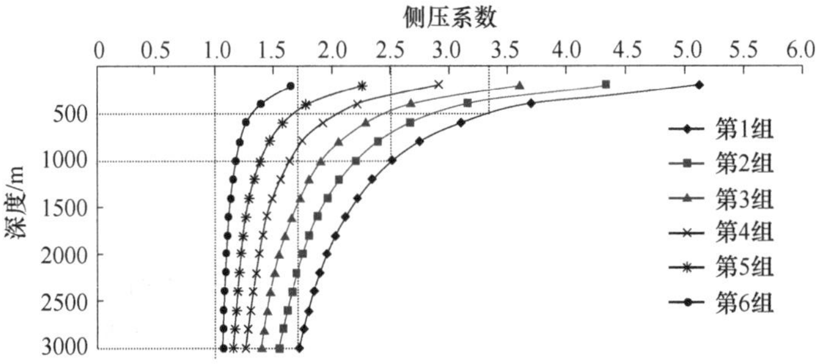

(b) 通过本文计算模型得到的侧压系数

图 6 侧压系数测量值和计算值对比

Fig. 6 Comparison of measured values and calculated values of horizontal pressure coefficient

常大于 σ_V。因此，当岩体受到强烈扰动后，原本占优势的 σ_H 可能会转为劣势，此时 $\sigma_{Hmean}<\sigma_V$，即 $\lambda<1$。图 6（a）中部分测点 $\lambda<1$，很可能因为测点所在的周边岩体受到过强烈扰动，释放了大量的构造应力；而本文给出的计算模型主要用于评估初始地应力场，因此，表 1 的参数是根据未扰动岩体（包括硬质岩和软质岩）的特性给出的，代入这些参数计算出的 λ 应属于未扰动岩体中的 λ，因此，这些 λ 会随着深度的增加无限逼近于 1，但却不会小于 1，这就是造成 λ 的理论计算值和现场测量值的下限边界产生偏差的根本原因。

通过以上分析可知，在未扰动岩体中，由本文计算模型给出的侧压系数理论值的大小及分布特征与现场测量值的情况较为一致，进一步验证了该计算模型的合理性。

6 利用侧压系数评估初始地应力场

6.1 侧压系数与深度之间的函数关系研究

侧压系数与深度之间的函数关系在初始地应力场的评估中起着重要的作用，为应力历史分析、应力区划分和应力场计算等工作提供了依据。例如，通过数值分析软件计算岩体的初始地应力场时，在自重应力场中，若要考虑水平地应力的影响，需输入侧压系数与深度之间的关系式作为计算条件。

由于目前地应力与深度 h 之间多采用线性拟合的方法确定函数关系，而侧压系数 λ 是 σ_{Hmean} 与 σ_V 的比值，因此，目前 λ 与 h 之间的关系多采用线性函数表示。本文对 σ_{Hmean} 沿 h 的非线性分布特征进行了研究，认为 σ_{Hmean} 和 h 之间的关系采用非线性函数表示，能更准确地反映 σ_{Hmean} 在应力场中的分布情况。由式（24）可知，若 σ_{Hmean} 和 h 之间是非线性关系，λ 和 h 之间也应是非线性关系，而且图 6（b）中 λ 沿 h 变化的曲线具有明显的非线性特征。

本文假设 λ 与 h 之间的函数关系是非线性的，且需满足边界条件：（1）当 $h\to\infty$ 时，地应力场为静水压力场，即 $\lambda=1$；（2）当 $h\to 0$ 时，即地表附近，此时 $\sigma_V\to 0$，即 $\lambda\to\infty$。在工程应用中，通常将 λ 用 h 的函数表示，以 h 为横坐标，λ 为纵坐标，给出 λ 和 h 之间的函数表达式如下：

$$\lambda = ah^b + 1(a > 0,\ b < 0) \tag{25}$$

式中，a 和 b 为待定常数，当 $h\to\infty$ 时，$\lambda=1$，满足边界条件（1），当 $h\to 0$ 时，$\lambda\to\infty$，满足边界条件

(2)。所以本文采用式 (25) 对 λ 和 h 进行非线性拟合。在图 6 (b) 中选取第 4 组曲线的数据作为拟合对象，分别采用线性拟合和非线性拟合，拟合结果绘于图 7 中。从拟合结果可以看出，非线性拟合的精度比线性拟合高了 31.02%，因此，式 (25) 能更准确地反映 λ 在地应力场中的分布特征。

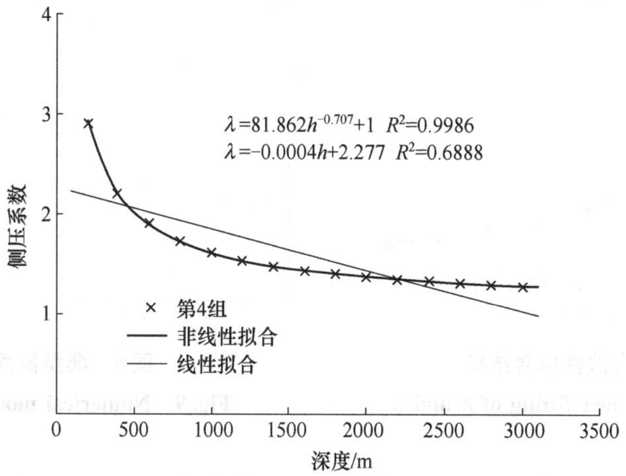

图 7 λ 和 h 的线性和非线性拟合结果

Fig. 7 Results of linear and nonlinear fitting of λ and h

6.2 工程实例分析

广东云浮硫铁矿是我国最大的硫铁矿矿山，硫铁矿可采储量 1.38 亿吨，设计开采年限达 45 年，从建成投产至今已开采了 28 年。

矿山露天采场南北长 1830m，东西宽 820m，平面呈椭圆分布，采场内的硬质岩主要有石英岩、黄铁矿和长石角岩，软质岩主要有粉砂岩、千枚岩和绢云母片岩。采场设计边坡角平均为 42°，最高达 50°，设计边坡最大高度为 500m，若考虑自然山坡，则边坡最大高度达 800m，是典型的高陡岩质边坡，存在着许多边坡稳定性问题。自 1988 年建矿以来，相继发生了多起规模不等的滑坡、崩塌、泥石流等地质灾害，这些灾害的发生对交通运输、生产剥离产生了严重的影响。采场西帮南区的坡高是整个采场最高的，目前该区边坡基本已开挖至设计坡高的 2/3，为了保证当前开挖工作的顺利进行，需对开挖中的现状边坡进行应力应变分析和稳定性评价。

边坡的稳定性计算采用数值模拟的方法，且考虑开挖过程的影响。开采初期，已有工作人员对采场的地应力进行了测量，但由于地质条件复杂未能成功。初始地应力场资料的缺乏，给数值模拟造成了一定困难。当初始地应力场不明确的情况下，一般假设侧压系数 $\lambda=1$，以此为计算条件输入数值分析软件计算初始地应力场。若计算内容为模拟深部岩体开挖，假设 $\lambda=1$ 通常可以满足计算精度。而边坡开挖属于浅部岩体工程，根据本文前面的分析可知，λ 在地层浅部通常分布在较大的范围内，此时若依然假设 $\lambda=1$，可能导致计算结果产生较大的误差。本文在初始地应力场计算中，对 λ 的取值考虑两种情况：(1) 假设 $\lambda=1$；(2) 通过本文的计算模型算出开挖前岩体内不同深度时的 λ，按照式 (25) 对 λ 和深度 h 进行非线性拟合 (见图 8)，给出关于 h 的 λ 函数作为初始地应力场的计算条件。

通过在采场西帮南区的地质钻孔中进行声波测试，绘出岩体波速沿孔深的变化曲线，将曲线底部变化趋于稳定的波速作为未扰动岩体波速[41-43]，并结合钻孔柱状图和钻孔岩芯的室内试验结果，给出了计算模型参数的取值如下：$V_{ud}=4.5\text{km/s}$，$m_i=12$，$\sigma_c=62.2\text{MPa}$，$\gamma=0.0275\text{MN/m}^3$，$h$ 的计算范围按边坡的设计高度给出，为 0~500m，按 50m 等分取值。根据式 (23) 和式 (24) 算出 λ，再按照式 (25) 进行非线性拟合，拟合结果如下：

在采场西帮南区选取典型剖面建立数值模型，该剖面坡顶高程为 565m，现已开挖至 262m，边坡台阶高度为 10m 左右，建模时将坡度相同的相邻台阶连成一个大台阶，每个大台阶高度 30m 左右。在数值模型中画出开挖前水平线、当前开挖水平线和设计开挖线，模拟边坡开挖时，从开挖前水平线开始，沿着设计开挖线逐步开挖，直到当前开挖水平线为止 (见图 9)。

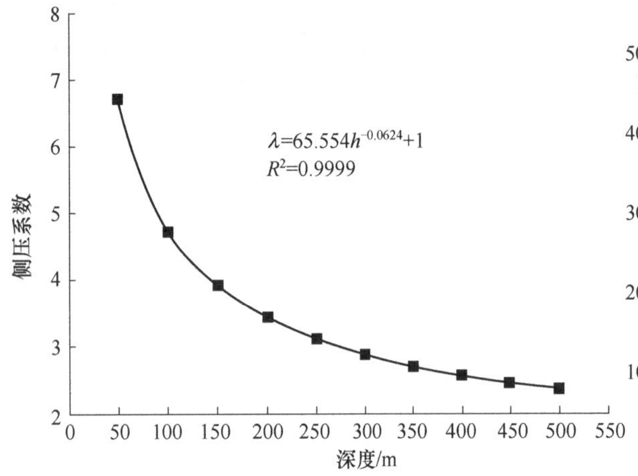

图 8　λ 和 h 的非线性拟合结果

Fig. 8　Results of nonlinear fitting of λ and h

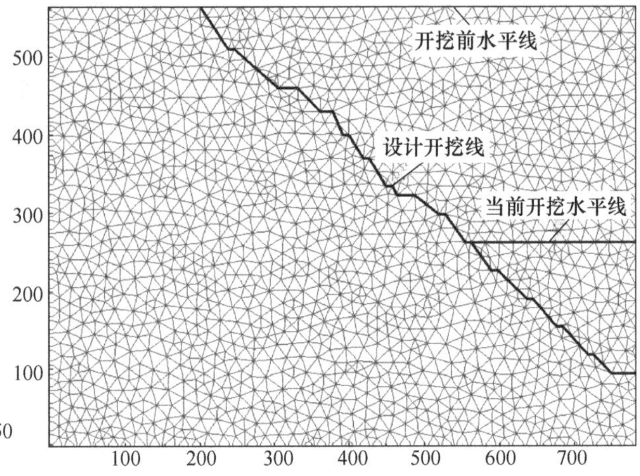

图 9　典型剖面的数值模型

Fig. 9　Numerical model of typical section

分别将 $\lambda=1$ 和 $\lambda=65.554h^{-0.624}+1$ 输入典型剖面的数值模型中参与初始地应力场的计算。数值模型内的岩体物理力学参数，在室内岩石试验成果的基础上，通过 Hoek-Brown 准则给出（见表 2）。

表 2　岩体物理力学参数

Table 2　Physical and mechanical parameters of rock mass

重度/kN·m^{-3}	弹性模量/GPa	抗拉强度/MPa	抗压强度/MPa	黏聚力/MPa	摩擦角/(°)	泊松比
27.5	35.47	1	20.75	1.54	50.64	0.32

在 λ 的两种取值条件下，算出开挖前的初始地应力场中 σ_H 和 σ_V 的分布情况（见图 10 和图 11）。从图 10 和图 11 可以看出，σ_V 的大小和分布情况不受 λ 取值的影响，而 σ_H 的大小和分布情况差别较大。当 $\lambda=1$ 时，σ_H 在地应力场中沿着 h 均匀分布，即 σ_H 和 h 之间始终是线性关系，且 σ_H 增长速度较慢；当 $\lambda=65.554h^{-0.624}+1$ 时，σ_H 的分布情况是由浅至深、从非均匀分布逐渐向均匀分布过渡，即 σ_H 和 h 之间关系是从非线性向线性转变，且 σ_H 增长速度较快。这说明，数值模拟的结果与之前 σ_H 的非线性分布特征研究的结论是一致的。

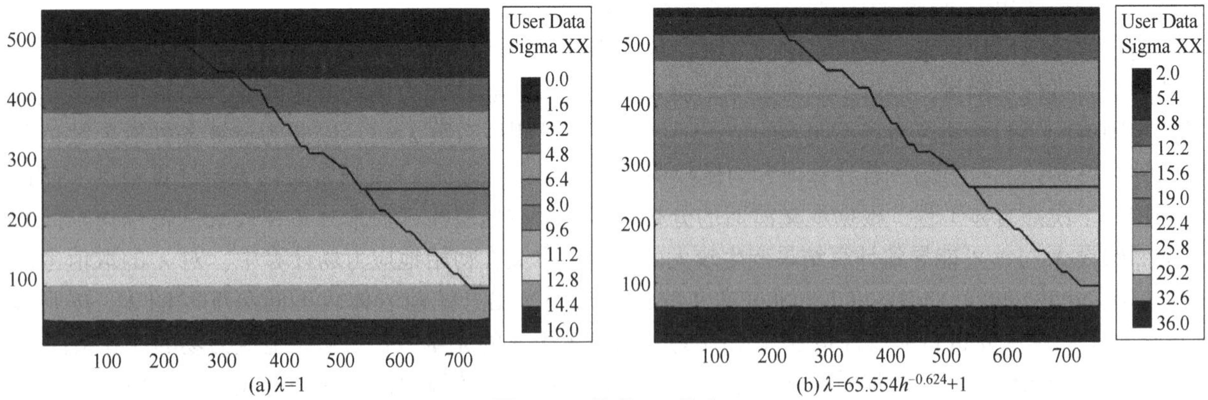

(a) λ=1　　(b) λ=65.554$h^{-0.624}$+1

图 10　开挖前 σ_H 分布

Fig. 10　Distribution of σ_H before excavation

模拟开挖至当前开挖水平线，在 λ 的两种取值条件下，边坡开挖后最小主应力 σ_3 和 x 方向位移 d_x 的分布情况如图 12 和图 13 所示。从图 12 和图 13 中可知：当 $\lambda=1$ 时，开挖后边坡内的拉应力分布很少，仅集中在高程 306~322m 和 275~298m 处，d_x 的最大值为 2.4cm，由此而产生的岩体变形可以忽略；当 $\lambda=65.554h^{-0.624}+1$ 时，除上述高程存在拉应力外，从高程 370m 至顶部 565m，沿坡面均有拉应力分布，分布范围从坡面向坡内延伸 10~40m，d_x>10cm 的范围主要在高程 277~430m 的坡面附近，d_x 的最大值为 12.5cm，这些区域内的岩体若含有较大的贯通结构面，则可能产生较明显的变形，甚至发生破坏。

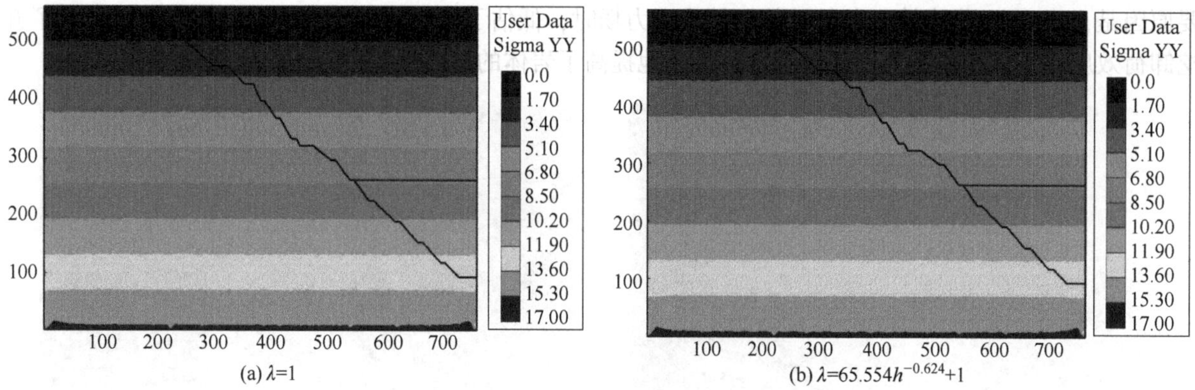

(a) λ=1　　(b) $\lambda=65.554h^{-0.624}+1$

图 11　开挖前 σ_V 分布

Fig. 11　Distribution of σ_V before excavation

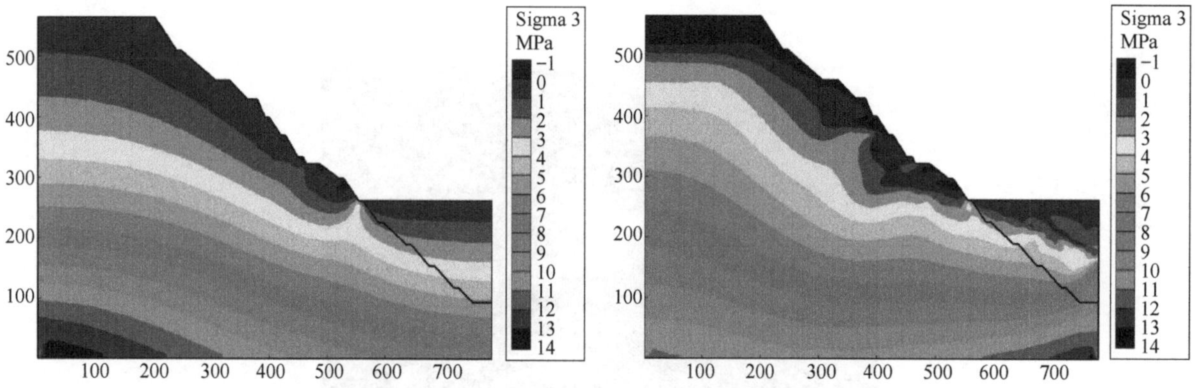

(a) λ=1　　(b) $\lambda=65.554h^{-0.624}+1$

图 12　开挖后 σ_3 分布

Fig. 12　Distribution of σ_3 after excavation

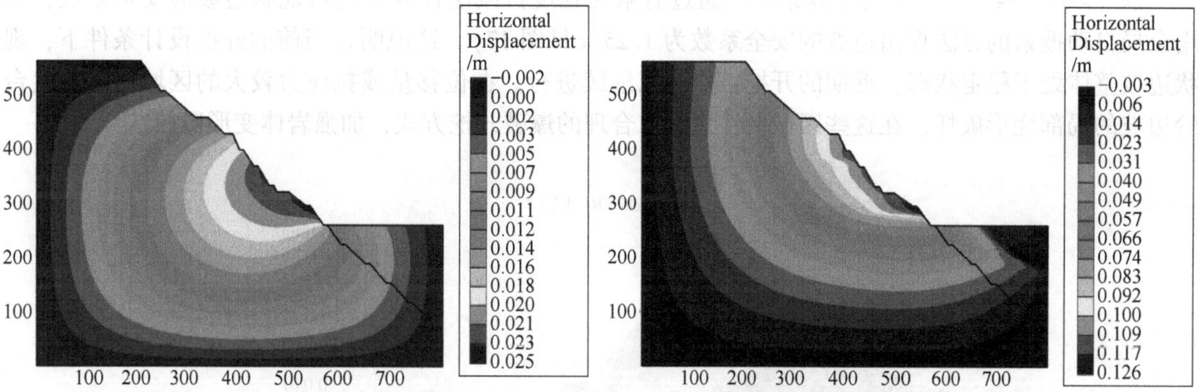

(a) λ=1　　(b) $\lambda=65.554h^{-0.624}+1$

图 13　开挖后 d_x 分布

Fig. 13　Distribution of d_x after excavation

通过现场地质调查发现：高程 370m 以上的坡面存在大量由于开挖卸荷而产生的拉剪裂缝（见图 14）；高程 400m 处平台的排水沟产生了朝向坡外的水平变形（见图 15）；高程 300m 处的台阶边坡发生了较大的拉剪-滑移破坏（见图 16）。将地质调查结果和数值模拟结果对比分析可知：图 12（b）和图 13（b）与地质调查情况相符，这说明以 $\lambda=65.554h^{-0.624}+1$ 作为输入条件算出的初始地应力场，较真实地反映了开挖前地应力的分布情况。图 12（a）和图 13（a）与地质调查情况有较大出入，其主要原因是，以 $\lambda=1$ 作为输入条件计算初始地应力场时，低估了地表附近构造地应力的影响，降低了开挖卸荷效应对岩体造成的变形破坏程度，人为地提高了岩体的稳定性。

图 14 坡面产生的拉剪裂缝

Fig. 14 Tensile shear cracks on slope surface

图 15 排水沟发生水平变形

Fig. 15 Horizontal deformation of drain

图 16 台阶边坡发生拉剪-滑移破坏

Fig. 16 Tensile shear -sliding failure of step slope

以 $\lambda=65.554h^{-0.624}+1$ 为计算条件，通过有限元强度折减法计算开挖后现状边坡的安全系数，采用全局自动搜索的方法算出边坡的安全系数为 1.25（见图 17）。这说明在当前的开挖设计条件下，现状边坡整体处于稳定状态，近期的开挖工作可以继续进行。在位移量或拉应力较大的区域可能发生台阶边坡的局部变形破坏，在这些区域要注意选取合理的爆破开挖方式，加强岩体变形监控。

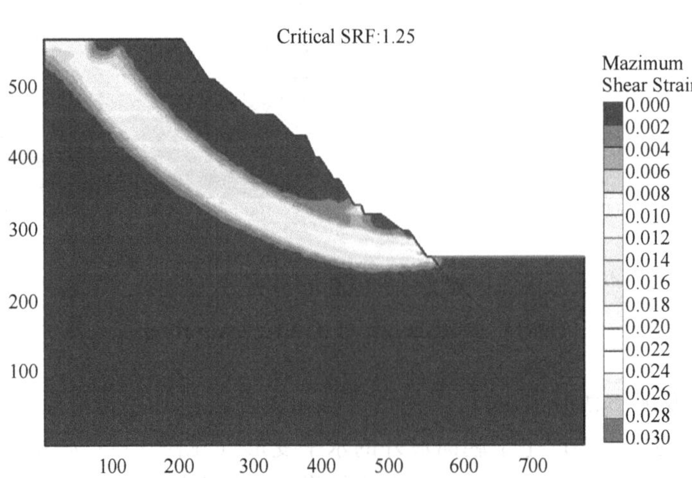

图 17 开挖后边坡整体稳定性计算

Fig. 17 Stability calculation of slope after excavation

7 结论

本文结论如下。

（1）岩体波速有着测试方便、快速和控制范围大等特点，且在一定程度上能够反映出初始地应力的大小和分布。当缺乏地应力测量数据时，根据本文给出的方法，岩体波速测量可替代地应力测量，用于评估初始地应力场，为工程扰动岩体的应力应变计算和稳定性分析提供必要的初始条件。

（2）水平地应力 σ_H 取值范围 $\Delta\sigma_H$ 的计算模型以基于岩体波速的 Hoek-Brown 准则为基础，在假设垂直地应力与水平地应力都是主应力的前提下，从理论上给出了地层中 σ_H 分布的上限边界和下限边界。与大量的现场 σ_H 测量数据相比，理论计算和现场实测的 σ_H 沿深度 h 的分布特征具有较好的一致性，说明该计算模型是合理的。

（3）在 σ_H 取值范围的基础上，对平均水平地应力 σ_{Hmean} 沿 h 的非线性分布特征进行了研究，结果表明：本文给出的 σ_{Hmean} 和 h 之间的非线性函数关系式 $\sigma_{Hmean}=a\ln h+bh+c$（$a>0$，$b>0$）与线性函数相比，在地层浅部区域能更准确地给出不同 h 条件下的 σ_{Hmean}，弥补了线性函数的不足。

（4）在 $\Delta\sigma_H$ 计算模型的基础上，给出了 σ_H/σ_V（水平地应力/垂直地应力）的取值范围 Δ（σ_H/σ_V），据此可从岩体稳定性的角度解释 σ_H/σ_V 的分布特征，即在地壳表面附近 σ_H/σ_V 分布在一个较广的范围内，但在深部区域，分布在 $\sigma_H/\sigma_V=1$ 周围的一个狭小范围内这一现象，为 σ_H 和 σ_V 之间的定量关系研究提供了一定的理论依据。

（5）在 σ_H/σ_V 取值范围的基础上，对侧压系数 λ 的理论计算及其沿 h 的分布特征进行了研究，结果表明：λ 沿 h 的分布特征与 σ_H/σ_V 非常相似，且在未扰动岩体中，λ 的理论计算值的分布范围与现场测量值的分布范围基本一致，进一步验证了 $\Delta\sigma_H$ 计算模型的合理性。

（6）在 λ 和 h 之间的函数关系研究中发现，与线性函数相比，非线性函数 $\lambda=ah^b+1$（$a>0$，$b<0$）能更准确地反映出 λ 沿 h 的非线性分布特征。通过工程实例分析表明，以 $\lambda=65.554h^{-0.624}+1$ 作为输入条件算出的初始地应力场，较真实地反映了开挖前地应力的分布情况，在此条件下模拟出的岩体开挖后的应力和位移分布与地质调查情况基本相符。

参考文献

[1] 付成华，汪卫明，陈胜宏．溪洛渡水电站坝区初始地应力场反演分析研究 [J]．岩石力学与工程学报，2006，25（11）：2305-2312.

Fu Chenghua，Wang Weiming，Chen Shenghong．Back analysis study on initial geostress field of dam site for Xiluodu hydropower project [J]．Chinese Journal of Rock Mechanics and Engineering，2006，25（11）：2305-2312.

[2] 沈明荣．岩体力学 [M]．上海：同济大学出版社，1999.

Shen Mingrong．Rock mass mechanics [M]．Shanghai：Tongji University Press，1999.

[3] 郭明伟，李春光，王水林，等．优化位移边界反演三维初始地应力场研究 [J]．岩土力学，2008，29（5）：1269-1274.

Guo Mingwei，Li Chunguang，Wang Shuilin，et al．Study on inverse analysis of 3-D initial geostress field with optimized displacement boundaries [J]．Rock and Soil Mechanics，2008，29（5）：1269-1274.

[4] 贾善坡，陈卫忠，谭贤君，等．大岗山水电站地下厂房区初始地应力场 Nelder-Mead 优化反演研究 [J]．岩土力学，2008，29（9）：2341-2349.

Jia Shanpo，Chen Weizhong，Tan Xianjun，et al．Nelder-Mead algorithm for inversion analysis of in-situstress field of underground powerhouse area of Dagangshan Hydropower Station [J]．Rock and Soil Mechanics，2008，29（9）：2341-2349.

[5] 袁风波，刘建，李蒲健，等．拉西瓦工程河谷区高地应力场反演与形成机制 [J]．岩土力学，2007，28（4）：836-842.

Yuan Fengbo，Liu Jian，Li Pujian，et al．Back analysisand multiple-factor influencing mechanism of high geostress field for river valley region of Laxiwa Hydropower Engineering [J]．Rock and Soil Mechanics，2007，28（4）：836-842.

[6] 胡斌，冯夏庭，黄小华，等. 龙滩水电站左岸高边坡区初始地应力场反演回归分析 [J]. 岩石力学与工程学报，2005，22（11）：4055-4064.

Hu Bin，Feng Xiating，Huang Xiaohua，et al. Regression analysis of initial geostress field for left bankhigh slope region at Longtan hydropower station [J]. Chinese Journal of Rock Mechanics and Engineering，2005，22（11）：4055-4064.

[7] 梅松华，盛谦，冯夏庭. 龙滩水电站左岸地下厂房区三维地应力场反演分析 [J]. 岩石力学与工程学报，2004，23（23）：4006-4011.

Mei Songhua，Sheng Qian，Feng Xiating. Back analysis of 3D in-situ stress field of underground powerhouse area of Longtan hydropower station [J]. Chinese Journal of Rock Mechanics and Engineering，2004，23（23）：4006-4011.

[8] 金长宇，马震岳，张运良. 神经网络在岩体力学参数和地应力场反演中的应用 [J]. 岩土力学，2006，27（8）：1263-1266.

Jin Changyu，Ma Zhenyue，Zhang Yunliang. Application of neural network to back analysis of mechanical parameters and initial stress field of rockmasses [J]. Rock and Soil Mechanics，2006，27（8）：1263-1266.

[9] 易达，陈胜宏，葛修润. 岩体初始应力场的遗传算法与有限元联合反演法 [J]. 岩土力学，2004，25（7）：1077-1080.

Yi Da，Chen Shenghong，Ge Xiurun. Method of backanalysis combining genetic algorithm with finite elementmethod to initial stress field of rock mass [J]. Rock and Soil Mechanics，2004，25（7）：1077-1080.

[10] 董志高，吴继敏，施志群，等. 某水电站地下厂房区初始地应力场回归分析 [J]. 河海大学学报（自然科学版），2003，31（5）：543-546.

Dong Zhigao，Wu Jimin，Shi Zhiqun. et al. Regression analysis ofinitial geostress for an underground power plant region [J]. Journal of Hohai University（Natural Sciences），2003 ，31（5）：543-546.

[11] 李方全. 地应力测量 [J]. 岩石力学与工程学报，1985，4（1）：95-111.

Li Fangquan. Situ stress measurement [J]. Chinese Journal of Rock Mechanics and Engineering，1985，4（1）：95-111.

[12] Roman D C，Moran S C，Power J A，et al. Temporal and spatial variation of local stress fields before and after the 1992 eruptions of Crater Peak vent，Mount Spurr volcano，Alaska [J]. Bulletin of the Seismological Society of American，2004，94（6）：2366-2379.

[13] Bohnhoff M，Grosser H. Dresen G. Strain partitioning and stress rotation at the North Anatolian fault zone from aftershock focal mechanisms of the 1999 Izmit Mw = 7.4 earthquake [J]. Geophysical Journal International，2006，166（1）：373-385.

[14] Karl T，Richart F E. Stresses in rock about cavities [J]. Geotechnique，1952，3（2）：57-90.

[15] Hooker V E，Bickel D L，Aggson J R. In-situ determination of stresses in mountainous topography [R]. [S.l.]：United States Bureau of Mines Reports of Investigations，1972.

[16] Talobre J. Rock mechanics [M]. Dunod，Paris：Cambridge University Press，1957.

[17] Heim A. Zur Frage der Gebirgs-und Gesteinsfestigkeit [R]. Schweiz，Bauztg：[s. n.]，1912.

[18] 马莎，崔江利，陈尚星，等. RQD 和 Vp 合理取值分析与计算 [J]. 华北水利水电学院学报，2003，24（3）：46-49.

Ma Sha，Cui Jiangli，Cheng Shangxing，et al. Analysis and calculation of reasonable selection of RQD and Vp [J]. Journal of North China Institute of Water Conservancy and Hydroelectric Power，2003，24（3）：46-49.

[19] 夏开宗，陈从新，刘秀敏，等. 基于岩体波速的 Hoek-Brown 准则预测岩体力学参数的方法及工程应用 [J]. 岩石力学与工程学报，2013，23（7）：1458-1466.

Xia Kaizong，Chen Congxin，Liu Xiumin，et al. Estimation of rock mass mechanical parameters based on ultrasonic velocity of rock mass and Hoek- Brown criterion and its application to engineering [J]. Chinese Journal of Rock Mechanics and Engineering，2013，23（7）：1458-1466.

[20] 宋建波，张倬元，于远忠，等. 岩体经验强度准则及其在地质工程中的应用 [M]. 北京：地质出版社，2002.

Song Jianbo，Zhang Zhuoyuan，Yu Yuanzhong，et al. Experience of rock mass strength criterion and its application in geological engineering [M]. Beijing：Geology Press，2002.

[21] Hoek E，Carranza-Torres C，Corkum B. Hoek-Brown failure criterion [A] // Proceedings of NARMS-TAC Conference [C]. Toronto：[s. n.]，2002：267-273.

[22] Marinos P，Hoek E. GSI：a geologically friendly tool for rock mass strength estimation [A] / / Proceedings of the 2000 International Conference on Geotechnical and Geological Engineering [C]. Melbourne，Australian： [s. n.]，2000：

1422-1442.
[23] Hoek E, Marinos P. Benissi M. Applicability of the geological strength index (GSI) classification for very weak and sheared rock masses [J]. Bulletin of Engineering Geology and the Environment, 1998, 57 (2): 151-160.
[24] 韩爱果. 坝基岩体质量量化分级及图形展示 [D]. 成都: 成都理工大学, 2002.
Han Aiguo. Quantized quality classification of dam foundation rock mass and its diagrammatic repre -sentation [D]. Chengdu: Chengdu University of Technology, 2002.
[25] 巨广宏. 高拱坝建基岩体开挖松弛工程地质特性研究 [D]. 成都: 成都理工大学, 2011.
Ju Guanghong. Study on engineering geological properties of excavating unloading relaxation rock mass in high arch dam foundation [D]. Chengdu: Chengdu University of Technology, 2011.
[26] 朱继良. 大型岩石高边坡开挖的地质-力学响应及其评价预测 [D]. 成都: 成都理工大学, 2006.
Zhu Jiliang. Geology-mechanics responses and evaluation of large-scale high rock slope excavation [D]. Chengdu: Chengdu University of Technology, 2006.
[27] 朱泽奇. 坚硬裂隙岩体开挖扰动区形成机理研究 [D]. 武汉: 中国科学院武汉岩土力学研究所, 2008.
Zhu Zeqi. Study on formation mechanism of excavation disturbed zone of hard fractured rockmass [D]. Wuhan: Wuhan Institute of Rock and Soil Mechanics, The Chinese Academy of Sciencse, P. R. China, 2008.
[28] 常士骠, 张苏民. 工程地质手册 [M]. (4 版) 北京: 中国建筑工业出版社, 2007.
Chang Shibiao, Zhang Sumin. Engineering geology manual (fourth edition) [M]. Beijing: China Building Industry Press, 2007.
[29] Ranalli G. Geotectonic relevance of rock-stress determinations [J]. Tectonophysics, 1975, 29 (1-4): 49-58.
[30] Brown E T, Hoek E. Trends in relationships between measured in-situ stresses and depth [J]. International Journal of Rock Mechanics & Mining Sciences & Geomechanics Abstracts, 1978, 15 (4): 211-215.
[31] 李方全. 地应力测量 [J]. 岩石力学与工程学报, 1985, 4 (1): 95-111.
Li Fangquan. Situ stress measurement [J]. Chinese Journal of Rock Mechanics and Engineering, 1985, 4 (1): 95-111.
[32] Flesh L M, Holt W E, Haines A J, et al. Dynamics of the Pacific-North American plate boundary in the Western United States [J]. Science, 2000, 287: 834-836.
[33] Townend J, Zoback M D. Regional tectonic stress near the San Andreas fault in central and southern California [J]. Geophysical Research Letters, 2004, 31 (15): 11-15.
[34] Becker T W, Hardebeck J L, Anderson G. Constraints on fault slip rates of the southern California plate boundary from GPS velocity and stress inversions [J]. Geophysical Journal International, 2005, 160 (2): 634-650.
[35] Balfour N J, Savage M K, Townend J. Stress and crustal anisotropy in Marborough, New Zealand: evidence for low fault strength and structure-controlled anisotropy [J]. Geophysical Journal International, 2005, 163 (3): 1073-1086.
[36] Boness N L, Zoback M D. Mapping stress and structurally controlled crustal shear velocity anisotropy in California [J]. Geology, 2006, 34 (10): 825-828.
[37] Boness N L, Zoback M D. A multiscale study of the mechanisms controlling shear velocity anisotropy in the San Andreas fault observatory at depth [J]. Geophysics, 2006, 71 (5): 131-146.
[38] Lund B, Townend J. Calculating horizontal stress orientations with full or partial knowledge of the tectonics stress tensor [J]. Geophysical Journal International, 2007, 170 (3): 1328-1335.
[39] 朱哲明, 胡荣, 李业学. 利用岩石断裂强度来估算地下岩体水平应力的范围 [J]. 岩石力学与工程学报, 2012, 31 (8): 1721-1728.
Zhu Zheming, Hu Rong, Li Yexue. Evaluation of range of horizontal streeees of underground rock mass by using rock fracture strength [J]. Chinese Journal of Rock Mechanics and Engineering, 2012, 31 (8): 1721-1728.
[40] 张哲, 唐春安, 于庆磊, 等. 侧压系数对圆孔周边松动区破坏模式影响的数值试验研究 [J]. 岩土力学, 2009, 30 (2): 413-418.
Zhang Zhe, Tang Chunan, Yu Qinglei, et al. Numerical simulation on influence coefficient of lateral pressure on broken zone of circular aperture [J]. Rock and Soil Mechanics, 2009, 30 (2): 413-418.
[41] 李维树. 隔河岩电站洞群围岩松动圈检测及其厚度分析 [J]. 长江科学院院报, 1995, 12 (2): 44-48.
Li Weishu. Detection and analysis on thickness of loosened collar in surrounding rock of galleries in geheyan project [J]. Journal of Yangtze River Scientific Research Institute, 1995, 12 (2): 44-48.
[42] 申艳军, 徐光黎, 张璐, 等. 基于 Hoek-Brown 准则的开挖扰动引起围岩变形特性研究 [J]. 岩石力学与工程学

报，2010，29（7）：1355-1362.

Shen Yanjun，Xu Guangli，Zhang Lu，et al. Research on characteristics of rock deformation caused by excavation disturbance based on hoek-brown criterion [J]. Chinese Journal of Rock Mechanics and Engineering，2010，29（7）：1355-1362.

[43] 张海龙，王晋明，金新，等. 基于声波的洞室围岩岩体质量分区优化方法 [J]. 长江科学院院报，2016，33（3）：54-58.

Zhang Hailong，Wang Jinming，Jin Xin，et al. Method of optimizing surrounding rock quality partition based on acoustic wave technology [J]. Journal of Yangtze River Scientific Research Institute，2016，33（3）：54-58.

基于未确知测度的爆破质量综合评价模型

陶铁军[1,2]　宋锦泉[1]

（1. 广东宏大爆破股份有限公司，广东 广州，510623；
2. 北京科技大学 土木与环境工程学院，北京，100083）

摘　要：本文结合当前工程爆破的实际情况，建立了一套完备的爆破质量综合评价的二级指标体系；引入未确知测度模型对工程爆破质量进行综合评价，在各评价指标权重和识别准则的确定上，分别采用了信息熵和置信度识别准则，为工程爆破质量的综合评价提供了一种定性、定量相合的方法，对爆破工程管理与施工质量的提高具有一定的指导意义。

关键词：爆破质量；安全评价；未确知测度；指标权重

A Model Based on Uncertain Measure for Comprehensive Evaluations of the Quality of Blasting

Tao Tiejun[1,2]　Song Jinquan[1]

（1. Guangdong Handa Blasting Co., Ltd., Guangdong Guangzhou, 510623;
2. Civil & Environment Engineering School, University of Science and Technology, Beijing, 100083）

Abstract: In combination with the actuality of the current engineering blasting, established in this paper is a complete, second-class index system for comprehensive evaluations of the quality of blasting. A model of uncertain measure is introduced to conduct an all-round evaluation of the quality of engineering blasting. In determination of the criterion for the weight and discrimination of each evaluation index, it adopts a discrimination criterion respectively for information entropy and confidence, providing both a quantitative and qualitative method for a comprehensive evaluation of the quality of engineering blasting. This is of some significance to the management of blasting engineering and improvement of construction quality.

Keywords: quality of blasting; safety evaluation; uncertain measure; index weight

1　引言

工程爆破的迅猛发展，使得人们对爆破质量的要求越来越高。爆破质量的优劣，不仅直接影响爆后岩石的铲装、运输、粉碎等，而且直接关系到爆破现场周围人员生命及财产安全。因此，改善爆破质量，对提高矿山的安全生产能力，增加企业的经济效益具有重要的意义。开展爆破质量的综合评价，正是为了定量的确定爆破质量的好坏，为改进爆破设计、降低爆破成本、实现工程爆破的安全生产服务。在现有的对爆破质量综合评价的方法中，应用较多的是模糊层次分析法[1,2]、灰色关联分析法[3]。但模糊层次分析法及灰色关联度分析法中，关于可信度的设计及合成可信度的推理算法存在诸多不足，运算中存在信息丢失模型权重分配和确定存在主观误判性等缺陷。为此，本文提出了利用未确知测度模型对爆破质量进行综合评价的方法。

原载于《地下空间与工程学报》。

2　评价指标体系的建立

爆破质量评价指标体系的建立应立足工程爆破行业的实际情况，结合爆区周围环境[4]，运用系统工程的理论和方法建立一套结构完整、内容齐备、使用方便的爆破质量评价指标体系，为爆破工程的安全、可靠、经济实施提供依据[5]。就当前工程爆破的发展趋势而言，本文全面系统地考虑了影响爆破质量的评价要素，以安全性、可靠性、经济性作为一级指标，以钻孔成本、起爆器材成本、炸药单耗、松散系数等 20 个因素作为二级指标，建立了爆破质量综合评价指标体系，如图 1 所示。

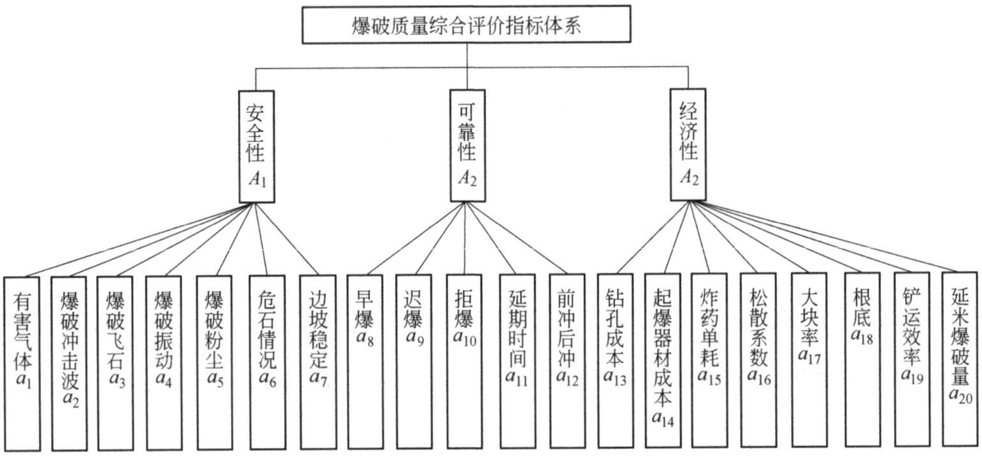

图 1　爆破质量综合评价指标体系

3　未确知测度模型

设 a_1，a_2，…，a_i 表示 n 个待评价的爆破质量测评因素，记 $A=\{a_1, a_2, \cdots, a_i\}$，称之为论域；每个单因素评价指标 a_i 有 j 个评价等级 b_1，b_2，…，b_j，记为 $B=\{b_1, b_2, \cdots, b_j\}$。用 a_{ij} 表示评价对象的单因素 a_i 在第 j 个评价等级 b_j 的观测值。

3.1　单指标未确知测度

单因素评价指标 a_i 处于第 j 个评语等级的程度记为 a_{ij}，本文采用专家打分法，规定每个评价因素的所有评语等级的程度的分值总和为 100 分，由专家将 0~100 分别打给每个评价因素 a_i 的每个评语等级 b_j，使 $\sum_{j=1}^{j} a_{ij}=100$。用 $u_{ij}=a_{ij}/100$ 表示观测值 a_{ij} 使 a_i 处于 b_j 评语等级的未确知测度。u_{ij} 是对“程度”的测量结果，是一种可能性测度，作为测量结果的这种可能性测度必须满足“非负有界性、可加性、归一性”三条测量准则[6]。由此可得到评价对象的单指标测度评价矩阵。

$$\boldsymbol{u}_{ij}=\begin{pmatrix} u_{11} & u_{12} & \cdots & u_{1j} \\ u_{21} & u_{22} & \cdots & u_{2j} \\ \vdots & \vdots & \cdots & \vdots \\ u_{i1} & u_{i2} & \cdots & u_{ij} \end{pmatrix} \quad (i=1, 2, \cdots, n) \tag{1}$$

3.2　指标权重的确定

对于观测值有关的不确定性的描述，应该是对不确定性数量上的度量，是观测值分布的泛函，这就是熵[7]。熵（ent ropy）是简单巨系统的一基本概念。最早是在热力学中由克劳修斯提出用来描述系统的状态，而后其被引入到多个领域。对于离散型随机变量，其信息熵为 $S=-k\sum_{i=1}^{k} P_i \ln P_i$。其中，

$P_i \geqslant 0$ 其中，$\sum_{i=1}^{n} P_i = 1$。熵具对称性、非负性、可加性、极值性等特点[8]。设自然状态空间 $\boldsymbol{X} = (x_1, x_2, \cdots, x_n)$ 是不可控制的因素，其中 x_i 为实际发生的状态。设 $\boldsymbol{X}$ 中各状态发生的先验概率分布为 $p(x) = \{p(x_1), p(x_2), \cdots, p(x_n)\}$。该状态的不确定程度定义为熵函数：$H(x) = -\sum_{i=1}^{n} p(x_i)\ln p(x_i)$，式中 $0 \leqslant p(x_i) \leqslant 1$，$\sum_{i=1}^{n} p(x_i) = 1$。

爆破质量评价对象关于指标 a_i 的观测值 x_{ij} 使对象处于各个评语等级 b_i 的未确知测度为 u_{i1}，u_{i2}，…，u_{ij}。将未知测度 u_{ij} 的视为 $H(x)$ 中的 p_i，则有

$$H(u) = -\sum_{j=1}^{j} u_{ij} \ln u_{ij} \tag{2}$$

令 $V_i = 1 - \frac{1}{\lg j} H(u) = 1 + \frac{1}{\lg j} \sum_{j=1}^{j} u_{ij} \cdot \lg u_{ij}$，$w_i = \frac{V_i}{\sum_{i=1}^{i} V_i}$，$w_i (0 \leqslant w_i \leqslant 1$，且 $\sum_{i=1}^{i} w_i = 1)$ 即为爆破质量评价对象关于评价指标 a_i 的权重。 (3)

3.3 综合评价系统

若关于评价对象的单指标测度评价矩阵（1）已知，则关于评价对象的各指标分类权重可有公式（3）求得。令

$$\boldsymbol{u}_i = \boldsymbol{W}_i \cdot \boldsymbol{u}_{ij} = (w_1, w_2, \cdots, w_i) \begin{bmatrix} u_{11} & u_{12} & \cdots & u_{1j} \\ u_{21} & u_{22} & \cdots & u_{2j} \\ \vdots & \vdots & \cdots & \vdots \\ u_{i1} & u_{i2} & \cdots & u_{ij} \end{bmatrix}, \quad \boldsymbol{u}_i = (u_1, u_2, \cdots, u_i) \tag{4}$$

则 $\boldsymbol{u}_i$ 为爆破质量评价对象的综合评价向量，描述了不确定性分类。为了得到确定性分类，需进行置信度识别。因为评语等级划分是有序的，第 j 个评语等级 b_j "好于" 第 $j+1$ 个评语等级 b_{j+1}，所以最大测度识别准则不适合这种情况，改用置信度识别准则。

设置信度为 λ，$(\lambda > 0.5)$[9]，通常取 0.6 或 0.7，令

$$j_0 = \min_j \left\{ \sum_{j=1}^{j} \mu_{il} \geqslant \lambda, \ j = 1, 2, \cdots, j \right\} \tag{5}$$

则判爆破质量评价对象属于第 j_0 个评价等级 b_j。

4 实例检验

根据上述未确知测度评价模型，对承德某铁矿露天台阶爆破进行质量综合评价。将各个评判爆破质量的单因素的评价等级分为：很好、好、一般、较差、差，由专家将 100 分别打给单因素的每个评价等级（见表 1）。

表 1 专家打分结果

评价因素	评价等级				
	很好	好	一般	较差	差
有害气体 a_1	15	49	25	9	2
爆破冲击波 a_2	21	34	27	10	8
爆破飞石 a_3	10	27	45	10	8

续表 1

评价因素	评价等级				
	很好	好	一般	较差	差
爆破震动 a_4	4	27	25	38	6
爆破粉尘 a_5	10	25	50	10	5
危石情况 a_6	11	26	53	10	0
边坡稳定 a_7	5	60	30	5	0
早爆 a_8	30	59	8	2	1
迟爆 a_9	31	60	5	2	2
拒爆 a_{10}	35	60	5	0	0
延期时间 a_{11}	5	22	49	20	4
前冲后冲 a_{12}	15	20	60	5	0
钻孔成本 a_{13}	10	37	40	8	5
起爆器材成本 a_{14}	15	30	45	8	2
炸药单耗 a_{15}	10	33	49	5	3
松散系数 a_{16}	17	30	47	5	0
大块率 a_{17}	20	32	40	8	0
根底 a_{18}	22	33	42	3	0
铲运效率 a_{19}	10	25	40	20	5
延米爆破量 a_{20}	18	22	45	10	5

根据表 1 的打分结果，得到单指标未确知测度矩阵：

$$\boldsymbol{u}_{ij}=\begin{bmatrix} 0.15 & 0.49 & 0.25 & 0.09 & 0.02 \\ 0.21 & 0.34 & 0.27 & 0.10 & 0.08 \\ 0.10 & 0.27 & 0.45 & 0.10 & 0.08 \\ 0.04 & 0.27 & 0.25 & 0.38 & 0.06 \\ 0.10 & 0.25 & 0.50 & 0.10 & 0.05 \\ 0.11 & 0.26 & 0.53 & 0.10 & 0 \\ 0.05 & 0.60 & 0.30 & 0.05 & 0 \\ 0.30 & 0.59 & 0.08 & 0.02 & 0.01 \\ 0.31 & 0.60 & 0.05 & 0.02 & 0.02 \\ 0.35 & 0.60 & 0.05 & 0 & 0 \\ 0.05 & 0.22 & 0.49 & 0.20 & 0.04 \\ 0.15 & 0.20 & 0.60 & 0.05 & 0 \\ 0.10 & 0.37 & 0.40 & 0.08 & 0.05 \\ 0.15 & 0.30 & 0.45 & 0.08 & 0.02 \\ 0.10 & 0.33 & 0.49 & 0.05 & 0.03 \\ 0.17 & 0.30 & 0.47 & 0.05 & 0 \\ 0.20 & 0.32 & 0.40 & 0.08 & 0 \\ 0.22 & 0.33 & 0.42 & 0.03 & 0 \\ 0.10 & 0.25 & 0.40 & 0.20 & 0.05 \\ 0.18 & 0.22 & 0.45 & 0.10 & 0.05 \end{bmatrix}$$

由公式（3）计算评判因素的指标权重可得：

W =（0.04，0.02，0.03，0.03，0.04，0.06，0.08，0.08，0.08，0.10，0.04，0.07，0.04，0.04，0.05，0.06，0.04，0.06，0.02，0.03）

由公式（4）求得最终的评判结果

u =（0.18，0.38，0.33，0.07，0.02）

取置信度 $\lambda = 0.7$，由置信度识别准则及公式（5）判定该露天台阶爆破质量评价等级为第三等级，即“一般”。未确知方法注意了评价空间的有序性，给出了比较合理的置信度识别准则和排序的评分准则，而这正是模糊综合评判所不具有的。

5 结论

本文通过建立基于熵权的未确知测度爆破质量综合模型，结合工程实例对未确知测度模型在爆破质量综合评价中的应用，进行了初探，主要做了以下工作：

（1）运用系统工程的理论和方法，从爆破工程实施的安全性、可靠性、经济性等三个主要方面对爆破质量进行综合评价，建立了一套结构完整、内容齐备，使用方便的爆破质量综合评价的二级指标体系。

（2）通过引入未确定测度评价模型对爆破质量进行综合评价。在各评价指标权重和识别准则的确定上，分别采用了信息熵和置信度识别准则，避免了模糊综合评判法中在这两方面的缺陷，使评价结果更具客观性。

（3）便于实现爆破现场的科学管理。通过程序化的方法，实现了对爆破现场施工质量的综合评价，有利于施工项目管理水平的提高，促进爆破施工安全、可靠、经济有效运行。

参考文献

[1] 袁梅，王作强，张义平．基于模糊数学-层次分析的露天矿深孔爆破效果评价研究［J］．矿业研究与开发，2010，30（5）：81-84.

[2] 蒲传金，肖正学，郭学彬．爆破效果综合评价的模糊层次分析法模型［J］．矿业快报，2004（11）：11-12.

[3] 胡新华，杨旭升．基于灰色关联分析的爆破效果综合评价［J］．辽宁工程技术大学学报，2008（27）：142-144.

[4] 吴子骏．露天矿爆破质量的评价与改善途径［J］．长沙矿山研究院季刊，1984，4（2）：32-37.

[5] 李彦苍，石华旺．一种基于未知测度的煤矿安全评价模型［J］．煤炭工程，2004（11）：52-54.

[6] 石华旺，高爱坤，牛俊萍．一种基于熵权的未确知测度评价方法及应用［J］．统计与决策，2008（12）：162-164.

[7] 张殿祜．熵——度量随机变量不确定性的一种尺度［J］．系统工程理论与实践，1997（11）：1-3.

[8] 邱菀华．管理决策与应用熵学［M］．北京：机械工业出版社，2002.

[9] 庞彦军，刘开第，姚立根．滏阳河水质综合评价［J］．运筹与管理，2001，10（1）：82-88.

基于岩体波速和 Hoek-Brown 准则的初始地应力场参数计算模型研究

欧 哲[1] 杨家富[2] 王 铁[2] 张光权[1] 邹 明[1]

（1. 宏大国源（芜湖）资源环境治理有限公司，安徽 芜湖，241200；
2. 广东宏大爆破股份有限公司，广东 广州，510623）

摘 要：在初始地应力场参数计算中引入岩体波速，通过基于岩体波速的 Hoek-Brown 准则建立初始地应力场中水平地应力 σ_H 的取值范围 $\Delta\sigma_H$ 计算模型，并通过实测地应力数据验证了 $\Delta\sigma_H$ 计算模型的合理性。在 $\Delta\sigma_H$ 计算模型的基础上，推导出了 σ_H/σ_V（水平地应力/垂直地应力）的取值范围 $\Delta(\sigma_H/\sigma_V)$ 计算模型，并通过 $\Delta(\sigma_H/\sigma_V)$ 计算模型从岩体稳定性的角度对 σ_H/σ_V 在地壳表面和深部的分布现象进行合理解释。通过 $\Delta(\sigma_H/\sigma_V)$ 计算模型给出的 σ_H/σ_V 的取值下限 $(\sigma_H/\sigma_V)_{min}$ 和取值上限 $(\sigma_H/\sigma_V)_{max}$ 算出侧压系数 λ，并给出了侧压系数 λ 与深度 h 之间的函数关系 $\lambda=ah^b+1$。

关键词：岩体波速；Hoek-Brown 准则；初始地应力场；水平地应力；侧压系数；非线性函数关系

Study on Parameter Calculation Model of Initial Ground Stress Fields Based on the Wave Velocity of a Rock Mass and the Hoek-Brown Criterion

Ou Zhe[1] Yang Jiafu[2] Wang Tie[2] Zhang Guangquan[1] Zou Ming[1]

（1. Hongda Guoyuan（Wuhu）Resources and Environment Management Co., Ltd., Anhui Wuhu, 241200;
2. Guangdong Hongda Blasting Co., Ltd., Guangdong Guangzhou, 510623）

Abstract: The wave velocity of a rock mass and the Hoek-Brown criterion are introduced to enable the building of a calculation model of the range of values of horizontal geostresses（σ_H）in an initial ground stress field. The rationality of this calculation model is evaluated by the measured geostress data. Based on the $\Delta\sigma_H$calculation model, a Δ（σ_H/σ_V）calculation model of the values range of the ratio of the horizontal and vertical geostresses（σ_H/σ_V）is deduced; this model is then used to provide a reasonable explanation of the σ_H/σ_V distribution of phenomenon in the surface and deep of earth's crust is given from the perspective of rock mass stability. The coefficient of horizontal pressure（λ）is calculated via the lower（$(\sigma_H/\sigma_V)_{min}$）and upper（$(\sigma_H/\sigma_V)_{max}$）limits of σ_H/σ_V, which is given by the Δ（σ_H/σ_V）, and comparative analysis of the calculated and measured values of λ is performed. Results show that the calculated and measured λ present consistent characteristics in a shallow rock mass but significant differences in a deep rock mass. Thus, the $\Delta(\sigma_H/\sigma_V)$ calculation model is applicable to λ calculations in shallow rock mass engineering. The calculated λ presents obvious nonlinear variation features along the depth（h）direction, and the functional relationship $\lambda=ah^b+1$ between λ and h is given by setting up appropriate boundary conditions; this functional relationship is confirmed by curve fitting. The fitting results show a very high fitting correlation coefficient for $\lambda=ah^b+1$, which means it can describe the functional relationship between λ and h well. This functional relationship can be used for initial geostress field evaluations and provides the necessary initial geostress field conditions for simulating deformation and failure of excavated rock masses.

Keywords: rock mass wave velocity; Hoek-Brown criterion; initial ground stress field; horizontal geostress; coefficient of horizontal pressure; nonlinear function relation

---

原载于《地震工程学报》，2017，39（3）：488-495。

1 引言

地应力是引起矿山、水利水电、土木建筑和各种地下或露天岩土开挖工程变形和破坏的根本作用力。构造应力场和自重应力场是现今地应力场的主要组成部分[1]。岩体初始地应力场则是指在没有进行任何地面或地下工程之前，天然岩体中各个位置及各个方向存在的应力空间分布状态，它在地质年代上是随着时间和空间而不断变化的非稳定场，但相对于工程建设而言，完全可以把它看成是一个相对稳定的应力场[2]。

在实测地应力基础上加以反演分析[3-10]是提供初始地应力场最常用的方法，但由于地应力测量成本较高，且对场地要求较严格，在工程地质条件较为复杂的场地常遇到地应力测量数据稀少，甚至无法测得有效数据的情况，导致难以反演分析出合理的初始地应力场。当地应力测量遇到阻碍时，可采用估算的方法来评估初始地应力场。地应力可分解成垂直地应力和水平地应力，在工程岩体开挖前地形较为平缓的情况下，垂直地应力可以通过岩体平均重度乘以岩体深度来估算[11]，而水平地应力则很难通过类似的方法估算出来[12,13]。因此合理估算出水平地应力的大小是完成初始地应力场评估的关键所在。

岩体波速与地应力相比有着测量成本低、测量成功率高、场地适应性强等诸多优势，本文通过对基于岩体波速的 Hoek-Brown 准则[15]的研究，根据该准则给出的岩体稳定性条件建立初始地应力场中水平地应力 σ_H 取值范围的计算模型，并通过实测的水平地应力 σ_H 验证了计算模型的合理性。由 σ_H 的取值范围，推导出了水平地应力与垂直地应力之比 σ_H/σ_V 的取值范围，并据此从岩体稳定性的角度对 σ_H/σ_V 在地壳表面和深部的分布现象进行合理解释。通过 σ_H/σ_V 的取值范围计算出侧压系数 λ，并给出其和深度 h 之间的函数关系，为初始地应力场评估提供依据。

2 基于岩体波速的 Hoek-Brown 准则

2.1 广义 Hoek-Brown 准则

Hoek 和 Brown 于 1980 年提出了节理岩体强度经验公式——Hoek-Brown 准则[16]，并得到了极为广泛的应用，已形成了确定节理岩体强度参数的一个通用方法。广义 Hoek-Brown 准则是 E. Hoek 等人[17]针对最初的强度准则在实际应用过程中出现的问题进行的修正，具体表达式如下：

$$\sigma_1 = \sigma_3 + \sigma_c\left(m_b\frac{\sigma_3}{\sigma_c} + s\right)^a \tag{1}$$

式中，σ_1、σ_3 分别为岩体破坏时的最大和最小主应力；σ_c 为岩石单轴抗压强度；m_b、s 均为与岩体特性有关的材料参数；a 为表征节理岩体的常数。估算 m_b、s 和 a 三个参数的计算公式[17]为

$$\left.\begin{aligned} m_b &= m_i\exp\left(\frac{\mathrm{GSI}-100}{28-14D}\right) \\ s &= \exp\left(\frac{\mathrm{GSI}-100}{9-3D}\right) \\ a &= \frac{1}{2}+\frac{1}{6}\left(e^{\frac{-\mathrm{GSI}}{15}} - e^{-\frac{20}{3}}\right) \end{aligned}\right\} \tag{2}$$

式中，m_i 为完整岩石经验常数，与岩石类型有关，主要反映岩石的软硬程度，可通过查表取值[18]，岩石越硬取值越大；地质强度指标 GSI 的确定主要受岩体的岩性、结构和不连续面等条件的控制，是通过对路堑、洞脸及钻孔岩芯等表面开挖或暴露的岩体进行肉眼观察来描述和评价，再通过查表取值[19]；D 为岩体扰动参数，它的取值范围从未扰动岩体的 $D=0$ 至强扰动岩体的 $D=1$[17]。

2.2 基于岩体波速的 Hoek-Brown 准则

在用 Hoek-Brown 准则解决相关岩体工程问题的过程中，准确地给出待定参数 m_b、s 和 a 的取值是

其中一项重要的环节。由式（2）可知，只要给出 GSI 值和 D 值，以上 3 个待定参数即可确定。夏开宗等人[15] 分析了已有的 GSI 值和 D 值量化方法的利弊，在 Barton、E. Hoek 等研究成果的基础上，建立了岩体波速与 GSI 值和 D 值之间的关系式：

$$\mathrm{GSI} = 15V_{\mathrm{ud}} - 7.5 \tag{3}$$

$$D = 2\left[1 - \frac{10^{(V_{\mathrm{ud}}-3.5)/3}}{10^{(V_{\mathrm{d}}-3.5)/3}}\right] \tag{4}$$

式中，V_{ud}、V_{d} 分别为未扰动岩体及扰动岩体的波速，岩体波速单位均为 km/s，其中式（4）也可写成如下形式：

$$D = 2(1 - R_s) \tag{5}$$

式中，$R_s = 10^{(V_{\mathrm{u}}-V_{\mathrm{ud}})/3}$ 表示岩体受扰动后波速的下降程度，$R_s=1$ 对应 $D=0$ 的情形，表示岩体未受任何扰动或扰动极小；当 $R_s=0.5$ 对应 $D=1$ 的情形，表示岩体遭受强烈扰动。

将式（3）~式（5）代入式（2）即得到基于岩体波速的 Hoek-Brown 准则：

$$\left.\begin{aligned} m_b &= m_i \exp\left(\frac{15V_{\mathrm{ud}} - 107.5}{28R_s}\right) \\ s &= \exp\left(\frac{15V_{\mathrm{ud}} - 107.5}{3 + 6R_s}\right) \\ a &= \frac{1}{2} + \frac{1}{6}\left(e^{\frac{7.5-15V_{\mathrm{ud}}}{15}} - e^{-\frac{20}{3}}\right) \end{aligned}\right\} \tag{6}$$

3 水平地应力的取值范围研究

3.1 建立计算模型

在未受扰动之前，岩体在初始地应力场中大部分处于极限平衡状态或稳定状态。根据 Hoek-Brown 准则的破坏判据可知，岩体在天然状态若要保持稳定，其内部应力场应满足以下条件：

$$\sigma_1 \leqslant \sigma_3 + \sigma_c\left(m_b\frac{\sigma_3}{\sigma_c} + s\right)^a \tag{7}$$

式中，σ_c 可由室内单轴试验给出，同种岩性的 σ_c 差别很小。其他待定参数 m_b、s 和 a 均可由式（6）计算给出，其中 V_{ud} 在未扰动岩体中的变化率通常低于 10%[14]，按测量次数求取平均值即可；由 R_s 的物理含义和计算公式可知，在未扰动岩体中 $R_s=1$；通过查阅相关文献［20］~［23］中未扰动岩体的声波测量数据可以发现，V_{ud} 一般为 4~5km/s，代入 a 的计算公式可得其取值为 0.505~0.502，此时可按照狭义 Hoek-Brown 准则取 $a=0.5$。将 $R_s=1$ 和 $a=0.5$ 代入式（6）和式（7）可得：

$$\left.\begin{aligned} m_b &= m_i \exp\left(\frac{15V_{\mathrm{ud}} - 107.5}{28}\right) \\ s &= \exp\left(\frac{15V_{\mathrm{ud}} - 107.5}{9}\right) \\ a &= \frac{1}{2} \end{aligned}\right\} \tag{8}$$

$$\sigma_1 \leqslant \sigma_3 + \sqrt{m_b\sigma_c\sigma_3 + s\sigma_c^2} \tag{9}$$

在地壳岩体中，除在大断层附近外，一般情况下垂直地应力 σ_{V} 与水平地应力 σ_{H} 都是主应力[11]。在此考虑两种不同的情况：$\sigma_{\mathrm{H}}<\sigma_{\mathrm{V}}$ 和 $\sigma_{\mathrm{H}}>\sigma_{\mathrm{V}}$。

（1）当 $\sigma_{\mathrm{H}}<\sigma_{\mathrm{V}}$ 时，水平地应力为最小主应力，即 $\sigma_{\mathrm{H}}=\sigma_3$，而 $\sigma_{\mathrm{V}}=\sigma_1$，由式（9）可以得到此时未扰动岩体的稳定条件为：

$$\sigma_{\mathrm{V}} \leqslant \sigma_{\mathrm{H}} + \sqrt{m_b\sigma_c\sigma_{\mathrm{H}} + s\sigma_c^2} \tag{10}$$

求解关于 σ_H 的不等式（10）可得：

$$\left(\sigma_V + \frac{1}{2}m_b\sigma_c\right) - \sqrt{m_b\sigma_c\sigma_V + \frac{1}{4}m_b^2\sigma_c^2 + s\sigma_c^2} \leqslant \sigma_H \leqslant \left(\sigma_V + \frac{1}{2}m_b\sigma_c\right) + \sqrt{m_b\sigma_c\sigma_V + \frac{1}{4}m_b^2\sigma_c^2 + s\sigma_c^2} \tag{11}$$

（2）当 $\sigma_H > \sigma_V$ 时，水平地应力为最大主应力，即 $\sigma_H = \sigma_1$，而 $\sigma_V = \sigma_3$，由式（9）可以得到此时未扰动岩体的稳定条件为：

$$\sigma_H \leqslant \sigma_V + \sqrt{m_b\sigma_c\sigma_V + s\sigma_c^2} \tag{12}$$

若未扰动岩体在上述两种情况下均保持稳定状态，则 σ_H 需同时满足式（11）和式（12），即落在式（11）和式（12）的交集之内，通过分析比较式（11）和式（12）不等号左右两侧的大小关系可知，两者的交集应为：

$$\left(\sigma_V + \frac{1}{2}m_b\sigma_c\right) - \sqrt{m_b\sigma_c\sigma_V + \frac{1}{4}m_b^2\sigma_c^2 + s\sigma_c^2} \leqslant \sigma_H \leqslant \sigma_V + \sqrt{m_b\sigma_c\sigma_V + s\sigma_c^2} \tag{13}$$

式（13）给出的即是岩体初始地应力场中水平地应力取值范围的计算模型。其中垂直地应力 σ_V 通过上部覆盖岩体的平均重度乘以其深度来计算，可表示为：

$$\sigma_V = \gamma h \tag{14}$$

式中，γ 为覆盖岩体的平均重度；h 为深度。将式（14）代入式（13）可得：

$$\left(\gamma h + \frac{1}{2}m_b\sigma_c\right) - \sqrt{m_b\sigma_c\gamma h + \frac{1}{4}m_b^2\sigma_c^2 + s\sigma_c^2} \leqslant \sigma_H \leqslant \gamma h + \sqrt{m_b\sigma_c\gamma h + s\sigma_c^2} \tag{15}$$

3.2 计算模型的验证

式（15）不等号左右两侧分别为水平地应力的取值下限和上限，可分别记为 σ_{Hmin} 和 σ_{Hmax}，即

$$\sigma_{Hmin} \leqslant \sigma_H \leqslant \sigma_{Hmax} \tag{16}$$

式（16）不等号左右两侧相减可得：

$$\Delta\sigma_H = \sqrt{m_b\sigma_c\gamma h + s\sigma_c^2} + \sqrt{m_b\sigma_c\gamma h + \frac{1}{4}m_b^2\sigma_c^2 + s\sigma_c^2} - \frac{1}{2}m_b\sigma_c \geqslant \sqrt{m_b\sigma_c\gamma h + s\sigma_c^2} \tag{17}$$

式（17）中 $\Delta\sigma_H$ 即为水平地应力取值范围的大小，其与 m_b、σ_c、s、γ 和 h 之间均成单调递增的函数关系。由式（8）可知 m_b、s 和 V_{ud}、m_i 之间亦成单调递增的函数关系，因此 $\Delta\sigma_H$ 是关于 m_i、V_{ud}、σ_c、γ 和 h 的单调递增函数。

岩石按坚硬程度可分为硬质岩和软质岩两个大类。查阅《工程地质手册（第四版）》[24] 可知，随着岩石坚硬程度的增大，m_i、V_{ud}、σ_c 和 γ 的数值均有随之增大的趋势，由式（17）可知，此时 $\Delta\sigma_H$ 也会随之而增大。在未扰动岩体中，m_i 的取值约为 5~15，V_{ud} 为 4~5km/s，σ_c 为 20~100MPa，γ 为 0.02~0.03mN/m^3。将 m_i、V_{ud}、σ_c 和 γ 的取值区间同步等分成 5 段，即得到 m_i、V_{ud}、σ_c 和 γ 的 6 组数据（见表 1）。给定深度 h，将每组数据代入到式（15）和式（17）中可得出 6 组 σ_{Hmin}、σ_{Hmax} 和 $\Delta\sigma_H$。根据单调函数的连续性可知，6 组 σ_{Hmin}、σ_{Hmax} 和 $\Delta\sigma_H$ 之间包含了在未扰动岩体中以硬质岩为主、以软质岩为主和两者均衡这 3 种情况下，深度为 h 时水平地应力的取值范围。

表 1 计算模型参数分组取值

Table 1 Grouping values of calculation model parameters

组数	V_{ud}/km · s^{-1}	m_i	σ_c/MPa	γ/MN · m^{-3}
1	5.0	15	100	0.030
2	4.8	13	84	0.028
3	4.6	11	68	0.026
4	4.4	9	52	0.024
5	4.2	7	36	0.022
6	4.0	5	20	0.020

深度 h 的计算范围取 0~3000m，每隔 200m 按照表 1 给出的 6 组参数计算出每组对应的 σ_{Hmin} 和 σ_{Hmax}，计算结果如图 1 所示。分析计算结果可知，地表附近的水平地应力较小，取值范围在 0~20MPa，随着深度的增加，水平地应力的取值范围 $\Delta\sigma_H$ 不断扩大，岩体坚硬程度越大，$\Delta\sigma_H$ 扩大的速度越快，这说明在同一深度条件下，硬质岩内的水平地应力大小较软质岩内更复杂，随机性更强。G. Ranalli 等人[25] 综合了前人的资料，将 150 多个岩石地应力测量数据按地质构造环境划分成 3 类：地盾区、褶皱带和沉积层，研究了水平地应力随深度的分布特点，如图 2（a）所示。为了方便比较，将图 1 中水平地应力为 0~100MPa 的部分截出，如图 2（b）所示。在图 2（a）中找出两个水平地应力最小值，将二者相连确定一条直线，将其作为水平地应力的下限边界；再找出两个水平地应力最大值，同样连成一条直线作为水平地应力的上限边界。在图 2（b）中将位于两侧的第 6 组数据点 σ_{Hmin} 和 σ_{Hmax} 分别相连，所得的两条曲线即为水平地应力的下限边界和上限边界。当埋深为 500m 时，图 2（a）和（b）中水平地应力的上限边界值均在 100MPa 左右；当埋深为 2750m 时，图 2（a）和（b）中水平地应力的下限边界值均在 10MPa 左右；在地表附近，图 2（a）和（b）中水平地应力大部分均在 0~20MPa。根据以上分析可知，本文计算出的水平地应力取值范围与实测的水平地应力分布范围具有很好的一致性，由此可以证明水平地应力取值范围计算模型是合理的。

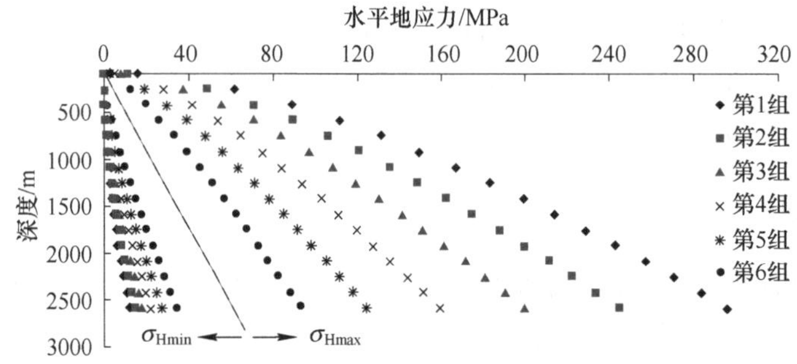

图 1　σ_{Hmin} 和 σ_{Hmax} 随深度的变化

Fig. 1　The chang of σ_{Hmin} and σ_{Hmax} with depth

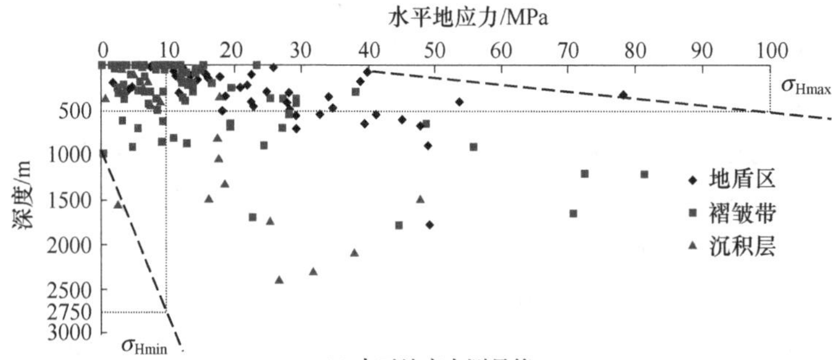

(a) 水平地应力测量值

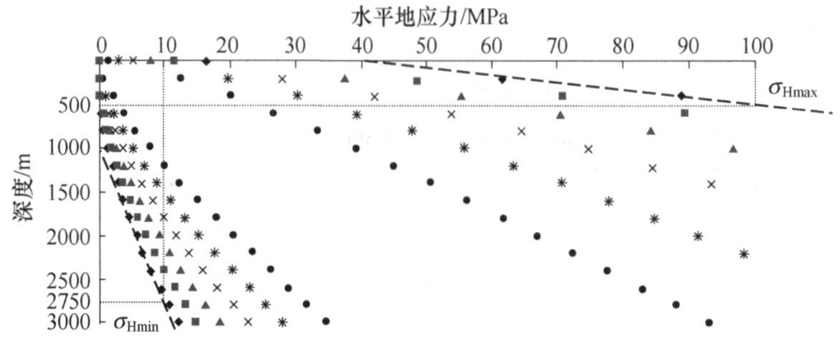

(b) 水平地应力计算值

图 2　水平地应力测量值和计算值对比

Fig. 2　Comparison of measured value and calculated value of horizontal in-situ stress

4 侧压系数沿深度的分布特征研究

4.1 σ_H/σ_V 的取值范围研究

E. Hoek 和 E. T. Brown[26] 通过对世界各地的地应力现场测量结果进行统计分析，发现在地壳浅部区域内 σ_H/σ_V（水平地应力/垂直地应力）的值分布在一个很广的范围内，但在深部区域内，该却分布在直线 $\sigma_H/\sigma_V=1$ 周围一个狭小的范围内。关于 σ_H/σ_V 随深度变化这一现象已有许多学者进行了探讨[27-34]，建立了多个模型，并利用这些模型分析、讨论了该现象，但对此现象给出合理解释的却很少。

将式（13）中所有量同时除以 σ_V 可得：

$$\left(1+\frac{m_b\sigma_c}{2\sigma_V}\right)-\sqrt{\frac{m_b\sigma_c}{\sigma_V}+\frac{m_b^2\sigma_c^2}{4\sigma_V^2}+\frac{s\sigma_c^2}{\sigma_V^2}}\leqslant\frac{\sigma_H}{\sigma_V}\leqslant 1+\sqrt{\frac{m_b\sigma_c}{\sigma_V}+\frac{s\sigma_c^2}{\sigma_V^2}} \tag{18}$$

式（18）即为 σ_H/σ_V 的取值范围计算模型。将表 1 中的 6 组数据代入式（18），令 $\sigma_V=\gamma h$，即可算出在不同深度所对应的 σ_H/σ_V 的取值下限 $(\sigma_H/\sigma_V)_{min}$ 和取值上限 $(\sigma_H/\sigma_V)_{max}$，计算结果如图 3 所示。

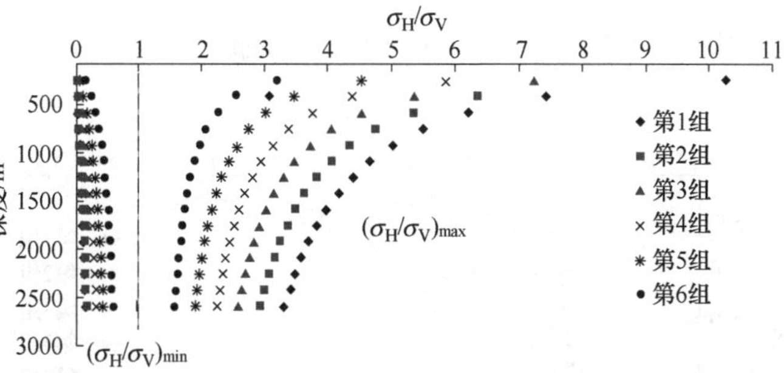

图 3 $(\sigma_H/\sigma_V)_{min}$ 和 $(\sigma_H/\sigma_V)_{max}$ 随深度的变化

Fig. 3 The change of $(\sigma_H/\sigma_V)_{min}$ and $(\sigma_H/\sigma_V)_{max}$ with depth

由图 3 可知，靠近地表区域的 σ_H/σ_V 分布在较大的取值范围内，随着深度 h 的增加，σ_H/σ_V 及其取值范围均不断减小。由式（18）可知，当深度 $h\to\infty$ 时，$\sigma_H/\sigma_V=1$，$\Delta(\sigma_H/\sigma_V)=0$，即 σ_H 和 σ_V 趋于相等，且岩石越软，趋于相等的速度越快。由此可见，图 3 中显示的 σ_H/σ_V 随深度的变化与 E. Hoek 和 E. T. Brown 所观察到的现象是一致的。

式（18）是从式（13）推导出来的，当 σ_H 满足式（13）时岩体方能处于稳定状态，同理可知，岩体若要保持稳定状态，则 σ_H/σ_V 应满足式（18），而地壳中的岩体在未受强烈扰动时，大部分应处于稳定或极限平衡状态。由此可见，式（18）从岩体稳定性的角度解释了 σ_H/σ_V 在地壳浅部区域内分布在一个较广的范围内，但在深部区域内，σ_H/σ_V 则分布在 $\sigma_H/\sigma_V=1$ 周围的一个狭小范围内这一现象。

4.2 侧压系数沿深度的分布特征研究

侧压系数 λ 是平均水平地应力与垂直地应力的比值，其中平均水平地应力为最大水平地应力与最小水平地应力的算术平均值，由此可得：

$$\lambda=\frac{\sigma_{Hmean}}{\sigma_V}=\frac{\sigma_{Hmin}+\sigma_{Hmax}}{2\sigma_V}=\frac{1}{2}\left[\left(\frac{\sigma_H}{\sigma_V}\right)_{min}+\left(\frac{\sigma_H}{\sigma_V}\right)_{max}\right] \tag{19}$$

对于不同地区、不同深度，岩体内的侧压系数 λ 各有差异[26]。试验结果表明[35]，侧压系数 λ 除影响岩石的变形和强度特性外，也对岩石的破坏机制产生重要影响。因此侧压系数 λ 不仅是评估初始地应力场的重要参数，也是岩石力学特性研究中必须考虑的重要因素。

Hoek 和 Brown[26] 研究了世界各地 120 个现场应力测量的数据，根据数据所在地区分类编制了侧

压系数 λ 随深度 h 的变化图如图 4（a）所示。根据之前已计算出的 6 组 $(\sigma_H/\sigma_V)_{min}$ 和 $(\sigma_H/\sigma_V)_{max}$ 按式（20）算出 6 组侧压系数 λ，每组 λ 用样条曲线连接如图 4（b）所示。类似于图 2（a），在图 4（a）中用曲线勾勒出侧压系数 λ 沿深度的大致分布范围，左侧曲线为 λ 的下限边界，右侧曲线为 λ 的上限边界。对应到图 4（b）中，λ 的下限边界和上限边界则分别为第 6 组曲线和第 1 组曲线。在图 4（a）和（b）中，λ 在地壳浅部区域分布范围较广，随着深度 h 的增加，图 4（a）中的 λ 值逐渐在直线 $\lambda=1$ 附近的区域内振动，而图 4（b）中的 λ 值则逐渐趋近于 1。

当深度 h 等于 500m、1000m 和 3000m 时，图 4（a）中侧压系数 λ 所对应的上限取值分别为 3.50、2.50 和 1.50，图 4（b）中侧压系数 λ 所对应的上限取值分别为 3.35、2.50 和 1.65。在同深度条件下，λ 相差小于 10%，且两图中上限边界曲线的线型很相似。由此可见，通过式（18）和式（19）给出的 λ 上限边界与现场测量数据反映出的 λ 上限边界较为一致。

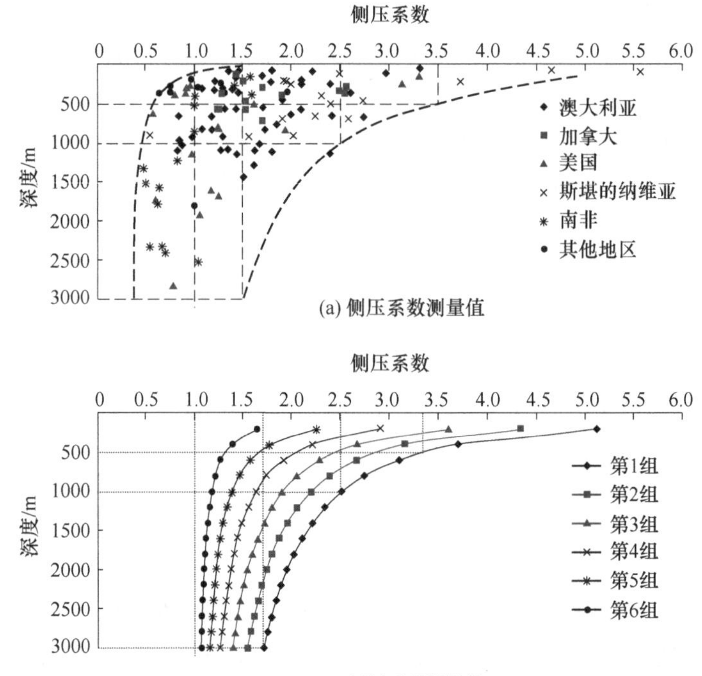

(a) 侧压系数测量值

(b) 侧压系数计算值

图 4 侧压系数测量值和计算值对比

Fig. 4 Comparison of measured value and calculated value of coefficient of horizontal pressure

但对于下限边界，图 4（a）和（b）却有所偏差。主要原因是当深度 h 超过 1000m 后，图 4（a）中出现多个测点 λ 小于 1 的情况，即垂直地应力超过了水平地应力。而图 4（b）中随着深度的增加，λ 会逐渐趋近于 1，却未出现小于 1 的情况。由此可见，式（18）适用于地表岩体侧压系数 λ 的计算，而对于深部岩体，其计算结果可能会产生较大的误差。

4.3 侧压系数与深度之间的函数关系研究

侧压系数 λ 与深度 h 之间的函数关系在初始地应力场的评估中起着重要的作用，为应力历史分析、应力区划分和应力场计算等工作提供了依据。例如通过数值分析软件计算岩体的初始地应力场时，通常需要输入侧压系数 λ 与深度 h 之间的函数关系作为计算条件。

在对侧压系数 λ 沿深度 h 的分布特征研究中发现，由式（19）计算出的 λ 并非通常所认为的沿深度呈线性分布，而是呈非线性分布，如图 4（b）中的 6 条曲线所示。因此设定 λ 与 h 之间的函数关系是非线性的，且需满足边界条件：（1）当 $h\to\infty$ 时，地应力场为静水压力场，即 $\lambda=1$；（2）当 $h\to 0$ 时，即地表附近，此时 $\sigma_V\to 0$，即 $\lambda\to\infty$。在工程应用中，通常将 λ 用 h 的函数表示，以 h 为横坐标，λ 为纵坐标，给出 λ 和 h 之间的函数关系式为：

$$\lambda = ah^b + 1(a>0,\ b<0) \tag{20}$$

式中，a 和 b 均为待定常数。当 $h\to\infty$ 时，$\lambda=1$，满足边界条件（1），当 $h\to 0$ 时，$\lambda\to\infty$，满足边界条

件（2），因此式（20）可作为 λ 和 h 的关系函数。在图 4（b）中选取第 4 组曲线的数据作为拟合对象，拟合结果如图 5 所示。从拟合结果可以看出，式（20）的拟合相关系数很高，能准确地反映 λ 和 h 之间的函数关系。

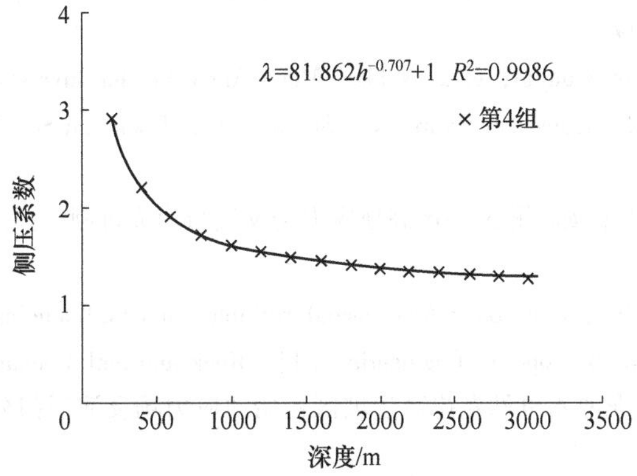

图 5 λ 和 h 的非线性拟合结果

Fig. 5 Result of nonlinear fitting of λ and h

5 结论

本文结论如下。

（1）岩体波速与地应力相比有着测量成本低、测量成功率高、场地适应性强等诸多优势，通过基于岩体波速的 Hoek-Brown 准则推导出水平地应力 σ_H 的取值范围 $\Delta\sigma_H$ 计算模型，将其与实测地应力结果进行对比分析。结果表明，由 $\Delta\sigma_H$ 计算模型给出的 σ_H 在地壳中分布的上限和下限边界，与大量现场地应力测量数据所反映出的 σ_H 的上限和下限边界均具有较好的一致性，说明该计算模型是合理的。

（2）在 $\Delta\sigma_H$ 计算模型的基础上，给出 σ_H/σ_V（水平地应力/垂直地应力）的取值范围 $\Delta(\sigma_H/\sigma_V)$ 计算模型。由 $\Delta(\sigma_H/\sigma_V)$ 计算模型所反映出的 σ_H/σ_V 在地壳中的分布情况与实测的 σ_H/σ_V 在地壳中的分布情况非常相似。$\Delta(\sigma_H/\sigma_V)$ 计算模型从岩体稳定性的角度解释了 σ_H/σ_V 在地壳浅部区域分布在一个较广的范围内，但在深部区域则分布在 $\sigma_H/\sigma_V=1$ 周围的一个狭小范围内这一现象。

（3）通过 $\Delta(\sigma_H/\sigma_V)$ 计算模型给出的 σ_H/σ_V 的取值下限 $(\sigma_H/\sigma_V)_{min}$ 和取值上限 $(\sigma_H/\sigma_V)_{max}$ 算出了侧压系数 λ，并将侧压系数 λ 的计算值与实测值进行对比分析，结果表明：在浅部岩体中，侧压系数 λ 的计算值与实测值在分布特征上较为一致，而在深部岩体中，两者则可能出现较大差异。因此，$\Delta(\sigma_H/\sigma_V)$ 计算模型更适用于计算浅部岩体工程中的侧压系数 λ。

（4）侧压系数 λ 的计算值沿深度 h 呈现出明显的非线性变化特征，在设定适当边界条件的基础上，给出了侧压系数 λ 和深度 h 之间的函数关系 $\lambda=ah^b+1$，并通过曲线拟合进行了验证。拟合结果表明，$\lambda=ah^b+1$ 的拟合相关系数很高，能较准确地反映侧压系数 λ 和深度 h 之间的函数关系。此函数关系式可用于初始地应力场评估，为模拟岩体的开挖变形破坏提供必要的初始地应力场条件。

参 考 文 献

[1] 付成华，汪卫明，陈胜宏．溪洛渡水电站坝区初始地应力场反演分析研究［J］．岩石力学与工程学报，2006，25（11）：2305-2312.

Fu Chenghua，Wang Weiming，Chen Shenghong. Back Analysis Study on Initial geostress Field of Dam Site for Xiluodu Hydropower Project［J］. Chinese Journal of Rock Mechanics and Engineering，2006，25（11）：2305-2312.

[2] 沈明荣．岩体力学［M］．上海：同济大学出版社，1999.

Shen Mingrong. Rock Mass Mechanics［M］. Shanghai：Tongji University Press，1999.

[3] 郭明伟，李春光，王水林，等．优化位移边界反演三维初始地应力场研究［J］．岩土力学，2008，29（5）：1269-

1274.

Guo Mingwei, Li Chunguang, Wang Shuilin, et al. Study on Inverse Analysis of 3-D Initial Geostress Field with Optimized Displacement Boundaries [J]. Rock and Soil Mechanics, 2008, 29 (5): 1269-1274.

[4] 贾善坡，陈卫忠，谭贤君，等. 大岗山水电站地下厂房区初始地应力场 Nelder-Mead 优化反演研究 [J]. 岩土力学，2008，29 (9)：2341-2349.

Jia Shanpo, Chen Weizhong, Tan Xianjun, et al. Nelder-Mead Algorithm for Inversion Analysis of In-situstress Field of Underground Powerhouse Area of Dagangshan Hydropower Station [J]. Rock and Soil Mechanics, 2008, 29 (9): 2341-2349.

[5] 袁风波，刘建，李蒲健，等. 拉西瓦工程河谷区高地应力场反演与形成机制 [J]. 岩土力学，2007，28 (4)：836-842.

Yuan Fengbo, Liu Jian, Li Pujian, et al. Back Analysisand Multiple-factor Influencing Mechanism of High Geostress Field for River Valley Region of Laxiwa Hydropower Engineering [J]. Rock and Soil Mechanics, 2007, 28 (4): 836-842.

[6] 胡斌，冯夏庭，黄小华，等. 龙滩水电站左岸高边坡区初始地应力场反演回归分析 [J]. 岩石力学与工程学报，2005，22 (11)：4055-4064.

Hu Bin, Feng Xiating, Huang Xiaohua, et al. Regression Analysis of Initial Geostress Field for Left Bankhigh Slope Region at Longtan Hydropower Station [J]. Chinese Journal of Rock Mechanics and Engineering, 2005, 22 (11): 4055-4064.

[7] 梅松华，盛谦，冯夏庭. 龙滩水电站左岸地下厂房区三维地应力场反演分析 [J]. 岩石力学与工程学报，2004，23 (23)：4006-4011.

Mei Songhua, Sheng Qian, Feng Xiating, et al. Back Analysis of 3D In-situ Stress Field of Underground Powerhouse Area of Longtan Hydropower Station [J]. Chinese Journal of Rock Mechanics and Engineering, 2004, 23 (23): 4006-4011.

[8] 金长宇，马震岳，张运良. 神经网络在岩体力学参数和地应力场反演中的应用 [J]. 岩土力学，2006，27 (8)：1263-1266.

Jin Changyu, Ma Zhenyue, Zhang Yunliang, et al. Application of Neural Network to Back Analysis of Mechanical Parameters and Initial Stress Field of Rockmasses [J]. Rock and Soil Mechanics, 2006, 27 (8): 1263-1266.

[9] 易达，陈胜宏，葛修润. 岩体初始应力场的遗传算法与有限元联合反演法 [J]. 岩土力学，2004，25 (7)：1077-1080.

Yi Da, Chen Shenghong, Ge Xiurun. Method of Backanalysis Combining Genetic Algorithm with Finite Elementmethod to Initial Stress Field of Rock Mass [J]. Rock and Soil Mechanics, 2004, 25 (7): 1077-1080.

[10] 董志高，吴继敏，施志群，等. 某水电站地下厂房区初始地应力场回归分析 [J]. 河海大学学报（自然科学版），2003，31 (5)：543-546.

Dong Zhigao, Wu Jimin, Shi Zhiqun. et al. Regression Analysis Ofinitial Geostress for an Underground Power Plant Region [J]. Journal of Hohai University (Natural Sciences), 2003, 31 (5): 543-546.

[11] Hoek E, Brown E T. Underground Excavations in Rock [M]. London, UK: The Institution of Mining and Metallurgy, 1980: 93-101.

[12] Roman D C, Moran S C, Power J A, et al. Temporal and Spatial Variation of Local Stress Fields Before and After the 1992 Eruptions of Crater Peak Vent, Mount Spurr Volcano, Alaska [J]. Bulletin of the Seismological Society of American, 2004, 94: 2366-2379.

[13] Bohnhoff M, Grosser H. Dresen G. Strain Partitioning and Stress Rotation at the North Anatolian Fault Zone from Aftershock Focal Mechanisms of the 1999 Izmit $M_W = 7.4$ Earthquake [J]. Geophysical Journal International, 2006, 166 (1): 373-385.

[14] 马莎，崔江利，陈尚星，等. RQD 和 v_P 合理取值分析与计算 [J]. 华北水利水电学院学报，2003，24 (3)：46-49.

Ma Sha, Cui Jiangli, Cheng Shangxing, et al. Analysis and Calculation of Reasonable Selection of RQD and v_P [J]. Journal of North China Institute of Water Conservancy and Hydroelectric Power, 2003, 24 (3): 46-49.

[15] 夏开宗，陈从新，刘秀敏，等. 基于岩体波速的 Hoek-Brown 准则预测岩体力学参数的方法及工程应用 [J]. 岩石力学与工程学报，2013，23 (7)：1458-1466.

Xia Kaizong, Chen Congxin, Liu Xiumin, et al. Estimation of Rock Mass Mechanical Parameters Based on Ultrasonic Velocity of Rock Mass and Hoek-Brown Criterion and Its Application to Engineering [J]. Chinese Journal of Rock Mechanics and Engineering, 2013, 23 (7): 1458-1466.

[16] 宋建波，张倬元，于远忠，等. 岩体经验强度准则及其在地质工程中的应用 [M]. 北京：地质出版社，2002.

Song Jianbo, Zhang Zhuoyuan, Yu Yuanzhong, et al. Experience of Rock Mass Strength Criterion and Its Application in

2 现有露天矿卡车调度决策方法简述

经多年的实践探索和研究[4]，露天矿常用的卡车调度方法基本分为两种，一是定铲配车调度方法，即在一个班或一段时间内，每台挖掘机配备固定的卡车车队，只有当某一卡车车队所在的挖掘机发生较大的故障时，其车队才调往其他挖掘机所配备的车队中去。这种配车调度方法仅适用于小型露天矿，如在大中型露天矿中使用，由于缺乏灵活性而影响车铲的效率。但这种调度方法也具有生产管理简单、卡车司机对道路熟悉、操作方便等优点。另一种是卡车自动化实时调度方法，即每台卡车并不固定属于某台挖掘机，对从排土场或卸矿场返回来的空车进行调度时，要对全矿的挖掘机进行全面考察，将其调往能使该车发挥最大效率的挖掘机处。而从采掘工作面出来的重车的调度主要根据对矿岩流量流向进行合理优化的分配结果进行决策。实现卡车自动化实时调度，需要建立完整的卡车调度系统，其硬件系统包括车铲工况监测设备、卡车定位设备、调度指令发设及信息反馈设备、数据及信号预处理计算机、中央调度决策计算机、监视大屏幕等。其关键是用于做出调度决策的软件系统，该软件系统是卡车自动化实时调度系统的核心，是根据一定的决策方法建立具体的决策模型，以实现调度决策，向卡车发出调度指令。自动化实时调度法是一种优化调度方法，能够最大限度地发挥车铲效率，但所建立的决策模型必须具有较高的可靠性和准确性。本文针对目前普遍采用的决策模型所存在的不足进行研究，提出了建立模糊决策模型的卡车调度决策方法，并对建模方法和应用效果进行了详细论述。

3 露天矿卡车调度模糊决策方法及模型建立

3.1 卡车调度模糊决策方法

3.1.1 重车调度方法

在采掘工作面装载后的重车应调往哪个卸载点，主要根据矿岩流量流向优化分配的结果进行调度，首先计算该采掘工作面分配有矿岩流量的几个卸载点当前已完成所分配卸载量的百分比，将该重车调往完成产量百分比最低的卸载点。

3.1.2 空车调度方法

从排土场或卸矿场卸载后的空车应调往哪个采掘工作面的挖掘机处，其决策方法受诸多因素的影响，主要包括车铲类型及其状态、采矿计划、产量完成情况、工程位置的重要程度、铲前车队长度、运输线路系统等，在综合考虑上述诸因素进行卡车调度决策时，首先引入一个定义为配车系数的模糊变量，这个变量是针对采掘工作面上的挖掘机而言的，用待调度的卡车现状计算该车应属于每台挖掘机的隶属度，隶属度值大的那个挖掘机所在的工作面即为该卡车应调往的配车地点。而配车系数模糊变量的隶属度函数是根据上述诸影响因素的隶属度函数运算得到的。因此，还须对每个影响因素模糊变量建立一个隶属度函数，用其隶属度值来表示该影响因素在调度决策中的影响程度。下面具体论述空车调度决策模糊数学模型。

3.2 卡车调度决策的模糊数学模型

设某露天矿实际出动的挖掘机类型为 MW 种，每种类型挖掘机台数为 NW(1)，NW(2)，…，NW(MW)，出动的挖掘机总台数为 NW，其值为：

$$\mathrm{NW} = N_W(1) + N_W(2) + \cdots + N_W(M_W) \tag{1}$$

实际出动的卡车类型为 MQ 种，每种类型卡车台数为 NQ(1)，NQ(2)，…，NQ(MQ)，出动的卡车总台数为 NQ，其值为：

$$\mathrm{NQ} = N_Q(1) + N_Q(2) + \cdots + N_Q(M_Q) \tag{2}$$

第 i 号挖掘机所在的采掘工作面的矿岩类型用 MK(i) 表示，其中：MK(i) = 0 表示为“富矿”，

MK(i) = 1 表示为“高品位矿石”, MK(i) = 2 表示为“低品位矿石”, MK(i) = 3 表示为“岩石”, MK(i) = 4 表示为“表土”, MK(i) = 5 表示为“有害剥离物”。QW(i) 表示第 i 号挖掘机的计划产量($\times 10^4$t, 或 $10^4 m^3$); $Q'_w(i)$ 表示第 i 号挖掘机的当前实际完成的产量($\times 10^4$t, 或 $10^4 m^3$); $L(i)$ 表示第 i 号挖掘机当前车队长度, 包括正在装车的卡车; PW(i) 表示 i 号挖掘机所在工程位置的重要性, 即工程优先级, PW (i) 值为 1, 2, 3, …, 其值越小优先级越高; $R(i)$ 表示所须调度的卡车与第 i 号挖掘机类型匹配程度, $R(i)$ = 0 表示“车铲类型完全不匹配”, $R(i)$ = 1 表示“车铲类型完全匹配”, $R(i)$ = 0.5 表示“车铲类型技术上可行但经济上不合理”。

(1) 考虑每台挖掘机当前车队长度这一模糊变量 LW(i) 时, 令 x_1 = LW(i), 其对配车影响程度的隶属度函数为:

$$\underset{\sim}{\mu_L}(x_l) = \begin{cases} 1, & \text{当 } t_y(i) \geqslant t_z(i) \text{ 时} \\ \dfrac{\Delta t_{\min}}{t_z(i) - t_y(i)}, & \text{当 } t_y(i) < t_z(i) \text{ 时} \end{cases} \tag{3}$$

式中 $t_y(i)$——待调度的空车从调度地点到达第 i 号挖掘机所需的运行时间, min;

$t_z(i)$——第 i 号挖掘机将当前正在等待装车的所有 L(i) 台卡车全部装完所需的装车时间, min;

$$t_z(i) = t_{zh}(1) + t_{zh}(2) + \cdots + t_{zh}(x_1) \tag{4}$$

$t_{zh}(k)$——第 i 号挖掘机装载等装车队中排在第 k 位的卡车所需的装车时间, min;

$\Delta t_{\min}$——待调度的空车若调度到不同挖掘机处所需的各个等装时间中的最小值, 即

$$\Delta t_{\min} = \underset{1 \leqslant k \leqslant NW}{\mathrm{Min}} \{ t_z(k) - t_y(k) \mid t_z(k) > t_y(k) \} \tag{5}$$

(2) 考虑挖掘机当前完成的产量这一模糊变量 $Q'_w(i)$ 时, 令 $x_2 = Q'_w(i)$, 其对卡车调度影响程度的隶属度函数为:

$$\underset{\sim}{\mu_Q}(x_2) = \begin{cases} 0, & \text{当 } x_2 \geqslant Q_w(i) \text{ 时} \\ \dfrac{Q_w(i) - x_2}{\mathrm{Max}\Delta Q}, & \text{当 } x_2 < Q_w(i) \text{ 时} \end{cases} \tag{6}$$

式中 $\mathrm{Max}\Delta Q$——所有挖掘机中欠产量的最大值;

$$\mathrm{Max}\Delta Q = \underset{1 \leqslant k \leqslant NW}{\mathrm{Max}} \{ Q_w(i) - x_2 \} \tag{7}$$

若用式 (6) 计算出所有挖掘机的 $\underset{\sim}{\mu_Q}(Q'_w(i)) = 0$ 时, 则用式 (8) 代替式 (6):

$$\underset{\sim}{\mu_Q}(x_2) = \frac{x_2 - Q_w(i)}{100 Q_w(i)} \tag{8}$$

(3) 考虑挖掘机所在工程位置的重要性, 即优先级 PW(i) 时, 令 x_3 = PW(i), 其模糊变量对卡车调度影响程度的隶属度函数为:

$$\underset{\sim}{\mu_P}(x_3) = \begin{cases} 10^{-8}, & \text{当 } x_3 = p_{\max} \text{ 时} \\ \dfrac{p_{\max} - x_3}{p_{\max} - p_{\min}}, & \text{当 } x_3 \neq p_{\max} \text{ 时} \end{cases} \tag{9}$$

式中

$$p_{\max} = \underset{1 \leqslant k \leqslant NW}{\mathrm{Max}} \{ p_w(k) \} \tag{10}$$

$$p_{\min} = \underset{1 \leqslant k \leqslant NW}{\mathrm{Min}} \{ p_w(k) \} \tag{11}$$

(4) 考虑车铲类型是否匹配时, 其模糊变量为 $R(i)$, $x_4 = R(i)$, 对卡车调度影响程度的隶属度函数为:

$$\underset{\sim}{\mu_R}(x_4) = x_4 \tag{12}$$

(5) 考虑挖掘机所在工作面的作业条件时, 其模糊变量 Cw(i), 令 x_5 = Cw(i), 对卡车调度影响程度的隶属度函数为:

$$\underset{\sim}{\mu_C}(x_5) = \frac{6 - x_5}{5} \tag{13}$$

(6) 考虑应优先配给与待调度卡车距离最近的挖掘机, 即就近配车原则时, 令 x_6 = ty(i), 对卡车

调度影响程度的隶属度函数为：

$$\underset{\sim}{\mu_T}(x_6)=\begin{cases}10^{-8}, & \text{当 } x_6=t_{\max} \text{ 时}\\ \dfrac{t_{\max}-x_6}{t_{\max}-t_{\min}}, & \text{当 } x_6\neq t_{\max} \text{ 时}\end{cases} \tag{14}$$

式中

$$t_{\max}=\underset{1\leqslant k\leqslant NW}{\mathrm{Max}}\{t_y(k)\} \tag{15}$$

$$t_{\min}=\underset{1\leqslant k\leqslant NW}{\mathrm{Min}}\{t_y(k)\} \tag{16}$$

以上各式中，$\underset{\sim}{L}$，$\underset{\sim}{Q}$，$\underset{\sim}{P}$，$\underset{\sim}{R}$，$\underset{\sim}{C}$，$\underset{\sim}{T}$分别表示相应的模糊变量的模糊集，i为挖掘机号，j为所需调度的卡车号，则j号卡车对i号挖掘机配车系数模糊变量$K(i)$的隶属度函数为：

$$\underset{\sim}{\mu_K}(K(i))=\underset{\sim}{\mu_L}(x_1)\cdot\underset{\sim}{\mu_Q}(x_2)\cdot\underset{\sim}{\mu_P}(x_3)\cdot\underset{\sim}{\mu_R}(x_4)\cdot\underset{\sim}{\mu_C}(x_5)\cdot\underset{\sim}{\mu_T}(x_6)\quad (i=1,2,3,\cdots,\mathrm{NW}) \tag{17}$$

所需调度的j号卡车应调配给$\underset{\sim}{\mu_K}(K(i))$值最大的挖掘机。

4 模型应用及效果分析

该模型经对齐大山露天矿卡车调度进行计算机模拟实验研究，效果十分明显，表1为该矿分别运用本文所建立的调度模糊决策模型和以前的常用调度模型，对生产工艺系统进行计算机模拟所得到的铲、车效率和车铲综合效率，由此可以看出本文所建立的调度模糊决策模型车铲效率明显提高，模型具有较高的可靠性和准确性。

表1 车、铲效率及综合效率对照表

Table 1 Truck and excavator efficiency and synthetic efficiency comparison

项目	卡车效率 η_c/%	挖掘机效率 η_w/%	综合效率 η/%
以前常用调度方法	32.85	64.14	41.96
本文模糊决策调度方法	35.84	69.99	45.85
提高效率值	2.99	5.85	3.89

5 结束语

（1）运用模糊数学的概念和原理，建立露天矿卡车调度决策模型，其方法简便，综合考虑了影响卡车调度的各个因素，避免了人为判断各影响因素的重要性所带来的决策偏差。该卡车调度模糊决策模型经计算机模拟实验检验可明显提高采运设备效率。

（2）利用模糊数学隶属度函数作为卡车调度影响因素的定量描述，可使卡车调度模型易于用数学模型表达，使模型更加准确、实用。

参考文献

[1] 刘海娟．大型露天矿卡车实时调度系统的遗传算法研究［D］．阜新：辽宁工程技术大学，2003.
[2] 杨令杰，李克民，王斌．露天矿卡车调度的理论与方法研究［J］．露天采矿技术，2006（4）：12-14.
[3] 谢季坚．模糊数学及其应用［M］．2版．武汉：华中理工大学出版社，2000.
[4] 宋子岭，白润才，魏春启．霍林河露天矿卡车调度决策方法及模型的研究［J］．露天采煤技术，2001（1）：38-39.

影响爆破块度因素的灰色关联分析

耿　威[1,2]　梁尔祝[1,2]

（1. 广东宏大爆破股份有限公司，广东 广州，510623；
2. 鞍钢矿业爆破有限公司，辽宁 鞍山，114046）

摘　要：采用灰色关联分析的方法对影响爆破块度的主要因素进行分析，建立各因素与爆破块度分布之间的灰色关联度矩阵，结合齐大山露天矿现场爆破试验，应用计算机图像处理技术对爆破块度进行预测，通过对灰色关联度矩阵的计算，得出影响爆破块度分布的各因素间的主次关系，其中，炸药单耗为影响爆破块度的准最优因素，在进行爆破块度优化的过程中，应着重考虑炸药单耗的影响。

关键词：灰色关联度；灰色关联矩阵；爆破参数；爆破块度

Grey Correlation Analysis Influencing Factors of Blasting Block

Geng Wei[1,2]　Liang Erzhu[1,2]

（1. Guangdong Hongda Blasting Co., Ltd., Guangdong Guangzhou, 510623;
2. Ansteel Mineral Industry Blasting Co., Ltd., Liaoning Anshan, 114046）

Abstract: A method of gray relational analysis of the main factors affecting the degree of blasting blocks were analyzed to establish the factors gray correlation matrix and blasting block distribution between the binding site of Fushun East open pit blasting test, using computer image processing technology blasting Fragmentation predict, through the gray correlation matrix has been calculated, the relationship between the various factors affecting the primary and secondary distribution block between blasting, where explosives consumption factors for quasi-optimal blasting fragmentation effects, conducting blasting block the degree of optimization of the process, should consider the impact of the unit explosives consumption.

Keywords: grey degrees; grey correlation matrix; blasting parameters; blasting fragmentation

1　引言

爆破是露天开采重要环节，爆破质量好坏直接影响后续工艺生产效率与经济效益。评价爆破质量主要从爆破块度分布、抛掷距离、后冲距离、隆起高度等方面进行分析研究，在评价爆破质量的诸多因素中，爆破块度分布是最为重要的指标之一。自 20 世纪 70 年代以来，各国学者在爆破块度分布方面做了大量分析研究，澳大利亚的哈里斯、加拿大的布拉斯帕提出的 Harries 模型，该模型将岩体简化为炮孔轴线为中心的圆筒，并假设岩体为连续均匀介质，应用经典力学理论建立应力波传播模型对爆破后岩块粒径进行分析预测，该模型对于节理裂隙发育的矿区适用性较差，在 Harries 模型研究的基础上，鞍山矿业研究院邹定祥等人于 1984 年提出了 BMMC 模型，相对于 Harries 模型，该模型的优势在于充分考虑了爆破过程中节理裂隙对爆破块度的影响，但该模型在应力波计算过程中，未能充分考虑节理面对应力波传播的衰减作用[1]。这些模型一般将动态过程静态化，非均质岩体均质化，由于爆破过程的瞬间性和复杂性以及岩体力学性质及赋存状态的多变性，其预测结果与实际块度分布具有较大

原载于《广东化工》，2017，44（14）：28，42-43。

的偏差，本文在前人研究的基础上通过 Split Desktop3.1 计算机图像处理技术对爆破块度进行合理分析预测，该方法具有分析结果准确，便于操作等优势。

从矿业系统工程方向，爆破块度分布是受多方面因素共同影响的复杂系统，影响爆破块度分布的因素包括炸药性质、炸药单耗、炮孔密集系数、最小抵抗线等，以往研究一般变化其中一个因素固定其他因素，采用均值比较、方差分析、回归分析及显著性检验等方法确定各因素对爆破块度分布的影响程度，该方法仅反映单个因素与爆破块度分布的关系，而且对数据要求量巨大，实际样本收集受限并且具有一定离散性[2]。为避免受限性和离散性影响，采用灰色关联分析理论。该理论具有“样本小、数据少、不需要考虑样本数据概率分布”等特点。

2 灰色关联分析方法

2.1 灰色关联变量的选取

根据爆破过程中对爆破块度起控制作用和评价作用的差异，将参数变量分为两类：控制岩体爆破块度的指标量和评价岩体爆破块度的指标量。评价岩体爆破块度的指标量统称为系统特征因素，控制岩体爆破块度的指标量统称为相关因素变量。影响爆破块度分布的因素主要包括三个方面：岩体力学性质、炸药性能和爆破参数[3]。由于岩体力学性质是固定的，要改善爆破效果，主要从炸药性能和爆破参数两个方面进行优化。因此选取炸药波阻抗、炸药单耗、炮孔密集系数以及最小抵抗线四个方面作为相关因素变量。评价爆破块度分布的参数中，除平均块度外，大块率和尾矿率的高低对爆破效果同样起着至关重要的作用，因此将平均块度、大块率和尾矿率三个因素作为系统特征因素。

2.2 灰色关联计算方法

定义 X 为相关因素变量，X_i（$i=1, 2, 3, 4$）表示第 i 个相关因素，定义 Y 为系统特征因素，Y_j（$j=1, 2, 3$）表示第 j 个系统特征因素。通过 n 次爆破试验对影响爆破块度的主要因素进行研究，每个相关因素变量与系统特征因素变量在 n 次爆破试验中所得的数据形成了相应的序列，即

$$X_i = [X_i(1), X_i(2), \cdots, X_i(k), \cdots, X_i(n)] \quad i=1, 2, 3, 4 \tag{1}$$

$$Y_j = [Y_j(1), Y_j(2), \cdots, Y_j(k), \cdots, Y_j(n)] \quad j=1, 2, 3 \tag{2}$$

式中，$X_i(k)$ 表示第 i 个相关因素变量在第 k 次试验时的测量数据，$Y_j(k)$ 表示第 j 个系统特征因素变量在第 k 次试验时的测量数据。

计算过程中，由于数据序列单位不统一，为保证计算灰色关联度的准确性，需要对变量数据序列进行均值变换。通过均值化算子 D_1 计算变量序列的均值象，将式（1）和式（2）转化为

$$X'_i = X_iD_1 = [X'_i(1), X'_i(2), \cdots, X'_i(k), \cdots, X'_i(n)] \quad i=1, 2, 3, 4 \tag{3}$$

$$Y'_j = Y_jD_1 = [Y'_j(1), Y'_j(2), \cdots, Y'_j(k), \cdots, Y'_j(n)] \quad j=1, 2, 3 \tag{4}$$

式中

$$X'_i(k) = \frac{X_i(k)}{\overline{X}_i}, \quad \overline{X}_i = \frac{1}{n}\sum_{k=1}^{m} X_i(k) \quad i=1, 2, 3, 4 \tag{5}$$

$$Y'_j(k) = \frac{Y'_j(k)}{\overline{Y}_j}, \quad \overline{Y}_j = \frac{1}{n}\sum_{k=1}^{m} Y_j(k) \quad j=1, 2, 3 \tag{6}$$

对式（5）和式（6）两式应用始点零象化算子 D_0 作用，计算相应的始点零象。

$$X_i^0 = X'_iD_0[X_i^0(1), X_i^0(2), \cdots, X_i^0(k), \cdots, X_i^0(n)] \quad i=1, 2, 3, 4 \tag{7}$$

$$Y_j^0 = Y'_jD_0[Y_j^0(1), Y_j^0(2), \cdots, Y_j^0(k), \cdots, Y_j^0(n)] \quad j=1, 2, 3 \tag{8}$$

式中

$$X_i^0(k) = X'_i(k) - X'_i(1) \quad i=1, 2, 3, 4 \tag{9}$$

$$Y_j^0(k) = Y'_j(k) - Y'_j(1) \quad j=1, 2, 3 \tag{10}$$

根据灰色关联度定义[4]，系统特征变量的灰色绝对关联度为：

$$R_{ij} = \frac{1 + |YS_j| + |XS_i|}{1 + |YS_j| + |XS_i| + |XS_i - YS_j|} \quad i = 1,\ 2,\ 3,\ 4;\ j = 1,\ 2,\ 3 \tag{11}$$

$$|XS_i| = \left| \sum_{k=2}^{n-1} X_i^0(k) + \frac{1}{2} X_i^0(n) \right| \quad i = 1,\ 2,\ 3,\ 4 \tag{12}$$

$$|YS_j| = \left| \sum_{k=2}^{n-1} Y_j^0(k) + \frac{1}{2} Y_j^0(n) \right| \quad j = 1,\ 2,\ 3 \tag{13}$$

式中，R_{ij} 表示第 i 个相关因素变量与第 j 个系统特征因素的灰色绝对关联度。进而得到灰色绝对关联度矩阵：

$$\boldsymbol{A} = \begin{bmatrix} R_{11} & R_{12} & \cdots & R_{1j} \\ R_{21} & R_{22} & \cdots & R_{2j} \\ \vdots & \vdots & \vdots & \vdots \\ R_{i1} & R_{i2} & \cdots & R_{ij} \end{bmatrix} \tag{14}$$

3 矿山应用实践

为研究爆破过程中各因素对爆破块度分布的影响，在齐大山露天矿现场不同采区进行 6 次爆破试验，应用灰色关联度理论分析各参数与爆破块度分布的关联度，各试验相关因素变量选取为炸药波阻抗 X_1，炸药单耗 X_2，炮孔密集系数 X_3，最小抵抗线 X_4，具体试验参数见表 1。

表 1 爆破试验主要参数

Table 1 Main parameters of blasting test

参数	炸药波阻抗 X_1/kg·(m^2·s)$^{-1}$	炸药单耗 X_2/g·m^{-3}	炮孔密集系数 X_3	最小抵抗线 X_4/m
实验 1	3670	0.164	1	5
实验 2	3480	0.183	1.7	3
实验 3	3230	0.172	2	2.5
实验 4	3500	0.151	2.2	2.3
实验 5	3810	0.192	1.5	3.3
实验 6	3720	0.189	2.5	2

爆破试验结束后，选取爆破试验区采剥横断面较为平整区域，在该区域内放置直径为 9cm 的小球作为图像处理尺寸参考，拍照时尽量保证与采剥横断面平行，对照片处理使用 Split-Desktop3.1 计算机图像处理技术[5]，各试验区域爆破块度分析结果如图 1～图 6 所示。

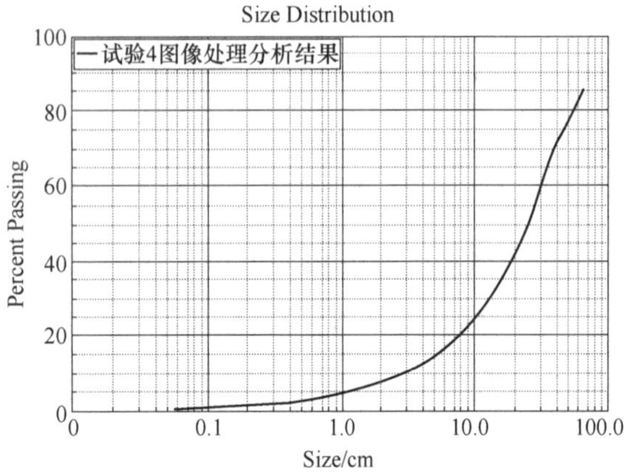

图 1 试验 1 图像处理分析结果

Fig. 1 Experiment 1 image analysis results

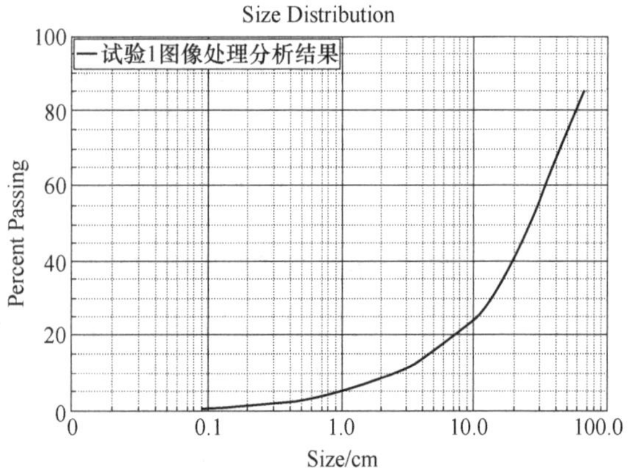

图 2 试验 2 图像处理分析结果

Fig. 2 Experiment 2 image analysis results

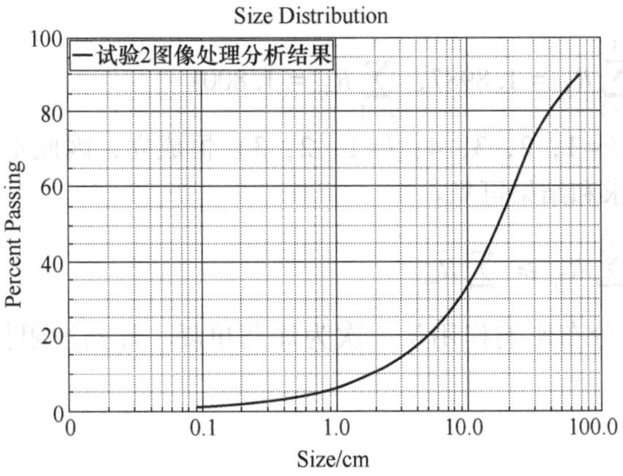

图 3　试验 3 图像处理分析结果

Fig. 3　Experiment 3 image analysis results

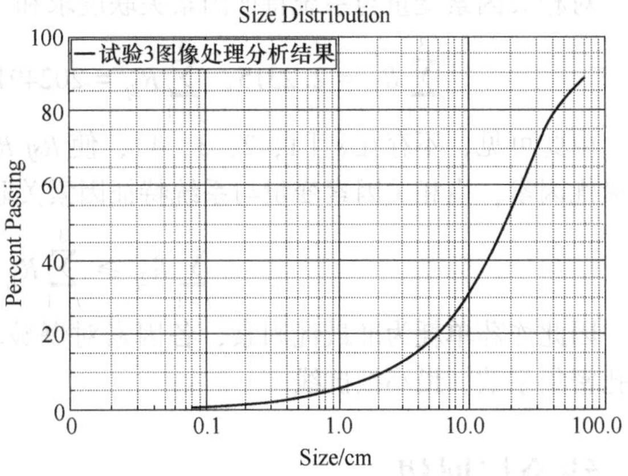

图 4　试验 4 图像处理分析结果

Fig. 4　Experiment 4 image analysis results

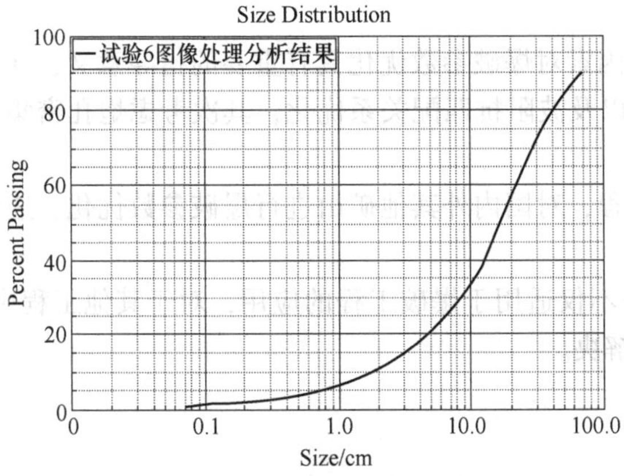

图 5　试验 5 图像处理分析结果

Fig. 5　Experiment 5 image analysis results

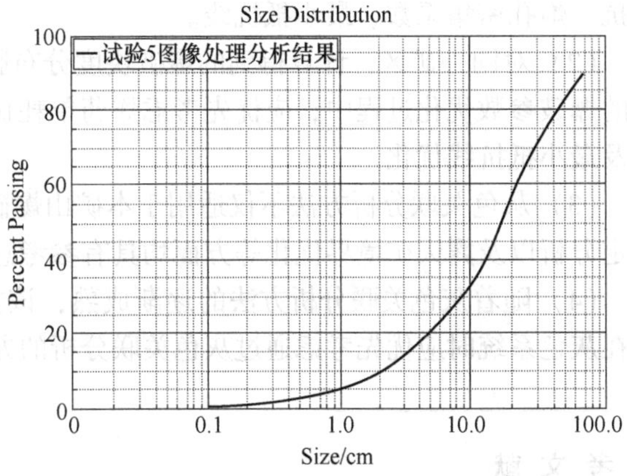

图 6　试验 6 图像处理分析结果

Fig. 6　Experiment 6 image analysis results

爆破质量的评价，选取平均块度、大块率、尾矿率三方面作为综合评价指标，因此系统特征因素为平均块度 Y_1、大块率 Y_2 和尾矿率 Y_3，各组爆破试验平均块度 Y_1、大块率 Y_2 和尾矿率 Y_3 分布见表 2。

表 2　爆破块度分布

Table 2　Distribution of blasting blocks

参数	平均块度 Y_1/cm	大块率 Y_2/%	尾矿率 Y_3/%
试验 1	20.3	14.2	7.9
试验 2	25.7	10.5	8.3
试验 3	23.4	11.2	7.5
试验 4	18.5	15.1	6.7
试验 5	26.2	10.6	9
试验 6	25.9	10.1	8.1

根据爆破试验中主要参数以及图像处理分析结果得到块度分布数据，利用 DPS 和 MATLAB 数据处理软件[6]，计算相关因素变量与系统特征变量的灰色绝对关联度矩阵，计算结果见式（15）：

$$\boldsymbol{A}=\begin{bmatrix}0.6459 & 0.7969 & 0.7887\\ 0.8008 & 0.64 & 0.8083\\ 0.7421 & 0.5668 & 0.5898\\ 0.5521 & 0.6847 & 0.5633\end{bmatrix} \tag{15}$$

对相关因素变量与系统特征因素关联度求和：

$$\sum_{j=1}^{3} R_{1j} = 2.2315,\ \sum_{j=1}^{3} R_{2j} = 202491,\ \sum_{j=1}^{3} R_{3j} = 1.8987,\ \sum_{j=1}^{3} R_{4j} = 1.8001$$

由此可见，不存在 s [1，2，3，4]，使 $Rsj\ Rkj$（k=1，2，3，4；j=1，2，3）恒成立，因此不存在最优因素，由相关因素变量与系统特征因素关联度求和结果可见：

$$\sum_{j=1}^{3} R_{2j} \geqslant \sum_{j=1}^{3} R_{1j} \geqslant \sum_{j=1}^{3} R_{3j} \geqslant \sum_{j=1}^{3} R_{4j}$$

因此炸药单耗为准最优因素，各因素对爆破块度分布影响作用从一次为炸药单耗、炸药波阻抗、炮孔密集系数、最小抵抗线。

4 结论与展望

（1）通过灰色关联计算的方法确定影响爆破块度诸多因素的主次关系，结合齐大山露天矿现场爆破数据得出炸药单耗为准最优因素，各因素对爆破块度的影响作用从主到次依次为炸药单耗、炸药波阻抗、炮孔密集系数、最小抵抗线。

（2）对同一矿区，计算得到的爆破块度分布影响因素对爆破参数优化具有重要的指导意义，在今后的爆破参数优化过程中，应优先考虑炸药单耗优化以及波阻抗匹配关系优化，其次考虑炮孔密集系数及最小抵抗线优化。

（3）灰色关联分析方法不仅适用于本矿山爆破工程，对国内外其他矿山进行爆破参数优化、边坡稳定分析以及露天矿境界优化等方面均具有参考意义。

（4）随着灰色关联分析方法的逐渐成熟，该方法不仅适用于爆破工程的应用，对于其他工程中，存在灰色系统时应优先考虑通过灰色关联分析的方法解决。

参考文献

[1] 张力民，吕淑然，刘红岩．节理岩体爆破破坏模式的机理分析及数值模拟［J］．金属矿山，2009（7）：16-19.

[2] 刘思峰．灰色关联分析模型进展［J］．系统工程理论与实践，2013，8（33）：41-44.

[3] 谭臻，李广悦，李长山，等．爆破参数对爆破块度效果影响的灰色关联分析［J］．矿业工程，2003，12（6）：41-44.

[4] 肖筱南．现代数值计算方法［M］．北京：北京大学出版社，2003.

[5] 刘庆，康强，赵明生，等．采石场空气间隔装药数值及应用［J］．爆破，2013，3（30）：65-69.

高温爆破中自适应型耐温护筒炸药设计

崔晓荣

（广东宏大爆破股份有限公司，广东 广州，510623）

摘　要：为了保障露天煤矿高温爆破施工的安全，设计了一种自适应型耐温护筒炸药。首先，进行了耐热防护结构的设计，即在柔性耐温隔热护筒中不耦合装填炸药卷并在间隙内充填水凝胶，实现外层护筒先隔热，内层水凝胶再吸热的热防护机理；其次，在护筒上部布设自动泄压孔，通过装药时自适应型耐温护筒炸药间的挤压使多余水凝胶从泄压孔挤出，实现内部装填炸药卷间距的自动调节；最后，进行投掷实验、传爆实验和工艺实验，论证设计方案的可行性和可靠性。实践证明，所设计的自适应型耐温护筒炸药能够满足高温爆破安全、高效施工的要求，值得推广应用。

关键词：露天煤矿；高温爆破；自适应型耐温护筒炸药；耐热防护结构；投掷实验；传爆实验

Design of Self-adapting and Heat-resisting Bangalore for High-temperature Blasting

Cui Xiaorong

（Guangdong Hongda Blasting Co.，Ltd.，Guangdong Guangzhou，510623）

Abstract：In order to ensure the safety of high-temperature blasting in open-pit coal mine，the self-adapting and heat-resisting bangalore is designed. Firstly，the heat-resistant protective structure is designed by the explosive rolls filled in flexible heat resistant protective tube and the hydrogel used to filling the gap. The explosive rolls is protected by heat insulation of tube and heat absorption of hydrogel. Secondly，the automatic pressure relief holes are designed in the upper part of the pangalore. Therefore the redundant hydrogel can squeeze out from the pressure relief holes during the charging process and the space of the bangalore is automatically adjusted to meet the charge quality requirements. Finally，the throwing test，detonation test and process test are all conducted to prove the feasibility and reliability of the bangalore. Practice has proved that the designed self-adapting and heat-resisting bangalore can meet the safety and efficiency requirements of high-temperature blasting and this bangalore is worth popularizing and applying.

Keywords：open-pit coal mine；high-temperature blasting；self-adapting and heat-resisting bangalore；heat-resistant protective structure；throwing test；detonation test

煤层自燃是人类面临的重大自然灾害之一，不仅直接消耗宝贵的煤炭资源，而且破坏了煤层的赋存条件，危及煤矿的安全生产，使得大量煤炭资源难以开采而间接损失[1-3]。由于地下火区的隐蔽性和地质环境的复杂性，彻底灭火并将岩石恢复至常温非常困难，因此煤层自燃矿山的露天开采和地质灾害治理，均需要进行高温岩体爆破[4,5]。施工中一般仍使用来源广泛、价格低廉的民用炸药，采取的安全措施一般包括炮孔临时降温改善装药环境[6-8]、对炸药隔热防护[9-11]和优化爆破工艺，缩短了炸药在高温环境下的总时间[12,13]。

除了上述 3 种常规安全措施的单一或者组合使用，林谋金等人[14]提出了全孔蓄水施工方法。通过注满水的消防水带创造全孔蓄水的装药环境，装药工艺简单，耗材价格低廉，同时实现了改善装药

基金项目：广东省产学研合作院士工作站资助项目（2013B090400026）。
原载于《工程爆破》，2017，23（6）：43-47，67。

环境和隔热保护炸药防护两种功能，非常适合 300℃以下高温爆破施工，但对超过 300℃的高温爆破，蓄水会在较短的时间内上升到沸点温度并部分冲出，对施工人员构成烫伤威胁。石文才等人[15] 研究了耐热隔热护套保护炸药，耐温能力强，装药快捷，但如何确定该密闭护套内充填水量是个棘手问题，充填水太多超过炸药卷的殉爆距离会产生盲炮，太少则削弱隔热防护能力；另密闭护套较长时间处于高温环境中将聚集水蒸气，存在护套爆裂失效的隐患。为了更好地解决 300℃以上高温炮孔（不宜超过 450℃）的安全爆破问题，设计了一种自适应型耐温护筒炸药。

1 自适应型耐温护筒炸药的设计

1.1 功能目标设计

针对部分高温炮孔的初始装药环境温度特别高（300~450℃）的特性，确定所设计耐高温护筒炸药须具备的性能指标，并进行性能指标与功能实现的匹配设计。

（1）耐高温能力强。在柔性耐温隔热护筒中不耦合装填炸药卷，并在间隙中充填水凝胶，从而实现护筒的外层先隔热、内层再吸热的多重耐热防护机理，且该耐热爆破护筒上部预留小孔，具有自动泄压作用，避免炸药在炮孔孔壁的加热下护筒内部形成超过一个大气压的压力，从而导致炸药超过常压下的水沸点温度。

（2）传爆性能稳定。在耐温隔热炸药护筒的上部（即超出内部炸药卷装填高度的部分）侧边和顶部布设小孔，让在向炮孔中装填炸药时，护筒炸药之间的相互冲击和挤压作用使水凝胶从预留孔中喷射或挤出，充填于护筒炸药与炮孔壁之间的间隙，从而保证上、下两个护筒炸药内装填的炸药间隔小于其殉爆距离，既确保护筒炸药之间的稳定传爆，同时又进一步提升了护筒炸药的耐温隔热性能，体现了其自适应性特征。

（3）工艺性能可靠。护筒炸药内部充填的是类似果冻状的水凝胶，即使外层护筒在施工过程中被划破也不会流淌出，其含水率高，热熔高，温升过程中吸收大量的热量，同时在高温作用下水分缓慢释放并吸收热量，故该耐温护筒炸药制作及装药方法操作方便、成本低廉、安全可靠性高，耐温隔热能力持久。

1.2 结构设计

基于设计功能目标，设计了自适应型耐温护筒炸药的结构（见图 1），外层为柔性隔热护筒，底部先绑扎，内部装填数个炸药卷，并在两者的间隙和耐温护筒上部充填水凝胶，再绑扎上端，形成类似“火腿肠”外观的耐温隔热护筒炸药，等待内部装填的水凝胶逐渐絮凝胶结。开始装药前，在耐温隔热护筒炸药的上部，即超出内部炸药卷装填高度的部分，设置侧边小孔和顶部小孔。

该自适应型耐温护筒炸药由 3 层结构组成（见图 2），隔热层由外到内依次为外层耐温隔热编织

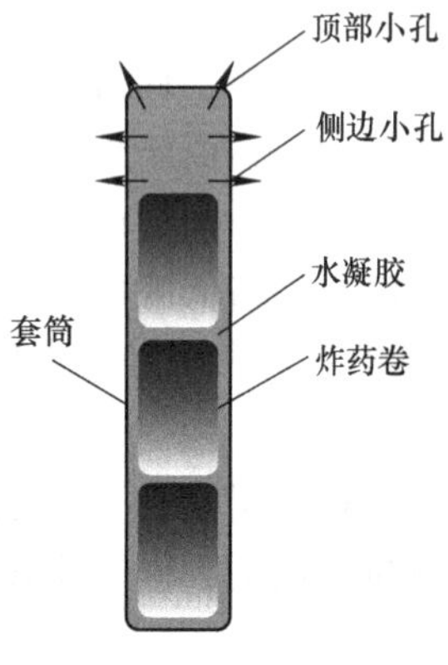

图 1 结构设计

Fig. 1 Structure design

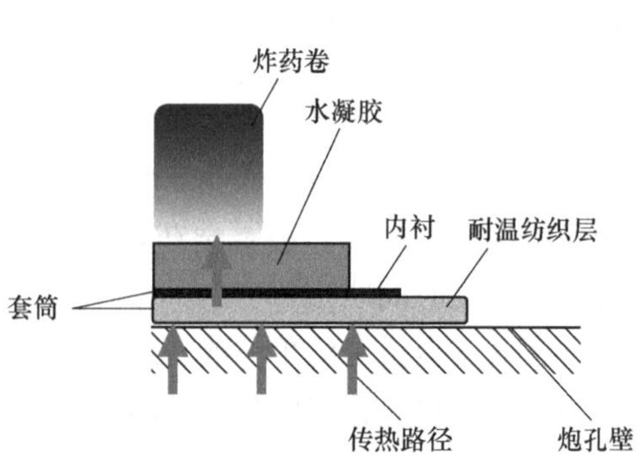

图 2 耐温防护机理

Fig. 2 Heat-resistant protective mechanism

层、内衬和充填水凝胶，其中外层耐温编织物由耐温隔热纤维材料编织而成，呈柔性、筒状，具有较大的侧向约束强度，约束该护筒炸药装药后的径向膨胀；内衬为薄层PVC或橡胶，防止编织物在施工环境下纵横网格的变形，同时构造施工准备阶段的盛水环境，防止水凝胶在开始配制、未絮凝胶结前流出。在高温爆破装药施工时，自适应型耐温护筒炸药因多重传热路径保护功能，确保内部装填的炸药卷免受高温作用，即炮孔壁热量先由外层耐温隔热材料编织的纤维护筒进行隔热阻挡，剩余热量通过内部水胶凝时，水凝胶先在其温升过程中大量吸热，再在高温下缓慢释放吸附水变为游离水进一步吸热降温。

2 性能分析

2.1 热防护作用机理

高温爆破装药过程中，先装耐温隔热缓冲垫，使炮孔底部分布水凝胶，再将自适应型耐温护筒炸药依次从炮孔口部按照设计药量装进炮孔。上、下两个护筒接触时，先是在两者之间的冲击作用，下一个护筒炸药上部的水胶凝从侧边小孔和顶部小孔中喷出，充填于炮孔壁与护筒外壁之间。由于水凝胶具有一定的黏度，预留孔的面积较小，起到类似缓冲气垫的作用，避免自适应型耐温护筒炸药之间的强烈冲击，导致耐温隔热护筒的破裂和内部装填炸药卷的径向变形，确保环绕炸药卷外层的水凝胶不会变薄导致耐温能力降低。除了首次冲击作用，在装药和填塞的过程中，由于炮孔内纵向排列叠加的自适应型耐温护筒炸药间还有静压力作用，让未来得及喷出的多余水凝胶进一步挤出护筒，确保护筒内的水凝胶高度与装填炸药卷的高度相同或者略高，从而确保上、下两个自适应型耐温护筒炸药内的炸药卷之间的距离小于其殉爆距离，从而实现传爆稳定性的自我调节(见图3)，即自适应性功能。

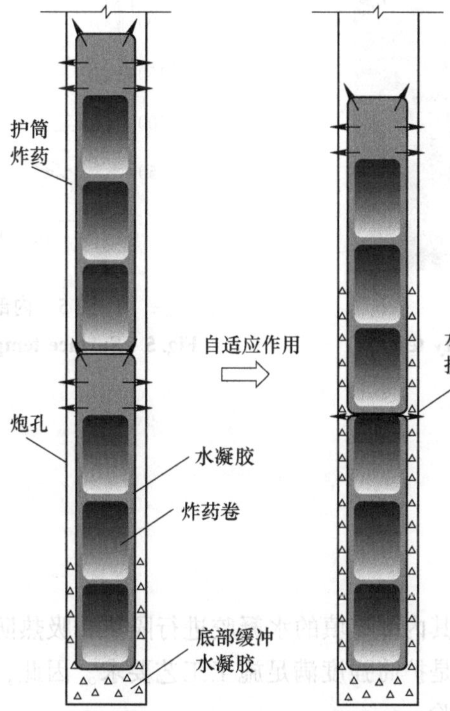

图3 自我调节过程

Fig. 3 Self-adapting process

从预留小孔挤出的水凝胶将充填于炮孔壁与护筒外壁之间，吸收炮孔壁的热量，进一步提升自适应型耐温护筒炸药的耐温性能。另外，护筒侧壁的靠近装药水平的预留孔，也有泄压作用，避免炸药在炮孔孔壁的加热下护筒内部形成超过一个大气压的压力，从而导致内部炸药遭受高温高压作用，水凝胶与液态水类似，压力越高越容易升温，其常压下加热后的最高温度为水的沸点温度。

综上所述，高温爆破中炸药卷的热防护层越厚耐温性能越好，但过厚的耐热防护层又影响炸药的稳定传爆性，设计的自适应型耐温护筒炸药解决了上述矛盾。其通过装药、填塞过程中的自我调节作用，即通过从预留小孔中挤出影响传爆稳定性的多余水凝胶并充填于炸药卷与炮孔壁之间实现矛盾双方的统一。另外，预留小孔的自动泄压作用，实现了内部装填炸药卷的最高温度控制。

2.2 耐温性能实验

自适应型耐温护筒炸药是对石文才等人[15] 研究的耐热隔热护套保护炸药的一种优化，亦通过“反程序快速装药爆破施工法”[12] 对温度较高的炮孔进行快速装药起爆。自适应型耐温护筒炸药耐温性能的优化，主要体现在装药过程中的自我调节作用，但考虑到应用自适应型耐温护筒炸药的炮孔温度较高、装药时间较短以及测温仪器的回收，在高温炮孔中不可以直接进行多个自适应型耐温护筒炸药装药后的耐温性能测试。因此，采用单个自适应型耐温护筒炸药模拟其装药过程中的耐温性能(见图4)，通过多点热电偶温度计测试内部装填炸药卷的温度变化。上述实验模拟工况与实际装药工况相比，实验测试中不装填自我调节过程中被挤出的多余水凝胶，即少了利用多余水凝胶的热防护作用，因此实验模拟工况比实际工况更为严格。

按照与现场高温爆破施工组织流程一致的原则，针对300~450℃的高温炮孔，仍先进行临时降温，再进行自适应型耐温护筒炸药的耐温能力测试。实验结果表明，通过隔热护筒及其充填的水或水凝胶的热防护，内部装填炸药卷的升温速度大大降低（见图5)，一般超过15min才达到水的沸点温度并持续稳定一段时间，为快速装药爆破创造了安全施工条件。

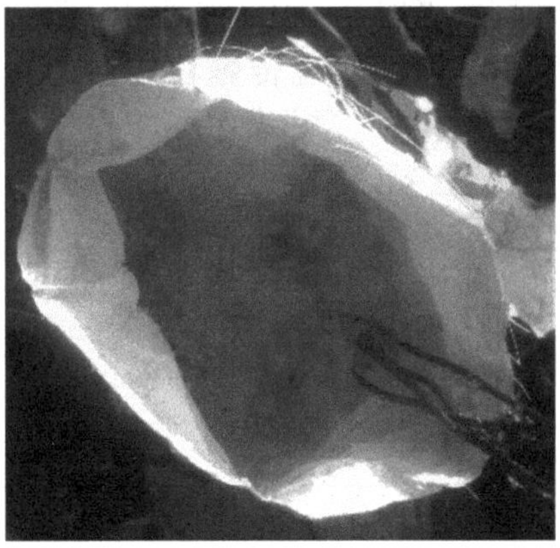

图4 耐温能力测试

Fig. 4 Heat-resistant ability test

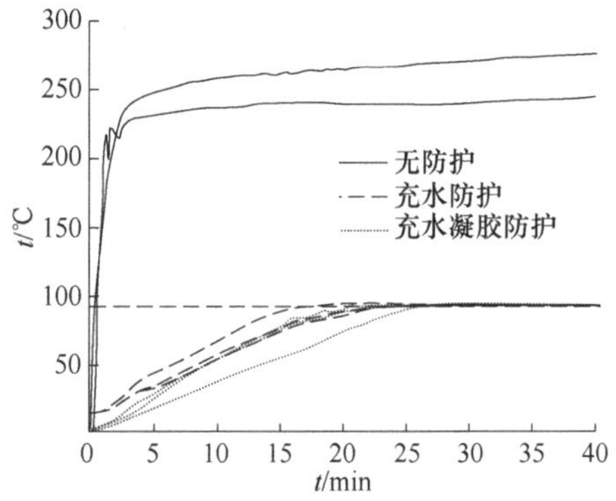

图5 内部药卷表面温度

Fig. 5 Surface temperature of explosive rolls

3 性能实验

3.1 护筒结构强度实验

所设计的护筒通过隔热套筒及其内部充填的水凝胶进行隔热和吸热防护，提高内部装填炸药的耐高温能力，其发挥作用的前提条件是护筒强度满足施工工艺要求。因此，需要模拟实际装药环境，进行自适应型耐温护筒炸药的投掷实验。

自适应型耐温护筒炸药的套筒长度须大于两卷药卷的总长度，一般为20~30cm，为套筒上部装填超过药卷高度的多余水凝胶预留空间。投掷实验的炮孔深13.5m，填装8m药卷，耐火隔热套筒的外径125mm、内径120mm、长100cm。实验前将两卷2号岩石乳化炸药药卷装在套筒中，同时在套筒外围绑钢丝绳用于拉上来观察投掷后的套筒损害情况及多余水胶凝的挤出情况（见图6)。

根据回收的自适应型耐温护筒炸药发现，护筒多次投掷、回收后仍未破损，说明材料强度满足要求，多余水凝胶均按照设计意图从预留小孔中挤出。

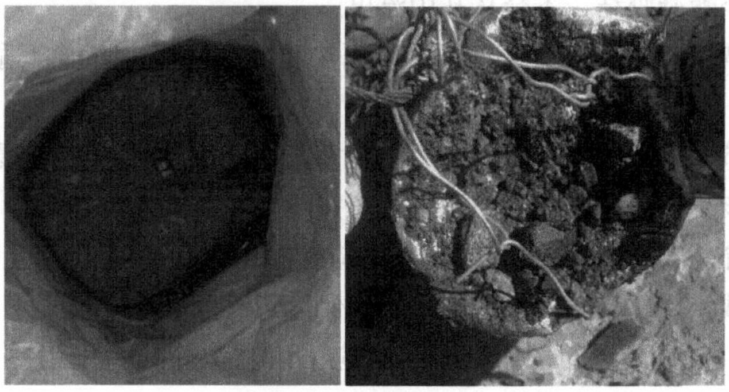

图 6 投掷实验
Fig. 6 Throwing test

3.2 传爆实验

为了验证该自适应型耐温护筒炸药的传爆稳定性，进行了露天殉爆实验，套筒的外径 120mm、内径 115mm、壁厚 2.5mm，实验药卷为 ϕ110mm 的 2 号岩石乳化炸药，护套内部装满水凝胶，药卷两端有不同厚度的水凝胶。每次实验用 4 个药包，主发药包安装 1 枚雷管，4 个药包间分别间隔 10mm、20mm、30mm（见图 7）。实验结果显示，主发药包起爆后，后续药包接续殉爆，所有药包全部爆炸，现场检查无残留炸药。当药卷间距超过 40mm 时，传爆变得不可靠。ϕ110mm 的 2 号岩石乳化炸药出厂检验的殉爆距离不小于 12cm，其间隔为空气，与上述殉爆实验对比分析，说明充填的水凝胶有一定的隔爆性，炸药卷间距太大会导致熄爆。为保险起见，自适应型护筒炸药的泄压孔高程不宜超过药卷高度 2.5cm。

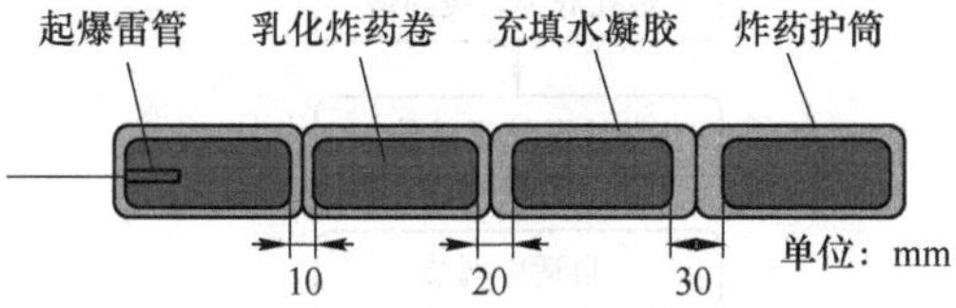

图 7 传爆实验
Fig. 7 Detonation test

为了进一步验证该自适应型耐温护筒炸药在炮孔中的传爆稳定性，将其装入常温炮孔中，进一步检验其传爆稳定性。装药时，在护筒上部超出炸药卷面 1~2cm 高处剪出数个泄压孔，然后依次向炮孔内装填该护筒炸药，起爆方式为正向起爆。爆破后，对爆堆进行检查，爆破效果正常，无盲炮，挖运过程中也未发现残留炸药，说明该护筒炸药能够在炮孔内稳定传爆，多余水凝胶通过布设的小孔排出。

4 快速装药爆破施工工艺

针对 300~450℃的高温炮孔，为了确保装药过程有序进行，并能够严格控制总装药时间，需要对该自适应型耐温护筒炸药进行定制化设计，然后参照“反程序快速装药爆破施工法”作业。自适应型耐温护筒炸药的施工准备和爆破工艺如图 8 所示，主要包括以下几点。

（1）护筒加工。剪裁定制护筒材料，长度为底部绑扎所需长度+（2~3）个炸药卷高度+上部开孔部分长度+顶部绑扎所需长度，再底部绑扎，形成口袋状。

（2）装填炸药卷。根据护筒长度不同装入 2 卷或 3 卷炸药，再将刚配置的还未絮凝胶结的水凝胶灌入护筒，充填于护筒与炸药卷之间的间隙，要求盖过炸药卷，最后上部绑扎，之后水凝胶逐渐絮凝胶结，护筒、炸药、水凝胶形成整体，呈两端封闭的柱状。

（3）护筒上部开孔。护筒运到爆破现场并定量码放到炮孔口，用专用设备进行护筒上部开孔，此时护筒内部的水凝胶已经絮凝胶结，不会从孔中流出。

（4）炮孔底部装填隔热缓冲垫。炮孔底部进行隔热和缓冲处理，防止自适应型耐温护筒炸药的冲击胀裂。

（5）依次装填自适应型耐温护筒炸药。炮孔临时降温等准备工作就绪且爆破安全警戒完毕，按照设计药量，多个炮孔同步、快速地依次向炮孔中装药并严格控制总装药时间。

（6）自适应调节功能实现。装药过程中，自适应型耐温护筒炸药在相互挤压作用下开始自行调节，挤出多余水凝胶，减小内部装填药卷的间距，确保炸药卷稳定传爆。

（7）连接起爆系统。设计药量的最后一个自适应型耐温护筒炸药用耐热防护导爆索引出到炮孔口，接入预先铺设好的地表起爆网路系统。

（8）快速填塞、起爆。快速将炮孔填塞，装药人员迅速撤离并起爆，起爆后进行安全检查。

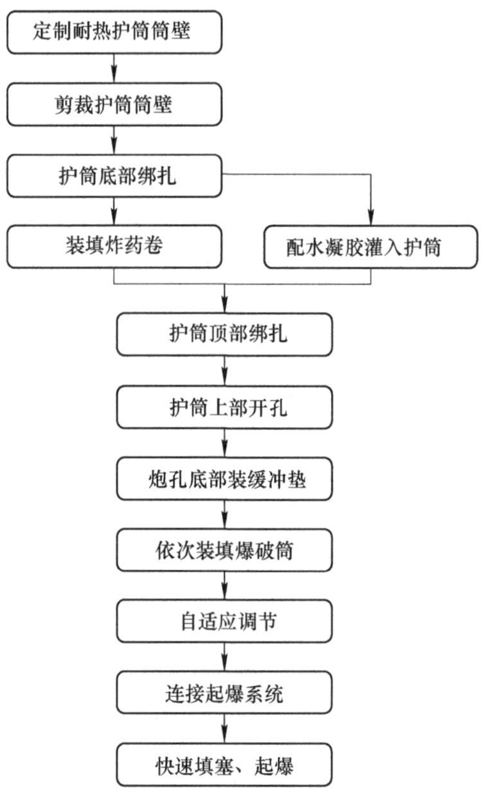

图 8 施工工艺流程

Fig. 8 Construction process

5 结论

本文结论如下。

（1）设计了一种自适应型耐温护筒炸药，其在柔性耐温隔热护筒中不耦合装填炸药卷，并在间隙间充填水凝胶，从而实现护筒的外层先隔热、内层再吸热的耐热防护机理。

（2）在自适应型耐温护筒炸药的上部，即超出内部炸药卷装填高度的位置的侧边和顶部布设小孔，向炮孔中装填炸药时，自适应型耐温护筒炸药之间的相互冲击和挤压作用下多余水凝胶从小孔中喷射或挤出，充填于护筒炸药与炮孔壁之间的间隙，从而保证内部装填的炸药卷间距小于殉爆距离，既确保了传爆稳定性，又提升了耐温隔热性能，体现了自适应性特征。

（3）自适应型耐温护筒炸药内部充填的是水凝胶，即使外层护筒在施工过程中被划破也不会流淌出，其含水率高，热熔高，温升的过程中先吸收大量的热量，再在高温作用下缓慢释放水分并吸收热量，具有良好的工艺可靠性。

参考文献

[1] 张建民，街海燕，哲代，等．中国地下煤火研究与治理［M］．北京：煤炭工业出版社，2008.
Zhang J M, Jie H Y, Zhe D, et al. Underground coal fires in China: origin, detection, fire-fighting and prevention［M］. Beijing: China Coal Industry Press, 2008.

[2] 梁运涛，侯贤军，罗海珠，等．我国煤矿火灾防治现状及发展对策［J］．煤炭科学技术，2016，44（6）：1-6，13.
Lian Y T, Hou X J, Luo H Z, et al. Development countermeasures and current situation of coal mine fire prevention & extinguishing in China［J］. Coal Science and Technology, 2016, 44 (6): 1-6, 13.

[3] 郑炳旭．中国高温介质爆破研究现状与展望［J］．爆破，2010，27（3）：13-17，35.
Zheng B X. Current status and prospect of high-temperature blasting research in China［J］. Blasting, 2010, 27 (3): 13-17, 35.

[4] 许晨，李克民，李晋旭，等．露天煤矿高温火区爆破的安全技术探究［J］．露天采矿技术，2010（4）：73-75，89.
Xu C, Li K M, Li J X, et al. Security technology research on high-temperature fire area blasting in surface mine［J］. Opencast Mining Technology, 2010 (4): 73-75, 89.

[5] 张贵峰，廖新旭，王涛．大石头露天煤矿高温火区爆破技术应用［J］．现代矿业，2014（2）：135-136，138.
Zhang G F, Liao X X, Wang T. Application of blasting technology in open pit coal mine with spontaneous combustion［J］. Modern Mining, 2014 (2): 135-136, 138.

[6] 周名辉，唐洪佩，杨开山．露天煤矿高温爆破技术研究［J］．爆破，2014，31（2）：119-122.
Zhou M H, Tang H P, Yang K S. Study of high temperature area blasting in opencast coal mine［J］. Blasting, 2014, 31 (2): 119-122.

[7] 王涛，张贵峰，廖新旭．露天煤矿高温火区干冰降温试验研究［J］．工程爆破，2014，20（4）：45-47.
Wang T, Zhang G F, Liao X X. Experimental study of high temperature area cooling of opencast coal mine by using solid carbon dioxide［J］. Engineering Blasting, 2014, 20 (4): 45-47.

[8] 周俊峰．露天矿火区爆破灭火降温方法的探讨［J］．露天采矿技术，2012（6）：80-81，85.
Zhou J F. Outfire and cooling of the fire area for blasting in opencast mine［J］. Opencast Mining Technology, 2012 (6): 80-81, 85.

[9] 林谋金，郑炳旭，李战军，等．防护下的导爆索在高温火区爆破中的应用［J］．爆破，2016，33（4）：123-126.
Lin M J, Zheng B X, Li Z J, et al. Applocation of protected detonating cord in fire area blasting［J］. Blasting, 2016, 33 (4): 123-126.

[10] 陈寿如，柳健康，史秀志，等．高温控制爆破中新型隔热材料的试验研究［J］．爆破器材，2002，31（5）：32-35.
Chen S R, Liu J K, Shi X Z, et al. The experimental study of a new type of heat insulation material used in high temperature control blasting［J］. Explosive Materials, 2002, 31 (5): 32-35.

[11] 史秀志，谢本贤，鲍侠杰．高温控制爆破工艺及新型隔热材料的试验研究［J］．矿业研究与开发，2005（1）：68-71.
Shi X Z, Xie B X, Bao X J. Experimental study of controlled blasting technology of high temperature coagulation and new heat insulation material［J］. Mining Research and Development, 2005 (1): 68-71.

[12] 蔡建德．露天煤矿高温区爆破安全作业技术研究［J］．工程爆破，2013，19（1-2）：92-95.
Cai J D. Security technology of high-temperature blasting in open pit coal mine［J］. Engineering Blasting, 2013, 19 (1-2): 92-95.

[13] 崔晓荣．露天煤矿高温爆破施工工艺与组织管理［J］．爆破，2016，33（2）：149-154.
Cui X R. Construction technology and organization of blasting in opencast coal mine with high temperature［J］. Blasting, 2016, 33 (2): 149-154.

[14] 林谋金，郑炳旭，李战军，等．全孔蓄水法在高温火区爆破中的应用［J］．爆破，2016，33（3）：114-117.
Lin M J, Zheng B X, Li Z J, et al. Application of impounding water blasthole method in fire area blasting［J］. Blasting, 2016, 33 (3): 114-117.

[15] 石文才．耐温隔热护套：CN 104006709 A［P］．2014-08-27.
Shi W C. Thermal insulation sheath: CN 104006709 A［P］. 2014-08-27.

应用于火区爆破的耐火隔热套筒设计

林谋金[1,2]　石文才[1]　郑炳旭[1]　崔晓荣[1]　周科平[2]　束学来[1]

（1. 宏大矿业有限公司，广东 广州，510623；
2. 中南大学 资源与安全工程学院，湖南 长沙，410083）

摘　要：为了设计应用于火区爆破的耐火隔热套筒，采用热电偶测温技术比较陶瓷纤维不同组合以及耐火隔热套筒中装有不同介质的隔热效果。结果表明：陶瓷纤维外层加一层铝箔在满足隔热效果情况下可有效减少套筒厚度；耐火隔热套筒与药卷之间间隙未注水会使药卷的表面温度在短时间内就达到水沸点温度而后仍继续上升，耐火隔热套筒与药卷之间间隙注水可使药卷长期保持在恒温环境中，有利于保护药卷。试验后耐火隔热套筒内的水位下降到一半以上，但水位以上的乳化炸药外表面无烧焦痕迹，因此可确认耐火隔热套筒可在高温火区爆破中应用。

关键词：露天开采；火区爆破；耐火隔热套筒；陶瓷纤维

Designing of Refractory Insulating Sleeve for Fire Area Blasting

Lin Moujin[1,2]　Shi Wencai[1]　Zheng Bingxu[1]　Cui Xiaorong[1]　Zhou Keping[2]　Shu Xuelai[1]

(1. Hongda Mining Co., Ltd., Guangdong Guangzhou, 510623; 2. School of Resources and Safety Engineering, Central South University, Hunan Changsha, 410083)

Abstract: In order to design the refractory insulating sleeve for fire area blasting, the thermocouple temperature measurement technology is applied to compare insulation of ceramic fiber in different combination and sleeve with diverse media. The results show that the sleeve thickness which meets the insulation effect could decrease by covering aluminum foil at the outer ceramic fiber. The temperature of the explosive cartridge surface rises to the boiling point of water shortly and continues to rise when no water in sleeve. The temperature of the explosive cartridge surface maintains at the boiling point of water for a long time with water in sleeve, which is advantageous to protect the cartridge. The water level in the sleeve fell by more than half after the field test, without scorch at the emulsion explosive surface, and the refractory insulating sleeve can be used in fire area blasting.

Keywords: open-pit mining; fire area blasting; refractory insulating sleeve; ceramic fiber

我国某些煤炭与含硫矿等矿山由于有长时间的自燃现象而造成部分矿岩存在高温现象[1]，因此为了保证爆破开采安全，需要采取一定的施工措施。目前对自燃高温火区的爆破施工一般采用在炮孔内注水降温使炮孔温度降低到普通工业炸药安全许可温度范围内，由于高温火区中的岩石裂隙发育充分，炮孔内的水难以存留，使得炮孔温度回升较快，因此需要在炮孔温度回升前进行快速装药、填充、起爆等工作，整个爆破作业过程非常仓促，导致高温火区爆破作业单次炸药装填量少，安全隐患大，严重制约剥离挖运工作的进度。张贵峰采用热敏测温仪对采用冷水降温前后的炮孔温度进行测量，然后根据冷水降温反弹时间制定严格的施工规范，实现高温火区爆破[2]。周名辉采用加入 $CaCl_2$、$MgCl_2$ 的水对炮孔降温，并选用粉状乳化炸药外缠三层石棉实现高温火区爆破[3]。王涛采用干冰在露天煤矿高温火区内进行炮孔局部降温试验，结果表明干冰对孔深小于 8m 的炮孔能起到有效降温及维持低温效

基金项目：广东省产学研合作院士工作站（2013B090400026）。
原载于《爆破》，2017，34（4）：134-136。

果的作用[4]。蔡建德探索出进行深孔高温爆破的反程序爆破方法，保证深孔高温台阶爆破的施工安全[5]。在高温火区爆破开采研究应用中，耐火隔热材料防护下的工业炸药在高温火区爆破中的应用在国内研究较少，石文才发明了一种可以有效地减缓套筒内乳化炸药温升速度的耐温隔热护套，但其未考虑成本等因素让套筒达到最优设计[6]。为了设计应用于火区爆破的耐火隔热套筒，在高温炮孔中采用热电偶测温技术比较陶瓷纤维不同组合以及耐火隔热套筒中装有不同介质的隔热效果，其结果可为应用于高温火区的耐火隔热套筒设计提供一定参考[7]。

1 现场试验

前期试验表明陶瓷纤维的隔热效果优于玻璃纤维，而玻璃纤维的隔热效果优于石棉，因此将对以陶瓷纤维为主的多层结构隔热效果进行试验比较，即主要对单层陶瓷纤维布、三层陶瓷纤维布以及单层陶瓷纤维布分别在里外加一层铝箔的隔热效果进行验证试验，并根据试验结果对耐火隔热套筒进行优化设计，试验中使用的单层陶瓷纤维布厚度为2mm，现场试验的炮孔温度为250~400℃。试验时用不同形式的耐火隔热材料对铁容器进行包裹防护，将两个热电偶固定耐火隔热材料外面，用于测量炮孔的温度；将一个热电偶固定在铁容器中，用于测量水的温度，同时用称重法测量不同形式耐火隔热材料防护下容器中水的蒸发量，试验装置的示意图如图1所示。

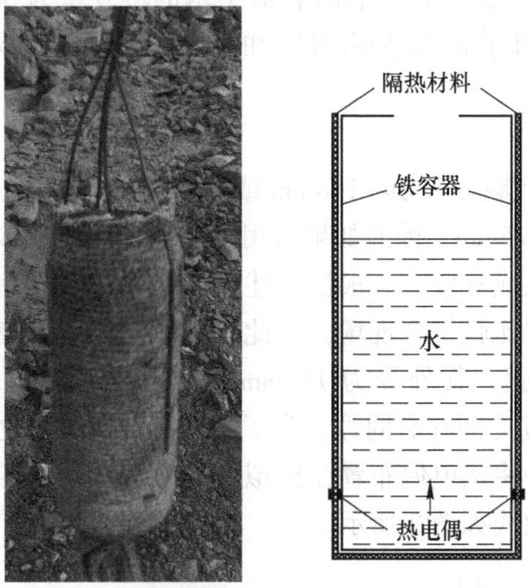

图1 现场试验装置示意图

Fig. 1 Schematic diagram of field test

2 试验结果与分析

2.1 结构对隔热效果的影响

用单层陶瓷纤维布、三层陶瓷纤维布以及单层陶瓷纤维布分别在里外加一层铝箔包裹铁容器中的水温度变化曲线如图2所示。

由图2可得，试验炮孔的环境温度为350℃左右，水的沸点温度为93℃左右，与试验现场海拔（1960m）下的沸点温度吻合。考虑到试验时容器中水的初始温度对其达到沸点温度的时间造成影响，因此文中不以水达到沸点的时间评价其外层包裹耐火材料的隔热效果，而是采用水的温升速率作为评价耐火材料的隔热效果。单层陶瓷纤维包裹时水的温升速率为7.185℃/min，陶瓷纤维（里层铝箔）包裹时水的温升速率为5.766℃/min，陶瓷纤维（外层铝箔）包裹时水的温升速率为4.764℃/min，三层陶瓷纤维包裹时水的温升速率为4.26℃/min，说明三层陶瓷纤维隔热效果最好，陶瓷纤维（外层铝箔）隔热效果次之，单层陶瓷纤维隔热效果最差。通过在陶瓷纤维外层粘上一层铝箔，可以有效减少

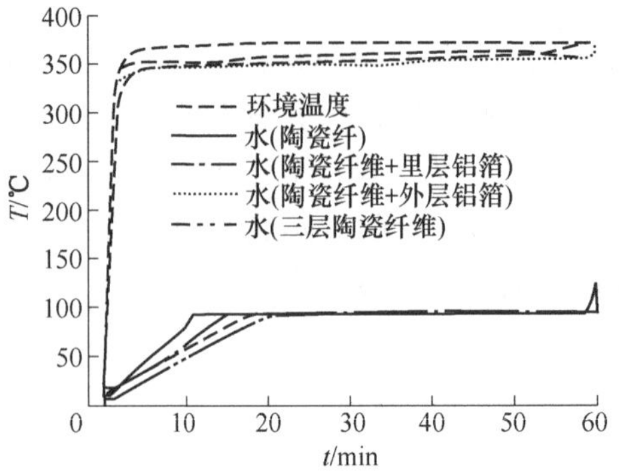

图 2　不同条件下水的温度历史曲线

Fig. 2　The temperature-history curves of water with different conditions

炮孔中高温气体透过陶瓷纤维，另外在高温条件下热辐射的等效传热系数是温度的四次方关系，而在陶瓷纤维外层粘上一层铝箔可以有效减少热辐射的影响。采用多层陶瓷纤维除了其厚度能有效提高隔热效果，层与层之间因未能紧密贴合而夹着空气也能使整体的导热系数降低，因此有利于提高隔热效果。单层陶瓷纤维包裹时容器中水的蒸发量为 65. 63%，陶瓷纤维（里层铝箔）包裹时容器中水的蒸发量为 64. 06%，陶瓷纤维（外层铝箔）包裹时容器中水的蒸发量为 50%，三层陶瓷纤维包裹时容器中水的蒸发量为 45. 31%，进一步验证上述不同结构的隔热效果比较结果。

2. 2　介质对隔热效果的影响

为了使耐火隔热套筒适用于爆破现场的 140mm 或 150mm 炮孔以及 110mm 药卷，防止套筒在投递时卡孔，套筒的外径不宜超过 125mm，因此如果采用多层陶瓷纤维制成套筒即增加套筒的厚度提高套筒的隔热效果不符合现场要求且成本较高。根据上述试验结果，单层陶瓷纤维以及在其外层粘贴有一层铝箔的隔热效果以及相对成本比较符合现场，因此设计的耐火隔热套筒为三层结构，从外到里分别为铝箔、陶瓷纤维以及塑料薄膜，其外径为 125mm、内径为 120mm、长度为 840mm，用于装两卷 400mm 的药卷，套筒里层与药卷之间存有间隙。为了对比套筒与炸药之间存有空气以及套筒与炸药之间存有水的隔热保护效果，文中将热电偶布置在模拟药卷表面后装入套筒后进行试验，试验得到不同情况下模拟药卷表面温度变化曲线如图 3 所示。

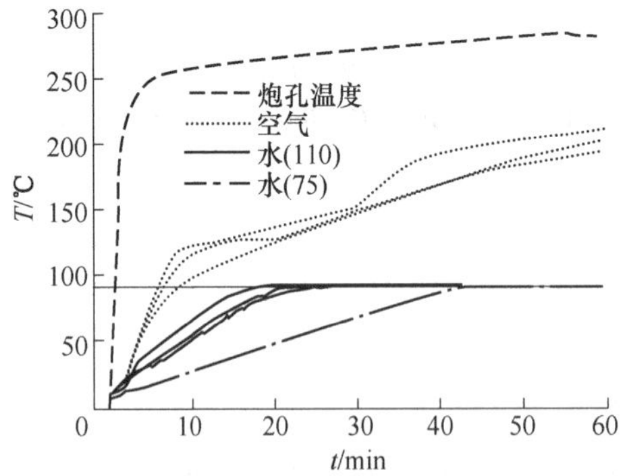

图 3　不同条件下药卷表面的温度历史曲线

Fig. 3　The temperature-history curves of explosive cartridge surface with different conditions

由图 3 可得，试验炮孔的温度为 250℃左右，如果耐火隔热套筒与 110mm 模拟药卷之间间隙未注入水，即使利用空气的导热系数较低特点，模拟药卷的表面温度在 6～8min 就达到水沸点温度后仍继续上升，不利于药卷的保护。如果耐火隔热套筒与 110mm 模拟药卷之间间隙注入水，模拟药卷的表面温度在 18～20min 才达到水沸点温度，而后仍保持在水浴温度中，有利于保护药卷，主要是由于水的比热容较大，能将套筒内的热量进行吸收，另外即使水温度达到沸点后水由液态变为气态也能吸收热量。如果耐火隔热套筒与 75mm 模拟药卷之间间隙注入水，模拟药卷的表面温度在 42min 后才达到水沸点温度，而后仍保持在水浴温度中。综上所述，耐火隔热套筒与药卷之间注入水可使药卷长期保持在水浴环境中，但如果通过减小药卷直径增加套筒与药卷之间间隙的水量从而延长药卷表面温度达到水沸点温度的时间不利于现场爆破效果以及成本控制。

2.3 现场试验效果

现场试验采用的耐火隔热套筒外径为125mm、内径为120mm、长度为840mm，药卷为二号岩石乳化炸药，其直径为110mm、长度为400mm，在套筒内装入两卷药卷后在套筒与药卷的间隙中注入水，即将水注满到超过药卷20mm后封口。套筒的长度略大于两卷药卷的总长度，其主要作用是注水时可在套筒上部多装了超过药卷20mm的水以及用于缓冲套筒投递施工时上个套筒对下个套筒的冲击作用，因此该设计更有利于套筒对药卷的吸热保护作用以及保护套筒整体结构不容易受到投递冲击破坏。试验的高温炮孔温度为270℃左右，耐火隔热套筒在试验高温炮孔中放置50min后取出，试验后的乳化炸药如图4所示。

图4 试验后的乳化炸药

Fig. 4 The emulsion explosive after field test

由图4可得，试验后耐火隔热套筒内的水位下降到一个药卷以下，但水位以上的乳化炸药外表面无烧焦痕迹，主要是由于套筒密封性较好，套筒内的水沸腾后产生的水蒸气能大部分保留在套筒内，能有效地保护套筒内的炸药。虽然水位以上的乳化炸药外表面无烧焦痕迹，但其外表面温度受到水蒸汽以及套筒外高温共同作用影响，即其温度可能已经超过100℃，因此水位以上的乳化炸药外表面温度需要进一步进行测量。

3 结论

通过对比陶瓷纤维不同组合的隔热效果以及耐火隔热套筒中不同介质的隔热效果，得到的结论如下。

(1) 耐火隔热材料包裹容器内水的温升速率以及蒸发量表明多层陶瓷纤维隔热效果最好，陶瓷纤维（外层铝箔）隔热效果次之，单层陶瓷纤维隔热效果相对最差。

(2) 通过在陶瓷纤维外层粘上一层铝箔，可有效减少炮孔中高温气体透过陶瓷纤维，另外在高温下热辐射的等效传热系数是温度的四次方关系，因此在陶瓷纤维外层粘上一层铝箔可以有效减少热辐射的影响。

(3) 采用多层陶瓷纤维除了其厚度能有效提高隔热效果，其层与层之间因未能紧密贴合而夹着空气也能使整体的导热系数降低，因此其有利于提高隔热效果，但其不符合现场要求且成本较高。

(4) 耐火隔热套筒与药卷之间的空气导热系数较低，但药卷的表面温度在短时间内就达到水沸点温度后仍继续上升，不利于保护药卷，而耐火隔热套筒与药卷之间的水可使药卷长期保持在水浴环境中。

(5) 现场试验后耐火隔热套筒内的水位下降到一半以上，但水位以上的乳化炸药外表面无烧焦痕迹，因此耐火隔热套筒可在高温火区爆破中应用，但需要改进防止套筒投递过程引起外层结构破坏导致套筒中的水流失。

参考文献

[1] 齐俊德，禹学成．浅谈宁夏煤田火灾现状及综合治理 [J]．陕西煤炭，2007 (1)：36-38.
Qi Junde, Yu Xuecheng. Present situation and comprehensive treatment of fire accident in Ningxia coal-field [J]. Shanxi Coal, 2007 (1): 36-38.

[2] 张贵峰，廖新旭，王涛．大石头露天煤矿高温火区爆破技术应用 [J]．现代矿业，2014 (2)：135-136, 138.
Zhang Guifeng, Liao Xinxu, Wang Tao. Application of blasting technique for high temperature area blasting in Dashitou opencast coal mine [J]. Modern Mining, 2014 (2): 135-136, 138.

[3] 周名辉，唐洪佩，杨开山．露天煤矿高温爆破技术研究 [J]．爆破，2014, 31 (2)：119-122.
Zhou Minghui, Tang Hongpei, Yang Kaishan. Study of high temperature area blasting in opencast coal mine [J]. Blasting, 2014, 31 (2): 119-122.

[4] 王涛，张贵峰，廖新旭．露天煤矿高温火区干冰降温试验研究 [J]．工程爆破，2014, 20 (4)：45-47, 22.
Wang Tao, Zhang Guifeng, Liao Xinxu. Experimental study of high temperrature area cooling of opencast coal mine by using solid carbon dioxide [J]. Engineering Blasting, 2014, 20 (4): 45-47, 22.

[5] 蔡建德．露天煤矿高温区爆破安全作业技术研究 [J]．工程爆破，2013, 19 (1/2)：92-95, 73.
Cai Jiande. Security technology of high-temperature blasting in open pit coal mine [J]. Engineering Blasting, 2013, 19 (1/2): 92-95, 73.

[6] 石文才．耐温隔热护套：中国，专 CN 104006709 A [P]．2014-08-27.

[7] 张明春，肖燕红．热电偶测温原理及应用 [J]．攀枝花科技与信息，2009, 34 (3)：58-62.
Zhang Mingchun, Xiao Yanhong. Principle and application of thermocouple temperature [J]. Panzhihua SciTech & Information, 2009, 34 (3): 58-62.

基于鱼骨图模型的露天煤矿高温爆破施工安全研究

崔晓荣

（广东宏大爆破股份有限公司，广东 广州，510623）

摘　要：为了避免高温爆破施工中的早爆误爆事故，利用鱼骨图模型对施工安全进行了系统研究和分析。首先从“人、机、料、法、环”5个方面充分识别风险因素，接着分析事故发生途径，事故是众多因素共同作用的结果，最后研究风险控制措施，提出从控制装药的高温环境、提高爆破器材的耐热性能和完善施工技术管理措施3个方面共同构筑安全防火墙体系。实践表明，利用鱼骨图模型进行风险识别和风险分析，并按照避免重复投入的原则组合使用一系列风险控制措施，实现了高温爆破施工安全、成本和效率的统筹协调。

关键词：露天煤矿；高温爆破；鱼骨图；施工安全；风险控制

Safety Analysis of High Temperature Blasting in Opencast Coal Mine Based on Fishbone Model

Cui Xiaorong

（Guangdong Hongda Blasting Co.，Ltd.，Guangdong Guangzhou，510623）

Abstract：In order to avoid premature explosion accidents in high temperature blasting construction，the fishbone diagram model is used to systematically study and analyze the safety of high－temperature blasting. Firstly，all risk factors are identified by the fishbone diagram model from fiveaspects，“people，machines，materials，methods and environment”，and the accidents will not occur when the risk control measures do not collapse at the same time as domino. Therefore，the three risk control measures，including controlling the high temperature blasting environment，improving the heat resistance of blasting equipment and optimizing the technology and management measures of blasting，are used together to build a multi－layer firewall to avoid the accidents. Practice shows that the risk can be controlled effectively and the repeated investment can be avoided.

Keywords：opencast coal mine；high－temperature blasting；fishbone diagram；construction safety；risk control

我国西北地区干旱少雨，煤层埋藏较浅，普遍存在周边小窑乱采，破坏了煤层的原始赋存条件，遗留采空区及顶板冒落、塌陷等为煤层自燃创造了有利条件，导致许多露天煤矿存在煤田火灾问题。为了治理煤田火灾或者开采隐患煤炭资源，需要进行岩体的高温爆破[1-3]。露天煤矿高温爆破安全风险评估分析拟解决的核心问题是避免高温装药环境导致的早爆误爆事故，且事故具有多因性、灾难性、突发性，有必要借助“安全工程”和“系统工程”的理念[4]，进行露天煤矿高温爆破的安全风险模型分析，全面识别风险因素，制定针对性的安全防范措施，保障高温爆破施工安全。综合分析各种安全评价方法和高温爆破安全事故的内在特性，认为鱼骨图模型[5-7]具有简捷实用、深入直观、层次分明的特性，有利于决策者整体把控高温施工安全管理。鱼骨图分为整理问题型鱼骨图、原因型鱼骨图和对策型鱼骨图3类。露天煤矿高温爆破的早爆误爆事故具有灾难性和零容忍性，故应预防为主，所以采用“原因型鱼骨图”；待高温爆破施工工艺相对成熟并固化后，施工工艺的持续改进宜采用对策性鱼骨图。

基金项目：广东省产学研合作院士工作站资助项目（2013B090400026）。
原载于《煤矿安全》，2018，49（3）：242-244，248。

1 高温爆破安全鱼骨图模型建立

《爆破安全规程》(GB 6722—2014) 对“高温岩石爆破”给出了原则性的指导意见，但缺少量化评价指标和具体操作规程，亦未明确专用器材耐热标准。我国从事高温岩石爆破施工时，一般采用炮孔降温法、快速装药爆破法、爆破器材隔热防护法和耐高温爆破器材爆破法来保证爆破施工的安全，亦有几种方法综合使用。类似工程的技术措施和经验教训，虽有借鉴意义但还不完善、不系统，没有形成行业共识或者标准规则，相关工艺及管理环节仍存在不少隐患点。

1.1 问题原因

(1) 抓主要矛盾聚焦“问题点”。要更好地抓住露天煤矿高温爆破施工的主要矛盾，就要区别于常规矿山开采和爆破作业。露天采矿施工的安全问题和正常爆破作业中的早爆误爆问题，有相对完善的安全管理体系和施工经验，风险总体处于可控状态，可暂不考虑。因此，露天煤矿高温爆破施工安全的核心聚焦为“高温环境诱发的早爆误爆事故”。

(2) 确定主要原因 (大骨)。当前阶段定位为管理类问题，主要目的是充分识别风险因素，制定针对性的技术和管理措施，所以按照“人、事、时、地、物”进行问题梳理；待技术和管理措施落实时，可以从“人、机、料、法、环”着手，确保措施有效执行。

(3) 找出可能原因 (因素)。郑炳旭[1] 对我国高温介质爆破中存在的问题进行了总结，将存在问题分为降温措施方面，高温爆破技术方面，耐高温爆破器材方面，爆破器材的耐高温防护材料方面，爆破人员方面 5 类。除了上述 5 个方面的安全隐患，经过专家头脑风暴法进一步收集隐患点，从“人、机、料、法、环”5 个方面对风险因素进行充分识别。

(4) 风险因数归类整理。对所有识别的风险因素归类整理，明确从属关系，同时检查风险因素的描述，要求语言简洁。

1.2 鱼骨图绘图

问题原因分析完毕后，进行鱼骨图绘制，绘图过程要不断对鱼骨图进行优化，力求模型问题明确、层次分明、逻辑清晰，最终绘制鱼骨图模型如图 1 所示。

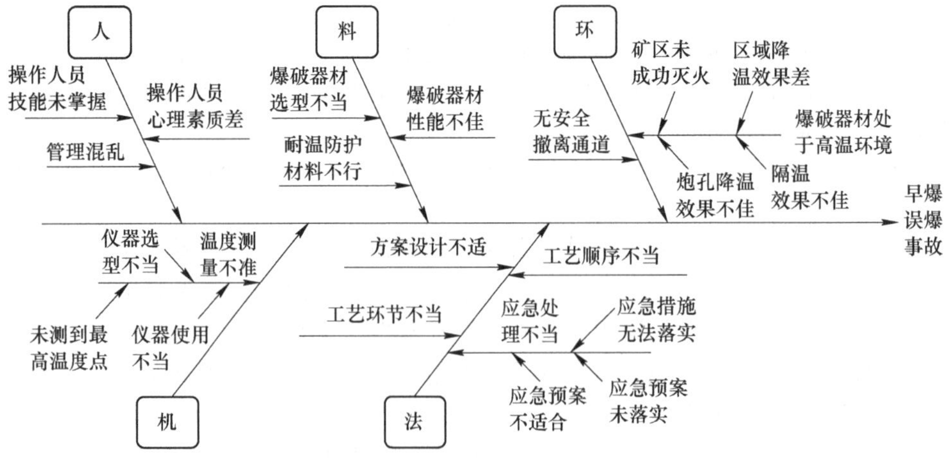

图 1 高温爆破鱼骨图模型

2 鱼骨图模型分析及行动对策

2.1 行动对策分析

(1) 第 1 阶段。围绕“机”和“环”进行研究，两者都与“温度”相关，一是解决现场施工中提出的测温不准和测温麻烦的问题；二是解决或者缓解爆破器材处于高温环境的问题。避免因高温环境直接诱发早爆误爆事故。

（2）第2阶段。围绕“人”和“法”进行研究，因为“法”靠“人”来落实，两者关联性大，主要是综合鱼骨模型分析结果和现场施工现状。对已有施工流程、工艺、管理措施、培训资料、应急预案等进行优化并固化。让高温爆破施工流程化、标准化，从而更好地指导现场施工并避免早爆误爆事故发生。

（3）第3阶段。围绕“料”进行研究，因为对爆破器材的研究是一个相对独立和系统。短期内局限于现有民爆器材的合理选型和使用，中长期内要从提升爆破器材的耐温性能使其满足高温爆破施工的要求，实现本质安全，包括提高爆破器材本身耐温性能的主动防护和对爆破器材进行隔温的被动防护，最终研制成功定制化的高温爆破专用器材。

2.2 风险控制

2.2.1 风险特点分析

从高温爆破早爆误爆事故的鱼骨图模型可知，风险因素具有多因性，导致事故发生的途径亦是多样化的，各事故途径之间是并集关系；同时，事故的某一发生途径又是众多因素共同作用的结果，各相关因素之间是交集关系。高温岩石的温度范围较宽，同时又有施工成本和效率的约束，单一方法难以适用于所有高温爆区的爆破施工。因此，遵循消除、预防、减弱、隔离、连锁、警告的顺序，组合使用一系列风险控制措施，构建防止高温致早爆误爆事故的一道道防火墙。高温爆破施工安全控制环节情况如图2所示。

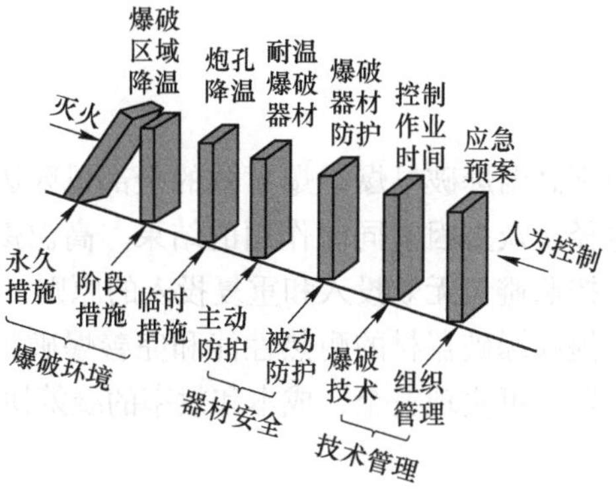

图2 高温爆破施工安全控制环节图

构建上述防火墙的风险控制措施，既要避免一个倒下则全部倒下的多米诺骨牌效应，又要防止措施冗余不经济，具体措施分为3类：消除或控制高温的爆破环境，包括自燃矿山灭火、爆区规模区域降温和炮孔内临时降温；提高爆破器材的耐热性能，包括采用主动防护形式的耐温爆破器材，被动防护形式的爆破器材隔热防护；完善爆破施工技术管理措施，包括通过方案设计和流程优化来控制炸药在高温环境中的时间和最后兜底的应急预案。

2.2.2 风险控制措施

宏大爆破在宁煤集团大峰矿和汝箕沟矿、宁夏大石头煤矿、宁夏林利煤矿等露天矿山开采或灾害环境治理过程中，年剥离总量达5000万立方米，约20%~30%属于高温区爆破。通过鱼骨图模型，充分识别并分析各种风险因素，并按照避免重复投入和无效投入的原则，组合使用一系列风险控制措施，实现安全、成本和效率的统筹，具体采用如下风险控制措施。

（1）高温孔温度测量与降温效果评价。按照测温目的与测温方法相匹配的原则，采用红外测温仪、多点热电偶以及侧瞄型在线红外温度传感器相结合的方法，分别研究炮孔温度分布规律、炮孔注水降温效果、隔热防护后爆破器材的耐热性能等[8]，确保测温的准确性，为高温爆破方案设计科学化奠定基础。

（2）炮孔内温度控制。当高温炮孔容易蓄水或者降温效果明显且不易反弹的，采用预先注水降温法；当高温炮孔难以蓄水或者降温后容易反弹的，采用水药花装法或者流水降温装药法[2]；当高温炮孔难以蓄水且降温效果不明显的，可通过耐火隔热材料套筒创造孔内蓄水的装药环境。

(3) 合理选型和使用常规爆破器材。考虑到耐温爆破器材品种单一且缺乏安全使用标准，加上民爆器材区域专卖和施工成本的制约，暂选用常规爆破器材进行高温爆破施工，但优选耐热性能较佳的爆破器材。高温炮孔内严禁使用雷管，用耐温能力较强的导爆索进行起爆；主装药选用物理敏化的胶装乳化炸药或者粉状乳化炸药，前者系含水炸药，耐热性能较佳，但装填孔壁不完整的炮孔时有卡孔隐患，后者系粉状炸药，有一定的抗水性，耐热性能稍差，但装药迅速无卡孔隐患。

(4) 孔内爆破器材隔热防护。用隔热防护材料进行炸药的耐热防护，技术上存在施工操作困难、装药效率低的问题，成本上存在防护耗材贵、减小炮孔装药量、延米炮孔爆破量大大降低的问题，所以一般进行高温爆破时很少使用。但当高温炮孔温度高于 300℃时，宜用耐热护筒炸药进行爆破施工，即耐热护筒内装填炸药卷同时在间隙中注水。

(5) 爆破技术发面。一是采用反程序装药爆破法[2,3]，将施工流程中的警戒和联网前置，最大程度缩短爆破器材在高温炮孔中的留置时间，二是采用不可逆起爆网路[9]，当某一高温炮孔发生早爆事故不会诱发其他炮孔爆炸。

(6) 组织管理方面。一是教育培训专业化；二是工艺流程标准化。高温爆破施工安全的关键是需要进行大量的专项准备工作，并将本质安全的理念给每一个高温爆破从业人员宣传好并掌握好，通过技术和管理措施将流程中各个环节固化，确保各项工作有条不紊、高效率高质量地进行。

(7) 构建应急处置系统。一是有完善的应急预案，并进行应急演练，确保其具备可执行性；二是高温爆破作业时，保证应急预案处于工作状态，特别是应急通道的畅通和应急设备的到位。

3 结语

鱼骨图模型可层次分明地识别高温爆破早爆误爆事故的全部风险因素，发现导致事故发生的风险因素具有多因性，事故发生的途径是众多因素同时作用的结果。高温爆破施工中，单一措施难以解决高温爆破施工中的所有风险点，按照避免无效投入和重复投入的原则，组合使用一系列风险控制措施，包括消除或控制高温装药环境、提高爆破器材的耐热性能和完善爆破施工技术管理措施 3 类，共同构筑无多米诺骨牌效应的安全防火墙，可实现安全、成本和效率的统筹协调。

参 考 文 献

[1] 郑炳旭．中国高温介质爆破研究现状与展望［J］．爆破，2010，27（3）：13-17.

[2] 蔡建德．露天煤矿高温区爆破安全作业技术研究［J］．工程爆破，2013，19（1-2）：92-95.

[3] 崔晓荣．露天煤矿高温爆破施工工艺与组织管理［J］．爆破，2016，33（2）：149-154.

[4] 吴超．安全科学方法学［M］．北京：中国劳动社会保障出版社，2011.

[5] Hermenah Michael. A new use for Ishikawa diagrams［J］．Quality Progress，1997，30（6）：81-83.

[6] 郑照宁，武玉英，包涵龄．用鱼骨图与层次分析法综合进行企业诊断［J］．中国软科学，2001（3）：118-121.

[7] 皮圣雷．综合鱼骨图及其在项目管理中的应用研究［J］．中国软科学，2009（4）：92-97.

[8] 崔晓荣，林谋金，束学来．露天煤矿火区爆破高温孔温度测量与分析［J］．煤炭科技，2015（11）：303-305.

[9] 崔晓荣，林谋金．高温爆破中不可逆起爆网路的应用研究［J］．爆破，2017，34（1）：138-142.

泰森多边形法在露天矿爆区矿岩划分中的应用

崔年生

（福建省新华都工程有限责任公司，福建 厦门，361000）

摘　要：爆区是露天矿开采活动中的最小单元，摸清拟爆破区域内矿岩分布对后续爆破装药连线、矿块划分、铲装以及配矿都具有重要的意义。通过对泰森多边形法原理分析，构建了基于泰森多边形的品位估算方法，在此基础上进行矿石量和金属量计算。以某铜矿为例，应用泰森多边形法进行了矿岩边界划分，并使用距离幂次反比法对其结果进行对比验证。结果表明：两种插值方法在金属量和平均品位上都相差不大，泰森多边形法划分矿岩的结果能够满足生产要求，为矿山后续爆破装药连线、铲装以及配矿环节提供了参考依据，具有十分重要的现实意义。

关键词：泰森多边形；露天矿；爆区；矿岩划分

Application of Thiessen Polygon Method to the Division of Ore and Rock in Open-pit Mine

Cui Niansheng

（Fujian Xinhuadu Engineering Co.，Ltd.，Fujian Xiamen，361000）

Abstract：Open-pit mine muckpile is the smallest unit in the mining activities. It is of great significance to find out the distribution of ore and rock in the muckpile for subsequent blasting charge connection，block division，shoveling and ore blending. Through the analysis of the principle of Thiessen Polygon method，the method of grade estimation based on Thiessen polygon is constructed，and the calculation of ore amount and metal amount is carried out. Taking a copper mine in Jiangxi Province as an example，the method of Thiessen Polygon was used to divide the muckpile，and the results were contrasted and verified by the inverse power distance method. The results show that the two interpolation methods have little difference in the amount of metal and the average grade. The result of Thiessen polygon method can meet the production requirements and provide the follow-up blasting connection，shoveling and ore blending of mine reference basis，with very important practical significance.

Keywords：thiessen polygon；open-pit mine，muckpile；division of ore and rock

矿产资源是社会生产发展的重要物质基础，对国民经济的发展具有举足轻重的地位，现代社会人们的生产和生活都离不开矿产资源[1]。然而，矿产资源是非可再生资源，其储量是有限的。因此，如何合理利用这些资源、实现矿业的可持续发展是我们亟待解决的问题。

在露天矿开采活动中，爆区是最小的作业单元，后续的爆破装药连线、矿块划分、铲装以及配矿都是在所确定的爆破区域基础上进行的，如果不清楚爆区内资源的具体分布，那么一部分资源将被运输到排土场，造成资源浪费；一部分废石则会被送往选厂，造成选矿成本的增加。因此，摸清爆破区域内矿岩分布对资源的合理利用具有十分重要的意义。

矿山实际生产中通常会对采场内每个炮孔的岩粉数据进行取样化验，并以该化验结果作为该炮孔的平均品位，采场的矿岩划分工作正是基于这些数据开展的。掌握爆破区域的品位、矿量以及品位的分布情况后，着手矿岩划分，指导后续爆破装药连线、配矿以及铲装工作。目前，国内外对于区块品

原载于《采矿技术》，2018，18（02）：70-73。

位的计算有 4 种方法[2]：（1）距离幂次反比法；（2）普通克里格法；（3）算术平均法；（4）泰森多边形法。其中，方法（1）和方法（2）广为应用，尤其是方法（1）；这两种方法都属于空间插值的方法，通常要利用三维矿业软件才能实现，且插值过程中参数的选取很复杂；方法（3）原理简单，但通常只适用于品位均匀变化的矿床；方法（4）一般用的很少。考虑到不是所有矿山都在使用三维矿业软件，且算术平均法的结果通常波动很大，而泰森多边形法不考虑地质变化的信息，只考虑炮孔的品位值，结果唯一，原理简单。因此，本文选取泰森多边形法进行区块矿岩划分的研究。

1 泰森多边形简介

1.1 概念及原理

泰森多边形是由荷兰气候学家 A. H. Thiessen 提出并最先应用于计算平均降雨量的方法[3,4]，其生成过程如图 1 所示。

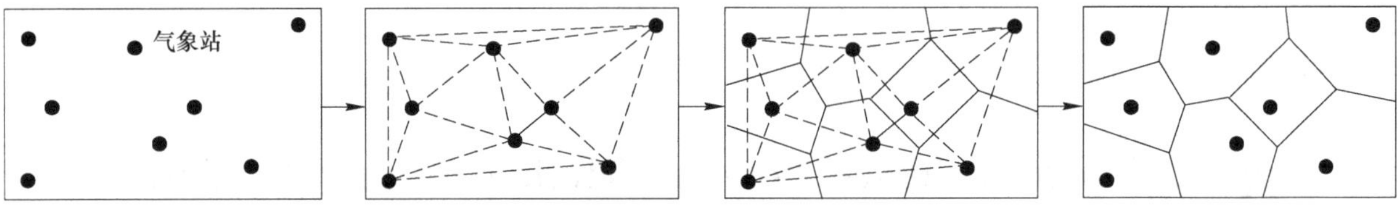

图 1 泰森多边形生成过程

Fig. 1 Process of Thiessen polygon generation

该方法是将离散分布的相邻气象站用直线连接形成若干个三角形，然后对三角形的每条边作垂直平分线，取垂直平分线之间的交点并将其用直线连接起来形成若干个多边形。即每个多边形内只包含一个气象站，且该气象站的降雨强度代表了整个多边形范围内的降雨强度，该多边形通常称之为泰森多边形，在二维平面上，也称为 Voronoi 图。

为计算该区域的平均降雨量，还要知道每个泰森多边形的面积，如图 2 所示。

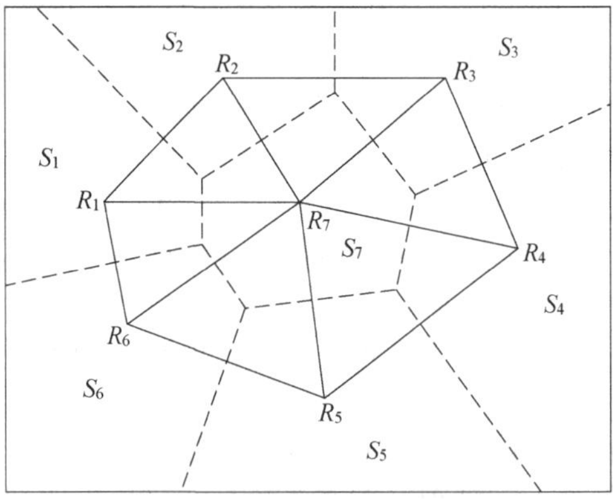

图 2 泰森多边形及三角网

Fig. 2 Thiessen polygon and triangles

该区域共有 7 个气象站，R_1、R_2、R_3、R_4、R_5、R_6、R_7 分别为每个气象站的降雨量，代表各气象站泰森多边形范围内的降雨量；S_1、S_2、S_3、S_4、S_5、S_6、S_7 分别代表每个泰森多边形的面积，则该区域的平均降雨量为：

$$\bar{R} = \sum_{i=1}^{7} R_i S_i \Big/ \sum_{i=1}^{7} S_i \tag{1}$$

根据式（1）可知，区域平均降雨量实质上为各个气象站的降雨量与其所在泰森多边形面积权重的乘积之和。

1.2 特性

泰森多边形法原理简单且容易操作，应用比较广泛，通常可用于定性分析，如用离散点的性质来描述泰森多边形区域的性质。此外，还可以用于统计分析和邻近分析等。泰森多边形具有的特性如下[5-7]：

（1）每个泰森多边形内有且仅有一个离散点数据；

（2）泰森多边形内的任意一点到相应离散点之间的距离总小于它到其他离散点之间的距离；

（3）泰森多边形边上的点到其两边的离散点的距离相等；

（4）泰森多边形的任意一个顶点都有三条边和它相连。

2 基于泰森多边形的品位估算方法

在露天矿实际生产中，爆区是最小的生产作业单元。在进行区块矿岩划分前，必须了解矿石量、金属量以及品位分布，从而指导后续的铲装以及运输计划。而矿岩划分是根据品位值来确定的，当品位值大于设定值时，当作是矿石；反之，则为岩石。因此，首先需要对爆区进行品位估算。

进行区块品位估算所使用的数据一般是岩粉数据，在炮孔凿岩完成后，通常会对每个炮孔进行取样化验，用化验得到的品位值来代替整个炮孔的平均品位[8]。在计划爆破区域，炮孔是离散分布的，使用泰森多边形时，把炮孔看作气象站，炮孔的品位值看作该气象站的降雨量，具体流程为：用直线把离散分布的炮孔连接形成若干个三角形，然后对三角形的每条边作垂直平分线，取垂直平分线之间的交点并将其用直线连接起来形成若干个多边形，泰森多边形区域内炮孔的品位即为该多边形的品位，如图 3 所示。

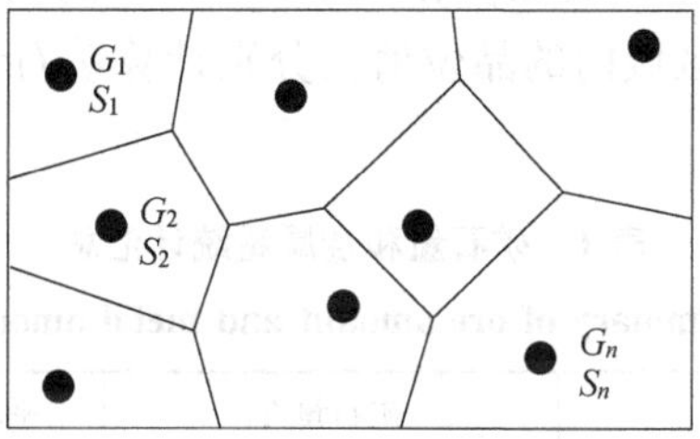

图 3 爆区炮孔生成泰森多边形

Fig. 3 Muckpile blast hole to generate Thiessen polygons

图 3 中，G_i 为每个泰森多边形的品位属性，其中，$i=1, 2, \cdots, n$；S_j 为 G_i 影响范围内的泰森多边形面积，其中 $j=1, 2, \cdots, n$。矿石量 O、金属量 M 及矿石的平均品位 $\overline{G}$ 的计算公式如下：

$$O = \begin{cases} \sum_{j=1}^{n} S_j \times L \times \gamma, & 当\ G_j \geqslant G_{cut} \\ 0, & 当\ G_j < G_{cut} \end{cases} \tag{2}$$

$$M = \begin{cases} \sum_{j=1}^{n} S_j \times L \times \gamma \times G_j, & 当\ G_j \geqslant G_{cut} \\ 0, & 当\ G_j < G_{cut} \end{cases} \tag{3}$$

$$\overline{G} = O/M \tag{4}$$

式中 L——台阶高度，m；

γ——矿石体重，t/m³；

j——炮孔编号；

G_{cut}——边界品位，当 $G_j \geqslant G_{cut}$ 时，为矿石；否则，为废石。

应用式（2）~式（4），可分别求取爆破区域的矿石量、金属量以及矿石的平均品位。

3 实例分析

本文以某露天矿为例来进行区块划分研究，该矿的主要金属元素为 Cu，矿石体重为 2.63t/m^3，台阶高度为 12m，从中选取一个爆区使用泰森多边形法对其进行品位估值和矿岩划分，如图 4 所示。

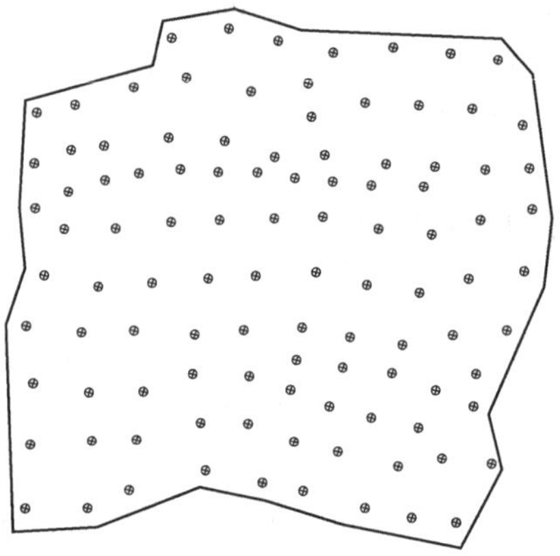

图 4 爆区范围及炮孔

Fig. 4 Blasting area and blast hole

根据图 4 中炮孔的分布构建泰森多边形，每个炮孔都有单独的品位值，根据矿山的实际生产情况，矿石的边界品位为 0.3%，即品位值小于 0.3%的为废石，大于 0.3%的为矿石；矿石根据品位的高低，又分为低品位矿和中高品位矿，其中，品位值在 0.3%~0.5%的为低品位矿，大于 0.5%为中高品位矿。根据泰森多边形确定的多边形区域内的品位值，分别计算矿石量、金属量以及平均品位，计算结果如表 1 所示。

表 1 矿石量和金属量统计汇总

Table 1 Summary of ore amount and metal amount statistics

品级区间/%	体积/m^3	矿石量/t	平均品位（Cu）/%	金属量/t
0~0.3	19942.91	52449.85	—	—
0.3~0.5	8849.26	23273.55	0.384	89.37
0.5~99	14668.66	38578.57	0.835	322.13

根据表 1 可知，计划爆破区域内废石量为 52449.85t；低品位矿的矿石量为 23273.55t，金属量为 89.37t，平均品位为 0.384%；中高品位矿的矿石量为 38578.57t，金属量为 322.13t，平均品位为 0.835%。根据品级区间划分的矿岩界限如图 5 所示。

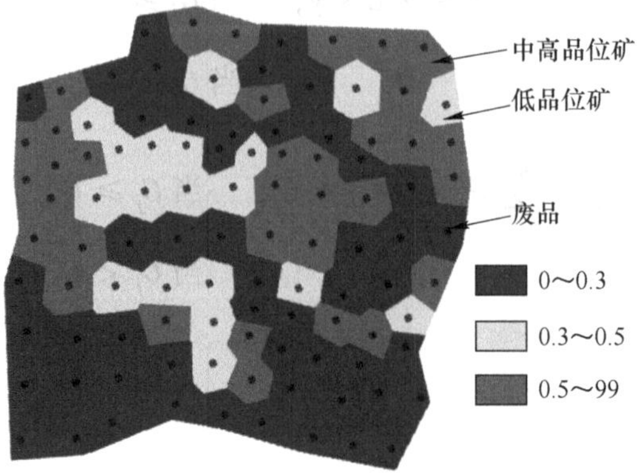

图 5 爆区矿岩划分结果

Fig. 5 Muckpile ore classification results

为验证使用泰森多边形法划分矿岩的合理性，又对该爆区使用距离幂次反比法进行估值，得到的矿石量、金属量以及平均品位见表2。

表2 矿石量和金属量统计汇总

Table 2 Summary of ore amount and metal amount statistics

品级区间/%	体积/m^3	矿石量/t	平均品位（Cu）/%	金属量/t
0~0.3	21896.89	57588.82	—	—
0.3~0.5	8168.02	21481.90	0.396	85.17
0.5~99	13397.99	35236.71	0.867	305.56

根据表2可知，距离幂次反比法的插值结果中，该爆区的废石量为57588.82t；低品位矿的矿石量为21481.90t，金属量为85.17t，平均品位为0.396%；中高品位矿的矿石量为35236.71t，金属量为305.56t，平均品位为0.867%。为确定这两种方法的差异，选取金属量和平均品位进行对比分析，分析结果见表3。

表3 两种插值方法金属量和平均品位对比分析

Table 3 Comparison and analysis of metal quantity and average grade of two interpolation methods

项目	金属量/t		平均品位/%	
	0.3%~0.5%	0.5%~99%	0.3%~0.5%	0.5%~99%
距离幂反比法	85.17	305.56	0.396	0.867
泰森多边形法	89.37	322.13	0.384	0.835
两种方法差异/%	-4.2	-16.57	0.012	0.032
差异/%	-4.93	-5.42	3.03	3.69

根据表3对比分析结果可知，在0.3%~0.5%区间，金属量相差4.93%，平均品位相差仅3.03%；在0.5%以上，金属量相差5.42%，平均品位相差仅3.69%。无论是在金属量还是在平均品位上，两种方法都比较接近，在可接受的差异范围内。但在使用距离幂次反比法时，需要创建炮孔数据库和块段模型、选择合适的估值参数，且需要借助于三维矿业软件才能实现，整个过程十分烦琐，而泰森多边形法原理简单，操作过程简单，可手工计算，也可借助于GIS软件生成泰森多边形。综合以上因素，使用泰森多边形法能够满足矿山实际生产需要，特别是对由于价格原因而未使用矿业软件的小型露天矿山来说，泰森多边形法是一个不二选择，既能满足生产的需求，又可以节省成本。

4 结论

（1）通过分析泰森多边形的原理，将其应用到露天矿爆破区域矿岩划分过程中，确定了基于泰森多边形的品位估算方法。

（2）以某铜矿为例应用泰森多边形法进行品位插值，并使用距离幂次反比法对其结果进行验证，对比分析结果表明，两种插值方法在金属量和平均品位上都相差不大，差异在可接受的范围内，因此，泰森多边形法可以应用于露天矿的矿岩划分。

（3）泰森多边形法划分矿岩的结果为矿山后续爆破装药连线、铲装以及配矿作业提供了参考依据，具有十分重要的现实意义。

参 考 文 献

[1] 吴琪，陈从喜，崔新悦. 矿产资源开发利用现状及建议 [J]. 中国矿业，2016，25（12）：21-26.
Wu Qi, Chen Congxi, Cui Xinyue. Analysis and recommendations on exploitation of mineral resoures [J]. China Mining Magazine, 2016, 25 (12): 21-26.

[2] 王永康．炮孔平均品位计算方法的分析与比较［J］．有色金属设计，2006，33（3）：12-16.

Wang Yongkang. Analysis and comparison on calculation method for blast-hole average grade［J］. Nonferrous Metals design，2006，33（3）：12-16.

[3] 冯仲科，郭清文，朱萍．Voronoi 图—泰森多边形法在角规测树中的应用［J］．林业资源管理，2006（3）：44-47.

Feng Zhongke，Guo Qingwen，Zhu Ping. Application of the Voronoi diagram-Thiessen Polygon method in tree surveying with angle gauges［J］. Forest Resources Management，2006（3）：44-47.

[4] 黄牧，顾雷雨，李新，等．基于 Voronoi 图的三维地层自动建模方法［J］．岩土力学，2017，38（S1）：455-462.

Huang Mu，Gu Leiyu，Li Xin，et al. Automatic 3D stratigraphic modeling method based on voronoi diagram［J］. Rock and Soil Mechanics，2017，38（S1）：455-462.

[5] 陶凯，王媛，冯迪，等．基于加权 Voronoi 图法的土表裂隙网络模拟方法［J］．科学技术与工程，2017，17（16）：283-288.

Tao Kai，Wang Yuan，Feng Di，et al. Simulation method of crack network on soil surface based on weighted Voronoi diagram［J］. Science Technology and Engineering，2017，17（16）：283-288.

[6] 覃建明，陈洋波，王幻宇．泰森多边形降雨插值方法在流溪河模型洪水预报中的应用［J］．中国农村水利水电，2017（1）：88-93.

Qin Jianming，Chen Yangbo，Wang Huanyu. Precipitation interpolation of liuxihe model for watershed flood forecasting based on Theissen Polygon method［J］. China Rural Water And Hydropower，2017（1）：88-93.

[7] 李翔．基于泰森多边形原理构建孔隙网络模型［J］．价值工程，2016，35（22）：172-173.

Li Xiang. Construction of pore-scale network model based on tyson polygon principle［J］. Value Engineering，2016，35（22）：172-173.

[8] 宋小美，戴晓江，孙长坤．炮孔数据库 Voronoi 图在多金属矿损失贫化率计算的应用［J］．河南科学，2014，32（7）：1295-1299.

Song Xiaomei，Dai Xiaojiang，Sun Changkun. The application of Voronoi diagram of hole in calculating ore loss and dilution of polymetallic ore［J］. Henan Science，2014，32（7）：1295-1299.

基于露天金属矿采选联合优化爆破参数的台阶试验

王　锐[1,2]　赵丽君[1,2]　贾建军[2]

（1. 广东宏大爆破股份有限公司，广东 广州，510623；
2. 鞍钢矿业爆破有限公司，辽宁 鞍山，114046）

摘　要：在露天金属矿山的采选联合过程中，爆破参数的选择主要是从具体矿体赋存条件、技术、经济的角度考虑，优化出最佳的爆破参数，对于实现“以爆代破”的采选综合节能降耗提供了支撑。对于本文中台阶试验，主要为工业实验参数设定打好基础，结合现场实例，适量的增加爆破单耗，为选矿磨矿提高了效率、增加效益方面提供了借鉴。

关键词：爆破参数；台阶试验；采选联合

Bench Test Based on Optimization of Blasting Parameters in Opencast Mining

Wang Rui[1,2]　Zhao Lijun[1,2]　Jia Jianjun[2]

(1. Guangdong Hongda Blasting Co., Ltd., Guangdong Guangzhou, 510623;
2. Anshan Iron and Steel Mining Blasting Co., Ltd., Liaoning Anshan, 114046)

Abstract: In the process of mining and dressing of open-air metal mines, the selection of blasting parameters is mainly from the perspective of the specific ore-hosting conditions, technology and economy, and the optimal blasting parameters are optimized. In order to realize “blasting by explosion” Mining selection provides a comprehensive energy saving support. For the bench test in this article, we lay a good foundation for the setting of industrial experimental parameters. Combining the field examples, we think that increasing the unit energy consumption of blasting can provide reference for increasing the efficiency and increasing the benefit of ore dressing.

Keywords: blasting parameters; bench test; mining joint

1　前言

金属矿的采矿、选矿及冶炼消耗的能耗高达全国总能耗的15%以上。矿山的能耗占30%~50%，冶金的能耗占50%~60%，矿山采选企业中，采矿耗能1/3，选矿耗能2/3，而选矿厂中，磨矿能耗又占全厂的50%，即占矿山采选的1/3[1,2]。因此，在矿产资源的开发利用过程中，我国选矿厂特别是其碎矿磨矿阶段面临着节能降耗的艰巨任务。破碎磨矿的节能降耗成为选矿领域降低成本、增加经济效益的重要手段之一。

在以往的铁矿爆破与磨矿成本研究中，一般是孤立的在岩（矿）石爆破破碎效果或磨矿能量有效利用两个方面。但在实际的工程中，矿山开采节能研究不能回避的就是爆破作用下岩石损伤对磨矿能耗同样具有非常大的影响。针对上述现象实现“以爆代破”“多碎少磨”的采选综合节能降耗的目的，所以必须优化采选联合的爆破参数试验，必须从爆破破碎碎块的块度与损伤分布对选矿工序的能耗影

原载于《广东化工》，2018，45（6）：75-76，33。

响进行综合研究，降低爆破破碎块度，提高碎块内部损伤程度，从而提高磨矿环节的工作效率，降低选矿成本，提高矿山生产系统的经济效益[7-9]。

本实验首先针对岩（矿）石的动力学特性进行研究，找出炸药爆炸作用下，影响破碎效果与损伤发展的影响因素。结合理论研究、数值模拟与试验研究，探索在爆破作用下，控制爆破破碎块度与损伤程度的方法，提高爆炸能量利用率。使用电镜扫描技术，将碎块表面三维粗糙度引入矿石破碎能耗的研究根据不同块度分布与损伤程度的矿石在磨矿环节的能耗特征，对爆破破碎与磨矿的综合经济成本进行研究，建立采矿综合成本最优化模型。通过综合成本最优化模型得出不同岩性在采选综合成本最低时的破碎块度分布与碎块损伤程度，并在不同的采区进行针对性的爆破设计，以爆破手段对破碎效果控制，实现爆破与粉碎磨矿协同节能的目标[3-5]。

2 台阶试验爆破参数及装药结构

2.1 相似性分析

在炸药品种、岩石密度、强度和模量不变或忽略其变化时，相似关系为：

$$\delta = d \cdot f\left(\frac{a}{a'}, \frac{e}{a'}, \frac{\Delta t}{a'}\right) \quad 或 \quad \delta = d \cdot f\left(\frac{a}{a'}, \frac{e}{a'}, \frac{\Delta t}{a}\right)$$

式中，δ 为特征块度；d 为装药直径；a 为孔距；e 为岩体破裂能；t 为延时间隔。

为了保证相似性，需要选用较小破裂能的试验材料和短延时起爆的雷管。鉴于在试验中很难做到，因此，本试验只能做到大致的相似模拟。

2.2 单耗对比试验

台阶爆破参数是基于辽宁某大型矿山采选一体化设计的，因工程实践中台阶高度为 12m 一段，所以模拟台阶试验段高为 1.2m，也就是孔深为 1.2m（不含超深情况）坡面角 65°，矿石体重 3.3t/m^3，试验设置 6 个分区，其中孔径因采场目前只有金科 JK580 履带式液压潜孔钻机，钻孔孔径 D=140mm。鉴于孔径较大，对试验产生较大影响，在现场我们采用直径为 42mm 的 PVC 管进行模拟实验，孔深、孔距、排距等其他参数见表 1。

表 1　台阶爆破试验参数

Table 1　Bench blasting test parameters

区号	孔数	孔网参数/m					孔扭面积/m^2	爆破量/t	装药量/kg		装药长度	填塞长度	单耗 /kg · t^{-1}
		孔距	排距	孔深	底盘抵抗线	超深			单孔药量	总药量			
Ⅰ区	16	1.2	1.0	1.5	0.8	0.3	1.20	4.752	1.00	16	1.00	0.5	0.2104
Ⅱ区	16	1.0	1.0	1.5	0.8	0.3	1.00	3.96	1.00	16	1.00	0.5	0.2525
Ⅲ区	16	1.0	0.8	1.5	0.8	0.3	0.80	3.168	0.80	12.8	0.80	0.7	0.2525
Ⅳ区	16	0.8	0.8	1.4	0.7	0.2	0.64	2.5344	0.80	12.8	0.80	0.6	0.3157
Ⅴ区	16	0.8	0.6	1.4	0.7	0.2	0.48	1.9008	0.80	12.8	0.80	0.6	0.4209
Ⅵ区	16	0.6	0.6	1.4	0.7	0.2	0.36	1.4256	0.80	12.8	0.80	0.6	0.5612
合计	96									83.2			

对于 PVC 管周围的空隙我们采用细碎矿石进行填充，因此炮孔孔径 42mm，按布孔按矩形，4×4，每区 16 个。

2.3 装药结构（根据具体情况而定）

试验两种装药结构：分段装药（见图 1）和孔底间隔装药（见图 2）。每孔药量均为 0.65kg，填塞 0.65m，间隔长度 0.2m，便于爆破效果作对比。以空气作为间隔介质，以自制封口的 PVC 管作为间隔器。

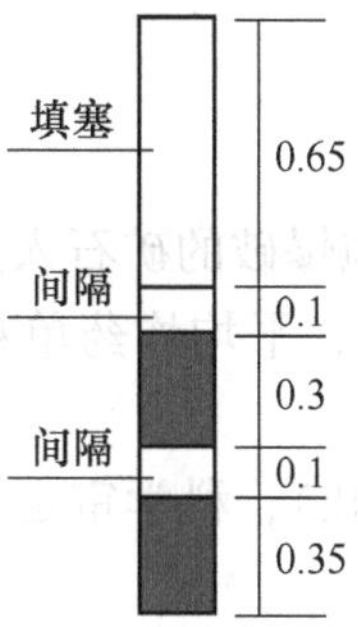

图 1　分段装药结构

Fig. 1　Sectional charge structure

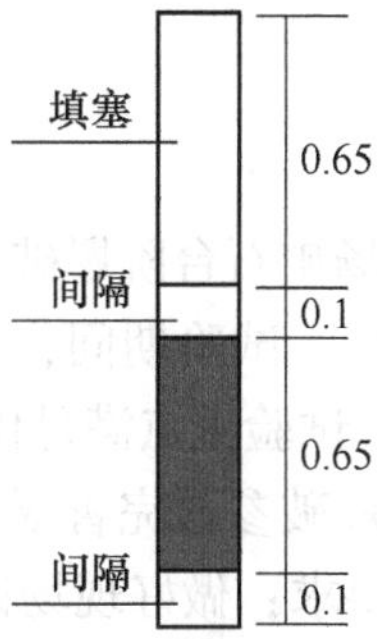

图 2　孔底间隔装药结构

Fig. 2　Hole bottom interval charge structure

2.4　起爆方式

采用矩形布孔，以逐孔方式起爆。对于分段装药结构，孔内各分段装药同时起爆；对于孔底间隔装药结构，相邻孔交替地反、正向起爆。根据场地条件，间隔距离取为 5～10m。药卷直径 32mm，长度 200mm，单重 200g。用导爆管雷管起爆，每孔 2 发。起爆连线方式如图 3 所示。

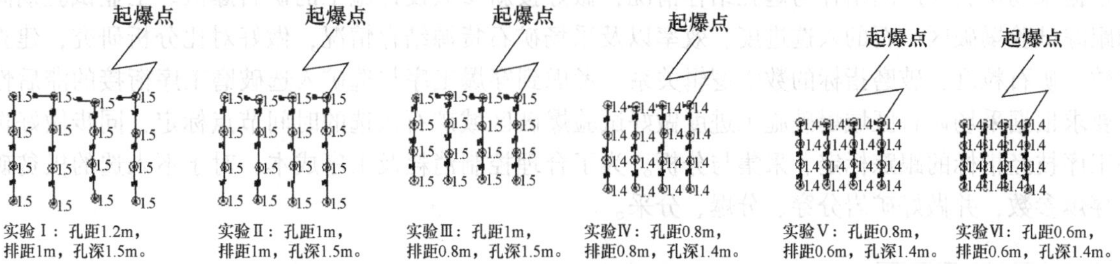

一、北采 48 平台试验爆破，共 6 区，96 个炮孔，400MS（16m）孔内管 96 发，9MS 地表管 24 发，17MS 地表管 72 发，32mm 乳化药卷 4 箱，大线 400m。

图 3　起爆连线方式

Fig. 3　Initiation connection

3　爆破效果分析

对于试验 6 个区爆破块度进行取样分析，试验数据采集、指标写实与测算、数据分析与对比、数理统计、实验室试验检测等，包括爆破参数、爆破粒度及其分布、矿石物料微损伤测定、选矿工序破碎磨矿工艺数据采集、粒度分级、有关效率、消耗指标等，完成试验数据的分析与成果评价并结合矿山实际制定工业试验参数。爆破效果如图 4 所示。

图 4　爆破效果

Fig. 4　Blasting effect

4 结论

(1) 根据露天采场矿石台阶爆破试验，按新设计穿爆参数实施爆破的矿石入选作为起始点，开展为期一个月的工业试验。试验期间，矿石爆区孔网缩小 8%～10%，平均炸药单耗在现有基础上提升 10%、达到 0.36kg/t，试验重点满足供给选矿的矿石爆破需求。

(2) 要按调整的爆破参数完善爆破设计，精准布孔（皮尺布孔），科学审定单孔装药量，确保炸药单耗指标达到方案要求；做好现场记录和写实标定。

(3) 工业试验参数调整：按照本试验研究成果分析，当爆破成本增加 10%、选矿破磨工序成本将降低 6%～8%。试验期间，将辽宁某露天爆破赤铁矿矿石孔网参数由 6.5m×6.5m 调整为 6.5m×6m、透闪矿按 6.0m×5.5m，孔担面积将缩小 8.3%，按牙轮钻矿石穿孔成本 0.81 元/吨计算，预计单位吨矿穿孔成本增加 0.065 元/吨；爆破工序炸药单耗将在目前 0.327kg/t 基础上提高到 0.36kg/t，增幅 10%，矿石炮孔单孔装药量需增加 30～40kg。

5 展望

根据采场矿石在产品结存与炮孔结存情况，做好按新参数设计施工的矿石爆区。工业试验期间要密切跟踪试验爆破区矿石的入选进度、效率以及采场矿石货源结存情况，做好对比分析研究，建立爆破参数、矿石粒度、破磨指标的数学逻辑关系。考虑到穿爆工序与选矿入选破磨工序衔接的滞后性特点，要求根据采场矿石区域爆破施工进度做好试验爆破区域矿石入选的时间节点标定，同步做好选矿相关工序技经指标的跟踪标定、采集与分析。为了合理控制消耗及工序成本，对于不入选的极贫矿不调整穿爆参数，并做好矿岩分穿、分爆、分采。

参 考 文 献

[1] 罗春梅. 球磨机节能降耗新途径机理及应用研究 [D]. 昆明：昆明理工大学，2009.

[2] 甘德清，高锋，陈超. 我国铁矿山采选工序节能降耗潜力与现状分析 [J]. 矿业研究与开发，2017，37 (5)：112-118.

[3] 欧阳光，张耀平，侯永强，等. 基于爆破漏斗试验的爆破参数研究 [J]. 中国钨业，2017，32 (3)：27-30.

[4] 周志友，郭瑞东. 金正泰露天煤矿台阶爆破参数优化 [J]. 露天采矿技术，2017，32 (3)：8-10，14.

[5] 范军富. 武家塔露天煤矿采空区岩石台阶爆破关键技术研究 [D]. 阜新：辽宁工程技术大学，2015.

[6] 李清，王汉军，杨仁树. 多孔台阶爆破破裂过程的模型试验研究 [J]. 煤炭学报，2005 (5)：34-37.

[7] 张长奎，贾建军，冯春，等. 露天金属矿采选联合优化的研究进展 [J]. 金属矿山，2017 (7)：1-7.

[8] 刘景玉，李闻杰. 谈采选联合企业合理爆破参数的确定 [J]. 露天采矿技术，2006 (1)：36-37.

[9] 田楷. 基于爆破漏斗理论某露天矿山最佳爆破参数的选择 [J]. 世界有色金属，2017 (20)：221-222.

不耦合装药系数对预裂爆破效果影响的数值模拟研究

崔年生

（福建省新华都工程有限责任公司，福建 厦门，361000）

摘　要：紫金山金铜矿是我国新探明的特大型有色金属矿床基地，上部金矿储量及下部铜矿储量均为特大型矿床。鉴于矿山开采服务年限长，露天采场终了边坡设计最高标高+1036m，最低+148m，垂高达 880m，属典型高陡边坡。为研究不耦合装药系数对露天矿预裂爆破效果的影响，以紫金山金铜矿为研究对象，利用 3D-SOLID164 作为模型三维实体单元，采用数值模拟软件 ANSYS/LS-DYNA 对矿山的预裂爆破参数进行模拟，得到炸药爆炸过程中产生的最大拉应力。数值模拟结果表明：不耦合装药系数为 3.56 时，应力响应值较理想，既能顺利破坏岩体又没有使岩体过度损害，为矿山预裂爆破不耦合装药系数的选取提供了参考依据。

关键词：预裂爆破；不耦合装药系数；数值模拟；ANSYS/LS-DYNA

Numerical Simulation of Uncoupled Charge Coefficient of Presplitting Blasting Based on ANSYS / LS- DYNA

Cui Niansheng

（Fujian Province Xinhuadu Engineering Co.，Ltd.，Fujian Xiamen，361000）

Abstract：Zijinshan gold and copper mine is China's new proven large-scale non-ferrous metal ore base，the upper gold reserves and the lower copper reserves are both large deposits. In view of the mine mining service life is long，the end of the open field slope design maximum elevation +1036m，the lowest +148m，up to 880m，is a typical high and steep slope. In order to study the effect of uncoupled charge coefficient on the presplitting blasting effect of open - pit mine，this paper took Zijinshan Gold and Copper as the research object，using 3D-SOLID164 as the three-dimensional model solid element，the numerical simulation software ANSYS / LS-DYNA is used to simulate the presplitting blasting parameters of the mine，and the maximum tensile stress in the explosive process is obtained. The numerical simulation results show that when the uncoupled charge coefficient is 3.56，the stress response value is ideal，and the rock mass can not be well cracked，which provides a reference for the selection of the uncoupled charge coefficient of mine presplitting blasting.

Keywords：presplitting blasting；uncoupled charge coefficient；numerical simulation；ANSYS/LS-DYNA

1　引言

近年来，随着国内露天矿山大型开采设备的普及，预裂爆破逐渐应用到露天矿生产爆破中，然而应用效果却并不理想，主要体现在坡面不平整、半孔率低，炮孔周围过粉碎，炸药能量利用率不足。装药结构对调节炸药能量分布和改善爆破效果起着关键作用[1-3]，目前，矿山预裂爆破时各种装药结构均进行过现场试验，比较发现，不耦合装药结构能够起到很好的储能和缓冲爆炸冲击力的作用，能有效降低爆轰波对炮孔壁及其周围岩体的破坏[4-6]。因此，为提高预裂成缝效果及爆破工作效率，研

原载于《矿业研究与开发》，2018，38（04）：10-13。

究不耦合装药系数对指导生产具有十分重要的现实意义。

传统的爆破研究一般采用爆破现场试验，但现场试验实施难度大、影响试验结果的不确定性因素较多、爆破监测手段和仪器有限，此外，爆破费用高，且通常需要进行多次试验才能得到合适的爆破参数，这些因素都或多或少地制约着爆破现场试验研究的开展。21 世纪以来，随着计算机技术和模拟仿真技术的快速发展，数值模拟法逐渐应用到爆破试验研究中，并成为进行现场爆破试验前爆破参数优化不可或缺的一步。数值模拟法广泛应用于岩土爆破机理和爆破参数优化等研究中，成本低、操作方便，越来越被专家学者所接受。通过构建介质模型，可模拟不同爆破参数下的爆破过程，并对模拟结果进行分析，选取合适的爆破参数。ANSYS/LS-DYNA 是一款常用的数值模拟软件[7,8]，其通常用于岩土介质爆破模拟，本文采用该软件对紫金山金铜矿中-细粒花岗岩在进行预裂爆破时选取不同的不耦合装药系数进行爆破数值模拟，最后得到适合紫金山金铜矿预裂爆破的不耦合装药系数，为实际生产提供参考依据。

2 爆破模型建立

2.1 单元选取

本文选取 SOLID164 实体单元，是 3 维的显式结构实体，如图 1 所示，描述了该单元的几何图形、节点位置和坐标系等信息。该单元总共有 8 个节点，分别为 I、J、K、L、M、N、O、P，每个节点在 X、Y、Z 轴都有 3 个自由度，分别为速度 $V(X, Y, Z)$、平移 $U(X, Y, Z)$ 以及加速度 $A(X, Y, Z)$。

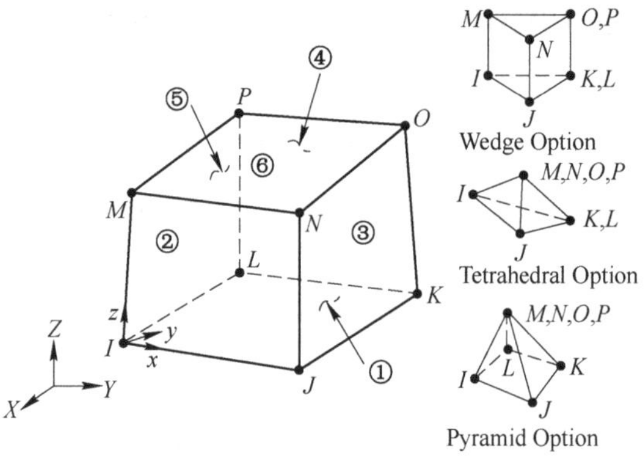

图 1 SOLID164 实体单元示意图

Fig. 1 Schematic diagram of solid element of SOLID164

2.2 炸药模型

由于炸药种类不同，其属性参数如爆速和密度等也不尽相同，因此，在定义炸药材料模型时，可使用程序中的高能炸药燃烧材料模型来描述炸药性质。炸药模型方程可以表示为 $F = \max(F_1, F_2)$。

$$F_1 = \begin{cases} \dfrac{2(t - t_1)DA_{e_{\max}}}{3v_e} & 当 t > t_1 \\ 0 & 当 t \leqslant t_1 \end{cases} \tag{1}$$

$$F_2 = \beta = \frac{1 - V}{1 - V_{CJ}} \tag{2}$$

式中，t 为当前时间；t_1 为爆轰波从起爆点传播至当前单元需要的最短时间；V_{CJ} 为 C-J 相对体积。

2.3 岩石模型

紫金山露天矿最典型的岩石为中-细粒花岗岩，因此，本次选取此类岩体进行模拟分析，其物理力学参数见表 1。

表 1 岩石物理参数

Table 1 Petrophysical parameters

岩体名称	密度/kg·m^{-3}	弹性模量/Gpa	泊松比	内摩擦角/(°)	抗拉强度/MPa	黏聚力/MPa	抗压强度/MPa
中-细粒花岗岩	2660	52.15	0.287	40.24	5.4	6.76	57.46

众所周知，岩体的破坏准则取决于其自身的性质和外部受力状况，本文岩体本构模型选取非线性塑性材料模型，用来描述爆破介质的本构关系。

2.4 爆破数值模型建立

采用 LS-DYNA 软件进行建模，必须要满足以下假设：爆破时使用中心点起爆；模拟的岩体介质是连续的，不会出现不连续的情况。

根据紫金山金铜矿的实际情况，考虑到数值模拟工作量的问题，一般可以将其简化成平面对称问题。本次采用双孔微差爆破模型，模型尺寸为 1500cm×800cm×150cm；目前，矿山实际使用的爆破参数为孔径 $D=150$mm，采用空气径向不耦合装药。数值模型通常采用 cm-g-us 单位，双孔爆破有限元模型如图 2 所示。

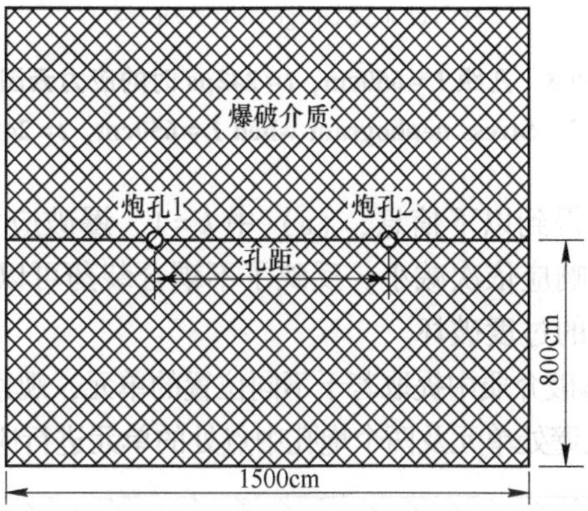

图 2 双孔爆破有限元模型

Fig. 2 Double hole blasting finite element model

3 数值模拟结果及分析

使用 ANSYS/LS-DYNA 软件对双孔爆破有限元模型进行数值模拟计算，孔距分别取 600cm、650cm、700cm；不耦合系数分别取 $k=1$，$k=2.05$，$k=3.27$，$k=3.93$，$k=4.77$；其他预裂爆破参数采用矿山实际所使用的，观察爆破过程中所形成的应力云图，图 3 所示为孔距 $L=650$cm，$t=242\mu s$ 时不耦合装药系数分别为 1，2.05，3.27，3.93，4.77 的应力云图。

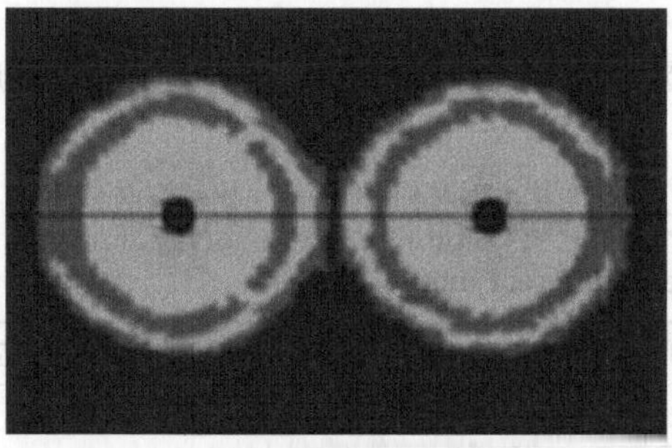

(a) 不耦合系数 $k=1$

(a) Uncoupled charge coefficient $k=1$

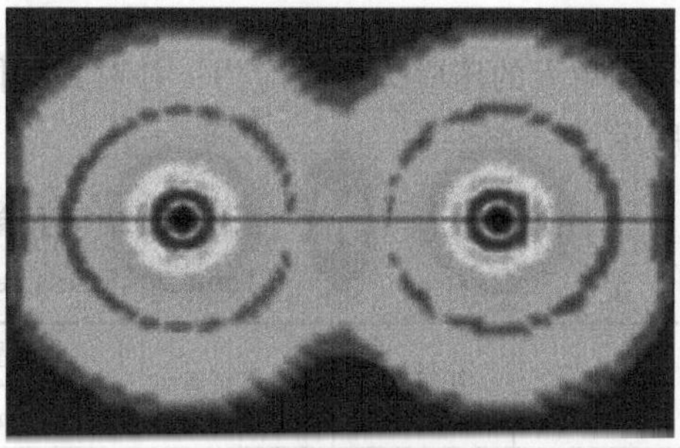

(b) 不耦合系数 $k=2.05$

(b) Uncoupled charge coefficient $k=2.05$

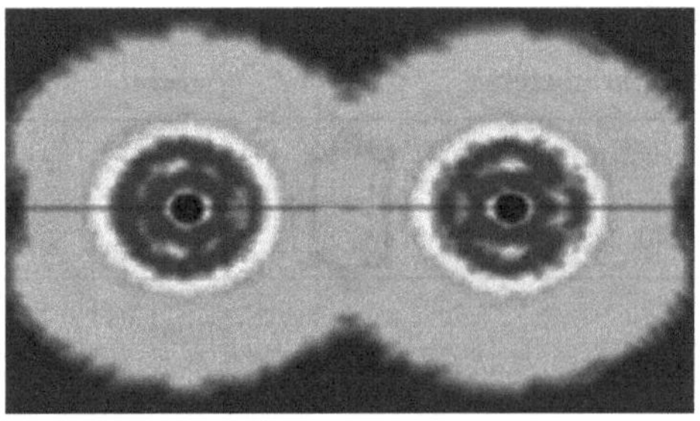

(c) 不耦合系数 k=3.27
(c) Uncoupled charge coefficient k=3.27

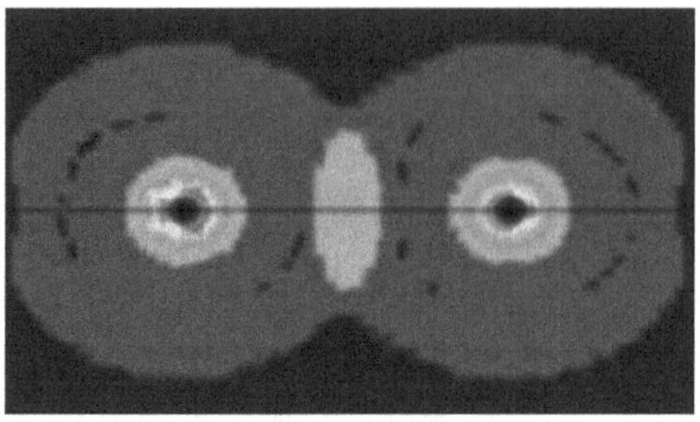

(d) 不耦合系数 k=3.93
(d) Uncoupled charge coefficient k=3.93

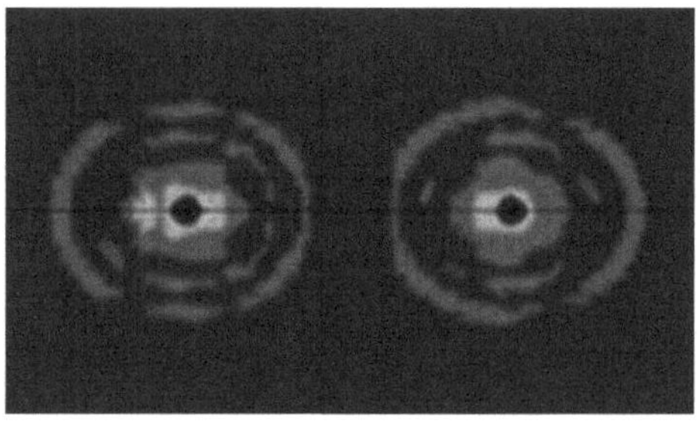

(e) 不耦合系数 k=4.77
(e) Uncoupled charge coefficient k=4.77

图 3 孔距 $L=650$cm，$t=242\mu s$ 时的应力云图

Fig. 3 Stress nephogram when $L=650$cm，$t=242\mu s$

根据图 3 中的应力云图可以得到以下信息，（a）中 $k=1$，爆破应力响应最大，（b）~（e）不耦合装药系数逐渐增大，爆破应力响应依次减小，反映了不耦合装药可以降低爆炸产物的冲击压力峰值，从而减小对炮孔壁及其周围岩体的过度破坏。

为分析预裂爆破的效果，在爆破介质中提取若干不同位置的单元，观察其在爆破过程中所受的应力响应情况。这里选择炮孔 1 和炮孔 2 孔壁处单元及两个炮孔中点处的单元进行应力响应分析，如图 4 所示。

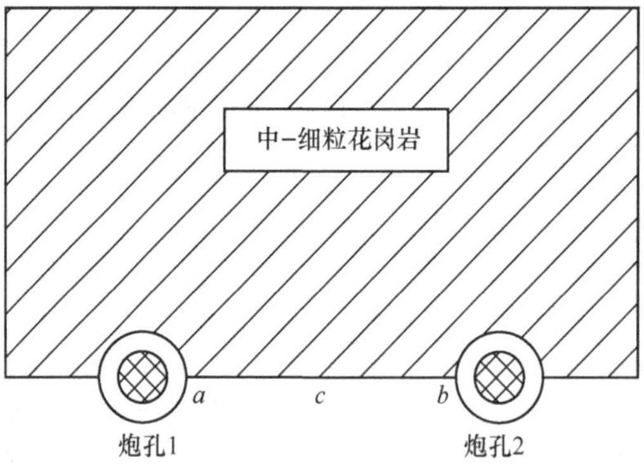

图 4 单元提取分布图

Fig. 4 Unit extraction distribution

提取不同单元的压应力或拉应力，并对其具体的受力情况进行分析，图 4 中单元提取的应力响应值如表 2 所示。

表 2 不同单元应力响应值表

Table 2 Stress response of different unit

序号	孔径/mm	孔距/m	装药系数 k	炮孔壁不同单元压应力/MPa		炮孔 1 和炮孔 2 中点单元拉应力/MPa
				a	b	c
1	150	6.5	1	2798.54	2998.62	50.32
2	150	6.5	2.05	513.46	525.89	17.89

续表 2

序号	孔径/mm	孔距/m	装药系数 k	炮孔壁不同单元压应力/MPa		炮孔 1 和炮孔 2 中点单元拉应力/MPa
				a	b	c
3	150	6.5	3.27	89.12	145.36	7.75
4	150	6.5	3.93	27.07	48.68	9.03
5	150	6.5	4.77	20.45	26.51	9.92

根据爆破破碎理论，粉碎区受压应力作用被破坏，这里指炮孔壁及其周围的岩体；而裂隙区受拉应力作用被破坏。由此可知，表 2 中 a 和 b 的值为压应力峰值，c 的值则为拉应力峰值。由表 1 可知，中-细粒花岗岩的抗压强度为 57.46MPa，而当 $k=1$ 时，即耦合装药时，炮孔壁的应力值远大于抗压强度，从而导致粉碎区被过度破坏。

当炮孔孔径及其他参数一定时，对表 2 中的不耦合装药系数 k 与炮孔 1 和炮孔 2 连线中点（单元点 c）的拉应力进行回归分析，得到如图 5 所示的关系图。

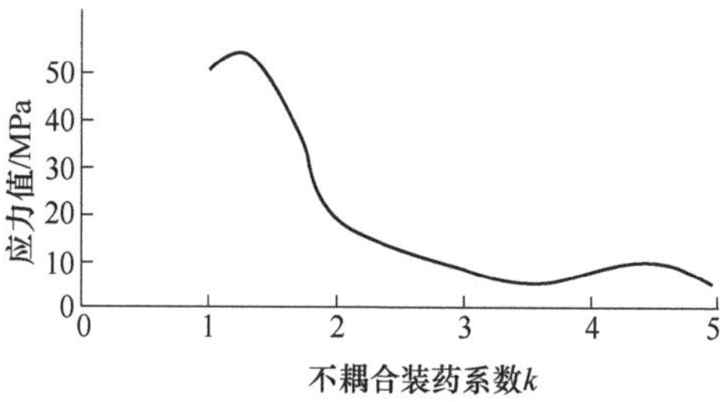

图 5　炮孔中点拉应力与不耦合系数关系图

Fig. 5　The relationship between the tensile stress and the uncoupled coefficient in the midpoint of the borehole

根据图 5 可以知道，炮孔中点的拉应力值和不耦合装药系数之间不是单纯的线性关系，因此，可以分段进行分析。当 $1\leqslant k\leqslant 3$ 时，拉应力值随着 k 的增大，先增大然后减小；原因是 $k=1$ 时，粉碎区消耗了大部分能量，从而使得炮孔中点得到的能量比较少。由于不耦合装药系数的增大，炮孔装药量逐渐减少，粉碎区消耗的能量大大减少，从而粉碎区外得到破坏的能量相对增加，不耦合装药系数在 3~4 最好。由于实际爆破中岩体可能受到动载荷而不仅仅是受压应力和拉应力产生破坏而产生破坏，裂隙区的破坏主要由最大拉应力来判断。参考中-细粒花岗岩的岩石物理力学参数，当不耦合装药系数 $k=3.56$ 时，应力响应值较合适，既能够适当破坏岩体又没有使岩体过度损害。此时，预裂爆破的效果最好。

4　结论

本文利用 ANSYS/LS-DYNA 软件分别对不耦合系数取 $k=1$，$k=2.05$，$k=3.27$，$k=3.93$，$k=4.77$ 五种情况进行数值模拟，通过对应力云图以及应力响应值进行分析，当不耦合装药系数为 3.56 时，应力响应值较理想，既能顺利破坏岩体又没有使岩体过度损害，此时效果最好，为紫金山金铜矿预裂爆破不耦合装药系数的选取提供了参考依据，具有十分重要的现实意义。

参 考 文 献

[1] 张强，张纯杰，尹国光．不耦合装药预裂爆破技术在露天矿中的应用研究［J］．科技经济导刊，2016（6）：68，73.

[2] 刘钦．空气介质不耦合装药结构的应用［J］．有色金属（矿山部分），1996（3）：44-45，428.

[3] 丁小华，李克民，任占营，等．露天矿高台阶预裂爆破技术的发展及应用［J］．矿业研究与开发，2011（2）：94-97.

[4] 朱红兵．空气间隔装药爆破机理及理论研究［D］．武汉：武汉大学，2006.

[5] 吴亮，位敏，钟冬望，等．空气间隔装药爆破动态应力场特性研究［J］．爆破，2009，26（4）：17-19.
[6] 韩新平，侯成恒，曹柱，等．不耦合装药降低油母页岩尾矿率的爆破技术试验［J］．辽宁工程技术大学学报（自然科学版），2016（4）：342-346.
[7] 黄志强，白登文，张强，等．基于 ANSYS/LS-DYNA 的地锚吃入地层仿真研究［J］．长江大学学报（自然科学版），2015（17）：58-61，6.
[8] 颜廷俊，姜美旭，张杨，等．基于 ANSYS-LSDYNA 的围压下粒子冲击破岩规律［J］．断块油气田，2012（2）：240-243.

露天矿爆破设计与管理系统在多宝山铜矿的应用

崔年生

（福建省新华都工程有限责任公司，福建 厦门，361000）

摘　要：露天爆破设计是露天采矿过程中必不可少的工序，设计的好坏直接影响矿山的总体效益，而传统的爆破设计工作复杂烦琐，受现场条件约束较大，新华都露天矿爆破设计与管理系统为解决该问题提供了科学合理的方案。本文从布孔设计、装药设计、网路设计、模拟分析以及成果输出五个部分详细介绍了新华都露天矿爆破设计与管理系统的设计部分，同时把该系统应用在多宝山露天铜矿中，实践证明该系统的成功运用可以缩短爆破设计的周期，改善爆破质量，提高工作效率和矿山整体效益，同时为快速制定科学合理的爆破设计方案提供了决策辅助。

关键词：露天矿；露天矿爆破设计与管理系统；爆破设计；起爆模拟

Application of Open-pit Blasting Design and Management System in Duobaoshan Copper Mine

Cui Niansheng

（Fujian Province Xinhuadu Engineering Co.，Ltd.，Fujian Xiamen，361000）

Abstract：Surface blasting design is an essential part of open-pit mining process，and the overall benefits of mines can be directly impacted by the design effects. However，traditional blasting design is complicated and tedious，and mainly influenced by site conditions. Fortunately，Xinhuadu Open-pit blasting design and management system provides scientific schemes to deal with it. This paper introduces thissystem design sectionin details from layout design，charging design，network design，simulation analysis and results output. Meanwhile，the success of applying this system to Duobaoshan surface copper mine approves that this system is able to shorten the blasting design cycle，improve blasting quality，increase working efficiency and overall benefits of mines，also provides decision-making assistance for rapidly making scientific blasting design scheme.

Keywords：surface mine；open-pit blasting design and management system；blasting design；detonation simulation

1　引言

露天爆破是露天采矿过程的主要工序环节[1]，效果好坏直接影响后续铲装、运输和矿石破碎等工序的生产效率和经济效益。由于露天爆破设计工作量大且内容繁杂，受客观条件约束因素多，因此，改善爆破效果，提高爆破质量，最终实现矿山爆破的信息化、数字化及智能化[2]已成为采矿工作者未来研究的主要方向。计算机技术应用于矿山开采以来，尤其是近 10 年来，澳大利亚、美国等 50 多个国家已先后研制、应用了计算机辅助设计（CAD）软件[3]，如 Surpac Vision、Micromine、DATAMINE、VULCAN 等。虽然国内矿山应用计算机技术稍晚，但也成功研发了一批优秀产品，如北京科技大学与鞍山钢铁学院开发的露天矿生产爆破系统[4]、华易露天深孔爆破辅助设计软件、赛尔爆破优化系统以及新华都露天矿爆破设计与管理系统。

原载于《工程爆破》，2018，24（03）：14-19。

黑龙江多宝山铜矿是目前国内探明可供开采的第三大铜矿，福建省新华都工程有限责任公司自建矿起承担了该矿的采剥服务，随着矿山二期扩建，露采年采剥量已达到3000万立方米，该项目也成了公司第一大驻外工程项目，数字化爆破技术优化专项研究被列为公司2017年度研发课题。近年来随着爆破工程工作量增加，凭借技术人员个人经验进行现场爆破方案设计，已经不能满足企业的高速发展。为了能够将技术人员从设计、计算以及图纸绘制等繁重的工作中解放出来，更早实现爆破作业标准化和数字化，从而提高爆破质量，改善爆破效果，同时又满足对爆破效果进行系统评估目的。2017年4月起，公司联合长沙迪迈科技公司共同开发了“露天矿爆破设计与管理系统”，满足了露天矿山爆破这一需求。

2 露天矿爆破设计与管理系统

新华都露天矿爆破设计与管理系统采用面向对象的思想，基于三维可视化平台，在三维视图中完成布孔设计、装药设和网路设计，还可以通过模拟分析优化爆破设计，并自动生成报告。爆破设计流程如图1所示。

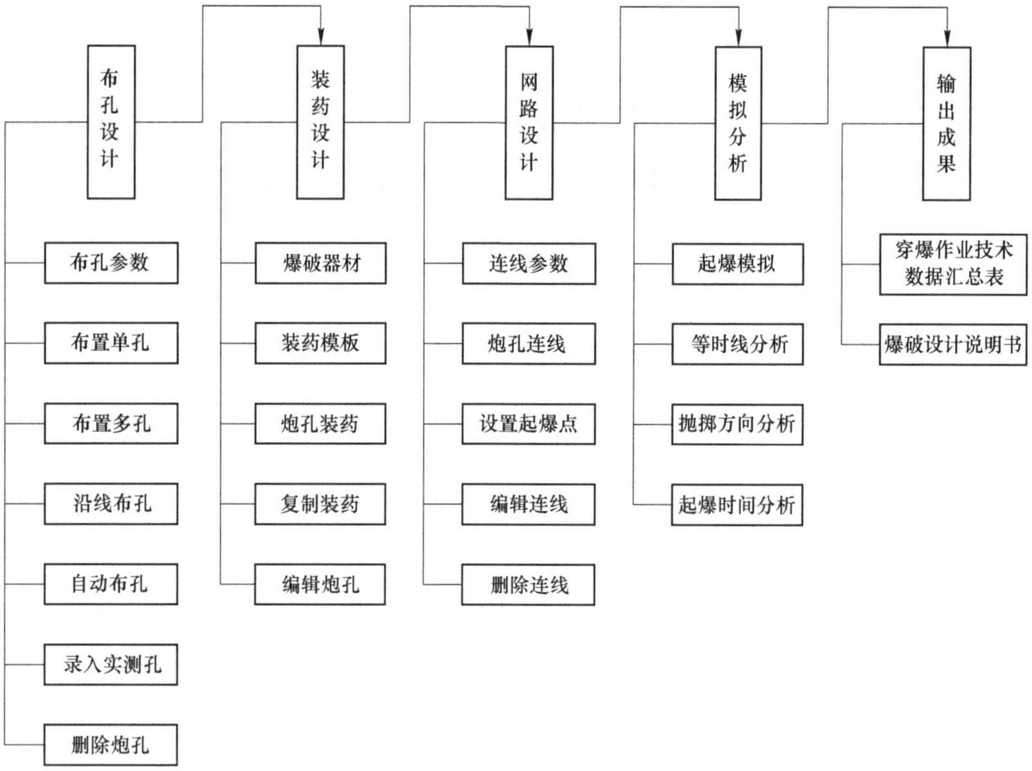

图1 爆破设计流程图

2.1 布孔设计

新华都露天矿爆破设计与管理系统提供了灵活的布孔方式，分为布置单孔、布置多孔、沿线布孔、自动布孔和录入实测孔，多排布孔又分为矩形布孔和梅花形布孔。三维视图中的炮孔样式都由布孔参数控制，布孔参数包括孔径、孔深、超深、方位角、倾角、最小抵抗线、孔距、排距等。

2.2 装药设计

装药设计分为爆破器材和装药模板模块。爆破器材用于管理炸药、雷管和起爆器材等，提供对器材的添加、删除和修改功能，为后续装药操作提供使用。装药模板模块通过设计装药模板来设置炮孔的装药结构，使用较多的装药结构有连续装药结构、空气间隔装药结构、混合装药结构、底部空气垫层装药结构[5]等。

（1）连续装药结构。这是爆破中常用的一种装药结构，其优点不仅在于炮孔利用率高，操作简单，而且便于机械化装药。但是在台阶高度较高、台阶破面不平、岩性变化或可爆性差异较大的情况下，爆破效果很难保证，容易造成爆破块度不均匀、大块率较高，出现“根底”或“冲炮”。连续装药结构示意图如图2（a）所示。

（2）空气间隔装药结构。这是一种非连续装药，药柱由空气隔开分为2或3段。通过空气间隔器的使用一方面均衡能量分布；另一方面有利于延长爆轰气体作用时间，提高炸药能量利用率，在一定爆破环境下空气间隔装药结构克服了连续装药结构的不足。但是这种装药结构操作工序繁杂，不适用机械化装药，实际应用中受到限制。空气间隔装药结构如图2（b）所示。

（3）混合装药结构。爆破中两种或两种以上的炸药配合使用，这种装药结构适合于底盘抵抗性大或岩性变化大的地质环境。在底盘抵抗性大或坚硬、难爆岩种部分安装高威力高密度炸药，而在其他部位安装低威力炸药，保证爆破效果的同时合理控制成本。这种装药结构同样不适于机械化装药。混装装药结构如图2（c）所示。

（4）底部空气垫装药结构。它的应用原理是利用爆炸后空气垫激起的冲击波对孔底岩石强大的压缩作用，从而致使岩石破碎。这种装药结构也可以调节爆炸气体压力和爆炸气体的作用时间，爆炸能量得到充分的利用。与空气间隔装药结构不同的是，底部空气垫装药结构适用机械化装药，其结构如图2（d）所示。

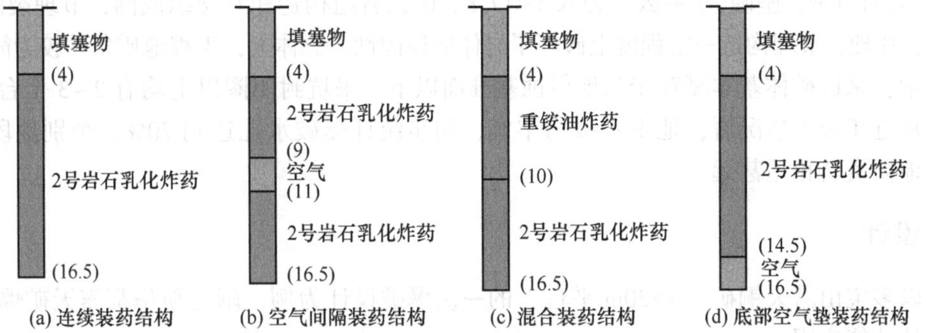

图2　炮孔数据结构图

新华都露天矿爆破设计与管理系统提供了药量计算功能。药量计算公式如下所示。其中 Q 为单孔药量，l_e 为装药长度，a 为孔距，b 为排距，H 为台阶高度，q 为炸药单耗，D 为孔径，ρ_e 为炸药密度。

$$Q = abHq \tag{1}$$

$$l_e = 4Q/(\pi D^2 \rho_e) \tag{2}$$

2.3　网路设计

随着民爆器材品种创新发展，高精度延期雷管尤其是电子雷管的广泛应用，爆破规模不断扩大。在这种境况下，爆破网路设计中延期时间及起爆顺序成为关键。不恰当的网路设计会破坏后序爆破网路，导致效果不佳、药量浪费甚至出现安全事故。系统从以下几个方面考虑爆破路网设计。

（1）微差控制爆破。采用微差控制爆破[6] 以毫秒级时差顺序起爆各个药包，有效的控制冲击波、震动、噪声和飞石，确保爆破效果，提高经济效益。主要体现为以下3个方面：

1）起爆前后炮孔有合理时差。先起爆炮孔为后爆炮孔开创附加自由面，压缩波从自由面反射成拉伸波，后面的炸药再起爆不仅能消除同时爆炸形成的无应力区或应力降低区，而且能增强区域拉应力；

2）先起爆的炸药在岩体造成一定的岩体松动为后续爆破提供了有利条件，抵抗线减小、岩层夹制作用削弱从而改善爆破效果，减少炸药用量；

3）采用毫秒微差控制爆破，如果时差设置合理，可增加岩石自身破碎后和与之相邻炮孔破碎岩石空中碰撞概率，降低爆破粒度。

（2）地表延时与孔内延时。微差时间过长相当于单孔爆破漏斗发挥作用，甚至破坏爆破网路；时间过短，先起爆炮孔无法为后爆炮孔形成良好自由面，实现预期爆破效果。为使爆破方案更加切合实际，控制爆破振动，保护边坡安全。应业主要求，矿山全面采用逐孔微差起爆技术，通过孔内和孔外延期时间组合，保证时间和空间上按照预定的顺序逐孔爆破。

（3）起爆孔。起爆孔是爆破网路中传爆起始炮孔，起爆孔分为瞬发起爆孔和长延时起爆孔，大型复杂爆破网路有时会设有多个起爆孔，以保证网路正常起爆。

2.4 模拟分析

新华都露天矿爆破设计与管理系统提供了起爆模拟的功能，在进行了布孔设计、装药设计、网络设计、设置起爆点后，在完整的起爆网络上进行起爆模拟。从三个方面分析评价爆破设计的优劣：（1）等时线分析；（2）抛掷时间分析；（3）起爆时间分析；通过不断模拟优化爆破设计，生成一份科学的报告成果，为日后爆破方案设计编制提供参考资料。

3 系统在多宝山铜矿的实际应用

3.1 工程概况

多宝山铜矿属于特大斑岩型铜钼矿床，矿体及围岩均以花岗闪长岩为主，体重 2.7t/m^3，松散系数 1.46~1.76，岩石致密、坚硬，f 系数多为 6.5~17.8。矿区各组构造相互交织成网，节理裂隙相对发育，复杂的断裂、片理、节理构造一定程度上破坏了岩体的稳固性。总体上，工程地质条件较为简单。

资料显示：采区矿体基本赋存于当地侵蚀基准面以下，采坑封闭圈以上均有 2~3 个台阶，大多位于凹陷区。从近年施工情况看，地下水极为丰富，初步统计爆破水孔达到 70%，个别地段超过 90%，实际情况与地质资料相差甚远。

3.2 爆破设计

本节将以多宝山露天铜矿“+520m 平台”的一次爆破设计为例，阐述新华都露天矿爆破设计与管理系统的设计功能应用。

（1）布孔设计。本次爆破设计采用布置多孔，布孔方式为“梅花形”，布孔参数见表 1。

表 1 布孔参数

炮孔倾角/（°）	抵抗线/m	孔深/m	超深/m	孔径/mm	孔距/m	排距/m
75	5.0	16.5	1.5	152	6.0	4.0

炮孔布置：第一排 5 个、第二排 11 个、第三排 10 个、第四排 9 个、第五排 8 个、第六排 7 个、第七排 6 个，共计 56 个，炮孔设计效果如图 3 所示。

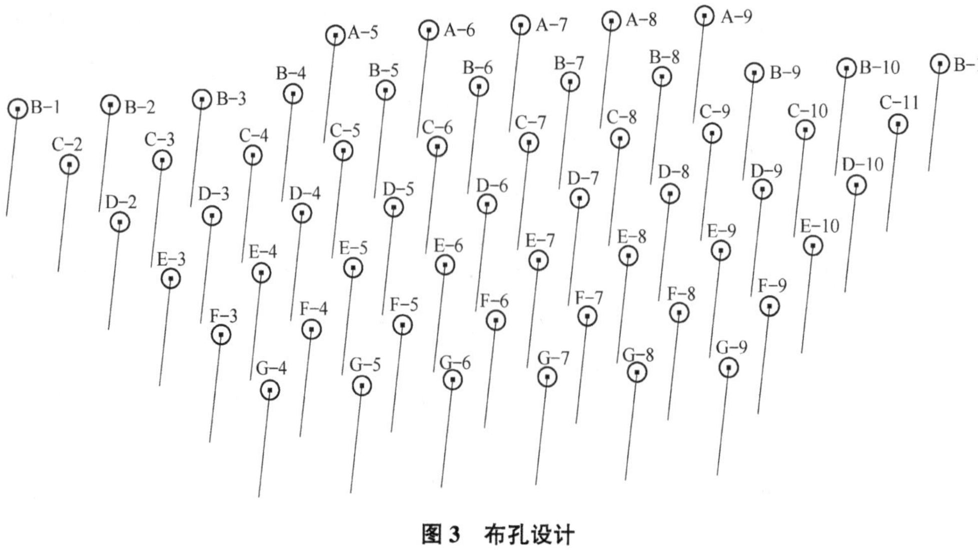

图 3 布孔设计

（2）装药设计。本次爆破使用的炸药是“聚威牌 2 号岩石乳化炸药”，其他的装药设计参数见表 2。

表 2 装药设计参数

装药结构	耦合系数	装药长度/m	填充长度/m	炸药密度/$g \cdot cm^{-3}$	单耗/$kg \cdot m^{-3}$
连续装药	1	12.0~12.5	4.0~4.5	1.16	0.72

按照设计装药参数给炮孔装药，装药后效果如图 4 所示。

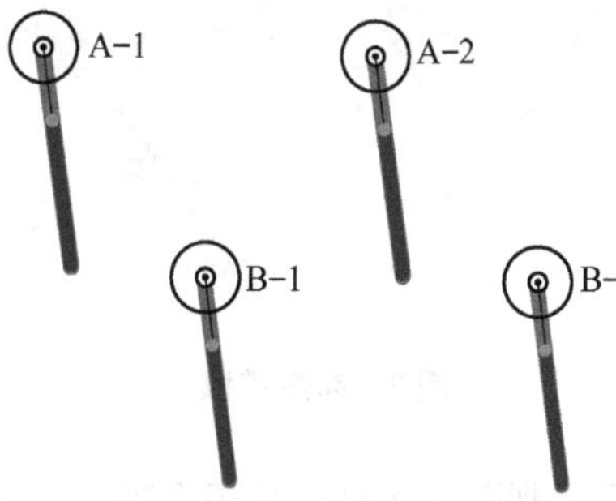

图 4 装药效果图

（3）设计起爆网路。采用孔内与孔外延时结合的办法，孔内一律为 16 段延时 400ms。点击“炮孔连线”，按照规划好的起爆顺序，设置地表延时把所有炮孔连接成一个连通的网路。爆破网路示意图如图 5 所示。

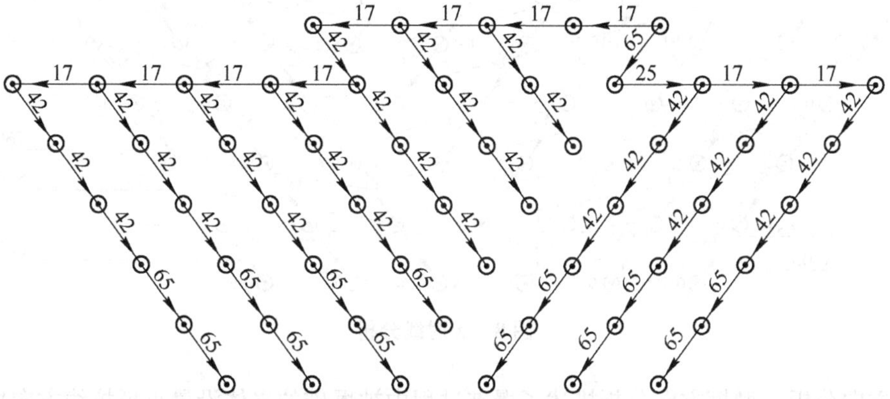

图 5 爆破网路

连接好爆破网路。设置 A9 炮孔为起爆点，起爆点延时为 100ms。起爆点位置如图 6 所示。

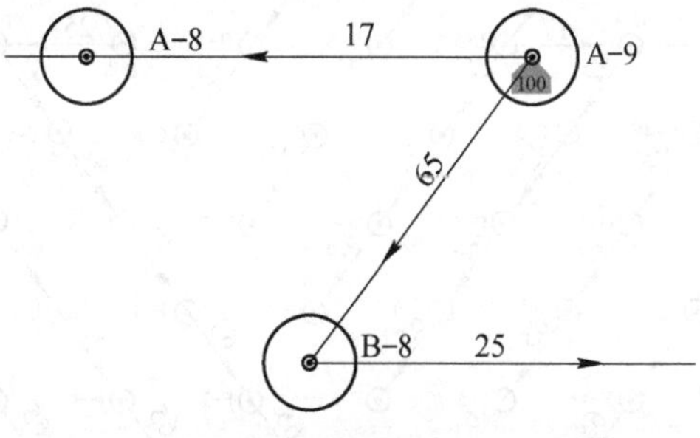

图 6 起爆点位置

（4）起爆模拟。完成上述步骤，确保网路连通并设置好起爆点，即可对整个爆破设计进行起爆模拟，其效果如图 7 所示。图中显示的黄色效果线表示地表雷管已起爆，红色效果区域表示孔内炸药已起爆，其余部分表示尚未起爆。

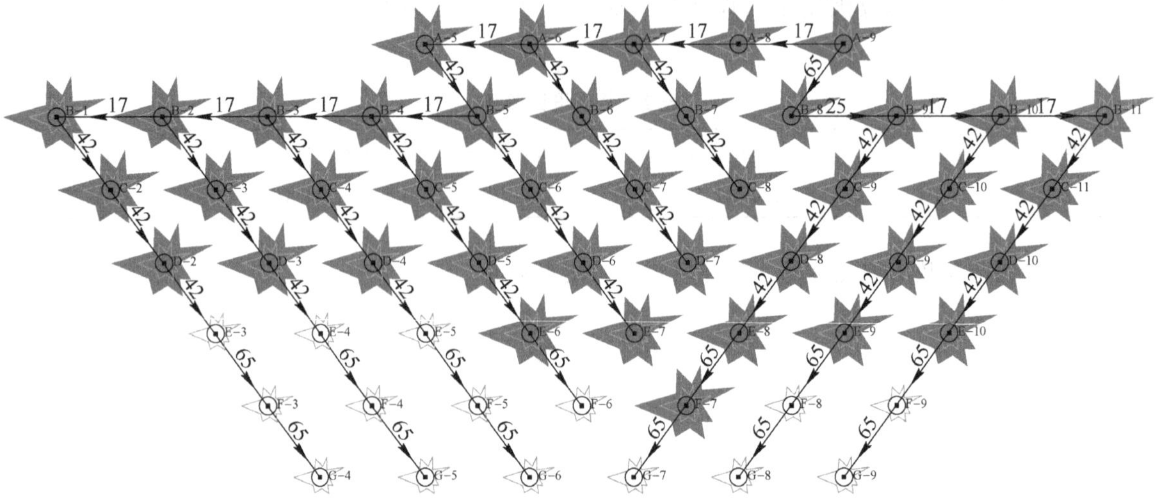

图 7　起爆模拟

（5）模拟分析。完成起爆模拟后，判断本次设计是否合理。主要从三个方面分析。

1）等时线分析。等时线分析以等时间段为间隔，递增绘制连线描述爆破传递情况，如图 8 所示，其等时线间隔为 40ms。

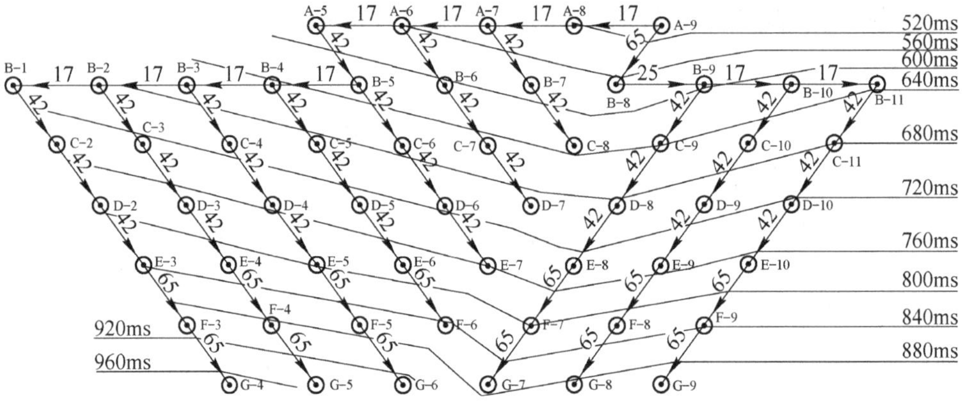

图 8　等时线分析

2）抛掷方向分析。抛掷方向分析描述了爆破过程中被爆破的岩体沿最小抵抗线方向抛出，效果如图 9 所示，其中的箭头方向表示抛掷方向。

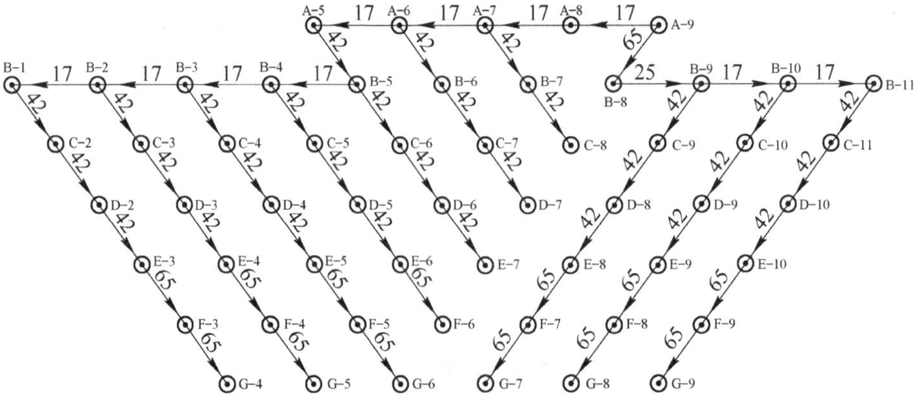

图 9　抛掷方向分析

3）起爆时间分析。起爆时间分析主要是观察每一个固定时间段内有多少个炮孔同时起爆，便于控制爆破振动波，如图 10 所示，其表示 10ms 时间段内起爆时间分析。

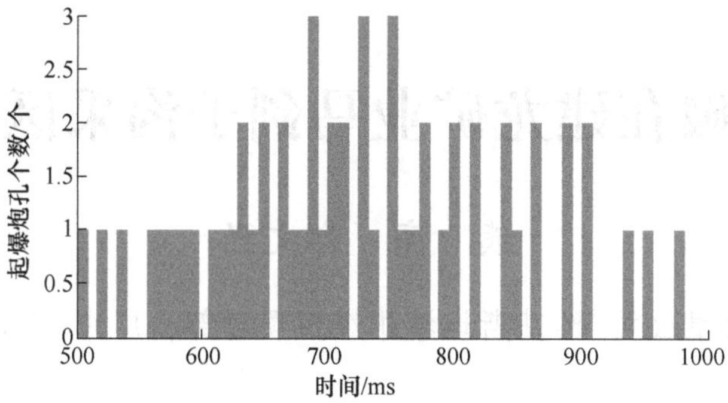

图 10 起爆时间分析

4 结论

新华都露天矿爆破设计与管理系统为矿山爆破设计优化提供了一条捷径，系统应用面向对象的编程思想和数据库技术，实现了图形的三维显示、露天爆破的设计、修改、分析和统计的功能。系统具有较强的适应性和较高的可拓展性，能够满足露天爆破设计需求。与传统的爆破设计相比，能在较短的时间内完成爆破设计，极大缩短设计周期，提高爆破设计效率。新华都露天矿爆破设计与管理系统必将成为提高矿山效益，实现爆破优化管理的有力工具。

参 考 文 献

[1] 单迪．鞍钢露天矿山数字爆破系统设计与分析［D］．鞍山：辽宁科技大学，2014，5：5-7.
[2] 陈继宏，宫国惠，韩雪娇．论三维虚拟采矿与数字矿山建设［C］//第九届中国钢铁年会论文集，2013：11-13.
[3] 孟海利，施建俊．计算机技术在露天矿山生产爆破中的应用［J］．矿业研究与开发，2003.
[4] 王佩佩．露天矿生产爆破设计软件研究现状及发展趋势综述［M］．第十七届全国青年通信学术年会论文集，2012：46-48.
[5] 李夕兵，王玉杰，屠晓利，等．凿岩爆破工程［M］．长沙：中南大学出版社，2011.
[6] 李金玲，王李管，陈鑫．露天矿山复杂爆破网路起爆模拟及效果预测［J］．黄金科学技术，2017：65-70.
[7] 李顺波，杨军，李长军．基于精准延时的基坑开挖爆破震动研究［J］．爆破器材．2015，440（6）：9-14.
[8] 刘忠卫，尤广生．精准微差延时及逐孔起爆技术在爆破实践中的应用［J］．矿业工程．2003，34（7）：107-108.
[9] 程平．爆破起爆网络设计中的点燃阵面［J］．金属矿山，2008：31-33.

压渣爆破在建龙矿业马剑子沟采区的应用

熊　亮　郑文强

（宏大爆破有限公司 巴基斯坦塔尔煤田项目部，广东 广州，510623）

摘　要：在露天台阶爆破过程中，在台阶前预留一定厚度渣堆的压渣爆破得到广泛的运用。分析了炮孔爆破的破岩机理，在此基础上阐述了压渣爆破的破岩机理。通过合理确定渣堆厚度以及爆破参数，将压渣爆破运用于建龙矿业马剑子沟采区，爆破后取得了良好的爆破效果。

关键词：压渣爆破；渣堆厚度；起爆网络；爆破参数

Application of Extrusion Blasting in Majianzigou of Jianlong Mining Area

Xiong Liang　Zheng Wenqiang

（Thar Coal Field Project，Hongda Blasting Co.，Ltd.，Guangdong Guangzhou，510623）

Abstract：In the process of open-pit bench blasting，the extrusion blasting of rock slag pile before the benches is widely used. The article analyzes the rock breaking mechanism of the blasting hole，expounds the rock breaking mechanism of the extrusion blasting. Through reasonably determining the thickness of rock slag pile and blasting parameters，the company applies the extrusion blasting to Majianzigou mining area，which achieves good blasting effect.

Keywords：extrusion blasting；thickness of rock slag pile；detonating network；blasting parameter

1　引言

建龙矿业马剑子沟钒钛磁铁矿属于年产矿石 750 万吨/年的大型露天矿，采用爆破开采，挖机采装，卡车运输的开采方式。因此，爆破质量的优劣对后续的采装作业和运输作业的效率具有重要影响[1]。在矿山实际生产中，受各种条件的影响，爆破进度与铲装进度不同步，矿山同时工作的台阶少，为了保证矿区生产能够正常连续运行，应尽量在每个台阶储备一定矿量。由于没有充足的备矿台阶工作面，因此在爆破台阶工作面前的矿渣未铲装完而继续下阶段的爆破，形成了压渣爆破。

2　爆破的破岩原理

2.1　爆破的破岩原理

爆破作用对岩石的破坏认为是爆生气体和应力波综合作用的效果，炸药在炮孔中爆破后，会伴随着产生巨大的能量，其能量的 10%～20%以冲击波的形式向外传播，其余的 80%～90%生成高温高压气体继续对围岩做功，炸药爆破破岩过程一般划分为 3 个阶段[2-4]。第 1 阶段，爆破后形成的冲击波在介质中以横波和纵波的形式向外传播，密集的裂隙在炮孔周围岩石上形成。第 2 阶段，也就是岩石破碎的主要阶段，炸药爆炸后形成高温高压气体，这些气体膨胀后侵入岩石微裂缝，形成“气楔”作用，导

原载于《露天采矿技术》，2018，33（3）：69-71，74。

致岩石裂缝扩大、延伸，从而进一步破碎岩石。因此，延长“气楔”作用的时间能够有效提高爆破质量。第 3 阶段，岩石之间的相互挤压碰撞作用，当炮孔周围一定范围内的岩石在前两个阶段的作用下被切割、粉碎，变得相对松散，在爆破残余能量的作用下，形成抛掷爆破漏斗。岩石在抛掷过程中相互挤压和碰撞，从而使岩块得到进一步破碎。

2.2 压渣爆破的破岩原理

压渣爆破的破岩机理就是通过对爆破破岩 3 个阶段进行控制从而合理利用炸药爆炸所产生的巨大能量[5]。

(1) 采用留渣的挤压爆破时，岩渣对爆区具有挤压约束作用，爆堆体的前冲距离得到了一定的控制，爆破时脱离原岩的岩块向前运动时，与前面的岩渣发生碰撞，这种高速的碰撞与冲击，进一步破碎岩石，从而提高了岩石的破碎质量。

(2) 预留渣体对爆破岩体的自由运动起到了约束限制作用，爆炸生成的高温高压气体在岩体内部的作用时间增长，延缓了高温高压气体从岩体向外部逸出的时间，提高了炸药的能量利用率。

(3) 压渣爆破的各炮孔之间采用微差爆破，先起爆的药包在爆破作用下向自由面运动，从而与原岩之间形成一定宽度的缝隙，形成了爆破过程中新的自由面。

(4) 压渣爆破的微差时间确定得合理，可以使岩体处于连续的应力状态，使岩石的破碎更为充分。

3 参数选取

3.1 爆破参数确定

台阶爆破主要参数包括炮孔直径、炮孔深度、炮孔超深、孔距与排距、底盘抵抗线和炸药单耗等。

(1) 炮孔直径 D。露天台阶爆破的炮孔直径主要取决于岩石性质、钻机类型和台阶高度等。根据矿山的台阶高度、矿山生产实际及矿山现有的钻孔设备潜孔钻机，炮孔直径确定为 140mm。

(2) 孔深 L 与超深 h。炮孔深度由台阶高度和炮孔超深共同确定。综合考虑钻孔机械以及爆破后铲装具有安全及高效的作业条件而确定台阶高度。考虑到矿山实际，台阶高度 H 确定为 12m。超深是否合理对底板控制尤为重要，超深与矿石的坚硬程度、炮孔直径及底盘抵抗线有关，同时考虑压渣爆破容易产生较多的根脚，应加大超深，超深 h 取 2m。则孔深 $L=H+h$，为 14m。

(3) 底盘抵抗线。底盘抵抗线受诸多因素影响，根据前期对矿体爆破效果的了解和掌握，并结合矿体矿石性质和压渣爆破的特殊性，按孔径计算压渣爆破的底盘抵抗线：$W_d=Kd$，K 值取 20，即 W_d 为 2.8m。

(4) 孔距 a 和排距 b。孔距按下式计算：$a=mW_d$，m 为炮孔密集系数，通常大于 1，逐孔爆破密集系数一般为 1~1.25，炮孔密集系数 m 为 1.25，则孔距 a 为 3.5m。排距 b 与孔网布置和起爆顺序等因素有关，多排孔微差爆破时，依经验公式 $b=W_d$，即排距 $b=2.8$m。

(5) 填塞长度。合理的堵塞长度以及良好的堵塞质量，能够提高炸药的利用率以及改善爆破效果。合理堵塞长度的确定有 2 个重要因素：1) 尽可能增加钻孔装药量；2) 降低爆生气体的能量损失。良好的堵塞质量可增加爆生气体在孔内的作用时间，减少空气冲击波、飞石以及噪声的危害。为保证块度要求和爆破施工的安全，并考虑压渣爆破的特殊施工条件，填塞长度 l_d 按下列公式确定：$l_d=(20\sim30)D$，根据前期生产实践证明，填塞长度为 2.8~3.0m 时，爆区顶部大块较少，并且爆破气体不会过早泄漏，填塞长度 l_d 取 3.0m。

(6) 单位岩石炸药消耗量 q。岩石的可爆性、自由面条件、起爆方式、炸药特性和块度要求是影响炸药单耗的主要因素。因此，选取合理的炸药单耗 q 往往需要通过长期生产实践或多次试验。依据采区现状，台阶高度 $H=12$m 时的炮孔延米装药量为 13kg/m，计算出炸药单耗为 1.22kg/m^3。

(7) 单孔装药量 Q。单孔装药量按下列公式计算：

$$Q=qabH$$

式中，q 为单位岩石炸药消耗量，kg/m^3；a 为孔距，m；b 为排距，m；H 为台阶高度，m。

前排孔由于紧挨渣堆，爆破产生的能量会损失更大，并且前排孔爆破质量的优劣直接影响后排孔爆破自由面的好坏，为保证前排孔爆破质量，需提高其炸药能量30%~40%，前排孔装药量为185kg。

3.2 爆区规模确定

采区每天最大炸药审批量为7t。爆破大块主要产出于堵塞段、爆区两侧带炮和后排孔爆破后冲，所以多排孔爆破的大块率相对比单排孔爆破大块率低。但压渣爆破没有充分自由面，多排孔爆破时，使后排孔产生位移需要更大的能量，容易造成膨胀不够、爆堆过高、松散性不良，不易挖装，易留根底，所以压渣爆破后排孔单耗要相应提高，且爆区长度要大于宽度的3倍为宜。对已形成台阶区域采取3~5排孔爆破，设计为4排42个炮孔。

3.3 留渣厚度

合理的留渣是确保压渣爆破是否取得理想效果的重要因素，根据入射应力波给予爆破矿岩的总动能等于折射应力波给予碴堆的总动能，导出留碴厚度的计算公式为[6,7]：

$$B = \frac{WK}{2}\left(1 + \frac{\rho_2 C_2}{\rho_1 C_1}\right) = \frac{W}{2}\left(K + \frac{C_2}{C_1}\right)$$

式中，B为留渣厚度，m；W为底盘抵抗线，m；K为堆渣的松散系数；ρ_1为岩石密度，t/m^3；ρ_2为堆渣密度，t/m^3；C_1为岩体中弹性波波速，m/s；C_2为矿渣内弹性波波速，m/s，

$$C_2 \approx 500(3 + d)$$

式中，d为矿渣岩块的平均尺寸，m。

根据矿区$d=2.8$m，$C_1=3900$m/s，$C_2=2350$m/s，$k=1.36\sim1.77$，计算得$B=2.75\sim3.32$m，留渣厚度确定为3m。

3.4 布孔方式和起爆网络

布孔方式采取梅花形布孔，起爆顺序为V型对称逐孔爆破，每个炮孔在起爆前有足够的自由面，岩石爆破所需抛散能量大大降低，V型起爆实现两侧对称起爆，加强了岩块之间的碰撞和挤压，从而获得较好的破碎质量，减少爆堆宽度。

逐孔起爆技术的关键是合理微差间隔时间的选取，选择合理的微差时间，相邻炮孔抛散能量产生多次叠加，增加相邻孔间岩石的碰撞，从而提高爆破质量[8,9]。依据奥瑞凯研究成果，逐孔起爆孔间延期时间为2~5ms/m，排间延期时间为8~15ms/m，硬岩取小值，软岩取大值。依据采区矿石性质，孔间延期时间为25ms，排间延期时间为50~70ms，用延期雷管达到延期时间要求。采用孔内延期与孔外延期相结合的方式，起爆网络采用塑料导爆管和非电导爆管孔外延期，EF-500D型大功率远距离导爆管起爆器起爆，簇联起爆，具体为：导爆管远程电子引爆机击发→塑料导爆管传爆→非电毫秒延期雷管引爆起爆药→引爆起爆药包。起爆网络如图1所示。

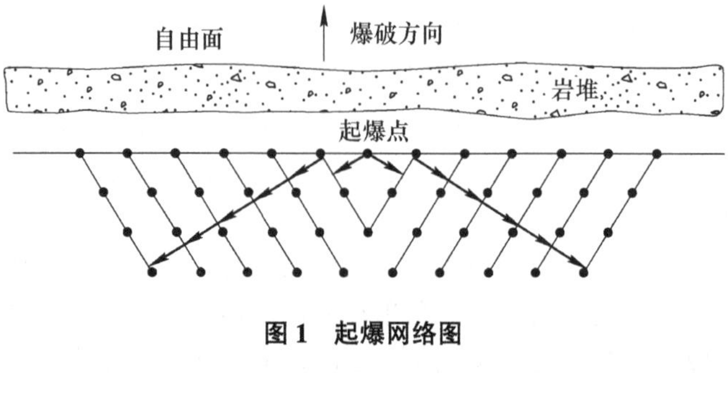

图1 起爆网络图

炸药使用乳化炸药，装药结构为连续耦合装药，起爆雷管为非电毫秒延期雷管。为确保每个炮孔起爆，每孔装两发同段别雷管，炮孔上部采用正向起爆，炮孔底部采用反向起爆，装药结构如图2所示。

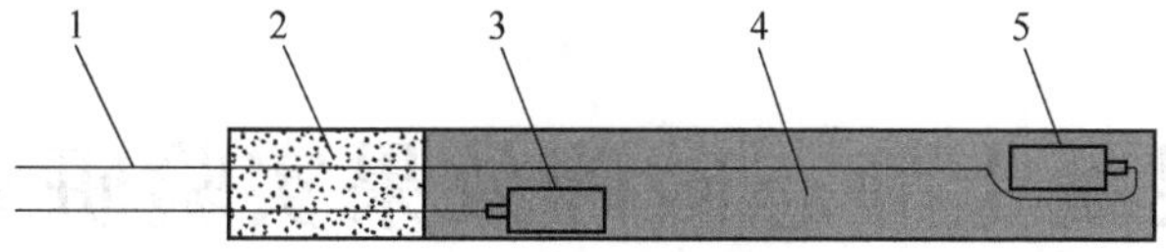

图 2　装药结构示意图

1—非电毫秒延期雷管引线；2—填塞物；3—正向起爆体；4—炸药；5—反向起爆体

3.5　爆破安全距离

岩石爆破时，伴随着爆破过程必然会产生爆破地震、爆破飞石、空气冲击波及有害气体，因此，爆破时为确保爆点附近人员、设备以及建筑物等的安全，爆破设计时必须确定爆破危害范围。矿山爆破主要是爆破地震危及周围民房，我国爆破安全规程[10] 采用保护对象所在地质点峰值振动速度作为爆破振动主要判别依据。安全距离的确定根据萨道夫斯基经验公式采用下式估算[11]：

$$V = K\left(\frac{Q^{\frac{1}{3}}}{R}\right)^{\alpha}$$

式中，V 为介质质点的振动速度，cm/s；Q 为同段雷管起爆允许的炸药量，kg；R 为安全距离，m；K，α 为与爆破条件、岩石特性等有关的系数。

按《爆破安全规程》的规定：对于深孔爆破，安全允许振速为 0.5～1.5cm/s，取振速 V=1.5cm/s 校核安全距离。根据地质报告，矿区为坚硬岩石，可得出 K=150，α=1.5。

按公式计算可得出同段起爆药量为370kg（2 个炮孔同时起爆），爆破安全距离为 155m。看出一次爆破中在警戒范围 155m 以外的居民建筑是安全的，这个距离远小于采区到临时居住点和周围建筑物的距离，所以采区开展的爆破是完全可行的。

4　结论

河北滦平露天矿马剑子沟采区的运用表明，该挤压爆破参数合理，符合实际情况。爆破后，爆堆松散，块度均匀，大块少，有效地改善了爆破与装运相互影响的状况，提高了采装运效率，取得了良好的爆破效果和经济效益。主要得出以下结论。

（1）压渣爆破能有效控制爆堆前冲距离，台阶面预留一定宽度矿渣对爆区具有很好的挤压约束作用，使得爆破过程产生合理的位移，爆破产生的压能充分作用于岩石上，使得破岩效率大大提高。

（2）压渣爆破增加了爆生气体的作用时间，爆区自由面预留渣体增加了炮孔最小抵抗线，延迟了爆生气体向外逸出，增加了爆破气体破岩作用时间，提高了破岩效果。

（3）逐孔起爆充分利用了炸药爆炸的总能量，而大大减小了最大单响药量，降低了爆破震动作用。

（4）采用压渣爆破，爆破排数多，爆破量大，爆破后岩石仅仅发生微动。大大减少了等待爆破的停产时间，以及转移、保护设备和建筑物的工作量。

参考文献

[1] 张世雄．固体矿物资源开发工程 [M]．武汉：武汉理工大学出版社，2010.
[2] 盛晓雅，张飞，梁浩然．挤压爆破在白云鄂博铁矿的应用实践 [J]．包钢科技，2016，42（2）：1-3.
[3] 朱宝德．谈谈微差挤压爆破 [J]．水泥，1979（6）：3-7.
[4] 阎宇振，苗隆德．挤压爆破技术及其应用 [J]．陕西水力发电，1997（2）：59-61.
[5] 欧阳扬．露天挤压爆破技术应用 [J]．华东科技（学术版），2014（3）：357.
[6] 王文才．露天矿合理挤压爆破参数的确定与应用 [J]．中国矿业，2000（3）：48-50.
[7] 林超，赵富强，吴晓平．挤压爆破在霍林河南露天矿的应用 [J]．露天采矿技术，2008（5）：25-26.
[8] 罗开军．孔内孔间微差爆破间隔时间的合理选择 [J]．金属矿山，2006（4）：4-6.
[9] 张超．多排孔微差挤压爆破爆破参数的确定 [J]．采矿技术，2011，11（4）：109-110.
[10] GB 6722—2014．爆破安全规程．
[11] 王玉杰．爆破工程 [M]．武汉：武汉理工大学出版社，2007.

混凝土静态破碎效果实验研究

崔年生[1]　张大宁[2]　郭连军[2]　胡银林[2]

（1. 福建省新华都工程有限责任公司，福建 厦门，361000；
2. 辽宁科技大学 矿业工程学院，辽宁 鞍山，114051）

摘　要：为了研究不同水剂比和不同水温对不同强度破碎体静态破碎效果的影响，以混凝土试件模型作为研究对象，采用正交实验法确定基于水温、水剂比以及混凝土强度的实验方案，利用 HSCA-Ⅲ型静态破碎剂进行室内静态破碎实验，观察混凝土试件模型表面裂缝的扩展过程。实验结果表明：模型强度相同时，随着水剂比降低，裂缝出现越早，裂缝扩展速度越快，拌合水温影响较小；水剂比相同时，强度越低，裂缝出现越早，裂缝扩展速度越快，拌合水温影响较小；水温相同时，模型强度和水剂比越小，裂缝萌发越早，裂缝扩展的速度越快。

关键词：静态破碎；水剂比；拌合水温；混凝土强度

Experimental Study on Static Cracking Effect of Concrete

Cui Niansheng[1]　Zhang Daning[2]　Guo Lianjun[2]　Hu Yinlin[2]

（1. Fujian Xinhuadu Engineering Co., Ltd., Fujian Xiamen, 361000;
2. University of Science and Technology Liaoning, Liaoning Anshan, 114051）

Abstract: In order to study the effect of different water agent ratio and different mixing water temperature on the static cracking effect of different strength crushing body, the concrete specimen model was taken as the research object. The orthogonal test method was used to determine the experiment scheme based on water temperature, water agent ratio and concrete strength. The indoor static crushing test was conducted by HSCA-Ⅲ static crusher to observe the expansion process of the crack on the surface of the specimen model. The results of test shows that under the condition of the same model strength, as water agent ratio decreased, the crack appeared earlier, the crack expansion speed was faster, and the mixing water temperature had less influence; under the same water agent ratio, the lower the strength, the earlier the crack appeared, the faster the crack expansion speed, the less influence of the mixing temperature; under the same water temperature, the smaller the model strength and the water agent, the earlier the crack germination, the faster the crack.

Keywords: static cracking; water agent ratio; mixed water temperature; concrete strength

静态破碎又叫无声破碎或无震破碎，它是使用静态破碎剂破碎岩石（或混凝土）的方法。将膨胀剂与水按照一定比例搅拌均匀注入孔中静置，随着水化反应进行，膨胀与硬化同时发生，产生膨胀压力对孔壁施压，使被破碎体开裂、破坏[1]。由于静态破碎方法在破碎过程中不会产生振动、冲击波、飞石、噪音、粉尘和毒气，所以被广泛应用到切割大理石、花岗岩或各种混凝土构筑物。

自静态破碎剂（SCA）问世以来，国内外学者对其作用机理、裂缝发展规律进行了大量的研究。唐烈先[2] 用物理和数值模拟实验，对混凝土模型在静态膨胀剂作用下裂缝扩展过程进行研究。杨仁树[3] 采用高速摄影技术，进行了含有切槽孔混凝土试件在静态破碎剂作用下的物理实验。戴星航[4] 采用轴向输出和外管法测量两种不同孔径条件下静态膨胀压力。罗明坤等人[5] 研究了静态破碎剂的

基金项目：国家自然科学基金面上资助项目（51474123）。

组分及性能。彭建宇等人[6] 采用实验与颗粒离散元模拟相结合的方法，研究了圆筒内静态破碎剂的膨胀力学行为。D. F. Laefer 等人[7] 研究了不同环境温度对破碎体在表面裂缝形成的影响，分析了外部环境温度对破碎效果的影响。Shobeir Arshadnejad 等人[8] 基于孔距的经验模型，利用数值模拟分析软件和混凝土模型实验，预测岩石的裂缝扩展过程。

本文综合考虑了水剂比、混凝土强度和拌合水温等因素，采用正交试验法确定基于水剂比、混凝土强度以及拌合水温的实验方案，来分析水剂比、强度和拌合水温对静态破碎的影响。因为正交试验法的方案设计科学合理，不仅能够最大限度地减少实验次数，而且所统计的结果还可以判定影响因素的显著性水平[9]。

1 实验设计

1.1 试件模型

根据实验要求，按照《普通混凝土配合比设计规程》[10]，采用不同配比的水泥和沙子，分别制作强度为 20MPa、25MPa、30MPa 的单孔混凝土试件模型 M20、M25、M30（见图 1）。每个模型是一个 150mm×150mm×150mm 的立方体（见图 2），孔径为 30mm，室温养护 28d。

图 1 混凝土模型（平面）

Fig. 1 The plan of Physical model

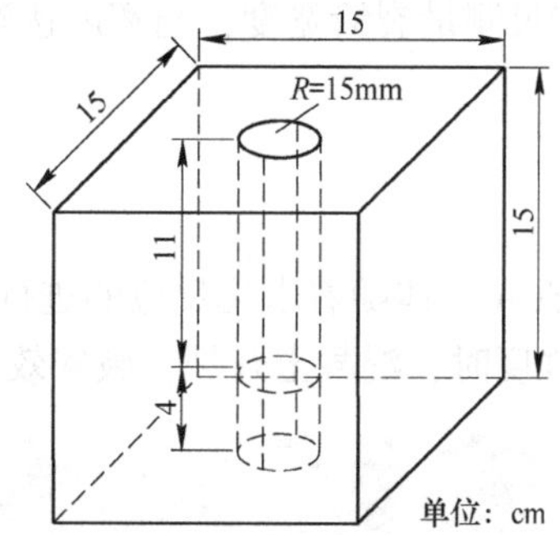

图 2 模型具体尺寸

Fig. 2 The specific size of Model

1.2 正交实验方案设计

正交实验设计是利用正交表来选择实验条件，并利用正交表的特点进行数据分析，找出最好的实验条件的方法[11]。

采用基于水剂比、混凝土强度以及拌合水温的正交实验方案，来分析这 3 种因素对静态破碎的影响。混凝土强度、水剂比和拌合水温都取 3 个水平，混凝土强度取值为 20MPa、25MPa、30MPa，水剂比取值为 0. 25、0. 30、0. 35，拌合水温取值为 10℃、25℃、40℃。如果进行全面实验，需要进行 27 次，而按照 L_9 (3^3) 正交表进行实验，则只需要进行 9 次。正交实验见表 1。

表 1 静态破碎正交实验设计

Table 1 The orthogonal experimental design table of static cracking

实验号	A 强度/MPa		B 水剂比		C 拌合水温/℃	
	水平	取值	水平	取值	水平	取值
1	1	20	1	0. 25	1	10
2	1	20	2	0. 3	2	25
3	1	20	3	0. 35	3	40
4	2	25	1	0. 25	2	25
5	2	25	2	0. 3	3	40

续表 1
Continues Table 1

实验号	A 强度/MPa		B 水剂比		C 拌合水温/℃	
	水平	取值	水平	取值	水平	取值
6	2	25	3	0.35	1	10
7	3	30	1	0.25	3	40
8	3	30	2	0.3	1	10
9	3	30	3	0.35	2	25

根据表 1 的因素组合进行实验，并通过观察第 1 条主裂缝出现的时间以及裂缝的扩展速度来分析实验效果。

1.3 室内实验

在实验室内进行实验时，室内温度定为 15℃，选用 HSCA-Ⅲ型静态破碎剂。根据实验要求，在 10℃、25℃、40℃水温条件下，分别制备水剂比为 0.25、0.30、0.35 的 SCA 浆体。将 SCA 浆体搅拌均匀后，迅速添加到混凝土模型中心圆孔，实验开始进行计时，当试件模型出现第 1 条裂缝后，每隔 10min 使用游标卡尺测量裂缝宽度，当宽度达到 25mm 时停止。

2 结果分析

各试件孔中 SCA 浆体随着水化反应的进行，其体积发生膨胀，迅速挤压孔壁，当膨胀压力大于混凝土材料的抗拉强度时，混凝土开裂，破碎效果如图 3 所示。

(a) 实验1 (a) Experiment 1　(b) 实验2 (b) Experiment 2　(c) 实验3 (c) Experiment 3　(d) 实验4 (d) Experiment 4　(e) 实验5 (e) Experiment 5　(f) 实验6 (f) Experiment 6

(g) 实验7 (g) Experiment 7　(h) 实验8 (h) Experiment 8　(i) 实验9 (i) Experiment 9

图 3 混凝土模型破裂效果

Fig. 3 Fracture effect diagram of concrete model

由于混凝土是非均匀介质，混凝土模型裂缝的产生和发展具有随机性，径向裂缝呈现放射性，有 3~4 条裂缝，第 1 条裂缝的宽度最大，裂缝宽度为 40~55mm。为了便于研究混凝土强度、水剂比和拌合水温对破碎效果的影响，主要分析第 1 条裂缝宽度与时间关系。

2.1 强度相同时第 1 条裂缝发展过程

实验开始后，随着 SCA 浆体水化反应的进行，强度为 20MPa 的混凝土模型（M20）表面开始出现裂缝，由于水剂比和拌合水温的不同，出现第 1 条裂缝的时间也不同，分别记录裂缝出现的对应时间见表 2，M20 混凝土模型表面裂缝扩展过程如图 4 所示。

表 2　9 组混凝土模型表面第 1 条裂缝出现时间

Table 2　Occurrence time of the first crack on the surface of 9 concrete models

强度/MPa	实验号	时间/min
20	1	239
	2	249
	3	263
25	4	264
	5	272
	6	284
30	7	306
	8	316
	9	323

观察混凝土强度为 20MPa 的 3 组实验过程发现，M20 混凝土模型表面都在相应时间里出现了清晰的第 1 条主裂缝。从 SCA 浆体水化反应开始第 1 条裂缝萌生扩展到 25mm 时，实验 1 裂缝扩展速度明显大于实验 2 和实验 3，实验 2 大于实验 3，这是因为随着水剂比的增加，混凝土模型第 1 条裂缝出现的时间越晚。说明了水剂比越低，强度相同的混凝土模型第 1 条裂缝出现时间越早，裂缝的扩展速度越快。对于拌合水温，因拌合水温的改变并不影响裂缝出现的先后顺序，其对裂缝产生和发展的影响相对较小。

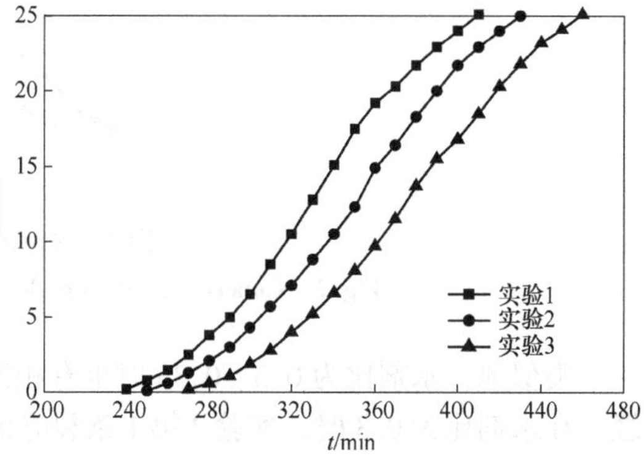

图 4　M20 混凝土模型裂缝-时间

Fig. 4　M20 concrete model crack-time curve

类似地，强度为 25MPa、30MPa 时混凝土模型（M25、M30）也有相同的规律，也可以在相应时间里出现清晰的第 1 条主裂缝。当 SCA 浆体发生水化反应时，在 M25 混凝土模型中，实验 4 裂缝扩展速度明显大于实验 5 和实验 6，实验 5 大于实验 6；M30 混凝土模型中的实验 7 裂缝扩展速度明显大于实验 8 和实验 9，实验 8 大于实验 9。

记录的强度为 20MPa、25MPa、30MPa 混凝土模型裂缝出现的对应时间见表 2，M25、M30 混凝土模型表面裂缝扩展过程如图 5 和图 6 所示。

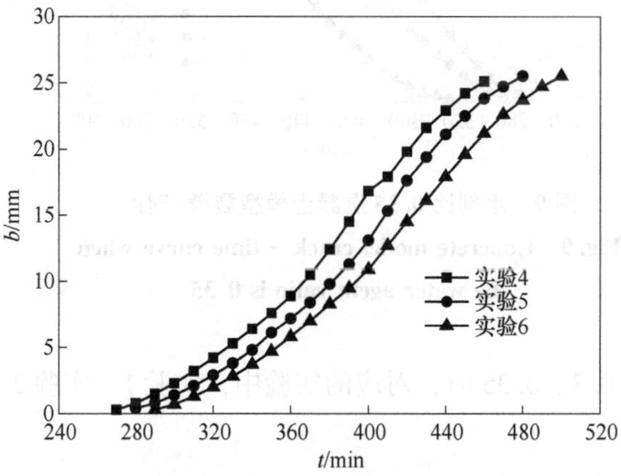

图 5　M25 混凝土模型裂缝-时间

Fig. 5　M25 concrete model crack-time curve

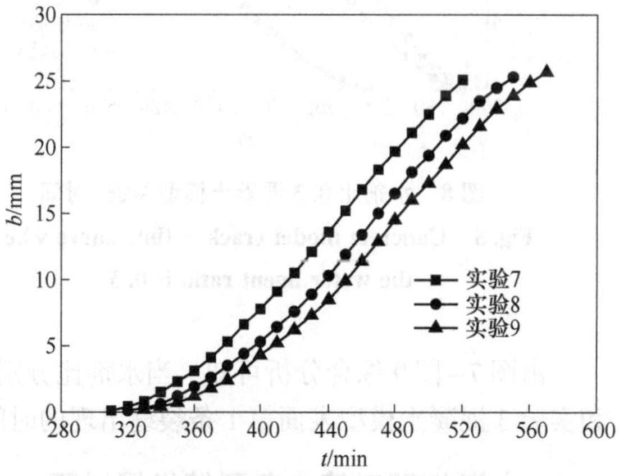

图 6　M30 混凝土模型裂缝-时间

Fig. 6　M30 concrete model crack-time curve

综合分析图 4~图 6 可知，当混凝土强度分别为 20MPa、25MPa、30MPa 时，对应的实验中，实验 1、实验 4 和实验 7 混凝土模型表面第 1 条裂缝出现的时间最短。

2.2 水剂比相同时第 1 条裂缝发展过程

从 SCA 浆体水化反应开始，分别在 239min、264min、306min 时，水剂比为 0.25 的实验 1、实验 4、实验 7 混凝土模型上可以清晰地观察到第 1 条主裂缝；实验 1 从第 1 条裂缝出现，到扩展到 25mm 用了 170min；实验 4 用了 190min；实验 7 用了 210min，因此，实验 1 第 1 条裂缝扩展速度大于实验 4 和实验 7（见图 7）。说明了随着混凝土强度的增加，相同水剂比的混凝土模型第 1 条裂缝出现的时间越晚。对于拌合水温，因拌合水温的改变并不影响裂缝出现的先后顺序，其对裂缝产生和发展的影响相对较小。

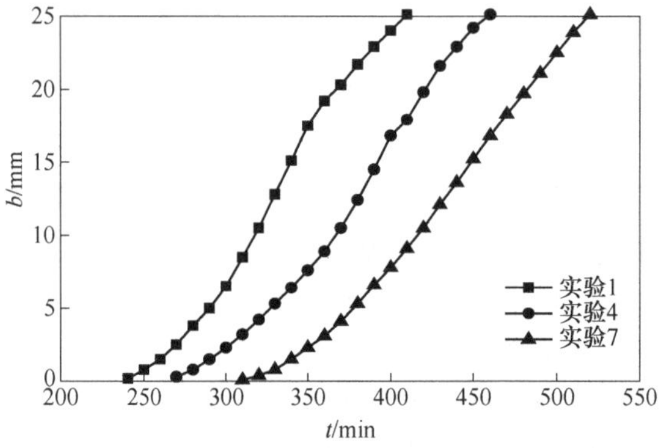

图 7 水剂比 0.25 混凝土模型裂缝-时间

Fig. 7 Concrete model crack - time curve when the water agent ratio is 0.25

类似地，水剂比为 0.3、0.35 时也有相同的规律，在相应的时间上都能清晰地观察到第 1 条主裂缝。在水剂比为 0.3 时，实验 2 第 1 条裂缝扩展速度大于实验 5 和实验 8；在水剂比为 0.35 时，实验 3 第 1 条裂缝扩展速度大于实验 6 和实验 9（见图 8 和图 9）。

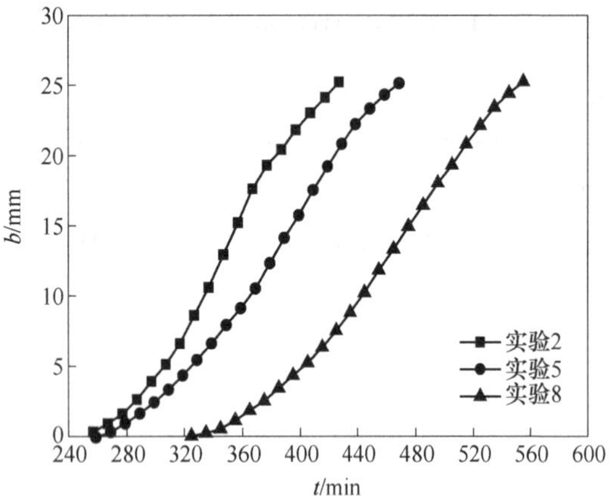

图 8 水剂比 0.3 混凝土模型裂缝-时间

Fig. 8 Concrete model crack - time curve when the water agent ratio is 0.3

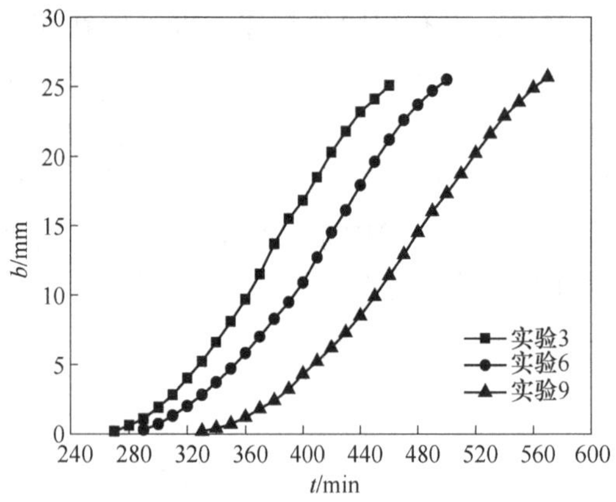

图 9 水剂比 0.35 混凝土模型裂缝-时间

Fig. 9 Concrete model crack - time curve when the water agent ratio is 0.35

由图 7~图 9 综合分析可知，当水剂比分别为 0.25、0.3、0.35 时，对应的实验中，实验 1、实验 2 和实验 3 混凝土模型表面第 1 条裂缝出现的时间最短。

2.3 水温相同时第 1 条裂缝发展过程

拌合温度为 10℃，SCA 浆体水化反应分别进行到 239min、284min、316min 时，实验 1、实验 6、实验 8 混凝土模型上依次可以清晰地观察到第 1 条主裂缝；从 SCA 浆体水化反应开始第 1 条裂缝萌生到扩展到 25mm 时，实验 1 裂缝扩展速度明显大于实验 6 和实验 8（见图 10）。说明了随着混凝土强度的增加，相同拌合水温的混凝土模型第 1 条裂缝出现的时间越晚；对于水剂比，在拌合水温一定的情况下，水剂比对裂缝产生和发展的影响比混凝土强度小。

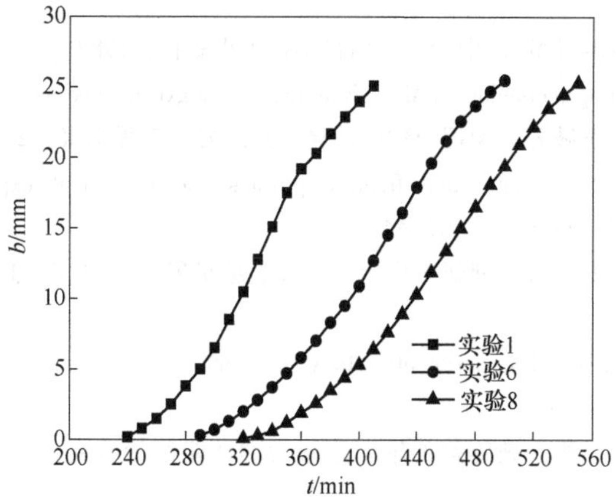

图 10 拌合水温 10℃混凝土模型裂缝-时间

Fig. 10 Concrete model crack - time curve when the mixed water temperature is 10℃

类似地，在拌合水温为 25℃、40℃时也有相同的规律。6 组混凝土模型上依次可以清晰地观察到第 1 条主裂缝。在拌合水温为 25℃时，实验 2 裂缝扩展速度大于实验 4 和实验 9；在拌合水温为 40℃时，实验 3 裂缝扩展速度大于实验 5 和实验 7（见图 11 和图 12）。

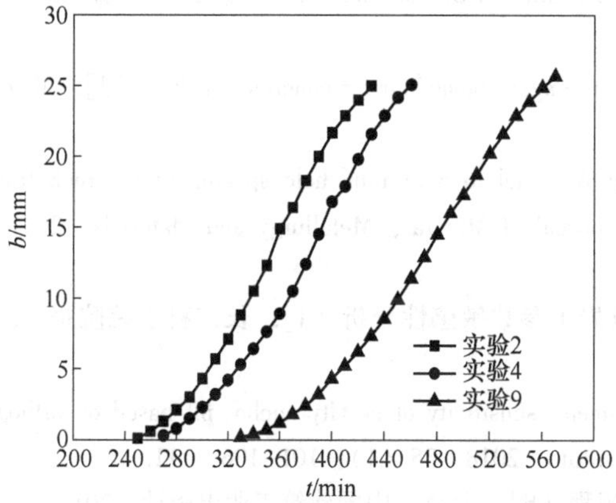

图 11 拌合水温 25℃混凝土模型裂缝-时间

Fig. 11 Concrete model crack - time curve when the mixed water temperature is 25℃

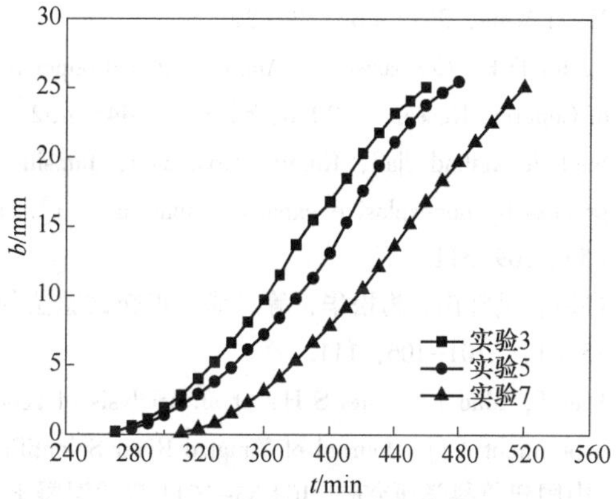

图 12 拌合水温 40℃混凝土模型裂缝-时间

Fig. 12 Concrete model crack - time curve when the mixed water temperature is 40℃

由图 10~图 12 综合分析可知，当拌合水温分别为 10℃、25℃、40℃时，对应的实验中，实验 1、实验 2 和实验 3 混凝土模型表面第 1 条裂缝出现的时间最短。

3 结论

本文结论如下。

（1）单孔混凝土模型裂缝呈现放射形，一般出现 3~4 条裂缝，第 1 条裂缝宽度为 40~55mm。

（2）在混凝土模型强度相同时，水剂比越低，模型第 1 条裂缝出现时间越早，同时裂缝的扩展速度越快，拌合水温的影响相对较小。

（3）在水剂比一定的情况下，混凝土模型的强度越高，其第 1 条裂缝出现需要的时间越长，同时裂缝扩展速度越慢，而拌合水温对裂缝产生和发展影响相对较小。

（4）在拌合水温一定的情况下，混凝土模型强度越低，混凝土模型第 1 条裂缝出现得越早，裂缝扩展的速度越快；此外，水剂比对裂缝产生和发展的影响要比混凝土强度小。

参 考 文 献

[1] 魏承景，谢逢午．静态破碎技术［M］．南宁：广西科学技术出版社，1989.
Wei C J，Xie F W. Static crushing technology［M］．Nanning：Guangxi Science and Technology Press，1989.
[2] 唐烈先，唐春安，唐世斌．静态破碎的物理与数值试验［J］．岩土工程学报，2005，27（4）：437-441.
Tang L X，Tang C A，Tang S B. Static and fracture physics and numerical experiments［J］．Chinese Jounal of Geotechnical Engineering，2005，27（4）：437-441.
[3] 杨仁树，孙中辉，佟强，等．静态破碎剂膨胀作用下试件裂缝扩展试验研究［J］．工程爆破，2010，16（3）：7-11.
Yang R S，Sun Z H，Tong Q，et al. Experimental study on crack propagation of static crusher under expansion［J］．Engineering Blasting，2010，16（3）：7-11.
[4] 戴星航，张凤鹏，邱兆国，等．静态破碎剂的轴向膨胀力学性能试验研究［J］．东北大学学报（自然科学版），2016，37（2）：248-252.
Dai X H，Zhang F P，Qiu Z G，et al. Experimental study on mechanical properties of static crushing agent under axial expansion［J］．Journal of Northeastern University（NaturalScience），2016，37（2）：248-252.
[5] 罗明坤，李胜，李宗杰，等．煤岩致裂中的静态破碎剂组分及其性能［J］．工程爆破，2017，23（3）：5-9.
Luo M K，Li S，Li Z J，et al. Static disintegrator components in coal and rock fracturing and their properties［J］．Engineering Blasting，2017，23（3）：5-9.
[6] 彭建宇，李元辉，戴星航，等．圆筒内静态破碎剂轴向膨胀特性研究［J］．金属矿山，2017（6）：24-27.
Peng J Y，Li Y H，Dai X H，et al. Study on the axial expansion characteristics of static crushing agent in cylinder［J］．Metal Mine，2017（6）：24-27.
[7] Laefer D F，Ceribasiseyit，Ambrozevitch-Cooper N. Expansivefacture agent behaviour for concrete cracking［J］．Magazine of Concrete Research，2010，62（6）：443-452.
[8] Shobeir Arshadnejad，Kamran Goshtasbi，Jamshid Aghaza-Deh. A model to determine hole spacing in the rock fracture process by nonexplosive expansion material［J］．International Journal of Mineral，Metallurgy and Materials，2011，18（5）：509-511.
[9] 冉涛，毛江南，梅松华，等．基于正交试验法的重力锚基坑岩土参数敏感性分析［J］．长江科学院院报，2018，35（1）：101-106，111.
Ran T，Mao J N，Mei S H，et al. Analysis of geotechnical parameter sensitivity of gravity anchor pit based on orthogonal experiment［J］．Journal of Yangtze River Scientific Research Institute，2018，35（1）：101-106，111.
[10] 中国建筑科学研究院．JGJ 55-2011 普通混凝土配合比设计规程［S］．北京：中国建筑工业出版社，2012.
China Academy of Building Research. Specification for mix proportion design of ordinary concrete：JGJ 55-2011［S］．Beijing：China Building Industry Press，2012.
[11] 方颜空．基于正交法试验的复杂地质条件下爆破参数优化研究［J］．云南冶金，2017，46（4）：1-7.
Fang Y K. Research on optimization of blasting parameters Based on orthogonal Test in complicated geological conditions［J］．Yunnan Metallurgy，2017，46（4）：1-7.

最终边坡预裂爆破技术参数及应用效果分析

张兵兵　陈晶晶　张岗涛　张继云　韩　振

（广东宏大爆破股份有限公司，广东 广州，510623）

摘　要：为了保证边坡稳定性及减小爆破振动效应，对大宝山矿区 889~877m 平台最终边坡采用了深孔台阶爆破、缓冲爆破与预裂爆破相结合的技术方案。根据边坡预裂爆破中预裂缝的形成是爆炸应力波和高压气体联合作用的分析结果，和 889~877m 平台最终边坡的主爆孔、缓冲孔、预裂孔相关的爆破参数，进行了现场实验。结果表明：爆破实施后，889~877m 平台最终边坡的半孔率高达 85%，不平整度较低，较好地保证了最终边坡的稳定性，并将爆破振动的影响控制在安全范围之内。

关键词：预裂爆破；最终边坡；爆破参数；半孔率；不平整度

Technical Parameters and Application Effect Analysis of Final Slope Pre-splitting Blasting

Zhang Bingbing　Chen Jingjing　Zhang Gangtao　Zhang Jiyun　Han Zhen

(Guangdong Hongda Blasting Co., Ltd., Guangdong Guangzhou, 510623)

Abstract: In order to ensure the stability of slope and reduce the blasting vibration effect, technical scheme of deep hole step blasting, buffer blasting and pre-splitting blasting were adopted for the formation of final slope of the 889~877m platform in the Dabaoshan mining area. According to the analysis of combination of explosion stress wave and high pressure gas in the pre-splitting blasting of the slope, blasting parameters related to the main blast hole, buffer hole and pre-splitting hole of final slope of the 889~877m platform were carried out. The results showed that after blasting, half porosity of final slope of the 889~877m platform was as high as 85%, and the unevenness was low, which ensureed the stability of final slope and controlled influence of blasting vibration within the safe range.

Keywords: pre-splitting blasting; final slope; blasting parameters; half porosity; unevenness

目前，预裂爆破的应用范围较为广泛，包括露天边坡控制、基坑开挖、高速公路边帮控制、水利工程及核电站的建设等。露天开采阶段，边坡的稳定性对于后期安全开采至关重要，而取得较好的控制效果，应对预裂爆破进行合理的设计。因此，针对预裂爆破技术在露天边坡控制中的应用研究，引起了许多专家学者的关注。为了控制振动效应及保证边坡稳定性，谢美美[1] 分析了高陡帮开采的边坡稳定性影响因素，通过优化预裂爆破参数，使得边坡的半孔率及平整度较高。王建国[2] 以尖山磷矿东采区的某高边坡为背景，通过优化炮孔直径、炮孔间距等参数，使得减振效果达到 52.5%，较好地保证了边坡的稳定性。王永虎等人[3-5] 为了消除不平整边坡的安全隐患，通过对爆破参数、装药结构、起爆方式、起爆网路的设计，并在现场进行了预裂爆破实验，高边坡成型效果良好，且有效地降低了爆破振动的影响。吴成双[6] 系统地研究了炮孔直径、孔距、线装药密度之间的关系，优化了预裂爆破技术参数，半孔率达 90%以上，边坡稳定性良好。章征成等人[7,8] 通过缩小预裂孔孔距与预留保护层等，采用预裂爆破与缓冲爆破相结合的技术，并利用空气间隔装药结构，成功地控制了边坡的安全隐患。李晓婕等人[9,10] 认为预裂缝的存在，有助于将采掘带与边坡有效分离，降低了预裂爆破的地震效应，并通过采用高精度雷管逐孔爆破与控制最大单段药量，有效降低了预裂爆破对边坡的振动效应。唐海[11] 通过多次的声波测试结果，得出了预裂爆破振动衰减规律与岩体损伤范围之间的关

原载于《工程爆破》，2018，24（6）：43-47。

系，为控制预裂爆破对边坡的影响提供了参考。此外，数值模拟软件在预裂爆破的应用方面也较多，张修玉等人[12,13] 采用 AN-SYS/LS-DYNA 数值模拟软件对孔距与预裂爆破效果的关系进行了模拟分析，认为爆破孔距较大时，形成的预裂缝不明显。通过优化孔间距，极大地改善了爆破效果。

以上基本是在边坡控制中单独采用预裂爆破进行的研究，本文主要介绍在大宝山矿区最终边坡控制中，采用深孔台阶爆破、预裂爆破与缓冲爆破相结合的爆破技术应用的情况。

1 边坡预裂爆破机理

目前，关于预裂爆破的机理有 3 种解释：应力波干涉理论、以高压气体为主要作用理论、爆炸应力波和高压气体联合作用理论[14]。大宝山矿区 889 平台最终边坡预裂爆破成缝过程，是爆炸应力波和高压气体联合作用的结果，二者存在先后作用顺序，但又是密不可分的。首先，在炸药爆炸产生的应力波作用下，当爆破参数合理时，两相邻炮孔之间的应力波形成叠加效应，产生的拉应力裂缝为预裂面的形成创造了有利条件。其次，爆炸高压气体随之产生，其对岩壁的作用持续时间高于应力波，可在炮孔周围形成静态应力场，在相邻炮孔之间产生较大的拉应力；当拉应力超过岩石的自身强度，则可在部分区域形成一定的裂隙区。爆炸高压气体的存在，使得相邻炮孔之间形成贯通裂缝，随之呈现不断扩展的状态；高压气体在预裂缝形成期间，起着主导作用。主裂缝与微裂缝的范围受炮孔孔距影响，当孔距处于合理范围时，应力波与爆生气体的联合作用足以在相邻炮孔间形成有效的贯通裂隙（见图 1）。

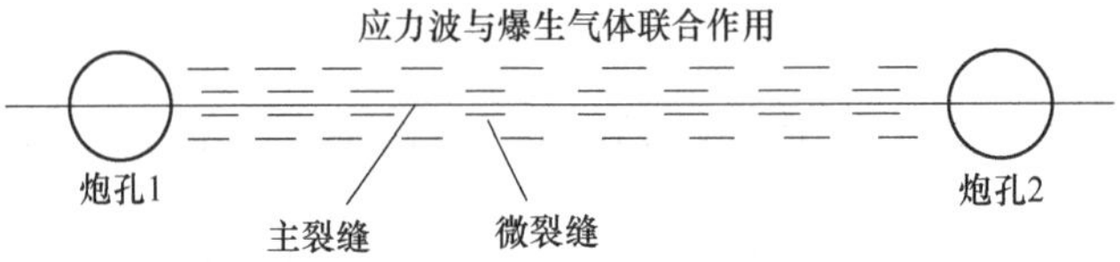

图 1 预裂缝的形成过程

Fig. 1 Pre-crack formation process

2 爆破方案

大宝山矿区为多金属矿，富含铁、铜、铅、锌、硫、钼等元素，开采价值较高。矿区的台阶高度定为 12m，由于生产的要求，需要在北部 889~877m 平台（简称 889 平台）形成最终边坡。经现场调研，该边坡属于高陡坡，周边情况复杂；岩层风化情况明显，矿岩的强度不高。为了保证边坡稳定性及减少爆破振动效应，决定采用深孔台阶爆破、缓冲爆破与预裂爆破相结合的技术方案。

（1）爆破参数。深孔台阶爆破、预裂爆破与缓冲爆破的参数设计是否合理，对后期的边坡爆破效果影响巨大。因此，889 平台最终边坡的爆破参数设计，主要基于相关的爆破设计规范及矿方、施工方多年的工程经验来共同确定。该边坡区域较大，需要布置的炮孔数目较多。其中，钻孔孔径均为 140mm，最小抵抗线为 4m，炸药单耗 0.25kg/m^3。且主爆孔、缓冲孔、预裂孔的爆破设计参数也不相同，主爆孔孔网参数为 6.0m×4.0m，缓冲孔孔网参数为 2.0m×2.0m，考虑到施工现场实际情况，在局部进行了爆破参数调整。在区域内后排布置 1 排预裂孔，间距 1.0m；主爆孔与缓冲孔采用垂直钻孔，预裂孔采用 75°的倾斜钻孔。深孔台阶爆破、预裂爆破与缓冲爆破的具体参数见表 1。考虑到 889 平台边坡赋存的岩性较为松散，土质较多，预留了一些区域，尽量减少爆破对坡面的拉裂现象，方便于后期修整，有利于后续预裂爆破设计。故在实际施工中，预裂孔布置范围小于爆区长度。

表 1 爆破设计参数

Table1 Blasting design parameters

类别	平均孔深/m	超深/m	填塞长度/m	单孔最大药量/kg	炮孔数目
主爆孔	14.5	1.5	5.0	128.5	18
缓冲孔	5.5	0	3.5	63.5	16
预裂孔	15.4	0	1.5	12	16

（2）炸药选取与装药。主爆孔采用铵油炸药，2 根 ϕ110mm 的乳化炸药做起爆药包，通过连接的导爆管雷管起爆；缓冲孔也采用铵油炸药，1 根 ϕ60mm 的乳化炸药做起爆药包，通过导爆管雷管起爆；预裂孔均采用 ϕ32mm 的乳化炸药，孔内采用导爆索相连，孔外采用导爆管雷管引爆，且导爆索外露段长度不大于 1.0m。主爆孔与缓冲孔均采用连续耦合装药结构，装药过程中不断用炮棍测量装药高度，保证达到设计要求。预裂孔的装药，考虑到倾斜孔装药不便的因素，应先在孔外进行，用导爆索和结实的竹片将 ϕ32mm 的乳化炸药连接并固定。采用间隔不耦合装药方式，前 10m 为连续装药，剩余的长度按设计进行间隔装药，间隔距离 15cm。孔外装药完成后，再缓慢地送入孔内，保证顺利达到指定位置（见图 2）。

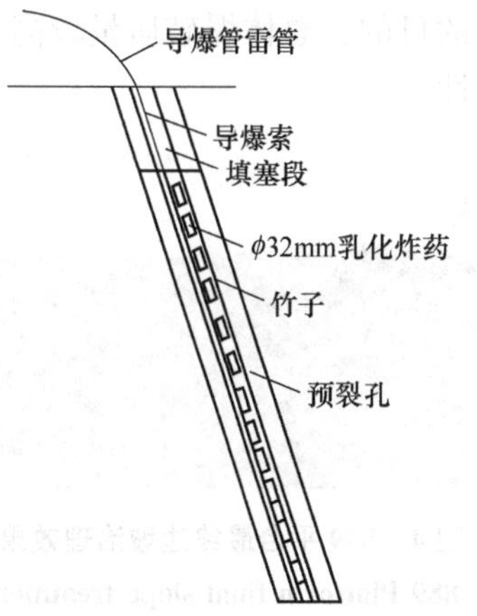

图 2　预裂孔孔内布置情况

Fig. 2　Arrangement of pre-splitting hole

（3）注意事项。现场钻孔时，要严格确保钻孔精度，误差控制在合理范围内；验孔时，若发现不合格情况，要及时进行补孔或相应的处理措施。填塞长度须严格按照设计进行，填塞材料为细颗粒状岩粉，保证填塞质量。连线起爆时，预裂孔在主爆孔与缓冲孔之前起爆，保证相互之间的起爆时间差；预裂孔采用段别为 1 的导爆管雷管起爆，主爆孔与缓冲孔采用高段别的导爆管雷管起爆。为控制爆破振动的影响，应尽量降低单响药量，并采用逐孔爆破方式。同时，采用有效的预防措施，防止造成不必要的伤害。主爆孔、缓冲孔、预裂孔的起爆网路分布如图 3 所示。

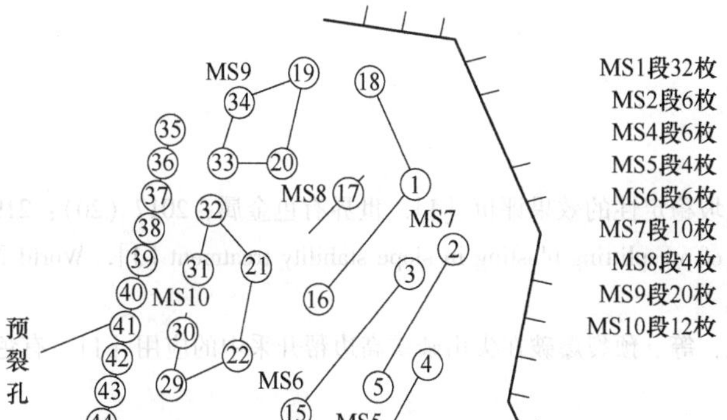

图 3　爆破分段情况

Fig. 3　Blasting segmentation

3 效果分析

采用电容式起爆器进行长距离引爆，爆后的情况是：边坡前排的爆堆已形成较为稳定的形态，无滑坡现象；中部炮孔出现了1个冲孔，附近的岩层破碎程度相对较低；前排底部无明显根底产生，且爆破块度较小，适宜装车，有助于后期的挖运处理。

在后排预裂孔的位置，爆破后岩体的半孔率可达85%，不平整度较低，对周围岩体的损伤较小，需要后期二次处理的部位少。略经处理基本上形成了较为光滑的平面（见图4），且对周围的爆破振动影响较小，达到了预裂爆破预期设计的目的，总体爆破质量较高。故可认为，该预裂爆破设计方案有效地保证了889平台最终边坡的稳定性。

图4 889平台最终边坡治理效果

Fig. 4 889 Platform final slope treatment effect

4 结语

（1）分析了边坡预裂爆破的预裂缝形成机理，认为大宝山矿区889平台最终边坡预裂爆破的预裂缝形成，是爆炸应力波与爆破高压气体联合作用的结果。当孔距设计合理时，有利于预裂缝的最终形成。

（2）给出了深孔台阶爆破、缓冲爆破、预裂爆破的相关设计参数，并明确了三者装药、填塞、起爆网路连接等的异同点。现场实验效果表明：预裂爆破后的边坡半孔率和平整度都较高，较好地保证了最终边坡的稳定性。

参 考 文 献

[1] 谢美美. 预裂爆破控制边坡稳定性的效果评价 [J]. 世界有色金属，2017（20）：219-220.
Xie M M. Effect evaluation of presplitting blasting in slope stability treatment [J]. World Nonferrous Metals，2017（20）：219-220.

[2] 王建国，刘文治，李鹏飞，等. 预裂爆破在尖山磷矿高边帮开采中的应用 [J]. 有色金属（矿山部分），2017，69（1）：50-53.
Wang J G，Liu W Z，Li P F，et al. Application of pre-splitting blasting in mining under the high slope of Jianshan Phosphate [J]. Nonferrous Metals（mining section），2017，69（1）：50-53.

[3] 王永虎，李雷斌，金沐，等. 大型弧形高边坡预裂爆破设计与施工技术 [J]. 爆破，2016，33（3）：59-63.
Wang Y H，Li L B，Jin M，et al. Presplit blasting design and construction technology of large arc high slope [J]. Blasting，2016，33（3）：59-63.

[4] 闫大洋，叶图强，徐淼，等. 露天矿靠帮边坡预裂爆破技术研究 [J]. 中国矿山工程，2016，45（1）：40-42.
Yan D Y，Ye T Q，Xu M，et al. Study on the slope pre-splitting blasting technology in open-pit mine [J]. China Mine Engineering，2016，45（1）：40-42.

[5] 贾传鹏. 邻近边坡预裂爆破技术在袁家村铁矿的应用 [J]. 露天采矿技术，2015（4）：14-17.
Jia C P. Application of pre-splitting blasting technology near slope in Yuanjiacun Iron Mine [J]. Opencast Mining Technology，2015（4）：14-17.

[6] 吴成双，孙吉坤，璩世杰．露天矿边坡大孔径预裂爆破研究与实践［J］．工程爆破，2011，17（1）：28-30.
Wu C S，Sun J K，Qu S J. Research and practice about large hole presplitting blasting of open mining slope［J］. Engineering Blasting，2011，17（1）：28-30.
[7] 章征成，唐红平，余飞翔，等．复杂环境下高边坡控制爆破［J］．工程爆破，2014，20（1）：22-25，21.
Zhang Z C，Tang H P，Yu F X，et al. Controlled blasting of high slope in complicated surroundings［J］. Engineering Blasting，2014，20（1）：22-25，21.
[8] 贺顺吉．露天矿边坡控制爆破的安全技术［J］．露天采矿技术，2014（5）：77-79，85.
He S J. Safety technology for controlled blasting of open-pit mine slope［J］. Opencast Mining Technology，2014（5）：77-79，85.
[9] 李晓婕．深孔预裂爆破在复杂环境高边坡开挖中的应用［C］//山西省金属学会．晋琼粤川鲁冀辽七省金属（冶金）学会第二十一届矿业学术交流会论文集．山西省金属学会 2014：336-337.
Li X J. Application of deep hole presplit blasting in excavation of high slope in complex environment［C］//Shanxi society for metals. Jin Qiong Yue Chuan Lu Ji Liao Province，metals（metallurgy）society，the 21st mining academic exchange conference proceedings. Shanxi society for metals：2014：336-337.
[10] 韦学忠．预裂爆破技术在大峰露天煤矿边坡保护工程中的应用［J］．露天采矿技术，2013（12）：11-12.
Wei X Z. Application of presplit blasting technology in slope protection engineering of Dafeng open-pit coal mine［J］. Opencast Mining Technology，2013（12）：11-12.
[11] 唐海，李海波，周青春，等．预裂爆破震动效应试验研究［J］．岩石力学与工程学报，2010，29（11）：2277-2284.
Tang H，Li H B，Zhou Q C，et al. Experimental study of vibration effect of presplit blasting［J］. Chinese Journal of Rock Mechanics and Engineering，2010，29（11）：2277-2284.
[12] 张修玉，杨德强，金桑桑．某边坡不同孔间距预裂爆破数值模拟试验研究［J］．采矿技术，2017，17（4）：86-88.
Zhang X Y，Yang D Q，Jin S S. Numerical simulation test study on pre-splitting blasting of different holes in a slope［J］. Mining Technology，2017，17（4）：86-88.
[13] 许名标，彭德红．边坡预裂爆破参数优化研究［J］．爆炸与冲击，2008，28（4）：355-359.
Xu M B，Peng D H. Parameter optimization of the slope pre-splitting blasting［J］. Explosion and Shock Waves，2008，28（4）：355-359.
[14] 汪旭光．爆破设计与施工［M］．北京：冶金工业出版社，2003.
Wang X G. Blasting design and construction［M］. Beijing：Metallurgical Industry Press，2003.

高温硫化区深孔爆破技术分析

张兵兵　张岗涛　张继云

（广东宏大爆破股份有限公司，广东 广州，510623）

摘　要：分析了高温硫化区的形成机理，并对目前的测温仪及降温措施进行了对比，最终采用饱和石灰水降低孔内温度。在此基础上，对大宝山北部649平台的9个高温硫化孔进行了针对性的深孔爆破设计。现场实践表明，成功消除了高温硫化区的不利影响。

关键词：高温硫化区；测温仪；饱和石灰水；深孔爆破

Deep-hole Blasting Technology Analysis in High Temperature Sulfur Zone

Zhang Bingbing　Zhang Gangtao　Zhang Jiyun

(Guangdong Hongda Blasting Co., Ltd., Guangdong Guangzhou, 510623)

Abstract: The formation mechanism of high temperature sulfur zone was analyzed, and current thermometer and cooling measures were compared. Finally, saturated lime water was used to reduce temperature. Based on this analysis, nine high temperature sulfur holes of the 649 platform in the northern part of Dabaoshan were designed for deep-hole blasting. Field practice indicated that the adverse effects of high temperature sulfur zone had been successfully eliminated.

Keywords: high temperature sulfur zone; thermometer; saturated lime water; deep-hole blasting

露天矿开采期间，受地质构造及矿体赋存环境等因素影响，在某些区域存在高温区。当高温区内的炮孔温度大于60℃时，一般认为属于高温孔范畴。为了更为有效地回收高品位矿石，高温区域需要及时进行安全有效的处理。目前，许多专家学者对高温孔爆破进行了较多的研究。崔晓荣[1] 分析了露天煤矿高温炮孔的存在情况，并分析了接触式与非接触式测温仪的结构组成，有助于确定高温孔的温度，为指导高温孔爆破提供了依据。此外，崔晓荣[2] 认为控制爆破孔温度、改善爆破器材耐高温性能及优化爆破施工工艺是保证高温孔爆破安全的重要前提。郑克明[3] 将高温孔进行了分类，主要分为正常孔、虚量孔和空洞孔3类；在考虑降温的时间效应情况下，给出了各自的降温措施，有助于高温孔的安全作业。刘美[4] 针对采空区高温情况，采用三相泡沫降温技术与注水灌浆技术相结合的措施，成功地将采空区内部温度降至安全范围，且作用效果明显。段君杰[5] 通过向高温硫化区内炮孔注入饱和石灰水，有效地降低了高温孔的温度，并制定了合理的爆破措施。蔡建德[6] 对爆破器材高温条件下的安定性进行了试验研究，采用反程序爆破技术，确保了高温孔爆破作业的安全性。

以上的研究主要是针对煤层自燃引起的高温情况，而对高温硫化区的处理方面，研究相对较少。所以，对高温硫化区高温爆破技术的分析，有着一定的实际意义。

1　高温硫化区的产生机理

露天金属矿的某些区域富含硫、铜硫矿等，受硫自燃或地质构造的影响，硫矿在特定的条件下可

原载于《有色金属（矿山部分）》，2019，71（1）：99-101。

发生化学反应，生成较高温度且具有挥发性的 SO_2。SO_2 从孔底向地表涌现，表现为白雾状且有刺鼻性味道；当被施工作业人员呼入体内，将会对人体器官的某些功能产生不利影响；此外，高温硫化区的存在，对现场安全生产及施工管理等都极为不利，需要制定现场警戒区域，极大地浪费了人力、物力。由于受孔内高温的影响，普通的硝铵炸药可能发生热分解，难以保证炸药的性能。故在开采高温硫矿时，爆破安全工作需要进行极为周密的设计。

2 高温硫化孔的测温装置

目前对高温孔的温度测量仪器主要分为接触式与非接触式两大类[1]。

2.1 接触式测温仪

接触式测温仪在高温孔内的测温原理是：其内部的测温元件与高温孔内的岩壁进行长时间的热交换，从而达到热平衡，进而测出高温孔内部的温度。目前，在接触式高温测量中使用较多的是热电偶测温。装置的优点在于：结构简单可靠且测量精度高；但由于装置的固有特点，使得在测量高温时，存在一定的延迟作用，且该装置不适用于极高温度的测量。

2.2 非接触式测温仪

非接触式测温仪在高温孔内应用热辐射原理，依靠高温孔内岩壁表面的热辐射强度与温度的关系进行测温。目前，在非接触式高温测量使用较多的是红外测温仪。优点在于：该装置的温度测量量程大，对高温孔的测温速度快；但受高温孔壁介质的发射率、孔深和高温状态的 SO_2 的影响，存在一定的温度误差。

通过对以上两类测温仪的分析，并结合高温硫化区孔内温度的特点，认为选择非接触式测温仪中的红外测量仪更为合理。其不需要送入孔内测量，省去了许多的施工限制，且适用范围广；对于测温的误差问题，可通过提前标定并在不同时间段的多次测量，来降低其影响。

3 高温孔的降温处理技术

目前，在矿业领域的降温处理措施主要有孔内注水降温、注浆灭火技术、注凝胶灭火、三相泡沫防灭火等。

3.1 煤体自燃的防灭火技术

孔内注水降温技术利用岩体的天然或者人为裂隙进行渗透，对煤层自燃的降温有一定的作用。但对高温硫化孔的处理，实用性不高。因为 SO_2 可能在高温下与水发生反应而形成硫酸，其具有强腐蚀性，对人体健康的威胁极大。

注浆灭火通过向孔内注入浆液，由于浆液的密封作用，使之达到隔绝空气的目的，从而实现降温。但若在高温硫化孔内注浆，使得装药的难度急剧增加，对后期的爆破处理将产生不利影响。

注凝胶灭火是利用由基料 A 和促凝剂 B 按一定比例配制成的水溶液，在煤体中可快速凝结成胶体，从而对煤体形成有效包裹，达到隔绝空气的效果[7]。其具有灭火速度快、安全性好及火源复燃性低的优点。但在高温硫化区的应用较少，处理效果难以保证。

三相泡沫防灭火技术采用三相泡沫这种集固、液和气特性的新型材料，其在较长时间内可保持稳定状态[8]。当泡沫破碎后，可有效吸附在煤体表面，从而避免煤体继续氧化，较好地降低了煤体自燃的可能性。但高温硫化区的形成与煤体自燃机理并不相同，三相泡沫材料对高温硫化区的降温效果并不理想。

3.2 高温硫化区的降温措施

基于高温硫化区 SO_2 含量较高的特点，可尝试采用饱和石灰水溶液处理。因为饱和石灰水溶液在温度一定时，可与 SO_2 产生化学反应，生成亚硫酸钙，进而形成沉淀现象；且该过程为吸热反应，可较好地带走孔内高温，实现孔内降温的目的，有助于消除 SO_2 的不利影响，故对高温硫化区的处理更为适用。

4 深孔爆破处理的注意事项

考虑到高温硫化孔的温度较高，爆破所用的炸药及相关起爆器材应在较长时间内可抵御高温。普通的铵油炸药在高温状态易产生热分解，故炸药的爆破性能难以保证。而乳化炸药既抗水又耐高温，对高温孔的处理较为有利。受孔内高温的影响，导爆管在孔内易融化且爆速较低，阻碍了爆轰波的有效传递。而导爆索爆速可达 6500m/s，在高温状态下几个小时内仍能保持完整状态，可有效保证爆破的正常进行。

在进行装药前，先对高温孔进行降温处理，向孔内注入饱和石灰水，可在一定程度上吸收孔内热量，注入一段时间后，用测温仪进行再次测量，最好使得温度降至 60℃以下，确保作业环节的安全。在开始装乳化炸药前，需要做好所有的准备工作，包括无关人员的快速撤离、炸药的准确分配、填塞材料的准备等。导爆索长度应大于孔深 1m 以上，在导爆索的端部连接导爆管雷管。

以上程序完成后，每个孔旁均需安排熟练的爆破员进行装药，药包应有条不紊地填入高温孔内，避免出现孔内堵塞情况。为了保证起爆网络的可靠性，采用大把抓的连网方式。为了防止填塞后，孔内高温持续增高，在保证填塞质量的前提下，应采用岩粉等材料进行快速填塞。要确保装药、填塞及起爆网路连接的可靠性，并尽可能缩短施工时间[9]。

5 工程实践

大宝山多金属矿北部 649 平台存在小范围的高温硫化区，赋存的硫矿品位较高，为了确保安全生产及避免资源的不必要浪费，需要进行尽快回收处理。其底部存在 640 平硐，作业环境十分复杂，需要有效地控制爆破振动的影响。

基于此，对该区域的 9 个高温孔进行了深孔爆破处理，设计的最小抵抗线为 4m，孔网参数为 6m×4m，为了减少底部岩石的夹制作用，超深为 1.5m；采用 ϕ110mm 的乳化炸药，连续装药且填塞长度为 4m。相应的深孔爆破参数如表 1 所示。采用大把抓连接方式，为了控制爆破振动对 640 平硐的影响，采取逐孔爆破。起爆网络如图 1 所示。

表 1 深孔爆破的相关参数

Table 1 Related parameters of deep-hole blasting

孔号	设计孔深/m	验孔深度/m	单孔药量/kg	填塞长度/m
1号	14.5	14.2	111.7	4.0
2号	14.6	14.4	114.2	4.0
3号	14.8	14.6	116.3	4.0
4号	14.6	14.6	116.7	4.0
5号	14.3	14.0	110.5	4.0
6号	14.2	14.1	111.2	4.0
7号	14.3	14.0	109.8	4.0
8号	14.1	13.9	108.5	4.0
9号	14.2	14.0	110.5	4.0

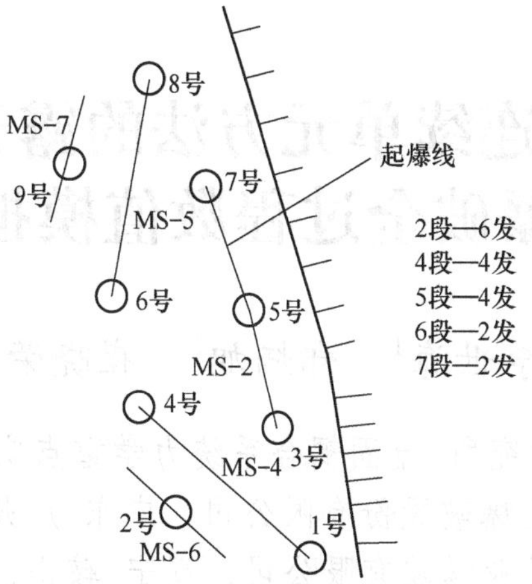

图 1　起爆网路设计图

Fig. 1　Design diagram of detonation network

未进行爆破前，采用红外测温仪对 9 个高温孔的炮孔底部、侧壁及炮孔端口等位置的温度进行了测量，发现孔内温度均高于 60℃，且在炮孔底部可达 100℃以上。故需要采用有效的降温措施，使孔内温度控制在 60℃以下。基于此，采用饱和石灰水进行了一定时间的降温处理，保证了孔内温度不至于过高。装药采用 ϕ110mm 的乳化炸药，孔内用导爆索连接，外部连接导爆管雷管，导爆索外露 1.2m；提前准备好不含硫的岩粉状填塞材料，将装药、填塞及起爆网络连接时间控制在 20min 内。

起爆后，经现场检查发现：高温硫化区炮孔均全部按设计起爆，无因高温出现的盲炮情况；爆堆稳定性良好，大块率较低，有利于后期挖运。成功地消除高温硫化区的影响，为该区域的安全生产提供保证。

6　结论

本文结论如下。

（1）高温硫化区是硫在高温作用下形成的，对人体健康及施工作业均存在安全隐患，需要进行有效处理。对测温仪及降温措施进行了介绍，认为饱和石灰水更有助于改变高温硫化孔的现状。

（2）给出了高温硫化区爆破设计的注意事项，并在大宝山北部 649 平台的 9 个高温硫化炮孔进行了现场试验，试验效果证明，合理的爆破设计可较好地消除高温硫化区的不利影响。

参 考 文 献

[1] 崔晓荣，林谋金，束学来．露天煤矿火区爆破高温孔温度测量与分析［J］．煤炭技术，2015，34（11）：303-305.

[2] 崔晓荣．露天煤矿高温爆破施工工艺与组织管理［J］．爆破，2016，33（2）：149-154.

[3] 郑克明，王德明，亓冠圣，等．平朔东露天矿高温爆破孔降温技术分析［J］．煤炭技术，2015，34（9）：199-202.

[4] 刘美．安家岭露天煤矿高温明火采空区防灭火及爆破技术研究［D］．辽宁阜新：辽宁工程技术大学，2013.

[5] 段君杰．大宝山高温硫化矿区爆破安全的实践［C］//中国工程爆破协会、中国力学学会．中国爆破新技术Ⅲ．中国工程爆破协会、中国力学学会，2012：5-6.

[6] 蔡建德．露天煤矿高温区爆破安全作业技术研究［J］．工程爆破，2013，19（1）：92-95，73.

[7] 邓军，杨漪，唐凯．温敏性水凝胶制备及灭火性能研究［J］．中国矿业大学学报，2014，43（1）：1-7.

[8] 时国庆．防灭火三相泡沫在采空区中的流动特性与应用［D］．北京：中国矿业大学，2010.

[9] 汪旭光．爆破设计与施工［M］．北京：冶金工业出版社，2013.

基于连续-非连续单元方法的露天矿三维台阶爆破全过程数值模拟

冯　春[1]　李世海[1]　郑炳旭[2]　崔晓荣[2]　贾建军[3]

（1. 中国科学院力学研究所 流固耦合系统力学重点实验室，北京，100190；
2. 广东宏大爆破股份有限公司，广东 广州，510623；
3. 鞍钢矿业爆破有限公司，辽宁 鞍山，114046）

摘　要：爆破开采是露天矿采选总成本控制的首要环节，数值模拟是进行露天矿爆破开采优化设计及爆破效果分析的有效手段。利用连续-非连续单元方法（continuum-discontinuum element method，CDEM）对露天矿的三维台阶爆破过程进行了模拟，通过朗道爆炸模型实现了爆炸作用力的精确计算，通过弹性-损伤-断裂本构实现了岩体损伤破裂过程的描述，通过半弹簧-目标面及半棱-目标棱的联合接触算法实现了破碎岩块碰撞、飞散及堆积过程的高效模拟。开展了小尺度单自由面爆破过程的数值模拟，计算给出的块度分布曲线、爆破漏斗体积等参数与文献中模型实验的结果基本一致，证明了 CDEM 及本文所述各类模型在模拟爆炸破岩方面的精确性。以鞍千矿南采区的露天铁矿爆破开采为研究对象，建立了 3 排 21 炮孔的三维台阶爆破概化模型，模拟了从炸药起爆、岩体损伤破裂到最后爆堆形成的全过程；计算结果表明，除后缘拉裂槽外，数值计算给出的爆堆形态、顶部鼓起高度等与现场的测试结果基本一致，证明了利用 CDEM 开展三维露天台阶爆破全过程模拟的可行性。

关键词：三维台阶爆破；连续-非连续单元方法；损伤断裂；接触检测；露天矿；爆破开采

Numerical Simulation on Complete Process of Three-dimensional Bench Blasting in an Open-pit Mine Based on CDEM

Feng Chun[1]　Li Shihai[1]　Zheng Bingxu[2]　Cui Xiaorong[2]　Jia Jianjun[3]

（1. Key Laboratory for Mechanics in Fluid Solid Coupling Systems，Institute of Mechanics，Chinese Academy of Sciences，Beijing，100190；
2. Guangdong Hongda Blasting Co.，Ltd.，Guangdong Guangzhou，510623；
3. ANSTEEL Blasting Co.，Ltd.，Liaoning Anshan，114046）

Abstract：Blasting mining is the most important part of the total cost control in an open pit mine，and numerical simulation is an effective method to optimize the design of blasting mining and to analyse blasting effect. By using the continuum-discontinuum element method（CDEM），the three-dimensional bench blasting process of the open pit mine is simulated. The Landau explosive model is adopted to precisely calculate the blasting effect，and the elastic-damage-fracture constitutive law is used to describe the damage and fracture process of rock. By adopting the semi-spring target face and semi-edge target edge combined contact algorithm，the collision，flying and accumulation process of large number of fragments is simulated efficiently. The numerical simulation of the small scale blasting process with the single free surface is carried out. The block distributing curve and volume of the crater obtained by numerical simulation are more or less the same as those obtained by experiment，which demonstrates that CDEM and corresponding models

---

基金项目：国家重点研发计划项目（2016YFC0801600）；广东宏大爆破股份有限公司“基于数字模拟的露天爆破设计软件”研发项目；鞍钢矿业集团“基于采选总成本的爆破技术优化研究”项目（2016-科 A07-2）。

原载于《爆炸与冲击》，2019，39（2）：024201-1—024201-11。

described in this paper are good at simulating the rock blasting process. Based on the blasting technology in the south region in Anqian open-pit mine, a generalized three-dimensional bench blasting model with 3 rows and 21 bore holes is set up, and the complete process from explosive detonation to muckpile formation is carried out. Numerical results show that, except the tensile crack behind the blasting area, the muckpile shape and heaving height obtained by numerical simulation are accordant with the ones obtained by field test to some extent, which demonstrates the feasibility to simulate the three-dimensional bench blasting by CDEM.

Keywords: three-dimensional benching blasting; continuum-discontinuum element method; damage and fracture; contact detecting; open pit mine; blasting mining

爆破开采是露天矿采选总成本控制的首要环节，穿孔爆破的成本较低，仅占整个采选总成本的1/15左右；但是，爆破效果的好坏将直接影响到铲装、运输、破碎等工序的生产效率及能耗。因此，爆破阶段通过改变爆破参数，增大矿岩的损伤破碎程度，减少大块、根底、岩墙等不利因素，将有助于提升后续工序的生产效率。

数值模拟是进行露天矿爆破开采优化设计及爆破效果分析的有效手段。目前，真正可用于爆破破岩全过程模拟的软件主要包括 MBM（mechanistic blasting model）软件[1-3]、DMC（distinct motion code）软件[4-8] 以及 Blo_Up（blast layout optimization using PFC3D）软件[9-11]。MBM 及 DMC 均来自澳大利亚奥瑞凯（Orica）公司，其中 MBM 是有限元与块体离散元相结合的 2D 爆破效果数值模拟软件，DMC 是基于颗粒离散元的 2D/3D 爆破效果数值模拟软件。Blo_Up 是 HSBM（hybrid stress blast model）项目研究成果的集中体现，由 ITASCA 公司负责产品研发，并由昆士兰大学负责软件模拟结果的验证。Blo_Up 采用非理想爆轰模型描述炸药的爆轰过程，采用裂隙流动模型描述爆生气体的楔入破岩过程，采用格子模型描述破碎岩块的碰撞、飞散及堆积过程。

由于 MBM、DMC 及 Blo_Up 等露天矿爆破全过程数值模拟软件并未公开发售，因此，对于爆破破岩问题的数值模拟，还是主要借助一些商业软件或一些科研人员自己编制的科研代码，如 ANSYS/LS-DYNA、AUTODYN、UDEC/3DEC、FEM-DEM、DDA、CDEM 等。丁希平[12] 采用 LS-DYNA 软件模拟了炸药单耗及填塞长度对爆破效果的影响；璩世杰等人[13] 利用 LS-DYNA 详细探讨了节理角度对预裂爆破成缝效果的影响规律；Hu 等人[14] 在 LS-DYNA 中实现了 SPH（smoothed particle hydrodynamics）与 FEM（finite element method）的耦合计算，开展了预裂爆破及台阶爆破中岩体损伤破裂过程的模拟。谢冰等人[15] 采用 AUTODYN 2D 与 UDEC（universal distinct element code）相结合的方法，探讨了节理组与炮孔连线的夹角对预裂爆破效果的影响；周旺潇等人[16] 探讨了利用 3DEC（three-dimensional discrete element code）模拟爆破破岩过程的可行性，提出了考虑爆破块度的 3DEC 块体人工离散方法。Yan 等人[17] 利用 3DEC 软件，通过在炮孔破碎圈外侧施加等效的爆破载荷，并通过控制不同区域的网格尺寸，研究了三维条件下爆堆的形成过程。Trivino 等人[18] 通过 FEM（finite element method）-DEM（discrete element method）方法及跨孔声波测试法研究了爆炸应力波及爆生气体联合作用下岩体中的裂纹扩展过程。甯尤军等人[19] 通过在 DDA（discontinuous deformation analysis）中引入爆生气体膨胀模型，实现了岩石爆破过程中炮孔扩张、岩体破坏、块体抛掷和爆堆形成过程的模拟。郑炳旭等人[20] 利用 CDEM（continuum-based discrete element method）软件探讨了炸药单耗对爆破块度分布曲线及系统破裂度的影响规律。

总体而言，学者们对二维情况下岩石的爆破破碎、飞散及堆积过程已进行了深入研究，但三维情况下的研究依然较少。为此，本文中以 CDEM 方法为基础，通过引入爆破破岩相关的算法及模型，开展工程尺度下露天矿三维爆破全过程的数值模拟。

1 数值方法及力学模型

1.1 连续-非连续单元方法概述

连续-非连续单元方法（continuum discontinuum element method，CDEM）[21,22] 是一种有限元与离散元相互耦合的显式动力学数值分析方法。CDEM 的理论基础是拉格朗日方程，为

$$\frac{\mathrm{d}}{\mathrm{d}t}\left(\frac{\partial L}{\partial v_i}\right)+\frac{\partial L}{\partial u_i}=Q_i \tag{1}$$

式中，u_i、v_i 为广义坐标；L 为拉格朗日系统的能量；Q_i 为非保守力所做的功。

为了表征多裂纹的萌生、扩展及交汇贯通过程，在 CDEM 中引入了虚拟裂缝的概念。虚拟裂缝位于每个有限元单元的边界上，在断裂发生之前，通过引入法向罚弹簧及切向罚弹簧可连接两侧的实体单元，并进行力学信息的传递；通过在罚弹簧上设置断裂准则及对应的强度参数，可在虚拟界面上实现拉伸断裂过程及剪切断裂过程；断裂发生后，虚拟界面即转化为真实的接触界面，通过赋予相应的接触模型及接触参数，即可对接触面的力学行为进行准确刻画。

CDEM 中的核心控制方程为：

$$\boldsymbol{M}\ddot{\boldsymbol{u}}+\boldsymbol{C}\dot{\boldsymbol{u}}+\boldsymbol{K}\boldsymbol{u}+\boldsymbol{K}_{\mathrm{c}}\boldsymbol{u}_{\mathrm{c}}+\boldsymbol{C}_{\mathrm{c}}\dot{\boldsymbol{u}}_{\mathrm{c}}=\boldsymbol{F} \tag{2}$$

式中，$\ddot{\boldsymbol{u}}$、$\dot{\boldsymbol{u}}$、$\boldsymbol{u}$、$\boldsymbol{u}_{\mathrm{c}}$ 和 $\dot{\boldsymbol{u}}_{\mathrm{c}}$ 分别为单元内所有节点的加速度列阵、速度列阵、位移列阵以及虚拟裂缝上的相对位移列阵、相对速度列阵；$\boldsymbol{M}$、$\boldsymbol{C}$、$\boldsymbol{K}$、$\boldsymbol{K}_{\mathrm{c}}$、$\boldsymbol{C}_{\mathrm{c}}$ 和 $\boldsymbol{F}$ 分别为单元质量矩阵、单元阻尼矩阵、单元刚度矩阵、接触面刚度矩阵、接触面阻尼矩阵和节点外部荷载列阵。

CDEM 采用基于增量方式的显式欧拉前差法进行问题的求解，整个计算过程中通过不平衡率表征系统受力的平衡程度。求解控制方程（2），共分为 3 个步骤：第 1 步循环每个有限元单元，计算单元的变形力及阻尼力；第 2 步循环每个接触面，计算接触面上的连接力及阻尼力；第 3 步循环所有节点，计算每个节点的合外力、加速度、速度及位移。

1.2 爆源模型

本文的爆源模型主要采用朗道爆炸模型，该模型的输入参数包括装药密度，炸药爆速、爆热及点火点位置。该模型主要基于朗道-斯坦纽科维奇公式（γ 率方程），为

$$\begin{cases} pV^{\gamma}=p_0V_0^{\gamma} & \text{当 } p\geqslant p_{\mathrm{k}} \\ pV^{\gamma_1}=p_{\mathrm{k}}V_{\mathrm{k}}^{\gamma_1} & \text{当 } p<p_{\mathrm{k}} \end{cases} \tag{3}$$

式中，$\gamma=3$，$\gamma_1=4/3$；p、V 分别为高压气球的瞬态压力和体积；p_0、V_0 分别为高压气球初始时刻的压力和药包的体积；p_{k}、V_{k} 分别为高压气球在两段绝热过程边界上的压力和体积。p_{k} 的表达式为

$$p_{\mathrm{k}}=p_0\left\{\frac{\gamma_1-1}{\gamma-\gamma_1}\left[\frac{(\gamma-1)Q_{\mathrm{w}}\rho_{\mathrm{w}}}{p_0}-1\right]\right\}^{\frac{\gamma}{\gamma-1}} \tag{4}$$

式中，Q_{w} 为单位质量炸药爆热，J/kg；ρ_{w} 为装药密度，kg/m^3。p_0 的表达式为

$$p_0=\frac{\rho_{\mathrm{w}}D^2}{2(\gamma+1)} \tag{5}$$

式中，D 为爆轰速度，m/s。

本文采用到时起爆的方式模拟点火过程及爆轰波在炸药内的传播过程。设某一炸药单元的重心到点火点的距离为 d，炸药的爆速为 D，则点火时间 $t_1=d/D$。当爆炸时间 $t>t_1$ 时，根据式（3）对该单元进行爆炸压力的计算。

钻孔爆破过程中，随着炮孔的起爆，爆生气体逐渐膨胀，并推动岩体做功。岩体在爆炸压力的作用下逐渐出现裂缝的萌生、扩展，并最终出现贯通自由面的裂缝。一旦出现贯通性的裂缝，炮孔内的气体将会从裂缝中快速溢出，并导致炮孔内的压力急剧下降。由于直接模拟爆生气体在岩体内的流动及溢出过程较为复杂，本文中采用设置炸药作用时间的方式进行等效模拟。当某炸药单元起爆后经历的时间大于炸药作用时间时，该炸药单元随即失效，失效后炸药单元中的气体压力为零，且不再进行爆炸压力的计算。

1.3 岩体本构

本文中采用的岩体本构为弹性-损伤-断裂本构，其中在每个有限元单元上施加线弹性本构，输入的参数包括密度及弹性参数（弹性模量、泊松比）；在虚拟界面上施加损伤-断裂本构，输入的参数包括法向连接刚度、切向连接刚度、黏聚力、内摩擦角、抗拉强度、剪切断裂能及拉伸断裂能。

利用增量法表述的单元线弹性本构为

$$\begin{cases}\Delta\sigma_{ij} = 2G\Delta\varepsilon_{ij} + \left(K - \dfrac{2}{3}G\right)\Delta\theta\delta_{ij} \\ \sigma_{ij}(t_1) = \Delta\sigma_{ij} + \sigma_{ij}(t_0)\end{cases} \tag{6}$$

式中，σ_{ij} 为应力张量；$\Delta\sigma_{ij}$ 为增量应力张量；$\Delta\varepsilon_{ij}$ 为增量应变张量；$\Delta\theta$ 为体应变增量；K 为体积模量；G 为剪切模量；δ_{ij} 为 Kronecker 记号；t_1 为下一时步；t_0 为当前时步。

虚拟界面上采用考虑断裂能的拉剪复合本构进行损伤断裂的计算。首先采用增量法计算虚拟界面处下一时步的法向及切向试探接触力，为

$$\begin{cases}F_n(t_1) = F_n(t_0) - k_n A_c \Delta du_n \\ F_s(t_1) = F_n(t_0) - k_s A_c \Delta du_s\end{cases} \tag{7}$$

式中，F_n、F_s 为罚弹簧上法向及切向的连接力；k_n、k_s 为单位面积上法向、切向连接刚度，Pa/m；A_c 为虚拟界面的面积；Δdu_n、Δdu_s 为法向、切向相对位移增量。

采用式（8）进行拉伸断裂的判断、法向连接力及拉伸强度的修正，如果：

$$-F_n(t_1) \geqslant \sigma_t(t_0)A_c$$

那么：

$$F_n(t_1) = -\sigma_t(t_0)A_c, \qquad \sigma_t(t_1) = -\sigma_{t_0}^2\Delta u_n/(2G_{ft}) + \sigma_{t_0} \tag{8}$$

式中，σ_{t_0}、σ_t（t_0）及 σ_t（t_1）分别为初始时刻、本时刻及下一时刻虚拟界面上的拉伸强度；Δu_n 为当前时刻虚拟界面上的法向相对位移；G_{ft} 为拉伸断裂能，Pa · m。

采用式（9）进行剪切断裂的判断、切向连接力及黏聚力的修正，如果：

$$F_s(t_1) \geqslant F_n(t_1)\tan\phi + c(t_0)A_c$$

那么：

$$F_s(t_1) = F_n(t_1)\tan\phi + c(t_0)A_c, \qquad c(t_1) = -c_0^2\Delta u_s/(2G_{fs}) + c_0 \tag{9}$$

式中，ϕ 为虚拟界面的内摩擦角；c_0、$c(t_0)$ 及 $c(t_1)$ 为初始时刻、本时刻及下一时刻虚拟界面上的黏聚力；Δu_s 为当前时刻虚拟界面上的切向相对位移；G_{fs} 为剪切断裂能，Pa · m。

基于式（8）及式（9），可绘制出虚拟界面上法向及切向的本构曲线，具体如图 1 所示。

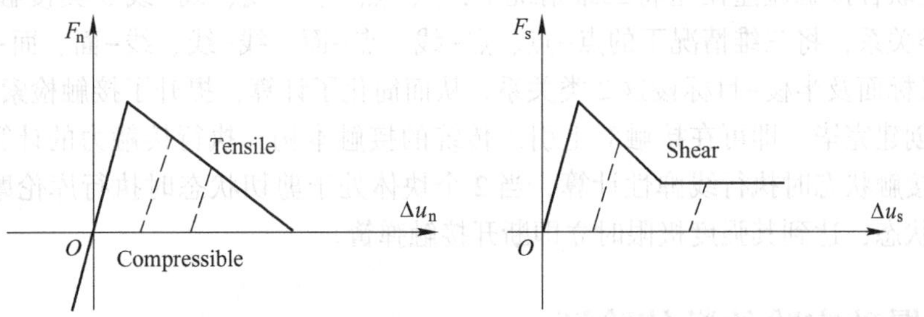

图 1　虚拟界面上的本构曲线

Fig. 1　Constitutive curves at virtual interface

1.4　接触碰撞算法

爆破后，破碎岩块将以一定的初速度向临空面抛掷，进而出现飞散、碰撞、堆积等爆破现象。本文中采用半弹簧-半棱联合接触碰撞模型[23,24]对大量破碎岩块的接触碰撞过程进行快速、精确地模拟。

半弹簧由单元顶点缩进至各棱（二维）或各面（三维）内形成；半棱仅存在于三维情况，由各面面内相邻的两根半弹簧连接而成（见图2）。建立半弹簧时，缩进距离一般取顶点到各棱或各面中心距离的 1%~5%（本文中取 5%）。由于只有在半弹簧找到目标面、半棱找到目标棱以后，方能形成完整的接触对并计算接触力，因此称之为“半”弹簧及“半”棱（见图 3）。

由于采用了缩进策略，使得半弹簧及半棱均位于面内（二维时位于棱内），因此半弹簧及半棱均

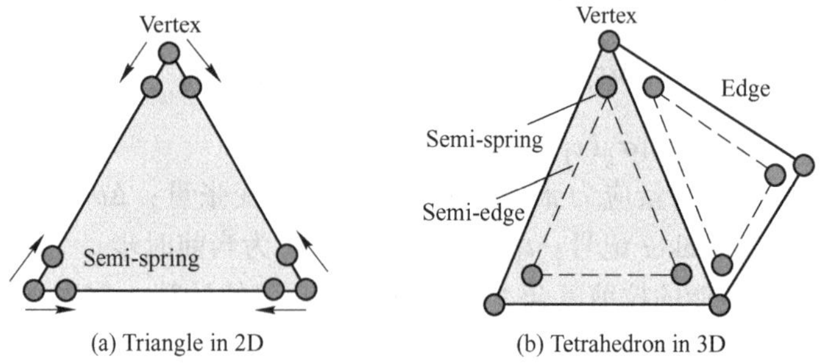

图 2 半弹簧-半棱示意图

Fig. 2 Semi-spring and semi-edge schematics

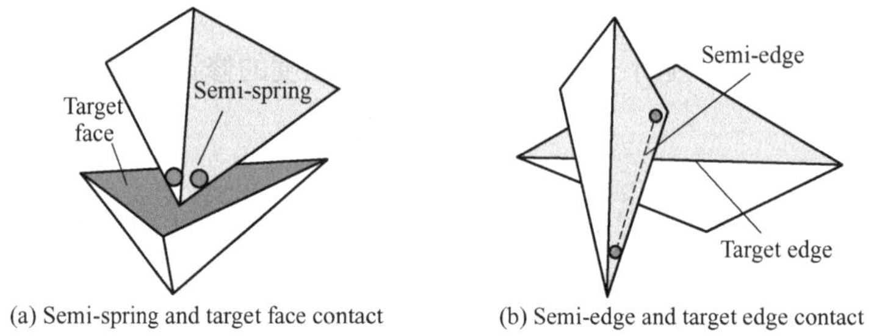

图 3 两类接触对

Fig. 3 Two types of contact pairs

具有各自的特征面积（二维时取单位厚度），为：

$$A_s = A_f / N_v,\ A_e = A_{s,\ i} + A_{s,\ j} \tag{10}$$

式中，A_s 及 A_e 分别为半弹簧及半棱的特征面积；A_f 为半弹簧及半棱所在母面的面积；N_v 为所在母面的顶点个数；$A_{s,i}$ 及 $A_{s,j}$ 分别为组成半棱的 2 根半弹簧的面积。

半弹簧-半棱联合接触碰撞模型将二维情况下，点-点、点-线、线-线 3 类接触关系统一为半弹簧-目标棱这一类关系，将三维情况下的点-点、点-线、点-面、线-线、线-面、面-面 6 类接触关系统一为半弹簧-目标面及半棱-目标棱这 2 类关系，从而简化了计算，提升了接触检索效率。

一旦接触对创建完毕，即可在接触对上引入传统的接触本构，执行接触力的计算。本文中，当 2 个块体处于压缩接触状态时执行线弹性计算，当 2 个块体处于剪切状态时执行库伦摩擦计算；一旦 2 个块体处于拉伸状态，达到其强度极限时立即断开接触弹簧。

2 单自由面爆破实验的数值验证

以大理岩爆破模型实验[25] 作为数值模拟对象。该实验中大理岩块被加工成尺寸为 25cm×25cm×25cm 的立方体，并在试样一侧钻出直径为 0.6cm、深度为 10cm、间距为 5cm 的 2 个平行钻孔，2 个钻孔到岩样顶部自由面的距离均为 5cm（见图 4）。采用 DDNP 炸药进行爆破实验，每孔装药 0.3g。由于试件的尺寸较小，为了减少和消除试件四周自由面对爆破效果的影响，在岩样四周和底部涂上一层黄油，然后用 5 块 1cm 厚的铁板夹制（布孔一侧不用铁板夹制），并用螺栓固定。

数值计算中采用的岩石密度、弹性模量、泊松比、抗拉强度与文献［25］中的一致，分别为 2730kg/m^3、61.4GPa、0.27MPa、4.72MPa；岩石黏聚力由文献［25］中给出的单轴抗压强度（90MPa）及内摩擦角经验值（40°）通过 Mohr-Coulomb 公式计算获得，为 21MPa；岩石的内摩擦角，拉伸断裂能，剪切断裂能，单位面积法、切向刚度，断裂后滑动摩擦因数等参数文献［25］中未提供，本文中根据相关资料选取了经验值，分别为 40°、50Pa·m、100Pa·m、2×10^{14}Pa·m、0.25。数值计算中采用的炸药密度、爆速与文献［25］中的一致，分别为 1000kg/m^3、4950m/s；炸药的爆热、炸药作用时间等参数文献［25］中未提供，本文中根据相关资料选取了经验值，分别为

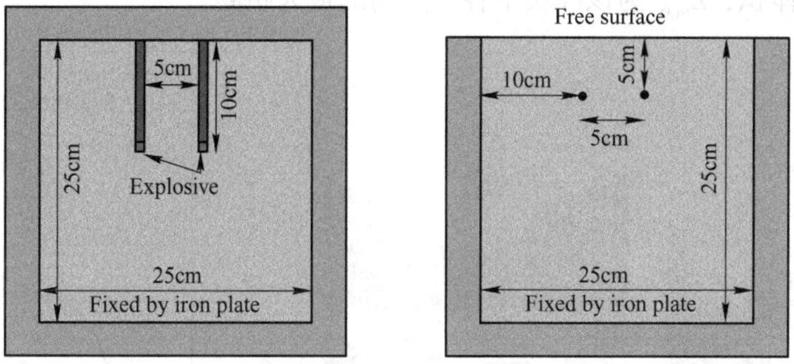

(a) Vertical cross-sectional view (b) Lateral cross-sectional view

图 4 试样及炮孔尺寸

Fig. 4 The size of specimen and bore hole

1.4MJ/kg、5ms。

文献［25］中根据耦合及填塞的不同，共开展了3组实验，分别为耦合无填塞、耦合填塞及不耦合填塞（不耦合因数为1.6），本文中重点对比耦合填塞的实验结果。

建立棱长为25cm的立方体数值模型，在模型的相应位置设置炮孔，采用15.5万个四面体单元进行剖分。为了模拟实验过程中的铁板夹制作用，将模型底部及四周侧面设置为全约束，模型顶部表面自由。

双孔同时爆破后，不同时刻岩体的破碎情况如图5所示。由图5可得，自由表面处的岩体在爆炸应力波及爆生气体的联合作用下，破裂为若干大块；在内部气体的推动作用下，大块逐渐向外拱出，并发生解体破碎，而爆源附近的大量碎块随之涌出。

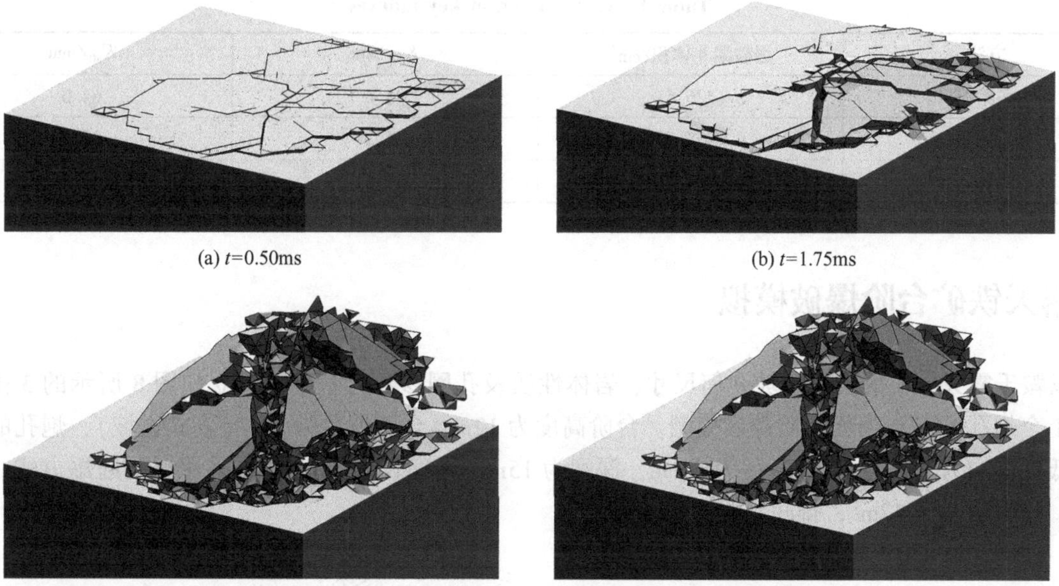

(a) t=0.50ms (b) t=1.75ms (c) t=4.25ms (d) t=7.50ms

图 5 不同时刻岩体的破碎运动情况

Fig. 5 Fracture and movement of rock at different times

爆破7.50ms后，对脱离母体的碎块进行删除，可获得爆破漏斗的空间形态，如图6所示。对爆破漏斗的形态进行测量，可得A-A'剖面中，爆破漏斗的深度为5.8cm，爆破漏斗直径为23cm；B-B'剖面中，爆破漏斗的深度为6.9cm，爆破漏斗的直径为16cm。

对爆破后各碎块的体积及特征尺寸进行统计，绘制出块度分布曲线对比图（见图7）。其中，文献［25］中的特征尺寸为筛孔直径，数值计算中各碎块的特征尺寸L_c的计算公式为

$$L_c = (\sqrt[3]{V_b} + L_{max})/2 \tag{11}$$

式中，V_b 为某碎块的体积；L_{max} 为该碎块中各顶点间的最大距离。

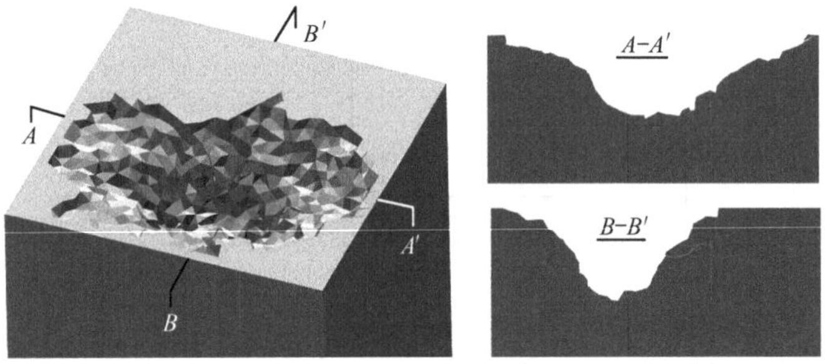

图 6 爆破漏斗的形态

Fig. 6 Shape of crater

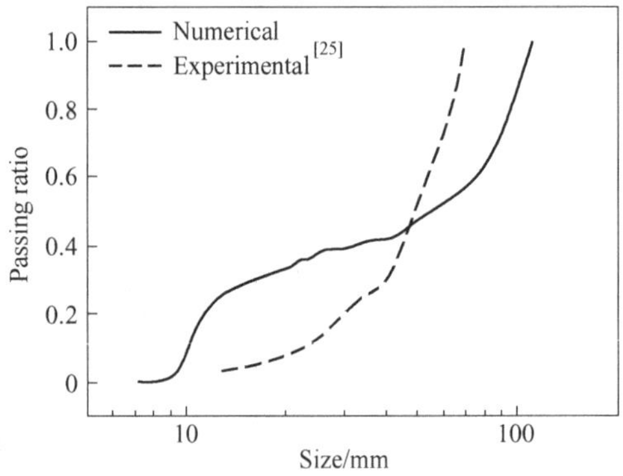

图 7 块度分布曲线

Fig. 7 Block distributing curves

由图 7 可得，在对数坐标系下，2 条曲线的变化规律基本一致，数值计算给出的块度分布曲线基本呈反“S”型，而实验给出的曲线呈抛物线型。当通过率为 40%~50%时，2 条曲线对应的特征尺寸基本一致，为 33~56mm；但数值计算获得的特征尺寸在 20mm 以下及 70mm 以上的碎块比例明显高于实验值。

数值计算及模型实验获得的碎块总体积、K_{50}、K_{80} 等指标的对比见表 1。其中，K_{50}、K_{80} 分别为通过率为 50%及 80%时对应的碎块特征尺寸。由表 1 可得，数值计算获得的碎块总体积（爆破漏斗体积）及 K_{50} 与实验值基本一致，误差为 16%以下；K_{80} 的数值解与实验值差别较大，误差约为 52%。

表 1 关键指标对比

Table 1 Comparison of key indexes

方法	爆破漏斗体积/cm^3	K_{50}/mm	K_{80}/mm
实验值	426.6	48.6	64.0
数值解	478.7	56.2	97.2
误差/%	12.2	15.6	51.9

3 露天铁矿台阶爆破模拟

以鞍千露天铁矿的台阶边坡几何尺寸、岩体性质及孔网参数为基础，建立如图 8 所示的 3 排 7 列（共 21 个炮孔）三自由面台阶爆破模型。台阶高度为 12m，台阶坡角为 90°（直立边坡），炮孔的间排距及抵抗线均为 6.5m，炮孔直径为 25cm，深度为 15m，堵塞长度为 6.5m。采用逐孔起爆方式，孔底起爆，孔间延时为 42ms，排间延时为 65ms。

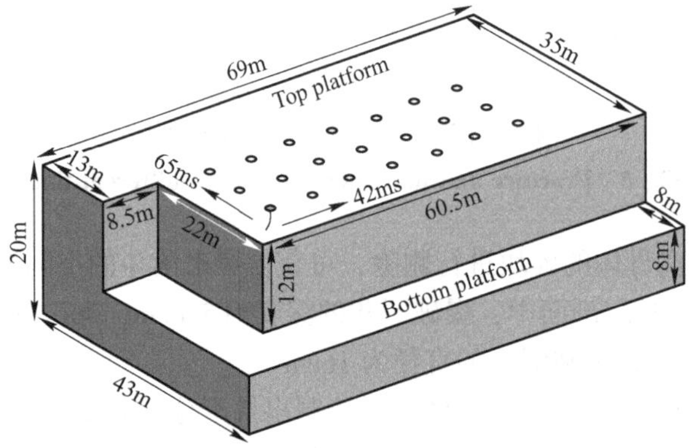

图 8 含 21 炮孔的三自由面台阶爆破模型

Fig. 8 The bench blasting model with three free surfaces and twenty-one bore holes

对铁矿石块体采用线弹性模型进行描述，其密度为 $3200kg/m^3$，弹性模量为 60GPa，泊松比为 0.25。综合考虑了块体间界面爆区内既有裂隙的强度，采用考虑强度软化效应的损伤断裂模型进行描述，单位面积上的法向及切向刚度为 200GPa/m，黏聚力为 12MPa，内摩擦角为 30°，抗拉强度为 4MPa，剪切断裂能为 150Pa · m，拉伸断裂能为 50Pa · m，断裂后滑动摩擦因数为 0.58。

爆破所用的炸药为现场混装的乳化炸药，对其采用朗道爆炸模型进行描述，装药密度为 $1150kg/m^3$，爆速为 5600m/s，爆热为 3.4MJ/kg，炸药作用时间为 35ms。

数值计算共分为 2 个阶段：第 1 阶段为静力平衡阶段，采用虚拟质量法获得模型在重力作用下的静态应力场，在该阶段，模型的底部及四周为法向约束边界，重力方向竖直向下，局部阻尼系数取 0.8；第 2 阶段为爆破破岩阶段，在模型底部及四周施加无反射边界，计算时步取 10μs，局部阻尼因数取 0.03，按照预设的起爆顺序及延时进行点火起爆，获得铁矿石的破碎、抛掷过程及最终的堆积过程。

采用四面体网格对上述模型进行剖分，共剖分网格 51.1 万个。受计算量限制，底部平台未进行延伸，宽度仅为 8.0~8.5m，因此爆破后碎块的运动范围将超出底部平台；为了对超出底部平台的块体提供支撑，特设置与底部平台相同高度的刚性面。

爆堆的演化过程如图 9 所示。由图 9 可得，2 个侧壁临空面相交的区域首先发生了膨胀及抛掷，抛掷方向与等时线方向基本一致。随后，在 2 个侧壁临空面上分别出现了“爆花”，台阶边坡的中部明显鼓出。当时间大于 4.370s 后，爆堆基本形成。

沿着第 2 列、第 4 列及第 6 列炮孔的中心对爆堆进行剖切，观察不同位置处爆堆的表面及内部形态，如图 10 所示。整个爆堆基本呈上陡下缓的斜坡状，底部坡角为 15°~30°，顶部坡角为 40°~50°；原爆区顶部出现了较大范围的隆起，最大高度可达 2.6m。第 1 排炮孔前侧的破碎块体堆积得较松散，后侧区域的破碎块体堆积得较致密；爆区内的岩体在爆炸载荷作用下破碎明显，被纵横交错的裂缝切割为大量碎块；爆区外侧的岩体破碎较轻微，仅在局部区域出现了沿着径向的拉伸裂缝。

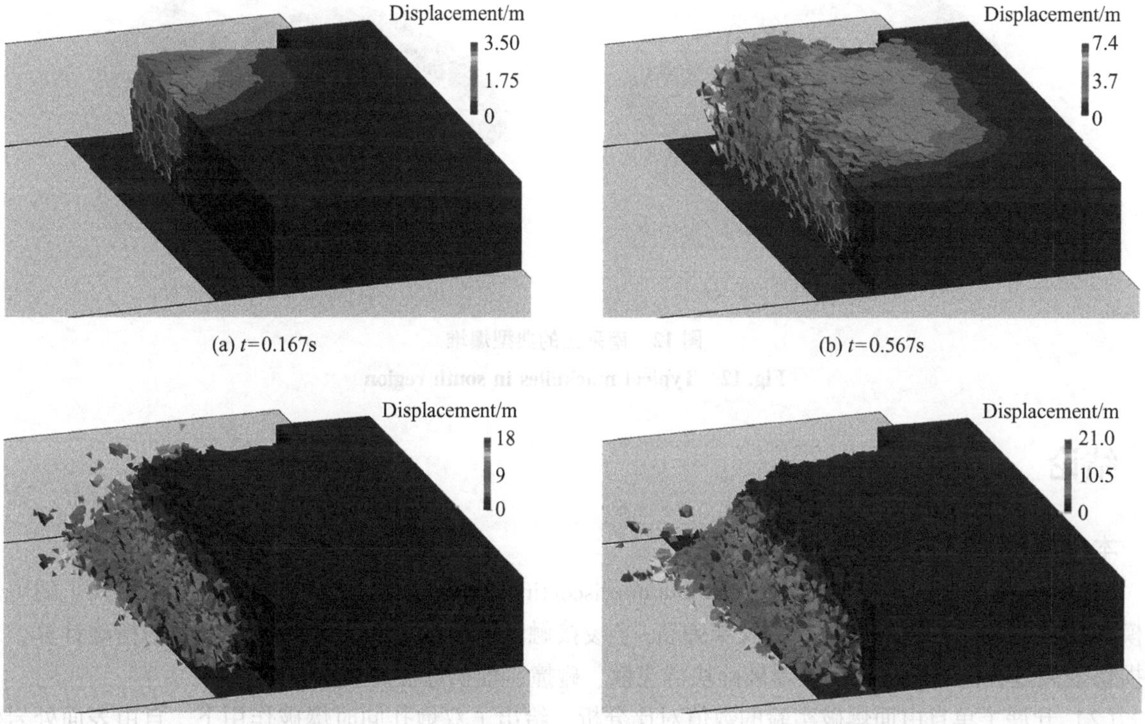

(a) t=0.167s (b) t=0.567s (c) t=1.670s (d) t=4.370s

图 9 不同时刻的总位移云图

Fig. 9 Displacement magnitude contours at different times

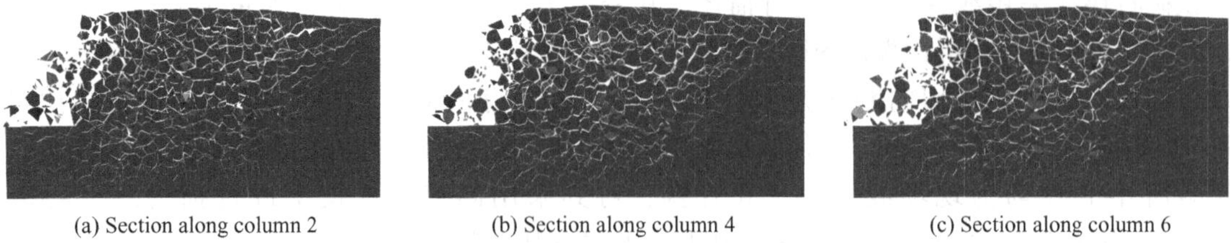

图 10 爆堆剖视图

Fig. 10 Section views of muckpile

定义破裂度为数值计算中发生破裂的虚拟界面面积与总虚拟界面面积的比，则破裂度随时间的变化如图 11 所示。由图 11 可得，随着爆炸时间的增长，破裂度迅速增大；当爆炸时间大于 0.39s 后（最后一个炮孔的起爆时间为 0.382s），破裂度的增大趋势迅速变缓；爆破完成后，模型的最终破裂度约为 85.4%。

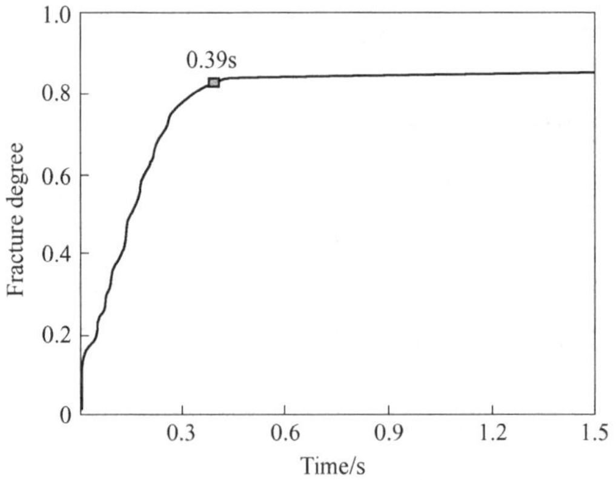

图 11 破裂度时程曲线

Fig. 11 History of fracture degree

采用 UniStrong 手持式 GPS（亚米级精度），在鞍千矿开展大量的爆堆形态测试。图 12 给出了南采区典型台阶爆破后的爆堆形态。由图 12 可得，除后缘拉裂槽外，数值计算给出的爆后斜坡形态、顶部鼓起等现象与现场的测试结果基本一致，证明利用 CDEM 开展三维露天台阶爆破全过程模拟可行。

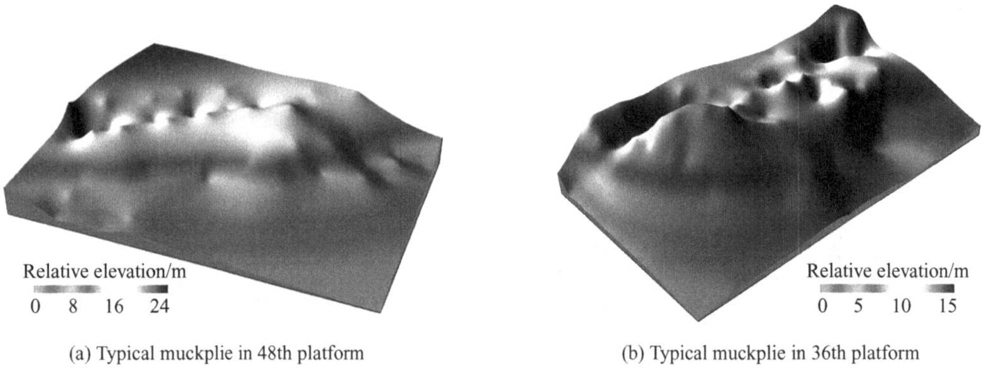

图 12 南采区的典型爆堆

Fig. 12 Typical muckpiles in south region

4 结论

本文结论如下。

（1）在连续-非连续单元方法（continuum-discontinuum element method，CDEM）中引入了朗道爆炸模型、岩体弹性-损伤-破裂模型及半弹簧-半棱接触碰撞模型，实现了爆炸作用力的精确计算，岩体损伤破裂过程的准确描述以及爆破碎块群飞散、碰撞、堆积过程的快速分析。

（2）开展了单自由面爆破实验的数值对比分析，给出了双炮孔同时爆破作用下，自由表面处岩体的破裂飞散过程，数值计算给出的爆破漏斗体积及块度分布曲线与文献中的实验结果基本一致。

（3）以鞍千矿南采区典型的铁矿台阶爆破开采为背景，模拟了 3 排 21 个炮孔逐孔起爆后，爆区内岩体的损伤破裂过程、破碎块体的飞散过程及爆堆的形成过程，数值计算给出的爆堆形态与现场的测试结果具有一定的相似性。

参考文献

[1] Battison R, Esen S, Duggan R, et al. Reducing crest loss at Barrick Cowal Gold Mine [C] //Proceedings of 11th International Symposium on Rock Fragmentation. Carlton Victoria: The Australasian Institute of Mining and Metallurgy, 2015.

[2] Goswami T, Martin E, Rothery M, et al. A holistic approach to managing blast outcomes [C] //Proceedings of 11th International Symposium on Rock Fragmentation. Carlton Victoria: The Australasian Institute of Mining and Metallurgy, 2015.

[3] Minchinton A, Lynch P M. Fragmentation and heave modelling using coupled discrete element gas flow code [J]. Fragblast, 1997, 1 (1): 41-57. DOI: 10. 1080/13855149709408389.

[4] Preece D S, Tawadrous A, Silling S A, et al. Modelling full-scale blast heave with three-dimensional distinct elements and parallel processing [C] //Proceedings of 11th International Symposium on Rock Fragmentation. Carlton Victoria: The Australasian Institute of Mining and Metallurgy, 2015.

[5] Esen S, Nagarajan M. Muck pile shaping for draglines and dozers at surface coalmines [C] //Proceedings of 11th International Symposium on Rock Fragmentation. Carlton Victoria: The Australasian Institute of Mining and Metallurgy, 2015.

[6] Preece D S. Rock motion simulation and prediction of porosity distribution for a two-void-level retort [R]. Albuquerque, NM (USA): Sandia National Labs. , 1990.

[7] Preece D S, Knudsen S D. Coupled rock motion and gas flow modeling in blasting [R]. Albuquerque, NM (USA): Sandia National Labs. , 1991.

[8] Taylor L M, Preece D S. Simulation of blasting induced rock motion using spherical element models [J]. Engineering Computations, 1992, 9 (2): 243-252. DOI: 10. 1108/eb023863.

[9] Onederra I, Ruest M, Chitombo G P. Burden movement experiments using the hybrid stress blasting model (HSBM) [C] //Proceedings of EXPLO 2007 Blasting: Techniques and Technology. Wollongong, NSW, Australia: The Australasian Institute of Mining and Metallurgy, 2007, 7 (7): 177-183.

[10] Sellers E, Furtney J, Onederra I, et al. Improved understanding of explosive-rock interactions using the hybrid stress blasting model [J]. Journal of the Southern African Institute of Mining and Metallurgy, 2012, 112 (8): 721-728.

[11] Onederra I A, Furtney J K, Sellers E, et al. Modelling blast induced damage from a fully coupled explosive charge [J]. International Journal of Rock Mechanics and Mining Sciences, 2013, 58: 73 - 84. DOI: 10. 1016/j. ijrmms. 2012. 10. 004.

[12] 丁希平. 深孔台阶爆破应力场及若干设计参数的数值分析研究 [D]. 北京: 铁道部科学研究院, 2001.

[13] 璩世杰, 刘际飞. 节理角度对预裂爆破成缝效果的影响研究 [J]. 岩土力学, 2015, 36 (1): 189-194. DOI: 10. 16285/j. rsm. 2015. 01. 026.

Qu Shijie, Liu Jifei. Numerical analysis of joint angle effect on cracking with presplit blasting [J]. Rock and Soil Mechanics, 2015, 36 (1): 189-194. DOI: 10. 16285/j. rsm. 2015. 01. 026.

[14] Hu Yingguo, Lu Wenbo, Chen Ming, et al. Numerical simulation of the complete rock blasting response by SPH-DAM-FEM approach [J]. Simulation Modelling Practice and Theory, 2015, 56: 55 - 68. DOI: 10. 1016/j. simpat. 2015. 04. 001.

[15] 谢冰, 李海波, 王长柏, 等. 节理几何特征对预裂爆破效果影响的数值模拟 [J]. 岩土力学, 2011, 32 (12): 3812-3820. DOI: 10. 3969/j. issn. 1000-7598. 2011. 12. 044.

Xie Bing, Li Haibo, Wang Changbai, et al. Numerical simulation of presplit blasting influenced by geometrical characteristics of joints [J]. Rock and Soil Mechanics, 2011, 32 (12): 3812 - 3820. DOI: 10. 3969/j. issn. 1000-7598. 2011. 12. 044.

[16] 周旺潇, 严鹏, 郑炳旭, 等. 爆破漏斗形成过程数值模拟的几个关键问题 [J]. 爆破, 2014, 31 (3): 15-22. DOI: 10. 3963/j. issn. 1001-487X. 2014. 03. 004.

Zhou Wangxiao, Yan Peng, Zheng Bingxu, et al. Key problems in simulation of formation process of blasting crater [J]. Blasting, 2014, 31 (3): 15-22. DOI: 10. 3963/j. issn. 1001-487X. 2014. 03. 004.

[17] Yan Peng, Zhou Wangxiao, Lu Wenbo, et al. Simulation of bench blasting considering fragmentation size distribution [J]. International Journal of Impact Engineering, 2015, 90: 132-145. DOI: 10. 1016/j. ijimpeng. 2015. 11. 015.

[18] Trivino L F, Mohanty B. Assessment of crack initiation and propagation in rock from explosion-induced stress waves and gas

expansion by cross-hole seismometry and FEM-DEM method [J]. International Journal of Rock Mechanics and Mining Sciences, 2015, 77: 287-299. DOI: 10.1016/j.ijrmms.2015.03.036.

[19] 甯尤军，杨军，陈鹏万．节理岩体爆破的DDA方法模拟[J]．岩土力学，2010，31（7）：2259-2263. DOI：10.3969/j.issn.1000-7598.2010.07.040.

Ning Youjun, Yang Jun, Chen Pengwan. Numerical simulation of rock blasting in jointed rock mass by DDA method [J]. Rock and Soil Mechanics, 2010, 31 (7): 2259-2263. DOI: 10.3969/j.issn.1000-7598.2010.07.040.

[20] 郑炳旭，冯春，宋锦泉，等．炸药单耗对赤铁矿爆破块度的影响规律数值模拟研究[J]．爆破，2015，32（3）：62-69. DOI：10.3963/j.issn.1001-487X.2015.03.011.

Zheng Bingxu, Feng Chun, Song Jinquan, et al. Numerical study on relationship between specific charge and fragmentation distribution of hematite [J]. Blasting, 2015, 32 (3): 62-69. DOI: 10.3963/j.issn.1001-487X.2015.03.011.

[21] Li S H, Wang J G, Liu B S, et al. Analysis of critical excavation depth for a jointed rock slope using a face-to-face discrete element method [J]. Rock Mechanics and Rock Engineering, 2007, 40 (4): 331-348. DOI: 10.1007/s00603-006-0084-9.

[22] Wang Yuannian, Zhao Manhong, Li Sihai, et al. Stochastic structural model of rock and soil aggregates by continumm-based discrete element method [J]. Scinece in China: Series E: Engineering and Materials Science, 2005, 48 (suppl): 95-106. DOI: 10.1360/04zze13.

[23] Feng Chun, Li Shihai, Liu Xiaoyu, et al. A semi-spring and semi-edge combined contact model in CDEM and its application to analysis of Jiweishan landslide [J]. Journal of Rock Mechanics and Geotechnical Engineering, 2014, 6 (1): 26-35. DOI: 10.1016/j.jrmge.2013.12.001.

[24] 冯春，李世海，刘晓宇．半弹簧接触模型及其在边坡破坏计算中的应用[J]．力学学报，2011，43（1）：184-192. DOI：10.6052/0459-1879-2011-1-lxxb2010-080.

Feng Chun, Li Shihai, Liu Xiaoyu. Semi-spring contact model and its application to failure simulation of slope [J]. Chinese Journal of Theoretical and Applied Mechanics, 2011, 43 (1): 184-192. DOI: 10.6052/0459-1879-2011-1-lxxb2010-080.

[25] 段宗银，施发伍，张良贵．爆破块度分布与控制的模拟试验研究[J]．爆破，2010，27（2）：45-48；83. DOI：10.3963/j.issn.1001-487X.2010.02.012.

Duan Zongyin, Shi Fawu, Zhang Lianggui. Simulation test on distribution and control of blasting fragmentation [J]. Blasting, 2010, 27 (2): 45-48; 83. DOI: 10.3963/j.issn.1001-487X.2010.02.012.

高寒高海拔露天矿山大规模控制爆破的实践

王　涛　吴校良　李　新　葛陈玉

（广东宏大爆破股份有限公司，广东 广州，510623）

摘　要：为了加快玉龙铜矿施工进度，提高配矿效率，改善配矿效果。利用数码电子雷管在西山Ⅰ号矿体4650m平台、4665m平台、4695m平台、4710m平台、4725m平台、4740m平台进行大规模毫秒延时控制爆破，排间延时时间选择45ms，台阶间延时时间选择600ms。并针对玉龙铜矿高寒高海拔的特殊施工环境，采取相应对策，成功实施了爆破。实践证明：数码电子雷管在高寒、高海拔、富水露天矿山冻土区域，可实现大规模控制爆破，减少对环境的污染。

关键词：高寒高海拔；多台阶；冻土爆破；数码雷管；控制爆破

Practice of Large-scale Controlled Blasting in High Cold and High Altitude Open-pit Mines

Wang Tao　Wu Xiaoliang　Li Xin　Ge Chenyu

（Guangdong Hongda Blasting Co.，Ltd.，Guangdong Guangzhou，510623）

Abstract：In order to speed up the construction progress of Yulong Copper Mine，improve the efficiency of ore blending and improve the blending effect. Large-scale millisecond delay controlled blasting was carried out on the 4650m platform，4665m platform，4695m platform，4710m platform，4725m platform and 4740m platform of Xishan Ⅰ mine using digital electronic detonator. The row delay time was selected for 45 ms. The step delay time was selected for 600 ms. In response to the special construction environment of the Yulong copper mine in the high and cold high altitude，the corresponding countermeasures were taken and the blasting was successfully implemented. Practice had proved that digital electronic detonators could achieve large-scale controlled blasting and reduced environmental pollution in the permafrost regions of high-cold，high-altitude and water-rich open-pit mines.

Keywords：high cold and high altitude；multiple steps；frozen soil blasting；digital detonator；controlled blasting

严寒气候条件下，露天矿山安全爆破存在着诸多困难，如炸药性能下降、钻机效率较低、地下水结冰、冻土爆破大块率高、作业人员施工困难等[3]，严重地制约了矿山生产效率。青藏高原高海拔地区，进入冬季施工，周围植被冰雪覆盖，表土层形成较厚的冻土层，周围空气氧气浓度下降，施工环境恶劣。在这种高寒高海拔条件下实施爆破作业，须克服爆破作业中的一系列问题，才能保证爆破质量。

1　工程概况

玉龙铜矿地处青藏高原高山峡谷区，矿区海拔4500~5124m，气温低，空气稀薄，每年10月至次年4月为冻土期，多降雪，最大冻土厚1.8~2m。其中西山Ⅰ号矿体矿区地质条件复杂，地下水富集，其矿石主要成分为斑岩型铜矿石和角岩型铜矿石，是铜硫矿选厂的主要出矿点。该区域矿石品位不一，

原载于《工程爆破》，2019，25（1）：60-63。

配矿难度大，采用六台阶一次成型大规模控制爆破，可满足各种品位矿石的配矿要求。为此，先依据dimine软件建立的矿山地质模型，初步确定满足配矿要求的区域，再选取4650m平台、4665m平台、4695m平台、4710m平台、4725m平台、4740m平台作为此次爆破区域。

2 爆破施工方案

2.1 爆破参数的确定

根据玉龙铜硫矿选厂对矿石块度、品位的要求，以及玉龙铜矿总体设计，本次爆破作业按既有台阶采用深孔爆破方法。台阶高度15m，结合矿区岩石性质、水文工程地质条件及以往爆破作业经验，采用梅花形布孔，利用数码电子雷管同时起爆6个台阶，具体参数见表1。

表1 爆破参数

Table 1 Blasting parameters (m)

平台型号	孔距	排距	超深	孔深	孔数/个	单耗/kg·m^{-3}
4650	7.0	4.0	1.0	16.0	30	0.34
4665	6.5	4.0	1.0	16.5	73	0.46
4695	6.0	4.0	1.5	16.0	94	0.52
4710	6.0	4.0	1.5	16.0	30	0.52
4725	6.5	4.0	1.5	17.0	117	0.54
4740	6.8	4.2	1.5	16.5	57	0.44

2.2 装药结构及起爆网路设计

此次爆破作业，采用间隔装药方式。炮孔主装药段采用条状乳化炸药、粉状乳化炸药，回填后，在冻土层距孔口1.5m处装入少量条状乳化炸药（见图1）。

起爆网路设计结合西山Ⅰ号矿体地质条件、爆破参数及装药方式，孔内采用分段延时起爆，即冻土层段数码雷管优先于主装药段5ms起爆。排间采用顺序起爆方式，排间延时时间45ms，各台阶间延时时间600ms。

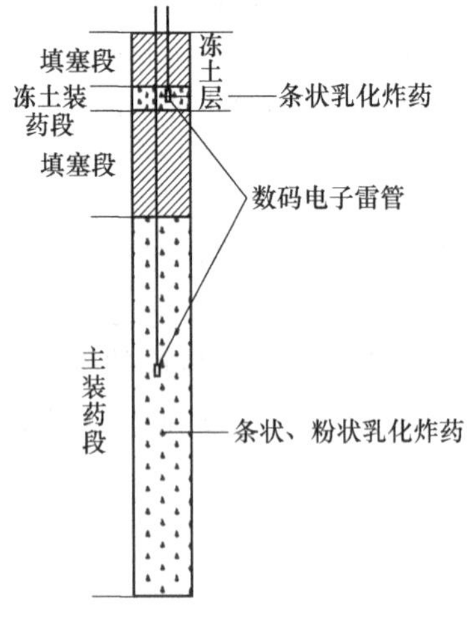

图1 装药结构

Fig. 1 Charge structure

2.3 数码电子雷管

本次爆破作业采用的数码电子雷管，可在0~16000ms内在线设置延时时间，具有延时精度高、可在线检测、抗静电、密码起爆等优势。

（1）浸水实验。因为玉龙矿区地下水富集，爆破作业区域炮孔内含水，所以爆前要进行雷管浸水实验。分别将雷管置于不同的水深中浸泡，72h 后取出，进行雷管起爆性能检测。结果表明：数码电子雷管具有较强的抗水性，72h 浸泡后，起爆性能未受到影响，仍能正常起爆。

（2）起爆网路实验。数码电子雷管采用铱钵起爆系统，每台铱钵表可起爆数码电子雷管约 200 发，此次 6 个平台同时爆破，每一平台使用 1 台铱钵表，最终 6 台铱钵表并联，再设置由 1 台铱钵表控制其余铱钵表，从而实现整个爆破区域同时起爆。爆破作业前，须对起爆网路进行模拟实验。根据爆破区域网路设计，以发光二极管代替雷管模拟实验（见图 2）。结果表明：所有发光二极管按预设延时时间正常起爆，为此次大规模控制爆破提供了依据。

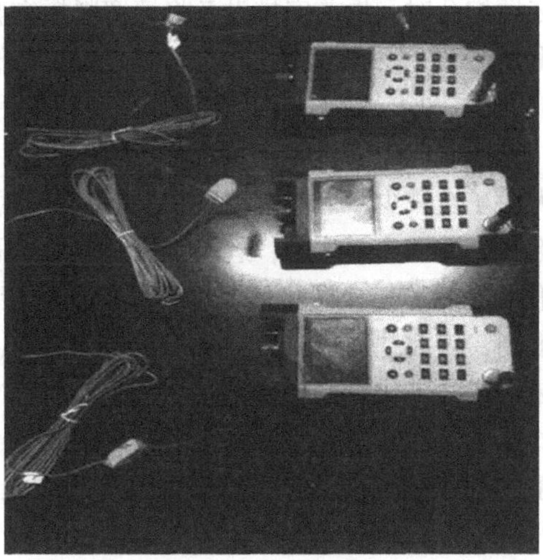

图 2　起爆网路实验

Fig. 2　Detonation network experiment

2.4　爆破施工作业

2.4.1　高寒高海拔的影响

冬季到来，气温骤降，雪季也随之而来，出现地表冻结和被雪覆盖的情况，造成爆破施工作业的一系列困难。

（1）持续暴雪覆盖地表，植被冻死，空气含氧浓度下降，作业人员在工地因时间长而缺氧，易产生高原反应，工作效率大大降低。

（2）布孔区域被暴雪覆盖，钻机穿孔作业时，很难确定具体穿孔位置。靠近台阶坡面前排孔穿孔时，因地表冻结，易打滑。

（3）山体地下水丰富，钻机穿孔作业时，地下水随着压缩空气向上喷出，与钻机封闭式除尘罩收集的粉尘混合，除尘罩与潮湿的粉尘因气温较低而冻结在一起，降低了穿孔效率。穿孔时喷出的地下水流入地表，将使表土层及填塞炮孔的岩土全部冻结，炮孔填塞时无岩土，需从其他区域取土，降低了施工效率，增加了工人的劳动强度及矿石的贫化率。穿孔作业后，为防止暴雪覆盖掩埋炮孔，将装有粉矿的编织袋填塞在孔口，装药时，编织袋已完全冻结，需用铁镐将其刨去。同时，孔壁在有水的状态下结冰，孔径缩小，装药量减小，装药质量下降，从而影响爆破效果。

（4）在寒冷气候的影响下，爆破区域形成大面积的冻土层，冻土厚 1.8～2m。经研究：矿岩在冻结状态下，矿岩体抗剪切和拉伸性能显著增强。爆后岩体结块、大块多，不符合矿仓选矿要求，增加了油锤二次破碎成本，降低了挖运效率。

（5）乳化炸药在高寒条件下，极易冻结、硬化、变形。国外研究资料[3] 表明，炸药的爆速是药包直径和温度的函数，其随外界温度的降低而减小。因此，随着炸药爆速的降低，炸药爆炸威力也一定程度受到影响。施工中，冻结硬化的炸药往往会出现雷管无法引爆的现象，增加了一定的安全隐患。与此同时，成品乳化炸药变形，装药时易卡孔，给施工带来困难。

2.4.2 施工方法及措施

为了克服高寒高海拔缺氧环境下露天矿山施工的困难，采取了以下措施。

(1) 选取气候较好的一天，合理组织施工，所有涉爆人员集中力量，在最短的时间内完成爆破装填作业。为了防止钻机前排孔穿孔作业时滑落，提前安排设备，将整个布孔区域内积雪清理完毕，在前排坡顶线附近修筑挡墙。

(2) 针对穿孔作业时地下水喷出，造成矿尘冻结、地表冻结等问题，采取钻机每完成一个孔，及时将除尘罩上的矿尘进行清理，并及时在聚集的孔周边矿尘取钻孔样。同时，在孔口上方用厚纸片将孔口盖住。对于孔壁水结冰造成孔径减小，可利用小于孔径的钢管，将其前端磨锋利，套在长木棍上，制成专用的削冰工具，可有效地处理孔口结冰的现象。特殊情况下，选取直径小于炮孔直径的乳化炸药进行填装。另外，在大面积装填炮孔时，提前安排设备将填塞料撒在整个炮区，提高填孔效率。

(3) 对于爆破区域内大面积冻土层，采用间隔装药方式。炮孔下部主装药段采用混合装药方式；炮孔上部装药段在距孔口 1.5m 冻土层处装入 2kg 条状乳化炸药，回填后，在炮孔上方压一沙袋，防止冲孔。孔内雷管进行延时设置，冻土层段先于主装药段雷管起爆，该段冻土层受到 2 次爆破作用，爆破效果较连续装药明显改善，大块矿石减少，大块率控制在 5%以内。对于孔网参数较大区域，可在两排孔中间钻接近冻土层厚度的炮孔，装入少量炸药，进一步控制大块矿石的产生。

(4) 针对高寒条件下，乳化炸药易冻结、硬化且爆炸威力降低的情况，应优先考虑抗冻炸药和雷管。由于玉龙铜矿生产情况的限制，因此选用成品乳化炸药、粉状乳化炸药和膨化铵油炸药，采用混合装药方式。孔底用吊装方式装入成品乳化炸药，中部装入粉状乳化炸药或膨化铵油炸药，冻土层段装入成品乳化炸药。采用不同炸药的装药方式，克服了乳化炸药在高寒地区的不足。选用数码电子雷管，避免了导爆管雷管在高寒条件下管壁冻结引起的拒爆现象，同时，技术人员在冬季网路连接的效率大大提高。

2.5 爆破效果分析

采用数码电子雷管，网路连接、检查效率较导爆管雷管提高 3 倍左右，且数码雷管在起爆前可进行整个网路检测，网路准爆性得到了保障。爆后，爆堆成型好，沉降沟约 2m，前抛距离约 10m，台阶眉线整齐，后排、侧面基本无拉裂现象（见图 3 和图 4）。采取冻土间隔装药、孔内分段延时起爆技术，有效克服了冻土对爆破施工的影响，爆堆挖运完后测算，大块率控制在 5%以内，满足玉龙铜硫矿选厂破碎机块度要求，加快了施工进度。同时，多台阶一次起爆减少了对环境的污染。

图 3 六平台爆破效果

Fig. 3 Blasting effect on the six platform

图 4 4665m 平台爆破效果

Fig. 4 Blasting effect on the 4665m platform

3 结语

在西藏玉龙铜矿西山Ⅰ号矿体，成功实施了基于数码电子雷管的六台阶排间延时组合控制爆破。

这是西藏地区首次使用数码电子雷管，实施海拔4650m以上冻土层区域的多台阶联合爆破。

（1）采取相应、合理的措施，克服了青藏高原缺氧、冰雪严寒的恶劣环境下，爆破作业施工难度大的困难。

（2）冻土爆破是青藏高原爆破的一个难题，在冻土层处分段，加入一定药量的起爆药包，利用数码电子雷管实现孔内延时爆破技术，成功解决了冻土层爆破大块矿石多的问题。

（3）本次多台阶大规模控制爆破，一次成型，减少了对环境的污染。

参考文献

[1] 王玉杰．爆破工程［M］．武汉：武汉理工大学出版社，2007.

Wang Y J. Blasting engineering［M］. Wuhan：Wuhan University of Technology Press，2007.

[2] 汪旭光．爆破设计与施工［M］．北京：冶金工业出版社，2013.

Wang X G. Blasting design and construction［M］. Beijing：Metallurgical Industry Press，2013.

[3] 常治国，李克民，丁小华，等．严寒气候对露天矿山安全爆破影响的分析［J］．工程爆破，2011，12（4）：100-102.

Chang Z G，Li K M，Ding X H，et al. Analysis on influence of cold climate on blasting safety of surface mine［J］. Engineering Blasting，2011，12（4）：100-102.

[4] 崔旺，张洪峰，Tumenbayar B Y，等．青海木里煤矿冻土爆破大块率控制措施［J］．现代矿业，2015，32（4）：196-198.

Cui W，Zhang H F，Tumenbayar B Y，et al. Control measures of large block Rate of frozen soil in muli coal mine of Qinghai［J］. Modern Mining，2015，32（4）：196-198.

[5] 沈晓松，赵明生，池恩安，等．微差时间对爆破块度影响的试验研究［J］．爆破，2012，29（3）：70-73.

Shen X S，Zhao M S，Chi E A，et al. Experimental study of millisecond time influence on blasting fragmentation［J］. Blasting，2012，29（3）：70-73.

大宝山650采空区综合治理技术分析

陈晶晶　张兵兵　韩　振

(广东宏大爆破股份有限公司，广东 广州，510623)

摘　要：为了消除金属矿山地采遗留下来的采空区对矿山安全生产的影响，以大宝山650采空区为工程背景，利用空区内部存在较大范围的空洞这一特性，采用三维激光扫描技术探测650采空区的形态、范围，确定相关参数，为后期采空区处理工作提供参考依据。通过经验公式计算出最小保安层厚度为13m，说明该采空区顶板能够保持暂时稳定，满足在顶板上钻孔施工的条件，因此决定采取强制爆破法治理。在该采空区顶板对应地表685m台阶上，垂直钻孔23个，孔深19.2~29.8m之间，填塞长度4m；采用间隔装药方式，底部装高威力炸药，上部装低威力炸药，实施逐孔起爆网路一次爆破，取得了较好的爆破效果。采空区的充填程度高达90%；飞石现象较少，爆堆稳定性状况良好，很大程度上消除了采空区潜在的威胁。

关键词：采空区；三维激光扫描；稳定性分析；强制爆破法

Analysis on Comprehensive Treatment Technology of Dabaoshan 650 Goaf

Chen Jingjing　Zhang Bingbing　Han Zhen

(Guangdong Hongda Blasting Co., Ltd., Guangdong Guangzhou, 510623)

Abstract: In order to eliminate the influence of goaf left over from metal mine on mine safety production, taking Dabaoshan 650 goaf as engineering background, consideringing the characteristics of large-scale voids in the goaf, the shape and scope of 650 goaf were detected by 3D laser scanning technology, and the relevant parameters were determined, which provided reference basis for later goaf processing working. Through empirical formula, the minimum thickness of the safety layer was calculated to be 13m, which showed that the roof of goaf could maintain temporary stability and meet the conditions of drilling on the roof. Therefore, forced blasting method was adopted. On the 685m steps corresponding to the surface of the goaf roof, 23 vertical drilling holes with a depth of 19.2~29.8m and filling length of 4m were carried out. Interval charge was adopted, and high-power explosives were loaded at the bottom and low-power explosives were loaded at the top. Finally, a single blasting with hole-by-hole initiation network was carried out, and good blasting results were obtained. The filling degree of goaf was as high as 90%. Fewer flying rocks and good stability of blasting heap have eliminated the potential threat of goaf to a large extent.

Keywords: goaf; 3D laser scanning; stability analysis; forced blasting

目前，由于地采的投资大、风险高等劣势，许多金属矿已由地下开采转向露天开采。但这一转化期间，地采遗留下来的采空区，就成了露天矿安全高效开采的重中之重。如何有效地减少采空区的安全隐患，已引起了许多专家学者的关注。各种探测手段已在露天矿山得到了广泛应用，崔晓荣[1-3]对地采转露采的大宝山矿区采用了物探、钻探及三维激光扫描的探测技术，测得的采空区位置、范围等参数与实际情况较为吻合。段力士[4]采用钻孔式三维激光扫描技术，分析了采空区的相关参数，并对采空区危险性进行了划分处理。

数值模拟技术可以更为形象地评判采空区危险程度，宋子岭[5]采用数值模拟的方法，分析了采

原载于《工程爆破》，2019，25（1）：80-84。

空区孔底填塞长度及起爆位置对台阶爆破的影响，得出了中间起爆技术与优化孔底填塞长度，可显著提高爆破能量利用率的结果。邓骐宁[6] 以袁家村铁矿为工程背景，采用理论计算和数值模拟的方式，对采空区进行分类，给出了不同赋存环境的采空区顶板保安层厚度与跨度的关系，认为分级治理可高效地降低采空区的安全隐患。赵俊[7] 利用工程经验公式和数值模拟技术，给出了采空区上覆岩层的安全厚度值，保证了采空区的安全。

在采空区爆破处理方面，臧龙[8] 以袁家村露天铁矿为背景，采用非电雷管、逐孔起爆一次爆破崩落法，有效地消除了采空区的潜在隐患。贾宝珊[9] 根据三道庄钨钼露天矿采空区钻探的统计情况，利用中深孔爆破与空区处理一体化技术，保证了台阶的安全生产，且爆破效果较好。

综合以上分析可以得出：采空区的处理应先采用探测技术确定采空区的实际赋存情况，再结合工程实践经验，提出有效的爆破治理方案，从而达到安全处理采空区的目的。

1 工程背景

大宝山矿区为多金属矿山，富含铁、铜、硫、铅、锌、钼矿等，矿区开采时间早，早期采用地下开采且规划不合理，使得地下开采期间留下了诸多的采空区，为后期地采转露采遗留了历史难题。并且，早期民采泛滥，使得较多的地下采空区具体方位，没有具体的记录，增加了后期露采的难度。由于大宝山29线650采空区早期地下开采期间没有详细的资料可以参考，这对现在矿区的作业人员安全及设备情况均造成不利影响。650采空区的存在，导致所在范围的矿岩无法及时开采，一方面浪费了大量的矿石，同时存在严重的安全威胁。必须采用先进的探测技术，快速获取采空区的详细参数，制定合理有效的处理方案，保证充填效果，消除该采空区的不良影响。

2 采空区的探测及稳定性分析

2.1 三维激光扫描技术的应用

目前，采空区探测常用三维激光扫描技术，其利用空区内部存在较大范围的空洞这一特性，可通过分析激光束的改变，有效地判定采空区的赋存情况。

为了确定650采空区的具体位置及相关参数，对所在区域进行了钻探与三维激光扫描，通过扫描得到了650采空区位于29号勘探线采空区群西部，该采空区顶板对应地表为685m台阶，实际地面标高686.6~687.1m（见图1），其三维实体模型如图2所示，由三维实体模型及地表相应位置关系可得出650采空区相关参数（见表1）。

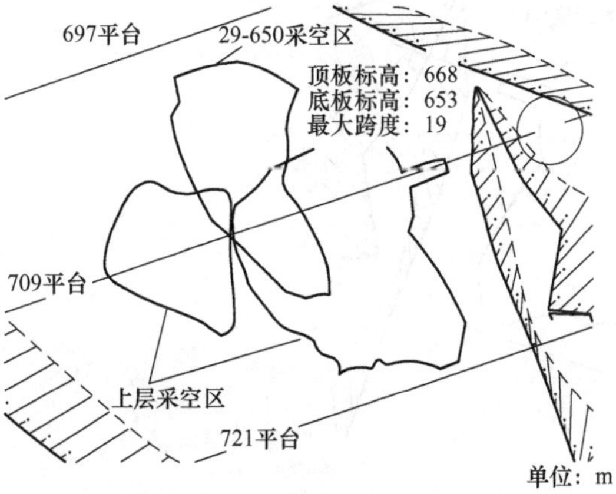

图1 650采空区平面位置

Fig. 1 Plane position of 650 goaf

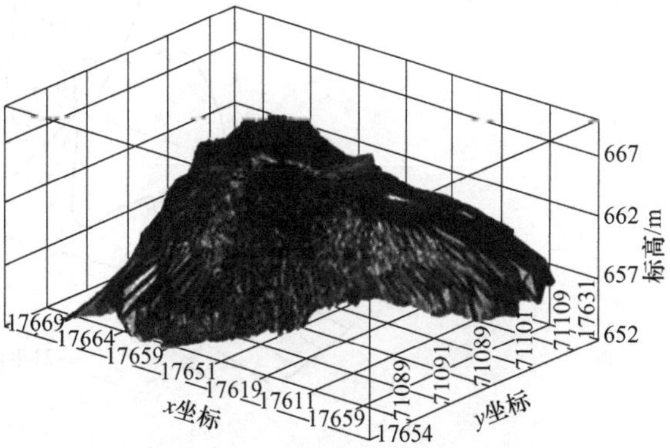

图2 650采空区三维实体模型

Fig. 2 3D entity model of 650 goaf

表1 650采空区参数

Table 1 650 goaf parameters (m)

采空区	顶板标高	底板标高	顶板最小厚度	最大跨度	最大高度	面积/m^2
650	668.8	652.8	17.8	19.8	15.5	479.1

2.2 采空区稳定性分析

经钻孔探测显示结果得知，685m台阶以下大部分区域为含矿岩层，含矿岩层岩芯完整，强度较高。依据大宝山多年工程实践得出的经验公式为

$$h = 0.71b - 1.02 \tag{1}$$

式中，h为最小保安层厚度，m；b为采空区最大跨度，m。

经过计算得最小保安层厚度为13m，表明采空区顶板能够保持暂时稳定，满足在顶板上钻孔施工的条件，但在施工期间，需要控制施工荷载，做好警戒工作，加强危险监控。

3 强制爆破法处理措施

目前处理采空区的措施主要有自然崩落法、强制爆破法及充填法等。而自然崩落法在实际处理过程中，难以实现；充填法需要充填材料数量大，投资成本高，适应性较差；强制爆破法通过在采空区上方布置合理的钻孔，通过爆破作用将爆堆抛入采空区，很大程度上实现了充填采空区的目的，且成本低，应用范围较广。故本次650采空区的处理采用强制爆破法处理，相应的处理流程：三维激光扫描—钻孔设计—间隔装药—分段填塞—逐孔一次起爆—爆破效果评价。

3.1 钻孔布置

在685m平台进行垂直穿孔作业，初步设计孔网参数为4.0m×5.0m，保证采空区范围内所有钻孔均必须打穿采空区顶板。钻孔的布置方式如图3所示，共设计23个钻孔。预计钻孔总深度为561.7m，钻孔的设计孔深及装药量见表2。

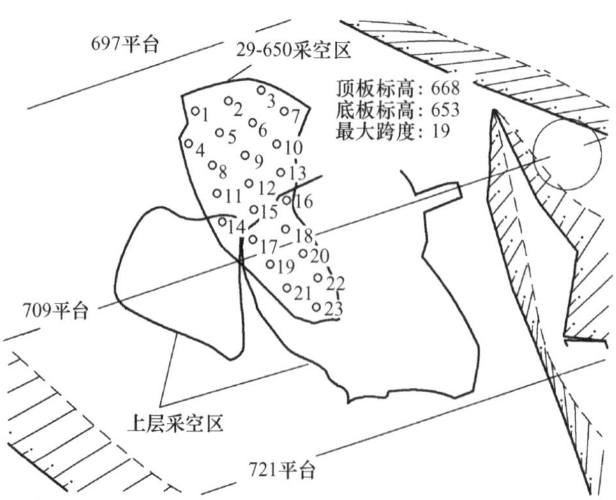

注：1～23为孔号

图3 采空区钻孔布置（单位：m）

Fig. 3 Arrangement of goaf boreholes (unit: m)

表2 采空区爆破钻孔参数

Table 2 Blasting borehole parameters of goaf

孔号	设计孔深/m	装药量/kg
1	31.6	351.40
2	31.7	352.80
3	31.6	351.40
4	29.8	326.23
5	25.5	266.00
6	25.7	268.80
7	29.0	315.00
8	22.0	217.00
9	19.9	187.60
10	22.1	218.40
11	22.2	219.80
12	19.2	177.80
13	19.2	177.80
14	24.5	252.00
15	20.5	196.00
16	20.4	194.60
17	22.2	219.80
18	21.5	210.00
19	23.0	231.00
20	23.7	240.80
21	24.6	253.40
22	24.8	256.20
23	27.0	287.00
合计	561.7	5 770.83

由于图3中上层采空区爆破处理范围以松散体为主，成孔困难较大，故可适度调整钻网参数。同时，为进一步探明采空区情况，可利用5号或者6号爆破孔进行补充扫描。

3.2 填塞长度及起爆网路选择

为了更为有效地处理650采空区，在所打钻孔的底部2.5m处采用沙袋吊装，且具备一定的承载强度，保证在装药及填塞期间不会破坏。填塞长度定为4m，采用间隔装药方式，底部装高威力炸药，上部装低威力炸药，确保爆堆完全落入采空区内部。采用逐孔起爆，采用2发非电导爆管雷管进行正常引爆，一次爆破处理，加大安全警戒距离，确保人员与设备的安全。

3.3 爆破效果分析

采用三维激光扫描技术确定了650采空区的位置及相关参数，为后续强制爆破处理提供了依据。650采空区采用强制爆破法处理后，其效果的评价主要采用2个指标：采空区充填率和遗留空区体积[10]。经爆破后现场检查结果证明，飞石现象较少，爆堆稳定性状况良好，采空区内部岩体充实程度高，达90%以上，采空区基本上得以填满，消除了该采空区对邻近台阶开采的不利影响。同时，为了保证650采空区爆破处理后，不会发生再次塌方，从采空区附近区域挖运了一些品质较差的废石填入未充满区域，达到完全充填的要求，确保消除该采空区的潜在威胁。

4 结语

本文结论如下。

（1）采用三维激光扫描技术确定了大宝山 650 采空区的参数，并结合经验公式，判定该采空区暂时处于可控状态，具备强制爆破处理的条件。

（2）在采空区分布区域布置了 23 个垂直钻孔，按照实际情况进行了装药量计算，炮孔底部采用沙袋填塞 2. 5m，上部填塞 4m，采用逐孔起爆方式。爆破后，采空区的充填效果良好，达到了消除该采空区潜在危险的目的。

参 考 文 献

[1] 崔晓荣，林谋金，张卫民，等. 露天多金属矿山地下采空区综合探测分析 [J]. 金属矿山，2015 (1): 128-132.
Cui X R, Lin M J, Zhang W M, et al. Comprehensive survey and analysis of underground goafs in open-pit polymetallic mine [J]. Metal Mine, 2015 (1): 128-132.

[2] 崔晓荣，陆华，叶图强，等. 三维空区自动扫描系统在露天矿山中的应用 [J]. 有色金属（矿山部分），2012，64 (3): 7-10.
Cui X R, Lu H, Ye T Q, et al. Application of 3D auto-scanning laser system in mined-out areas detection in open-pit mine [J]. Nonferrous Metals (Mining Section), 2012, 64 (3): 7-10.

[3] 崔晓荣，叶图强，陈晶晶. 采空区采矿施工安全的组织与管理 [J]. 金属矿山，2011 (11): 150-154.
Cui X R, Ye T Q, Chen J J. Management of safe ore-exploitation in region with underground mined-out area [J]. Metal Mine, 2011 (11): 150-154.

[4] 段力士，蔡光琪，韩进. 小窑采空区对东露天矿安全生产的影响及危险性分析 [J]. 露天采矿技术，2014 (11): 88-90.
Duan L S, Cai G Q, Han J. Analysis on effect and risk of Xiaoyao goaf on safety production of east open-pit mine [J], Opencast Mining Technology, 2014 (11): 88-90.

[5] 宋子岭，杨星辰，范军富，等. 露天矿采空区爆破合理孔底填塞长度与起爆位置确定 [J]. 安全与环境学报，2017，17 (5): 1828-1832.
Song Z L, Yang X C, Fan J F, et al. Determination of the rational stemming length under the blast-hole and the detonating points of the open-pit mining blasts over the goaf [J], Journal of Safety and Environment, 2017, 17 (5): 1828-1832.

[6] 邓骐宁，唐绍辉，潘懿，等. 露天开采不同形态采空区处理技术研究 [J]. 矿业研究与开发，2016，36 (2): 28-31.
Deng Q N, Tang S H, Pan Y, et al. Technical research on treatment of goaf with different shapes in open-pit mining [J]. Mining Research and Development, 2016, 36 (2): 28-31.

[7] 赵俊，吕建洲，何峰，等. 平朔东露天矿采空区跨度与顶板安全岩层厚度分析 [J]. 露天采矿技术，2015 (12): 43-46.
Zhao J, Lv J Z, He F, et al. Analysis of goaf span and roof safety stratum thickness in Pingshuo east open-pit mine [J]. Opencast Mining Technology, 2015 (12): 43-46.

[8] 臧龙，贾传鹏，张士磊. 露天深孔爆破崩落法处理地下采空区实践 [J]. 现代矿业，2014，30 (4): 10-14.
Zang L, Jia C P, Zhang S L. Application on the open-air deep hole blasting caving method in the underground mined-out area [J]. Modern Mining, 2014, 30 (4): 10-14.

[9] 贾宝珊. 露天开采中深孔爆破与地下采空区处理一体化实践 [J]. 金属矿山，2013 (2): 47-49, 52.
Jia B S. The integrated practice of medium-depth hole blasting in open-pit mining and the treatment of underground goaf [J]. Metal Mine, 2013 (2): 47-49, 52.

[10] 崔晓荣，林谋金，郑炳旭，等. 矿山采空区崩落爆破评估验收方法 [J]. 金属矿山，2015 (9): 11-15.
Cui X R, Lin M J, Zheng B X, et al. Inspection and assessment of caving and blasting effect in underground goafs [J]. Metal Mine, 2015 (9): 11-15.

基于 2D Alpha Shapes 自动生成露天矿台阶爆破边界

崔年生

（福建省新华都工程有限责任公司，福建 厦门，361000）

摘　要：为了实现三维可视化环境下露天矿台阶爆破边界的自动生成，首次将 2D Alpha Shapes 算法应用于爆破边界轮廓线的提取中。先将实测炮孔数据的孔口坐标转化为平面炮孔点，再依据爆破缓冲距离和爆破方向对炮孔点进行偏移，得到炮孔偏移点，最后通过 2D Alpha Shapes 算法提取炮孔点和炮孔偏移点的外围轮廓线，生成露天台阶爆破边界。实践结果表明：该方法简洁高效，运行稳定，提取精度高，适用于任何形状的爆破区域边界轮廓线提取。

关键词：露天矿；爆破设计；爆破边界提取；2D Alpha Shapes

Automatic Generation of Surface Bench Blasting Boundary Based on 2D Alpha Shapes

Cui Niansheng

（Fujian Province Xinhuadu Engineering Co.，Ltd.，Fujian Xiamen，361000）

Abstract：In order to automatically generate bench blasting boundaries in surface mine under 3D visualization environment，the 2D Alpha Shapes algorithm is first applied to the extraction of contour lines of blasting boundaries. Firstly，the aperture coordinates of the measured blast hole data are transformed into plane blast hole points，and the blast hole points are offset to the blast hole offset points according to the blasting buffer distance and the blasting direction. Finally，the 2D Alpha Shapes algorithm is used to extract the outer contour of the blast hole points and offset points to generate the bench blasting boundary. The practical results show that the method is concise and efficient，stable in operation and high in precision. It is suitable for the extraction of boundary contour of blasting area with any shape.

Keywords：surface mine；blasting design；blasting boundary extraction；2D Alpha Shapes

1　引言

在露天矿爆破生产过程中，爆破边界的生成，即单次爆破产生的边界范围的确定，有助于预测后续爆区的自由面，对后续布孔操作起指导作用；同时，结合台阶高度，可以计算出单次爆破的爆破方量，为炮孔装药量的计算提供基础。由此可见，根据孔网相关参数生成爆破边界，对于露天台阶爆破工艺流程的优化有着重要的影响。然而，由于爆破过程能量传递和矿岩爆破机理的复杂性，爆破区域的不规整性等原因，目前还没有一种成熟的方法来生成露天台阶爆破边界。

2D Alpha Shapes 是一种利用某些特征点来刻画点集直观轮廓，从一堆无序的点集中提取边界的算法。因为它的高效性和准确性，大量的国内外学者已经将其应用于各类边界轮廓线的提取。周飞[1]通过建立三角网，再从三角网的边界搜索外边缘，接着利用 Alpha Shape 算法快速地，准确地提取了离散点云数据的轮廓线，为 GIS 提供矢量信息，其方法通过对一块不规则外形的点云数据进行验证，证

原载于《采矿技术》，2019，19（2）：138-141。

明了 Alpha Shape 算法应用于轮廓线提取的可行性。沈蔚等人[2] 将 Alpha Shape 算法应用于建筑轮廓线的提取，通过对马来西亚吉隆坡城市中心区各类不同几何形状的建筑进行算法实验，证明了该算法简洁高效，运行稳定，提取精度高，适用于任何形状的建筑轮廓线提取，并且具有一定自适应性和滤波能力。同时，文中提出了“管子算法”“矩形外接圆法”和“分类强制正交法”，用来简化和规范所提取的轮廓线，为 Alpha Shape 算法数据处理的标准化提供了指导。在此基础上，沈蔚等人[3] 在另一篇文章中提出了利用 Alpha Shape 算法提取建筑轮廓线，从而快速实现建筑三维模型的自动重建。文中阐述了算法参数 α 应该依据不同的轮廓线形状进行取值：对于凸多边形，为使轮廓线更加平滑，应尽量将 α 设置得大一点；而对于凹多边形，需要考虑凹边拐角和内部情况，为了防止拐角钝化引起变形，应将 α 设置为大于平均点距小于两倍平均点距。王宗跃等人[4] 改进了 Alpha Shape 算法，并将其用于海量点云的边缘快速提取。文中建立一种格网数据组织，通过将所有的数据点映射到格网中，并由判断条件筛选剔除非边缘格网，最后利用 Alpha Shape 算法提取边界。该方法通过牺牲少量格网数据组织时间，节省了大量的算法条件判断时间，显著提高了算法的效率。另外，李云帆等人[5] 提出了一种双阈值 Alpha Shape 算法来提取点云建筑物的轮廓。然而，还没有人尝试将 Alpha Shape 算法用于露天台阶爆破边界的提取。

本文正是以生成露天台阶爆破边界为目标，将炮孔孔口坐标转化为炮孔点集合，根据爆破方向和缓冲距离对炮孔点进行偏移处理，在此基础上首次将 2D Alpha Shapes 算法用于露天台阶爆破边界的自动生成。

2 爆破边界自动生成

2.1 2D Alpha Shapes 算法原理

2D Alpha Shapes 算法可以用来提取一个二维无序点集的边缘轮廓线。一个二维无序点集 S 的 2D Alpha Shape 是一个多边形，这个多边形是由点集 S 和参数 α 共同决定且唯一的。其算法原理如图 1 所示，可以想象成一个半径为 α 的圆围绕着 S 滚动，其滚动的轨迹即为 S 的边缘轮廓线。因此，我们可知：（1）当 α 足够小趋向于 0 时，S 中的每个点都是边界；（2）当 α 足够大趋向于 ∞ 时，S 的 2D Alpha Shape 是 S 的凸包；（3）当 S 中的点密度比较均匀，且 α 取值适当时，2D Alpha Shapes 算法可以准确提取 S 的内外边缘轮廓线[6]。

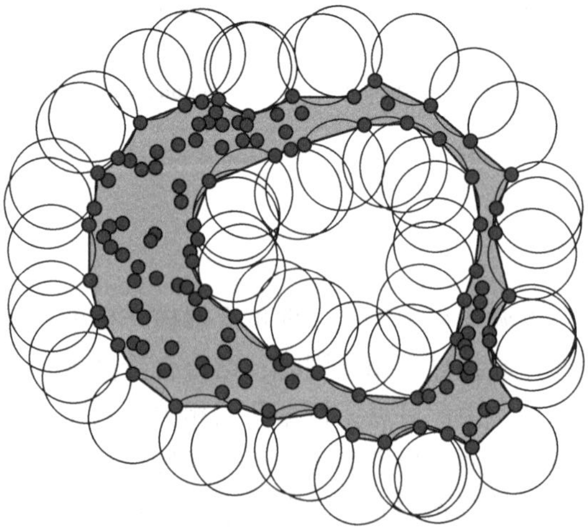

图 1 2D Alpha Shapes 算法原理示意图

2.2 爆破边界生成流程

首先收集露天台阶爆破实测数据，包括孔口坐标，爆破方向和缓冲距离；然后建立平面坐标系，按爆破方向和缓冲距离对炮孔点进行偏移处理，得到炮孔点及炮孔偏移点的集合和 2D Alpha Shapes 算

法参数 α 的取值范围；接着利用 2D Alpha Shapes 算法，对炮孔点集合进行边界线提取，调整 α 的值寻求最优爆破边界。露天台阶爆破边界生成流程如图 2 所示。

（1）收集爆破实测数据。炮孔孔口坐标以（x，y，z）表示；爆破方向为垂直于炮排，指向炮孔后排的方向，以角度 θ 表示；缓冲距离为边缘炮排对下一次布孔的影响距离，分为前冲距离 D_F，左侧冲距离 D_L，右侧冲距离 D_R 和后冲距离 D_B。如图 3 所示。

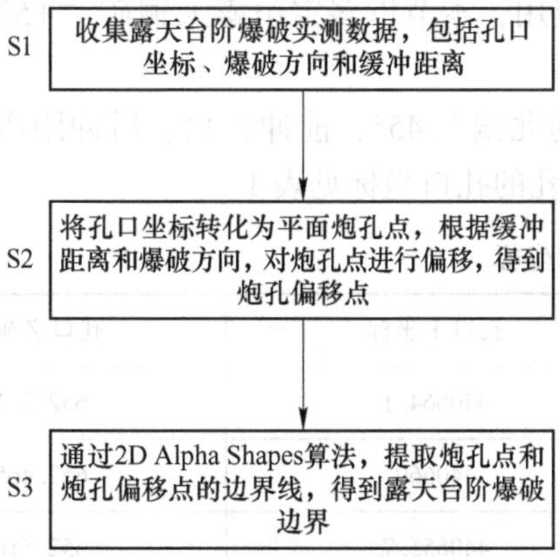

图 2 爆破边界生成流程图

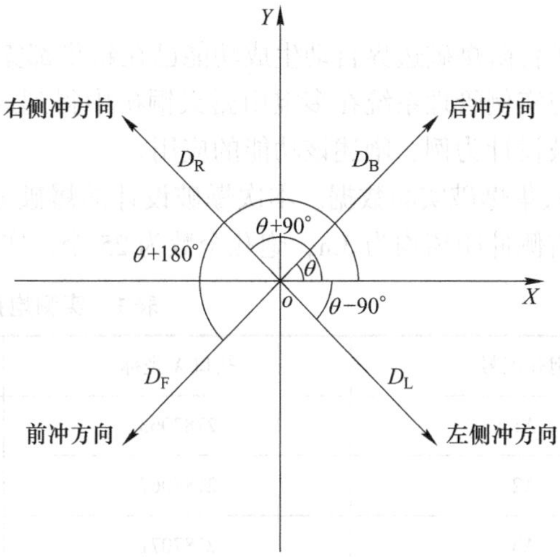

图 3 爆破参数示意图

（2）偏移炮孔点。按以下 3 个步骤实现：

1）构建 x、y 平面坐标系，将炮孔的孔口坐标转换成炮孔点集合 $V=\{v_1, v_2, \cdots v_n\}$，其中 v_1，v_2，$\cdots v_n$ 为每个炮孔的孔口坐标；

2）根据爆破方向和缓冲距离计算偏移向量 $\boldsymbol{V}$，而计算每个炮孔前、后、左、右 4 个方向的偏移量计算公式为：

$$\boldsymbol{v}_F=(D_F\times\cos(\theta+180°),\ D_F\times\sin(\theta+180°))$$

$$\boldsymbol{v}_B=(D_B\times\cos\theta,\ D_B\times\sin\theta)$$

$$\boldsymbol{v}_L=(D_L\times\cos(\theta-90°),\ D_L\times\sin(\theta-90°))$$

$$\boldsymbol{v}_R=(D_R\times\cos(\theta+90°),\ D_R\times\sin(\theta+90°))$$

3）根据炮孔的偏移向量和孔口坐标，分别计算各个炮孔前、后、左、右 4 个方向的偏移点坐标 P，计算公式为：

$$\boldsymbol{v}=\boldsymbol{OP}-\boldsymbol{OP}_0$$

$$P_F=(x_0+D_F\times\cos(\theta+180°),\ y_0+D_F\times\sin(\theta+180°))$$

$$P_B=(x_0+D_B\times\cos\theta,\ y_0+D_B\times\sin\theta)$$

$$P_L=(x_0+D_L\times\cos(\theta-90°),\ y_0+D_L\times\sin(\theta-90°))$$

$$P_R=(x_0+D_R\times\cos(\theta+90°),\ y_0+D_R\times\sin(\theta+90°))$$

式中，O 为坐标原点；P_0（x_0，y_0）为炮孔的孔口坐标；P（x，y）为 4 个方向的偏移点坐标，最后再将偏移点插入炮孔点集合 $V=\{v_1, v_2, \cdots, v_{5n}\}$。

（3）生成爆破边界。按以下三个步骤实现：

1）求取炮孔点集合 V 中横坐标 x 和纵坐标 y 的最大和最小值：

$$x_{max}=\max\{x_1, x_2, \cdots, x_{5n}\}$$

$$x_{min}=\min\{x_1, x_2, \cdots, x_{5n}\}$$

$$y_{max}=\max\{y_1, y_2, \cdots, y_{5n}\}$$

$$y_{min}=\min\{y_1, y_2, \cdots, y_{5n}\}$$

2）计算炮孔点集合外包矩形对角线的长度，作为 2D Alpha Shape 算法中参数 α 的最大值：

$$\alpha_{max}=\sqrt{(x_{max}-x_{min})^2+(y_{max}-y_{min})^2}$$

以 0 为 α 的最小值，α 的取值范围：$\alpha \in (0, \alpha_{max})$。

3）利用 2D Alpha Shape 算法提取炮孔点集合 V 的边界线，通过调整 α 的取值，基于生成的边界线应该和实际布孔区域的边界一致的原则，求得最佳爆破边界。

3 实现及应用

露天矿台阶爆破边界自动生成功能已在新华都露天爆破设计与实例管理系统中实现。新华都露天爆破设计与实例管理系统在多宝山露天铜矿中得到成功应用，本节以多宝山露天铜矿“+520m 平台”的一次爆破设计为例，阐述该功能的应用。

（1）收集爆破实测数据。本次爆破设计的爆破方向为北偏东 45°，前冲距离、后冲距离、左侧冲距离以及右侧冲距离均为 3m，炮孔个数为 25 个，实测炮孔的孔口坐标见表 1。

表 1 实测炮孔孔口坐标

炮孔编号	孔口 X 坐标	孔口 Y 坐标	孔口 Z 坐标
A1	2787063	440664.1	652.2019
A2	2787067	440660	652.4654
A3	2787071	440655.7	652.5163
A4	2787075	440651.7	652.5067
⋮	⋮	⋮	⋮
C8	2787101	440639.5	652.9166

（2）偏移炮孔点。将实测炮孔的孔口坐标导入系统中，在三维环境下生成对应炮孔点。由北偏东 45°的爆破方向可知，前冲方向为南偏西 45°，后冲方向为北偏东 45°，左侧冲方向为南偏东 45°，右侧冲方向为北偏西 45°。对每一个炮孔点坐标沿上述四个方向分别偏移 3m，得到 4 个炮孔偏移点的坐标。炮孔点及炮孔偏移点如图 4 所示。

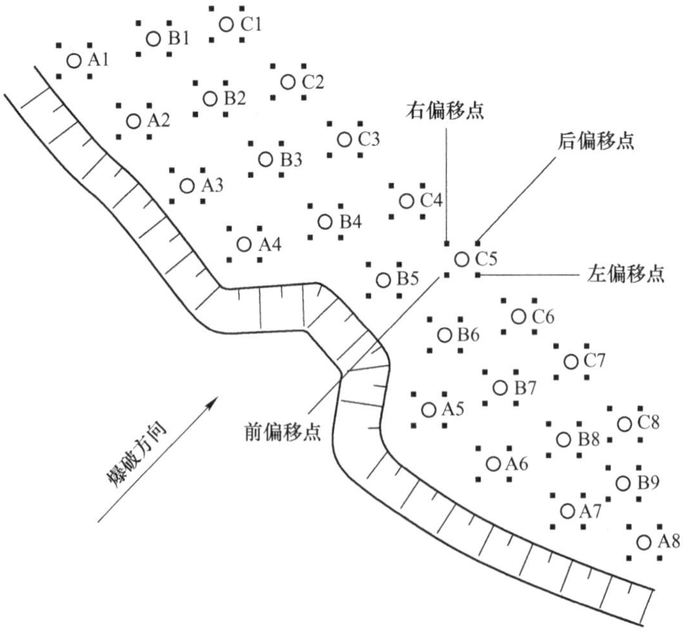

图 4 炮孔点及炮孔偏移点

（3）生成爆破边界。通过改变 α 值可以生成不同的爆破边界。当 α 分别为 8.87、9.47、10.06、11.25、13.61 和 14.80 时生成的爆破边界如图 5 所示。

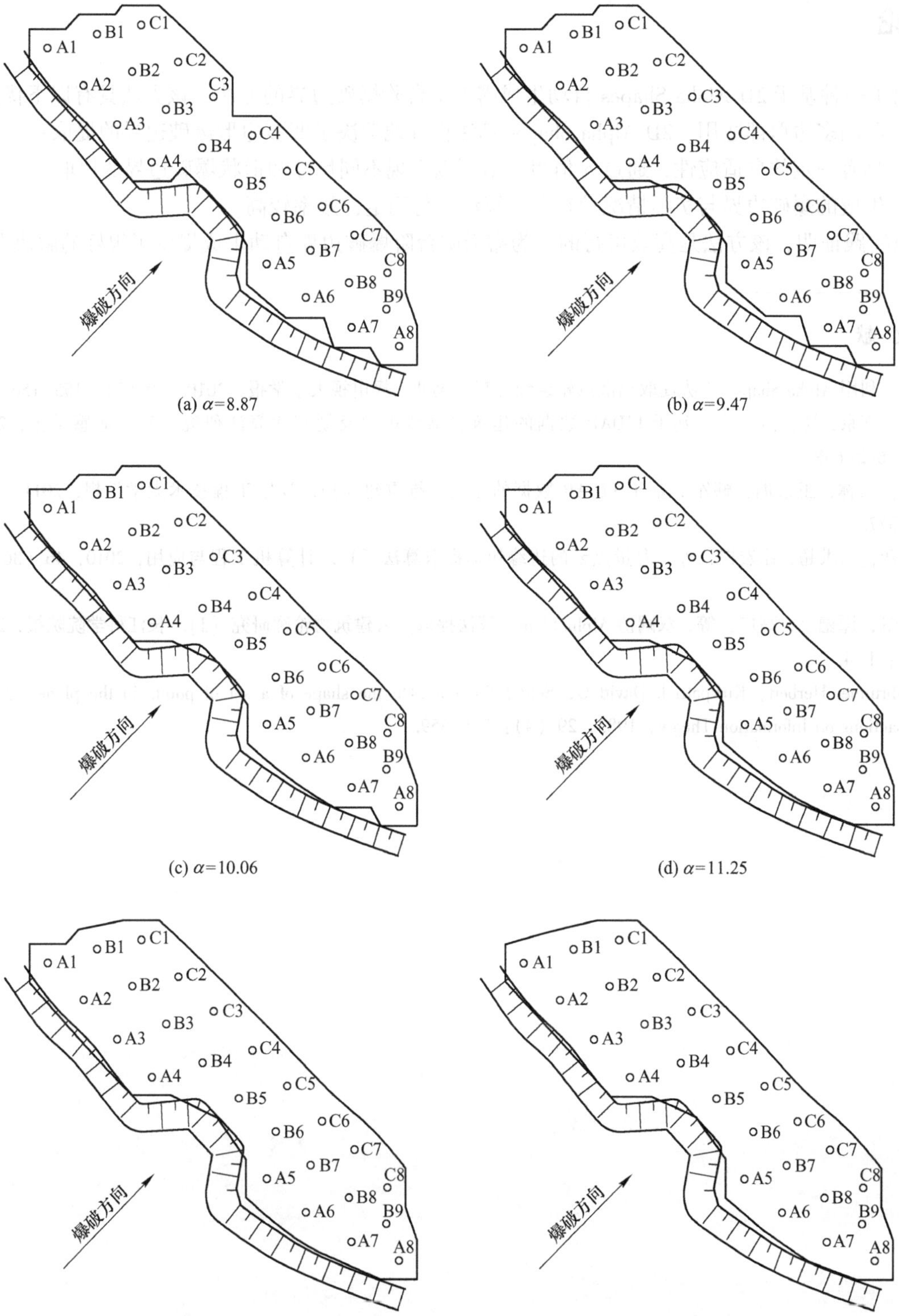

(a) α=8.87 (b) α=9.47

(c) α=10.06 (d) α=11.25

(e) α=13.61 (f) α=14.80

图5 不同 α 值下生成的爆破边界

为了选取最优的爆破边界，我们应当遵循一个原则：生成的边界线应该和实际布孔区域的边界一致。比如，当 α = 8.87 时，爆破区域边界在C3和C4间出现局部凹陷，显然不符合实际情况，故增大 α 使边界线更贴近实际布孔区域的边界。可以看到，当 α 逐步增加的同时，爆破区域的边界也逐渐与实际布孔区域相吻合。当 α = 14.80 时，生成的边界线与实际布孔区域边界一致性最高，所以在此实例中，α = 14.80 所生成的爆破区域边界即为最优爆破边界。

4 结论

提出了一种基于2D Alpha Shapes自动生成露天矿台阶爆破边界的方法，该方法具有以下优点：

（1）凹凸多边形都适用。2D Alpha Shapes算法很好地解决了凹多边形爆破边界的提取；

（2）具有一定的自适应性，通过α值得调节可以实现不同尺寸和形状爆破边界的提取；

（3）生成的爆破边界与实际情况较符合，算法运行稳定，效率较高。

大量实践证明，该方法是高效可行的，为露天矿台阶爆破边界自动生成提供了很好的解决办法。

参考文献

[1] 周飞．利用Alpha Shapes算法提取离散点轮廓线［J］．湖北广播电视大学学报，2010，30（2）：155-156.

[2] 沈蔚，李京，陈云浩，等．基于LIDAR数据的建筑轮廓线提取及规则化算法研究［J］．遥感学报，2008，12（5）：692-698.

[3] 沈蔚，王林，王崇倡，韩军．基于LIDAR数据的建筑三维重建［J］．辽宁工程技术大学学报，2011，30（3）：373-377.

[4] 王宗跃，马洪超，徐宏根，等．海量点云的边缘快速提取算法［J］．计算机工程与应用，2010，46（36）：213-215.

[5] 李云帆，谭德宝，高广，等．双阈值Alpha Shapes算法提取点云建筑物轮廓研究［J］．长江科学院院报，2016，33（11）：1-4.

[6] Edelsbrunner Herbert，Kirkpatrick David G，Seidel Raimund. On the shape of a set of points in the plane［J］．IEEE Transactions on Information Theory，1983，29（4）：551-559.

相邻采空区的协同处理技术分析

张兵兵[1] 崔晓荣[1] 蓝 宇[2] 陈晶晶[1] 韩 振[1] 张 强[1]

（1. 广东宏大爆破股份有限公司，广东 广州，510623；
2. 广东省大宝山矿业有限公司，广东 韶关，512000）

摘　要：为了保证大宝山矿由地下开采改为露天开采模式后的施工安全和提高生产效率，采用三维激光扫描技术对大宝山37线664采空区及39线655采空区进行了探测，发现2个采空区空间位置较为接近，整体标高不相同，在空间位置上呈现相错状态。经钻孔勘探两采空区主要以硅化岩与矽卡岩为主，局部含有铜硫矿体，岩体条件较好，并确定了相应的采空区形态、分布范围等。为此，利用矿方多年治理采空区得出的经验公式进行预测，对2个采空区进行顶板稳定性分析。提出了联合使用强制爆破崩落与废石充填的方法，给出了爆破参数设计及施工要点。现场实施结果表明，相邻采空区被较好地充填，成功消除了对生产安全的威胁。

关键词：三维激光扫描；相邻采空区；强制爆破崩落法；充填法；协同处理

Analysis on Cooperative Processing Technology of Adjacent Goaf

Zhang Bingbing[1] Cui Xiaorong[1] Lan Yu[2] Chen Jingjing[1] Han Zhen[1] Zhang Qiang[1]

(1. Guangdong Hongda Blasting Co., Ltd., Guangdong Guangzhou, 510623;
2. Guangdong Province Dabaoshan Mining Co., Ltd., Guangdong Shaoguan, 512000)

Abstract: In order to ensure the construction safety and improve production efficiency of Dabaoshan Mine after changing from underground mining to open-pit mining, three-dimensional laser scanning technology was used to detect 664 goaf of 37th line and 655 goaf of 39th line. It was found that the two goafs had similar spatial positions and different overall elevations, showing staggered spatial positions. Through borehole exploration, the two goafs were mainly silicified rock and skarn, and locally contain copper-sulphur orebodies, which showed that rock mass condition was good, and the corresponding shape and distribution range were determined. Therefor, the empirical formulas obtained by the miners for many years were used to predict roof stability of the two goafs. The method of combined use of forced blasting caving and waste rock filling was put forward, blasting design and key points of construction were given. Field implementation showed that the adjacent goafs were well filled and the threat to production safety was successfully eliminated.

Keywords: three - dimensional laser scanning; adjacent goafs; forced blasting caving method; filling method; cooperative processing

采空区的存在，一直是威胁矿区安全生产的重要因素，其具有隐蔽性强、存在形态多变及处理技术复杂等特点。为了有效解决采空区的影响，许多专家学者进行了相应的研究。在采空区探测方面，崔晓荣等人[1-3]对某矿区的采空区采用了物探、钻探及三维激光扫描相结合的探测技术，测得的采空区位置、范围等参数与实际情况较为吻合，为处理采空区提供了数据支持。王海生[4]通过钻孔式三维激光扫描技术，测量采空区的冒落空间大小、体积等相关参数，对于采空区的有效处理十分有利。在采空区稳定性方面，任凤玉[5]对采空区的临界冒落跨度和冒落高度进行了理论计算，利用充填法，

基金项目：广东省产学研合作院士工作站资助项目（2013B090400026）。
原载于《工程爆破》，2019，25（2）：80-85。

有效控制了采空区的冒落过程。贾海波[6] 采用 FLAC3D 模拟软件，分析了采空区的围岩变形情况、地表沉陷程度，为后期采空区处理提供了参考依据。李谢平[7] 对柿竹园野鸡尾露天矿区的某采空区顶板安全厚度进行了理论计算，并给出了顶板的安全系数。为了降低采空区的影响，朱世彬[8] 以水泥、粉煤灰及风积砂为原料，通过不同配比的实验研究，得到了可用于采空区充填的高浓度材料。张永超[9] 采用瞬变电磁法对采空区的注浆效果进行了监测，通过分析电阻率的变化情况，确定了注浆的有效影响区域。秦国震[10] 通过数值计算，分析了采空区顶板围岩冒落的范围，并采用中深孔爆破诱导采空区冒落，形成了一定范围的缓冲层，现场实施效果良好。耿智园[11] 分析了炮孔排距、起爆时间对采空区的影响程度，认为炮孔排距不应超过 7m。张佳男[12] 认为，对于复杂采空区群，采用废石充填与缓冲型阻波墙、实体阻波墙形式的封闭法相结合的措施，更有利于采空区的治理。

综上所述，三维激光扫描技术对于采空区的探测，效果较好，有利于制定合理的采空区治理方案。但对于露天相邻采空区的处理研究较少，故研究相邻采空区的处理技术，有着一定的意义。

1　工程背景

大宝山矿为多金属矿山，富含铁、铜、硫、铅、锌等，开采价值较高。早期采用地下开采，且民采现象屡禁不止，后期为了保证施工安全及提高生产效率，改用了露天开采模式。因此，地下遗留了较多的巷道及采空区，对露天开采施工作业提出了更高的要求。经采用钻孔勘探发现人工勘探线 37 线至 39 线之间的北部 685m 平台下方存在 664 采空区及 655 采空区，且相距较近，一定程度上增加了处理的难度（见图 1）。

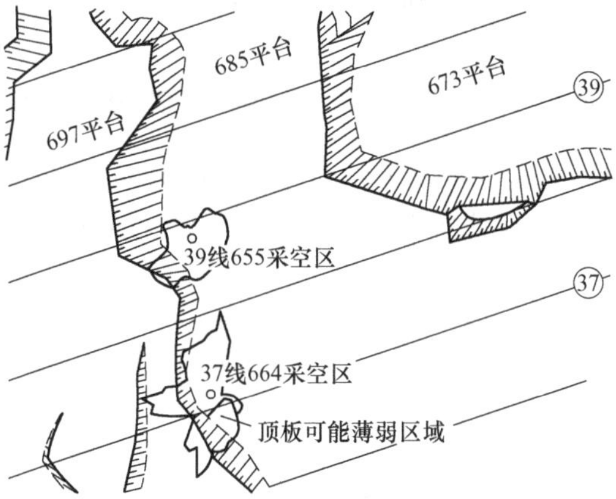

图 1　664 采空区及 655 采空区的平面位置

Fig. 1　Plane position of 664 goaf and 655 goaf

2　三维激光扫描技术的应用

2.1　三维激光扫描技术

三维激光扫描利用激光测距的原理，可快速反映出被测岩体内部的三维坐标、介质反射率及内部矿物组成等；结合自带的软件，可较好地建立被测范围的三维模型，进而计算出相应的范围、面积、体积等各项参数。其测量精度高，既节省了人力物力，也提高了测量效率。在采空区测量方面，有利于确定采空区的分布情况，应用较为广泛。

2.2　扫描结果

采用三维激光扫描技术来确定 664 采空区和 655 采空区的存在形态及范围大小，因此在北部 685 平台向下方打地质钻孔，并将三维扫描仪放入其中，得到的扫描图如图 2 所示。并依据自带软件的三维模型生产功能，建立了各自的采空区实体模型（见图 3）。

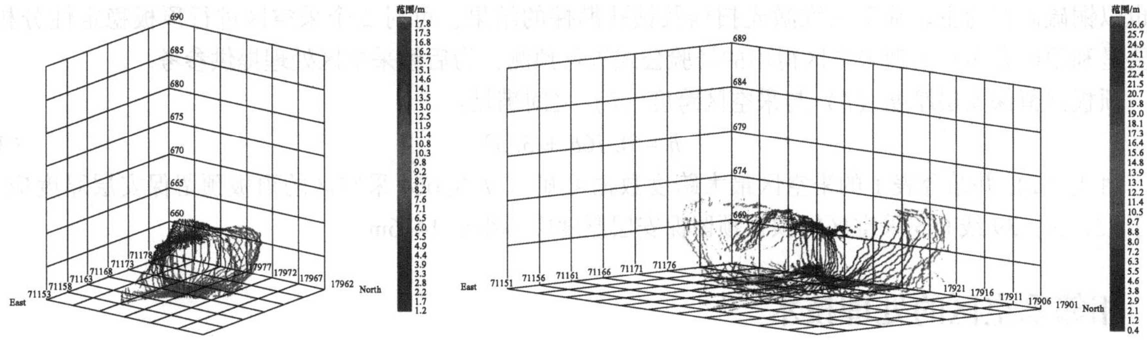

(a) 664采空区664 goaf (b) 655采空区655 goaf

图 2 采空区的三维激光扫描图（单位：m）

Fig. 2 Three-dimensional laser scanning map of the goaf（unit：m）

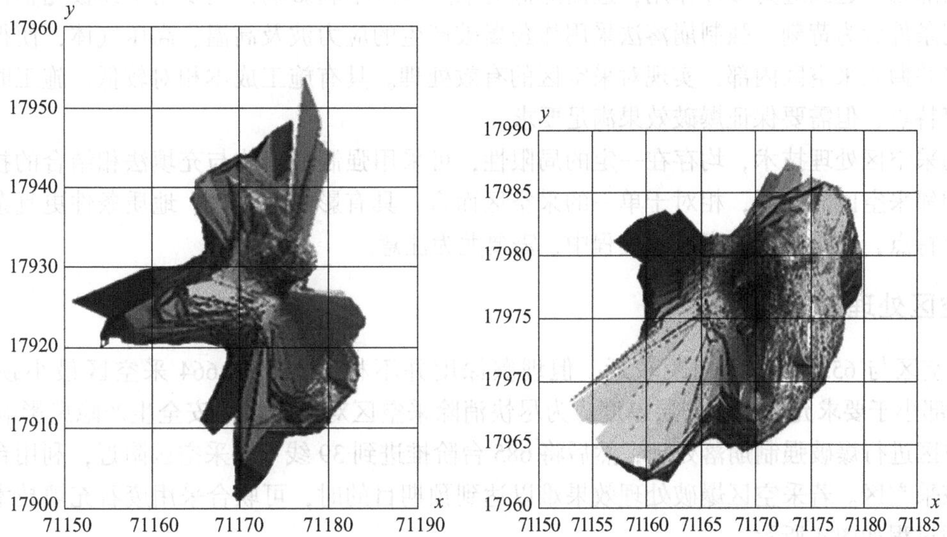

(a) 664采空区664 goaf (b) 655采空区655 goaf

注：y 为北方向；x 为东方向。

图 3 采空区模型（俯视）（单位：m）

Fig. 3 Top view of the goaf model（unit：m）

2.3 扫描结果分析

通过软件对扫描图的综合分析后，得出采空区的相关参数见表 1。

表 1 664 采空区与 655 采空区的参数

Table 1 Parameters of 664 goaf and 655 goaf （m）

采空区名称	采空区			最小顶板厚度	采空区体积/m^3
	最大长度	最大跨度	最大高度		
37 线 664 采空区	54.0	15.2	10.3	13.2	3676.7
39 线 655 采空区	30.3	14.6	12.4	21.1	2070.8

由三维激光扫描结果可知，37 线 664 采空区与 39 线 655 采空区之间的距离较近，在平面位置上最接近的区域仅相距 10m 左右，二者的顶底板空间位置分别为+664.2～+674.8m、+655.5～+668.1m，故 2 个采空区整体标高并不相同，且均横跨 697 平台与 685 平台，在空间位置上呈现相错状态。

由 37 线 664 采空区的地质钻孔获取的岩芯可知，主要以硅化岩与矽卡岩为主，局部含有铜硫矿体，岩体条件较好。由于 39 线 655 采空区与 37 线 664 采空区位置相近，以此推断空区周围及顶板矿石也以铜硫矿石为主。基于三维激光扫描及钻孔勘探的结果，可对 2 个采空区进行顶板稳定性分析。主要是利用矿方多年治理采空区得出的经验公式进行预测，为后续采空区处理提供参考。

顶板预留保安层厚度（h）与采空区跨度（b）之间满足：

$$h = 0.76b + 3.53 \tag{1}$$

由式（1）并结合表 1 的采空区最大跨度数据可知，37 线 664 采空区的顶板预留保安层厚度应不小于 15.1m；39 线 655 采空区的顶板预留保安层厚度应不小于 14.6m。

3　相邻采空区的处理技术

目前对采空区的处理方法主要有充填法、封闭法及强制崩落法[13]。充填法处理采空区是利用废石或配制的充填材料对采空区内部进行填充，保证采空区的范围被充填材料所覆盖，处理效果较好。但若采空区的规模较大时，需要的充填材料较多，材料的运距较长，施工成本较高。封闭法是通过构筑一定厚度的隔墙，起到应力缓冲作用，进而降低对采空区的不利影响，主要用于顶板完整性较好的围岩，其适用条件较为苛刻。强制崩落法采用炸药爆破产生的应力波及高温、高压气体，使得采空区上覆岩层破碎并抛入采空区内部，实现对采空区的有效处理。具有施工成本相对较低，施工时间短，安全系数高等特点，但需要保证爆破效果满足要求。

单一的采空区处理技术，均存在一定的局限性，可采用强制崩落法与充填法相结合的技术，效果更好。而相邻采空区的处理，相对于单一的采空区而言，具有影响范围大、地质条件更复杂、爆破技术要求高等特点，在爆破的方案设计过程中，需要尤为注意。

3.1　采空区处理方法

664 采空区与 655 采空区相距较近，但埋藏深度并不相同，其中 664 采空区最小顶板厚度为 13.2m，局部小于要求允许的保安层厚度。为尽快消除采空区对露天矿的安全生产隐患影响，先对 37 线 664 采空区进行爆破强制崩落处理，然后将 685 台阶推进到 39 线 655 采空区附近，利用台阶面为自由面处理该采空区。若采空区爆破处理效果难以达到预期目的时，可联合采用废石充填技术，相邻采空区的处理过程如图 4 所示。

图 4　相邻采空区的处理流程

Fig. 4　Processing flow of adjacent goafs

3.2　爆破参数的确定

由现场测量数据发现，37 线 664 采空区与 39 线 655 采空区爆破范围的最小抵抗线分别为 4.5m、7m；而 2 个相邻采空区投影范围内钻孔时需要打穿对应的顶板，并确保现场实施效果。因此，现场施工均采用 ϕ140mm 的潜孔钻进行垂直钻孔，并需保证钻孔精度。为了较好地保证爆破效果，结合 2 个采空区的地质钻岩芯情况，664 采空区与 655 采空区的孔网布置参数分别定为 4.5m×4.5m、2m×5m。在采空区边缘依据实际情况，可补打少量的钻孔，调整孔网布置参数，实现边缘密集布置。采用混装铵油炸药的方式，以乳化炸药为起爆药包。2 个采空区的炮孔个数及深度设计见表 2。

表 2　炮孔的相关参数

Table 2　Related parameters of blasting hole

类别	钻孔个数	最大深度/m	最小深度/m	雷管段别
664 采空区	60	32.3	13.5	MS1～MS7
655 采空区	50	15.8	13.5	MS1～MS7

为了降低爆破振动效应，根据萨道夫斯基经验公式[14]，将最大单段装药量的临界值定为369kg，采用毫秒延时起爆技术，逐孔起爆。均采用段别为 MS1 ~ MS7 的导爆管雷管，起爆延时时间为0~200ms。

本次爆破装药结构为连续装药方式，炸药选用铵油炸药，采用110mm乳化炸药制成起爆药包，并用2根同段别的非电导爆管雷管起爆。填塞时，需要分类处理，即分为未打穿炮孔与打穿炮孔。其中，未打穿炮孔在距孔口 3.5m 处用细岩粉填塞；打穿炮孔先在距底部2m处用砂包填塞，确保填塞质量，不会使炸药落入采空区内部，最后在距孔口 3.5m 处用细岩粉填塞（见图5）。

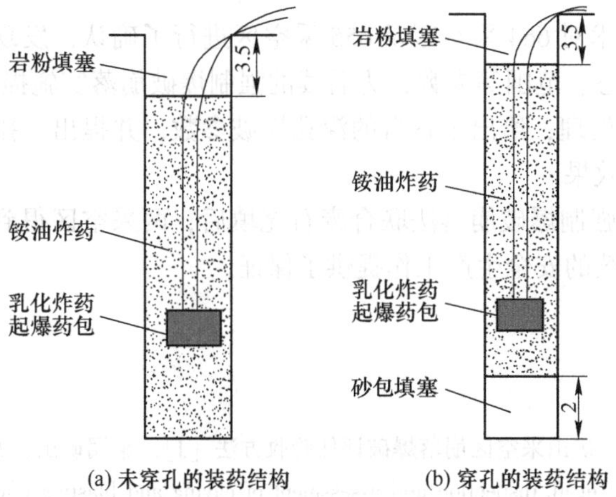

图5 深孔爆破装药结构（单位：m）

Fig. 5 Deep hole blasting charge structure（unit：m）

3.3 深孔爆破注意要点

深孔爆破注意要点如下所示。

(1) 钻孔及填塞方面。采空区对应范围内，所有钻孔均应打穿顶板，确保达到设计深度；采空区边缘位置，钻孔不应穿透顶板。打穿炮孔的底部应先采用砂包进行填塞，保证炸药的爆破效果，不至于发生冲孔现象。

(2) 在布置采空区炮孔时，第1排及边缘位置处，可根据实际需要，调整孔网参数，并与最小抵抗线匹配。

(3) 37线664空区范围较大，布置了多排孔，但是在实际钻孔过程中，穿孔达50%以上，吊装回填工作影响了预期的爆破效果。针对这种情况，采用排间间隔钻孔。若第1排炮孔打穿次数较多，则在第2排不进行钻孔，直接钻第3排孔。若第3排炮孔穿孔次数也较多，则可估计出第2排炮孔穿孔的方位，有利于现场装药，且在爆破时不会因为吊装而容易冲孔。这样，能更好地利用炸药爆炸能量，对采空区顶板上部形成更好的冲击，使其更好的垮塌，达到充填下部采空区的目的。

(4) 在钻孔过程中，发现炮孔打穿次数较多，表明三维激光扫描得出的采空区范围存在一定误差。可用外排加孔来确定采空区边缘位置，即在外部再添加1排炮孔，较前1排炮孔深度增加1~2m，若仍然打穿，表明未到采空区边缘，再向外继续添加1排，直至不再打穿为止，达到采空区边缘。循环施工后，可较好地达到完全处理空区的目的。

4 现场实施结果分析

37线664采空区及39线655采空区爆破后，现场发现采空区上覆岩层在强制爆破崩落作用下，岩层基本抛入下方的采空区范围后，采空区附近无明显爆堆形成，垮落效果较好。且在控制爆破振动的情况下，只在局部区域有少量飞石产生，爆破有害效应影响程度较低。

但在爆破后，对采空区的充填程度进行了检查，主要利用空区遗留体积进行估算，发现采空区

85%区域已被爆破产生的碎石所填充。为了保证采空区填塞更加充分，联合使用废石充填。从附近平台装运了一些废石，填入采空区的遗留区域，且等待了2d后，继续观察采空区的变形情况。最终实施效果表明，采用强制爆破崩落法及废石充填相结合后，采空区的安全隐患得以解除，为矿区的安全生产提供了有效保证。

5 结语

本文结论如下。

（1）采用三维激光扫描技术对664采空区及655采空区进行了确认，发现2个采空区的空间位置较为接近，且获取了二者的形态、范围等参数，为后续的强制爆破崩落实施提供了参考。

（2）对两采空区进行协同处理，给出了各自的深孔爆破参数，并提出了排间间隔钻孔与外排加孔的现场施工措施，保证了爆破效果。

（3）现场实施效果表明，强制爆破崩落法联合废石充填后，两采空区得到了有效治理，采空区充填率高，遗留体积较少，为后续的安全生产工作提供了保证。

参考文献

[1] 崔晓荣，林谋金，郑炳旭，等．矿山采空区崩落爆破评估验收方法［J］．金属矿山，2015（9）：11-15.
Cui X R，Lin M J，Zheng B X，et al. Inspection and assessment of caving and blasting effect in underground goafs［J］. Metal Mine，2015（9）：11-15.

[2] 崔晓荣，陆华，叶图强，等．三维空区自动扫描系统在露天矿山中的应用［J］．有色金属（矿山部分），2012，64（3）：7-10.
Cui X R，Lu H，Ye T Q，et al. Application of 3D autoscanning laser system in mined-out areas detection in open-pit mine［J］. Nonferrous Metals（Mining Section），2012，64（3）：7-10.

[3] 喻鸿，蓝宇．大宝山采空区治理研究［J］．南方金属，2018（4）：1-4，26.
Yu H，Lan Y. Study on goaf management in Dabaoshan［J］. Southern Metals，2018（4）：1-4，26.

[4] 王海生．激光扫描系统在煤矿火区治理中的应用［J］．煤炭技术，2017，36（9）：177-178.
Wang H S. Application of laser scanning system in coal mine fire area［J］. Coal Technology，2017，36（9）：177-178.

[5] 任凤玉，周颜军，何荣兴，等．采空区预留矿柱与充填协同处理技术研究［J］．矿业研究与开发，2018，38（3）：25-30.
Ren F Y，Zhou Y J，He R X，et al. Study on collaborative treatment technology of reserved pillars and filling in goaf［J］. Mining R&D，2018，38（3）：25-30.

[6] 贾海波，任凤玉，丁航行，等．某银多金属矿采空区综合治理方法［J］．金属矿山，2018（2）：41-45.
Jia H B，Ren F Y，Ding H X，et al. Comprehensive treatment of a mined-out area in a agpolymetallic deposit［J］. Metal Mine，2018（2）：41-45.

[7] 李谢平．近空区露天矿安全开采技术研究［D］．长沙：中南大学，2013.
Li X P. Study on secure exploitation technology in near - cavity open-pit mines［D］. Changsha：Central South University，2013.

[8] 朱世彬，王晓东，许刚刚，等．煤矿采空区充填高浓度胶结材料流变特性试验研究［J］．煤炭科学技术，2017，45（11）：69-73，100.
Zhu S B，Wang X D，Xu G G，et al. Experimental study on rheological properties of high concentration cementing materials in coal mine goaf filling［J］. Coal Science and Technology，2017，45（11）：69-73，100.

[9] 张永超，贾新果，陈凯．瞬变电磁法探测超高水材料注浆治理采空区效果［J］．煤炭科学技术，2017，45（3）：174-178，100.
Zhang Y C，Jia X G，Chen K. TEM inspecting of goaf treatment effect with grouting super high water material［J］. Coal Science and Technology，2017，45（3）：174-178，100.

[10] 秦国震．中深孔爆破诱导冒落处理采空区技术研究［D］．唐山：华北理工大学，2017.
Qin G Z. Study on induction caving technique of disposing of goaf by medium deep hole blasting［D］. Tangshan：North China University of Science and Technology，2017.

[11] 耿智园，冯春，郭汝坤，等．露天矿地下采空区爆破崩落法治理效果的数值模拟研究［J］．爆破，2017，34（4）：57-65.

Geng Z Y，Feng C，Guo R K，et al. Numerical simulation on controlling effect of underground goafs in open pit mine by blasting caving method［J］．Blasting，2017，34（4）：57-65.

[12] 张佳男，曾晟，刘建新，等．某铜矿采空区充填法与封闭隔离法联合治理思路［J］．现代矿业，2017，33（5）：215-216，219.

Zhang J N，Zeng S，Liu J X，et al. Thoughts on combined treatment of goaf filling method and closed isolation method in a copper mine［J］．Modern Mining，2017，33（5）：215-216，219.

[13] 王啟明，徐必根，唐绍辉，等．我国金属非金属矿山采空区现状与治理对策分析［J］．矿业研究与开发，2009，29（4）：63-68.

Wang Q M，Xu B G，Tang S H，et al. The actual state of mined-out areas in metallic and non-metallic mines and the counter measures for the treatment of the mined-out areas in China［J］．Mining R&D，2009，29（4）：63-68.

[14] 汪旭光．爆破设计与施工［M］．北京：冶金工业出版社，2013：229-244.

Wang X G. Blasting design and construction［M］．Beijing：Metallurgical Industry Press，2013：229-244.

石材开采中的降粉控灾措施探讨

周　敏　束学来　徐世强

（广东宏大爆破股份有限公司，广东 广州，510623）

摘　要：绿色矿山是砂石行业的发展趋势，针对石材开采过程中粉矿率和爆破危害效应方面存在的问题，一方面通过分析粉矿的来源，从爆破环节和挖运环节两个方面控制爆破过粉和泥粉混入，进而达到降低粉矿率的目的；另一方面通过采取逐孔爆破、洒水降尘、紧密联系群众等措施，使爆破危害效应得到了有效控制，促进了企地关系和谐发展。
关键词：绿色矿山；石材开采；粉矿率；爆破危害效应

Discussion on Measures of Reducing Powder and Controlling Disaster in Stone Mining

Zhou Min　Shu Xuelai　Xu Shiqiang

(Guangdong Hongda Blasting Co., Ltd., Guangdong Guangzhou, 510623)

Abstract: Green mine is the development trend of sand and stone industry. In view of the problems existing in the silty ore rate and the harmful effect of blasting in the stone mining process, on the one hand, through analyzing the origin of silty ore, control the mixing of blasting over powder and mud powder from the aspects of blasting link and digging and transportation link, so as to reduce the silty ore rate. On the other hand, by taking measures such as hole blasting, sprinkling water and dust, and closely contacting with the masses, the harmful effect of blasting is effectively controlled and the harmonious development of the relationship between enterprises and land is promoted.
Keywords: green mines; stone mining; ore powder rate; blasting hazard effect

1　引言

绿色矿山是砂石行业持续高效发展的必然趋势，砂石资源开发应与环境保护、节约资源和城乡建设相结合，最大限度地减少对自然环境的扰动和破坏。目前，在石材矿山爆破开采过程中，如何有效控制粉矿率和降低爆破危害效应，已成为绿色矿山建设的关键。传统爆破过程主要针对控制矿岩大块率，对粉矿率和爆破危害效应关注不够[1-3]，造成了资源浪费和企地和谐度不高等问题。本文依托顺兴石场，在粉矿率控制和爆破危害效应控制方面做了一些探讨。

2　粉矿率控制

顺兴石场矿区范围为不规则多边形，矿区总面积约为 0.5km^2，年爆破岩石总量为 3.8×10^{6}m^3，整体岩石结构较为单一，以花岗岩为主。

2.1　粉矿来源和影响因素

粉矿主要包括一级石粉和二级石粉两种。其中，一级石粉为细碎和复破碎环节产生的粉矿，顺兴

原载于《煤矿爆破》，2019，37（3）：19-23。

石场破碎工艺流程图如图 1 所示。二级石粉包括爆破、挖运、气象、粗碎、中碎环节产生的粉矿。大量数据统计发现，顺兴石场一级石粉和二级石粉比例约为 1.86∶1，由此可知，石材破碎环节产生的粉矿占比较多，爆破、挖运环节产生的较少。

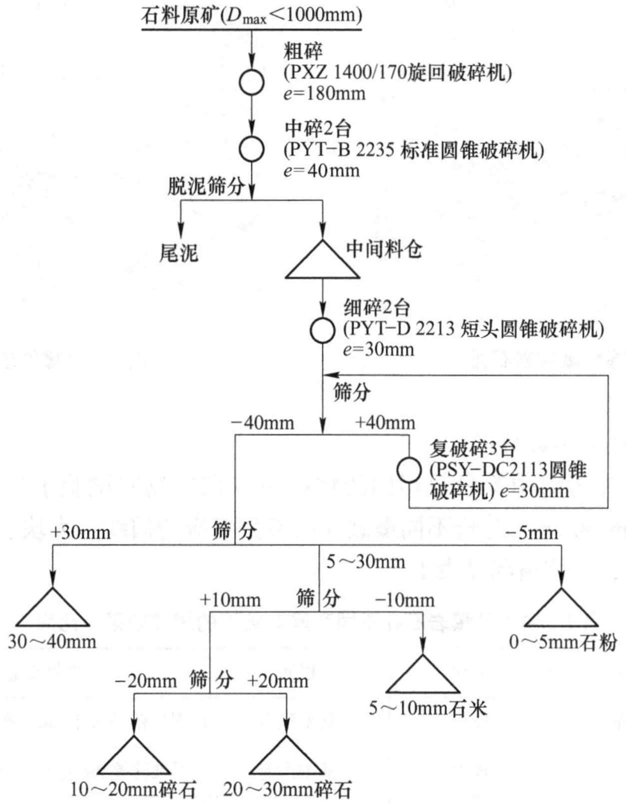

图 1　顺兴石场破碎工艺流程图

（1）一级石粉影响因素。一级粉矿是由细碎和复破碎过程产生的，细碎后合格骨料直接进入筛分系统进行筛分，不合格骨料进入复破碎环节。在破碎工艺不变的条件下，合格骨料尺寸越小、筛分效率越低、石料越脆，产生的一级粉矿越多。由于一级石粉是在破碎环节产生的，故本文不做相关研究。

（2）二级石粉影响因素。粗碎、中碎产生的二级石粉和一级石粉类似，均是在破碎环节产生的，由于粗碎、中碎破碎系统一般不做调整，且其操作条件也比较稳定，故其产生的粉矿主要受岩石性质影响，岩石越脆，产生的二级石粉越多。由于这部分也是在破碎环节产生的，本文不做研究。

爆破、挖运、气象环节产生的二级石粉，主要有以下几个方面影响因素。

（1）爆破环节：地质因素指矿石的赋存条件、地质构造和物理力学性质固有性质，如风化岩爆破时粉矿高等；爆破参数；石场初期和收尾时期工作面粉矿会多；爆破管理环节如钻孔、装药等环节不按照爆破安全规定操作等。

（2）挖运环节：在剥离土层、刷边坡等工序中，造成土等混入部分爆堆中，导致粉矿增加。

（3）气象影响：雨天环境下开采，可导致粉矿率增加。

2.2　二级石粉控制

气象环节、工作面、地质因素是客观因素或不可抗因素，对粉矿的影响难以改变，故重点对爆破环节的爆破参数、爆破管理和挖运环节的粉矿控制等进行研究。

2.2.1　爆破环节控制

爆破环节控制通过合理选择爆破参数及爆破管理来实现。本文研究的爆破参数主要包括爆破孔网参数、装药结构两种。

2.2.1.1　孔网参数控制

根据岩石的坚硬程度和可爆性，将岩石划分为两类，即易爆性岩石和中等可爆性岩石，如图 2 和

图3所示。通过现场调整爆破的孔网参数，不断分析对应的爆破效果，最后总结得出最佳的孔网参数[4,5]。

图2　中等可爆性岩石图

图3　易爆性岩石图

A　中等可爆性岩石孔网参数分析

在保持单孔装药量、装药结构等参数相同的情况下，在现场共试验了三种孔网参数，即6.0m×4.3m、6.2m×4.5m、6.4m×4.7m，分析不同爆破孔网参数对应的眉线、大块、根底、爆堆形态、二级粉矿率等情况，并做统计，具体情况见表1。

表1　中等可爆岩石在不同孔网参数下的爆破效果对比表

孔网参数/m×m	眉线	大块	根底	爆堆形态	二级粉矿率/%
6.0×4.3	整齐	较少	基本没有	爆堆落差大于2m，推出距离较远	11.98
6.2×4.5	整齐	较少	基本没有	爆堆落差2m左右，推出距离一般	11.85
6.4×4.7	局部拉裂不齐	大块较多	局部存在成片根底	爆堆落差小于1m，推出距离较近	11.32

B　易爆性岩石孔网参数分析

易爆岩石主要是由于风化造成的，含有较多裂隙、节理发育。在保持单孔装药量、装药结构等参数相同情况下，现场共试验了三种孔网参数，即6.5m×4.5m、6.7m×4.7m、6.3m×4.3m，并将爆破后的眉线、大块、根底、爆堆形态、二级粉矿率进行比较，具体情况见表2。

表2　易爆岩石在不同孔网参数下的爆破效果对比表

孔网参数/m×m	眉线	大块	根底	爆堆形态	二级粉矿率/%
6.3×4.3	整齐	较少	基本没有	爆堆落差大于2m，推出距离较远	14.70
6.5×4.5	整齐	较少	基本没有	爆堆落差2m左右，推出距离一般	13.10
6.7×4.7	局部拉裂不齐	大块较多	局部存在成片根底	爆堆落差小于1m、推出距离较近	12.98

2.2.1.2　装药结构

由于顺兴石场的台阶高度较高，基本在15m以上、岩石裂隙普遍较多，顺兴石场使用的是分段装药，如图4和图5所示。在孔网参数确定的条件下，现场试验了三段装药结构和两段装药结构[6]，具体的爆破对比效果见表3。

表3　不同装药结构作用下的爆破效果对比表

爆破效果装药结构	眉线	大块（破碎锤油耗）/mL·t^{-1}	根底率/%	爆堆形态	二级粉矿率/%
两段装药结构	整齐	2.60	8.16	爆堆落差大于2m，推出距离较远	12.62
三段装药结构	整齐	2.45	6.80	爆堆落差2m左右，推出距离一般	11.60

图 4　两段装药结构爆破效果

图 5　三段装药结构爆破效果

由上述表格分析可知：在保障挖运前提下，选择三段装药结构，中等可爆岩石选择 6.2m×4.5m 的孔网参数、易爆性岩石选择 6.5m×4.5m 的孔网参数，能够保证粉矿率控制在最佳效果，与以往爆破参数相比，岩石粉矿率下降了 1%~2%。

2.2.1.3　爆破管理

爆破目的的有效实现需要一定的管理保障措施，若出现布孔不规范，即实际孔网参数与设计孔网参数不同；钻孔不合格，未按设计装药结构装药，降低了不耦合系数等，都难以保证爆破效果。为了保障降低粉矿率的爆破方式得到正确应用，组成了标准化小组，制定了《布孔规定》《潜孔钻质量管理办法》《装药规定》等措施，并对违规操作及时进行纠偏。通过加强爆破的管理，对比以往数据发现，粉矿率可有效下降 0.5%左右。

2.2.2　挖运环节控制

挖运环节控制主要是避免土混入爆堆，造成粉矿率上升，土混入的比率越高，粉矿率也越高，且粉矿率提高值没有上限，应值得重视。

由于矿区存在土层剥离，土层清理不干净、挖装土过程中将土落至岩层，使得爆破时土混入爆堆，一定程度上增加了爆堆的二级石粉量，从而提高了总粉矿量。因此，为了减少土混入爆堆的比率，现场应与调度工作人员形成有效的沟通机制，一方面加强炮位清理，出现土岩结合面的土层未清理干净的情况时，不能进行布孔作业；另一方面在装运过程中加强管理，靠近临空面的土层，先用挖机将其清理，保证远离坡顶线 1m 以上位置，再进行装运，永久边坡上的土层，应提前进行边坡护理工作，严禁爆破至最终边坡时，再进行土层边坡的处理，将无法运走的土，直接抛至下个平台或爆堆上。

通过加强挖运管理，在扩帮开采剥离土层过程中，土混入岩层或爆堆现象明显减少，粉矿率较最高峰时下降了 2%~3%。

3　爆破危害效应控制

针对顺兴石场而言，爆破危害效应主要是指爆破振动和爆破粉尘两个方面。

3.1　爆破振动控制

由于顺兴石材矿山附近存在矿区办公区及生产区、两个村庄和高速公路，为了降低爆破对附近建筑物等的影响，采取了逐孔起爆的方式，控制炮孔的最大单响药量，网路图如图 6 所示。此外，控制爆破方向，即爆区后方不为建筑物方向等方法，将爆破振动数值降低至 0.2cm/s，局部重点位置控制在 0.1cm/s，远远小于《爆破安全规程》（GB 6722—2014）中规定的允许最小值 2.0cm/s，爆破后，附近人员及建筑物等基本无明显感知。

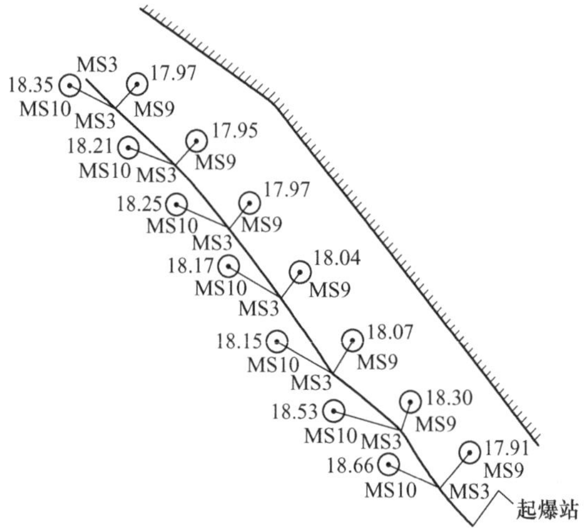

图 6 逐孔起爆网络图

3.2 爆破粉尘控制

爆破的粉尘主要来源有穿孔爆破、装运和已沉降在爆区地面的粉尘。爆破后，产生的粉尘扩散到露天爆区的整个空间，然后进入大气流，进而扩散至地表。

顺兴石材矿山的岩石主要为花岗岩，故爆破产生的粉尘中含有大量的 SiO_2 等物质，亲水性较强，因此采用湿式除尘可获得较好的效果。为了降低粉尘，采用洒水车在爆前对爆区进行大量洒水，使得爆区地面湿透；爆破后，爆破粉尘较未洒水爆区有明显降低。洒水与未洒水爆区爆后粉尘对比图如图 7 和图 8 所示。国内外研究资料表明，爆前对爆区进行大量洒水作业，按粉尘质量计算，可比不洒水时减少 1/2，按粉尘颗粒计算，可减少 1/3。

图 7 未洒水降尘爆区爆后粉尘图

图 8 洒水车洒水降尘爆区爆后粉尘图

3.3 紧密联系附近群众，企地和谐发展

爆破过程产生的爆破危害效应，对附近村庄、生活区存在扰动是不可避免的，但将扰动降至最低，达到附近人员可接受的状态，是可以做到的。

除了在技术上控制以外，还在村民反馈上制定了及时响应机制。一方面在附近每个村庄受矿区爆破影响的最明显位置，选择两家居民，邀请其成为信息员，对明显的爆破危害效应及时反馈，然后及时组织人员进行分析，采取相应措施，降低爆破危害效应，并对受影响相关人员一对一沟通解释。通过紧密联系群众，爆破有害效应得到有效控制，附近村民满意度高，与村民达到和谐共处。

4 结论

本文结论如下。

(1) 将石材分为中等可爆、易爆两类，分别采用孔网参数为 6.2m×4.5m、6.5m×4.5m，进行了现场试验，使用三段装药结构，并加强爆破管理，可有效降低粉矿率 1%~2%。

（2）通过挖运环节控制可有效减少土混入爆堆，可将粉矿率较最高峰时下降 2%~3%。

（3）通过采用逐孔起爆网路、爆区爆破前和爆破后洒水，可有效降低爆破振动和爆破粉尘，降低对周围环境的扰动和破坏[7]。此外，通过建立与当地群众紧密联系反馈机制和资助体系，可有效促进企地和谐，使得爆破有害效应得到有效控制。

参 考 文 献

[1] 李亚峰，欧阳神央，万威，等．众维煤业绿色矿山建成思路及成效［J］．煤炭技术，2018（9）：76-78.

[2] 白中科，杨侨，白甲林．论绿色矿山建设的源头管控与过程监管［J］．中国矿业，2018（8）：75-79.

[3] 刘伟．矿山开采对自然环境的破坏和减缓措施的探讨［J］．世界有色金属，2018（13）：282-284.

[4] 蔡建德，郑炳旭，汪旭光，等．多种规格石料开采块度预测与爆破控制技术研究［J］．岩石力学与工程学报，2012（7）：1462-1468.

[5] 况思全．宜春钽铌矿凿岩爆破参数优化及应用分析［J］．世界有色金属，2017（5）：113-114.

[6] 刘玲平，唐涛，李萍丰，等．装药结构对台阶爆破粉矿率的影响研究［J］．采矿技术，2010（1）：67-70.

[7] 黄宝龙．两种常见的爆破有害效应及其控制措施［J］．煤矿爆破，2018（6）：21-23.

大宝山矿降低露天爆破震动对平硐影响的方法

张兵兵　陈晶晶　张岗涛　韩　振　王　菲　方　翔

（广东宏大爆破股份有限公司，广东　广州，510623）

摘　要：以大宝山露天矿北部 685 平台下方存在 640 平硐为工程背景，分析了单响最大药量及起爆延时对爆破震动效应的影响；给出了深孔爆破设计方案，并预先在距炮孔底部 50mm 处采用沙包分离处理，形成空气间隔，且装药及填塞分类处理。现场试验表明，深孔爆破处理效果良好，640 平硐稳定性并未受到不利影响。

关键词：平硐；单响最大药量；起爆延时；爆破震动效应；深孔爆破

Technology of Reducing Blasting Vibration Effect on Adit in Dabaoshan Open-pit Mine

Zhang Bingbing　Chen Jingjing　Zhang Gangtao　Han Zhen　Wang Fei　Fang Xiang

（Guangdong Hongda Blasting Co.，Ltd.，Guangdong Guangzhou，510623）

Abstract：Based on the background of 640 adit under the 685 platform in the north of Dabaoshan open-pit mine，the article analyzes the effect of the maximum dose of single hole and the initiation delay on the blasting vibration，gives the design scheme of deep hole blasting，the sand pack is divided into 50mm from the bottom of the hole in advance，air separation is formed，and the charge and packing are classified and processed. Field test shows that the deep hole blasting treatment is effective and the stability of the 640 adit is not affected.

Keywords：adit；maximum dose of single hole；initiation delay；blasting vibration effect；deep hole blasting

在进行爆破拆除、隧道开挖及一些露天爆破工作时，爆破震动效应的影响是不容忽视的[1-3]。为了控制露天爆破震动的影响，许多学者进行了较多的研究。在现场爆破试验监测方面，周青青等人[4,5] 通过分析监测数据，认为爆破震动的影响程度与岩石的强度有关，得出了爆破震动速度的传播规律，为降低爆破震动影响提供了依据。王占国等人[6,7] 通过现场数据的线性拟合分析，得出了爆破震动与岩性、爆破规模及最大段装药量的关系；并提出了相应的降震措施。林大能[8] 认为爆破震动速度存在高程放大效应，保证合理的起爆时差，可较好地降低爆破震动对边坡的影响。任月龙[9] 分析了爆破震动对边坡的影响，认为边坡的时效稳定系数呈现下滑趋势。夏红兵等人[10,11] 认为降低爆破震动效应的不利影响，应从控制爆破能量源和爆破能量的传递过程进行分析，减少 1 次起爆药量、采用低猛度及低爆速炸药、孔间微差爆破是降低爆破震动效应的有力手段。在控制爆破震动的数值模拟方面，田胜杰等人[12,13] 在炮孔孔距确定的条件下，采用 LS-DYNA 软件模拟了微差爆破的起爆延时，认为起爆延时的不同，质点震动的程度并不相同；柱状装药的爆破震动速度较小，且具有高程放大效应。姚东[14] 模拟分析了微差爆破的起爆延时，认为爆破能量主要消耗在破碎区，且当微差延时大于 150ms 时，弱化了爆破的破碎效果。闫晓宇[15] 分析了爆破应力波及装药量对边坡、巷道的影响，认为降低最大单响药量是控制爆破震动的有效措施。

综上所述，爆破震动是威胁建构筑物及地下巷道稳定性的重要方面，应采用有效的降震技术措施进行及时处理，从而保证露天矿山的安全生产。

原载于《露天采矿技术》，2019，34（3）：62-64。

1 工程背景

大宝山露天矿为多金属矿山，富含铁、铜、硫、铅、锌矿等。岩石主要以石灰岩、砂岩和页岩等为主，其硬度系数f在7~10之间。早期采用井工开采，地下存在一些巷道。后期，为了保证生产安全及提高矿石回收率，改用了露天开采。由于开采模式的改变，地下遗留的一些巷道，一定程度上制约了后期爆破处理。目前，由于生产计划的改变，需要从北部685平台向下修建1条新道路，故需要进行有效的爆破处理。而685平台的正下方存在着1条较长的640平硐，其宽度为3m，高度为2~3m。在进行爆破处理时，必须降低爆破震动效应，保证不会损坏640平硐的主体结构而引起巷道坍塌。

2 单响最大药量及起爆延时的确定

为了降低爆破震动的不利影响，必须考虑单响最大药量、起爆时间的间隔等。

2.1 单响最大药量的计算

单响最大药量的大小，直接影响到爆破震动的强弱程度。在保证符合设计规范的前提下，应控制单孔装药量，可利用萨道夫斯基经验公式进行推算[16]。

$$Q = R^3\left(\frac{v}{K}\right)^{\frac{3}{\alpha}} \tag{1}$$

式中，Q为最大段装药量，kg；R为计算点至爆源的距离，m；v为地面质点峰值振动速度，cm/s；K、α为地形相关系数和衰减系数。

设计炮孔最大深度为19.7m，为了保证640平硐的稳定性，v应小于1.5cm/s；依据炮孔的深度情况，R为29m；依据岩性关系，K取150，α取1.6。计算得单响最大药量为4337kg。

2.2 起爆延时的确定

爆破过程中，自由面的存在，可较好地降低相邻岩石的强度，为爆破的应力波及爆生气体的传播提供了有效的通道。增加自由面的个数，减少了岩石间的夹制作用，有助于得到更好的爆破效果。而起爆延时设计，是增加自由面的重要手段；因此，确定合理的起爆时间，需要尤为注意。逐孔起爆设计图如图1所示。由图1可以看出，每个炮孔的雷管段别均不相同，从1段到20段之间选取，起爆延时从0~2000ms。通过优化起爆延时的顺序，可极大地利用深孔爆破的挤压作用；通过延时作用，相邻炮孔间的岩石的完整性得以改变，为后续的爆破提供了更多的自由面。如19号炮孔采用段别为1段的导爆管雷管，起爆后，可为18号及20号炮孔提供自由面，使得岩石破碎更为容易。当采用段别为3段导爆管雷管的18号炮孔起爆后，相邻的20号炮孔增加了2个自由面，极为有利于该炮孔区域岩石的破碎。后排炮孔利用前排炮孔产生的临空面，使得爆破更易进行。

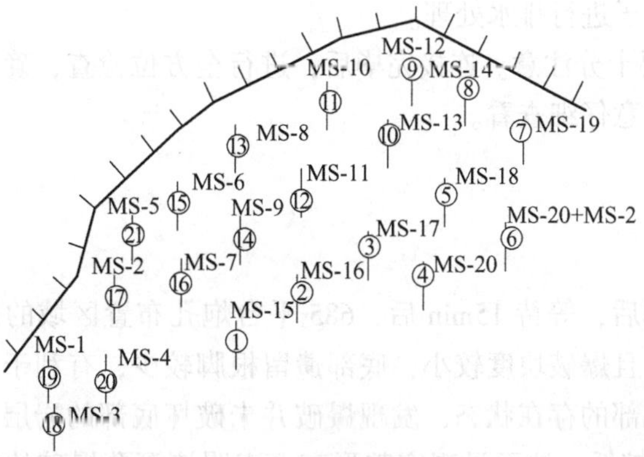

图1 逐孔起爆延时布置图

3 深孔爆破设计方案

3.1 爆破设计参数

3.1.1 炸药的选取

炸药的种类不同，对应的猛度、爆速也有所差异。为了降低爆破震动效应，应选用低猛度、低爆速的炸药。结合矿方的工程实践经验，可采用条状乳化、混装铵油等。但验孔时，由于地质情况的变化，发现既存在无水炮孔又存在含水炮孔，故可混合使用条状乳化、混装铵油。无水炮孔采用混装铵油装药，2 条 110mm 的条状乳化炸药用作起爆药包的制作，装药结构为耦合装药。含水炮孔均采用 110mm 的条状乳化炸药装药，起爆药包也采用 2 条 110mm 的条状乳化炸药，装药结构为不耦合装药。

3.1.2 爆破的各种参数

矿区的台阶高度为 12m，685 平台炮孔布置区域的最小抵抗线为 4.0m，钻孔时，选用 ϕ140mm 的潜孔钻进行垂直打设。为了提高爆破的能量利用率，采用梅花形布孔，可使得相邻炮孔间的应力叠加效应更为明显。深孔爆破参数见表 1。

表 1 深孔爆破设计参数

平均孔深 L/m	间距 a/m	排距 b/m	设计单耗 q/kg · m^{-3}	最大单响药量/kg	总药量 Q/kg	填塞长度 L_1/m	超深 h/m
18.8	6.0	4.0	0.46	203	3913	5.0	2.0

6.0m 的宽间距炮孔，可充分利用逐孔微差起爆的优点，利用前 1 个炮孔引爆产生的自由面及挤压作用降低了相邻炮孔的爆破难度，且可使得炸药消耗量降低。排距与最小抵抗线的大小相同。现场施工时，炮孔底部 50mm 处采用沙包分离，其下方不装药，也不填塞岩粉等材料，保持空气间隔状态。底部空气的存在，可较好地减弱爆破震动。装药完毕后，进行填塞处理时，为了保证填塞质量，应分类进行。含水孔应先填入颗粒较细的碎石子，将孔内的水排出孔外，当水全部排出后，再采用岩粉填塞；无水孔采用岩粉填塞至设计长度即可。

起爆网路采用非电导爆管四通连接，并基于降低深孔爆破震动效应的前提，采用了逐孔起爆。现场施工中，单响药量仅为 203kg，远低于设计要求，安全系数较高。孔外雷管的段别为 1~20 段，延期的时间跨度较大，从 0~2000ms。

3.2 施工的注意事项

施工的注意事项如下。

（1）钻孔及验孔时，应保证钻孔精度，钻孔角度的误差不能超过 2°，钻孔深度误差不能高于 0.3m。当钻孔深度超过设计长度时，应采用回填处理。

（2）装药前，先用沙包在炮孔底部 50mm 处进行分割，形成空气间隔，不可直接进行装药；后期填塞应对含水炮孔用细小石子进行排水处理。

（3）起爆网路的连接要十分注意。连接完毕后，进行全方位检查，确保连线的准确性。每个炮孔的雷管段别均不相同，要注意仔细查看。

4 实施效果分析

采用电容式起爆器引爆后，等待 15min 后，685 平台炮孔布置区域的爆堆已稳定在下一平台，呈现较为稳定的抛物线形态。且爆破块度较小，底部遗留根脚较少，有利于后期挖装，基本不需要二次爆破处理。通过观测爆堆底部的存在状态，发现爆破并未破坏底部的岩层结构，未出现拉裂现象。周边 100m 范围内，震动程度较低，地面呈现完整形态。表明该深孔爆破的实施，爆破震动效应影响区域有限，有效地保证了 640 平硐的稳定状态。

5 结语

本文结论如下。

（1）运用经验公式并结合现场情况确定了单响最大药量为203kg，采用逐孔起爆的方式降低爆破震动的影响，炮孔的雷管段别选取从1~20段，起爆延时从0~2000ms。

（2）对深孔爆破方案进行了设计，认为装药及填塞均应分类处理，且在装药前进行距炮孔底部50mm的沙包分割，保证空气间隔状态，减弱底部爆破的影响程度。

（3）现场实践效果表明，深孔爆破震动效应并未对底部640平硐产生不利影响，确保了安全生产。

参考文献

[1] 李君婷，崔建文，魏昶帆，等．22层楼房爆破拆除震动监测分析［J］．爆破，2013，30（1）：126-130.
[2] 张维明，肖柳，卜俊锐，等．月亮山隧道爆破减震试验研究［J］．爆破，2016，33（2）：23-27.
[3] 郑佳男．露天矿爆破中降低震动效应的方法［J］．矿业工程，2016，14（5）：53-55.
[4] 周青青，张义平．露天矿山剥离爆破震动对居民建筑影响研究［J］．煤炭技术，2015，34（6）：212-214.
[5] 郭浩．露天台阶爆破震动衰减规律的试验研究［D］．鞍山：辽宁科技大学，2015.
[6] 王占国．露天爆破震动效应线性回归分析［J］．现代矿业，2013，29（2）：122-123.
[7] 傅光明，任才清．露天采场台阶爆破震动传播规律及降震对策研究［J］．采矿技术，2013，13（5）：131-133.
[8] 林大能，陈寿如，刘优平．某露天采场爆破震动特性及减震技术研究［J］．中国工程科学，2006（6）：73-77.
[9] 任月龙，才庆祥，舒继森，等．爆破震动及结构面渐进破坏对边坡稳定性影响［J］．采矿与安全工程学报，2014，31（3）：435-440.
[10] 夏红兵，汪海波，宗琦．爆破震动效应控制技术综合分析［J］．工程爆破，2007（2）：83-86.
[11] 蒋跃飞，穆大耀，王晋．露天煤矿降低爆破震动对周围建筑物影响的研究［J］．露天采矿技术，2005，20（5）：50-52.
[12] 田胜杰，张树东．露天开采台阶逐孔起爆爆破震动数值模拟［J］．昆明冶金高等专科学校学报，2018，34（1）：1-5.
[13] 高富强，张光雄，杨军．露天煤矿爆破震动的模型试验及数值计算［J］．煤矿安全，2017，48（1）：55-58.
[14] 姚东．露天开采爆破振动对邻近台阶边坡稳定性影响［D］．衡阳：南华大学，2016.
[15] 闫晓宇，袁绍国，王振涛．爆破震动对边坡与巷道的影响研究［J］．世界有色金属，2017（18）：227.
[16] 汪旭光．爆破设计与施工［M］．北京：冶金工业出版社，2013.

高低孔爆破处理高陡边坡的技术分析

韩 振 陈晶晶 张兵兵 王 菲 张岗涛 郑钦源

（广东宏大爆破股份有限公司，广东 广州，510623）

摘 要：针对前期规划不当，大宝山露天矿 877m 平台高陡边坡局部存在难以采用预裂爆破技术进行处理的情况，决定采用高低孔爆破处理技术。为了解决这一难题，首先分析了高低孔的相对内涵，并对高低孔孔深计算公式进行了简单推导，然后通过公式计算得到了高低孔的孔深。在施工阶段，为了确保低孔的实施效果，两排低孔分区域使用同段别毫秒延时雷管，晚于高孔起爆。实践表明，处理后的平台平整度良好，坡面较为稳定，对高陡边坡采用高低孔爆破处理具有可行性，效果较好，可为类似边坡处理提供新思路。

关键词：高陡边坡；高低孔爆破；预留保护距离；同段起爆

Treatment Technical Analysis of High and Low Hole Blasting in High and Steep Slope

Han Zhen Chen Jingjing Zhang Bingbing Wang Fei Zhang Gangtao Zheng Qinyuan

（Guangdong Hongda Blasting Co.，Ltd.，Guangdong Guangzhou，510623）

Abstract：Due to improper planning in the early stage，partial high and steep slope of the 877platform of Dabaoshan open-pit mine was hard to handle by pre-splitting blasting technology，so high and low hole blasting treatment measures were used. The relative connotation of high and low holes was analyzed，and the calculation formula of high and low hole depth was simply deduced，and the hole depth was obtained. In order to ensure the implementation of the low hole，the two rows of low holes zone division were detonated by the same millisecond deferred detonator，and later than the high-hole hole. The on-site program implementation effect showed that the high and low hole blasting could have a good effect on the high and steep slopes，the flatness and stability of the processed platform was better，which could provide a new idea for similar slope treatment.

Keywords：high-steep slope；high and low hole blasting；reserved protection distance；same section initiation

受露天矿山开采模式影响，后期需在上部平台形成最终边坡，且应按照设计施工方案要求达到边坡治理的目的。在控制边坡爆破振动方面，王先[1] 分析了爆破振动对露天边坡的不利影响，认为爆破振动可能导致边坡坍塌，提出了间隔装药、清渣爆破及采用毫秒延时雷管等有力措施。宋景辉[2] 采用边坡稳定性分析软件，研究了爆破动载与边坡稳定性系数两者的关系，认为控制爆破振动是维持边坡稳定性的重要方面。曹兰柱[3] 对边坡破坏程度与爆破距离的关系采用 FLAC3D 模拟软件进行了分析，认为较多的爆破次数不利于边坡稳定性维护，且得到了边坡的薄弱区域分布。在边坡预裂爆破应用方面，姜锐[4] 认为，露天边坡治理存在钻孔精度差、爆破参数设计缺陷等问题，并提出了针对性的解决方案，同时认为加强边坡爆破施工管理尤为重要。贺顺吉[5] 在露天边坡治理过程中，采用预裂爆破与缓冲爆破相结合的技术手段，并采用空气间隔装药结构，较好地控制了爆破对边坡的损伤程度。陈立强[6] 对影响边坡稳定性的因素，包括炸药单耗，起爆方式等进行了分析，给出了主爆孔、缓冲孔、预裂孔的布置方式，并从根底及半孔率方面分析了应用效果。李建华[7] 从施工工艺出发，阐述了预裂爆破技术在边坡保护方面的优势，并对影响坡面最终效果的因素进行了分析。王和平[8]

原载于《工程爆破》，2019，25（3）：27-31。

利用 LS-DYNA 软件得到了预裂爆破的最优炮孔间距及不耦合系数大小，现场实测发现不耦合装药更有助于边坡稳定。唐海[9] 基于预裂爆破具有减振及保护岩体的特点，分析了预裂爆破效果的岩石及爆破因素，并开发了预裂爆破参数优化智能系统，实际应用效果良好。刘晓明[10] 为了提高岩石的松动效果，采用了预裂爆破技术，并对装药量及起爆网路进行了优化调整。

综上所述，控制爆破振动是露天矿山边坡治理的关键之一，预裂爆破在边坡治理方面应用范围较广，优势突出，但在大宝山露天矿 877m 平台高陡边坡的处理中，预裂爆破技术并不适用，则需要考虑实际情况，选择高低孔处理技术进行边坡治理的方案。为此，分析高低孔爆破处理技术有着一定的现实意义。

1 高低孔的布孔方式

在进行露天矿山最终边坡设计时，存在局部区域不能布置预裂孔的情况，因此高低孔就是一项有效的选择。“高低孔”是一个相对概念，是相对于正常深孔爆破孔深而言，高孔要钻至坡底，低孔则要布置在最终设计形成的坡面上（见图 1）。此外，考虑到此类边坡的作业面范围较窄，只能布置 3 排炮孔。由于露天矿山的地形、地貌复杂，爆区地形很难是平坦的，导致传统的高低孔设计时需要对每个炮孔进行计算，耗时长、工作量大，造成了不必要的时间浪费，且容易出错。基于观察及分析边坡深度的变化情况，归纳出了一套更为简单可靠的计算公式。此外，考虑到边坡爆破控制难度较大，可进行预留保护距离，后期采用挖机进行局部修整，确保不会破坏设计边坡形态。在计算中，也可采用比例法进行推算，极大地降低了测量时间，提高了工作效率。

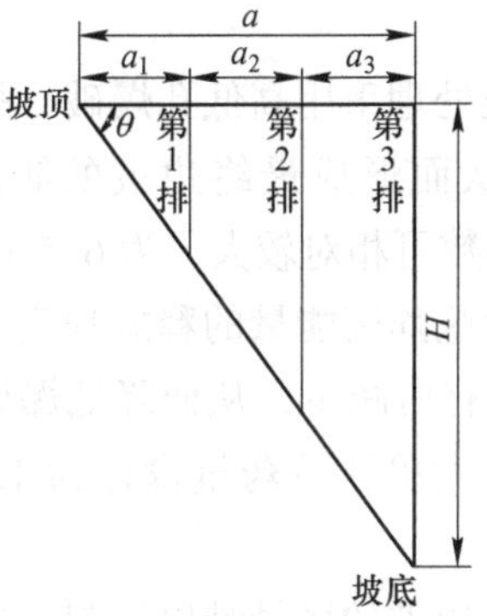

图 1 高低孔布置方式

Fig. 1 High and low hole layout

在布置的 3 排炮孔中，2 排低孔（第 1~2 排），1 排高孔（第 3 排）。对应的测量仪器 RTK 天线高由式（1）进行计算，再利用坡顶的标准标高减去每排对应的天线高，即可获得炮孔的设计深度。

$$
\begin{aligned}
T_1 &= H_{底} + H - a_1\tan\theta + T_{自身} + c \\
T_2 &= H_{底} + H - a_2\tan\theta + T_{自身} + c \\
T_3 &= H_{底} + H - a_3\tan\theta + T_{自身} + c - H_{超深}
\end{aligned}
\tag{1}
$$

式中，T_1、T_2、T_3 分别为每排的天线高，m；$H_{底}$ 为高陡边坡的坡底标高，m；H 为台阶高度，m；a_1、a_2、a_3 为排距，m；θ 为设计坡角，(°)；$T_{自身}$ 为手持 RTK 测量的高度，m；c 为保护距离，一般取 0.5m；$H_{超深}$ 为钻孔超深大小，m。

2 工程应用背景

大宝山露天矿山富含多种开采价值较高的矿石，包含铁、铜、硫、铅锌矿等，其采场区域广，以台阶的方式进行回采作业，主要采用深孔爆破技术。台阶高度为 12m，矿石品位分布不均，导致工作面分布较为凌乱。由于历史遗留问题，在一些平台形成了高陡边坡，其台阶较高，地形情况复杂，给露天开采带来了安全隐患。而随着生产计划的改变，决定在矿山的865m平台以上形成最终边坡，设计边坡角度为53°，山顶岩层的风化现象较为明显，岩石整体强度不高。实际施工过程中，发现在877m平台北部区域存在小范围的高陡边坡，不满足布置预裂孔的条件，即钻孔角度和钻孔深度要求。若强行采用预裂爆破技术，预裂孔之间的交叉现象将十分明显，处理效果难以保证，故尝试采用高低孔爆破进行最终边坡的处理。

3 爆破参数设计及施工要点

高陡边坡爆破参数涉及范围广泛，主要包括孔深、孔距、填塞长度、装药量等[11]。其中，孔深的设计是保证边坡处理效果的重要因素。

3.1 高低孔孔深的确定

大宝山露天矿台阶高度为12m，877m平台至865m平台边坡设计坡角为53°，预留保护距离0.5m，超深1.5m，本次采用的测量仪器RTK自身天线高为1.36m，坡顶标准标高为877m，坡底标准标高为865m，排距按3m布置。将这些参数代入式（1）中，再通过相关计算，获得了49个高低孔的设计孔深。其中，第1排的低孔孔深最小为3.4m，最大孔深为4.6m，反映了爆区地形起伏程度较大。第2排的低孔平均孔深8.6m，在实际施工中，由于边坡范围的变化，可能多于1排的高孔，高孔平均孔深为13.2m。

3.2 爆破相关参数的设计

（1）孔网参数。由于本次高陡边坡处理采用高低孔爆破，故孔网参数应有所区分。在进行低孔布置时，为了保证应力波的有效叠加，从而形成最终边坡的雏形，采用的孔网参数应相对较密，为2.0m×2.0m。而在高孔布置时，孔网参数可相对较大，为6.5m×4.0m。

（2）装药量。装药量的大小显著影响炸药能量的释放程度，由于此高陡边坡分布范围较小，故总药量应尽量控制，因此单段最大药量需有所减少，从而降低爆破振动等有害效应。对于低孔而言，装药量达到的深度为炮孔孔深的2/3；最大单孔装药量设计为126kg，最大单响药量为629kg，总药量为3437kg。

（3）爆破网路的连接。考虑到高陡边坡的质量难以控制，本次爆破网路的设计相对传统的深孔爆破及预裂爆破有所不同。主要体现在低孔爆破的网路连接，将同段别的毫秒延时雷管分成3个部分连接在一起，既降低了爆破孔起爆次数，也保证了晚于高孔起爆，避免对高陡边坡孔产生不利干扰。施工过程中，高孔采用段别为MS1～MS7的导爆管毫秒延时雷管进行连接，低孔采用段别为MS8～MS10的导爆管毫秒延时雷管连接（见图2）。

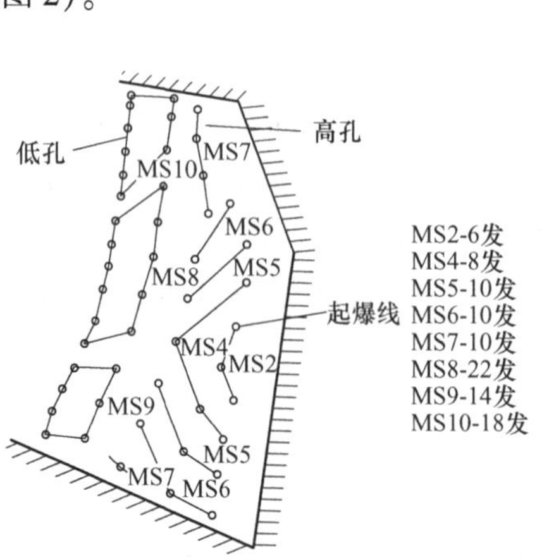

图2 高陡边坡爆破网路

Fig. 2 High-steep slope blasting network

3.3 施工注意要点

(1) 钻孔精度要求。合理孔深是保证爆破效果的关键步骤，设计时，要严格按照坡面及坡底的空间分布情况；并向钻机操作人员进行详细交底；现场验收时应参考设计孔深，确保钻孔角度、钻孔位置、钻孔深度在误差范围之内。对于未达到设计要求的钻孔，应继续打钻，直至标准范围内；超过设计钻孔 0.2m 以上的，要及时回填处理。

(2) 连线的准确性。本次高低孔爆破的连线方式区别于传统的深孔爆破，需要尤为注意的是，边坡孔为分区域连接，将后 2 排炮孔分成 3 个部分同时连接，各部分采用不同段别的毫秒延时雷管进行引爆。其余的高孔进行常规的四通连接，雷管段别也有所差异。在爆破设计交底时，要向现场作业人员及时告知，确保炮孔连线的完整性及准确性。

(3) 填塞质量的保证。炸药投放完毕后，应保证填塞质量。现场验孔时，发现炮孔均不含水，采用钻孔吹出的岩粉进行填塞处理。填塞长度要有所区分，低孔填塞长度应根据孔深进行适当调整，第 1 排低孔的填塞长度 2.5m，第 2 排低孔的填塞长度 3.5m，而高孔填塞长度 4.0m，确保既可将岩层抛入下方，也不会损坏边坡所在层面的岩性。

4 应用效果分析

877m 平台高陡边坡高低孔起爆完毕后，现场检查发现，高孔所在区域的岩层在爆破作用下，向前推移现象明显，呈现抛物线状，形成了较好的最终边坡雏形。两排的低孔由于采用同段别导爆管雷管引爆，爆破振动效应更为明显，与高边坡形成了一定的拉裂带。在应力波及岩层挤压作用下，高陡边坡的岩层破碎现象明显，岩石的块度不大，适宜后期挖装处理。后期通过 RTK 再次放线，采用挖机进行局部修整，整体工程修整量不大，形成的坡面较为规整（见图 3）。但在最终验收时，也发现坡面在局部区域存在坑洼现象，可能是由于岩层的风化现象导致岩层的承载能力过小所致，后期再进行类似施工时，可适当降低装药量大小。与常用的预裂爆破技术而言，高低孔爆破处理高陡边坡不能形成显著的半孔率，但坡面平整度较好，可以保证坡面的稳定性，且施工难度不大，给类似边坡提供了一个较好的施工思路。

图 3　高低孔爆破处理效果

Fig. 3　High and low hole blasting treatment effect

5 结语

本文结论如下。

(1) 基于早期边坡规划不当的问题，使得一些边坡处理不宜采用预裂爆破，提出可通过布置高低孔爆破实现边坡的治理。

(2) 在 877m 平台的高陡边坡进行高低孔布置设计时，依据计算公式得到了高低孔的设计孔深。考虑到高陡边坡的处理难度，将 2 排低孔分成 3 部分，每部分采用同段别导爆管毫秒延时雷管，实行分区域起爆，并强调了钻孔施工的精度要求及爆破网路连接的准确性等。

（3）现场检查结果表明，前排的高孔爆破推动现象明显，并与2排低孔形成了有效间隔，再通过挖机的局部修整，发现边坡坡面整体达到了设计要求。

参考文献

[1] 王先，张树伟．爆破地震对司家营矿区露天边坡影响研究［J］．金属矿山，2012（4）：1-4.

Wang X，Zhang S W. Effects of blasting vibration on the Sijiaying open-pit slope［J］．Metal Mine，2012（4）：1-4.

[2] 宋景辉，吴建圻，何以剑．爆破震动对露天矿边坡稳定性的影响分析［J］．露天采矿技术，2014（7）：10-12，16.

Song J H，Wu J Q，He Y J. The effect of blasting vibration on slope stability in open-pit mine［J］．Opencast Mining Technology，2014（7）：10-12，16.

[3] 曹兰柱，王珍，王东．边坡受爆破振动损伤及其稳定性分析［J］．中国安全科学学报，2018，28（2）：75-80.

Cao L Z，Wang Z，Wang D. Law of blasting vibration damage and stability analysis to slope in open-pit mine［J］．China Safety Science Journal，2018，28（2）：75-80.

[4] 姜锐，蒲传金，肖定军，等．露天矿边坡爆破存在的问题及解决措施［J］．化工矿物与加工，2015，44（6）：44-47.

Jiang R，Pu C J，Xiao D J，et al. Existing problems in blasting of the open-pit slope and improvement measures［J］．Industrial Minerals & Processing，2015，44（6）：44-47.

[5] 贺顺吉．露天矿边坡控制爆破的安全技术［J］．露天采矿技术，2014（5）：77-79，85.

He S J. Safety technology of open-pit mine slope controlled blasting［J］．Opencast Mining Technology，2014（5）：77-79，85.

[6] 陈立强，杨风华．控制爆破技术在改善露天矿边坡稳定性的应用［J］．工程爆破，2011，17（3）：33-37，32.

Chen L Q，Yang F H. Application of controlled blasting technique in improving slope stability in the open-pit mine［J］．Engineering Blasting，2011，17（3）：33-37，32.

[7] 李建华．预裂爆破技术在大型露天矿山的应用［J］．有色金属（矿山部分），2015，67（3）：74-76，81.

Li J H. Application of pre-blasting technology in large-scale open-pit mine［J］．Nonferrous Metals（Mining Section），2015，67（3）：74-76，81.

[8] 王和平，郭连军，张大宁，等．大孤山铁矿预裂爆破研究与应用［J］．金属矿山，2015（10）：18-23.

Wang H P，Guo L J，Zhang D N，et al. Application and research of pre-splitting blasting in Dagushan iron mine［J］．Metal Mine，2015（10）：18-23.

[9] 唐海，袁超，梁开水．基于神经网络的预裂爆破参数智能设计［J］．工程爆破，2012，18（1）：11-15.

Tang H，Yuan C，Liang K S. Intelligent design of parameters based on neural network in presplitting blasting［J］．Engineering Blasting，2012，18（1）：11-15.

[10] 刘晓明，祁茂富．安太堡矿赋存巷道端帮岩石松动爆破实践［J］．工程爆破，2016，22（6）：66-69.

Liu X M，Qi M F. Rock loose blasting practice near Antaibao coal mine occurrence roadway［J］．Engineering Blasting，2016，22（6）：66-69.

[11] 汪旭光．爆破设计与施工［M］．北京：冶金工业出版社，2013：247-257.

Wang X G. Blasting design and construction［M］．Beijing：Metallurgical Industry Press，2013：247-257.

露天矿复杂采空区群治理技术分析

陈晶晶[1]　崔晓荣[1]　蓝　宇[2]　张兵兵[1]　韩　振[1]　王　菲[1]

（1. 广东宏大爆破股份有限公司，广东 广州，510623；
2. 广东省大宝山矿业有限公司，广东 韶关，512000）

摘　要：为了有效确定采空区群的存在位置，采用三维激光扫描技术对大宝山 47 线采空区群进行了探测，确定了 11 个采空区的空间关系及各自的分布状态；在探测基础上，分析了各个采空区的稳定性情况，给出了爆破处理时机及采空区爆破施工的顺序。最终利用强制爆破崩落法，并设计了相应的爆破参数，控制了炸药装药量，对装药及填塞也进行分类处理。现场爆破施工表明，第一爆区、第二爆区、第三爆区的上部岩石较好地落入了采空区范围内，充填效果良好，成功消除了采空区群的不利影响。

关键词：三维激光扫描；采空区群；采空区稳定性；爆破时机；强制爆破崩落法

Analysis on Processing Technology of Complex Goafs Group in Open-Pit Mine

Chen Jingjing[1]　Cui Xiaorong[1]　Lan Yu[2]　Zhang Bingbing[1]　Han Zhen[1]　Wang Fei[1]

（1. Guangdong Hongda Blasting Co., Ltd., Guangdong Guangzhou, 510623；
2. Guangdong Province Dabaoshan Mining Co., Ltd., Guangdong Shaoguan, 512000）

Abstract: In order to effectively determine the location of goafs group, three-dimensional laser scanning technology was used to detect goafs group of Dabaoshan 47 line, the spatial relationship and distribution status of 11 goafs were determined. On this basis, the stability of each goaf was analyzed. In the case, the optimal blasting timing and the sequence of blasting construction in the goafs were given. Finally, the forced blasting caving method was applied, corresponding blasting parameters were designed, the amount of explosive charge was controlled, the charge and packing were classified. The onsite construction results showed that the upper rock strata of the first, the second and the third blasting zone were well within the mining area, and the filling effect was good, which successfully eliminated bad effect of goafs group.

Keywords: three-dimensional laser scanning; goafs group; goaf stability; blasting timing; forced blasting caving

采空区的存在，具有隐蔽性强、探测精度差、爆破处理难度大等特点，始终是威胁矿山安全生产的隐患。如何有效地降低或消除采空区的影响，已引起了许多专家学者的注意。在采空区破坏机理研究方面，段瑜等人[1,2] 采用 FLAC3D 模拟软件，对采空区顶板及支撑矿柱与采空区稳定性的关系进行了分析，认为采空区顶板受力失稳是采空区坍塌的主要因素。付建新[3] 利用岩石力学实验及声发射技术，确定了深部采空区岩石内部的破坏模式，为研究采空区稳定性提供了参考。采空区探测方面，张俊英[4] 采用物探与钻探相结合的手段，确定了采空区的存在状态，并对采空区的隐患进行了分级。崔晓荣等人[5,6] 综合采用了物探、钻探及三维激光扫描相结合的探测技术，得到了大宝山矿区的采空区位置、范围等参数，为处理采空区提供了数据支持。

在采空区处理方面，刘博文[7] 提出了露天矿采空区探测的原则，认为采空区分级处理是提高治理效果的重要方面。甯瑜琳[8] 针对重叠型采空区的安全隐患，分析了采空区处理的重点部位，有效

原载于《工程爆破》，2019，25（3）：70-75。

预防了地表塌陷的影响。刘宪权等人[9,10]根据老采空区群的特征及采空区顶板最小安全厚度与采空区跨度的关系，认为采空区的处理与治理时间有关，并提出了相应的技术措施。秦国震[11]通过数值计算，分析了采空区顶板围岩冒落的范围，并采用深孔爆破诱导采空区冒落，现场实施效果良好。张佳男[12]认为，复杂采空区群采用废石充填与缓冲型阻波墙、实体阻波墙形式的封闭法相结合的措施，对于治理采空区效果更好。

综上所述，对采空区的研究主要从形成机理、探测分析、分类处理等方面综合进行，而对复杂采空区群的研究较少。因此，分析如何有效消除采空区群的不利影响，有着一定的实际意义。

1 工程背景及采空区群的受力分析

1.1 工程背景

大宝山矿为多金属矿山，富含铜、铁、硫、铅锌矿、钼矿等，开采价值较高。早期，采用井工开采，在矿山内部布置了众多的巷道及回采作业面；且民采现象严重。后期，为了提高生产效率及保障施工生产安全可靠，改用了露天开采模式，故矿区深部布置的巷道及采空区一直存在，且采空区所在范围呈现增大的趋势，部分区域形成了复杂的采空区群。由于矿区规模大，采用人为规定的 0~51 线对整个矿区进行了划分，矿区的 47 线采空区群标高为 661m 平台，位于采场北部 47~49 号勘探线上。该采空群由 11 个上、下层重叠的采空区组成，上层赋存的标高为 630m，下层赋存的标高为 590m。采空区群内部形态复杂，分布密集，在空间上重叠分布，且部分采空区已经塌陷，存在重大安全隐患，给矿区的安全生产及矿石的回收利用带来了极大的麻烦，需要采用有效措施，及时消除采空区群的不利影响。

1.2 采空区群的受力及形成

未受采动影响或爆破振动等人为因素干扰时，矿岩体处于原岩应力状态，呈现三向受力，矿岩体的自身承载能力较强，基本处于稳定状态。当受炸药爆破产生的爆炸应力波及高温高压气体的作用时，矿岩的原生结构遭到破坏，当破坏能力超过岩体的承载程度时，将引起局部变形甚至坍塌。

而由于大宝山矿原先采用井下开采，开挖的巷道及回采工作面的存在、无规律的民采，已对矿体形成了损伤，一些地下开采遗留的采空区未采用有效支护和充填，处理效果不佳。一定范围内的采空区，在上覆岩层运动及时间效应的影响下，呈现不断发育扩展状态。局部区域形成了有效的贯通，使得采空区的规模扩大，稳定性更差，进而形成了采空区群。

2 三维激光扫描技术的应用及分析

针对采空区群的复杂多变性，三维激光扫描技术可较好地反映其存在方式。逐渐被大型露天矿山所采用，通过在某一平台向下方进行地质钻孔，并将三维激光扫描仪投入其中，利用激光测距的原理，可较好地反映大范围的矿物组成及内部空间存在形态等。通过介质的反射率变化情况，可得出采空区的存在形态、规模大小等参数。相对于传统的工程地质钻孔勘探而言，具有探测速度快，测量精度高的优势；且可利用自带的软件系统，生成的采空区实体模型，更为直观可靠。

2.1 三维激光扫描的应用

47 线采空区群对应的标高为 661m，位于采场北部 47~49 号勘探线上。在 673~661m 平台钻孔对该采空区群进行了三维激光扫描，探测情况如图 1 所示。

2.2 三维激光扫描结果的分析

本次三维激光扫描共探测出 11 个采空区，并通过三维激光扫描系统软件，得到了各自的采空区相关参数（见表 1）。

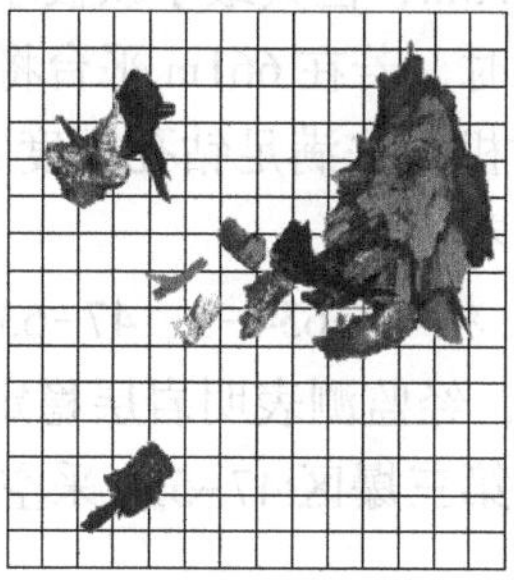
(a) 采空区群(俯视)

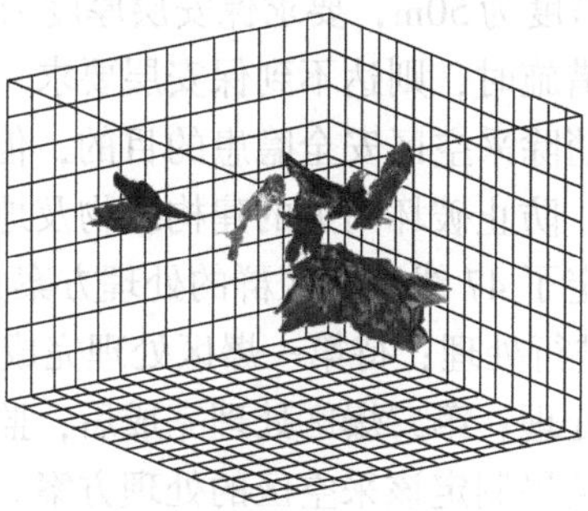
(b) 采空区群(三维)

图 1　47 线采空区群分布情况

Fig. 1　Distribution of goafs group in 47 line

表 1　扫描采空区得到的参数

Table 1　Parameters obtained by scanning goafs

采空区编号	顶板、底板标高/m	高度/m	最大跨度/m	顶板厚度/m	面积/m²
49-634-1	642.8/634.5	8.3	15.0	29.7	304.9
49-634-2	640.4/633.5	6.9	20.0	31.9	383.6
47_2-640	646.1/640.6	5.2	10.0	15.0	118.6
47_2-631	634.8/631.4	3.4	8.0	24.0	73.6
47-643	649.8/643.6	6.2	10.0	11.0	119.1
47-646	650.2/646.0	4.2	15.0	10.3	282.5
47-634-1	641.7/634.7	7.0	10.0	18.0	171.8
47-634-2	650.5/634.4	8.0	20.0	9.3	492.5
47-634-3	643.4/635.9	7.5	25.0	10.0	464.2
47-590	612.7/590.5	22.2	50.0	41.0	2035.9
47-610	617.5/604.0	13.5	7.5	43.5	153.3

由地质钻孔获取的岩芯可知，47 线采空区群上部存在 10~20m 范围的松散体，下部岩性为硅质灰岩及铜硫矿体围岩，岩体条件较好。在此基础上，分析采空区顶板保安层的稳定性，可为爆破最佳时机的选取及爆破方案的设计提供参考依据。利用矿方多年采空区治理经验得出的公式，来计算预留保安层厚度与采空区跨度的关系：

$$h = 0.71b - 1.02 \tag{1}$$

式中，h 为保安层厚度，m；b 为最大跨度，m。

通过计算结果得到仅有 47-634-2、47-634-3 的顶板厚度小于保安层厚度，稳定性较差；其余采空区顶板均大于所需保安层厚度，能较长时间地维持自身稳定。考虑到采空区群的安全隐患，须及时采用有效措施进行治理。

3　爆破处理时机及施工顺序

采空区的处理方法主要有充填法、封闭法及强制崩落法。爆破强制崩落法利用炸药爆炸释放的巨大能量，使得采空区顶板及两帮岩层破碎并落入采空区范围内，其具有施工快，效率高，成本低等优点，且施工效果较好。相对于充填法、封闭法，其应用更为广泛。故本次采空区群的处理采用强制爆破崩落法，后期可根据实际爆破情况，决定是否联合采用充填法。

根据经验公式（1）得出的采空区稳定性情况，了解 630 水平采空区群大部分采空区顶板厚度已接近保安层厚度，个别采空区甚至小于保安层厚度。由于 47 线采空区群空间层位上方相互交叉，关系错综复杂；若分开处理，爆破过程必将破坏附近采空区稳定性，因此该采空区群必须尽快同时处理。而下方的590采空区最大跨度为50m，要求保安层厚度为34.5m，但其最小顶板厚度仅为41m。若向下推进一个台阶再采取处理措施时，则达不到保安层要求。同时，若在661m平台将590采空区与630采空区群一同处理，能达到消除采空区安全隐患的目的，但钻机无法满足钻孔深度大于40m的要求。且需要考虑爆破振动的影响，防止破坏附近的建构筑物及地下巷道。

经过综合分析，确定了47线采空区群的处理方案为：将47-634-1、47-634-2、47-634-3、47_2-640作为第一爆区优先进行处理；待第一爆区处理完成后，经监测表明岩层稳定后，47_2-631、47-643作为第二爆区进行爆破处理；第二爆区处理完成后，监测第三爆区47-590采空区稳定性状况，并进行钻孔重新扫描，视扫描结果制定该采空区的处理方案。

4 爆破施工参数的确定

4.1 爆破参数的设计

基于三维激光扫描探测结果及爆破方案的确定，采空区群的钻孔施工平台为661m平台，采用ϕ140mm的潜孔钻，并设计垂直钻孔。本次设计钻孔89个，钻孔总量达1785m，炸药量为14329kg。炮孔实际深度在10~30.5m，采空区范围内的炮孔应作打穿设计，确保达到采空区顶板方向。爆破孔网参数采用4.0m×4.0m，特殊部位孔网参数可以有所调整，第1排炮孔的孔网参数依据抵抗线的变化做加密处理，并在采空区边缘增加钻孔，确保采空区被完全覆盖。爆区相互交叉，此次采空区群爆破采用MS1~MS25段别的非电导爆管雷管进行引爆，局部爆区爆破设计如图2所示。

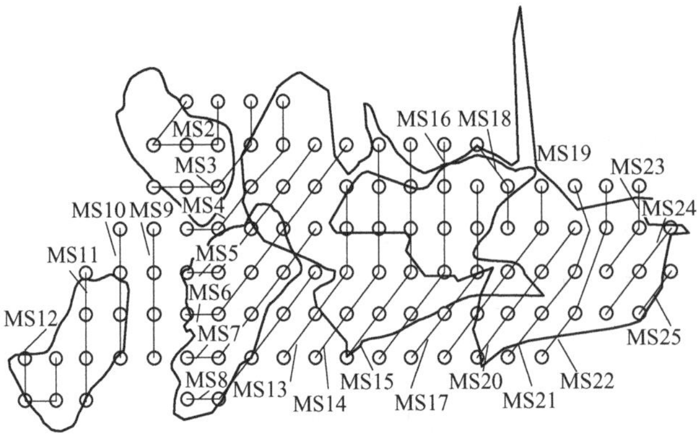

图2 采空区群局部爆破设计

Fig. 2 Partial blasting design of goafs group

采空区群炸药为散装铵油炸药与ϕ110mm的乳化炸药，现场施工发现，受地质条件及雨水影响，部分炮孔内部含水量较大，故装药需要分类进行。干孔采用散装铵油连续装药，2根ϕ110mm的乳化炸药加非电导爆管雷管分段引爆；水孔全部采用ϕ110mm的抗水性乳化炸药进行连续柱状装药，起爆药包设计与干孔类似。因此，干孔属于耦合装药，水孔为不耦合装药，采空区群爆破的相关参数见表2。

表2 爆破的相关参数

Table 2 Related parameters of blasting

类别	最小抵抗线/m	平均孔深/m	单响最大装药量/kg	总装药量/kg	孔排距/m×m	雷管段别
数值	4.0	18	917	14329	4.0×4.0	MS1~MS20

4.2 爆破振动效应的控制

在采空区群爆破设计时，需考虑到附近建（构）筑物（选厂房屋及设备）的影响，控制爆破药量，尽量减少爆破振动的影响。为保证选厂房屋及设备安全，根据最大允许质点振动速度4.5cm/s，结合萨道夫斯基经验公式[13] 进行计算，得出单响最大装药量Q=3037.5kg。现场施工中，设计最大单段药量仅为917kg，远小于允许单段最大起爆药量。且采用逐孔网路连接，孔内双发非电毫秒延时雷管分段起爆，雷管段别从MS1段至MS20段，起爆延时时间在0~2000ms，较好地控制了爆破振动效应。炮孔起爆顺序为：首先自爆区中部进行引爆，然后后排孔以前排孔制造的自由面，进行排间延时逐排起爆。

4.3 填塞质量的确定

由于干孔与水孔的装药不同，两者的填塞材料也不相同。干孔在距孔口4m处采用岩粉填充；水孔的填塞长度也为4m，但需要采用细小的石子将炮孔中水排出孔外，消除水对爆破的影响。当实测炮孔深度大于18m时采用间隔装药，炮孔中部用2m的岩粉或细小石子填实，同段采用2发起爆药包起爆。穿透孔应首先采用砂包进行吊孔填塞，下部充填3.5m后，再进行正常装药，上部充填高度为4m。装药填塞如图3所示。

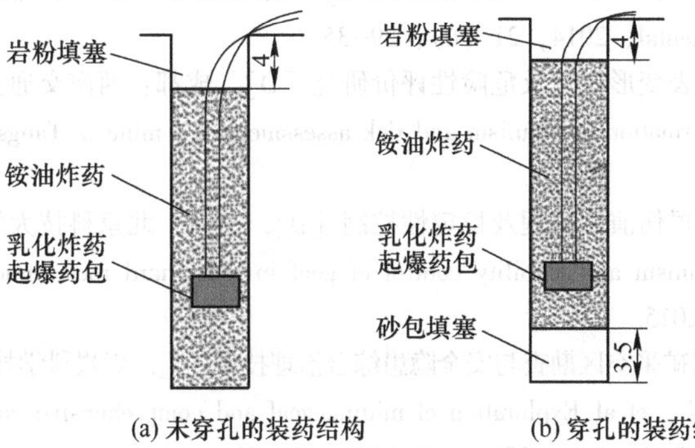

图3 炮孔装药结构和填塞（单位：m）

Fig. 3 Schematic diagram of blasting hole charge structure and blockage（unit：m）

4.4 施工要点

施工要点如下。

（1）现场钻孔中，需要达到设计孔深，控制钻孔的精度，由周边向中心逐渐推进，以便对岩层稳定性和采空区情况进行试探，并使得采空区上部范围内的钻孔打穿顶板。

（2）装药及填塞时，需要考虑有无水及是否打穿的情况，实现分类处理。

（3）由于采空区的设计炮孔数目较多，在起爆网路连线时，要仔细检查，确保没有遗漏，并保证连线的质量。

5 效果分析

本次采空区群的处理范围较大，炸药用量多，经过起爆后的现场检查发现，爆破进行顺利，没有产生盲炮，在采空区边缘处出现了2个冲孔，可能是底部砂包填塞效果未达到设计要求。且在采空区群附近无明显爆堆形成，垮落效果较好；在控制爆破振动的情况下，只在局部区域有少量飞石产生，爆破有害效应程度较低。

采空区上覆岩层在爆破的作用下，第一爆区、第二爆区、第三爆区的上部岩石较好地落入了采空区范围内，实现了有效填充，空区的填充率可达90%左右，遗留体积小，可采用附近的废石进行充填，保证采空区群的充分充填。

6 结论

本文结论如下。

（1）分析了采空区群的形成机理，是由人为因素干扰及岩层运动的时间效应造成的；并采用了三维激光扫描技术，确定了采空区群中的11个采空区的形态及分布情况，分析了各自的顶板稳定性情况，为后续的强制爆破崩落提供了参考。

（2）在三维激光扫描的基础上，考虑了爆破的最佳时机，给出了3个阶段的爆破施工方案。

（3）采用强制爆破崩落法处理采空区群，给出了相应的爆破参数，将装药与填塞分情况进行，并较好地控制单响装药量。现场实施效果表明，岩体较好地抛入采空区群内部，填充率可达90%，整体效果达到了预期目标。

参考文献

[1] 段瑜，赵培，宁齐元，等．非煤矿山采空区失稳机理及稳定性数值模拟分析［J］．安全与环境工程，2014，21（6）：29-35.

Duan Y, Zhao P, Ning Q Y, et al. Numerical simulation analysis on instability mechanism and stability of goaf in non-coal mine [J]. Safety and Environmental, 2014, 21 (6): 29-35.

[2] 周一文．唐山某煤矿采空区地表变形机理及危险性评价研究［D］．成都：西南交通大学，2017.

Zhou Y W. Study on surface deformation mechanism and risk assessment of a mine in Tangshan [D]. Chengdu: Southwest Jiaotong University, 2017.

[3] 付建新．深部硬岩矿山采空区损伤演化机理及稳定性控制［D］．北京：北京科技大学，2015.

Fu J X. Damage evolution mechanism and stability control of goaf in deep hard rock mines [D]. Beijing: University of Science & Technology Beijing, 2015.

[4] 张俊英，王翰锋，张彬，等．煤矿采空区勘查与安全隐患综合治理技术［J］．煤炭科学技术，2013，41（10）：76-80.

Zhang J Y, Wang H F, Zhang B, et al. Exploration of mining goaf and comprehensive control technology of safety hidden dangers [J]. Coal Science and Technology, 2013, 41 (10): 76-80.

[5] 崔晓荣，林谋金，郑炳旭，等．矿山采空区崩落爆破评估验收方法［J］．金属矿山，2015（9）：11-15.

Cui X R, Lin M J, Zheng B X, et al. Inspection and assessment of caving and blasting effect in underground goafs [J]. Metal Mine, 2015 (9): 11-15.

[6] 崔晓荣，陆华，叶图强，等．三维空区自动扫描系统在露天矿山中的应用［J］．有色金属（矿山部分），2012，64（3）：7-10.

Cui X R, Lu H, Ye T Q, et al. Application of 3D auto-scanning laser system in mined-out areas detection in open-pit mine [J]. Nonferrous Metals (Mining Section), 2012, 64 (3): 7-10.

[7] 刘博文，王振伟，李伟，等．露天矿地下采空区探测与治理技术应用与实践［J］．中国煤炭，2017，43（11）：42-46，59.

Liu B W, Wang Z W, Li W, et al. Application and practice of detection and treatment technology for open-pit mine goaf [J]. China Coal, 2017, 43 (11): 42-46, 59.

[8] 甯瑜琳．多中段层叠采空区处理与地表塌陷坑治理方案研究［J］．矿业研究与开发，2017，37（11）：26-29.

Ning Y L. Study on the treatment schemes of multilayer goaf and surface collapse pit [J]. Mining R & D, 2017, 37 (11): 26-29.

[9] 刘宪权．露天煤矿地下采空区勘查与治理技术研究［J］．露天采矿技术，2017，32（1）：1-3，8.

Liu X Q. Research of exploration and treatment technology in the open-pit coal mine goaf [J]. Opencast Mining Technology, 2017, 32 (1): 1-3, 8.

[10] 苗悦，武懋，赵天佑．采空区对露天开采的影响及对策［J］．露天采矿技术，2018，33（3）：21-25.

Miao Y, Wu M, Zhao T Y. The influence of goaf on open pit mining and its countermeasures [J]. Opencast Mining Technology, 2018, 33 (3): 21-25.

[11] 秦国震．中深孔爆破诱导冒落处理采空区技术研究［D］．唐山：华北理工大学，2017.

Qin G Z. Study on the technology of mined-out area induced by medium-deep hole blasting [D]. Tangshan: North China University of Science and Technology, 2017.

[12] 张佳男，曾晟，刘建新，等．某铜矿采空区充填法与封闭隔离法联合治理思路［J］．现代矿业，2017，33（5）：215-216，219.

Zhang J N, Zeng S, Liu J X, et al. The joint management idea of filling method and closed isolation method in a copper mine [J]. Modern Mining, 2017, 33 (5): 215-216, 219.

[13] 汪旭光．爆破设计与施工［M］．北京：冶金工业出版社，2013：681-685.

Wang X G. Blasting design and construction [M]. Beijing: Metallurgical Industry Press, 2013: 681-685.

轻小型无人机航测技术在露天矿山中的应用现状与展望

张兵兵[1] 张中雷[2] 廖学燕[3] 孙钰杰[2] 李 波[2] 崔晓荣[1]

（1. 广东宏大爆破股份有限公司，广东 广州，510623；
2. 大昌建设集团有限公司，浙江 舟山，316021；
3. 四川省安全科学技术研究院，四川 成都，610062）

摘　要：从无人机硬件系统、飞控系统、测量仪器和测量数据处理软件四个方面的支撑技术，分析了轻小型无人机的发展情况。在此基础上，分析了其在露天矿区监测及植被覆绿情况、地形地貌测量与危险源辨识、土石方量的计量等方面的应用现状，并认为存在电池续航能力不足、单一传感器航测精度偏低及各航测平台数据兼容性差等问题。最后，提出了轻小型无人机在露天矿山全生命周期中的应用前景，包括矿区勘察与规划设计、生产计划编制与现场管理、复杂地形测量与工程计量、安全监管及矿区生态环境监控与闭坑管理等。

关键词：支撑技术；轻小型无人机；土石方量；危险源辨识；露天矿山全生命周期

Application Status and Prospect of Light and Small UAV Aerial Survey Technology in Open-pit Mines

Zhang Bingbing[1] Zhang Zhonglei[2] Liao Xueyan[3] Sun Yujie[2] Li Bo[2] Cui Xiaorong[1]

(1. Guangdong Hongda Blasting Co., Ltd., Guangdong Guangzhou, 510623;
2. Darch Construction Group Co., Ltd., Zhejiang Zhoushan, 316021;
3. Sichuan Academy of Safety Science and Technology, Sichuan Chengdu, 610062)

Abstract: Rapid development of light and small UAV is analyzed through the hardware systems, flight control systems, measuring instruments and data processing software. The application status of open-pit mining area monitoring and vegetation greening, topographic and geomorphological measurement and hazard source identification, earthwork measurement are analyzed. It is considered that battery life is insufficient, accuracy of single sensor survey is low and data compatibility of each platform was poor. Finally, application prospects of light and small UAV in open-pitf mines life cycle are proposed, including mining area survey and planning design, production planning and site management, complex topographic survey and engineering measurement, safety supervision and monitoring, control of mining ecological environment and pit management and other aspects.

Keywords: support technology; light and small UAV; earthwork volume; hazard identification; open-pit mine life cycle

1 引言

无人机航测技术具有耗时短、数据采集精度高、成果三维可视化程度高等特点，已成功应用于城市规划、农林测量、应急救灾、地形地貌测量等方面。李德仁等人[1] 从无人机飞行平台、飞行姿态

基金项目：广东省产学研合作院士工作站项目资助（编号：2013B090400026）。
原载于《中国矿业》，2019，28（6）：94-98。

控制与导航、传感器技术等方面分析了无人机航测存在的问题及应用前景。刘聪等人[2]、章梦霞等人[3] 分析了露天矿区的特点，采用低空无人机遥感测绘技术，得到了矿山的三维数字模型，满足1：2000 比例尺成图精度要求。袁修孝等人[4] 利用自行设计的 GPS 辅助低空航摄系统，在大于 $100km^2$ 的区域仅布置 4 个地面控制点，且满足平地 1：500 的地形测图的精度要求。近几年，随着无人机类型的小型化、系列化开发取得突破性进展，包括固定翼、复合翼、多旋翼等多种机型，加上飞行控制系统的智能化、集成化，性价比越来越高，安全性越来越好，操控也更加简便，基本摆脱了传统测绘行业的专业束缚。新型轻小型无人机的采购单位、应用领域和操作人员均逐步从专业的“测绘属性”，转向各行各业开始普遍推广应用的“大众属性”，相关技术参数指标已经达到甚至优于传统的专用轻小型无人机测绘系统。

露天矿山地形复杂多变，导致传统测量难度大、效率低、成本高，迫切需要一种更为高效快捷的测量手段，应用于露天矿山资源开发的全生命周期中[5,6]。新型轻小型无人机航测技术的突破，使之常态化地自主进行无人机测绘的外业和内业作业成为可能。但是，该技术虽在露天矿山开采领域有不少成功应用案例，但仍不普及、不系统、不全面、不深入，没有充分发挥新手段、新技术的优势；未能做到全方位、全周期地应用所获测绘成果，用以提高露天矿山资源开发利用的技术管理水平。

综上所述，总结新型轻小型无人机在露天矿山的推广应用情况和成功经验，分析发展趋势，具有重要的指导意义。

2 无人机航测支撑技术的发展

轻小型无人机航测系统，依赖于无人机航测相关支撑技术的发展和瓶颈突破，特别是无人机硬件、无人机飞控系统、测量仪器和测量数据处理软件四个方面。

2.1 无人机硬件的发展

近年来，各种复合高强度轻质材料的出现，如玻璃纤维、碳纤维等逐渐取代传统材料，使无人机具有质量轻、体积小、强度高、耐腐蚀性能高等特点，极大地保证了机身的稳定性和安全性。太阳能电池、新型聚合物电池及混合动力能源应用于无人机动力方面，飞行参数稳定，可更好地满足航摄飞行的技术指标要求。

基于上述新材料、新动力技术的发展，出现了复合翼无人机和多旋翼的无人飞行器两种新机型。新型复合翼无人机，兼具固定翼飞机及旋翼直升机的优势，起飞和降落时通过旋翼升空或降落，其他阶段通过固定翼高速飞行，同时较好地保证升降和前拉动力能量的合理分配，有利于无人机的安全起降与平稳飞行，是使用范围广、航测效率高的新机型，主要用于较大区域的测绘。多旋翼无人机通过飞行控制器与 GPS 定位的辅助，改变每个旋翼的转速可达到精准控制无人机姿态，如悬停、旋转、翻滚等动作，可在短时间内到达指定工作区域，迅速实现垂直起降操作，具有飞行稳定、定位精确、机动性好、航测精度高、可搭载航测设备种类多等优势[7,8]。但由于携带多个电动机，导致航测时间相对较短、飞行效率降低，主要用于中小区域的测绘。

因此，新型无人机硬件的发展，首先依靠新材料和新动力能源的基础技术支撑，带动了无人机机型的变革和发展，催生了垂直升降的固定翼无人机和多旋翼的无人飞行器等新型无人机；具备价格较低、飞行性能好等属性，且摆脱了传统测绘行业的专业束缚，是普遍推广应用的前提和基础，促使了市场竞争机制的发挥，加速了无人机的发展和转型升级。

2.2 无人机定位与控制技术的发展

无人机是搭载测量仪器的平台，也需要满足所搭载测量仪器的技术参数指标要求。主要体现在无人机的姿态控制与精确定位技术两个方面，无人机姿态控制系统获取了测量瞬时无人机的航偏角、俯仰角和滚转角，其与描述像片空间姿态的角元素存在对应关系；借助无人机的精确定位技术，获取无人机在测量瞬间的空间位置，其与测量仪器的摄影中心点空间位置相对固定，可简单进行空间位置换算。

基于无人机航测实际需求的改变，非线性动态控制、神经网络智能控制和组合导航等方法的应用范围更广。通过动态控制，可从不同方面提高无人机的飞行性能，降低气流、干扰源等对无人机航测过程的影响，保证整个飞行计划中的控制效果，实现平稳飞行。

在新型轻小型无人机精确定位方面，实时差分全球定位技术是一种新型常用的卫星定位测量方法，普遍应用于飞行速度相对较慢的多旋翼无人机的精确定位。事后差分全球定位技术，不能提高导航精度，但是能够通过事后数据处理精确地获取测量瞬间的无人机位置，其不必实时进行无人机空间位置的定位计算，因此受卫星数和信号强弱的影响小，普遍应用于飞行速度相对较快的固定翼无人机。

2.3 测量仪器的发展

随着高分辨率单镜头数码相机的发展，机身质量更轻，光学成像精度和图像分辨率越来越高，校验后的单反数码相机已经能够满足无人机低空摄影测量的要求。尽管其并不能直接描绘被测区域的全貌，但测量效率高，可通过后期的图像解析复原被测对象的三维属性和颜色属性，是一种经济且高效的航空测量手段。

各种新型先进的传感器也不断涌现，如三维激光扫描仪、小型多光谱/超光谱成像技术、合成孔径雷达技术、Li-DAR 成像技术等；不仅可以获取地形地貌，还可实现被测区域色彩的区分及危险源的辨识。且高精度传感器的体积及重量日渐趋于小型化，传感器的运行也更为平稳，可较好地反映被测区域的清晰画面，实现实时拍摄的目的，但是测量效率明显低于低空航测。传感器的综合化及模块化使用，使得测量成图的精度得以保证，具有高分辨率、色彩丰富的特点，具备飞行控制系统通信、获取飞行参数、解算适宜曝光时间、修正曝光时间、实时存储数据等功能，更为智能化。

高性能测量仪器呈现性能更优、体积更小的趋势，不再是搭载能力大、续航时间长的大中型无人机的专属。轻小型无人机搭载的测量仪器，近年来的进展主要体现在以下三个方面：一是在测量仪器的小型化、轻型化；二是测量精度和测量效率的提升；三是测量手段的多样化和集成化，为轻小型无人机开展高精度航测作业提供了保障。

2.4 测量数据后处理软件的发展

无人机测绘配套的测量数据后处理软件也得到了较快发展，其种类较多，主要有 PixelFactory、Inpho、PixelGrid、DPGrid 等软件系统，其基于集群网格化的并行计算，可实现影像的预处理、自动空三测量、同名点的密集匹配及影像的加工等，实现了测量的简单化及智能化。常用的空中三角解析法，可实现航测影像的加密处理，将二维航测图像转化为三维密集点云。此外，立体矢量采集模块可测制矢量地形图，接收无人机航测的图像。GPS 辅助空中三角测量的技术也有了一定的研究，取代了传统的地面控制点布设，可较好地保证测量精度[9]。

综上所述，四个支撑技术的发展与集成创新，使新型轻小型无人机航测系统具备了优越的技术和经济性能指标，为推广应用奠定了坚实的基础。

3 露天矿山无人机航测中的应用现状

目前，轻小型无人机航测在露天矿山方面的应用不断拓宽，主要包括矿区监测及植被覆绿情况、矿区地形地貌测量与危险源辨识、土石方量的计量等。

3.1 矿区监测及植被覆绿情况的调查分析

(1) 矿区的监测。轻小型无人机的一次航测面积可达 5km^2 以上，精度高；对于大型矿山而言，一个或几个架次基本可以满足测量需求。对于矿区实际情况的调查、各种隐患的源头监控[10]、露天矿区土地复垦情况及评价等[11]，都有着重要的指导意义。由于矿区的各种扰动效应众多，应考虑不同的测量目的，实现差异化的无人机传感器类型选择。各种高性能及特色相机的使用，可实现矿区基础信息的综合采集，保证矿区的监测效果。

（2）矿区植被覆绿情况的调查。轻小型无人机可在矿山植被生长区域进行快速拍摄，清楚地了解植被的覆盖范围、生长趋势及植被的成活率等，为后期的植被覆绿的评价及后期计划的制定提供参考[12]。结合图像信息的NDVI植被指数提取技术，可获取露天矿山原生植被及后期植被覆绿的范围，成活率及植被的种类、生长密度及长势等，得到植被的变化图斑[13]。最后，可通过现场的实测数据，进行综合分析。轻小型无人机航测在露天矿山植被覆绿情况调查的应用，减少了人工的劳动强度，提高了工作效率，同时保证了检查的质量，有效地改善了矿山植被覆绿的监控现状。

3.2 矿区地形地貌测量与危险源辨识

（1）露天矿区的地形地貌测量。轻小型无人机采用了先进遥感传感器技术、遥测遥控技术、GPS差分定位技术和通信技术等，利用自带传感器及数据处理软件，可短时间内获取矿区的数字三维模型、等高线分布情况、台阶的实际开采情况等，实现了矿山的数字化建设与信息化处理；且航测的精度较高，地表建构筑物清晰可见，可满足矿山1∶2 000的成图要求。通过地形地貌的测绘，可以清楚直观地了解采场的全貌及局部情况[14,15]。

（2）边坡测量及各类危险源的辨识。露天矿山开采的工序复杂多变，存在着许多安全隐患，可能引起滑坡、泥石流等灾害，进而造成难以挽回的损失。主要有温度异常区、不稳定边坡（排土场）、各种污染源等现象。高分辨率卫星可快速准确地获取矿区塌陷范围，清晰地得知细节信息，为分析塌陷的影响因素及影响程度等提供数据支持。但卫星监测的成本高，难以实现长时间地监控。露天矿山的高温区探测方面，三维激光扫描技术及红外成像技术已有了应用，但探测成本偏高，测量的效率较低，且不够安全。

3.3 矿区土石方量的计量

露天矿山土石方量的确定，对于矿山的生产规划及成本监控、工程款结算等，有着重要的意义。轻小型无人机为矿石方量的计算提供了新的思路，其不受矿山地形的影响，可在短时间内获取相应区域的矿石储量，快捷方便，可行性高。与计算机视觉理论结合，实现了矿山地形地貌的三维模型重建，成本低且测量高效。无人机测量的方法显著提高了测量的工作效率，保障了矿堆体积变化的监测精度，形成了露天矿山工程量计算评估新模式，较好地满足了矿山的土石方量计算及生产计划的要求。

4 露天矿山轻小型无人机航测存在的问题及应用前景

4.1 当前存在的问题

（1）电池续航性能问题。由于轻小型无人机的机身体积及承重能力有限，难以携带多块电池，且目前电池的续航性能一般，如锂聚合物电池，只能维持在1h左右，对于面积在$10km^2$以上的大型矿山而言，难以实现一次安全覆盖性的航测工作。一定程度上，增加了航测的工作量，且多个架次需要航测路线的局部重叠，造成了不必要的浪费。

（2）测量精度控制问题。露天矿山测量期间，影响轻小型无人机航测精度的因素较多，主要与获取影像的清晰度、传感器的类型、像控点布置等有关。由于露天矿区开采区域的环境复杂多变，导致控制点的布设存在一定的难度，且受环境及车辆的干扰强，一定程度上导致获取的图像及信息的精度不高，对于后期的储量计算及生产调度指挥有一定的影响。

此外，传感器的类型及灵敏度情况，也是影响航测精度的一大因素。数码相机、三维激光扫描仪、激光雷达等，受制于露天矿山测量的目的，在选取时，应进行综合分析。且在无人机航测中，单一的传感器的应用效果并不能达到预期目标。

（3）测量数据处理问题。目前，无人机航测平台多样，均需要配套的专用软件和硬件系统，测量基础数据和数据处理软件的兼容性差，故在数据分析和处理过程中，需要进行数据的分类输入，导致数据处理的前期准备和后期分析工作烦琐，数据耗时长，专业性要求较高。如何能有效统一、简化数据输入、输出的过程和标准，是提高航测数据处理效率的重要方面。

4.2 轻小型无人机露天航测的发展前景

（1）矿区勘查与规划设计。轻小型无人机航测技术可对存在安全隐患的区域进行测量，而且测量效率高、成本低。搭载单反相机的固定翼无人机，几个架次就可以完成矿区及其周边的地形地貌特征的测绘。进行必要的数据后处理，可获得航测区域的三维或者二维地图，直接服务于露天矿山的前期勘探测量、矿区生态环境调查、矿产资源开发利用方案编制和露天矿山规划设计等。

（2）矿山生产计划编制与现场管理。轻小型无人机航测可实现大型露天矿山的全覆盖三维建模，获取整个矿区的实景全貌，及时更新地形地貌，此是生产计划编制和施工现场管理的技术基础。可以及时而准确地了解矿区的宏观采场现状，如开采平台的位置、范围及空间关系等，掌握矿区道路及排土场的空间分布关系等，亦可对重点区域进行进一步的高精度航测，为矿山生产计划编制与现场设备布置提供依据，保证长期生产计划与短期配矿得以良好实施。

同时，可进行施工现场的调度与管理，例如矿山临时道路的规划与设计、生产计划执行情况检查与纠偏、各平台采剥作业的计量与管理等，有利于现场调度员落实生产计划、合理安排施工设备，使得现场管理决策更加科学化、合理化。

（3）复杂地形测量与工程计量。露天矿山的复杂地形区域及存在安全隐患的区域，例如高陡边坡区域、塌方区域、地下存在不稳定采空区的区域等，可选择高精度的无人机航测方案进行精确测量，快速精确地获取了复杂区域、危险区域的地形数据，生成特定区域的三维数字模型，为制定针对性的施工方案和技术措施奠定基础。在露天矿山工程计量方面，轻小型无人机航测系统可有效进行工程量的圈定与计量，耗时较短，精度较高，极大地改善了工作环境，同时提高了工作效率。

（4）矿山安全监管。轻小型无人机航测技术具有测量效率高、精度高、性价比高的优势，且无须接触危险区域就可以获得高陡边坡周边和排土场全域的地形地貌信息，远程踏勘分析高陡边坡和排土场的局部开裂与滑塌情况，而且所有测量数据的可视性非常好，为科学合理地研究对策与方案奠定基础。另外，借助高效、高精度的航测手段，可获得采场与多个排土场的空间位置关系、排土场的堆积形态、堆积范围变化等数据，及时而精确地反馈排土场的技术参数，从而对排土场进行排土管理与安全监控。同时，可通过对排土场进行定期的间歇性航测，对比两期或多期的航测结果，分析排土场堆积体的形态变化与发展趋势，对排土场的滑塌等安全隐患进行监控与预警。

（5）矿区生态环境监控与闭坑管理。在矿山开发的全生命周期，都可以应用无人机航测技术效率高、成本低、非接触测量安全性高的优势，进行露天矿山及其周边的生态环境监控，及时发现可能的生态环境影响，从而制定环境保护措施和方案。随着国家绿色矿山建设的不断推进，露天矿山的复垦复绿也是矿山生产和闭坑阶段的重要内容，可利用无人机携带专业化的传感器，达到确定复绿范围及植被生长情况等的目的。同时，搭载不同的传感器，可实现区域与植被生长情况的统一调查，分析植被的高度、存活率等，对露天矿山的复绿工作极为有利。

5 结论

本文结论如下。

（1）轻小型无人机航测技术的快速发展，取决于无人机硬件系统、定位系统与控制系统的进步、测量仪器性能及数据处理软件四个方面的瓶颈突破。

（2）无人机航测技术可较好地生成露天矿山的三维地形地貌，分析矿区植被覆绿范围及生长状态等，同时也可用于矿区滑坡等危险源的标识及监控。相比于传统的工程量计算方法，其具有较好的优势。

（3）轻小型无人机存在电池续航、图像数据精度及数据处理的不兼容性等问题，一定程度上制约了在露天矿山航测方面推广应用。本文提出了轻小型无人机在露天矿山航测发展前景，可较好地应用于露天矿山的全生命周期中。

参 考 文 献

[1] 李德仁，李明．无人机遥感系统的研究进展与应用前景［J］．武汉大学学报：信息科学版，2014，39（5）：505-513，540.

Li Deren，Li Ming. Research advance and application prospect of unmanned aerial vehicle remote sensing system［J］. Geomatics and Information Science of Wuhan University，2014，39（5）：505-513，540.

[2] 刘聪，贺跃光，陈帅，等．某铝土矿低空无人机遥感测绘成果精度分析［J］．测绘工程，2017，26（1）：17-20.

Liu Cong，He Yueguang，Chen Shuai，et al. Precision analysis of low-altitude UAV remote sensing mapping results in the bauxite［J］. Engineering of Surveying and Mapping，2017，26（1）：17-20.

[3] 章梦霞，郑新奇，刘波．无人机影像支持的矿区开采动态监测方法［J］．测绘通报，2017（10）：43-47.

Zhang Mengxia，Zheng Xinqi，Liu Bo. Dynamic monitoring method for mining area based on UAV images［J］. Bulletin of Surveying and Mapping，2017（10）：43-47.

[4] 袁修孝，高宇，邹小容．GPS 辅助空中三角测量在低空航测大比例尺地形测图中的应用［J］．武汉大学学报：信息科学版，2012，37（11）：1289-1293.

Yuan Xiuxiao，Gao Yu，Zou Xiaorong. Application of GPS-supported aerotriangulation in large scale topographic mapping based on low-altitude photogrammetry［J］. Geomatics and Information Science of Wuhan University，2012，37（11）：1289-1293.

[5] 朱海斌，王妍，李亚梅．基于无人机的露天矿区测绘研究［J］．煤炭工程，2018，50（10）：162-166.

Zhu Haibin，Wang Yan，Li Yamei. Surveying and mapping of open-pit mining area using unmanned aerial vehicle［J］. Coal Engineering，2018，50（10）：162-166.

[6] 黄皓中．基于无人机数据的露天矿三维时空对比及微地貌分析［D］．北京：中国地质大学（北京），2018.

[7] 代君，管宇峰，任淑红．多旋翼无人机研究现状与发展趋势探讨［J］．赤峰学院学报（自然科学版），2016，32（16）：22-24.

Dai Jun，Guan Yufeng，Ren Shuhong. Research status and development trend of multi-rotor UAV［J］. Journal of Chifeng University（Natural Science Edition），2016，32（16）：22-24.

[8] 廖卫中．小型四旋翼无人机控制系统设计与实现［D］．天津：天津大学，2016.

[9] 袁修孝．GPS 辅助空中三角测量原理及应用［M］．北京：测绘出版社，2001.

[10] 汪云甲，王坚，黄翌，等．矿区地表灾害多源监测分析若干关键技术及其应用［J］．测绘通报，2014（S2）：4-9，15.

Wang Yunjia，Wang Jian，Huang Yi，et al. Several key technologies of multi-source monitoring analysis and applications of surface disasters in mining areas［J］. Bulletin of Surveying and Mapping，2014（S2）：4-9，15.

[11] 何原荣，陈鉴知，林泉，等．航拍影像与点云数据在矿区生态修复中的应用［J］．中南林业科技大学学报，2017，37（4）：79-85.

He Yuanrong，Chen Jianzhi，Lin Quan，et al. Applications in the mining ecological restoration based on aerial imaging and point cloud data［J］. Journal of Central South University of Forestry & Technology，2017，37（4）：79-85.

[12] 张园，陶萍，梁世祥．无人机遥感在森林资源调查中的应用［J］．西南林业大学学报，2011，31（3）：49-53.

Zhang Yuan，Tao Ping，Liang Shixiang. Research on application of UAV techniques in forest inventories［J］. Journal of Southwest Forestry University，2011，31（3）：49-53.

[13] 杨坤，赵艳玲，张建勇，等．利用无人机高分辨率影像进行树木高度提取［J］．北京林业大学学报，2017，39（8）：17-23.

Yang Kun，Zhao Yanling，Zhang Jianyong，et al. Tree height extraction using high-resolution imagery acquired from UAV［J］. Journal of Beijing Forestry University，2017，39（8）：17-23.

[14] 李涛．天狼星无人机航摄系统在复杂地形测量中的应用与精度分析［J］．测绘通报，2017（12）：146-148，152.

Li Tao. Application and accuracy analysis of Sirius UAV aerial photography system in complex topographic survey［J］. Bulletin of Surveying and Mapping，2017（12）：146-148，152.

[15] 张建勇，赵艳玲，肖武，等．利用低空无人机摄影测量快速构建矿区线状地物信息［J］．测绘通报，2017（10）：106-110.

Zhang Jianyong，Zhao Yanling，Xiao Wu，et al. Rapid construction of mine line infrastructure using low-altitude unmanned aerial vehicle photogrammetry［J］. Bulletin of Surveying and Mapping，2017（10）：106-110.

露天矿山采剥施工的数字化精细管理实践

张兵兵[1]　喻　鸿[2]　张中雷[3]　李战军[1]　崔晓荣[1]

(1. 广东宏大爆破股份有限公司，广东 广州，510623；
2. 广东省大宝山矿业有限公司，广东 韶关，512000；
3. 大昌建设集团有限公司，浙江 舟山，316021)

摘　要：针对大宝山露天多金属矿山矿脉复杂、采空区分布多和配矿要求高等特点，宏大爆破有限公司以大宝山项目部为试点单位，进行了适用于矿山施工企业的数字化矿山建设。以无人机航测、DIMINE 软件和卡车调度系统为技术支撑，从露天矿山数据获取、加工处理和数据应用等方面构建了数字化矿山建设框架。构建流程如下：首先采用无人机航测技术获取了矿区范围内详细地形地貌信息和三维模型，清楚地了解了矿山生产现状与危险源分布情况；然后利用 DIMINE 软件进行生产计划制定、日常技术交底、工程量结算和爆破自动化设计等数字化工作，实现了矿山三维化生产规划设计，保证了资源开采利用的科学性，降低了矿石贫化与损失；同时利用卡车调度系统，进行分采分运与实时调度管理，确保了配矿指令的有效执行。实践表明：相比传统矿山施工企业，宏大爆破有限公司的数字化矿山试点工作从开采规划设计、施工调度和现场监管等方面实现了矿山一体化设计与集成化服务，显著提升了露天矿山采剥精细化施工及管理水平。

关键词：矿山施工企业；数字化矿山；无人机航测技术；DIMINE 软件；卡车调度系统；精细化施工

Digital and Fine Management Practice of Open-pit Mining and Stripping Construction

Zhang Bingbing[1]　Yu Hong[2]　Zhang Zhonglei[3]　Li Zhanjun[1]　Cui Xiaorong[1]

(1. Guangdong Hongda Blasting Co., Ltd., Guangdong Guangzhou, 510623;
2. Guangdong Province Dabaoshan Mining Co., Ltd., Guangdong Shaoguan, 512000;
3. Darch Construction Group Co., Ltd., Zhejiang Zhoushan, 316021)

Abstract: Dabaoshan polymetallic mine has a complex environment and high requirements for ore blending. Underground mining was used early. In the later stage, in order to improve mining efficiency and reduce safety hazards, open-pit mining was used. However, this led to the legacy of more untreated mined areas, and bring a big challenge to production work. Hongda Blasting Co, Ltd. takes the Dabaoshan Project Department as its pilot unit and fully considers its role as a mine construction enterprise in the construction of digital mines. From the perspective of practicability and investment costs, digital mines suitable for mining construction enterprises was conducted. Based on the application of various advanced mining software, adhered to the actual needs of mine construction, the UAV aerial survey, DIMINE software and truck dispatching system were used as technical support, from the data acquisition, processing and application of open-pit mine, a digital mine construction framework that could be applied in various construction management stages was constructed. Firstly, the detailed terrain and 3D models of topography were obtained by the UAV aerial survey technology. The production status and the distribution of hazard sources were clearly understood, and the macroscopic survey of open-pit mine was realized. Then DIMINE software was used in the whole life cycle of open-pit mine for production planning, daily technical submission, engineering quantity settlement and blasting

基金项目：广东省科技计划产学研重点项目“广东省广东宏大爆破股份有限公司矿山民爆一体化院士工作站”（编号：2013B090400026）资助。

原载于《黄金科学技术》，2019，27（4）：621-628。

automation design, which realized the three-dimensional production planning and design of mines, ensuring the scientific exploitation of resources and reduced the depletion and loss of ore. At the same time, the truck dispatching system was used to carry out the mining and real-time dispatching management, which ensured the orderly mining construction and the effective execution of the mining instructions, so as to avoid the enforced idleness due to poor organization of work. The combination of UAV aerial survey, DIMINE software and truck dispatching system has realized the organic unification of mine status investigation, safety hazard identification, production planning and design, scientific mining, real-time supervision, etc., ensuring safe production of the Dabaoshan open-pit mine. Practice showed that compared with traditional mine construction enterprises, Hongda's digital mine pilot work has better realized mine integrated design and integration services in mining planning and design, construction and dispatching, and on-site supervision, which has significantly improved the refined construction the management level, it could provide a certain reference for the construction of digital mines in mining construction enterprises.

Keywords: mining construction enterprise; digital mine; UAV aerial survey technology; DIMINE software; truck dispatching system; fine construction

传统露天矿山的资源开采及施工管理工作是以 CAD 二维图形为基础的，进行矿山的中长期和短期规划，需要大量的管理人员进行现场监管。然而，矿山数据量非常大，而二维图可视化程度低、数据更新速度慢、安全隐患多，且信息的有效传达存在一定的缺陷，不利于露天矿山的高效动态管控。随着数字化矿山的发展，这一难题正逐渐被解决。数据是矿山开采与风险管控的基础，露天矿山的数字化建设主要包括矿山信息的获取、存储及有效处理，并将其应用于金属矿山和煤炭矿山的全生命周期中[1-4]。利用数字化手段得到的矿山数据含有三维坐标，定位准确性高且管控方便，有助于实现矿山生产管理的便捷性和安全性。通过矿山数据的坐标对应关系，构建信息间的相互联系，可达到矿山建设的数字化、三维可视化，进而优化安全生产管理，实现资源的高效可持续开采。数字化矿山平台实现了虚拟化操作[5]，将数据高效处理后，再与实际开采相匹配，可达到虚拟与现场的有效结合。由此可知，数字化技术的快速发展及其在金属矿山领域的推广应用，彻底改变了矿山企业的生产管理模式，显著提高了生产效率[6]，对于矿山资源管控与生产优化意义重大。

矿业公司是数字化矿山建设的主体单位，许多矿业公司通过投入大量的人力物力构建数字化平台，显著提高了矿山生产与管理的整体水平[7-9]。矿山施工型企业主要为矿山提供矿业服务，其在数字化矿山建设中也起着重要的促进作用，但目前相关研究较少。本文以宏大爆破股份有限公司在大宝山项目部所开展的数字化工作为例，分析矿山施工企业在数字化建设中的重要作用。

1 露天矿山施工企业的角色演变

矿山施工企业的角色定位是为矿山提供矿业服务，其最初的管理模式较单一，一般只提供施工服务，如爆破或挖运服务等[10]；后来出现了矿山施工总承包[11]，施工企业的矿业服务逐渐向矿业一体化集成服务方向发展，可提供爆破、挖运和管理等多方位的矿业服务。矿业一体化集成服务是矿山施工企业发展的重大变革，有助于提供更优质的矿业服务[12]。尽管矿山施工企业的服务更加多元化，但均以尽早开采矿石资源为核心，在一定程度上忽视了生产计划的有序推进和潜在的安全隐患，对矿山的高效可持续开采影响较大。

随着信息化科学技术的不断进步，数字化矿山建设已成为矿业发展的必然趋势[13]。作为矿山施工企业，想要立足于现今的矿业大环境下，必须积极参与建设数字化矿山。矿山施工企业的矿业服务需要充分考虑实用性并控制投资成本，由传统的粗犷式施工向精细化施工与管理方向发展，在矿山资源开采与生产管理方面不断革新并完善工艺流程，提高企业的核心竞争力，实现技术与管理的双向发展。同时，培养一批懂操作、懂现场的数字化矿山建设综合性人才，为企业的长久发展注入新鲜血液和活力。

2 数字化矿山建设整体架构设计

为了提高矿山精细化施工及生产管理水平，宏大爆破股份有限公司以大宝山项目部为试点，进行了数字化矿山建设。大宝山露天矿为典型的多金属矿山，矿脉赋存条件复杂，矿区占地面积大，富含铜、硫、铅锌等多种矿石，目前主采铜硫矿，建成了生产规模达330万吨/年的铜硫选厂。大宝山多金属矿为地采转露采矿山，存在较多的采空区，安全隐患较大；同时矿区所在地区上半年基本为雨季，故生产任务主要安排在下半年，导致配矿任务繁重，剥离工作量较大。因此，需要进行生产计划的优化设计，提高安全监管水平，确保配矿工作及精细化施工管理的有序进行。

宏大爆破有限公司根据大宝山项目建设需求和矿山特点，构建了相应的数字化矿山框架（见图1），着重于解决矿石资源损失严重与安全监管难度大的问题。首先通过无人机航测技术快速获取矿山地形地貌数据，构建露天矿三维数字环境，在此基础上进行数据加工；然后采用DIMINE软件制定生产计划及分部工作，实现生产计划的不断优化，进而指导矿山实际开采工作；最后利用卡车调度系统实现矿石资源的合理分配，以期达到实时调度、指挥现场装运及安全管控的目的。

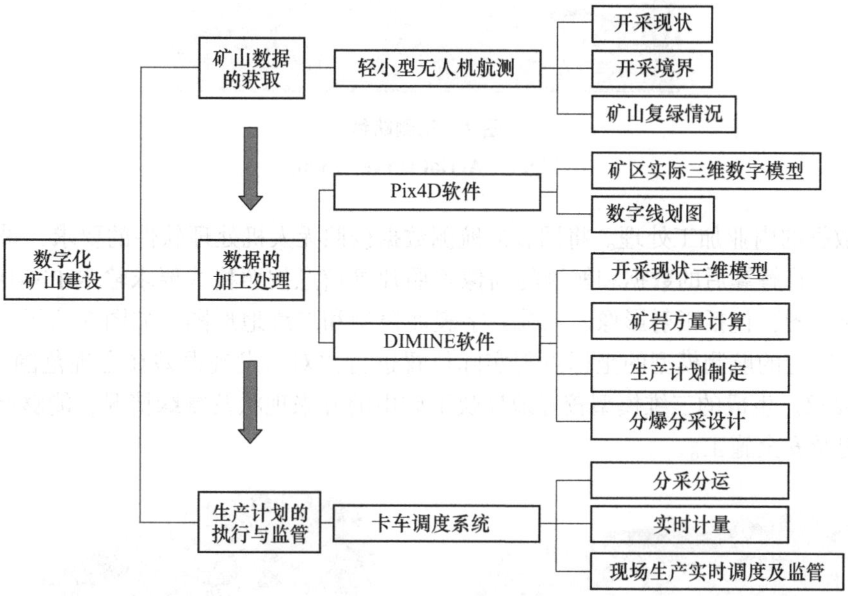

图1　数字化矿山建设框架

Fig. 1　Construction framework of digital mining

3　大宝山项目部数字化矿山建设实践

3.1　露天矿山三维环境的生成

露天矿山三维环境的生成是数字化建设的基础，故需快速准确地获取并及时更新矿山三维地形地貌信息，从而提高生产效率和安全监管水平。大宝山露天矿山占地面积大，传统的RTK、全站仪等难以快速测量矿山地形地貌信息，导致生产现状更新较慢，一定程度上制约了生产的高效执行。无人机航测技术可以较好地解决这一难题，其具有简单易行、三维可视化效果好及精度高等优势，可在较短时间内获取到矿山全貌，包括开采台阶现状、排土场信息、堆料场、道路布局和矿区复绿情况等信息，能够应用于露天矿山全生命周期中[14,15]。大宝山露天矿山三维环境的生成是通过无人机航测外业作业和数据内业处理共同完成的。

（1）无人机航测的外业作业。目前，大宝山露天矿最高台阶高为1013m，最低台阶面高为637m，高差较大。考虑到高程落差的影响，兼顾无人机像控点空间布置需满足$3km^2$布置5个点的要求，现场共布置了12个十字形的像控点，采用RTK对像控点坐标连续测量10次，取平均值用于后期精度校核。为了有效测量采场、排土场、堆料场、周围建构筑物及矿山复绿范围，共布置了3个架次的飞行计划，局部航线需要重叠以保证航测精度，测航路线如图2所示。无人机外业检查完毕后，进入航测飞行阶段，使用地面站软件实时监控飞行状态，确保航测作业按飞行计划正常进行。航测结束后，及时回收 3 个架次的航测数据，包括 POS 数据、基站数据和航拍照片等。

图 2 航测路线

Fig. 2 Aerial survey route

(2) 航测数据的内业加工处理。将回收的航测数据按照无人机处理软件的要求，采用 PPS 软件进行一键式解算，再将解算后的数据和航测的高像素照片等信息按照格式要求输入 Pix4D 软件中，则可快速生成航测成果图，包括正射影像、三维数字表面模型和二维地形图，如图 3 所示。为了验证航测的实际误差，将特定的航测模型的坐标点与实际位置进行比对，发现误差在合理范围之内，满足 1：1000 比例尺的要求。生成的三维模型较好地反映了矿山的开采现状及复绿情况，能够有效指导生产计划的科学化制定及安全施工。

(a) 正射影像 (b) 数字表面模型

图 3 航测成果图

Fig. 3 Aerial survey achievements

3.2 采剥施工的数字化设计

将无人机生成的二维地形图作为 DIMINE 软件操作的基础，可快速生成矿山开采现状的三维模型[16]，三维可视化效果好；在进行道路规划设计、矿石开采规划设计、配矿规划和爆破设计等方面优势明显，可较好地应用于露天矿山全生命周期中。针对大宝山项目的情况，主要应用在矿山采剥施工的 3 个方面。

(1) 生产计划制定。相比于传统的二维地形图，DIMINE 软件能够帮助技术人员对管理人员进行技术交底，当管理人员向现场调度人员安排生产计划时，更易区分和安排生产任务的主次，以及重难点区域的开采规划等［见图 4（a)］，进而根据生产能力及运距合理安排车铲比，从而显著提高生产效率，减少窝工现象。利用 DIMINE 软件的道路设计规划功能，快速计算得到设计道路区域的填方和挖方工程量［见图 4（b)］，清晰显示道路的总体工程量，然后将道路区域划分为难施工和易施工区域，进而安排机组实施道路修筑工作，并根据生产需要确定是否进行分段作业。同时，将 DIMINE 软件应用在矿石工程量结算时，方量误差在合理范围内，相比 CASS 软件的三角网算法，DIMINE 软件极大地降低了计算量，减少了测量技术人员的劳动强度，使工作效率明显提升。

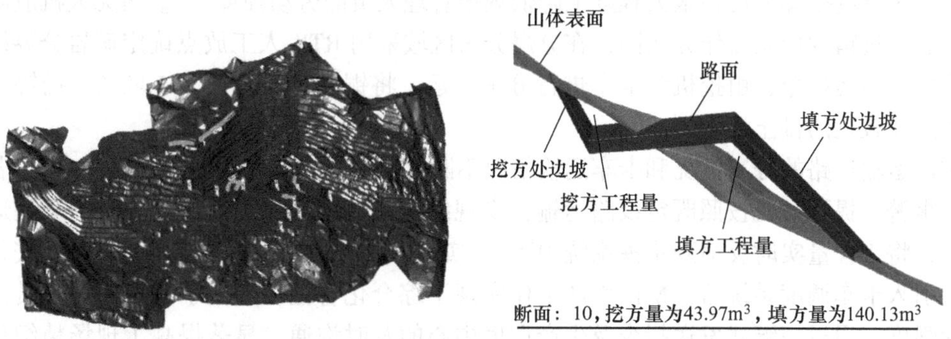

(a) 生产计划制定三维图　　(b) 道路工程量计算

图 4　生产规划设计

Fig. 4　Production planning and design

(2) 采空区强制爆破数字化处理。在爆破设计方面，传统的人工制定法耗时长、劳动强度高且效率较低，利用 DIMINE 软件中的露天矿山爆破功能，能够提高爆破设计效率和质量[17]。以大宝山露天矿 661 采空区爆破为例，首先利用钻孔式三维激光扫描仪获取空区的点云数据，然后将其输入 DIMINE 软件中，生成了空区的实体模型，再进行爆破设计。将炮孔测量数据直接导入爆破设计模块中，根据实际需要，在空区的投影范围内进行自动化布孔，布孔类型有正常孔、切割孔和加密孔，孔网参数为 4.0m×4.5m。然后进行装药量、填塞长度、装药结构、起爆时间和起爆顺序等优化，如图 5 所示，最终自动生成爆破设计方案，并应用于现场。空区处理后，形成了一个明显的矿坑，采用 RTK 人工测点对照发现空区得到了较好地处理，再采用废石充填，有效消除了空区的安全隐患。

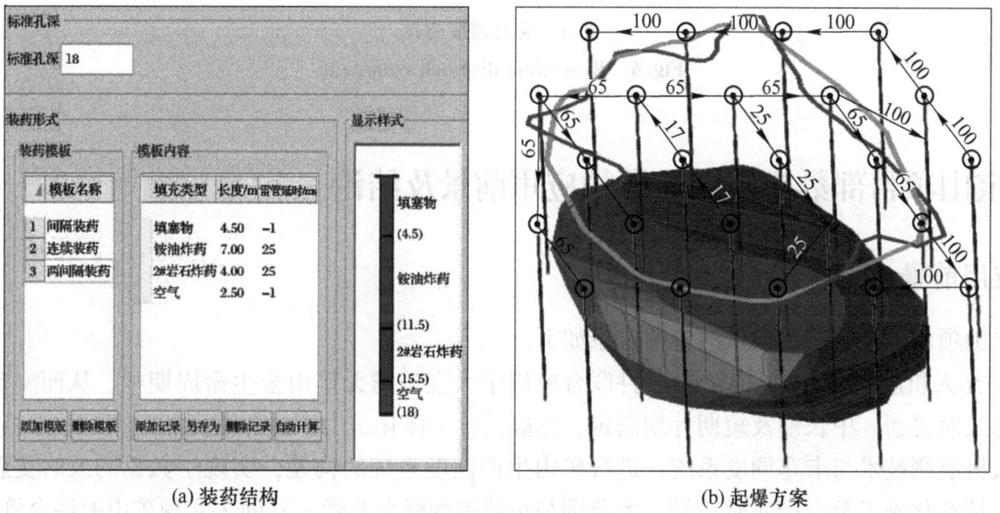

(a) 装药结构　　(b) 起爆方案

图 5　空区爆破设计

Fig. 5　Blasting design of goaf

(3) 精细化施工设计。根据矿山勘察资料确定了矿脉的分布情况，在 DIMINE 软件中圈定计划施工的爆破区域，快速计算框选区域的工程量。采用岩脉剔除爆破技术、大块采矿法等可实现矿岩的有效分离，对于降低矿石的损失与贫化，以及精细化施工十分有利，可显著地改善矿石损失严重及矿岩混合情况复杂的现象[18]。此外，由于现场情况较为复杂，管理人员往往难以及时全面检查平台标准化建设工作，此时可在软件中进行平台标准化检查工作，通过检查模型的不平整地带，制定平台标准化方案。

3.3 卡车调度系统的应用

为了有效监管矿山的生产运营情况，引进了卡车调度系统。该系统基于计算机及数据库技术，可实现矿山的实时调度指挥，可在很大程度上降低现场管理人员的劳动强度[19]。将无人机航测得到的矿山二维地形图经过精度校验后作为底图，在分爆分采区域采用 RTK 人工放点确定矿岩分界线后，向作业车辆下达配矿装运指令，由挖机和卡车进行分采分运，将铜硫矿石运往 645 堆场，铅锌矿运往指定堆场，土渣运往较近的排土场倾倒。

根据矿山运输道路的分布情况和卡车运输情况不断优化运输路线，得到最优路线[20]。若卡车偏离路线，则会报警，提醒司机按照既定线路运输，实现统筹化管理，如图 6 所示。对卡车装运的矿岩及土渣称重后，将工程量实时反馈到指挥系统中[21]，实现了实时计量，对于工程量结算及安排车辆配置十分有利。引入卡车调度系统后，矿山生产工作实现了综合化管控，降低了现场管理人员往复指挥的频率和劳动强度，通过一键式发送指令及生产调度中心的及时沟通，显著提高了现场精细化管理水平和安全监管能力，生产计划得以快速有序完成。

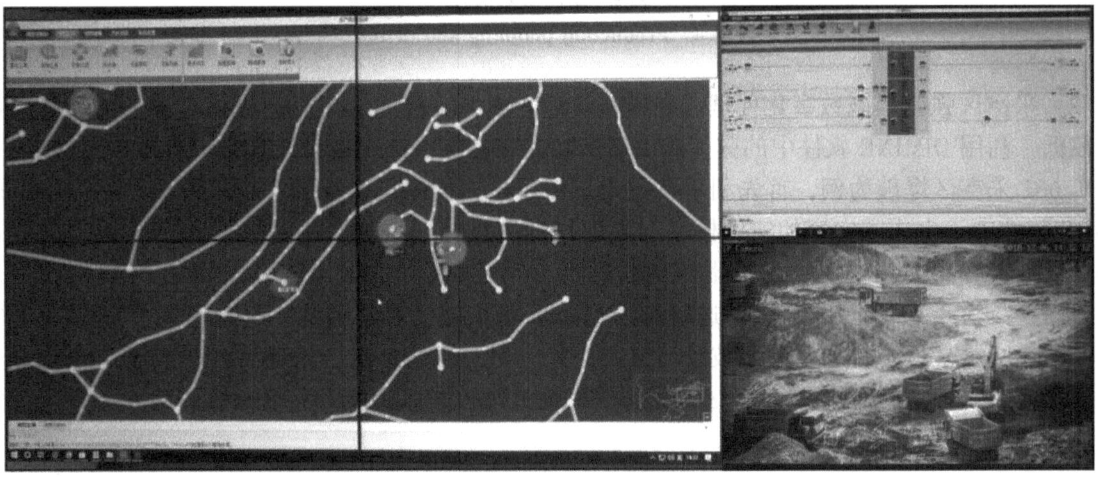

图 6　实时调度指挥

Fig. 6　Real-time dispatch command

4　大宝山项目部数字矿山建设的应用前景及结论

4.1　应用前景

大宝山项目部数字矿山建设的应用前景如下。

（1）无人机航测技术与 DIMINE 软件联合应用于大宝山露天矿山全生命周期中，从而实现地形地貌勘察与及时更新、中长期及短期计划制定、爆破设计一体化、生产指挥调度和专家远程诊断等工作。联合无人机航测技术与卡车调度系统，进行矿山生产调度系统的构建，实现了数据的及时更新、危险源管控、精细化施工及生产实时计量，大范围与小范围的联合监管，有助于实现矿山的综合管控。

（2）实现无人机航测技术、DIMINE 软件与卡车调度系统数据的兼容，将庞大的数据量进行分类统筹管理，实时管控矿山生产的各个环节，减少安全隐患，从而确保矿山生产规划设计及实施的有序进行。

4.2　结论

本文结论如下。

（1）宏大爆破有限公司作为矿山施工企业，以大宝山项目为试点，从采剥施工的数字化设计、卡车调度系统的统筹精细化监管等方面，构建了实用性好且投资成本较低的数字化矿山建设框架。

（2）采用无人机航测技术构建了大宝山露天矿的真实三维模型，清楚地了解了矿山的开采现状与危险源分布情况；在此基础上，利用 DIMINE 软件进行了生产计划制订、工程量结算和爆破自动化设计，有助于实现科学化开采，显著提高了工作效率；最后利用卡车调度系统实时指挥生产管理工作，有效指导分采分运和安全监管工作，确保配矿指令的高效执行。多种矿山软件相互配合，实现了矿山虚拟化操作与实际生产管理的有效统一，显著提升了精细化施工及管理水平。

（3）宏大爆破股份有限公司的数字化建设从实用性和技术管理两个方面出发，投资成本相对较低，革新了现有的施工管理模式，能够提供更优质的矿山服务，同时对其他矿山施工企业建设数字化矿山具有一定的参考价值。

参考文献

[1] 古德生，周科平．现代金属矿业的发展主题［J］．金属矿山，2012，41（7）：1-8.

Gu Desheng，Zhou Keping. Development theme of the modern metal mining［J］．Metal Mine，2012，41（7）：1-8.

[2] 章林．我国金属矿山露天采矿技术进展及发展趋势［J］．金属矿山，2016，45（7）：20-25.

Zhang Lin. Technical progress and development trend of open pit mining in metal mines of China［J］．Metal Mine，2016，45（7）：20-25.

[3] 王金华，汪有刚，傅俊皓．数字矿山关键技术研究与示范［J］．煤炭学报，2016，41（6）：1323-1331.

Wang Jinhua，Wang Yougang，Fu Junhao. Crucial technology research and demonstration of digital mines［J］．Journal of China Coal Society，2016，41（6）：1323-1331.

[4] 姜昭晖．有色矿山数字化建设探析［J］．黄金，2018，39（3）：1-3.

Jiang Zhaohui. Exploratory research on the digital construction of nonferrous metal mines［J］．Gold，2018，39（3）：1-3.

[5] 施富强．矿山数字化建设战略与战术研究［J］．爆破，2013，30（2）：37-40.

Shi Fuqiang. Research on strategy and tactics of construction of mine digitization［J］．Blasting，2013，30（2）：37-40.

[6] 王李管，陈鑫．数字矿山技术进展［J］．中国有色金属学报，2016，26（8）：1693-1710.

Wang Liguan，Chen Xin. Advancing technologies for digital mine［J］．The Chinese Journal of Nonferrous Metals，2016，26（8）：1693-1710.

[7] 肖雅静，孟国营．梧桐庄矿数字化矿山工程建设与创新［J］．煤炭科学技术，2016，44（7）：129-134.

Xiao Yajing，Meng Guoying. Construction and innovation on digitalized mine engineering of Wutongzhuang mine［J］．Coal Scienceand Technology，2016，44（7）：129-134.

[8] 孙徐培．神华新街能源公司数字化矿区建设［D］．呼和浩特：内蒙古大学，2014.

Sun Xupei. Construction of Digital Mining Area of Shenhua New Street Energy Company［D］．Hohhot：Inner Mongolia University，2014.

[9] 边博，王常海，赵华．数字化矿山平台在太平煤矿的应用［J］．煤炭技术，2012，31（4）：125-126.

Bian Bo，Wang Changhai，Zhao Hua. Application of digital mine platform in Taiping coal mine［J］．Coal Technology，2012，31（4）：125-126.

[10] 郑志琴，郭忠林．承包开采模式下矿山安全管理存在的问题及对策［J］．采矿技术，2008，8（4）：99-102.

Zheng Zhiqin，Guo Zhonglin. Problems and countermeasures of mine safety management under contracted mining mode［J］．Mining Technology，2008，8（4）：99-102.

[11] 任星．露天矿山开采总承包模式与应用的安全问题［D］．绵阳：西南科技大学，2016.

Ren Xing. Open-pit Mining General Contracting Mode and Application Security Problems［D］．Mianyang：Southwest University of Science and Technology，2016.

[12] 宫明山，陈荣健．浅谈露天矿山采矿整体承包模式管理经验［J］．矿业工程，2015，13（5）：1-3.

Gong Mingshan，Chen Rongjian. Discussion on production management experience of open-pit mining in overall outsourcing mode［J］．Mining Engineering，2015，13（5）：1-3.

[13] 连民杰．创新矿山管理模式促进矿山可持续发展［J］．采矿技术，2010，10（3）：129-131.

Lian Minjie. Innovative mine management mode promotes sustainable development of mines［J］．Mining Technology，2010，10（3）：129-131.

[14] 李长青，曹明兰，李亚东，等．低空无人机航测露天矿三维重构方法与试验［J］．测绘通报，2018（3）：89-92.

Li Changqing，Cao Minglan，Li Yadong，et al. 3D reconstruction method and experiment of aerial survey of lowaltitude

UAV for open-pit mine [J]. Bulletin of Surveying and Mapping, 2018 (3): 89-92.

[15] 隋涛，肖武，王党朝，等．基于无人机摄影测量的露天矿排土场三维模型构建 [J]. 金属矿山，2018，47 (5): 135-142.

Sui Tao, Xiao Wu, Wang Dangchao, et al. Establishment of the 3D model of open-pit mine dump based on UAV photogrammetry [J]. Metal Mine, 2018, 47 (5): 135-142.

[16] 蒋京名，王李管．DIMINE 矿业软件推动我国数字化矿山发展 [J]. 中国矿业，2009，18 (10): 90-92.

Jiang Jingming, Wang Liguan. DIMINE mining software promote the development of China' s digital mine [J]. China Mining Magazine, 2009, 18 (10): 90-92.

[17] 肖英才，王李管，朱明海，等．基于 DIMINE 软件的爆破设计 [J]. 现代矿业，2011，27 (1): 26-29.

Xiao Yingcai, Wang Liguan, Zhu Minghai, et al. Blasting design based on DIMINE software [J]. Modern Mining, 2011, 27 (1): 26-29.

[18] 王洋，赵明生．基于 Dmine 的数字化矿山生产配矿研究 [J]. 金属矿山，2013，42 (8): 101-103.

Wang Yang, Zhao Mingsheng. Research of production and ore-matching in digital mine based on Dmine [J]. Metal Mine, 2013, 42 (8): 101-103.

[19] 杨志勇．抚顺西露天矿 GPS 卡车调度系统技术改造 [J]. 露天采矿技术，2017，32 (5): 65-67.

Yang Zhiyong. Technical innovation of GPS truck dispatching system in Fushun West open-pit mine [J]. Open-cast Mining Technology, 2017, 32 (5): 65-67.

[20] 柴森霖，白润才，刘光伟，等．基于改进遗传算法的露天矿运输路径优化 [J]. 重庆大学学报（自然科学版），2018，41 (2): 87-95.

Chai Senlin, Bai Runcai, Liu Guangwei, et al. Open-pit path optimization based on improved genetic algorithm [J]. Journal of Chongqing University (Natural Science Edition), 2018, 41 (2): 87-95.

[21] 宫春刚．基于 GPS 的卡车调度计量系统研究 [J]. 露天采矿技术，2017，32 (11): 64-67.

Gong Chungang. Study on the measurement system of truck dispatching based on GPS [J]. Opencast Mining Technology, 2017, 32 (11): 64-67.

基于无人机航测的露天矿三维模型重建技术

方　翔[1]　张中雷[2]　王林桂[2]　崔晓荣[1]　李经镇[2]

(1. 广东宏大爆破股份有限公司，广东 广州，510623；
2. 大昌建设集团有限公司，浙江 舟山，316021)

摘　要：以舟山某大型露天采石矿山为工程背景，分析了无人机航摄影像获取及处理的流程，通过 Pix4D 软件对无人机数据及获取的大量正射影像数据进行了图像解析处理，迅速便捷地获取了矿区空间三维信息，生成了数字表面模型和数字正射影像，并进行了精度分析。试验表明，无人机航测可较好地重建某一阶段的矿区三维模型，实现了矿区三维全景漫游，为矿山开采提供了数据支持，可用于生产进度检查纠偏，强化管理决策的科学性。

关键词：露天矿山；无人机航测；正射影像；三维模型重建；精度分析

3D Model Reconstruction Technology of Open-pit Mine Based on UAV Aerial Survey

Fang Xiang[1]　Zhang Zhonglei[2]　Wang Lingui[2]　Cui Xiaorong[1]　Li Jingzhen[2]

(1. Guangdong Hongda Blasting Co., Ltd., Guangdong Guangzhou, 510623;
2. Darch Construction Group Co., Ltd., Zhejiang Zhoushan, 316021)

Abstract: Taking the open-pit quarry in Zhoushan as the engineering background, the process of acquiring and processing UAV photography image was analyzed. The data of UAV and large a mount of orthophoto data acquired were effectively processed by Pix4D software and were obtained conveniently, the three-dimensional information of the mining space was generated, and digital surface model and digital orthophoto were generated, and the precision analysis was carried out. The test showed that the UAV survey could reconstruct the three-dimensional model of the mining area at a certain stage, and realize the three-dimensional panoramic roaming of the mining area, which could provide data support for mining, and could be used to correct the production plan and strengthen the scientificity of management decision-making.

Keywords: open-pit mine; UAV survey; orthophoto; 3D model reconstruction; precision analysis

目前，矿山建设逐渐向着智慧矿山方向发展，其可以存储矿山开采过程中精确、实时、丰富的现实信息和历史信息，实现单一结构化业务数据向视频、多媒体、互联网数据转变的过程[1]。而露天矿山地形地貌复杂多变，测量存在一定的困难，GNSS、全站仪等传统的测量模式劳动强度大，工作效率低[2]。因此，针对露天矿山的三维建模，引起了许多专家学者的关注。其中，首先要做的就是矿区地形地貌的模型重建。露天矿三维场景重建是利用矿区大量二维图像恢复三维信息，以达到虚拟矿山的目的，可为编制生产计划及长远规划及时提供可靠的测绘数据与资料。相对于传统露天矿测绘，无人机航测技术拥有巨大优势，其具有数据点密集、精度高、速度快、成本低、安全系数高、管理方便的特点[3]，已成功应用于城市测绘、地图绘制、植被保护、抢险救灾等领域[4-7]。赵红泽[8] 基于小型无人机航摄的特点，利用 Pix4D 软件对航拍图像进行自动识别处理，生成了露天矿山的三维数字表面

基金项目：广东省产学研合作院士工作站资助项目（2013B090400026）。
原载于《露天采矿技术》，2019，34（4）：31-34。

模型，极大地提高了工作效率。贾虎军[9] 在尾矿库采用无人机航测，得到了高精度的数字地表模型，对于计算堆排量变化范围、构建堆排三维模型等效果较好，为预测尾矿库的安全稳定性提供了依据。在露天矿山危险源预测方面，张玉侠等人[10,11] 采用无人机三维倾斜摄影测量技术获取了露天矿山的三维模型，并成功应用在矿坑及排土场规模的计算中，且精度较高，降低了人工劳动强度，为环境监控提供了科学依据。露天矿的 DSM 搭配二维 DOM 能够使露天矿废弃物分布现状调查、生态环境影响调查、作业部署指挥等工作更为可靠[12,13]，也可用于边坡等危险源的监控分析[14,15]。

综上所述，通过无人机航测及时获取露天矿山的三维数字模型，进行矿区的现场踏勘、测量勘察，也可将其应用在矿山规划设计、生产计划编制、生产计划执行与检查纠偏等方面，故研究露天矿山三维模型的重建具有一定的现实意义。

1 矿区概况

舟山绿色石化基地 4000 万吨/年炼化一体化项目是国家石油化工“十三五”规划重点项目之一，是（浙江）自由贸易试验区建设的重点和核心。矿区大部分地段面临海域或海涂，北面、东南面为山体。前期施工任务主要是在大鱼山东西两侧实施开山、围填海工程，为石化基地陆域形成及围堤工程提供石料供应，同时也为石化基地提供建设用地，在整个项目中处于龙头地位。围垦后形成深水岸线全长约为 4000m，陆域面积约 41km^2，拟建成我国岛屿型、现代化、生态型，具有国际先进水平的炼化一体化石化基地。其施工环境较为复杂，矿区附近需料点分散，存在石方调配密度大、强度高的问题，导致施工内容多且工程量大。矿山为山坡露天开采，同时多水平独立施工，台阶布置以 13~15m 高度分水平进行，自上而下分层开采。岩石坚硬，边坡坡度相对较小，平台相对规整。开采区域较为分散，同时受季风台风气候影响，工程连续性受到很大影响；而传统测量方式速度慢、劳动强度高，为满足露天矿测绘和生产管理要求完成三维场景重建，拟采用轻小型无人机进行 1∶500 大比例尺地形测量与建模。

2 露天矿区无人机测绘工作流程

2.1 无人机的基本参数

航摄区域位于舟山绿色石化基地项目大小渔山岛围垦区，东西最大间距 2.74km，南北最大间距 2.69km。原地形海拔最高 101m，最低 0m。航飞当天天空明朗，岛内风力小于 5 级，满足了航测的硬性要求。采用华鹞 P310 搭载 SONYa7r 数码相机对露天矿进行航空摄影测量。无人机基本参数为：机身长度 1.6m，翼展 2.6m，最大起飞质量 12kg，巡航速度 72km/h，续航时间 1.5h。航测前检查摄区情况，确定起降点并确保起飞和降落区域内没有障碍物。设计航向重叠度 65%，旁向重叠度 65%。完成飞行任务后，导出正射影像和飞行数据，无人机航测技术路线图如图 1 所示。

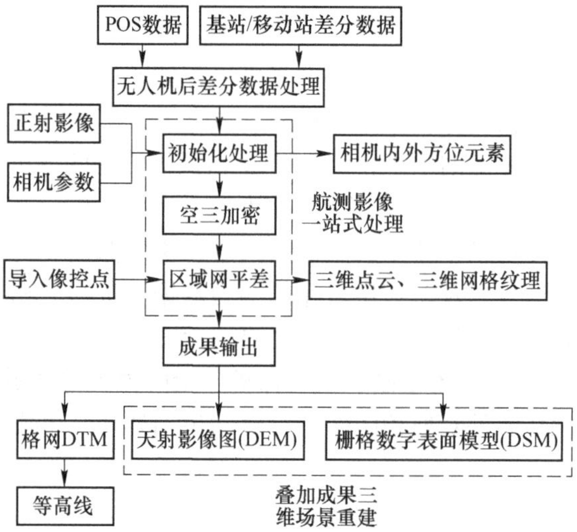

图 1 无人机航测技术路线图

2.2 无人机航测影像获取

华鹞 P310 复合翼无人机外业遥感影像获取主要有 5 个步骤，即像控点布设、飞行前组装检查、航线任务设计、飞行状态维护、无人飞垂直着陆回收。

(1) 像控点布设。选择平坦位置、含有明显地面标志物或者自行布置像控点外形，并保证远离强磁场、强电压等干扰源。选择颜色对比鲜艳的边角处，做好点标记，便于内业像控点刺点，并采用南方 RTK-GPS 进行测量记录。同时，为了保证像控点的精度，现场的每个像控点独立观测 10 次，取平均值作为像控点的坐标成果；此外，采取点组均匀布设、有高差等措施也有利于增加平高精度。为满足该项目地形及大比例尺测图精度要求，按照每 3km^2 布设 5 个，或者每百张照片区域布设 1 个的要求进行。

(2) 飞行前组装检查。华鹞 P310 复合翼垂直起降无人机系统构成见表 1。飞行器组装完毕后，选择相对平坦的地面作为起飞及降落点，机头朝向为逆风方向并且保证飞机前方具备充足的空间条件，防止起飞时撞上高大建筑物。此外，起飞前须进行仔细检查，飞机主、备份磁罗盘需要重新校准，主电源、舵机电源电压显示要呈正常状态等。

表 1　无人机系统构成

固定翼系统	机身、左右机翼、尾翼
旋翼系统	左右旋翼机臂、旋翼螺桨、旋翼电机、电子调速器
能源系统	航电系统（前拉动力）、旋翼动力

(3) 航线任务设计。主要通过笔记本电脑进行航线任务设计，首先在 Google earth 选取露天矿摄区范围，在飞控软件中缓存好背景地图，并设置航向重叠度为 65%，旁向重叠度为 65%、1：500 成图比例尺、航线类型等。软件会自动生成飞行路径，进而编辑、查看、保存飞行计划，也可预览航线和山体的海拔关系。此外，包含自动计算拍照数目、航线里程及支持导出飞行计划在 Google Earth、ArcGIS Explorer 等虚拟地球环境中查看等功能。

(4) 飞行状态维护。本次无人机航线高度 369m，设计正常空速为 20m/s 左右，失速空速为 18m/s。飞行器自身具备应急处理方案，当飞机处于自驾飞行状态时，飞行高度将被限制于“最高高度”内，当高度超过限制时，终止飞行。飞行高度低于“最低飞行高度”时，将转换为旋翼模式就地着陆。设定“返航电压”为 21.8V，当主电源电压持续低于此值时，飞机自动返航。无人机飞行位置、姿态、空速、地速、海拔高度、电压电量等均可显示在笔记本电脑中，无异常情况基本不需要对飞行器本身做任何指令。

(5) 无人飞垂直着陆回收。飞机回收包括机体回收和数据回收，飞行任务结束后，飞机着陆于预先设定的降落点，通过产品配备的后处理软件可立即对其进行数据处理，可实现当天多架次飞行。

3　无人机航测影像处理

摄区面积为 4.22km^2，共飞行 1 个架次，航摄比例尺约为 1：500，平均地面采样间隔 5cm 左右。采用定点曝光方式进行摄影测量，共获取了 336 张像片。所拍摄的正射影像图像清晰分辨率高，明度、色调容易辨别，色彩效果理想。采用 Pix4Dmapper 软件进行一站式自动处理，可快速生成 3D 地图、三维模型等，具有操作简单、所有流程均可一站式处理等特点。使用距离幂加权法生成了摄区区域 2.5D 的栅格数字表面模型 DSM（见图 2）以及数字正射影像图 DOM（见图 3）。此外，采用点云分类生成了栅格 Geo-TIFF 的格网 DTM，并设置 0m 的等高基线、2m 等高距、1m 分辨率，生成了符合要求的等高线图，局部区域生成的等高线如图 4 所示。

从生成的模型及等高线可以看出，无人机航测获取的模型可反映出矿区的整体概况，建构筑物相对分布位置及矿区地形起伏情况等均可较为清晰地看出。同时，生成的局部等高线图能反映出摄区的地形分布，分布情况较为合理，与现场实际吻合度高。

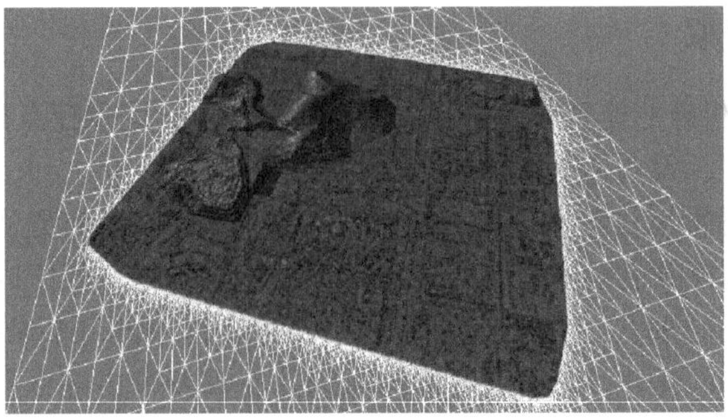

图 2　栅格数字表面模型

图 3　数字正射影像图

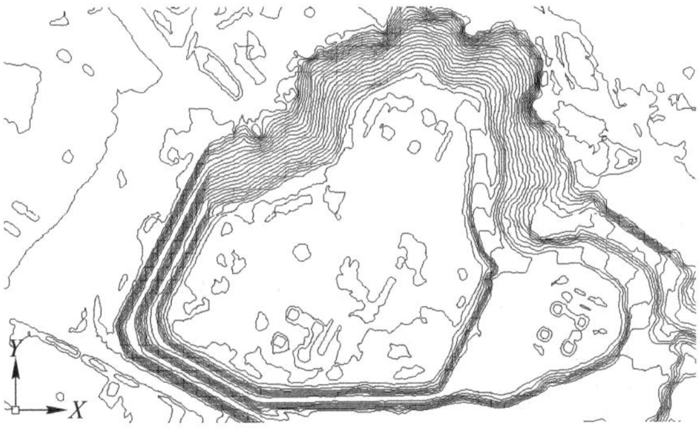

图 4　露天矿区局部等高线图

4　航测精度分析

4.1　像控点误差

外业像控点共计 6 个，内业软件重新优化并生成质量报告来指明数据处理的误差，像控点误差统计情况见表 2。使用南方 RTK-GPS 测得精度较高的坐标值，可以获得相对可靠的区域网平差结果。

表 2　像控点误差统计情况

控制点名称	x 方向误差/m	y 方向误差/m	z 方向误差/m	投影误差/m	标记数
1 (3D)	0.001	-0.005	0.019	0.273	5/5
2 (3D)	-0.006	0.004	-0.01	0.469	5/5
3 (3D)	0.008	-0.011	0.004	0.267	5/5
4 (3D)	0.012	0.012	0.016	0.363	5/5
5 (3D)	-0.012	-0.006	-0.016	0.406	6/6
6 (3D)	0.001	0.002	0.003	0.327	6/6
平均值/m	0.000638	-0.000692	0.002733		
相对误差/m	0.00814	0.007481	0.012422		
均方根误差/m	0.008165	0.007513	0.012719		

可以看出，像控点误差值相对较小，满足 1∶500 大比例尺要求。为验证成果在工程应用上的可行性，在露天矿区内使用点校正后的南方 RTK-GPS 采集了 20 个特征点的平面坐标和高程，在数字表面

模型和数字正射影像叠加成果中提取特征点的平面坐标和高程，统计两者差值反映其精度，表明误差不大，可满足露天矿山工程应用需求。

4.2 图像清晰度

叠加 TIFF 位图格式成果，可以迅速查看露天矿区特征对象的三维坐标，矿区整体表现力强，图像相对清晰，可以观察到地表建构筑物、台阶分布及车辆行驶情况等。通过大量的数据获取与处理，重建了露天矿区三维场景，真实地反映出了某一时段矿山整体建设效果，实现了矿区三维全景漫游，形象、直观地表达了虚拟矿山数据。

5 结语

本文结论如下。

（1）分析了轻小型无人机航测的工作流程，包括外业测量与内业数据处理，并指出了应注意的事项，证明了无人机航测技术可使得作业流程趋于模式化、系统化，其速度快、劳动强度低，可更为安全高效地完成露天矿山三维坐标的采集。

（2）相对于利用 RTK-GPS“以点代面”所得的不完整数据，无人机航测技术通过正射影像便捷地进行图像解析和数据批量处理，获取露天矿山及其周边环境的空间三维信息，实现了 1：500 地形地貌精度的三维场景重建，较为清晰地反映了矿区的地形地貌，有利于制定矿山生产计划及后期检查纠偏等工作。

（3）从像控点误差校验和模型局部细节清晰度两个方面分析了三维矿山实景模型的精度，表明所获得的矿区数字表面模型的测量精度和清晰度均能够满足矿山生产计划制订和管理的要求。

参 考 文 献

[1] 李梅，杨帅伟，孙振明，等．智慧矿山框架与发展前景研究［J］．煤炭科学技术，2017，45（1）：121-128.

[2] 李敬唐．基于无人机的露天矿区测绘研究［J］．资源信息与工程，2016，31（4）：126.

[3] 李博．Trimble X100 无人机在露天矿中的应用［J］．露天采矿技术，2014（7）：53-56.

[4] 傅咏冬．无人机和地面三维激光扫描仪在 1：500 城市基本地形图测绘中的应用［J］．测绘工程，2018，27（5）：77-80.

[5] 张凯，张好运，卢旭升，等．无人机海岛礁航空摄影测量技术应用［J］．测绘通报，2018（9）：7-90.

[6] 刘笃晋．面向植被识别的无人机图像处理关键技术研究［D］．成都：成都理工大学，2016.

[7] 居涛．危险场所事故灾害无人机侦检技术应用研究［D］．广州：华南理工大学，2017.

[8] 赵红泽，王金瑞，周立林，等．无人机在露天矿山地形建模中的应用研究［J］．露天采矿技术，2018，33（4）：83-87.

[9] 贾虎军，王立娟，靳晓，等．基于无人机航测的尾矿库三维空间数据获取与风险分析［J］．中国安全生产科学技术，2018，14（7）：115-119.

[10] 张玉侠，兰鹏涛，金元春，等．无人机三维倾斜摄影技术在露天矿山监测中的实践与探索［J］．测绘通报，2017（S1）：114-116.

[11] 朱海斌，王妍，李亚梅．基于无人机的露天矿区测绘研究［J］．煤炭工程，2018，50（10）：162-166.

[12] 李长青，曹明兰，李亚东，等．低空无人机航测露天矿三维重构方法与试验［J］．测绘通报，2018（3）：89.

[13] 王果，蒋瑞波，肖海红，等．基于无人机倾斜摄影的露天矿边坡三维重建［J］．中国矿业，2017，26（4）：158.

[14] 杨力龙．基于轻小型无人机的航空摄影测量技术在高陡边坡几何信息勘察中的应用研究［D］．成都：西南交通大学，2017.

[15] 黄军，李涛，朱俊利．免像控无人机航测新技术在露天矿开采监测中的应用［J］．测绘通报，2018（11）：154-157.

无侧向自由面相邻采空区处理技术分析

方 翔[1] 陈晶晶[1] 韩 振[1] 张兵兵[1] 蓝 宇[2] 张岗涛[1]

(1. 广东宏大爆破股份有限公司，广东 广州，510623；
2. 广东省大宝山矿业有限公司，广东 韶关，512000)

摘 要：地下工程的采空区处理始终是露天矿山开采面临的难题，为了有效解决大宝山露天矿 721m 平台下的无侧向自由面相邻采空区的安全隐患，首先采用钻孔式三维激光扫描技术，探明了相邻采空区的分布情况，确定了相邻采空区的赋存状态及参数，为采空区处理提供了依据。在此基础上，提出了强制爆破处理方案，即在两采空区中间打切割孔，有效地分隔采空区。其余地方按照实际情况分别打垂直孔，部分位置炮孔加密。打穿的炮孔底部填塞 2.5m，上部填塞 4.5m，未打穿的炮孔正常装药。同时采用延时起爆方式，以增强爆破振动效应。爆后塌陷作用明显，有效消除了采空区的安全隐患，可为类似工程提供参考和借鉴。

关键词：自由面；相邻采空区；三维激光扫描技术；强制爆破；爆破振动效应

Treatment Technology of Adjacent Goaf Analysis Without Lateral Free Surface

Fang Xiang[1] Chen Jingjing[1] Han Zhen[1] Zhang Bingbing[1] Lan Yu[2] Zhang Gangtao[1]

(1. Guangdong Hongda Blasting Co., Ltd., Guangdong Guangzhou, 510623;
2. Guangdong Province Dabaoshan Mining Co., Ltd., Guangdong Shaoguan, 512000)

Abstract: Goaf treatment has always been a difficult problem in open mining engineering. In order to effectively solve the potential dangerous of without lateral free surface adjacent goaf under the 721platform of Dabaoshan Open-pit Mine, first, the drilling 3D laser scanning technology was used to find out the distribution of goafs, the occurrence status and parameters were determined, which provided basis for empty area processing. On this basis, the forced blasting treatment scheme was proposed to effectively separate the goafs by cutting holes in the middle of the two goafs. In the rest of the place, the vertical holes were respectively made according to the actual situation, and the gun holes were partially encrypted. The bottom of the pierced blasthole was 2.5m, and the upper part was 4.5m. The unpierced blasthole was normally charged. At the same time, the delayed initiation method was adopted to enhance the blasting vibration effect. The effect of collapse after explosion was obvious, effectively eliminating the safety hazards of the goaf, and could provide reference for similar projects.

Keywords: free surface; adjacent goaf; 3D laser scanning technology; forced blasting; blasting vibration effect

采空区隐蔽性强、形态不规整，传统的探测手段难以确定其存在形态及参数，严重威胁了露天矿山安全开采。而三维激光扫描仪、探地雷达、高密度电磁法等先进的探测设备和手段，相比传统钻孔勘查，具有探测范围广、可视化效果好、精度高等优点，在采空区安全隐患排查中，得到了越来越广泛的应用。

崔晓荣等人[1] 采用三维激光扫描技术测得的采空区规模及相关参数与实际情况较为吻合，为有效处理采空区提供了保证。马志敏[2] 基于探地雷达操作简单、精度高的特点，分析了其工作原理，将其应用在隐蔽采空区探测中，得到了采空区的形状及分布情况，为采空区的探测提供了新思路。赵

原载于《工程爆破》，2019，25 (4)：85-90。

奎[3] 采用高密度电法分析了采空区的电阻率分布情况，得到了采空区的位置及相关参数，验证了高密度电法的可行性，有利于采空区的精准预测。马法成[4] 通过微震监测系统成功预测了采空区失稳时间及所在区域，降低了采空区的危险程度，具有较好的预测能力。在采空区稳定性分析方面，李玉飞[5] 建立了采空区顶板的力学模型，基于能量守恒原理及突变理论，得到了顶板安全厚度的计算公式，并进行了现场验证，理论计算的结果与实际较为接近。李真[6]利用理论分析得到了采空区顶板安全厚度，采用模拟软件分析了采空区应力的变化规律，并进行现场验证，其变化规律处在合理范围内。王运敏等人[7] 将三维激光扫描技术获取的采空区点云，导入 Dimine 软件中生成了采空区的实体模型，并通过 FLAC3D 软件模拟了采空区的应力及变形情况，为分析采空区的稳定性提供了有效参考。采空区的处理手段较多，但露天矿山较常用的是强制爆破处理。崔晓荣等人[8] 通过比较采空区的不同处理手段的优缺点，认为爆破处理更为有效，并提出了露天矿采空区的治理模式。刘维东[9] 给出了采空区顶板最小安全厚度与跨度的关系，并在采空区现场处理中采用爆破技术成功消除了采空区的安全隐患。周文勇[10] 以某地采转露采的矿山采空区为背景，通过比较不同种采空区处理方案，最终得出采用强制爆破法，治理效果较好。林谋金[11] 依据三维激光扫描得出的采空区参数，结合经验公式评价了采空区顶板的稳定性，采用局部爆破法成功消除了采空区的安全隐患，并对采空区的填充效果进行了评估，确保了后续施工的安全性。贾宝珊等人[12] 采用正常深孔爆破技术，一次性成功治理了多层采空区，消除了采空区的安全隐患，处理效果良好。

综上所述，采空区探测手段种类日趋丰富，应用技术较为成熟，可为采空区治理提供有效的技术支撑。但受制于地质环境，有一些采空区处理不存在自由面，增加了处理难度。如何在无侧向自由面的条件下，有效治理相邻采空区，具有一定研究意义。

1 工程背景

大宝山露天矿为多金属矿山，地下蕴藏着丰富的铁、铜、铅、锌等矿石，经济价值较好。早期矿山采用井工开采，地下各类巷道及未处理的采空区较多。后期为了提高矿石采出率，改用了生产效果更好的露天开采模式，井工开采遗留的采空区则成了巨大安全隐患。

一般而言，自由面的存在是采空区得以有效处理的一大关键，自由面个数多，分布范围大，使得采空区的处理更为有效便捷。自由面破坏了岩层的完整性，由原来的三向受力状态，转变为双向受力或单向受力状态，降低了岩层的强度，有利于爆破能量的集中释放。但对于特殊地段无侧向自由面时，采空区的处理难度就加大了。由于早期地采无序，大宝山矿存在多个无侧向自由面采空区。

大宝山露天矿台阶高 12m，矿岩开采以中深孔爆破为主，在北部 721m 平台某工作面下方存在编号为 700 的相邻采空区（见图 1）。二者的距离较近，相互影响，且无侧向自由面，但该工作面矿石品位较高，需要进行有效回收利用。

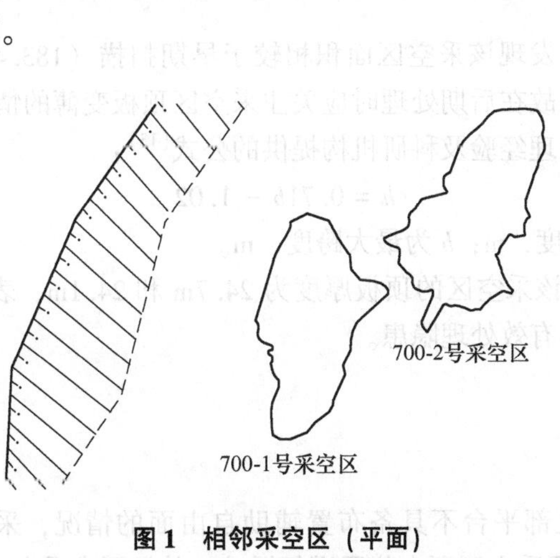

图 1 相邻采空区（平面）
Fig. 1 Adjacent goaf (plane)

2 三维激光扫描技术

采空区有效治理需要准确了解其赋存状态及参数，最为常用的探测手段是三维激光扫描技术，使用该技术在探测孔内获取采空区的三维图像（见图2），快速确定采空区现状。其原理是利用矿岩及空洞对激光反射的差异性，通过人工向已打穿的钻孔内投放三维扫描仪，几分钟即可探明地下采空区的坐标位置、深度、范围等参数，并显示在电脑上，然后对采空区参数进行输出、建模，生成可视化效果好的采空区三维模型。

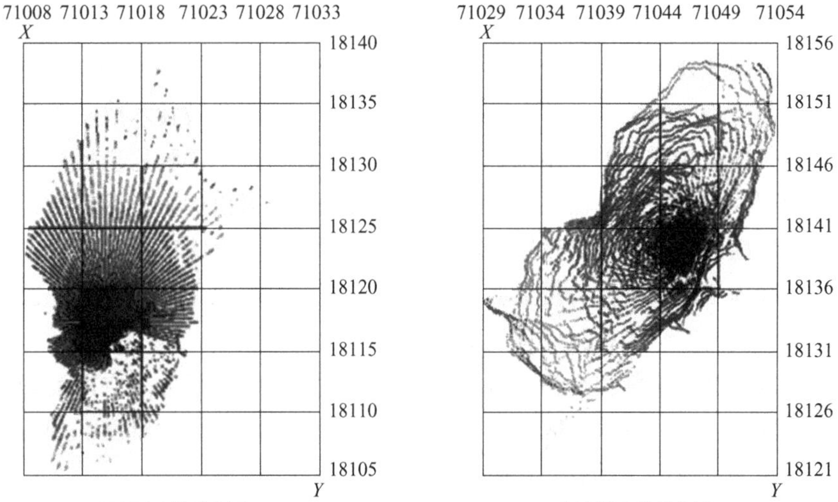

(a) 700-1号采空区 (b) 700-2号采空区

注：数字为采空区的坐标位置；X、Y为空间坐标。

图2 采空区扫描结果

Fig. 2 Goaf scan result

通过三维扫描，可了解采空区顶板厚度的分布情况；根据软件后期处理，可得到相邻采空区各项参数（见表1），为分析采空区的稳定性提供了依据。

表1 采空区的相关参数

Table 1 Related parameters of goaf

编号	顶板标高/m	底板标高/m	最大跨度/m	平均高度/m	面积/m^2
700-1号	709.0	701.2	20.0	7.8	386.3
700-2号	709.5	701.0	20.0	8.5	424.1

通过查询原有地质资料，发现该采空区面积相较于早期扫描（183.4m^2）增大一倍，扫描结果显示地下空区的形态很不规则，故在后期处理时应关注采空区顶板变薄的情形。

依据矿区长期的采空区处理经验及科研机构提供的公式[13]：

$$h = 0.71b - 1.02$$

式中，h 为采空区顶板安全厚度，m；b 为最大跨度，m。

经计算得 h=13.18m，而该采空区的顶板厚度为24.7m和24.1m，表明该采空区处于相对安全状态，但出于出矿需要，应尽早有效处理隐患。

3 爆破方案设计

基于该相邻采空区所在上部平台不具备布置辅助自由面的情况，采用原地崩落采空区顶板，在721m平台进行钻孔作业，在两采空区所在位置进行爆破，并且要求采空区范围内的钻孔尽可能打穿采空区顶板，在此基础上，需要设计合适的爆破网路和装药方式。

3.1 相邻采空区钻孔布置

考虑到721m平台下方的两个采空区（700-1号、700-2号）规模较大，为了确保施工效果，应布置较多的钻孔，实现采空区的全覆盖。并结合三维激光扫描结果，保证钻孔打穿率达90%以上。根据实际需要，本次相邻采空区处理共施工63个钻孔，预计孔深总长度在990m左右。最小孔深为7.1m，最大孔深为28m。钻孔的种类也有所不同，可分为切割孔、加密孔、正常孔，孔径均为140mm（见图3）。

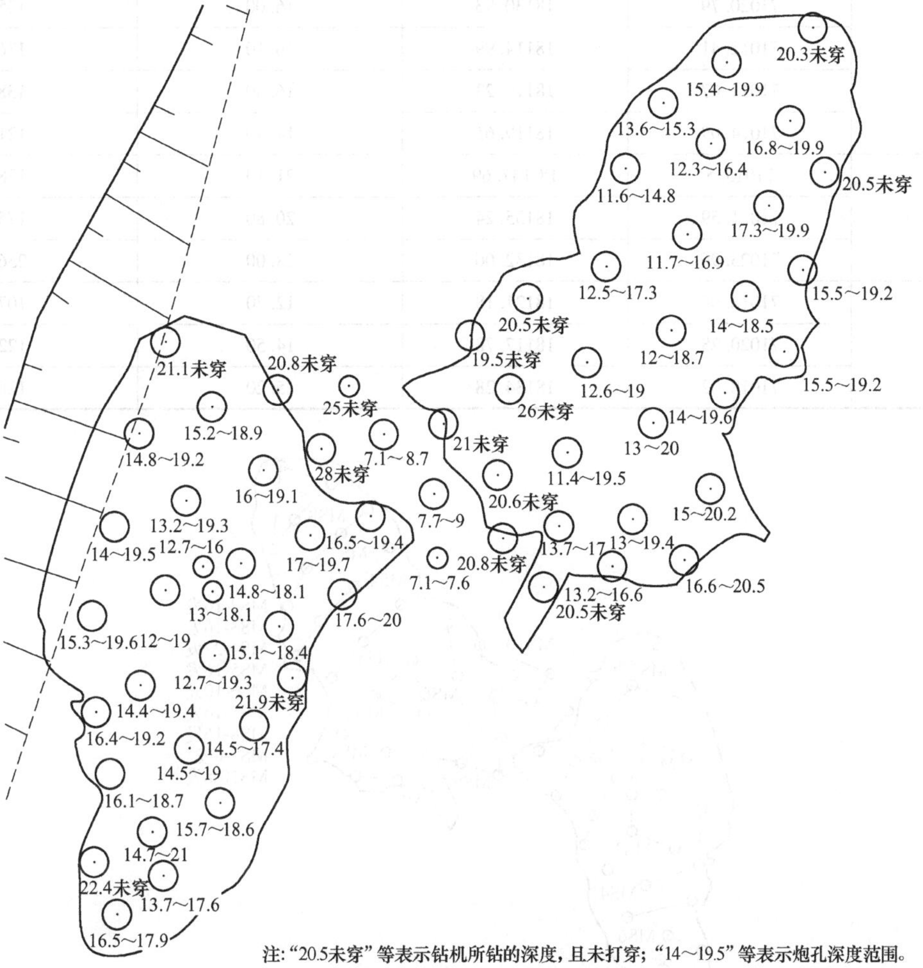

注："20.5未穿"等表示钻机所钻的深度，且未打穿；"14~19.5"等表示炮孔深度范围。

图3 相邻采空区钻孔布置（单位：m）

Fig. 3 Drilling layout of adjacent goaf (unit: m)

（1）切割孔。在相邻采空区的边缘及两者的中间地带，布置一定数目的切割孔，孔深不小于20m，起到分离采空区的作用，使之独立。

（2）正常孔。根据扫描结果及现场实际情况，在采空区范围内布置大量的正常孔，以钻孔打穿为准。如果不能打穿，则需要继续打设，且炮孔深度不小于20m。

（3）加密孔。考虑到采空区规模大，为了确保爆破振动及挤压作用效果，在正常孔与正常孔之间、切割孔与切割孔之间、正常孔与切割孔之间进行适度调整，布置少量的加密孔，炮孔深度不小于20m，起到局部爆破振动效应增强的作用，从而崩落采空区。

3.2 装药量

由于该相邻采空区不存在侧向自由面，故在药量上有所加大，用于增大爆破振动效应[13]。钻孔孔径为140mm，垂直穿孔，采空区范围内的钻孔采用连续装药，其中孔底吊孔填塞2.5m，上部填塞4.5m，双发雷管起爆。吊孔时位置大于孔底50cm，以保证底部有效的填塞，防止冲孔。实际设计中，单孔最大药量为 189.28kg，总药量达 8432.26kg，爆破规模较大，部分炮孔深度及装药量见表 2。起爆位置在采空区中部，采用毫秒延时起爆，起爆网路连接如图 4 所示。根据实际需要，采空区炮孔延时时间有所不同，共采用段别为 MS2～MS10 的非电导爆雷管起爆。

表 2 部分炮孔深度及装药量

Table 2 Part of blasthole depth and charge amount

炮孔类型	空间坐标		实际孔深/m	装药量/kg
	X	Y		
正常孔	71020.79	18130.93	16.00	135.20
	71012.41	18114.99	16.10	136.05
	71011.67	18118.23	16.40	138.58
	71014.09	18119.65	14.40	121.68
切割孔	71015.5	18 137.69	21.10	178.30
	71021.59	18135.24	20.80	175.76
	71023.96	18132.06	28.00	236.60
加密孔	71018.08	18121.18	12.70	107.32
	71020.28	18117.78	14.50	122.53
	71018.02	18134.28	15.20	128.44

图 4 起爆网路

Fig. 4 Detonation network

4 应用效果分析

现场起爆时，通过监控发现采空区有明显沉陷现象。等待 30min 后，该相邻采空区边缘地带存在明显下凹、拉裂现象，布置的切割孔及加密孔有利于采空区的顶板崩落。由于岩石松散系数的存在，爆破后岩石较为松散，且采空区的高度并不是很大，导致两采空区的中部呈现局部隆起状态，较为符合预期。通过现场 721m 平台的检查及上部平台的俯视观察，表明该爆破施工方案成功消除了无侧向自由面相邻采空区的安全隐患。

在相邻采空区的分离处存在明显地分割现象，塌陷现象较为明显，表明通过增强爆破振动效应，起到了良好的作用，消除了相邻采空区中间地带的安全隐患。此外，相比较其余位置，采空区中部岩石块度较小，表明中部药量偏大，在以后处理类似采空区时可适当降低中部装药量。

5 结语

掌握自由面的个数及范围是处理采空区的关键难点之一，而无侧向自由面的存在，无形中增加了相邻采空区的处理难度，需要进行有效探测及爆破处理。

（1）通过分析无侧向自由面相邻采空区的处理难度，采用三维激光扫描技术探明了该位置相邻空区的分布情况，结合采空区稳定性评价公式及消除安全隐患的目的，认为该相邻采空区需要及时处理。

（2）给出了钻孔布置方式，考虑到爆破振动效应及岩石间的挤压作用，将其分为切割孔、加密孔及正常孔，并进行了装药量设计，在采空区中部进行起爆。

（3）现场检查结果表明，该相邻采空区的实施效果呈现中部隆起，边缘凹陷，中间地带分割的现场，考虑到采空区中部高度不大，符合实际情况，为类似采空区的处理提供了参考。

参考文献

[1] 崔晓荣，陆华，叶图强，等．三维空区自动扫描系统在露天矿山中的应用［J］．有色金属（矿山部分），2012，64（3）：7-10.

Cui X R，Lu H，Ye T Q，et al. Applications of 3D auto-scanning laser system in mined-out areas detection in open pit mine［J］．Nonferrous Metals（Mining Section），2012，64（3）：7-10.

[2] 马志敏．基于探地雷达对金属矿山隐伏采空区的勘探研究［D］．赣州：江西理工大学，2016.

Ma Z M. A study on the exploration of metal mine concealed goafs based on the GPR［D］．Ganzhou：Jiangxi University of Science and Technology，2016.

[3] 赵奎，马志敏，罗涛，等．基于周围电阻率的分布规律计算采空区参数［J］．矿业研究与开发，2016，36（2）：66-70.

Zhao K，Ma Z M，Luo T，et al. The calculation of goaf parameters based on surrounding resistivity distribution［J］．Mining R&D，2016，36（2）：66-70.

[4] 马法成，潘懿，白俊．露天矿山下部采空区稳定性监测技术应用研究［J］．矿业研究与开发，2016，36（7）：58-62.

Ma F C，Pan Y，Bai J. Application research on the stability monitoring technology of goaf under open-pit mine［J］．Mining R & D，2016，36（7）：58-62.

[5] 李玉飞，叶义成，胡南燕，等．基于能量法的露天开采下采空区顶板安全厚度研究［J］．金属矿山，2018（2）：35-40.

Li Y F，Ye Y C，Hu N Y，et al. Research on safety thickness of goaf roof under open pit mining based on energy law［J］．Metal Mine，2018（2）：35-40.

[6] 李真，褚洪涛，王宇．露天开采下伏采空区顶板控制研究［J］．西安科技大学学报，2015，35（3）：313-319.

Li Z，Chu H T，Wang Y. Research on goaf roof control under open pit mining［J］．Journal of Xi'an University of Science and Technology，2015，35（3）：313-319.

[7] 王运敏，刘海林，孙国权．CMS 实测地下矿采空区建模及稳定性分析研究［J］．金属矿山，2009（8）：5-9.

Wang Y M，Liu H L，Sun G Q. Modeling and stability analysis of the mined-out area in underground mine by CMS［J］．Metal Mine，2009（8）：5-9.

[8] 崔晓荣，叶图强，陈晶晶．采空区采矿施工安全的组织与管理［J］．金属矿山，2011（11）：150-154.

Cui X R，Ye T Q，Chen J J. Management of safe ore-exploitation in region with underground mined-out area［J］．Metal Mine，2011（11）：150-154.

[9] 刘维东．地下转露天采空区顶板安全厚度及其治理方案的研究［D］．北京：北方工业大学，2016.

Liu W D. Study on safety thickness of roof in goaf from underground to open-pit and its control scheme［D］．Beijing：North China University of Technology，2016.

[10] 周文勇．地下转露天开采原采空区的处理方法研究［J］．化工矿物与加工，2010，39（7）：32-33.

Zhou W Y. Study on treatment method of original goaf in underground to open-pit mining［J］．Industrial Minerals & Processing，2010，39（7）：32-33.

[11] 林谋金，黄胜贤，陈晶晶，等．局部爆破法强制崩落采空区的应用实践［J］．爆破，2016，33（1）：89-92，123.

Lin M J, Huang S X, Chen J J, et al. Application of small area blasting for caving goaf [J]. Blasting, 2016, 33 (1): 89-92, 123.

[12] 贾宝珊, 闫伟峰. 露天正常台阶深孔爆破处理地下采空区的实践 [J]. 爆破, 2012, 29 (4): 65-69.
Jia B S, Yan W F. Application of bench deep hole blasting in disposing of underground goaf [J]. Blasting, 2012, 29 (4): 65-69.

[13] 汪旭光. 爆破设计与施工 [M]. 北京: 冶金工业出版社, 2013: 229-244.
Wang X G. Blasting design and construction [M]. Beijing: Metallurgical Industry Press, 2013: 229-244.

露天采石矿山无人机生产调度指挥体系的构建与实施

张中雷[1] 张兵兵[2] 方 翔[2] 余斌杰[1] 葛 坤[1] 崔晓荣[2]

（1. 大昌建设集团有限公司，浙江 舟山，316021；
2. 广东宏大爆破股份有限公司，广东 广州，510623）

摘　要：舟山绿色石化基地建设工期短，需要进行特大型多规格石高强度开采，为了解决石料供需平衡调度与开采生产管理两方面的问题，采用无人机航测技术建立了生产调度管理系统。基于航测速度快、效率高、三维可视化好的优势，首先从无人机技术特点及经济性方面分析了四种无人机选型方案，认为固定翼无人机正射影像航拍系统更为经济实用；其次按无人机航测的要求及生产需求，构建了无人机生产调度体系构架，并在舟山大型采石矿山现场进行了应用，所生成的三维矿山模型真实反映了工程现状，自带的面积及体积计算功能，解决了工程量结算的难题。实践表明，在工程进度与计量、采场布局与石料调配方面应用效果较好，极大地提高了施工效率和管理水平。

关键词：露天矿山；无人机航测；生产调度体系；匹配分析；工程量结算；石料调配

Construction and Implementation of UAV Production Dispatching Command System Architecture for Open-pit Quarry

Zhang Zhonglei[1] Zhang Bingbing[2] Fang Xiang[2] Yu Binjie[1] Ge Kun[1] Cui Xiaorong[2]

（1. Darch Construction Group Co.，Ltd.，Zhejiang Zhoushan，316021；
2. Guangdong Hongda Blasting Co.，Ltd.，Guangdong Guangzhou，510623）

Abstract：The construction period of Zhoushan green petrochemical base is short，and it is necessary to carry out extra-large and multi-special stone high-strength mining. In order to solve stone supply and demand balance dispatching and mining production management，the production scheduling management system is established by using UAV aerial survey technology. Based on the advantages of fast aerial survey speed，high efficiency and good three-dimensional visualization，firstly，four schemes are analyzed from the aspects of UAV's technical characteristics and economy. It is considered that the fixed-wing UAV orthophoto aerial photography system is more economical and practical，and then according to aerial survey requirements and production requirements，the construction of the UAV production scheduling system is constructed and applied in the Zhoushan large quarry mine. The generated 3D mine model truly reflects the current status of the project，its own area and volume. The calculation function solvess the problem of engineering quantity settlement. Practice has shown that the application effect is better in project schedule and measurement，stope layout and stone material distribution，which greatly improves construction efficiency and management level.

Keywords：open-pit mine；UAV survey；production dispatching system；matching analysis；engineering quantity settlement；stone material distribution

1 引言

无人机航测技术具有速度快、效率高、不受地形地貌限制、三维可视化效果好等特点，已应用在

基金项目：广东省产学研合作院士工作站项目资助（编号：2013B090400026）。
原载于《中国矿业》，2019，28（9）：67-73。

城市测绘、土地整治、水利工程、地质灾害防控等方面[1-4]。露天矿山规模大且地形地貌复杂，传统的测量手段耗时长，人工劳动强度大，不利于生产计划的及时制定与优化调整。随着无人机航测技术的出现，逐渐打破了这一僵局。目前，针对无人机航测在露天矿山方面的研究，朱海斌等人[5]利用无人机倾斜摄影技术，进行了露天矿区整体测绘工作及精度评价，认为此技术在大比例地形测绘中具备可行性；赵红泽等人[6]基于小型无人机航摄的特点，利用 Pix4D 软件对航拍图像进行自动识别处理，生成了露天矿山的三维数字表面模型，极大地提高了工作效率；贾虎军等人[7]采用无人机航测技术，得到了高精度的尾矿库数字地表模型，对于计算堆排量变化范围、构建堆排三维模型等效果较好，为预测尾矿库的安全稳定性提供了依据；李长青等人[8]通过布置少量控制点，借助无人机航测快速地重建了露天矿三维模型，且满足 1∶500 的地形测图精度要求；张玉侠等人[9]将无人机倾斜摄影测量成功应用在矿坑及排土场规模的计算中，精度较高，降低了人工劳动强度，为环境监控提供了科学依据。此外，刘亮等人[10]通过分析近景摄影系统的组成及优缺点，认为数字摄影技术有助于露天矿山台阶爆破的可视化设计，可以解决当前爆破施工中存在的获取资料难、建模周期长、精度差等问题。低空无人机航摄应用于露天矿山的土石方量计算，与传统的 DTM 三角网法相比，相对误差不大，为现场实际生产提供了支持[11,12]。

综上所述，无人机航测技术在露天矿山领域已有较多应用，主要包括三维模型重建、工程量计算及稳定性分析等，侧重于解决露天矿山相关的具体技术问题，与露天矿现场生产方面契合度不够好、衔接程度不高，未能系统地指导露天矿现场实际工作，尤其是在生产调度指挥方面的研究较少。基于露天矿生产任务和强度大、现场有序管理难的特点，分析及构建无人机在露天矿山生产调度体系，具有一定的实际意义。

2 工程概况

2.1 工程背景及重难点分析

舟山绿色石化基地位于浙江省舟山市岱山县大、小鱼山岛围垦区，是国家石油化工“十三五”规划重点项目之一，是（浙江）自由贸易试验区建设的重点和核心。舟山绿色石化基地建设前期施工任务主要是在大鱼山岛东西两侧实施开山、围填海工程，为舟山绿色石化基地建设提供必需的建设用地，围垦后形成深水岸线长约 4000m，陆域面积约 41km^2，拟建成我国岛屿型、现代化、生态型，具有国际先进水平的炼化一体化石化基地。

露天矿山开采爆破工程是舟山绿色石化基地建设工程的重要组成部分，为石化基地陆域形成及围堤工程提供石料供应，同时也为石化基地提供建设用地，在整个项目中处于龙头地位。一期开山爆破工程总工程量 3400 万立方米，总工期 20 个月，由大鱼山岛、小鱼山岛在内的 10 个相对独立的开山区域组成，开采石料主要用于南防波堤工程、一期陆域形成、西北防波堤工程、大桥接线成陆工程、北部成陆工程等；二期开山爆破工程主要位于一期开山爆破工程的东侧，土石方爆破开采方量约 4800 万立方米，开采工期 19.5 个月，开采区域由大鱼山岛 1~7 号山体和小鱼山岛五区、六区组成，主要用于鱼山大桥接线工程、二期东侧堤工程及陆域形成地基加固工程等。本工程有如下的重点难点。

（1）大规模石料供需平衡调度。工程需要进行大规模、高强度的石料开采，满足下游不同施工区域的多家用料单位的石料供应，同时满足不同用途石料的质量要求，包括石渣垫层、堤心抛石、护面块石、陆地抛石、水下抛石、陆域堆载预压等，每种石料都有级配、强度、含泥量等方面的要求。

（2）多规格石高强度安全开采。石料开采规模大、工期紧、强度高，稳产期保持 300 万立方米/月，日穿爆和挖运量需高达 12 万立方米左右，加上爆破作业点多面广，岛上施工单位多、人员杂，采区临近多家施工单位临建区、绿色石化装置区等，爆破区域周边环境复杂，须严格控制爆破振动、爆破飞石等爆破负面效应，对爆破技术管理水平提出很高要求。

2.2 生产调度体系构建的必要性

露天矿山占地面积大，基本上以台阶剥离或者穿孔爆破为主，使得工作面数目较多，道路设计复杂多变，服务的机械设备也较多。因此，为了确保矿山的安全高效运行，需要及时了解矿山的生产计划执行情况，进而采取行之有效的调度指令。而传统的露天矿山调度指挥系统存在一定的缺陷，以采用全站仪、RTK等测量为主，其数据采集耗时长，人力劳动强度大，且由于露天矿山地形的复杂性，一些陡峭位置的数据难以获取，导致了矿山地形数据不完整，不利于后期制定合理的生产计划。同时，存在数据更新速度慢、数据的可视性效果差等缺陷，不利于跨部门沟通，甚至曲解生产调度指令；此外，生产主要依靠有经验的人员进行现场指挥，增加了人力成本，也存在指挥不当甚至不可执行的情况，难以实现采矿专家的远程诊断和指导。

而无人机航测技术测量速度快，10km^2 左右的露天矿山，可在两个小时内完成测量。且自带的数据收据采集及处理软件的功能强大，可实现航拍数据的三维解析，得到露天矿山的三维数字模型，真实地反映矿山的完整地形地貌及现场施工执行情况。在此基础上，可以获取矿山的数字表面模型，三维可视化效果极好，为矿山的生产规划设计和矿山实景巡查与执行偏差比对分析提供基础数据，为矿山调度指令的研究与下达、检查与纠偏提供技术支撑，也可进行采矿专家的远程诊断和指导，解决了采矿专家上岛难、耗时长、费用高的问题。

3 无人机生产调度体系的构建

3.1 无人机测绘系统选型分析

无人机航测技术具有测绘效率高、无死角等优势，微型无人机、小型无人机一般搭载摄像头获取图片和录像，采集的数据是定性的，无法满足矿山定量化测量的要求；中型无人机、大型无人机可以搭载各种矿山测量设备，但投资造价较高，对无人机驾驶员的要求亦较高，不具备经济合理性。因此，基于矿山测量精度和设备投资造价控制的要求，应选择价廉物美的轻小型民用无人机为搭载平台，进行露天矿山测量和三维建模。通过综合分析小型无人机搭载平台和负载数据采集仪器的特点，认为以下四种方案可行：方案一：固定翼无人机正射影像航测；方案二：多旋翼无人机倾斜摄影测量；方案三：多旋翼无人机雷达系统；方案四：机载三维激光扫描系统。

上述四种无人机的露天矿山测量与三维建模系统，因无人机的飞行原理不同，飞行速度和搭载负荷大小存在差异；同时，因为搭载数据采集仪器的测量原理不同，测量效率和仪器设备自重也有较大差别。因此，需要进行无人机搭载平台与负荷的匹配分析（见表1），同时兼顾系统的经济性、实用性，优选满足露天矿山测量与三维建模相关技术指标要求的无人机测绘系统。

表1 无人机搭载平台与负载的匹配分析

Table 1 Matching analysis of the platform and load of the UAV

无人机露天矿山测量	搭载平台	数据采集仪器	平台特点分析	数据采集仪器特点分析	无人机搭载平台与负载的匹配分析	经济指标分析
固定翼无人机正射影像航拍	固定翼无人机	校验的单反相机	飞行速度快，搭载负荷能力相对小	单镜头相机数据采集快，仪器轻便	两者的快慢和轻重方面完美匹配，可进行高效航空摄影测量	非常经济
多旋翼无人机倾斜摄影测量	多旋翼无人机	倾斜摄影镜头	飞行速度较慢，搭载负荷相对较大	多镜头相机数据采集速度较快，仪器较轻便	两者匹配很好，可进行较高效的倾斜摄影测量（含颜色信息）	比较经济
多旋翼无人机雷达系统	多旋翼无人机	激光雷达	飞行速度较慢，搭载负荷相对较大	发射电磁波对目标进行照射并接收其回波，获得目标至电磁波发射点的距离，数据采集速度较快但无色彩信息，仪器略重，达到千克级	两者匹配较好，相对轻便，可进行较高效的空间位置测量；显著缺点是无测点的颜色信息	比较经济
机载三维激光扫描系统	多旋翼无人机	三维激光扫描仪	飞行速度较慢，搭载负荷相对较大	通过高速激光扫描测量获取被测对象表面的三维坐标数据及颜色信息，仪器较重，可达数千克	两者匹配一般，测量仪器相对重，测量效率低；优点是同时获得坐标和颜色信息	比较昂贵

露天矿山测量与三维建模相关技术经济指标要求包括测量效率、测量精度和设备系统价格等，建议首选价廉物美的方案一，可选用1：500、1：1 000和1：2 000比例尺测绘，测量精度能满足矿山宏观生产调度需要；方案二、方案三和方案四的测量精度稍高，可进行1：200和1：500比例尺测绘，但测量效率降低一个数量级。方案二投资价格稍高，不失为较好的备选方案，但数据后处理软硬件系统的要求较高；方案三无测点的颜色信息，导致数据后处理中的点云分类与提取较难，对点云编辑与处理的要求较高；方案四，当前阶段无人机搭载平台与负载的匹配不太理想，加上价格比较昂贵，暂不推荐使用，但随着机载三维激光扫描仪的轻便化和高效化的发展，其整体优势将进一步凸显。

3.2 无人机调度指挥系统的架构设计

在露天矿山开采过程中，无人机调度指挥系统架构主要包括无人机航摄影像的采集与三维解析，将解析后的航测成果应用在现场生产规划及安全生产管理等方面，实现下达及执行生产调度指令的目的，且实现露天矿山生产过程管理水平的PDCA循环提升（见图1）。其中，执行层为无人机调度系统的技术支撑，快速准确地获取矿山的地形地貌信息，生成可视化的矿山采场数据。管理层为数据的分析及应用阶段，将得到的航测数据用于指导现场实际生产调度工作，进行实景巡查和工程量计量等工作，有效保证了矿山的高效生产。具体主要通过以下步骤来实现。

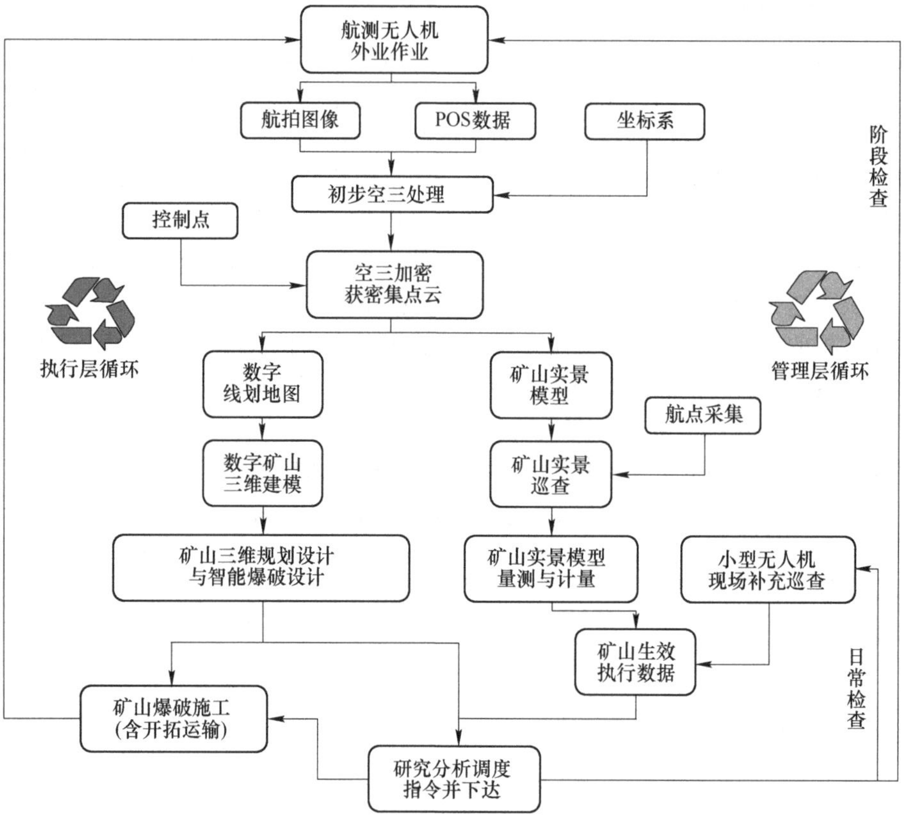

图1 无人机航测指导生产的流程

Fig. 1 The process of UAV aerial survey guiding production

（1）航测无人机外业作业的准备，包括飞机组装、地面站安放和相机安装调试及地面站软件检查与设置和飞行检查、飞行计划规划设计及绘制，最后上传飞行计划，执行飞行任务；分别收集航拍外业作业获取的正射影像和POS数据，接着进行数据预处理，包括POS数据的差分和图像与POS数据的匹配，使数据格式满足图像解析软件的格式要求。

（2）利用采集的航拍图像、POS数据和输出坐标系要求，进行初步空三处理，生成未畸变图像，为后续控制点匹配和空三加密奠定基础；输入控制点，进行控制点匹配，再进行空三加密解析，获得整体的高精度的矿山三维模型的密集点云；基于矿山的整体三维密集点云，通过专业的数据后处理自动获取矿山的等高线，在此基础上进行局部台阶剖面的描图补充，获得标准化的数字线划地图；基于数字线划地图，利用数字矿山软件进行三维建模并进行矿山三维规划与设计；基于矿山的整体三维密集点云，建立矿山的数字表面模型，再进行数据局部优化建立矿山及其周边区域的实景模型。

(3) 通过航点采集输入，进行矿山实景巡查，了解矿山宏观生产数据，必要时采用小型旋翼无人机进行补充巡查，全面、准确地掌握矿山生产执行情况的动态数据。比对矿山三维规划设计和矿山生产执行数据，发现差异并分析原因，研究分析并下达现场调度计划指令。

(4) 调度指令的执行监督与纠偏，包括日常检查和阶段检查，其中日常检查主要通过小型旋翼无人机进行，阶段检查利用轻型航测无人机进行，同时适时重复并迭代上述步骤，进行下一轮生产执行数据的及时更新与分析和安全生产调度指令的执行检查与纠偏，最终实现露天矿山生产过程管理水平的 PDCA 循环提升。

4 无人机航测生产调度系统的实施

生产调度体系的有效实施，依赖于无人机航测的构建与实施的准确执行及航测成果的解析，从外业作业获取必要的航测数据，再将这些数据输入内业处理软件中进行图像解析，将获取的航测成果，结合生产实际情况，综合运用到露天矿山的生产调度指挥工作中。

4.1 无人机航测的外业工作

无人机借助 GPS 精确定位技术，获取测量瞬间的空间位置，其与测量仪器的摄影中心点空间位置相对固定，可简化空间位置换算，再通过解析空中三角数据处理软件还原航测实际位置。目前常用的方法是区域网平差，即在由多条航线连接成的区域内进行控制点加密，并对加密点的平面坐标和高程进行整体平差计算。

本次采用华测 P310 系列轻小型无人机，翼展达 2.6m，搭载高分辨率的数码相机用于获取矿山正射影像。无人机外业工作阶段，最为关键的是航线的规划设计。在大鱼山岛航测期间，根据无人机自带的地图显示出测区的地形地貌，结合气候及地理位置分布情况，共布置了 4 个架次，保证有效覆盖整个区域（见图 2），其中架次一的航线规划如图 2（b）所示。为保证最高处重叠率，航向和旁向重叠度均不低于 65%，航摄比例尺约为 1 : 500，平均地面采样间隔 4.68cm。采用定点曝光方式进行摄影测量，共获取了 1216 张像片。所拍摄的正射影像图像清晰、分辨率高，明度、色调容易辨别，色彩效果理想。

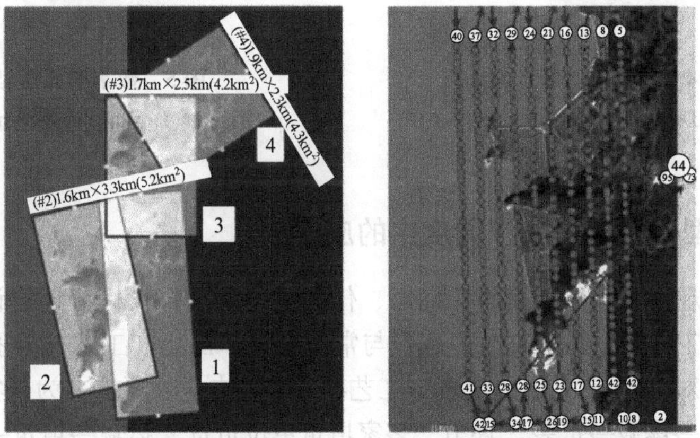

(a) 航测区域规划　　(b) 架次一航线规划

图 2　大鱼山岛测区航摄区域分布及航线规划

Fig. 2　Aerial photography area distribution and route planning in the Dayushan island

4.2 航测数据的内业处理

为了还原露天矿山及其周边设备设施的三维属性，需要将系列的二维航拍图像转换为整个矿山的三维密集点云，数据全面、准确且可视性好。无人机航测技术可在短时间内获取测区所在区域的地形地貌信息，数据量十分庞大，三维坐标信息及二维图像信息等，人工处理无法实现，故必须要进行数据的批量解析处理。

本次采用 Pix4Dmapper 软件进行一站式自动处理，具有操作简单、所有流程均可一站式处理等特点，可快速生成 3D 地图、三维模型等，进而评价航测成果。首先进行航拍图像的空三加密解析（见图 3），使图像还原具有空间属性，实现图像的完整拼接；使用距离幂加权法生成了摄区区域 2.5D 的栅格数字表面模型（见图 4）以及数字正射影像图（见图 5）。

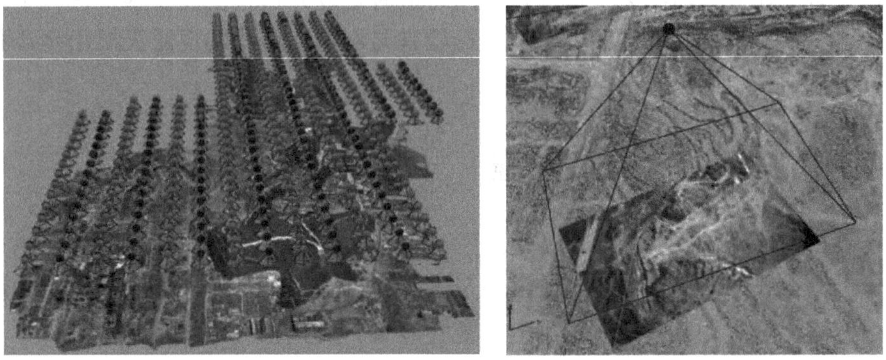

(a) 航测点效果图　　(b) 测点局部放大图

图 3　空三加密处理

Fig. 3　Empty three encryption processing

图 4　数字正射影像图

Fig. 4　Digital orthophoto model

图 5　数字表面模型

Fig. 5　Digital surface model

4.3　航测成果在大型采石矿山生产调度中的应用

考虑到本特大型多规格石开采工程的工期短、任务重，分期招投标分期建设，不具备露天矿山生产的长期稳定属性，施工人员设备等临时组建；与常规露天矿山生产工艺“穿孔→爆破→铲装→运输→排土”相比，本工程对“爆破”和“填筑”工艺有较强的专业性要求，为了实现强强联合，爆破单位统一协调实施“穿孔→爆破→铲装”环节，多家填筑单位负责“运输→填筑→建设”环节。

因此，本多规格石开采工程的生产调度系统主要关注“工程进度与计量”和“采场布局与石料调配（含爆破质量控制）”两个方面。无人机调度指挥系统在上述两个方面具备核心优势，即基于无人机航测和三维建模技术，方便快捷地采集了露天采场信息，一是进行“工程进度管理和工程计量”；二是进行“采场布局设计与石料调配”，即先根据地质情况划分区域供应各种规格石，再合理设计爆破参数，最后进行石料的科学调配。

（1）石料供需平衡调度。矿山开采的所有石料均用于舟山绿色石化基地建设陆域形成的施工，矿山开采既为陆域形成提供石料来源，同时又是陆域形成的一部分，开采到设计标高后为舟山绿色石化基地提供建设用地。基于无人机现场巡视和三维建模技术，以人工造地位置及时间节点要求为指导思想，掌握工程整体进展和施工动态，为科学合理的石料供需平衡调度提供了宏观视野和精确计量，提高供需平衡调度指令的科学性，其优势主要体现在以下几个方面。

1）石料供需平衡的规划设计：利用无人机航测区域大、效率高的优势，动态掌握回填、需料区域的工程整体进展和施工动态，用于分析石料需求计划、开采强度、石料规格等方面的要求。

2）石料供需平衡的快速计量：基于无人机航测数据及配套 Pix4D 软件，利用其便捷的面积计算功能，进行开采区移山造地和回填区填海造地进度的管理，有利于早期规划及现场施工安排；利用其体积计算功能框选一定的范围，获取该范围内的方量，进行不同开采区域剩余山体的计量与分析，适时优化调整供料计划，确保供料强度、人工造地进度要求，保证开采石料的加权平均运距短。

3）石料供需平衡的调度管理：利用无人机航测数据，掌握不同的石料开采区域的石料供需平衡偏差情况，及时下达调度指令纠偏。如果供料大于需料，现场临时堆放石料多，则压制爆破开采工作面，导致区域难以按时爆破至设计标高提供建设用地；需料大于供料，石料供给不足，不利于设计陆域的形成，导致围垦造地上的建设施工推迟。

（2）多规格石高强度开采生产管理。超大规模、高强度多规格石开采调度指挥的原则是供料区域的工程地质情况有利于保证爆破质量、降低爆破成本，同时确保供料区域与需要区域的需求强度匹配、运距短。借助无人机现场巡视和三维实景建模技术，进行多规格石开采工程的规划设计和调度指挥，实现多规格石的定制化、订单化生产，主要开展了以下技术和管理工作。

1）复杂开拓运输系统的规划与设计：基于开采区域的三维数字化建模技术及其配套 Pix4D 软件，可进行长度、面积、体积的快速测量，定量地获取采场工作线长度及位置、施工工作面大小、石料开采工程量等矿山开采设计所需的技术参数，进行可视化的复杂开拓运输系统的规划与设计，从而合理划分爆破区域、配置施工设备。

2）多规格石开采计划编制：采区地表三维模型和工程地质资料相结合，进行供料区域与供料质量的设计，即根据爆破岩体的裂隙发育程度等地质参数确定拟爆破的规格石种类，地质匹配有利于提高爆破质量、降低爆破成本，同时兼顾石料调配运距合理。

调度指挥与专家远程诊断：基于矿山的整体三维密集点云，建立矿山的数字表面模型，再进行数据局部优化，建立矿山及其周边区域的实景模型，可进行矿山现场实景巡查，了解矿山生产数据，必要时采用小型旋翼无人机进行补充巡查，全面准确地掌握矿山生产执行情况，并可同时比对矿山三维规划设计和矿山生产执行数据，发现差异，分析原因下达调度指令。

3）自带绘制及测量功能，可将航测成果进行更为有效快捷地展示，节省了大量的前期测量和管理工作的时间，不需要很多的现场管理人员。考虑到矿山的地理位置较为偏僻，交通状况不佳，可将航测成果远程传输到总指挥室，采矿专家可远程审阅航测成果，进行远程诊断，极大地提高了生产和管理水平；航测成果的三维可视化效果较好，不存在监测死角，生产管理工作检查、中长期生产计划制定、优化生产工艺等，不需要多次跋山涉水现场勘查，极大地提高了工作效率，更有助于采矿专家全面管控与指导现场生产工作。

5 结论

本文结论如下。

（1）通过分析小型无人机搭载平台和负载数据采集仪器的特点，提出了 4 种无人机选型方案。综合考虑大型露天采石矿山测绘的需求和无人机航测的相关技术经济指标，分析了 4 种选型方案对应的测量效率、测量精度和设备系统价格，认为选用固定翼无人机正射影像航拍系统更为合理，在此基础上进行了无人机生产调度系统的架构设计。

（2）无人机调度指挥系统具有粗细结合、及时高效的特点，通过高效的固定翼无人机航拍及集成化的图像解析与数据后处理获得宏观的矿山地表模型，同时利用灵活的小型旋翼无人机进行必要的补充踏勘了解细节，确保矿山生产执行数据的全面性、及时性和精确性。为及时并科学地研究并下达调度指令奠定基础，亦有利于调度指令的执行检查与纠偏和采矿专家的远程诊断与指导，适应露天矿山动态管理需求和持续提升技术管理水平的需求。

(3) 采用无人机航测技术获取了舟山大型露天采石矿山的正射影像及三维模型，实践表明，航测成果可较好地应用在石料供需平衡调度与多规格石高强度开采生产管理方面，保证了工程进度与采场布局的协同发展，有利于大型露天采石矿山的生产调度指挥，取得了较好的技术经济效益。

参考文献

[1] 谢意，易桂轩，梁焕青，等．无人机航摄技术在露天矿山监测中的应用研究［J］．城市勘测，2017（2）：114-117.

Xie Yi，Yi Guixuan，Liang Huanqing，et al. Research on the application of UAV photogrammetry in open-pit mineral monitoring［J］．Urban Geotechnical Investigation &Surveying，2017（2）：114-117.

[2] 杨彦梅．无人机低空航摄系统在土地承包经营权确权中的应用［D］．北京：中国地质大学（北京），2017.

[3] 林成行，朱首军，周涛，等．基于无人机遥感技术的水土保持植被恢复率提取［J］．水土保持研究，2018，25（6）：211-215.

Lin Chengxing，Zhu Shoujun，Zhou Tao，et al. The extraction of vegetation recovery rate in soil and water conservation based on the technology of unmanned aerial vehicle（UAV）remote sensing［J］．Research of Soil and Water Conservation，2018，25（6）：211-215.

[4] 郑史芳，黎治坤．结合倾斜摄影技术的地质灾害监测［J］．测绘通报，2018（8）：88-92.

Zheng Shifang，Li Zhikun. Geohazard monitoring based on tilt photography［J］．Bulletin of Surveying and Mapping，2018（8）：88-92.

[5] 朱海斌，王妍，李亚梅．基于无人机的露天矿区测绘研究［J］．煤炭工程，2018，50（10）：162-166.

Zhu Haibin，Wang Yan，Li Yamei. Surveying and mapping of open-pit mining area using unmanned aerial vehicle［J］．Coal Engineering，2018，50（10）：162-166.

[6] 赵红泽，王金瑞，周立林，等．无人机在露天矿山地形建模中的应用研究［J］．露天采矿技术，2018，33（4）：83-87.

Zhao Hongze，Wang Jinrui，Zhou Lilin，et al. Research of UAV in terrain modeling of open-pit mine［J］．Opencast Mining Technology，2018，33（4）：83-87.

[7] 贾虎军，王立娟，靳晓，等．基于无人机航测的尾矿库三维空间数据获取与风险分析［J］．中国安全生产科学技术，2018，14（7）：115-119.

Jia Hujun，Wang Lijuan，Jin Xiao，et al. Three-dimensional spatial data acquisition and risk analysis of tailings pond based on UAV aerial survey［J］．Journal of Safety Science and Technology，2018，14（7）：115-119.

[8] 李长青，曹明兰，李亚东，等．低空无人机航测露天矿三维重构方法与试验［J］．测绘通报，2018（3）：89-92.

Li Changqing，Cao Minglan，Li Yadong，et al. 3D reconstruction method and experiment of aerial survey of low-altitude UAV for open-pit mine［J］．Bulletin of Surveying and Mapping，2018（3）：89-92.

[9] 张玉侠，兰鹏涛，金元春，等．无人机三维倾斜摄影技术在露天矿山监测中的实践与探索［J］．测绘通报，2017（S1）：114-116.

Zhang Yuxia，Lan Pengtao，Jin Yuanchun，et al. Practice and exploration of unmanned aerial vehicle three-dimensional oblique photogrammetry technology in the monitoring of open-pit mines［J］．Bulletin of Surveying and Mapping，2017（S1）：114-116.

[10] 刘亮，陈明，郑炳旭，等．近景摄影测量技术在台阶爆破可视化中的应用［J］．爆破，2013，30（1）：45-49.

Liu Liang，Chen Ming，Zheng Bingxu，et al. Application of close-range photogrammetry in visualization of bench blasting［J］．Blasting，2013，30（1）：45-49.

[11] 王海龙．低空摄影测量技术在露天矿山土石方剥离工程量计算方面的应用探索［J］．测绘通报，2014（S1）：170-172.

Wang Hailong. Exploration of the application of low-altitude photogrammetry technology in calculating the amount of earthwork stripping in open-pit mines［J］．Bulletin of Surveying and Mapping，2014（S1）：170-172.

[12] 许志华，吴立新，陈绍杰，等．基于无人机影像的露天矿工程量监测分析方法［J］．东北大学学报：自然科学版，2016，37（1）：84-88.

Xu Zhihua，Wu Lixin，Chen Shaojie，et al. Method of engineering volume monitoring and calculation for open-pit mine from UAV images［J］．Journal of Northeastern University：Natural Science，2016，37（1）：84-88.

袋装条状铵油炸药在水孔爆破的试验探讨分析

张岗涛　邱德如　郑钦源　张昆昆　江　健　张兵兵

（广东宏大爆破股份有限公司，广东 广州，510623）

摘　要：水孔爆破以乳化炸药为主，而爆破成本偏高，考虑到铵油炸药的经济实用性，在水孔中尝试进行了袋装条状铵油炸药试验。将试验样品分为 A、B 两组，确定了铵油：矿石质量比为 2.9：1，通过分析其在地面站及施工现场的密封性情况，强化了密封方式。在此基础上，测定了在水孔中的装药效率，满足现场正常施工效率要求。以大宝山露天矿某区域的 5 个水孔为工程背景，进行了袋装条状铵油炸药现场试验，表明炸药单耗有所减小，但推动现象不明显，爆破效果未能达到预期效果，是水孔铵油爆破的有效尝试。

关键词：水孔爆破；袋装条状铵油炸药；密封性；装药效率；炸药单耗

Discussion on Test of Bagged Ammonium Explosives in Water Hole Blasting

Zhang Gangtao　Qiu Deru　Zheng Qinyuan　Zhang Kunkun　Jiang Jian　Zhang Bingbing

（Guangdong Hongda Blasting Co., Ltd., Guangdong Guangzhou, 510623）

Abstract: Water hole blasting is mainly processed by emulsion explosives, with high blasting cost. Considering the economical practicability of the ammonium explosive, test of the bagged ammonium explosives in the water hole was attempted. The test samples were divided into group A and group B. Ammonium oil and ore mass ratio was determined to be 2.9：1. The sealing method was strengthened by analyzing the sealing performance at the ground station and the construction site. On this basis, the charging efficiency in the water hole was measured to meet the requirements of normal construction efficiency at the site. Taking five water holes in a certain area of Dabaoshan open-pit mine as the engineering background, field test of bagged ammonium explosives was conducted. Results indicated that the single consumption of explosives was reduced, but the driving phenomenon was not obvious, and the blasting effect failed to achieve the expected effect, but it was an effective attempt to blast water hole by ammonium oil.

Keywords: water hole blasting; bagged strip ammonium explosive; sealability; charge efficiency; explosive consumption

露天矿山占地规模较大，受制于气候条件及地质条件的变化，局部裂隙发育区域存在较多的水孔，一般是指炮孔内含水的高度达到药柱高度的30%以上，而含水孔与普通干燥孔在相同爆破参数作用下，水孔的爆破效果明显较差。其施工工序复杂、填塞质量难以保证、根底及大块率高，甚至引起拒爆现象，严重影响到矿山的安全生产。同时水孔基本上采用乳化炸药进行装填，导致作业效率不高，且爆破成本较高[1-3]。为了改善水孔爆破效果，许多专家学者进行了大量的研究。抗水性炸药的研究已有了较大的进步，如成品乳化炸药、混装乳化炸药等可在水孔中较长时间内处于稳定状态，对于改善爆破效果作用明显[4,5]。但成品乳化炸药在水孔也可能存在破损的情况，一定程度上影响了爆破效果[6]。针对水孔的诸多不利影响，也催生了较多的预防及治理措施，如采用防水性能更好的导爆索进行引爆[7]、借助排水设备及时将炮孔内水量排出、孔底间隔装药[8]、吊袋法装药[9]等，现场生产实践结果表明，均有一定的效果。而水作为不可压缩介质，利用其自身的缓冲特性，也可延长炸药在炮孔内

原载于《有色金属（矿山部分）》，2019，71（5）：85-89。

的作用时间，从而提高炸药的利用率。水垫层技术正是利用这一原理，其相当于一个再生药包，有效地延长了炸药药柱爆破时间，对于改善水孔根底及大块率问题效果显著[10]。加强水封塞爆破通过在水与填塞材料之间放置加强封塞药包[11]，并早于主药包起爆，可起到超前压实的效果，使得爆破能量的释放更为充分，改善了爆破效果。

但在铵油炸药在水孔应用方面，由于铵油炸药自身组成结构的影响，吸湿性现象明显，在水孔中难以保持干燥稳定状态[12-15]。而其生产工艺简单、成本很低，经济性更好，故如何能够在水孔爆破中采用铵油炸药，有着一定的研究意义和实际价值。

1 试验背景

大宝山露天矿山为多金属矿，富含铁、铜、硫、铅、锌等矿石，具有较高的开采价值。其占地规模大，气候属于中亚热带湿润性季风气候区，一年四季均受季风影响，常年雨水较多，由于岩层的裂隙发育情况明显，在进行钻机钻孔时，发现爆区的钻孔含水量较多，对爆破施工效率产生了不利影响。在水孔装药时，主要采用成品乳化炸药，由于乳化炸药的成本相对较高，导致爆破成本居高不下，且爆破质量也不够理想，存在水孔所在区域大块率偏高及根底现象。为了寻找经济性更好的可替代性爆破方案，既需要在水孔中保持较长时间的稳定状态，也需要保证爆破施工效果，故尝试进行了袋装条状铵油的水孔爆破试验。在进行现场试验前，先在室内进行了密封性试验及施工效率检查试验，最后将试验成品应用于少量的水孔。

2 袋装条状铵油密封性试验

考虑到炮孔内水的存在，需要分析多孔粒状铵油炸药装入自制袋子内在自来水及施工现场水孔一段时间内的密封性；此外，需要确定多孔粒状铵油炸药装入袋内能沉下水里时铵油与矿石的合理质量比。将制作好的袋装铵油炸药分为 A、B 两组，每组各 3 条，分别放置在自来水和施工现场的水孔中。试验阶段每组试验品完全浸泡在水里，并每隔 1h 定时称重、测量和观察记录，通过对比各个时间段样品的质量变化和药柱长度变化判断密封效果，并进行形态观察。

2.1 试验步骤

试验步骤如下。

(1) 试验品制作。袋子的规格为长度 80cm、直径 100mm，将袋子一端用封口机做密封处理，并在 60cm（原始药柱长度）处作好标记；灌入铵油炸药直至标记处，当灌至一半位置处将称重好的小直径矿石放入袋中，用捆扎条进行密封，进行称重及编号。

(2) 室内测试。采用规格为直径 1.2m、高 1.4m 的大桶盛放不少于 1.0m 深的自来水；将 A 组的试验品完全浸泡于大桶水中；每隔 1h 进行试验品提取，用毛巾擦干表面水珠，先观察外观，再进行称重和测量药柱长度；4h 后划开袋子，观察铵油炸药的进水情况。

(3) 现场观察。在矿区内预先确定 3 个水孔，并测量实际孔深和孔内水位情况；将 B 组的试验分别吊装入水孔内；每隔 1h 将试验品提取，用毛巾擦干表面水珠，先观察然后进行称重和测量药柱长度；等待 4h 后将袋子划开，观察袋装铵油炸药的进水情况。

铵油理论密度约为 $0.85kg/m^3$，夹杂矿石密度为 $3.3kg/m^3$，自来水密度为 $1.0kg/m^3$，由此确定了铵油与矿石质量比约为 3∶1。试验中也要对该数值在实际水孔中的比例进行验证和调整，样品提取及下放过程需轻拿轻放，避免损坏试验品。样品密封性统计见表 1。

2.2 试验情况及结果分析

通过对此次试验所得的数据及现场全过程的观察，发现 A 组的样品 A2 在 1h 后发现底部破裂，4h 后铵油溶解一半；样品 A3 刚放入水中有轻微上浮。B 组的样品 B1 下沉较缓慢，2h 后提取发现孔壁将袋子损坏；样品 B2 下沉非常缓慢。样品 B3 放入水孔，下沉 4/5 炮孔深度后不再下沉。由此得出以下几个结论。

表 1 样品密封性情况

Table 1 Sample sealing conditions

样品编号	试验场所	质量比	水中浸泡情况							
			1h		2h		3h		4h	
			总量/kg	药柱长度/cm	总量/kg	药柱长度/cm	总量/kg	药柱长度/cm	总量/kg	药柱长度/cm
A1	面站	3.18∶1	4.78	60	4.80	60	4.80	59	4.80	59
A2		3.02∶1	5.26	57	5.40	53	5.50	50	5.66	48
A3		3.34∶1	4.86	60	4.88	60	4.88	59	4.90	58
B1	12.5m 孔（6.5m 水）	2.92∶1	4.98	55	5.23	55	5.18	40	4.93	40
B2	13.4m 孔（5.3m 水）	2.95∶1	4.90	57	4.95	56	4.96	52	4.90	52
B3	13.7m 孔（5.7m 水）	3.05∶1	5.03	52	5.13	51	5.13	50	5.18	49

（1）铵油炸药与矿石的质量比在自然水与在施工现场的水孔中有所区别，在自来水中其质量比大于在施工现场的水孔中，故在后续试验中宜采用铵油与矿石为 2.9∶1 的质量比的试验方案。袋装铵油捆扎带密封一侧，正方向浸入水中，无明显进水现象，表明密封性良好，而封口机密封的底部容易裂开。

（2）在自来水中袋子不容易损坏，总质量增加量极少，药柱长度变化不明显，密封性良好；在施工现场的水孔内 3 个样品质量都有增加，药柱有所减少，受爆生气体影响，袋子上端有所膨胀，表明样品内存在不同程度的进水现象。除 B1 样品之外，发现袋装铵油炸药底部一半药柱潮湿，上部药柱无明显进水现象，故接下来应改进袋子底部的密封性。

（3）实际施工中，要达到 2.9∶1 的质量比才可使袋装铵油较快地下沉至孔底，若要大量使用袋装铵油，需要的矿石总量较多，一定程度上可能影响延米装药量及爆破孔网参数。

3 袋装铵油炸药装药效率试验

在密封性得到保证后，需要进一步分析采用袋装铵油炸药对施工现场装药效率的影响程度。基于此目的，袋装铵油炸药装药效率试验分为 3 组。试验品制作与密封性测试阶段的试验品基本相同，区别在于将改进了封口机密封一侧改为电工胶带密封处理，且灌装好的袋装铵油炸药与矿石质量比为 2.9∶1。

3.1 试验步骤

（1）A 组制作袋装铵油炸药若干条，在爆破区域内随机选取 2 个水孔进行装填。装填前，首先用皮尺测量孔深、孔内水深及袋装铵油炸药长度，做好记录，并检查炸药是否沉入孔底。

（2）B 组准备乳化炸药 4 条，制作袋装铵油炸药 4 条，在爆破区域内随机选取 8 个水孔，测量出孔深及孔内水深，并计算装填至开始接触孔内水到沉入孔底的下沉速率。

（3）C 组准备乳化炸药若干条，制作袋装铵油炸药若干条，在单个爆破区域内随机选取 2 个孔深及孔内水位较为接近的水孔进行装填，测算完成需要的时间，进而得出实际操作中使用不同的炸药进行装填的效率。

在试验中，应注意炸药装填过程轻拿轻放，避免损坏试验品；试验过程中随时做好相关数据的记录，确保数据的真实准确，尤其是 A 组，务必及时记录袋装铵油炸药装填之后的孔深并进行检查，B 组试验进行时务必选取孔深和孔内水深近似的炮孔，以消除孔深和孔内水深大小不一对装填效率的影响。

3.2 试验数据记录统计及分析

3.2.1 试验数据统计情况

三组的试验数据情况见表2~表4。

表2 A组试验数据统计表

Table 2 Statistics table of group A experimental data

验孔编号	孔深/m	孔内水深/m	装药结构	袋装铵油长度/m	装填2条后孔深/m	装填4条后孔深/m	装填6条后孔深/m	总共装填炸药条数
A1	14.1	10.1	底部装填1箱乳化，上部吊装袋装铵油炸药	0.6	10.90	9.83	8.68	13
A2	14.0	8.0		0.6	10.78	9.64	8.53	13

表3 B组试验数据统计表

Table 3 Statistics table of Group B experimental data

试验孔编号	炸药品种	孔深/m	孔内水深/m	下沉时间/s	下沉速率/$m\cdot s^{-1}$
B1	条状乳化炸药	13.0	6.5	23.92	0.27
B2		13.5	7.0	24.02	0.29
B3		13.5	6.0	22.08	0.27
B4		13.0	5.5	20.50	0.27
B5	袋装铵油炸药	13.0	4.0	10.90	0.37
B6		13.2	4.5	12.08	0.37
B7		13.0	4.5	11.88	0.38
B8		13.5	5.0	14.93	0.38

表4 C组试验数据统计表

Table 4 Statistics table of Group C experimental data

试验孔编号	装药结构	孔深/m	孔内水深/m	堵塞长度/m	装药总条数	装药所用时间	装填平均所用时间
C1	全部吊装乳化	14.4	18.4	5.0	27	7分53秒	7分1秒
C2		14.0	8.0	5.0	25	7分53秒	
C3		13.5	11.0	5.0	24	5分1秒	
C4		13.5	5.5	5.0	24	7分53秒	
C5	底部装1箱乳化，其余吊装袋装铵油	13.0	11.0	4.0	19	7分24秒	10分30秒
C6		12.0	5.0	4.0	19	10分37秒	
C7		13.0	6.5	4.5	18	12分29秒	
C8		13.0	5.0	5.0	18	11分31秒	

3.2.2 试验结果分析

（1）试验采用的袋装铵油炸药在孔深14m、水深8~10m的水孔中均可沉入水底，表明采用铵油与矿石质量比为2.9：1的袋装铵油炸药可以实现水孔的合理装填。

（2）条状乳化炸药在孔内水中下沉平均速率为0.275m/s，而铵油与矿石质量比为2.9：1的袋装铵油炸药在孔内水中下沉平均速率为0.362m/s，高于条状乳化炸药约3%。

（3）实际装填过程中，为防止铵油袋子密封性出现问题导致炸药进水失效，需要单条逐一吊装，防止划破铵油袋，无形中增加了装药所需要的时间，每孔平均所用时间为10分30秒。相比较于乳化炸药装填时间有所增加，原因在于二者所用的吊绳不同，导致实际工作中袋装铵油炸药的装填效率低于采用乳化炸药装填。

4 现场试验效果分析

选择地层含水丰富且岩石较软的区域，布置5个孔的小范围爆区，提前制作好足量的袋装条状铵油炸药试验品，并进行现场跟踪穿孔情况，作好验孔记录（见表5）。台阶高度为12m，施工中水孔的孔径为140mm，为了克服岩石的夹制作用，超深为1.5m，平均孔深14.3m。最小抵抗线为3.3m，孔网参数为5.3m×3.3m，条状乳化及混装铵油用量分别为120kg、271kg，设计炸药单耗为0.35kg/m^3。最大单孔装药量79kg，最大单响药量为238kg，装药结构为底部1箱ϕ110mm规格的条状乳化炸药，上部吊装袋装铵油炸药，填塞4.5m，按要求做好爆破各工序工作。采用段别为MS2、MS4的非电导爆管雷管引爆，共计10发。炮孔布置如图1所示，袋装条状铵油炸药样品如图2所示。

表5 验孔记录表

Table 5 Holes check record table

孔号	孔深/m	倾斜角/（°）	水深/m
1	14.5	90	9
2	14.0	90	11
3	14.2	90	10
4	14.2	90	9
5	14.2	90	7

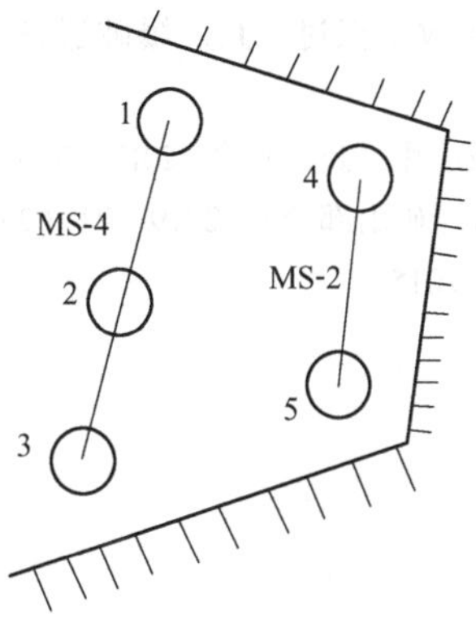

图1 炮孔布置图

Fig. 1 Blast hole layout

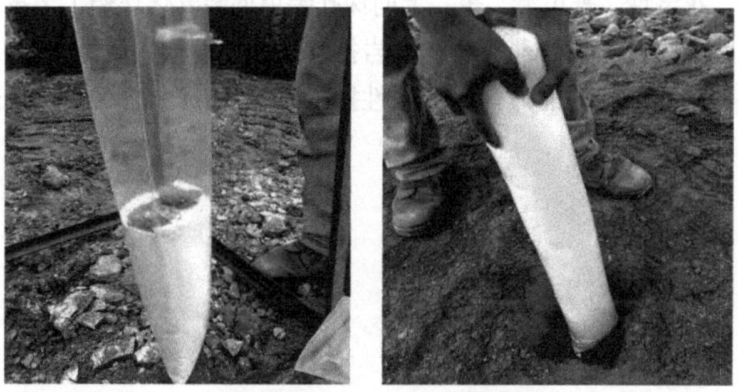

图2 袋装条状铵油炸药

Fig. 2 Bagged ammonium explosive

根据爆破瞬间录像观察得知，爆区整体推动现象不明显，表明炸药装填量存在不足。爆堆正面基本没有推出，且前排孔上部分塌落少部分岩石，表面只出现较小的裂缝；爆堆侧面底部出现裂隙，但并没有明显推出迹象。究其原因可能在于爆破孔网参数比先前水孔单纯使用乳化炸药有所缩小。炸药单耗为0.35kg/m^3，使用铵油后炸药成本有所降低，但延米爆破量减小较多，相当于将爆破实际成本转移到钻孔上。爆破效果一般，增加了挖装及穿孔成本，综合成本相比较于单纯用乳化炸药而言，并没有显著降低。实际施工中，在孔内水位不深时，先利用乳化炸药装填，达到排出孔内水的目的，再使用袋装条状铵油炸药时，可避免孔内裂隙漏掉导致的炸药浪费，爆破效果良好。

5 结论

通过对袋装条状乳化炸药的密封性及装填效率分析得知，表明通过有效的技术手段，可以达到快速密封处理的目的，并选取了少量的炮孔进行了现场试验。

（1）袋装条状铵油炸药通过使用韧性好、厚度较厚的材料对封口进行密封处理，可以达到良好的密封效果，保证铵油炸药在水孔内4h不失效。

（2）实际操作过程中，袋装条状铵油炸药的装填效率受制于炮孔质量及密封性质量限制，略低于采用条状乳化炸药装填效率。

（3）在缩小爆破孔网参数情况下，使用袋装铵油炸药爆破后的效果差，爆区整体没有推动，表明炸药药量不足。采用袋装条状铵油炸药成本显著降低，但延米爆破量减小较多，综合成本有所提高，表明应用效果不够理想。

参考文献

[1] 王雪强，耿飞，李彬，等．白云鄂博铁矿水孔爆破的技术方案研究［J］．煤矿机械，2017，38（8）：50-51.

[2] 尹芝足，李永新，王永强．地下水对露天矿中深孔爆破的影响［C］//中国矿业科技文汇，2014.

[3] 刘聪，董业锋．露天石英矿水孔爆破施工技术研究［J］．西部探矿工程，2015，27（11）：157-161.

[4] 叶海旺，农冬灵，赵明生，等．混装乳化炸药水孔装药数值模拟及试验研究［J］．爆破，2011，28（4）：11-14，19.

[5] 王清华，宋领．乳化炸药混装车水孔爆破的优越性［J］．爆破器材，2002，31（5）：10-12.

[6] 郑思友，夏斌，何振，等．乳化炸药损伤对爆炸性能的影响［J］．爆破器材，2013，42（2）：21-25.

[7] 张玮，杨颖涛，吴宇强．导爆索水孔爆破的数值模拟［J］．工程爆破，2006（1）：26-28，57.

[8] 白和强，张昭．缅甸七星塘矿山孔底间隔装药技术的实验与应用［J］．工程爆破，2017，23（5）：63-66.

[9] 顾乃满，甘德清，张树伟．吊袋法爆破在庙沟铁矿的应用［J］．西部探矿工程，2007（10）：132-133.

[10] 陈磊，吴磊，李银霞，等．炮孔底部水介质在台阶爆破中的作用［J］．金属矿山，2013（5）：41-44.

[11] 谢亮波，黄凯和，杨海涛．含水露天矿加强水封塞爆破技术研究［J］．金属矿山，2014（6）：42-45.

[12] 陈友民，王军，唐友生．提高改性铵油炸药在小直径深孔爆破中的使用效果探讨［J］．爆破器材，2010，39（3）：22-24.

[13] 黄麟，花宝玲，查正清，等．上向深孔装填混装乳化炸药工艺技术的开发及应用［J］．矿冶，2017，26（4）：15-18.

[14] 王红心．粒状铵油炸药在台车凿岩掘进爆破中的应用研究［J］．有色金属（矿山部分），2019，71（2）：86-89.

[15] 赵冉．多孔粒状铵油炸药的抗水性探索研究［D］．北京：北京理工大学，2015.

多规格石高强度开采矿山开拓系统的三维规划设计与施工

唐玉成[1] 方 翔[1] 张中雷[2] 崔晓荣[1]

（1. 广东宏大爆破股份有限公司，广东 广州，510623；
2. 大昌建设集团有限公司，浙江 舟山，316021）

摘 要：为了保障多规格石高强度开采矿山的石料供需平衡和安全高效生产，利用三维数字矿山软件进行矿山开拓系统的规划设计与施工监管。以舟山绿色石化基地大、小鱼山岛多规格石高强度开采工程为背景，采用3Dmine软件建立了矿区的三维数字表面模型，并进行了运输道路优化设计、开拓工程量计算等，最后进行动画模拟，分析露天矿山开拓系统的车—路协同效果，确保满足工程施工强度要求。实践表明：生成的开拓系统设计可视性好，有助于采场合理布局和石料科学调配，为多规格石的高强度开采施工奠定了技术基础。利用3Dmine数字矿山软件，设计多规格石高强度开采矿山的三维开拓系统，并将其应用于现场施工，有助于保障多规格石的供需平衡调配和矿山持续高效的生产管理。

关键词：3Dmine软件；多规格石；高强度开采；三维开拓系统；道路设计；工程量计算

Three-dimensional Planning Design and Construction of Multi-size Stone High-strength Mining Development System

Tang Yucheng[1] Fang Xiang[1] Zhang Zhonglei[2] Cui Xiaorong[1]

（1. Guangdong Hongda Blasting Co., Ltd., Guangdong Guangzhou, 510623;
2. Darch Construction Group Co., Ltd., Zhejiang Zhoushan, 316021）

Abstract: In order to ensure the balance of stone supply and efficient safety production of multi-size stone high-strength mining mines, the three-dimensional digital mining software was used to carry out the planning, design and construction supervision of the mining development system. Based on the large-scale high-strength mining project of Yushan Island, Zhoushan Green Petrochemical Base, 3Dmine software was used to establish a three-dimensional digital surface model of the mining area. The optimization desion of the transportation road and the calculation of the amount of engineering were carried out, finally animation simulation was used. The car-road synergy effect of the open-pit mining development system was analyzed to ensure that the construction strength requirements were met. Practice has shown that the generated development system has good visibility, which contributed to rational layout of the stope and the scientific allocation of stone materials, laying a technical foundation for the high-strength mining of multi-size stones. It is convenient to build a digital model of the mine and to a large extent realize the virtualization operation. Three-dimensional mining software is applied in the whole life cycle of open-pit mines to carry out mining design, road construction design, blasting design. engineering quantity settlement, production plan formulation and other work, which reduces the labor intensity of personnel, improves the work efficiency, and improves the level of construction refinement. Three- dimensional mining software can solve the problems of traditional open pit mining design software (such as CAD software, et al.) such as complicated operation, poor visibility and difficulty in

基金项目：广东省科技计划产学研重点项目“广东省广东宏大爆破股份有限公司矿山民爆一体化院士工作站”（编号：2013B090400026）资助。

原载于《黄金科学技术》，2019，27（5）：755-761。

effectively communicating the construction intention, and improve the practical production guiding significance of design. Using 3Dmine digital mining software to design a three-dimensional development system for high-strength mining of multi-specification stones and apply it to site construction is helpful to ensure the balance of supply and demand of multi-specification stones and the sustainable and efficient production management of mines.

Keywords: 3Dmine software; high-strength mining multi-size stone; three-dimensional development system; road design; engineering quantity calculation

随着三维矿山软件的出现，露天矿山开采规划与管理工作有了较大的改进[1,2]。现有的三维矿山软件，如3Dmine[3] 和DIMINE软件[4] 等，基本上是基于CAD二维图进行的，符合矿山施工人员的使用习惯，软件可操作性强，对于优化生产计划十分有利。三维矿山软件可有效建立矿山的数字模型[5]，通过建立强大的数据库，将各种矿山数据有效存储起来，方便及时调用与处理，可操作性强，很大程度上实现了虚拟化操作。三维矿山软件应用于露天矿山全生命周期中，进行矿山开采设计、道路施工设计、爆破设计[6]、工程量结算[7] 和生产计划制订[8,9] 等，极大地降低了人员的劳动强度，提高了工作效率，且施工精细化水平得以提升，凸显了设计对实际生产工作的指导意义[10]。因此，利用三维矿业软件进行采矿方法设计已成为矿业领域的一个重要发展方向。

开拓系统是矿山正常安全生产的重要保障，主要体现在首采工作面和矿山道路设计等方面。合理的开拓系统设计是石料供需平衡调度的核心，同时也是多规格石高强度开采的技术保障，但是传统的采矿方法设计是在平面状态下以二维平面图与剖面图来表达设计意图[11]，因此基于CAD绘制的开拓系统平面图存在较多的不足，包括：(1) 可视化程度低，难以有效进行技术交底；(2) 开拓系统设计的可靠性难以保证，检查较为困难；(3) 更新速度慢，面对复杂的生产现状，系统的执行程度不高，伴随工程进展不同时期将会出现需料强度变化，当前的开拓系统是否能够承载任务要求，开拓系统的可靠性需要加以讨论。大、小鱼山石料工程属于多规格石高强度开采工程，其开拓系统采用传统二维设计软件设计时，工作量大，制图过程烦琐，信息更新困难，设计结果影响施工人员对复杂问题的准确判断[12]。基于此，本文利用3Dmine数字矿山软件，设计大、小鱼山三维开拓系统，并将其应用于现场施工，以期保障多规格石的供需平衡调配，提高矿山生产管理的效率。

1 工程概况

舟山绿色石化基地位于浙江省舟山市岱山县大、小鱼山岛围垦区，是国家石油化工“十三五”规划重点项目之一，是（浙江）自由贸易试验区建设的重点和核心。舟山绿色石化基地建设前期的施工任务主要是在大鱼山岛东西两侧实施开山、围填海工程，为舟山绿色石化基地建设提供必需的建设用地，围垦后形成深水岸线，长约4000m，陆域面积约为41km^2，拟建成我国岛屿型、现代化、生态型的炼化一体化石化基地。

露天矿山开采爆破工程是舟山绿色石化基地建设工程的重要组成部分，为石化基地陆域形成及围堤工程提供石料供应，同时也为石化基地提供建设用地，在整个项目中处于龙头地位。一期开山爆破工程总工程量为3400×10^{4}m^3，总工期为20个月，由大、小鱼山岛内10个相对独立的开山区域组成，开采石料主要用于南防波堤工程、一期陆域形成、西北防波堤工程、大桥接线成陆工程和北部成陆工程等；二期开山爆破工程主要位于一期开山爆破工程的东侧，土石方爆破开采方量约为4800×10^{4}m^3，开采工期为19.5个月，开采区域由大鱼山岛1号山体至7号山体和小鱼山岛五、六区组成，主要用于鱼山大桥接线工程、二期东侧堤工程和陆域形成地基加固工程等。一期工程每月需完成开采方量170×10^{4}m^3，日完成开采方量6×10^{4}m^3；二期工程每月需完成开采方量246×10^{4}m^3，日完成开采方量8×10^{4}m^3。相比普通土石方工程，本工程施工现场人员设备多，协调难度大，工作强度更高。此外，本工程基本属性为多规格石的高强度爆破开采，采场占地面积大，以台阶的形式进行穿孔、爆破和铲运，使得工作面数目较多，道路设计复杂多变，服务的机械设备也较多。为了确保该特大型多规格石高强度开采矿山工程的施工效率和施工质量，避免施工过程中各区山体内部及相互之间在时间、空间上的相互干扰，更好地匹配后续促淤围垦工程及场地回填工程用料需求，统一协调大型露天采场的生产布局，从而保证各区山体多规格石开采施工的协调推进，实现多规格石的高强度、安全高效开采，本文利用数字矿山软件进行露天矿山开拓系统的三维规划设计与监管体系构建。

2 开拓系统三维规划设计的目标

三维矿山软件有助于保证工程施工的有序衔接，确保开拓系统的三维规划设计较为合理。由于本工程为多规格石高强度开采，通过规划设计保证开采的有序进行及石料的供需问题具有重大意义。基于工程重难点，认为开拓系统三维规划设计的预期目标应体现在以下 4 个方面。

（1）石料供需平衡的规划设计：动态掌握回填、需料区域的工程整体进展和施工动态，用于分析石料需求计划、开采强度和石料规格等方面的要求。

（2）石料供需平衡的快速计量：利用三维矿山软件面积计算功能进行开采区移山造地和回填区填海造地进度的管理，利用三维矿山软件体积计算功能进行不同开采区域剩余山体的计量与分析，适时优化调整供料计划，确保供料强度、人工造地进度要求，保证开采石料的加权平均运距最短。

（3）石料供需平衡的调度管理：掌握不同石料开采区域的石料供需平衡偏差情况，及时下达调度指令纠偏。若供料大于需料，现场临时堆放石料过多，将压制爆破开采工作面，导致区域难以按时爆破开挖至设计标高，无法提供建设用地；若需料大于供料，石料供给不足，不利于设计陆域的形成，导致围垦造地上的建设施工推迟。

（4）安全高效开采的技术保障：超大规模、高强度多规格石开采调度指挥的原则是供料区域的工程地质情况有利于保证爆破质量、降低爆破成本，同时确保供料区域与用料区域的需求强度相匹配且运距较短，实现多规格石的定制化、订单化生产。

3 露天矿山开拓系统三维规划设计内容

大型露天矿山开拓系统三维规划设计施工，主要包括数字矿山表面模型建立[13,14]、矿山开拓系统三维设计[15] 和矿山开拓系统施工与监管 3 个部分，具体流程如图 1 所示。采用数字矿山软件进行矿山开拓系统的三维设计，主要分 5 步，即矿山道路线路设计、道路边坡设计与自动生成、开拓系统挖填工程量计算、开拓系统动画模拟与分析和矿山道路施工图出图。矿山开拓系统三维设计完成后，进行矿山开拓系统的 3D 打印，将设计纳入矿山调度管理体系，进行矿山开拓系统的施工监管。

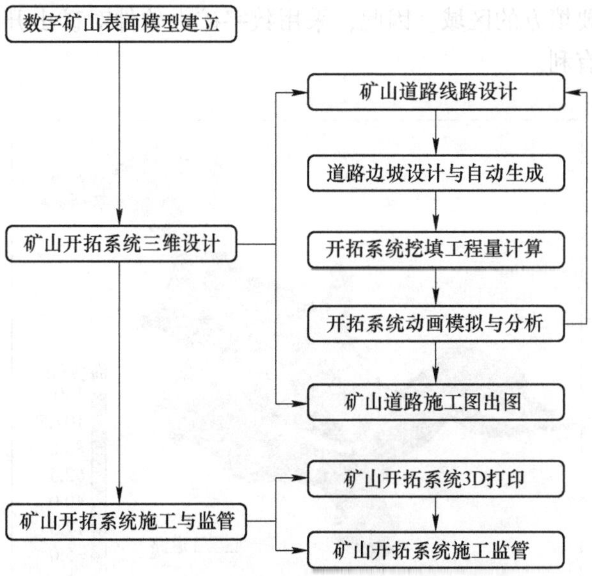

图 1 露天矿山开拓系统三维规划设计流程图

Fig. 1 Flow chart of 3D planning and design of open-pit mining development system

建立数字矿山表面模型时，首先对 CAD 地形地貌图进行信息提取，保留数字矿山表面模型关注的主要信息（如山体等高线等），如图 2 所示；然后将优化后的 CAD 图导入 3DMine 软件，对点和线进行优化编辑，这里主要用到的是【工具】菜单。在 $x-y$ 视图下，进行【闭合线内生成 DTM 面】操作，生成整个矿山的表面模型。

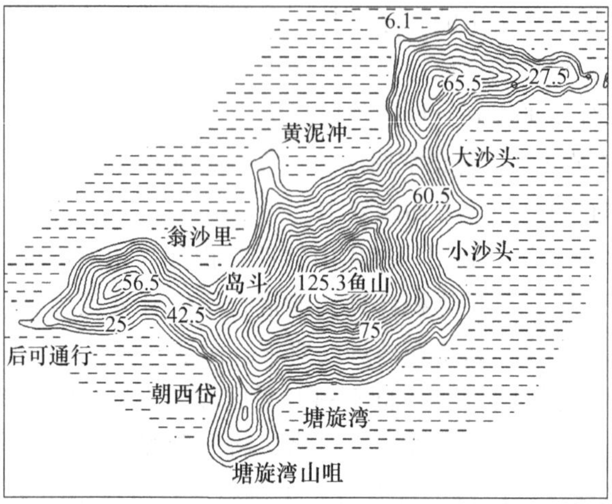

图 2 原始 CAD 地形图

Fig. 2 Original CAD topographic map

3.1 矿山道路线路设计与边坡生成

在原有露天矿山 CAD 二维地形图的基础上，快速生成三维模型，根据矿山的实际地形条件和生产需求，确定设计道路的位置。在 3DMine 软件中打开表面模型文件，画出道路中线，确定道路坡度为 8%，将道路中线进行中线扩展，生成矿山道路边界线，再使用裁剪工具将原始表面模型与道路进行裁剪生成道路边坡。

矿山道路线路设计尽量满足矿山整体布局要求，使运输道路与生产作业面相协调，尽量缩短道路长度，减少道路施工工程量，节约运距。道路坡度保持在 8%左右，确保行车安全。考虑到工程量大，车辆行驶频繁，设计了宽度为 20m 的道路，如图 3 所示。在道路的边坡边界线，生成边坡的 DTM 面，可清晰显示设计道路的实际面貌。另外发现有部分设计道路不可见，表明该区域属于挖方区域，而其余可见道路区域则属于需要填方的区域。因此，采用数字矿山软件对矿山开拓系统进行三维设计对于道路规划与现场施工十分有利。

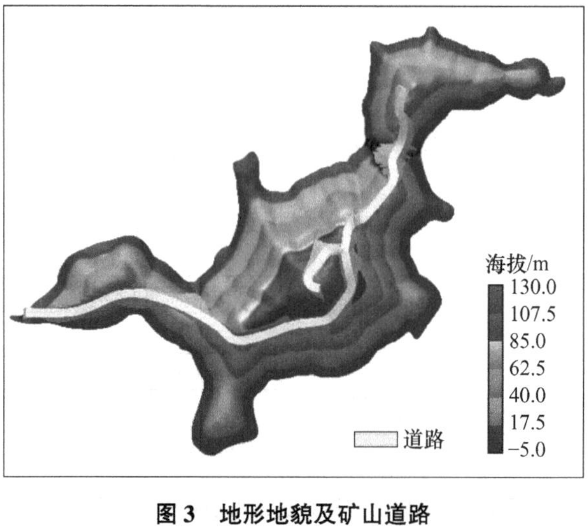

图 3 地形地貌及矿山道路

Fig. 3 Topography and mine roads

3.2 开拓系统工程量计算与动画模拟分析

目前，道路开拓系统挖填方工程量的计算方法主要有三角网法、网格法和断面法[16,17]，通过矿山道路修筑前后的地表模型对比，计算开拓系统的挖填方工程量，从而分析开拓系统建设成本和施工工期等，为开拓系统的优选提供依据。

3DMine 软件还可以将树、草皮、卡车和挖机等插入三维地表模型中，使三维地表模型更形象[18,19]，如图 4 所示。通过调整视角范围、观察倾角、帧速和观察高度等可调整动画视觉效果，检验道路设计的合理性。当发现道路坡度较大或转弯半径过小等不利于行车安全时，可返回重新修改道路设计参数。通过开拓系统动画模拟，可以分析矿山道路运输系统的可行性、可靠性和合理性，有助于发现可能存在的问题，检验道路路线设计、坡度设计和边坡设计等技术参数的合理性。

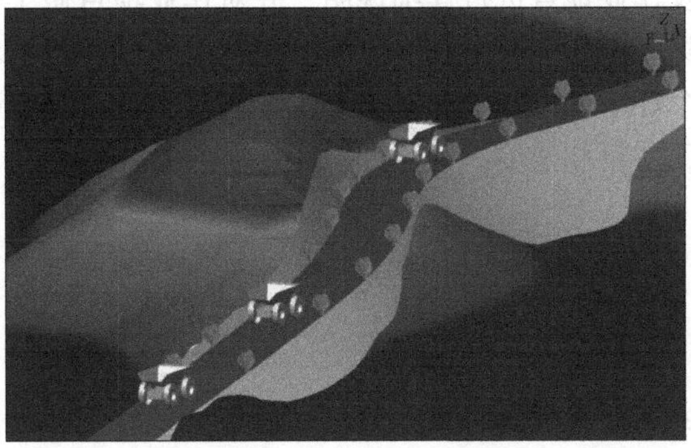

图 4　小鱼山岛矿山道路开拓系统的动画模拟

Fig. 4　Animation simulation of mine road development system in the Xiaoyushan Island

3.3 矿山道路施工图设计

矿山开拓系统设计完成后，进行矿山道路施工图出图，主要是出道路平面布置图和系列剖面图。通过调入地表模型和道路设计的边坡及边界，设置预期的道路相关参数，即可生成设计道路的剖面图，快速计算道路施工的工程量，自动剖面线位置图如图 5 所示。最终生成的道路挖方、填方路段的报告，对于指导道路施工顺序、区分道路施工难易程度和结算工程款等方面，具有重要的指导作用。

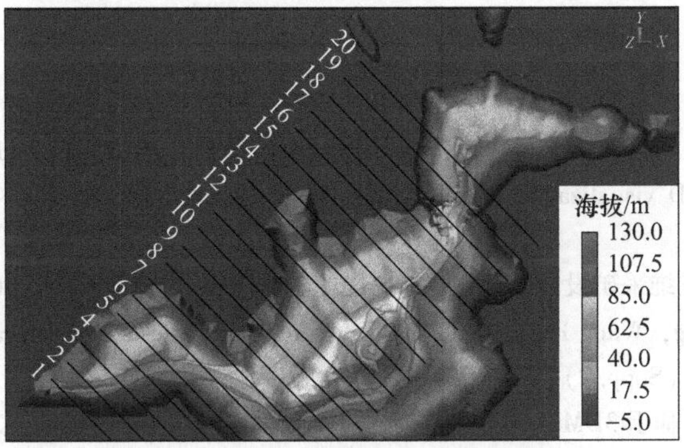

图 5　矿山道路剖面线位置图

Fig. 5　Mine roads section line location map

4 矿山开拓系统施工与监管

4.1 基于微缩 3D 模型的矿山开拓系统施工监管

日常调度生产管理中，可在生产调度中心建立高精度的各种沙盘模型，供现场调度指挥中心研究分析使用，使调度指令更加科学合理。基于 3DMine 数字矿山软件，可以规划设计矿山的开拓系统三维模型[20]、开采现状模型和终了图模型等，并导出 3D 模型[21]，且输出文件为多种格式可选，与常用的 3D 打印软件具有良好的兼容性。在道路施工前，将矿山开拓系统的 3D 模型打印出来，以便及时检查、核对并修正道路施工中的偏差，对于规范施工和技术监管具有积极作用。

4.2 矿山开拓系统施工监管

基于露天矿山的数字表面模型，可对露天矿山三维开拓系统的道路路线、道路坡度和两侧边坡等进行设计，并可方便快捷地计算挖填方工程量、模拟分析开拓系统效果和绘制施工图等，使开拓方案的设计、对比分析和施工监管一体化，全过程的技术资料直观、可视，避免了不同管理环节数据冲突问题的出现。

基于上述管理平台和数据，可以实现精细化的工程管理。施工前施工负责人对作业组成员进行认真技术交底，对涉及的设备及作业地点进行详细说明，并对作业项目做了分工。整个施工过程中严格执行安全工作规程，保证现场施工作业有序开展。施工管理重在现场组织和施工过程的控制。把每一次施工、每一道工序、每一个环节都按责任和岗位分工落实到个人，才能确保施工过程万无一失，取得良好的施工效果，保证施工质量和速度。

5 结论

本文结论如下。

（1）利用三维数字矿山软件，将传统的二维露天矿山地形地貌图导入三维数字矿山软件进行露天矿山开拓系统的三维可视化设计，建立开拓系统模型，直观展示了整个矿山的运输道路形态，提高决策者对露天矿山开拓系统空间分布形态的认识。

（2）基于露天矿山的数字表面模型，对露天矿山三维开拓系统的道路路线、道路坡度和两侧边坡等进行设计，可方便快捷地计算挖填方工程量、绘制施工图并模拟分析开拓系统效果等，使开拓方案的设计、对比分析和施工监管等环节实现一体化、直观化、可视化。

（3）采用三维数字矿山软件进行可视化道路规划，有助于露天矿山整体采场布局、石方调配工作，优化工作面设置，更好地服务于日常生产调度和管理，提前发现并解决问题，指导安全生产工作，极大地提高了工作效率，提升了工程项目的精细化管理水平。

参考文献

[1] 王立梅．三维可视化建模技术在矿山设计中的应用［J］．煤矿安全，2018，49（11）：121-124.
Wang Limei. Application of 3D visualization modeling technology in mine design［J］. Safety in Coal Mines，2018，49（11）：121-124.

[2] 李佳梦,张元生,王辉,等．三维采矿设计软件在智能矿山的实践应用[J]．中国矿业,2018,27(增2):254-257,262.
Li Jiameng，Zhang Yuansheng，Wang Hui，et al. Application of 3D mining design software in intelligent mine［J］. China Mining Magazine，2018，27（Supp. 2）：254-257，262.

[3] 钟德云，胡柳青，吴国栋．基于 3DMine 软件的露天矿开采设计［J］．现代矿业，2012，27（10）：11-14.
Zhong Deyun，Hu Liuqing，Wu Guodong. Open-pit mine exploitation based on 3DMine software［J］. Modern Mining，2012，27（10）：11-14.

[4] 王立磊，王李管．依托 DIMINE 软件实现中国矿山的数字化［J］．现代矿业，2009，25（3）：23-27.
Wang Lilei，Wang Liguan. Using DIMINE software to achieve digitization of China mine［J］. Modern Mining，2009，25（3）：23-27.

[5] 徐立明，牛新生．地质体三维可视化模拟的现状与展望［J］．西南民族大学学报（自然科学版），2006，32（1）：151-154.
Xu Liming，Niu Xinsheng. Current status and prospects of the 3-dimensional visual simulation of geological bodies［J］. Journal of Southwest University for Nationalities（Natrual Science Edition），2006，32（1）：151-154.

[6] 李建华．3DMine 软件露天深孔台阶爆破管理应用实践［J］．有色金属（矿山部分），2018，70（5）：66-69.
Li Jianhua. Practice and application of 3DMine software in open-pit deep-hole bench blasting［J］. Nonferrous Metals

(Mining Section), 2018, 70 (5): 66-69.
[7] 王洋喆，郭忠林，史银卷，等．基于3DMine软件的不规则矿堆三维建模及矿量估算［J］．中国钨业，2018，33（2）：64-68.
Wang Yangzhe, Guo Zhonglin, Shi Yinjuan, et al. Three-dimensional modeling and ore quantity estimation of irregular ore heap based on 3DMine [J]. China Tungsten Industry, 2018, 33 (2): 64-68.
[8] 洪勇，张弛．基于3DMine的露天矿端帮境界剥采比研究［J］．化工矿物与加工，2018，47（1）：48-51.
Hong Yong, Zhang Chi. Study on end-slope boundary stripping ratio of surface mine based on 3DMine [J]. Industrial Minerals and Processing, 2018, 47 (1): 48-51.
[9] 刘果，傅新华，张伟．基于3DMine的露天矿中长期计划应用研究［J］．露天采矿技术，2013（8）：56-58.
Liu Guo, Fu Xinhua, Zhang Wei. Study on application of medium and long term production planning establishment in Pingshuo east open-pit mine based on 3DMine [J]. Opencast Mining Technology, 2013 (8): 56-58.
[10] 王志宏，陈应显．露天矿三维可视化地质模型的实时动态更新［J］．辽宁工程技术大学学报（自然科学版），2004，23（1）：21-23.
Wang Zhihong, Chen Yingxian. Real time dynamic updating of 3D visualized geological model of open-cut mine [J]. Journal of Liaoning Technical University (Natural Science Edition), 2004, 23 (1): 21-23.
[11] 冯兴隆，吴东旭，李剡兵，等．基于DIMINE三维数字矿山软件系统的淌塘铜矿六中段开采方法研究［J］．湖南有色金属，2013，29（1）：1-6，53.
Feng Xinglong, Wu Dongxu, Li Yanbing, et al. Mining method research of the sixth level of Tangtang Copper Mine based on DIMINE 3D mining software system [J]. Hunan Nonferrous Metals, 2013, 29 (1): 1-6, 53.
[12] 郭强．基于3DMine的三维矿山模拟研究［D］．山西：太原理工大学，2012：40-50.
Guo Qiang. Research on the-Dimensional mine simulation based on 3DMine [D]. Shanxi: Taiyuan University of Technology, 2012: 40-50.
[13] 于全景，张震宇．基于3DMINE软件的石灰石矿山三维建模［J］．建筑工程技术与设计，2018（15）：4351.
Yu Quanjing, Zhang Zhenyu. 3D Modeling of limestone mine based on 3DMINE software [J]. Architectural Engineering Technology and Design, 2018 (15): 4351.
[14] 杨金富，周仕雄，薛力鹏．基于DIMINE的会理拉拉铜矿三维地质建模及储量估算［J］．金属矿山，2016，45（8）：114-118.
Yang Jinfu, Zhou Shixiong, Xue Lipeng. Three-dimensional geological modeling and reserves estimation of Lala copper deposit in Huili County, based on DIMINE software [J]. Metal Mine, 2016, 45 (8): 114-118.
[15] 高艳磊．基于3DMine的露天采矿设计［J］．金属矿山，2015，44（4）：255-258.
Gao Yanlei. Design of 3DMine software in open pit mining [J]. Metal Mine, 2015, 44 (4): 255-258.
[16] 邵亚建，饶运章，何少博．基于3DMine软件的复杂矿体三维建模及储量估算［J］．有色金属科学与工程，2016，7（4）：98-102.
Shao Yajian, Rao Yunzhang, He Shaobo. Three-dimensional modeling and reserve estimation of complex ore-body based on 3DMine [J]. Nonferrous Metals Science and Engineering, 2016, 7 (4): 98-102.
[17] 王运森，闫腾飞，安龙．基于三维激光扫描的复杂空区点云处理技术研究［J］．有色金属科学与工程，2015，6（2）：89-93.
Wang Yunsen, Yan Tengfei, An Long. Point cloud processing technique of complex mined-out area based on 3D laser scanning [J]. Nonferrous MetalsScience and Engineering, 2015, 6 (2): 89-93.
[18] 巩瑞杰，陈彦亭，常龙新，等．基于3DMine的Web网页三维可视化插件设计与应用［J］．现代矿业，2018（10）：142-145，150.
Gong Ruijie, Chen Yanting, Chang Longxin, et al. Design and application of webpage three-dimensional visualization plug-in based on 3DMine [J]. Modern Mining, 2018 (10): 142-145, 150.
[19] 于谦，杨继锋，李萌，等．3DMine矿业软件在数字矿山三维建模中的应用［J］．河北遥感，2013（3）：9-11.
Yu Qian, Yang Jifeng, Li Meng, et al. Application of 3DMine mining software in 3D modeling of digital mine [J]. Hebei Remote Sensing, 2013 (3): 9-11.
[20] 曹玉涛，庞博，周正义，等．3DMine软件在矿山基建期间的应用［J］．中国矿山工程，2018，47（3）：31-34.
Cao Yutao, Pang Bo, Zhou Zhengyi, et al. Application of 3DMine software in mine construction period [J]. China Mine Engineering, 2018, 47 (3): 31-34.
[21] 罗周全，鹿浩，刘晓明，等．矿山三维实体建模［J］．南华大学学报（自然科学版），2007，21（4）：9-15.
Luo Zhouquan, Lu Hao, Liu Xiaoming, et al. Mine 3D solid modeling [J]. Journal of University of South China (Science and Technology), 2007, 21 (4): 9-15.

舟山绿色石化基地凝灰岩露天矿山靠帮边坡爆破技术研究

丁银贵

（广东宏大爆破股份有限公司，广东 广州，510623）

摘　要：为有效维护靠帮边坡稳定，降低爆破对保留区岩体的损伤破坏，在不同地质条件下的边坡应采用不同的爆破方法。本文通过舟山绿色石化基地凝灰岩露天矿山靠帮边坡爆破技术研究，对边坡坡率小、风化程度大、节理裂隙发育的表层边坡采用预留孔底保护层缓冲爆破，对坡率大、风化程度弱、岩石较为完整的中下层边坡采用光面（预裂）爆破，均较好地保护了靠帮边坡的稳定，取得了较好的经济效益和社会效益，对以后类似边坡的施工具有一定的指导意义。

关键词：靠帮边坡；预留孔底保护层；缓冲爆破；光面爆破

Study on Blasting Technology of Side Slope in Surface Tuff Mines of Zhoushan Green Petrochemical Base

Ding Yingui

（Guangdong Hongda Blasting Co.，Ltd.，Guangdong Guangzhou，510623）

Abstract：In order to effectively maintain the stability of the slope and reduce the damage and damage of the blasting to the rock mass in the reserved area，different blasting methods should be used in the slope under different geological conditions. In this article，through the study of the blasting technology of the surface tuff mines in Zhoushan green petrochemical base，the surface slope with small slope rate，high weathering degree and joint fracture development adopts the buffer blasting of reserved hole bottom protective layer，which adopts smooth surface（pre－cracking）blasting on the middle and lower slope with large slope rate，weak weathering degree and complete rock，which better protects the stability of the slope and obtains good economic and social benefits，is a model to help the slope blasting construction，which has certain guiding significance for the construction of similar slope in the future.

Keywords：side slope；reserved hole bottom protective layer；cushion blasting；smooth blasting

1　前言

舟山绿色石化基地是国家石油化工“十三五”规划重点项目，是中国（浙江舟山）自由贸易试验区建设的引擎，是舟山江海联运服务中心发展的核心，位于浙江省舟山市岱山县大小鱼山岛围垦区，西邻杭州湾，东邻东海，北与上海国际航运中心洋山港毗邻，背靠上海、杭州、宁波、舟山等大中城市，地理位置优越。

舟山绿色石化基地凝灰岩露天矿山是石化基地建设的重要组成部分，为大小鱼山岛围垦区建设提供建设石料和施工用地，在整个石化基地建设中处于龙头地位。

矿区为发育单一的火山碎屑岩，岩性为流纹质含角砾玻屑熔结凝灰岩。表层岩石风化严重，约

原载于《中国矿山工程》，2019，48（6）：10-15。

10~30m 厚，呈黄褐色，节理裂隙发育，结构松散，碎块状，物理力学性质差；下层岩石弱风化，呈青灰色，塑变结构，假流动构造，有少量断层，发育节理少，岩石总体较为完整，但局部存在楔形体，易发生岩块崩落等不良工程地质现象。岩石为普坚石，坚固性系数$f=8\sim12$。主要成分为塑变玻屑，其次为晶屑、角砾。

地下水主要有松散岩类孔隙潜水、基岩裂隙水两种类型。区内松散岩类铅厚较小，岩性为含碎石粉质黏土，透水性、富水性差，水量贫乏。节理虽较发育，但节理面平直、闭合，水的连通性差。地下水向下渗透的路径不长，径流量较小，边坡部位未见泉水露头，仅见少量渗水，基岩裂隙水也较为贫乏。地下水主要由大气降雨补给，沿基岩裂隙向低处径流。

矿区位于北亚热带南缘季风海洋型气候区，常年温和湿润，冬暖夏凉，光照充足。年平均气温16.1℃，最冷1月份平均温度5.5℃，最热8月份平均气温26.9℃；年平均降雨量1200mm，主要集中在梅季和夏秋台风季节。日最大降水量246.3mm。年平均相对湿度80%。全年无霜期257天。全年盛行北风和东南风，其中，春夏季主导风向为东南风，冬季为偏北风，年均风速6.7m/s。

舟山绿色石化基地凝灰岩露天矿山共设置7处靠帮边坡，边坡周边均有生活办公临建设施、交通运输道路、供电通信设施、石化炼化装置等，施工环境复杂。靠帮边坡周边环境如图1所示。

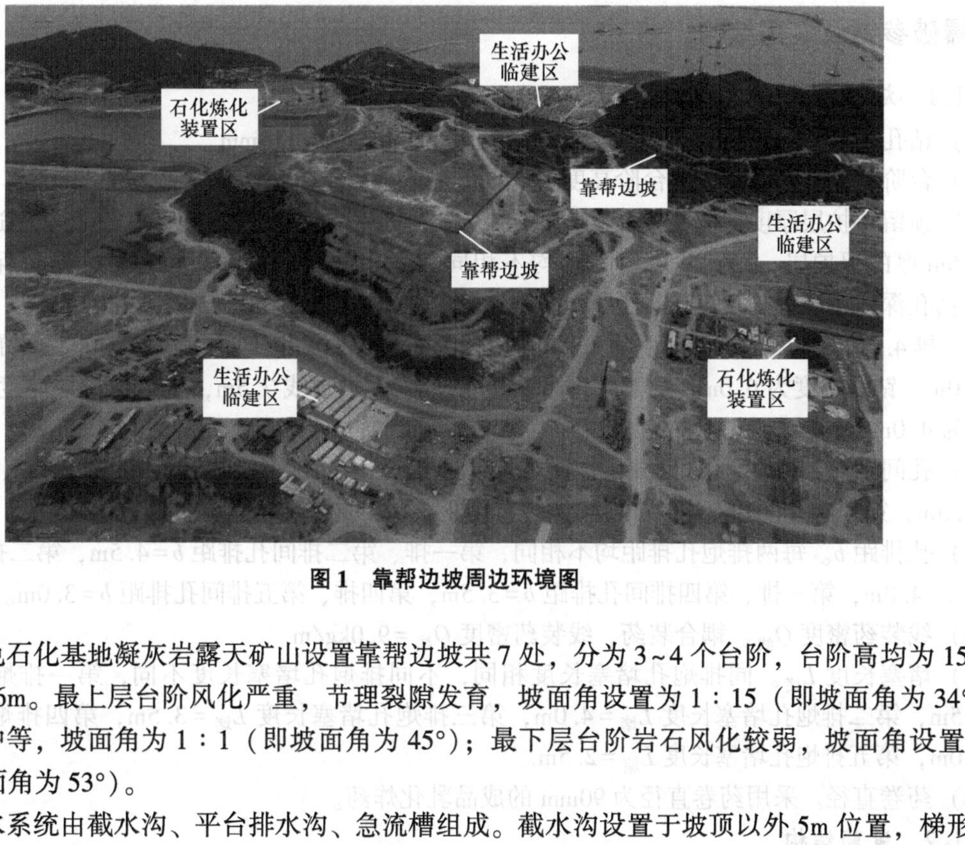

图1　靠帮边坡周边环境图

舟山绿色石化基地凝灰岩露天矿山设置靠帮边坡共7处，分为3~4个台阶，台阶高均为15m，马道宽度为4~6m。最上层台阶风化严重，节理裂隙发育，坡面角设置为1∶15（即坡面角为34°）；中间台阶风化中等，坡面角为1∶1（即坡面角为45°）；最下层台阶岩石风化较弱，坡面角设置为1∶0.75（即坡面角为53°）。

边坡排水系统由截水沟、平台排水沟、急流槽组成。截水沟设置于坡顶以外5m位置，梯形结构，规格（净尺寸）为50cm（底宽）×120cm（顶宽）×50cm（深）；平台排水沟设置于平台中间，矩形结构，规格（净尺寸）为：50cm（宽）×50cm（深），平台排水沟设置0.2%的排水坡度；急流槽设置于边坡坡面上，矩形结构，规格（净尺寸）为：80cm（宽）×60cm（深），坡度与边坡坡面坡度一致。靠帮边坡布置如图2所示。

2　靠帮边坡预留孔底保护层缓冲爆破

根据靠帮边坡设置要求，最上层边坡坡面角较小（34°），钻孔效率低，且成孔质量较难控制，不宜采用光面（预裂）爆破。表层边坡岩石风化严重，节理裂隙发育，结构松散，碎块状，物理力学性质差，为有效保护边坡岩体，减少施工对边坡岩体的破坏，最上层边坡采用预留孔底保护层缓冲爆破，辅以机械破碎。

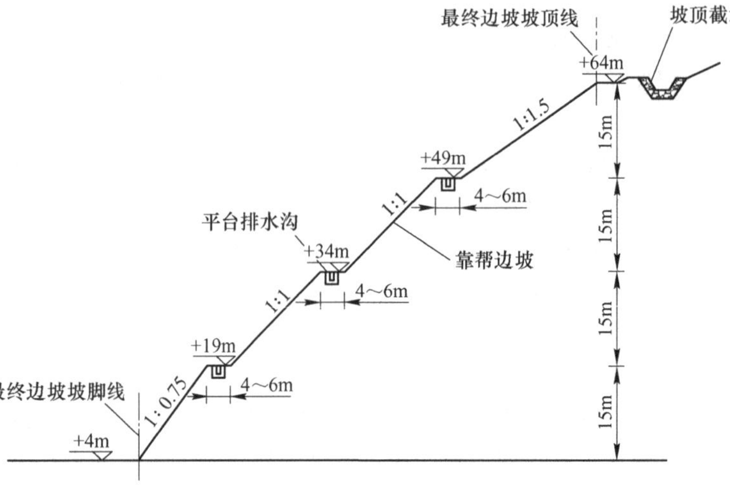

图 2　靠帮边坡布置图

2.1　爆破参数及装药结构

2.1.1　爆破参数

（1）钻孔直径 D。采用潜孔钻机或液压钻机作业，孔径 $D=115$mm。

（2）台阶高度 H。靠帮边坡台阶高度 $H=15$m。

（3）预留保护层厚度 h 和钻孔深度 L。炮孔分 5 排布置，钻孔角度均为 90°，孔底至边坡坡面预留 1.0~1.5m 厚的保护层，钻孔深度每一排均不相同。第一排沿台阶坡脚线布置，预留保护层厚度为 1.5m，钻孔深度为 13.5m；第二排距第一排 4.5m，预留保护层厚度 1.5m，钻孔深度为 10.5m；第三排距第二排 4.0m，预留保护层厚度为 1.2m，钻孔深度为 8.2m；第四排距第三排 3.5m，预留保护层厚度为 1.0m，钻孔深度为 6.0m；第五排距第四排 3.0m，距坡顶线 7.5m，预留保护层厚度为 1.0m，钻孔深度为 4.0m[1,2]。

（4）孔间距 a。同排炮孔间距相同，不同排炮孔间距不同，第一排孔间距 $a=5.0$m，第二排孔间距 $a=4.5$m，第三排孔间距 $a=4.0$m，第四排孔间距 $a=3.5$m，第五排孔间距 $a=3.0$m。

（5）孔排距 b。每两排炮孔排距均不相同，第一排、第二排间孔排距 $b=4.5$m，第二排、第三排间孔排距 $b=4.0$m，第三排、第四排间孔排距 $b=3.5$m，第四排、第五排间孔排距 $b=3.0$m。

（6）线装药密度 $Q_{线}$。耦合装药，线装药密度 $Q_{线}=9.0$kg/m。

（7）堵塞长度 $L_{堵}$。同排炮孔堵塞长度相同，不同排炮孔堵塞长度不同，第一排炮孔堵塞长度 $L_{堵}=4.5$m，第二排炮孔堵塞长度 $L_{堵}=4.0$m，第三排炮孔堵塞长度 $L_{堵}=3.5$m，第四排炮孔堵塞长度 $L_{堵}=3.0$m，第五排炮孔堵塞长度 $L_{堵}=2.5$m。

（8）药卷直径。采用药卷直径为 90mm 的成品乳化炸药。

2.1.2　装药结构

采用药卷直径为 90mm 的成品乳化炸药连续、耦合装药，两个起爆药包同时起爆，药包位置安装在炮孔内装药长度的 1/4 处和 3/4 处。

预留孔底保护层缓冲爆破爆破参数及装药结构如图 3 所示。

2.2　起爆网路设计

靠帮边坡预留孔底保护层缓冲爆破起爆网路采用逐孔起爆技术，孔内使用 2 发 10 段 380ms 非电导爆雷管，排间采用 5 段 110ms 非电导爆管雷管错段，孔间采用 3 段 50ms 非电导爆管雷管错段，同排错段采用 2 段 25ms 非电导爆管雷管[3]。预留孔底保护层缓冲爆破起爆网路设计如图 4 所示。

2.3　爆破效果评价

爆破后边坡眉线平直，未见明显拉裂或爆破损伤，坡面上局部凸起的地方采用机械破碎二次处理，

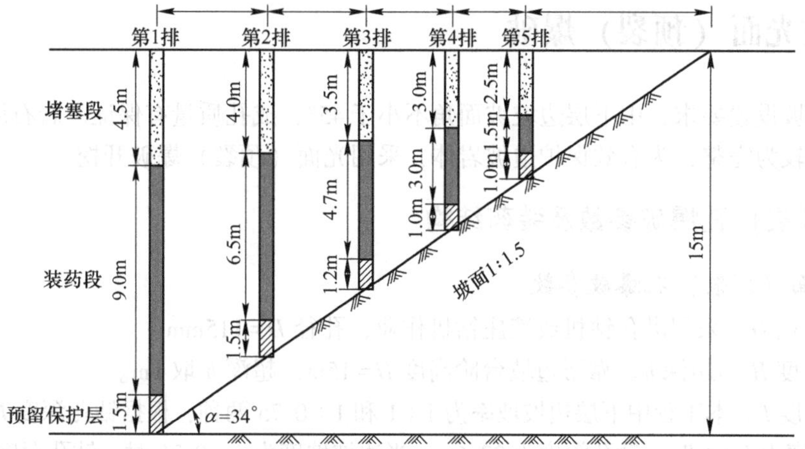

图 3　预留孔底保护层缓冲爆破爆破参数及装药结构

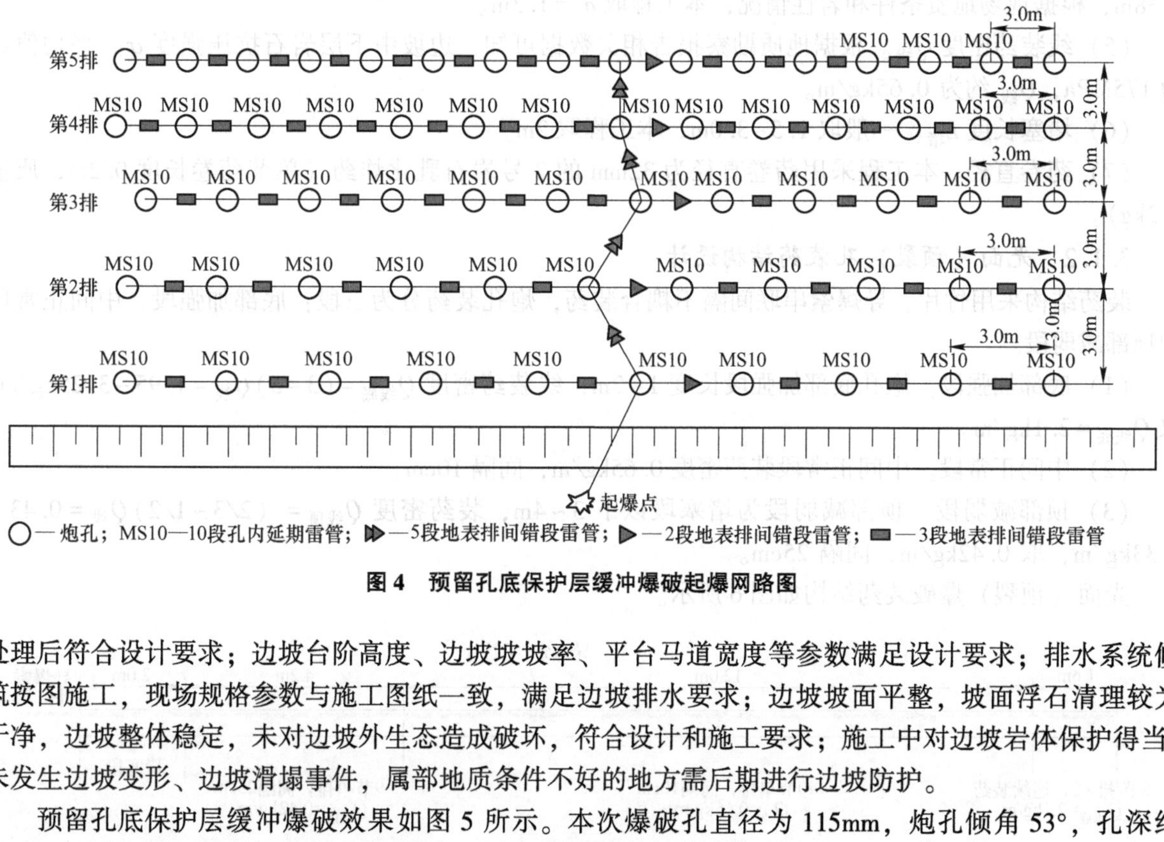

图 4　预留孔底保护层缓冲爆破起爆网路图

处理后符合设计要求；边坡台阶高度、边坡坡坡率、平台马道宽度等参数满足设计要求；排水系统修筑按图施工，现场规格参数与施工图纸一致，满足边坡排水要求；边坡坡面平整，坡面浮石清理较为干净，边坡整体稳定，未对边坡外生态造成破坏，符合设计和施工要求；施工中对边坡岩体保护得当，未发生边坡变形、边坡滑塌事件，属部地质条件不好的地方需后期进行边坡防护。

预留孔底保护层缓冲爆破效果如图 5 所示。本次爆破孔直径为 115mm，炮孔倾角 53°，孔深约 19. 8m，孔距 1. 3m；乳化炸药直径 32mm（0. 2kg/节、20cm/节）。

图 5　预留孔底保护层缓冲爆破效果图

3 靠帮边坡光面（预裂）爆破

根据靠帮边坡设置要求，中下层边坡坡面角不小于45°，成孔质量有保证。岩石风化较弱，发育节理少，岩石总体较为完整，为有效保护边坡岩体，采用光面（预裂）爆破开挖。

3.1 光面（预裂）孔爆破参数及装药结构

3.1.1 光面（预裂）孔爆破参数

（1）钻孔直径 D。采用潜孔钻机或液庄钻机作业，孔径 $D=115$mm。

（2）台阶高度 H 和超深 h。靠帮边坡台阶高度 $H=15$m，超深 h 取 1m。

（3）钻孔深度 L。本工程中下层边坡坡率为 1∶1 和 1∶0.75 两种，根据钻孔深度 $L=(H+h)/\sin\alpha$ 可知，当边坡坡率为 1∶1 时，钻孔深度为 22.6m；当边坡坡度为 1∶0.75 时，钻孔深度为 20.0m。

（4）孔间距 a[4,5]。根据经验公式，孔间距一般取孔径的 8～12 倍；即 $a=(8\sim12)D=0.92\sim1.38$m，根据现场地质条件和岩性情况，本工程取 $a=1.3$m。

（5）线装药密度 $Q_{线}$。根据地质勘察报告相关数据可知，边坡中下层岩石抗压强度 $\sigma_{压}$ 平均值约为 175MPa，$Q_{线}$ 约为 0.65kg/m。

（6）堵塞长度 $L_{堵}$。一般取 1.5～3.0m，本工程取 2m。

（7）药卷直径。本工程采用药卷直径为 32mm 的 2 号岩石乳化炸药（单节药卷长度 0.2m，质量 0.2kg）。

3.1.2 光面（预裂）孔装药结构设计

装药结构采用竹片、导爆索串联间隔不耦合装药，炮孔装药分为三段：底部加强段、中间正常段和顶部减弱段。

（1）底部加强段。炮孔底部加强段长度 1～2m，线装药密度 $Q_{线底}=(3\sim5)Q_{线}=1.95\sim3.25$kg/m，取 $Q_{线底}=2.1$kg/m。

（2）中间正常段。中间正常段装药密度 0.65kg/m，间隔 10cm。

（3）顶部减弱段。顶部减弱段为堵塞段以下 3～4m，装药密度 $Q_{线顶}=(2/3\sim1/2)Q_{线}=0.43\sim0.33$kg/m，取 0.42kg/m，间隔 25cm。

光面（预裂）爆破装药结构如图 6 所示。

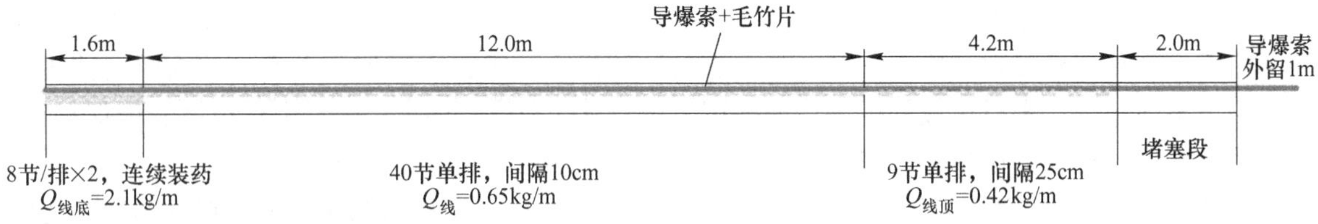

图 6 光面（预裂）爆破装药结构图

3.2 主爆孔及缓冲孔孔网参数及装药结构

3.2.1 主爆孔孔网参数及装药结构

（1）孔网参数。主爆孔孔径 $D=115$mm，超深 $h=1.5$m；钻孔角度为 80°，钻孔深度 $L=16.8$m；堵塞长度 $L_{堵}=5.0$m，线装药密度 $Q_{线}=9.5$kg/m，单孔装药量 $Q=112.1$kg；孔网参数（孔距×排距）为 5.0m×4.0m。

（2）装药结构。根据自由面情况采用连续、不耦合（孔径 115mm，炸药直径 90mm 和直径 70mm）装药结构；两个起爆药包位置一般安装在炮孔内装药长度的 1/4 处和 3/4 处。当第一排孔自由面变化较大，最小抵抗线明显有局部不能满足设计要求时，采用间隔装药，避免产生飞散物，孔口以炮泥或岩粉堵塞密实，具体如图 7 所示。

3.2.2 缓冲孔孔网参数及装药结构

(1) 孔网参数。缓冲孔孔径 $D=115\text{mm}$，超深 $h=1.5\text{m}$；钻孔角度为 80°，钻孔深度 $L=16.8\text{m}$；堵塞长度 $L_{堵}=5.0\text{m}$，线装药密度 $Q_{线}=6.0\text{kg/m}$，单孔装药量 $Q=112.1\text{kg}$；孔距为 4.0m，与主爆孔排距为 4.0m，与光面（预裂）孔排距为 3.0m。

(2) 装药结构。采用分段装药结构，不耦合装药结构，装药主要分为三段，孔底加强段长 3.0m，采用耦合装药结构；中间段长 4.4m，采用不耦合装药结构，炸药直径 90mm 吊装；顶部减弱段长 4.4m，采用不耦合装药结构，炸药直径 70mm 吊装。起爆药包位置与主爆孔一致。

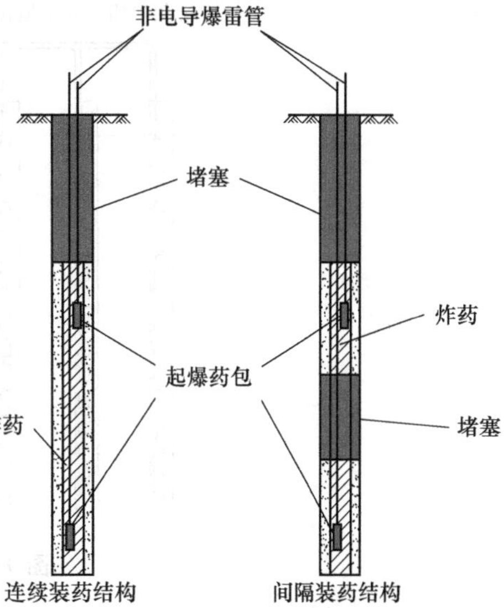

图 7 主爆孔装药结构

3.3 起爆网路设计

3.3.1 光面爆破

孔内使用 2 发 10 段 380ms 非电导爆雷管，同排炮孔分组起爆，主爆孔每排 4~5 个炮孔为一组，缓冲孔每排 5~6 个炮孔为一组，光爆孔每排 15~19 个炮孔为一组，每排炮孔组间采用 3 段 50ms 非电导爆雷管错段。不同排炮孔排间错段起爆，雷管错段采用 5 段 110ms。主爆孔缓冲孔内装不少于 2 发 10 段 380ms 非电导爆雷管，每排炮孔 4~5 个孔为一组，组间采用 3 段 50ms 非电导爆雷管错段，排间采用 5 段 110ms 雷管错段。起爆网路设计如图 8 所示。

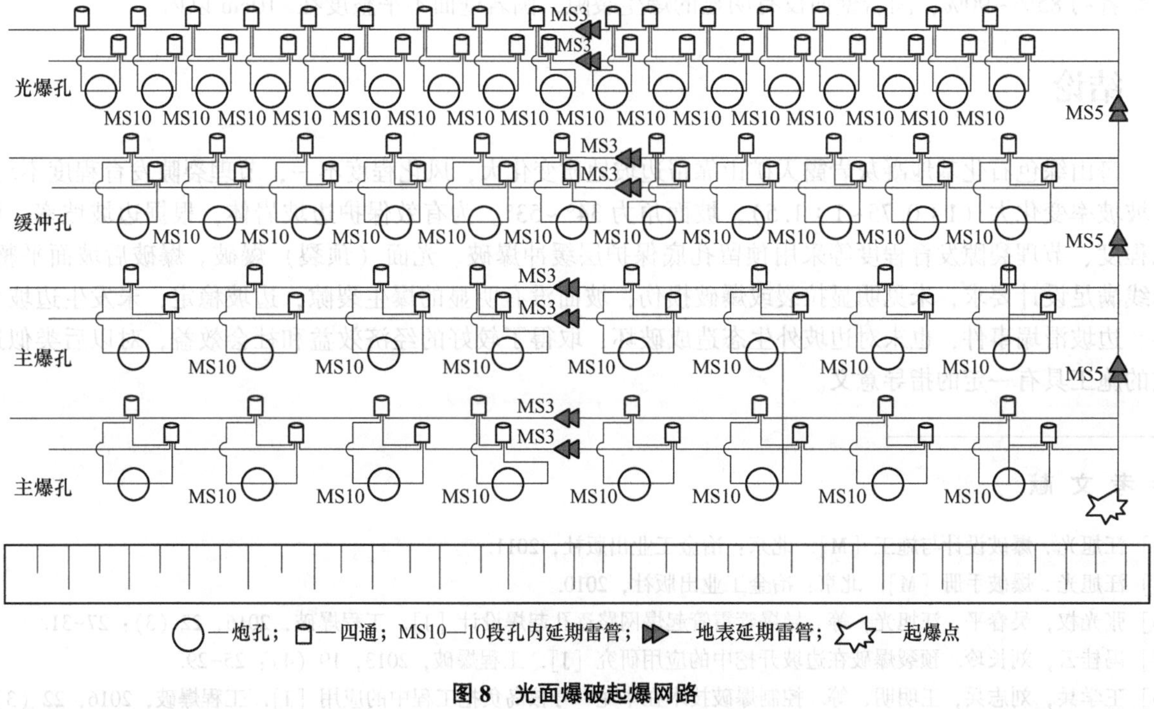

图 8 光面爆破起爆网路

3.3.2 预裂爆破

预裂爆破孔在主爆区爆破之前沿设计轮廓线先爆出一条具有一定宽度的贯穿裂缝，以缓冲、反射开挖爆破的振动波，控制其对保留岩体的破坏影响，使之获得较平整的开挖轮廓。预裂爆破采用导爆索进行孔外传爆和孔内起爆，根据爆破有害效应控制要求进行分组起爆，每组起爆 35~40 个炮孔，组间采用 2 段 25ms 延时雷管分段起爆[6]。起爆网路设计如图 9 所示。

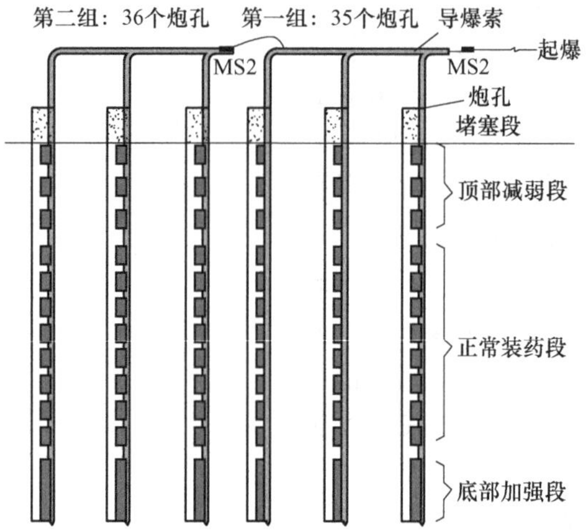

图 9 预裂爆破起爆网路

3.4 爆破效果评价

爆破后边坡眉线平直，未见明显拉裂或爆破损伤，边坡台阶高度、边坡率、平台马道宽度等参数满足设计要求；排水系统修筑按图施工，现场规格参数与施工图纸一致，满足边坡排水要求；施工中对边坡岩体保护得当，边坡坡面平整，未发生边坡变形、边坡滑塌事件，未对边坡外生态造成破坏，符合设计和施工要求。

光面（预裂）爆破区域岩石风化中等，节理裂隙中等发育到不发育，岩石总体较为完整。节理裂隙中等发育时，开挖壁面上的炮孔痕迹率者约 70%～75%；节理裂隙不发育时，开挖壁面上的炮孔痕迹率者约 85%～90%；围岩壁面没有明显的爆生裂隙，围岩壁面不平整度在±10cm 以内。

4 结论

舟山绿色石化基地凝灰岩露天矿山靠帮边坡地质变化大，风化程度不一，节理裂隙发育程度不均，边坡坡率变化大（1∶0.75～1∶1.5），坡面角为 34°～53°。为有效保护边坡岩体，根据边坡坡率、风化程度、节理裂隙发育程度等采用预留孔底保护层缓冲爆破、光面（预裂）爆破。爆破后坡面平整，眉线满足设计要求，未见明显拉裂或爆破损伤，坡面没有明显的爆生裂隙，边坡稳定，未发生边坡变形、边坡滑塌事件，也未对边坡外生态造成破坏，取得了较好的经济效益和社会效益，对以后类似边坡的施工具有一定的指导意义。

参 考 文 献

[1] 汪旭光. 爆破设计与施工 [M]. 北京：冶金工业出版社，2011.
[2] 汪旭光. 爆破手册 [M]. 北京：冶金工业出版社，2010.
[3] 张光权，吴春平，汪旭光，等. 导爆管雷管起爆网路逐孔起爆设计 [J]. 工程爆破，2016，22 (3)：27-31.
[4] 冯桂云，刘长玲. 预裂爆破在边坡开挖中的应用研究 [J]. 工程爆破，2013，19 (4)：25-29.
[5] 王学兵，刘志兵，王明明，等. 控制爆破技术在华龙一号核岛负挖工程中的应用 [J]. 工程爆破，2016，22 (3)：65-69.
[6] 闫大洋，叶图强，徐淼，等. 露天矿靠帮边坡预裂爆破技术研究 [J]. 中国矿山工程，2016，45 (1)：40-42.

地下采空区对地表建（构）筑物的影响分析

黄 敏[1,2] 崔年生[3] 危剑林[3] 何建华[4] 孔繁成[5] 黄英华[1,2]

（1. 长沙矿山研究院有限责任公司，湖南 长沙，410012；
2. 金属矿山安全技术国家重点实验室，湖南 长沙，410012；
3. 福建省新华都工程有限责任公司，福建 厦门，361000；
4. 湖南有色新田岭钨业有限公司，湖南 郴州，423000；
5. 绍兴铜都矿业有限公司，浙江 绍兴，312000）

摘　要：为明确矿山地下采空区对地表建（构）筑物的影响范围和程度，采用数字化矿山软件 Dimine 及岩土有限元分析软件 Midas GTS NX 联合构建三维地质模型，并借助三维有限差分软件 FLAC^{3D} 对矿山开采结束后引起的岩层移动和影响范围进行了仿真再现模拟分析。根据地表移动变形值大小及相关规程，对地表建（构）筑物的影响程度进行合理判定，并按边界角划定地表影响范围。研究结果表明：地下采空区引起的地表倾斜、曲率及水平变形均不会对地表建（构）筑物造成影响，同时，圈定的地表影响范围具有一定的可信度，可为类似工程提供借鉴。

关键词：采空区；建（构）筑物；数值模拟；水平变形

Analysis of the Effect of Underground Goaf on Surface Structures

Huang Min[1,2] Cui Niansheng[3] Wei Jianlin[3]
He Jianhua[4] Kong Fancheng[5] Huang Yinghua[1,2]

（1. Changsha Institute of Mining Research Co.，Ltd.，Hunan Changsha，410012；
2. State Key Laboratory of Metal Mine Safety Technology，Hunan Changsha，410012；
3. Fujian Province Xinhuadu Engineering Co.，Ltd.，Fujian Xiamen，361000；
4. Hunan Nonferrous Metals Xintianling Tungsten Co.，Ltd.，Hunan Binzhou，423000；
5. Shaoxing Tongdu Mining Co.，Ltd.，Zhejiang Shaoxing，312000）

Abstract：In order to clarify the extent of the effect of underground goaf on surface structures，a three-dimensional geological model is constructed by using Dimine software，a digital mine software，and Midas GTS NX，a geotechnical finite element analysis software. By means of FLAC^{3D} software，the rock movement and the affected areas after mining are analyzed by simulation. According to the size of the surface movement deformation value and relevant regulations，the influence degree of the surface structures is determined reasonably，and the surface influence range is delimited according to the boundary angle. The results show that the surface tilt，curvature and horizontal deformation caused by the underground goaf will not affect the surface structures，at the same time，the circumscribed surface the affected areas have certain credibility and can provide references for similar projects.

Keywords：goaf；structure；numerical simulation；horizontal deformation

基金项目：湖南省重大科技专项课题资助（编号：2011FJ1003）；973 计划课题资助（编号：2010CB735507）；国家安全生产监督管理总局安全生产重大事故防治关键技术科技项目资助（编号：hunan-0010-2014AQ）；湖南省安全生产财政专项资金项目资助。

原载于《中国矿业》，2019，28（10）：102-108。

1 引言

开展金属矿山地下开采引起的地表岩层移动变形规律研究，对评判地表建（构）筑物安全程度、圈定地表影响范围、缓解矿山与周边居民日益紧张的关系、征用土地、搬迁房屋以及保证矿山安全生产具有十分重要的意义[1-4]。当前，众多科研工作者都对其进行了探索和分析，取得了许多有价值的科研成果，如王艳辉等人[5] 采用正交试验及数值模拟计算方法对不同采高、不同冒落高度、不同岩体力学参数下的岩层移动规律进行了深入研究，具有一定的借鉴作用；夏开宗等人[6] 通过对具有陡倾结构面的程潮铁矿西区的地表变形监测资料及宏观破坏特征进行了分析，得出矿区岩层移动分为采空区顶板岩体破坏扩展至地表引起的塌陷阶段及采空区周边围岩向采空区的倾倒破坏阶段，并得出了岩体主要发生水平移动的变形规律，呈现出先缓慢变形，后快速变形的特征，两者之间有明显的转折点；赵海军等人[7] 在自重应力和构造应力两种工况下，采用数值模拟方法对急倾斜矿体开采的岩移特征与变形机理进行了详细分析，得出了构造应力条件下地表出现双沉降中心的，自重应力条件下只存在单沉降中心的现象，同时，两者在地表移动变形量、移动变形影响区规模及地表宏观变形破坏特征上存在较大差异；李文秀等人[8] 采用 $FLAC^{3D}$ 软件对金宝山铂钯矿地下采矿过程引起的地表变形和岩层移动变形规律进行了三维仿真模拟，得出了地下开采引起的地表岩层移动是一个连续变化的过程并预测了地表移动范围；袁仁茂等人[9] 采用理论力学及数值计算的方法对金川二矿区急倾斜厚大矿体地下开采引起的地表岩层移动传递模式及地表岩层移动规律进行了深入研究，并结合地表监测结果，得出矿体厚度对地表岩移的显现特征具有明显的影响；廉海等人[10] 运用 FLAC 软件对石人沟铁矿地下开采过程进行分步开挖模拟，得到了不同开挖阶段的地表动态移动曲线；陆清运等人[11] 等先利用地表监测数据与三维数值模拟计算反演出材料力学参数，后采用三维数值方法分析地下开采冒通地表与未冒通地表两种工况下的地表变形特征，得到了岩层移动角的变化趋势。

矿山地下开采对地表建（构）筑物的影响主要取决于地质和采矿等因素，如矿床的开采深度、采高、倾角、采矿工艺、地质结构、围岩特性等。为探究地下开采的影响范围，评估地表建构物安全程度，指导矿山安全生产，本文采用 $FLAC^{3D}$ 有限元差分法软件分析矿山开采后地表岩层移动变形情况，评判矿山地下开采对地表建（构）筑物的影响范围和程度。

2 矿区概况

哈图金矿属中型地下金矿山，采用地下开采方式，设计生产能力为1200t/d。齐Ⅰ金矿区地表和深部分布矿脉有近百条，+934m 中段以上主要有 L_{27}、L_7、L_{27-8}、L_{27-14}、L_{27-15} 等 35 种矿脉，矿体分散但品位高。矿体走向近东西向，平均厚度 2.6m，局部厚度 8~15m，矿体北倾，倾角 50°~70°，属热液充填交代型矿床。矿体上下盘围岩主要为蚀变玄武岩，少量蚀变凝灰岩及石英脉岩。矿山采用浅孔留矿法采矿，电耙出矿结构，阶段高度 40m，沿矿体走向布置采场，采场长 30~50m，顶柱高为 5~6m，底柱高 5m，人行天井宽 1.2m，人行天井两边留 2~2.5m 矿柱。

矿区地表有少量的工业厂房、柏油路等建（构）筑物。井下采空区主要分布在 934m、974m、1014m 及 1054m 中段。

3 模型构建

3.1 模型范围

以各中段采空区影响范围为研究区域，具体建模尺寸需要考虑 $FLAC^{3D}$ 模型大小对数值模拟结果的影响，并兼顾矿山开采实际及计算机计算速度，根据弹塑性力学理论-圣维南原理合理确定。据此对矿区地表、矿体及各采空区数据进行提取和分析。最终建立的模型范围 X 方向：3850~5550；Y 方向：5100~5800；Z 方向：+750m 至地表。

3.2 地质模型

由于矿体形态复杂，采空区数量众多，FLAC^{3D} 软件在复杂模型的构建上存在一定缺陷，因此采用 AutoCAD、Dimine 及 Midas GTS NX 等软件联合构建地质模型。Dimine 软件仅用于三维实体模型生成，实现模型可视化。为了将三维模型应用到数值模拟仿真计算，选用 Midas GTS NX 软件作为媒介进行模型传递。Dimine 模型经 AutoCAD 处理后导入 Midas GTS NX 中后进行面缝合、实体扩展、布尔运算、网格划分等操作。地质模型如图 1 所示。

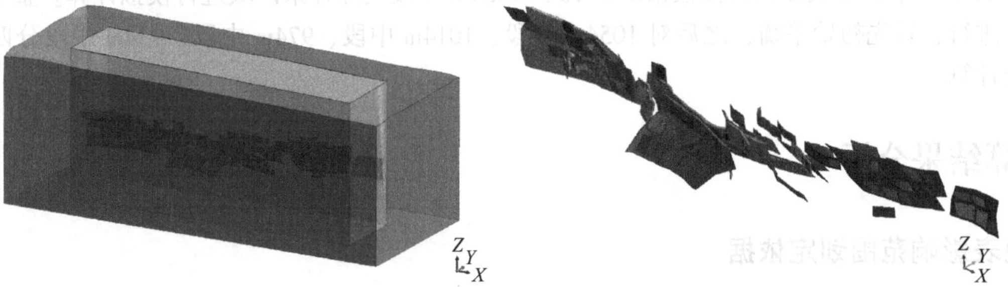

(a) 模型实体　　(b) 矿体及采空区单元实体

图 1　地质模型

Fig. 1　Geological model

3.3 数值分析模型

数值分析必须将模型计算区域进行离散化处理，通过转换软件将模型的单元、节点和组信息导入 FLAC^{3D} 软件中。为了合理规划模型单元数量、提高计算效率、适应 FLAC^{3D} 软件计算要求，对各中段采空区及矿体进行加密处理，其中，各采空区单元尺寸 3m，围岩 36m、次级单元 18m，最终生成的数值分析模型如图 2 所示，模型单元总数约 131.5 万个，节点总数约 22.5 万个。

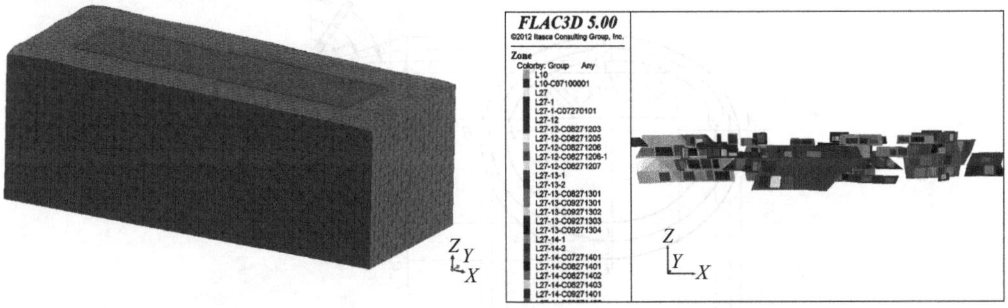

(a) 整体计算网格　　(b) 矿体及采空区单元

图 2　数值分析模型

Fig. 2　Numerical analysis model

4 数值模拟基本条件

采用数值模拟分析矿山开采对地表及建构筑物的影响程度和范围。数值模拟计算的前提是确定材料本构模型、力学参数、边界条件等。

（1）本构模型。选择摩尔-库仑本构模型，另外，开挖部分采用空单元（null）模型。

（2）材料力学参数。确定模型的材料属性是 FLAC^{3D} 软件计算的关键。根据矿围岩室内试验，考虑岩体节理裂隙等客观因素，并通过 RocLab 软件折减计算，得到各岩体力学参数，见表 1。

（3）边界条件。数值分析中初始应力场的施加十分关键，施加有偏差的应力场会导致数值计算的失败。本次按岩体自重应力施加荷载，在模型底部施加 Z 向约束，四周分别施加 X 向约束，Y 向约束，地表为自由面。

表 1 模型力学参数

Table 1 Model mechanics parameters

岩性	容重/kN·m^{-3}	体积模量/GPa	剪切模量/GPa	抗拉强度/MPa	泊松比	内聚力/MPa	内摩擦角/(°)
矿体	28.50	4.50	4.10	0.18	0.15	2.61	48.35
蚀变玄武岩	28.10	6.09	6.67	0.22	0.27	4.20	43.74

（4）计算方案。本次数值模拟根据矿区 934~1054m 中段实际开采区域进行模拟计算。整个模拟计算分五步进行，首先初始平衡，之后对 1054m 中段、1014m 中段、974m 中段、934m 中段分四个步骤进行开挖计算。

5 计算结果分析

5.1 地表影响范围划定依据

按照地表移动变形值大小及其对建（构）筑物及地表的影响程度，可将地表移动盆地划分为最外边界、移动边界和裂缝边界三个边界（见图 3）。对应描述地表移动的参数主要有边界角、移动角及裂缝角。

（1）最外边界：一般指下沉 1mm 的点圈定的边界，如图 3 中的 ACBD。

（2）移动边界：是指临界变形值确定的边界，根据《建筑物、水体、铁路及主要井巷煤柱留设与压煤开采规程》（简称“三下规程”）中规定：使用破坏等级与地表变形的对应关系最低等级的三个参数临界值来划定地表影响范围，即倾斜 $i=3.0\text{mm/m}$、曲率 $K=0.2\text{mm/m}^2$、水平变形 $\varepsilon=2.0\text{mm/m}$。最终划定的移动边界如图 3 中的 $A'C'B'D'$。

（3）裂缝边界：是指移动盆地的最外侧的裂缝圈定的边界，如图 3 中的 $A''C''B''D''$。

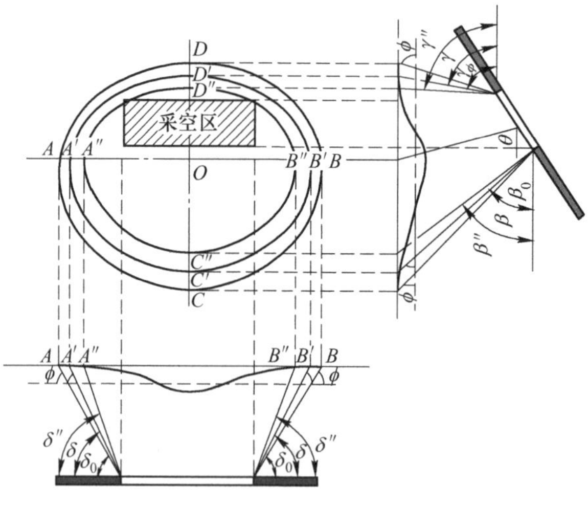

图 3 地表移动盆地边界示意图

Fig. 3 The schematic diagram of the boundary of the surface subsidence basin

5.2 地下开采对地表建（构）筑物的影响分析

根据“三下规程”，地下开采地表建筑物的损坏等级由地表水平变形、曲率、倾斜三个指标判定。地表变形的大小和建筑物本身抵抗变形的能力决定了地表建（构）筑物的损坏程度。地表倾斜反映地表移动盆地沿某一方向的坡度；曲率反映弯曲程度的变化；水平变形表示单位长度线段的拉伸或压缩。

5.2.1　地表位移分析

矿山地表整体位移等值线图如图 4 所示。为描述地表整体位移变化趋势，选用 0.01m 为趋势边界。随着 934～1054m 中段之间多个采场回采后，岩层位移量逐渐增大，最大位移约为 12cm，主要集中在开挖区域的顶底板中央位置，主要为矿体的上盘位置。同时，随着开挖的进行，位移影响范围也逐渐增大，最终在地表形成位移约为 1cm 的影响区域。该区域主要集中在 L_7 脉板房至水塔之间，东西范围约 320m，南北范围约 265m。最终，开挖后地表全位移最大值为 0.0108m。

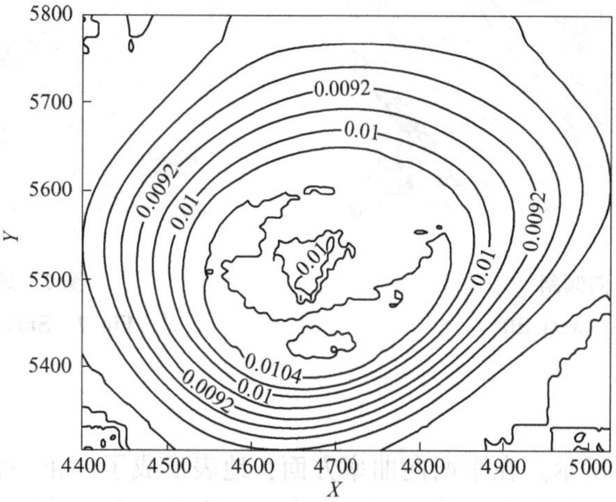

图 4　地表整体位移等值线图

Fig. 4　Contour map of surface whole displacement

为进一步分析地下开采对地表的影响范围，沿矿体走向选取剖面进行分析。如 Y=5450 剖面，如图 5 所示。由图 5 可以看出，地下矿体开挖后的影响范围将波及地表，主要集中在 Y=4500～4900 之间，位移量约为 0.01m。

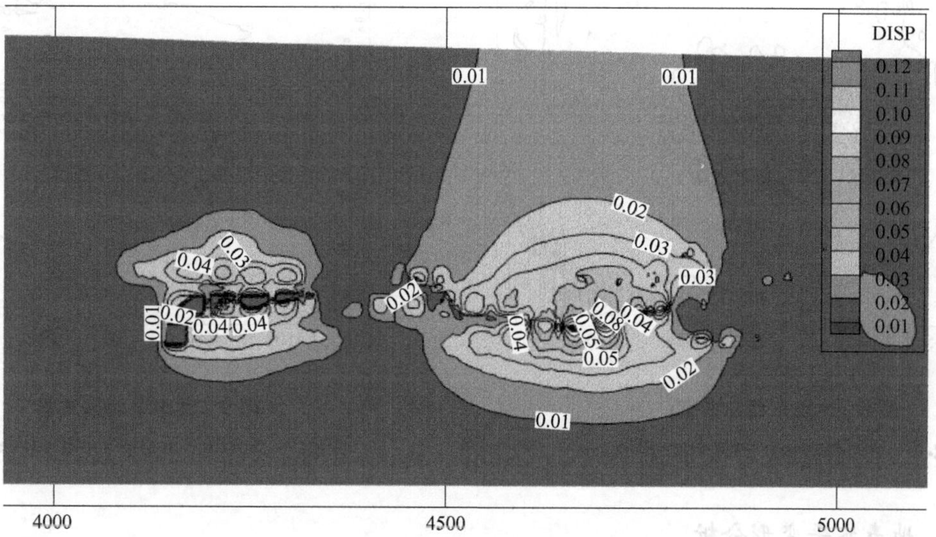

图 5　Y=5450 处整体位移等值线云图

Fig. 5　Contour map of whole displacement in Y=5450

5.2.2　地表倾斜分析

地表倾斜如图 6 和图 7 所示。在东西向倾斜方面，地下开采在地表形成了一正一负两个倾斜区域，以 X=4600～4700 为界，分别位于东西两侧。正倾斜、负倾斜区域的倾斜绝对值最大分别为 $4e^{-5}$m/m、$3.5e^{-5}$ m/m，均未达到 3mm/m，小于最低等级要求。在南北向倾斜方面，地表形成了一正一负两个倾斜区域，以 Y=5450～5550 为界，分别位于南北两侧。正倾斜、负倾斜区域的倾斜绝对值最大分别为 $4e^{-5}$ m/m、$4.5e^{-5}$m/m，均未达到 3mm/m。

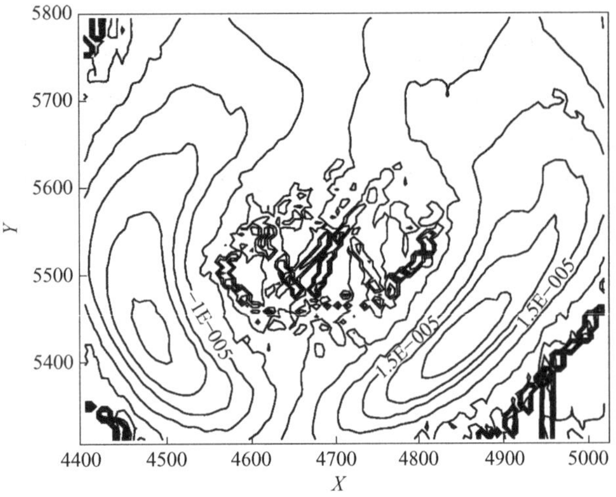

图 6　地表东西向倾斜

Fig. 6　Surface east-west tilt

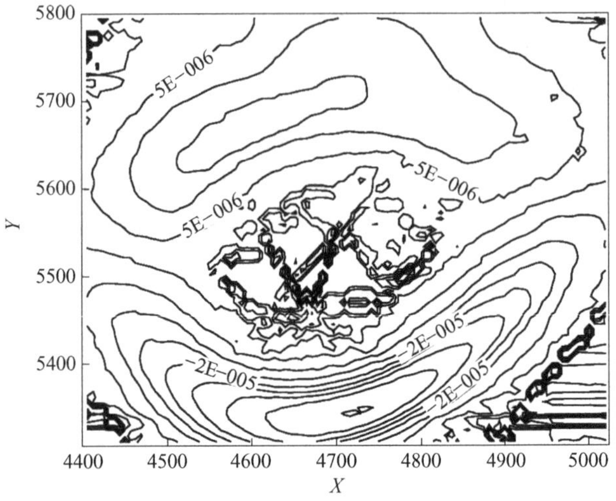

图 7　地表南北向倾斜

Fig. 7　Surface north-south tilt

5.2.3　地表曲率分析

地表曲率如图 8 和图 9 所示。在东西向曲率方面，地表形成了一正一负两个曲率区域，正曲率、负曲率区域的曲率绝对值最大分别为 $4e^{-6}$/m、$3.5e^{-6}$/m，均未达到 $2e^{-4}$/m。在南北向曲率方面，地表形成了一正一负两个曲率区域，正曲率、负曲率区域的曲率绝对值最大分别为 $1.2e^{-5}$/m、$1.6e^{-5}$/m，均未达到 $2e^{-4}$/m。

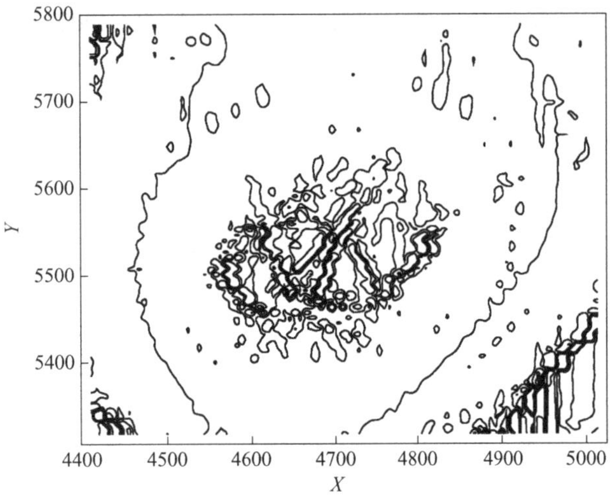

图 8　地表东西向曲率

Fig. 8　Surface east-west curvature

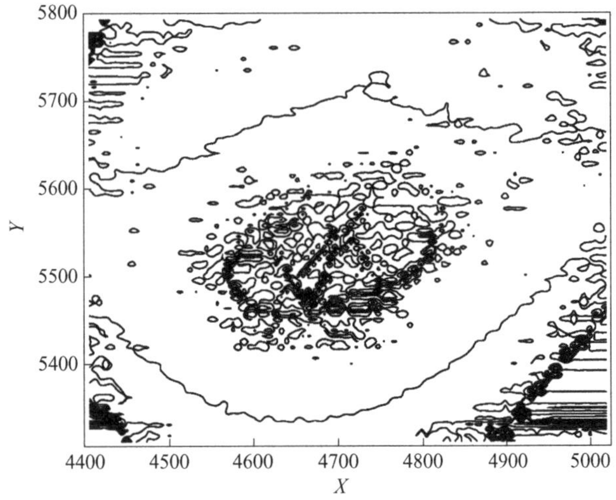

图 9　地表南北向曲率

Fig. 9　Surface north-south curvature

5.2.4　地表水平变形分析

地表水平变形如图 10 和图 11 所示。在东西向水平变形方面，地表形成了一正一负两个水平变形区域，以正变形区域居中，负变形区域位于其两侧，正变形、负变形区域的变形绝对值最大分别为 $3e^{-3}$mm/m、$2.1e^{-2}$mm/m，均未达到 2mm/m。在南北向水平变形方面，地表形成了一正一负两个水平变形区域，正变形、负变形区域的变形绝对值最大为 $2.2e^{-2}$mm/m、$3.6e^{-2}$mm/m，均未达到 2mm/m。

5.3　地表影响范围

为了界定地下开采对地表的影响范围，根据国家的相关标准及规范对岩层移动形成的地表位移、倾斜、曲率及水平变形进行分析，并通过地表变形值的比较，最终圈定地表移动影响范围。

矿区 934～1054m 中段矿体开挖以后，采空区主要影响区域是矿体上盘，同时由于矿体沿东西走向较长，矿体在 $X=4500\sim4900$ 之间比较集中，且有 L_{27-8} 厚矿体（矿脉平均厚度达到 4.68m，最厚处可达 16.3m）存在，因此，在地表的开挖影响区域主要集中在 $X=4500\sim4900$ 之间，这与地表整体位移及竖向位移分析结果一致，同时也与急倾斜矿体地下开采围岩的变形破坏规律[7,9] 相吻合。因此，根据地表整体位移及地表竖向位移的分析，按照地表移动边界中最外边界（一般指下沉 10mm 的点圈定的边界）的圈定原则，以下沉 10mm 作为临界值圈定地表影响范围（见图 12），可见圈定的地表影响范围具有一定的可信度。

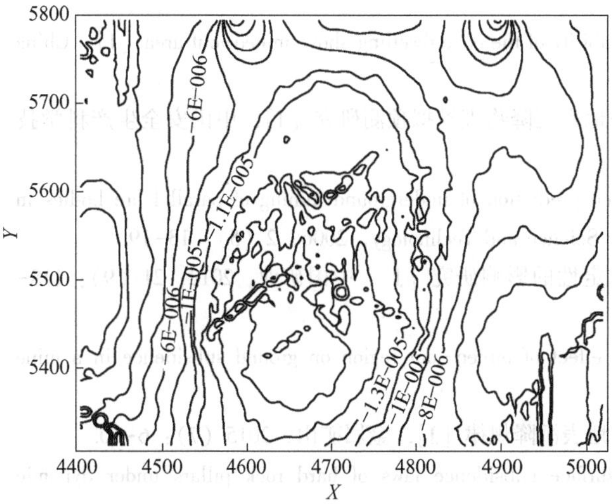

图 10　地表东西向水平变形

Fig. 10　Surface east-west horizontal deformation

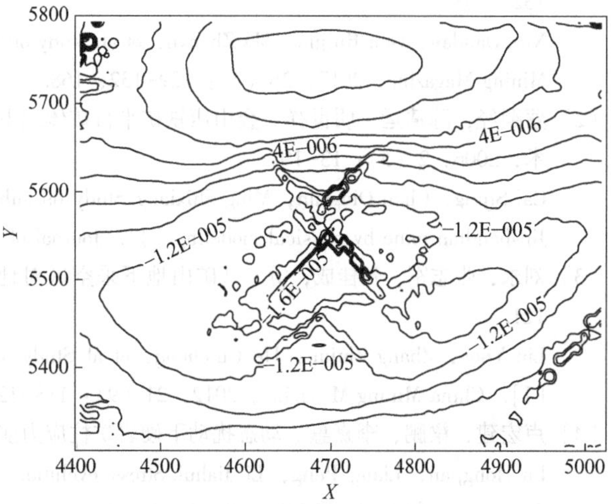

图 11　地表南北向水平变形

Fig. 11　Surface north-south horizontal deformation

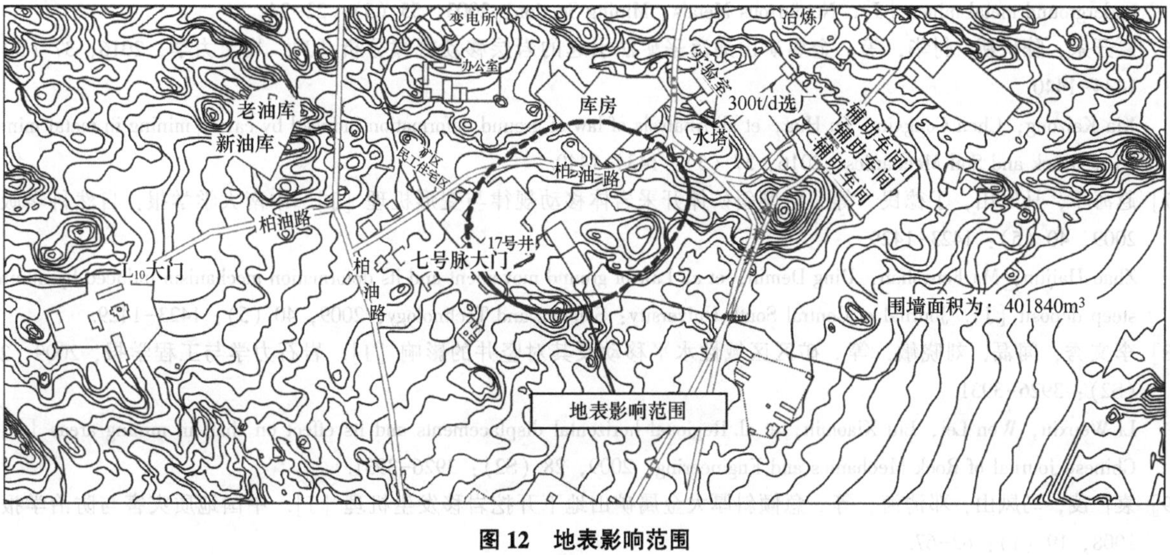

图 12　地表影响范围

Fig. 12　The affected area of the surface

6　结论

本文结论如下。

（1）借助 AutoCAD、Dimine、Midas GTS NX 等软件联合构建三维数值计算仿真模型，并通过转换软件生成 $FLAC^{3D}$ 文件，这一方法提高了建模效率，能够满足复杂地质模型的构建及三维计算分析的要求。

（2）地表倾斜、曲率及水平变形均小于砖混结构建筑物破坏等级要求的临界变形值，表明地表倾斜、曲率及水平变形均不会对地表建（构）筑物造成影响。

（3）地下采空区主要影响区域是矿体上盘，最终开挖影响区域主要集中在矿体分布集中区域对应的上盘位置，这与地表位移分析结果一致，同时也与急倾斜矿体地下开采围岩的变形破坏规律相吻合。

（4）以地表移动边界中最外边界（下沉 10mm 为临界值）圈定地表影响范围具有一定的可信度。

参考文献

[1] 薛丹丹，苟瑞君，马震宇，等．采空区对地表窑洞稳定性的影响研究［J］．中国矿业，2017，26（2）：129-132，168.

Xue Dandan，Gou Ruijun，Ma Zhenyu，et al. Study on the stability of the cave dwelling above mined-out area［J］．China Mining Magazine，2017，26（2）：129-132，168.

[2] 蔡嗣经，陈清运，明世祥．金山店铁矿平行矿体地下开采地表沉降物理模拟预测研究［J］．中国安全生产科学技术，2006，2（5）：13-19.

Cai Sijing，Chen Qingyun，Ming Shixiang. Study on subsidence prediction of underground mining of parallel ore bodies in Jinshandian mine by physical modeling［J］．Journal of Safety Science and Technology，2006，2（5）：13-19.

[3] 刘永，张志军，贺桂成，等．某矿山地下采空区对地表稳定性的影响研究［J］．中国矿业，2012，21（9）：118-121.

Liu Yong，Zhang Zhijun，He Guicheng，et al. Study on the effect of mined-out region on ground subsidence in a mine［J］．China Mining Magazine，2012，21（9）：118-121.

[4] 卢宏建，梁鹏，李嘉惠．动态扰动下硬岩矿柱应力演化与地表沉降规律［J］．金属矿山，2015（7）：6-10.

Lu Hongjian，Liang Peng，Li Jiahui. Stress evolution and surface subsidence laws of hard rock pillars under dynamic disturbance［J］．Metal Mine，2015（7）：6-10.

[5] 王艳辉，明世祥，蔡嗣经，等．地下金属矿山岩层移动正交数值模拟计算研究［J］．有色金属：矿山部分，2003，55（3）：22-24.

Wang Yanhui，Ming Shixiang，Cai Sijing，et al. Study on orthogonal numerical simulation of rock formation movement in underground metal mines［J］．Nonferrous Metals：Mining Section，2003，55（3）：22-24.

[6] 夏开宗，陈从新，付华，等．金属矿山崩落采矿法引起的岩层移动规律分析［J］．岩土力学，2016，37（5）：1434-1440.

Xia Kaizong，Chen Congxin，Fu Hua，et al. Analysis of law of ground deformation induced by caving mining in metal mines［J］．Rock and Soil Mechanics，2016，37（5）：1434-1440.

[7] 赵海军，马凤山，丁德民，等．急倾斜矿体开采岩体移动规律与变形机理［J］．中南大学学报：自然科学版，2009，40（5）：1423-1429.

Zhao Haijun，Ma Fengshan，Ding Demin，et al. Law of ground movement and its deformation mechanism induced by mining steep deposit［J］．Journal of Central South University：Science and Technology，2009，40（5）：1423-1429.

[8] 李文秀，闻磊，刘晓敏，等．矿区区域性水平移动及其对竖井的影响［J］．岩石力学与工程学报，2009，28（S2）：3926-3931.

Li Wenxiu，Wen Lei，Liu Xiaomin，et al. Regional horizontal displacements and its effect on shaft in mining areas［J］．Chinese Journal of Rock Mechanics and Engineering，2009，28（S2）：3926-3931.

[9] 袁仁茂，马凤山，邓清海，等．急倾斜厚大金属矿山地下开挖岩移发生机理［J］．中国地质灾害与防治学报，2008，19（1）：62-67.

Yuan Renmao，Ma Fengshan，Deng Qinghai，et al. Mechanism of ground movement induced by underground mining of metal deposit with steep occurrence and large thickness［J］．The Chinese Journal of Geological Hazard and Control，2008，19（1）：62-67.

[10] 廉海，魏秀泉，甘德清．地下开采引起地表沉陷的数值模拟［J］．西部探矿工程，2006（12）：299-301.

Lian Hai，Wei Xiuquan，Gan Deqing. Numerical simulation of surface subsidence caused by underground mining［J］．West-China Exploration Engineering，2006（12）：299-301.

[11] 陆清运，杨从兵，王水平，等．金山店铁矿东区崩落法开采岩层移动变形规律研究［J］．金属矿山，2010（7）：1-4.

Lu Qingyun，Yang Congbing，Wang Shuiping，et al. Investigation on moving & deformation principle of stratum with caving in eastern zone of Jinshandian iron mine［J］．Metal Mine，2010（7）：1-4.

[12] 谢文斌，陈晓翔，郑百生．采矿工程问题数值模拟研究与分析［M］．徐州：中国矿业大学出版社，2005.

基于进化径向基神经网络方法的爆破参数优化

崔年生[1]　常　跃[2]　董英健[2]　危剑林[1]　夏鹤平[1]

（1. 福建省新华都工程有限公司，福建 厦门，361000；
2. 辽宁科技大学 矿业工程学院，辽宁 鞍山，114051）

摘　要：多宝山铜矿处于高寒地区，常年的冻融循环作用以及台阶爆破的扰动影响了矿岩台阶的物理力学性质，按照原有的爆破参数进行设计并施工，爆破效果往往不理想，主要是大块率偏高、底根较多。为此，采用进化径向基神经网络方法对孔网参数、炸药单耗、排间延期时间等爆破参数进行优化，根据神经网络的训练与预测结果，最终得出了一套适用于多铜矿岩台阶爆破的最优爆破参数，通过进行一系列的现场爆破试验，并与之前的爆破效果进行对比，大块率显著降低，炸药单耗有所下降，提高了铲装的工作效率，节省了爆破成本，取得了良好的爆破效果，并增加了采矿经济效益。此方法科学可行，适用于多宝山铜矿的台阶爆破参数优化。

关键词：爆破参数优化；RBF 神经网络；遗传算法；反演；参数模型

Blasting Parameters Optimization Based on Evolutionary Radial Basis Function Neural Network

Cui Niansheng[1]　Chang Yue[2]　Dong Yingjian[2]　Wei Jianlin[1]　Xia Heping[1]

(1. Fujian Xinhuadu Engineering Co., Ltd., Fujian Xiamen, 361000; 2. School of Mining Engineering, University of Science and Technology Liaoning, Liaoning Anshan, 114051)

Abstract: Duobaoshan Copper Mine is located in the alpine region, the perennial freeze - thaw cycle and the disturbance of step blasting affect the physical and mechanical properties of the step. According to the original blasting parameters for design and construction, the blasting effect is often not ideal, the main performance is the bulk ratio is higher and the blasting bottom is more than expected goal. The radial basis function neural network is adopted to optimize the parameters of hole mesh, single consumption of explosive, delay time between row and other blasting parameters. According to the training and prediction results of neural network, a set of optimal blasting parameters for multi-copper ore step blasting is obtained. By conducting a series of field blasting tests and comparing them with the previous blasting results, the results show that the efficiency of shoveling is improved, the blasting cost is saved, the blasting effect is good and the economic benefit of mining is increased. The method is scientific, feasible and suitable for optimization of step blasting parameters of Duobaoshan Copper Mine.

Keywords: optimization of blasting parameters; RBF neural network; genetic algorithm; inversion; parameter model

多宝山铜矿区位于黑龙江省黑河市嫩江县北部，东距黑河市约 160km，南距嫩江县城约 152km，距哈尔滨市约 600km。多宝山铜矿地处高寒地区，由于常年的低温天气以及冻融循环的影响，加上台阶爆破扰动影响，矿岩台阶的岩石物理力学性质发生一定程度改变，根据原有岩石物理力学性质所设计的爆破参数已经不完全适用现在的台阶爆破，所以需要对现有的台阶爆破参数进行优化，以改善爆破效果。由于矿山现场地质条件和矿岩力学性质的复杂性，导致影响爆破效果的因素较多。在爆破参数优化[1-3] 设计中普遍采用试验类比法或通过设计几组爆破参数组合的现场爆破试验来确定最优爆破

原载于《现代矿业》，2019（10）：83-87，91。

参数，结果具有一定的局限性，不能很好满足矿山生产条件的变化和生产要求。在矿山实际生产过程中，决策者希望以采矿经济效益和设备条件作为出发点，进行爆破参数的优化。传统的矿山爆破研究面临着许多困难，人们对爆破作用机理还不能完全理解清楚，随着计算机网络技术在岩石力学领域的广泛应用，很多棘手的问题都得以解决。人工神经网络、专家系统等智能方法的引入与实践，为爆破参数优化开拓了新道路。遗传算法[4] 与神经网络[5] 是 2 种经典的数值优化算法，相较于传统算法，在处理复杂问题的优化方面具有显著的优势，神经网络是通过不断学习和记忆，找出输入层和输出层之间的关系。遗传算法作为一种全局寻优特性的算法，尤其适用于多极值点问题的优化。近年来，遗传算法和神经网络在岩土工程、矿业工程中得到越来越广泛的应用，借助神经网络和遗传算法，对爆破参数选择进行反演分析，为矿山生产确定合适的爆破参数提供依据，基于 BP 神经网络进行爆破参数优化[6-7] 是一种新的有效的途径。

1 径向基神经网络

1985 年，鲍威尔提出了径向基函数方法，简称为 RBF。径向基函数的取值仅依赖于与原点的距离，即 $\Phi(x)=\Phi(\|x\|)$，也可以是到任意一点 c 的距离，c 点叫做中心点，即 $\Phi(x,c)=\Phi(\|x-c\|)$。任意一个满足 $\Phi(x)=\Phi(\|x\|)$ 特性的函数都叫做径向基函数，最常用的径向基函数是高斯核函数，形式为 $k(\|x-x_c\|)=\exp\{-\|x-x_c\|^2/(2*\sigma)^2\}$，其中，$x_c$ 为核函数中心，σ 为函数的宽度参数，控制函数径向作用范围。

RBF 神经网络[8] 为 3 层神经网络，由输入层、隐层、输出层组成。输入空间到隐层空间属于非线性变换，隐层空间到输出层空间为线性变换。RBF 神经网络结构如图 1 所示。

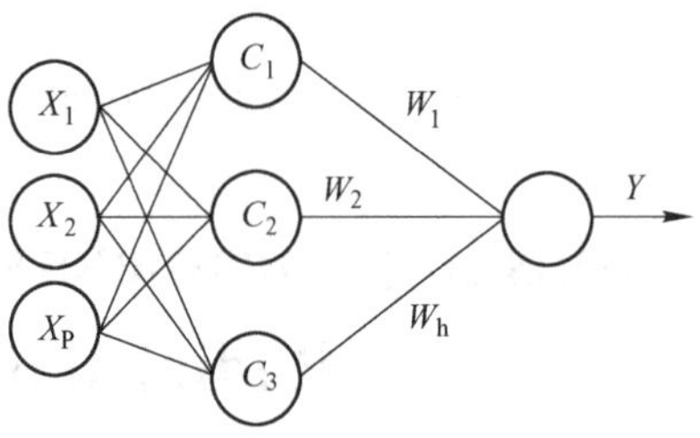

图 1 RBF 神经网络结构

2 遗传算法的改进

从算法结构上讲，遗传算法提供了一种实现全局最优化的内在机制，因此，在具体的实际应用中，不同的使用者可在基本遗传算法的基础上对问题进行针对性修改，这也是遗传算法变种繁多的原因。在本次计算中，使用竞争选择、一致杂交、突变变异和两点逆转变异等遗传操作和最佳个体保留机制等对传统遗传算法进行改进。改进后的遗传算法的计算流程如图 2 所示。

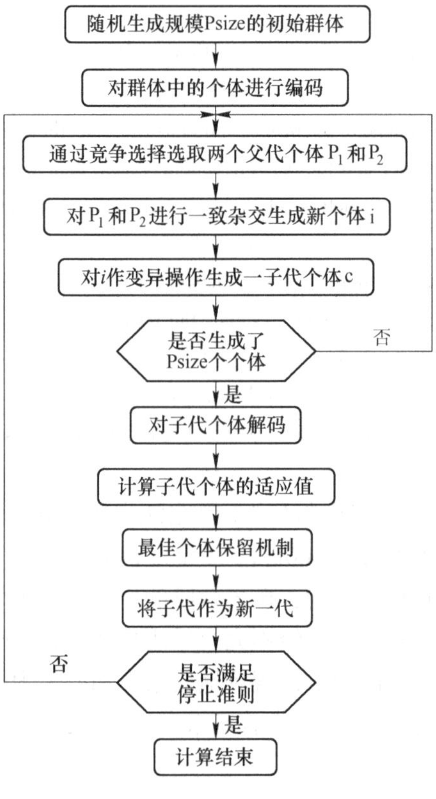

图 2 改进的遗传算法流程

3 爆破参数反演的进化神经网络方法

爆破参数反演的进化神经网络方法是一种智能化反演方法，基本思路是凭经验或在现有资料的基础上给出待反演参数的搜索区间，以待反演参数为基本变量，以对应的爆破效果参数为结果，组成神经网络的训练样本，通过遗传算法搜索最佳的网络结构并进行训练，建立待爆破参数与爆破效果之间的映射关系，在此基础上，再次采用遗传算法进行全局寻优，在位移目标函数为最小的条件下得到爆破参数的最优解。

相对于正分析法而言，反演分析产生于数值分析方法的逆向思维。一般用于岩体工程的正、反分析法，可以用图 3 所示的关系图表示。

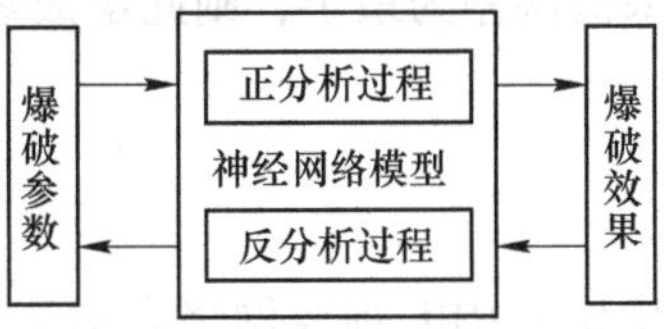

图 3 正、反分析关系示意

3.1 爆破参数与爆破效果映射关系的确定

3.1.1 *表示方法*

由于爆破过程和爆破机理的复杂性，爆破参数与爆破效果之间的关系很难用显式数学表达式来描述，因此，采用神经网络模型来描述两者之间的映射关系。即待反演参数与岩体位移之间的非线性映射关系可以用一个前向神经网络 RBF (n, h, m) 来描述。

$$\mathrm{RBF}(n, h, m): R_n R_m \tag{1}$$

$$(Y) = \mathrm{RBF}(n, h, m)(X) \tag{2}$$

$$(Y) = (y_1, y_2, \cdots, y_m) \tag{3}$$

$$(X) = (x_1, x_2, \cdots, x_n) \tag{4}$$

式中，y_i 为反映爆破效果的参数，$i=1, 2, \cdots, m$；x_j 为爆破参数，$j=1, 2, \cdots, n$；$(X) = \{x_1, x_2, \cdots, x_n, \cdots\}$ 为网络输入节点，x_1、x_2、…、x_n 为孔间距、排间距、底盘抵抗线、炸药单耗等爆破参数；$(Y) = (y_1, y_2, \cdots, y_m)$ 为网络的输出节点，y_1、y_2、…、y_m 为块度大小、根底率、飞石距离、爆堆松散系数等反映爆破效果的参数；网络有 1 个隐含层，节点数分别为 h。

为了建立这种映射关系，需要给出一组用于神经网络模型的学习训练样本，用以学习训练的样本为不同爆破工况下的爆破参数及爆破效果评价量化指标组成。

应用遗传算法搜索最佳的神经网络结构，由于网络的输入层节点数和输出节点数由问题的特征而定，故遗传算法只需搜索网络的隐含层节点数。同时，为了避免网络学习过程中的"过训练"问题，还需要对网络模型的最优学习误差进行识别。使网络在最优学习误差下进行训练，由此获得的神经网络模型就能很好地反映出岩体力学参数与岩体位移之间的非线性映射关系，用此关系可以获得最佳的位移反分析的结果。

3.1.2 *爆破参数反演分析的目标函数*

爆破参数反演分析的实质就是寻找一组爆破参数，其神经网络预测的爆破效果与实测爆破效果相比误差为最小。因此，目标函数通常取以下的平方和形式。

$$F(X) = \sum_{i=1}^{n} [f_i(X) - u_i]^2 \tag{5}$$

式中，$(X) = (x_1, x_2, \cdots, x_n)$ 为一组待反演爆破参数；f_i 为反映爆破效果的第 i 个指标的神经网络预测值；u_i 为反映爆破效果的第 i 个指标的实测值；n 为反映爆破效果的指标总数。反演分析法的计算工作，就是求解上述目标函数，寻找一组适当的 X，使相应的目标函数值为最小。

3.2 进化神经网络位移反演分析的主要方法

进化神经网络的爆破参数反演是分两步进行的，首先应用遗传算法搜索最佳的网络结构，适应值定义为网络训练过程中的最小检验误差，即

$$fitness = \min \sqrt{\frac{1}{n} \sum_{i=1}^{n} \left(\sum_{j=1}^{m} |y_{ij} - \hat{y}_{ij}| \right)^2} \tag{6}$$

式中，n 为检验样本总数；y_{ij} 为样本 i 的第 j 个网络输出，$\hat{y}_{ij}$ 为样本 i 的第 j 个期望输出，$j=1, 2, \cdots, m$；m 为网络输出总数。

搜索到最佳网络结构以后，将其在最优学习误差下进行训练，建立爆破参数与爆破效果之间的映

射关系。对于任意一组给定的爆破参数，均可以通过网络的推广预测能力求出其相应的爆破效果，如果某一组爆破参数值和期望的爆破效果值误差为最小，则此爆破参数值即为所求。

3.3 反演分析过程

3.3.1 样本构造

采用3层（输入层、隐含层和输出层）RBF神经网络来构造参数优化模型，在模型的构造中，既要全面考虑所有的因素，同时又要考虑到运算收敛速度和这些指标在现场获得的可能性和可靠性，通过分析筛选，确定了作为输入变量的爆破参数，主要包括孔距、排距、底盘抵抗线、堵塞长度、炸药单耗、微差间隔时间等。爆破效果为输出变量，主要包括大块率、爆堆抛掷距离等。

为了建立各介质弹性模量与各测点位移的映射关系，需要事先给定一定数量的样本对神经网络进行训练。样本应能够涵盖全部可能发生的输入、输出状态，即网络空间应该足够大。此次通过收集多宝山铜矿现场不同爆破工况下的爆破参数及爆破效果评价量化指标，组成了神经网络训练样本，见表1。表1中样本用于神经网络的训练和检测。将其中前40组样本用于训练神经网络，后4组样本用于网络的检测。

表1 神经网络样本

序号	爆破参数							爆破效果	
	底盘抵抗线/m	孔距/m	排距/m	装药长度/m	填塞长度/m	设计单耗/kg·m^{-3}	排间延时/ms	大块率/%	爆堆抛掷距离/m
1	6/5	7/6.5	5.5/4.5	11.7/12.7	5/4	0.61	65	3.71	43.5
2	5	6	4	13.7	3	0.81	42	1.38	42.16
3	4~6	6	4	14~13	3~4	0.82	42	1.82	46.27
4	3	5	4	14	3	0.87	42	0.77	50.96
5	4~6	6	5	12.5	4	0.9	42、100	2.30	50.49
6	4~6	6.5	5	12.5	4	0.83	65、100	3.27	46.17
7	4~6	6	4	14	4	0.81	42、65	1.87	46.05
8	4~6	6	4	13.5	3	0.84	42、100	2.81	47.05
9	4~6	6	5	12.5	4	0.9	42、65	0.59	46.77
10	4~6	7	6	11.5	4.5	0.63	65	1.34	40.7
11	4~6	6	4	14	3	0.85	42、100	1.92	45.3
12	4~6	6	5	13	4	0.85	42、65	0.47	50.4
13	6	7	5.5	11.7	5	0.66	65	1.61	46.5
14	5	6.5	4.5	12.5	4	0.63	65	4.68	40.5
15	6	7	5.5	11.7	5	0.66	65	2.57	47.5
16	6	7	5.5	11.5	5	0.66	65	1.27	57.52
17	6	7	5.5	11.5	5	0.66	65	1.55	48.3
18	5	5	4	13.5	3	0.83	42	1.77	49
19	6	7	5.5	11.7	5	0.66	65	0.16	40.1
20	5	6.5	4.5	11.7	5	0.62	65	5.71	43.8
21	5.5	6.5	4.5	11.7	5	0.6	42	4.74	42.2
22	4.8	6	4	13.6	3	0.875	42	2.38	44.16
23	5	6	4	13.9	3	0.827	42	2.38	43.45
24	4~6	6	4	14~13	3~4	0.84	42	1.55	42.27
25	5	6	4	14~13	3~4	0.848	42	0.92	45.23

续表 1

序号	爆破参数							爆破效果	
	底盘抵抗线/m	孔距/m	排距/m	装药长度/m	填塞长度/m	设计单耗/kg·m^{-3}	排间延时/ms	大块率/%	爆堆抛掷距离/m
26	4	5	4	14	3	0.8	42	1.77	48.96
27	4~6	6	5	12.8	4	0.83	42	2.52	48.49
28	4~6	6.5	5	12.5	4	0.65	65、100	3.54	47.27
29	5	5.5	4	13.8	3	0.89	42、65	1.55	46.55
30	4~6	6	4	14	3	0.85	42、100	2.61	46.85
31	4~6	6	5	12.5	4	0.89	42、65	0.79	46.55
32	4~6	7	6	12	4.5	0.7	65	1.14	43.7
33	4	6	4	13.5	2.5	0.81	42、100	1.56	46.2
34	6	6.5	5	14	3.5	0.85	65	0.47	52.8
35	4~6	7	5.5	12.5	5	0.66	65	1.51	48.5
36	4~6	6.5	5	12.5	4	0.64	65	0.47	44.5
37	4~6	6	5.5	11.7	5	0.84	65	2.57	48.5
38	5	7	6	11.5	4.5	0.65	65	1.27	60.3
39	5	7	5.5	11.5	5	0.65	65	1.44	49.5
40	4~6	6	4.5	14	3	0.84	42	1.23	49.5
41	5	7	6	11.7	5	0.66	65	0.26	45.6
42	4~6	6	5	13.5	4	0.89	42、100	1.30	52.49
43	4~6	6.5	5.5	12.5	4	0.84	65、100	2.19	48.56
44	4~6	6	4.5	14	4	0.82	42、65	1.43	48.56

3.3.2 数据预处理

为便于数据处理，将样本数据进行标准化处理为［0.2，0.8］区间数据。标准化算法如下：

$$x_i' = 0.2 + (0.8 - 0.2)\frac{x_i - x_{min}}{x_{max} - x_{min}} \tag{7}$$

式中，x_i'为标准化后的数据；x_i 为原始数据，$i=1, 2, \cdots, n$，n 为样本个数；$x_{min} = \min\{x_i\}$；$x_{max} = \max\{x_i\}$。

3.3.3 模型建立

应用遗传算法搜索最优的神经网络模型。取网络检验误差函数为

$$F(X) = \sqrt{\frac{1}{n}\sum_{i=1}^{n}\left(\sum_{j=1}^{m}|f_{ij}(X) - u_{ij}|\right)^2} \tag{8}$$

式中，$f_{ij}(X)$ 为样本 i（$i=1, \cdots, n$，n 为检验样本总数）的第 j 个网络输出；u_{ij} 为样本 i 的第 j 个期望输出；m 为网络输出节点数。

经过遗传算法搜索，发现结构为 7-35-2 的 RBF 神经网络在学习误差为 0.00065 时的预测效果最佳，测试误差为 0.01216。故取网络结构为 RBF（7，35，2）。对 RBF（7，35，2）进行训练，网络在学习误差达到 0.00014 时结束学习，所确定的 RBF（7，35，2）神经网络即可表示爆破参数与爆破效果之间的非线性映射关系。即

$$(Y) - \text{RBF}(7, 35, 2)(X) \tag{9}$$

式中，(X)=（底盘抵抗线、孔距、排距、装药长度、填塞长度、设计单耗、排间延时），(Y)=（大块率、爆堆抛掷距离）。

3.4 预测与优化

获得进化 RBF 神经网络后，可利用其外推预测功能，给定一组爆破参数作为输入，网络计算得出一组对应的输出及爆破效果参数，从而实现爆破效果预测。

利用训练完成的 RBF 神经网络代替爆破参数与爆破效果之间的非线性映射关系，通过进化算法搜索最优爆破参数，使对应的爆破效果达到最佳。经过神经网络优化后的爆破参数见表 2。

表 2 数值模拟推荐爆破参数

矿岩种类	孔距/m	排距/m	导爆管雷管延期时间/ms	
			孔间	排间
难爆矿石	5	4	25	42
易爆矿石	6.5	5	25	65
难爆岩石	7	5.5	17	65
易爆岩石	7	5.5	17	65

在多宝山铜矿现场进行推荐参数的台阶爆破试验，爆破效果较以往爆破参数下的效果改善了许多，大块率大幅度下降，块度分布较为均匀，经过不完全统计得出一组优化前后的爆破效果的数据以及优化前后爆堆形态的对比图，分别见表 3 及图 4、图 5。

表 3 爆破效果对比

矿岩种类	序号	优化前爆破效果			优化后爆破效果		
		炸药单耗/kg·m^{-3}	大块率/%	抛掷距离/m	炸药单耗/kg·m^{-3}	大块率/%	抛掷距离/m
难爆矿石	1	0.85	1.92	45.3	0.83	1.5	44.2
	2	0.87	0.77	50.96	0.86	0.54	48.5
	3	0.89	0.79	46.55	0.87	0.63	44.32
易爆矿石	1	0.81	1.38	42.16	0.80	1.22	40.8
	2	0.82	1.43	48.56	0.81	1.23	45.62
	3	0.83	2.52	48.49	0.82	1.32	46.3
难爆岩石	1	0.66	2.57	47.5	0.65	1.48	45.3
	2	0.65	1.44	49.5	0.64	1.32	47.6
	3	0.64	0.47	44.5	0.62	0.78	45.3
易爆岩石	1	0.62	5.71	43.8	0.61	2.85	41.8
	2	0.61	3.71	43.5	2.36	1.96	43.2
	3	0.63	1.34	40.7	0.61	1.22	42.3

图 4 优化前的爆堆形态及典型大块

图 5 优化后的爆堆形态

4 结论

本文结论如下。

（1）利用进化径向基神经网络方法，选取合理的输出因子与输入因子，利用统计好的爆破参数与爆破效果的样本进行训练，运用训练好的RBF神经网络对输入的爆破参数进行优化处理，从而得到一组最优的爆破参数。

（2）将通过进化径向基神经网络优化方法确定的最优爆破参数在爆破现场进行一系列台阶爆破试验，并与之前的爆破效果进行对比，结果表明，大块率显著降低，炸药单耗有所下降，提高了铲装的工作效率，节省了爆破成本，取得了良好的爆破效果，并提高了经济效益，经统计，年采选累计节约成本493.23万元。进化径向基神经网络方法适用于多宝山铜矿的台阶爆破参数优化。

参考文献

[1] 刘建兵，张建华，胡德义．黄麦岭露天矿爆破参数的优化研究［J］．矿业研究与开发，2013，33（1）：110-112.

[2] 刘菊平，范才兵，李占科．露天矿爆破参数优化试验［J］．现代矿业，2013，29（8）：69-71，74.

[3] 胡涛，王明君．某露天矿爆破参数优化及块度预测［J］．露天采矿技术，2015（6）：39-42.

[4] 韩万东，王志军，岳宏辉．基于BP神经网络的露天矿爆破参数优化研究［J］．煤炭技术，2018，37（11）：4-5.

[5] 袁绍国，王振涛，耿荣，等．基于BP神经网络的爆破参数优化研究［J］．煤炭技术，2017，36（11）：10-11.

[6] 陈微微，吴远林，佘勇．BP神经网络预测在台阶爆破参数优化的应用［J］．采矿技术，2016，16（6）：59-61.

[7] 姚江梅，黄裕锋．一种基于改进遗传算法的神经网络优化计算方式［J］．电子技术与软件工程，2019（8）：138-140.

[8] 张佳舒，赵阁，高守礼，等．基于RBF神经网络的多移动机械臂同步控制［J］．山东科技大学学报（自然科学版），2019（3）：100-109.

基于 CRITIC-有限区间云模型的边坡稳定性评价

王加闯[1]　黄明健[1,2]　过　江[1]

（1. 中南大学 资源与安全工程学院，湖南 长沙，410083；
2. 湖南涟邵建工（集团）有限责任公司，湖南 长沙，410011）

摘　要：针对岩质边坡危险性分级的不确定性，选取坡高、坡角岩体结构特征、岩石单轴抗压强度等 12 项定量评价指标构建评价体系。根据有限区间云模型的相关概念和计算模型，求出露天采场边坡实测数据的云模型特征参数，利用正向云发生器生成云滴图进行量性概念的转化，通过改进的 CRITIC 法确定指标权重，进而求出不同采场隶属于不同危险等级的综合隶属度，实现边坡稳定性等级的划分。研究结果表明：评价结果与实际相符，利用 CRITIC 算法求取的权重值，可以考虑各评价指标的综合信息量以及指标间的相关性系数，使评判结果更具有准确性；同时可以快速准确判断出边坡稳定性分级，进行安全预测，为评价边坡的稳定性提供了新思路。

关键词：边坡；CRITIC；有限区间云模型；权重；综合确定度

Evaluation of Slope Stability Based on CRITIC-finite Interval Cloud Model

Wang Jiachuang[1]　Huang Mingjian[1,2]　Guo Jiang[1]

(1. School of Resources & Safety Engineering, Central University, Hunan Changsha, 410083;
2. Hunan Lianshao Construction Engineering (Group) Co., Ltd., Hunan Changsha, 410011)

Abstract: Aiming at the uncertainty of risk classification on rock slope, an evaluation system was constructed through selecting 12 quantitative evaluation indexes such as slope height, structure characteristics of slope angle rock, rock uniaxial compressive strength, etc. According to the relevant concepts and calculation models of finite interval cloud model, the characteristic parameters of cloud model based on the measured data of open-pit stope slope were obtained. The conversion of quantitative concepts was carried out by the cloud droplet graph generated using the normal cloud generator, and the index weights were determined through the improved CRITIC method, thus the comprehensive membership degree of different stopes attaching to different risk levels were calculated, so as to realize the division of slope stability levels. The results showed that the evaluation results were consistent with the actual situation. The weight values obtained by CRITIC algorithm can consider the comprehensive information amount of each evaluation index and the correlation coefficient between the indexes, which makes the judgment results more accurate, meanwhile, the slope stability classification can be judged quickly and accurately to conduct the safety prediction, which provides new ideas for evaluating the stability of slopes.

Keywords: slope; CRITIC; finite interval cloud model; weight; comprehensive certainty degree

1　引言

近几年基建设施规模日益完善，边坡稳定性成为建设过程中比较重要的一环，其稳定性评价成为决定工程施工成败的重要因素。影响边坡稳定性的因素的不确定性、危险性等级分级标准的不确定性

基金项目：国家自然科学基金项目（51774321）。
原载于《中国安全生产科学技术》，15（6）：113-119。

以及影响因子权系数求取的不确定性，这些使得边坡的稳定性等级分类和工程治理充满着不确定性。为此学界专家学者基于这种不确定性问题提出了多种理论来探讨边坡的稳定性。

宋盛渊等人[1] 利用突变理论模型剖析了边坡系统的内在机制；胡军等人[2] 提出了 BP 神经网络的耦合模型；戴兴国[3]、闫长斌[4] 构建了边坡稳定性评价的距离判别赋权模型，弥补了马氏距离法忽略指标重要性存在差异的缺陷；杨文东等人[5] 根据指标隶属不同稳定性等级的特征建立了岩质边坡稳定性的云模型评估方法；赵军等人[6] 基于实际评价指标的综合信息量，提出基于改进的熵权计算权重方法的云模型评价模型。这些理论和模型在一定程度上完善了边坡稳定性的评价体系，但由于影响边坡稳定性因素的复杂性，仍难以克服自身存在的缺陷：突变理论模糊数学模型没有考虑指标权重，只是衡量了指标的相对重要性，仍然掺杂着人为主观性；可拓模型仍采用了主观赋值权重的方法，在计算过程中会忽略一些重要的约束条件；耦合的神经网络算法计算复杂，获取的样本代表性不强，拟合速度难以控制；距离判别赋权模型对样本数据依赖性强。

本文引用结合实际评价指标服从均匀分布和正态分布的有限区域云模型[7]。传统的云模型在边界为单边区间时即形如 $[0,\ C]$ 或 $[C,\ \infty)$ 区间时，其边缘的指标分布仍如传统正态分布一样，这种理论下的模拟结果，往往会和实际情况存在偏差，因此引入了有限区间的云模型；运用 CRITIC 算法[8] 计算指标权重，可以考虑各指标间的相关性，使计算结果更具有准确性。

2 云模型理论

云模型是由李德毅等人[9] 提出的一种处理模糊问题的概念模型，其是从隶属度的角度出发处理数据的模糊性和随机性。现已应用于生产生活的多个领域，并取得了良好的效果[10,11]。

2.1 云的基本概念

云模型是利用 3 个数学符号表示的不确定关系，进而进行定性与定量转化的一种模糊模型[9]。传统的云模型通常处理的是指标分布近似趋于正态分布，但在工程实践中，传统的正态云模型很难正确地描述出模拟对象的特征，故本文采用经修改的有限区间下的云模型。

设 U 是一个精确数值表示的定量集合，其中，$U=\{x\}$，C 是 U 上的定性概念，若存在任意的定量元素，且 x 存在 1 个稳定倾向的随机数 $\mu(x)=(0,\ 1)$ 在定性概念 C 上的 1 次随机实现，其中[12]：

$$\mu:\ U\rightarrow[0,\ 1],\ \forall x\in U,\ x\rightarrow\mu(x) \tag{1}$$

则 x 在集合 U 上的分布称为云，每 1 个点 $(x,\ \mu(x))$ 称为 1 个云滴。

2.2 数字特征

通常云模型概念的支撑，主要用 3 个基本云模型数字特征值加以表述，即期望 E_x、熵 E_n、超熵 H_e[9]。期望 E_x 代表了定性概念的中间位置，决定了云滴分布的位置；熵 E_n 表示在论域区间被定性概念表述的云滴的取值范围，反映了基本概念的模糊性和随机性；超熵 H_e，也就是熵的熵，表示熵的不确定性，在云图中，通常表示云的厚度，超熵越大，云越厚。

在边坡稳定性评价过程中，指标危险性等级的划分并没有统一标准，可以参考文献 [13]，根据危险性等级的分布可知，存在量值区间形如 $[C_{\min}^k,\ +\infty]$ 和 $[0,\ C_{\max}^k]$，此时的指标变量不再服从传统的云模型分布，所以 $\mu(x)$ 在边缘模糊区间应转变为确定度为 1 的均匀分布，通常用半升梯形云和半降梯形云描述。由无限区间正态密度函数的性质易证出有限区间 $[\gamma]$ 阶正态密度函数与无限区间 $[\gamma]$ 阶正态分布密度函数具有相同的方差和期望，可得出相应云特征参数的计算方程为[14]

$$E_x^k=\frac{C_{\max}^k+C_{\min}^k}{2} \tag{2}$$

$$E_n^k=\frac{C_{\max}^k-C_{\min}^k}{2\sqrt{[\gamma]+3}} \tag{3}$$

$$H_e^k=\lambda E_n^k \tag{4}$$

式中，C^k 为 k 等级的半区间长度，$C_{\max}^k$ 与 $C_{\min}^k$ 分别为等级区间的上下界值；$[\gamma]$ 为有限区间内正态密度函数的阶数，取 γ 的最大整数；λ 为经验值，可根据指标变量的模糊阈度做适当调整，本文暂取 0.01。设指标界限值同属于 2 个等级的确定度为 0.5，其正态分布函数阶数的算法记为

$$[\gamma]=\frac{\lg 0.5}{\lg\left\{1-\left[\frac{2(C^k-E_x^k)}{\xi_k}\right]^2\right\}} \tag{5}$$

式中，ξ_k 为等级区间 k 的端点值；当评价指标类型为指标值越大，等级区间增加时，则等级 k 的左、右半区间长度 ξ_k^l，ξ_k^r 为

$$\xi_k^l=E_x^k-C_{\min}^{k-1} \tag{6}$$

$$\xi_k^r=C_{\max}^{k+1}-E_x^k \tag{7}$$

同理亦可求出指标值越大，等级区间越小型指标属于等级 k 的左、右半区间长度：

$$\xi_k^l=E_x^k-C_{\min}^{k+1} \tag{8}$$

$$\xi_k^r=C_{\max}^{k-1}-E_x^k \tag{9}$$

2.3 云发生器

正向云发生器是云模型从理论到实际应用的关键，是利用云特征参数 $N(E_x, E_n, H_e)$ 产生云滴即 $P(x_i, \mu_i)(i=1, 2, 3, \cdots, n)$，进而将定性分析向定量计算的转化过程；以正向云发生器为载体，利用云模型特征参数，结合指标等级特征和想要生成的云滴数 N（本文取 $N=5000$），通过 Matlab 编程即可进行拟合。当指标处于两端等级云均值之间的区间里时，该数学概念模型可以有如下定义：设 U 是 1 个精确数值表示的定量集合，其中，$U=\{x\}$，C 是 U 上的定性概念，存在任意的定量元素 x，且 x 存在 1 个稳定倾向的随机数 $\mu(x)=[0, 1]$ 在定性概念 C 上的 1 次随机实现。若 x 满足：$x\sim[E_x, E_n^2]$，x 服从在特定有限区间里的正态分布，即 x 对 C 的确定度满足：

$$\mu=\exp\left[\frac{-(x-E_x)^2}{2E_n'^2}\right] \tag{10}$$

当指标远离期望 E_x，此时 x 服从确定度为 1 的均匀分布。综上所述，x 服从的分布为式（11），本文 $k_{\max}=5$，

$$\begin{cases}\mu_A(x)=1 & x\in(0, E_x^{K_{\min}}]\cup[E_x^{k_{\max}}, C_{\max}^{K_{\max}}) \\ \mu_A(x)=\exp\left(\dfrac{-(x-E_x)^2}{2E_n'^2}\right) & x\in \text{other interval}\end{cases} \tag{11}$$

式中，$E_x^{K_{\min}}$ 为左边缘区间的期望值；$E_x^{K_{\max}}$ 为右边缘区间的期望值；$C_{\max}^{K_{\max}}$ 为右边缘区间的最大值。传统云模型与有限区间云模型如图 1 所示。图 1 中横坐标 $X(x_1, x_2, \cdots, x_n)$ 为定性概念在论域中这一次对应的数值，纵坐标隶属度 $\mu(x_i)$ 为 $(x_{1i}, x_{2i}, \cdots, x_{ni})$ 属于这个语言值的程度的量度，图 1 中的每个点 $drop(x_{1i}, x_{2i}, \cdots, x_{ni}, \mu_i)$ 为云滴，表示该云滴的语言值在数量上的一次具体实现。不同曲线分别代表不同的评价级等。

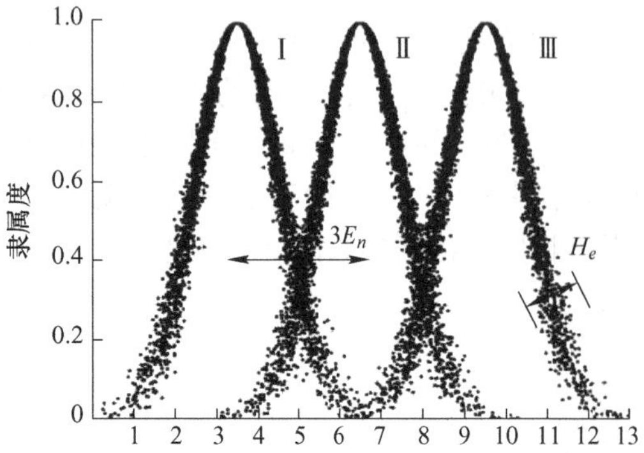

(a) 传统云模型

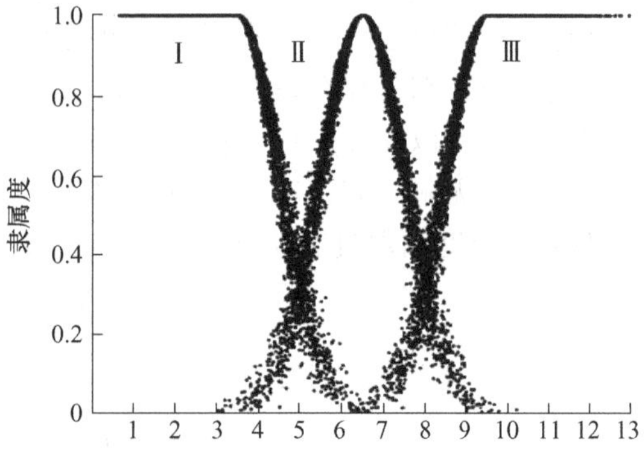

(b) 有限区间云模型

图 1 传统云模型与有限区间云模型

Fig. 1 Traditional cloud model and finite interval cloud model

3 有限区域云模型和改进 CRITIC 法赋权模型的构建

所谓权重，是指在评价过程中，影响问题因素的重要程度，这种重要程度可以通过定性概念描述，也可以用定量数值表示。定性描述的权重充满着主观性，因此在实际生产中的指标权重，通常会用具体的算法表示。传统求权算法通常只考虑指标信息量大小忽略了指标的相关性，因此本文主要采用另一种客观赋权法—CRITIC 算法[8]。

3.1 边坡稳定性评价计算框架及流程

边坡稳定性评价流程如图 2 所示。具体为：（1）根据众多学者和地质研究人员的边坡稳定性分析工作，建立滑坡评价指标的危险性等级划分标准；（2）求出分类指标的云特征参数利用云发生器绘制云滴图，生成云模型；（3）根据样本实测数据计算各指标对应的各级别确定度；（4）利用改进的 CRITIC 算法计算各指标权重；（5）计算综合权重值，按照最大隶属度原则确定边坡危险等级。

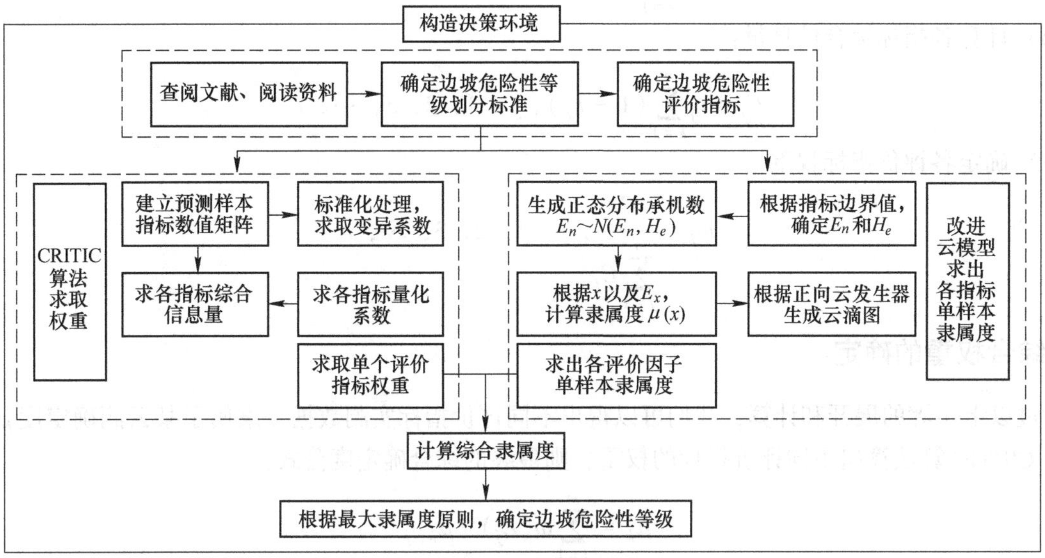

图 2 边坡稳定性评价流程

Fig. 2 Procedure of slope stability evaluation stability evaluation flow chart

3.2 CRITIC 法赋权算法

CRITIC 算法是由 Diakoulaki[15] 在 1995 年提出的一种客观赋值法。这种方法通常用以下 2 个量来反映：指标间的相关系数及指标内的变异大小。通常相关系数越大，指标间的冲突性越小，体现的信息量重复性越强，指标所占权重也就越小；指标内的变异大小，通常用指标变异性进行量化，用指标的标准差来衡量，标准差越大，对象之间的差异就越大，指标所占权重就越大。

基于以上 2 个量，不难看出，基于 CRITIC 算法所得到的权重大小，既考虑了评价指标间的相关性，又考虑了评价指标内的变异性，即体现的信息量，因此，优越于信息熵算法只考虑指标信息量大小，所得权重也更加准确、客观。设评价对象 m 个，评价指 n 个，其主要步骤如下[9]。

（1）利用初始数据，建立预测样本指标数值矩阵：

$$\boldsymbol{X} = (x_{ij})_{m\times n} \tag{12}$$

式中，x_{ij} 为第 i 个评价对象第 j 个指标所对应的原始数值。

（2）根据 Z-score 方法，对式（12）矩阵 $\boldsymbol{X}$ 中的指标值进行标准化处理：

$$x_{ij}^{*} = \frac{x_{ij} - \overline{x_{ij}}}{s_j},\ i = 1,\ 2,\ \cdots,\ m;\ j = 1,\ 2,\ \cdots,\ n \tag{13}$$

根据该算法，上述公式中 2 个参数：

$$\overline{x_j} = \frac{1}{m}\sum_{i=1}^{m} x_{ij}, \quad s_j = \sqrt{\frac{1}{m-1}\sum_{i=1}^{m}(x_{ij} - \overline{x_j})} \tag{14}$$

式中，$\overline{x_j}$ 为第 j 个指标均值；s_j 为第 j 个指标的标准差。

（3）求指标的变异系数：

$$\nu_j = \frac{s_j}{\overline{x_j}}, \ j = 1, 2, \cdots, n \tag{15}$$

式中，ν_j 为第 j 个指标的变异系数。

（4）利用步骤（2）得到标准化矩阵 $\boldsymbol{X}^*$，利用统计学概念计算相关系数，得到相关系数矩阵：

$$R = (r_{kl})_{n\times n}, \ k = 1, 2, \cdots, n; \ l = 1, 2, \cdots, n \tag{16}$$

式中，r_{kl} 为第 K 个指标和第 l 个指标间的相关系数。

（5）求各指标表示独立性程度的概念—量化系数：

$$\eta_j = \sum_{k=1}^{n}(1 - r_{kj}), \ j = 1, 2, \cdots, n \tag{17}$$

（6）计算各指标综合信息量：

$$C_j = \nu_j \sum_{k=1}^{n}(1 - r_{kj}), \ j = 1, 2, 3, \cdots, n \tag{18}$$

（7）确定各评价指标权重：

$$\omega_j = \frac{C_j}{\sum_{j=1}^{n} C_j}, \ j = 1, 2, 3, \cdots, n \tag{19}$$

3.3 综合权重的确定

经过以上步骤的展开和计算，我们可以得出不同评价指标实测数据 x 隶属于某云滴确定度 $\mu(x)$，再结合 CRITIC 算法算出不同评价指标的权重，则最终的综合确定度公式：

$$\mu_k = \sum_{j=1}^{m} \omega(E_j) \cdot \mu_{k,j} \tag{20}$$

式中，$\mu_{k,j}$ 为样本的第 j 个指标的实测值所在 k 的确定度；$\omega(E_j)$ 为样本第 j 个评价指标所占权重大小。

根据最终的综合确定度，按照最大隶属度原则，确定样本的隶属等级：

$$L = \max(\mu_1, \mu_2, \mu_3, \cdots, \mu_k) \tag{21}$$

4 工程实例

4.1 评价指标的选取

边坡的稳定性受自身的复杂特点和工程技术的影响，最主要的因素主要包括边坡所在位置的地质地貌、水文结构和外部环境如人类的生产活动、地质灾害、降水量等。到目前为止，决定边坡稳定性的因素，在学界和地质工程界并没有统一标准。根据建立的分级标准应满足代表性、关联性、易量化、易获取和存异性 5 个原则，参考相关文献［13］，特选定单轴抗压强度（R_c）X1、弹性模量（E_m）X2、泊松比（μ）X3、岩体结构特征（R_{QD}）X4、岩土黏聚力（C）X5、内摩擦角（φ）X6、日最大降雨量 X7、最大地应力 X8、地下水状态 X9、边坡高度 X10、边坡角 X11 和岩体声波速度 X12 为评价因子。

由于边坡稳定性影响因素的随机性和模糊性会随着时间和环境的变化而改变。分级标准的基础通常与岩质边坡的实际情况、不连续的地质情况有关。一般情况下，由于工程背景的不同，许多潜在因素也会对实际工况产生影响。结合文献［16］露天采场的实际情况，参照工程岩体分类标准将边坡分为 5 个等级，分别为极稳定（Ⅰ）、稳定（Ⅱ）、基本稳定（Ⅲ）、不稳定（Ⅳ）和极不稳定（Ⅴ）。具体指标的分类标准见表 1，边坡指标实测值见表 2。

表 1 单因素边坡稳定性评价指标

Table 1 Single factor evaluation indexes of slope stability

等级	X1/MPa	X2/GPa	X3	X4/%	X5/MPa	X6/(°)	X7/mm	X8/MPa	X9	X10/m	X11/(°)	X12 /10cm · min^{-1}
Ⅰ	150~200	33~60	0~0.2	90~100	2.1~3	60~90	0~20	0~2	0~25	0~30	0~10	5~7.5
Ⅱ	125~150	20~33	0.2~0.5	75~90	1.5~2.1	50~60	20~40	2~8	25~50	30~45	10~20	4~5
Ⅲ	90~125	6~20	0.25~0.3	50~75	0.7~1.5	39~50	40~60	8~14	50~100	45~60	20~40	2.5~4
Ⅳ	40~90	1.3~6	0.3~0.35	30~50	0.2~0.7	27~39	60~100	14~20	100~125	60~80	40~60	2~2.5
Ⅴ	10~40	0~1.3	0.35~0.5	0~30	0.05~0.2	0~27	100~150	20~25	125~150	80~100	60~80	0~2

表 2 指标实测值

Table 2 Measured values of indexes

样本编号	X1/MPa	X2/GPa	X3	X4/%	X5/MPa	X6/(°)	X7/mm	X8/MPa	X9	X10/m	X11/(°)	X12 /10cm · min^{-1}
1	52.6	2.3	0.27	90	17.8	31.8	6.06	6.18	10	48	60	3.7
2	53	2.0	0.21	85	17.8	35.6	6.06	8.73	10	67	44	3.789
3	61.6	1.9	0.18	90	23.1	24.6	6.06	9.05	9	76	38	3.847
4	60.04	1.9	0.19	92	23.1	24.6	6.06	10.18	9.5	45	54	3.896

4.2 云滴图的生成

根据有限区域云模型理论和分级标准，依据式（2）~式（9）确定云特征参数，生成云滴图如图 3 所示。横坐标表示评价指标，纵坐标表示不同取值的评价指标所确定的确定度，即隶属度。

根据 2.1 节的计算方法，利用改进的 CRITIC 算法进行计算，根据公式（14）可计算出各指标的均值和方差，同时利用式（15）求出变异系数，根据初始指标的实测值，计算出标准化后数据所对应的指标之间的相关系数，利用式（19）可求出各评价指标的权重，见表 3。

表 3 各评价指标权重

Table 3 Weights of each evaluation index

评价指标	X1/MPa	X2/GPa	X3	X4/%	X5/MPa	X6/(°)	X7/mm	X8/MPa	X9	X10/m	X11/(°)	X12 /10cm · min^{-1}
指标权重	0.050	0.069	0.140	0.02	0.089	0.145	0.001	0.120	0.037	0.183	0.134	0.013

4.3 预测结果及分析

基于 CRITIC 算法和有限区域下云模型的计算模型，根据式（2）~式（4）求出的云模型特征参数，进而结合云图和正态云发生器，可计算出实测值隶属于不同级别的隶属度，代入式（20）中，按照最大隶属度原则，可求出不同样本的最终稳定性级别。以第 1 个样本第 1 项评价指标为例即单轴抗压强度，实测值为 X1 = 52.6MPa，根据有限区域云模型计算公式和正向云发生器，可以求出该实测值隶属于不同的评价等级分别为 $\mu_1 = \mu_2 = 0$，$\mu_3 = 0.001$，$\mu_4 = 0.829$，$\mu_5 = 0.006$。根据所求确定度数值，单从第 1 个样本的单轴抗压强度可以得知，该露天矿边坡稳定性隶属于第Ⅳ等级，隶属于第五等级有很小的可能性，有非常小的可能隶属于第Ⅲ等级，但是不可能隶属于Ⅰ、Ⅱ等级，这与事实比较符合。因此可以结合式（20），根据最大隶属度原则，计算出不同边坡所在的危险等级，分级结果及对比见表 4。

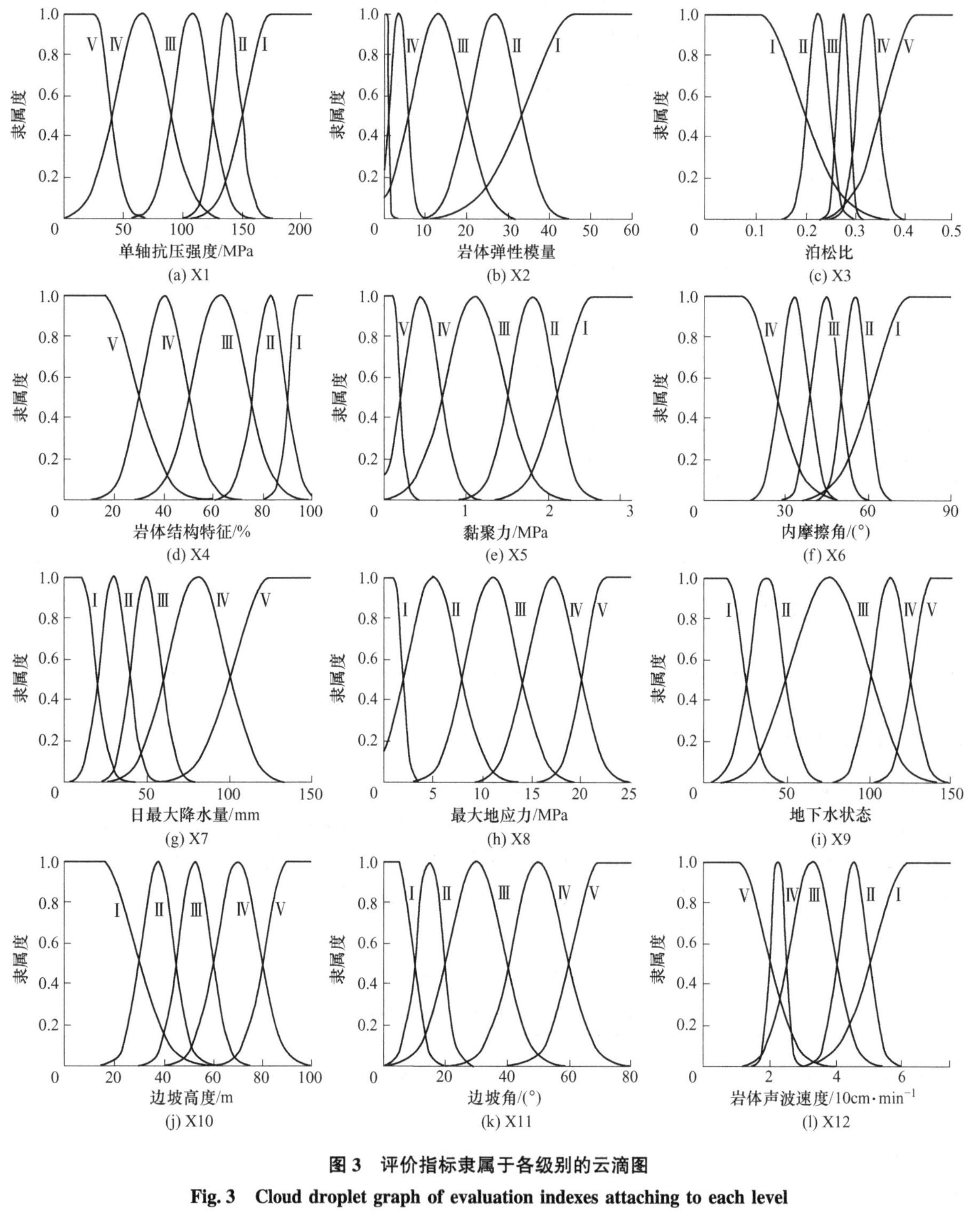

图 3 评价指标隶属于各级别的云滴图

Fig. 3 Cloud droplet graph of evaluation indexes attaching to each level

表 4 分析结果及比较

Table 4 Analysis results and comparison

边坡样本	综合确定度					本文方法	集对分析法	未确知测度
	Ⅰ	Ⅱ	Ⅲ	Ⅳ	Ⅴ			
样本 1	0. 162	0. 183	0. 328	0. 316	0. 120	Ⅲ	Ⅲ	Ⅲ
样本 2	0. 190	0. 173	0. 178	0. 496	0. 037	Ⅳ	Ⅲ	Ⅲ
样本 3	0. 226	0. 064	0. 326	0. 198	0. 144	Ⅲ	Ⅲ	Ⅲ
样本 4	0. 233	0. 155	0. 259	0. 229	0. 120	Ⅲ	Ⅱ	Ⅲ

根据最终权重结果和确定度分析，相对于其他方法[16]，基于 CRITIC 算法的有限区域云模型方法相对保守。样本 1，3，4 危险性等级处于第Ⅲ等级，即基本稳定状态，但是样本 1 和样本 4 对于等级Ⅳ有一定的倾向性，可以对边坡的治理和防护提供一定的参考；样本 2 根据最大隶属度原则，该样本危险性处在第Ⅳ等级，即不稳定状态，根据实测数据可知，相对于其他样本，样本 2 的 X6（内摩擦角）因素较大，而且根据权重计算，该影响因素所占权重较大，因此对边坡的稳定性有一定的影响。对于不稳定样本和有不稳定倾向的样本应该采取一定的防护措施，如使用锚索和喷射混凝土加以牢固，或者利用网格梁支护等措施进行处理，做好边坡稳定性工作的预防工作，防止发生危险事故。

5 结论

本文结论如下。

（1）利用 CRITIC 算法计算权重，选取某铜矿山露天边坡，经对实测数据关联度的计算，提高了评价指标权重的准确性。根据最终评价结果分析，利用该算法不仅可以进行安全现状评价，也可以在得到危险性等级的同时，了解样本危险性等级的倾向性，达到安全预测的目的。

（2）针对边坡稳定性评价的不确定性，选取某铜矿山露天边矿的 4 个剖面，着重选取了 12 个影响边坡稳定性的不安全因素（评价指标），使得评价结果更为合理，评价指标体系更加完善，提高了评价的可信度。

（3）根据传统正态云模型，结合改进的有限区域云模型，使评价指标的隶属度更加合理准确，弥补了传统模型下理论分布与实际部分不符的情况，摆脱了传统理论模型下模拟结果可能超出实际范围的风险；同时结合 CRITIC 求权算法，使得模拟结果与实际情况更加符合。结合多种分析方法可知，该方法预测结果相对准确，对分析露天矿边坡稳定性问题提供了可行的定量分析方法。

参 考 文 献

[1] 宋盛渊，王清，潘玉珍，等．基于突变理论的滑坡危险性评价［J］．岩土力学，2014，35（S2）：422-428.
Song Shengyuan，Wang Qing，Pan Yuzhen，et al. Evaluation of landslide susceptibility degree based on catastrophe theory［J］．Rock and Soil Mechanics，2014，35（S2）：422-428.

[2] 胡军，董建华，王凯凯，等．边坡稳定性的 CPSO-BP 模型研究［J］．岩土力学，2016，34（S）：577-582.
Hu Jun，Dong Jianhua，Wang Kaikai，et al. Research on CPSO-BP model of slope stability［J］．Rock and Soil Mechanics，2016，34（S）：577-582.

[3] 戴兴国，张彪，闫泽正．有限云模型和距离判别法在边坡稳定性评价中的应用［J］．铁道科学与工程学报［J］，2018，15（1）：71-78.
Dai Xingguo，Zhang Biao，Yan Zezheng. Application of finite cloud model and distance discrimination inslope stability evaluation［J］．Journal of Railway Science and Engineering，2018，15（1）：71-78.

[4] 闫长斌．边坡稳定性预测的粗糙集-距离判别模型及其应用［J］．工程地质学报，2016，24（2）：204-210.
Yan Changbin. Rough set-distance discriminant analysis modelof slopestability predictionandits application［J］．Journal of Engineering Geology，2016，24（2）：204-210.

[5] 杨文东，杨栋，谢全敏．基于云模型的边坡风险评估方法及其应用［J］．华中科技大学学报（自然科学版），2018，46（4）：30-34.
Yang Wendong，Yang Dong，Xie Quanmin. Study on slope risk assessment method based on cloud model and its application［J］．Journal of Huazhong University of Science and Technology（Natural Science Edition），2018，46（4）：30-34.

[6] 赵军，宋扬．改进熵权-正态云模型在边坡稳定性评价中的应用［J］．水电能源科学，2016，34（4）：120-122，165.
Zhao Jun，Song Yang. Slope stability evaluation based on improved entropy weight-cloud model［J］．Water Resources and Power，2016，34（4）：120-122，165.

[7] 张彪，戴兴国．基于有限区间云模型和距离判别赋权的岩体质量分类模型［J］．水文地质工程地质，2017，44（5）：150-157.
Zhang Biao，Dai Xingguo. A classification model of rock mass based on finite interval cloud model and distance discrimination

[J]. Hydrogeology and Engineering Geology, 2017, 44 (5): 150-157.
[8] 过江，张为星，赵岩．岩爆预测的多维云模型综合评判方法 [J]. 岩石力学与工程学报，2018，37 (5)：1199-1206.
Guo Jiang, Zhang Weixing, Zhao Yan. A multidimensional cloud model for rockburst prediction [J]. Chinese Journal of Rock Mechanics and Engineering, 2018, 37 (5): 1199-1206.
[9] 李德毅，孟海军，史雪梅．隶属云和隶属云发生器 [J]. 计算机研究与发展，1995 (6)：15-20.
Li Deyi, Meng Haijun, Shi Xuemei. Subordinate clouds and affiliated cloud generators [J]. Journal of Computer Research and Development, 1995 (6): 15-20.
[10] 关晓吉．基于可拓联系云模型的隧道塌方风险等级评价方法 [J]. 中国安全生产科学技术，2018，14 (11)：186-192.
Guan Xiaoji. Evaluation method on risk grade of tunnel collapse based on extension connection cloud model [J]. Journal of Safety Science and Technology, 2018, 14 (11): 186-192.
[11] 李志超，周科平，林允．基于 RS-云模型的硫化矿石自燃倾向性综合评价 [J]. 中国安全生产科学技术，2017，13 (9)：126-131.
Li Zhichao, Zhou Keping, Lin Yun. Comprehensive evaluation on spontaneous combustion tendency of sulfide ore based on RS-cloud model [J]. Journal of Safety Science and Technology, 2017, 13 (9): 126-131.
[12] Li D Y, Han J W, Shi X M. Knowledge represen-tation and discovery based on liguistic atoms [J]. Knowledge-based System, 1998 (10): 431-440.
[13] 王新民，康虔，秦健春，等．层次分析法-可拓学模型在岩质边坡稳定性安全评价中的应用 [J]. 中南大学学报（自然科学版），2013，44 (6)：2455-2462.
Wang Xinmin, Kang Qian, Qin Jianchun, et al. Application of AHP-extenics model to safety evaluation of rock slope stability [J]. Journal of Central South University (Science and Technology), 2013, 44 (6): 2455-2462.
[14] 汪明武，朱宇，李亚峰，等．基于非对称联系云的边坡稳定性评价 [J]. 山地学报，2017，35 (3)：340-345.
Wang Mingwu, Zhu Yu, Li Yafeng et al. An asymmetric connection cloud model for the evaluation of slope stability [J]. Mountain Research, 2017, 35 (3): 340-345.
[15] D Diakoulaki D, Mavrotas G, Papayannakis L. Determining objective weights in multiple criteria problems, the critic method [J]. Computers and Operations Research, 1995, 22 (7): 763-770.
[16] 黄丹，史秀志，邱贤阳，等．基于多层次未确知测度-集对分析的岩质边坡稳定性分级体系 [J]. 中南大学学报（自然科学版），2017，48 (4)：1057-1064.
Huang Dan, Shi Xiuzhi, Qiu Xianyang, et al. Stability gradation of rock slopes based on multilevel uncertainty measureset pair analysis theory [J]. Journal of Central South University (Science and Technology), 2017, 48 (4): 1057-1064.

霍普金森试验下斑铜矿动态力学特性分析

崔年生[1]　常　跃[2]　郭连军[2]　董英健[2]　夏鹤平[1]　危剑林[1]

（1. 福建省新华都工程有限公司，福建 厦门，361000；
2. 辽宁科技大学 矿业工程学院，辽宁 鞍山，114051）

摘　要：为了研究斑铜矿在不同冲击荷载下的动态力学特性，通过霍普金森试验，对斑铜矿进行冲击试验，分析研究结果表明：斑铜矿的平均应变率与冲击荷载有着很强的相关性，二者之间多项式拟合关系水平明显。在冲击荷载的作用下，应力应变曲线表现为四个发展阶段：裂隙闭合阶段、弹性裂隙稳定扩展阶段、非线性弹性变形阶段、最终破坏阶段，存在一个破碎块度的均匀适中的冲击气压，而在较高冲击荷载下的破坏模式为压碎破坏。对冲击后的岩样进行筛分粒度分级的结果表明：冲击荷载越大，破碎块度越小。

关键词：霍普金森试验；应力应变；动态应变率；动态力学特性；筛分；破坏模式

Experimental Analysis of Dynamic Mechanical Properties of Bornite Under Hopkinson Test

Cui Niansheng[1]　Chang Yue[2]　Guo Lianjun[2]　Dong Yingjian[2]　Xia Heping[1]　Wei Jianlin[1]

（1. Fujian Xinhuadu Engineering Co., Ltd., Fujian Xiamen, 361000; 2. School of Mining Engineering, University of Science and Technology Liaoning, Liaoning Anshan, 114051）

Abstract: In order to study the dynamic mechanical properties of bornite under different impact loads, the impact tests of bornite were carried out by Hopkinson test. The analysis results showed that the average strain rate of bornite had a strong correlation with impact loads, and the polynomial fitting relationship between them was obvious. Under impact load, the stress-strain curve can be divided into four stages: crack closure stage, stable expansion stage of elastic fracture, nonlinear elastic deformation stage and final failure stage. There existed a uniform and moderate impact pressure of fragmentation, and the failure mode under higher impact load was crushing failure. The results of sieving and grading of rock samples after impact showed that the larger the impact load, the smaller the fragmentation is.

Keywords: hopkinson test; stress and strain; dynamic strain rate; dynamic mechanical properties; screening; failure mode

由于国内诸多岩土建设工程以及矿岩爆破、爆破开挖等诸多工程领域的进一步发展和完善，岩石动态力学愈加受到上述领域的正视，在一系列岩土的具体工程实践当中，绝大多数岩体都会不同程度地受到动态荷载的影响，例如矿山的台阶爆破振动、隧道掘进爆破以及开挖爆破扰动等，这些领域都涉及应力波在岩石中的传播和冲击载荷作用下岩石材料的动态力学性能。所以亟须研究岩石的动态力学性能和本构关系。因为这是充分认识岩石爆破基本理论、爆破振动传播规律的前提基础，对爆破参数的优化有着一定的理论意义和指导意义。这些年来，这一领域的发展极其迅速。张华[1]采用 SHPB 实验装置对岩石材料一维应力条件动态冲击实验进行了研究。结果表明动态冲击加载条件下，岩石材料抗压强度和杨氏模量具有明显应变率敏感性，而初始切线模量是率无关的，随着冲击速度增大，岩石材料杨氏模量明显增大。刘忠军等人[2]对冲击压缩荷载下角闪岩的动态力学性能试验研究，利用直径为 ϕ100mm 的分离式 Hopkinson 压杆试验装置，以不同速度轴向冲击角闪岩试样，测试角闪岩试样在应变率范围为 40～150s^{-1} 内的动态力学性能并进行讨论。吕晓聪等人[3]采用大直径分离式霍普

原载于《中国矿业》，2019，28（11）：1-8。

金森压杆装置，对不同厚度的圆柱形角闪岩试件在冲击压缩过程中的应力均匀性进行分析，确定了岩石试件的最佳尺寸；对角闪岩在高应变率下的动态力学性能进行试验；分析了其应力应变曲线的力学特性；支乐鹏等人[4] 基于 SHPB 试验下两种岩石的动态力学性能进行了研究，采用 100mm 分离式霍普金森压杆试验装置，研究了冲击压缩荷载作用下斜长角闪岩和砂岩动态力学性能，从岩石材料的微观角度阐明了两种岩石动态力学性能随应变率的变化规律。杜晶[5] 对不同长径比下岩石冲击动力学特性进行了研究，分别对 5 组长径比的砂岩试件进行冲击动力学实验，获得了不同长径比的岩石试件的应力一应变曲线，并对长径比与岩石试件动态强度、变形模量、破坏模式、能量规律及分维度之间的关系进行深入研究。柏杨[6] 利用直径 50mm 分离式 Hopkinson 试验装置进行煤矿井下常见的泥岩和砂岩冲击加载试验，通过变化加载速率测试岩石试样的动态力学性能，重点研究该冲击试验条件下两种岩石的应变应力、破裂破碎特性以及能量耗散性能。李地元、韩震宇、孙小磊、李夕兵等人[7] 为了研究端部裂隙形态对岩石动态力学特性以及裂纹扩展的影响，利用 50mm×50mm 圆柱形大理岩加工含不同裂隙倾角的试样，在 50mm 杆径分离式霍普金森压杆试验平台上进行冲击加载试验，并使用高速摄影仪实时记录裂纹扩展以及动态破坏全过程。李晓锋、李海波、刘凯等人[8] 采用分离式霍普金森压杆试验系统对灰岩，白云岩和砂岩 3 类岩石进行动态冲击试验，得到岩石的动强度因子，耗散能密度及破碎尺寸与应变率的变化关系。在此基础上结合晶体离散元方法，采用高分辨率扫描和图像处理技术建立了晶体尺度试样模型，研究岩石材料高应变率力学特性和损伤特征。现利用 SHPB 试验装置，对来自多宝山铜矿的斑铜矿试件进行单轴的 SHPB 冲击压缩试验，旨在充分了解斑铜矿的动态力学特性，对多宝山的台阶爆破参数优化[9-11] 提供一定的理论意义和指导意义。

1 霍普金森岩石动态冲击试验

1.1 试验设备

SHPB 试验装置[12] 由动力装置、发射系统、数据采集系统三个部分组成，动力装置是通过液态的高压氮气汽化产生高压气体，打开气体阀门，使腔体与动力源之间建立联系，通过电脑上的设置配套软件设定试验需要的气压值，点击数据采集按钮，腔体内的高压氮气瞬间释放，将子弹推出腔膛。通过调节气压的大小来调节子弹射出的速度和能量的大小，当子弹射出腔膛时，首先撞击入射杆，夹在入射杆与透射杆之间的试件被撞击，撞击所产生的压缩脉冲会由粘贴在入射杆和透射杆的上面的电阻应变片记录下来，经过超动态应变仪的处理之后储存到控制电脑里，入射、透射、反射应力波的信号是电压和时间的信号，然后通过后期处理软件获得应力应变等一系列的动态力学性能的数据。试验设备的钢铁实心压杆的直径为 50mm，入射杆与透射杆的长度均为 1800mm，子弹长 500mm。子弹及压杆材料相同，弹性模量 210GPa，泊松比 0.3，密度 7750kg/m^3，图 1 和图 2 分别为 SHPB 原理图和实物图。

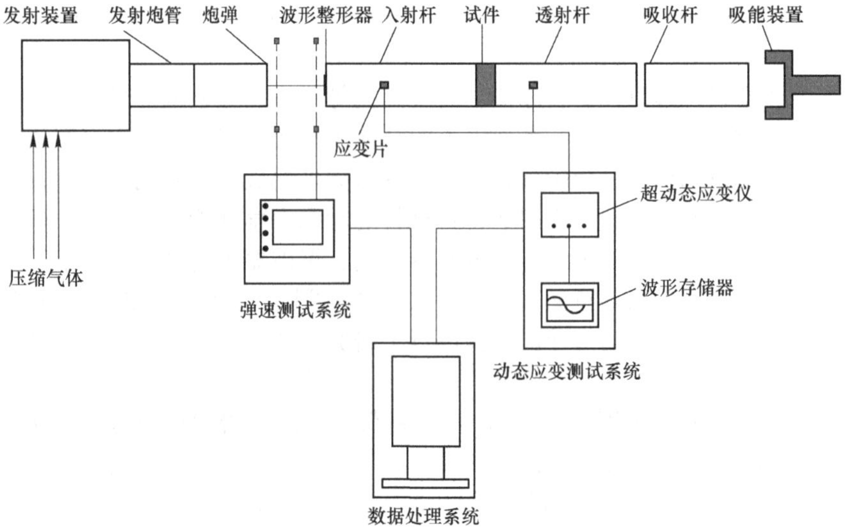

图 1 SHPB 的试验装置原理图

Fig. 1 Principle diagram of SHPB test device

图 2 SHPB 设备实物装置

Fig. 2 SHPB physical device

1.2 试验材料

试验采用的岩石样本为取自黑龙江多宝山铜矿的难爆斑铜矿，为了使试件的尺寸能体现岩石的基本力学性能，满足试验中试件内部应力均匀分布的前提，降低惯性效应对试验效果的干扰，充分展现岩石在动态破碎过程中的力学性能，综合以上因素最终决定在本次试验中，选用厚径比为 0.5 的试件作为研究对象，即：直径 $D=50$mm，厚度 $T=25$mm。同时在标准试件的制备流程中，采用角磨机、砂轮、细砂纸抛光标准试件的两个底面，从而实现 SHPB 试验对试件的基本操作要求，即直径和底面波动误差小于 0.3mm，整体的平整度误差不大于 10^{-3}r。斑铜矿岩样的物理力学性质的参数见表 1，斑铜矿的巴西圆盘汇总参数见表 2。

表 1 斑铜矿试件物理力学参数

Table 1 physical-mechanical parameters of bornite

密度/g·cm^{-3}	抗压强度/MPa	抗拉强度/MPa	弹性模量/GPa	泊松比
2.77	141.41	8.41	69.00	0.31

表 2 斑铜矿试件的平台巴西圆盘几何参数

Table 2 The geometric parameters of the Brazil disk on the platform of the bornite sample

编号	直径/mm	厚度/mm	平台角/(°)	编号	直径/mm	厚度/mm	平台角/(°)
C11	49.56	25.25	20.52	C31	49.95	25.62	20.42
C12	49.48	25.34	21.43	C32	49.94	24.76	21.14
C13	49.32	24.82	19.84	C33	49.71	24.95	20.56
C21	48.90	24.96	21.05	C41	48.84	25.18	20.34
C22	49.26	25.21	20.34	C42	49.76	25.06	19.76
C23	49.34	24.72	19.86	C43	49.58	24.92	21.06

1.3 SHPB 试验方法及试验数据

本试验采用 ϕ50mm 的分离式 SHPB 试验装置，分别进行了四组气压下的冲击试验，气压分别为 0.30MPa、0.35MPa、0.40MPa、0.45MPa，每个气压下分别对 3 个斑铜矿的岩石试件进行冲击破碎试验，因为是单因素试验，所以除控制冲击气压的改变之外，其余的条件都尽可能保持不变，试验数据结果见表 3。

表 3 斑铜矿试件 SHPB 后的试验数据

Table 3 Test data of SHPB after testing of bornite

冲击气压/MPa	试件名称	冲击速度 /m·s^{-1}	平均冲击速度 /m·s^{-1}	峰值应力/MPa	平均应变率 /s^{-1}	平均应变率均值 /s^{-1}	破坏程度
0.3	C11	11.6	11.8	6.8	132.56	136.34	小块
	C12	11.8		7.4	134.28		
	C13	12.0		7.6	142.19		
0.35	C21	12.6	12.9	7.9	145.31	152.64	较小块
	C22	12.9		8.2	153.24		
	C23	13.2		8.4	159.37		
0.4	C31	14.0	14.2	9.5	165.36	171.52	粉碎
	C32	14.2		9.9	170.24		
	C33	14.3		10.1	178.96		
0.45	C41	14.9	15.1	11.2	184.58	192.03	极粉碎
	C42	15.4		11.6	192.69		
	C43	15.1		12.0	198.82		

2 SHPB 试验结果的分析

根据试验所得的数据，在 4 组不同冲击气压下的斑铜矿的平均应变率与冲击压力的关系如图 3 所示。

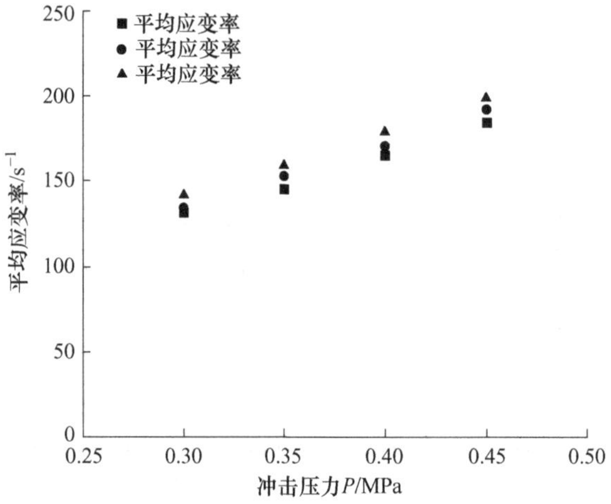

图 3 平均应变率与冲击压力的关系

Fig. 3 Relationship between average strain rate and impact pressure

对冲击压力和平均应变率所得出的散点图进行不同种类曲线的拟合和线性拟合可得出表 4。

表 4 拟合曲线表

Table 4 Fitting curve table

拟合曲线类型	拟合曲（直）线方程	最终决定系数 R^2
线性函数	$\varepsilon = 371.9P + 23.67$	0.9961
多项式函数	$\varepsilon = 81.55 + 56.15P + 421P^2$	0.9999
指数函数	$\varepsilon = e^{4.22+2.32P-0.048P^2}$	0.9998

注：ε 为平均应变率；P 为冲击载荷。

通过比较 3 种拟合曲（直）线的最终决定系数可以判断，斑铜矿试件的平均应变率与对应的冲击压力之间的关系为多项式关系，而且二者具有较强的相关性，两者之间的关系式为

$$\varepsilon = 81.55 + 56.15P + 421P^2 \quad (R^2 = 0.9999)$$

由图 4 可知，在 4 种不同程度的冲击载荷下，斑铜矿试件的应变率随时间变化的曲线与静态载荷实验存在差别，结合应变率随时间变化的图像可知，随冲气压不断增大，应变率亦随之增大，而且增幅显著加快，即曲线逐渐变陡。这表明两者之间具有明显的相关性，在外部荷载的作用下，斑铜矿内部的原始微裂隙会优先压密闭合，微裂隙闭合的时间与荷载的作用强度和持续时间有关，荷载越大，作用时间越长，裂隙闭合得越快，进而导致应变速度的差异。当施加的荷载很小时，冲击能量较小，试件吸收的能量也较少，试件内部的原始裂隙会产生较小程度的扩展，微观裂隙发育和扩展的数目较少，相应的试件的破碎块度较大，其峰值应力也比较小。随着冲击压力的增加，能量的输入也同步增加，微观裂隙发育和扩展呈现出连锁反应，彼此呈现出互相促进的趋势，数目陡增，峰值应力增大，破碎后的块度也明显地减小，逐渐呈现粉碎状，相应的动态抗拉强度也变大。高应变速度下的斑铜矿的抗压强度随应变速度的增加而呈现出同步变大的趋势。随着冲击荷载的变大，应变率随时间变化的曲线越来越陡，达到应变率的峰值区间也显著地提前。

不同冲击荷载下，斑铜矿试件的应变应力曲线如图 5 所示。

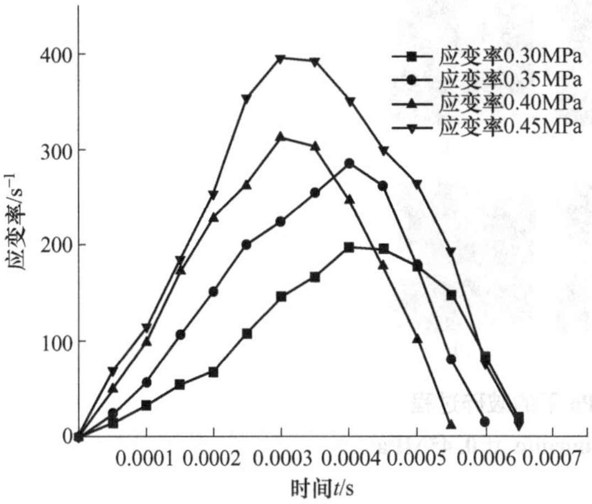

图 4 应变率随时间变化曲线

Fig. 4 Strain rate versus time curve

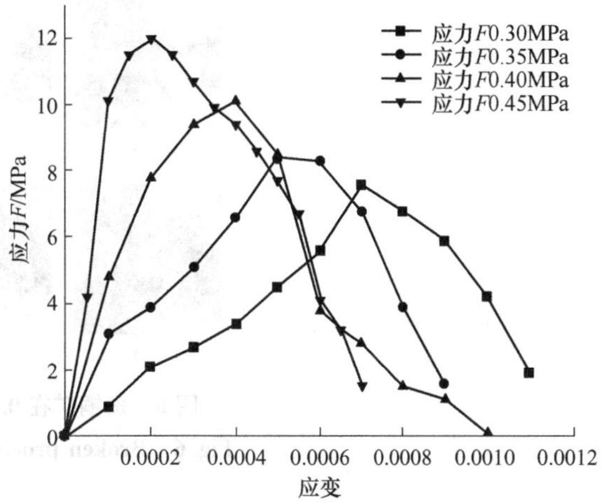

图 5 应力应变曲线

Fig. 5 Stress-strain curve

结合图 5 分析，应力应变曲线表现为 4 个发展阶段，即裂隙闭合阶段、弹性裂隙稳定扩展阶段、非线性弹性变形阶段和最终破坏阶段。随着冲击压力的增大，斑铜矿试件达到峰值应力的时间逐渐提前，冲击压力越大，达到峰值应力的时间越快，对应产生的形变越小。这是因为在冲击压力较大的情况下，斑铜矿试件内部的微裂隙在极短的时间内没来得及充分发育，就已经发生了破坏。在冲击气压较低的情况下，斑铜矿试件内部微裂隙能有充分的时间进行发育和扩展，因此达到峰值应力的时间相对滞后，不同冲击气压下的初始阶段的应力应变曲线并不是重合的，说明斑铜矿初始的弹性模量会随着应变率的增加而发生显著的改变，表明斑铜矿的初始弹性模量对应变率的变化有着较高的敏感度，应力峰值过后，应力随时间变小，没有反弹趋向，说明试件在变形的末期并没有抵抗能力。

结合应变率随时间变化的曲线与应力应变曲线可以判断出，存在一个使斑铜矿试件破碎效果比较合适的气压值，由于斑铜矿是矿石，选矿厂对块度具有严格的要求，不能过大或者过小。针对这次试验来说，这个合适的气压值介于 0.35~0.40MPa 之间，更侧重于 0.35MPa。冲击气压过大，斑铜矿试件已经接近极度粉碎，试件内部的原生微裂纹无法及时发育和扩展就已经破坏。虽然块度极小，但是需要的能量巨大，巨大的能量即对应爆破现场的较高的炸药单耗，增加了爆破成本，也不利于后续的选矿流程。将冲击气压的能量与矿山台阶爆破的炸药单耗之间建立一个联系，用以指导对矿山的炸药单耗的优化，这是一个极其可行的、有待于进一步研究的方案。合理的炸药单耗能使岩石内部的节理

以及微观裂纹得以充分发育和扩展，造成最大程度的矿岩的拉伸破坏和剪切破坏。

3 高速摄影仪下的岩石破坏模式

利用高速摄影仪对岩石的破坏过程进行拍摄，选取具有代表性的瞬时图片按照时间顺序进行组合如图6所示，从图6中可以看出，处于入射杆杆和透射杆之间的斑铜矿试件，开始可以观察受荷载产生的裂纹最早出现在试件的侧面，然后随着时间向前推进，斑铜矿试件的与径向垂直的方向产生大量的劈裂面，然后形成贯通面，最后该试件崩落或者飞溅出去，主要破坏形式是沿与径向垂直的方向的拉伸和劈裂破坏。斑铜矿试件在单轴压缩情况下处于单向的受力状态，它的自由面为侧面，压缩状态产生的应力波经过试件内部的反射形成拉伸应力波[13]，对于岩石来说，其抗拉强度远远低于抗压强度，一般来说是抗压强度的十几分之一，拉伸破坏是最容易产生的。

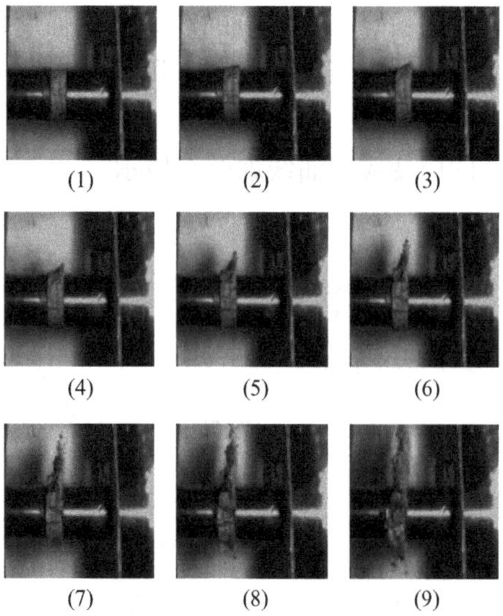

图6 斑铜矿在0.45MPa下的破碎过程

Fig. 6 Broken process of bornite at 0.45MPa

在0.30MPa、0.35MPa、0.40MPa、0.45MPa下的斑铜矿的破碎情况如图7所示，从图中可以直观地看出，随着冲击荷载的增大，斑铜矿试件的破碎块度越来越小，在一定的范围内，随着冲击压力的增大，斑铜矿能迅速集聚能量，冲击压力越大，集聚能量的时间越短，这些能量致使斑铜矿内部的原始微裂隙迅速发育扩展，过大的外加荷载会使裂隙扩展的速度小于荷载的加载速度，与时会激发产生新的微裂隙，形成一系列的加强连锁反应，最终导致斑铜矿试件的彻底粉碎破坏。

图7 不同冲击气压下的斑铜矿的破碎程度

Fig. 7 Fragmentation degree of bornite under different impact pressure

4 SHPB 冲击破碎后的筛分

分别对在4种冲击气压下的破碎后的斑铜矿碎块进行振动筛的筛分分级，筛孔尺寸自上而下分别为2mm、1mm、0.6mm、0.28mm 和筛底，不同冲击气压下分别均匀地取100g 破碎后的斑铜矿碎块进行筛分，筛分时间为5min，对每个冲击气压下的碎石进行2次振动筛分，然后对筛分数据取平均值，整理后得到如下试验数据（见表5）。

表5　筛分数据表

Table 5　Screening table

试样质量 /g	筛孔尺寸 /mm	0.30MPa		0.35MPa		0.40MPa		0.45MPa	
		分计筛余量 /g	累计筛分率 /%	分计筛余量 /g	累计筛分率 /%	分计筛余量 /g	累计筛分率 /%	分计筛余量 /g	累计筛分率 /%
100g	2	99.5	99.5	97.8	97.8	97.4	97.4	91.3	91.3
	1	0.2	99.7	1.1	98.9	1.3	98.7	4.2	95.5
	0.6	0.1	99.8	0.5	99.4	0.5	99.2	1.7	97.2
	0.28	0.1	99.9	0.1	99.5	0.1	99.3	0.3	97.5
	筛底	0.1	100	0.5	100	0.7	100	2.5	100
筛后总质量		100		100		100		100	

分析数据可得：随着冲击气压的增大，相同筛孔尺寸下所对应的累计筛余百分率逐渐降低，分计筛余量在筛孔尺寸为1mm 至0.28mm 递减时是逐渐递增的，筛孔尺寸为2mm 的分计筛余量是逐渐递减的，分析对应的数据可知，破碎后的斑铜矿试件的块度分布向大块减少，小块增多的趋势发展。小块度的碎块逐渐增多，说明能量越大，破碎的块度分布越均匀，小块度的碎石所占的数量越多，将不同气压下分计筛余量与筛孔尺寸的关系绘制成图，如图8所示。

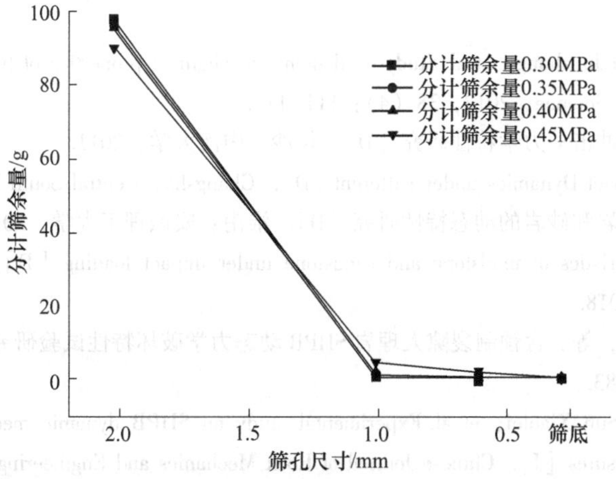

图8　分计筛余量与筛孔尺寸关系图

Fig. 8　Relation Diagram between Screening Allowance and Size of Screening Hole

5 结论

本文运用SHPB 试验设备，对斑铜矿试件进行了不同冲击气压下的SHPB 试验，通过对它们的动态力学性质进行分析，得到下面结论。

（1）斑铜矿试件的平均应变率与气体冲击压力具有很强的相关性，它们之间多项式拟合关系水平明显，最终决定系数 R^2 达到0.9999，平均应变率随着冲击压力的增加而变大。

（2）在冲击应力的作用下，斑铜矿的应力应变曲线表现为4个发展阶段：裂隙闭合阶段、弹性裂隙稳定扩展阶段、非线性弹性变形阶段、最终破坏阶段。随着冲击压力的变化，斑铜矿各个阶段的表现特征也存在差异。较大冲击荷载下斑铜矿的破坏模式完全呈现为压碎破坏。存在一个破碎块度的均匀稳定的合理冲击气压，在0.35~0.40MPa之间，但更倾向于0.35MPa。

（3）随着冲击气压的增大，斑铜矿的破碎块度呈现出逐渐减小的趋势，在筛选的粒度分级上表现为大块所占的比例逐渐减小，不同小尺寸筛孔所对应的斑铜矿颗粒所占的比例逐渐增加，表明冲击压力越大，破碎块度越小，冲击压力与破碎程度两者之间呈现出正相关的关系。由此可以推断孔网参数合理且不变的情况下装药量越大，矿石破碎程度越充分。

（4）由于斑铜矿自身力学性质的复杂性和试验设备的受限，斑铜矿有时会出现拉伸和压碎破坏的组合情况，当冲击气压达到一定程度时，斑铜矿会呈现出完全压碎破坏的形式。把冲击荷载和炸药单耗通过一定的手段建立等效关系，通过一系列现场试验指导矿山的炸药单耗的优化，具有一定的理论意义与实际意义，这也是有待于后面继续深入研究的。

参 考 文 献

[1] 张华．冲击荷载作用下岩石动态损伤特性研究［D］．昆明：昆明理工大学，2009.

Zhang Hua. Dynamic damage characteristics of rock under impact loading［D］. Kunming：Kunming University of Science and Technology，2009.

[2] 刘军忠，许金余，吕晓聪，等．冲击压缩荷载下角闪岩的动态力学性能试验研究［J］．岩石力学与工程学报，2009，28（10）：2113-2120.

Liu Junzhong，Xu Jinyu，Lv Xiaocong，et al. Experimental study on dynamic mechanical properties of amphibolite under impact compression［J］. Chinese Journal of Rock Mechanics and Engineering，2009，28（10）：2113-2120.

[3] 吕晓聪，许金余，张龙，等．大直径SHPB系统角闪岩的冲击动力试验［J］．兵工学报，2010，31（S1）：227-233.

Lv Xiaocong，Xu Jinyu，Zhang Long，et al. Impact dynamic test of amphibolite in large diameter SHPB system［J］. Acta Armamentarii，2010，31（S1）：227-233.

[4] 支乐鹏，许金余，刘军忠，等．基于SHPB试验下两种岩石的动态力学性能研究［J］．四川建筑科学研究，2012，38（4）：111-114.

Zhi Lepeng，Xu Jinyu，Liu Junzhong，et al. Study on dynamic mechanical properties of two kinds of rocks based on SHPB test［J］. Sichuan Building Science，2012，38（4）：111-114.

[5] 杜晶．不同长径比下岩石冲击动力学特性研究［D］．长沙：中南大学，2011.

Du Jing. Study on Rock Impact Dynamics under Different［D］. Changsha：Central South University，2011.

[6] 柏杨．冲击荷载作用下泥岩和砂岩的动态特性研究［D］．淮南：安徽理工大学，2018.

Bai Yang. Dynamic characteristics of mudstone and sandstone under impact loading［D］. Huainan：Anhui University of Science and Technology，2018.

[7] 李地元，韩震宇，孙小磊，等．含预制裂隙大理岩SHPB动态力学破坏特性试验研究［J］．岩石力学与工程学报，2017，36（12）：2872-2883.

Li Diyuan，Han Zhenyu，Sun Xiaolei，et al. Experimental study on SHPB dynamic mechanical failure characteristics of marble with prefabricated fissures［J］. Chinese Journal of Rock Mechanics and Engineering，2017，36（12）：2872-2883.

[8] 李晓锋，李海波，刘凯，等．冲击荷载作用下岩石动态力学特性及破裂特征研究［J］．岩石力学与工程学报，2017，36（10）：2393-2405.

Li Xiaofeng，Li Haibo，Liu Kai，et al. Study on dynamic mechanical properties and fracture characteristics of rock under impact load［J］. Chinese Journal of Rock Mechanics and Engineering，2017，36（10）：2393-2405.

[9] 王创业，张飞天，韩万东．基于神经网络的露天矿爆破参数优化研究［J］．金属矿山，2011（3）：57-59.

Wang Chuangye，Zhang Feitian，Han Wandong. Study on blasting parameters optimization of open pit mine based on neural network［J］. Metal Mine，2011（3）：57-59.

[10] 喻亚洲．基于GRNN的黄麦岭露天矿爆破参数优化［J］．现代矿业，2015，31（9）：30-31，33.

Yu Yazhou. Optimization of blasting parameters in Huangmailing Open-pit Mine based on GRNN［J］. Modern Mining，2015，31（9）：30-31，33.

[11] 李家．人工神经网络在露天矿爆破参数优化中的应用研究［D］．包头：内蒙古科技大学，2013.

Li Jia. Application of Artificial Neural Network in Blasting Parameter Optimization of Open-pit Mine [D]. Baotou: Inner Mongolia University of Science and Technology, 2013.

[12] 范超，余克服，孟庆山，等. SHPB在岩石动态力学性能测试中的应用成果综述 [J]. 土工基础，2018，32 (5)：552-558.

Fan Chao, Yu Kefu, Meng Qingshan, et al. SHPB's application in rock dynamic mechanical properties testing [J]. Soil Engineering and Foundation, 2018, 32 (5): 552-558.

[13] 郭连军，杨跃辉，华悦含，等. 冲击荷载作用下花岗岩动力特性试验分析 [J]. 工程爆破，2014，20 (1)：1-4，53.

Guo Lianjun, Yang Yuehui, Hua Yuehan, et al. Experimental analysis of dynamic characteristics of granite under impact load [J]. Engineering Blasting, 2014, 20 (1): 1-4, 53.

高陡边坡下民采空区处理技术分析

陈晶晶[1] 张兵兵[1] 蓝 宇[2] 韩 振[1] 张岗涛[1] 方 翔[1]

（1. 广东宏大爆破股份有限公司，广东 广州，510623；
2. 广东省大宝山矿业有限公司，广东 韶关，512100）

摘 要：针对民采空区可参考资料不全、处理难度大的情况，以大宝山露天矿 709 平台高陡边坡下的民采空区为背景，采用三维激光扫描技术及钻探手段探测并分析了采空区的分布范围及相关参数，确定了其基本状况。由于现场打钻较为困难，综合采用切割孔、加密孔及辅助自由面的形式，并对边坡下的采空区采用爆破振动效应及挤压作用处理，通过爆破参数的调整及起爆网路的优化，成功消除了民采空区的安全隐患，为民采空区的治理提供了思路。

关键词：民采空区；高陡边坡；三维激光扫描；切割孔；爆破振动；起爆网路

Treatment Technology Analysis for Civil Goaf under High and Steep Slope

Chen Jingjing[1] Zhang Bingbing[1] Lan Yu[2] Han Zhen[1] Zhang Gangtao[1] Fang Xiang[1]

（1. Guangdong Hongda Blasting Co.，Ltd.，Guangdong Guangzhou，510623；
2. Guangdong Province Dabaoshan Mining Co.，Ltd.，Guangdong Shaoguan，512100）

Abstract：Based on the civil goaf under the steep slope of the 709 platform of Dabaoshan open-pit mine，which had the characteristics of incomplete reference and difficult processing，the three－dimensional laser scanning technology and drilling methods were used to analyze the goaf. The distribution range and related parameters of existence status were determined. Due to the difficulty in drilling at the site，the cutting hole，the encrypted hole and the auxiliary free surface were comprehensively adopted，and the blasting vibration effect and the squeezing action were applied to the goaf under the slope. Meanwhile，the blasting parameters and detonation network were optimized. Safety hazards of the civil mining areas were successfully eliminated，which could provide ideas for the governance of the civil goaf.

Keywords：civil goaf；high steep slope；three－dimensional laser scanning；cutting hole；blasting vibration；detonation network

采空区一直是威胁矿山安全生产的重要隐患，其具有极强的隐蔽性，传统的探测手段很难确定其赋存特性。尤其在地采转露采的矿山或露井联合开采的矿山中，如何有效消除采空区的安全隐患及彻底处理采空区，已引起了许多专家学者的关注。目前，钻孔勘探、三维激光扫描、探地雷达、高密度电磁法等均已应用于采空区探测方面。杨靖[1] 分析了地质雷达在露天矿采空区探测的可行性，比较了 50MHz 和 100MHz 下采空区的情况，较为准确地确定了采空区的范围。张德辉等人[2] 在采空区探测方面综合采用了高密度电阻率法、瞬变电磁法，快速准确地确定了弓长岭矿的浅部和深部采空区的个数及规模。刘博文等人[3] 通过对目前露天矿采空区探测现状的分析，提出了面式探测与点式探测相结合的技术手段，并给出了稳定性评价标准，确定了分类、分级处理的技术方案。崔晓荣等人[4-6] 采用了物探、钻探及三维激光扫描相结合的探测技术，测得的采空区规模及相关参数与实际情况较为

原载于《工程爆破》，2019，25（6）：85-89。

吻合，为有效处理采空区提供了保证。周文勇[7] 模拟分析了采空区存在时的边坡稳定性，发现临近边坡的地下采空区存在显著的应力集中现象，坡面上有明显的拉伸破坏区域，对边坡稳定性影响极大。董慧明[8] 综合采用实验室力学实验、安全顶板厚度理论计算及现场边坡稳定性监测的手段，分析了采空区对边坡稳定性的影响。赖秀英等人[9] 利用有限元分析软件研究了民采空区走向与边坡稳定性的关系，得出民采空区走向与边坡面斜交时，边坡失稳的可能性最大，平行或垂直时，对边坡稳定性影响不大。采空区处理方法主要有强制爆破崩落法、充填法、封闭法等，基于应用范围而言，爆破处理更为广泛。耿智园等人[10] 模拟分析了炮孔排距、起爆时间对采空区的影响程度，认为炮孔排距不应超过 7m。倪景峰等人[11] 综合采用数理统计和现场实测的方法，通过分析孔网参数、装药结构、连线方式等对采空区爆破的影响，验证了爆破方案的可行性。方翔等人[12] 从爆破的作业流程方面分析了采空区爆破的施工要点，并进行了爆破实施效果的评估分析。宋子岭等人[13] 采用 LS-DYNA 软件模拟了孔底填塞长度及起爆位置对采空区爆破的影响，结合现场实践得出 2m 的填塞长度与中间起爆技术相结合，爆破效果较好。陈晶晶等人[14] 以大宝山矿某层采空区为背景，从爆破参数、起爆方式、起爆网路及施工安全性出发，成功解决了采空区的安全隐患。

综上所述，采空区的探测技术应用较为成熟，而在高陡边坡下民采空区的处理方面仍存在一定的不足，故如何有效消除民采空区对边坡的影响，具有一定的研究意义。

1 工程背景及施工难点

大宝山露天矿山占地规模大，富含铁、铜、硫、铅、锌等矿石，开采价值极高。矿山开采时间长，早期采用井工开采，由于生产计划的无序性，导致地下矿体赋存位置遗留了较多的采空区，严重威胁着矿山的安全生产。此外，由于早期矿石价格较高，民采、盗采现象屡禁不绝，在地下遗留了许多无参考资料的采空区，对矿山的安全生产威胁极大。后期为了提高矿石利用率及改善施工环境，采用了露天开采模式，而地下遗留的采空区成为了威胁矿山安全生产的重要危险源。基于大宝山开采残留且未处理采空区数目众多的情况，并与许多科研机构联合，进行了采空区的普查统计，摸清了较多采空区的位置及相关参数，但受制于民采、盗采的情况，且无相关地质资料可以参考，其采空区仍是威胁矿山开采的安全隐患。因此如何利用钻孔勘探及三维激光扫描技术较为准确地确定民采空区的相关情况，是需要及时解决的一大难题。

在生产期间，为了确保施工的安全性，不定期地在矿石品位较高的位置处，通过打设一定数目、深度为 30m 左右的钻孔，用于排查采空区或民采空区的位置。大宝山露天矿台阶高度为 12m，以深孔爆破为主，709 平台某工作面富含高品位的铅锌矿，且边坡坡度大，属于高陡边坡。分析几个钻孔资料，判断出地下可能存在采空区。但通过参考相关地质资料，并没有发现该位置处的采空区情况，基本上可以认定为民采空区。为了消除安全隐患及回收高品位矿石，必须对该民采空区进行及时有效的处理。

2 三维激光扫描技术

由于民采空区的隐蔽性，传统的钻孔勘探等探测手段难以准确探明地下采空区的具体情况，基于这一难题，采用了三维激光扫描技术。

（1）三维激光扫描技术原理。地采转露采的矿山地下赋存有一定数目的采空区，地下矿岩体及空洞区域的介质均存在差异性，其对激光的反射率也并不相同。通过向现场疑似采空区的钻孔内投放三维激光扫描仪至一定深度，探头可在空洞内部发射激光，其遇到矿岩体、矿柱或空洞区都会发生反射，再通过配备的软件显示出大致的情况，后期再通过技术处理，有效地获取采空区的位置及赋存特征等。

（2）扫描结果分析。在 697 平台的一个探测孔位置（坐标为 71204.4，17483.5，696.9）进行了三维激光扫描，探测至 692.5m 标高时，发现探穿采空区，测得采空区高度为 5.4m（见图 1）。通过以往扫描结果并参考地质资料分析，认为该空区与 2014 年扫描的采空区为同一采空区。

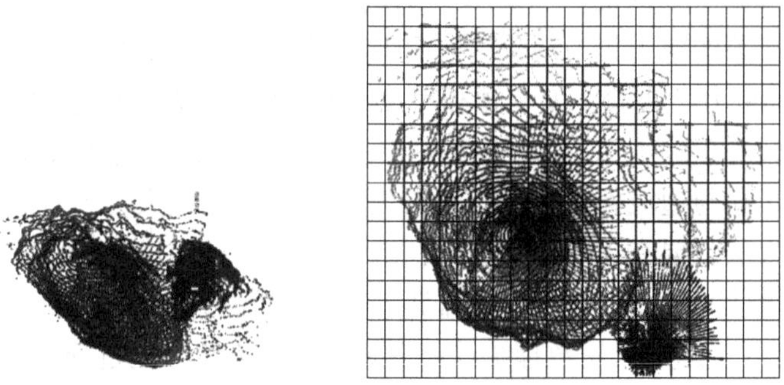

图1 民采空区

Fig. 1 Civil goaf

通过点云的坐标转换，将其投射在平面图上，显示出该采空区的位置（见图2），表明该采空区存在扩大的现象。根据已知数据，可得民采空区各参数平均值见表1。

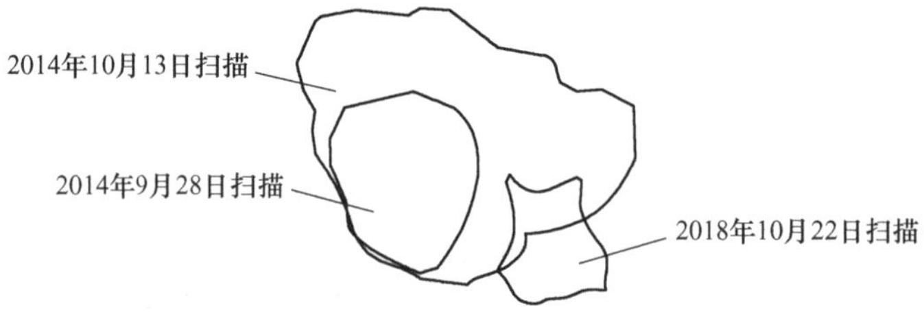

图2 民采空区的平面位置

Fig. 2 Plane position of the civil goaf

表1 民采空区相关参数

Table 1 Related parameters of civil goaf

顶板最高标高/m	底板最低标高/m	顶板最小厚度/m	最大跨度/m	高度/m	面积/m^2
693.2	679.3	4.4	17.0	8.6	289.5

通过地质资料查询发现，该采空区所在范围并没有采空区资料，因此可以判定该采空区为民采盲空区，且扫描区域相比2014年扫描采空区面积向南部扩大了约40m^2。东部采空区于2014年曾发生塌陷，经后期扫描结果得知该区域下部并未完全塌陷，依然存在采空区。该区域经过4年多的现场巡查，也并没有发现垮塌迹象，因此，更需要高度重视该采空区的稳定性。

根据生产经验及科研机构提供的采空区稳定性判定经验公式：

$$h = 0.71b - 1.02 \tag{1}$$

式中，h为最小保安层厚度，m；b为采空区最大跨度，m。

通过分析跨度与顶板厚度的对应关系，计算得出最小保安层厚度为11.05m，小于采空区最大跨度，表明采空区需尽快处理。

3 爆破方案

由钻孔勘探及三维激光扫描结果可知，该采空区绝大部分位于高陡边坡下，还有一部分存在边坡的正下方，对处理技术的要求较高。基于这一情况，决定在685平台的上方打设一些斜孔，深度达到采空区下方；并在685平台根据三维激光扫描结果，分区域布置不同数目的钻孔。由于该民采空区南部的顶板厚度较小，存在严重的安全隐患，使得采空区中部无法布置钻孔，故只是在南部边缘位置布置了少量的钻孔，很大程度上加剧了该民采空区的处理难度。考虑到这一实际情况，在进行爆破设计时，做了相应的技术调整，以期达到较好处理该民采空区的目的，即一方面要满足采空区处理的要求，另一方面也要达到大规模出矿的目的，二者呈现互补状态。

（1）钻孔布置。本次采空区处理的炮孔分为边坡深孔（10号孔~13号孔）、边缘切割孔（7号孔，14号孔）、加密孔（2号孔，16号孔）、正常孔。由于部分采空区在高陡边坡下，故在709平台边坡设计了4个边坡深孔。根据扫描结果，计算出达到采空区的孔深在24m以上，角度在80°~85°之间。考虑到三维扫描可能存在一些误差，现场施工时以钻孔打穿为准。打钻结果显示，只有一个深度在24.5m的钻孔未打穿，其余3个钻孔均打穿，与设计较为吻合。在采空区的北部布置了一些边缘切割孔，孔网密度较小，起到切割采空区边界的作用。在采空区的南部布置了加密孔，但现场施工发现，钻孔在8m左右已打穿，甚至出现设计钻孔在4.5m处已打穿的现象。基于安全的考虑，不再向里推进打钻。在北部靠近采空区中部的位置处，布置了正常的炮孔，以打穿为准，现场打钻结果表明均打穿。

此外，考虑到采空区打钻的安全性，并未在采空区中部进行布孔。为了达到处理该采空区的目的，在采空区上部平台布置了较多的深孔，通过爆破振动及挤压作用达到预期处理效果。炮孔布置如图3所示。

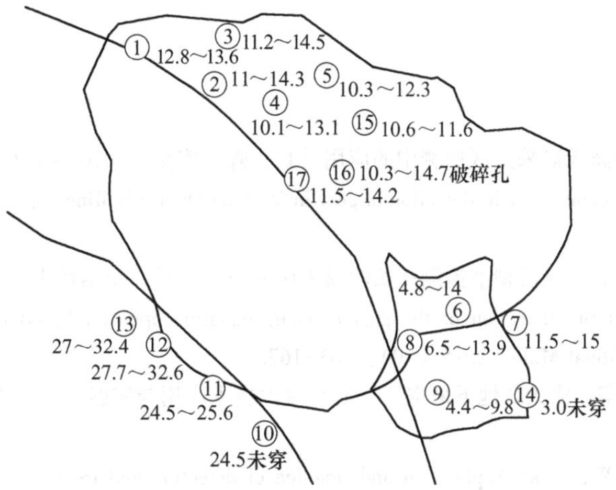

注：“24.5未穿”等表示钻机所钻深度，且未打穿；“11.5～15”等表示采空区孔洞深度范围。

图3 民采空区的炮孔布置（单位：m）

Fig. 3 Arrangement of the blasting hole in the civil goaf (unit: m)

（2）装药量及填塞长度设计。基于安全角度考虑，本次爆破在采空区辐射范围内，炮孔均采用加大装药量的处理方式[15]。炮孔直径为140mm，基本按垂直布设，孔网参数为4m×4.5m，打穿的深孔在底部进行2.5m的沙袋分割，上部填塞长度为4m。采用混装铵油炸药进行耦合装药，2根110mm的乳化炸药作为起爆药包，4根导爆管雷管进行传爆。未打穿的炮孔进行正常装药。切割孔及加密孔也加大药量，单孔最大药量达234kg，在采空区东部用挖机人为制造辅助自由面，直至挖机遇到坚硬岩层无法施工为止，其长度4m、宽度1.2m、深度2.5m。

（3）爆破网路设计。基于及时高效处理采空区的前提，采空区上部的炮孔爆破网路连接有所差异，北部的切割孔及打穿炮孔、南部的加密孔及边坡深孔采用同一段别的雷管，实现同时起爆的目的。综合利用挤压作用及爆破振动效应，起爆点设置在采空区中部，其余正常炮孔采用延迟时间更长的雷管进行引爆，起到进一步加强爆破振动的效果。

4 效果分析

采用引爆装置起爆后，通过远程监控设备可以看到采空区中部位置呈现明显的沉陷状态，表明爆破振动作用及周边岩体的挤压效应已使该位置成功崩落。为了确保安全，等待30min后，前往现场查看处理效果。高陡边坡下的局部采空区位置呈现明显的塌陷情况，采空区中部充填效果较好，明显地隆起。其他位置处，大致表现为抛物线形态，表明该民采空区的处理效果良好。但在现场检查时，发现爆区中部岩层的块度相对其余位置较大，可能是因为爆破单耗设计较小所致。在后期挖机施工时，为了再次确保施工安全，在原采空区的四周采用测量仪器进行放点，挖机先从外向里进行矿石挖采作业，施工状态良好，再次表明了该民采空区的处理效果良好。

5 结语

本文结论如下。

（1）分析了高陡边坡下民采空区的处理难点，采用三维激光扫描技术确定了民采空区的相关参数，通过民采空区安全顶板厚度稳定性评价，认为需要及时处理。

（2）基于安全处理的目的，布置了切割孔、加密孔及正常孔等炮孔，通过加大装药量增加了爆破振动效应，在采空区范围内采用同一段别雷管，增强了炮孔间的相互挤压作用。

（3）现场实施结果及挖机作业情况表明，该爆破方案消除了民采空区的安全隐患，为相关民采空区的处理提供了参考。

参考文献

[1] 杨靖. 地质雷达在武家塔露天矿采空区探测中的应用［J］. 煤矿安全，2010，41（11）：55-57.
Yang J. Application of geological radar in detection of goaf in Wujiata Open-pit Mine［J］. Safety in Coal Mines，2010，41（11）：55-57.

[2] 张德辉，朱帝杰. 利用综合物探法精准探测弓长岭露天矿采空区［J］. 金属矿山，2015（10）：163-167.
Zhang D H，Zhu D J. Accurate detection of the goaf of Gongchangling open-pit based on the comprehensive geophysical prospecting method［J］. Metal Mine，2015（10）：163-167.

[3] 刘博文，王振伟，李伟，等. 露天矿地下采空区探测与治理技术应用与实践［J］. 中国煤炭，2017，43（11）：42-46，59.
Liu B W，Wang Z W，Li W，et al. Application and practice of detection and treatment technology for open-pit mine goaf［J］. China Coal，2017，43（11）：42-46，59.

[4] 崔晓荣，林谋金，郑炳旭，等. 矿山采空区崩落爆破评估验收方法［J］. 金属矿山，2015（9）：11-15.
Cui X R，Lin M J，Zheng B X，et al. Inspection and assessment of caving and blasting effect in underground goafs［J］. Metal Mine，2015（9）：11-15.

[5] 崔晓荣，陆华，叶图强，等. 三维空区自动扫描系统在露天矿山中的应用［J］. 有色金属（矿山部分），2012，64（3）：7-10.
Cui X R，Lu H，Ye T Q，et al. Application of 3D auto-scanning laser system in mined-out areas detection open-pit mine［J］. Non-ferrous Metals（Mine Section），2012，64（3）：7-10.

[6] 喻鸿，蓝宇. 大宝山采空区治理研究［J］. 南方金属，2018（4）：1-4，26.
Yu H，Lan Y. Study on goaf management in Dabaoshan［J］. Southern Metals，2018（4）：1-4，26.

[7] 周文勇. 地下采空区对露天矿边坡稳定性的影响分析［J］. 化工矿物与加工，2010，39（10）：28-30.
Zhou W Y. Impact analysis of underground minedout area on open-pit slope stability［J］. Industrial Minerals and Processing，2010，39（10）：28-30.

[8] 董慧明. 含地下空区的复杂岩土边坡稳定性研究［D］. 长沙：中南大学，2005.
Dong H M. The stability study of the slope by the complicated rock and soil including underground empty district［D］. Changsha：Central South University，2005.

[9] 赖秀英，姜立春. 民采空区走向对露天矿边坡稳定性的影响分析［J］. 矿业研究与开发，2012，32（2）：26-28.
Lai X Y，Jiang L C. Analysis on the influence of strike of mined-out area formed by illegal mining on slope stability in open-pit mine［J］. Mining R&D，2012，32（2）：26-28.

[10] 耿智园，冯春，郭汝坤，等. 露天矿地下采空区爆破崩落法治理效果的数值模拟研究［J］. 爆破，2017，34（4）：57-65.
Geng Z Y，Feng C，Guo R K，et al. Numerical simulation on controlling effect of underground goafs in open-pit mine by blasting caving method［J］. Blasting，2017，34（4）：57-65.

[11] 倪景峰，陈月宁，王明君. 东露天矿采空区塌陷爆破参数优化［J］. 金属矿山，2015（4）：102-106.

Ni J F, Chen Y N, Wang M J. Parameter optimization of collapse blasting in mined-out area of east open-pit coal mine [J]. Metal Mine, 2015 (4): 102-106.

[12] 方翔，陈晶晶，韩振，等. 无侧向自由面相邻采空区处理技术分析 [J]. 工程爆破，2019，25 (4)：85-90.
Fang X, Chen J J, Han Z, et al. Treatment technology of adjacent goaf analysis without lateral free surface [J]. Engineering Blasting, 2019, 25 (4): 85-90.

[13] 宋子岭，杨星辰，范军富，等. 露天矿采空区爆破合理孔底填塞长度与起爆位置确定 [J]. 安全与环境学报，2017，17 (5)：1828-1832.
Song Z L, Yang X C, Fan J F, et al. Determination of the rational stemming length under the blast-hole and the detonating points of the open-pit mining blasts over the goaf [J]. Journal of Safety and Environment, 2017, 17 (5): 1828-1832.

[14] 陈晶晶，张兵兵，韩振. 大宝山 650 采空区综合治理技术分析 [J]. 工程爆破，2019，25 (1)：80-84.
Chen J J, Zhang B B, Han Z. Analysis on comprehensive treatment technology of Dabaoshan 650 goaf [J]. Engineering Blasting, 2019, 25 (1): 80-84.

[15] 汪旭光. 爆破设计与施工 [M]. 北京：冶金工业出版社，2013：229-244.
Wang X G. Blasting design and construction [M]. Beijing: Metallurgical Industry Press, 2013: 229-244.

高强度露天矿山工作台阶坍塌影响因素及预防措施研究

丁银贵

（广东宏大爆破股份有限公司，广东 广州，510623）

摘 要：随着我国露天矿山开采技术的发展，露天矿山开采强度越来越高，台阶推进速度越来越快，造成工作台阶坍塌的不安全因素也越来越多，露天矿山工作台阶坍塌已成为困扰矿山生产安全的关键问题。特别是对于一些高强度开采的原生节理裂隙发育的露天矿山，在地下水作用和频繁地施工扰动情况下，易发生工作台阶失稳坍塌。本文以舟山绿色石化基地凝灰岩露天矿山为例，分析了工作台阶坍塌的主要影响因素，研究了高强度开采条件下预防工作台阶坍塌的措施，对类似矿山露天开采施工具有指导意义。

关键词：高强度开采；露天矿山；工作台阶坍塌；影响因素；预防措施

Study on Influencing Factors and Preventive Measures of Working Step Collapse in High-intensity Open-pit Mine

Ding Yingui

（Guangdong Hongda Blasting Co.，Ltd.，Guangdong Guangzhou，510623）

Abstract：With the rapid development of open-pit mining technology in China，the mining strength of open-pit mine is higher and higher，the steps are to promote faster and faster，the resulting work steps collapse is also more and more unsafe factor，working steps in open-pit mine collapse have become a key problem in mine production safety. Especially for some of the original joint fracture of high strength mining in open-pit mine，under the condition of groundwater and frequent construction disturbance，work steps buckling collapse are prone to occur. Taking the open-pit tuff mine of Zhoushan green petrochemical base as an example，this paper analyzes the main factors affecting the collapse of working bench，and studies the measures to prevent the collapse of working bench under the condition of high-intensity mining，which has certain guiding significance for open-pit mining construction of similar mines.

Keywords：high-intensity mining；open-pit mine；collapse of working step；influencing factor；preventive measure

玄武岩、凝灰岩、火山角砾岩、安山岩等火山喷出岩露天矿山，其原生的节理裂隙发育，易发生滑坡；含黏土质页岩、泥岩、石膏、泥灰岩、煤层等夹层的沉积岩露天矿山，边坡岩体易发生顺层滑动，或因下部蠕滑造成上部岩体崩塌；千枚岩、板岩及片岩露天矿山，岩层较软弱且易风化，在边坡位置易出现蠕动变形、顺层滑坡。露天矿山开采过程中，在雨水侵蚀、地下水作用、爆破振动及其他施工干扰情况下，工作台阶易发生失稳坍塌，给施工作业人员生命、财产安全带来重大威胁。

目前，在露天矿山靠帮边坡稳定性分析与维护方面研究较多，但在工作台阶坍塌影响因素及预防措施方面研究较少。本文以舟山绿色石化基地凝灰岩露天矿山为例，重点分析引起工作台阶坍塌的主要影响因素，研究高强度开采条件下预防工作台阶坍塌的措施。

1 工程概况

舟山绿色石化基地是国家石油化工“十三五”规划重点项目，是中国（浙江舟山）自由贸易试验

原载于《中国矿业》，2020，29（1）：101-106。

区建设的引擎，是舟山江海联运服务中心发展的核心，位于浙江省舟山市岱山县大小鱼山岛围垦区。舟山绿色石化基地凝灰岩露天矿山是石化基地建设的重要组成部分，为大小鱼山岛围垦区建设提供建设石料和施工用地，在整个石化基地建设中处于龙头地位；矿山总工程量约8500万立方米，总工期39个月，开采规模大、强度高、工期紧。

1.1 水文地质

矿区地势总体中间高、西周低，大气降水可顺地形沿沟谷及边坡面自然向东、西两侧海洋排泄。矿区开采底盘标高+4.0m，高于最高潮水位（历年最高潮水位+2.59m），自然排水条件通畅。

地下水主要有松散岩类孔隙潜水、基岩裂隙水两种类型。区内松散岩类铅厚0.30~2.30m，岩性为含碎石粉质黏土，透水性、富水性差，水量贫乏。节理虽较发育，但节理面平直、闭合，水的连通性差。岩石最大风化厚度约6.50m，地下水向下渗透的路径不长，径流量较小，边坡部位未见泉水露头，仅见少量渗水，基岩裂隙水也贫乏。地下水主要由大气降雨补给，沿基岩裂隙向低处径流，向东、西、南三侧海洋排泄。矿区水文地质条件简单。

1.2 工程地质

矿区岩石为火山喷出岩，中等风化程度，呈碎粒状。岩性为流纹质含角砾玻屑熔结凝灰岩，呈青灰色，属较硬岩石类。以碱性长石和石英为主，角砾与岩屑一般大小，少数岩石中角砾、岩屑可达40%，呈刚性形态；胶结物为玻屑、火山灰，含量一般在60%以上，玻屑常呈弧面棱角状，部分脱玻化，岩石呈厚层块状，结构均一、疏松。

矿区地质构造相对简单，断层少，节理裂隙较发育且稳定性不高，节理间距一般为20~30cm，并充填次生泥与岩屑，有的节理已贯通，工作台阶边坡可见楔形体，易发生岩块崩落等不良工程地质现象。

1.3 气候条件

矿区位于北亚热带南缘季风海洋型气候区，常年温和湿润，冬暖夏凉，光照充足。年平均气温16.1℃；年平均降雨量1200mm，集中在梅季和台风季节。日最大降水量246.3mm。

1.4 工作台阶稳定情况

工作台阶稳定性较差，爆破施工时会引起台阶上部区域岩石的拉裂破坏，残留块状破碎带会发生局部岩体坍塌或岩块掉落。采区地质情况变化大，节理裂隙发育且形态多为柱状，岩体之间黏聚力较差，施工前期阶段发生过多起工作台阶坍塌事故。

2 工作台阶坍塌的主要影响因素

影响工作台阶坍塌的因素，包括内部因素和外部因素。内部因素主要包括岩石性质、岩体结构与地质构造等，它们常常起着决定性的作用；外部因素主要包括地表水和地下水的作用、施工扰动、风化作用及开采技术条件等，它们常常起着促进作用。

2.1 内部因素

（1）岩石性质。岩石性质是组成露天矿山工作台阶岩石的基本属性，包括岩石的空隙性、吸水性、软化性、岩石变形、岩石强度等[1]。岩石孔隙度越大，岩石的吸水率就越大，水对岩石颗粒间结合物的浸润、软化作用就越强，岩石的弹性模量和强度也就越低。岩石性质对工作台阶稳定性影响很大，软硬相间，并有软化、泥化或易风化的夹层时，最容易造成工作台阶坍塌。

（2）岩体结构。岩体变形破坏主要受岩体结构的制约，岩体结构不同，其矿物颗粒间联结关系不同，力学性质也不同[2]。岩体结构包括结构体和结构面两个基本单元，结构面是指岩体内在地质发展历史中形成的有一定方向、一定规模和形态特征的面、缝、层、带状的地质界面，具有一定张开度的裂缝，或被一定物质充填，把岩体切割成既连续又不连续的结构体。

露天矿山工作台阶坍塌大都是剪切破坏，岩体结构中结构面的存在，降低了岩体的抗剪强度和整体强度，岩石抗剪强度越低，越容易发生坍塌。岩体结构中结构面也增大了岩体的变形性能，加强了岩体的流变力学特性和其他时间效应，并且加深了岩体的不均匀性、各向异性和非连续性等性质，不稳定岩体沿着一个结构面或多个结构面的组合边界产生剪切滑移、张性破裂和错动变形等而造成工作台阶岩体的失稳。

(3) 地质构造。地质构造因素包括褶皱、断裂、区域新构造运动及地应力等，这些也是影响工作台阶稳定的主要因素，褶皱、断裂发育区域，通常岩层倾角大甚至陡立，断层、节理纵横切割，构成岩体中的切割面和滑动面，形成滑坡、坍塌的条件，并直接控制着工作台阶坍塌的形成和规模。

2.2 外部因素

外部因素如下所示。

(1) 地表水和地下水的作用。地表水和地下水的作用是影响露天矿山工作台阶坍塌最重要、最活跃的外部因素，大多数露天矿山工作台阶坍塌都发生在地下水活动区域或降雨之后[3]。雨水或地面水渗入岩体，使岩体中的含水量提高，自重增加，工作台阶下滑力增大；地下水产生一定的静水压力和动水压力，促使工作台阶坍塌；地下水会软化或溶蚀岩体，使工作台阶岩体强度降低，自身承载力降低；地下水会产生浮托力，使岩体有效质量减轻，台阶稳定性下降；地下水还会对岩体结构面产生润滑作用，结构面整体强度降低，从而导致工作台阶坍塌。

(2) 施工扰动。露天矿山施工扰动主要包括爆破损伤、爆破振动、开挖扰动及工程荷载等。爆破是露天矿山开采的主要手段，爆破损伤和爆破振动是影响工作台阶稳定的主要因素，爆破时产生的能量直接作用于台阶坡面，使工作台阶坡面及后方岩体产生压碎、拉裂、损伤破坏，产生新的结构面或使原生结构面扩大，从而导致失稳坍塌，且周边频繁的爆破振动惯性力和爆破振动产生的超孔隙水压力共同作用，也会促使工作台阶的失稳坍塌；开挖施工前工作台阶处于三向受压应力环境并处于稳定平衡状态，开挖施工后工作台阶原有天然应力状态被破坏，工作台阶坡面将不再受压力约束，工作台阶易发生变形坍塌；工作台阶上方的钻孔作业、挖装运输等工程荷载，加重了工作台阶上部荷载，并对工作台阶形成一定扰动，促使工作台阶进一步失稳坍塌。

(3) 风化作用。露天矿山工作台阶暴露在自然环境中，风化作用使原生结构面或构造面扩大加剧，并可产生新的次生结构面，对岩石强度有降低作用。

(4) 开采技术条件。台阶高度、台阶坡面角、推进方向、穿爆工艺及单段起爆药量等开采技术条件，也是影响工作台阶稳定性的主要因素。通常情况下，台阶高度越小，台阶越稳定；台阶坡面角越小，台阶越稳定；推进方向与节理裂隙、断层走向之间的夹角越大，台阶越稳定；单段起爆药量越小，受爆破影响越小，台阶越稳定。

3 工作台阶坍塌的预防措施

3.1 组织管理措施

采区节理裂隙发育，断层等结构弱面杂乱，边坡及台阶滑塌风险大；施工机械设备多，人员杂，施工强度高，施工扰动大。因此，要坚持“安全第一、预防为主、综合治理”的安全方针，建立完善的安全管理体系，制定预防工作台阶坍塌、爆破作业安全管理、钻爆施工安全管理等制度，逐级签订工作台阶安全责任状，制定预防工作台阶边坡坍塌等安全专项方案，坚持每日小检查、每周大检查、事故应急演练等。

(1) 控制台阶推进速度。高强度露天矿山工作台阶推进速度快，施工扰动频繁，开挖施工后工作台阶原有应力状态被破坏，在尚未形成新的应力平衡下工作台阶又继续往前推进，使得工作台阶始终处于应力不平衡状态，导致工作台阶失稳坍塌。控制工作台阶推进速度，是一种有效预防其坍塌的手段，施工中多开拓工作面，使每个工作面的平均推进速度在7d形成一个作业循环（穿孔、爆破、挖运）。

(2) 设置坍塌警示区、禁止交叉作业。在极不稳定的台阶区域设置台阶坍塌警示区，防止施工设备进入后加重台阶上部荷载，同时防止台阶坍塌造成下方人员伤亡和设备损坏。禁止交叉作业，上台阶进行前排孔钻孔、装药作业时，爆区下方台阶禁止一切作业；前排孔距临空面不得少于2m，前排炮孔钻凿前必须对坡面进行排险，排险完成后拉好警戒绳，做好安全标示。钻机钻孔时，操作人员应远离钻机钻臂，机身应垂直于临空面，特别是在前排孔作业时，禁止钻机平行于临空面钻孔；合理安排各爆区的钻孔、挖装作业，尽量避免白天停工、晚上加班抢钻，避免多台钻机抢钻同一爆区，严禁多台钻机同时抢钻前排孔。

3.2 技术措施

3.2.1 GPS变形监测

不同于靠帮边坡，露天矿山工作台阶推进速度快，始终处于动态变化中，变形监测较为困难。根据舟山绿色石化基地凝灰岩露天矿山经验，采用GPS技术对露天矿山工作台阶进行变形监测较为适用[4]。GPS系统由空间段（GPS卫星星座）、控制段（地面段）和用户段（GPS接收机）三部分组成，可以实时观测工作台阶的平面位置及高程，计算工作台阶横向变形与竖向变位。GPS监测基准点应稳定可靠，且尽可能不受各种不利因素的影响，在选定变形观测点时，要考虑当前露天矿山工作台阶推进情况，尽量选择在工作台阶坡顶线2m范围内。

3.2.2 分区开采

为减小地表和地下水对工作台阶稳定性的影响，舟山绿色石化基地凝灰岩露天矿山采用分区开采技术，既可达到降压疏干排水的目的，同时又可以提高开采强度，解决高强度开采和工作台阶快速推进的不稳定问题。分区开采是将一个大的开采区分成若干个中小开采区，每个小开采区保证2个以上工作台阶同时开采，在满足最小开采平台宽度的情况下，尽可能加快各采区的垂直降深速度，利用下层工作台阶开槽进行降水和排水，降低水力坡度曲线和地下水位。分区开采如图1所示。

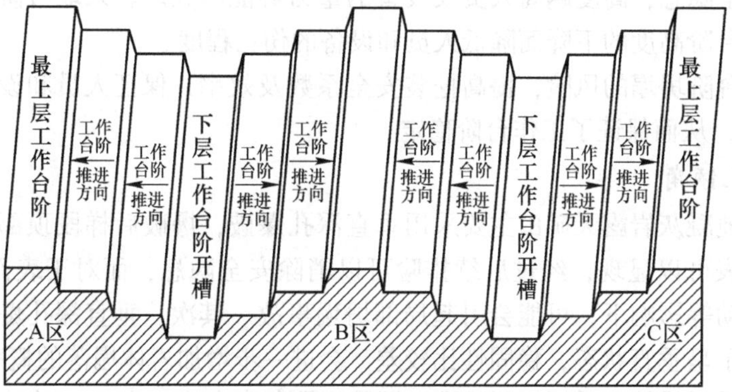

图1 分区开采示意图

Fig. 1 Diagrammatic sketch of mining by areas

3.2.3 调整推进方向

推进方向与岩层走向之间的关系是影响工作台阶稳定的重要因素。当工作台阶推进方向与岩层走向平行时，工作台阶最稳定；当工作台阶不具备与岩层走向平行推进时，工作台阶推进方向与岩层走向之间交角越小，工作台阶越稳定；当工作台阶推进方向与岩层走向垂直，工作台阶推进方向与岩层倾向一致时（即工作台阶坡面方向与岩层倾向相反），工作台阶稳定；当工作台阶推进方向与岩层走向垂直，工作台阶推进方向与岩层倾向相反时（即工作台阶坡面方向与岩层倾向一致），工作台阶易发生坍塌；最不利的情况是，工作台阶推进方向与岩层走向平行，工作台阶坡面方向与岩层倾向一致，工作台阶坡面角大于岩层的倾角，工作台阶最容易发生坍塌。

调整工作台阶推进方向，使其朝着最有利于工作台阶稳定的方向推进。工作台阶推进方向与岩层走向关系如图2所示。

3.2.4 降低台阶高度

台阶高度是露天矿开采重要技术经济指标，直接影响穿孔、铲装等露天开采生产工艺的效率和矿

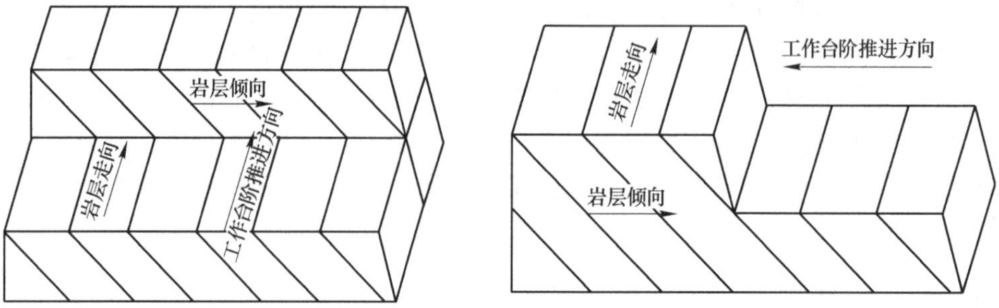

(a) 工作台阶最稳定　　(b) 工作台阶最不稳定

图 2　工作台阶推进方向与岩层走向关系

Fig. 2　Relationship between the direction of the working step and the strike of the rock stratum

山经济效益。台阶高度大，台阶数目减少，有利于降低成本，但工作台阶边坡稳定性降低，因此，必须综合考虑经济、技术和安全因素，确定合理的台阶高度。

舟山绿色石化基地凝灰岩露天矿山为发育单一的火山碎屑岩，节理裂隙较发育且稳定性不高。当台阶顶部存在节理裂隙或破碎带时，在质量一定的情况下，台阶高度越高，节理间的岩块重力势能就越大，当岩体之间的黏聚力不能抵抗重力势能时，就会导致岩块塌落。

挖掘机工作参数也是影响台阶高度的因素之一，要求台阶高度既要保证作业安全，又要提高挖掘机工作效率。根据《金属非金属矿山安全规程》相关规定：露天台阶开采过程中，在坚硬稳固矿岩机械挖装时，台阶高度应不大于机械最大挖掘高度的 1.5 倍。舟山绿色石化基地凝灰岩露天矿山开采台阶高度为 15m，大部分采区机械的最大挖掘高度在 10m 左右，仅满足施工的最基本要求，没有为挖装作业预留足够安全空间，本身安全冗余度不高。另外，台阶过高也对现场钻孔、装药等的施工作业人员和设备带来一定安全隐患，高度越高人员及设备的重力势能越大。若采取台阶降高措施，即使发生坍塌事故，也会因为台阶高度的下降而降低人员和设备的伤亡程度。

为有效降低工作台阶坍塌的风险，提高挖装安全系数及效率，保证人员和设备作业安全，将台阶高度从 15m 降为 12m，从而保证了工作台阶稳定。

3.2.5　调整钻孔倾角

舟山绿色石化基地凝灰岩露天矿山主要采用垂直深孔爆破，爆破后梯段顶部经常因爆破拉裂形成裂缝，一部分裂缝地表可以显现，经过后续排险可以消除安全隐患，而对于表面不明显的内部损伤，在雨水冲刷或爆破振动等影响下，可能会引起局部坍塌事故。其次，垂直深孔爆破后形成的台阶坡面角过大，梯段坡面几乎呈垂直状态，稳固性比较差，会进一步增加岩体塌落的概率。为保证安全生产，降低坍塌发生概率，最后排钻孔采用倾斜钻孔，调整炮孔角度由 90°到 75°，大大提高了工作台阶稳定性。垂直深孔及倾斜深孔布置示意图如图 3 所示。

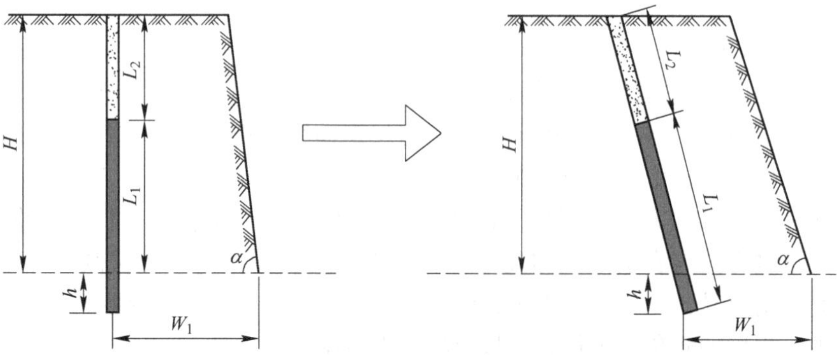

(a) 垂直深孔　　(b) 倾斜深孔

H—台阶高度；L_1—装药长度；L_2—堵塞长度；h—超深；α—台阶坡面角；W_1—底盘抵抗线

图 3　倾斜深孔与垂直深孔对比

Fig. 3　Comparison between inclined deep hole and vertical deep hole

3.2.6 采用逐孔起爆技术

爆破施工是影响工作台阶稳定的主要因素，炸药爆炸后形成的应力波会损伤岩体，使岩体力学性质下降，从而影响台阶边坡的稳固性，主要表现在两个方面[5-7]：一方面，爆破震动产生惯性力，导致工作台阶边坡整体下滑力增大，可能出现动力失稳；另一方面，爆破震动荷载的循环作用导致边坡岩体的剪应力增加，原有弱面裂纹、裂隙延伸扩展，甚至出现新的裂纹，岩体物理力学性质如抗剪强度、黏聚力等降低，再次爆破时，可能会导致破碎岩块塌落。另外，爆破振动会对工作台阶边坡产生累计损伤，当累计达到一定程度时，也会造成工作台阶边坡的位移，甚至是坍塌等危害。

在实施台阶爆破作业时，还可以根据实际地质情况选择合理的起爆顺序、在地质条件较差区域尽量控制爆区规模、选择合理装药结构、根据台阶位置改变最小抵抗线方向等方法降低爆破振动对台阶坡面的影响，降低坍塌风险。同时，在爆堆挖装后，派遣专用设备及时进行边坡排险作业，也能进一步降低坡面岩块塌落的风险。

舟山绿色石化基地凝灰岩露天矿山采用逐孔起爆技术降低爆破对工作台阶稳定的影响。孔内使用2发10段380ms非电导爆雷管，排间采用5段110ms非电导爆管雷管错段，孔间采用3段50ms非电导爆管雷管错段，同排采用2段25ms非电导爆管雷管错段，爆区内相邻炮孔起爆时间错开[8]。逐孔起爆网路如图4所示。

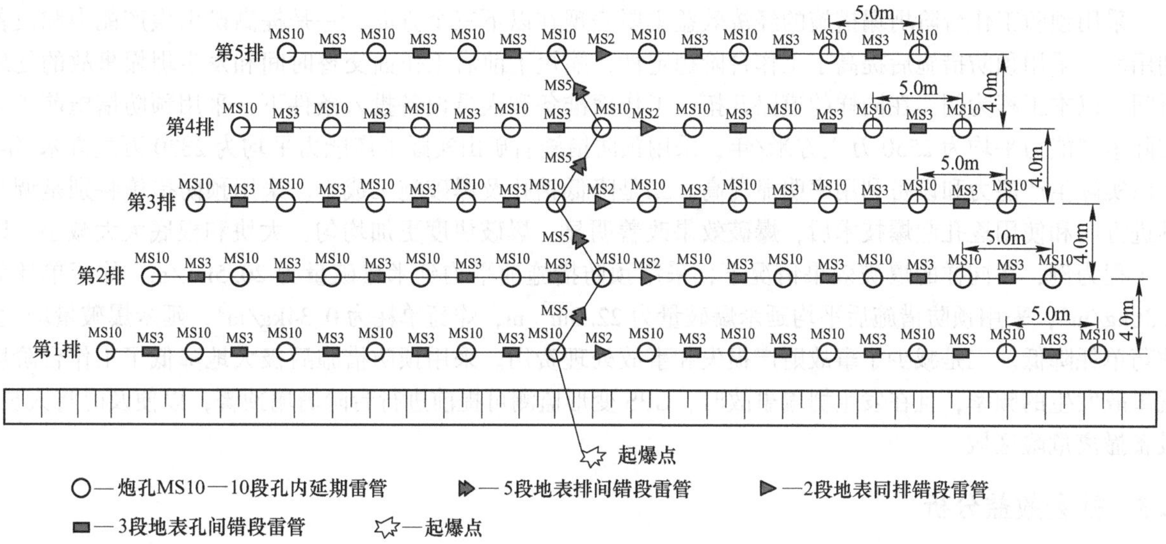

图4 逐孔起爆网路

Fig. 4 Hole-by-hole priming circuit

3.3 经济措施

经济措施如下。

(1) 安全风险抵押金制度。为保证现场安全生产，提高全员安全意识，使全体员工自觉遵守安全法律法规、规章、制度，做到"自保、互保、联保"，从而创造一个安全高效、和谐的工作环境，按照全员参与、风险共担的基本原则，在全项目部范围内开展安全风险抵押活动，即所有人员根据安全监管范围及责任大小缴纳数额不等的安全风险抵押金。

项目各级人员安全风险抵押金按年度缴纳，身兼数职的人员以最高职位缴纳抵押金。项目部实行"安全一票否决"制，发生轻伤及以上生产安全事故，全员当季安全奖取消，并根据实际情况进行风险抵押金扣罚。考核时间间隔以月为单位，安全奖按月发放，从而激励员工安全高效地投入到工作中。

(2) 预防工作台阶坍塌专项资金。为了进一步加强施工现场安全管理，确保工作台阶坍塌预防措施有效落实，项目部设立预防工作台阶坍塌专项资金。设立预防工作台阶坍塌专项资金专用账户，由预防工作台阶坍塌领导小组管理，专用于完善和改进工作台阶坍塌预防措施，确保工作台阶的安全推进。专项资金实行专款专用，不得挪作他用。

4 技术效果、经济效益及社会效益分析

4.1 技术效果分析

预防工作台阶坍塌措施符合有关设计规范及技术标准的要求，采用了 GPS 变形监测、倾斜钻孔、逐孔起爆等较为先进、成熟的施工工艺，使用了 RTK、高精度非电导爆管雷等较为先进的装备、材料，整体技术先进性好、可靠性高。

预防工作台阶坍塌措施适用于大部分采用露天开采的矿山工程或一般土石方工程项目，特别是台阶高度高、推进速度快、地质条件差、台阶坍塌风险大的项目，适用范围广。

预防工作台阶坍塌措施极大地降低了台阶在正常推进过程中发生坍塌事故的风险，根据舟山绿色石化基地凝灰岩露天矿山施工统计，采用预防措施前发生工作台阶坍塌的频次平均为 28 次/年，采用预防措施后发生工作台阶坍塌的频次平均为 11 次/年，采取预防措施后工作台阶坍塌的频率降低了 60. 7%，安全风险大幅度降低。

4.2 经济效益分析

采用预防工作台阶坍塌措施的经济效益主要表现在以下三个方面。一是提高矿山生产能力和设备利用率。采用预防措施后提高了工作台阶稳定性，缩短了前后工作面交替时间和发生坍塌事故的处理时间。以本工程为例，在同样的道路开拓、工作面准备和人员设备投入条件下，采用预防措施前矿山实际生产能力平均为 2550 万立方米/年，采用预防措施后矿山实际生产能力平均为 2830 万立方米/年，矿山实际生产能力和设备利用率明显提高。二是降低钻孔及爆破施工成本。采用预防措施特别是调整推进方向和使用逐孔起爆技术后，爆破效果改善明显，爆破块度更加均匀，大块和根底大大减小。以本工程为例，在同样的爆破效果情况下，采用预防措施前平均延米爆破量为 $20.5m^3/m$，炸药单耗为 $0.36kg/m^3$；采用预防措施后平均延米爆破量为 $22.0m^3/m$，炸药单耗为 $0.34kg/m^3$，延米爆破量增大，炸药单耗降低。三是减少了事故财产损失和事故处理费用。采用预防措施后极大地降低了工作台阶坍塌事故发生的频率，且在发生坍塌事故时，GPS 变形监测可提前进行台阶坍塌预警，以便及时将人员、设备撤离危险区域。

4.3 社会效益分析

预防工作台阶坍塌措施技术先进性、适用性和安全性均较好，对防止工作台阶坍塌有着重要的作用，有效保障了施工作业生命安全，使国家、企业财产不遭受或少遭受损失，在降低施工成本的同时，还可提高矿山施工的管理水平，社会效益显著。

5 结语

高强度露天矿山工作台阶推进速度快、稳定性差，通过对舟山绿色石化基地凝灰岩露天矿山的研究，得出影响工作台阶稳定性的主要因素和预防工作台阶坍塌的主要措施。实践证明，预防工作台阶坍塌的措施技术先进、经济合理、效益显著。采取预防措施后提高了施工效率，降低了施工成本，提高了台阶的稳定性、降低了工作台阶坍塌的频率，同时减少了台阶滑塌引起的伤害事故，有效保障了作业人员生命安全和国家、企业财产安全，具有良好的经济效益和社会效益，对类似工程具有指导意义。

参 考 文 献

[1] 王永胜，郭静芸，董高峰，等. 辽宁抚顺西露天矿北帮边坡稳定性分析及变形分区 [J]. 中国地质灾害与防治学报，2012，23 (4)：88-93.

Wang Yongsheng, Guo Jingyun, Dong Gaofeng, et al. Slope stability evaluation of Fushun west open-pit mine [J]. The Chinese Journal of Geological Hazard and Control, 2012, 23 (4): 88-93.

[2] 王志城，刘杰，姜昕建．露天矿边坡稳定性影响因素分析［J]．科技创新导报，2012，13（4)：110-112.
Wang Zhicheng, Liu Jie, Jiang Xinjian. Analysis on influencing factors of stability of open-pit slope [J]. Science and Technology Innovation Herald, 2012, 13 (4): 110-112.

[3] 马力，敬毅，刘兆南．浅析影响露天矿边坡稳定主要因素及滑坡防治［J]．山东煤炭科技，2009，2（1)：136-138.
Ma Li, Jing Yi, Liu Zhaonan. Open-cut coal mine slope stability analysis of the main factor and landslide prevention measures [J]. Shandong Coal Science and Technology, 2009, 2 (1): 136-138.

[4] 何秀凤，桑文刚，贾东振．基于GPS的高边坡形变监测方法［J]．水利学报，2006，37（6)：746-750.
He Xiufeng, Sang Wengang, Jia Dongzhen. Deformation monitoring of steep rock slopes by means of GPS [J]. Journal of Hydraulic Engineering, 2006, 37 (6): 746-750.

[5] 汪旭光．爆破设计与施工［M]．北京：冶金工业出版社，2011.

[6] 汪旭光．爆破手册［M]．北京：冶金工业出版社，2010.

[7] 国家质量监督检验检疫总局．爆破安全规程：GB 6722—2014［S]．北京：中国标准出版社，2014.

[8] 张光权，吴春平，汪旭光，等．导爆管雷管起爆网路逐孔起爆设计［J]．工程爆破，2016，22（3)：27-31.
Zhang Guangquan, Wu Chunping, Wang Xuguang, et al. Hole-by-hole initiation network with nonel detonator [J]. Engineering Blasting, 2016, 22 (3): 27-31.

○

大规模岩土爆破工程施工技术

丁银贵[1]　孙钰杰[2]

(1. 广东宏大爆破股份有限公司，广东 广州，510623；
2. 大昌建设集团有限公司，浙江 舟山，316000)

摘　要：针对大规模、高强度岩土爆破工程难度大的特点，以舟山绿色石化基地8000万立方米岩土爆破工程为背景，通过采用等边三角形布孔斜线起爆网路、径向耦合-不耦合装药轴向孔底空气间隔定向卸压爆破装药技术、预留孔底保护层缓冲爆破等施工关键技术，提高了岩石破碎效果，大块率降低了10%~30%，爆破振速降低了15%~25%，同时也有效地保护了边坡和建基面岩体，对类似大规模岩土爆破工程的施工有一定的指导意义。

关键词：大规模岩土爆破；施工技术；爆破参数；装药结构；起爆方式；爆破效果

Construction Technology of Large-scale Rock Blasting Engineering

Ding Yingui[1]　Sun Yujie[2]

(1. Guangdong Hongda Blasting Co., Ltd., Guangdong Guangzhou, 510623;
2. Darch Construction Group Co., Ltd., Zhejiang Zhoushan, 316000)

Abstract: In view of the difficulty of large-scale and high-strength rock blasting engineering, taking the 80 million cubic meters rock and soil blasting engineering of Zhoushan green petrochemical base as the background, the key construction technologies such as equilateral triangle hole layout oblique line initiation technology, radial coupling uncoupled charging axial hole bottom air interval directional relief blasting technology, reserved hole bottom protective layer buffer blasting technology are adopted to improve the rock breaking. The crushing effect is improved and the boulder ratio is reduced by 10%~30%, and the blasting velocity is reduced by 15%~25%, at the same time, it can effectively protect the slope and the foundation rock mass, which has certain guiding significance for similar large-scale rock blasting engineering construction.

Keywords: large-scale rock blasting; construction technology; blasting parameters; charge structure; detonation way; blasting effect

1　工程概况

舟山绿色石化基地位于浙江省舟山市岱山县大小鱼山岛围垦区，是国家石油化工“十三五”规划重点项目，是中国（浙江舟山）自由贸易试验区建设的引擎，是舟山江海联运服务中心发展的核心，总体规划分近、中、远三期，规划面积约41km^2[1]（见图1）。舟山绿色石化基地8000万立方米岩土爆破工程是石化基地的先锋工程，开采石料主要为陆域形成、海堤填筑及水下抛石等工程提供建设需求，总工期39个月，分2期施工，一期工程由10个相对独立的开采区组成，2015年9月15日开工，

原载于《工程爆破》，2020，26（1）：43-47。

2017年5月10日竣工，完成工程量3300万立方米；二期工程由7个相对独立的开采区组成，2017年5月1日开工，2018年12月30日竣工，完成工程量4700万立方米。

图1 舟山绿色石化基地总体规划

Fig. 1 Zhoushan green petrochemical base master plan

1.1 工程地质与水文情况

围垦区为发育单一的火山碎屑岩，岩性为流纹质含角砾玻屑熔结凝灰岩，呈青灰色，塑变结构，假流动构造。岩屑成分主要为含角砾玻屑熔结凝灰岩、玻屑凝灰岩、英安玢岩、安山岩、粉砂岩、蚀变岩等，含量在20%~25%之间，粒度一般在5~50mm，个别超过100mm，多呈棱角状。岩石天然抗压强度最低155.0MPa，最高239MPa，平均值为195.3MPa。

区内淡水资源缺乏，地势总体中间高，四周低。地下水主要有松散岩类孔隙潜水和基岩裂隙潜水。区内松散岩类厚0.30~2.70m，岩性为含碎石粉质黏土，透水性、富水性差，水量贫乏。节理虽较发育，但节理面平直、闭合，水的连通性差。岩石最大风化厚度约2.70m，地下水向下渗透的路径不长，径流率较小。

1.2 施工特点

施工特点如下所示。

（1）工程区属亚热带季风海洋性气候，夏季易发台风暴雨，加上大雾天气多且海上风浪大，给工程进度、施工安全和物资保障带来一定影响。

（2）开采石料“一供多需”，且石料级配、强度及含泥量等要求较高，因此石料调配工作量大，石料质量控制难度大。

（3）随着采区西侧石化厂区的快速建设，对爆破振动、个别飞散物及扬尘等有害效应控制要求日趋严格，大规模爆破施工难度大。

2 爆破施工方案

综合考虑工程特点、施工环境及工期等因素，确定采用公路开拓运输系统，自上而下分台阶开采，液压挖掘机挖装—自卸汽车运输—推土机推排的施工工艺。台阶推进采用钻孔爆破法施工，露天深孔台阶采用毫秒延时爆破技术，距石化装置区100m范围内则采用复杂环境深孔爆破及浅孔爆破相结合的爆破方法。

本工程台阶高13~15m，最小工作平台宽40m，道路平均纵坡为6.0%。以等边三角形布孔为主，矩形布孔为辅，钻孔作业采用高风压潜孔钻机和液压钻机，钻孔直径115mm；爆破施工以逐孔起爆为主，临近边坡、建基面等区域采用特殊爆破技术。

3 施工关键技术

在临近边坡、建基面、石化装置等区域，综合采用斜线起爆、径向耦合-不耦合装药轴向孔底空气间隔定向卸压爆破、预留孔底保护层缓冲爆破等关键技术进行施工。

3.1 等边三角形布孔斜线起爆技术

关于宽孔距小抵抗线爆破机理[2]，国内外有着各种理论和假说，但尚无统一定论。该技术最早由兰格福斯．U[3] 提出，他认为增大炮孔密集系数 m，能够增加岩石内的剪应力和拉应力，使暴露岩面只能以一个弯曲面向前移动，这样岩体将在每个炮孔的前方出现更明显的弯曲，从而改善破碎效果。因此，本工程通过采用等边三角形布孔斜线起爆技术，减小抵抗线（排距），增大实际孔距来增大炮孔密集系数 m。

3.1.1 爆破参数

等边三角形布孔斜线起爆技术爆破参数见表1。

表1 爆破参数

Table 1 Blasting parameters

钻孔直径 D /mm	台阶高度 H /m	超深 h /m	钻孔倾角 α /(°)	最小抵抗线 W /m	孔距 a /m	排距 b /m	填塞长度 L /m	炸药单耗 q /kg · m^{-3}
115	15	1.5	80	3.0	9.2	2.4	4.5	0.40

3.1.2 起爆方式

常规方式起爆时，炮孔密集系数 $m_1 = a_1 : b_1 = 1.375$，每个炮孔负担面积为 $S_1 = 22.0\text{m}^2$；斜线起爆时，炮孔密集系数 $m_2 = a_2 : b_2 = 3.83$，$S_2 = S_1 = 22.0\text{m}^2$ 保持不变，炮孔密集系数提升 2.785 倍。

本次起爆方式如图2所示。

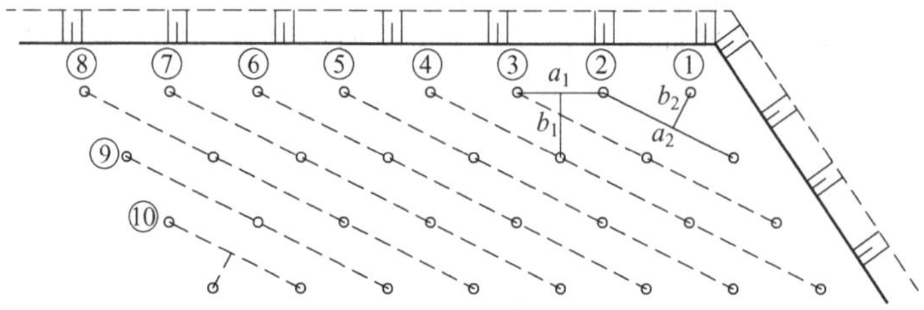

注：①～⑩表示起爆顺序。

图2 等边三角形布孔斜线起爆

Fig. 2 Oblique initiation of the equilateral triangle blasthole layout

3.1.3 爆破效果

采用等边三角形布孔斜线起爆技术，前排孔爆破后可以为后排炮孔创造出双平面的实际自由面，更加有利于岩石之间的挤压破碎，能够取得更好的爆破效果。爆堆经3D激光扫描分析，斜线起爆比常规起爆方式大块率下降了20%～30%，二次破碎成本明显降低。

3.2 径向耦合-不耦合装药轴向孔底空气间隔定向卸压爆破技术

该技术是在炮孔径向和轴向同时预留空气介质的一种装药爆破技术，它的实质是利用径向不同的装药结构调整装药系数，以达到控制爆炸波分布规律的目的[4]，其爆破参数见表2。

表2 爆破参数

Table 2 Blasting parameters

钻孔直径 D /mm	台阶高度 H /m	超深 h /m	钻孔倾角 α /(°)	最小抵抗线 W /m	孔距 a /m	排距 b /m	填塞长度 L /m	炸药单耗 q /kg · m^{-3}
115	15	1.5	90	3.75	5.3	4.7	4.5	0.38

3.2.1 装药结构

径向耦合-不耦合装药是径向底部耦合装药、径向中上部不耦合装药的一种装药结构；轴向孔底空气间隔是指在药柱下端与孔底之间预留空气柱的一种间隔装药结构。根据本工程岩性特点及石料需求单位的粒径要求，轴向孔底空气间隔取 2.0m，采用直径为 ϕ110mm 的 PVC 管自制孔底空气间隔器。孔底空气间隔器上方采用径向不耦合装药，底部 4.0m 采用 ϕ110mm 乳化炸药丢装，中间 3.0m 采用 ϕ90mm 乳化炸药吊装，上部 3.0m 采用 ϕ70mm 乳化炸药吊装，吊装完成后药柱顶部用塑料袋封堵，封堵完成后进行炮孔填塞。装药结构如图 3 所示。实践证明，这种爆破技术明显减少了根底的产生，加强了岩石破碎的效果，降低了爆破后冲作用和爆破振动，保留岩体和建基面损伤小。

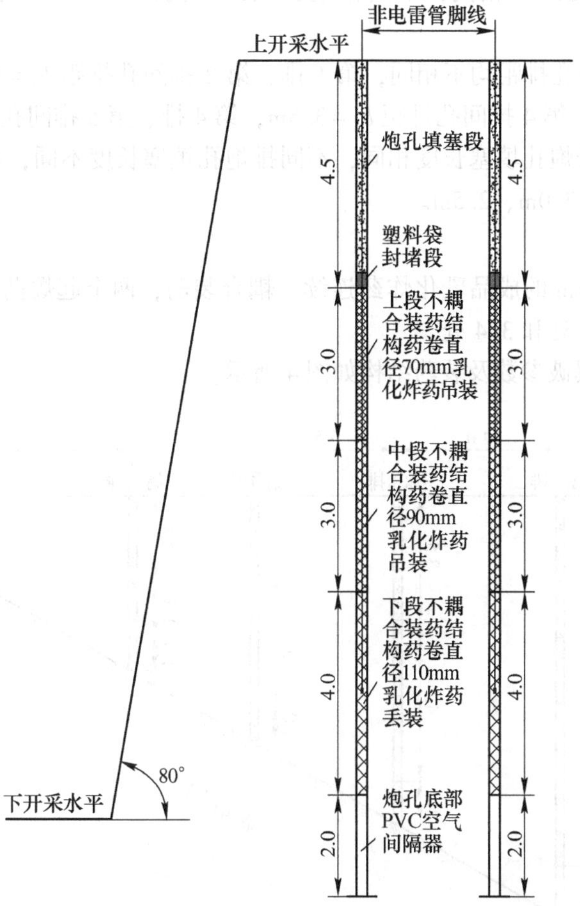

图 3 空气间隔定向卸压爆破技术装药结构

Fig. 3 Directional pressure relief blasting technology charge structure

3.2.2 爆破效果

采用径向耦合-不耦合装药轴向孔底空气间隔定向卸压爆破技术，爆破时底部空气间隔延长了爆破作用时间，从而使岩体更好破碎，大块率下降了 10%~15%。同时，底部空气间隔也有一定的卸压作用，改变了局部冲击波的分布情况及爆轰气体强度，对爆炸冲击波有一定的导向作用，使炮孔底部爆破更完全，根底残余量更少。

定向卸压隔振爆破在降低爆破振动方面也有明显的减振效果，根据测振统计结果，爆区外 50m 处测点振速降低 15%~25%。

3.3 预留孔底保护层缓冲爆破技术

根据靠帮边坡设置要求，最上层边坡坡面角较小（34°），钻孔效率低，且成孔质量较难控制，不宜采用光面（预裂）爆破[5]。而且表层边坡岩石风化严重，节理裂隙发育，结构松散，呈碎块状，物理力学性质差，为有效保护边坡岩体，减少施工对边坡岩体的破坏，最上层边坡采用预留孔底保护层缓冲爆破，辅以机械破碎[6]。

3.3.1 爆破参数

（1）钻孔直径 D。采用潜孔钻机或液压钻机作业，孔径 $D=115\text{mm}$。

（2）台阶高度 H。靠帮边坡台阶高度 $H=15\text{m}$。

（3）预留保护层厚度 h。炮孔分 5 排布置，钻孔角度均为 90°，孔底至边坡坡面预留 1.0~1.5m 厚的保护层，钻孔深度每一排均不相同。第 1~5 排预留保护层厚度分别为 1.5m、1.5m、1.2m、1.0m、1.0m。

（4）孔距 a。同排炮孔间距相同，不同排炮孔间距不同，第 1~5 排孔距分别为 5.0m、4.5m、4.0m、3.5m、3.0m。

（5）排距 b。每 2 排炮孔排距均不相同，第 1 排、第 2 排间孔排距 $b_1=4.5\text{m}$，第 2 排、第 3 排间孔排距 $b_2=4.0\text{m}$，第 3 排、第 4 排间孔排距 $b_3=3.5\text{m}$，第 4 排、第 5 排间孔排距 $b_4=3.0\text{m}$。

（6）填塞长度 L。同排炮孔填塞长度相同，不同排炮孔填塞长度不同，第 1~5 排炮孔填塞长度分别为 4.5m、4.0m、3.5m、3.0m、2.5m。

3.3.2 装药结构

采用药卷直径 $\phi=110\text{mm}$ 的成品乳化炸药连续、耦合装药，两个起爆药包同时起爆，药包位置安装在炮孔内装药长度的 1/4 处和 3/4 处。

预留孔底保护层缓冲爆破参数及装药结构如图 4 所示。

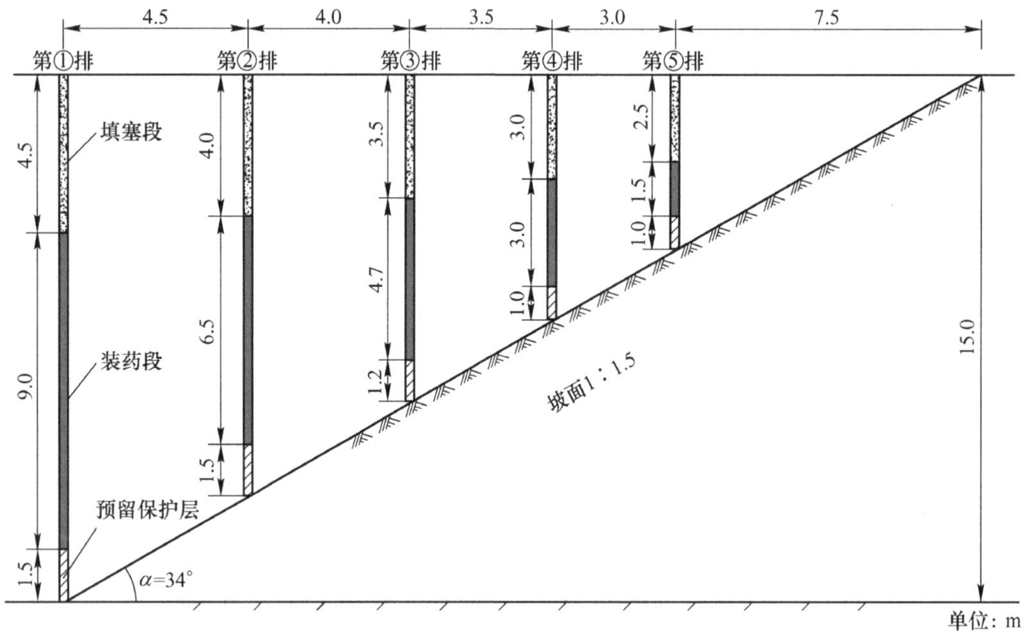

图 4 预留孔底保护层缓冲爆破参数及装药结构

Fig. 4 Parameters and charge structure of cushion blasting with reserved hole bottom protection

3.3.3 起爆网路

靠帮边坡预留孔底保护层缓冲爆破起爆网路采用逐孔起爆技术[7]，孔内使用 2 发 MS10 段 380ms 非电导爆管雷管，排间采用 MS5 段 110ms 非电导爆管雷管错段，孔间采用 MS3 段 50ms 非电导爆管雷管错段，同排错段采用 MS2 段 25ms 非电导爆管雷管。预留孔底保护层缓冲爆破起爆网路设计如图 5 所示。

3.3.4 爆破效果

爆破后边坡台阶高度、坡率、马道宽度等参数均满足设计要求，排水系统规格及参数与施工图纸一致，边坡眉线平直、坡面平整，没有拉裂或爆破损伤，整体稳定性好。

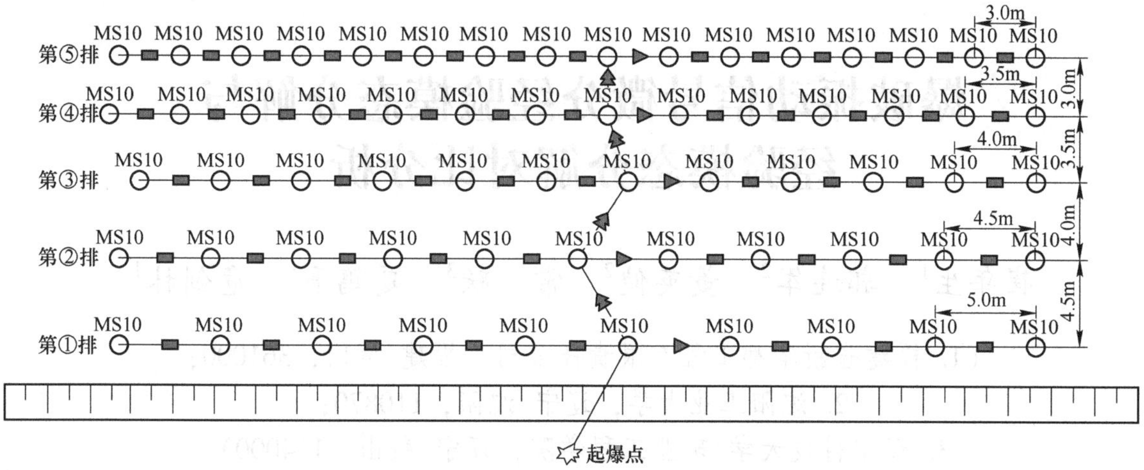

注：○—炮孔MS10段孔内雷管；▶▶—MS5段地表排间错段雷管；▶—MS2段地表同排错段雷管；■—MS3段地表孔间错段雷管

图 5 预留孔底保护层缓冲爆破起爆网路

Fig. 5 Detonation network of cushion blasting with reserved hole bottom protection

4 结语

针对大规模、高强度岩土爆破工程，采用等边三角形布孔斜线起爆网路、径向耦合-不耦合装药轴向孔底空气间隔定向卸压爆破等关键技术，使岩体破碎效果更好，大块率下降 10%~30%；同时，降低了爆破后冲作用和爆破振动，爆破振速降低 15%~25%；缓冲爆破技术能有效控制爆破能量，降低边坡岩体和建基面的爆破损伤。本工程所采取的爆破技术可为类似大型岩土爆破工程的施工提供借鉴。

参 考 文 献

[1] 中国国际工程咨询公司. 舟山绿色石化基地总体发展规划 [R]. 北京, 2016.
China International Engineering Consulting Corporation. Overall development plan of Zhoushan green petrochemical base [R]. Beijing, 2016.

[2] 赵文, 张智宇, 李小双, 等. 宽孔距小抵抗线爆破技术在尖山磷矿的应用研究 [J]. 爆破, 2017, 34 (1) 73-76.
Zhao W, Zhang Z Y, Li X S, et al. Application of wide hole span and small resistance line blasting technology in Jianshan phosphate mine [J]. Blasting, 2017, 34 (1): 73-76.

[3] 方利. 宽孔距小抵抗线毫秒爆破技术在大蒋门矿的应用 [J]. 水泥工程, 2009 (2): 46-47.
Fang L. Application of wide hole distance and small resistance line millisecond blasting technology in Dajiangmen coal mine [J]. Cement Engineering, 2009 (2): 46-47.

[4] 张志呈, 丁银贵, 韦家修, 等. 定向卸压隔振爆破的减振效果 [J]. 工程爆破, 2012, 18 (2): 93-96.
Zhang Z C, Ding Y G, Wei J X, et al. Reducing earthqake effect of the pressure-relieved and vibration-insulation blasting [J]. Engineering Blasting, 2012, 18 (2): 93-96.

[5] 郝玉斌. 谈路堑预留保护层光面爆破技术 [J]. 山西建筑, 2014 (26): 117-118.
Hao Y B. Discussion on smooth blasting technology of reserved protective layer of cutting [J]. Shanxi Architecture, 2014 (26): 117-118.

[6] 张建清, 严鹏. 白鹤滩水电站建基面保护层垂直孔复合消能技术试验简述 [J]. 水利水电施工, 2017 (1): 12-16.
Zhang J Q, Yan P. Brief introduction to the test of the vertical hole composite energy dissipation technology for the protective layer of the construction base of Baihetan hydropower station [J]. Water Resources and Hydropower Construction, 2017 (1): 12-16.

[7] 李桂艳. 逐孔起爆在露天矿生产中的应用研究 [J]. 煤矿现代化, 2019 (1): 11-13.
Li G Y. Study on the application of hole-by-hole initiation in open pit production [J]. Coal Mine Modernization, 2019 (1): 11-13.

爆破振动信号微分经验模态分解与经验模态分解对比分析

崔年生[1]　郭连军[2]　董英健[2]　常　跃[3]　夏鹤平[1]　危剑林[1]

（1. 福建省新华都工程有限责任公司，福建 厦门，361000；
2. 沈阳工业大学，辽宁 沈阳，110870；
3. 辽宁科技大学 矿业工程学院，辽宁 鞍山，114000）

摘　要：介绍一种爆破振动信号处理方法—微分经验模态分解（differential empirical mode decomposition，DEMD），并结合多宝山铜矿选矿厂中碎车间基础爆破振动监测试验，与经验模态分解（empirical mode decomposition，EMD）进行对比分析爆破振动信号的频率筛分、混叠失真情况以及分解后信号的功率谱特性。结果显示：与 EMD 相比，DEMD 有效得抑制信号混叠失真现象，且从信号的功率谱变化特征得出 DEMD 将不同的优势频率分量提取出来，爆破振动信号频率筛分效果优越于 EMD 方法。

关键词：采矿；爆破振动；信号分析；微分经验模态分解

Comparision Between Differential Empirical Mode Decomposition and Empirical Mode Decomposition of Blasting Vibration Signals

Cui Niansheng[1]　Guo Lianjun[2]　Dong Yingjian[2]　Chang Yue[3]　Xia Heping[1]　Wei Jianlin[1]

(1. Fujian Xinhuadu Engineering Co., Ltd., Fujian Xiamen, 361000;
2. Shenyang University of Technology, Liaoning Shenyang, 110870;
3. University of Science and Technology Liaoning, Liaoning Anshan, 114000)

Abstract: A new analysis methods of blasting vibration signals namely differential integral empirical mode decomposition (DEMD) was proposed. The comprehension of frenquency sieving, aliasing distortion and the power spectrum characteristic of decomposition signals was explored combining blasting vibration monitoring experiment by EMD and DEMD。The results show that aliasing distortion was controlled and different frequency components were extracted from the power spectrum of the signals by DEMD comparied with EMD method. The conclusion indicates that DEMD is superior than EMD method at certain aspects.

Keywords: mining; blasting vibration; signals analysis; DEMD

1　引言

随着我国大规模露天矿经济建设开展，工程爆破一直被广泛的应用到矿山工程活动的建设中，已成为露天矿开采过程中不可或缺的手段之一。在台阶深孔爆破过程中，爆破振动对周围的构筑物及露天矿的边坡的影响是无法避免的，已然成为了环境公害[1]。国内外很多学者通过对爆破振动信号的特

原载于《中国矿业》，2020，29（4）。

征分析来对爆破振动效应进入了深入研究。针对 CEEMD 和 TQWT 组合的信号精细化特征提取方法，杨仁树等人[2]指出对爆破振动信号的分析不依赖于先验小波基的选择，实现了信号的二次滤波抑制了杂波分量对信号特征的干扰，提取了复杂环境下的爆破振动信号特征信息，为爆破振动信号的分析与处理提供了有利依据。

Kai Du 等人[3]描述了爆破振动信号的非平稳性，提出了广义维度算法，为爆破振动信号进一步的研究与分析提供了新的方法。郭涛等人[4]将频率切片小波变换算法引入到了爆破振动信号时频特征分析中，克服了传统 EMD 分解时频理论中的缺陷，对信号的滤波起到积极作用。Yan 等人[5,6]提出了一种新的时频分析方法—频率切片小波变换，弥补了小波分析准确性取决于小波基函数的不足，对信号的局部特征进行准确性评价，对爆破振动信号具有重要的意义。

从以上的爆破振动信号处理来看，大部分方法首先是对信号进行分解，但分解的方法不同，对后期的爆破振动分析结果也有差异，因此，研究爆破振动信号的分解方法具有重要意义。以某铜矿二期选矿厂中碎车间基础开挖为工程背景，开展了爆破振动监测试验，分别采用 EMD 和 DEMD 两种方法对监测的爆破振动信号进行分解，并分析信号的频率筛分、混叠失真情况及分解后信号的功率谱特性，处理结果可为爆破振动信号的分析提供参考。

2 爆破振动信号分解理论

2.1 经验模态分解理论

EMD 与传统的小波变换相比，分解结果并不依赖小波基的选择，因为 EMD 以监测信号的本身时间尺度来分解，将信号分解成若干个本征模态函数（intrinsic mode function，IMF）其分解步骤如下[7,8]：确定爆破振动信号 $S(t)$ 上的所有极大值点、极小值点，并采用 3 次样条函数对极大值点、极小值点进行插值，连接极大值点、极小值点来拟合上、下包络线，其中检查上下包络线是否将信号数据涵盖，避免遗漏信号重要数据信息；令包络线的均值定义为 m_1，考虑 $h_{11} = x(t) - m_1$，若 h_{11} 满足极值点的数量与过零点的数量相等或至多相差 1 且关于时间轴对称，则停止，假如不满足，进行 k 次重复计算，直到 h_{1k} 满足其条件，则 $s(t)$ 的第一个本征模态函数记为 $c_1 = h_{1k}$。将 $r(t) = s(t) - c_1(t)$ 作为新的信号，重复以上过程，获得本征模态函数 c_2，c_3，…，c_n，若 r_n 成为单调函数，则停止。$s(t)$ 分解为多个本征模态函数及 rn 的和，即：$s(t) = \sum_{i=1}^{n} c_i(t) + r_m(t)$。

2.2 微分经验模态理论

DEMD 算法在进行 EMD 处理前先对原始爆破振动信号进行微分处理，然后再对每一阶 IMF 分量进行积分。通过对原始信号进行微分，改变了信号中不同频率成分所占比例，增强 EMD 的频率分解能力，进一步改善 END 的模态混叠现象[9]。DEMD 算法的步骤如下[10]。

(1) 对原始爆破振动信号 $x(t)$ 进行一次微分得到 $x_1(t)$，对 $x_1(t)$ 进行 EMD 算法处理，求取分解后 IMF 分量的功率谱，判断分解后的 k 个 IMF 分量是否有模态混叠现象。若存在，再次对信号 $x(t)$ 进行微分处理，然后用 EMD 方法来分解微分后的信号，一直到经过 n 次微分处理再进行 EMD 分解求出的 $C_{ni}(t)$ 分量不存在模态混叠现象为止，$r_{no}(t)$ 为分解过程中残余分量。

(2) 将各 IMF 分量 $C_{ni}(t)$ 做一次积分处理得：$\int C_{ni}(t)\mathrm{d}t = b_{(n-1)i}(t) + b_{(n-1)io}$，然后对各 $b_{(n-1)i}(t)$ 进行 EMD 分解得到：$b_{(n-1)i}(t) = c_{(n-1)i}(t) + r_{(n-1)i}(t)$。

(3) $c_{(n-1)i(t)}$ 是原信号 $x(t)$ 微分 $(n-1)$ 次得出的 IMF 分量，那么它剩下的信号为：$r_{(n-1)0}(t) = \sum_{i-1}^{m} r_{(n-1)i}(t) + \sum_{i=1}^{m} b_{(n-1)io}$。

(4) 不断进行步骤(2)～步骤(3)，直到 n 次积分后得到原信号的每一阶 IMF 分量及其残余信号分量，此时原始的信号能够表示成：$X(t) = \sum_{i=1}^{m} c_i(t) + r_m(t)$ 式中 $r_m(t) = \sum_{i=1}^{n} r_{io}(t)$ 代表残余分量。

对比两种算法的基本理论，两者都是从高频到低频依次将信号分解出来，获得具有单频函数的本征模态分量，但对于爆破振动信号来说，由于外界复杂因素较多，EMD 法在分解过程高频部分分量不能完全被分解，并从下一阶段提取一部分频率，导致本阶段频率掺杂其他成分，出现混叠失真现象，若要抑制此情况发生，应提高振幅比来改善 EMD 效果[11,12]，而对爆破振动原始信号进行微分处理，正好达到提高振幅比的目的，提高信号频率筛分效果。

3 工程实例与分析

3.1 工程环境与地质条件

本工程位于一期选矿厂中细碎皮带廊以东、采矿汽车修理厂以西地段，施工范围长南北约 40m、东西宽约 20m。本次爆破位于施工区域东侧，距东边的采矿汽修车间最近处约 30m，距南边一期中细碎车间最近处约 26m，距西边的中细碎皮带廊最近处约 41m，距西北边的筛分皮带廊 30m 以上。爆区边环境及测点布置图如图 1 所示。

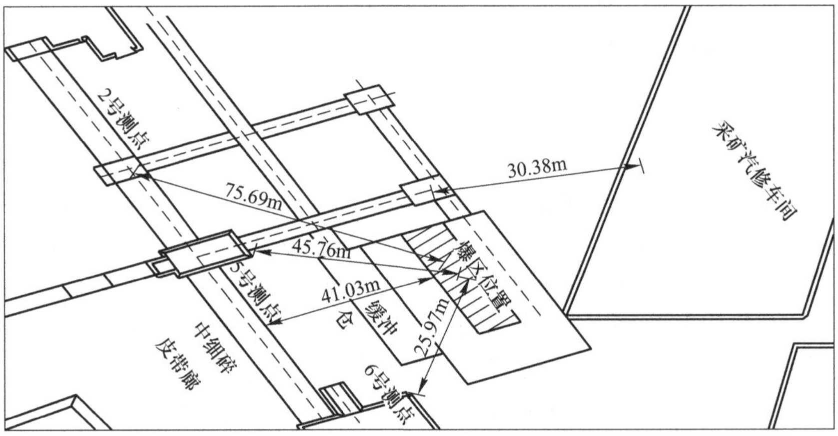

图 1　爆区边环境及测点布置图

根据周边已开挖断面推测，其岩性应为硬质碎屑岩。无地表水，推测无地下水或有少量地下水。为了有效控制爆破振动和爆破飞石，考虑距离本爆区最近的中细碎车间受到振动的影响，防止爆破可能产生的飞石超出 20m 范围，本工程采用微差爆破技术，每个炮孔装药量为 12kg，孔内分两段进行装药，其中下段药量为 7.2kg，下堵塞长为 0.7m，上段药量为 4.8kg，上堵塞长为 3.4m。布孔方式采取矩形布孔，孔内分段装药，采用斜线起爆网络，以 400ms 导爆管雷管下孔，17ms、25ms、42ms 和 65ms 导爆管雷管地表链接逐孔起爆。爆破参数见表 1。

表 1　车间基础开挖爆破参数

台阶高度	6.0m	炮孔个数	59	总装药量	720kg
钻孔直径	120mm	孔距	3.0m	爆破方量	2100m^3
钻孔倾角	90°	排距	2.0m	设计单耗	0.35kg/m^3
孔深	6.0m	装药长度	2.2m	飞石距离	<20m
超深	无	堵塞长度	3.0m	地震波	<2.33cm/s
底盘抵抗线	2.0m	最大起爆量	7.2kg	冲击波	——

3.2 爆破振动测试

本次爆破开挖测试仪器采用中科院成都测控有限公司生产的 TC-4850 测振仪，对周围的建筑物的质点速度进行监测。本次工程选择了 3 个测点，出于对周围车间安全稳定性的考虑，将 5 号测点布置在爆区西北边的筛分皮带廊上、6 号测点布置在爆区南边的中细碎车间、2 号测点布置在爆区北边的公路附近。具体布置方法为[13]：首先将待测点的位置处理干净，然后将石膏涂在测点上，最后把传感器紧紧地贴在测点。并且使传感器 X 指向爆源方向，Y 指向水平切向，Z 指向竖直方向。监测数据见表2。

表2 爆破监测数据

测点编号	峰值测点振动速度/cm·s^{-1}			爆心距/m	起爆药量/kg
	水平速度	径向速度	垂直速度		
2号	0.010	0.009	0.008	75.6	12
5号	0.020	0.015	0.024	45.7	12
6号	0.012	0.009	0.019	25.9	12

3.3 DEMD与EMD对比分析

通过对现场的爆破振动监测以及数据整理可以得到2号测点、5号测点、6号测点的3个方向的爆破振动信号原始波形图，如图2所示。

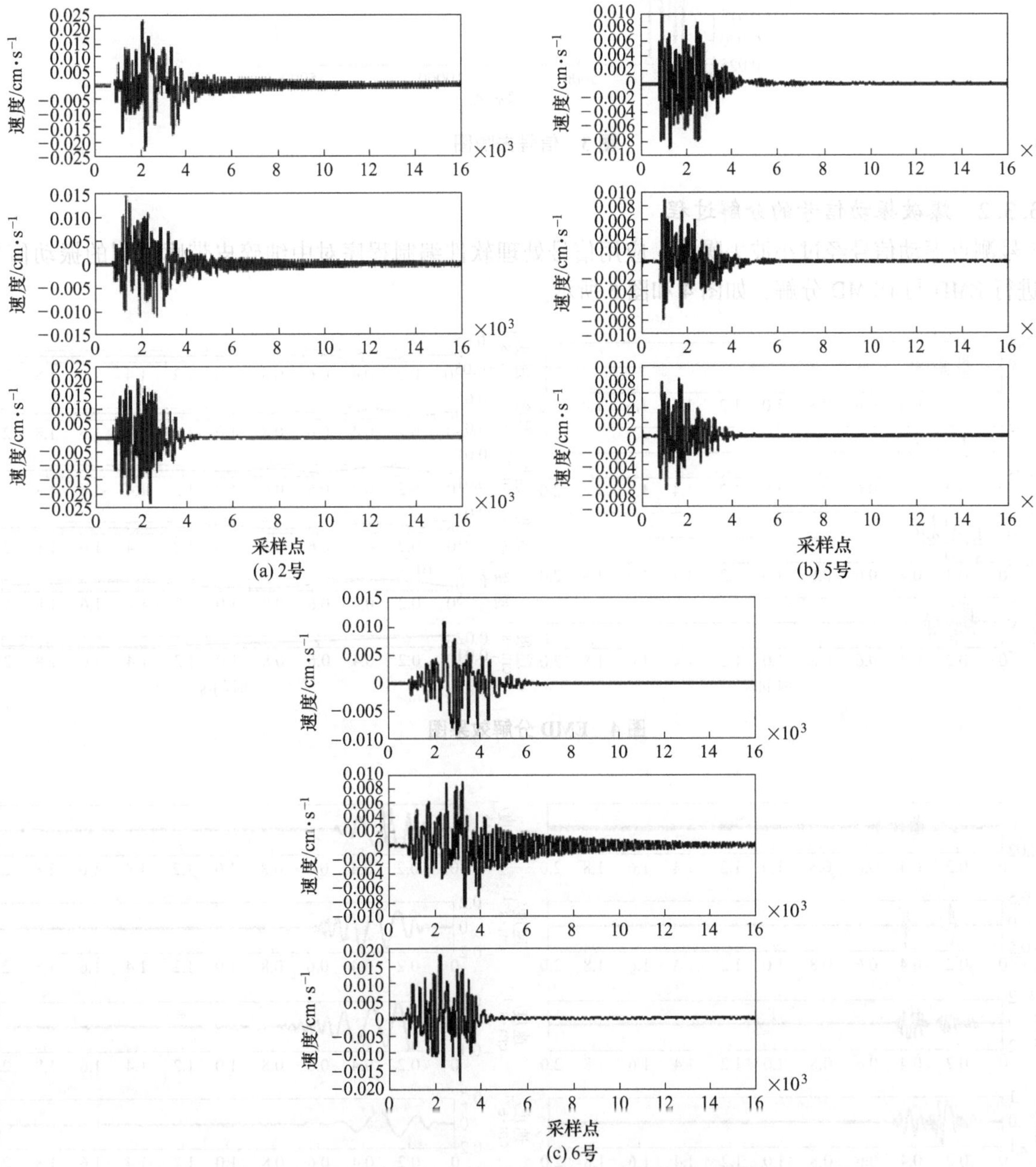

图2 2号、5号、6号测点的爆破振动信号原始图

3.3.1 原始信号的去噪过程

5 号测点在进行爆破振动监测过程中，由于受到周围环境因素的影响，信号中掺杂着较多非真实成分，对爆破振动信号进行处理之前，需要对原始信号作进一步处理，消除信号掺杂的噪声，尽可能地还原信号的真实形态[14]。

信号的去噪方法多采用小波消噪，小波分析具有时频局部化特点，对于非平稳信号而言，小波能够有效地区分信号的真实特征和噪声。小波消噪过程为[15]：小波消噪时前提条件必须选择一个小波基，然后对 5 号爆破振动原始信号进行小波变换，采用相关方法对小波系数进行处理，最后通过小波逆变换得到了已消除噪声的爆破振动信号波形。5 号测点的振动波形图经过去噪后如图 3 所示。

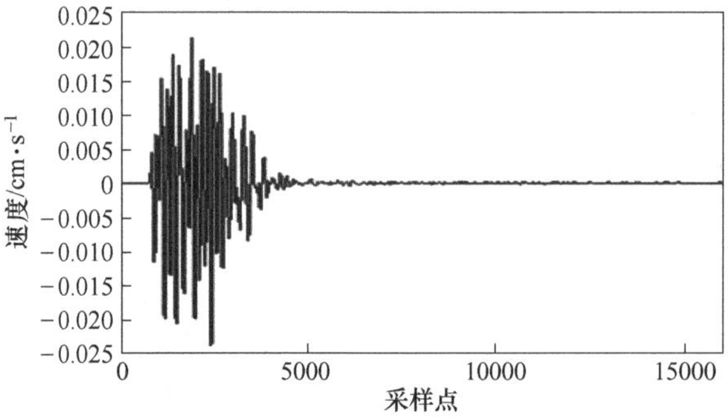

图 3 信号去噪图

3.3.2 爆破振动信号的分解过程

5 号测点振动信号经过小波去噪后，应用信号处理软件编制程序对中细碎皮带廊监测的振动信号分别进行 EMD 与 DEMD 分解，如图 4 和图 5 所示。

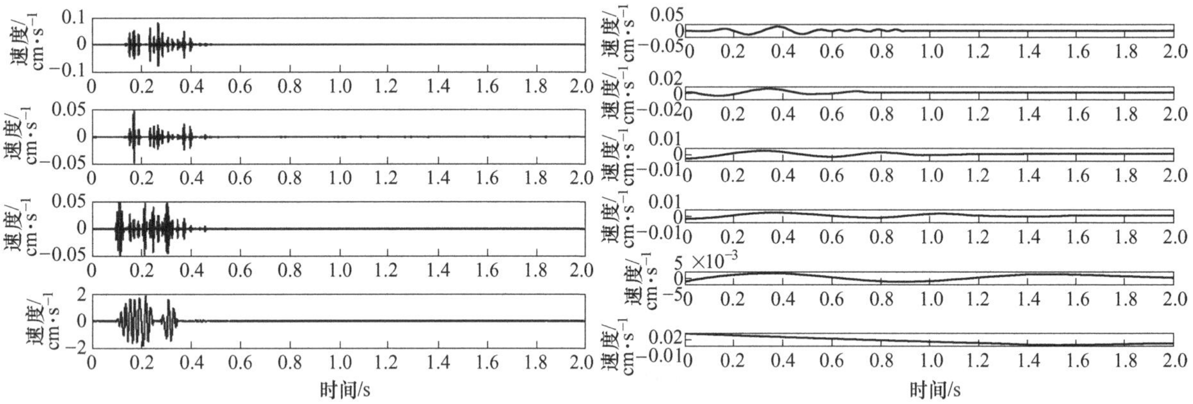

图 4 EMD 分解效果图

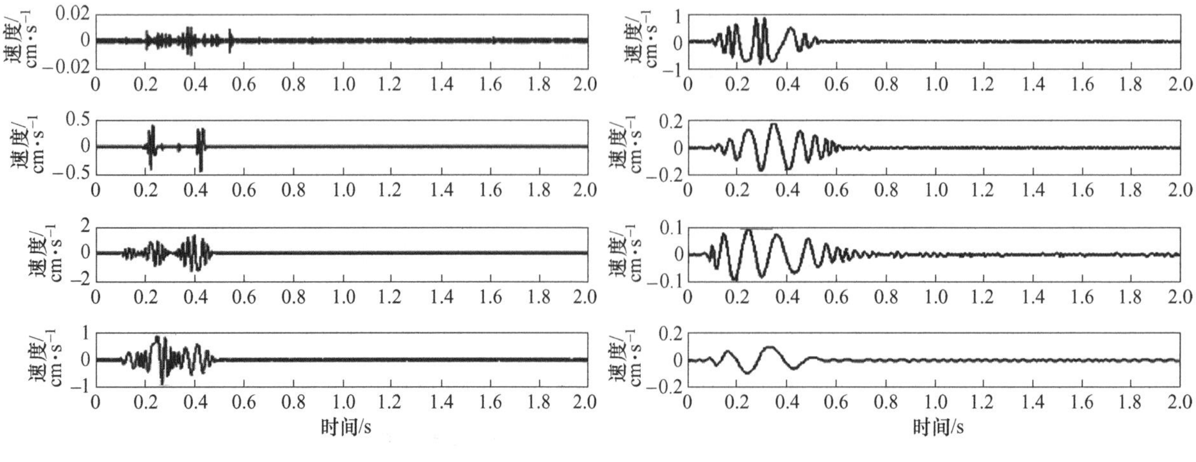

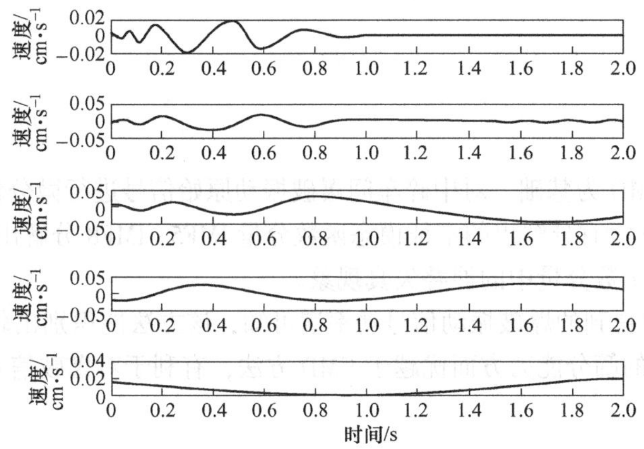

图 5　DEMD 分解效果

对比图 4 和图 5 的分解结果：EMD 处理爆破振动信号时依靠自身时间尺度来分解，通过原始爆破振动信号与包络线的平均值之差并不断筛选已达到终止条件来确定单频的本征模态函数分量，对于此次监测得爆破振动信号来说，通过 EMD 方法将监测的爆破振动原始信号分解成 10 个本征模态函数分量，IMF1~IMF4 在分解初期出现模式混叠现象，且本征模态函数分量中极值点与零点的数目不一致(或至多相差 1)，这是因为在分解过程中高频部分不能完全被分解以至于提取下一阶段频率来补充，导致高低频率混在同一阶段，同时还掩盖部分高频分量，且降低了信号处理精度，另外通过 IMF2、IMF3 和 IMF4 分量的情况来看，信号的能量逐渐增加，振幅呈增强趋势，这对中碎车间周围的构筑物可能造成影响。IMF10 分量显示了信号的变化趋势趋于稳定状态表明了这是由于监测仪器的飘零所引起的。与 EMD 相比，DEMD 首先对爆破振动原始信号进行微分处理，然后对每一个本征模态函数分量进行积分，从分解的结果图得出，将信号共分解成 13 个本征模态函数分量，将 EMD 不能分解的高频部分再次分解高频、低频分量，并且使得每一个本征模态函数分量符合单频函数的条件，消除每一个本征模态函数分量的混叠现象，克服 EMD 对高频分量分解不彻底的局限性。

图 6 为 EMD 与 DEMD 分解后的功率谱图，可以得出爆破振动原始信号在 EMD 分解过程中，每个能量所对应的频率量无法识别出来，而且部分优势频率分量被遗漏，频率筛分的效果不明显，降低了信号的处理精度，这是因为 EMD 在处理信号过程中起初对信号进行了 3 次样条插值并没考虑分解出来的本征模态函数是否符合单频函数的条件与混叠失真现象，然而从 DEMD 处理的功率谱可以得到，通过对爆破振动原始信号进行微分处理，判断出不同频率分量所占比例，DEMD 方法在筛分频率的方面优越于 EMD，对爆破振动信号分析具有积极的意义。其次振动信号通过 DEMD 方法的处理，分解出的爆破振动信号功率谱特征变化较大，但大部分频率都在 200Hz 以下，与 EMD 方法相比，DEMD 方法使能量所对应的优势频率分量得以体现，提高了信号频率分辨能力。

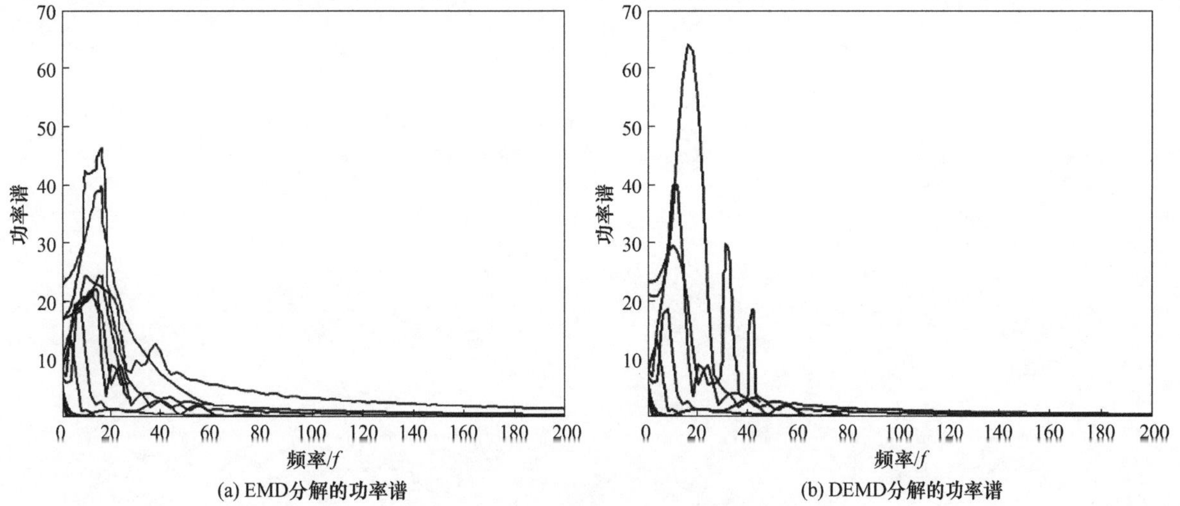

图 6　EMD 与 DEMD 分解后功率谱图

4 结论

本文结论如下。

（1）DEMD 算法以 EMD 为基础，对中碎车间爆破振动原始信号进行微分计算，改变信号中不同频率成分所占比例，将 EMD 没有分解出的本征模态函数分量 IMF5 ~ IMF8 分解出来，与 EMD 相比，该方法抑制了每一个本征模态函数分量中的混叠失真现象。

（2）通过 DEMD 处理得到的爆破振动信号功率谱可知，该方法能识别出较高能量所对应的部分优势频率分量，在信号频率的筛分能力方面优越于 EMD 方法，有利于对爆破信号能量的进一步分析。

参 考 文 献

[1] 中国生，熊正明. 基于小波包能量谱的建（构）筑物爆破地震安全评估 [J]. 岩土力学，2010，31 (5)：1522-1528.
[2] 杨仁树，付晓强，杨国梁，等. 基于 CEMMD 与 TQWT 组合方法的爆破振动信号精细化特征提取 [J]. 振动与冲击，2017，36 (3)：38-44.
[3] Kai Du，Xiang Fang. Generalized dimension based on morphological covering for blasting vibration signal processing [J]. Earth and Environmental Science，2017.
[4] 郭涛，方向，谢全民. 频率切片小波变换在爆破振动信号时频特征精确提取中应用 [J]. 振动与冲击，2013，32 (22)：73-78.
[5] Yan Z，Miyamoto A，Jang Z，et al. An overall theoretical description of frquency slice wavelet transform [J]. Mechanical System & Signal Processing，2010，24 (2)：491-507.
[6] Yan Z，Miyamoto A，Jang Z. Frquency slice algorithm for model signal separation and damping identification [J]. Computer & Structure，2011，89 (1)：14-26.
[7] 孙强，王梦晓，徐玉山，等. 岩巷爆破振动信号 HHT 分析与应用 [J]. 工程爆破，2016，22 (1)：1-7.
[8] 李鹏，卢文波，陈明，等. 高地应力环境下梯段爆破诱发振动特征的试验研究 [J]. 工程爆破，2011，17(1)：1-7.
[9] 景蓓蓓，李鸿光. 基于微分的经验模式方法在转子裂纹和碰摩故障诊断中的应用 [J]. 噪声与振动控制，2009，5 (1)：66-69.
[10] 季艳. 基于时频分析旋转机械故障特征提取方法研究 [D]. 秦皇岛：燕山大学，2015.
[11] 沈国际，陶利民，陈仲生. 多频信号经验模态分解的理论研究及应用 [J]. 振动工程学报，2005 (1)：96-99.
[12] Feldman M. Analytical basics of the EMD：Two harmonics decomposition [J]. Mechanical Systems and Signal Processing，2009，23 (7)：2059-2071.
[13] 李继业，蒲朝钦，何兴贵. 节理岩体边坡爆破振动衰减特征分析 [J]. 爆破，2018，35 (2)：32-36，113.
[14] 李鹏，卢文波，乔新明，等. 岩石高边坡开挖爆破振动信号处理与振动响应分析 [J]. 煤炭学报，2011，36 (S2)：401-405.
[15] 邓青林，赵国彦. 基于 EEMD 和小波的爆破振动信号去噪 [J]. 爆破，2015，32 (4)：33-38.

露天超深孔大抵抗线爆破技术研究

谢守冬　颜世留　陈运成　李铁龙

（广东宏大爆破股份有限公司，广东 广州，510623）

摘　要：以清远市清新区谷城矿业矿区台阶爆破工程为研究背景，工程施工中 410 平台有一超高台阶大抵抗线的特殊工作面需一次性爆破，该工作面台阶高 30m，长 80m，宽 20m，台阶坡面角 45°～80°。由于台阶高度大、坡面角小，且坡面坡比上下不一，造成了爆破施工技术难度大。通过对施工重难点分析，分别从单耗 q、钻孔倾角、孔深 L、装药结构、孔距 a、排距 b、起爆网络等方面进行详细设计，现场施工过程中对布孔测量、钻孔、装药等重点施工环节进行严格控制，爆破后取得良好效果。

关键词：高台阶；大抵抗线；变坡比；爆破设计

Research on Blasting Technology of Open-pit Super Deep Hole Large Resistance Line

Xie Shoudong　Yan Shiliu　Chen Yuncheng　Li Tielong

（Guangdong Hongda Blasting Co.，Ltd.，Guangdong Guangzhou，510623）

Abstract：This research is based on the bench blasting project in the Gucheng mining area of Qingyuan District，Qingyuan City. In this project，the special working face of the 410 platform with a high bench and large resistance line needs to be blasted at one time. The bench-face is 30 meters high，80 meters long and 20 meters wide，with a bench slope angle of 45°～80°. Due to the large bench height，small slope angle，and the uneven slope ratio，it is difficult to operate with the blasting construction technology. After the analysis of important and difficult points of the construction，detailed design was carried out by considering unit consumption q，drilling inclination，hole depth L，charge structure，hole spacing a，row spacing b，detonation network and other aspects. The key points of construction such as drilling and charging were strictly controlled，and an ideal blasting effect was obtained.

Keywords：high bench，large resistance line，variable slope ratio，blasting design

1　引言

砂石骨料资源是矿产资源的重要组成部分，是经济社会发展不可或缺、不可替代的物质基础和支撑。随着砂石骨料行业的快速发展，对砂石矿山开采的要求也越来越高，矿山开采过程中受地形、地质及周边环境等因素的影响，施工难度也逐步增大，这就要求有更为精细的控制爆破，确保爆破效果良好及施工安全。

本文以清远市清新区谷城矿业矿山 410 平台某待爆工作面为爆破研究对象，由于该工作面环境特殊，下方 395 平台修筑道路困难，为不影响后序铲装作业，故需将此工作面一次性爆破至 380 平台。本爆破工程依据露天台阶爆破的破碎机理[1]、爆破漏斗理论[1] 和相关施工经验[2] 进行了详细设计。本文通过设计、施工，从各方面对高台阶大抵抗线爆破技术进行了详细的阐述。

原载于《第七届全国砂石骨料行业科技大会论文集》。

2 工程概况

清远市清新区谷城矿业为一大型露天采石场，本次爆破工作面位于矿区410平台，台阶高度30m，台阶上部15m坡面角为45°，下部15m坡面角为80°，炮区长80m、宽20m，待爆岩石为硬度系数f=10~12的变质砂岩，岩层节理较为发育，爆区侧前方100m有一钢筋混凝土结构的岩石破碎生产线，除此外，炮区周边300m内无须保护的其他建筑设施。待爆作业面如图1所示，其侧面剖面图如图2所示。

图1 待爆作业面

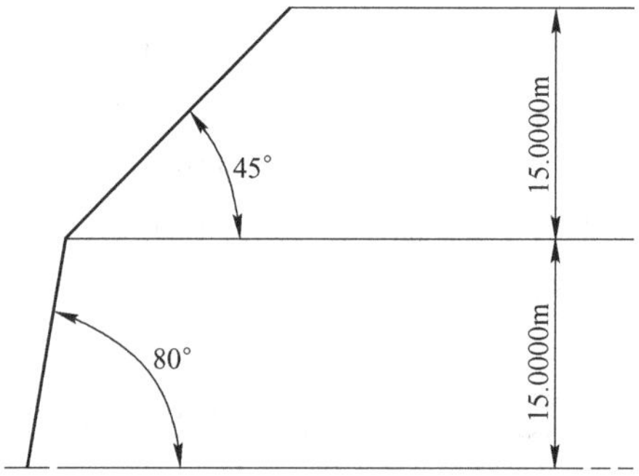

图2 待爆作业面侧面剖面图

3 施工难点

本工程的施工难点如下所示。

（1）待爆台阶坡面角小、上下坡比不同，爆破设计复杂，炸药爆炸难以均匀作用于被爆岩体。

（2）待爆台阶高度大、钻孔精度较难控制。

（3）炮孔深度大、倾斜度大、施工难度大、工作量大。

4 施工方案

待爆台阶高度大、坡面角小、坡面上下坡比不同，且100m内有重点保护对象，为使炸药爆炸尽可能均匀作用于被爆岩体同时避免爆破振动对保护对象带来损伤，决定采取深孔和浅孔结合、倾斜孔和垂直孔结合、耦合装药与不耦合装药结合、数码电子雷管逐孔起爆的工艺进行爆破设计施工。

第一排炮孔设计为倾斜浅孔，主要作用于炮区前部上方18m岩石，以解决台阶上层坡比小下层坡比大（抵抗线突变）的问题。第二排、第三排、第四排炮孔设计为孔距不同、钻孔倾角不同的深孔，后排为垂直孔，其中第二排孔底盘抵抗线较大，决定采取加密炮孔，加密孔底部装药上部堵塞，各排孔均使用反向起爆方式，以增大应力波和爆轰气体在孔底部的作用时间，保证克服底盘阻力。为解决各排倾斜孔由下往上抵抗线逐渐减小的问题，决定采取炮孔底部耦合装药上部不耦合装药的方法进行设计施工。同时为降低钻孔偏差对爆破效果的影响，决定保持单耗不变，采取缩小后排孔网参数、间隔装药的施工工艺。

5 爆破设计

5.1 设计原则

设计原则如下。

（1）单耗控制原则：为保证爆后达到预期效果，进行爆破设计时每排炮孔综合设计单耗控制在合理范围左右。

（2）克服底盘阻力原则：由于作业平台坡面角小、底盘抵抗线大，故在设计钻孔倾角、孔网参数和装药结构时应保证炸药爆炸足以克服底盘阻力。

（3）炸药爆炸作用均匀原则：在进行钻孔倾角、孔排距和装药结构设计时，应保证炸药爆炸作用均匀，爆后岩石破碎均匀。

（4）爆破振动控制原则：在进行最大单响药量和起爆网络设计时应保证爆破引起被保护对象的质点振动速度在安全允许范围内。

5.2 单响药量的确定

要保证爆破时爆区侧前方 100m 处钢筋混凝土结构的岩石破碎生产线不受损伤，关键是确定本次爆破的最大单响药量。根据《爆破安全规程》中建筑物地面质点振动速度允许标准[3] 的规定，确定该岩石破碎生产线安全振动速度为 8cm/s。最大单响药量的计算公式[1]：

$$Q_{max} = R^3(v/K)^{3/\alpha}$$

式中，R 为爆源中心到建筑物的距离（m）；Q_{max} 为爆破最大单响药量（kg）；v 为建筑物的质点振动安全允许速度（cm/s）；K、α 为与爆破点至保护对象间的地质条件有关的系数和衰减系数，查表取 $K=150$；$\alpha=1.5$。

将 $R_1=100$m，$v_1=8$cm/s 代入最大单响药量计算公式可得 $Q_{max}=2844$kg。

5.3 主装药品种选择

由于炮区底盘抵抗线大，同时炮区前部抵抗线变化大，为保证爆破时可以较好的克服底盘阻力，炸药爆炸作用均匀，故主装药选择线装药密度为 18kg/m 的混装乳化炸药和线装药密度为 12kg/m 的 ϕ110mm 乳化炸药以及线装药密度为 8kg/m 的 ϕ90mm 乳化炸药。

5.4 爆破单耗 q 的确定

根据本矿山施工经验和本次爆破作业特点，决定本次爆破综合单耗取经验数值。

5.5 孔径 d 选择

根据现有的钻孔设备，确定孔径为 140mm。

5.6 台阶高度 H 及超深 h 确定

根据现场实际情况和该矿山施工经验取 $H=30$m，超深 $h=2$m。

5.7 抵抗线 W 的确定

抵抗线是影响本工程爆破效果的一个重要参数，过大会造成根底多，底部大块率高，后冲拉裂作用大，过小则不仅浪费炸药，增大钻孔成本，且岩块易抛散和产生飞石危害，根据施工经验和现场实际情况确定前四排孔底部抵抗线大小分别为：$W_1=6.8$m、$W_2=9.7$m、$W_3=7.6$m、$W_4=5.7$m，各排抵抗线分布具体如图 3 所示。

5.8 钻孔倾角的确定

由于作业面台阶高度大、坡面角小、上下坡面比不同，为保证炸药尽可能均匀于待爆岩体，决定前 4 排炮孔使用不同的钻孔倾角，由前往后钻孔倾角逐步加大，根据抵抗线计算得各排钻孔倾角，其中第一排钻孔倾角 $\alpha_1=60°$、第二排钻孔倾角 $\alpha_2=70°$、第三排钻孔倾角 $\alpha_3=80°$、第四排钻孔倾角 $\alpha_4=85°$，最后三排为垂直孔，即钻孔倾角 $\alpha=90°$各排炮孔剖面图如图 3 所示。

5.9 孔深 L

由于待爆台阶上部 15m 坡面角为 45°，台阶下部 15m 坡面角为 80°，为解决台阶中部抵抗线突变问

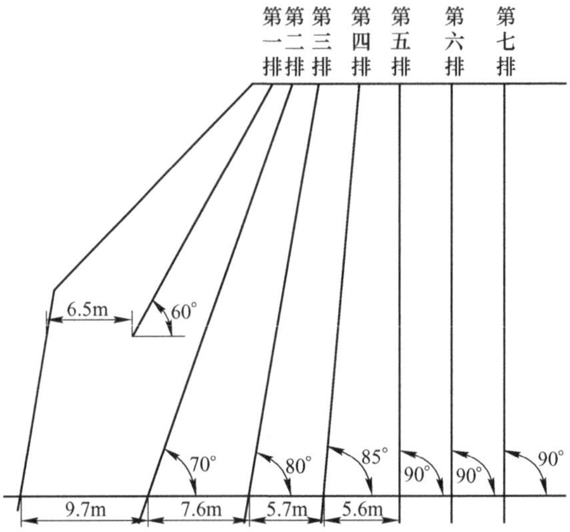

图 3 炮孔剖面图

题，故将第一排炮孔设计为钻孔倾角 60°、平均孔深 21m，以克服台阶前方上部 18m 的抵抗作用，解决变坡比炸药爆炸作用不均匀的问题。

第二排以后的各排炮孔设计为深孔，孔深 L 与台阶高度、超深和钻孔倾角有以下关系 $L = (H+h)\sin\alpha$，根据该公式计算得出各排炮孔平均孔深，具体见表 1。

表 1 各排孔爆破参数表

爆破参数	第一排	第二排	第二排（加密）	第三排	第四排	第五排	第六排	第七排
台阶高度/m	18	30	30	30	30	30	30	30
钻孔倾角/(°)	60	70	70	80	85	90	90	90
炮孔直径 d/mm	140	140	140	140	140	140	140	140
底盘抵抗线 W_1/m	6.8	9.7	9.7	7.6	5.7	5.6		
炮孔超深 h/m	0	2	2	2	2	2	2	2
炮孔深度 L/m	21	34	34	32.5	32.1	32	32	32
堵塞长度 L_1/m	8.5	4	24	7.5	11.1	11	12.5	12.5
装药长度 L_2/m	12.5	30	10	25	21	21	19.5	19.5
单孔装药量 Q/kg	182	358	180	336	270	270	351	351
综合单耗/kg·m^{-3}	经验数值							
炮孔间距 a/m	5	3	3	4	5	5	6.3	6.3
炮孔排距 b/m	1.5	1.5	1.5	2	3	3	4.2	4.2

5.10 装药结构设计堵塞长度（含间隔长度）L_2 及装药长度 L_1 的确定

（1）第一排孔：第一排炮孔主要克服台阶前方上部 18m 的抵抗作用，抵抗线由下往上逐渐减小，故决定炮孔底部使用混装乳化炸药耦合装药，中部使用 ϕ110mm 乳化炸药不耦合装药，上部使用 ϕ90mm 乳化炸药不耦合装药，顶部正常堵塞，根据各段抵抗线大小、爆破漏斗原理及各品种炸药线装药密度确定各段装药长度 L_1 和堵塞长度 L_2：$L_{1底}=7\text{m}$、$L_{1中}=3.0\text{m}$、$L_{1上}=2.5\text{m}$、$L_2=8.5\text{m}$，具体装药结构示意图如图 4 所示。

（2）第二排孔：第二排炮孔下部抵抗线较大，且上下差异较大，为保证克服底部阻力，决定第二排孔每 2 个孔一组，其中一个为加密孔，根据第二排孔各装药段的作用范围确定加密孔底部 10m 装药，上部 24m 正常堵塞，以协助克服台阶前方底部 12m 底盘阻力，非加密孔孔下部使用混装乳化炸药耦合装药，中部使用 ϕ90mm 乳化炸药不耦合装药，上部使用 ϕ110mm 乳化炸药不耦合装药，顶部正常堵塞，根据各段抵抗线大小、爆破漏斗原理及各品种炸药线装药密度决定各段装药长度 L_1 和堵塞长度 L_2：$L_{1底}=10m$、$L_{1中}=15.5m$、$L_{1上}=4.5m$、$L_2=4.0m$，具体装药结构示意图如图 4 所示。

(3) 第三排孔：根据抵抗线分布、爆破漏斗原理及各品种炸药线装药密度，决定第三排孔采取间隔装药，底部 12m 使用混装乳化炸药耦合装药，间隔 4m 后中部 4m 使用 ϕ110mm 乳化炸药不耦合装药，上部 9m 使用 ϕ90mm 乳化炸药不耦合装药，顶部 3.5m 正常堵塞，具体装药结构示意图如图 4 所示。

(4) 第四、五排孔：根据抵抗线分布、爆破漏斗原理及各品种炸药线装药密度，决定采取间隔装药，底部 7m 使用混装乳化炸药耦合装药，间隔 4m 后中部 8m 使用 ϕ110mm 乳化炸药不耦合装药，然后再间隔 3.5m 后上部 6m 使用 ϕ90mm 乳化炸药不耦合装药，顶部 3.5m 正常堵塞，具体装药结构如图 4 所示。

(5) 第六、七排孔：此两排孔为垂直孔上下抵抗线相同，根据炸药爆炸作用均匀原则决定底部 7.5m 使用混装乳化炸药耦合装药，间隔 4.3m 后中部 6.5m 使用混装乳化炸药耦合装药，然后再间隔 4.2m 后上部 5.5m 使用混装乳化炸药耦合装药，顶部 4m 正常堵塞。具体装药结构如图 4 所示。

各排炮孔间隔装药时均使用岩粉进行间隔。

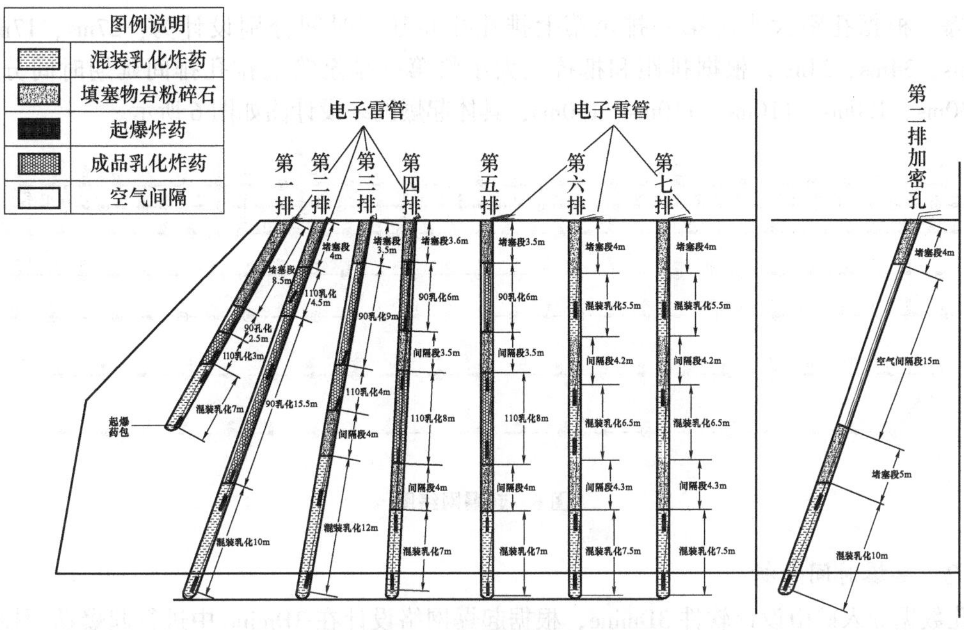

图 4　各排孔装药结构示意图

5.11　孔距 a、排距 b 的确定

孔距 a 和排距 b 有如下关系：$a=mb$，其中 m 是炮孔密集系数。

(1) 第一排孔：为保证钻机钻孔安全，决定取第一排孔与眉线距离 $b=1.5m$；根据炮孔底部抵抗线、单耗和单孔装药量等计算得第一排孔距 $a_1=5m$。

(2) 第二、三排孔：第二、三排孔取炮孔密集系数 $m=2$，根据待爆岩石体积、单耗和单孔装药量等计算得第二排孔距 $a_2=3m$、排距 $b_2=1.5m$，第三排孔距 $a_3=4m$、排距 $b_3=2m$。

(3) 第四、五排孔：第四、五排孔取炮孔密集系数 $m=1.6$，根据待爆岩石体积、单耗和单孔装药量等计算得第四排孔距 $a_4=5m$、排距 $b_4=3m$，第五排孔距 $a_5=5m$、排距 $b_5=3m$。

(4) 第六、七排孔：第六、七排孔取炮孔密集系数 $m=1.5$，单孔装药量 Q、台阶高度 H、孔距 a、排距 b 及炸药单耗 q 的关系为：$Q=qabH$，将 $a=mb$ 代入上式，得：

$$a=\sqrt{\frac{mQ}{qH}}\qquad b=\sqrt{\frac{Q}{mqH}}$$

炮孔平面布置图如图 5 所示，各排孔爆破参数见表 1。

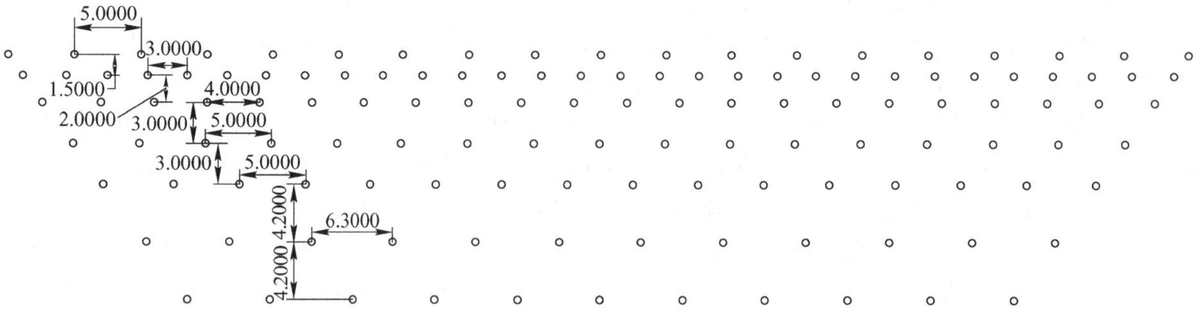

图 5　炮孔平面布置图

5.12　起爆网络设计与分析

5.12.1　起爆网络设计

由于本次爆破总药量较大，$Q_{总} = 35900\text{kg}$，为控制爆破振动改善爆破效果，决定本次起爆网络采用逐孔起爆。根据孔距大小将第一排至第七排孔孔间延期时间分别设计为：27ms、17ms、21ms、31ms、31ms、34ms、34ms，根据排距和抵抗线大小将第一排至第七排孔排间延期时间分别设计为120ms、130ms、120ms、110ms、110ms、110ms，具体起爆网络设计图如图 6 所示。

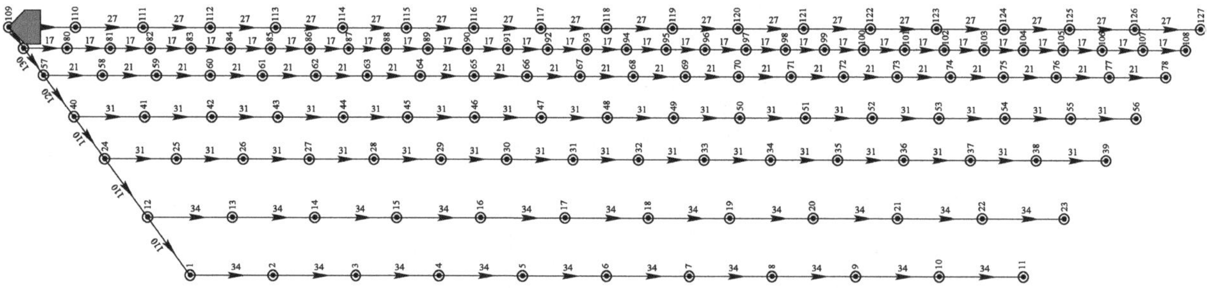

图 6　起爆网络图

5.12.2　起爆时间分析

将炮孔数据导入矿山设计软件 3Dmine，根据起爆网络设计在 3Dmine 中进行起爆动画模拟和起爆时间分析，根据起爆网络模拟动画和起爆时间分析图可看出本次起爆网络设计合理、爆破施工最大单响药量远小于允许最大单响药量，可按此施工。起爆时间分析图如图 7 所示。

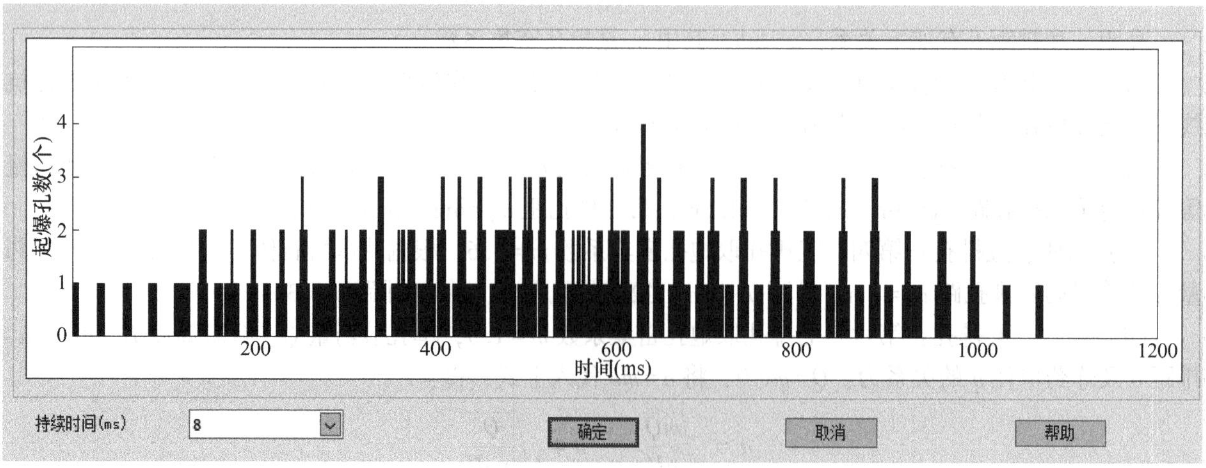

图 7　起爆时间分析图

6 关键施工工序过程控制

6.1 布孔

根据现场实际情况和布孔设计图进行测量布孔，布孔由第一排依次向后进行，特殊位置根据实际情况做出调整，孔位确定后，使用 RTK 测量仪对每个炮孔进行测量，根据台阶高度、超深和钻孔倾角计算出每个孔的孔深，见表 2，最后记录每个孔的孔深、钻孔倾角并将该信息在每个孔位处进行标注，以便于钻机钻孔。

表 2 测点爆破振动速度

编号	距爆破点水平距离/m	与爆破点高差/m	质点矢量振动速度/$cm \cdot s^{-1}$
1	100	8	5.572

6.2 钻孔

钻孔施工前根据钻孔设计对钻机手进行详细技术交底，钻孔过程中利用角度仪对钻孔倾角严格控制，确保钻孔精度符合设计要求。

6.3 装药与堵塞

装药和堵塞施工过程中严格按照设计进行施工。首先，每孔混装乳化炸药装药完成后，必须待孔内混装乳化炸药发泡完成后再进行堵塞作业，且堵塞前采取措施防止孔内上层混装乳化炸药与岩粉混合，防止孔内上层混装乳化炸药失效；其次，ϕ110mm 乳化炸药和 ϕ90mm 乳化炸药装药施工时必须采取吊装的方式进行施工，以保证线装药密度符合设计要求；最后，堵塞作业时，堵塞材料必须符合《爆破安全规程》要求，以保证堵塞质量。

7 爆破效果分析

本次爆破作业各工序施工严格按照爆破设计进行，施工中未出现异常情况，爆破前在炮区侧面距离炮区边缘 100m 处安装一组爆破测振仪；爆破后，测得爆破振动速度见表 2。

爆破振动速度在安全范围之内，爆破过程未出现爆破飞散物，爆后爆堆形状规整，表面块度均匀、无明显大块，达到标准抛掷爆破效果，爆堆松散度较好，无后翻和测冲，适宜挖运，爆后效果如图 8 所示，挖装后效果图如图 9 所示。

图 8 爆后效果图

图 9 挖装后效果图

8 结论

本工程针对台阶高度大、坡面角度小，且坡面坡比上下相差大等技术难点，围绕钻孔倾角、装药结构和孔网参数设计等关键工序进行系统研究计算，得出以下结论。

（1）采用倾斜浅孔和倾斜深孔相结合，合理设计孔网参数和装药结构可有效解决台阶上层坡比小、下层坡比大的技术难题。

（2）根据单耗控制原则，加密炮孔，合理设计钻孔倾角、装药结构可有效解决底盘抵抗线过大问题。

（3）根据单耗控制和炸药爆炸作用均匀原则，采取缩小孔网参数、间隔装药的施工工艺可明显改善爆破效果，同时降低高台阶因钻孔偏差对爆破效果的影响。

通过本次爆破参数设计、施工及爆破后效果分析可得，本次爆破设计比较成功，可为类似爆破工程提供参考。

参考文献

[1] 汪旭光．爆破设计与施工［M］．北京：冶金工业出版社，2011.
[2] 郑炳旭．中国爆破新技术Ⅲ［M］．北京：冶金工业出版社，2012.
[3] 中华人民共和国国家标准．GB 6722—2014 爆破安全规程［S］．北京：中国标准出版社，2014.

基于无人机航测技术的多类型矿石堆场两期储量分析

张兵兵　许龙星　周　敏　张　璞　王　菲

（广东宏大爆破股份有限公司，广东　广州，510623）

摘　要：大宝山露天矿山矿石堆场具有种类多、品位差异大等特点，人工测量耗时耗力且难度较大。基于这一现状，采用搭载高清单镜头的大疆精灵 4RTK 小型四旋翼无人机，经过现场踏勘，制定了相对航高 100m，重叠率为 80%，测区内布置 4 个像控点，2 个检查点的井字形低空倾斜摄影测量方案。共获取了两期高清影像信息，经过 Context Capture 软件的空三解算与模型重建，得到了对应的真实三维模型。其中，*X* 方向和 *Y* 方向最大误差分别为 14. 05cm 和 8. 40cm，中误差为 2. 59cm，精度检验满足比例尺为 1：500 的地形图要求。将两期模型导入 IData 软件，得到了不同时期的矿石储量，并与真实值进行了比对分析，相对误差仅为 2. 8%，为露天采场供配矿规划工作提供了保障。实践表明，低空无人机倾斜摄影技术在矿石堆场储量计算方面具有可行性。

关键词：无人机；航测技术；像控点布置；精度分析；三维模型；储量对比

Two Phase Reserves Analysis of Multi-type Ore Storage Yard Based on UAV Aerial Survey Technology

Zhang Bingbing　Xu Longxing　Zhou Min　Zhang Pu　Wang Fei

（Guangdong Hongda Blasting Co.，Ltd.，Guangdong Guangzhou，510623）

Abstract：Dabaoshan open-pit mine ore storage yard has the characteristics of many kinds and different grades，and manual measurement is time－consuming，labor－consuming and difficult. Based on the situation，the DJI Phantom 4RTK small quadrotor UAV with high－definition single lens is adopted，the well－shaped low－altitude tilt photogrammetry scheme with relative altitude of 100m and overlap rate of 80% has been formulated by field survey，and four image control points and two inspection points are arranged in the survey area. Two phases of high-definition image information are obtained，and the corresponding real 3D model are obtained through space three solution and model reconstruction of Context Capture software. The maximum error of *X* direction and *Y* direction are 14. 05cm and 8. 40cm respectively，and the mean square error is 2. 59cm，which showed that accuracy test meet the requirements of 1：500 topographic map. By importing the two－stage model into IData software，the reserves of ore in different periods are obtained，and compared with the real value，the relative error is only 2. 8%，which provides guarantee for the open-pit stope ore supply and distribution work. The practice shows that low-altitude UAV tilt photography technology is feasible in reserve calculation of ore storage yard.

Keywords：UAV；aerial survey technology；image control point layout；accuracy analysis；3Dmodel；reserve comparison

1　引言

无人机航测技术为非接触式的测绘方式，其特点为覆盖面积大，可实现测区内高程点的全覆盖，数据的完整性较好，精度可满足比例尺为 1：2000～1：500 的地形图要求[1,2]，相比于传统的 RTK、全

原载于《中国矿业》，2021，30（2）：80-83，100。

站仪等有显著优势，目前已应用在露天矿山的诸多方面[3]。在露天矿山管理过程中，有效获取露天矿山储量及特定区域的工程量大小，是保证矿山采剥平衡及合理安排施工进度的基础，同时也是工程量结算的依据。在工程量估算及核算等方面，许多专家学者进行了研究。许志华等人[4]基于运动恢复结构（SFM）和多目立体视觉（PMVS）算法，提出了一种基于无人机影像序列的露天矿工程量计算方法，通过两期点云匹配分析，认为相对误差小于±1%，堆放体积变化监测精度接近92%；王果等人[5]通过无人机成功获取矿区倾斜影像，构建出不规则三角格网和纹理映射，重建了露天矿三维模型，实现了露天矿工程量的快速低成本计算；高利敏等人[6]基于八旋翼无人机，通过低空倾斜摄影，利用 Virtual Surveyor 软件进行两期工程方量计算，为工程管理提供了准确的数据和有力的技术保障；张中雷等人[7]将无人机应用在露天矿山的工程计量、采场布局等方面，构建了基于无人机航测技术的生产调度指挥体系，现场应用效果良好；张兵兵等人[8]将无人机用在露天采场精细化管理中，提高了采场的安全监管与高效开采水平。

综上所述，无人机航测在复杂地形测绘应用中优势明显，对工程量计算的准确度已得到了广泛认可。但大多针对单一类型区域，在多类型相邻的复杂矿石堆场方面研究较少，故本文的研究具有一定的实际意义。

2 工程概况及难点分析

大宝山露天矿为多金属矿山，富含铁、铜-硫、铅-锌等多种矿石，建成了330万吨/年的铜-硫选厂，因此需要保证铜-硫矿石的采场供应量满足选厂消耗量且有部分富余。由于采场矿石品位不断变化，因此高品位与低品位矿石的综合利用对于选厂矿石供应十分重要，保证均衡化配矿指标，既不过多消耗高品位矿石，也防止矿石品位不达标。为此，在铜矿堆场附近设置了低品位矿石堆场及350万吨堆场，三者的综合利用是确保选厂正常且高效运转的关键。在相邻区域内形成3个不同品位的矿石堆场，构成了多类型相邻的复杂矿石堆场，而矿石堆场的前期堆置高度均较高，单纯依靠人工测量，耗时较长，劳动强度大，且堆场边坡存在许多难以测量到的点位，完整性较差，人工测量的准确性难以保证，因此需要一种更加有效的测量手段。

基于现有的测量技术手段，本文采用了低空无人机航测技术，为非接触式测绘技术，具有耗时短、人工劳动强度低、操作简单方便等优势，可通过设置飞行航线与数据后期加工处理快速获取矿石堆场的地形信息，数据的完整性得以保证。同时可通过两期或多期航测地形对比分析，及时获取一定时期内矿石储量的变化情况，进而做好采场供配矿的规划设计。

3 无人机航测作业的规划与实施

本文所采用的大疆精灵4RTK小型四旋翼无人机，其搭载高清单镜头2000万像素相机，具备手动航拍与自主航线测量双重功能，可实现正射航测、倾斜摄影方案的制定与实施，低空航测的精度为厘米级，满足矿山航测的实际需求。

3.1 航线的规划设计

采用人工现场勘查与无人机航拍监察相结合的方式，综合确认相邻矿石堆场的航测范围，利用正射镜头模式下的无人机航拍测量周边山体的最大海拔高度，将航测相对高度定为100m，确保航测作业的安全可靠。在此基础上，采用3向井字形航线规划功能，制定小范围的倾斜摄影测量路线，涵盖3个矿石堆场、铜-硫选厂等建构筑物的地形地貌信息，航线规划如图1所示。同时，为了保证航测影像连接点的平差结构及相邻影像间的紧密联系程度，航向和旁向重叠率设置为80%，令高重叠度模式下的数据可靠性得以提升。

根据现场勘查的实际地形，结合像控点布置方式需满足平面及高程控制的双重要求，确定了相应的布置方式[9]，在矿石堆场上方及下方、左侧与右侧各布置了1个像控点，在建构筑物周边布置了2个检查点。

图 1　矿石堆场井字形航线规划

Fig. 1　Well-shaped route planning of ore storage yard

选择晴天且风速较小的天气，将 350 万吨堆场的空旷场地作为起飞降落位置，实施相对航高为 100m 的低空无人机航测。2020 年 6 月 18 日进行了第一次航测，耗时 50min 左右，航测面积为 0.1km^2 左右，得到了 804 张高清自带 POS 数据的影像照片。2020 年 8 月 3 日进行了第二次航测，与第一次航测的路线、像控点布置等保持一致，得到了 810 张高清自带 POS 数据的影像照片。

3.2　航测数据的内业处理

本文采用 Context Capture 软件对航测数据进行内业处理，其具有操作步骤简单、数据处理快、精度较高等特点，已广泛应用于无人机航测数据成果生成与分析方面[10]。通过高清自带 POS 数据影像的自动匹配、像控点的刺点、空三解算、模型重建等步骤，成功得到两期矿石堆场对应的三维模型数据。

3.2.1　误差分析

由于两次航测的基本条件一致，本文将第一次航测的数据用于误差分析，判断是否满足航测地形的实际需求。在三维模型中，像控点清晰可见（见图 2）；在生成三维模型的质量报告中，可以及时获取各种误差信息，有助于做出综合判断。三维模型全局中值误差仅为 0.4mm，分辨率较高，X 方向、Y 方向、Z 方向的误差值均较小；4 个像控点射线距离均方根在 0.2~0.5mm，整体误差较小。

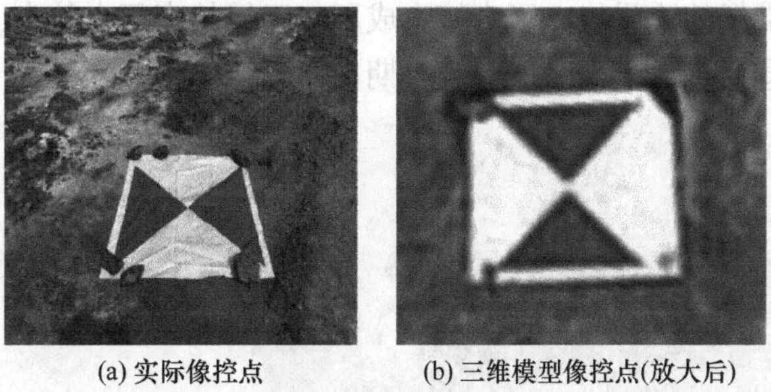

(a) 实际像控点　　(b) 三维模型像控点(放大后)

图 2　像控点对比

Fig. 2　Comparison of image control points

同时，对比分析了特定点的误差值，即 4 个像控点与 2 个检查点（见表 1）。可以得到 100m 相对航高下模型 X 方向和 Y 方向最大误差分别为 14.05cm 和 8.40cm，中误差为 2.59cm，均满足比例尺为 1∶500 的地图成图要求（平面位置精度小于等于 0.150m，中误差小于等于 0.175m）。

3.2.2　两期三维模型

采用 Context Capture 软件在完成影像匹配与空三解算等步骤后，重建得到矿石堆场两期三维模型，如图 3 和图 4 所示。由图 3 和图 4 可知，影像的连接性较好，匹配程度较高，基本无拉花与扭曲现象，真实还原了矿石堆场的实际地形地貌。

表 1 航测精度误差表

Table 1 Accuracy error table of aerial survey

编号	误差/cm				
	ΔX	ΔY	ΔZ	平均误差	中误差
XKD-1	1.31	0.19	2.05	2.54	2.59
XKD-2	2.44	2.31	2.20		
XKD-3	2.14	1.31	3.50		
XKD-4	0.36	1.13	2.82		
JCD-1	14.05	8.40	2.40		
JCD-2	5.10	4.03	2.30		

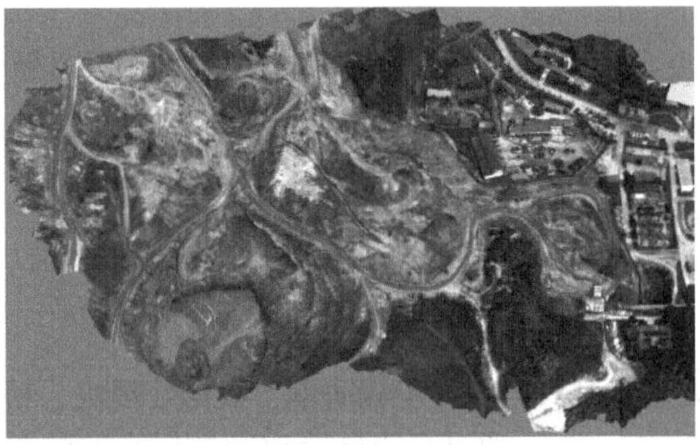

图 3 第一次航测三维模型

Fig. 3 3D model of the first aerial survey

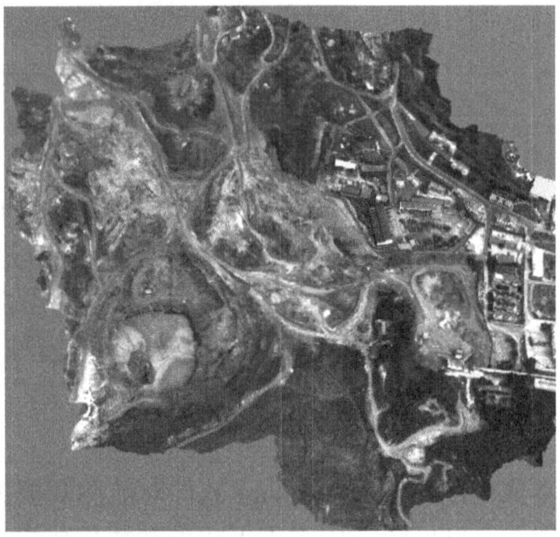

图 4 第二次航测三维模型

Fig. 4 3D model of the second aerial survey

4 两期矿石工程量对比

为了更好地分析三维模型数据信息，采用 IData 软件，其具有兼容性强、快速准确、三维向二维转化等优势。通过圈定矿石堆场的边界线，可直接生成所在区域的高程点信息，进而计算剩余储量大小。结合两期的矿石高程点信息变化，进而获取一定时期内储量变化情况，如图 5 所示。

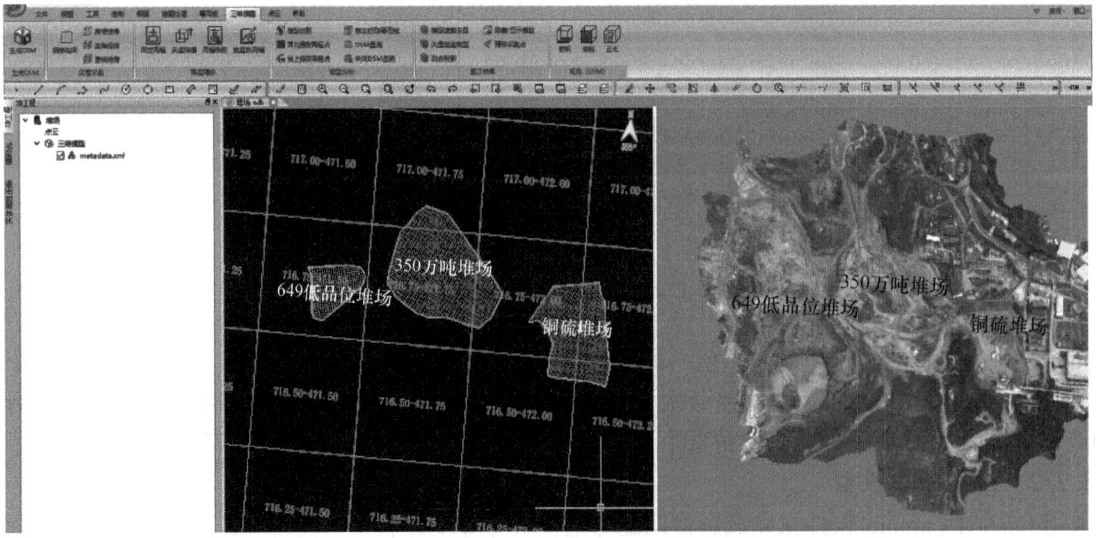

图 5 矿石堆场储量计算

Fig. 5 Calculation of ore storage yard reserves

为了验证低空无人机航测在工程量结算方面的误差率，进行了相应的误差分析。本文以露天采场配矿量和堆场供矿量的统计值作为真实值，即第一次至第二次航测期间的真实统计值，配矿量为574386.4t，供矿量为499127.9t，计算出矿石堆场在时间段内的差值 $V_{真实}$ 为 22805.6m^3（矿石比重为3.3t/m^3），由于矿石挖装后堆积为松散体，因此松散系数按 1.3 计算。

经过 IData 软件生成的高程点信息，计算得到航测的相对变化值，其中第一期是相对于原始矿石堆场地形；第二期是相对于两期航测期间的地形变化，计算的储量值见表 2。两期航测期间的储量变化值 $\Delta V=28817.2\text{m}^3$，进而计算出相对误差率 $\Delta=1-(\Delta V/1.3)/V_{真实}=2.8\%$，表明无人机航测在计算矿石储量方面的相对误差较小，具有一定的可行性。

表 2　矿量变化统计表

Table 2　Statistics of ore quantity change

时间	储量值/m^3		
	铜硫矿石堆场	649 低品位堆场	350 万吨堆场
第一期	-54289.2	28692.1	77337.5
第二期	39253.4	541.3	-10977.5

通过各个堆场的统计数据显示，数据结果与实际情况吻合度较高。铜-硫矿石堆场的配矿量与供矿量差值为 39253.4m^3，这与采场采矿力度持续加大有关，富余量较大，有效地保证了选厂的高效运转。而 649 低品位堆场在两次航测期间基本无变化，与真实情况相符，采场的局部低品位排放至该堆场，暂时处于备用状态，未进行施工作业。350 万吨堆场挖方量为 10977.5m^3，这与 2020 年 7 月 30 日至 2020 年 8 月 3 日的堆场道路改道情况有关，计算的挖方量与实际道路挖方量相符。通过以上分析可知，低空无人机航测技术在计算多类型邻近矿石堆场储量具备一定的可行性，且计算精度较高。

5　结论

本文结论如下。

（1）本文采用低空无人机航测技术，设置了相对航高为 100m 的三向井字形航线规划及像控点布置方式，进行了两期航测，通过 Context Capture 软件的解算，得到了两期三维模型数据。

（2）通过分析航测得到的三维模型中像控点和检查点的误差情况得到 X 方向和 Y 方向最大误差分别为 14.05cm 和 8.40cm，中误差为 2.59cm，精度较高，均满足比例尺为 1∶500 的地形图的要求，故满足应用在矿石堆场储量计算方面的精度要求。

（3）利用两期三维模型数据及 IData 软件的高程点输出功能，得到了两期航测期间的矿石堆场储量变化情况，相对误差率仅为 2.8%，测量值与实际情况相符，并对各堆场进行了详细的分析。由此表明，低空无人倾斜摄影测量技术在矿石堆场储量计算方面具备一定可行性，可应用于露天采场配矿与供矿规划设计方面，有利于实现供配矿工作的精细化管理。

参考文献

[1] 李涛．天狼星无人机航摄系统在复杂地形测量中的应用与精度分析［J］．测绘通报，2017（12）：146-148，152.
Li Tao. Application and accuracy analysis of Sirius UAV aerial photography system in complex topographic survey［J］. Bulletin of Surveying and Mapping，2017（12）：146-148，152.

[2] 刘聪，贺跃光，陈帅，等．某铝土矿低空无人机遥感测绘成果精度分析［J］．测绘工程，2017，26（1）：17-20.
Liu Cong，He Yueguang，Chen Shuai，et al. Precision analysis of low-altitude UAV remote sensing mapping results in the bauxite［J］. Engineering of Surveying and Mapping，2017，26（1）：17-20.

[3] 张兵兵，张中雷，廖学燕，等．轻小型无人机航测技术在露天矿山中的应用现状与展望［J］．中国矿业，2019，28（6）：94-98.
Zhang Bingbing，Zhang Zhonglei，Liao Xueyan，et al. Application status and prospect of light and small UAV aerial survey

technology in open-pit mines [J]. China Mining Magazine, 2019, 28 (6): 94-98.

[4] 许志华, 吴立新, 陈绍杰, 等. 基于无人机影像的露天矿工程量监测分析方法 [J]. 东北大学学报 (自然科学版), 2016, 37 (1): 84-88.

Xu Zhihua, Wu Lixin, Chen Shaojie, et al. Method of engineering volume monitoring and calculation for open-pit mine from UAV images [J]. Journal of Northeastern University (Natural Science), 2016, 37 (1): 84-88.

[5] 王果, 沙从术, 蒋瑞波, 等. 基于无人机倾斜摄影的露天矿工程量计算方法 [J]. 金属矿山, 2017 (10): 72-75.

Wang Guo, Sha Congshu, Jiang Ruibo, et al. Research on engineering volume calculation for open-pit mine based on UAV oblique photogrammetry [J]. Metal Mine, 2017 (10): 72-75.

[6] 高利敏, 冯耀楼. 多旋翼无人机在工程方量测绘中的应用 [J]. 测绘通报, 2018 (4): 155-158.

Gao Limin, Feng Yaolou. Application of multi-rotor UAV in surveying and mapping of engineering earthwork [J]. Bulletin of Surveying and Mapping, 2018 (4): 155-158.

[7] 张中雷, 张兵兵, 方翔, 等. 露天采石矿山无人机生产调度指挥体系的构建与实施 [J]. 中国矿业, 2019, 28 (9): 67-73.

Zhang Zhonglei, Zhang Bingbing, Fang Xiang, et al. Construction and implementation of UAV production dispatching command system architecture for open-pit quarry [J]. China Mining Magazine, 2019, 28 (9): 67-73.

[8] 张兵兵, 喻鸿, 张中雷, 等. 露天矿山采剥施工的数字化精细管理实践 [J]. 黄金科学技术, 2019, 27 (4): 621-628.

Zhang Bingbing, Yu Hong, Zhang Zhonglei, et al. Digital and fine management practice of open-pit mining and stripping construction [J]. Gold Science and Technology, 2019, 27 (4): 621-628.

[9] 朱进, 丁亚洲, 陈攀杰, 等. 控制点布设对无人机影像空三精度的影响 [J]. 测绘科学, 2016, 41 (5): 116-120.

Zhu Jin, Ding Yazhou, Chen Panjie, et al. Influence of control points' layout on aero-triangulation accuracy for UAV images [J]. Science of Surveying and Mapping, 2016, 41 (5): 116-120.

[10] 李策. 基于 Context Capture 倾斜摄影三维建模关键技术研究 [D]. 唐山: 华北理工大学, 2019.

基于 PDCA 循环的高温爆破技术

谢钱斌

（广东宏大爆破股份有限公司，广东 广州，510623）

摘　要：为确保在高温火区安全爆破的前提下，进一步增加高温火区爆破作业规模，稳步提升露天煤矿岩石剥离作业进度，结合宁夏大石头露天煤矿爆破现状，针对降温效果、孔内积水、炸药选择等进行深入研究。将 PDCA 循环安全管理与布孔钻孔、信息化测温、炮孔降温等进行有效结合，准确掌握了高温区分布情况，制定合理的降温方案；并针对裂隙区炮孔升温反弹等现象研究制作高温隔热护套，对炸药和起爆器材进行绝热保温，并在实践过程中使用反程序高温爆破，实现了高温火区安全高效爆破。实践证明，基于 PDCA 循环的高温爆破技术安全可靠，成本低，效率高，可在今后类似工程中推广应用。

关键词：PDCA 循环；高温火区；高温爆破；隔热护套；炮孔降温

Technology of High Temperature Blasting Based on PDCA Cycle

Xie Qianbin

（Guangdong Hongda Blasting Co.，Ltd.，Guangdong Guangzhou，510623）

Abstract：In order to further increase the blasting scale in high－temperature fire areas under the premise of safe blasting in high－temperature fire areas and steadily improve rock stripping in open-pit coal mines under a promise of safety，this paper combined with the current blasting situation in Ningxia Dashitou open-pit coal mine，conducted a deep research on the cooling effect，the water accumulation in holes，and the choice of explosives. It combined the PDCA cycle safety management with hole design and drilling，information－based temperature measurement，and blasthole cooling，etc. The distribution of high－temperature areas is grasped accurately，and a reasonable cooling plan is formulated. For the phenomenon of blasthole heating and rebound in the fissure area，a high－temperature insulation sheath was made to insulate explosives and initiating equipment. During the operation，reverse program was used to achieve safe and efficient blasting in high－temperature fire areas. The practice has proved that the high－temperature blasting technology based on the PDCA cycle is safe and reliable，with low cost and high efficiency，and can be popularized and applied in similar programs in the future.

Keywords：PDCA cycle；high temperature fire zone；high temperature blasting；thermal insulation sheath；blasthole cooling

1　工程背景

大石头煤矿位于贺兰山北段汝箕沟矿区的大岭井田内，南北走向长 992m，东西走向宽 630m，面积 0.546km^2，基建区植被稀少，边坡稳定，山脉近南北向延伸，自东向西山势逐渐增高，地形起伏较大，岩石多为砂岩，有少量泥岩，比较坚硬。由于多年地下开采，各煤层均存在采空区，原煤自燃使得巷道多处存在火区和高温区，由于资料和当前技术限制，火区面积不详。地下高温限制了原有的井工矿开采，继而转为露天复采，井口封闭后仍有空气进入采煤巷道，加之放顶后进一步加剧了氧气渗

基金项目：广东省产学研合作院士工作站资助项目（2013B090400026）。
原载于《工程爆破》，2021，27（2）：125-129。

入，与煤表面发生了物理化学反应，放出热量在通风不畅的情况下造成热量不断聚集，煤层温度随之逐步上升；随着煤温上升，煤层及岩体内的热应力逐渐增大，破坏了围岩的稳定性，使得煤层和岩石空隙率增大，地表裂隙逐渐增大，自由面增多，进风强度也随之加大，加速了煤层自燃反应形成了高温火区，严重制约了露天复采的工程进度[1]。在此之前，其他矿区基本上均以机械挖掘为主，成功进行高温爆破安全管理和施工的工程并不多见。

美国质量管理专家戴明博士提出的 PDCA 循环质量管理，通过计划、执行、检查和效果处理，使任何一项符合逻辑的工作程序得到了有效进行和优化。炮孔降温效果和网路安全是影响高温爆破的重要因素，本工程将 PDCA 循环原理引入到安全管理工作中，并验证是一种有效的安全管理方法。

2 基于 PDCA 循环的爆破设计

2.1 工程难点

本工程的难点有以下几点。

（1）施工环境十分复杂，高温火区分布区域不明确，经常出现钻孔注水降温后孔温无法达到安全爆破的情况。

（2）安全要求极高，周围露天复采基建剥离设备和人员较多需重点保护。

（3）技术难度大，受地下自燃煤层影响，钻孔后炮孔温度高达 100~300℃，普通爆破器材和爆破技术无法满足安全生产的要求。

（4）施工进度要求高，受高温火区影响，下部台阶无法正常推进，大量设备闲置，现需每天约 5000m^3 的火区爆破量才能按期完成生产任务。

2.2 现场布置探孔

大石头煤矿井工开采年限较长，井下原煤自燃造成大量的保护矿柱坍塌，原有的地质资料不能反映出准确的高温火区区域，为使工程进度按照原计划进行，故在没有完善的地质资料的条件下，采取钻凿探孔的方式以了解开采范围内的高温火区分布情况。根据现场现有的施工设备情况，选择直径 138mm 潜孔钻机，分别在每个平台沿东西走向和南北走向每隔 50m 钻 1 个深度约为 15m 的钻孔，成孔后用红外线测温仪记录原始温度并用铁板进行覆盖加以保护，并设置安全告示。

2.3 降温方案

2.3.1 孔温现状及降温要求

对需要爆破的区域钻凿 120 个探孔后用红外线测温仪测温，得知现开采区域内 70%探孔的温度介于 80~230℃之间，20%探孔温度高于 230℃，10%探孔温度低于 80℃；前期大量实验证明：乳化炸药、电雷管、导爆索在 100℃的环境中 6h 内爆炸性能稍有降低，但不会发生爆炸，因此将高温火区的温度降至 100℃以内，安全施工才有保障。通常情况下对炮孔采用轮流降温，一段时间后对炮孔温度进行复测，检测分析其中 35 个炮孔温度合格，65 个炮孔温度不合格。

2.3.2 原因分析

通过对钻孔后的孔温，降温时间，降温用水量，持续时间，孔壁完整情况等进行统计分析，找出了降温不合格的原因，并得出影响因素统计表（见表 1）。

表 1 炮孔降温影响因素统计

Table 1 Statistics on the influence factors of blasthole cooling

序号	影响因素	频次	累计频次	累计频率/%
1	孔温高于 300℃	32	32	26.7
2	水量不足	37	69	57.5
3	降温时间过短	28	97	80.8

续表 1

Continues Table 1

序号	影响因素	频次	累计频次	累计频率/%
4	孔内裂隙过多	13	110	91.7
5	管内直接出水	10	120	100

2.3.3 目标确认

通过炮孔降温影响因素分析确定：孔温高于300℃、水量不足、降温时间过短为A类问题，需要制定有效的对策进行重点管理；将累计频率80%~90%区间的定为B类问题，即次要问题，孔内裂隙过多、管内直接出水等问题应照常规适当加强管理。

2.3.4 对策制定

参考以往类似工程的施工经验，炮孔温度高于230℃高温炮孔需持续降温，且降温时间保证在24h以上，降温效果明显，停止注水15min后，炮孔温度不高于80℃。运用此方法需保证2套及以上给水管线设备，1台工作，1台检修备用，以保证降温过程持续进行。

温度介于80~230℃之间的炮孔可采用2辆15t的洒水车，外接消防软管和分水器，轮流对炮孔进行注水降温，每隔3h用热电偶测温仪对降温后的炮孔进行测温并记录。因本区域范围内的炮孔温度跨度范围大，故需通过分水器流量调节阀，及时调配每个炮孔的注水流量，合理利用水资源，保证每个炮孔在爆破前均降至80℃以下，可进行安全爆破。

230℃以下的区域通常一次可爆破9个炮孔，故采用9口分水器，分水器进水端头连接消防软管，给水管和洒水车都能与其进行任意切换，以便缩短停水时间改善降温效果；降温过程中密切观测炮孔内水位情况，及时调整注水流量。

2.4 爆破方案

2.4.1 高温火区爆破设计

高温火区爆破作业严格遵守爆破安全规程的相关规定，通过对诸多类似矿山开采爆破的经验总结，为保证爆破质量，提高台阶平整度，爆破一般采用三角形布孔方式，布孔参数为6.5m×4.0m，遇特殊情况，也用单排布孔、矩形布孔方式。岩石剥离钻孔选用138mm孔径潜孔钻机，所有的潜孔钻机必须安装除尘装置方可作业。台阶高度10m，考虑到注水降温过程中会有部分碴料和孔壁碎石在水流的冲刷下进入炮孔，沉积在孔底，故炮孔深度不小于13.5m，实际装药前炮孔深度不大于13.0m。现场穿孔地形多为砂岩、页岩、泥岩，钻孔必须保证爆破最小抵抗线3.5m，在钻孔过程中，遇到裂隙、坍塌、采空区等情况，应及时汇报。钻孔时如遇煤层应立即停止钻孔作业，并回填至煤层顶板上0.5m才准爆破，防止破坏煤层。

2.4.2 爆破参数

孔距6.5m，排距4.0m；根据现场地形布置2排梅花形钻孔，布孔直径138mm；最小抵抗线$W=3.5$m；孔深$H=13$m；单孔装药量按下式确定[2-4]：

$$Q = qabH \tag{1}$$

式中，Q为单孔装药量，g；q为单位体积炸药消耗量，一般取0.4~0.5kg/m^3；a为孔距，m；b为排距，m；H为炮孔深度，m。

根据理论公式计算和实际施工经验确定，干孔选择粉状乳化炸药装药：露天矿台阶高度$h=10$m，超深$h_1=3.5$m，炸药单耗$q=0.40$kg/m^3，单孔药量$Q_1=100$kg。

全水孔装药：选择直径为110mm胶状乳化炸药，延米装药量为11kg/m，装药长度约为9.1m，单孔装药量100kg，炸药单耗不变，仍能满足爆破效果的要求。

对于含水量较少或孔底积水的炮孔，选择胶状乳化炸药装药；无论选择何种炸药装药时填塞长度均不低于4m，大于20倍炮孔直径，以满足安全需求。

2.4.3 爆破网路与现状

此前的爆破网路多数采用导爆管雷管起爆地表主导爆索，继而引爆与其“T”形连接的孔内导爆索，起爆炸药在延时方面，第1排采用MS1雷管，第2排采用MS3雷管，爆后检查盲炮包含以下2种情况：(1) 起爆雷管未起爆造成第 1 排未起爆，或第 2 排未起爆，或均未起爆；(2) 起爆雷管已起爆，但出现部分炮孔未起爆。安全隐患大，排除比较困难。

2.4.4 原因分析

现场实地考察、收集数据发现，造成盲炮的原因：(1) 导爆管横跨地表裂隙时，逸出的高温蒸汽将导爆管烫断，不能传爆至雷管进而未能起爆主导爆索；(2) 主导爆索已起爆，但“T”形搭接处角度有误，未能起爆支路导爆索；(3) 孔内填塞段导爆索直接与高温岩石接触被烫断。

2.4.5 对策制定

参考以往类似工程的施工经验决定，采用孔外电雷管起爆导爆索的网路，导爆索下放至孔底，在施工中采取如下措施：

(1) 爆破网路为孔外延时导爆索网路。第 1 排孔孔外采用 MS1 电雷管，第 2 排孔孔外采用 MS3 电雷管，每孔外 2 发电雷管，选用同厂同批的电雷管，导通电阻差值不大于 0.2Ω 并通过调节脚线长度，使其电阻值相等，检测合格后并联，将每个孔的起爆雷管与主网路串联；

(2) 爆破母线的敷设要避开装药人员的撤离路线，以防撤离过程中踩坏网路；遵循“先导通后放线”的原则，并记录电雷管和母线的总电阻，起爆前不间断地检测爆破网路情况，以防操作过程中的失误造成高温盲炮；

(3) 对距离孔口 4m 的填塞段导爆索进行隔热防护即包裹隔热玻璃纤维棉；与电雷管采用正向连接，用胶带绑扎 5~8 层，孔内使用导爆索连接起爆药包，连接后形成简单的单向传爆起爆网路。

3 爆破安全防护措施

爆破安全防护措施如下。

(1) 严格测温：裂隙发达区的高温炮孔降温后最容易产生温度升高反弹现象，经过注水降温的炮孔内有大量水蒸气，普通测温仪无法准确测温，因此采用多点式热电偶测温仪严格准确地测量孔温；准确记录，确定可以进行装药爆破的炮孔。

(2) 注水降温：钻孔后 200℃以上的炮孔使用给水管，配备 9 孔分水器，根据孔温变化情况调整每孔注水量，孔温较高时可在水中加入适量的 $CaCl_2$、$MgCl_2$ 改善降温效果。

(3) 复测孔深：对降温后的炮孔采用直径 130mm 的重锤绳进行下放实验，复测孔深，掌握有无卡孔情况，根据孔深准备每个炮孔所需要的炸药量，如重锤能顺利通过，则绝热护套包裹的药包也能顺利装入孔内。

高温炮孔降温用水量大，降温时间长，孔口的碴料易随水流进入炮孔造成堵塞，因此钻孔后应及时清理孔口周边碴料，做好护孔工作。

(4) 隔热防护：全水孔时，可将直径 110mm 的煤矿许用 2 号岩石乳化炸药逐条放入炮孔，为了加快其下沉速率，可在药卷中塞入 2 个小石块，边装药边用竹木炮棍下压，减少装药时间。

孔内有部分积水的炮孔，可将直径 110mm 的煤矿许用 2 号岩石乳化炸药装进直径 125mm 隔热装置，其外层与高温孔壁、水等外界环境直接接触，装药过程中受到上部药卷的作用力、热辐射、热对流作用较强，故要求使用具有一定强度，且耐高温、防水、柔性隔热材料，大量实验表明以玻璃纤维为主材的海泡石能满足要求，且可以在其外层涂覆一层聚氨酯改性氯丙树脂反射型隔热材料，以减少部分辐射热的吸收。内层材料选择导热系数较小的隔热泡沫橡胶，并在其表面可涂覆 1 层如红外发射粉末类的辐射型隔热材料，使得其内部热量能够以热发射的形式辐射出去，以保持炸药低温的特点[5]。

对降温后孔内无积水的干孔，可根据其深度下放对应长度（比孔深长 20cm）的柔性伸缩钢丝帆布管，外侧涂有上述隔热材料，直径 125mm，在孔口位置用特制的“井”字形卡具将其固定，以防滑落，可快速将导爆索和粉状乳化炸药装入其中。

在高温火区爆破中导爆索的传爆性能是安全施工的必要保证，因此，本工程采用每孔双股导爆索并联后，填塞段加套隔热保温棉，下坠重物放置孔底。

每个孔口放置 2 个小沙包，电雷管与导爆索连接后，包裹隔热保温棉，用沙包一上一下压紧，防止高温蒸汽从地表裂隙逸出烫断导爆索或加热电雷管造成早爆、误爆等安全事故。

（5）反程序施工：在高温火区爆破中，装药后，炸药和导爆索急速受热，是深孔高温爆破的危险期，最短的时间内实现安全起爆是最大的安全保障；故在复测孔温和孔深确定能进行装药起爆前，必须对爆区 300m 范围内进行安全警戒，确定具备安全爆破的条件后，在炮孔周边放置适量的填塞碴料，根据孔深和炮孔含水情况确定合适的炸药类型、炸药量及绝热措施。采用此方法施工具有工艺简单、现场可操作性强、施工安全系数高、施工成本低等特点[6]。

为了保证装药的速度，进行深孔高温爆破孔数不宜过多，一般为 9 个，炮孔不宜太深，降温后孔深不超过 13m，坚持“少孔多爆”的原则，深孔高温爆破必须严格按照爆破安全规程的规定进行爆破作业。

（6）装药异常情况的处理：装药时每人负责一个炮孔的装药和填塞工作，爆破总指挥在爆区外持对讲机和起爆站网路监测人员保持沟通；装药过程中如遇网路断路，爆破总指挥应立即下令停止装药，采取安全措施后检查网路，重新连接，检测合格后方可继续施工；遇到个别炮孔装药卡孔时，应立即放弃装药，将剩余的炸药搬至作业区外，尽快撤离至安全区域，等待起爆。

4 爆破施工与效果

高温火区爆破需要经验丰富的爆破从业人员进行装药作业，并进行现场安全技术交底：（1）按炮孔分配装药人员，装药前理顺导爆索，谨防下放过程中打结，并对准备装药的全部炮孔进行检查；（2）从炸药运入现场开始，先确定警戒区范围，后搬运炸药至爆破作业区；搬运过程中应轻拿轻放，沿孔壁缓慢下放，经过绝热加工的药卷，装药填塞结束后，迅速撤至爆破警戒区外，严禁再进入爆区进行其他作业；（3）爆破作业前用 GPS 和 RTK 做好孔位坐标和装药量原始记录，如出现盲炮可根据测量数据进行放样，以便减少盲炮排除工作，提高其作业效率，进而实现高温火区安全高效爆破的目标；（4）装药过程中发生卡堵，导爆索损坏，严禁用炮杆进行处理，并及时向炮区负责人汇报，插上标志，按盲炮处理；（5）装药时，每人负责一个炮孔，其他无关人员严禁入内；（6）遵守劳动纪律，严格按设计要求进行施工。

本工程采用 PDCA 循环安全管理后未发生一起盲炮等安全事故，爆破效果良好，实现了高温火区安全快速施工，爆后效果如图 1 所示，可为今后类似工程提供参考。

图 1 爆后效果

Fig. 1 Blasting effect

参 考 文 献

[1] 王君霞，郝亚飞，保天才，等．露天煤矿火区爆破安全作业技术［J］．工程爆破，2021，27（1）：116-120.
Wang J X, Hao Y F, Bao T C, et al. Blasting in safety technology in fire zones of open pit coal mine [J]. Engineering Blasting, 2021, 27 (1): 116-120.

[2] 蔡建德．露天煤矿高温区爆破安全作业技术研究［J］．工程爆破，2013，19（1）：92-95.

Cai J D. Security technology of high-temperature blasting in open pit coal mine [J]. Engineering Blasting, 2013, 19 (1): 92-95.

[3] 谢钱斌. 高速公路无铰拱天桥爆破拆除 [J]. 工程爆破, 2019, 25 (3): 49-52, 75.
Xie Q B. Blasting demolition of freeway arch bridge without hinge [J]. Engineering Blasting, 2019, 25 (3): 49-52, 75.

[4] 束学来, 郑炳旭, 郭子如, 等. 测温技术在煤矿火区爆破中的应用 [J]. 煤炭技术, 2014, 33 (8): 299-301.
Shu X L, Zheng B X, Guo Z R, et al. Application of temperature measurement technology in coal mine fire area blasting [J]. Coal Technology, 2014, 33 (8): 299-301.

[5] 崔晓荣. 露天煤矿高温爆破施工工艺与组织管理 [J]. 爆破, 2016, 33 (2): 149-154.
Cui X R. High temperature blasting construction technology and organization management in open pit mine [J]. Blasting, 2016, 33 (2): 149-154.

[6] 林谋金, 束学来, 马宏昊, 等. 远程控制装置在火区高温爆破中的应用 [J]. 爆破, 2017, 34 (1): 133-137.
Lin M J, Shu X L, Ma H H, et al. Application of remote control device in high temperature blasting in fire zone [J]. Blasting, 2017, 34 (1): 133-137.

DIMINE 软件在露天矿山采空区处理中的应用分析

许龙星　张兵兵

（广东宏大爆破股份有限公司，广东 广州，510623）

摘　要：为了消除大宝山露天矿山 661 采空区对采场安全生产的严重威胁，采用了三维激光扫描仪获取采空区的点云数据，再结合 DIMINE 软件快速地生成采空区的实体模型，并得到了采空区的跨度及面积等参数，为确定合理的爆破方案提供了支持。利用 DIMINE 软件的露天矿山爆破设计模块，进行了采空区爆破的装药及连网等智能化设计，并验证了方案的可行性，有助于实现采空区快速安全施工。将爆破方案进行了现场试验，成功处理了采空区的安全威胁，提高了工作效率及施工精准性。

关键词：采空区；DIMINE 软件；实体建模；爆破设计；智能化

Application Analysis of DIMINE Software in Open-pit Mine Goaf Treatment

Xu Longxing　Zhang Bingbing

（Guangdong Hongda Blasting Co.，Ltd.，Guangdong Guangzhou，510623）

Abstract： In order to eliminate the serious threat of 661 goaf to safety production in Dabaoshan open-pit Mine，through the DIMINE software combined with point cloud data acquired by the 3D laser scanner，solid model of the goaf was quickly generated，and the span and area of the goaf were obtained，which can provide support for determining a reasonable blasting plan. Using open-pit mine blasting design module of the software，intelligent design of the charging and networking of the goaf blasting was carried out，and the feasibility of the scheme was verified，which was helpful to safe construction of the goaf. The blasting scheme was field tested，the results showed that safety threats of the goaf were successfully handled，which can improve work efficiency and construction accuracy.

Keywords： goaf；DIMINE software；solid modeling；blasting design；intelligent

迪迈三维矿山软件（DIMINE 软件）是数字化矿山建设的重要方面，有助于提高工作效率，改善工作方式，提高劳动生产力[1]。目前，可利用迪迈软件实现爆破设计的智能化及数字化，并输出爆破设计方案[2]。同时，利用迪迈软件实现了采矿方法的真三维设计，三维可视化效果好，显著提高了工作效率[3]；采用迪迈软件的建模功能及编制模块，有效地指导了露天矿山生产计划的设计，优化了采掘计划，显著提高了生产效率[4,5]。

此外，在露天矿山采空区建模及处理方面，CMS 洞穴扫描测量和迪迈软件的综合采用，三维可视化效果好，可较好地获取采空区的真实参数，并生成实体模型，为采空区处理提供依据[6,7]。而露天矿山采空区具有隐蔽性强、建模困难等问题，严重威胁着矿山安全生产工作。本文旨在重建露天矿山采空区的实体模型，分析采空区的相关参数，并对其进行有效的爆破处理。

1　采空区处理难点分析

大宝山矿为大型露天多金属矿山，早期采用井工开采，分布着众多的地下巷道及采空区，此外，

原载于《有色金属（矿山部分）》，2021，73（3）：56-60。

早期民采盗采现象普遍，难以有效制止。后期为了更为有效地回收矿石及安全生产，改用了露天开采模式。矿山赋存铁、铜硫矿、铅锌矿及氧化矿等，经济价值较高。但井下开采遗留的采空区始终制约着矿山的安全管理工作，且采空区所在范围内矿石的品位较高，若不能及时处理，将造成高质量矿石的不必要浪费。而露天采空区隐蔽性强、探测困难，需要结合现有图纸进行比对分析，一些民采空区无相应的地质参考资料，使得处理难度进一步加大。因此，有效地获取采空区的位置及相关参数，重构采空区真实形态，是保证处理效果的首要步骤，传统的探测手段难以实现这一目的。总的来说，目前存在以下问题。

（1）由于露天矿山开采规模大、劳动强度高，且采空区所在区域极易存在一定的变形，早期探测认为处在安全阶段的采空区，可能由于时效性，采空区顶板及两帮处在持续变形阶段，甚至已经严重坍塌。

（2）采空区隐蔽性强，内部复杂程度不定，传统手段难以有效地获取采空区的真实形态，从而无法准确获取采空区的范围及相关参数，难以达到全面分析采空区内部赋存环境的目标。

（3）采空区探测后，传统的矿山软件难以有效构建采空区实体模型，且目前主要依靠潜孔钻机的炮孔钻孔情况进行爆破方案的制定，耗时长，存在一定的偏差，难以实现高效率的爆破作业。此外，不能及时获知采空区存在状态，可能对作业人员及现场设备构成威胁。

若这些问题得不到较好的解决，则导致后期爆破处理方案难以较好确定，浪费了大量的人力物力。同时，露天采场部分采空区既是重大安全隐患源，也是高品位矿石集聚地，为了实现安全施工及提高资源采出率，采空区的处理效果必须得以保证。

2 采空区实体模型构建及参数确定

2.1 采空区实体建模

对于采空区的处理而言，实体建模是关键所在。通过构建采空区模型，实现三维可视化操作，对确定采空区的位置及尺寸极为有利。在施工现场的炮孔中下放钻孔式三维激光仪，三维激光仪自带的 360 度高精度镜头可有效获取采空区的形态及相关参数，并以密集点云的形式输出。大宝山矿 661 采空区经三维激光扫描得到的密集点云如图 1 所示，其自带坐标方位信息，包含坐标及高程等，可较好地达到采空区定位的目的。三维数字化矿山软件迪迈软件功能强大，三维可视化效果好，带有点云输入功能，可将点云通过三角网连接，短时间内可重构采空区模型，并进行实体验证（见图 2）。

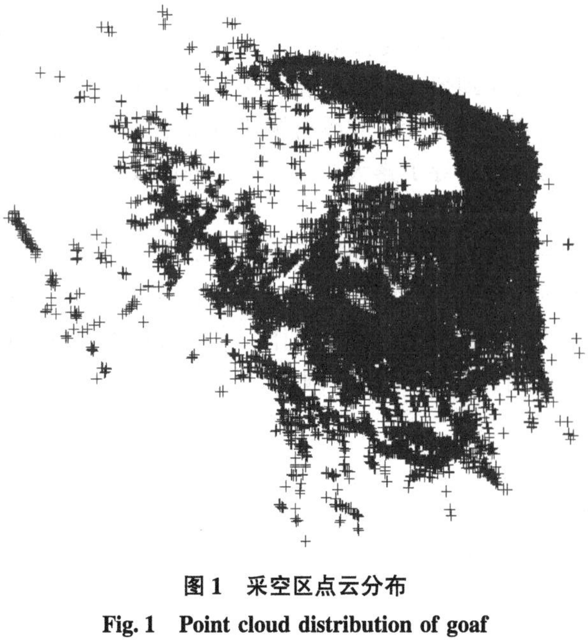

图 1　采空区点云分布

Fig. 1　Point cloud distribution of goaf

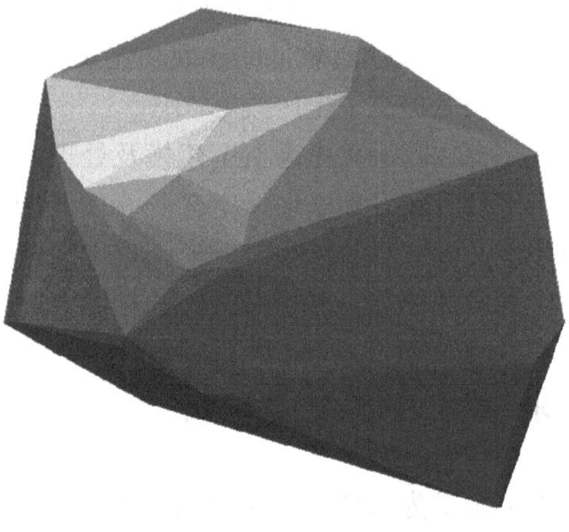

图 2　采空区的实体模型

Fig. 2　Solid model of goaf

2.2 采空区参数

参照矿区表面模型，可以清楚了解采空区的分布位置，如图 3 所示。同时，迪迈软件含有测量的众多命令操作，可对重构的采空区实体模型进行有效的量测，进而确定采空区的长度、面积及体积等，见表 1。此外，通过现场钻孔岩粉取样，送往化验室进行矿石品位分析，再将品位化验结果导入迪迈软件中的数据库，可对采空区内部的矿石进行品位估值操作，获取矿石储量；也可进行高品位与低品位矿石及岩石的界限划分，通过现场放点即可实现矿岩分装分运，有助于指导现场施工与生产。

图 3 采空区与地表的空间关系

Fig. 3 Spatial relationship between goaf and surface

表 1 采空区参数统计表

Table 1 Goaf parameters statistics table

顶板最高标高/m	底板最低标高/m	最小厚度/m	最大跨度/m	平均高度/m	采空区面积/m^2
674.6	666.4	12.2	27.5	8.2	555.6

长沙矿山院在大宝山矿做了大量的采空区探测及稳定性分析工作，通过不断总结，给出了大宝山矿露天采空区的经验判别式：

$$h = 0.71b - 1.02 \tag{1}$$

式中，h 为最小保安层厚度，m；b 为最大跨度，m。

通过计算可得，h=18.505m，采空区顶板厚度 12.2m 小于标准值 18.505m，顶板仍处于可施工状态；为了及时消除安全隐患，确保矿区安全生产工作，需要及时处理。

3 采空区爆破方案的自动化设计

3.1 采空区爆破参数设计

传统的爆破设计主要是依据现场拉线布孔，其工作量大、流程烦琐、劳动强度大、人力成本高，无法满足采空区及时处理的要求。迪迈软件自带露天矿山爆破设计功能，可按照设计参数实现自动布孔、装药、填塞、连网等操作。

前期采用正常台阶中深孔爆破，为后期采空区处理提供自由面。在进行采空区爆破方案设计时，首先对钻孔参数、孔网参数及药量设计方面进行参数设置。现场实测发现最小抵抗线为 4.0m，采空区所处地形存在一定的起伏，由于采空区的潜在威胁较大，将爆破的基本参数设置为：孔网参数为 4.0m×4.5m，选用 2 号岩石炸药及铵油炸药，底部采用沙袋形成 2.5m 的空气间隔，顶部采用岩粉填塞 4.5m，两间隔装药结构如图 4 所示。

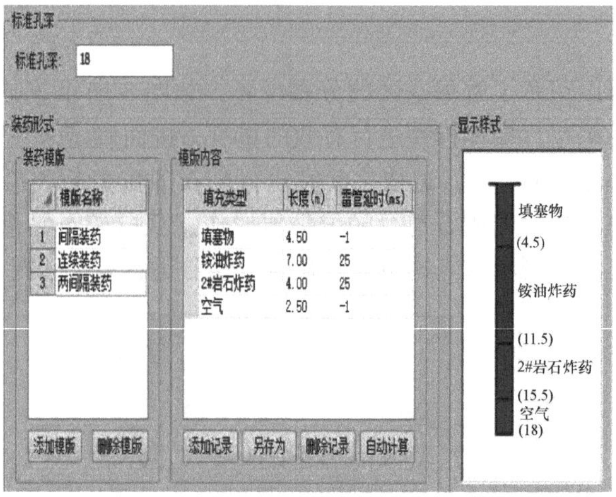

图 4 采空区炮孔装药结构示意图[8]

Fig. 4 Blasthole structure schematic diagram of goaf

先采用基本孔网参数进行自动化多孔布置，再结合软件的单孔布置及炮孔编辑功能，实现炮孔设计的智能化。采空区边界范围采用单孔功能添加合适的加密孔；在设计的基础上，再结合现场实际进行适当调整。由于采空区的炮孔深度以钻孔打穿采空区顶板为准，在迪迈软件中，则根据点云生成的实体模型进行等深度炮孔设计，设计炮孔 24 个，炮孔起始标高在 685m，深度暂定为 18m，以现场炮孔打穿深度为主。661 采空区的顶板薄弱位置在采空区中部，故在采空区中部设置了 1 个起爆点。为了达到较好处理采空区的目的，采空区中部炮孔起爆延期时间为 17ms，爆区起爆延期时间分布在 0~100ms，爆区的炮孔设计如图 5 所示。有效利用爆破振动效应及岩石挤压作用是处理采空区的关键所在，本次爆破设计中单段最大装药量为 2316kg，单孔最大药量为 386kg。

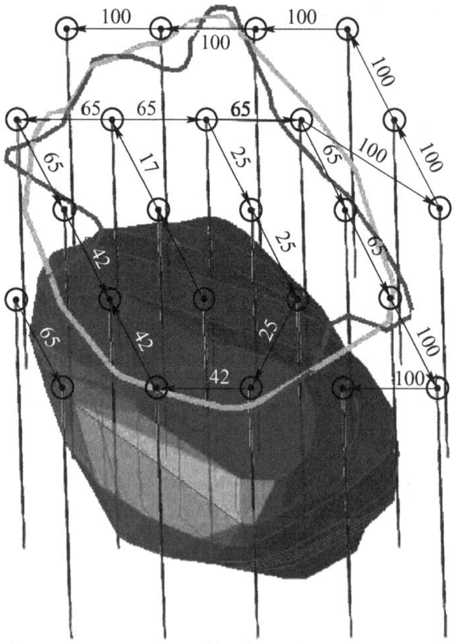

图 5 采空区炮孔布置形式及起爆网络[8]

Fig. 5 Blasthole arrangement and detonating network of goaf

3.2 采空区爆破可行性分析

每个炮孔采用 2 发雷管进行引爆，再采用地表雷管进行起爆网络的最终连接。起爆网络连接后，利用软件的起爆模拟功能对起爆网络进行了分析，避免了网络连接错误而造成严重的爆破事故，对于爆破安全工作十分有利。同时，分析了等时线分布情况，发现较为密集，处在合理范围内。此外，生成了采空区爆区的起爆时间分布图，可以起到直观判断爆破设计是否合理的效果。各项流程完成后，导出采空区爆破设计方案，有助于进行炸药量及雷管等火工品用量统计，从而有序地安排爆破现场施工工作；也可分析设计方案的技术经济性，与实际用量形成比对，不断优化完善采空区爆破设计方案。

4 采空区处理效果分析

自动化布孔爆破后，现场施工中对炮孔的位置进行了少许调整，使其更为贴合实际情况。爆破期间，采用视频录制装置进行远程监控分析，无冲炮现象产生，发现在爆破的瞬间，爆区明显呈现强烈的下沉现象。安全等待时间后，现场检查发现形成了一个显著的矿坑，边缘处塌陷现象明显。采用测量仪器对爆破的范围进行了边界采点，并与原有探测情况进行了比对分析，认为整体上采空区所在范围已被成功爆破处理。同时，发现采空区局部区域的爆破岩石松散现象较为明显，原因在于岩石碎胀系数的存在。较好地消除了 661 采空区的安全隐患，且回收的铜硫矿石品位较高，经济效益良好。应用效果表明迪迈软件在采空区处理方面优势明显，可较好地实现采空区的实体建模及爆破处理，具有可行性。采空区爆破处理效果如图 6 所示。

图 6 采空区爆破处理效果

Fig. 6 Effect of goaf blasting treatment

5 结语

本文总结如下。

（1）采空区是露天矿山安全生产的重大危险源，本文分析了大宝山露天矿采空区处理的难点所在，认为采空区实体建模是成功处理的关键步骤。

（2）结合三维激光扫描仪获取的点云数据，利用迪迈软件的点云生成实体模型功能，生成了 661 采空区的实体模型，得到了其范围、跨度及面积等参数，并通过经验公式判别认为该采空区存在潜在危险性，需及时进行强制爆破处理。

（3）采用迪迈软件的露天矿山爆破设计功能，对爆区进行了自动化的设计、装药、连网工序设计，并进行了起爆时间分析，确定了合理可行的技术方案。按照软件生成的爆破方案进行了现场试验，采空区得以顺利起爆，且效果良好，达到了预期目标。

参 考 文 献

[1] 蒋京名，王李管 . DIMINE 矿业软件推动我国数字化矿山发展 [J]. 中国矿业，2009，18（10）：90-92.

Jiang Jingming，Wang Liguan. DIMINE mining software promote the development of China's digital mine [J]. China Mining Magazine，2009，18（10）：90-92.

[2] 肖英才，王李管，朱明海，等 . 基于 DIMINE 软件的爆破设计 [J]. 现代矿业，2011，27（1）：26-29.

Xiao Yingcai, Wang Liguan, Zhu Minghai, et al. Blasting design based on DIMINE software [J]. Modern Mining, 2011, 27 (1): 26-29.

[3] 任青云. 基于 DIMINE-MIDAS/GTS 的采空区稳定性分析 [J]. 有色金属 (矿山部分), 2020, 72 (5): 55-61.
Ren Qingyun. Stability analysis of the goaf based on DIMINE-MIDAS/GTS [J]. Nonferrous Metals (Mining Section), 2020, 72 (5): 55-61.

[4] 易丽平, 王李管, 肖英才. 基于 DIMINE 软件的露天采剥计划编制技术研究 [J]. 中国钼业, 2010, 34 (6): 12-15.
Yi Liping, Wang Liguan, Xiao Yingcai. Study on stripping plan of open-pit mine based on DIMINE software [J]. China Molybdenum Industry, 2010, 34 (6): 12-15.

[5] 肖英才. 基于 DIMINE 软件工程实体建模与设计方法研究 [D]. 长沙: 中南大学, 2012.
Xiao Yingcai. Engineering modeling and design method based on DIMINE software [D]. Changsha: Central South University, 2012.

[6] 王代靖. CMS 洞穴扫描技术结合 Dimine 三维数字化软件在井下采空区测量中的应用 [J]. 中国金属通报, 2014 (增刊 1): 9-15.
Wang Daijing. Application of CMS cave scanning technology and Dimine 3D digital software in underground goaf survey [J]. China Metal Bulletin, 2014 (S1): 9-15.

[7] 易红平. CMS 技术与 Dimine 数字化软件在矿山测量中的应用 [J]. 中国高新技术企业, 2015 (34): 148-149.
Yi Hongping. Application of CMS technology and Dimine digital software in mine survey [J]. China High Technology, 2015 (34): 148-149.

[8] 张兵兵, 喻鸿, 张中雷, 等. 露天矿山采剥施工的数字化精细管理实践 [J]. 黄金科学技术, 2019, 27 (4): 621-626.
Zhang Bingbing, Yu Hong, Zhang Zhonglei, et al. Digital and fine management practice of open-pit mining and stripping construction [J]. Gold Science and Technology, 2019, 27 (4): 621-626.

露天矿山台阶爆破技术发展现状及展望

李萍丰　张兵兵　谢守冬

（广东宏大爆破股份有限公司，广东 广州，510623）

摘　要： 矿山行业数字化转型升级不断加快，台阶爆破作为露天矿山高效开采的重要技术支撑，必须紧跟行业发展趋势。将台阶爆破从发展历程上分为控制爆破、精细爆破、数字爆破及智能爆破，分析了各阶段的实际进展；从爆破全生命周期角度出发，针对爆破设计、钻孔技术、装药施工及爆破效果分析等关键环节进行了整体阐述，认为现阶段台阶爆破碎片化研究较多，未能形成有效的串联系统，建议从一体化技术体系、炸药与岩石自动匹配、数字化智能化转型技术研发等方面，开展科研攻关工作，促进爆破行业的高质量可持续发展。

关键词： 台阶爆破；发展历程；全生命周期；碎片化研究；数字化智能化转型

Development Status and Prospect of Bench Blasting Technology in Open-pit Mine

Li Pingfeng　Zhang Bingbing　Xie Shoudong

（Guangdong Hongda Blasting Co.，Ltd.，Guangdong Guangzhou，510623）

Abstract: Since the digital transformation and upgrading of mining industry is accelerating，as an important technical support of efficient open-pit mining，bench blasting must keep up with the development trend. In the aspect of development stage，bench blasting can be divided into controlled blasting，fine blasting，digital blasting and intelligent blasting，and the actual progress of each stage is analyzed. From the perspective of the whole-life cycle of blasting，the key links such as blasting design，drilling technology，charging construction and blasting effect analysis are described. This paper believes that many researches are engaged in on fragmented study of bench blasting，and there is no effective research system. It is suggested that scientific research should be carried out from the aspects of integrated technology system，automatic matching between explosive and rock，digital and intelligent transformation technology research，so as to promote the high-quality and sustainable development of blasting industry.

Keywords: bench blasting；development process；whole-life cycle；fragmentation research；digital and intelligent transformation

台阶爆破技术作为露天矿山安全高效开采的重要手段，广泛应用在煤炭、金属、非金属矿山等领域，广大专家学者针对不同的施工工序，在孔网参数、装药结构、填塞方法、起爆顺序、延时时间等方面，进行了比较深入的研究，爆破技术的改进显著提高了露天矿山的综合生产效率。随着台阶爆破的不断深入发展，涌现了一大批先进的仪器设备、实用软件及技术体系，如新型钻具及装药设备、数码电子雷管及新型炸药的推出，为工程爆破的高质量发展奠定了良好基础。现阶段，新兴信息技术引进及多学科交叉融合趋势不断加快，台阶爆破技术逐步朝着数字化智能化方向迈进[1]。

1　台阶爆破的发展历程

台阶爆破发展历程整体上可划分为控制爆破、精细爆破、数字爆破、智能爆破4个阶段，每个阶

原载于《工程爆破》，2021，27（3）：59-62，88。

段都有着显著的特征。

1.1 控制爆破技术

鉴于矿山传统粗放爆破施工的安全性及高效性不足，爆破危害控制难度大，控制爆破技术应运而生。控制爆破主要是采用传统人工装药或者机械化装药的方式，通过爆破设计、优化施工、加强防护等技术手段，既有效保证了实际爆破效果，又将各类爆破危害效应控制在合理范围内。根据作用机理的不同，典型技术主要有松动爆破、延时挤压爆破、间隔装药爆破、陡帮开采，可满足露天矿山不同爆破需求[2,3]。

矿山控制爆破技术的不断发展，促进爆破基础理论研究深度不断加大，涌现了较多的先进爆破工艺和器材，爆破行业发展步伐显著加快。

1.2 精细爆破技术

随着精细化理念的不断输入，2008 年 4 月，谢先启等提出了精细爆破[4]。主要是由目标、关键技术、支撑体系、综合评估体系和监理体系 5 个方面组成，其中关键技术主要体现在定量化设计、精心施工、精细管理和实时监测与反馈等方面，相对于传统控制爆破而言，精细爆破要求更高，爆破效果和爆破危害效应控制更好。

爆破基础理论研究的突破、计算机技术的大力推广、爆破器材的不断革新、检测监测技术的迅速发展及钻爆设备的优化改进等，为实现精细爆破提供了强有力的技术支撑。在原有控制爆破技术的基础上通过定量化设计、精心施工、精细管理和实时监测与反馈，改进了传统施工的欠缺之处，使得大规模安全高效一次性起爆技术、复杂环境下的逐孔起爆技术及特殊目的的爆破技术等，均取得了长足的进步，为露天矿山矿石分采分爆、控制大块率及粉矿率等方面提供了有力的支撑。

精细爆破理念为爆破行业高质量发展提供了新的思路，在推动爆破行业关键技术研究与应用做出了较大的贡献。

1.3 数字爆破技术

2002 年中国爆破行业协会组织召开了数字爆破研讨会议，大量专家学者参与其中，旨在借助信息化平台、计算机数值模拟技术等，将爆破过程中可能涉及的技术参数全部以定量化、数字化形式展现，以此指导爆破施工，实现降本增效[5]。经过近年来的不断探索，数字爆破内涵不断丰富，取得了长足的进步。

露天矿山台阶爆破施工作为数字爆破技术的核心所在，目前已在爆破现场数字化测量、钻孔定位与岩性测试、爆破设计、装药系统、起爆系统、爆破效果监测与分析、爆破管理等方面开展了大量的研究工作[6]，为推动爆破行业数字化、可视化和可追溯等方面发展做出了贡献，推动爆破行业向科学化、可持续的发展。

1.4 智能爆破技术

随着新兴信息科学技术及多学科融合发展不断加快，2012 年汪旭光院士提出了智能爆破理念[7]，2020 年 11 月国内第一家“智能爆破研究中心”正式成立，将物联网技术、云计算技术、系统工程技术和智能应用技术等与现代工程爆破技术紧密相结合，构成人与人、人与物、物与物相联的网络，动态详尽地描述并控制工程爆破全生命周期，以高效、安全、绿色爆破为目标，实现工程爆破的可持续发展。

爆破行业在露天矿山智能台阶爆破研究方面，开展了一系列科技攻关工作，智能爆破内涵不断完善，短板方面有所改善，涌现了一批先进爆破信息管理系统及智能化装备。智能爆破理念是数字爆破和精细爆破等概念的集成与升华，更加具体、全面、动态、详尽地描述工程爆破的全过程，为爆破行业的中长期发展指明了发展方向。

2 台阶爆破全生命周期技术现状

台阶爆破是一项系统工程，全生命周期主要包括爆破设计、钻孔、爆破施工、爆破效果分析与反馈优化改进等方面。目前在子系统方面的研究较为深入，而在子系统融合形成全流程施工与管理方面，仍有待提高。

2.1 爆破设计

爆破设计是在获取待爆区域地形地质情况的基础上，进行参数设计、模拟分析与方案优化，实现精心设计。传统的爆破设计是技术人员依靠工程经验自主设计，具有一定的盲目性；随着爆破设计软件的引进，可通过自主设定爆破参数、装药结构及联网方式等，在系统中自动生成相应的爆破设计方案。同时通过几个方案的对比，分析各自的预测爆破效果是否满足施工要求，进而给出最优设计[8]。人工劳动强度大幅降低，设计的准确度及设计效率大幅提升，数字化智能化水平较高，爆破设计软件得以广泛推广。但在仿真分析及精准预测方面，实践表明爆破设计软件准确度仍有所欠缺。

2.2 钻孔技术

钻孔技术是保证台阶爆破效果的重要前提，无论是垂直深孔爆破还是倾斜深孔爆破，钻孔不达标，爆破效果难以保障。其与钻机的更新换代密切相关，由早期的人工钻孔定位向仪器系统自动高精度定位发展，现阶段钻机性能参数与指标不断提高，可有效保证直径、角度、深度等基本指标符合钻孔精度要求[9]；同时配套的验孔技术也在快速进步，由早先的皮尺刻度量孔向传感器及激光自动测孔发展，效率明显提高，但在水孔验孔精度方面仍有所欠缺。而在提高不良地质条件下的钻孔成孔率方面，现有技术是在钻孔完毕后实施加固，保证在一定时间内较为完整，但很少有研究在钻孔阶段一次性解决成孔难题。

2.3 爆破施工技术

爆破施工是保证台阶爆破效果的核心所在，主要是由装药、填塞、联网、起爆等方面组成，其中又以装药技术和起爆网路设计最为重要。

（1）装药技术。露天矿山装药技术从设备上来看，由早先的人工装药向机械化自动装药发展，基于混装炸药的方便快捷性，混装炸药应用范围不断扩大，混装一体化技术不断深入人心，装药效率和准确度大幅提升。在装药结构上，按照装药方式与炮孔有无间隙，分为耦合装药和不耦合装药，耦合装药一般用在常规台阶爆破，通过增大装药量破坏岩体结构；不耦合装药主要用在边坡控制爆破上，减弱对炮区的破坏作用，如缓冲爆破、预裂爆破、光面爆破等。装药结构又可分为连续装药与间隔装药，间隔装药既有 2 段、3 段甚至多段，可有效降低炸药单耗、节约成本，在相同装药量的前提下，采用间隔装药可以提高装药的高度，使应力场轴向分布更加均匀，从整体上改善了岩石破碎效果。

（2）起爆网路设计。现阶段，露天矿山常用的起爆网路主要有：毫秒延时爆破技术、排间顺序起爆、斜线起爆、V 型起爆、逐孔起爆技术等。其中，逐孔起爆技术应用最为广泛，先起爆炮孔为后爆炮孔多创造了一个自由面，相邻炮孔间的碰撞挤压作用不断加强，爆破危害效应得以有效控制，爆破效果显著提升。随着数码电子雷管的不断普及，炮孔起爆延时控制精度更高，逐孔起爆优势更为突出。

2.4 爆破效果分析技术

爆破施工完毕后，爆破效果的及时高效分析至关重要，分析爆破方案的优点与不足，做到效果反馈与方案优化改进，建立台阶爆破效果实例库，可为类似地形地质条件的台阶爆破设计与施工提供重要的技术支撑。爆破效果综合分析主要包括爆破有害效应、爆堆形态、块度大小等方面，高速摄影机加上传感监测仪器设备，可有效监测飞石运行轨迹、爆破振动效应、爆破粉尘率等方面，再结合相应数据处理软件，爆破有害效应的监测较为系统化。爆堆形态及块度大小可通过扫描设备，如摄影机、无人机、三维激光扫描仪等[10,11]，可有效获取爆堆点云信息，重建爆堆真实形态及岩石块度尺寸，实现爆堆表面和内部结构的还原，但爆堆内部结构分析的准确度不够高，真实性需要结合挖装实际情况进行综合评判。

3 台阶爆破技术展望

3.1 构建爆破一体化技术体系

现阶段台阶爆破针对特定技术的研究较为深入，而全生命周期研究较为分散，尚未能真正实现流程化、标准化、一体化。台阶爆破一体化技术体系应包括混装一体化、钻爆一体化，真正实现设计—施工—监管—优化全流程精准控制。其中，混装一体化包括炸药生产、远程配送、自动化装药与安全监管，确保炸药安全高效使用；钻爆一体化包括爆破设计、精准穿孔、爆破施工、效果分析与反馈等方面全阶段高效管理。

3.2 炸药与岩石自动匹配度分析

良好的爆破效果依赖于炸药与岩石的高度匹配，需要改变传统意义上过多关注炸药参数与爆破参数而忽略岩石性质的影响，真正地将露天矿山岩石性质研究纳入至台阶爆破全生命周期，不再单纯通过改变孔网参数、单耗大小来实现预期目标。炸药与岩石自动匹配度研究，可有助于实现地质问题的超前预报及工程规划设计，为露天矿山设备选型、爆破器材合理可靠选取等提供参考依据。

开展露天采场岩石性质测定，探究不同区域岩石可钻性与可爆型分级标准，构建岩石质量分级体系；研究不同类型炸药配方，并通过爆炸性能、爆破威力、储存期、炸药热分解等安全指标测定来进行验证。最终通过波阻抗、全流程匹配及能量密度匹配等指标进行岩石与炸药的自动匹配分析，保证爆破设计的高匹配性、现场施工的精准性、效果分析的可靠性。

3.3 台阶爆破数字化智能化转型

现阶段，国家大力推行各行业数字化智能化发展，矿山行业数字化转型如火如荼，作为露天矿山开采的重要组成部分，台阶爆破技术应紧跟数字化智能化趋势，开展科研攻关工作，形成核心成套技术，引领矿山爆破行业快速高质量发展。

引进5G通信、大数据及云计算等高端技术，研制台阶爆破全流程装备，包括钻机、装药车、填塞车、爆破器材等，提高设备仪器的数字化智能化操作水平，向少人化、无人化方向发展。将爆破全生命周期涉及的硬件软件系统进行智能优化整合，实现各环节数据端口的标准化，从设计、仿真、优化、反馈等入手，集中于钻爆一体化智能技术研究，开展智能化钻孔与岩性自动识别、装药流程全智能化精准管控、爆破效果实时智能反馈与优化处理，实现全周期的集成处理。

4 结语

台阶爆破广泛应用于露天矿山领域，取得了众多的技术突破，持续推动露天矿山安全高效开采与管理，创造了巨大的经济效益。但不可否认的是，仍存在一些技术瓶颈，如露天矿山岩石与炸药自动匹配度不足、爆破技术研究碎片化现象居多未能形成有效系统、数字化智能化水平略显不足，有待进一步克服。高校、科研院所、企业应共同开展智能爆破技术的研究，积极布局智能爆破科研攻关工作，逐步实现爆破全生命周期智能化管控与绿色高效生产，为爆破行业数字化智能化转型发展指明方向。

参 考 文 献

[1] 宋锦泉，郑炳旭．我国爆破行业发展面临的问题与思考［J］．工程爆破，2017，23（5）：91-94.

Song J Q，Zheng B X. Problems and thinking on the development of blasting industry in China［J］. Engineering Blasting，2017，23（5）：91-94.

[2] 郑炳旭，王永庆，李萍丰．建设工程台阶爆破［M］．北京：冶金工业出版社，2005.
Zheng B X, Wang Y Q, Li P F. Bench blasting in construction engineering [M]. Beijing: Metallurgical Industry Press, 2005.

[3] 张耿城．露天矿工程爆破技术与实践［M］．北京：冶金工业出版社，2019.
Zhang G C. Engineering blasting technology and practice in open-pit mine [M]. Beijing: Metallurgical Industry Press, 2019.

[4] 谢先启，卢文波．精细爆破［J］．工程爆破，2008，14（3）：1-7.
Xie X Q, Lu W B. 3P (precise, punctilious and perfect) blasting [J]. Engineering Blasting, 2008, 14 (3): 1-7.

[5] 曲广建，黄新法，江滨，等．数字爆破（Ⅰ）［J］．工程爆破，2009，15（2）：23-28.
Qu G J, Huang X F, Jiang B, et al. Digital blasting (Ⅰ) [J]. Engineering Blasting, 2009, 15 (2): 23-28.

[6] 费鸿禄，郭连军．爆破施工的数字化［J］．爆破，2015，32（3）：31-39.
Fei H L, Guo L J. Digitization of blasting construction [J]. Blasting, 2015, 32 (3): 31-39.

[7] 陶刘群，汪旭光．基于物联网技术的智能爆破初步研究［J］．有色金属（矿山部分），2012，64（6）：59-62.
Tao L Q, Wang X G. Preliminary study of intelligent blasting based on the internet of things technology [J]. Nonferrous Metals (Mining section), 2012, 64 (6): 59-62.

[8] 丁小华．露天矿安全高效爆破智能化动态设计系统的研究与应用［D］．徐州：中国矿业大学，2014.
Ding X H. Research and application of intelligent and dynamic design for surface mine safety and efficient blasting [D]. Xuzhou: China University of Mining & Technology, 2014.

[9] 李世丰．露天矿智能穿孔爆破体系可靠性评价研究［D］．阜新：辽宁工程技术大学，2016.
Li S F. Research on the reliability evaluation of the intelligent drilling blasting system in open pit mine [D]. Fuxin: Liaoning Technology University, 2016.

[10] 施富强，廖学燕，龚志刚，等．三维数字化爆破质量评价技术［J］．工程爆破，2016，22（5）：29-31.
Shi F Q, Liao X Y, Gong Z G, et al. Three-dimensional digitalization technique on blasting quality evaluation [J]. Engineering Blasting, 2016, 22 (5): 29-31.

[11] 叶磊，汪泽．互联网与爆破安全管理融合技术研究［J］．工程爆破，2021，27（2）：130-134.
Ye L, Wang Z. Research on combinatorial technique of internet and blasting safety management [J]. Engineering Blasting, 2021, 27 (2): 130-134.

基于无人机航测技术的露天矿山采空区精细化验收

张兵兵　许龙星　张　璞　张岗涛

（广东宏大爆破股份有限公司，广东 广州，510623）

摘　要：传统的露天矿山采空区处理效果验收以经验法为主，从塌落的整体形态进行宏观分析，存在一定的局限性，难以准确判定实际效果。为了更高效地评价采空区处理效果，提出了采用低空无人机航测技术实现采空区精细化验收，其为非接触性测绘方式，具有安全性好、精度可靠、效率较高等优势。分析了采空区精细化验收的内涵，在大宝山矿北部 649m 平台遗留的盲采空区处理阶段进行了应用。采用搭载高清单镜头的大疆精灵 4RTK 小型无人机实现航高 100m 的 5 向倾斜摄影测量，较好地获取了盲采空区爆前和爆后的两期三维模型信息，精度校验满足 1∶500 地形图制图要求。利用南方 IData 软件实现盲采空区范围线与三维模型的套合，计算得到了爆破后的盲采空区充填相对高度增加率为 110%～200%。结合多角度航拍影像及实际挖装作业情况，验证了盲采空区得到了有效处理。实践表明：低空无人机航测技术在精细化验收露天矿山采空区处理效果方面，具有一定的适用性。

关键词：露天矿山；盲采空区；低空无人机航测技术；三维模型；精度检校；充填率；精细化验收

Fine Acceptance of Open-pit Mine Goaf Based on UAV Aerial Survey Technology

Zhang Bingbing　Xu Longxing　Zhang Pu　Zhang Gangtao

(Guangdong Hongda Blasting Co., Ltd., Guangdong Guangzhou, 510623)

Abstract: The traditional acceptance of goaf treatment effect in open-pit mine is mainly based on experience method. However, there are some limitations in macroscopic analysis from the overall shape of collapse, so it is difficult to accurately determine the actual effect. In order to evaluate the goaf treatment effect more efficiently, low-altitude UAV aerial survey technology is proposed, which is a non-contact surveying and mapping method, with good safety and reliable precision and high efficiency. The connotation of fine acceptance of goaf is given, which is applied in the treatment stage of blind goaf left by 649m platform in Dabaoshan Mine. The DJI Phantom 4 RTK small UAV equipped with high-definition single lens was used to realize 5-lens aerial survey with altitude of 100m. The two-period 3D model information of blind goaf before and after blasting was obtained, and the accuracy verification met the requirements of 1∶500 topographic drawing. The South IData software is used to realize the combination of blind goaf range line and three-dimensional model. The calculation results show that the increase rate of filling relative height is 110%～200% after blasting. Combined with multi-angle aerial images and actual excavation operation, it is verified that the blind goaf is well processed. The practice shows that low-altitude UAV aerial survey technology is feasible in fine acceptance of goaf treatment effect of open-pit mine.

Keywords: open-pit mine; blind goaf; low-altitude UAV aerial survey technology; 3D model; accuracy verification; filling rate; fine acceptance

露天矿山遗留的采空区给安全管理工作带来了极大的挑战，针对采空区处理，三维激光扫描仪、综合物探技术、高密度电法及综合探测等技术被应用于采空区的精密探测[1-4]，为获取隐伏采空区的位置及相关参数提供了极大帮助，有助于准确分析采空区潜在的危害程度。在采空区处理的安全评价

原载于《金属矿山》，2021，(7)：96-101。

方面，数值模拟软件如 $FLAC^{3D}$、ANSYS 等，被应用于分析采空区处理前后的安全处理效果评价[5,6]；在工程实践中，采空区充填率和遗留采空区体积等相关指标的可操作性更强，崔晓荣等人[7] 认为在充填率大于 85%时，表明采空区在爆破作用下的处理效果良好。在实际情况中，露天矿山采空区处理效果评价主要采用的是经验法，通过观察爆堆的宏观外在表象，分析采空区坍塌程度，判定其是否处于安全状态。经验法主要依赖于技术管理人员的现场工作经验，具有一定的局限性，难以实现精细化评价与验收，故需要引入更为有效的技术手段。

无人机航测技术在采空区等重大安全隐患的排查与分析方面，具有安全性好、可靠性高、效率高等显著优势，可真实反映被测区域的地形地貌三维信息，已被广泛应用于露天矿山开采设计与安全管理领域[8-10]。在无人机精度评估方面，三维模型精度、成图结果精度是评估的主要方面；章梦霞等人[11] 分析了露天矿区特点，采用低空无人机遥感测绘技术生成了矿山的三维数字模型，满足 1：2000 比例尺成图精度要求。冯雅秀[12] 讨论了倾斜摄影建模、三维重构及精度评估的指标，通过工程实践，认为航测精度如三维模型精度、DSM 及 DOM 精度均符合三维建模要求。在无人机数据处理方面，康玉霄等人[13] 详细分析了无人机数据处理流程及关键技术细节，包括航线规划、像控点布置、数据解算与模型分析，为有序开展无人机航测工作提供了参考。上述研究表明：通过无人机航测技术得到的三维模型精度满足实际生产需求，已成功应用于露天矿山的生产实践中。

通过查阅相关文献发现，无人机航测技术在采空区方面的应用研究相对较少，尤其是在采空区处理效果评定方面。通过应用无人机航测技术，可得到采空区爆前爆后两期真实三维数据，进行影像模型信息与实际处理效果的匹配分析，有助于实现采空区的精细化评价与验收，为此，本研究结合实例对此进行分析。

1 采空区处理效果精细化验收的内涵

现阶段，尚缺乏爆破处理后露天矿山采空区评价的相关标准与规范；在工程实践方面，采空区充填率与遗留采空区体积作为主要的评价指标，两者是通过公式计算得到相应的参数，对比分析采空区处理前后的数据，进而判定爆破后的采空区充填效果。

相比于传统的采空区处理效果验收方法，基于无人机航测技术的露天矿山采空区精细化验收，不仅仅通过外在现象进行评定，其“精细化”主要体现在：（1）通过无人机航测获取采空区爆前爆后两期三维模型，三维可视化效果好，带有真实三维点云信息，安全可操作性好，细节纹理丰富；带有高程点信息，能够详细地反映采空区爆前爆后的空间形态变化；（2）采空区反映在爆区三维模型中，使得采空区与爆区地形一一对应，通过对比两期三维模型，采空区的真实爆破处理效果得以清晰地展示；（3）通过在三维模型中圈定采空区的范围及对比爆后的实际效果，有助于提高采空区处理效果评价的可靠性；（4）基于无人机航测得到的影像及三维模型信息，结合现场实际处理效果及实际挖装反馈情况，可从多个方面综合评判采空区的实际处理效果。

为有效分析地采转露天复采矿山采空区的崩落爆破处理效果，需综合以下信息进行综合评定：（1）爆破后盲采空区及废弃巷道所在区域的崩落充填情况；（2）无人机录制的爆破处理视频影像及多角度航拍影像信息；（3）实际挖装作业是否出现异常情况。

2 工程概况

大宝山矿早先主要采用空场法崩落采矿，产生了较多的采空区及巷道，虽然大部分采空区采用了废石充填，但也遗留了较多未经处理的采空区；并且早期矿山民采、盗采现象管控较难，造成矿石品位较高的区域存在一些无开采设计资料的盲采空区。后期为了提高资源回收率和安全生产管理水平，采用了露天开采模式，故这些遗留的有资料及无资料的采空区对采场安全生产带来了较大威胁。

计划爆破处理的 649m 北部平台下方存在废弃的 640m 平硐，由于此处矿石品位较高且地质资料不全，按照“有疑必探，先探后采”的原则，在可疑区域提前安排一个 25m 深的探孔，钻至 17.8m 时，出现打穿现象，空洞深度为 3.4m。及时采用三维激光扫描仪（C-ALS）进行了探测，扫描发现采空区顶板为641.1m，底板为631.5m，顶板距离640m平硐最薄处厚度仅为5m，查阅原始资料显示该采空区无相应的地质资料，故判定为盲采空区。相关参数见表1，640m平硐及盲采空区所在的范围如图1所示。

表1　盲采空区相关参数

Table 1　Related parameters of blind goaf

顶板最高标高/m	底板标题低高/m	顶板最薄厚度/m	采空区最大跨度/m	最大高度/m	空区面积/m^2
641.1	631.5	10.3	10.5	9.6	128.8

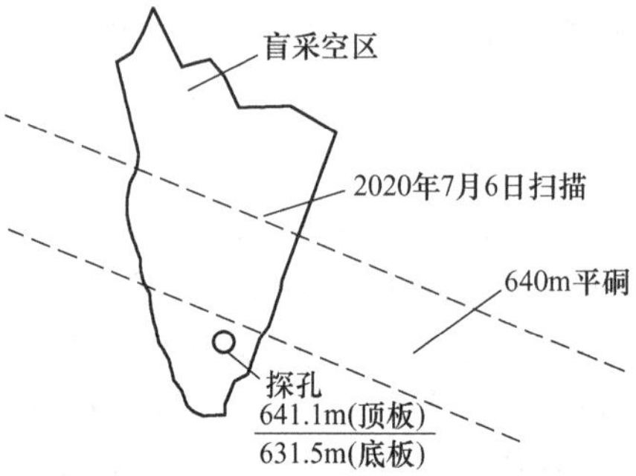

图1　640m平硐及盲采空区范围线

Fig. 1　Range line of 640m adit and blind goaf

长沙矿山研究院有限责任公司前期在大宝山露天矿进行采空区大面积探测及潜在危险性分析时，经过大量数据验算，总结给出了较为贴合大宝山露天采场采空区实际情况的保安层经验公式。探孔作业时钻孔岩芯完整，相应的保安层公式为

$$h = 0.71b - 1.02$$

式中，h为保安层厚度，m；b为最大跨度，m。

计算得$h=6.44$m，故认为盲采空区相对安全，计划在649m层面随台阶爆破协同处理，为下部平台的持续推进及盘活东西帮道路奠定基础。

3　无人机航测技术应用

为了高效准确地判定爆破崩落后的盲采空区及废弃巷道的处理效果，利用无人机进行了两期航测，即爆破前和爆破后，相应的作业流程如图2所示。

3.1　外业航测

本研究采用的大疆精灵4RTK无人机为小型四旋翼高精度航测无人机，具备厘米级导航定位系统和高性能成像系统，搭载高清摄像头，在低空摄影测量应用方面优势明显。在航测区域规划方面[14,15]，采用5向航线飞行，软件会自动在计划航测区域的基础上进行适度扩大，以确保倾斜摄影得到的航测数据真实可靠。

考虑到大宝山露天矿山649m水平以上为山坡式开采，649m水平以下为凹陷式开采，为了确保航测安全及数据可靠性，本次航测高度定为100m，重叠率设计为85%，测区规划如图3所示。像控点布置兼顾测区的平面和高程精度需要，在爆区东侧、西侧、北侧、南侧各布置了1个1m×1m的像控

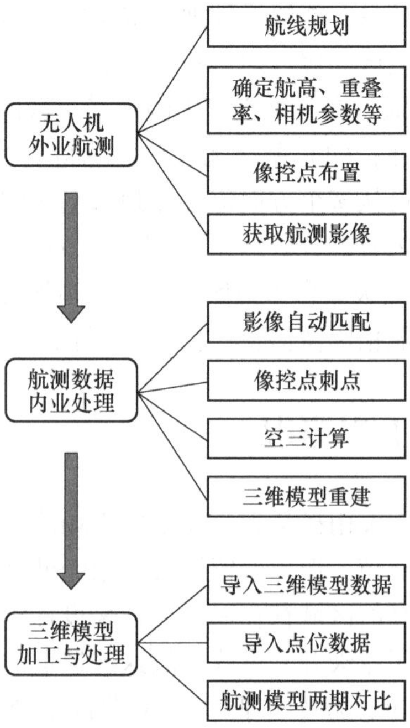

图2　无人机航测作业流程

Fig. 2　UAV aerial survey operation process

布[16]，如图 4 所示。同时在爆区邻近的南侧布置了 2 个检查点，为了保证像控点及检查点坐标信息真实可靠，采用 RTK 连续进行了 10 次测量，测量时要求居中对齐，确保多次测量数据的 x、y、z 坐标误差在毫米级，确保不会对像控点进行误测，而影响到后期数据分析，取 10 次数据的平均值作为实测值。

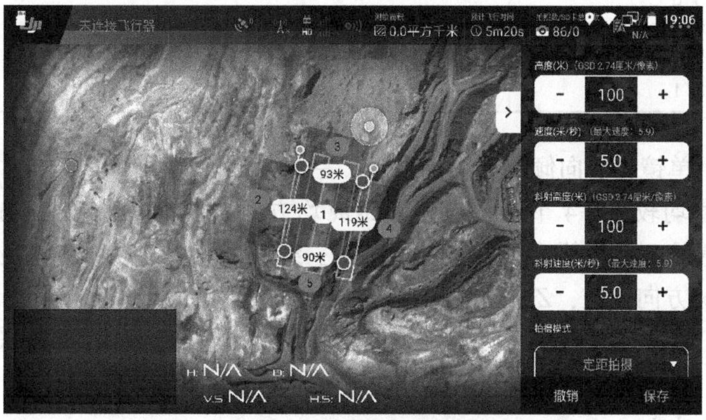

图 3　测区航线规划

Fig. 3　Route planning of the surveying area

图 4　像控点布置

Fig. 4　Layout of image control points

按照设定的 5 向航线自动航测，耗时 30min 后获取了 454 幅高清色彩分明且自带 POS 数据的爆区原始影像；爆破结束后，及时获取了 649m 台阶爆破后的 453 幅高清色彩分明且自带 POS 数据的影像。

3.2　内业处理

本次获取的航测数据采用 Context Capture 软件逐一进行三维建模，具有操作简单、处理精度高等优势，广泛应用在倾斜摄影三维建模中。通过自带 POS 数据影像初始化、像控点刺点、空三解算、模型重建等步骤，得到了两期对应的三维模型数据。

3.2.1　误差分析

在三维模型中，像控点清晰可见，如图 5 所示。在生成的三维模型质量报告中，通过对获取的各种误差种类信息进行综合判断，发现误差值很小（见表 2）。

图 5　三维模型中的像控点

Fig. 5　Image control points in 3D model

表 2 三维模型误差

Table 2 3D model errors

方向	位置不确定性中值误差/mm	中值分辨率/m · pixel^{-1}	全局均方值/mm	全局中值误差/cm
X	2.9	0.0333	0.2	0.2
Y	3.0			
Z	2.1			

由表 2 可知：采用单镜头 5 向倾斜摄影测量后，三维模型全局中值误差仅为 0.2cm，分辨率较高，X、Y、Z 方向的误差值均较小；4 个像控点射线距离均方根误差为 0.1～0.2mm，误差整体较小。同时，通过分析现场布置的 2 个相邻检查点的实测值与三维模型生成的二维地形图对应的坐标值，发现 X 方向相差 0.002m，Y 方向一致，Z 方向相差 4cm。经过精度检校后，综合判断认为符合 1∶500 地形图制图要求，表明将三维模型信息转化为二维地形信息时，精度较高，为评价采空区爆破处理效果奠定了基础。

3.2.2 两期模型对比

为了更好地分析三维模型数据信息，将盲采空区及废弃巷道的点位数据导入 IData 软件，实现测量点位数据与三维模型的套合，可在三维模型上显示盲采空区及废弃巷道的相关信息，同时将爆区外侧炮孔连线导入至模型中，对应的两期模型如图 6 所示。

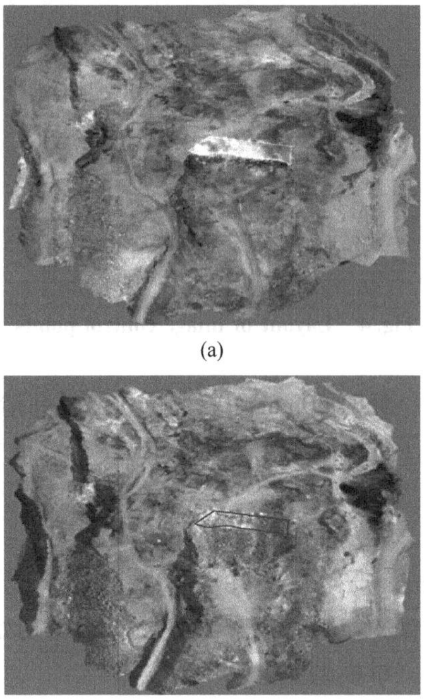

(a)

(b)

图 6 两期三维模型对比

Fig. 6 Comparison of two periods of 3D model

4 采空区处理效果评价与验收

4.1 崩落充填情况分析

在采空区评价方面，需要获取相应的数据，而传统的人工测量的随机性较大，准确性难以保证。通过应用无人机航测，实现采空区覆盖范围的完整数据收集，数据采集的精细化程度得以提高[17]，精细化评价的可靠性得以保证。

在 IData 软件中，通过导入爆前和爆后两期盲采空区及废弃巷道的三维模型信息，获取崩落爆破后的高程点变化情况，如图7所示，同时考虑爆破后岩石的松散系数（取1.3），综合分析得到实际采空区爆后的充填程度。由于该采空区有侧向自由面，与无自由面的采空区强制崩落直接充填形成爆坑相比，存在差异性，故需要考虑相应区域岩石在爆破作用下的实际推出距离。

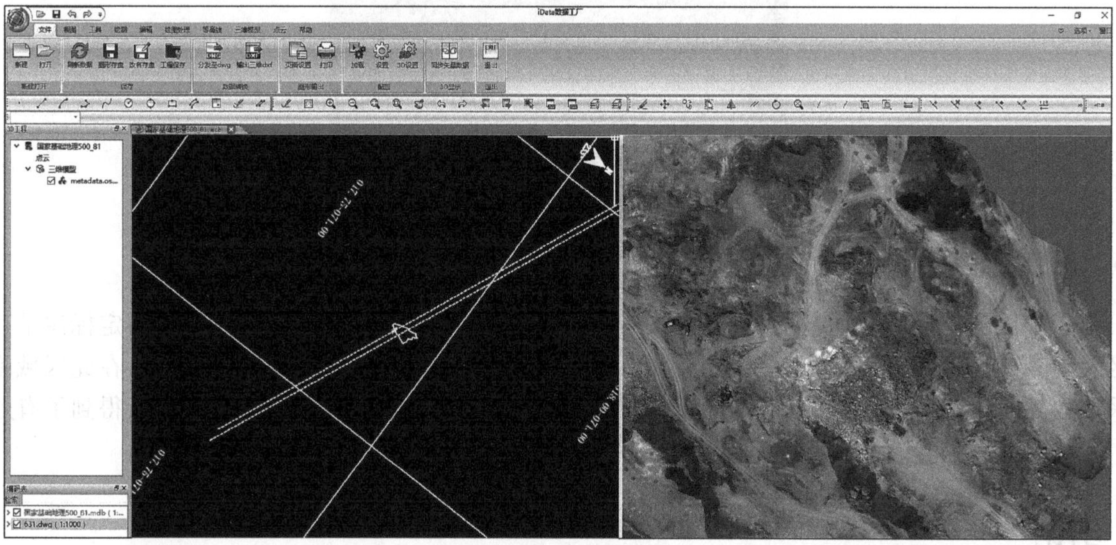

(a) 盲采空区与三维模型套合

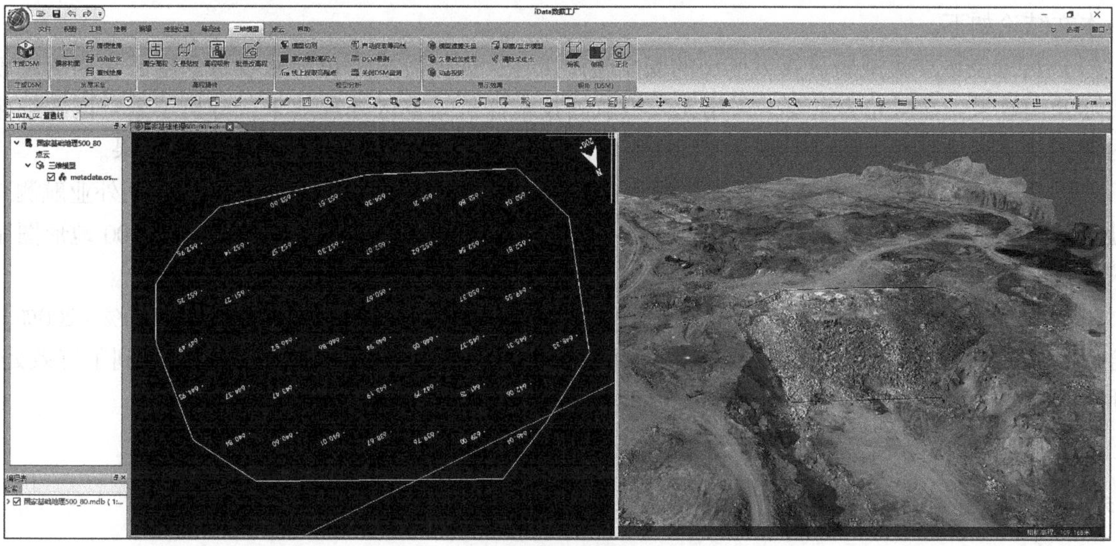

(b) 爆后高程点信息

图7　盲采空区爆前与爆后高程信息

Fig. 7　Elevation information of blind goaff before and after blasting

盲采空区平均高度为4m，最大高度为9m，按照间排距6.5m×4.0m、炮孔平均深度17.6m、最小抵抗线为4m的布置方式，综合考虑松散系数1.3及前排炮孔15m的推进距离，盲采空区所在区域高程应降低3m左右；而盲采空区布孔处的实际高程为651.8～653.9m，盲采空区爆后高程为650.3～651.3m，通过两期高程信息比对发现，高程降低了1.5～2.6m；充填相对高度增加率为110%～200%，表明盲采空区得到了有效充填。

4.2　基于爆破前后影像的采空区处理效果分析

通过无人机在爆破推进方向近距离录制的爆破视频，发现岩石推出距离整体上符合预期，盲采空区及废弃巷道所在位置处，在爆破的瞬间存在显著的塌陷及废石充填现象；在爆后现场检查时，也发现两者与台阶的正常区域存在明显区别，有显著的下沉现象，推进现象不明显，局部存在充填情况，这与采空区的不规则形状、范围、高度不一及岩石的松散系数有关。无人机拍摄的采空区处理后高清影像（见图8）显示，在爆破的作用下，采空区得到了有效充填。

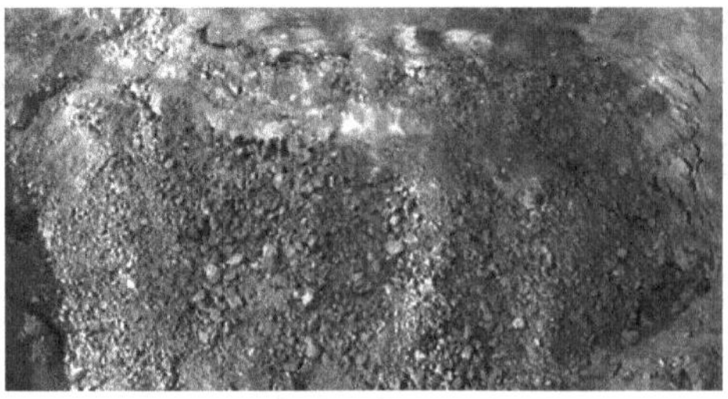

图 8 采空区崩落充填情况
Fig. 8 Caving and filling situation of the goaf

4.3 采空区挖装情况

为了确保挖装作业安全高效进行，在该盲采空区开始挖装作业前，技术人员提前圈定标注了盲采空区及废弃巷道所在范围，并对挖机人员及现场管理人员进行了相应的技术交底工作。在此区域施工时采取由外向内的试探挖装，现场实际挖装中未出现空洞及其他异常情况，表明采空区得到了有效治理，较好地消除了该作业区域的安全隐患。

5 结论

本文结论如下。

（1）盲采空区严重威胁着露天矿山的安全生产工作，如何有效评价与验收盲采空区在崩落爆破后的实际处理效果，显得尤为重要。采用无人机航测技术评价采空区处理效果，分析了采空区精细化验收内涵，并从充填程度、爆破影像、实际挖装情况 3 个方面综合评价了盲采空区处理效果。

（2）采用大疆精灵 4RTK 无人机进行低空 100m 高重叠率的 5 向航线航测，通过两期外业航测与内业处理，得到了盲采空区爆前及爆后两期三维模型，经过精度检校发现，误差满足 1∶500 地形图制图要求，可靠性较好。

（3）采用 IData 软件计算得到的盲采空区高程明显下降，充填相对高度增加率为 110%～200%，再结合无人机获取的多角度航拍影像及挖装的实际情况，验证了 649m 平台的盲采空区得到了有效处理，表明无人机航测技术在采空区精细化验收评价方面有一定的应用前景。

参 考 文 献

[1] 崔晓荣，陆华，叶图强，等．三维空区自动扫描系统在露天矿山中的应用［J］．有色金属（矿山部分），2012，64（3）：7-10.
Cui Xiaorong，Lu Hua，Ye Tuqiang，et al. Application of 3D autoscanning laser system in mined-out areas detection in open-pit mine［J］．Nonferrous Metals（Mining Section），2012，64（3）：7-10.

[2] 杨兆林，郭凯．高密度电法在铁矿隐伏采空区探测中的应用［J］．中国矿业，2020，29（8）：158-164.
Yang Zhaolin，Guo Kai. The application of high density electrical method in detection of concealed goaf in iron mine［J］．China Mining Magazine，2020，29（8）：158-164.

[3] 肖立锋．综合物探方法在采空区探测中的应用［J］．工程地球物理学报，2019，16（5）：658-664.
Xiao Lifeng. Application of integrated geophysical exploration method to exploring mined-out area［J］．Chinese Journal of Engineering Geophysics，2019，16（5）：658-664.

[4] 崔晓荣，林谋金，张卫民，等．露天多金属矿山地下采空区综合探测分析［J］．金属矿山，2015（1）：128-132.
Cui Xiaorong，Lin Moujin，Zhang Weimin，et al. Comprehensive survey and analysis of underground goafs inopen-pit polymetallic mine［J］．Metal Mine，2015（1）：128-132.

[5] 彭欣．复杂采空区稳定性及近区开采安全性研究［D］．长沙：中南大学，2008.
Peng Xin. Study on Stability of Complex Cavity and Safety in Nearcavity Excavation［D］．Changsha：Central South University，2008.

[6] 胡家国，马海涛．铁矿采空区处理方案研究［J］．中国安全生产科学技术，2010，6（5）：67-70.

Hu Jiaguo, Ma Haitao. Study of on treating method of goaf in ironmine [J]. Journal of Safety Science and Technology, 2010, 6 (5): 67-70.

[7] 崔晓荣，林谋金，郑炳旭，等．矿山采空区崩落爆破评估验收方法 [J]. 金属矿山，2015 (9): 11-15.

Cui Xiaorong, Lin Moujin, Zheng Bingxu, et al. Inspection and assessment of caving and blasting effect in underground goafs [J]. Metal Mine, 2015 (9): 11-15.

[8] 张兵兵，张中雷，廖学燕，等．轻小型无人机航测技术在露天矿山中的应用现状与展望 [J]. 中国矿业，2019, 28 (6): 94-98.

Zhang Bingbing, Zhang Zhonglei, Liao Xueyan, et al. Application status and prospect of light and small UAV aerial survey technology in open-pit mines [J]. China Mining Magazine, 2019, 28 (6): 94-98.

[9] 张中雷，张兵兵，方翔，等．露天采石矿山无人机生产调度指挥体系的构建与实施 [J]. 中国矿业，2019, 28 (9): 67-73.

Zhang Zhonglei, Zhang Bingbing, Fang Xiang, et al. Construction and implementation of UAV production dispatching command system architecture for open-pit quarry [J]. China Mining Magazine, 2019, 28 (9): 67-73.

[10] 张兵兵，喻鸿，张中雷，等．露天矿山采剥施工的数字化精细管理实践 [J]. 黄金科学技术，2019, 27 (4): 621-628.

Zhang Bingbing, Yu Hong, Zhang Zhonglei, et al. Digital and fine management practice of open-pit mining and stripping construction [J]. Gold Science and Technology, 2019, 27 (4): 621-628.

[11] 章梦霞，郑新奇，刘波．无人机影像支持的矿区开采动态监测方法 [J]. 测绘通报，2017 (10): 43-47.

Zhang Mengxia, Zheng Xinqi, Liu Bo. Dynamic monitoring method for mining area based on UAV images [J]. Bulletin of Surveying and Mapping, 2017 (10): 43-47.

[12] 冯雅秀．无人机实景三维数据处理及精度评估 [D]. 昆明：昆明理工大学，2018.

Feng Yaxiu. UAV 3D Real Scene Data Processing and Accuracy Evaluation [D]. Kunming: Kunming University of Science and Technology, 2018.

[13] 康玉霄，桑文刚，李娜，等．无人机低空摄影测量数据处理及应用 [J]. 测绘通报，2017 (S1): 62-65.

Kang Yuxiao, Sang Wengang, Li Na, et al. Unmanned aerial vehicle low-altitude photogrammetry data processingand application [J]. Bulletin of Surveying and Mapping, 2017 (S1): 62-65.

[14] 高利敏，冯耀楼．多旋翼无人机在工程方量测绘中的应用 [J]. 测绘通报，2018 (4): 155-158.

Gao Limin, Feng Yaolou. Application of multi-rotor UAV in surveying and mapping of engineering earthwork [J]. Bulletin of Surveying and Mapping, 2018 (4): 155-158.

[15] 王云川，段平，李佳，等．多旋翼单镜头无人机不同航线规划的三维建模方法评述 [J]. 测绘通报，2020 (3): 105-108.

Wang Yunchuan, Duan Ping, Li Jia, et al. A review of 3D modeling methods for different routeplanning of multi-rotor single-lens UAVs [J]. Bulletin of Surveying and Mapping, 2020 (3): 105-108.

[16] 朱进，丁亚洲，陈攀杰，等．控制点布设对无人机影像空三精度的影响 [J]. 测绘科学，2016, 41 (5): 116-120.

Zhu Jin, Ding Yazhou, Chen Panjie, et al. Influence of control point' layout on aero-triangulation accuracy for UAV images [J]. Science of Surveying and Mapping, 2016, 41 (5): 116-120.

[17] 李杰林，杨承业，胡远，等．无人机三维激光扫描技术在地下采空区探测中的应用研究 [J]. 金属矿山，2020 (12): 168-172.

Li Jielin, Yang Chengye, Hu Yuan, et al. Application research of UAV-Lidar in detection of underground goaf [J]. Metal Mine, 2020 (12): 168-172.

爆堆级配小块度系数对砂石骨料矿山生产成本的影响分析

李萍丰

（广东宏大爆破股份有限公司，广东 广州）

摘　要：经过大量的台阶爆破综合试验研究，提出爆堆级配小块度系数值的概念，在满足大块率和粉矿率的情况下，爆堆级配小块度系数是影响砂石骨料矿区运营成本的重要指标。

关键词：骨料矿山；爆堆级配特征；爆堆级配小块度系数；机械破碎

Influence Analysis of Small Lump Coefficient of Blasted Muckpile Gradation on Production Cost of Sand Aggregate Mines

Li Pingfeng

（Guangdong Hongda Blasting Co.，Ltd.，Guangdong Guangzhou，510623）

Abstract：Through a large number of comprehensive bench blasting tests and researches，the paper puts forward the concept of small lump coefficient value of blasted muckpile gradation. With the boulder rate and the fine ore rate under control，the fragmentation coefficient of blasted muckpile gradation is an important index affecting the operation cost of the sand aggregate mine area.

Keywords：aggregate mine；blasted muckpile grading characteristics；small lump coefficient of muckpile gradation；mechanical crushing

1　引言

砂石骨料是建筑、道路、桥梁、水利、水电、码头等基础设施建设用量最大、不可替代、不可或缺的材料，与人类的生存和发展息息相关。近年来，随着我国生态文明建设的不断深入，砂石骨料行业转型升级和跨越式发展，各地陆续关闭传统、小型企业，淘汰落后产能，对石矿资源进行整合，重新规划，科学布局，产业结构得到了快速优化，产业集中度不断提高，砂石企业的规模化、大型化、集团化、绿色化、生态化已成趋势，行业发展日新月异，取得举世瞩目的成就。资源开发水平、产业模式和经营方式持续创新的推动下，对砂石骨料爆破开采技术也提出了更高的要求：

（1）不仅要控制大块率，同时也要考虑粉矿率；

（2）不仅要考虑爆破成本，同时要考虑机械破碎的成本；

（3）不仅要考虑爆破块度，还有考虑成品碎石的数量、质量；

（4）不仅要考虑爆破计划安排，还要兼顾成品碎石价格的波动和订货数量的变化。

目前爆破技术对控制大块率、粉矿率研究较多，对爆破参数影响砂石骨料矿山成本的研究较少[1]，爆破效果评价方法仅局限对爆破本身和挖、装、运的狭义评价，较难满足砂石骨料矿山的要求，本文通过大皇山砂石骨料矿大量的台阶爆破试验，提出爆堆级配小块度系数的概念，完善爆破效

原载于“第八届全国砂石骨料行业科技大会”砂石骨料篇，120-124。

果评价体系，对爆破参数影响大皇山砂石骨料矿成本进行了分析。

2　大皇山矿概况

2.1　概况

大皇山建筑用石料（凝灰岩）矿位于浙江省舟山市定海区岑港街道桃夭门社区大皇山（见图1），矿区面积1.0481km^2；开采深度+249.72～+6m。生产规模为474万立方米/年（约1227万吨/年）。

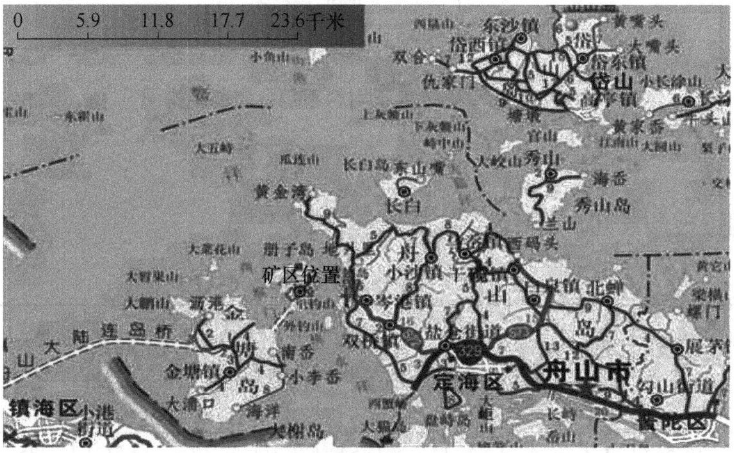

图1　大皇山砂石骨料矿位置图

开采矿种为建筑用石料（凝灰岩）矿石主要为晶屑玻屑凝灰岩、流纹斑岩和沉凝灰岩，结构致密，属坚硬岩类。矿区内断层、节理不发育，岩体总体完整。

为提高矿山开采技术、合理利用矿产资源、确保矿山安全生产，创建国家级绿色矿山，浙江交投矿业有限公司委托宏大爆破工程集团有限责任公司对大皇山矿进行基建施工及爆破开采。

2.2　爆破工程主要特点、难点

爆破工程主要特点难点如下。

（1）安全隐患极大：矿区是在废旧的矿区新建的，原来废旧矿山已经闭坑，形成了243m高的76°陡峭边坡，且坡面及台阶之间浮石堆积，安全隐患极大。

（2）上山道修建困难：由于废旧矿山已经闭坑，形成一个三面陡峨的243m高的锥台体，没有道路上山顶，新矿山修建上山道路十分困难。

（3）破碎厂房紧靠爆破现场：由于矿区建设用的紧张，其全封闭破碎系统和装运码头紧邻爆破区域的北部和东部，增加了爆破作业难度。

（4）减少碳排放的要求：矿山为国家级绿色矿山，响应习近平主席的号召“二氧化碳排放力争于2030年前达到峰值，努力争取2060年前实现碳中和”。矿区提出降低碳排放的要求。

（5）生产压力大：年爆破、挖装运岩块1227万吨，平均每天4万吨。

（6）成本控制严格：业主要求爆破要考虑全场区的综合成本，不能只考虑爆破自身的成本，要顾及块石机械破碎的成本，所以原爆堆级配评价爆破效果的特征不全面。

3　精准台阶爆破技术

3.1　崩塌爆破方法

本工程爆破目的是要提供合格的块石，大块率不能超3%，粉矿率不能超1%，采用文献［1］的全孔不均匀不耦合装药技术（见图2），将深孔分上、下两部分进行装药设计，将单一装药结构（装药段延米装药量相同）改变成上下2段装药，下段延米装药量是上段延米装药量的1.2~2.2倍（上、下不同装药直径），下部炸药量将底部岩石崩开（从母岩上抛出）、上部药量则将上部岩石震塌（弱松动爆破），克服岩石的摩擦力，使其靠自重掉落下。

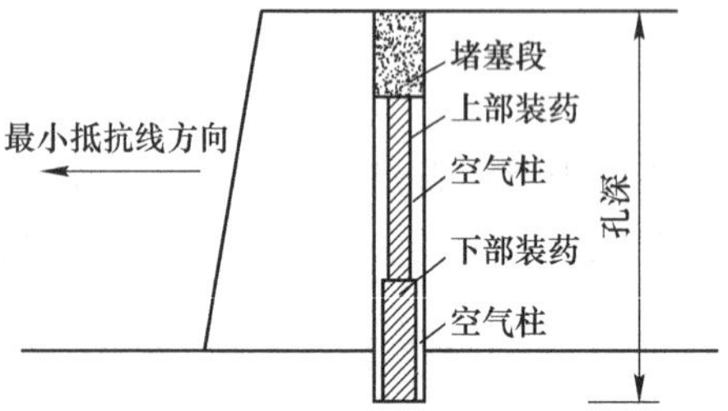

图2　崩塌爆破技术不均匀不耦合装药结构图

3.2　爆破参数

大皇山矿典型的爆破参数见表1。

表1　爆破参数设计表

台阶高度 H/m	孔径 ϕ/mm	超深 h_0/m	垂直孔深 h/m	堵塞 h_1/m	下部装药			下部装药			单孔药量 Q/kg	孔网参数		平均单耗 q/kg·m^{-3}
					长度 h_2/m	线密度 q_2/kg·m^{-1}	药量 Q_2/kg	长度 h_3/m	线密度 q_3/kg·m^{-1}	药量 Q_3/kg		孔距 a/m	排距 b/m	
15	115	1.5	16.5	3.2	6	14	84	7.3	7	51.1	135	3	3.3	0.45

4　爆堆岩块级配小块度系数概念及预测

4.1　爆堆岩块级配预报

Kuz-Ram模型是应用最广泛的爆破效果（爆堆级配）预报模型，该模型用了库兹捏佐夫（Kuznetsov）和若森·雷姆勒（Rosin-Rammler）两个人的名字来命名。模型前者是研究爆破的平均块度，后者是研究块度的分布特征。Kuz-Ram模型是用筛下累计为50%的筛孔尺寸为平均块度 x 和块度分布的均匀性指标 β 来预测爆破块度，它的基本数学表达式如下：

（1）Kuznestov方程：

$$\bar{x} = K\left(\frac{V_0}{Q}\right)^{0.8} Q^{\frac{1}{6}} \left(\frac{115}{E}\right)^{\frac{19}{30}} \tag{1}$$

均匀度指标 β：

$$\beta = \left(2.2 - 14\frac{W}{\phi}\right)\left(1 - \frac{\Delta W}{W}\right)\left(1 + \frac{A-1}{2}\right)\frac{L}{H} \tag{2}$$

（2）Rosin-Rammler方程：

$$R = e^{-\left(\frac{x}{x_e}\right)^{\beta}} \tag{3}$$

式中　R——粒径大于 x 的岩块所占的比例；
x——筛孔尺寸表示筛下最大粒径或筛上最小粒径，cm；
x_e——特性尺寸，cm；
W——最小抵抗线，m；
ϕ——炮孔直径，mm；
ΔW——凿岩精度的标准误差，孔底偏离设计位置的平均距离，m；
a——孔距/最小抵抗线；
L——底板标高以上药包长度，m；

H——台阶高度，m；

$\bar{x}$——平均破碎块度，其详细描述为：50%通过筛子、50%留在筛上时对应的筛孔尺寸，可以表示为 x_{50} 或 $\overline{X}$；

V_0——每孔破碎岩石体积，m^3；

Q——相当于每孔中药包能量的 TNT 当量，kg；

E——炸药重量威力，TNT 炸药 $E=115$，铵油炸药 $E=100$，2 号岩石炸药 $E=100\sim105$；

k——岩石系数，可根据刘殿中和杨仕春[2] 的研究进行取值。

已知大块直径为96cm，按上述典型爆破参数代入公式（1）~公式（3）计算得：$\beta=1.16$，$x_e=44.18$。将数据作图，得图3。

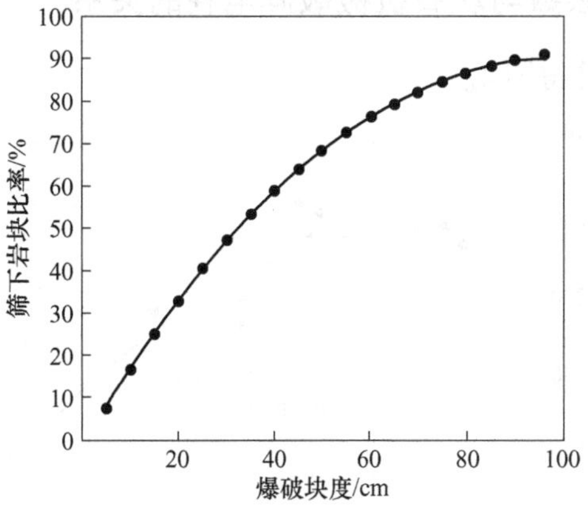

图 3　爆堆岩块级配曲线

4.2　爆堆岩块级配小块度系数的概念

爆堆岩块级配小块度系数指爆堆岩块中小块度岩块占整个爆堆岩块的百分比。计算公式：

$$S=(X_{0.6M}-X_5)/(X_M-X_5) \tag{4}$$

式中　X_M——最大的筛孔尺寸，cm；

$X_{0.6M}$——最大的筛孔尺寸60%的筛孔尺寸，cm；

X_5——5cm 的筛孔尺寸，cm。

4.3　爆堆岩块级配小块度系数的计算

按上述级配曲线计算：

$$\begin{aligned} S &= (X_{0.6M}-X_5)/(X_M-X_5) \\ &= (73.5\%-7.57\%)/(90.91\%-7.57\%) \\ &= 79\% \end{aligned}$$

按典型爆破参数计算爆堆岩块级配小块度系数为 79%。

5　爆堆岩块级配小块度系数对运营成本影响

经过一年的爆破试验，统计出每月的破碎总量、消耗电量和炸药用量（见表 2）。

表 2　破碎总量、消耗电量和炸药用量表

月份	破碎总量/t	炸药用量/t
4	596791	107.592
5	1253629	191.064
6	1373003	208.896

续表 2

月份	破碎总量/t	炸药用量/t
8	1534884	196.617
9	1607516	232.335
10	1716066	249.792
11	1633583	212.253
12	1580096	226.467
2	1221733	200.064
3	1104326	168.288

5.1 爆堆岩块级配小块度系数与块石机械破碎电耗的关系

经计算和数据拟合处理计算得图 4。

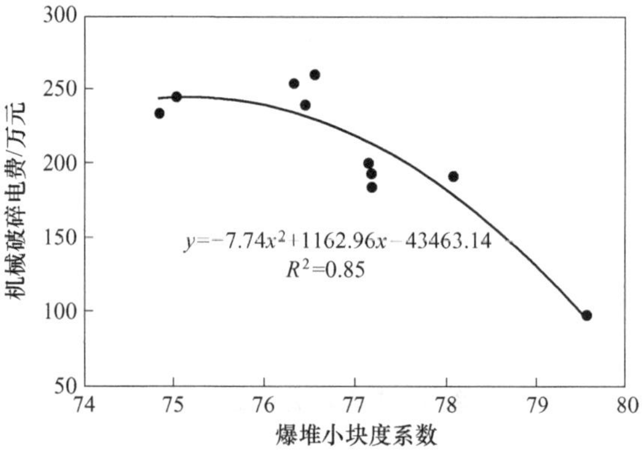

图 4 爆堆岩块级配小块度系数与岩块机械破碎消耗电量关系图

从图 4 中可以看出：

（1）爆堆岩块级配小块度系数与岩石机械破碎电量消耗成双曲线关系，相关性为 0.85，拟合曲线高度相关；

（2）爆堆岩块级配小块度系数越大，岩石机械破碎电量消耗量越小；

（3）爆堆岩块级配小块度系数小于 75%时，岩石机械破碎电量消耗量基本不增长；

（4）爆堆岩块级配小块度系数小于 75%~76.5%时，岩石机械破碎电量消耗量平缓下降；

（5）爆堆岩块级配小块度系数小于 76.5%~79.5%时，岩石机械破碎电量消耗量下降速率较快；

（6）爆堆岩块级配小块度系数作为反应岩石机械破碎电量消耗量的爆堆级配特征是有效的。

5.2 爆堆级配小块度系数与电费和炸药费用之和的关系

按电费 6540 元/万度，炸药 12000 元/t 计算，绘出图 5。

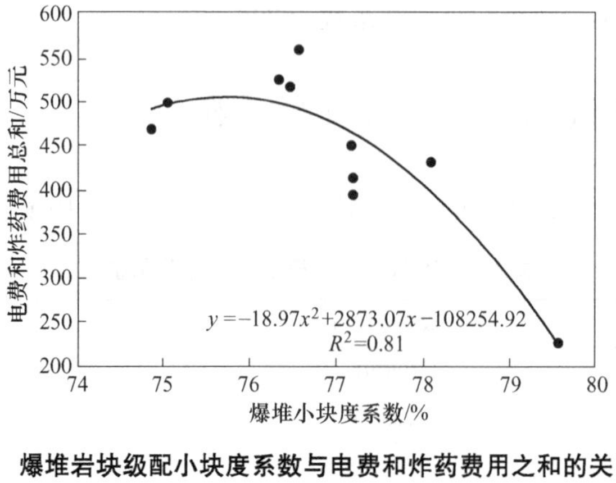

图 5 爆堆岩块级配小块度系数与电费和炸药费用之和的关系图

从图5中可以看出：

（1）爆堆岩块级配小块度系数与电费和炸药费用之和的关系成双曲线关系，拟合曲线相关性0.81；

（2）爆堆岩块级配小块度系数为75.8%时，电费和炸药费用之和最大；

（3）爆堆岩块级配小块度系数为74.6%~79.8%，电费和炸药费用之和随着小块度系数增加而减少；

（4）爆堆岩块级配小块度系数为75.8%~区间，电费和炸药费用之和随着小块度系数减小而减少；

（5）爆堆岩块级配小块度系数能反映整个矿区的成本变化情况。

爆堆岩块级配小块度系数是由岩石力学特性、炸药性质和爆破参数控制的，是炸药能量控制与岩石的不同能量需求匹配理论的体现，所以台阶爆破技术是关系砂石骨料矿山成本的关键技术。

从上述分析也可以知道，单纯考虑爆破作业成本，会使得整体成本假象的降低，但是破碎的工效会大大降低。

6 结论

经过大量的爆破综合性试验研究，发现以下规律：

（1）爆破技术是能影响砂石骨料矿山运行成本的，有时还是决定成本的主要因数；

（2）提出的爆堆级配小块度系数比较直观的说明：该值越大爆堆中小块度占的比重就多，机械破碎所消耗的功就越少；

（3）针对砂石骨料矿山爆破效果的指标不仅是不均匀系数，而更重要的应该是爆堆级配小块度系数；

（4）针对整个大皇山矿区成本而言，爆堆级配小块度系数越大越省钱，但爆堆级配小块度系数越大，有可能破碎出的成品率会低，爆堆级配小块度系数越小，有可能破碎出的成品工效会降低，所以必须综合考虑。

参考文献

[1] 郑炳旭，王永庆，李萍丰．建设工程台阶爆破［M］．北京：冶金工业出版社，2005.

[2] 刘殿中，杨仕春．工程爆破实用手册［M］．北京：冶金工业出版社，2003.

无人机航测技术在河道采砂及生态治理工程中的应用

许龙星　张兵兵　韩　振

（广东宏大爆破股份有限公司，广东 广州，510623）

摘　要：分析了外业航测及内业处理的流程，共布置了 6 个架次，得到了河道的正射影像、数字表面模型及数字线划图，精度校核满足 1∶1000 比例尺的要求。实践表明，航测成果应用在河道境界划定及生态普查方面，有助于及时了解开采现状、合理安排生产计划，同时也可用于不同规格砂石的调配及现场安全监管工作，极大地提高了施工管理效率。

关键词：河道治理；无人机航测；河道境界；砂石调配；安全监管

Application of UAV Aerial Survey Technology in River Sand Extraction and Ecological Treatment Engineering

Xu Longxing　Zhang Bingbing　Han Zhen

（Guangdong Hongda Blasting Co.，Ltd.，Guangdong Guangzhou，510623）

Abstract：The article analyzes the process of field operation and internal processing，arranges six sorties，and obtains the orthophoto，digital surface model and digital line drawing of the river. The accuracy check meets the requirements of 1∶1000 scale. The practice shows that aerial survey results in the delimitation of river boundary and ecological census helps to understand the mining status in time and arrange the production plan reasonably. At the same time，it can also be used for the allocation of sand and gravel of different specifications and on-site safety supervision，which greatly improves the efficiency of construction management.

Keywords：river regulation；UAV aerial survey technology；river boundary；sand deployment；safety supervision

无人机航测具有速度快、精度较高、数据处理流程简单等优势，相比于传统的 RTK、全站仪，显著提高了工作效率和降低了劳动强度，已成功应用在城市测绘[1,2]、露天矿山测量、河道测绘、土地勘查、森林植被复绿统计[3-6] 等方面，取得了较好的应用效果。目前针对河道治理问题，许多专家学者进行了很多有价值的研究工作。杨玉川[7] 分析了无人机在工程全生命周期中的优势及应用前景，实现了勘查、施工监管及成果展示等目的。李涛等[8,9] 将无人机航测用于河道边界测定，快速准确地获取了边界信息，很大程度避免了纠纷事件。陈桥驿[10] 认为河道水环境影响因素多，涉及范围广，无人机航测可应用在水污染处理、生态修复等领域，为科学诊断河道难题提供了参考。洪运富[11] 采用无人机实现了河道污染源的监控，确定了其分布范围及状态，有助于分析水源质量的好坏与消除污染来源。刘建良[12] 针对河道资源工程量和洪水等安全问题，采用无人机航测技术较快地估算了河道资源量及预防了安全隐患的发生。

目前无人机航测技术在河道领域的研究与应用，大多是针对河道的隐患治理方面，而河道内储存着大量的砂石资源，如何在有效开采资源的同时，实现河道生态治理，相关研究较少。为此，以大沙河生态治理为背景，采用无人机航测技术进行河道采砂与生态治理的协同作业。

原载于《露天采矿技术》，2021，36（4）：61-64。

1 大沙河河道治理工程现状

大沙河河道治理工程是河北省邢台市的重点项目，治理区域的河道宽度为 1.5km，长度约为10km，覆盖范围较大。在每年 7 月和 8 月的汛期，河道区域受上流水体不断冲刷，并携带大量的不同规格的砂石，最终在河道内淤积，使得河床不断抬高，蓄水能力明显下降，对于河床的稳定性及蓄水能力提出了较大的考验。基于这一现状，首先采出部分砂石，提高河道蓄水能力；同时进行护坡、复绿等工作，计划建成休闲、旅游观光为一体的市民休闲场所。通过现场勘查调研，认为本工程的重难点主要体现在以下几个方面。

（1）河道范围过大，如何快速有效了解河道的整体情况是前提。传统的 RTK、全站仪等需要人工进行现场测点，耗时太长，且由于河道内砂石堆积情况复杂，存在较多的砂石堆，人员难以有效测量。砂石间的空隙较大，存在不断滑落的现象，贸然登上石堆测量，难以保证测量人员的生命安全。

（2）河道内砂石储量大，在进行前期规划设计时，需要有效估算工程量大小；而河道在汛期时禁止开采，工期短，导致前期开采工程量较大，对生产计划的有效执行提出了考验。此外，砂石的规格差异性较大，在挖运及筛选阶段，需要保证不同区域的砂石在规格上较为一致，故需要高效的现场调度监管。

（3）河道内砂石的分布区域难以有效确定，且缺乏统一规划和统一组织，前期任意开采、任意堆放弃料现象较多，影响了河道行洪，同时反复开采使河道植被遭受严重破坏；盗采及民采现象十分严重，对施工与现场管理提出了较大的挑战。既存在填方区域，也存在挖方区域，如何有效确定这些区域，进而安排车辆及时施工，将河道平整到设计标准，是河道生态治理的重要方面。

2 无人机航测的外业作业及内业处理

随着无人机航测技术的不断发展，其为非接触性测量，航测耗时短、操作简单易行、可视化效果好、精度较高，可有效生成河道的三维模型及现状图，为河道治理提供了新的思路。基于大沙河河道治理难度较大的现状，在河道采砂及生态治理阶段采用了无人机航测技术。本次航测采用的是华鹞 P310 型轻小型无人机搭载单镜头高清数码相机，需要在前期进行一定的准备工作，即外业作业。在此基础上，收集得到的航测数据，进行航测数据的内业处理，进而得到航测成果。无人机航测流程图如图 1 所示。

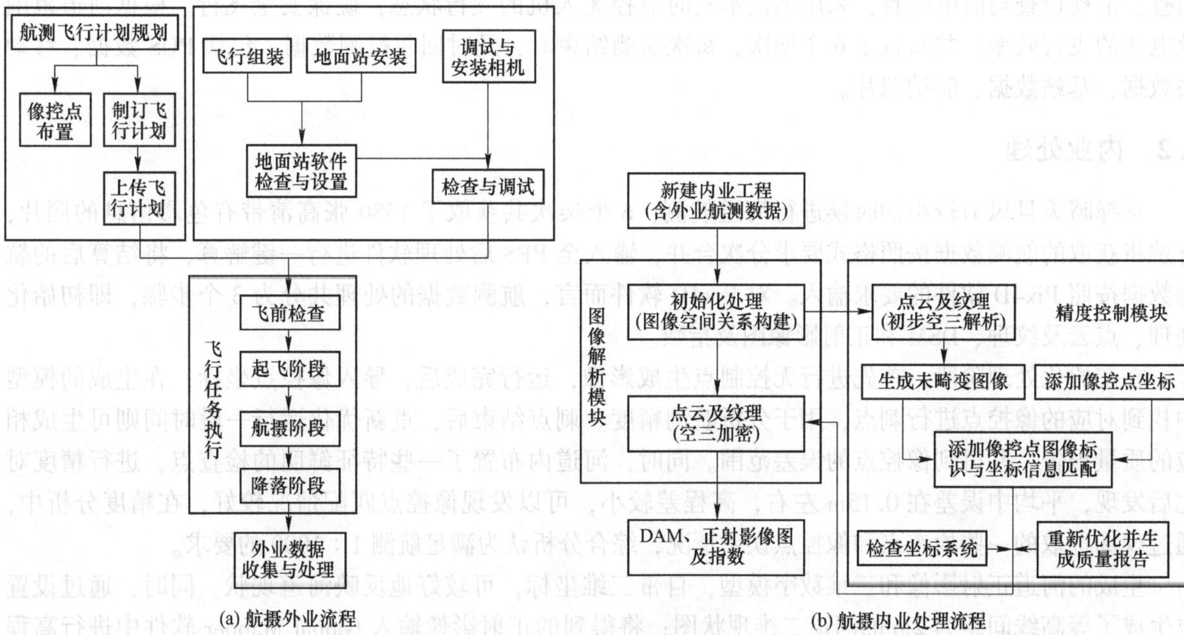

(a) 航摄外业流程　　(b) 航摄内业处理流程

图 1　无人机航测流程图

2.1 外业作业流程

外业作业阶段，首先需要勘查地形与分析河道的现状图，从而进行像控点布置。按照每 3km^2 布置 5 个点的原则，结合河道高程落差的变化，最终制定了像控点布置方案[13]，像控点布置及航线规划如图 2 所示。像控点坐标测定时，采用 RTK 对像控布中心位置连续测量 10 次，汇总整理后，用于飞行计划制订及后期图像精度的校核。

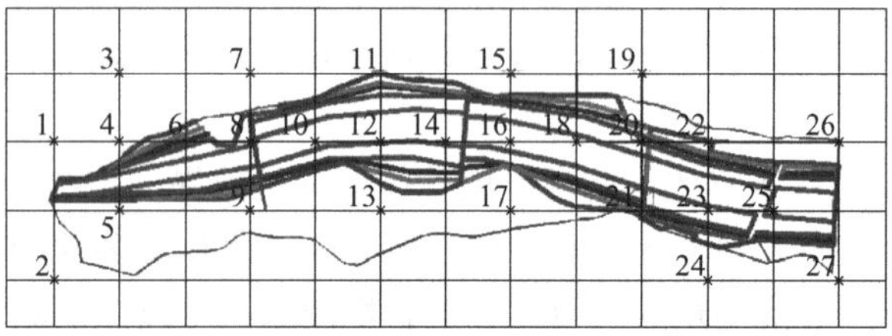

(a) 像控点布置

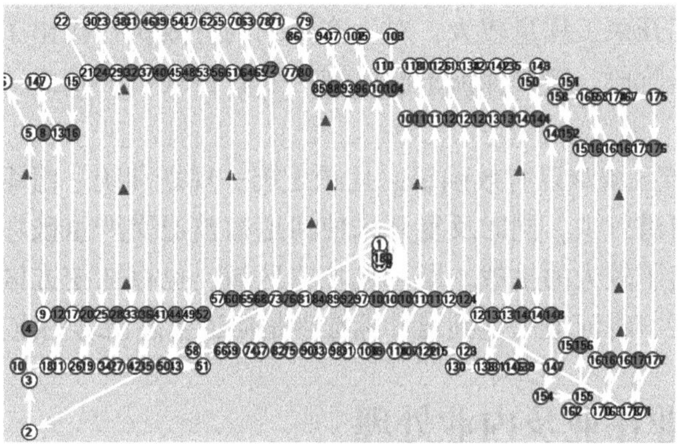

(b) 局部航线规划

图 2　像控点布置及航线规划

在飞行航线规划阶段，首先将像控点坐标导入地面站软件，在做像控点规划时，考虑到了地形的影响，同时在现场布置像控点时也根据现场实际地形进行了些许调整，尽量做到高程控制和平面控制。确保覆盖河道治理区域和满足飞行安全要求，此次航测的相对航高为 200m，旁向重叠率为 75%，航向重叠率为 70%，航测地形图比例尺设定为 1∶1000。现场实施飞行前，必须进行飞前检查，包括机务检查、常规检查与航电检查，采用笔记本实时监控无人机的飞行状态，确保安全飞行。根据河道范围及电池的飞行效率，共布置了 6 个架次，每次航测结束时，及时回收航测数据，包括 POS 数据、移动站数据、基站数据、航拍照片。

2.2 内业处理

选择晴天且风力较小的时候进行河道航测，6 个架次共获取了 1580 张高清带有色彩信息的照片，首选将获取的航测数据按照格式要求分次合并，输入至 PPS 后处理软件进行一键解算，将结算后的航测数据按照 Pix4D 软件的要求输入。对 Pix4D 软件而言，航测数据的处理共分为 3 个步骤，即初始化处理、点云及纹理、DSM 和正射影像图及指数。

在初始化处理阶段，首先进行无控制点生成影像，运行完成后，导入像控点坐标，在生成的模型中找到对应的像控点进行刺点，用于分析航测精度。刺点结束后，重新优化运行一段时间则可生成相应的质量报告，并得到像控点的误差范围。同时，河道内布置了一些特征鲜明的检查点，进行精度对比后发现，平均中误差在 0.15m 左右，高程差较小，可以发现像控点匹配情况较好，在精度分析中，通过现场选取的一些检查点和像控点误差情况，综合分析认为满足航测 1∶1000 的要求。

生成的河道正射影像和三维数字模型，自带三维坐标，可较好地反映河道现状。同时，通过设置也生成了等高线间距为 2m 的河道二维现状图；将得到的正射影像输入 Global Mapper 软件中进行高程显示，清晰地显示河道内砂石堆场分布及高度信息，有利于指导砂石堆场及时整治和装运工作。

3 航测成果的应用

航测得到的正射影像、三维数字表面模型及数字线划图可应用在分析河道的地形地貌信息、生态环境、砂石积聚地、水源方向及水坑范围、生产计划规划设计及潜在安全隐患来源等方面。

3.1 河道境界圈定及生态环境普查

航测得到的河道三维模型，包含了河道内砂石资源分布状态、道路走向分布、植被生长状态、建构筑物分布区域、水坑分布等信息，自带三维坐标可较好地对区域进行定位，三维可视化效果好。可及时了解河道的开采现状，确定河道砂石资源的开采境界，防止出现越界开采，造成资源的不必要浪费。根据生产需要，进行定期的航测，可及时更新河道开采状态，降低安全隐患，极大地节省了测量周期。在生态环境普查方面，主要集中在植被生长范围及河道污染源存在情况；通过无人机航测得出的模型及高清图像信息来看，河道内植被高度较小，分布范围与河道内水源的分布有着密切的关系。同时，发现河道内存在村民占用河道资源种植农作物，一定程度上阻碍了河道的通行能力，造成了河道阻塞。河道内也存在一些建构筑物及临时砂石筛选厂，存在排放的人工垃圾，可能会对河道造成污染。无人机航测确定了植被生长范围及河道污染源存在情况，为河道周边复绿及河道环境治理奠定了基础。

现场勘查发现，河道内分布着众多的水坑，且分布位置并不确定，而水坑分布范围若依靠人工测量，则导致劳动强度过大，一定程度上制约了生产有序进行。通过查看三维模型，可清晰地了解水坑分布状态，利用 Pix4D 软件中的量测功能，可有效确定水坑的长度、宽度、面积及体积大小，进而参考设计方案，确定水坑处是填方区还是挖方区及具体的工程量，为后期河道平整奠定基础。

3.2 砂石资源储量的估算

河道三维模型较好地显示了砂石资源的分布情况，为后期安排车辆进行集中挖装提供了条件，可较好地提高工作效率，避免了车辆的窝工现象。运用 Pix4D 软件中的工程量计算功能，通过圈定一定范围的砂石积聚位置，则可快速地估算出该区域的储量，相比较于传统基于 CAD 的三角网算法，极大地降低了计算量和人工劳动强度。砂石存在分布不均匀的情况，采用无人机的测量数据可较好估算砂石资源储量，按照 5m 的设计开挖深度，设计院给出的估算储量为 3293.9 万立方米，无人机的测量数据得到的估算储量为 3458.6 万立方米，两者误差仅为 5%，故认为其储量估算具备一定的可行性。无人机航测估算得到的工程量有利于合理配置车辆作业和保证车辆的高强度精准化施工，加快了河道隐患资源的有效开采，为河道淤积治理工作提供了便利。

3.3 采砂生产计划的制订与安全监管

依据航测成果分析河道内运输道路的分布状态，按照施工要求不断优化道路布置。确定合理的运输路线，有助于减少车辆运距，提高了运输效率，保证砂石资源的及时高效挖装。将治理区域划分为多个采区，通过砂石资源储量的估算，进而制定生产规划，按 5m 的设计开挖深度进行分区域施工，结合无人机航测得到的高程点数据，可在 CAD 中作出相应的采砂工期规划，如 1 年规划、3 年规划及 5 年规划。同时，依据三维模型确定砂石堆料场位置，进行砂石粒径规格的筛选处理，将符合规格要求的砂石进行统筹管理与调度。利用可视化效果好的特点，现场管理者可准确了解施工安排和执行生产指令，确保资源的高效有序开采，达到河道平整和控制危险源等目标。

4 结语

本文结论如下。

(1) 分析了大沙河治理的难点所在，河道范围过大，难以有效及时了解开采现状，在河道干涸期，淤积的砂石严重妨碍了河道的通行能力；砂石资源开采规划难度较大，需要进行有效的治理工作。

（2）无人机航测技术为非接触式测量，测量效率高、成本低，其优势在于集数据采集、数据分析、调度指挥、安全监控为一体，使得调度和管控指令更加科学合理和精准可靠。分析了无人机航测外业作业和内业处理阶段的流程，现场共布置了 6 个架次，获取了河道的正射影像、三维数字模型及数字线划图。且经过对像控点和现场特定点的坐标误差综合分析，满足 1：1000 地形图的要求，可用于河道的采砂和生态治理方面。

（3）实践表明，航测成果应用在河道领域，有助于了解河道资源开采和生态环境的现状；利用 Pix4D 软件的功能，获取了砂石堆场的储量和水坑分布范围，有利于合理配置车辆进行挖装。优化了道路设计，合理地安排了阶段性的生产规划任务。无人机航测技术后期可用于生产调度指挥和专家远程诊断，保证了资源开采与生态环境的协调进行。一定程度上，实现了 PDCA 循环，可对生产管理的各个环节进行设计与优化，确保了测量-规划-应用-改进全过程的高效运转。

参考文献

[1] 李德仁，李明．无人机遥感系统的研究进展与应用前景［J］．武汉大学学报（信息科学版），2014，39（5）：505.
[2] 杜甘霖．无人机航测技术在城市违法建筑变化监测中的应用［J］．工程勘察，2018，46（5）：60-63.
[3] 李长青，曹明兰，李亚东，等．低空无人机航测露天矿三维重构方法与试验［J］．测绘通报，2018（3）：89-92.
[4] 刘昌军，郭良，兰驷东，等．无人机技术综述及在水利行业的应用［J］．中国防汛抗旱，2016，26（3）：34-39.
[5] 杨彦梅．无人机低空航摄系统在土地承包经营权确权中的应用［D］．北京：中国地质大学（北京），2017.
[6] 杨坤，赵艳玲，张建勇，等．利用无人机高分辨率影像进行树木高度提取［J］．北京林业大学学报，2017，39（8）：17-23.
[7] 杨玉川，周顺文，辛立光，等．无人机技术在工程全生命周期中的应用研究［J］．中国农村水利水电，2018（10）：83-86.
[8] 李涛，高波，张允涛，等．天狼星无人机航测技术在河湖划界中的应用［J］．测绘通报，2019（3）：151-154.
[9] 欧阳显良，杨静学，李伟添，等．无人机航测技术在中小河流划界中的应用［J］．广东水利水电，2017（8）：80.
[10] 陈桥驿．无人机航测技术在河道水环境治理中的应用研究［J］．北京测绘，2018，32（8）：953-956.
[11] 洪运富，杨海军，李营，等．水源地污染源无人机遥感监测［J］．中国环境监测，2015，31（5）：163-166.
[12] 刘建良，杨琦，杨军．天狼星无人机免像控技术在河道整治中的应用［J］．测绘通报，2017（12）：149-152.
[13] 朱进，丁亚洲，陈攀杰，等．控制点布设对无人机影像空三精度的影响［J］．测绘科学，2016，41（5）：116.

基于三维激光扫描技术的复杂采空区群爆破治理

杨树志　束学来　张兵兵　杨　飞

（广东宏大爆破股份有限公司，广东 广州，510623）

摘　要：针对露天矿山采空区群严重制约着生产平台的问题，为了消除采空区群带来的安全隐患，首先采用时效性强的 C-ALS 三维激光扫描仪精准探测，构建了 3 个采空区真实三维模型，揭示了受限采空区群的空间赋存关系；其次以爆破全生命周期精准设计为出发点，通过采用数码电子雷管精准控制起爆网路，最后充分利用边坡自由面及加大局部采空区侧的炸药单耗，有效地减小了岩层间的夹制作用。在大宝山露天多金属矿山 661 平台成功实施了强制爆破崩落处理，通过无人机多角度航拍及爆堆现场检查，发现爆区塌陷现象明显，充填率达 90%，较好地消除了采空区群的不利影响，可为类似采空区治理提供参考。

关键词：受限采空区群；三维激光扫描；爆破治理；精准控制；岩层夹制作用

Blasting Treatment of Complex Goafs Group Based on 3D Laser Scanning

Yang Shuzhi　Shu Xuelai　Zhang Bingbing　Yang Fei

（Guangdong Hongda Blasting Co.，Ltd.，Guangdong Guangzhou，510623）

Abstract: Aiming at the problem that open-pit mine goafs severely restricts the orderly advancement of production platforms，in order to eliminate the potential safety hazards，firstly，the time-sensitive C-ALS three-dimensional laser scanner is used to accurately detect and establish true three-dimensional models of the three goafs，revealing the spatial relationship of the restricted goafs group. Secondly，take the accurate design of the whole life cycle of blasting as the starting point，and use the digital electronic detonator to precisely control the detonation network. Finally，make full use of the free surface of the slope，and increase the powder factor on the goaf side，which effectively reduces the inter-rock clamping. Forced blasting and caving plan was successfully implemented on Platform 661 of the Dabaoshan open-pit polymetallic mine. Through the UAV multi-angle aerial photography and explosion site surveys，it was found that the explosion area collapsed obviously，with a filling rate of 90%，and eliminated the adverse effects of the goaf group，which could provide a reference for similar goaf treatments.

Keywords: restricted goafs group；3D laser scanning；blasting treatment；precise control；inter-rock clamping

采空区作为露天矿山重大安全隐患之一，严重制约了露天矿山安全高效采剥施工与管理。空间赋存形态、围岩属性及现场施工难易程度均影响采空区防治决策，因此，迫切需要针对采空区现状，实现三维动态可视化的精准探测，为制定采空区治理方案提供重要支撑。当前，对于地下采空区的探测方法主要有[1-3]：传统的钻探法、综合物探法、三维地震法、瞬变电磁法、高密度电阻法、地质雷达探测法等，这几种主流的探测方法虽然能满足现场采空区探测要求，但存在人工劳动强度大、时效性慢等缺陷。现阶段，三维激光扫描技术应用于探测采空区方面，具有时效性高、三维可视化程度好等优势[4,5]，在一定程度上弥补了传统物探方法的缺点，极大地解放了现场钻探劳动力，实现了露天矿山地下采空区非接触式精准探测。传统采空区的处理，是基于钻探的成果进行经验化设计，存在探测

原载于《工程爆破》，2021，27（4）：64-68，75。

不准且方案不准确的缺陷，基于三维激光扫描技术分析采空区群赋存状态，构建采空区强制爆破设计方案，有助于实现精准爆破，可为采空区的处理提供新的研究思路。

1 工程背景

大宝山露天矿为地采转露采型矿山，原井下开采以铜硫矿为主，其采空区主要来源于早期不规范开采遗留下的采空区和早期民采、盗采泛滥形成的盲空区。经过前期的大规模勘探，大部分采空区群准确的分布规律、空间赋存形态、规模状况等已有了较为详细的地质资料信息。但仍存在一些盲采空区难以准确探测，且缺乏基础的地质资料信息，加之采场北部 51 号勘探线以北区域存在的采空区更是无资料可参考，岩层地表形态也无采空区显著表现特征。而 49 号勘探线 630 采空区群（49-634-1、49-634-2、492-635 采空区）的存在（见图 1），不仅严重威胁现场施工作业人员的人身安全，更是直接制约北部 661 台阶推进速度及采剥效率，造成了高品位矿石资源的严重浪费。目前需要解决的问题有：(1) 采空区群赋存形态的精准探测，建立采空区真实模型，快速准确获取相关参数；(2) 基于采空区的真实三维模型，制定精细化爆破设计方案，确保方案的合理性与可行性。

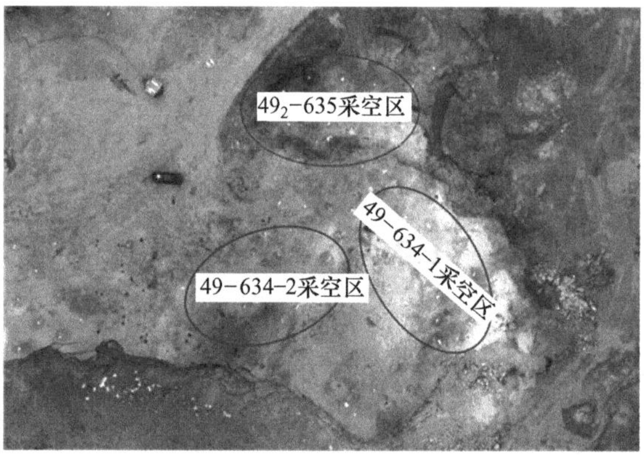

图 1 采空区平面位置

Fig. 1 Plan location of goafs

2 采空区探测及三维建模

采空区探测最早采用的是物理探测方法，应用于军事、地质勘探矿石位置方面。目前，国内对于采空区的探测，仍以传统钻探为主要手段，可有效揭示采空区基本的赋存信息，为决策者提供参考，但往往需要决策者依靠工程实践经验；同时也存在诸多不足之处，如：勘探孔数目多、成本高、采空区实时信息不准确、分布状况不直观等。鉴于此，借助 C-ALS 地下采空区三维扫描仪对 630 采空区群进行了精准探测，安全高效地掌握了 630 采空区群形态特征和分布参数，为采空区稳定性分析、采空区爆破设计处理方案制定提供了重要保证。

采空区三维激光实时扫描及模型建立，主要分为地面准备工作、外业数据采集和内业数据处理分析。其中，地面准备工作主要有硬件设备的各项连接、钻孔口和定向杆尾部参考坐标的测量、仪器下放参数的设置等。

2.1 采空区的精准探测

采用三维激光扫描仪实施外业数据采集，主要是高效获取采空区赋存的点云数据。现场施工中，根据地质资料，在位于采空区上方稳定性较好、安全性较高的区域，首先施工一个勘探孔，便于将 C-ALS 激光扫描系统沿探孔进入空腔。探头仪器通过前端摄像头获取周围影像信息，实时反映仪器周围环境状况，其测量原理是 “Time of flight 脉冲激光”[6]，借助激光探测到岩石表面或其他结构表面反射回来之间的飞行时间计算出前端探头与各岩体表面之间的距离，探孔中的仪器扫描时通过内置的数字指南针及纵向倾斜和横向转动传感器来定位自身的坐标和朝向，并将扫描产生的“点云”进行精确定位。

2.2 采空区三维模型的建立

三维模型建立为内业数据处理阶段，以形成采空区形态可视化及获取具体参数为目标。由于现场地质环境因素影响，如探孔中流动粉尘、高温探孔中形成的雾气等，现场采空区三维激光扫描的点云数据会存在噪声。因此，在三维模型建立之前需将点云数据进行去噪预处理，再将处理后的点云数据作为三维实体建模的数据源进行建模。630 采空区群三维实体模型如图 2 所示。

通过三维模型分析，可直观地获取 630 采空区群的空间赋存形态及层位信息，结合三视图得出：三个采空区顶板位置、空间水平距离十分接近，其中 49-634-1 采空区和 49-634-2 采空区几乎连成整体，形成了受限采空区群，无可利用的外侧自由面。其中，49_2-635 采空区南侧、49-634-1 采空区东南侧及 49-634-2 采空区西北侧有进一步延伸的趋势（见图 3）。

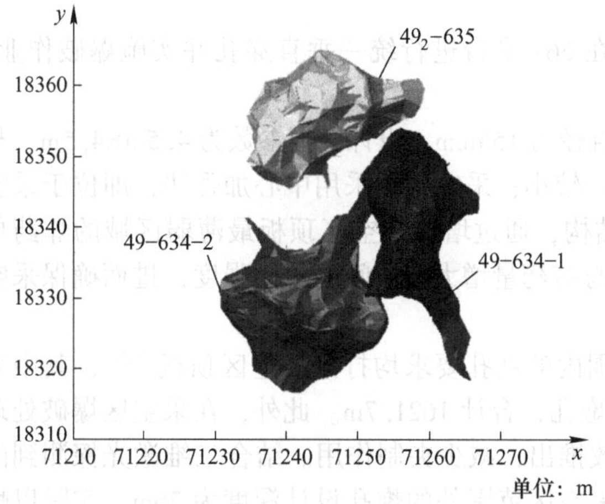

图 2 采空区群三维模型

Fig. 2 3D model of goafs group

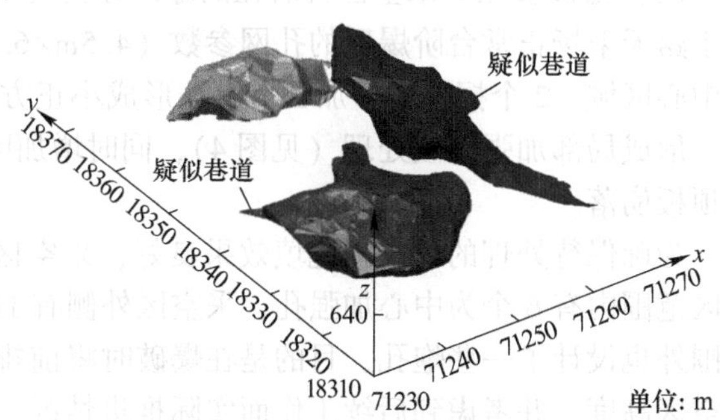

图 3 采空区相互位置关系

Fig. 3 Relative location relationship between goafs

2.3 采空区分布参数的获取

通过分析三维激光扫描与三维建模成果信息，结合采空区现场实际地表相互位置可知，49_2-635 采空区、49-634-1 采空区及 49-634-2 采空区的体积分别为 938.6m^3、1136.6m^3、1527.7m^3，采空区群具体参数见表 1。

表 1 采空区群参数

Table 1 Parameters of goafs group

采空区参数	49_2-635	49-634-1	49-634-2	总计
最大长度/m	27.7	37.9	32.0	—
最大跨度/m	14.4	14.4	23.3	—
最大高度/m	9.2	9.3	8.1	—
最高标高/m	643.8	642.8	641.3	—
底板最低标高/m	631.6	633.7	633.2	—
投影面积/m^2	289.3	304.9	383.6	676.4
体积/m^3	938.6	1136.6	1527.7	3602.9

3 采空区群爆破方案设计

3.1 采空区稳定性分析

采空区上覆岩层安全厚度直接影响着其稳定性，上覆岩层自身静载荷、上部设备动载荷、周围区域爆破振动产生的应力波传递都会改变采空区围岩应力，致使顶板岩石跨落。大宝山露天矿 49 号勘探线 630 采空区群顶板区域位于微风化英安岩带，钻探取芯较为完整，依据长沙有色设计研究院早期在大宝山矿所做的大量实践工作得出的最小保安层计算公式：

$$h = 0.71b - 1.02 \tag{1}$$

式中，h 为最小保安层厚度，m；b 为采空区顶板最大跨度，m。

三维激光扫描结果得出 49_2-635、49-634-1、49-634-2 采空区顶板最大跨度分别为 14.4m、14.4m、23.3m，进而计算得出最小保安层厚度分别为 9.2m、9.2m、15.5m。根据露天采场现场生产实际推进情况，计划在 661 平台对 49 线 630 采空区群进行强制爆破崩落处理，此时 3 个采空区最小顶板厚度分别为 11.98m、16.11m、19.01m，均大于采空区最小保安层厚度，表明采空区上方区域暂处于安全状态。

3.2 采空区群爆破处理方案

根据稳定性分析结果，本次处理 630 采空区群是在 661 平台进行统一垂直穿孔并实施爆破作业，以确保人员设备施工安全可靠。

（1）爆破参数。采空区群所在的爆区穿孔的钻孔直径为 155mm，设计孔网参数为 4.5m×4.5m，相比于露天采场正常台阶爆破的孔网参数（4.5m×6.5m）较小；采空区群采用中心加强法，即位于采空区中心区域，2 个探孔间多加 2 个炮孔形成小正方形结构，通过增加采空区顶板最薄弱区域的炸药单耗，形成局部加强爆破处理（见图 4），同时增加区域总装药量增大岩体间的碰撞强度，进而确保采空区顶板崩落。

为确保待处理的采空区充填效果良好，采空区范围内的钻孔要求均打穿采空区顶板[7,8]，其中采空区范围内有 6 个为中心加强孔，采空区外侧有 11 个炮孔，合计 1621.7m。此外，在采空区爆破处理范围外也设计了一些炮孔，目的是在爆破时将前排有效推出，减少夹制作用。结合三维激光探测到的采空区高度，并考虑到后续工作面实际推进情况，在采空区范围外的炮孔设计深度为 26m，实际以炮孔打穿为准，设计的最大单孔装药量为 326kg，总装药量为 22568kg。

（2）起爆网路。采空区群的起爆网路设计如图 5 所示，全部采用 J 系列的数码电子雷管，起爆点

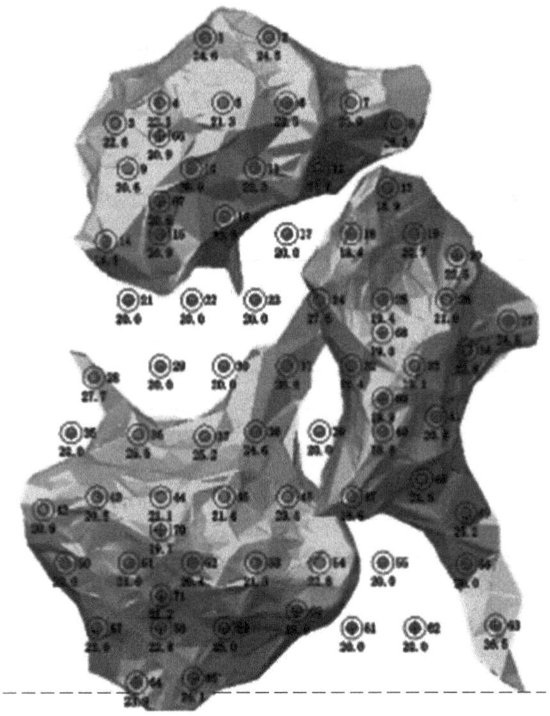

图 4 采空区群炮孔布置

Fig. 4 Layout of blasting holes of goafs group

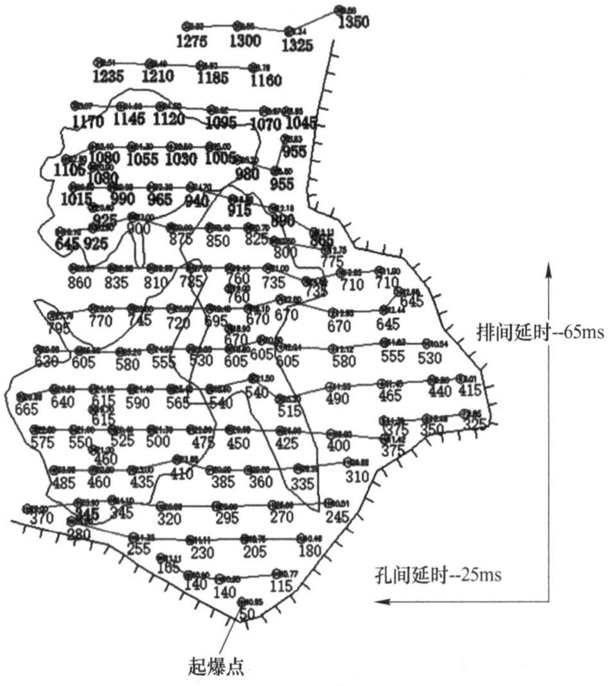

注：数字为延时时间，单位为ms。

图 5 采空区群起爆网路

Fig. 5 Blasting network of goafs group

的数码电子雷管延时时间设置为50ms，设置在临近边坡的位置，先形成自由面，为采空区群的处理减少夹制作用。爆区的炮孔雷管延时时间从115ms到1350ms，孔间及排间延时时间分别为25ms、65ms。共计采用244发数码电子雷管实现精准的逐孔起爆，确保延时时间较为合理。

（3）装药结构选择及炮孔填塞分类设计。由于岩体裂隙渗水影响，局部炮孔可能存在少量甚至大量的积水，均采用90mm成品药卷的2号岩石乳化炸药，此时的填塞物为细小碎石子；而对于不含水的炮孔，在现场施工阶段采用2号岩石乳化炸药为起爆药包、混装铵油炸药为主装药，采用耦合装药方式，填塞物则为钻机吹出的细小岩粉。其中，打穿的炮孔采用底部填塞7.5m，中部采用耦合装药方式，上部填塞4.5m。未打穿的炮孔，包括水孔及无水孔，则采用耦合连续装药，仅在上部填塞4.5m（见图6）。

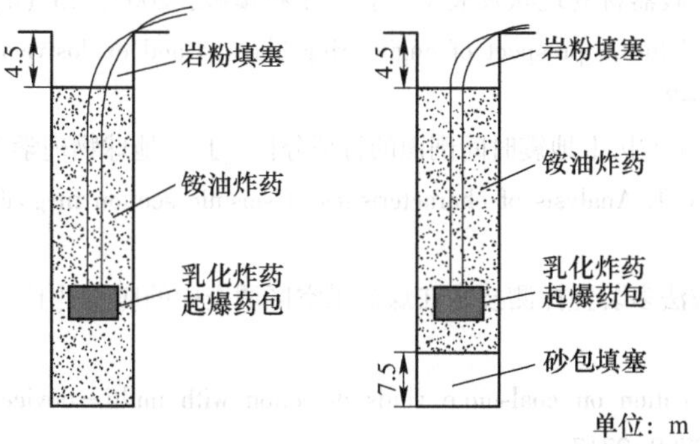

(a) 未穿孔的装药结构 (b) 穿孔的装药结构
(a) Non-perforated charge structure (b) Perforated charge structure

图6 采空区炮孔装药结构

Fig. 6 Charge structure of goafs blasthole

（4）爆破振动。依据经典的爆破振动经验计算公式：

$$v = K\left(\frac{\sqrt[3]{Q}}{R}\right)^{\alpha} \tag{2}$$

考虑到大宝山矿岩石坚硬程度及采场周边建构筑物防护要求，确定v取3cm/s，K取200，α取1.5，安全警戒距离为200m，从而得出Q_{max}为1800kg。而采空区炮孔采用逐孔起爆方式，设计的单次最大装药量仅为326kg，远小于Q_{max}，表明爆破振动有害效应的影响较为有限。考虑到采空区的安全隐患较大，现场安全警戒的实际距离为300m，大于爆破安全规程的要求，以确保作业人员、建筑物及施工设备的安全性。

3.3 爆破效果分析与讨论

对630采空区群实施爆破处理时，采用采空区顶板强制崩落充填法，用充填率和遗留空区体积来共同衡量爆破处理效果[9]。经无人机航拍采集爆堆多角度影像信息，以及爆破后现场确认，发现爆破区域前排推出形成的爆堆成形较好，采空区范围内存在显著的地表塌陷现象，表明该区域采空区顶板、围岩跨落的松渣及岩石将采空区有效填充，采用手持式测量仪器获取边界及高程点信息，通过对比分析爆前体积与爆后爆堆体积的对应关系，得到采空区充填率达到90%以上，表明49_2-635采空区东侧局部区域未塌实，但遗留空区体积较小。本次630采空区群爆破效果良好，有效地消除了采空区带来的安全隐患，加快了661平台向北推进的进度，且满足现场安全挖装作业要求，达到了预期效果。且采空区内部的高品位铜硫矿石资源得以有效利用，资源综合利用效率大幅提升。

4 结语

本文结论如下。

（1）采用C-ALS三维激光扫描仪实现了采空区群的精准探测，建立了630采空区群真实三维模型，得到采空区群体积为 3602.9m^3、投影总面积为 676.4m^2。

（2）依据采空区最小保安层经验公式，计算得出了 630 采空区群爆破前最小保安层厚度，现场实测值大于理论计算值，表明采空区群处于安全状态。

（3）从爆破参数、起爆网路、装药结构及炮孔填塞等方面，给出了相应的爆破处理方案。对 630 采空区群采取强制崩落法进行协同爆破处理，有效地消除了采空区群相互干扰，爆破后充填率达 90%，塌落较为明显，降低了采空区群潜在的安全隐患。

参考文献

[1] 汪旭光．中国工程爆破与爆破器材的现状及展望［J］．工程爆破，2007，13（4）：1-8.
Wang X G. Current status and future prospect of engineering blasting and explosive materials in China [J]. Engineering Blasting, 2007, 13 (4): 1-8.

[2] 卫红学，查文锋，冯春龙．采空区上地震时间剖面的特征分析［J］．地球物理学进展，2014，29（4）：1808-1814.
Wei H X, Cha W F, Feng C L. Analysis of characteristics of seismic section in goaf area [J]. Progress in Geophysics, 2014, 29 (4): 1808-1814.

[3] 陈卫营，薛国强．瞬变电磁法多装置探测技术在煤矿采空区调查中的应用［J］．地球物理学进展，2013，28（5）：2709-2717.
Chen W Y, Xue G Q. Application on coal-mine voids detection with multi-device TEM technology [J]. Progress in Geophys, 2013, 28 (5): 2709-2717.

[4] 崔晓荣，林谋金，张卫民，等．露天多金属矿山地下采空区综合探测分析［J］．金属矿山，2015（1）：128-132.
Cui X R, Lin M J, Zhang W M, et al. Comprehensive survey and analysis of underground goafs in open-pit polymetallic mine [J]. Metal Mine, 2015 (1): 128-132.

[5] 崔晓荣，叶图强，陈晶晶．大宝山矿危机转型爆破技术研究［J］．工程爆破，2013，19（6）：17-21.
Cui X R, Ye T Q, Chen J J. Key blasting technique used in Dabaoshan mine for the transformation of crisis mine [J]. Engineering Blasting, 2013, 19 (6): 17-21.

[6] 马海涛，刘勇锋，胡家国．基于 C-ALS 采空区探测及三维模型可视化研究［J］．中国安全生产科学技术，2010，6（3）：38-41.
Ma H T, Liu Y F, Hu J G. Study on gob detection and visualization of three-dimensional model based on C-ALS [J]. Journal of Safety Science and Technology, 2010, 6 (3): 38-41.

[7] 卢子冬，宋晓鸣．露天煤矿采空区快速治理的爆破技术［J］．工程爆破，2019，25（3）：76-80.
Lu Z D, Song X M. Rapid governance blasting technology of open-pit coal mine goaf [J]. Engineering Blasting, 2019, 25 (3): 76-80.

[8] 辛文彬，张际敏，林春霞，等．某铅锌矿采空区处理与矿柱爆破的协同技术［J］．工程爆破，2021，27（3）：119-124.
Xin W B, Zhang J M, Lin C X, et al. Collaborative technology of mine goaf disposal and pillar blasting in a lead-zinc mine [J]. Engineering Blasting, 2021, 27 (3): 119-124.

[9] 崔晓荣，林谋金，郑炳旭，等．矿山采空区崩落爆破评估验收方法［J］．金属矿山，2015（9）：11-15.
Cui X R, Lin M J, Zheng B X, et al. Inspection and assessment of caving and blasting effect in underground goafs [J]. Metal Mine, 2015 (9): 11-15.

高寒地区煤矿采空区治理深孔爆破施工技术

徐雪原　罗国庆　李旺华　武佳顺　廖新朝

（广东宏大爆破股份有限公司，广东 广州，510623）

摘　要：内蒙古突泉县牤牛海矿区地处高寒地区，为了在冬季能够顺利实施采空区灾害治理项目，对爆破施工方案进行了设计，并分析了高寒低温对爆破施工的影响，并提出了分组多区域施工，控制乳化炸药现场存放、装药时间，组织工人进行佩戴劳保手套连接导爆管网路训练等措施，实现了采空区年爆破方量达 5000 万立方米以上，保证了爆破作业的安全和治理项目的顺利实施。

关键词：高寒矿区；采空区治理；深孔爆破

Deep-hole Blasting Technology for Goaf Treatment of Coal Mines in the Alpine Area

Xu Xueyuan　Luo Guoqing　Li Wanghua　Wu Jiashun　Liao Xinchao

（Guangdong Hongda Blasting Co.，Ltd.，Guangdong Guangzhou，510623）

Abstract：The Manniuhai mine in Tuquan County，Inner Mongolia is located in the alpine area. For the smooth treatment for disasters caused by goaf in winter，the paper introduces the designed blasting operation scheme，and analyzes the influence of highly low temperature on the blasting operation. The project takes the measures like the multi-zone construction，the control of on-site storage and charging time of emulsified explosives，and the train of workers wearing protective gloves to connect the detonating pipe network，and realizes more than 50 million m^3 of annual blasting volume in the goaf，ensuring the safety of blasting operation and smooth implementation of the treatment project.

Keywords：Alpine mining area；goaf treatment；deep-hole blasting

随着我国经济稳步快速发展，对矿产资源的需求不断增加，矿产资源开发逐步向西部布局[1]。“一带一路”倡议的贯彻实施，也促使中西部地区矿山基建项目规模不断扩大。项目所在地地理位置较为复杂，多处于高寒地区，工程量大。大规模、高强度，冬季施工对爆破器材、施工设备及作业人员带来极大挑战[2-6]。

1　工程概况

内蒙古突泉县牤牛海矿区由已关闭的 17 座小煤矿整合而成，过去开采方式多为边探边掘、以掘代采、房柱式、巷柱式和高落式，未形成正规的开拓、提升、运输、通风、排水、压风系统，更未形成正规壁式回采工作面。不规范、不科学、乱采乱挖式的开采，导致矿区形成不同深度、不同范围的采空区。2012 年 12 月该矿区启动了采空区灾害治理项目。

治理区位于牤牛海煤盆地西缘，北段地层走向 360°，倾向 90°。南段走向北东，倾向南东，倾角 10°~45°，一般在 25°左右，呈单斜构造，沿走向及倾向均有不同程度的波状起伏。据矿井采矿验证该区小断层特别发育，多为正断层，落差在 2~3m，使煤层的连续性遭到破坏。治理区煤层顶底板以泥

原载于《采矿技术》，2021，21（5）：146-148。

质岩类为主，稳定性差，而且受水的作用，易变形；剥离期硬岩以砾岩、中粒砂岩、细粒砂岩为主，普氏硬度系数为8~13。

2 爆破施工

2.1 总体方案

治理区地表境界面积为4.55km²，底板界面积为1.98km²，最大治理深度为180m，根据矿区矿带分布特点，将采场划分为6~8个独立的采剥区，形成多工作面作业。该施工方案可以采用小型采剥设备，保证大量设备有效地投入使用，生产能力得到保障。

2.2 深孔爆破方案

采用深孔爆破作业方式，胶状乳化炸药，导爆管雷管四通复式起爆网络。

2.2.1 爆破参数

由于治理区表土松软，剥离前期设备平整后易形成规整台阶，按设计台阶高度10m进行台阶爆破，爆破参数见表1。

表1 深孔爆破参数

台阶高度 H/m	孔深 L/m	孔径 d/mm	孔距 a/m	排距 b/m	抵抗线 W_1/m	钻孔倾角 α/(°)
10	11	115	6.0	4.0	3.5	90
钻孔超深 h_1/m	延米装药量 q_1/kg·m^{-1}	孔口堵塞长度 L_2/m	装药长度 L_1/m	单孔装药量 Q/kg	炸药单耗 q/kg·m^{-3}	延米爆破量 V_1/m^3·m^{-1}
1.0	9	3	8	60	0.25~0.3	24

2.2.2 爆破网路

采用导爆管雷管起爆系统，排间起爆方式，孔内用2发MS10段雷管，孔间采用四通连接，排间用MS5段延期，爆破网络如图1所示。

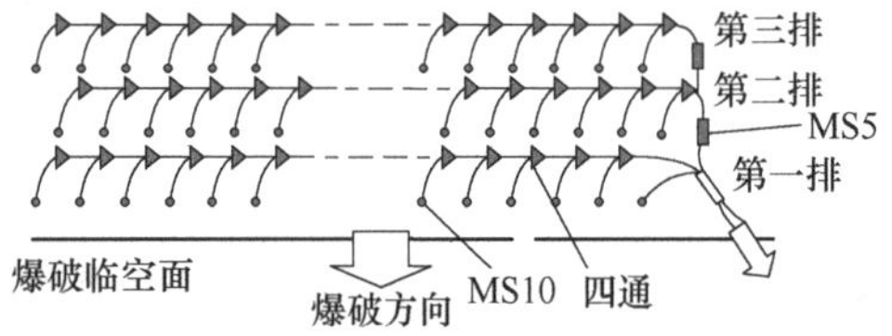

图1 导爆管逐排微差起爆网络

3 冬季低温对爆破施工的影响分析

矿区冬季较长，自10月至次年4月为冬季施工作业时期，平均气温-10℃，最低温度达-28℃。严寒气候会导致炸药性能下降、钻机效率较低、作业人员操作困难等。

3.1 低温对炸药的影响

低温对炸药的影响如下。

（1）乳化炸药是借助乳化剂的乳化作用和敏化剂的敏化作用而制成的一种油包水型乳脂状混合炸药[7]，在-30℃环境中能稳定爆轰，但爆速、猛度、殉爆距离等各项性能指标均存在不同程度的下降。资料显示[8]，当环境温度在-25~30℃时，从水相氧化剂中析出的硝酸铵细晶粒含量为16%~23%，此时的爆速在3500~4000m/s，较常温时的爆速，EL系列下降了10%~12.5%。当结晶量达到氧化剂含量质量数的50%时，结晶体刺破界面膜，结晶量增高，气泡逸出，使乳化炸药失去雷管感度，造成安全隐患。

（2）在冬季施工过程中，乳化炸药易上冻硬化，药卷变形后无法恢复，装药时易卡孔，给施工带来困难。

3.2 低温对导爆管起爆网络的影响

塑料导爆雷管内部装药为黑索金（95%）和铝粉（5%）[7]，其内在结构稳定，在-40℃以内时能稳定传爆，国产普通塑料导爆管为单层结构，应用高压聚乙烯塑料为管材，耐温性能为-40~50℃，常温下抗拉强度为19.6N。

负温对塑料导爆雷管和导爆管传爆性能指标不会产生影响，但是低温会导致塑料导爆管硬化，增加工人操作难度。

3.3 低温对工人装药、网路连接操作的影响

长时间的低温作业环境会使人体组织产生冻僵、冻痛和冻伤。温度太低会使作业人员肌肉僵硬，兴奋度下降，骨骼肌的协调能力降低，关节的灵活性下降，手的灵敏度降低，体力降低，以至于工作效率降低，有时只能达到正常状态下的25%~40%[9]。长时间在10℃以下低温潮湿环境工作时，人体的皮肤容易出现冻痛冻伤的情况，牤牛海项目部最低温度达到了-28℃及以下，所以要特别注重采取低温防护措施。起爆网络连接必须由爆破员手动操作，一般10min后手便会冻麻，操作不灵便，网路连接效率低下。

3.4 低温对起爆器的影响

脉冲起爆器材在-25℃环境下放置20min以上，会造成充放电困难。

4 冬季低温爆破施工应对措施

4.1 炸药及装药环节

炸药及装药环节如下。

（1）合理安排各爆破分区的炸药装卸及爆破作业，减少炸药暴露在外的时间。从炸药配送到现场至装药完成，时间控制在2h以内；-25℃以下温度时，每批次炸药均要进行爆炸试验，确保具有雷管感度。

（2）提前做好炮孔的测量、验收，防止因炮孔质量造成装药卡孔、炮孔堵塞，精确分配每孔的装药量，提高装药速度从而缩短炸药暴露高寒天气时间。

4.2 起爆网路连接环节

低温天气下工人必须做好防寒保暖，所有作业必须佩戴手套。为此，项目部制定了专项培训方案，培训爆破员在低温环境下戴手套进行导爆管复式起爆网路连接，做到熟练、快速完成网路连接，每个爆破分区至少配备2名操作熟练的爆破员，网路连接时间控制在20min以内。

各分区的爆破网路统一起爆时间，独立起爆，现场的起爆器存放在皮卡车内，使用棉被或棉大衣覆盖保温，装药完成后分发至各区，警戒后尽快起爆。

4.3 其他措施

统筹安排各爆破分区的爆破计划，严寒条件下，可适当缩小爆区规模，单个爆破作业区装药量以不超过5000kg为宜。

5 结论

本文结论如下。

（1）采用分区同步爆破作业的方式，保证了施工设备的投入和效率，确保采矿区治理项目顺利实施；

（2）通过严格控制现场装药时间，保证了冬季严寒气候条件下乳化炸药的感度和性能；

（3）通过开展对工人佩戴劳保手套进行网路连接训练，保证了起爆网路连接的可靠性。

针对高寒地区采空区治理项目的实际情况，采用以上各项措施及方法，实现了采空区年爆破方量达5000万立方米以上，成功解决了冬季严寒气候下的爆破施工难题，满足了施工质量和安全的要求。

参 考 文 献

[1] 中华人民共和国自然资源部．全国矿产资源规划（2016-2020年）[EB/OL]．自然资源部（2016-11-15）[2019-05-07]．http：//g. mnr. gov. cn/201701/t20170123_1430456. html.

[2] 李长洪，肖永刚，王宇，等．高海拔寒区岩质边坡变形破坏机制研究现状及趋势[J]．工程科学学报，2019，41（11）：1374-1386.

[3] 张大春，刘晓雪，唐小容．浅析高海拔、高寒环境对青海木里煤田露天矿区开采的影响[J]．四川地质学报，2020，40（1）：75-79.

[4] 董英健，于妍宁，郭连军，等．高寒地区矿山爆破振动对边坡的响应特征分析[J]．中国矿业，2020，29（11）：131-135.

[5] 张建闽，郑昌莹，谢浩．冬季高寒气候环境下的坝基开挖施工[J]．水利水电施工，2008（S2）：93-96.

[6] 常治国，李克民，丁小华，等．严寒气候对露天矿山安全爆破影响的分析[J]．工程爆破，2011，17（4）：100.

[7] 汪旭光．爆破设计与施工[M]．北京：冶金工业出版社，2013.

[8] 王涛，吴校良，李新，等．高寒高海拔露天矿山大规模控制爆破的实践[J]．工程爆破，2019，25（1）：60-63.

[9] 刘成建，冉冉．高寒地区冬季中深孔台阶爆破施工技术[J]．广东化工，2014，41（12）：114-115.

爆破震动对邻近建筑物的危害

魏晓林　郑炳旭

（广东宏大爆破股份有限公司，广东 广州，510623）

摘　要：在广州数个临近建筑爆破实例的基础上，对点源爆破地震波辐射时程效应进行了理论分析，并以模拟调整的实测爆破地震波，应用时程分析法计算了建筑结构和非结构的地震响应。在使用超过安全规程允许的药量进行临近建筑的浅眼爆破时，除了利用计算方法校验爆破震动对建筑物的影响外，还应采取稳妥的试爆措施，并配合薄弱结构处的震动监测，才能确保爆破安全。利用本文推荐的方法，解决了建筑物附近爆破的设计与施工问题。

关键词：爆破震动；地震波辐射；时程效应；动力响应

Destructive Effect of Blasting Vibration on Nearby Structures

Wei Xiaolin　Zheng Bingxu

(Guangdong Hongda Blasting Co., Ltd., Guangdong Guangzhou, 510623)

Abstract: Based on several examples of blasting near to buildings in Guangzhou, the time-distance effect of blasting seismic waves from a point explosion source was theoretically analyzed. In the light of the measured blasting seismic waves, the vibration responses of structure and nonstructure of buildings were calculated by the time-distance effect analysis method. When the short-hole blastings with the charge amount over the allow ance in "Safety Regulations" were conducted, some safer testing blasts and the concerted vibration monitoring on weak structure points should be carried out as well as the influence of blasting vibration on nearby buildings was checked by calculation methods, thus ensuring blasting safety. The problems on design and construction of the blastings near to buildings had been solved by use of the method recommended in this paper.

Keywords: blasting vibration; seismic wave radiation; time-distance effect; dynamic response

1 引言

岩石地段高层建筑的基坑、桩基多采用爆破施工。广州旧城区内楼房间距小，邻近建筑的基坑边、孔桩，若按《爆破安全规程》（以下简称《规程》）规定的振动安全允许值施工，一次爆破的药量很小，以致无法作业。为了尽快完成高层基础的爆破施工，广东省宏大爆破工程公司，从研究基坑地质、地形条件的浅眼爆破震动出发，根据邻近建筑的特点，通过实践探索与总结，提出以实测点爆源的典型爆震波，经模拟调整，应用结构动力学数值计算建筑结构和非结构的地震响应，综合考虑爆破振动幅值、频率、振动方向、振波形态、震动作用时间和结构及材料等因素，判断和分析对建筑的影响程度。在采取必要措施和稳妥试爆后，加大安全药量爆破，解决了近建筑基坑（桩）爆破的技术难题。近几年，在广州旧城区改造工程中，我公司已成功爆破施工近50幢高层楼房基础，如中旅城和富信广场，取得了很好效果。

原载于《工程爆破》，2000，6（3）：81-88，73。

2 爆破动力危害分析

爆破震动对建筑物的危害，在广州地区土质地层的条件下，还未见有地基液化下沉的个案。在爆破地震作用下，建筑物受到振动加速度的作用，产生惯性力，可能引发建筑结构和非结构破坏，所以对于爆破震动危害，主要应研究地震动的加速度和造成结构动力响应的荷载。

2.1 爆破震动加速度

基坑（桩）浅眼爆破的地震波在坑底基岩内传播时频率较高，约为10~200Hz。爆源作用时间短，约80ms，震动强度随距离增加衰减快。基岩浅层爆破时实测的爆破地震波的垂直地面振速分量偏强。当地震波跨过坑边而透射入土层时，由于土层中波速比基岩中慢得多，透射波比入射波以更接近竖直方向传播。因此，工程上可以认为地震波是垂直折射入土层的[1]。

近坑边、近建筑的浅眼爆源，因基岩面和土层面短，岩表面积累而次生的瑞利波和土表面积累次生的洛夫波弱，它们相对体波可以忽略。浅眼爆源的轴对称性，可假设体波不存在传播方向竖平面以外的振动。当体波透射入土层产生纵波时，主要产生竖直振动，引发建筑竖向惯性力；然而透射产生的传播方向竖平面内振动的横波，主要产生水平向振动，其在建筑物主轴方向墙、框架柱平面上的分量，将引发建筑物水平向振动和惯性力。

基岩内爆破震动将随岩内传播距离 R_L 增加而很快衰减，其衰减规律近似萨氏公式，即

最大垂直振动加速度： $$A_H = K_H \cdot S_S \cdot (Q^{1/3}/R_L)^{a_h} \tag{1}$$

最大水平振动加速度： $$A_L = K_L \cdot S_S \cdot (Q^{1/3}/R_L)^{a_l} \tag{2}$$

式中，K_H 为垂直振动波在基岩内的传播系数；a_h 为垂直振动波在基岩内的衰减系数；K_L 为水平振动波在基岩内的传播系数；a_l 为水平振动波在基岩内的衰减系数；Q 为同段最大炸药量，kg；S_S 为土层放大系数。

当爆破地震波透射入土层后，由于地表的多次反射和岩土界面的反射和透射，与土层卓越频率 f_o 接近的震波将被放大，其他频率的震波在传播中快速衰减。土层放大系数 S_S 和 A_L、A_H 可实测和计算。

土层卓越频率： $$f_o = v(2n-1)/(4d_v) \tag{3}$$

式中，v 为土层加权平均剪切波波速 v_s 或纵波波速 v_p，m/s；d_v 为土层总厚度，m；n 为表土层自振频率次数，由实测决定，n 越大，震波黏性衰减越快，土层放大系数 S_S 越小。

宽谱的基岩爆破震动波，经土层“类共振”，将接近 f_o 的主频率 f 放大，即

$$f = \{K_6 \cdot f_o\} \ [K_6 \text{为浅眼爆破频率范围系数}, K_6 = 1 \pm 0.5/(2n-1)] \tag{4}$$

土层对爆破震动的放大效应，使主震相的前震段振幅急剧增大，而后震段振幅快速衰减。高频震波的前震段引起建筑物的反应，会干扰最大振幅时引发建筑物的响应。

因此，研究爆破震动对建筑物的危害时，除了要重视最大加速度、速度的幅值、对应的频率和作用时间外，还要注意前震段形态的影响。要在典型地质条件和钻爆工艺下，实测爆破振动，并选择典型形态，只有这样才能更准确地分析爆破震动对建筑物的危害。在中旅城基坑边，土层厚10.8m，基岩中硬，测得基坑开挖爆破参数见表1[3]，垂直振速波形如图1[3] 所示，水平向振速波形如图2[3] 所示。

表1 中旅城基坑爆破开挖实测振动数据

Table 1 Blasting vibration data measured at south slope in Zhonglu City Square

测点编号	1	2	3	4
距爆心距离 R_L/m	9.8	9.8	9.8	21.9
位置	岩面	坡顶地面	坡顶地面	坡顶地面
振动方向	垂直	水平	垂直	垂直
最大振速 v/cm·s^{-1}	1.08	1.37	1.56	0.95
最大振速对应频率/Hz		118.9	53.25	52.5

注：单孔连续装药0.6m，单响药量1.8kg。

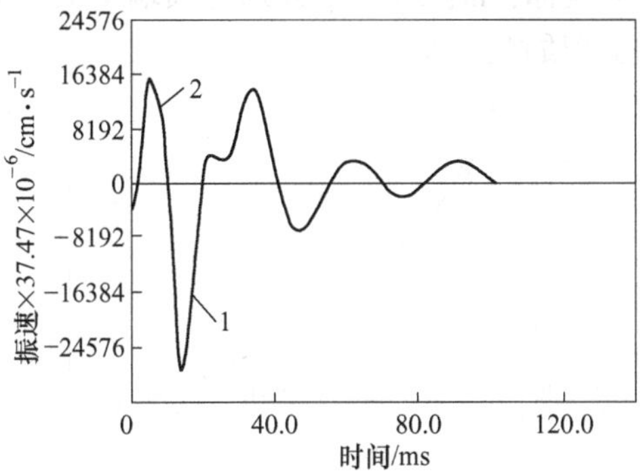

1—最大速度（向下）；2—次大速度（向上）

图 1　3 号点纵波振速

Fig. 1　Vibration velocity of vertical wave on No. 3 point

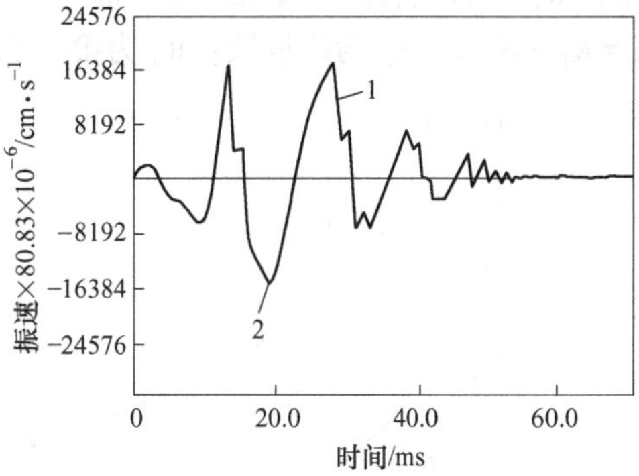

1—最大速度（向前）；2—次大速度（向后）

图 2　2 号点横波振速

Fig. 2　Vibration velocity of horizontal wave on No. 2 point

在分析建筑物响应时，当所选典型爆破地震波与设计的最大幅值不等时，可对典型爆破地震波乘以振幅调整系数 λ_a。

对垂直振动：　　$\lambda_a = A_H / A_{mh}$

对水平振动：　　$\lambda_a = A_L / A_{ml}$

式中，A_{mh}、A_{ml} 分别为典型爆破地震波最大的垂直和水平加速度振幅值。

而当所选爆破地震波的主频率 f_c 没有落到（4）式设计的 f 内时，也应对时间乘以时程调整系数 λ_f，以作为设计时程曲线上相应的时间，$\lambda_f = f_c / f$。

2.2　爆破地震荷载

在研究建筑受地震影响时，近代土建行业已广泛地应用反应谱理论[2]。参照该理论，可以认为，爆破震动引发近基坑（桩）建筑的响应振动加速度主要与地表振动频率 f 和建筑物的固有频率 f_b 有关，当 f 与 f_b 一致或相近时，结构将产生剧烈振动。此加速度的惯性力形成地震荷载，在多层规则建筑底部，水平振动引起最大剪力，竖向振动引起最大竖向拉压力。当把结构作为单质点弹性体系考虑时，其最大惯性力：

$$F_m = |a_m| \beta W \tag{5}$$

式中，W 为结构自重，kN；a_m 为地表振动加速度系数，$a_m = A_m / g$；β 为动力系数，即结构最大加速度与地表最大加速度 A_m 的比值，用杜哈美积分表示如下：

$$\beta = \omega \left| \int_o^t A(\tau) e^{-\zeta \cdot \omega (t-\tau)} \sin\omega(t-\tau) d\tau \right|_{max} \Big/ |A_m|$$

式中，$A(\tau)$ 为地表振动加速度，cm/s^2；ω 为结构自振圆频率，$\omega = 2\pi f_b$；ζ 为结构振动衰减系数，一般取 0.05；τ 为微分地表脉冲作用时间，s；t 为结构振动时间，s。

β（即水平动力系数 β_l、竖向动力系数 β_h）也可用时程分析法，解质点弹性振动微分方程数值计算；本文电算时用线性加速度法，其结果 β_l-f_b（f_s）和 β_h-f_b（f_h）关系，分别如图 3 和图 4 所示，其中 f_s 为地表水平振动频率、f_h 为地表竖向振动频率。

砌体结构抗剪强度较低，在水平爆破振动作用下，砖砌房屋较易破坏。当爆源处在房屋横轴上时（见图 5），由于墙平面内的刚度比墙平面外的刚度大得多，因此可假设震动引起的剪力在横向上的分量 Q_o 全部由横墙承受[2]，而邻近点爆源的柱（或球）面波在纵向墙上的剪力则因轴对称而相互抵消，剪应力小而可以忽略。建筑物与爆心的关系见图 6。

$$Q_o = \sum_{i=1}^{n_c} \int_{x_1}^{x_2} x |a_{lm}| \beta_l R_{hi}^{-1} dW = K_l (Q^{1/3})^{a_l} \beta_l \sum_{i=1}^{n_c} K_{xi} W_i \tag{6}$$

式中，a_{lm} 为地表最大水平振动加速度系数，$a_{lm} = A_L / g$，K_{xi} 为点爆源水平震动对第 i 横墙辐射时程效应系数，$K_{xi} = \int_{x_1}^{x_2} x R_{Li}^{-a_l} R_{hi}^{-1} (x_2 - x_1)^{-1} dx$，$R_{hi} = (x^2 + B_i^2)^{1/2}$，$R_{L_i} = (R_{hi}^2 + h^2)^{1/2}$；$B_i$ 为第 i 横墙对房

横轴距，m；h 为基岩面下爆源深度，m；x 为房屋横向水平坐标，m；x_2、x_1 分别为横墙 x 上、下限，m；$K_l = K_L \cdot S_S / g$；n_c 为横墙数；W_i 为第 i 横墙分配承受房屋质量，kN。

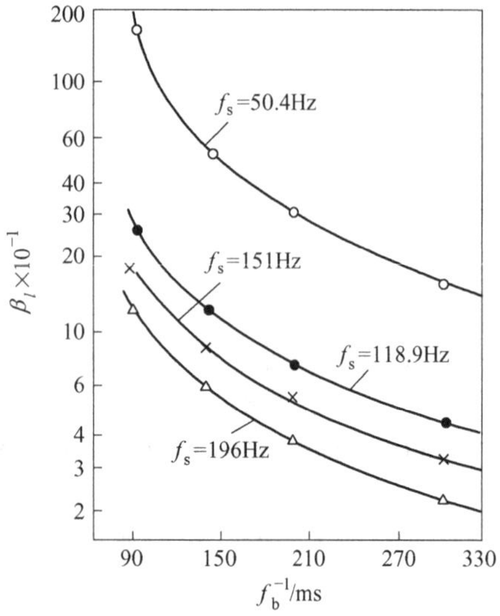

图 3　β_l 和 f_b（f_s）的关系

Fig. 3　Relationship between β_l and f_b (f_s)

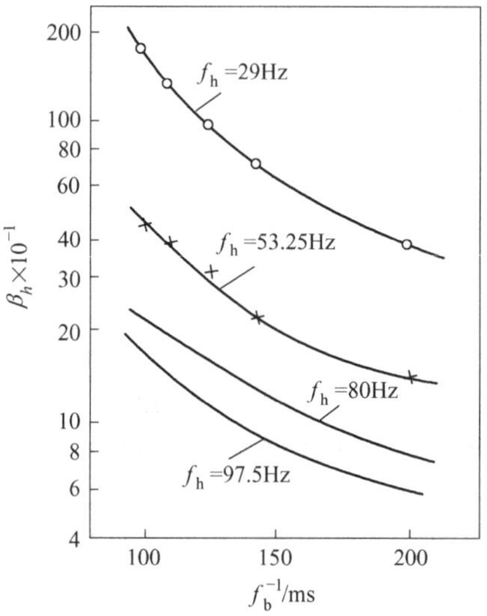

图 4　β_h 和 f_b（f_h）的关系

Fig. 4　Relationship between β_h and f_b (f_h)

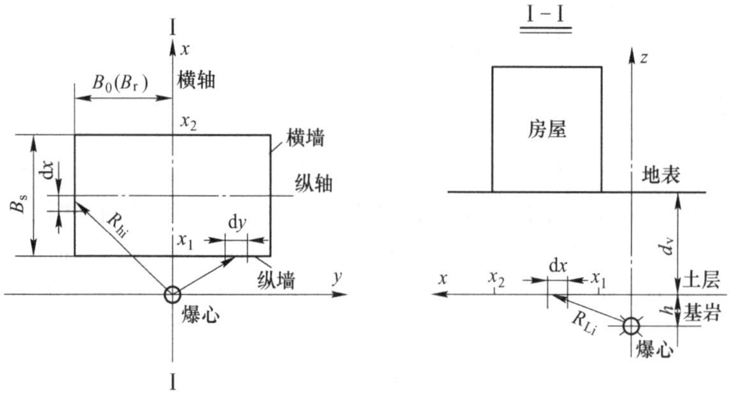

图 5　K_{xi} 和 K_{zi} 计算

Fig. 5　Calculation of K_{xi} and K_{zi}

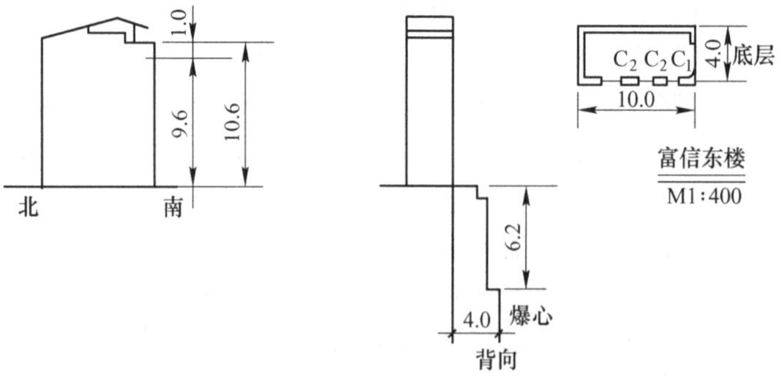

图 6　建筑物与爆心关系

Fig. 6　Relative position between building and explosion centre

从 K_{xi} 计算式可见，建筑面积 $2B_o$（长）$\times B_s$（宽）越大，辐射时程效应系数 K_{xi} 就越小。在爆破震动水平剪力的作用下，砖砌房屋底层的窗间横墙易产生 45°交叉斜裂缝。

多层建筑，高度不超过40m，当质量和刚度沿高度分布比较均匀，并以剪切形变为主（房屋高宽比小于4时）的结构，可采用底部剪力法，以单质点系近似计算。

$$Q_o = |a_{lm}|\beta_l E_l W = K_l(Q^{1/3})^{a_l}\beta_l E_l \sum_{i=1}^{n_c} K_{xi} W_i \tag{7}$$

式中，E_l 为水平等效重力荷载系数，当层数 $n_f=1$；$E_l=1$；当 $n_f>1$，《抗震规范》中为简化计算，取 $E_l=0.85$。

爆源近处，竖向振速大于水平向，且频率低，结构的纵横墙、柱都同时承受惯性力，爆破震动辐射时程效应系数大，竖向响应加速度可大于水平向，其底层最大竖向力（当没有内纵、横墙，且楼盖为横向单向板时）为

$$F_o = \int_{-B_o}^{B_o} |a_{hm}|\beta_h dW = K_h(Q^{1/3})^{a_h}\beta_h E_h \sum_{i=1}^{n_l} K_{zi} W_i \tag{8}$$

式中，a_{hm} 为地表最大竖向振动加速度系数，$a_{hm}=A_H/g$；$K_h=K_H S_S/g$；E_h 为竖向等效重力荷载系数，按《抗震规范》，取0.75；K_{zi} 为点爆源第 i 纵墙竖向时程效应系数：

$$K_{zi} = 2\int_0^{B_o}(R_{Li}^{ah}\cdot 2B_o)^{-1}dy(y\text{ 为房屋的纵向坐标，m；}B_o\text{ 为纵墙半长，m}) \tag{9}$$

当屋顶向上最大惯性力大于其质量时，在顶层窗的上沿灰缝内，可能出现水平张拉裂缝，其屋盖向上最大惯性力：

$$F_{n_f} = F_o H_{n_f} W_{n_f} \Big/ \sum_{j=1}^{n_f} H_j W_j \tag{10}$$

式中，j 为楼层数；n_f 为顶层楼层数；H_j 为各楼层高，m；W_j 为各楼层质量，kN；H_{n_f} 为顶层高，m；W_{n_f} 为顶层质量，kN。

结构响应的竖向振动加速度，在顶部最大，屋盖向下的最大加速度，将引起抹灰、天棚、吊灯、挂饰等建筑非结构向下的惯性力。屋盖（$i=n_f$）或第 i 层楼盖的最大加速度为

$$A_{di} = F_o H_i \Big/ \sum_{j=1}^{n_f} H_j W_j \quad (i\text{ 为层数}) \tag{11}$$

当 A_{di} 引起的惯性力与非结构的质量之和大于悬吊力或黏结力时，将引起其脱落。过大的加速度 A_{di} 将伤害人员和损坏设备。

2.3 安全药量

如果爆破震动荷载与其他荷载组合后，在结构、非结构及其连接中引起的应力超过强度，变形超过极限，将引起破坏。结构上的设备应安全运转，人员要正常生活，这都须限制建筑的振动响应。

建筑非结构件的倾倒和损坏，往往比建筑结构更容易。当瓷片、抹灰和外部饰面的黏结力小于振动的脱落力，吊顶、天棚、壁灯、吊灯、挂饰的悬吊力小于自重与竖振力之和，当安装玻璃的间隙小于玻框架的振动形变，长细花瓶的重心振动位移超越其支承面积等，都会引发这些非结构件损坏，虽然易于修复，但警示爆破药量 Q 必须减少，即

$$Q < Q_d(R_L/R_{L_d})^3 \tag{12}$$

式中，Q_d、R_{L_d} 分别为引起非结构件损坏的药量和爆心距，kg 和 m；R_L 为 Q 药量时的爆心距，m。

砖砌房屋抵抗水平震动的能力弱，它的现浇和装配整体式砼楼盖在计算承重墙抵抗剪力时应视为刚体，其下承受地震剪力，按承受墙的刚度分配。对于木结构等柔性楼盖房屋，由于它刚度小，可按墙从屋盖、楼盖面积上的重力荷载代表值的比例分配[2]。由此验算水平剪力最易破坏墙的安全系数 K_s，K_s 大于2可认为安全。

$$K_s \geq \tau_b A_i/\lambda Q_{o_i} \tag{13}$$

式中，τ_b 为验算抗震强度时砖砌体的抗剪强度，MPa；Q_{o_i} 为 i 墙上分配的剪力，10^3kN；A_i 为在 i 墙

1/2 高度处的净截面面积，m^2；λ 为应力分布不均匀系数，对矩形截面，取 1.2。

在计算墙承受竖向地震力时，应按承重墙承受屋盖、楼盖静荷载比例分配。顶层最易拉坏墙的安全系数为

$$K_t \geqslant SA_i/\lambda(\zeta_R F_{n_{fi}} - W_{n_{fi}}) \tag{14}$$

式中，S 为验算抗震强度时砖砌体的抗拉强度，MPa；$W_{n_{fi}}$ 为 i 墙承受的净重，10^3kN；$F_{n_{fi}}$ 为 i 墙的竖向惯性力，10^3kN；ζ_R 为爆心距引起的承受墙惯性力不均系数，取 1.3；A_i 为 i 墙 1/2 高度处的净截面面积，m^2。K_t 大于 2 可认为安全。

房屋楼盖上的设备所允许的最大冲击加速度见表 2[4]。人员在各种位置和约束程度下的允许冲击值请参考文献 [4]。

表 2　设备允许冲击最大加速度

Table 2　Maximal shock acceleration acceptable to equipment

项　　目	基频/s^{-1}	估算损坏程度/g	
		无破坏	严重破坏
重型电机、发电机、变压器等机械设备（>17000N）	3	10	80
泵、冷凝器、空调设备等中型机械设备（4500~17000N）	10	15	120
风扇、小电动机等轻型设备（>4500N）	15	30	200
通信设备、中继设备、旋转磁鼓、带真空管的大型电子设备	10	2	20
小型电子设备、无线电收音机、白炽灯电灯泡	20	20	200
阴极射线显像管	5	15	12
晶体管计算机、荧光灯和装置、核反应堆	10	5	60
各种其他蓄电池、管道工程	5	20	280

3　计算结果及分析

3.1　实例

富信广场东楼距坑边 2.0m，按《规程》，近坑边安全药量仅 18g，以致无法爆破作业。岩石中硬，油镐也打不动。为了继续施工，只能挖掘东楼抗震潜力，加大药量爆破，为此，依上述理论验算爆破震动的动力影响。取相似地质条件的“中旅城”基坑实测值（以下简称实测值），见图 1、图 2 和表 1，基岩垂直振速$v_H = 89.9\ (Q^{1/3}/R_L)^{1.7}$，水平最大振速 $v_L = 78.9\ (Q^{1/3}/R_L)^{1.7}$。土层放大系数 $S_S = 1.55$，基坑边土层厚 $d_V = 6.2$m，剪切波波速 $v_s = 250$m/s，当 $n = 6$ 时，由式（3）得 $f_o = 110$Hz，由式（4）得 $K_6 = 0.955 \sim 1.045$，算出剪切波频率 $f_s = 106 \sim 116$Hz，由于主振频率的“实测值”为 118.9Hz（见表 1），因此取 $f_s = 116$Hz，加速度传播系数 $K_L = 2\pi f_s \cdot 78.9 = 57506$cm/$s^2$，$a_l = 1.7$，$\lambda_f = 1.025$。同理，纵波波速 $v_p = 568$m/s，$n = 2$，$K_6 = 0.833 \sim 1.17$，纵波频率$f_h = 57 \sim 80$Hz，取 57Hz，$K_H = 32196$cm/s^2，$a_h = 1.7$，$\lambda_f = 0.934$。

如图 6 所示，对富信东楼，验算爆破震动动力影响为：楼面恒载 3.05kN/m^2，活载 $0.5 \times 1.5 = 0.75$kN/m^2，屋面考虑加层，活载 $0.5 \times 1.0 = 0.5$kN/m^2，单面粉 12cm 墙重 2.6kN/m^2，木门窗 0.3kN/m^2，铁门 0.45kN/m^2，由此计算荷载，集中到各层楼面，屋盖荷重 $W_3 = 320.67$kN，二层荷重 $W_2 = 363.74$kN，一层荷重 $W_1 = 354.74$kN，各层总荷重 $W = W_1 + W_2 + W_3 = 1039$kN。

振动水平荷载按式（7）计算，等效重力荷载系数 $E_l = 0.85$，结构自振周期 T 以砖房经验公式计算，即 $T = 0.0168\ (H + 1.2)$，楼高 $H = 10.6$m，图 2 剪切波振速波形经数值微分成加速度后，再电算动力系数 $\beta_l = 0.008018$，辐射时程效应系数 $\sum_{i=1}^{n_c} K_{xi} = 0.02249$，当段间不叠加单响最大药量 $Q = 2.4$kg 时，

单孔连续装药0.6~0.8m，验算底部剪力 $Q_o=24kN$。南北横墙按各自刚度分配剪力，南墙因有窗刚度小，分配剪力 $Q_s=5.6kN$，北墙剪力 $Q_n=18.4kN$。底层砌体平均压力0.42MPa，M5砂浆，黏土砖砌体抗剪强度 $R=0.3\ (1+0.42/0.3)^{0.5}=0.47MPa$。以式（13）算得南墙安全系数 $K_s=8.3$，北墙安全系数 $K_s=10.1$；若采用石灰砂浆，黏土砖砌体的抗剪强度 $R=0.09\ (1+0.42/0.09)^{0.5}=0.214MPa$，南墙 $K_s=3.8$，北墙 $K_s=4.6$，由于南北墙的 K_s 皆大于2，故可认为楼房是安全的。

同理，振动竖向荷载按式（8）计算，$E_h=0.75$，结构竖向自振周期 T 取0.1，图1纵波振速波形数值微分成加速度后，再电算动力系数 $\beta_h=0.04071$，$\sum_{i=1}^{n_l}K_{zi}/n_l=0.04586$，验算底层最大竖向力 $F_o=121.7kN$，而按式（10）计算出 F_{nf}，则 $\zeta_R F_{n_f}=1.3\times57.3kN<W_3$，顶层墙不会出现拉应力，以式（11）计算屋盖竖向加速度 $A_{d3}=0.1786g$，根据此验算，抹灰、吊顶的黏结力是安全的，顶层楼盖 $A_{d2}=0.119g<2g$，因此表2所列设备不会损坏，从文献［4］可知 $A_{d2}<6.5g$，因此人也能忍受。试爆证明，单响药量增至计算值2.4kg时，东楼结构和非结构件完好无损，设备可照常运行，人员能忍受爆震。

3.2 爆破主要因素对建筑的危害

炸药量和爆心距是影响地震动的主要因素，爆破类型和建筑物固有频率又决定对地震的响应。

（1）炸药量。由式（7）得建筑物底部剪力：

$$Q_o = C_1 Q^{a_l/3} \tag{15}$$

则砖房的安全系数：

$$K_s = C_2 Q^{-a_l/3} \tag{16}$$

式中，C_1、C_2 为比例系数，$C_1 = K_l\beta_l E_l \sum_{i=1}^{n_c} K_{xi}W_i$。

从式（16）可见，单响药量增加，安全系数 K_s 下降，底部剪力 Q_o 增大。同理，安全系数 K_t 下降，竖向惯性力 F_o 增大，楼盖加速度 A_{di} 也加大，但变化率均随药量 Q 的增加而降低。

（2）爆心距。爆心距 x_1、h 对建筑物的动力影响反映在 K_{xi} 和 K_{zi} 值上，由各自的计算式可见 K_{xi} 和 K_{zi} 随 x_1、h 增大而减小，而安全系数 K_s、K_t 随之增大。建筑面积的长 $2B_o$ 和宽 B_s（即 x_2-x_1），同样决定爆震的危害。当 B_o、B_s增加，K_{xi}、K_z 减小，虽然楼重 W 增加，Q_o 和 F_o 随之增加，但总体来说，由于K_{xi}、K_z 减小大于 Q_o、F_o 增加的因素，同时还因墙抗剪、抗拉面积增大，安全系数 K_s、K_t 必是随 B_o、B_s 增加而增大。

（3）爆破类型。掘桩爆破与基坑开挖爆破比较，由于单孔连续装药长度短，最小抵抗线小，爆破振动频率高，土层地震波衰减快，房屋响应震动小，底部地震剪力和竖向惯性力均小，见表3。从表3中可见，在相同炸药量条件下，基坑开挖爆破的底部剪力和竖向惯性力分别约为掘桩爆破的2倍和4倍。

表3　爆破震动惯性力与爆破类型的关系

Table 3　Relation between blasting seism force and blasting kind

爆破类型	单孔连续装药长度/m	f_s/Hz	f_h/Hz	S_s	β_l	β_h	Q_o/kN	F_o/kN
掘进孔桩	0.4	151	80	1.4	5.463×10^{-3}	2.274×10^{-2}	29.12	101.4
基坑开挖	1.8	50.4	29	2.0	3.034×10^{-2}	1.784×10^{-1}	59.4	412.0

注：单孔药量3.2kg，爆点 $\sum_{i=1}^{n_c}K_{xi}/n_c=0.02249$，$\sum_{i=1}^{n_l}K_{zi}/n_l=0.04586$，富信东楼 $W=1039kN$。

（4）房屋固有频率。建筑物固有频率 f_b 与地震频率 f 相差越大，房屋的地震反应就越小，其动力系数 β_l 和 β_h 随 f_b、f（f_s，f_h）在1个数量级变化，其关系分别如图3和图4所示。

（5）微差爆破间隔时间。微差爆破段间爆破地震波叠加，可增大振幅和局部增长周期而接近建筑物自振周期，都会导致增大动力系数 β_l 和 β_h，增加作用于建筑物上的惯性力。为了降低爆破震动的危害，微差间隔时间应在100ms以上。

4 结论

本文结论如下。

（1）邻近建筑物的爆破，按《规程》规定，浅眼爆破地震动的安全药量较小，不便作业，可以根据地质特征、曲面震动波和建筑结构的特点，合理地增大药量。

（2）实践证明，在广州地区Ⅰ、Ⅱ类场地土的土质条件下，对于邻近15m内砖砌和钢筋砼楼房，均允许使用适当超过《规程》的安全药量进行集中式浅眼或桩内爆破。

（3）本文根据浅炮眼、点爆源、近建筑、基坑边爆破地震波的特点，提出了点爆源爆破地震波辐射时程效应，应用调整的模拟实测地震波和动力响应结构力学来分析爆破震动对邻近建筑的动力危害，实践证明原理正确，计算方法易行。若紧密结合实测，这种方法可以在Ⅰ、Ⅱ类场地土条件下推广应用。

（4）房屋抗剪强度越低，水平振动越易震坏结构；但竖向振速一般大于水平向、频率低、辐射时程效应系数大，因而房屋竖向响应加速度大，易于震坏非结构件和可震坏结构；楼层上的设备所能承受的冲击及人员所能忍受的振动加速度等都可能成为限制炸药量的因素。

（5）当计算安全药量超过《规程》规定后，可采取爆源从远到近，药量从小到大的程序，稳妥试爆，同时预计结构薄弱处，量测振动强度和应力变形，防止超过许用值，以确保爆破安全。

（6）邻近建筑的爆破应严格控制爆破规模，限制单响药量，采用预裂爆破和多段毫秒差爆破技术，段间时差大于单段作用时间100ms以上，缩短单孔连续装药长度和减小最小抵抗线，以增大爆破频率，减弱建筑物的地震动响应，尽量减弱爆破振动产生的不利影响。

参 考 文 献

[1] 伯野元彦．土木工程振动手册［M］．李明昭，等译．北京：中国铁道出版社，1992.
[2] 郭继武．建筑抗震设计［M］．北京：高等教育出版社，1990.
[3] 张华，等．中旅城广场爆破振动监测报告［R］．广州：广州市地下铁道总公司设计工程质量检测室，1998.
[4] 李国豪，等．工程结构抗震动力学［M］．上海：上海科学技术出版社，1989.

开挖爆破对基坑喷锚网边坡动力稳定影响

魏晓林

（广东宏大爆破股份有限公司，广东 广州，510623）

摘　要：结合麓景苑深基坑爆破施工对喷锚网土质边坡的安全稳定问题进行现场观测与理论分析，提出了土质边坡开挖爆破动力稳定计算方法、喷锚网边坡爆破稳定的前提和预断，解决了设计施工中的关键技术问题。

关键词：喷锚网；土质边坡；爆破荷载；动态稳定分析

Study on Effect of Excavation Blasting on Dynamic Stability of Soil Nail Wall at Foundation Pit

Wei Xiaolin

（Guangdong Hongda Blasting Co.，Ltd.，Guangdong Guangzhou，510623）

Abstract：Combined with the blasting construction of Lujinwan spot，the survey and theoretical analysis on the safety and stability of soil nail wall have been done. The computing method of dynamic stability analysis is proposed in this paper，on the basis of the theory of limit equilibrium of three dimensional rigid body. The premise and prejudge of blasting on dynamic stability of soil nail wall are recommended. The major technical problems have been solved in engineering design and construction.

Keywords：slope of soil nail wall；blasting loading；dynamic stability analysis

1　前言

近年来，城市高层建筑深基坑采用了喷锚网支护边坡，边坡附近常有一些多层楼房。边坡的稳定和周围楼房的安全是基坑内爆破施工中亟须解决的关键技术之一。我们根据浅炮眼、点爆源地震波辐射的时程效应，以三维滑坡刚体极限平衡方法，研究了爆破对深基坑边坡动力稳定的影响，摸索了边坡稳定的规律，提出了喷锚网边坡爆破稳定的前提和预断方法，因地制宜地采取了措施，有效地控制了爆震，使工程得以顺利、安全地完成。

2　爆破动力稳定分析

在研究地震对边坡稳定影响时，已将地震荷载拟静力化，作为惯性力参与边坡稳定分析，并获得了成功和普遍应用。本文参照地震时边坡稳定的分析方法，根据浅炮眼，点爆源震波辐射的时程、振向、辐频特点、考虑爆震在作用时间和行程中的衰减，以及土层放大卓越频率的爆震，在拟静力化爆震荷载后，提出了爆破对边坡稳定的三维极限平衡分析方法。实践证明这一方法是合理的可行的。

原载于《爆破》，1997，15（2）：69-74。

2.1 基本原理

爆破地震引发的滑坡体可假设为刚体，采用喷锚网边坡坍塌时，相同的滑坡体形式，即在倾向的 XY 剖面上，沿圆弧面滑动[1]，而在土坡走向的两侧，沿走向倾斜直线组成的曲面滑移，侧面直线走向倾角近似最小主动土压力的滑动角。滑坡体如图 1 所示。

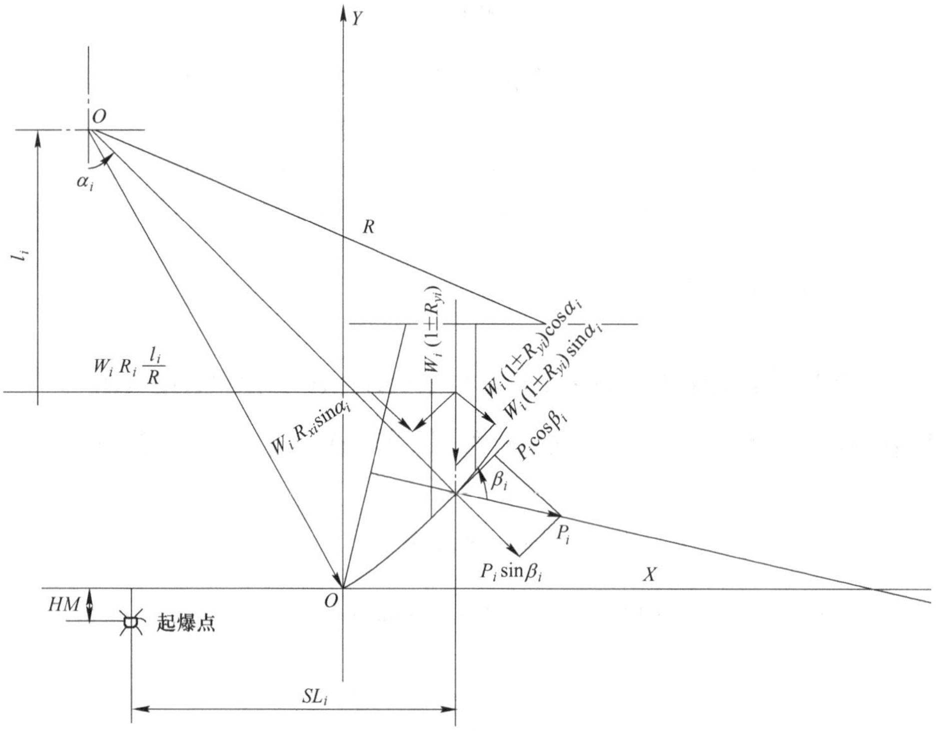

图 1　滑坡体受爆力作用示意图

滑坡体的稳定性，是以对圆弧滑动面轴心 O' 的抗滑力矩和滑动力矩之比，即稳定系数 K 来衡量。采用常规条分法计算力矩，即把滑坡体沿倾向划分为若干走向竖直条块，分别计算力矩，并忽略块间相互作用力。

锚杆的滑坡体外产生的拉力 P_i，在滑动面法线上的分量，增加了摩阻力 $P_i\sin\beta_i\tan\phi_i$[2]，而在切线上的分量 $P_i\cos\beta_i$，又直接增加了抗滑力矩。因此，在忽略土坡地下水静水压力后，其稳定系数 K：

$$K = \{ \sum_1^n c_iL_i + \sum_1^n W_i[1 \pm R_{yi})\cos\alpha_i - R_{xi}\sin\alpha_i]\tan\phi_i + \sum_1^n P_i(\cos\beta_i + \sin\beta_i\tan\phi_i) \} / [\sum_1^n W_i(1 \pm R_{yi})\sin\alpha_i + \sum_1^n W_iR_{xi}L_i/R] \tag{1}$$

式中　i——土条块序号；

n——土条块总数；

c_i——土的内聚力，KN/m^2；

W_i——土条块自重，KN；

α_i——滑动面在 XY 剖面上的切线倾角，弧度；

β_i——锚杆与其相交滑动面处的切面夹角，弧度；

P_i——锚杆对滑坡体的拉力，KN；

ϕ_i——土体的内摩擦角，弧度；

R——滑动圆弧面半径，m；

L_i——土条块重心至滑动圆心轴的竖直距离，m；

R_{yi}——爆破地震垂直振动惯性力系数；

R_{xi}——爆破地震水平振动倾向分量惯性力系数。

当 K 最小，即滑坡最危险时，求滑动圆弧面的圆心 O' 的位置，半径 R 和走向底宽 $2BO$，由此定出滑坡体形状尺寸，并以此稳定系数 K 衡量滑坡的危险性。

2.2 爆破地震荷载

爆震拟静力化的惯性力，要反映爆震波的传播特点。浅眼爆破地震波，在坑底基岩内传播时，频率较高，在 10~50Hz，振动强度随距离衰减快。

当它跨过坑边而透射入土层时，由于土层波速比基岩波速慢得多，透射波比入射波以更近竖直方向传播。因此，工程中可以认为地震波是垂直折射的[4]。

近坑边的浅眼爆源，基岩面短，表面积累而次生的面波弱，它相对体波可以忽略。点爆源的轴对称性，体波不存在传播方向平面外的振动。体波透射入土层产生的纵波，主要产生竖直震动力，而透射产生的传播方向平面内振动的横波，主要产生水平向震动力，其在边坡倾向上分量，将引发土体滑移。

爆震波是冲击型，其波源振幅衰减，由 $e^{-\beta t}$ 模拟，β 为发波时间 t_s 的衰减系数，由实测决定，即

$$\beta = 1/(t_i - t_m)$$

式中 t_i——主振相爆破作用时间，s；

t_m——最大加速度时间，s。

波阵面到达 R_L 的时刻 t，则 $t_s = t - R_L/c$，c 为基岩内波速，由实测决定，普通岩纵波波速为 2×10^3m/s。因此，波源发波振幅的衰减为：$e^{-\beta(t-R_L/c)}$。

爆破地震波是由多个谐波分量叠加而成，从工程应用出发，可简化为土层频率 f 的谐波函数与一个指数衰减函数的乘积来模拟，即爆震加速度

$$a(t) = Ae^{-\beta(t-R_L/c)} \cdot \sin 2\pi f(t - R_L/c) \tag{2}$$

式中 A——加速度的幅值，m/s²，

$$A = A_m e^{\beta(t_m - R_L/c)} / \sin 2\pi f(t_m - R_L/c) \tag{3}$$

式中 A_m——实测加速度最大值，m/s²；

T_m——实测最大加速度的时刻，s，

$$T_m = [\arctan(2\pi f_s/\beta)/2\pi f] + R_L/c \tag{4}$$

$$f_s = V_s/4d_v;\ f = K_6 f_s$$

式中 f_s——土层卓越频率，Hz；

K_6——浅眼爆震频率增大系数，本文取 1.25；

V_s——土层的剪切波速，200~500m/s；

d_v——土层厚度，m。

因此，点爆源对边坡 i 条分块的地震垂直荷载：

$$R_{yi}(t) = 2C_z \cdot S_i \cdot A_{hi}(t) \cdot W_i \tag{5}$$

式中 C_z——地震综合影响系数，根据土石坝抗震设计经验，取 0.25；

$A_{hi}(t)$——垂直振动加速度沿 i 条分块走向平均值，m/s²，

$$A_{hi}(t) = Kh \cdot (A/A_m) \cdot (Q^{1/3})^{ah} \int_0^{z_i} \frac{e^{-\beta(t-R_L/c)}}{Z_i Rl^{ah}} \sin 2\pi f_s(t \sim R_L/C)\,dz \tag{6}$$

式中 z——滑坡体条分块的走向坐标；

Z_i——滑坡体 i 条分块平均走向半长，m；

S_i——i 条分块重心处振动加速度放大系数。

$R_{yi}(t)$ 拟静力化后，考虑滑坡体沿走向对称，其惯性力之半：

$$R_{yi}W_i = C_z \cdot S_i \cdot K_h \cdot (A/A_m)(Q^{1/3})^{ah} \cdot K_{yi} \cdot W_i \tag{7}$$

式中　K_{yi}——i 条分块爆震辐射垂直振动时程效应系数。

同理，点爆心距边坡 i 条分块的地震水平荷载，拟静力化后，其惯性力之半在倾向上分量：

$$R_{xi}W_i = C_z \cdot S_i \cdot K_i \cdot (A/A_m)(Q^{1/3})^{ah} \cdot K_{xi} \cdot W_i \tag{8}$$

式中　K_{xi}——i 条分块的爆震辐射水平振动在倾向上分量的时程效应系数。

将式（7）和式（8）代入式（1），可电算出最危险滑坡体形状尺寸的稳定系数 K，由此判断爆破时边坡的动力稳定。

3　计算结果及分析

麓景苑基坑北坡，地面没有建筑物，坡高 7.02m，土层厚 13.2m，内有填土层、粉质黏土、粉土层，其土体平均容重 17.6KN/m^3，平均内聚力 C_i = 19.8KN/m^2，平均内摩擦角如 ϕ_i = 12.2°，坡面角 85.2°。用喷锚网支护边坡，5 层锚杆，间距 1.3m，孔径 0.15m，锚杆在土层中最大拉拔力取 25kN/m，岩层中最大拉拔力 42KN/m。经二维边坡模型电算，边坡使用期稳定系数 K=1.74；在施工期，当最下一层锚杆未打，而土方已挖到坑底，这时滑坡最危险，其稳定系数 K=1.47，使用期比施工期稳定系数提高 K_u=0.27。当坑底见岩，底层锚杆钻入岩中，K_u=0.54。麓景苑东坡，三层地下室，岩面比坑底深 1.12m，K_u=0.24。因此，可以认为，坑底见岩边坡，使用期稳定系数将比施工期提高 0.24 以上。

为控制爆震，基坑内浅眼爆破，爆震波参数取相似地质条件的“武汉某大厦”[6] 基坑实测传播规律

$$V = 50.8(Q^{1/3}/R_L)^a \tag{9}$$

式中　a——衰减系数，$a=0.771+e^{-0.061R_L}$。

基坑边土层厚 6.2m，剪切波速取 250m/s，土层卓越频率由式（4）得 f_s = 250/（4×6.2）= 10，土层频率 f=12.5。当距爆源 $R_L=S_L$=10m 左右时，地表最大加速度；$A_m \approx 2\pi f_s V$，即

$$A_m = 4.1(Q^{1/3}/R_L)^{1.3} \tag{10}$$

取土层放大加速度 2.5 倍，其岩面水平振动加速度 A_L=1.64（$Q^{1/3}/R_L$）$^{1.3}$。根据土石坝抗震规范[3]，并考虑竖向与水平向地震惯性力的不遇合性，竖向震动惯性力所计算的加速度 A_h=0.55（$Q^{1/3}/R_L$）$^{1.3}$。

爆源作用时间 t_i-t_m 取 75ms，则衰减数 β=1/0.075=13。爆震纵波在基岩传播速度 C=2×10^{3}m/s，由式（3）得 A/A_m=1.748，T_m=32ms。卓越频率 f_s=4.73，土层爆震主频率 f=5.91。

麓景苑北坡爆源距坡脚 L=2.43m，掘桩爆破的爆点比坑底深 6.18m，同段炸药量 Q 与稳定系数下降值 K，经式（1）电算，结果见表 1，从表中可见，单响药量 Q 达设计值 7.2kg 时，ΔK（0.24）仍小于 K_u（0.27），稳定系数下降值 ΔK 也低于坑底见岩边坡的 K_u 值（0.54）。因此，可以认为，岩底基坑，锚杆施工期能稳定的边坡，在使用期爆破时是安全的。

表 1　稳定系数下降值 ΔK 与炸药量 Q 关系

爆破药量/kg	2.5	3.6	5.0	7.2	9	12	15	17	备注
麓景苑	0.15	0.17	0.20	0.24	0.26	0.30	0.34	0.36	L=2.43m
北坡 ΔK 值									B_s=40m

Q=0 时，三维滑坡体 K=1.91，ΔK 是三维滑体 K 之差，由于考虑了两侧的抗滑力，三维 K 大于二维滑坡体 K 值。

而且临时性喷锚网边坡，在使用期设计要求 K 必须大于 1.4，即在爆破的瞬间，允许 K 下降值 ΔK 可达 0.4。因此，稳定系数符合设计要求的边坡，按单响爆破设计药量 7.2kg，喷锚网边坡是安全的（ΔK=0.23）。事实证明，我公司在广东省已爆破施工近十个喷锚网边坡基坑，还没有发现因爆破引发边坡坍塌和永久变形的。

而麓景苑东坡，地面有二幢七层钢筋砼楼房，坡高 12.56m，楼房载荷折合土高 3.61m，房边距坡脚水平距 4.7m，土体平均容重 18kN/m^3，平均内聚力 19.27kN/m^2，平均内摩擦角 13.75°。8 层锚杆，间距 1.2m，杆长设计 16m。按《爆破安全规程》楼房地面震速 V<5cm/s，当 R_L=6.5m 时，由该《规

程》算得楼房抗震最大药量 $Q=0.3$kg，由此电算边坡稳定系数下降值 $\Delta K=0.03$，大大小于 K_u（0.24）值。因此，当边坡有房屋时，最大单响药量主要应由房屋抗震决定，而边坡多是稳定的。

4 爆破主要因素对边坡稳定影响分析

炸药量和爆心距是影响震动的主要因素，为此，对麓景苑北坡稳定系数分别进行了计算，从对计算结果分析中，可得到如下结论。

（1）基坑走向长 B_s，是炸药量和爆心距影响边坡稳定系数的条件之一。当炸药量 Q 较小，爆心距 L 较大时，边坡应力场相对均匀，最危险滑坡体长 2BO 增长，使力学模型向二维问题趋势发展，2BO 受基坑允许走向 B_s 限制，使稳定系数提高，表中 ΔK 减小，边坡趋向稳定。因此，基坑越小，爆破时边坡越稳定。

（2）当药量 Q 小于 5kg 时（Q 由爆心距 L 决定，$L=2.43$m），边坡应力场相对均匀，最危险滑坡体长接近基坑允许走向长 40m，稳定系数随炸药量 Q 的减小而增大较快，边坡偏于安全；当炸药量 Q 大于 5kg 后，边坡应力场相对差异较大，最危险滑坡体走向缩小而不受基坑限制，因此随炸药量增大，稳定系数 K 有继续保持下降速率趋势。

（3）当爆心距小于 5m 时（L 由炸药量 Q 决定，$Q=9$kg），边坡应力场相对差异较大，最危险滑坡体走向缩小而不受基坑限制，随爆心距 L 减小，稳定系数 K 有保持曲率而减小趋势，因此对大基坑近边坡放炮，应比小基坑更注意减小炸药量。当爆心距大于 5m 后，边坡应力场相对均匀，最危险滑坡体走向长已达基坑边界，随 L 增加，稳定系数增长同时，曲率减小，变化越趋平缓。

5 结论

本文结论如下。

（1）土质边坡强度较低，土层放大从基岩传入的爆震波，爆破动力影响显著，电算边坡稳定系数下降较大。因此，必须对具体土质边坡进行爆破动力影响分析，以确保边坡的稳定。

（2）喷锚网边坡，锚杆支护的效果是显著的。实践证明，广州地区Ⅰ、Ⅱ类场地土内，当基坑底见岩，在底层入岩锚杆施工完毕，边坡进入使用期，稳定系数可提高 0.2 以上。因此，基坑底的浅眼爆破，只要适当控制单响药量，将掘桩周边眼分两段起爆，基坑爆破单响药量限制在 4.8kg，K 值一般不超降 0.2，所以，施工期稳定的岩底边坡，可以预断爆破时边坡是稳定的。当边坡设计满足前提——稳定系数 K 大于 1.4，只要适当控制单响药量，爆破时稳定系数 K 一般不致低于 1.10，边坡将处于安全状态，不致永久变形。

（3）在对基坑边坡进行爆破稳定分析时，应重视浅炮眼、点爆源的特点，考虑爆震波辐射的时程效应和地震传播与分布规律。由此，本文提出的爆破对边坡稳定的三维极限平衡法经实践证明是正确的、合理的，电算程序是易行的，可以用作喷锚网边坡稳定分析，也可用作一般土质边坡稳定计算及逆算参数用作边坡稳定比拟。

（4）基坑爆破应严格控制爆破规模，限制单响药量，采用多段毫秒微差爆破技术，段间时差大于三分之一边坡土层卓越周期，尽量减弱爆破振动产生的不利影响。

参考文献

[1] 程良奎，等．岩土加固实用技术［M］．北京：地震出版社，1994.
[2] 廖国华，等．边坡稳定［M］．北京：冶金工业出版社，1995.
[3] 倪汉根，等．大坝抗震特性与抗震计算［M］．大连：大连理工大学出版社，1994.
[4] 伯野元彦，等．土木工程振动手册［M］．李明昭，等译．北京：中国铁道出版社，1992.
[5] 郭继武．建筑抗震设计［M］．北京：高等教育出版社，1990.
[6] 贾永胜．复杂环境下高陡边坡基坑爆破震动［C］//爆破论文集．1996.

掘桩爆破炸坏随砌护壁力学分析及防止措施

魏晓林

（广东宏大爆破股份有限公司，广东 广州，510623）

摘　要：以弹性力学和板壳理论为基础，研究了爆破掘桩随砌护壁难题——爆破冲击对上部现浇砼井壁的破坏，导出了井壁整体最大应力分布的解析解，提出并实施根据壁后岩土弹性模量、泊松比、地基系数和壁后浇注严密状况，采取减小爆压、健全护壁结构、合理布置钢筋、保证壁后严实等保护井壁的措施。
关键词：掘桩随砌护壁；爆破力学；爆破危害；弹性理论

Mechanics Studies on the Impact of Blasting upon Cast-in-place Concrete Wall in Excavating Pile Pier & the Measure of Protecting the Wall

Wei Xiaolin

（Guangdong Hongda Blasting Co., Ltd., Guangdong Guangzhou, 510623）

Abstract: This paper, on the basis of elastic mechanics and the theory of shell, discusses a problem in excavating pile pier used blast following shaft walling——the impact of blast upon cast-in-place concrete wall. The analytic solution for its whole maximal stress distribution has deduced. Thus, according to elastic modulus of rock-soil, its poisson's ratio, foundation modulus and hollow behind the wall, decreasing pressure of blast, completing the structure of the wall, incre, asing cross stell area and solid filling behind the wall are adopted in the measures of preventig the wall from failure.
Keywords: cast-in-place concrete wall in; excavating pile pier; blasting dynamics; measure of preventing from harmful of blasting

1　前言

近年来，我省高层建筑的基础，多为大直径嵌岩桩礅，其桩礅入岩段采用随掘随护壁的钻爆法施工。由于爆破地点紧接护壁，两套工序又只隔12小时，所以下循环爆破对上循环已护井壁必产生强烈冲击波、抛石流及地震波等危害。我公司施工的桂城民间企业大厦，桩基础进入灰岩古地貌地层，桩底岩土并存，放炮地点紧接护壁；而番禺石楼工商行大楼，桩基础是入砂土夹花岗岩孤石段，爆破点也紧靠护壁。因此，放炮往往造成沉壁和离茬，井壁强度变差，甚至破裂塌落。为此，我们研究了爆破直接冲击荷载对吊挂砼井壁产生的应力分布，进行了数值计算，提出了防止爆破塌落井壁的措施，在桩井施工中取得了良好效果。

2　物理模型

近年来，我公司爆破塌落护壁部分情况，列入表1。从表1中可见，炸坏护壁多在沙土、软黏土地

原载于《爆破》，1997，14（2）：17-22。

层，壁后有空洞、空隙处，靠挡土桩极近的空邻桩壁，这些地方都不易传播爆炸地震波。相反，在坚硬的岩壁，易于传播地震波的地方，却没有发现炸坏护壁，也没见过“霍金逊效应”甚至裸桩井从岩层穿过土夹层时，土壁也未炸塌。因此，可以认为地震波的作用是次要的，可以略去。从炸坏护壁有的嵌入土中的事实，可见井壁受向外径向力作用。因此，护壁主要受空气冲击波和抛石流等爆炸荷载作用及围岩性质的影响。爆炸荷载的作用是各方向都有的复杂作用，而且作用力随时间的推移而向上运动。大量研究表明，护壁所受爆炸气体压力和抛石流撞击，可简化为准静态受力。研究井壁受力时，只考虑最大爆炸荷载，并合理简化为环向线分布且沿井壁 X 方向衰减的载荷 $P(X)=P_0e^{-\beta X}$，P_0、β 由实测确定。

表 1　爆破炸坏护壁情况

Table 1　Damaging situation of blasting upon thd wall

工程名称	桩数	桩径/m	地层状况	壁后状况	爆后情况	备注
桂成民企工程桩	70	ϕ1.5~3.4	软黏土直接覆盖在大理石化灰岩上	部分壁后水浸垮空	不配钢筋护壁在近岩面土体处炸坏	按表 2 配钢筋和采取本文措施后未炸坏护壁
广州银华挡土桩	50	ϕ1.2~1.5	中微风化含砾粗砂岩	没跳挖的挡土桩，桩壁后为空腔	桩间炸穿	有裸桩井从岩穿过土夹层，爆破岩时土壁未塌落
番禺工商行大楼	28	ϕ1.2~1.8	松砂土夹花岗岩孤石，其下为中微风化花岗岩	部分流沙流出，壁后有空洞、空隙	孤石段及壁后空洞处护壁炸坏	
广州海天花苑	110	ϕ1.4~1.8	中微风化砂页岩		未炸坏护壁	
广州华夏奇观大佛阁	65	ϕ1.4	硬黏土夹孤石，中微风化花岗岩，桩内水少		未炸坏护壁	孤石段护壁配钢筋
广州富信广场挡土桩	20	ϕ1.2	松砂土直接覆盖在砂砾岩上	抽水时壁后涌沙	炸坏护壁	

砼井壁受围岩的作用如图 1 所示，在此把砼井壁受围岩的反力简化为弹性基础作用。为防止井壁塌落，其内配有钢筋，而新浇注的砼抗拉强度极限低，相对钢筋拉力又可以忽略，因此井壁可看作薄壁圆筒。因此，该问题的物理模型是：径向内荷载作用于半无限弹性基础中的两端开口薄壁圆筒的空间轴对称问题。

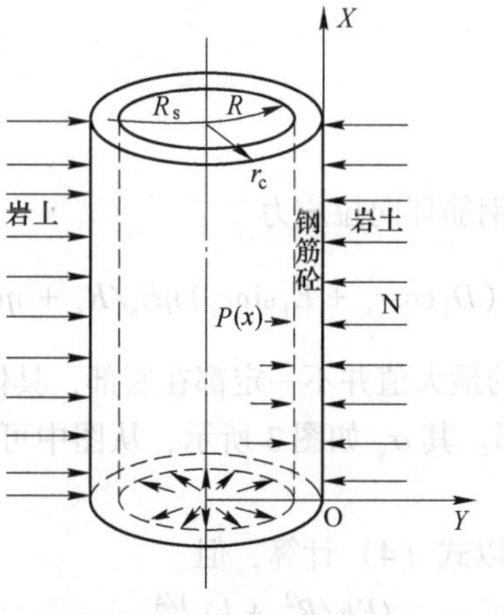

图 1　砼护壁受力作用示意图

Fig. 1　Schematic diagram showing the effect of surrounding rock-soil and blast on concrete wall

3 力学分析

首先从井壁取任一单元宽度的垂直板条来分析，当板条在准静态爆炸荷载 $P(X)=P_0e^{-\beta X}$，作用下，如图 2 所示，它很像弹性地基梁，其地基支座反力 N 与板条支座挠度 y 成正比，即

$$N=ky \tag{1}$$

式中 k——岩土的地基动载系数，MPa/m。

同时，井壁中也将产生环向拉力 T_a，根据圆柱壳轴对称问题的公式 T_a 的大小与 y 有关，即

$$T_a=\frac{E_sYF}{R_s} \tag{2}$$

式中 E_s——钢筋的动载弹性模量，MPa；

R_s——圈钢筋半径，m；

F——单位长井壁的圈钢筋面积，m^2/m。

将 T_a 作为支座反力 $N_1=\frac{T_a}{R_S}=\frac{E_sYF}{R_s^2}$，按半无限弹性地基梁理论求解 y。由材料力学可知，该板条的基本微分方程为：

$$E_J\frac{d^4y}{dx^4}+\left(\frac{E_sF}{R_s^2}+k\right)y=P_0e^{-\beta x} \tag{3}$$

式中 E_J——圆柱壳的弯曲刚度，KN · m。

边界条件：当 $x=0$，端力矩 $M=0$，端集中力 $Q=0^{*1}$。解方程（3），得

$$y=\frac{e^{-rx}}{2}\eta(D_1\cos r_x+E_1\sin r_x)+\eta e^{-\beta x} \tag{4}$$

式中 $D_1=\frac{2\beta^3-r\beta^2}{r^3}$；

$E_1=\frac{\beta^2}{r^2}$；

$\eta=\frac{P_0}{D(\beta^4+4r^4)}$；

$r=\left(\frac{F_sF/R_s^2+k}{D}\right)^{1/4}\cdot 2^{-1/2}$；

$D=Eh^3/[12(1-V_C^2)]$；

h——护壁厚度，m；

E——砼弹性模量，MPa；

V_C——砼泊松比。

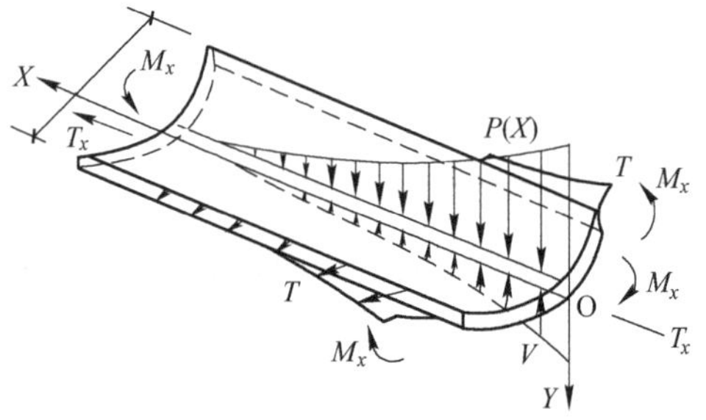

图 2 受力分析

Fig. 2 Analyse of stress distribution

将式（4）代入式（2），井壁钢筋环向拉应力

$$\sigma_S=\frac{e^{-rx}}{2}(D_1\cos r_x+E_1\sin r_x)\eta E_s/R_s+\eta e^{-\beta x}E_s/R_s \tag{5}$$

从式（4）可见，井壁位移 y 的最大值并不一定都在底部，具体位置需由具体井壁参数来定，当按表（1）参数计算，y 最大值在底部。其 σ_s 如图 3 所示，从图中可见，井壁钢筋环向拉应力 σ_s，总体上随 X 的增加而下降。

同理，素砼护壁径向位移 y 仍以式（4）计算，但

$$r=\left(\frac{Eh/R_C^2+k}{D}\right)^{1/4}\cdot 2^{-1/2}$$

式中 R_C——井壁中性轴半径，m。

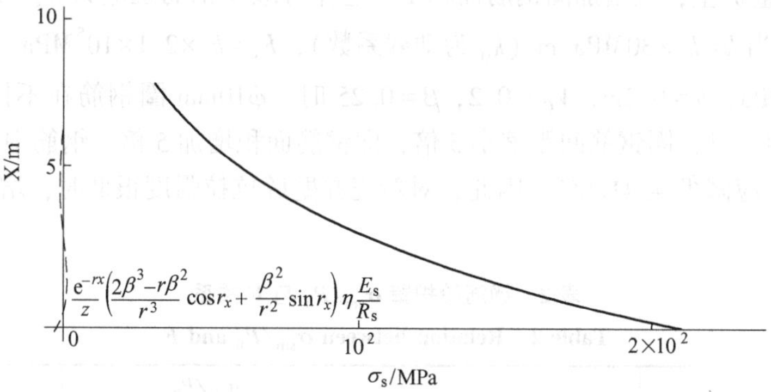

图 3　σ_S-X 曲线

Fig. 3　Curve of σ_S-X

而素砼井壁切向应力

$$\sigma_a = M_a/W_a + T_a/h \tag{6}$$

轴向应力

$$\sigma_x = (M_x/W_x) + T_x/h \tag{7}$$

式中，切向弯矩 $M_a = -DV_C\frac{d^2y}{d^2x}$；轴向弯矩 $M_x = -D\frac{d^2y}{d^2x}$。

切向抗弯截面模量

$$W_a = W_x = h^2/6$$

式中　W_x——轴向抗弯截面模量，m^2。

切向拉力

$$T_a = [Eh/(1 - V_C^2)] \cdot (y/R_C)$$

轴向拉力

$$T_x = [EhV_c/(1 - V_C^2)] \cdot (y/R_C)$$

所以

$$\sigma_a = \frac{6D}{h^2}[r^2e^{-rx}\eta(E_1\cos r_x - D_1\sin r_x) - \eta\beta^2e^{-\beta x}] + \frac{EhV_C}{(1 - V_C^2)R_C}\cdot\left[\frac{e^{-rx}\eta}{2}(D_1\cos r_x + E_1\sin r_x) + \eta e^{-\beta x}\right] \tag{8}$$

$$\sigma_a = \frac{6DV_C}{h^2}[r^2e^{-rx}\eta(E_1\cos r_x - D_1\sin r_x) - \eta\beta^2e^{-\beta x}] + \frac{Eh}{(1 - V_C^2)R_C}\cdot\left[\frac{e^{-rx}\eta}{2}(D_1\cos r_x + E_1\sin r_x) + \eta e^{-\beta x}\right] \tag{9}$$

4　防止炸坏井壁的措施

要减少爆破炸坏井壁，必须降低爆破时井壁内环向拉应力 σ_S。从式（5）可见，首先应降低爆压 $P_0e^{-\beta x}$，可采取以下措施。

（1）减少桩底水深，防止积水传递爆力。药包在水中爆炸时，水中冲击波的峰乐值约为空气中的 50 倍。因此积水传递爆力时，其环向拉力 T_a 将大大提高。由此，在装药前应先抽干桩内积水，即在临放炮前提起水泵再装药爆破。

（2）采用豪秒雷管爆破，控制单段炸药量。周边眼装药量大，分别约为掏槽眼、辅助眼的 2 倍，且靠近护壁，因此可平分为二段或三段爆破，以减少单段炸药量。段间时差大于 50ms，以减少段间爆炸能量叠加。

（3）增加炮眼深度，炮孔堵塞严密。增加装药深度并堵塞严密，可减少爆炸在空气中的冲击波能量，让更多的爆能消耗在破碎桩底岩石内。实践证明，炮孔堵塞紧密，能使爆炸能量转化成的空中超压减少 50%。

（4）加大护壁离桩底的距离 x。当 x 增大时可降低爆压 $P_0e^{-\beta x}$。但是当壁后为土或砂时，应防止井壁后坍塌。

其次，为减少爆破炸坏井壁，应增加井壁对爆压的抵抗能力。因此，井壁力学结构必须完整。在桩底岩土并存段，不能仅在土层部分浇注护壁，以致形成难于抵抗爆压的残缺力学结构体。

此外，对整圈完整护壁，应增加圈钢筋面积 F。这样可减少钢筋拉应力 $\sigma_s=T_a/F$，从而防止炸坏井壁。根据式（5），当 $k=k_0\times30$MPa/m（k_0 为动载系数），$E_s=k_0\times2.1\times10^5$MPa，$R_s=1.75$m，$E=15\times10^3k_0$MPa，$P_0=0.1$MPa，$h=0.2$m，$V_C=0.2$，$\beta=0.25$ 时，ϕ10mm 圈钢筋在不同间距的最大拉应力 σ_{sm} 见表 2。从表 2 中可见，圈钢筋间距缩小 5 倍，即钢筋面积增加 5 倍，钢筋中最大拉应力与桩端爆压的比值 σ_{sm}/P_0 可相应降低至 41.8%。因此，对新浇井壁砼抗拉强度很低时，增加钢筋是防止炸坏井壁的有效措施。

表 2 钢筋砼护壁 σ_{sm}/P_0 与 F 关系

Table 2 Relation between σ_{sm}/P_0 and F

序号	ϕ10mm 圈钢筋间距/m	圈钢筋面积 $F/\mathrm{m}^2\cdot\mathrm{m}^{-1}$	σ_{sm}/P_0 当 $k=30k_0$MPa 比值	备 注
1	0.33	2.356×10^{-4}	2557/1.00	当 $k=0$ 时，$\sigma_{sm}/P_0=4.37\times10^3$，比左项为 2.11 倍
2	0.20	3.927×10^{-4}	2075/0.811	
3	0.10	7.854×10^{-4}	1411/0.552	
4	0.067	11.78×10^{-4}	1070/0.418	

注：砼对钢筋的握裹力应足够引起 σ_s，否则应增加纵筋和当 F 不变时适当增加圈筋圈数，相应减少圈筋直径。

南海民企大厦和番禺工商行大楼桩护壁被炸坏与地基动载系数 k 密切相关，因此还应研究决定 k 的因素。

在井壁外侧向外，通常包围以下几层。（1）包围着井壁的空气间隙。由于护壁浇注和岩土的流变，可认为该间隙近似为零；（2）爆破或掘桩形成的一圈碎裂岩土，其内半径为井壁外半径 r_c，其外半径为 r_f，其厚度 $t_f=r_f-r_c$；（3）完整岩土，其内半径为 r_f。

破碎圈径向变形量

$$\delta_c=N(1+r_c/r_f)t_r/2E_f^{*2} \tag{10}$$

完整岩土的变形量 δ_f 以厚壁圆筒计算

$$\delta_f=(1+\nu)P_fr_f/E_r^{*2} \tag{11}$$

式中 N——井壁反力，MPa；

P_f——破碎圈外圈反力，MPa；

ν——岩土泊松比；

E_f——碎裂岩土的动弹性模量，MPa；

E_r——完整岩土的动弹性模量，MPa。

碎裂岩土没有抗拉强度，只能承受接触压力，因此，

$$2Nr_c=2P_fr_f \tag{12}$$

从式（10）~式（12）可得

$$\delta_c+\delta_f=N[(1+r_c/r_f)t_f/(2E_f)+r_c(1+\nu)/E_f]$$

所以

$$k=\frac{N}{\delta_c+\delta_f}=[(1+r_c/r_f)t_f/(2E_f)+r_c(1+\nu)/E_r]^{-1} \tag{13}$$

从式（13）可见，岩土的动弹性模量 E_r、E_f 越小，泊松比 ν、破碎圈厚度 t_f 越大，则地基动载系数 k 越小，据式（5）井壁应力 σ_S 就越大，井壁就易于炸坏。

从式（8）、式（9）和式（13），计算素砼护壁 $r_c=1.8$m，$R_c=1.7$m，$t_f=0$，$h=0.2$m，$E=15\times10^3$MPa，$V_c=0.2$，$\beta=0.25$ 时，壁后不同岩土的 k 与环向最大应力 $\sigma_{\alpha m}/P_0$ 和轴向最大应力 $\sigma_{\alpha m}/P_0$ 关系，列于表 3。当爆压 $P_0=0.1$MPa 时，从表 3 中可见，灰岩、砂岩、页岩段护壁 $\sigma_{\alpha m}$ 和 σ_{xm} 均小于新浇砼 24 小时抗拉强度 $[\sigma_c]=0.124$MPa，因此岩段护壁可不配钢筋。而对土段护壁，$\sigma_{\alpha m}=0.856\text{MPa}>[\sigma_c]$，护壁将被炸裂。由此，民企灰岩古地貌地层，桩底岩石并存段，石楼工商行大厦，桩基砂土夹花岗岩孤石段，当岩石爆破时，护壁发生极限张拉形变，但土还没有承受较大爆炸动载，因而护壁也

就炸坏了。

当护壁按表 2 序 2 配置钢筋后，其 $\sigma_{sm}=207.5MPa<[\sigma_s]=210MPa$（$[\sigma_s]$ 为钢筋抗拉强度），护壁也就避免了炸坏。综上所述，必须根据壁后岩土的弹性模量、泊松比和地基系数来采取防炸措施，对土段护壁应减少爆压，健全护壁抗爆结构，合理布置钢筋，对岩段护壁可不配筋。

表 3 素砼护壁 k 与 $\sigma_{\alpha m}/P_0$、σ_{xm}/P_0 关系

Table 3 Ralation between $\sigma_{\alpha m}/P_0$、σ_{xm}/P_0 and k

序号	岩石名称	Er/MPa	ν	k，k_0/MPa·m^{-1}	$\sigma_{\alpha m}/P_0$	σ_{xm}/P_0
1	大理石化灰岩	8×10^4	0.3	3.4188×10^4	0.261	0.0521
2	砂岩	5×10^4	0.3	2.137×10^4	0.409	0.0818
3	页岩	2×10^4	0.21	0.9183×10^4	0.897	0.1794
4	软黏土	73	0.35	30	8.559	1.712
5	壁后空洞、空隙			0	8.805	1.761

此外，壁后留有空洞、空隙 g，也导致炸坏护壁。从表 3 可见，对于素砼护壁当 $k=0$ 时，$\sigma_{\alpha m}=0.8805MPa>[\sigma_c]$。而钢筋砼护壁，从表 2 序号 2 可见，$k=0$ 时，$\sigma_{sm}=437MPa>[\sigma_s]$。两者均大于井壁强度而炸坏护壁，因此必须将护壁后浇注严实，不留空隙。并且，桩底应尽可能减少积水，防止壁端土体水浸软化下塌，壁后垮空。放炮前，尽可能保留井壁端面土体。必要时缩小浇注循环进尺到 0.5m，以减少壁端土体可能的最大坍落高度和碎裂圈厚度 t_f。采取以上措施，可增大地基系数 k，让岩土多承受爆压，从面防止炸坏护壁。

民企大厦和工商行大楼桩基础入岩爆破，根据壁后岩土的弹性模量、泊松比、地基系数和壁后密实状况，采取了上述降低爆压，健全护壁抗爆结构，合理布置钢筋，保证壁后砼浇注严密等措施，基本杜绝了爆破炸塌护壁，从而保证了工程如期完成。

参 考 文 献

[1] 曹祖同，等. 钢筋混凝土特种结构［M］. 北京：中国建筑工业出版社，1987.
[2] D F 科茨. 岩石力学原理［M］. 北京：冶金工业出版社，1973.

基坑爆破对边坡变形的影响

魏晓林[1]　魏挺峰[2]

（1. 广东宏大爆破股份有限公司，广东 广州，510623；
2. 广东省基础工程公司，广东 广州，510620）

摘　要：结合广州中旅城深基坑爆破施工引起的边坡变形进行现场观测与理论分析，提出了挡土桩边坡基坑爆破动力变形的计算方法，解决了设计和施工中的关键技术问题。

关键词：挡土桩；土质边坡；爆破荷载；边坡永久变形

Effect of Blasting on Deformation of Foundation Pit Slope

Wei Xiaolin[1]　Wei Tingfeng[2]

(1. Guangdong Hongda Blasting Co., Ltd., Guangdong Guangzhou, 510623;
2. Foundation Engineering Company of Guangdong Province, Guangdong Guangzhou, 510620)

Abstract: Combined with the field observation and theoretical analysis on the slope deformation in the blasting of deep foundation pit in Zhonglu City Square, Guangzhou, a computing method for the analysis of dynamic deformation of slopes is proposed in this paper. Thereby, the major technical problem in engineering design and construction has been solved.

Keywords: breast pile; soil slope; blasting loading; permanent deformation of slope

1　引言

随着城市建设的发展，深基坑工程将会越来越多。在闹市区，深基坑开挖引发边坡位移，危及邻近建筑和管线的安全，已引起土建行业极大的关注。而基坑内爆破施工，加剧边坡的变形，使濒临破坏的建筑更加危险，成为亟须解决的关键技术之一。在广州中旅城、麓翠苑基坑施工中，根据浅炮眼、点爆源地震波辐射的时程效应，以三维滑坡刚体极限平衡方法，研究了爆破对深基坑边坡动力影响，摸索了边坡位移的规律，提出了爆破引起挡土桩位移的预计方法，从而采取相应措施控制爆震，使工程顺利、安全地完成。

2　爆破动力分析

近代，研究地震对挡墙上的动土压力时，普遍采用地震荷载拟静力法，并获得了成功和普遍应用。本文参照地震时挡墙动土压力的分析方法，根据浅炮眼、点爆源爆震波辐射的时程、振向、辐频特点，提出了爆破对挡墙土压力计算的三维滑坡体的极限平衡分析方法，实践证明这一方法是合理、可行的。

2.1　挡墙主动土压力

爆破地震引发挡墙后的三维滑坡体，其滑面采用库伦-朗肯平面假设，即在倾向的 XY 剖面上，沿

原载于《工程爆破》，1999，5（3）：11-16。

斜平面滑动；而在挡墙边坡走向两侧，沿走向倾斜直线组成的平面滑移，侧面直线走向倾角为等值内摩擦角组成的主动滑动角。滑坡体如图 1 所示。

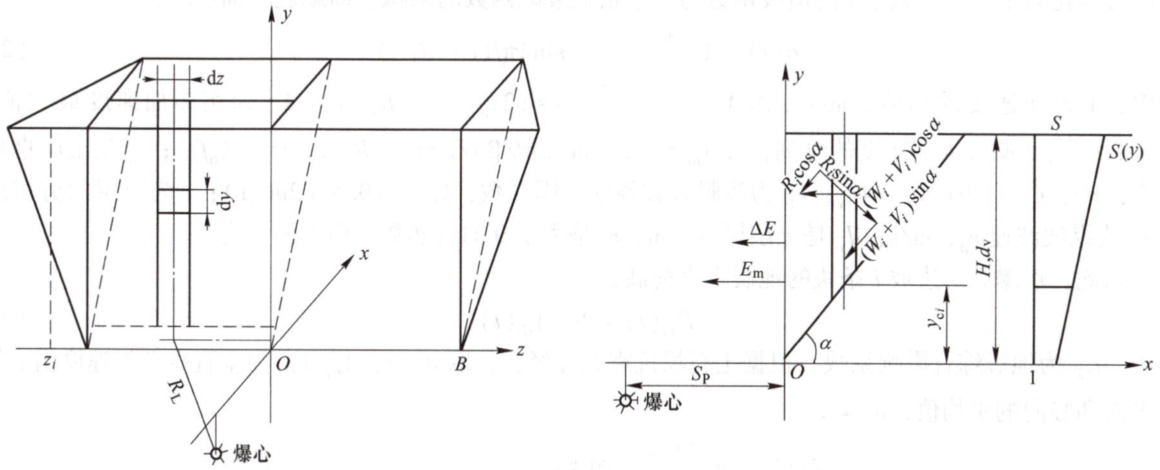

图 1　滑坡体受爆力作用示意图

Fig. 1　Schematic diagram of showing the action of blasting on three dimensional slide body

挡墙上的主动土压力，以“条分法”计算。即把滑坡体沿倾向划分为若干走向竖直条块，假设土条间只有水平推力作用，忽略土条间的剪力，其力学模型如图 1 所示，第 i 条块的剩余下滑力 F_i 为：

$$F_i = (W_i\sin\alpha + R_i\cos\alpha + V_i\sin\alpha) - [C_iL_i + (W_i\cos\alpha - R_i\sin\alpha + V_i\cos\alpha)\tan\varphi] + F_{i-1}$$

式中，i 为土条块序号；W_i 为土条块自重，kN；F_i、F_{i-1} 为剩余下滑力，kN；R_i 是水平方向爆震倾向分量荷载，kN；V_i 是垂直方向爆震荷载，kN；C_i 为土的内聚力，kN/m^2；L_i 为土条正斜面和侧斜面面积，m^2；α 为土条正斜面倾角，弧度；φ 为土体的内摩擦角，弧度。

计算挡墙土压力 E 时，按朗肯假设墙背光滑，其 $E = \sum_1^n (F_i - F_{i-1})/(\cos\alpha + \sin\alpha\tan\varphi)$，即

$$E = \sum_1^n \{W_i[(1 + R_{Y_i})\tan\alpha + R_{X_i}] - W_i[(1 + R_{Y_i}) - R_{X_i}\tan\alpha]\tan\varphi - C_iL_i/\cos_\alpha\}/(1 + \tan\alpha\tan\varphi) \quad (1)$$

式中，n 为土条块总数；R_{Y_i} 为垂直爆震加速度系数，$R_{Y_i} = V_i/W_i$；R_{X_i} 为水平爆震倾向分量加速度系数，$R_{X_i} = R_i/W_i$。

当 E 最大，即挡墙倾倒力矩、滑动力最大时，求拟滑坡体滑动角 α、走向底宽（2BO），由此定出拟滑坡体形状尺寸，并计算 E 的最大值 E_m，为挡墙主动土压力。

2.2　爆破地震荷载

爆破拟静力化的惯性力，要反映爆震波的传播特点。浅眼爆破地震波在坑底传播时，频率较高，为 10~200Hz，振动强度随距离、时间衰减快。

当它跨过坑址而透射入土层时，由于土层内波速比基岩内波速慢得多，透射波比入射波以更近竖直的方向传播，因此工程中可以认为地震波是垂直折射的。

对于近坑边的浅眼爆源，由于基岩面短，表面积累而次生的面波弱，因边坡位移而在坡顶生成的走向张性裂隙又隔断了面波的传播，因此相对于体波而言，面波可以忽略。点爆源的轴对称性，使体波不存在传播方向平面外的振动。浅眼爆源入射的横波透射入土层产生的纵波，主要产生竖直震动力，而透射产生的横波较弱，可以忽略；同理基岩纵波透射产生的传播方向平面内振动的横波，主要产生水平向震动力，其在边坡倾向上的分量，将引发土体滑移；而透射产生的纵波较弱，可以忽略。

爆震波是冲击型的，其波源震幅的衰减可由 $e^{-\beta t_a}$ 模拟，β 为发波时间 t_a 的衰减系数，波阵面到达 R_L 的时刻为 t，则 $t_a = t - R_L/c$，c 为基岩内波速，由实测决定。因此，波源发波振幅的衰减为：$e^{-\beta(t-R_L/c)}$。

爆破地震波是由多个谐波分量叠加而成的，由于地表的多次反射和岩土界面的反射和透射，突出了近卓越频率谐波f_o，另一方面，其他谐波在传播中衰弱并滤掉。因此，从工程应用出发，爆震波加速度可简化为土层主振频率f的谐波函数与一个指数衰减函数的乘积，即爆震波加速度：

$$a(t) = Ae^{-\beta(t-R_L/c)} \cdot \sin 2\pi f(t - R_{L/c}) \tag{2}$$

式中，A为加速度的幅值，m/s^2；$A/A_m = e^{\beta(t_m-R_L/c)}/\sin 2\pi f(t_m - R_{L/c})$；$A_m$为实测加速度最大值，m/s^2；$t_m$为实测最大加速度的时刻，s，$t_m = [\arctan(2\pi f/\beta)/2\pi f] + R_L/c$；$f = \{k_6 f_o\}$；$f_o$是土层卓越频率，Hz；$f_o = v(2m-1)/4d_v$；$k_6$为浅眼爆破频率范围系数，$k_6 = 1\pm0.5/(2m-1)$；$v$为土层的剪切波速$v_s$或纵波波速$v_p$，m/s；$d_v$是土层厚度，m；$m$是大于0的自然数，由实测决定。

因此，点爆源对边坡i条块的地震垂直荷载：

$$R_{Yi}(t) = 2C_Z A_{Hi}(t) \tag{3}$$

式中，C_Z为地震综合影响系数，根据土石坝抗震设计经验，取0.25；$A_{Hi}(t)$为垂直振动加速度沿i条块走向和竖向的平均值，m/s^2。

$$A_{Hi}(t) = K_H \cdot A_{mp} \cdot (Q^{1/3})^g \int_0^{z_i}\int_{d_v-y_{ci}}^{d_v} \frac{e^{-\beta(t-R_L/c_s)}S(y)}{Z_i R_L^g y_{ci}} \sin 2\pi f_p(t - R_L/c_s) \cdot \sin 2\pi f_p(d_v - y)/v_p \, dy dZ \tag{4}$$

式中，Z为滑坡体条分块的走向坐标；Z_i为滑坡体i条块平均走向半长，m；y为土层竖向坐标；$S(y)$是土层加速度放大系数；f_p是土层纵波主振频率f，Hz；v_p是土层纵波波速，m/s；c_s是基岩剪切波波速，m/s；y_{ci}是条分块滑动面深度，m；$R_L = (S_{Li}^2+Z_i^2+H_n^2)^{1/2}$；$S_{Li}$为爆破点离条分块的水平距离，m；$H_n$为爆破点在岩下深度，m；$A_{mp}$为土层纵波的$(A/A_m)$；$Q$为点爆源炸药量，kg；$K_H$是引起竖向振动的爆震在基岩中的传播系数；$g$是爆震在基岩的衰减系数。

$$\text{Max}\sum_1^n R_{Yi}W_i = 2C_Z \cdot K_H \cdot A_{mp} \cdot (Q^{1/3})^g e^{-\beta i t_p} \sum_1^n W_i \cdot S_{pi} \cdot A_{pi} \sin(2\pi f_p t_p - \psi_{pi}) \tag{5}$$

式中，$S_{pi} = \int_{d_v-y_{ci}}^{d_v} S(y)\sin[2\pi f_p(d_v - y)/v_p + K_1\pi/2]dy$；$S(y) = (S-1)y/d_v$；

$$A_{pi} = \left\{\left[\int_0^{Z_i} e^{\beta \cdot R_L/c_s} \cdot R_L^{-g} \cdot \sin(2\pi f_p R_L/c_s)dZ\right]^2 + \left[\int_0^{Z_i} e^{\beta \cdot R_L/c_s} \cdot R_L^{-g} \cdot \cos(2\pi f_p R_L/c_s)dZ\right]^2\right\}^{0.5} / Z_i y_{Ci}$$

$$\psi_{pi} = \arctan\left[\frac{\int_0^{Z_i} e^{-\beta \cdot R_L/c_s} \cdot R_L^{-g} \cdot \sin(2\pi f_p R_L/c_s)dZ}{\int_0^{Z_i} e^{-\beta \cdot R_L/c_s} \cdot R_L^{-g} \cdot \cos(2\pi f_p R_L/c_s)dZ}\right]$$；t_p为$\text{Max}\sum_1^n R_{Yi}W_i$的时间，s；

$$t_p = \frac{\arctan\left[\sum_1^n W_i S_{pi} A_{pi}(\beta\sin\psi_{pi} + 2\pi f_p\cos\psi_{pi}) / \sum_1^n W_i S_{pi} A_{pi} \cdot (\beta\cos\psi_{pi} + 2\pi f_p \sin\psi_{pi})\right] + K_2\pi}{2\pi f_p}$$

K_1、K_2分别由$\text{Max}\sum_1^n R_{Yi}W_i$决定的自然数。

$t_p \geqslant K_3 \cdot R_{L\max}/c_s$，从物理意义出发$K_3 = 1$，为了安全，取$K_3 = 0.7 \sim 1.0$。同理，爆震水平荷载$\text{Max}\sum_1^n R_{Xi}W_i$也可算出，定为公式（6）（此处未列出）。由于竖向与水平向爆震惯性力最大值不遇合，当以竖向爆震惯性力为主计算时，$\text{Max}\sum_1^n R_{Xi}$应乘以遇合系数$K_x = 0.5$。将式（5）、式（6）代入式（1），可电算出$E_m$及其最危险的滑坡体形状尺寸，由此计算挡墙变形。

3 挡土桩的永久位移

悬臂式挡土桩插入岩土基础深，坡高接近土厚，其桩顶位移可看成桩基础不动而由坡高桩体弯曲形成。爆震所引起的土体主动土压力增量 $\Delta E=E_m-E_s$，加大了桩向坑内的水平位移，当爆震消失后，主动土压力降到爆前静土压力 E_s，桩也力图退回原位，但位移回退所引起的被动土压力大于主动土压力，阻碍爆震位移恢复，从而部分形成土、桩永久变形 Δf_b 和桩土间的预紧力增量 F。下次爆破，当 $\Delta E=F=B_s\cdot\sum\Delta f_b$（$B_s$ 为桩的短期刚度），爆震不新增 Δf_b；若桩、土松弛，长期 F 降低，爆震又可形成新的 Δf_b，但 $\sum\Delta f_b\leqslant(\Delta E-F)/B_s+F/B_L$（$B_L$ 为桩的长期刚度，$B_L/B_s=\theta=0.5$）。地震引起挡墙动土压力增量 ΔE，据模拟实验，作用点较高，柔性墙在 $0.55H$，刚性墙在 $0.45H$[3]（H 为坡高，m），挡土桩可取 $0.5H$。由此，ΔE 可近似认为由均布土压力 $q=\Delta E/H$ 形成，作用在墙背，爆震在短期引起挡土桩顶短期水平位移增量 $f_b=\sum\Delta f_b=\dfrac{qH^4}{8B_s}=\dfrac{\Delta EH^3}{8B_s}$。$f_b$ 位移形成后，若爆震不加剧，桩土间预紧力 F 不增加，从而挡土桩顶的短期水平位移也就随爆破次数增多而稳定。

4 计算结果及分析

广州中旅城基坑北坡，地铁盾构距挡土桩边 2.4～5.5m，限制桩顶位移 20mm，坡高及土层厚 17m，内有填土、淤泥土和粉土，土体平均容重 18.7kN/m^3，平均内聚力 $C_i=0.0229$MPa，平均内摩擦角 $\varphi=16.1°$。10 根 ϕ3.1m、长 28～30m 的悬臂挡土桩支护边坡，桩间距 $l_0=3.5$m，72 根 ϕ28mm 钢筋排列圆径 ϕ2.972m，弹性模量 $E_s=2.0\times10^5$MPa；设计 C30 砼，弹性模量 $E_c=0.3\times10^5$MPa。经式（1）三维边坡电算，当平均走向 31.7m 时，主动土压力 337kN/m 走向，坑底水平土应力 $q_0=0.0396$MPa，单桩长期刚度 $B_{Ls}=2.044\times10^6$N·mm^2[4]，计算静土压力桩顶平均水平位移 $=q_0H^4l_0/30B_{Ls}=18.9$mm。实测桩顶位移如图 2 所示。由于计算时采用设计的 E_c、E_s 比实际的小，因此计算值比实测值偏大 11.2%是合理的。

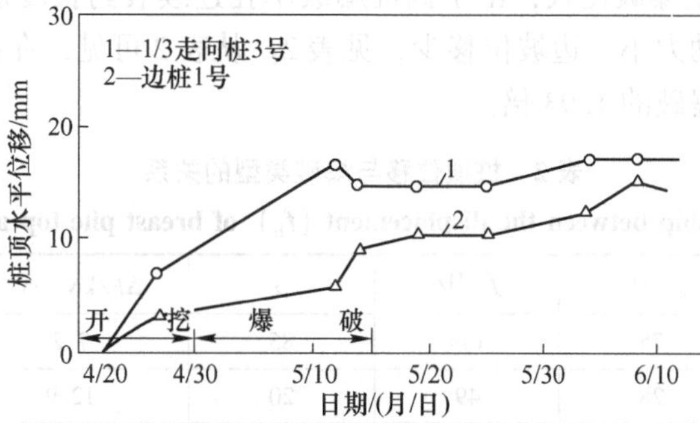

图 2　挡土桩顶水平位移

Fig. 2　Horizontal displacement of the top of breast pile

为控制爆震，基坑内掘桩浅眼爆破的爆震波参数由本基坑南、北两坡实测推算，南坡基坑开挖爆破实测振速见表 1。整理得基岩垂直振速 $v_H=89.9(Q^{1/3}/R_L)^{1.7}$cm/s，水平振速 $v_L=78.9(Q^{1/3}/R_L)^{1.7}$cm/s。

表 1　中旅城基坑南边坡实测振速

Table 1　Measured blasting vibration velocity at the south slope of foundation pit in Zhonglu City Square

距爆心距离 R_L/m	9.8	9.8	9.8	21.9
位置	岩面	坡顶地面	坡顶地面	坡顶地面
振动方向	垂直	水平	垂直	垂直
最大振速 v/cm·s^{-1}	1.08	1.37	1.56	0.95
最大振速对应频率/Hz		118.9	53.25	52.5

注：单孔连续装药 0.6m，单响药量 1.8kg。

土层加速度放大系数 $S=1.55$，时间衰减系数 $\beta=43$～59，基岩横波波速 $c_s=800$m/s。北坡挡土桩掘进实测 $f_p=89$Hz，土层横波主频率 $f_s=196$Hz，$\beta=108$[5]，单孔连续装药长 0.3m。由此可对基坑工程桩掘进爆破进行推算：当单孔连续装药长 0.4m 时，人工爆震波 $f_p=75Hz$，$f_s=149Hz$，地表加速度 $A_m \approx 2\pi fSv_H$（或 v_L），即基岩垂直振动加速度 $A_H=43.2\ (Q^{1/3}/R_L)^{1.7}\ (g)$，基岩水平振动加速度 $A_L=75.3\ (Q^{1/3}/R_L)^{1.7}\ (g)$，$S$ 取 1.4，β 取 85。

当掘桩单响药量 $Q=4.0kg$，爆点距桩背土体距离 $S_p=9.5m$ 时，经三维电算得爆震主动土压力增值 $\Delta P=6.7kN/m$ 走向时，计算挡土桩头平均增加位移较小，仅 $f_b=0.35mm$。从图 2 看，较难确定挡土桩由爆破单独引起的明显位移，其他基坑如麓景苑北坡也有类似现象，因此计算是符合实际的。

同理推算基坑开挖爆破人工爆震波，当单孔连续装药长度 1.8m 时，$f_p=28Hz$，$f_s=49Hz$，β 取 20，$S=2.3$。当单响最大药量 $Q=7.2kg$、$S_p=4.3m$ 时，电算得 $\Delta P=35.5kN/m$ 走向，挡土桩平均位移 $f_b=1.87mm$。该变形值与本基坑南坡和麓翠苑基坑喷锚网边坡的基坑开挖爆破初位移 2~3mm 相当，因此也是可信的。

硬黏土边坡自立高度可达 9m 以上，此时边坡位移很小，如麓翠苑边坡顶 X_2 点，位移仅 2mm。基坑开挖爆破，必破坏边坡临界自立，土体开裂，并压向边坡支护，土体与支护间的空隙和松散层也会加剧土体位移，表现为变形速率突增，但是总位移量还不会大，如麓翠苑边坡，爆初总位移也仅 3~5mm，而后稳定。

众所周知，边坡土体和桩砼在静土压力长期作用下，都会蠕变，约需一个月才稳定。在蠕变期内基坑爆破，边坡动力变形会包含在静土压力的蠕变之中，显露微弱，甚至消失。

5 爆破主要因素对边坡变形的影响分析

爆破类型、炸药量和爆心距是决定震动的主要因素，为此对中旅城北坡位移分别进行了计算，可得到如下结论。

（1）掘桩爆破与基坑开挖爆破比较，由于掘桩爆破单孔连续装药长度短，最小抵抗线小，爆震频率高，震波衰减快，因此震动力小，边坡位移少，见表2。从表 2 可见，在相同炸药量条件下，基坑开挖爆破的桩顶位移约为掘桩爆破的 1.93 倍。

表 2 桩顶位移与爆破类型的关系

Table 2 Relationship between the displacement (f_b) of breast pile top and blasting kind

爆破类型	单孔连续装药长度/m	f_p/Hz	f_s/Hz	β	ΔP/kN · m^{-1}	桩顶位移 f_b/mm	备注
掘进孔桩	0.4	75	149	85	7.2	0.35	$S=1.4$
基坑开挖	1.8	28	49	20	12.9	0.68	$S=2.3$

注：$S_p=9.5m$，$Q=4kg$。

（2）随着基坑开挖爆破炸药量 Q 的增加，桩顶位移 f_b 增加并逐渐变缓。

Q 与 f_b 的关系见表 3。

表 3 Q 与 f_b 的关系

Q/kg	4.0	7.2	9.0	12.0	15.0	17.0
f_b/mm	1.34	1.87	2.12	2.49	2.83	3.03

注：$S_p=4.3m$。

6 结语

本文结论如下。

（1）土质边坡强度较低，土层放大从基岩传入的爆震波，基坑内爆破会引起边坡永久变形。因此，对稳定的土质边坡还必须进行爆破动力变形分析，以确保边坡上的建筑、管线和地铁不受破坏。

（2）基坑内掘桩爆破，由于单响炸药量较小（限制在 4kg 左右），单孔连续装药长度较短（0.4m 左右），爆震频率较高，在广州地区 Ⅰ、Ⅱ 类场地土内由爆破引起挡土桩顶平均位移可在 1.0mm 内，约占挡土桩静土压力位移的5%以下。基坑浅眼开挖爆破，由于单响炸药量可达15kg、单孔连续装药长度达1.8m以上，爆震频率低，因此爆破引起的挡土桩顶位移可达2.9mm，为挡土桩静土压力位移的15%以下。因此，应采取必要的降震措施。

（3）爆破引起基坑边坡形变、位移，开初较大，而后很快衰减。处于临界自立的边坡，爆炸可破坏自立，导致边坡较大变形速率，而后变形逐渐稳定。

（4）在对基坑挡土桩边坡进行爆破动力变形分析时，应重视浅炮眼、点爆源的特点，考虑爆震波辐射的时程效应和爆震传播与分布规律。由此，本文提出的爆破对边坡土压力计算的三维极限平衡法经实践证明是正确的、合理的，电算是易行的，可以用作挡土桩边坡位移的计算。

（5）基坑爆破应严格控制爆破规模，限制单响药量，采用多段毫秒微差爆破技术，段间时差大于三分之一边坡土层卓越周期，尽量减弱爆破振动产生的不利影响。

（6）在挡土桩受静土压力蠕变期内，爆破使桩和边坡产生的永久动力变形可因桩受静土压力蠕变而显现微弱，甚至消失。

参考文献

[1] 伯野无彦，等．土木工程振动手册［M］．李明昭，等译．北京：中国铁道出版社，1992.
[2] 倪汉根，等．大坝抗震特性与抗震计算［M］．大连：大连理工大学出版社，1994.
[3] 张克绪，等．土动力学［M］．北京：地震出版社，1989.
[4] 丁大均．混凝土结构学［M］．北京：中国铁道出版社，1988.
[5] 张华，等．中旅城广场爆破振动监测报告［R］．广州市地下铁道总公司建设工程质量检测室，1998.

爆破掘桩损伤防范措施

孙少烨[1]　郑炳旭[2]

（1. 广东省煤炭建设集团有限公司，广东 广州，510034；
2. 广东宏大爆破股份有限公司，广东 广州，510623）

摘　要：依据大量掘桩实践，论述了掘桩爆破对持力岩层、护壁、桩间岩柱、邻桩支护和新浇砼损伤的原因、条件和防范措施。

关键词：爆破掘桩；持力岩层；岩柱

Protective Measures for Damage on Piles by Pile Blasting

Sun Shaoye[1]　Zheng Bingxu[2]

（1. Guangdong Provincial Coal Construction Group Limit Co., Ltd., Guangdong Guangzhou, 510034;
2. Guangdong Hongda Blasting Co., Ltd., Guangdong Guangzhou, 510623）

Abstract: Based on practice of excavating piles, the reasons conditions and preventive measures about damage by blasting on supporting rocky layer, pillar-ground support and concrete in pile have been proposed.

Keywords: excavation of pile by blasting; supporting rocky layer; concrete supporting and protecting

1　概述

近年来，高层建筑普遍采用了大直径嵌岩桩墩。当孔桩进入岩层时，一般采用钻爆法掘桩工艺。但是土建行业亟为关切爆破的冲击波、应力波、抛石流和地震波引发群桩的破坏和裂隙，以致危及安全和质量的问题。为此，专门研究了爆破对桩间岩柱、邻桩支护、本桩护壁、新浇砼的质量和持力层的影响问题，从而采取了相应的防范措施，推动孔桩爆破工艺迅速在广州市各建筑工地广泛使用。

2　爆破对邻桩支护和桩间岩柱的影响

孔桩爆破在围岩中必产生裂隙和破坏。近距离桩、同承台桩，护坡桩间距都很近，有时岩柱可小至0.5m，掘桩爆破对桩间岩柱和邻桩支护的伤害，主要由两桩岩柱宽度决定[1]。当岩柱宽度小于周边眼至辅助眼距（0.35~0.4m）时，近侧周边炮眼的最小抵抗线将指向邻桩，因此岩柱势必被爆压的击穿；当岩柱宽度增加，但小于周边眼爆破漏斗破裂线时，虽然周边眼最小抵抗线 W 转而指向本桩，但根据钻孔爆压各向均等原理，当岩柱宽为0.42~0.49m时，还将被炮孔爆破作用炸穿而丧失稳定；当岩柱宽度大于0.5m后，爆生气体膨胀压还来不及击穿岩柱，爆压已随岩石开裂、抛离而消失，此时邻桩主要承受爆破冲击荷载破坏作用，桩近侧周边炮眼的爆破冲击激发的合成应力波，将在径向与邻桩的切点附近发生最大集中动压应力，而在两桩连心线上产生集中最大动拉应力。当集中最大动压应力大于邻桩支护和围岩的动抗压强度时，邻桩支护压塌，表1为部分近距桩爆破危害状况实例。当炮

原载于《爆破》，2001，18（3）：15-17。

孔采用 ϕ32mm 乳胶炸药不耦合装药爆破时，由径向弹性波在圆孔的反射和绕射动应力集中数值分析可知[1]，对微中、微风化围岩，岩柱大于 0.65m 时，就很难出现炸塌邻桩围岩和支护的现象；对较软中风化砂岩，当岩柱大于 1.2m 也不致炸塌邻桩支护。为了保持围岩-支护支撑能力，布置周边眼时，应增大与邻桩距离；护坡桩采取跳爆，工程桩尽可能采用"梅花间竹"施工；使用不耦合装药，降低峰值爆压，缩短装药长度，加快应力波在传播过程中衰减；减少近侧单段周边炮眼数，减少掏槽眼单响起爆药量等措施，从而有效地保护桩间岩柱和邻桩支护，见表 1。不耦合装药爆破围岩-支护抗塌岩柱宽见表 2。不耦合装药不同桩径抗塌岩柱宽见表 3。

表 1　近距井桩爆破危害状况与处理措施

例序	工程名称	井桩净径/m	地层状况	岩柱宽度/m	爆后情况	处理措施
1	日升大厦	1.8~2.0	微中风化砂岩	0.40	爆后邻桩有炮烟涌出	增加周边眼到掘进轮廓距离和增大岩柱宽
2	富景花园	1.8	坚硬砂岩	0.40	炸穿	增加周边眼到掘进轮廓距离和增大岩柱宽
3	富景花园	1.8	坚硬砂岩	>0.67①	未炸穿	
4	越秀大厦	1.4	中风化软砂岩	0.97	邻桩护壁振落	进入中风化较硬砂岩后未爆塌
5	越秀大厦	1.4	中风化砂岩	>1.39	护壁未爆塌	
6	麓景苑	2.6~3.0	中风化砂岩	0.80①	近地面岩柱破坏	
7	银华大厦	1.2	微中风化砂岩	0.40	炸穿（挡土桩）	跳爆后未爆穿
8	珠江苑	1.9~2.2	微中风化砂岩	≥1.70	未炸穿	

①为掘进断面岩壁厚度。

表 2　不耦合装药爆破围岩-支护抗塌岩柱宽

岩石性质				孔壁爆压		本桩 邻桩 ϕ/m	衰减 系数	围岩（支护） 动抗压强度 /MPa	抗塌岩 柱宽/m	备注
名称	硬度/f	波速 $/m\cdot s^{-1}$	容重 $/t\cdot m^{-3}$	n_1	MPa					
中风化砂岩	0.8	1600	2.45	(7.5)	2377	1.7/1.4	1.95	16.8①（支护）	>0.92	周边眼 9 个
中风化砂岩	1.0	1600	2.45	(7.5)	2377	1.7/1.7	1.95	20.0（围岩）	>0.73	周边眼 9 个
微中风化砂岩	2.0	2000	2.45	(8.0)	2536	1.7/1.7	1.90	40.0（围岩）	>0.53	周边眼 12 个

注：n_1 为炮孔内爆生气体与孔壁碰撞时压力增大系数，中风化砂岩中土质稍多、塑性稍大，取 7.5；
①为龄期 2dC_{25} 砼护壁动抗压强度；衰减系数取应力传播距离大于 2 倍装药长度后，装药长度为 0.3m。

表 3　不耦合装药不同桩径抗塌岩柱宽　　(m)

邻桩桩径	掘进桩径	周边炮眼数	炮眼间距	抗塌岩柱宽	备　注
1.4	1.7	12	0.45	>0.53	微中化风砂岩，围岩动抗压强度 40MPa
1.8	2.1	14	0.47	>0.53	
2.2	2.5	20	0.39	>0.63	
2.6	3.0	22	0.43	>0.56	

3　爆破对随砌护壁的影响

在采用随掘随护壁的钻爆法施工中，由于爆破面紧接护壁，爆破和护壁两工序又只隔 12h，所以下循环爆破对上循环已护井壁必产生强烈作用。当井壁围岩为软黏土、淤泥等低弹、高泊松比土层时，或者壁后充填不严、渗流严重而有空洞、空隙时，新浇护壁砼将在临近岩面爆生气体冲击波峰值压力作用下，产生较大爆炸动载而破坏，部分桩护壁炸坏实例见表 4。当孔桩从软黏土、淤泥层进入灰岩、花岗岩或砾岩地层时，多有上述护壁炸塌现象发生。为了防范护壁破坏，经圆筒弹性地基梁数值模拟分析[2]，应采取以下防范措施。即多加护壁圈钢筋，减少桩底水深，采用毫秒雷管爆破并减少单响药量，严密堵塞炮孔，增大护壁至爆破工作面的距离等措施，都能有效地防范炸塌护壁。但是，数值计算表明，在对大多数页岩、砂岩、花岗岩地层，当孔桩从强、中风化逐渐过渡到微风化岩层时，近爆破工作面壁后是高弹模、低泊松比岩层，没有空洞、空隙，爆生气压在新浇砼护壁上冲击波动载产生的拉应力并不大。因此，一般不需在护壁中特别加置钢筋，只需采取其他措施，就可防止护壁炸塌。

表 4 爆破炸坏护壁实例

工程名称	桩数/个	桩径/m	地层状况	壁后状况	爆后情况	备注
桂城民企工程桩	70	1.5~3.4	软黏土直接覆盖在大理石化灰岩上	部分壁后水浸垮空	不配钢筋护壁在近岩面土体处炸坏	配钢筋和采取措施后未炸坏护壁
广州银华挡土桩	50	1.2~1.5	中、微风化含砾粗砂岩	没跳挖的挡土桩桩壁后为空腔	桩间炸穿	有裸桩井从岩石穿过土夹层，爆破岩石时土壁未塌落
番禺工商行大楼	28	1.2~1.8	松砂土夹花岗岩孤石	部分流沙流出，壁后有空洞，空隙	孤石段及壁后空洞处护壁炸坏	其下为中、微风化花岗岩
富信广场挡土桩	20	1.2	松砂土直接覆盖在砂砾岩土	抽水时壁后涌砂	炸坏护壁	

4 爆破对邻桩新浇砼的影响

邻桩浇灌砼后，水泥的水化热将加热砼[3]，在膨胀热应力上爆破再叠加应力波应力，会使近距离邻桩中的新浇砼产生裂隙。但是，对于多数桩礅，是按“极限状态”设计的。因此，允许产生应力裂缝。而爆破应力波过后，桩墩的爆生裂隙将重新闭合而余留很少，所以在建筑结构上是许可的。只要桩间岩柱宽度大于周边炮眼的粉碎区，即炮孔半径的 1.65~3.05 倍，并留有足够大的安全余地，岩柱宽约 0.3m 以上，砼龄期 3d 以上，均可满足桩礅极限承载的要求。至于在按“抗裂条件”设计的建筑结构旁掘进爆破孔桩，爆破振动仍是邻桩新浇砼产生裂隙的主要荷载，对 ϕ1.4~3.0m 孔桩，采用 ϕ32mm 药卷岩石乳胶炸药不耦合装药爆破时，当桩间岩柱大于 0.8~1.3m，经径向弹性波透射砼内动应力数值计算分析，爆破应力波将不致引发 3d 龄期以上新浇 C30 砼的裂缝。为了防止新浇砼中出现爆生裂隙，可根据孔桩直径和围岩性质，采取不耦合装药，增大不耦合系数，减少近砼侧同段周边眼数，延长砼龄期，增加爆源与砼的距离等措施，以防范砼中产生爆破裂隙。

5 爆破对桩礅持力岩层的影响

炮孔爆破后，在其围岩中必产生裂隙。在炮孔径向裂隙圈一般为炮孔半径的 15~40 倍，视围岩硬软情况决定；而在炮孔轴向裂隙圈一般为径向的 1/2。为了减小桩底裂隙区的厚度，采用反向起爆和孔底空段装药[3]，让更多的爆能指向桩内欲爆的岩石，从而减弱对桩底围岩的损伤。一般裂隙厚度都将减小并控制在 200~300mm。当掘进到终桩位置时，留足厚 200~300mm 的保护层，爆破后再用风镐修整，将产生微裂隙的岩石清掉，从而保证了持力层强度。同时使掏槽以外的炮孔底处于同一设计面上，使风镐修整后的桩底平整，承载时应力均匀，避免应力集中引起的桩底岩层破坏。当采取以上措施后，经多次桩砼抽芯检查，砼和桩底岩石黏结良好，桩底围岩完整，未见岩芯断裂。由此可见，清除了桩底爆生裂隙，能保证持力层的支撑强度。

参考文献

[1] 魏晓林. 掘桩爆破炸坏随砌护壁力学分析及防止措施 [J]. 爆破，1997，2.
[2] 易长平，卢文波，舒大强，等. 爆破振动对新浇砼灌注桩影响的数值模拟 [J]. 爆破，2001，1.
[3] 杨军，金乾坤，黄风雷. 岩石爆破理论模型及数值计算 [M]. 科学出版社，1999.

邻桩爆破引发井巷支护结构破坏的分析及防范措施

魏晓林　郑炳旭

（广东宏大爆破股份有限公司，广东 广州，510623）

摘　要：在分析邻桩爆破时岩柱、支护结构破坏类型的基础上，根据应力波叠加和入射空穴而散射的动应力集中原理，建立了圆形井巷周边切向动应力集中的力学模型。利用该模型和波函数解法，计算了井巷相邻侧爆破引起的周边最大应力，推荐了能保持岩柱稳定、围岩-支护结构抗塌、抗裂的邻桩间距。在施工中，根据不同桩径、围岩性质，采取不耦合装药、调整单响药量和岩柱宽度等措施，确保了工程质量和安全。

关键词：爆破安全；近距爆破；岩柱稳定；支护结构破坏

Study on Damage of Shaft and Drift Support Structure Induced by Excavation Blasting of Near Piles and Countermeasures

Wei Xiaolin　Zheng Bingxu

(Guangdong Hongda Blasting Co., Ltd., Guangdong Guangzhou, 510623)

Abstract: Based on analyzing the types of rock-pillar and support-structure damages induced by excavation blasting of near piles, a mechanical model for calculation of tangential dynamic stress concent ration on the periphery of round openings has been established in accordance with the principle of dynamic stress concent ration about stress wave superimposition and scattering as a result of the incidence to an empty chamber. By use of this model and the wave function solution, the maximal stress on periphery of an opening has been calculated and the distances between openings, which are able to make the rock-pillar stabilized and surrounding rock-support resist collapse and fracture, has been recommended. In construction, the quality and safety of projects have been ensured because some technological measures such as decouple charge, modified charge weight per delayed internal and modified pillar width are taken in the light of the different diameters of near piles and rock properties.

Keywords: blasting safety; close-in blasting; rock-pillar stability; support-structure damage

1　引言

近年来，城市高层建筑采用了大直径嵌岩桩礅，同承台桩间、挡土桩间及桩与地铁间相距较近，其间岩柱可小至0.5m，土建行业对邻桩爆破引起桩间岩柱及支护破坏亟为关切。为此，广东宏大爆破工程公司根据炮眼爆压叠加和应力波经空穴散射的应力集中原理，研究了邻桩爆破时桩间岩柱、支护破坏的规律，因地制宜地采取措施，有效地控制了侧爆对岩柱和支护的危害，确保了工程质量，保护了环境结构。

2　岩柱、支护破坏状况和力学模型

2.1　岩柱、支护破坏类型

近年来，我公司承担的工程中近距离邻桩爆破对岩柱、支护破坏的部分情况见表1。

原载于《工程爆破》，2001，7（3）：68-74。

表 1 近距爆破对井巷的危害状况与安全措施

Table1 The harm of close-in blasting to openings and safety measures

例序	工程名称	井巷净径 φ/m	地层状况	岩柱宽 /m	爆后情况	安全措施
1	日升大厦	1.8~2.0	微中风化砂岩	0.4	邻桩爆后本桩有炮烟涌出	随后增大周边眼到掘进轮廓的距离及岩柱宽
2	富景花园	1.8	坚硬砂岩	0.4	炸穿	随后增大周边眼到掘进轮廓的距离及岩柱宽
3	富景花园	1.8	坚硬砂岩	>0.67①	未炸穿	岩柱较宽的桩
4	越秀大厦	1.4	中风化软砂岩	0.97	本桩护壁振落	进入中风化较硬砂岩后未爆塌
5	越秀大厦	1.4	中风化砂岩	>1.39	护壁未爆塌	岩柱较宽的桩
6	麓景苑	2.6~3.0	中风化砂岩	0.8①	近地面岩柱自由面多而破坏	
7	银华大厦挡土桩	1.2	微中风化砂岩	0.4	炸穿	跳爆后未爆穿
8	珠江苑	1.9~2.2	微中风化砂岩	≥1.7	未炸穿	抗塌岩柱宽已足够
9	地铁盾构间抽水井	地铁盾构 5.4 水井 φ2.5	中风化砂岩	>5.0	管片未见任何损伤	同段炮眼数最多 5 个，每眼装 φ32mm 药卷 0.45kg
10	中旅商业城挡土桩（地铁盾构旁）	地铁盾构 5.4 挡土桩 3.0	微中风化砂岩	>5.5	管片未见任何损伤	同段炮眼数最多 2 个，每眼装 φ32mm 药卷 0.225kg

①掘进断面间距，其余为邻桩掘进断面与本桩净断面间距。

从表中可见，岩柱、支护破坏有以下三类。

（1）岩柱和支护被炸穿：当桩间岩柱宽度 l 小于邻桩周边炮眼至辅助眼距 S 时（$S=0.3\sim0.35$m），即 $l<S$，邻桩近侧周边炮眼爆破最大抵抗线 W 将指向本桩，因此岩柱势必被爆压所击穿；当桩间岩柱宽 l 增加，但小于周边眼爆破漏斗破裂线 R 时，即 $l<R_c<R$（式中 R_c 为辅助眼圆切线上的爆破漏斗破裂线长，$R_c=S/\cos(\beta/2)$，β 为爆破漏斗锥角，约 90°，见图 1）。虽然，周边眼最小抵抗线 W 转而指向邻桩，但根据钻孔爆压各向均等原理，当 $l<R_c$（R_c 为 0.42~0.49m）的岩柱时，还将被炮孔爆生气体余压炸穿而丧失稳定。由于各周边眼爆压叠加，但又不一定同时作用在岩柱上，被炸穿的岩柱宽可适当增加至 0.5m。

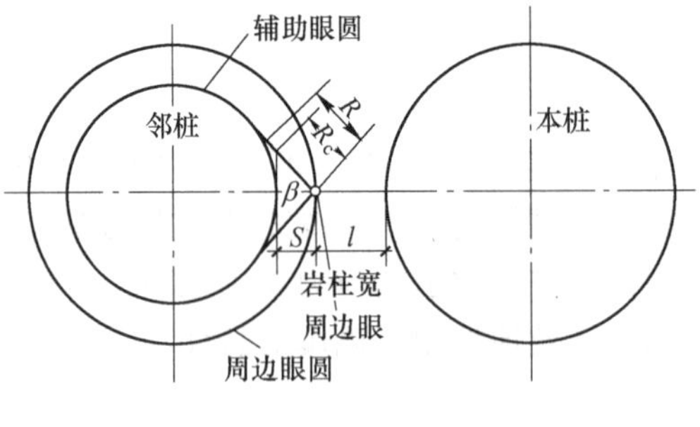

图 1 邻桩周边眼爆压炸穿岩柱

Fig. 1 Breaking of a pillar by blasting pressure from peripheral holes of a near pile

（2）支护压塌：当桩间岩柱宽 l 大于 R 后，爆生气体膨胀压还来不及击穿岩柱，爆压已随邻桩内岩石开裂、抛离而消失，此时本桩主要承受邻桩爆破冲击荷载破坏作用，邻桩近侧同段周边眼爆破冲击激发的应力波经叠加、干涉，形成以桩心向外传播的近似柱面波，如图 2 所示，在本桩表面反射、绕射而形成动应力集中，并且反射的拉伸波将增大邻桩围岩的环向裂隙区。邻桩远侧周边眼爆破的应力波，被掏槽眼、辅助眼先爆生成的空腔和近侧辅助眼、周边眼的爆生裂缝所屏蔽，强度极大地削弱，本文忽略。近侧周边眼叠加柱面应力波径向与本桩相切处附近，发生集中动压应力，当动压应力大于围岩-支护结构的单轴最大动抗压强度时，围岩-支护结构遭到破坏，即压应力引起的剪切变形首先使围岩-支护结构沿剪裂隙向本桩内滑移，以致塌落，简称压塌，围岩-支护结构的抵抗简称抗塌，如表1中的例4、例6。这种压塌判据，在桩类厚壁圆筒支护可分两种情况：1）当支护动抗压强度大于围岩时，爆破集中动压力在净断面上大于支护动抗压强度，支护压塌，如表2中的例1；2）当围岩动抗压强度大于支护时，若围岩未破坏，即使支护出现压剪裂隙，支护的围岩抗力仍可维持支护继续工作，因此压塌判据可以是，围岩、支护动强度分别都小于爆破集中动压应力，支护才会压塌，如表2中的例2、例3，表4、表6中的例1等，判别围岩时边界用井巷掘进断面，判别支护时用净断面。这种压塌破坏对临时性的桩护壁和永久井巷都是不允许的。

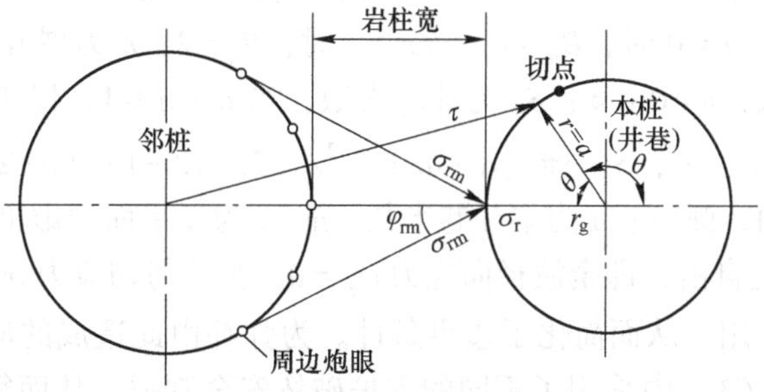

图2　邻桩周边眼爆破应力波入射本桩

Fig. 2　Incidence of the stress wave from blasting of peripheral holes of a near pile to present pile

（3）支护拉裂：随井巷间距加大，叠加后的柱面应力波，在两巷连心线上都将产生最大切向拉应力，当拉应力大于围岩-支护动抗裂强度时，引发径向裂隙；爆破波过后，由于井巷围岩抗力，支护仍能抵抗径向地压造成的环向压应力而继续工作，因此，对临时性桩护壁是允许的，如表1中的例3、例5和例8，但是对地铁类永久性防渗井巷，当支护砼炸裂，且支护中钢筋偏少（广州地铁盾构管片断面1.2m宽×0.3m厚，内有A3钢筋16×ϕ16mm），原砼和钢筋抵抗的拉应力将转至钢筋上而有可能使其屈服，爆震过后其残余变形使支护裂隙难于闭合，则这种支护拉裂破坏是不许可的。在围岩-支护系统中，围岩和盾构联合工作，拼装盾构可认为是柔性薄壁圆环（壁厚/外径=1/10），在环断面上应力近似均匀，弯矩和剪力小而忽略，可近似地以环外径计算动应力集中。在花岗岩围岩中，盾构混凝土的弹性割线模量和极限拉裂应变均小于花岗岩，因此当混凝土拉裂时，花岗岩承受的拉应力大于混凝土，为混凝土极限拉裂应变×花岗岩对应的弹性割线模量。拉裂的判据可以是爆压使盾构混凝土达到极限拉裂应变时，花岗岩围岩在掘进断面上相应的动拉应力小于该断面上的爆破集中拉应力，如表3中的例4。在砂岩、页岩围岩中，若盾构砼的弹性割线模量和极限拉裂应变等于或大于砂岩、页岩时，对于后者，因拼装管片间的相对位移，增加了柔性，降低了盾构动应力集中程度，使管片内砼拉裂前，砂岩、页岩已先拉裂而失去强度，如表3中的例1、例2、例3，表5、表6中的例2，表7等，围岩应力转而集中到盾构上，因此考虑到盾构的重要性，可以只用围岩在掘进断面上动抗拉强度小于爆破集中拉应力作为支护开裂的判据。盾构强度比围岩越高，由此计算的抗裂岩柱宽留有越多的安全富裕。事实上表1中的例9、例10的围岩为砂岩，未被炸裂，不能满足支护开裂判据，因此支护也就不可能新增张开性裂隙。由此，在围岩-支护联合工作时，应分别考虑支护破坏的条件。

2.2　力学模型

上述（2）和（3）两类破坏，岩柱极限宽度约为炮眼半径的50~300倍，爆破应力波已衰减为拟弹性波，可简化为弹性稳态波考虑。因此，邻桩爆破对井巷围岩、支护的压塌、拉裂，可简化为谐和膨胀线源在线弹性体内半径r为a的空穴周边引起的动应力集中力学模型，如图2所示。虽然爆炸冲击荷载使结构出现非线性，但在本文所研究的炮孔应力波中、远区，在井巷近爆侧，本模型及其采用的波函数解法与流体弹塑性有限元和有限差分数值模拟相比，集中应力仅相差2.8%~4.3%[1]。因此，

本模型及波函数解法还是可以用来计算圆形井巷周边切向动应力集中因子 $|\sigma_\theta|$ 的[2]。切向动应力集中因子 $|\sigma_\theta|$ 的定义是：孔洞周边的切向应力与无孔洞情况下相应位置、时刻的入射径向应力之比，即

$$|\sigma_\theta| = \frac{4i}{\pi}[H_0(a\cdot\bar{r}) - H_2(\alpha\cdot\bar{r})/(K^2-1)]^{-1}\cdot\sum_{n=0}^{\infty}(-1)^n B_n H_n(\alpha\cdot r_s)S_n\cos(n\cdot\theta) \quad (1)$$

式中，α 为波数，$\alpha=2\pi f/c_P$；f 为波的频率，c_P 为纵波传播速度，m/s；$\bar{r}$ 为邻桩心到本桩周边计算点的距离，当桩与地铁垂直时，为最近周边眼炸药形心到盾构计算点的距离，m；r_s 为两桩的中心距离，m；当桩与地铁垂直时，为最近周边眼炸药形心到盾构圆心的距离，即近似地将爆破应力球面波看作盾构断面上最近距周边眼的应力波（但波的峰值是各周边眼的应力峰值叠加），并按平面问题处理（在盾构横断面上），由此留有一定安全富裕；K^2 为围岩计算参数，$K^2=2(1-\nu)/(1-2\nu)$，ν 为围岩动泊松比；B_n 为计算参数，当 $n=0$ 时，$B_n=1$，当 $n\geqslant1$ 时，$B_n=2$，n 为展开级数项数；$H_n(\alpha\cdot r_s)$ 是 $\alpha\cdot r_S$ 的第 n 项 Hankel 函数，$n=0\sim\infty$；S_n 为计算参数，当 $\alpha\cdot a\leqslant1$，以小变量近似公式计算 Hankel 函数[2] 得 $S_0\to\pi/2i$，$S_1\to0$，…，$S_n\to\pi(\alpha\cdot a/2)^{n-2}/[2i(K^2-1)(n-2)!]$，$n\geqslant2$；$\theta$ 为井巷计算点半径与两井巷连心线夹角，弧度；a 为本井巷半径，m；i 为复平面的虚单位矢量；$\theta=\pi-\theta$。

本模型边界为 $r=a$ 面上自由，即全波径向应力 $\sigma_{rr}=0$，全波剪切应力 $\sigma_{r\theta}=0$，$r=a$[2]，因而忽略了围岩、支护间的相互力学作用，从而简化了边界条件。为弥补由此造成的应力误差，根据围岩、支护不同的力学特性，（2）和（3）中采用了不同的支护破坏安全判据，从而简化了计算，又使得到的边界应力满足支护必要的安全富裕。

邻桩周边眼爆破的波频率 f 由正压作用时间 t 推算：$t=K_1(t_2+t_3)$，式中，t_2 为周边眼爆破裂隙扩展时间，$t_2=(W/c_C)/[\cos(\beta/2)]$，s；$c_C$ 为裂隙扩展速度，$c_C=400\sim1000$m/s[3]，取 $0.3c_P$[3,4]；t_3 为岩块离开原岩 10mm 的时间，$t_3=0.01/v_{C_p}$[4]，s；v_{C_p} 为岩块移动平均速度 2~7m/s，取 6m/s[4]；K_1 为各周边眼正压不遇合系数，取 1.1。

对接近地铁的应力波、地震波，f 取实测值（公园前车站实测时，爆距 13.6m，爆破地震纵波主频率 61Hz[5]）或与邻桩爆破 f 推算值按传播距离线性插值。

对于单个周边炮眼爆破，炮孔壁所受爆轰产生的初始径向应力峰值为 p_c（MPa）：

当耦合装药时，
$$p_c=(\rho_o D_1^2/4)\cdot2\rho_{c_p}/(\rho_{c_p}+\rho_o D_1) \quad (2)$$

当不耦合装药时，
$$p_c=(\rho_o D_1^2/8)\cdot(d_c/d_d)^6\cdot n_1 \quad (3)$$

式中，ρ_o 为炸药密度，1×10^3kg/m^3；D_1 为炸药爆速，岩石乳化炸药为 3600m/s；ρ 为围岩密度，10^3kg/m^3；c_p 为围岩应力纵波波速，m/s；d_c 为药包直径，不耦合装药时为 0.032m；d_d 为炮孔直径，0.042m；n_1 为气体与孔壁碰撞时压力增大系数。

径向应力峰值：
$$\sigma_{r_0}=p_c/r_0^{\alpha_0} \quad (4)$$

式中，r_0 为围岩中质点到药包中心的距离与炮孔半径的比值；α_0 为岩石应力衰减指数，整体性岩石 $\alpha_0=2-\nu/(1-\nu)$，裂隙性、层理性岩石，因裂隙、层理对应力波的反射，衰减增大，其 α_0 有所增加；ν 为岩石的动泊松比。

同段周边炮眼径向应力叠加峰值为 σ_r[4]（MPa），当炮眼应力波轴对称时，

$$\sigma_r=\sigma_{r_1}+\sum_{m=2}^{M}2\sigma_{rm}\cdot[\cos^2\varphi_m+\nu\cdot\sin^2\varphi_m/(1-\nu)] \quad (5)$$

式中，σ_{r_1} 为对称轴上周边炮眼应力波在计算点的径向应力峰值 σ_{r_0}，MPa；σ_{r_m} 为对称轴侧面第 m 个周边炮眼在计算点的径向应力峰值 σ_{r_0}，MPa；φ_m 为对称轴侧面第 m 个周边炮眼到计算点方向与对称轴夹角，弧度；m 为对称轴侧面应力波可入射到计算点的周边炮眼数（包括对称轴上的炮眼）；M 为 m 的最大值。

显然，同段炮眼是同段随机的，按式（5）规律起爆是同段周边炮眼应力波叠加可能的最大值。当近侧同段周边眼数、总装药量比掏槽眼多，且近侧周边眼应力波传播距离又近时，计算的周边眼叠加应力将大于掏槽眼应力。

3 计算结果与防范措施

ϕ1.4m 的邻桩仅 5 个周边炮眼爆破应力波可同时入射到同径本桩，不耦合装药爆破，电算叠加后的柱面波在切点附近，以 0.618 法求动应力集中后的最大值，围岩-支护动抗压强度取其静强度的 2 倍，电算抗塌岩柱宽见表 2，其中 n_1 为炮孔内爆生气体与孔壁碰撞时压力增大系数，中风化砂岩中土质较多、塑性较大取 7.5；16.8（支护）为龄期 2d 的 C25 砼护壁的动抗压强度。当线装药密度为 0.78kg/m 时，爆破振动波传播距离大于 2 倍装药长度后，振动速度近似以球面衰减[6]，其衰减系数 α_0 分别取：中风化砂岩 1.95，微中风化砂岩 1.9，坚硬砂岩 1.7，花岗石 1.5。由于岩石中应力与振速成正比[7]，因此应力波也按同一球面衰减。

表 2 不耦合装药爆破围岩-支护抗塌岩柱宽

Table 2 Width of rock pillar preventing the surrounding rock-support from collapsing on blasting with decouple charge

例序	岩石名称	岩石性质				孔壁爆压		桩径/m 邻桩/本桩	装药长/m
		硬度 f	波速 /m·s^{-1}	容重 /kg·m^{-3}	ν	n_1	MPa		
1	中风化砂岩	0.8	1600	2450	0.27	7.5	2377	1.7/1.4	0.3
2	中风化砂岩	1.0	1600	2450	0.27	7.5	2377	1.7/1.7	0.3
3	微中风化砂岩	2.0	2000	2450	0.26	8.0	2536	1.7/1.7	0.3

例序	岩石名称	应力集中			围岩支护结构动抗压强度/MPa	抗塌岩柱宽度/m	备注
		α	θ	$\|\sigma_\theta\|$			
1	中风化砂岩	0.6267	0.99	2.60	16.8（支护）	>0.92	周边炮眼共 9 个
2	中风化砂岩	0.6267	0.90	2.60	20.0（围岩）	>0.73	周边炮眼共 9 个
3	微中风化砂岩	0.5732	0.87	2.80	40.0（围岩）	>0.53	周边炮眼共 12 个

从表 2 中可见，电算结果与表 1 中例 4、例 5 相近。同理，依表 1 例 3、例 6 条件电算，也得到与实际相近的结果。由此可知，邻桩爆破在径向与本桩切点附近可首先压塌围岩、支护。电算坚硬砂岩、花岗岩和灰岩可知，这种压塌破坏只发生在低强度的风化岩和低龄期砼护壁。事实上，对于微中、微风化围岩，岩柱宽度大于 0.65m，就难发现邻桩炸塌本桩围岩和支护。

地铁类永久井巷，支护不允许爆生裂隙。按表 2 炮眼、炸药和表 1 例 9 井巷条件（地铁盾构外半径 3m，水井外半径 1.45m）电算邻桩不耦合装药爆破引发管片拉伸裂隙的岩柱宽，见表 3。从表 3 中可见，序 1 符合表 1 例 9，因此，按上述力学模型推断结果与实际情况基本吻合。电算表明，地铁抗裂岩柱宽变化在 4.10m 至 5.22m 之间，与围岩抗拉强度有显著关系。

表 3 不耦合装药爆破地铁盾构抗裂岩柱宽

Table 3 Width of rock pillar preventing the shield from fracturing on blasting with decouple charge

例序	岩石名称	孔壁爆压		应力集中		装药长 /m	围岩动抗拉强度/MPa	抗裂岩柱宽度/m	备 注
		n_1	MPa	α	$\|\sigma_\theta\|$				
1	中风化砂岩	7.5	2377	0.33	1.76	0.6	2	>4.10	周边共 10 个炮眼
2	微中风化砂岩	8.0	2536	0.33	1.75	0.5	4	>4.24	周边共 20 个炮眼
3	坚硬砂岩	10	3169	0.1791	3.12	0.5	8	>5.22	周边共 20 个炮眼
4	花岗岩	11	3480	0.1599	4.21	0.6	18①	>4.27	周边共 20 个炮眼

①混凝土开裂时围岩动抗拉应力，计算依据：C40 混凝土极限拉裂应变 0.2238×10^{-3}，花岗岩弹性模量 6.1×10^{3}MPa，弹性系数 0.66，动抗拉强度 20MPa。

不同桩径但本、邻桩桩径相等条件下的抗塌岩柱宽电算结果见表 4，从表中可见，不同桩径抗塌岩柱宽为 0.53~0.63m，受周边眼间距影响，但变化不大。

表 4　不耦合装药爆破不同桩径抗塌岩柱宽

Table 4　Width of rock pillar preventing the piles with different diameters from collapsing on blasting with decouple charge

例序	桩径 ϕ/m	掘进桩径/m	周边眼		动应力集中			抗塌岩柱宽度/m
			数量/个	间距/m	α	θ	$\lvert\sigma_\theta\rvert$	
1	1.4	1.7	12	0.45	0.5732	0.887	2.80	>0.53
2	1.8	2.1	14	0.47	0.5732	0.856	2.69	>0.53
3	2.2	2.5	20	0.39	0.5732	0.833	2.56	>0.63
4	2.6	3.0	22	0.43	0.5732	0.797	2.51	>0.56

注：炸药、炮眼同表 2，微中风化砂岩，围岩动抗压强度 40MPa。

地铁不同邻桩径条件下的抗裂岩柱宽见表 5，从表中可见，邻桩直径越大，抗裂岩柱越宽。

表 5　不耦合装药爆破不同桩径抗裂岩柱宽

Table 5　Width of rock pillar preventing the piles with different diameters from fracturing on blasting with decouple charge

例序	桩径 ϕ/m	掘进桩径/m	周边眼		动应力集中		装药长/m	抗裂岩柱宽度/m	备　注
			数量/个	间距/m	α	$\lvert\sigma_\theta\rvert$			
1	1.4	1.7	12	0.45	0.1995	3.77	0.30	>3.87	
2	1.8	2.1	14	0.47	0.1995	3.38	0.40	>4.34	
3	2.2	2.5	20	0.39	0.1791	3.29	0.40	>4.98	周边眼间距偏小
4	2.6	3.0	22	0.43	0.1791	3.07	0.50	>5.30	

注：炸药、炮眼同表 2，坚硬砂岩，围岩动抗拉强度 8MPa。

当耦合装药时，由于炮孔壁上爆压加大，围岩抗塌、抗裂的岩柱宽也加大，见表 6。由表 6 与表 2、表 3 的比较可见，只要施工中采用不耦合装药，就能保持围岩-支护结构的支撑能力，保证工程质量和盾构完好，见表 1。但是还应尽可能加大周边眼不耦合系数，采用分段装药、小直径光爆药卷等。围岩越软，越应实施这些措施，以降低炸药单耗，进一步确保施工安全。

表 6　耦合装药爆破抗塌抗裂岩柱宽

Table 6　Width of rock pillar preventing from collapsing or fracturing on blasting with couple charge

例序	井巷净径 ϕ/m	爆破时井巷半径/m，邻/本	动应力集中			装药长度/m	围岩-支护动强度/MPa	安全岩柱宽度/m
			α	θ	$\lvert\sigma_\theta\rvert$			
1	1.4	0.85/0.85	0.5732	0.89	2.69	0.3	抗压 40	>0.67（抗塌）
2	5.4	1.45/3.0	0.3300	0.00	1.46	0.5	抗拉 4.0	>4.82（抗裂）

注：微中风化砂岩，钻孔壁爆压 3726MPa，岩石乳化炸药，炮眼直径 0.042m。

减少邻桩近侧同段周边眼数，减少同段炸药量，也能显著地缩小抗裂岩柱宽，计算结果见表 7。由此，普遍实施该措施，获得了满意效果（见表 1）。

表 7　不同单响周边眼数的地铁抗裂岩柱宽

Table 7　Width of rock pillar preventing the subway from fracturing for different numbers of peripheral blasthole per delayed interval

例序	近地铁侧同段炮眼数/ 个	应力集中		围岩抗裂岩柱宽度/m
		α	$\lvert\sigma_\theta\rvert$	
1	5	0.1995	3.72	>3.93
2	7	0.1995	3.35	>4.38
3	9	0.1791	3.32	>4.93
4	11	0.1791	3.12	>5.22

注：坚硬砂岩，炸药、炮眼同表 2，装药长 0.5m，不耦合装药，围岩动抗拉强度 8MPa。

从以上分析可见，减小装药长度，缩短掘进循环进度，在页岩、砂岩类软岩中，应力波较快以球面波大衰减系数衰减，也能显著缩小抗塌、抗裂岩柱宽，是经常实施的措施。

4 结论

本文结论如下。

（1）当桩间岩柱小于0.5m时，邻桩周边眼爆生气体膨胀压力将击穿岩柱，只有留足0.5m以上岩柱，才可保证岩柱稳定。

（2）在中风化砂岩中，邻桩采用岩石乳胶炸药ϕ32mm以下药卷爆破，当岩柱宽小于1.2m时，在周边眼叠加柱面应力波径向与本井巷切点附近，将产生最大动压应力，致使围岩、支护压塌。随着岩石硬度加大，抗塌所需的桩间岩柱宽度，允许减小，微中风化砂岩中0.8m以上岩柱、坚硬砂岩和花岗岩等硬岩中0.5m以上岩柱，已足够抵抗爆压，维持围岩-支护结构的支撑能力。同径桩直径的大小对抗塌桩间距影响不大。

（3）邻桩采用岩石乳胶炸药ϕ32mm药卷及相应装药长度爆破时，对于地铁盾构类永久防渗井巷，围岩抗裂的岩柱宽度在3.8~6.0m，邻桩直径增大，安全岩柱宽度取大值。

（4）根据邻桩直径和围岩性质，实施不耦合装药，增大不耦合系数，减少近侧同段周边眼数，减小装药长度，设置预裂缝，适当增大岩柱宽度等措施，均已有效地防范地铁盾构炸裂和井桩围岩爆塌，从而保证了工程质量，杜绝了对邻近结构的伤害。

本文试图以弹性波理论建立的力学模型来解决桩孔开挖时井巷之间安全岩柱宽度的问题，但是由于边界条件中忽略了围岩和支护间的相互力学作用，而且围岩也存在塑性，因此带来了误差。考虑到开挖岩石种类的多样性、岩石中构造的复杂性及桩、巷道相互位置的多变性，本文所论述的方法具有一定的局限性，仅仅起一个抛砖引玉的作用。

致谢：在论文完成过程中得到中山大学数力系陈树坚教授的悉心指导，借此表示衷心感谢和崇高的敬意。

参考文献

［1］刘慧．近距侧爆情况下马蹄形隧道动态响应特点的研究［J］．爆破，1999，16（4）：25-29.
［2］鲍亦兴．弹性波的衍射与动应力集中［M］．北京：科学出版社，1993.
［3］高金石，等．爆破理论与爆破优化［M］．西安：西安地图出版社，1993.
［4］张志呈．爆破基础理论与设计施工技术［M］．重庆：重庆大学出版社，1994.
［5］张华．中旅城广场爆破振动监测报告［R］．广州市地下铁道总公司建设工程质量检测室，1998.
［6］郭峰．条形药包爆破震动场的试验研究［J］．工程爆破，1996，2（1）：7-11.
［7］朱渊兴，等．近代爆破理论与实践［M］．武汉：中国地质大学出版社，1993.

浅眼爆破地震波传播规律

魏晓林　陈颖尧　郑炳旭

（广东宏大爆破股份有限公司，广东 广州，510623）

摘　要：结合广州公安110综合楼深基坑浅孔爆破地震波观测，应用黏弹性岩层地震波传播的波谱分析和土层地震响应的正反问题理论，解决了近距离浅眼挖爆地震波在岩土内及地表的振幅、频率和波形综合计算问题。计算表明，利用土层响应结合传递函数的波谱分析方法，可以根据实测的地表波形推算土层直至基岩面的地震动，给点爆源地震引发边坡惯性力分析提供了条件。

关键词：浅眼爆破；地震波；黏弹性岩层；土层的地震响应；波谱分析

On the Principle of Propagation of Seismic Wave from Short-hole Blasting

Wei Xiaolin　Chen Yingyao　Zheng Bingxu

(Guangdong Hongda Blasting Co., Ltd., Guangdong Guangzhou, 510623)

Abstract: Combined with the monitoring of seismic wave from short-hole blasting in foundation pit of Police 110 Building in Guangzhou, the wave spectrum analysis for propagation of seismic wave in viscoelastic rock and the theory about positive and negative problems of seismic response are used for comprehensively computing amplitude, frequency and shape of blasting seismic wave in rock or soil and on ground surface. Computing results have shown that based on measured blasting seismic wave on ground surface, the wave spectrum analysis combined seismic response of soil with transmission function is applicable for calculation of seismic wave from soil layer to the surface of base rock, providing the condition for analysis of a slope inertial force caused by a seismic focus.

Keywords: short - hole blasting; seismic wave; viscoelastic rock; seismic response of soil layer; wave spectrum analysis

1　概述

城市浅眼爆破环境复杂。在广州，浅眼挖爆大多是高层建筑的孔桩和基坑开挖爆破，爆破地震波频率高、衰减快、作用时间短，并且爆点距环境保护物极近，土层厚度又多数大于水平传距。曾用萨氏公式计算爆破引起的坑边的地面质点振速，但大多与实测值不符，不能反映以上各因素的影响。因此，迫切需要加深认识浅眼爆破地震波的传播过程和规律。宏大爆破工程公司在广州市公安110综合楼孔桩开挖爆破中进行了基坑边坡测震，以寻求规律，加深对地震波在岩、土内传播的认识，为今后基坑边坡和建筑物对地震反应的研究奠定基础。

过去一直沿用经验公式，分别孤立地在时域上计算爆破地震动的振速和频率，割断了振速变化和频率的关系，舍去了波形和作用时间，忽略了低阻抗土层介质的反射和折射。当城市浅眼挖爆兴起时，过去适合硐室爆破、深孔爆破的萨氏公式，对于与爆源极近的表土面，仍以振速与土层性质无关和忽视高频地震波的特点来处理地震动，就显得不符实际。20世纪60年代，美国学者发明了快速富氏变

原载于《工程爆破》，2002，8（4）：56-61，19。

换，使得从振幅、频率和波形上综合地研究地震波更易成为现实。随着电子计算机的发展，地震勘探行业在20世纪90年代已经成功地根据地震波频域的衰减来勘探矿床；近40年兴起的地震工程学又成功地研究了土石坝的地震反应。以上这些都为我们研究浅眼爆破基坑边坡地面震动提供了借鉴。本文将岩、土作为黏弹性介质，从频域上来研究地震波，统一计算振幅、频率和波形；基岩面上的土层产生阻尼地震反应，可根据实测地表震波反演基岩震波，从而统计、整理了70余个测震记录，初步获得了浅眼爆破地震波的传播规律。

2 爆破地震波在岩土中的传播

2.1 传播路径

当基岩面与浅眼爆源距离近时，表面积累而次生的面波弱，而边坡位移在坡顶生成的走向张性裂隙又减弱了面波的传播，因而这几年近90个边坡地震测震，均只见体波而未见面波。因此，对于近距离岩石浅眼爆破地震波，可以主要研究体波的传播，而相对忽略面波。

体波无论纵波和横波在土层内的传播速度，均比基岩内慢得多，根据折射定理，透射波应比入射波以更接近竖直的方向传播，因此工程中可以近似认为，体波在土层中是竖直折射的[1]。到达地表的体波是从地表对应的岩土界面处入射的，因此基岩内体波可近似认为是从爆源沿直线入射到岩土界面，地震波传播路径如图1所示，图中 v_{pi} 为 i 岩、土层的纵波波速，$v_{p1}<v_{p2}<v_{p3}<v_{p4}<v_{p5}$。

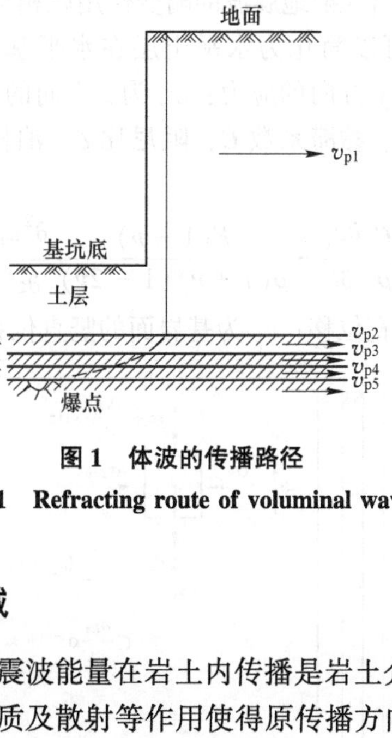

图1 体波的传播路径

Fig. 1 Refracting route of voluminal wave

2.2 地震波在岩土内传播的衰减

岩土介质可认为是黏弹性体，地震波能量在岩土内传播是岩土介质动能与形变势能相互转化的过程。在这一过程中，内摩擦等蠕变性质及散射等作用使得原传播方向上的能量逐渐减少。岩体内的微观缺陷也以内摩擦形式消耗机械能，特别是高频情况下更显著，大量的岩体波速和衰减测试结果证实了这一事实。根据参考文献［2］，介质的这种蠕变性质可用黏滞性来表示，地震波在线性黏弹性介质中传播的运动方程可表示为

$$\rho\partial^2\theta/\partial t^2 = [(\lambda + 2\mu) + (4/3)\eta\partial/\partial t]\nabla^2\theta \quad (纵波) \quad (1)$$

$$\rho\partial^2/\partial t^2(\nabla \times s) = [\mu + \eta\partial/\partial t]\nabla^2(\nabla \times s) \quad (横波) \quad (2)$$

式中，λ 和 μ 为 Lamé 常数和剪切模量；η 为黏滞系数；$\theta = \sum_{eii}$ 为体应变，s 和 ρ 分别为位移矢量和密度；t 为时间。对膨胀点源简谐纵波离源方向的解为：

$$u_r(\omega, r) = S(\omega)e^{-r\beta} \cdot e^{i(\omega t - kr)}/r \quad (3)$$

式中，$S(\omega)$ 为爆源的震谱，r 为爆源到测震点的距离，β 和 k 分别为衰减系数和波数。通常岩石为低黏滞性介质，在工程应用的频率范围内，纵横波的衰减系数分别有如下近似式：

$$\beta = [2\eta/(3\rho v_p^3)]\omega^2 = a\omega^2,\ K = \omega/v_p$$

$$a = 2\eta/(3\rho v_{\mathrm{p}}^{3}),\ v_{\mathrm{p}} = \sqrt{(\lambda + 2\mu)/\rho} \quad （纵波） \tag{4}$$

$$\beta = [\eta/(2\rho v_{\mathrm{s}}^{3})]\omega^{2} = b\omega^{2},\ k = \omega/v_{\mathrm{s}}$$

$$b = \eta/(2\rho v_{\mathrm{s}}^{3}),\ v_{\mathrm{s}} = \sqrt{\mu/\rho} \quad （横波） \tag{5}$$

式中，a 和 b 为纵、横波的吸收系数。由上述诸式可以看出，在低黏滞性和工程应用频率范围之内，地震波的衰减系数与岩石介质的黏滞系数成正比，与频率的平方成正比，与波速的三次方成反比，此时波速与频率无关，不发生频散。

到达岩面的地震波 $f(r,\ t)$ 是到达该点各频率的震动波的总和：

$$f(r,\ t) = (1/\pi)\int_{0}^{\infty}[S(\omega)\cdot \mathrm{e}^{-\beta r}\cdot \mathrm{e}^{i(\omega t - kr)}/r]\mathrm{d}\omega \tag{6}$$

岩面地震频谱 $F(\omega,\ r)$ 为

$$F(\omega,\ r) = \int_{-\infty}^{+\infty} f(r,\ t)\mathrm{e}^{-i\omega t}\mathrm{d}t = S(\omega)\mathrm{e}^{-a\omega^{2}r}/r \tag{7}$$

式中，爆源震谱 $S(\omega)$ 由爆源性质和炸药与岩石匹配性质的综合影响决定，吸收系数 a、b 因射线路径上岩石对不同频率地震波能量的吸收不同而异。

2.3 土层的地震响应

由于地表低速传播震动土层具有较复杂的层状结构和较强的吸收性质，可使达到地面的基岩波形发生畸变，频率和振幅发生较大变化。邻近建筑的孔桩和基坑浅眼爆破，其地震波在岩内传播的距离往往小于土层厚度，因此土层对基岩入射地震波的畸变作用就相当明显。

一个场地对竖直地震的反应可以简化为水平土层在水平基岩面上所做的竖直拉伸压缩惯性运动，如图 2 所示。图中 $\sigma_{x、y}$ 为 x、y 方向的应力；σ_{z} 为 z 方向的应力；γ 为土体重率；g 为重力加速度。设土的容重为 ρ、弹性模量 E、黏滞系数 C、阻尼比 ζ、泊松比 ν，根据微元土柱的动力平衡方程可得

$$\frac{\partial^{2}u_{\mathrm{t}}}{\partial t^{2}} + \frac{C}{\rho}\frac{\partial u_{\mathrm{t}}}{\partial t} - \frac{E(1-\nu)}{\rho(1+\nu)(1-2\nu)}\frac{\partial^{2}u_{\mathrm{t}}}{\partial z^{2}} = -\frac{\mathrm{d}^{2}u_{\mathrm{g}}}{\mathrm{d}t^{2}} \tag{8}$$

式中，u_{t} 为土单元相对基岩面的竖直位移；u_{g} 为基岩面的竖直位移。

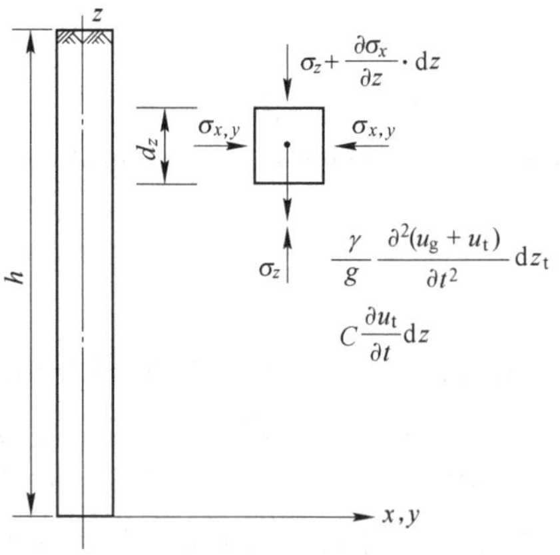

图 2 水平土层垂直地震反应的简化

Fig. 2 Simplification of vertical seismic response in horizotal soil seam

解式（8）得土柱的自由振圆频率：

$$\omega_{i} = i\pi v_{\mathrm{p}}/(2h) \tag{9}$$

阻尼比：

$$\zeta_{i} = C/2\rho\omega_{i} \tag{10}$$

v_{p} 为纵波波速；根据文献［3］，土体的绝对位移

$$u = -u_{\mathrm{g}}(t) + \sum \Phi_{i}(z)v_{i}(t) \tag{11}$$

$$\Phi_{i}(z) = 4\sin(i\pi z/2h)/(i\pi) \tag{12}$$

$$v_i(t) = -(1/\omega_i)\int_0^t (d^2u_g/dt^2)e^{-\zeta_i\omega_i(t-\tau)} \cdot \sin\omega_i(t-\tau)d\tau \tag{13}$$

式中，h 为土层厚度；τ 为时间；i 为自然数 1，2 …，∞。

$v_i(t)$ 本文用线性加速度法解式（14）求得的 u。

$$\ddot{u} + 2\zeta_i\omega_i u + \omega_i^2 u = -\ddot{u}_g \tag{14}$$

同理，土体的水平震动响应可参考文献［3］计算。

2.4　真实基岩震动的复原

我们所观测的地面震动 $y(t)$，需反算出基岩震动 $f(r, t)$，才能将式（7）和式（11）的地震波传播规律应用到实际中。

地面上地震记录的波谱

$$R(\omega) = H(\omega) \cdot F(\omega, r) \tag{15}$$

式中，$H(\omega)$ 为土层的频率特性或响应谱。因此，

$$F(\omega, r) = R(\omega)/H(\omega) \tag{16}$$

据文献［4］，

$$f(r, t) = (1/\pi)\mathrm{Re} \cdot \int_0^\infty [R(\omega)/H(\omega)]e^{-i\omega t}d_\omega \tag{17}$$

本文先假设 $f(r, t) \approx y(t)$，以式（11）计算出地面的 u，并求响应谱

$$H(\omega) = u(\omega)/F(\omega) \tag{18}$$

式中，$u(\omega)$ 为地面的 u 的复谱；$F(\omega)$ 为 $f(r, t)$ 的复谱。再以 $H(\omega)$ 和式（16）算得基岩的 $F(\omega, r)$，并在其时域以式（11）计算出地面的 u，若 $\delta = |y(t) - u| \leq$ 容许误差，则 $F(\omega, r)$ 为基岩面震波的复谱。

$f(r, t)$ 的问题是不适当的[4]，因此，在记录存在干扰背景下，解式（17）具有不稳定性和实用的非唯一性，$y(t)$ 中的干扰对 $f(r, t)$ 的影响因 $R(\omega)/H(\omega)$ 的特点而在 $[0, \omega_1]$ 和 $[\omega_2, \infty]$ 区间被扩大了（$\omega_1 < \omega_2$），因此在必要时，需对计算结果作适当处理[4]。

3　观测计算及讨论

3.1　观测数据的整理

广州公安 110 综合楼基坑深 11.5m，坑边挡土桩支护，坑底孔桩爆破，坑平面如图 3 所示，在坑

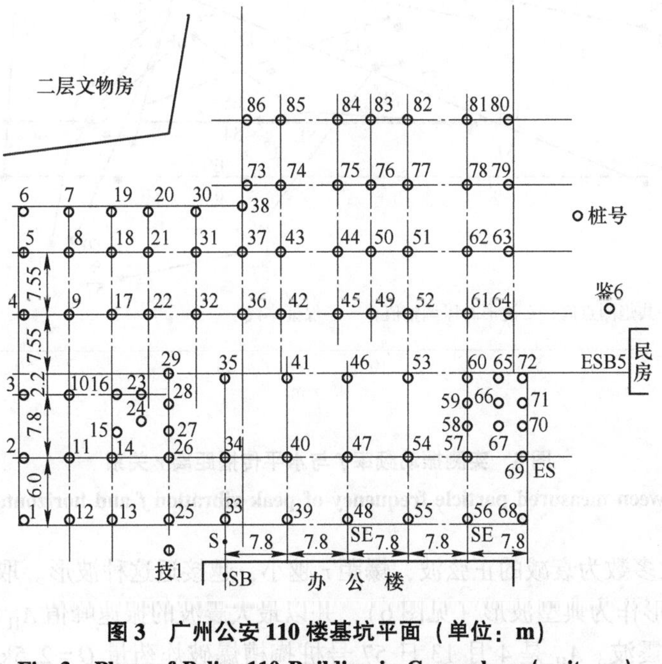

图 3　广州公安 110 楼基坑平面（单位：m）

Fig. 3　Plane of Police 110 Building in Guangzhou（unit：m）

边东设 ES 点，坑边南设 SE_0、SE_1、S 点。根据地质钻探剖面，SE_1 和 ES 点土层厚分别为 $h_2=23.9$m 和 $h_1=21$m，其纵波速度 v_p 取 1200m/s；爆破单响最大药量 Q 为 2.5~3.0kg，所测近 70 次爆破地震波的振速峰值及其对应频率分别如图 4 和图 5 所示。

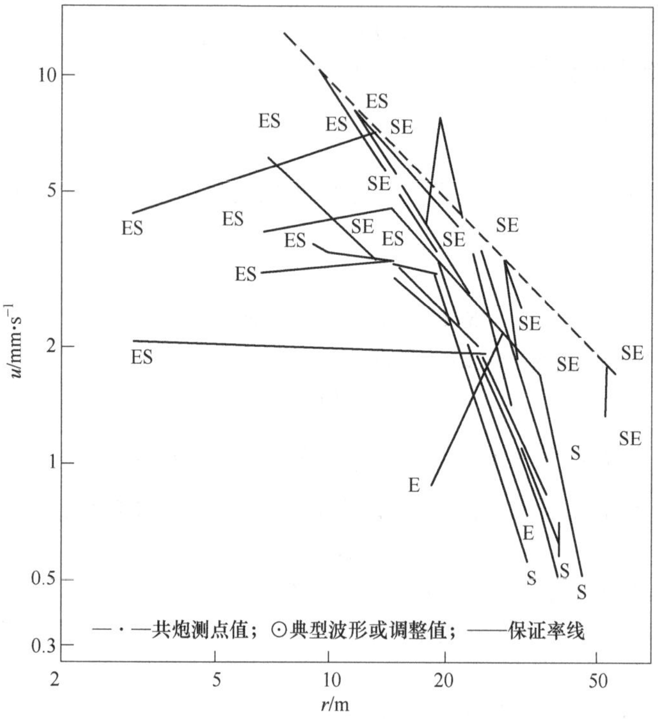

图 4　实测振速最大值 u 与水平传播距离 r 关系

Fig. 4　Relationship between measured particle peak vibration velocity u and horizontal transmission distance r

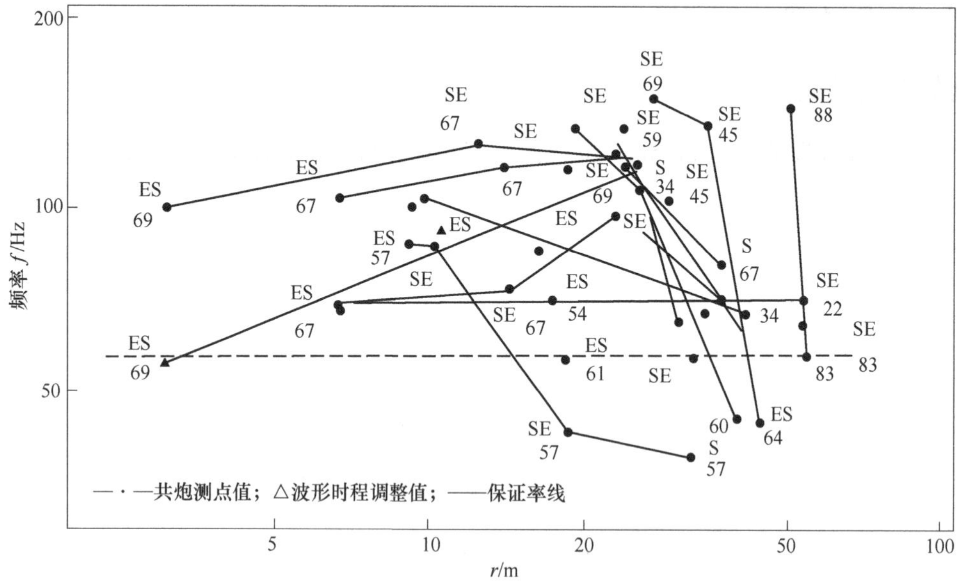

图 5　实测振动频率 f 与水平传播距离 r 关系

Fig. 5　Relationship between measured particle frequency of peak vibration f and horizontal transmission distance r

从地震波形看，大多数为衰减的正弦波，爆距 r 越小，越接近这种波形。取 4 月 13 日 67 号桩掏槽爆破在 ES 点所测的波形作为典型波形（见图 6），并以最大震波的振速峰值 A_H 和具有一定保证率的较低频率 f 调整成人工地震波。A_H 是 4 月 13 日 57 号桩掏槽爆破炸药量 $Q=2.5$kg、爆距 $r_1=13.7$m 时，

ES 点的振速峰值 10. 9mm/s，f 取频率保证率可达 90%的 69 号桩 ES 点地震波频率 57Hz，如图 5 所示。

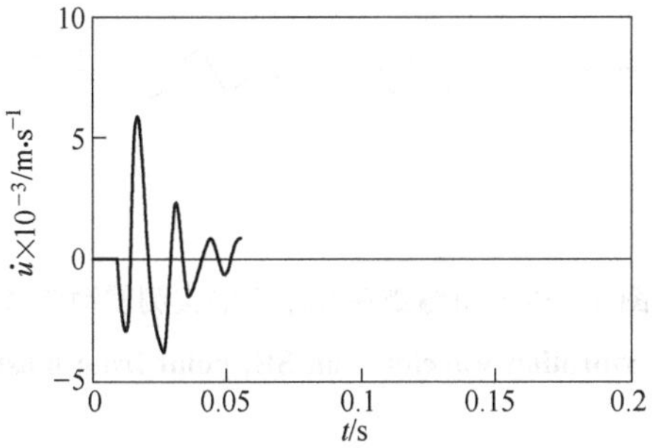

图 6　67 号桩爆破在 ES 点的典型震动波形

Fig. 6　Typical vibration waveform on ES point from blasting of pile No 67

人工地震波的振幅调整是将典型爆破地震波乘以振幅调整系数 λ_a，对垂直振动

$$\lambda_a = A_H / A_{mh} \tag{19}$$

式中，A_{mh} 为典型爆破地震波的最大垂直振幅值，6. 29mm/s。

而人工地震波频率调整是将典型爆破地震波时程波形曲线上的相应时间乘以时程调整系数 λ_f，

$$\lambda_f = f_c / f \tag{20}$$

式中，f_c 为典型爆破地震波最大振幅对应的频率，67. 6Hz。

3. 2　计算结果

为了从 ES 的爆破地震波计算 SE_1 的爆破地震波，本文首先求出地面人工地震波及其富氏变换 FFT 的相应频谱 $R(\omega)$，以 ES 土层的响应谱 $H(\omega)$，按式（17）富氏反变换 IFFT，求得基岩面的地震波时程曲线 $f(r_1,\ t)$ 和相应频谱 $F(\omega,\ r_1)$。经地表波形验算，峰值误差 δ=4. 58%，频率误差接近 0，是容许的。

地震波从 r_1 传播到 r_2 的地层为粗、细砂岩和含砾砂岩互层，吸收系数 a 取 $2.448\times10^{-9}\mathrm{s^2/m}$。经式（7）推导，$r_2$=25. 7m 的 SE_1 对应基岩面地震波的频谱

$$F(\omega,\ r_2) = r_1 \cdot F(\omega,\ r_1)\mathrm{e}^{-a\omega^2(r_2-r_1)} / r_2 \tag{21}$$

再经 IFFT 反变换得基岩时域地震波 $f\ (r_2,\ t)$。

SE_1 点的土层厚度和纵波速度分别为 h_2=23. 9m 和 v_p=1200m/s，阻尼比 ζ_1 取 0. 1，按式（11）计算得 SE_1 点地面震动绝对速度 $\dot{u}$，地震波形如图 7 所示，最大振幅 Max｜$\dot{u}$｜=3. 6mm/s，与 59 号桩周边眼爆破实测振速相等。从图 4 可见，该计算所得振速幅值保证率可达 94%，比保证率振速低的峰值振速是安全的。$\dot{u}$ 的频率 57Hz 小于 59 号桩实测最大振速对应频率 134Hz，由于炸药与邻近围岩匹配的变化，频率提高，但在频率保证率以上的高频率是安全的，且计算波形与 59 号桩的波形相似，如图 8 所示。因此，根据地层参数同时算出的地震波振幅、频率和波形，其振幅误差、频率范围误差和波形趋势均为爆破工程所容许的。

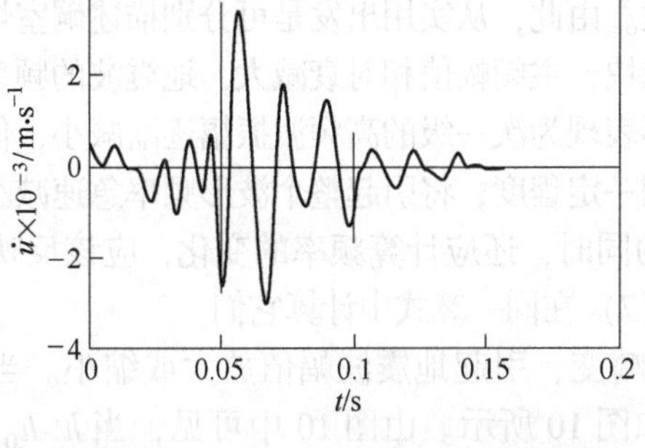

图 7　59 号桩爆破在 SE_1 点的电算震动波形

Fig. 7　Computed vibration waveform on SE_1 point from blasting of pile No 59

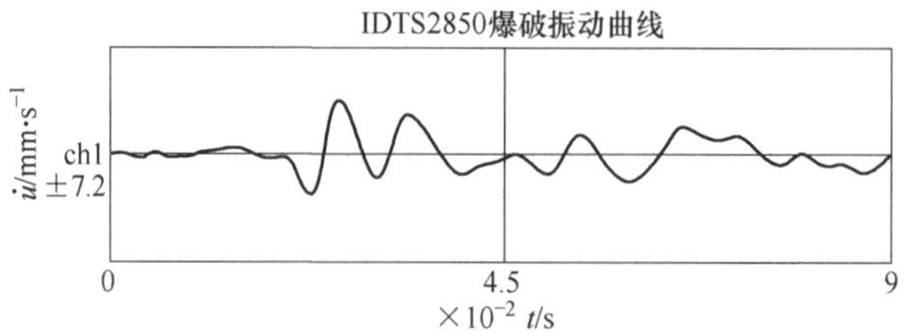

图 8　59 号桩爆破在 SE_1 点的实测震动波形

Fig. 8　Measured vibration waveform on SE_1 point from blasting of pile No. 59

3.3　讨论

根据黏弹性介质理论，式（3）可算出爆破地震波的振幅随基岩内传播距离 r 增加而减小，地面振速峰值 $\dot{u}$、基岩面振速峰值 $\dot{u}_g$、衰减系数 α 与基岩内传播距离 r_2 的关系如图 9 所示。为了比较，对萨氏公式的衰减系数 α，可算出随 r 增长，α 先快速上升而后缓慢下降，其变化快慢取决于反映岩石性质的吸收系数 a 和爆源震波的频谱 S（ω）；频率和波形也因高频谐波比低频谐波快速衰减而变化，从而使整个波的频率减小、周期加长、波形增长，而后由复杂趋向简单，由此反映了地震波在黏弹性介质中传播的一般规律。

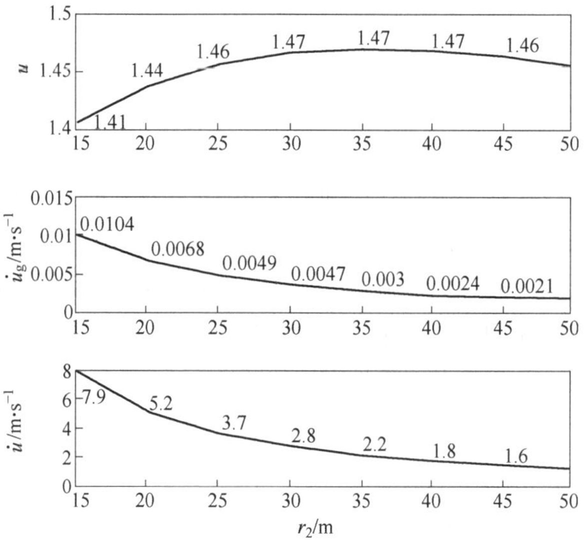

图 9　$\dot{u}$，$\dot{u}_g$，α 与 r_2 关系

Fig. 9　Relation among $\dot{u}$，$\dot{u}_g$，α and r_2

对于本工程的浅眼爆破，基岩面人工波形富氏谱主频为 105Hz，其衰减系数 $\beta=2.448\times10^{-9}\times(2\pi\times105)^2=1065\times10^{-6}$，而硐室爆破地震波主频 $f=3$Hz，$\beta=2.448\times10^{-9}\times(2\pi\times3)^2=0.8698\times10^{-6}$，前者衰减系数比后者要大 1065/0.8698=1224 倍，显然浅眼爆破地震波振幅的衰减快得多，频率也较快地向低频转变。硐室爆破的地震波振幅，主要由 $1/r$ 的几何衰减引起，波动能量的黏滞性物理损耗显得相对较小，因此主频幅值相对衰减不大，地震波的频率变化不大。由此，从实用出发是可分别描述硐室爆破振幅和频率的。但是，浅眼爆破的地震波则与上相反，振幅衰减快，主频幅值相对衰减大，地震波的频率也变小。计算表明，频率变化还存在两种方式，其一为渐变，波形表现为次一级的高频波振幅逐渐减小，但基本波形的频率减小不大；其二是次一级的高频波振幅减小积累到一定程度，将引起整个波形频率急速减小。由此可见，对于近距离的浅眼爆破地震波，在计算其振幅衰减的同时，还应计算频率的变化，应该反映客观事物的本来面目，相互关联地、对立统一地研究，如本文式（7）在同一算式中计算它们。

表土也会引起地震波的波形畸变，引起地震波幅值放大或缩小。当土层厚度 h 在 8～30m 范围内变化时，地震波放大系数 S_s 变化如图 10 所示。由图 10 中可见，当 $h>h_0=15$m 时，基本上 $S_s<1$，表现为振幅衰减，并随 h 增加而递减；当 $h<h_0$ 时，$S_s>1$，表现为振幅放大。孔桩浅眼爆破地震波的表土放大系数在 $h=8$～10 时最大，约为 $h_0=15$m 时的 1.5 倍。

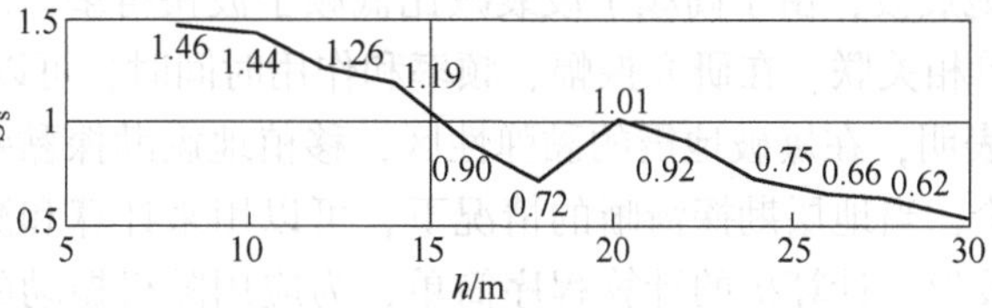

图 10 SE_1 点的 S_s 与 h 关系

Fig. 10 Relationship between S_s and h on SE_1 point

计算表明，表土体波波速越小，基岩地震波频率越低，则表土振幅放大系数越大，振幅衰减起始土厚 h_0 也加大；土层阻尼越大，C 值越大，振幅衰减越大，h_0 也减小。

式（7）中爆源的震谱 $S(\omega)$ 取决于炸药与围岩的匹配、孔中炸药性质和最大单响药量，特别是邻近围岩，影响更大。根据本文实测筛选，当单孔药量约为 0.6kg 且耦合装药时，110 公安综合楼孔桩爆破爆源的安全震谱为：

$$S(\omega_q) = u_r(\omega_q,\ r_1) \cdot e^{a(r_1 - r_e)^{\omega}} \cdot (r_1/r_e) \cdot (Q/2.5)^{\alpha/3} \quad (22)$$

式中，Q 为最大单响安全药量，kg；ω_q 为 Q 爆炸产生的振动频率，$\omega_q = \omega \cdot \lambda_q$；$\lambda_q$ 为 Q 引起频率改变的时程调整系数[5]，$\lambda_q = (2.5/Q)^{1/3}$；$r_e$ 为黏弹性区的内半径，r_e 可取 $250r_0 = 5$m；r_0 为浅眼钻孔半径 0.02m；衰减系数 α 取 2。由此可电算出对应 Q 值的震动波形和峰值振速，如图 11 所示。

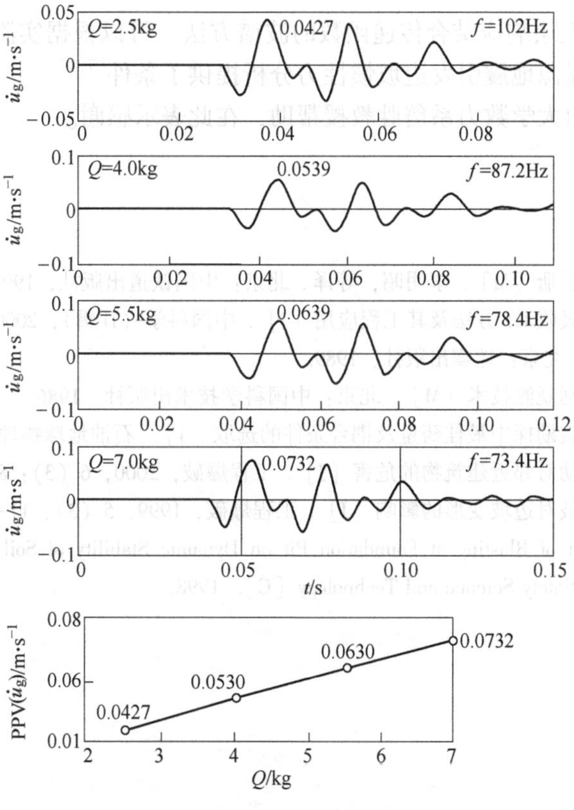

图 11 Q 与 $\dot{u}_g$ 和 PPV 的关系

Fig. 11 Relation of Q to $\dot{u}_g$ and PPV

（t'时间起点不在起爆点，r_e = 5m）

4 结论

本文通过黏弹性岩层波谱分析和土层阻尼响应的方法来研究地震波的传播，可以得到以下结论。

(1) 近距离浅眼爆破地震波，由于高频子波衰减比低频子波快得多，因此振幅衰减总是与主频变小、波形伸长而后趋于简单相关联。在研究振幅、频率和作用时间时，可以对立统一地综合研究。

(2) 爆破地震波实测表明，在爆破地震的黏弹性区，移植地震勘探黏弹性介质频率域的衰减分析和动土力学的土层响应理论，当地层勘探清晰的情况下，可以用来计算和测量浅眼爆破地震波在岩土内和地表的振幅、频率和波形。计算机的计算程序简单，为应用随机振动的结构动力学来分析近距离建构筑物的地震响应提供了条件[6]。

(3) 计算表明，基岩层内浅眼爆破地震波随传播距离 r 增长，振幅快速衰减，主频逐渐或急速减小，波形伸长，而后由复杂趋于简单，与爆震波在岩土层中传播的一般规律是一致的。对粗、细砂岩和砂砾岩水平互层地层，在爆源与测点距离 $r>r_e\approx 250r_0=5\mathrm{m}$ 的黏弹性地震区内，地震波频率域的吸收系数 a 约可取为 $2.5\times10^{-9}\mathrm{s^2/m}$。浅眼爆破时首先到达的子波是有前震相的衰减的近似正弦波，而后到的反射波和转换波较弱，相对可以忽略。其爆源安全频谱 $S(\omega)$，在炸药量为 Q 的条件下以式 (22) 换算为人工地震波频谱后，可在类似广州 110 综合楼地层浅眼爆破时供计算岩土内及地表地震波之用。对其他地层，在考虑岩层的不均匀性后，并以不同单孔药量及性质、不同岩层和炸药的匹配建立爆源安全频谱 $S(\omega)$ 和吸收系数 a 的数据库，以便于应用本文算式。

(4) 浅眼爆破时土层内和地表的地震波形，随土层结构和厚度并依据土层性质而放大和衰减，频率也随之有减小趋势。对类似广州 110 综合楼土质和岩层的孔桩爆破的近距地震波，土厚 15m 以内多是放大，土厚 8~10m 时，垂直振最大，放大系数为 1.4~2.2；土厚大于 15m 后，地表波振幅越发衰减。

(5) 实算表明，利用土层响应结合传递函数的波谱方法，可以根据实测的地表波形推算土层内直至基岩面的地震动，给点爆源地震引发边坡惯性力分析提供了条件[7,8]。

致谢：研究中得到中山大学数力系詹胜教授帮助，在此表示感谢。

参考文献

[1] 伯野无彦．土木工程振动手册 [M]．李明昭，等译．北京：中国铁道出版社，1992.
[2] 赵永贵，等．频率域地震吸收 CT 方法及其工程应用 [J]．中国科学（D 辑），2000（增刊）：109-113.
[3] 张克绪．土动力学 [M]．北京：地震出版社，1989.
[4] 王广福，等．现代地震台网观测技术 [M]．北京：中国科学技术出版社，1986.
[5] 潘文锋，等．高分辨率地震勘探中最佳药量及耦合条件的选取 [J]．石油地球物理勘探，2000（4）：443-451.
[6] 魏晓林，郑炳旭．爆破震动对邻近建筑物的危害 [J]．工程爆破，2000，6（3）：81-88.
[7] 魏晓林，魏挺峰．基坑爆破对边坡变形的影响 [J]．工程爆破，1999，5（3）：11-16.
[8] Wei Xiaolin. Study on Effect of Blasting at Foundation Pit on Dynamic Stability of Soil Nail Wall [A]．Beijing：98′ International Symposium on Safety Science and Technology [C]. 1998.

城市复杂环境下石方控爆安全

李　锋　魏晓林　郑炳旭

(广东宏大爆破股份有限公司，广东 广州，510623)

摘　要：总结了近年来宏大爆破工程公司城市近距离控制爆破状况、爆破振动的特点和防震、防飞石和防噪声的措施。

关键词：近距离控制爆破；爆破振动；飞石；噪声；防治措施

Controlled Blasting in Complex Environment Inside the City

Li Feng　Wei Xiaolin　Zheng Bingxu

(Guangdong Hongda Blasting Co., Ltd., Guangdong Guangzhou, 510623)

Abstract: The situation of controlled blasting near buildings in the city, characteristics of blasting seism and measures taken to prevent from its seism, flying rock and sound of blasting launched by the : Hongd Blasting Engineering Co. are summarized.

Keywords: short-distance controlled blasting; blasting seism; flying rock; noise; preventive measures

1　概述

近年来，城市高层建筑采用了大直径嵌岩桩岩墩和深地下室。广东省宏大爆破工程公司，总结了多年城市控爆的实践，在经验和理论的指导下，促进了城市环境石方控爆的发展，见表1。

表1　近年来广州市石方控爆情况

年　度	年平均爆破方量/km^3	年平均炸药消耗/t
1990~1992	59	190
1993~1994	175	385
1995~2000	170	425

2　环境特点

2.1　环境多样

城市环境中除民居，还有文物、地铁、医院、学校、人车川流不息的街道、电子设备、通信设备及边坡位移带上的房屋。保护要求多种多样，见表2。

原载于《爆破》，2003，20（2）：37-39。

表 2 保护物要求

项目	条件	无破坏
民居	砖结构	$V<20$mm/s
广州地铁	盾构	$V<20$mm/s
文物	砖结构	$V<5$mm/s
计算机		$a<1$g
通信设备、中继设备、旋转磁鼓、带真空管的大型电子设备	基频 $10s^{-1}$	$a<2$g
其他		见《爆破安全规程》

注：V 为振动速度，a 为振动加速度；《爆破安全规程》以下简称《规程》。

从表中可见，城市复杂环境下，严格限制振动，要求无飞石以及噪声小、粉尘少等。

2.2 距保护物极近

城市复杂环境下，爆点距所要保护物极近，见表 3。

表 3 近年来广州近距控爆实例

例序	地点	距离 R/m		最大单响药量 Q/kg		效果
		水平	点间距	设计	实际	
1	广园立交桥	0.9	7~12	0	4	孔桩爆破在窗台下，5 层砖房未受损。汽车在距桩边 1m 走，飞石未损伤车
2	内环高架桥墩	0.9~1.7（掘桩半径）	0	0	2.5	光缆从桩壁经过，未损伤光缆
3	富信广场基坑	2	8	0.018	2.4	三层砖房未受损伤，仅一次砸坏基坑边禺东西路汽车玻璃
4	地铁一号线盾构间吸水井	3	>5.0	0.058	2.25	地铁盾构管片未见损伤
5	中旅商业城挡土桩	2.4~5.5	>5.5	0.077	0.45	点间距 13.6m 时，实测最大振速 15mm/s
6	新中国大厦孔桩		4.0		1.5	南方大厦地下商场未见损伤
7	中旅商业城喷锚网边坡	1.5	0		13.5	上土坡高 10.8m，下层岩坡高 2.9m，爆破后坡顶位移 1mm，而后渐稳定
8	广州 110 报警综合楼孔桩	7.7	地表深 2.6m，其中表土厚 21m		1.6	广州起义文物纪念馆，实测地震振速小于 1mm/s

注：设计最大单响药量是根据《规程》计算。广州地铁要求盾构安全振速小于等于 20mm/s。

从表中可见，爆破距离 R 极近，因此，城市复杂环境下均采用浅眼爆破。

3 爆破振动影响

3.1 爆破振动波形

近年来，发现爆破振动对建筑物、边坡的破坏不仅与振幅有关，而且与频率和振动作用时间密切相关。

3.1.1 振幅

浅眼爆破地震最大振幅基本符合《规程》的萨氏公式，即

$$V=K(Q^{1/3}/R)^{\alpha} \tag{1}$$

式中，Q 为单响炸药量，kg；R 为爆点到测点距离，m；K、α 为与地质、地形有关的传播系数和衰减指数。

3.1.2 振动频率

浅眼爆破最小抵抗线 W 小，药量 Q 小，爆震频率高，15m 范围地面最大垂直振幅对应频率约在 50~100Hz，而富氏谱主频率在 30~80Hz，地震波传播距离超过 15m 后，随距离增大振幅衰减，振动频率也有所减小。

3.1.3 震动作用时间

浅眼爆破的震动作用时间 50~100ms，3~5 个振波。

3.1.4 振波类型

从“测震记录”可见，振波明显是 P 波和 S 波，而基岩面的瑞利波和土表面的洛夫波可以忽略。

3.1.5 爆源深度

基坑掘桩爆破的爆点有时距地面可达 40m，表土层在 4~25m，因此，《规程》式（1）的振速是否只与水平距离有关？经查阅文献［1］~［3］，岩层内越深振幅衰减越大，频率也有所减小。适当厚度的土层对振幅有放大作用，频率越高、作用时间越短的振波，土层的放大作用越小，当土层厚度加大，振幅衰减趋势也增大，放大系数较大的土层厚为 9~11m[4]。

3.1.6 边坡对振幅的放大

基坑边坡对振幅也有放大作用。经中旅城实测，10.8m 高土层边坡将 30~35Hz 主频垂直振幅约放大 1.55 倍。

3.2 结构物和边坡

浅眼爆破振动的特殊性，必然决定了结构物和边坡振动响应的特点，从而减小了振动反应力，实际上允许比《规程》规定较大的单响药量，见表 3。

3.2.1 爆破振动的时程效应

由于爆点距建筑物和边坡有时极近，从爆源发出的球面震波，已不能假设为平面波，震波到建筑物基础各点和边坡走向各处的距离 R 也各不相等，即震波的时程不同，从而导致各点振幅和相应的波动到时各异。建筑物在一定程度上将各点同时的垂直振幅均化。而楼面、屋面可视为刚体，将各点同时的水平振幅均化[5]。这种均化定义为时程效应。同时，边坡也有爆震辐射的时程效应。因此，从“测震记录”中 16 个记录分析，房外比房边、房内 R 近 1~3m 测点的振幅要大 1.74~13.1 倍，平均为 4.34 倍。因此，说明建筑物、边坡的总体地震反应力都因时程效应而减小。

3.2.2 建筑物的共振和干扰

目前广州市建筑工地周围的房屋多为 1~3 层砖混结构，自振固有频率在 5~12Hz，而浅眼爆破的垂直主频率在 30~80Hz，由于相互间差别较大，房屋的地震反应垂直荷载和水平荷载都较小[5]。基坑边坡也有类似情况。在Ⅰ、Ⅱ类土层浅眼爆破波的水平振动半波长多在 1.5m 以下，垂直振动半波长多在 8m 以下，而 2~4 层地下室的基坑深 8~16m，即意味着有的边坡质点向外振，同时有的向内振，有的向上振，同时有的向下振，因而总的边坡地震反应力也就相互抵消而减小[6]。同理，浅眼爆破对地铁的影响，也因振频较高避开了“类共振”，地震反应力而减小[7]。

3.3 防震措施

防震措施如下所示。

（1）邻近结构物和边坡的爆破应严格控制爆破规模，限制单响药量，砖房应小于 1.5kg；采用预裂爆破和多段毫秒微差爆破技术，段间时差应大于 100ms 以上；缩短单孔连续装药长度和减小最小抵抗线，以增大爆破频率，减弱爆破振动产生的不利影响。

（2）邻近结构物爆破，当按《规程》规定，浅眼爆破地震动的安全药量偏小，以致无法作业时，可以根据地质情况、曲面地震波、振动频率、作用时间和结构物的特点，合理地增大药量。

（3）广州地区Ⅰ、Ⅱ类场地土质条件下，可参照文献［5］，根据浅炮眼、点爆源的特点，考虑地震波辐射的时程效应，应用调整的模拟实测地震波和动力响应结构力学来计算爆破震动对邻近结构物的动力危害，确定安全药量。同理，地下结构、边坡可参照文献［6］、［7］，确定安全药量。

（4）当计算的安全药量超过《规程》规定后，可采取爆源从远到近，药量从小到大的程序，稳妥试爆，同时对地面和结构物测振和预计结构薄弱处进行爆生裂隙微量观测，防止地面振速和结构响应振动及变形超过许用值，防止爆后裂隙增长增加，以调整药量，确保爆破安全。

4 飞石

浅眼爆破由于最小抵抗线 W 小，单孔装药量小，因此爆破飞石飞散距离也小。但是在城市却严格要求没有飞石，见表1。因此，必须加强覆盖并防止先起爆药包将覆盖材料掀开和改变后起爆药包的抵抗线，为此可采取以下防范措施。

（1）合理设计炮孔，准确施工，随时检查钻孔偏差，确保合理的抵抗线、足够的堵塞长度和合理的装药量。

（2）调整台阶工作面方向和起爆次序，使爆破的最小抵抗线方向避开保护物。

（3）有吊装条件时基坑爆破应采用厚钢板组装轮胎的重型覆盖。

（4）基坑爆破使用1~6段毫秒雷管，防止先起爆药包掀开覆盖材料和利用药包间的保护屏障作用，减少破碎介质飞散数量和距离。

5 爆破冲击波和噪声

防治爆破冲击波和噪声较难，已使用的防范措施如下：实施浅炮眼多段毫秒爆破，限制单响药量；加强炮孔封堵；加强孔桩爆破的覆盖；桩底积0.5m深水起爆；用湿麻袋、沙包袋封堵孔桩覆盖出口，以削减冲击波强度等。

6 结语

近年来，广东省宏大爆破工程公司在城市复杂环境下实施浅眼控制爆破，在控制爆破振动、飞石和噪声方面作了一些工作，取得了一些成绩，促进了爆破工作的发展，但是离城市环保的要求还有差距，这里所述的防范措施也仅是抛砖引玉，望各位指正。

参 考 文 献

［1］王晓华．炸药震源发子波特性研究及最佳激发井深选择［J］．石油物探，2000（3）：20-22.

［2］李淑宁．利用VSP资料研究地层吸收衰减规律［J］．石油物探，1999（4）：38-40.

［3］郭继武．建筑抗震设计［M］．北京：高等教育出版社，1990.

［4］魏晓林．浅眼爆破地震波传播规律［J］．工程爆破，2002（4）：78-79.

［5］魏晓林，等．爆破震动对邻近建筑物的危害［J］．工程爆破，2000（3）：52-55.

［6］魏晓林．基坑爆破对边坡变形的影响［J］．工程爆破，1999（3）：58-59.

［7］魏晓林．邻桩爆破引发井巷支护结构破坏的分析及防范措施［J］．工程爆破，2001（3）：30-33.

［8］张伟新，等．石方爆破振动监测数据分析［J］．爆破，2002（1）：78-80.

［9］朱礼臣．复杂环境下的路堑工程爆破［J］．爆破，2002（1）：37-39.

邻桩爆破引发桩砼裂隙分析及防止措施

郑贤宏　魏晓林　郑炳旭

（广东宏大爆破股份有限公司，广东 广州，510623）

摘　要：文章根据邻桩周边眼爆破应力波入射砼和叠加原理，计算了砼应力场的最大值，获得不同桩径、围岩性质、不耦合系数、砼龄期和不同单响药量条件下，产生素砼爆生裂隙的桩间距。

关键词：邻桩爆破；砼内裂隙

Study on Fracture in Concrete Produced by Near Pile Balsting

Zheng Xianhong　Wei Xiaolin　Zheng Bingxu

(Guangdong Hongda Blasting Co., Ltd., Guangdong Guangzhou, 510623)

Abstract: According to the principle of superimposed stress and stress wave refracted into concrete made of near pile blasting, calculated maximum stress in concrete, the distance between piles producing fracture in concrete has been recommended by different diameter of pile, rock properties, no coincidence coefficient of cartridge with post hole, tine hardness of concrete and single stage charge.

Keywords: near pile blasting; fracture in concrete

1　引言

近年来，城市高层建筑采用了大直径嵌岩桩礅，同承台桩间、挡土桩间相距较近，桩间岩柱可小至0.5m，土建行业对邻桩爆破引发桩砼裂隙亟为关切。为此，我公司根据炮眼爆压叠加和应力波入射砼原理，研究了掘桩爆破的桩周应力和引发砼裂隙规律，因地制宜地采取措施，有效地控制了砼内爆生裂隙的危害，保证了工程质量。

2　砼内邻桩炮孔爆压

邻桩周边眼爆破，当耦合装药时，炮孔壁所受爆轰波产生初始径向应力峰值[1]：

$$P_C = (\rho_0 D_1^2/4) \cdot 2\rho C_L/(\rho C_L + \rho_0 D_1) \tag{1}$$

不耦合装药时[1]

$$P_C = (\rho_0 D_1^2/8)(d_C/d_d)^6 \cdot n \tag{2}$$

式中　P_C——应力波最大初始压力，kPa；

ρ_0——炸药密度，$10^3 kg/m^3$；

D_1——炸药爆速，二号岩石乳胶炸药，取3600m/s；

ρ——围岩密度，$10^3 kg/m^3$；

C_L——应力纵波波速，m/s；

原载于《爆破器材》，2003，32（5）：32-36。

d_C——炸药包直径，m；

d_d——炮孔直径，0.042m；

n——气体与孔壁碰撞时压力增大系数，$n=8\sim11$。

径向应力峰值[1]

$$\sigma_r = P_C/r\alpha \tag{3}$$

切向应力峰值[1]

$$\sigma_\theta = b_c\sigma_r \tag{4}$$

式中 r——岩体中质点到药包中心的距离与炮孔半径的比值；

α——应力衰减指数，$\alpha=2-V_C/(1-V_C)$；

b_c——侧压力系数，$b_c=V_C/(1-V_C)$；

V_C——岩石的泊松比。

当应力 P 波（纵波）入射到围岩与砼界面时，产生反射和透射的 P 波和 SV 波（剪切波），如图 1 所示，其射角、波速和振幅的关系如下[2]：

$$\sin\theta_0/C_L = \sin\theta_1/C_L = \sin\theta_2/C_T = \sin\theta_3/C_{LB} = \sin\theta_4/C_{TB} \tag{5}$$

$$\begin{bmatrix} -\sin\theta_1 & -\cos\theta_2 & -\sin\theta_3 & -\cos\theta_4 \\ \cos\theta_1 & -\sin\theta_2 & \cos\theta_3 & \sin\theta_4 \\ \sin2\theta_1 & (C_L/C_T)\cos2\theta_2 & (\mu_B C_L/\mu C_{LB})\sin2\theta_3 & (\mu_B C_L/\mu C_{TB})\cos2\theta_4 \\ -(C_L/C_T)^2\cos2\theta_2 & (C_L/C_T)\sin2\theta_2 & (\mu_B C_L C_{LB}/\mu C_{TB}^2)\cos2\theta_4 & (\mu_B C_L/\mu C_{TB})\sin2\theta_4 \end{bmatrix} \cdot \begin{bmatrix} A_1/A_0 \\ A_2/A_0 \\ A_3/A_0 \\ A_4/A_0 \end{bmatrix} = \begin{bmatrix} \sin\theta_0 \\ \cos\theta_0 \\ \sin2\theta_0 \\ (C_L/C_T)^2\cos2\theta_0 \end{bmatrix} \tag{6}$$

式中 θ_0，θ_1，θ_3——分别是 P 波入射、反射和透射角，(°)；

θ_2，θ_4—— 分别是 SV 波反射、透射角，(°)；

C_L，C_{LB}——分别是 P 波在围岩和砼中波速，m/s；

μ，μ_B——分别是围岩和砼的拉梅常数；

A_0，A_1，A_3——分别是 P 波入射、反射、透射振幅，m；

A_2，A_4——分别是反射和透射 SV 波振幅，m。

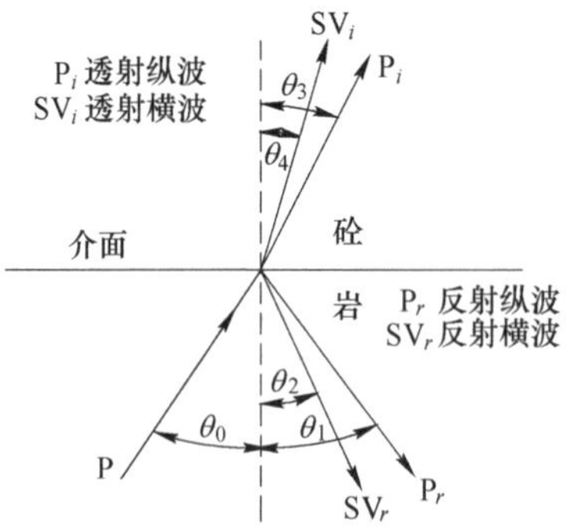

图 1 P 波入射

由于正应力 $\sigma=\rho C_L V$

和剪应力 $\tau=\rho C_T u$

式中 V——P 波质点振速，m/s；

u——SV 波质点振度，m/s。

所以

$$\sigma_{rB}/\sigma_r = \rho_B C_{LB}A_3/\rho C_L A_0 \tag{7}$$

$$\tau_{rB}/\sigma_r = \rho_B C_{TB} A_4 / \rho C_L A_0 \tag{8}$$

式中 σ_{rB}——砼中P波传播方向（径向）正应力，kPa；

τ_{rB}——砼中P波传播侧向（切向）剪应力，kPa。

为简化分析，可假设平面P波入射砼平界面，忽略了圆柱P波入射界面时，频率变化的影响。则当P波正入射时（$\theta_0=0$），解式（5）~式（8），可得到 $A_2 = A_4 = 0$；$A_3/A_0 = 2\rho C_L/(\rho_B C_{LB} + \rho C_L)$；$\sigma_{rB} = 2\rho_B C_{LB} \cdot \sigma_r/(\rho_B C_{LB} + \rho C_L)$。

邻桩周边眼爆破的应力波，透射入砼桩内，将发生应力叠加和干涉。在两圆桩心连线上，炮孔叠加应力波值最大，如图2所示。透射P波在桩连心线轴单元体上正应力：

$$\begin{matrix}\sigma_{Br} \\ \sigma_{B\theta}\end{matrix} = \frac{\sigma_{rB} + \sigma_{\theta B}}{2} + \frac{\sigma_{rB} - \sigma_{\theta B}}{2} \cdot \cos_{2(\pi/2+\theta_3)}^{(2\theta_3)} \tag{9}$$

和剪应力：

$$\tau_{B\theta} = \frac{\sigma_{rB} + \sigma_{\theta B}}{2} \cdot \sin_{2(\pi/2+\theta_3)}^{(2\theta_3)} \tag{10}$$

式中 $\sigma_{\theta B}$——炮孔在砼的P波侧向应力，$\sigma_{\theta B} = b\sigma_{rB}$，kPa；

b——砼的侧应力系数，$b = V_B/(1-V_B)$；

V_B——砼的动泊松比，取0.24。

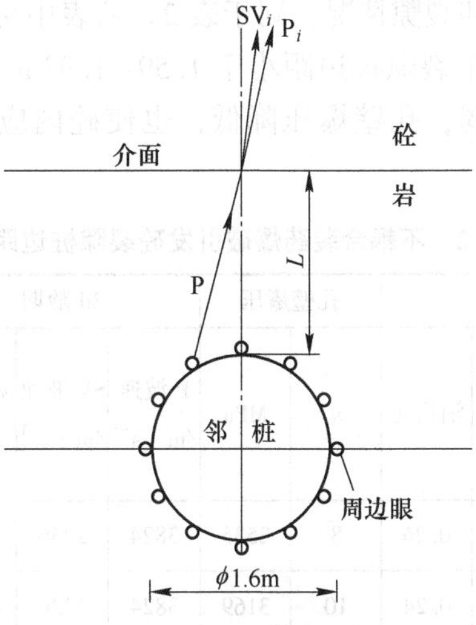

图2 ϕ1.4m 邻桩

透射SV波在桩连心线轴单元体上正应力：

$$\begin{matrix}\sigma_{Br} \\ \sigma_{B\theta}\end{matrix} = -\tau_{rB} \sin_{2(\pi/2+\theta_4)}^{(2\theta_4)} \tag{11}$$

两圆桩连心线上正应力为各周边眼透射P波和SV波产生正应力的叠加 $\sum\sigma_{Br}$ 和 $\sum\sigma_{B\theta}$。若各炮孔对桩连心线轴对称布置，则 $\sum\tau_{B\theta}=0$，砼的主应力 $\sigma_1 = \sum\sigma_{Br}$，$\sigma_2 = \sum\sigma_{B\theta}$；若炮孔位于桩连心线单侧，即 $\sum\tau_{B\theta} \neq 0$，则砼的主应力：

$$\begin{matrix}\sigma_1 \\ \sigma_2\end{matrix} = \frac{\sum\sigma_{Br} + \sum\sigma_{B\theta}}{2} \pm \left[\left(\frac{\sum\sigma_{Br} - \sum\sigma_{B\theta}}{2}\right)^2 + \sum\tau_{B\theta}^2\right]^{0.5} \tag{12}$$

3 砼爆裂条件

桩砼不同龄期强度增长比例见表1[3]，砼的静抗拉强度为静抗压强度的1/10~1/13，动抗拉强度为静抗拉强度的2倍，即C30砼1天龄期动抗拉强度1.38MPa，3天龄期为2.64MPa。

表 1 不同龄期砼强度增长比例

龄期/d	1	3	7	14	28
强度比例/%	23.1	43.9	70.4	87.2	100

注：中建院砼研究所试验结果，水灰比为 0.44。

因此，在桩的扩大头素砼部分，当爆破波主拉应力超过砼动抗强度时，砼将产生裂隙而被破坏。在挡土桩或端承桩的钢筋砼部分，当砼出现少量垂直于钢筋裂缝后，由于钢筋能承担该部分拉力，桩的支承能力不致降低；只要爆破应力波经过时，钢筋应力在屈服限内，应力波过后不会保留残余拉伸变形，砼的爆生裂隙也是封闭的。钢筋砼的爆裂和裂缝开放条件，鉴于本文篇幅有限在此省略。

4 计算结果及分析

ϕ1.4m 邻桩共 12 个周边眼爆破，若忽略爆破应力波绕射的周边眼，仅 5 个周边眼爆破应力波可能同时入射砼内，如图 2 所示，并引起应力叠加，其叠加最大值在桩连心线上，各周边眼同段起爆。由于同段雷管起爆时间误差，应力叠加也是随机的。桩连心线上可能的叠加最大应力，在考虑第二次砼界面返回反射波应力叠加后，有三种类型：(1) 各炮眼爆破应力波峰值叠加；(2) 桩连心线单侧炮眼爆破应力波峰值相加；(3) 仅桩连心线上单个炮眼爆破应力波峰值。现将二号岩石乳胶炸药，炮孔直径 0.042m，药卷直径 0.032m，当不耦合装药爆破，计算出以上三种裂隙类型，比较在最大主拉应力，在 1d 和 3d 龄期 C30 砼中，引发拉伸裂隙情况，列于表 2。从表中可见，C30 砼 3d 龄期爆生裂隙桩边距小于 0.78~0.92m，而 1d 龄期爆生裂隙桩边距小于 1.59~1.93m。在岩石坚硬时，由于砼界面的反射，使入射应力波减小；而岩石软弱，孔壁爆压降低，也使砼内应力减弱，因而不产生裂隙桩边距变小。

表 2 不耦合装药爆破引发砼裂隙桩边距

岩石性质						孔壁爆压		3d 龄期				1d 龄期			
名称	硬度 f	P 波速 /m·s^{-1}	SV 波速 /m·s^{-1}	容重 10^3 /kg·m^{-3}	泊松比	n	MPa	P 波速 /m·s^{-1}	SV 波速 /m·s^{-1}	桩边距 /m	裂缝类型	P 波速 /m·s^{-1}	SV 波速 /m·s^{-1}	桩边距 /m	裂缝类型
风化砂岩	<3	2000	1139	2.45	0.26	8	2535	3824	2236	<0.78	③	3306	1933	<1.59	②
砂石	4~10	4000	2340	2.45	0.24	10	3169	3824	2236	<0.92	②	3306	1933	<1.93	①
花岗岩	>10	5200	3116	2.60	0.22	11	3480	3824	2236	<0.87	①	3306	1933	<1.63	①

注：砼性质为容重 2.2×10^3kg/m^3，泊松比 $\nu_B=0.24$，邻桩径 ϕ1.4m。

当采用耦合装药时，由于炮孔壁爆压加大，爆生裂缝的桩边距加大，见表 3，为防范桩砼爆生裂隙，应采用不耦合装药，加大不耦合系数，采取孔底、孔中空段装药等措施。

表 3 耦合装药爆破引发桩砼裂隙桩边距

项目	药卷直径/m	孔壁爆压/MPa	桩边距/m	裂隙类型
耦合装药	0.038	4740	<1.59	①
不耦合装药	0.032	3169	<0.92	②

注：3d 砼龄期，邻桩径 ϕ1.4m，砼 3d 龄期。

改变炮眼布置，改变周边眼与桩连心线相对位置，如图 3 布孔。经计算，应力波峰值叠加后，其主拉应力与图 2 炮眼布置比较接近，砼爆生裂隙桩边距相当。而同段周边眼数减少，主拉应力减小，砼爆生裂隙桩边距缩小，见表 4；围岩砂岩、砼与岩性能见表 2。因此，应尽量减少近砼的同段周边眼数，以防范砼中爆生裂隙。

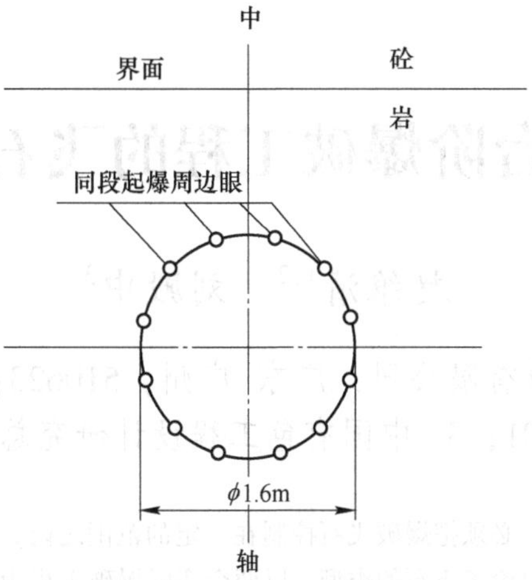

图 3 φ1.4m 桩改变炮眼布置

表 4 不同炮眼布置的爆生裂隙桩边距

项　目	近砼同段周边眼数/个	桩边距/m	裂隙类型
图 3 炮孔布置	4	<0.79	②
	6	<0.94	①
图 2 炮孔布置	3	<0.80	②
	5	<0.92	②

注：药卷直径 0.032 m，邻桩径 φ1.4 m，砼 3d 龄期。

邻桩直径加大，周边眼数目增加，经计算叠加主拉应力也相应增长，其爆生裂隙桩边距也相应增大，见表 5；围岩砂岩，砼与岩性能见表 2。

表 5 不同邻桩直径砼爆生裂隙桩边距

桩径/m	掘桩半径/m	周边眼数/个	3d 龄期		1d 龄期	
			桩边距/m	裂隙类型	桩边距/m	裂隙类型
φ1.4	0.8	12	<0.92	②	<1.93	①
φ2.0	1.2	16	<1.02	②	<2.22	①
φ3.0	1.7	24	<1.19	②	<2.70	①

注：药卷直径 0.032m。

5 结论

本文结论如下。

（1）C30 砼 1d 和 3d 龄期动抗拉强度较低，分别为 1.38MPa 和 2.64MPa，因此，桩边距小于 1.59~2.70m 和 0.78~1.19m 的 φ1.4~φ3.0m 邻桩，当采用 2 号岩石乳胶炸药 φ32mm 药卷爆破时，将引发爆生裂隙而降低砼强度。

（2）根据爆破邻桩直径和围岩性质，采取不耦合装药，增大不耦合系数；减少近砼同段周边眼数，延长砼龄期，在砼界面安设屏蔽层等措施，可防范桩砼产生裂隙。

（3）桩边距大于 0.5m 的邻桩爆破，对布有圈钢筋的桩钢筋砼，可允许少量裂隙，而由钢筋承担该部分拉力，从而不减少桩的支挡能力。

参 考 文 献

[1] 祝树枝，等．近代爆破理论与实践［M］．武汉：中国地质大学出版社，1993：153-154.
[2] 阿肯巴赫．弹性固体中波的传播［M］．徐植信，等译．上海：同济大学出版社，1992.
[3] 龚洛书．砼实用手册［M］．北京：中国建筑工业出版社，1995：307.

城区台阶爆破工程的飞石控制

赵维清[1,2]　刘殿中[3]

（1. 广东宏大爆破股份有限公司，广东 广州，510623；2. 包钢矿山研究院，内蒙古 包头，014001；3. 中国有色工程设计研究总院，北京，100038）

摘　要：在城区进行小台阶爆破，必须把爆破飞石控制在一定的范围之内。为此，根据爆破破岩理论和现场调研，分析了飞石产生的原因，讨论了飞石的类型。以两个实际爆破工程为例，介绍了针对具体情况所采取的飞石防范措施。实践证明，只要措施得当，飞石是可以控制的。

关键词：台阶爆破；浅孔爆破；根底爆破；药壶爆破；飞石

Control of Flying Rocks in Bench Blasting in the City Proper

Zhao Weiqing[1,2]　Liu Dianzhong[3]

(1. Guangdong Hongda Blasting Co., Ltd., Guangdong Guangzhou, 510623; 2. Mine Institute for Baotou Iron & Steel Co., Ltd., Inner Mongdia Baotou, 014001; 3. China General Engineering and Research Institute for Nonferrous Metals, Beijing, 100038)

Abstract: In the low-bench blasting in the city proper, the direction and maximum distance of flying rocks must be controlled within certain limits. For this purpose, the causes for flying rocks are analyzed and the sorts of flying rocks are studied based on the theory of rock fragmentation by blasting and the field investigation. Taking two actual blasting projects as an example, precautions against flying rocks, which are taken aiming at the concrete conditions, are introduced. The practice has shown that the direction and maximum distance of flying rocks can be well controlled as long as the reasonable precautions against the flying rock are taken.

Keywords: bench blasting; short-hole blasting; toe-rock blasting; springing blasting; flying rock

1　引言

台阶爆破是土石方爆破工程的主要形式，其特点是爆区有顶部与前方两个规整的自由面，在顶部凿岩，向前方爆破；多炮孔按一种“标准设计”的形式反复实施爆破作业。小台阶爆破特指钻孔直径小于50mm、台阶高度一般不大于5m的台阶爆破；根底爆破特指台阶爆破底板欠挖部分的浅孔爆破；二次爆破是对不合格大块实施的爆破，根底爆破和二次爆破是台阶爆破必不可少的辅助爆破；药壶爆破是为台阶爆破开创台阶和开拓运输道路而采用的一种补充爆破。在珠海“红塔仁恒纸厂厂区扩建爆破工程”和广州市“广州东站扩建基坑开挖工程”中，通过对飞石现象的调研和分析，得出了有关飞石产生原因的一些看法，并采取了一些有效控制飞石的措施。

2　飞石产生的原因

按理论分析，飞石产生的原因有二：先是霍普金森效应产生的飞石，即爆炸冲击波在自由面发生

原载于《工程爆破》，2004，10（2）：63-65，47。

反射，反射波为拉应力波，将靠近自由面的岩石拉成“飞片”，脱离母岩，形成飞石；再就是爆炸气体突破约束层，在约束的薄弱点形成“喷流”，“喷流”挟带的石块获得很大的初速度，在重力场中飞行很远的距离，形成飞石。霍普金森效应产生的飞石在试验室可以清楚地模拟，并可以用简单的计算公式算出“飞石”的大小和飞行距离，但在工程中因岩体构造的复杂性，这类飞石不明显，不会造成灾害，造成灾害的飞石都是“喷流”飞石。

“喷流”飞石有很大的不确定性：首先是从什么地方产生飞石有一定的偶然性；其次是喷流形态、方向、大小又有较大的偶然性；三是喷流给飞石“加力”的过程有偶然性；第四是飞石形态、飞行碰撞又有很大的偶然性。国内外一直有人企图给飞石计算找出一些函数式（例如国内对硐室爆破的 $R_f=20K_f n^2 W$，国外对深孔台阶爆破的 $R_f=K_f d$，其中 n 为爆破作用指数；W 为最小抵抗线；m；K_f 为经验系数；d 为孔径，cm），但飞石的飞行有这么多不可知的偶然因素存在，这些函数式根本无法描述这些偶然发生的过程，利用这些函数公式进行的计算只可作为参考而不能作为依据；另一种办法，就是用统计办法给出飞石范围（爆破安全规程的飞石距离表就是统计得来的）；还有人主张统计结果与函数式计算结果可以结合起来，用计算来修正表格（只能把距离往大修正，不能往小修正），在安全规程中也开了这个口。无论用什么方法，有两点应当强调指出：第一就是规程划定的飞石范围以外，不能绝对保证没有飞石，只是概率很小；第二就是计算出来的飞石距离只是飞石圈的一个补充，可信度不高，尤其是对台阶爆破。

3 “喷流”飞石分析

根据我们工程实践的摄影资料和所见的事故分析资料，工程爆破的“喷流”飞石有以下几种。

（1）全面开花式喷流。由于设计不合理，平均单位耗药量过大，起爆后爆岩运动几乎不出现“匀速运动段”，爆破鼓包很快破裂，飞石如天女散花，向四面八方飞散。

（2）单向飞行式。也是由于设计不合理，爆破能量使飞石向着设计所决定的某一方向加速飞行，例如有人设计宽孔距小抵抗线爆破方案，$a/b=3\sim4$，设计排间起爆，第一排设计 $a/W=3$，结果因第一排 W 过小爆区前方发生严重飞石。

（3）孔口飞石，俗称“打枪”。“打枪”的原因一般是堵塞段设计过短，但也有设计方案不合理造成“打枪”的，例如广东某台阶爆破工程，在爆破网路设计中出了差错，设计排间延时起爆，为保护地表非电延时网路，孔内装 10 段非电雷管（延时 1250ms±150ms），排间延时 50~70ms，堵塞段达 30~35 倍孔径，还发现后排孔有“打枪”现象，并且爆破震动很大。分析认为，孔内雷管的延时误差（±150ms）已经超过设计的地表排间延时，完全可能出现后排有些孔先响、前排有些孔后响的情况，后排孔先响必然造成“打枪”、震动大、后冲严重、大块多等一系列问题。重新设计爆破网路后，解决了上述问题，再也观察不到“打枪”现象。

（4）地质原因造成飞石。断层、软弱夹层造成飞石的事例很多，最典型的是甘肃某地硐室爆破工程，因有一个小断层（充填不良）从后排药包附近直通山头后侧，起爆后在非爆区的后侧山坡上冲出一股飞石，形成一条宽几米到二十几米、长三百余米的石碴条带，砸死牧人和几只羊。台阶爆破中不会发生上述现象，但前排孔负担岩体的地质缺陷，尤其是张开裂隙和爆破震动后冲形成的岩体开裂，都是可能形成“喷流”的危险点，这类飞石事故在台阶爆破飞石事故中所占比例很大。

（5）台阶面上凹凸不平造成飞石。典型的情况如图 1 所示，图 1（a）是在凹兜处形成“喷流”；图 1（b）因底盘抵抗线过大，底部炸不开，爆破气体由斜上方宣泄，形成上扬的“喷流”，这种原因产生的飞石我们在工程实践中多次碰到过。

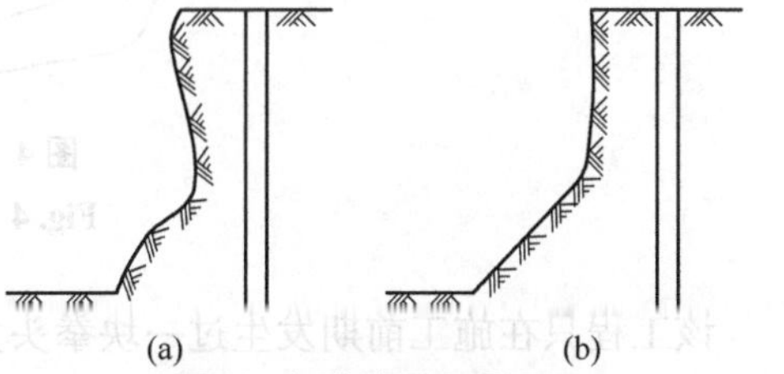

图 1 台阶坡面凹凸不平

Fig. 1 Uneven bench slope

（6）“跑药”造成飞石。因岩体中的小溶洞、张开裂缝或上次爆破震开的裂缝与钻孔相交或者相连（见图 2），装药到这个部位，装药高度不再随装药而上升，炸药流失到岩体缺陷中，形成一个“集中装药区”，该装药会造成飞石。珠海三门岛石场有一个炮孔多装了 60kg 炸药（两袋铵油)，爆后产生大面积飞石，最远的超过 200m。

(7)“带炮”飞石。如图 3 所示，本来按照 1 号、2 号炮孔同时起爆的正常设计间、排距，但实际上是 1 号孔先响，2 号孔后响，且时差很大，超出了微差爆破范围，结果 1 号炮孔先响给 2 号炮孔创造了新的自由面，从新自由面上喷出大量爆破气体，形成飞石。这种现象在民工队用火炮爆破时发生率相当高，在爆破事故中也占较大的比例。

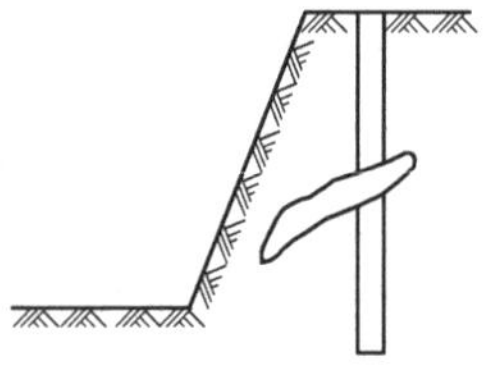

图 2　钻孔与小溶洞相连

Fig. 2　A borehole passed through a small cavity

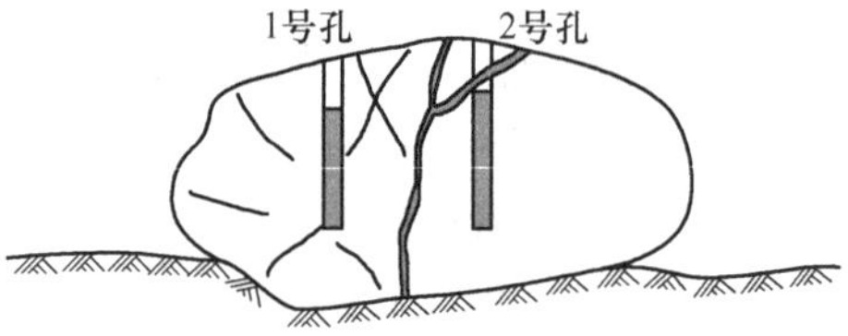

图 3　带炮飞石

Fig. 3　Flying rocks from out-of-order initiation

4　飞石控制实例

4.1　红塔仁恒纸厂厂区扩建爆破工程

工程地点在珠海市南屏镇。红塔仁恒纸厂是红塔集团下属专门生产卷烟用特种纸的现代化大型工厂，因市场需求增加，决定在原厂址扩建厂房，平基工程有石方 30 余万立方米，属半风化至微风化的花岗岩，普氏坚固性系数 $f=6\sim12$。开挖方法是台阶爆破，基本参数为：台阶高度 10～15m，孔径 ϕ76mm，底盘抵抗线与排间距为 $W=b=2.0\sim2.5$m，孔间距为 $a=3.0\sim3.5$m，超钻 0.7～1.5m，堵塞长度为 1.5～2.0m。爆区距该厂职工宿舍外墙 15m，距民房住宅区 80m，除应当严格控制爆破地震扰民外，控制飞石也是此工程的关键问题。为此我们采取了以下措施。

(1) 严格按设计爆破参数和布孔孔位进行钻孔、验孔、装药、堵塞，钻孔开口误差不大于 10cm。

(2) 每次装药前除严格验收孔外，还专门检查台阶掌子面凹凸情况，及时处理根底，避免形成图 1 (b) 式的台阶；对已经形成的像图 1 (a) 所示的台阶，应修改装药结构，把凹兜对应的后侧孔在凹兜高程处堵塞 1～2m。

(3) 严格控制过装药和堵塞，装药超过设计高程时 (散装铵油炸药)，坚决要求吹孔。

(4) 二次爆破有的离职工宿舍围墙仅 2～3m，控制飞石的具体做法是：正确钻孔，把解大块炸药单耗严格控制在 100g/m^3 之内，由技术人员验孔、布药，爆破工人跟在后边装药、堵塞、联网、覆盖。

(5) 药壶爆破按设计施工，严格按设计药量装药，设计单耗控制在 300g/m^3 以内。

(6) 拉底爆破采用台阶浅孔爆破，适当加大超深和孔的间、排距，加大堵塞长度，具体参数是：ϕ38～40mm 的钻孔，超深 50cm，孔距 $a=1.0\sim1.5$m，排距 $b=0.5\sim1.0$m，排间微差起爆。

(7) 爆破方向不正对民房、建筑物以及其他设施，为此在开挖区中部低矮处先开出一条路堑，再由堑沟两侧对向扩挖 (见图 4)。

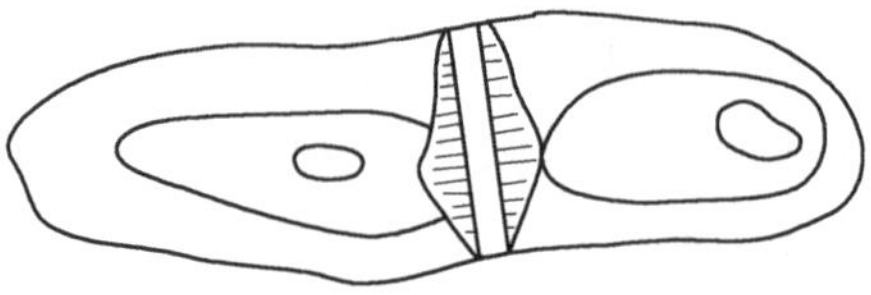

图 4　堑沟对向开挖位置示意图

Fig. 4　A cut excavated oppositely

该工程只在施工前期发生过一块拳头大飞石飞进居民区的事故 (无损伤)，以后严格实施上述七项措施，再没有发生过任何不可控飞石，保证了安全，工程进展顺利。

4.2 广州东站基坑开挖爆破工程

广州东站开通两年后，设计的一座辅助桥梁才开始筹建，为此要在候车大厅的基坑侧旁扩挖2万立方米基坑，因候车大厅基坑侧面没有回填，扩挖时利用该沟作为自由面进行爆破设计。该沟下宽3~5m（也就是说开挖区距离候车大厅外墙结构仅3~5m），候车大厅0m以上为玻璃幕墙，该工程爆破环境之复杂实属少见，对控制飞石的要求也十分严格。针对这种爆破施工环境和要求，我们采取的技术措施如下所示。

（1）精心设计：该基坑基岩为砂砾岩和板岩互层，普氏坚固性系数为$f=4\sim8$，设计小台阶爆破，台阶高度为1~3m，孔径$\phi=38\sim40$mm，孔间距$a=1.0\sim1.5$m，排间距为$b=W=1.0\sim1.2$m，设计炸药单耗$q=0.25\sim0.30$kg/m^3，超深0.2~0.5m，堵塞段长度0.8~1.5m，排间微差起爆，微差间隔时间50ms，设计人员坚守在现场，装药时根据现场实际情况调整装药量和装药结构。

（2）精心施工。派专人现场监督钻孔，专人验收钻孔，不合格孔重新打，超深部分回填；装药、堵塞均为一人操作，一人监督，二人共同承担责任。

（3）爆区覆盖。孔口压一个编织袋，内装石碴量不少于30kg，石袋上盖铁板（用油桶改制，两人抬一块很好操作），并用铁板对全爆区（包括顶部和侧面）进行密封（盖严），铁板上盖竹笆、彩条布，最上面再压上砂袋，侧面在铁板外加盖铁丝网和竹笆。

（4）爆区隔离。在候车大厅外墙搭排架，挂彩条布将爆破区与人员集中的候车大厅隔开，避免发生恐慌，同时有阻挡飞石和炮烟的作用。

（5）排间、孔间短时差起爆，微差时间25~50ms。

以上五项措施得到切实执行，该工程没有发生超范围飞石，没有损伤任何人员和设施，近在10m范围内的候车大厅玻璃幕墙没有损坏一块玻璃。

5 结语

通过这些年的工作我们认识到，在爆破工程中产生飞石，造成损失，不是必然的。通过精心设计、精心施工，只要措施对头，严格管理，完全可以把飞石控制在允许范围之内。

参考文献

[1] 刘殿中．工程爆破实用手册［M］．北京：冶金工业出版社，1999.

[2] 刘殿中，杨仕春，赵维清．红塔仁恒纸厂厂平开挖爆破施工组织设计［Z］．珠海：红塔仁恒纸厂，1999.

[3] 刘殿中．广州东站基坑开挖爆破施工组织设计［Z］．广州：广东省水电三局，2000.

[4] 刘殿中，郑炳旭．广东西南沿海高速公路新会段Ⅰ标段路基开挖施工组织设计［Z］．2000：6.

[5] 郑炳旭，吕研，赵维清，等．三门核电“四通一平”工程Ⅰ标段施工组织设计［Z］．2002：4.

孔桩爆破设计与施工

刘 畅 郑宋兵 何 建

（广东宏大爆破股份有限公司，广东 广州，510623）

摘 要：在孔桩爆破施工中，对相关爆破参数进行了研究；系统总结了孔桩爆破设计与施工关键技术，旨在推动孔桩爆破技术及爆破安全的规范化，具有一定的实用价值。

关键词：孔桩爆破；爆破参数；爆破安全

Design and Construction of Pile Blasting

Liu Chang Zheng Songbing He Jian

（Guangdong Hongda Blasting Co.，Ltd.，Guangdong Guangzhou，510623）

Abstract：In this paper the author studied the related blasting parameters in construction of pile blasting. Followed by the study the author summarized the design and key construction techniques employed in the pile blasting operation，and pointed out that the design and the key construction techniques had great practical value in popularizing pile blasting and standardizing blasting safety.

Keywords：pile blasting；blasting parameters；blasting safety

根据广东宏大爆破公司多年孔桩爆破经验，正确选择炸药性能、药卷直径、孔网参数，安全、经济、合理、高效的施工工艺是孔桩爆破设计的全部内容。

1 孔桩爆破开挖特点

在广东地区，许多高层建筑、公用建筑、水工结构建筑物的基础部分要用到挖孔及挖孔扩低桩。在孔桩的开挖过程中，经常要经过中风化及微风化岩层，岩石硬度f（普氏系数）在8~20，机械处理造价高、速度慢，一般均需用爆破法处理。挖孔及挖孔扩低桩直径在80cm以上，深度在20~40m，施工现场主要分布在市区内，工地附近常有危房、在建建筑、居民楼及地铁等需重点保护对象，且场地狭小、工期紧、高峰期强度大。此外，孔桩地常有地下水，开挖工作与工程结合紧密等特点，这就要求有严密的施工组织及高效、安全的爆破技术，爆破不至于危害其他工程、建筑物及影响居民生活、安全等。

2 爆破参数设计

孔桩爆破是竖井爆破的一种，是在一个自由面条件和一定的巷道断面形状下进行的，这就要求设计参数和布置炮孔时，必须把握两头（掏槽孔、周边孔）带中间（崩落孔），按照炮孔作用，分别选定最优参数。在孔桩爆破中，掏槽方式在很大程度上决定了爆破效果，结合施工中经验，选取了中空孔、小角度锥形掏槽的方式。

原载于《工程爆破》，2005，11（2）：31-33。

2.1 炮孔直径 D

一般采用36~43mm的炮孔直径。挖孔灌柱桩施工中桩内积水，一般选用乳化炸药，乳化炸药具有优良的爆轰性能及抗水性能，且炮烟少、安全、毒性小，适应淋水等特殊爆破作业。使用乳化炸药进行掘进爆破，有一条较成功的经验，就是采用耦合装药，将药卷压紧使之紧贴孔壁，可收到良好的爆破效果。

2.2 炮孔深度 L

炮孔的深度，不仅影响每个掘进工序的工作量和完成各工序的时间，而且影响爆破效果和掘进速度。考虑对衬砌的保护和邻桩间岩壁的安全，根据经验，炮孔深度可按下面关系式选取：

$$L = (0.3 \sim 0.5)D \tag{1}$$

式中，D 为孔桩直径。

2.3 炸药单耗

炸药单耗因岩层的特性、孔桩断面的大小而各不相同，我们按式（2）初选平均炸药单耗（kg/m^3）：

$$q = 1.1(\sqrt{f}/S) \tag{2}$$

式中，f 为岩石坚固性系数；S 为孔桩断面积，m^2。

2.4 炮孔布置

炮孔布置的重点是对掏槽孔和周边孔的布置，我们的经验是采用中间空孔、小角度锥形掏槽，周边按光面爆破的要求布孔，这种布孔方法收到了良好的效果。

炮孔间距由掏槽孔、崩落孔、周边孔的不同而不同。

（1）掏槽孔间距 a_1：a_1 一般取300~500mm。

（2）周边孔间距 a_2：周边孔采用光面爆破设计，孔距按式（3）计算：

$$a_2 = (10 \sim 15)d_2 \tag{3}$$

式中，d_2 为孔径。

经计算 a_2 一般取400~600mm。

（3）崩落孔间距 a_3：由于崩落孔处于从属地位，因此在掏槽孔、周边孔布置完毕后，崩落孔均匀布置于掏槽孔与周边孔之间。

2.5 钻孔角度

垂直钻孔，掏槽孔向内倾斜15°~30°、周边孔向外倾斜3°~5°。

2.6 单孔装药量 Q

单孔装药量 Q 应满足总药量及允许瞬间最大起爆药量。

掏槽孔装药量 Q_1：

$$Q_1 = (1.3 \sim 1.5)Q_2 \tag{4}$$

周边孔和崩落孔单孔药量可按式（5）计算：

$$Q_2 = Q_3 = Q_{总}/[(1.3 \sim 1.5)N_1 + N_2 + N_3] \tag{5}$$

式中，Q_2、Q_3 分别为周边孔、崩落孔单孔装药量，kg；N_1、N_2、N_3 分别为掏槽孔、周边孔和崩落孔数目，个；$Q_{总}$ 为总装药量（kg），$Q_{总}=qV$，其中 q 为平均单耗，V 为每循环爆破方量。

2.7 微差时间

起爆顺序为先掏槽孔、后崩落孔、再周边孔分段毫秒差起爆。如延时过长，岩石碎块在槽腔内运动已停止或回落；如延时过短，则不能为后发爆破提供自由面。经过反复的比较和实验，选定孔桩爆破的延时时间间隔为75ms，可以保证前段爆破岩石的破碎和岩石碎块的抛掷能为后段提供较为松软的自由面，取得较好的爆破效果并控制地震效应。

2.8 工程孔桩爆破实用参数

孔桩爆破工程实用参数见表1。

表1 爆破参数

Table 1 Blasting parameters

桩径/m	护壁厚度/mm	爆破直径/m	爆破断面/m²	掏槽孔		辅助孔		周边孔		雷管个数/发	总装药量/kg	炸药单耗/kg·m⁻³	炮孔利用率/%	循环进尺/m
				单孔药量/kg	雷管段数	单孔药量/kg	雷管段数	单孔药量/kg	雷管段数					
1.2	165	1.53	1.84	0.4	2			0.3	5	14	4.1	3.3	75	0.75
1.6	165	1.93	2.89	0.4	2	0.3	5	0.3	7	25	7.1	3.2	80	0.8
1.8	165	2.13	3.53	0.4	2	0.3	5	0.3	7	27	7.7	2.8	80	0.8
2.0	165	2.33	4.23	0.4	2	0.3	5	0.3	7	29	8.2	2.5	80	0.8
2.2	165	2.53	4.98	0.4	2	0.3	5	0.3	7	34	9.7	2.5	80	0.8
2.4	165	2.73	5.81	0.4	2	0.3	5	0.3	7	37	10.55	2.4	80	0.8
3.0	165	3.33	8.76	0.4	2	0.3	5	0.3	7	41	11.6	1.6	85	0.85
4.6	165	4.93	19.07	0.4	2	0.3	5	0.3	7	67	19.2	1.2	90	0.9

3 孔桩爆破的施工工艺

3.1 钻孔

钻孔是爆破关键工序，钻孔时应把握好钻孔方向、孔深和孔位的精度，精度不够会严重影响爆破效果。同时，可利用钻孔来推测地下岩层分布情况以及岩石的软硬程度，从而调整装药结构。例如：钻进缓慢、声响大、钻机震动大，即表明岩石坚硬；钻进快、钻声平静，说明岩石较软；由钻进缓慢突然加快，即有可能遇到夹层，此时应根据遇到的夹层厚度可调整装药与孔深。

3.2 装药

装药采取反向连续装药，装药前应检查孔深，堵塞严重的用自制吹管（细钢管）吹孔，装药时用细木棒等手工装填，用力要均匀，将药卷送至孔底，各条药卷要用力使之结合紧密并尽量与炮孔耦合，但禁止大力冲击药卷。

3.3 堵塞

选择合理的堵塞长度和材料。实践证明，在孔桩爆破中，选用粗沙及碎沙石密实堵塞可收到良好的效果。用粗沙及碎沙石能够产生合理的摩擦阻力和惯性阻力，对改善岩石破碎质量、提高爆破安全效果明显。

4 爆破安全

爆破是否成功，爆破安全是首要衡量的指标，爆破安全包括爆破作业本身和爆破时对环境的影响两大方面。爆破安全设计主要考虑爆破对环境的影响，此类爆破中，主要有飞石、地震、噪声和毒气等。

4.1 爆破震动

爆破震动应按照规范或有关标准查出被保护对象的允许垂直振动速度 v 值，测量出爆破孔桩与被保护建筑物的最小距离 R，通过萨氏公式计算出允许瞬间最大起爆药量 Q_{max} 来加以控制。

$$Q_{max} = [R \cdot (v/K)^{1/\alpha}]^3 \tag{6}$$

式中，K、α 为与爆破点地质地形等条件相关的系数和衰减指数，可查规范选取，重要的爆破要现场实验确定。

4.2 飞石和噪声

由于孔桩爆破的环境特点，加大了其飞石和噪声防护的难度，防护板采用圆木架空，上盖铁栅，再均匀盖上足够重量沙包，圆木与井桩开口平面要用沙包垫起，留有 20~40cm 高空隙，空隙用湿麻布袋挡住，麻布上部压着铁栅，即可防止爆轰气体及冲击波掀起覆盖物，又可以挡住飞石、削减噪声。

此外，在爆破时间上，采取中午、下午短时间集中起爆，以减少对居民生活的影响。

4.3 毒气

毒气的危害主要是指爆后气体对桩内清碴工人的危害，爆破后应立即迅速去掉沙包，掀开覆盖，洒水并用高压风管通风，约半小时后，用测试仪检查无危害后，工人方可下井。

宏大爆破公司每年掘进桩井数量在千条以上，自公司成立以来已累积完成桩井超过万条，以上经验可供同行参考。

参 考 文 献

[1] 陈华腾，钮强，谭胜禹．爆破计算手册［M］．沈阳：辽宁科学技术出版社，1991.
[2] 陈士海．岩巷快速掘进爆破技术［J］．工程爆破，1998，4（3）：22-25.
[3] 宗琦．立井爆破合理微差时间的初步探讨［J］．爆破，1995，12（1）：5-8.

石灰岩地区管沟开挖爆破施工

卢玛良　邢光武　魏晓琳

（广东宏大爆破股份有限公司，广东 广州，510623）

摘　要：对石灰岩地质条件下的管沟开挖爆破实践进行了总结，针对不同的岩性和爆破环境选用不同的爆破方案和参数，介绍了施工技术和安全措施。

关键词：石灰岩；管沟；爆破

Implementation of Excavation Blasting for Pipe Trench in Linestone Region

Lu Maliang　Xing Guangwu　Wei Xiaolin

(Guangdong Hongda Blasting Co., Ltd., Guangdong Guangzhou, 510623)

Abstract: The excavation blasting for pipe trench in the geological condition of lim estone is summarized. It is pointed out that different blasting programs and parameters should be selected for different rock properties and blasting conditions, also, the implementation technology and safety measures are put forward.

Keywords: limestone; pipe trench; blasting

1　工程概况

广东宏大爆破工程公司承担中石化西南成品油管道线路陆桥-顶岩段管沟土石方工程施工，工程南起广西南丹县陆桥，北至贵州独山县顶岩，总工程量136km，总土石方量约43万立方米。

管线主要穿越石灰岩峰林之间的农田，部分跨越山梁和山地，所处地形起伏大，属非常典型的喀斯特地貌，地表为第四系残积地层，厚度0.4~4.0m，局部岩石出露，基岩以石灰岩层为主，中等硬度，层状明显，层理较为发育，大部分岩层完整性较好，局部破碎，较新鲜，局部呈微风化，大部分管沟没有水，低洼地段有积水，主要水源来自裂隙水，水量持续但水量较少。

管沟断面形状为倒梯形，规格尺寸变化较复杂：宽度除跟输油管的管径有关外，还与焊接方式和岩土性质等有关；高度除了保证管道的埋深之外，还与沟底必须做到平顺有关。在需要爆破的石方段典型的管沟规格尺寸为：上宽1.6m，底宽1.4m，高1.4m，断面积2.1m^2。

在该长输管道线路工程中，有穿越乡镇靠近民居，有靠近铁路、公路和高速路，有相伴相行地面通信线路和高压供电线路，也有田野、山地空旷地带。总之，不同地段有不同的爆破环境，对爆破的要求也不同。

2　爆破方法的选择及爆破参数

管沟土方部分采用人工直接开挖或挖掘机械开挖，石方部分则采用爆破法开挖。当管沟上部为表

原载于《爆破》，2005，22（3）：47-49。

土层，下部为岩层时，首先用人工或挖掘机械剥开表土，然后再用爆破法开挖岩层。

本工程的主要特点是：（1）线路长，但管沟小；（2）爆破条件复杂；（3）爆破环境变化大。因此，所选用的爆破方法也比较多，主要爆破方法及主要参数介绍如下。

2.1 普通浅眼爆破[1]

主要适用于作业带的平整，管沟沟底石方不连续或零星石方（孤石）爆破。

主要爆破参数

炮眼布置以梅花形垂直眼为主，钻眼直径 d=40mm，炮眼深度根据实际情况而定，一般不超过 1.5m，孔距 a=0.6~0.9m，排距 b=0.5~0.8m，炸药单耗 K=0.3~0.6kg/m^3，单孔药量按 $Q=qabH$ 计算。

2.2 常规管沟爆破[2]

适合于爆破地点离建（构）筑物较远，爆破安全要求不高，爆破环境简单的地方。

2.2.1 炮眼布置

炮眼布置以矩形布置为主，垂直眼，侧边眼可以靠边内插，炮眼布置如图 1 所示。

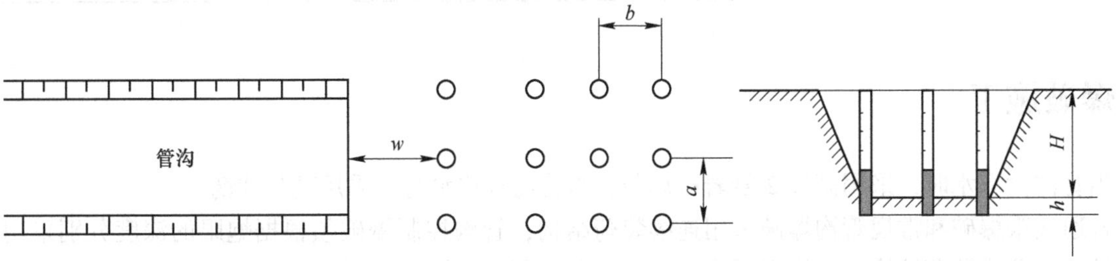

图 1 常规管沟爆破炮眼布置图

2.2.2 主要爆破参数

钻眼直径 d，钻眼直径 d 取 40mm；最小抵抗线 w，w=（15~25）d=（15~25）×40mm=60~100mm，取 0.5~0.8m；超深 h，按 h=0.3H 计算，h 取 0.3~0.6m；排距 b，$b=w$=0.5~0.8m；孔距 a，a=（1.1~1.2）b，这里按每排 3 个孔计，a=0.7m；炸药单耗 q，根据现场试爆确定，q=0.9~1.1km/m^3。单孔药量 Q，单孔药量依公式 $Q=qabH$ 计算：当爆破深度 H=0.5m 时，Q=1.1×0.7×0.5×0.5≈0.2kg；当爆破深度 H=1.0m 时，Q=1.0×0.7×0.6×1.0≈0.4kg；当爆破深度 H=1.5m 时，Q=0.9×0.7×0.7×1.5≈0.65kg；当爆破深度 H=2.0m 时，Q=0.9×0.7×0.7×2.0≈0.9kg；管沟深度大于 2.0m 时，分层爆破开挖。

2.3 管沟控制爆破

靠近民房等建筑物、公路、高速路、铁路、地面通信线路和高压线路，爆破环境复杂的地方需要控制爆破。

2.3.1 炮眼布置

按近似于梅花形进行布孔，中间眼为垂直眼，管沟两侧边炮眼靠近内插，与管沟边坡相同，如图 2 所示。

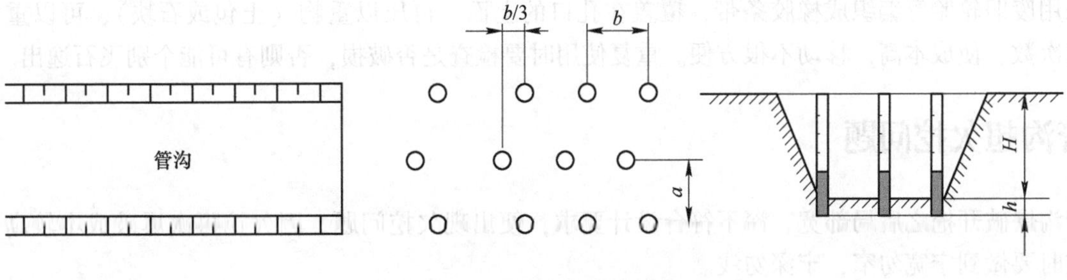

图 2 管沟控制爆破眼布置图

2.3.2 主要爆破参数[3]

由于管沟宽度比较小，一般要求一次爆破深度不能超过1.5m，如果沟槽深大于1.5 m时，需分层爆破开挖。管沟控制爆破主要参数的确定与普通管沟爆破大体相同，主要不同处在于炮眼较密些，炸药单耗取小些和起爆顺序要求高些。本工程管沟控制爆破主要参数见表1。

表1 管沟控制爆破参数

参数名称	参数值				
管沟爆破深 H/m	0.5	0.7	0.9	1.2	1.5
炮眼深 l/m	0.8	1.1	1.3	0.6	2.0
最小抵抗线 w/m	0.5	0.5	0.6	0.7	0.7
排距 b/m	0.5	0.5	0.6	0.7	0.7
孔距 a/m	0.7	0.7	0.7	0.7	0.7
炸药单耗 K/kg·m^{-3}	0.9	0.9	0.8	0.8	0.8
单孔药量/kg	0.15	0.22	0.3	0.4	0.59
堵塞高度/m	0.6	0.8	0.9	1.0	1.0

3 爆破施工

当管沟没有水时，采用硝铵2号岩石炸药；当管沟有积水时，采用乳化炸药。

普通浅眼爆破和常规管沟爆破采用连续装药结构，管沟控制爆破须根据炮眼的深度分别采用连续装药结构和分段装药结构，当炮眼深小于1.5m时，采用连续装药结构；当炮眼深大于1.5m时，则采用分段装药结构。

堵塞材料就近就地取材，可用黏土或黄土等做成炮泥，要求干湿适中，填塞时要填实，堵塞长度要求大于最小抵抗线的长度。有水的炮眼采用中、粗砂作为堵塞材料。

用火花起爆、非电导爆管雷管起爆网路和电起爆网路，均可保证安全。

4 防飞石措施

本工程爆破主要安全问题是控制飞石。与其他爆破工程相比，较有特色的安全措施是在爆破防护方面，下面就此作一些介绍。

4.1 孔口压大块石头

在石方地段，要找土（或砂）相当困难，当地爆破作业人员就地取材，采用大块石头压炮孔口进行爆破覆盖防护。从现场实践情况来看，对防止飞石有明显的作用。这一防护方法必须在装药量得以很好控制或单孔药量较小的情况下使用，否则可能带来适得其反的效果。

4.2 编织橡胶带覆盖

采用废旧轮胎等编织成橡胶条带，覆盖在孔口的上面，再压以重物（土包或石块），可以重复使用一定次数，使成本高，移动不很方便。重复使用时要检查是否破损，否则有可能个别飞石逸出。

5 管沟超欠挖问题

管沟爆破开挖之后局部宽、深不符合设计要求，便出现欠挖问题，因欠挖再次爆破成本较高，管沟开挖时要做到宁宽勿窄，宁深勿浅。

管沟爆破开挖之后宽、深超过设计要求，造成清碴超量，便出现超挖问题。在个别地段，石灰岩基岩小管沟超挖现象严重，主要原因有：(1) 石灰岩层属沉积岩，成层状有薄弱面，节理发育，爆破时易从岩层薄弱面处崩落；(2) 管沟宽度较窄，两侧钳制作用大，在克服钳制的同时，也破坏了两侧岩层；(3) 爆破量大，在成本上考虑没法做到密集布置炮孔。减少超挖的方法在于增加炮眼的密度，合理控制炮眼的装药量。

6 结语

本工程属于长输管道线路管沟土石方工程，沿线地形起伏多变前所未见，而且线路长，爆破作业移动跨度大；管沟断面尺寸小，每延米管沟爆破石方量小；爆破环境变化大；工期很紧，参战队伍(人数) 多等特点。因而，在爆破施工过程中，采用几种爆破技术方法，这些方法可供同类工程中参考。

参 考 文 献

[1] 刘殿中．工程爆破实用手册［M］．北京：冶金工业出版社，1999.
[2] 李建科，蒋发雄，陈东．油气管沟槽爆破开挖［J］．爆破，2004，21 (1)：19-20.
[3] 秦根杰．控制爆破在输水箱涵开挖中的应用［J］．爆破，2004，21 (1)：21-22.

多排微差爆破技术在场地平整中的应用

肖文雄　丘德如　施传斌　郑炳旭

（广东宏大爆破股份有限公司，广东 广州，510623）

摘　要：以中深孔多排微差爆破技术在华德石化场地平整爆破中的应用为例，讨论了中深孔多排微差爆破参数选择、起爆网路及起爆顺序设计和爆破安全校核等技术问题，供类似工程设计与施工借鉴。

关键词：微差爆破；爆破参数；起爆顺序；爆破震动

Application of Millisecond Multiple row Holes Blasting Technology in Ground Leveling Blasting

Xiao Wenxiong　Qiu Deru　Shi Chuanbin　Zheng Bingxu

（Guangdong Hongda Blasting Co.，Ltd.，Guangdong Guangzhou，510623）

Abstract：Anexample of the application of millisecond multiple row holesb lasting technology in a ground leveling at Huade Petrochemical Co is introduced，and the design of blasting parameters，blasting network，detonating sequence，stemming and safety proofreading are mainly presented. Some experiences obtained are useful for similar projects.

Keywords：millisecond blasting；blasting parameters；detonating sequence；blasting vibration

1　工程概况

为加快惠州市大亚湾华德石化有限公司增建原油库及配套设施项目工程的施工进度，大亚湾华德石化有限公司对该工程场地平整，由广东省宏大爆破工程公司负责土石方的爆破工作。

华德石化增建原油库位于惠州市大亚湾经济技术开发区南边灶，场地主要由低山残积和山前冲积平原两个地貌单元组成，北部、东部为低山残丘地貌，区内最高标高 59.4m，山势呈北西-南东展布，山脊线明显，基岩裸露，自然坡度 28°~30°，局部见陡崖、陡坡；中部、南部为山前冲积平原地貌，为海陆交互相沉积，地形较平坦，标高 2~9m。岩石的岩性为红色砂砾岩，较坚硬。

库区占地面积约 360000m^2，区内需爆破的山体总方量约 1370000m^3，自西至东分为Ⅰ、Ⅱ、Ⅲ三块，主要工程量集中在Ⅱ块山体，约 1000000m^3，最大开挖深度约 45m。

按招标文件的要求，工期为 210d。

爆破区周围较空旷，西侧 130m 及南侧 71m 处有照明电线通过，西北角、西南角和东南角有村庄，爆区离最近房屋的距离为 223m。爆破时应严格控制爆破震动和飞石，以确保安全。爆区周围环境如图 1 所示。

按照设计图纸及设计变更文件对爆破提出的技术要求如下。

（1）要求边坡面平整，整体稳定性好，坡度为 1：0.5~1：0.75，无爆破引起的工程地质灾害隐患。

（2）场地平整无根底，并满足《土石方与爆破工程施工及验收规范》（GB J201—83）的要求。

原载于《爆破》，2005，22（3）：50-52，55。

（3）爆破块度均匀，回填石块最大粒径不得大于0.5m。

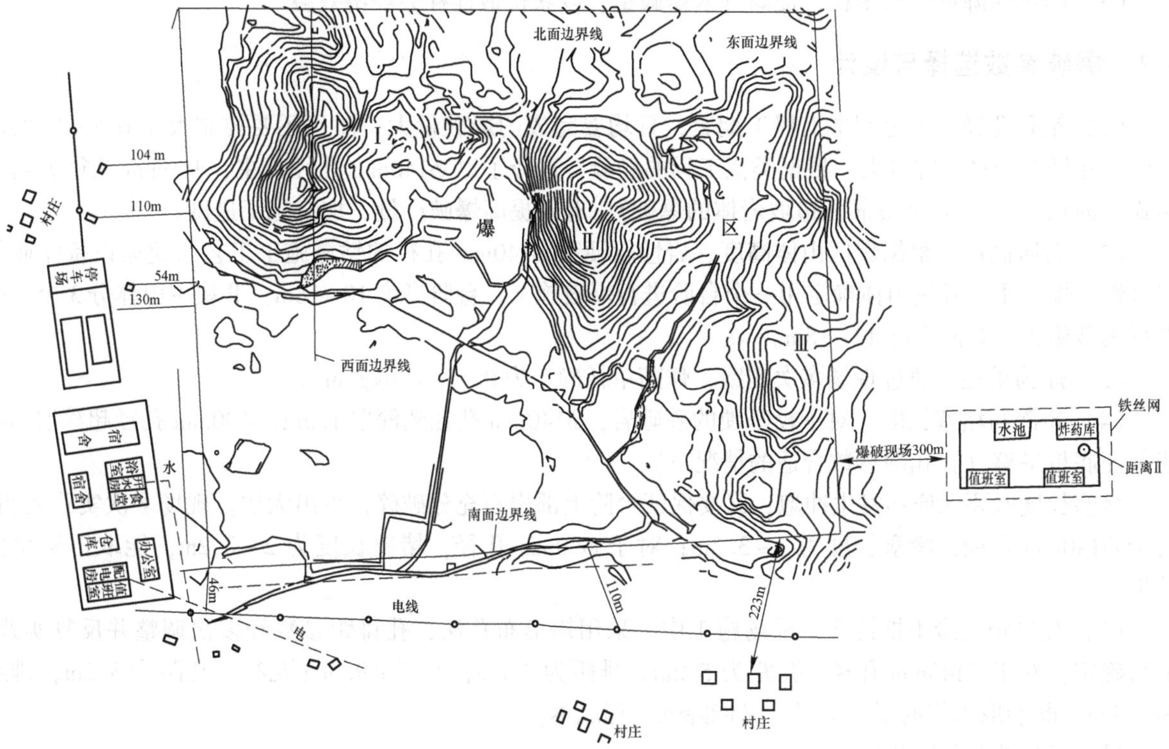

图1　爆区周围环境示意图

2　爆破方案选择

2.1　爆破方案选择原则

根据库区内山体的地形地质条件、爆区周围环境情况和技术要求，在制定爆破方案时应遵循以下原则：

（1）保证爆破质量，破碎后的石渣块径不大于0.5m；

（2）保证库区边坡和底板基岩的完整性，防止爆破时产生裂缝，尽可能保证底板平整；

（3）爆破开挖期间确保不会对人员、设备及正在建造的构筑物等保护目标产生损害，确保村庄民居安全；

（4）能够满足工程对工期的要求；

（5）必须确保施工过程安全可靠。

2.2　爆破方案选择

根据本工程的现场施工条件、工期要求及周围环境情况，确定选用深孔台阶爆破作为本工程的爆破方案。

3　爆破参数及起爆网路

3.1　爆破参数设计原则

爆破参数选择应遵循以下原则[1]：

（1）岩石爆破质量高，块度符合工程要求，无根底，爆堆比较集中，且有一定的松散度，以满足铲装设备高效装载的要求，大块率控制在3%以下；

（2）减少爆破地震、噪声、冲击波和飞石等有害效应，避免边坡出现后裂；

（3）尽可能降低炸药单耗，提高延米爆破量，以获得最佳社会经济效益。

3.2 爆破参数选择与设计

（1）钻孔孔径。考虑到本工程工期紧，日均要完成的爆破量大，而且还要控制大于0.5m的大块含量，孔径的选择不宜过大。根据类似工程的经验，选择了以ϕ140mm孔径为主，ϕ90mm孔径为辅的形式（ϕ90mm主要是负责靠近边坡岩体的爆破），有效提高爆破产量，加快施工进度。

（2）台阶高度。根据爆区山体高度、岩性软硬和ϕ140mm孔径的钻爆施工工艺及挖运设备作业的安全性，爆区Ⅰ、Ⅲ块山体确定用一个台阶进行爆破施工，台阶高度10~18m。Ⅱ块主山体分3个台阶进行爆破施工，台阶高度12~18m。

（3）炸药单耗。通过现场多次实践，炸药单耗确定为0.55~0.6kg/m^3。

（4）超深与堵塞长度。对于较坚硬的砂砾岩，ϕ140mm孔径超深取1.5m，ϕ90mm孔径超深取1m，能保证底板平整（在孔网参数合适的情况下）。

堵塞长度既要保证不发生冲炮，又要保证台阶上部岩石充分破碎，少出大块。现场多次实践表明，对于ϕ140mm孔径，堵塞长度为3~3.2m；对于ϕ90mm孔径，堵塞长度为2~2.2m，能取得满意的效果。

（5）孔排距与最小抵抗线。现场施工中，采用矩形布孔法，孔排距参数经多次调整并反复实践，最后确定：对于ϕ140mm孔径，孔距为5.2m，排距为3.8m；对于ϕ90mm孔径，孔距为3.2m，排距为2.8m，既能取得好的爆破效果，又能降低工程成本。

最小抵抗线与排距相同。

3.3 起爆网路及微差间隔时间选择

考虑到工程所在地爆破器材的供应情况，本工程采用电起爆系统，孔内延期微差大串联起爆网路。通常布置3~5排炮孔。

理论研究和实践表明[2]，在较坚硬岩石爆破中，先爆孔与后爆孔微差时间$t=(10\sim20)w$（w指最小抵抗线）。延迟时间长，可导致后排飞石，产生大块；延迟时间过短，会导致后排不是向前推动撞击前排岩石，而是向上运动，大块率高，易产生大量飞石。后排孔爆破微差时间适当延长，可减少爆破后冲，为下一工作面的布孔、钻孔创造了良好的作业条件。工程选用微差时间，前面几排25ms，第四排起用50ms，大角度V形或大斜线起爆顺序。实践表明，采用这样的微差时间和起爆顺序，爆堆集中，无根底，块度均匀，大块率低，减少二次破碎的工程量，提高装运机械的生产率。

4 安全校核及技术措施

4.1 飞石距离计算

个别飞石飞散距离的计算是划定爆破安全警戒范围的主要依据。深孔爆破的个别飞石飞散距离可按下列经验公式估算[3]

$$R_f=(15\sim16)d$$

式中，R_f为个别飞石的飞散距离，m；d为炮孔直径，cm。

经计算，对于ϕ140mm孔径，$R_f=210\sim224$m；对于ϕ90mm孔径，$R_f=135\sim144$m。根据《爆破安全规程》有关规定，深孔爆破的安全距离不少200m，因此，本工程爆破的安全警戒圈半径划定为250m。

4.2 最大单响药量的确定

为了防止爆破震动对附近村庄房屋产生破坏影响，必须根据爆破点最近建筑物及该房屋的抗震性能，计算出允许的最大单响安全装药量，可用式（1）计算[4]：

$$Q = R^3 V^{3/\alpha} / K^{3/\alpha} \tag{1}$$

式中，理力争 R 为爆破点到房屋的最短距离，$R=223\text{m}$；V 为房屋安全上允许的最大质点振动速度，cm/s；Q 为安全允许的最大单响装药量，kg；K、α 为与岩性相关的系数，对于坚硬岩，取 $K=100$，$\alpha=1.4$。

《爆破安全规程》规定：一般砖房、非抗震大型砌块建筑物，质点最大允许振速为 2~3cm/s。考虑到爆破点附近村庄房屋较破旧，质量差，从安全的角度出发，取 $V=1\text{cm/s}$，可计算出离房屋不同距离允许的最大单响安全装药量见表 1。

表 1 安全距离与允许最大单响装药量关系表

R/m	100	150	200	250	300	350	400	450
Q/kg	52	175	414	809	1397	2219	3312	4716

施工中，以表 1 为依据控制爆破规模和同一响孔数，安排雷管段数。

为更好地指导现场施工，验证 K、α 的取值是否合适，委托中山大学应用力学与工程系工程力学试验中心对爆破引起的震动进行现场实测，其实测结果见表 2（最大单响药量为 294kg）和表 3（最大单响药量为 637kg）。

表 2 距离与震速实测表

测点号	1	2	3	4	5	6	7	8
R/m	100	150	204	269	327	222	335	449
$V/\text{cm}\cdot\text{s}^{-1}$	1.1	0.51	0.41	0.35	0.2	0.55	0.17	0.138
标高 h/m	0	-5	-10	-10	-10	-10	-10	-10

表 3 距离与震速实测表

测点号	1	2	3	4	5	6	7	8
R/m	350	435	467	530	617	493	563	606
$V/\text{cm}\cdot\text{s}^{-1}$	0.23	0.17	—	0.12	0.092	0.27	0.17	0.12
标高 h/m	0	0	0	0	0	0	0	0

当爆源与测点不在同一标高时，用下式[5]进行修正

$$V = K(Q^{1/3}/R)^{\alpha} e^{\beta h} \tag{2}$$

式中，β 为修正系数，h 为标高（爆源位置设为零标高，测点比爆源高，h 为正值；测点比爆源低，h 为负值），其他符号的意义与前面相同。

在表 2 中，取 1、3、4、5 测点数据进行最小二乘回归，求得 $K=57$，$\alpha=1.46$，$\beta=0.01$。

若以 1、2、3、4、5、7、8 测点数据进行最小二乘回归，求得 $K=52$，$\alpha=1.45$，$\beta=0.01$。

在表 3 中，取 1、2、4、5 测点数据进行最小二乘回归，求得 $K=97$，$\alpha=1.63$。

不难看出，表 1 的 K、α 值是偏于保守、安全的，即施工中用表 1 来确定不同地点允许的最大单响装药量是安全可靠的，完全能够确保附近村庄房屋的安全。

4.3 安全技术措施

在合理确定爆破参数、堵塞长度，采用多排微差爆破技术，V 形或大斜线微差起爆顺序，减少爆破振动对边坡和附近村庄房屋的影响，同时应采用以下措施。

（1）采用电雷管孔内延期网路，每一炮孔装 2 发同段电雷管（串联）。严格控制最大单响装药量，降低地震波叠加的可能性。

（2）炮孔应避免布置在岩石被震松、节理发育或岩性变化较大的地方，防止产生大量飞石。

（3）根据地形地质条件，调整堵塞长度，提高堵塞质量，防止冲炮产生飞石。

（4）电雷管应采用同厂、同型号、同批产品。装药前要做好电雷管测试工作，其电阻值相差不得大于 0.3Ω。

5 结语

大亚湾华德石化增建原油库场地爆破平整工程，经过 200 多天的艰苦施工，共完成土石方约 $1370000m^3$ 的爆破任务，大块率控制在 3%以下，岩石破碎均匀，块度能满足石块回填的设计要求。爆破震动实测结果表明，震动效应完全控制在安全允许的最低限度之下，对周围房屋不会造成损害。

工程的爆破实践表明，对于大型土石方场地平整工程，采用多排微差爆破技术，V 形或大斜线微差起爆顺序，只要爆破参数选择合适，不仅岩石破碎质量高，块度能满足工程要求，无根底，爆堆集中，能满足铲装设备高效率装载的要求，而且爆破引起的震动、飞石等危害效应能得到有效的控制，边坡出现后裂的现象也能避免，同时也能降低工程成本，获得好的经济效益。

参 考 文 献

[1] 张建华．深孔药壶爆破法的试验与研究［J］．爆破，1996，13（3）：56-60.
[2] 朱忠节，何广沂．岩石爆破新技术［M］．北京：中国铁道出版社，1986.
[3] 杜建国．大区微差爆破技术在阜宁高速路堑开挖中的应用［J］．爆破，2003，20（4）：27-29.
[4] 刘殿中．工程爆破实用手册［M］．北京：冶金工业出版社，1999.
[5] 张志呈．裂隙岩体爆破技术［M］．成都：四川科学技术出版社，1999.

远距离爆破切割回收江底穿孔钻具

刘 翼 郑建礼 傅建秋

（广东宏大爆破股份有限公司，广东 广州，510623）

摘 要：通过远距离爆破切割技术回收江底穿孔钻具的实际例子，介绍了在复杂的江底土岩条件下实施钻杆聚能切割的爆破技术的原理、关键参数，并阐述了在地表进行模拟爆破切割试验的效果及实际操作中应注意的问题，值得同行参考。

关键词：爆破切割；穿孔钻具；回收钻杆

Recycling Drilling Tool Under Riverbed by Blasting Cutting at Long Distance

Liu Yi Zheng Jianli Fu Jianqiu

(Guangdong Hongda Blasting Co., Ltd., Guangdong Guangzhou, 510623)

Abstract: The principle of blasting along with the key parameters used in an actual operation in the case of recycling the drilling tool under riverbed through cumulative energy cutting blasting at long distance was discussed in this paper. The operation was tested on ground for simulation of the effects of the blasting cutting and for finding the problems that should be taken care in actual execution of the blasting. The work done in this paper is of reference value to the similar engineering.

Keywords: blasting cutting; drilling tool; recycling of drill rod

1 引言

山东胜利油建公司在佛山三水输油管线穿江顶管施工中，扩孔器在穿越1000m处被异物卡住，导致无法继续扩孔，1500m钻杆连同扩孔器也都被卡住，无法拔出。为了减少损失，油建公司委托广东宏大爆破公司利用爆破切割技术去掉卡钻的扩孔器，回收钻杆。卡钻部位位于河底土岩下25m深处，距离出土点垂直高度约45m。扩孔器钻杆外径ϕ127mm，最小内径ϕ62mm，接头最小内径76.2mm，壁厚9.2mm。江底穿孔卡钻位置如图1所示。

图1 江底穿孔卡钻位置图

Fig. 1 Position of drill stuck under riverbed

原载于《工程爆破》，2006，12（2）：68-69，67。

2 爆破切割方案选择

由于扩孔器距离出入土点较远，距离水底很深，无法直接在水底实施爆破。经过反复研究，拟采用将钻杆切割弹放置在扩孔器两侧的钻杆内实施爆破，割断钻杆，然后使钻杆能分别在出土点和入土点处抽出。由于入土点到扩孔器有卡子，无法运送切割弹，故只有先将切割弹从出土点沿钻杆内腔经扩孔器送到爆破点 1，起爆后再将另一枚切割弹从出土点送到爆破点 2 起爆，故要送弹两次、起爆两次，而且爆破点 1 的弹体外径要受到扩孔器最小内径（62mm）的制约。

3 切割弹设计

钻杆聚能切割弹是利用炸药制成的切割弹，在钻杆内瞬间爆发产生一圈向外的均质金属射流聚能在弹体内形成高速环形射流，把线性切割转变成环形切割，从而达到环形聚能切割钻杆的目的。爆破切割原理如图 2 所示，钻杆切割弹及切割效果如图 3 所示。

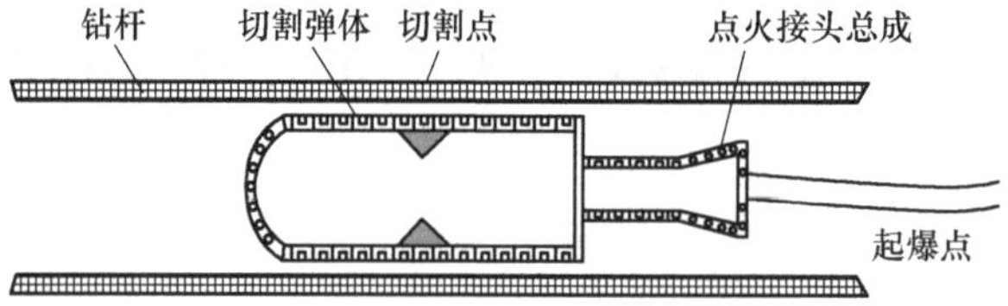

图 2 聚能爆破切割原理图

Fig. 2 Principle of cumulative blasting cutting

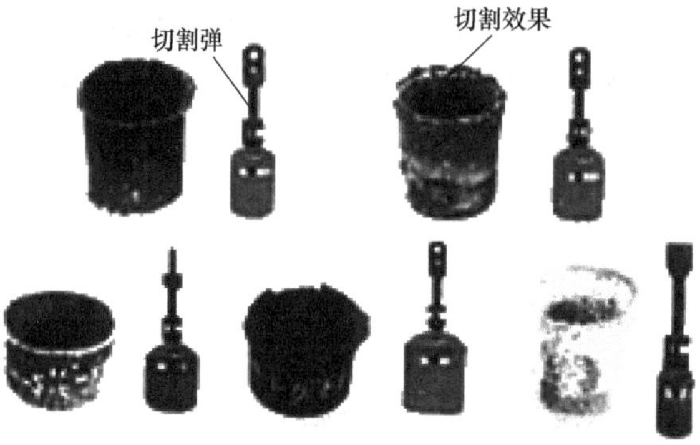

图 3 钻杆切割弹及切割效果

Fig. 3 Cut bomb and effect of blasting cutting

本钻杆内径小、钻杆强度高、耐冲击韧性大，加上埋设深、泥浆压力大、管路长、管道复杂，给切割弹的设计和药量计算带来困难。药量太小难以把钻杆切断，药量太大会将钻杆炸成喇叭状，增加与管壁的黏结，使炸断的钻杆难以拔出。

根据以往的施工经验和现场实际情况，决定设计一种环形聚能切割弹，其药量按下式计算[1,2]：

$$Q = (25 \sim 50) \cdot F = (25 \sim 50) \cdot \pi d\delta$$

式中，Q 为中级炸药药量，g；F 为切割面积，即钻杆截面积，cm^2；d 为钻杆外直径，cm；δ 为钻杆壁厚，cm。

将有关参数：$d=12.7$、$\delta=0.92$、$F=\pi d\delta$ 代入上式，得 $Q=917\sim1834$g。再考虑诸如浸入泥浆中（炸药系数在空气中作业取 25，在水中作业取 50）[3] 和使用烈性炸药等因素，每个弹体选用含梯恩梯-黑索金的混合炸药 1600~2200g。考虑到爆破点 1 处要通过扩孔器内腔，切割弹外径为 ϕ50mm，药量为 1616g，即 ZQ50-1 型。而爆破点 2 处，选用切割弹外径为 ϕ60mm，药量为 2200g，即 ZQ60-2 型。

4 爆破切割试验

为确保爆破切割的安全可靠，选用与现场相同的钻杆、相应型号的切割弹做爆破试验，以检验切割性能和切割效果，根据切割效果，调整选择切割弹体。

试验时，在现场附近选择一空旷场地，挖两个4m深以上的沟坑，选用两根与现场一样的钻杆。先用ZQ50-1型切割弹试爆，再用ZQ60-2型切割弹试爆。为较逼真模拟现场情况，沟坑内要充水或充泥浆，上部覆盖不少于6m的泥土。试爆时的安全警戒半径大于800m。

爆破试验程序：选用相同规格的废弃钻杆→装入切割弹体→安装点火接头总成→接长脚线→挖沟充水→掩埋防护→警戒→起爆→爆后检查→解除警戒。

5 操作安全注意事项

操作安全注意事项如下。

（1）宜用模拟切割弹进行运送、放置装药试验，事前要排除杆内阻碍畅通的杂物。

（2）爆破警戒距离不得少于150m（出入土点周围），钻杆口外50m内不得放置要保护的设备、设施。

（3）切割弹的导向锥要合适，以便于弹体在杆内顺利运送放置。

（4）运送放置切割弹的装置、方式要可靠，保证放置准确，顺利到位。

（5）切割弹必须轻拿轻放，要专人保管、使用，注意防水防潮。

（6）切割弹要密封可靠，不得进水，各接头部位也要绝缘良好。这是爆破能否成功的关键。

（7）放置切割弹要轻稳，速放速爆，尽量缩短入水时间和减少辅助工作时间。

（8）放置切割弹要定位准确，确保处于钻杆杆体部位，避免放置在钻杆接头处。

（9）在放置切割弹过程中，要实时监控，出现意外要马上处理。

（10）连接雷管时，现场要切断一切电流，切割弹到位后才可接通电源。

（11）未响切割弹退出前应断开现场一切电源，由专人操作处理。

（12）起爆母线要牢固，运送放置中不得受力、摩擦、碰撞，并实时监测。

6 结语

爆破聚能切割技术的原理目前已经非常清楚，然而由于被切割体所处的环境条件复杂，往往限制了聚能切割技术的应用范围。实际上，只要善于分析总结，根据现场实际情况设计切割弹体，通过实验调整装药，利用聚能切割往往可以达到其他处理手段达不到的效果，其效率和效益也是极其可观的。本文以远距离爆破切割回收江底穿孔钻具实际例子作介绍，希望能起到抛砖引玉的作用。

参 考 文 献

[1] 龙维祺．特种爆破技术［M］．北京：冶金工业出版社，1993.

[2] 于亚伦．工程爆破理论与技术［M］．北京：冶金工业出版社，2004.

[3] 刘殿中．工程爆破实用手册［M］．北京：冶金工业出版社，1999.

孔桩爆破掘进安全施工技术

刘　翼　魏晓林　邢光武

（广东宏大爆破股份有限公司，广东 广州，510623）

摘　要：笔者将矿山凿井爆破技术移植到建筑基础孔桩掘进之中，针对孔桩周围环境复杂的特点，总结了孔桩爆破掘进施工中应注意的问题及采取的措施。

关键词：孔桩；爆破掘进；安全施工

Safe Construction Technology of Blasting on Pile Stake

Liu Yi　Wei Xiaolin　Xing Guangwu

（Guangdong Hongda Blasting Co.，Ltd.，Guangdong Guangzhou，510623）

Abstract：This paper describes the transplantion of the technology of blasting on mine chiselling into the pile picking of building groundwork. The key problem should be to take care of complicated conditions around pile stake and to have adaptive measures. This technology could be taken as reference for the similar projects.

Keywords：pile stake；picking by blasting；safeconstruction

1　引言

城市高层建筑的崛起，多要求其桩基础嵌入岩层。在缺乏大量基础工程机械的条件下，笔者将矿山凿井爆破技术移植到孔桩掘进之中，发展成高层建筑孔桩入岩高效施工的一项适用技术。而孔桩施工往往处在城镇中心，其周围环境极其复杂，有的电缆从中穿过，有的光缆从井壁通过，有的在多层楼房窗台下掘桩爆破，还有的在地铁盾构旁爆破掘桩，因此保护邻桩、附近建筑物及设施的安全，就显得异常重要。

2　孔桩爆破施工技术

爆破的孔桩直径从 ϕ1.2~4.6m；嵌入的岩层有粉砂岩、砂岩、砂砾岩、砾岩、花岗岩及石灰岩溶洞区软泥夹层岩等多种围岩及复杂的水文地质条件；井桩在城镇环境中也多种多样，异常复杂。在爆破工艺上，由于桩径小，爆破夹制作用大，采用锥形掏槽，炮孔深度在 0.5~1.2m 为宜，炮孔直径 ϕ38~40mm，药卷直径 ϕ32mm，因为大多数孔桩都有渗水，选用乳化炸药，串联毫秒电雷管起爆器起爆或采用非电毫秒雷管“大把抓”簇联起爆，起爆顺序先掏槽孔，后辅助孔，最后周边孔[1,2]。

以孔桩直径 ϕ=1.8m 为例，炮孔布置如图 1 所示，爆破参数见表 1。

原载于《安全与环境工程》，2006，13（3）：95-97。

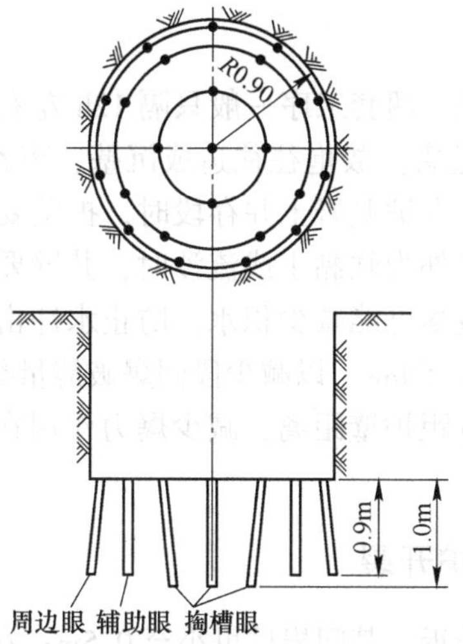

图 1 孔桩爆破炮孔布置平面及剖面图

Fig. 1 Plan and profile of blasthole pattern for pile

表 1 爆破参数

Table 1 Blasting parameters

周边孔			辅助孔			一级掏槽孔			二级掏槽孔			总孔数	总装药量/g
孔数/个	孔深/m	装药量/g·个$^{-1}$	孔数/个	孔深/m	装药量/g·个$^{-1}$	孔数/个	孔深/m	装药量/g·个$^{-1}$	孔数/个	孔深/m	装药量/g·个$^{-1}$		
11	0.9	350	8	0.9	350	1	1.0	400	4	1.0	400	248	650

3 孔桩爆破掘进施工安全技术

3.1 保证桩墩持力岩层强度

楼房结构多要求孔桩底部的桩脚要扩挖，桩基础持力层不允许损伤。由于爆破炮孔的轴向爆生裂隙一般为孔径的 7~20 倍，为了减小桩底裂隙区厚度，采用反向起爆和孔底空段装药，让更多的爆能指向桩内欲爆岩石，从而减弱对桩底围岩的损伤。一般裂隙厚度都将减小并控制在 200~300mm。当掘进到终桩位置时，留足厚的保护层，保护层厚度 h_0 取 200~300mm 为宜，如图 2 所示。爆破后再用风镐修整，将产生微裂隙的岩石清掉，从而保证了持力层强度。同时使掏槽以外的炮孔底处在同一设计面上，使风镐修理后的桩底平整承载时应力均匀，避免应力集中引起桩和持力层破坏。当采用以上措施后，经多次桩混凝土抽心检查，可见混凝土和桩底岩石黏结良好，桩底围岩完整，未见岩心断裂。由此可见，清除了桩底爆生裂隙，能保证持力层的支撑强度。

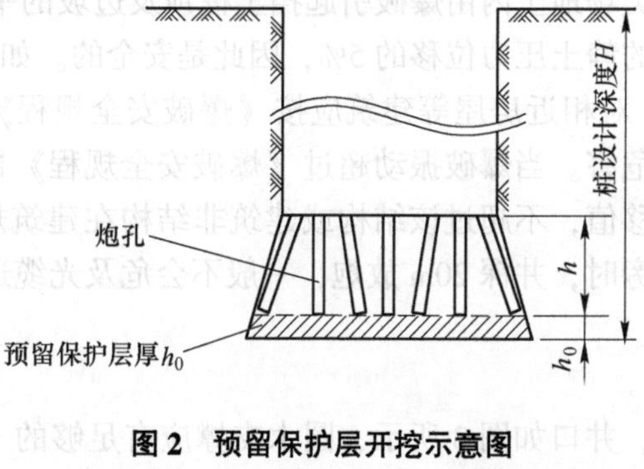

图 2 预留保护层开挖示意图

Fig. 2 Schematic dgram of excavation on the remained protection layer

3.2 保护随砌护壁

爆破掘桩工作面，紧接随砌护壁，两套工序一般只隔12h左右，下循环爆破对上循环已护井壁产生强烈冲击波、抛石流及地震波等危害。放炮往往造成沉壁、离茬、井壁强度变差，甚至破裂塌落，应采取以下措施：当井壁的破坏段多在护壁岩土并存段时，护壁要完整地砌到岩层；护壁外侧不得有空洞、空隙，壁后充填应严密；当壁外为软黏土或流沙时，井壁要增设环钢筋，并适当增设纵筋，以健全护壁抗爆结构；爆破时，桩底应尽可能减少积水，防止水冲击波力；采用毫秒雷管爆破，周边眼可平分为2~3段爆破，段间时差大于50ms，以减少段间爆破能量叠加；炮孔要堵塞紧密，减少爆炸能量转化为空中超压；适当增大爆炸点距护壁距离，减少爆力作用在护壁上；等等。由此，基本上可杜绝爆破炸塌护壁。

3.3 防止损伤桩支护和地铁支护开裂

同承台的桩间，挡土桩间相距较近，其间岩柱可小至0.5m；在地铁沿线的高层建筑，桩与地铁也相距较近，因此保护桩巷间岩柱，防止支护损伤允许程度，就显得尤为重要。岩柱和支护破坏，根据支护的用途，岩柱的大小可分为以下3类。(1) 岩柱和支护不允可炸穿：桩间岩柱大于0.5m，可防止在炮眼粉碎圈内，爆生气体将岩柱围岩抛出。(2) 支护压塌：起临时支护的护壁及其围岩是不允许因爆破产生压剪裂隙，并将其护壁压塌。对于ϕ1.4m的邻桩，对龄期2d的C25混凝土护壁的同径桩，在中风化砂岩中，邻桩采用岩石乳胶炸药ϕ32mm以下药卷爆破，当岩柱宽大于1.2m，微中风化砂岩，当岩柱宽大于0.8m，坚硬砂岩和花岗岩等硬岩中，0.5m以上岩柱已经足以抵抗爆压及维持围岩—支护结构的支撑能力。(3) 地铁支护开裂：地铁类永久井巷，支护不允许有爆生裂隙，当孔桩外半径为1.45m、单段炮孔5个以下、孔内装药0.45kg时，地铁抗裂岩柱宽在3.8~6.0m，邻桩直径增大，安全岩柱宽取大值。为了防止损伤岩性和支护，邻桩爆破应根据桩径和围岩性质，实施不耦合装药，增大不耦合系数，减少近侧同段周边孔数，减小装药长度，设置预裂缝，增大岩柱宽度等措施。

3.4 分类防范爆破对建筑新浇混凝土的危害

大多数建筑工期较短，不可能给邻桩新浇混凝土较长的龄期，但对于多数按“极限状态”设计的桩墩，是允许产生应力裂缝的。而爆破应力波过后，桩墩的爆生裂隙将重新闭合，而余留很少，所以在建筑结构上是许可的。只要桩间岩柱宽度大于0.3m以上，混凝土龄期3d以上，均可满足所浇混凝土桩墩成桩后的极限承载要求。对于按“抗裂条件”设计的建筑结构旁爆破孔桩，爆破振动仍是所浇混凝土产生裂隙的主要荷载，对ϕ1.4~3.0m的孔桩，采用ϕ32mm药卷岩石乳胶炸药不耦合装药爆破时，岩柱大于0.8~1.3m，爆破应力波将不致引发3d龄期以上C30混凝土的裂隙。为了防止所浇混凝土中出现爆生裂隙，可根据孔桩直径和围岩性质，采取不耦合装药，增大不耦合系数，减少近混凝土侧同段周边孔数，延长混凝土龄期，增加爆源与混凝土的距离等措施，以防止混凝土中产生爆破裂隙。

3.5 防止对房屋、光缆和边坡的爆破振动危害

基坑内掘桩爆破，由于单响炸药量较小（限制在4kg内），单孔连续装药长度较短（0.4m），爆振频率较高，在广州地区Ⅰ、Ⅱ类场地土内由爆破引起挡土桩顶及边坡的平均位移可在1.0mm内，小于静土压力引起的挡土桩及边坡的静土压力位移的5%，因此是安全的。如果边坡位移大于静土压力位移的5%，应采取必要降震措施。对相近房屋等建筑应按《爆破安全规程》规定的振速，限制孔桩爆破的单响药量，以防止对房屋的危害。当爆破振动超过《爆破安全规程》的规定后，其坚固结构楼房可按结构动力响应的层间相对位移值，不超过该结构或建筑非结构在建筑规范中要求的允许值时，也是安全的。当光缆通过主、孔桩旁时，井深20m放炮，一般不会危及光缆通信。

3.6 杜绝孔桩爆破飞石

孔桩爆破的飞石必须杜绝，井口如图3所示，圆木支撑应有足够的“泄气”空格，砂袋数量随着孔桩深度的增加而逐减，以不掀为度。

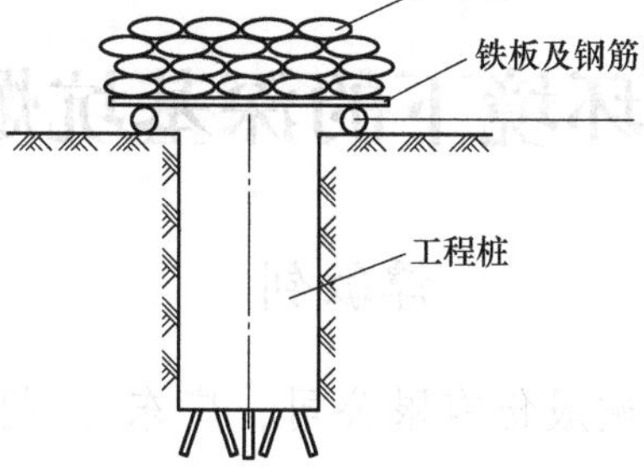

图 3 覆盖防护示意图

Fig. 3 Schematic digram of covering protection

3.7 减小爆破噪声

城镇孔桩爆破应尽可能降低扰民的噪声，在井口“泄气”空格上安装湿麻布帘，以及堆放“泄气”阻碍沙包等措施，可将爆破瞬时噪声降至 120dB 以下。

4 结语

将矿山凿井爆破技术移植到孔桩掘进之中，开创了孔桩入岩高效、安全的新局面。大量的孔桩爆破掘进工程实践证明：笔者系统总结的安全防范措施在孔桩爆破掘进施工中是必要的、行之有效的，值得在类似工程中推广运用。

参 考 文 献

[1] 于亚伦．工程爆破理论与技术［M］．北京：冶金工业出版社，2004：211-237.

[2] 顾毅成．爆破工程施工与安全［M］．北京：冶金工业出版社，2004：184-194.

复杂环境下的深基坑爆破

谭敏钊

（广东宏大爆破股份有限公司，广东 广州，510623）

摘　要：本文通过“法政右巷——越秀北路联络道”基坑爆破工程为例，阐述了在复杂环境下爆破施工，为防止爆破震动的危害所采用的施工方法，供作类似工程设计和施工借鉴。

关键词：复杂环境；基坑；减震；挡土桩；钢管柱

Deep Foundation Excavation by Blasting in a Complex Environment

Tan Minzhao

(Guangdong Hongda Blasting Co., Ltd., Guangdong Guangzhou, 510623)

Abstract: Taking the blasting excavation project of Fazheng Right Lane-Yuexiu North Road as an example, this paper expounds the blasting operation in the complex environment and the method adopted to reduce blasting vibration damage, which can be used as a reference in the design and operation of similar projects.

Keywords: complex environment; foundation; shock absorption; retaining pile; steel tube column

1　工程概况

1.1　工程目的

“法政右巷——越秀北路联络道”建筑工程，基坑尺寸80m×80m，基础工程包括挡土桩开挖（挖掘深度约为16m，共223条）、工程桩开挖（共60条）和基坑开挖，基础工程在施工过程中遇到坚硬的微风化泥质砂岩，机械和人工都难于施工，需采用微差控制爆破方法配合挖掘，以加快施工进度。

1.2　爆破周围环境

工地位于广州市委礼堂的西面，西临法政右巷、北接泰来路、南靠光友路，其周围基本情况如下：南面三号楼是人工挖孔桩基础，局部有一层地下室，相距最近处为3.6m；四号楼是人工挖孔桩基础，半层地下室；东面五号楼是人工挖孔桩基础，半层地下室，相距最近处为5.5m，礼堂为预制桩基础；北面单身宿舍是天然条型基础，相距最近处为5.5m；西面某宿舍楼是天然条型基础，相距最近处为30m。爆破环境较差。

2　基坑开挖总体方案

地下室开挖分两个阶段，首先开挖至负二层地板以下0.5m（即-9m，此部分石方的开挖为常规爆破法），然后进行地下室混凝土结构施工，待正负零楼面浇好达到标号后，再进行负三层的石方开挖（此部分为逆作法）。

原载于《广东科技》，2006（161）：122-123。

3 爆破方法

3.1 常规爆破施工

根据总承建商的总体方案，靠西面设两个出土口，故爆破工作必须由东面向西面推进。因挡土桩作为将来的结构墙使用，所以，必须保证挡土桩不受爆破影响，根据施工经验和控制爆破要求，紧靠挡土桩四周预留3m厚的岩石层作为保护层，并采用预裂爆破方法进行施工。浅眼爆破施工时以小台阶（台阶高度1~3m）、小孔网参数设计，分散装药，利用非电等间隔微差爆破技术和严密的防护措施，严格控制爆破震动和爆破飞石，确保附近建筑物不受丝毫损坏以及挡土桩的绝对安全。

3.2 逆作法爆破施工

除按常规爆破施工要求进行外，需注意如下几方面的问题：

（1）保护地下室承重柱：爆破时在钢管柱与护壁之间填上沙子；

（2）地下室空气差，爆破后采用通风设备送风到地下室，确保空气质量；

（3）虽然爆破飞石不会影响地面建筑和人员，但是须保证飞石不砸伤楼板，所以，仍采取覆盖措施控制飞石；

（4）地下室机械设备噪声大，交叉作业多，施工人员的人身安全更要注意。

3.3 爆破技术参数选择及药量计算

3.3.1 爆破技术参数选择

（1）单位炸药消耗量：根据我司多年来地下室爆破施工经验及有关爆破资料，本工程取 $K=0.4\text{kg/m}^3$。

（2）炮眼直径及炮眼深度：为更好地控制爆破危害，采用小孔浅眼爆破方法，选用40~42mm直径的钻头，即炮眼直径 $d=40\sim42\text{mm}$。根据现场具体情况，炮眼深度 $L=1.2\sim3\text{m}$。

（3）孔排距与最小抵抗线：为保证爆破后基坑底板平整，最小抵抗线不宜太大，这里选 $W=0.6\text{m}$、孔距 $a=1.5W$、排距 b 与最小抵抗线相同。

（4）炮眼超深与堵塞长度：炮眼超深 $\Delta h=30\sim40\text{mm}$，能保证爆破后基坑底板平整。堵塞长度既要保证不发生冲爆，又要保证上部岩充分破碎，少出大块，取堵塞长度 $L_s=0.8\sim1.5\text{m}$。

3.3.2 药量计算

单孔装药量 $Q=KaWH$

3.3.3 预裂爆破技术参数

（1）孔径：42mm、孔深：比主炮孔深0.3m；孔距：0.4m、线装药密度：0.2kg/m、堵塞长度：0.5m。

（2）注意事项：

1）装药：在导爆索上均匀绑炸药卷，形成线状药包；孔口适当减少药量，孔底适当增加药量；

2）堵塞：用沙子或岩粉；

3）起爆：用瞬发电雷管同时先于主炮孔起爆。

3.3.4 微差时间间隔

合理的起爆时间间隔，对改善爆破效果与降低爆破震动效应有重要作用。在确定起爆时间间隔时，主要考虑岩石性质、布孔参数、爆破块度和震动等因素。微差时间间隔过长，则可能发生先爆破孔破坏后爆破孔的起爆网络，过短则后爆炮孔会因先爆炮孔未形成新的自由面而直接影响爆破效果。这里，根据以往经验和常用毫秒雷管的段差，选用25ms、50ms。

3.3.5 起爆及网路

采用孔内非电毫秒雷管延期和孔外毫秒雷管延期起爆的形式。非电毫秒雷管采用大把抓的形式，

20 发雷管的导爆管合成一束，每束用 2 发毫秒延期电雷管击发起爆。

3.4 安全防护

为避免个别飞石对周围造成危害，必须进行覆盖防护，具体方法是：先在每个炮孔的孔口盖上沙包，然后在爆区内全封闭盖上 3mm 厚度的钢板，然后在钢板上覆盖二层沙包。

4 预留保护层的处理和钢管柱的保护

4.1 预留保护层的处理

因预留保护层与挡土桩之间存在裂缝，实际上是处于多面临空状态，所以，其破碎所需的炸药用量很小，单耗为 0.3kg/m^3，布设 2 排炮孔，前排炮孔抵抗线 0.8m，第二排排距 1.0m，第二排炮孔距离挡土桩 1.2m，爆破后靠近挡土桩的岩石只是略为松动，用挖掘机可以挖动。

4.2 钢管柱的保护

逆作法施工时，地下室石方开挖爆破要先考虑钢管柱的安全，钢管柱的底端埋藏深度低于基坑底标高，而且处于人工挖孔桩（其直径大于钢管柱）之内，所以，钢管柱周围的岩石在钢管柱一侧具备临孔面，即靠近钢管柱的岩石很容易破碎，距离工程桩护壁 1.2m 处打眼即可。爆破时在钢管柱与工程桩护壁之间的空隙中充填沙子，可以防止爆破后破碎岩石砸伤钢管柱。

5 试爆

因岩层的不均匀性，不同风化程度和裂隙发育程度，应在单位装药量和最大单段药量方面作适当调整。为更好地把握药量以取得理想的起爆效果，必须进行试爆。试爆时，先选取爆区中心进行，这样做有如下优点：一是爆破震动对周围的建筑物和基坑边坡的影响最小，二是周围群众对爆破震动和噪声的心理承受压力最小，可以获得一定的适应能力。

6 爆炸应力波对挡土桩的影响

炸药是在岩层的炮眼中爆炸的，虽然爆压达到 3.2MPa，但是这种高温高压的状态瞬间即逝，随即将能量转变，冲击药包周围的岩石，在岩石中激发传播速度比声速还大的冲击波（或叫爆炸效应力波），这一过程使临近药包周围的岩石产生熔融、压碎和破裂，形成压碎圈，压碎圈的直径为药包直径的几倍（约 10cm）。在药包稍远的地点，由于波的衰减，这些非弹性过程终止，而出现弹性效应，衰减后的冲击波已变成只能引起岩石质点振动而不能引起岩石弹性扰动，这种弹性扰动以地震波的形式向外传播。

爆炸应力波的影响

岩体中冲击波的初始波峰压力

$$P_{\mathrm{r}} = 2\rho_{\mathrm{r}} C_{\mathrm{L.r}} P_{\mathrm{e}} / (\rho_{\mathrm{e}} D + \rho_{\mathrm{r}} C_{\mathrm{L.r}})$$

式中 $\rho_r C_{\mathrm{L.r}}$——岩石的波阻抗，kg/(m^2·s)，这里砂岩 $\rho_r C_{\mathrm{L.r}}=9\times10^6$；

P_{e}——炸药的爆轰压力，即爆压，这里 $P_{\mathrm{e}}=3.3$MPa；

ρ_{e}——炸药的密度 kg/m^2，这里 $\rho_{\mathrm{e}}=1$；

D——炸药的爆速 m/s，这里 $D=3525$；

$P_{\mathrm{r}}=6.6$MPa。

冲击波在岩体中传播时，其波阵面上的压力衰减规律按下式计算：

$$P = P_{\mathrm{r}}(r_{\mathrm{o}}/r)^{n}$$

式中 P——离药包的距离为 r 处的冲击波波峰压力 kPa；

P_r——冲击波的初始峰压力 kPa；

r——距药包的距离，这里为挡土桩 $r=1.2$m；

r_o——药包的半径，这里为0.016m；

n——指数，这里 $n=2+\mu/(1-\mu)$；

μ——为岩石的波松比，这里为0.1。

代入数据可算得 $P=278$Pa。

挡土桩的砼标号为300号，其抗压、抗弯、抗拉、抗剪强度远大于278Pa，所以，距离挡土桩0.5m处进行爆破，不可能对挡土桩造成损伤。

7 爆破震动控制

爆破产生的震动对周围的影响采用质点垂直振动速度来衡量，其计算公式如下：

$$V=K(Q^{1/3}/R)^{\alpha}$$

式中 V——质点垂直振动速，cm/s；

Q——最大单响药量，kg；

K，α——与土岩性质和爆破条件有关的系数，这里选 $K=160$、$\alpha=1.65$；

R——爆源至测点的距离，m，R 与 Q 的关系见表1。

表1 最大一段爆破药量与距离的关系

R/m	5	8	10	12	15	20	25	30
Q/kg	0.1	0.37	0.72	1.25	2.4	5.8	11.3	19.5

根据《爆破安全规程》规定，结合本工程实际情况，把垂直振动速度控制在 $V=3$cm/s。

由以上公式可知，对不同距离的爆破只要控制其单响药量即可确保周围建筑物不受爆破震动危害。

根据我司多年来在广州城区大量的浅眼爆破经验，采用类比方法可以认为本工地的最大单段起爆药量在2kg以下时，爆破产生的震动不会对周围建筑物造成任何危害。

为确保万无一失，试爆时将单段起爆药量减至1kg，并进行爆破震动速度的监测，检验并调整 K、α 的数值，最后确定较为安全的最大段起爆药量。

8 结语

经过两个多月的艰苦施工，完成了此项爆破任务。利用预裂爆破形成减震的措施，非常有效，震动效应完全控制在安全允许的最低限度以下，对周围建筑物没有造成任何损害，达到了预期效果。

本工程的爆破实践证明，在复杂环境下进行爆破施工，只要选取得当的施工方案，对爆破施工作全程的跟踪监测和分析，得出防震措施，是非常有效的，施工也是安全可行的。

参考文献

[1] 刘殿中．工程爆破完全手册［M］．北京：冶金工业出版社，1999.

[2] 朱忠节，何广沂．岩石爆破新技术［M］．北京：中国铁道出版社，1986.

[3] 周国祥．爆破振动监测与防振［J］．爆破，2001，12：77.

长输管道土石方工程施工技术

陆芝进

（广东宏大爆破股份有限公司，广东 广州，510623）

摘 要：管道输送油气是快捷、安全、经济的油气运送方式，西方国家早已普及使用。通过西南成品油管道土石方工程施工技术介绍，为中国即将兴起的大规模长输管道工程建设提供经验借鉴。

关键词：长输管道；土石方；管沟开挖；小型穿越；管沟回填；地貌恢复

Blasting Technology for Long Distance Oil and Gas Transmission Trench Excavation

Lu Zhijin

（Guangdong Hongda Blasting Co.，Ltd.，Guangdong Guangzhou，510623）

Abstract：Pipeline transportation of oil and gas is a fast，safe and economical way for oil and gas transmission，which has been widely used in western countries. This paper introduces the blasting technology for trench excavation of southwest oil pipelines，and could provide a reference for the large-scale long-distance trench construction in China.

Keywords：long - distance trench；earthwork；trench excavation；small crossing；trench backfilling；landscape restoration

1 工程概况

西南成品油管道工程是继西气东送工程后的第二条长输管道。该管道为国家及中石化的重点工程，主要是通过新建管道由广东向广西、贵州、云南输送成品油，管道全长1700km，设计管径500mm，输油能力为1000×10^4t/a。管道途径云贵高原山区，该区大都出露石灰岩地貌，山上岩石裸露，沟深路陡，施工难度大。

土石方施工的任务有测量放样→施工作业带平整→管沟开挖→小型穿越→管道回填→地貌恢复等。

2 施工技术与方法

2.1 测量放样

测量放线是放出线路轴线和用白灰沿桩放出作业带边界线，在线路轴线上根据设计图纸要求设置纵向变坡桩、曲线加密桩、标志桩。控制桩上注明里程、地面高程、管底高程和挖深。当纵向转角大于2°时，设置纵向变坡桩，并注明变坡点位置、角度、曲率半径、切线长度、外矢矩。

2.2 作业带平整

作业带宽度8~12m。作业带开拓、平整遵循保护农田、果林、植被及配套设施的原则，减少或防

原载于《西部探矿工程》，2008（4）：41-43。

止产生水土流失。在施工作业带范围内对影响施工机具通行的石块、孤石、杂草、树木等应清理干净，沟、坎应予平整，有积水的地热低洼地段排水填平。耕作区内作业带开拓时，基层的耕作土应靠近征地边线堆放，满足设备通行的条件并满足 HSE 的要求。

2.3 管沟开挖

2.3.1 管沟开挖一般要求

管沟开挖根据地形、地质等条件可采用人工或机械开挖，开挖深度和宽度按照设计图纸要求进行，沟底要求直线段应顺直；曲线段管沟应圆滑过渡，并保证设计要求的曲率半径。

管道埋地后管顶覆土层最小厚度应达到以下标准：

一般地区：旱地不小于 0.6m；水田不小于 0.8m；

特殊地区：石方地段不小于 0.5m，并上面覆土。

管沟开挖边坡应根据土壤类别和土壤力学性质确定。

2.3.2 岩石段管沟开挖

（1）管沟规格尺寸。在需要爆破的石方段典型的管沟规格尺寸为：上宽 1.6m，底宽 1.4m，高 1.5m，断面积 2.25m^2。

（2）爆破地质。管线穿越段属典型的喀斯特地貌，地表为第四系残坡积层，沿河谷为冲积层，厚度 0.1~3.0m，基岩以石灰岩层为主，部分为砂页岩，中等硬度，层状明显，大部分岩层完整性较好，局部呈微风化。

（3）爆破环境。本段管道线路工程中，有穿越乡镇靠近民居，有靠近铁路、公路和高速路，有相伴相行地面地下通信光缆和高压供电线路，也有田野、山地空旷地带。不同地段有不同的爆破环境，有简单的也有复杂的。

（4）爆破方法的选择及爆破参数。主要特点是：1）线路长，但管沟小；2）爆破条件复杂；3）爆破环境变化大。因此，所选用的爆破方法也比较多，主要爆破方法及主要参数介绍如下。

普通浅眼爆破：

1）适用条件。主要适用于施工便道修筑和作业带的平整，管沟沟底石方不连续或零星石方（孤石）爆破。

2）爆破主要参数。炮眼布置以梅花形垂直眼为主，钻眼直径 d=40mm，炮眼深度根据实际情况而定，一般不超过 1.5m，孔距 a=0.6~0.9m，排距 b=0.5~0.8m，炸药单耗 q=0.3~0.6kg/m^3，单孔药量按 $Q=qabH$ 计算。

常规管沟爆破：

1）适用条件。适合于爆破地点离建（构）筑物较远，爆破安全要求不高，爆破环境简单的山区。

2）炮眼布置以梅花形布置为主，中间垂直眼，侧边眼可以靠边内插。

3）主要爆破参数：

①钻眼直径 d，取 40mm。

②最小抵抗线 w：

w=（15~25）d=（15~25）×40=600~1000mm，取 0.5~0.8m。

③超深 h：按 $h=0.3H$ 计算，h 取 0.3~0.6m。

④排距 b：

$b=w$=0.5~0.8m。

⑤孔距 a：

a=（1.1~1.2）b，这里按每排三个孔计，a=0.7m；

⑥炸药单耗 q：根据现场试爆确定，q=1.1km/m^3；

⑦单孔药量 Q：单孔药量依公式 $Q=qabH$ 计算：

当爆破深度 H=0.5m 时，Q=1.1×0.7×0.5×0.5≈0.2kg；

当爆破深度 H=1.0m 时，Q=1.1×0.7×0.6×1.0≈0.5kg；

当爆破深度 $H=1.5$m 时，$Q=1.1\times0.7\times0.7\times1.5\approx0.8$kg；

当爆破深度 $H=2.0$m 时，$Q=1.1\times0.7\times0.8\times2.0\approx1.2$kg；

管沟深度大于 2.0m 时，必须分层进行爆破开挖。

管沟控制爆破：

1）适用条件。靠近民房等建筑物、公路、高速路、铁路、地面通信线路和高压线路，爆破环境复杂的地方需要控制爆破。

2）炮眼布置。垂直眼，每排布置 3 个孔，中间孔布置在边眼的前面，超前约为排距的 1/3，起爆顺序是先中间后两边，如图 1 所示。

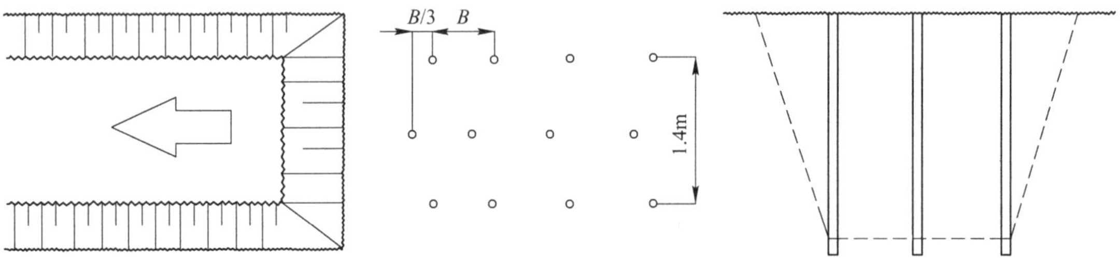

图 1　管沟控制爆破炮孔布置图

3）主要爆破参数。由于管沟宽度比较小，一般要求一次爆破深度不能超过 1.5m，如果沟槽深大于 1.5m 时，需分层爆破开挖。管沟控制爆破主要参数的确定与普通管沟爆破大体相同，主要不同处在于炮眼排距密些，炸药单耗取小些，堵塞长度长些和起爆顺序要求高些。管沟控制爆破主要参数见表 1。

表 1　管沟控制爆破主要参数

参数名称	参数值				
管沟爆破深 H/m	0.5	0.7	0.9	1.2	1.5
炮眼深 l/m	0.8	1.0	1.3	1.6	1.9
最小抵抗线 w/m	0.5	0.5	0.6	0.6	0.6
排距 b/m	0.5	0.5	0.6	0.6	0.6
孔距 a/m	0.7	0.7	0.7	0.7	0.7
炸药单耗 q/kg·m^{-3}	0.9	1.0	1.0	1.0	1.0
单孔药量/kg	0.15	0.25	0.38	0.5	0.6
堵塞高度/m	0.6	0.7	0.9	1.1	1.3

（5）装药及堵塞。

1）炸药的选用：当管沟没有水时，采用硝铵 2 号岩石炸药；当管沟有积水时，用采用乳化炸药；炸药直径 $\phi=32$mm，每卷重 150g。

2）装药结构：普通浅眼爆破和常规管沟爆破采用连续装药结构，管沟控制爆破须根据炮眼的深度分别采用连续装药结构和分段装药结构，当炮眼深小于 1.5m 时，采用连续装药结构；当炮眼深大于 1.5m 时，则采用分段装药结构。

3）炮眼堵塞：堵塞材料就近就地取材，可用黏土或黄土等做成炮泥，要求干湿适中，填塞时要填实，堵塞长度要求大于最小抵抗线的长度。有水的炮眼采用中、粗砂作为堵塞材料。

（6）起爆方式及爆破网络。普通浅眼爆和常规管沟爆破用火雷管和一般电雷管起爆方式，管沟控制爆破起爆时为准确控制先中间后两边的起爆顺序，采用毫秒电雷管起爆方式，网络采用串联连接。电雷管起爆电源采用高能电容式起爆器，起爆顺序从管沟已形成的台阶处开始依次逐排进行。

2.4　小型穿越

2.4.1　河流穿越

大型河流的穿越一般用河底隧道、管桥、悬跨等方法，小型河流的穿越方案采用大开挖形式。施工工序有：开挖导流明渠或用导管导流→围堰→排水→清淤→开挖（钻孔爆破）→修筑作业带→敷设→油管安装→回填→水工保护→砌两岸护坡体→弃渣→恢复原地貌等。

2.4.2 铁路、公路穿越

（1）顶管穿越。等级以上公路、铁路全部用顶管方法施工，施工时根据岩土的不同采用不同的方法施工，土方段可用机械把套管一根一根地顶进去。

顶管工艺流程：施工准备→测量放线→工作坑设置→后座墙制作→设备安装→工具头就位调试→起动顶进→挖土外运→纠偏→注浆→继续顶进→管道连接→撮后一段管→工具管拆除→竣工测量。

（2）隧道穿越。石方段则用小隧道方法穿越，做到短进尺，勤支护，弱爆破，边掘进边支护，确保路基的安全。

2.5 管道回填

管道回填应在管道安装完成后10d内尽快回填。

施工工序：管道验收→第一层细土回填、压实→验收合格→通信光缆铺设→第二层细土回填、压实→验收合格→顶部回填并压实→回填完工验收。

2.5.1 土方段管道回填

采用挖掘机和人工配合的形式进行回填。对水田和旱地，回填的顺序是先回填靠管沟边的生土，用挖掘机进行修理和分层压实，然后回填熟土即耕植土。

2.5.2 石方段管道回填

输油管道用光身钢管作材料，外层涂环氧树脂作保护，它很容易被硬物碰破而锈穿。为此，设计对接触管子的回填物要求特别高，规定石方段管道管子四周要用粒径小于1cm的细土或细砂回填，且底部厚度不小于20cm，两侧及顶部不小于30cm。为确保回填质量，对有一定坡度的管沟采用袋装细土回填以防雨水冲跑细土。细土回填完成经现场监理检验合格后，可以进行原土石层的回填，但不能填入过大（大于25cm）石块。为了保证回填密实度，尽量选用机械边填边夯实。耕地段回填至沟顶30cm时要回填原耕作层便于农民耕种，山坡和荒地段回填土须高出地面300~500mm便于排水。

2.6 地貌恢复

耕地恢复土方段管道比较容易，回填时把耕作层（熟土）回填在上部即可，石方段管道耕地恢复比较困难，恢复办法是用人工清理土中的石头，对个别石头太多地段只有换土处理解决，田埂恢复要按当地农民的要求做干砌石或浆砌石。道路、水渠、水沟恢复要比原标准高些，保证做到当地农民满意。

3 结束语

长输管道土石方工程施工作业移动跨度大，管理十分困难。通过本工程后，有以下2点经验值得今后施工同类型工程借鉴。

（1）开工前要对设计线路复测，发现今后施工不利的如近距离与光缆（尤其国防光缆）同行、高压线同行及时向业主和设计单位报告并提出改线建议。

（2）长输管线普遍采用租地施工，管道埋好后要恢复给农民耕种，这种方法虽然给施工单位增加了施工难度，但就我国人多地少的国情也是切实可行的，施工中既要考虑施工方便，也要考虑后期恢复，开挖管沟时一定土石分开堆放，尤其耕作层（熟土）要堆到堆土侧的最外边保护，生土堆在里侧，多余的石碴运到堆碴场弃置。由于油管的四周必须用细土包裹，上部也要回填耕作层，可见能回填的石碴已经很少。如果把多余石碴暂时放在作业带上，那经施工机械压过后造成土石混合，后续的回填和恢复就相当困难，甚至造成无法复耕土地弃置。

参考文献

［1］SY 0401—98 输油输气管道线路工程施工及验收规范［S］.

［2］刘殿中. 工程爆破实用手册［M］. 冶金工业出版社，1999：5.

地铁车站拱盖法施工沉降监测分析及控制对策

张光权[1,2] 杜子建[3] 宋锦泉[2] 蔡建德[2] 陶铁军[1,2]

（1. 北京科技大学，北京，100083；2. 广东宏大爆破股份有限公司，广东 广州，510623；
3. 青岛市地下铁道公司，山东 青岛，266071）

摘 要：青岛地铁3号线中山公园站位于土岩复合地层中，采用拱盖法施工，车站开挖最深约27.24m，上层为第四系强风化花岗岩，下部为中微风化花岗岩、花岗斑岩。局部强风化厚度大，中、微风化岩面局部较陡峭，岩层接触部位易失稳。为使开挖工程顺利进行，对开挖过程地表沉降进行监测分析。结果表明：采用拱盖法施工时，导洞掌子面施工至监测断面前方20m左右时开始出现沉降；随着掌子面与监测断面距离的减少，沉降速率不断增加；掌子面下穿监测断面时，一般沉降量为7~15mm；穿过监测断面5~10m时，监测点沉降速率达到最大；穿过监测断面10m后，沉降速率开始下降；穿过监测断面20m后，大部分监测点趋于稳定。为保证支护起到良好的控制地表沉降的作用，初期支护应在开挖后立即施作，并尽早闭合。此外，左、右导洞在开挖过程中会相互产生较大的沉降影响，监测发现左、右导洞开挖间距在2.5倍洞径左右为宜。通过监测分析，提出一系列控制对策，实践证明，这些措施是可行且有效的。

关键词：隧道工程；地铁车站；拱盖法；地表沉降；监测分析；控制对策

Monitoring and Analysis of Excavation-induced Subsidence of Subway Station Constructed by Arch Cover Method and Control Measures

Zhang Guangquan[1,2] Du Zijian[3] Song Jinquan[2] Cai Jiande[2] Tao Tiejun[1,2]

(1. University of Science and Technology Beijing, Beijing, 100083; 2. Guangdong Hongda Blasting Co., Ltd., Guangdong Guangzhou, 510623;
3. Qingdao Metro Corporation, Shandong Qingdao, 266071)

Abstract: Zhongshan Park Station of Qingdao subway line No. 3, which is constructed by arch cover method, locates in soil-rock composite layer. The maximal excavation depth is about 27.24m. Upper overburden is composed of quaternary and highly weathered granite, and the lower part is consisted of medium-slightly weathered granite and granite porphyry. The thickness of partially highly weathered rock layer is large and the medium-slightly weathered rock surface is partly steep, which makes the contact surface unstable. To ensure the excavation work, the ground subsidence was monitored and analyzed at the station. Results indicate that the subsidence emerges before the tunnel working face reaches to about 20m in front of monitoring sections when the arch cover method was adopted. With the decrease of distance between the tunnel working face and monitoring sections, the subsidence velocity continues to increase. Generally, the value of subsidence is 7~15mm when the excavation face was going through the monitoring sections. The velocity of ground subsidence increases to the maximum until the working face passes through the monitoring sections for 5~10m. After the working face passes through the monitoring section for more than 10 m, the subsidence velocity begins to fall. Most of observation points have the trend to be stable after the working face passes through the monitoring sections for about 20m. Supporting should be exerted and closed as early as possible to make sure that the supporting can play a good role. In addition, there is a interrelationship between the left and right pilot

---

原载于《岩石力学与工程学报》，2012，31（增1）：3413-3420。

tunnels. It is indicated that the appropriate distance between the left and right pilot tunnels should be 2.5 times of the diameter of pilot tunnel. According to the monitoring and analysis results, a series of control measures are put forward, which are proved to be feasible and effective by practice.

Keywords: tunneling engineering; subway station; arch cover method; ground subsidence; monitoring and analysis; control measures

1 引言

地铁车站的开挖使原有受力平衡被打破，岩土体内的初始应力场也必然发生变化[1]，引起地应力的重分布[2]。城市地铁工程一般位于城市的繁华地段，周围建筑物密集，各种地下管线纵横交错，如不及时采取相应的措施，就可能因地应力的重新分布而发生地面沉降事故。沉降事故在地铁工程施工中属于多发事故，其直接表现为地下隧道拱顶的下沉或坍塌，导致施工现场设备损坏，进而影响工程进度，增加工程费用，甚至造成人员伤亡等更严重的后果。在施工过程中进行沉降控制技术的研究和应用，开展地铁车站工程的监测分析，探讨隧道开挖引起的变形特性研究，对进一步完善支护工程设计，减少事故发生频率具有十分重要的理论和现实意义[3]。

国内外专家和学者对地下开挖引起的变形与沉降进行了大量研究，取得了丰富的研究成果。刘国彬等人[4] 利用软土基坑隆起变形的残余应力法和软土的时空效应理论，研究了隧道上方基坑开挖引起的隧道上抬，指出坑内加固和时空效应法施工可有效控制隧道上抬。在隧道施工监测方面，K. F. Bizjak 和 B. Petkovšek[5] 对斯洛文尼亚 Golovec 双洞三车道公路隧道采用三维收敛测量方法，监测隧道断面位移及衬砌和围岩应力，对新奥法施工支护的稳定性进行了检查。蒋树屏和赵阳[6] 将现代隧道施工中参数监测与反分析方法结合，判别围岩稳定。张顶立和黄俊[7] 在地铁隧道施工中同时对拱顶与地表沉降进行了监测，并对洞口特殊结构进行了受力测试。叶强和吴庆令[8] 通过对某深基坑支护结构的水平位移、深层水平位移、建筑物沉降、立柱沉降和支撑轴力的监测，探讨了水平位移、沉降与内力等变化规律，深入研究了水平位移的变形特性。朱道建等人[9] 结合厦门海底隧道现场实际施工和监测情况，就开挖段采用 CRD 法施工引发大面积地表沉降的问题进行了剖析，同时，对更改后的双侧壁导坑法在地表沉降的控制效果方面进行了分析和预测，得出 2 种不同施工工法在控制地表沉降及地表变形规律方面的差异。丁静泽和陈建平[10] 通过对武汉地铁 2 号线区间隧道地表变形进行连续监测分析，得到了该工程条件下隧道地表沉降的变化规律。

青岛地铁 3 号线中山公园站所处地质环境较复杂，为土岩复合地层，上部地层较软弱，为粉质黏土、含砂性黏土、强风化粗粒花岗岩，下部围岩较好，大部分为中风化粗粒花岗岩和微风化粗粒花岗岩。车站主体结构根据所处的工程地质与水文地质条件、结构宽度、隧道埋深等因素，采用复合式衬砌结构，按新奥法原理进行设计，施工与监控相结合。为最大程度地保证施工过程中拱部的安全，同时降低造价，采用了拱盖法，提前开挖上断面，施作支撑于拱脚纵梁上的钢筋混凝土大拱盖，在大拱盖的保护下，下部硬岩的开挖将十分便捷。拱盖法系近年来地铁工程研究和技术人员摸索出的一种针对复杂地层环境下地铁开挖的新型施工方法，目前在工程实践中应用尚少，对该方法施工所引起的地面沉降分析研究也不多见。本文主要阐述拱盖法施工过程中地表沉降及变形监测与分析结果，并提出了有针对性的对策，对类似工程有较好的借鉴意义。

2 工程概况

2.1 地面环境及工程地质

中山公园站位于八大关风景区，在香港西路与韶关路交会处，香港西路正下方，地面为商业、商务办公和居民楼。地貌类型为山前侵蚀堆积坡地，地面高程为 14.80～17.35m。起点里程为 K3+584.153，终点里程为 K3+761.078，全长 176.9m，开挖宽度 19.2m，高 16.2m，轨面标高约-8.91m，采用暗挖法施工，车站开挖深度24.55~27.24m。站址范围内上部土层为第①层人工填土、冲洪积层，第⑪层粉质黏土，第⑫层含砂黏性土，无软土和砂层分布，下伏基岩为燕山期花岗岩，强风化带风化厚度变化很大，中、微风化岩面埋藏深度变化大，为6.40~25.00m。各土层厚度、性质及分布分别如表1、图1所示。

表1 各土层厚度及性质

Table 1 Thickness and properties of soil layers

土层名称	平均厚度/m	天然密度 $\rho/g \cdot cm^{-3}$	黏聚力 c/kPa	内摩擦角 φ/(°)	弹性模量 E/GPa	变形模量 E_0/MPa	泊松比 υ
粉质黏土	5.0	1.89	28	11	—	4.14	0.81
含砂黏性土	2.0	1.92	30	20	—	7.32	0.88
强风化粗粒花岗岩	7.5	2.30	80	32	—	50.00	0.24
中风化粗粒花岗岩	9.0	2.49	2000	35	15	—	0.22
微风化粗粒花岗岩	3.6	2.53	8000	40	36	—	0.20

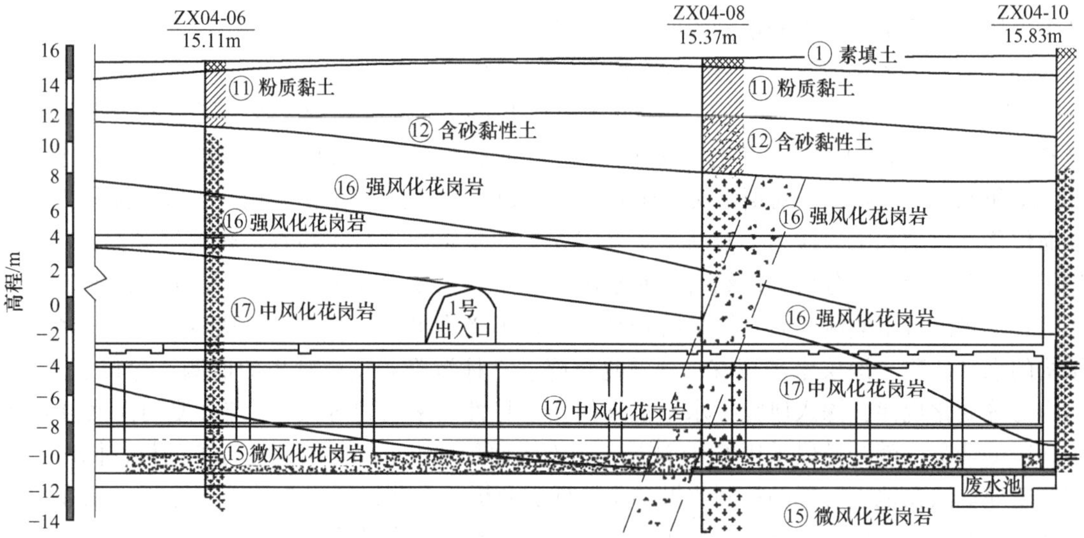

图1 中山公园站地质纵剖面

Fig. 1 Longitudinal geological profile of Zhongshan Park Station

2.2 设计及施工

车站主体施工工法为拱盖法，由风道向车站中心施工。施工工序如图2所示，具体为：开挖左导洞并施作初期支护（1）→开挖右导洞并施作初期支护（2）→开挖中导洞并施作初衬，并施工纵梁基础和大拱盖（3）→开挖下断面上台阶（4）→开挖下断面下台阶，施作二次衬砌（5）。

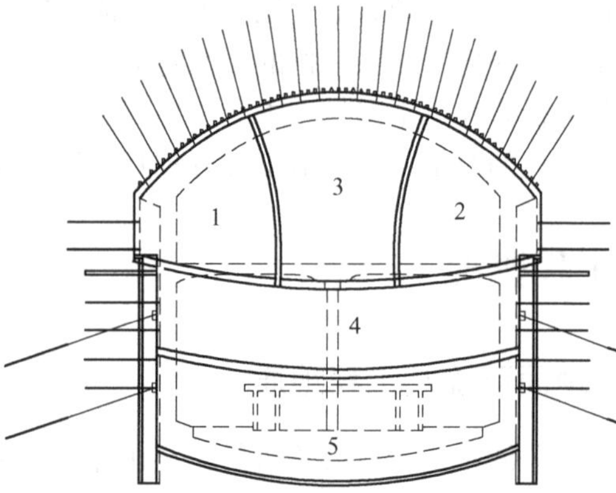

图2 拱盖法施工工序

Fig. 2 Construction sequence of arch cover method

综合考虑围岩级别、地形地质、埋置深度、结构跨度及施工方法等因素，并通过工程类比，确定初期支护以C25喷射混凝土、锚杆、钢筋网、格栅及型钢钢架为主要支护手段，锚杆采用中空注浆锚杆和全长黏结型砂浆锚杆，超前注浆小导管和超前大管棚作为辅助施工措施。主体部分左导洞截至2011年11月22日开挖约120m，右导洞开挖约84m。左、右导洞掌子面距离随时间变化曲线如图3所示。

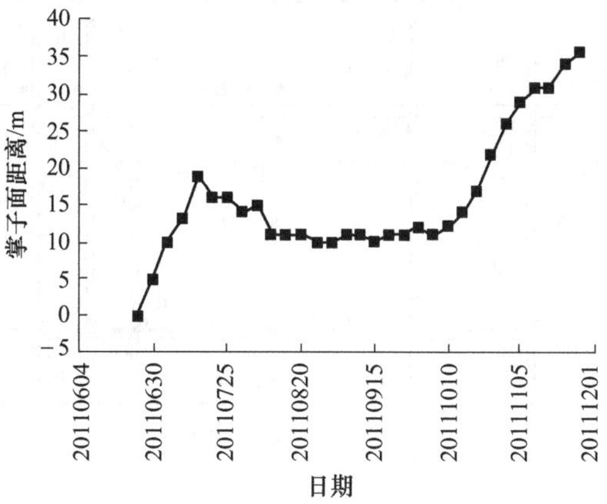

图 3 左、右导洞掌子面距离随时间变化曲线

Fig. 3 Changing curve of working face distance with time between left and right pilot tunnels

3 监测实施办法及监测点分布

3.1 监测方法

地表沉降采用几何水准测量方法，采用相对高程系，建立水准测量监测网，参照Ⅱ等水准测量规范要求用水准仪观测。历次沉降变形监测是通过高程基准点间联测一条闭合或附合水准线路，由线路的工作点来测量各监测点的高程。各监测点高程初始值在施工前测定，地表沉降监测点在暗挖车站开挖前布设，地表沉降监测点和暗挖车站内测布置在同一断面里程。

3.2 监测点布设

监测点埋设采用冲击钻在设计位置处钻孔达到原状土层后直接埋入钢筋完成。

地表沉降监测点纵向间距按表 2 所示布置，纵向约每 10m 布置一排，每排监测点依据现场情况布置 4~7 个，均在车站正上方。横向间距为 2~5m，在暗挖车站中线附近监测点应适当加密，两侧量测范围不小于（$H+B$），地表有控制性建（构）筑物时，量测范围适当加宽。车站主体的地表沉降监测点布设如图 4 所示。

表 2 地表沉降监测点纵向间距

Table 2 Longitudinal spacing between monitoring points for ground subsidence

隧道埋深与开挖宽度关系	纵向监测点间距/m
$2.0B<H<2.5B$	20~50
$B<H\leqslant 2.0B$	10~20
$H\leqslant B$	5~10

注：H 为隧道埋深，B 为隧道开挖宽度。

3.3 数据分析处理

沉降量按下式进行计算：

$$\Delta H = H_n - H_0 \tag{1}$$

式中，ΔH 为监测点沉降量，m；H_0 为监测点初始高程，m；H_n 为实测高程，m。

通过监测点各期高程值计算各阶段沉降量、变形速率、累积沉降量等数据。

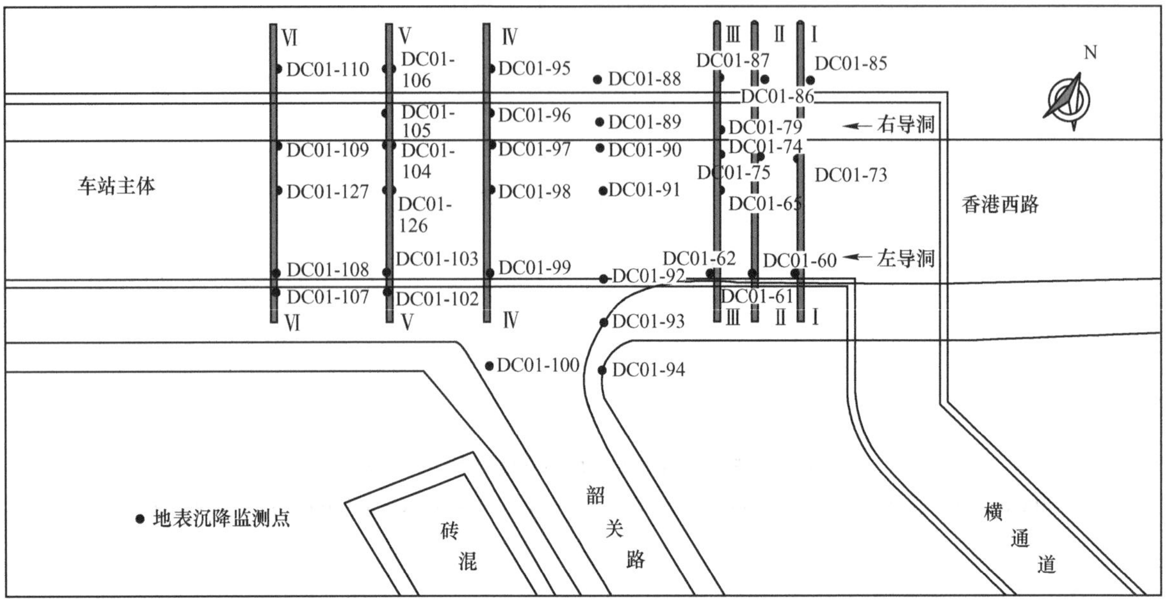

图 4　中山公园地表沉降监测点布设图

Fig. 4　Layout of monitoring points for ground subsidence of Zhongshan Park Station

4　地表沉降监测分析

4.1　地表沉降纵向曲线分析

图 5（a）和（b）分别为Ⅴ-Ⅴ和Ⅵ-Ⅵ断面监测点累计沉降量随时间变化曲线。由图 4 可见，监测点 DC01-102，DC01-107 位于左导洞上方偏左，监测点 DC01-103，DC01-108 位于左导洞上方，且位于相邻监测断面上，由于监测点距离较近，沉降变化差异不大。比较图 5（a）和（b）可知，相邻断面沉降曲线具有高度的相似性，即具有相似的沉降规律，这可为掌子面前方尚未开挖地表变形预测提供参考，从而采取更为合理的支护措施。

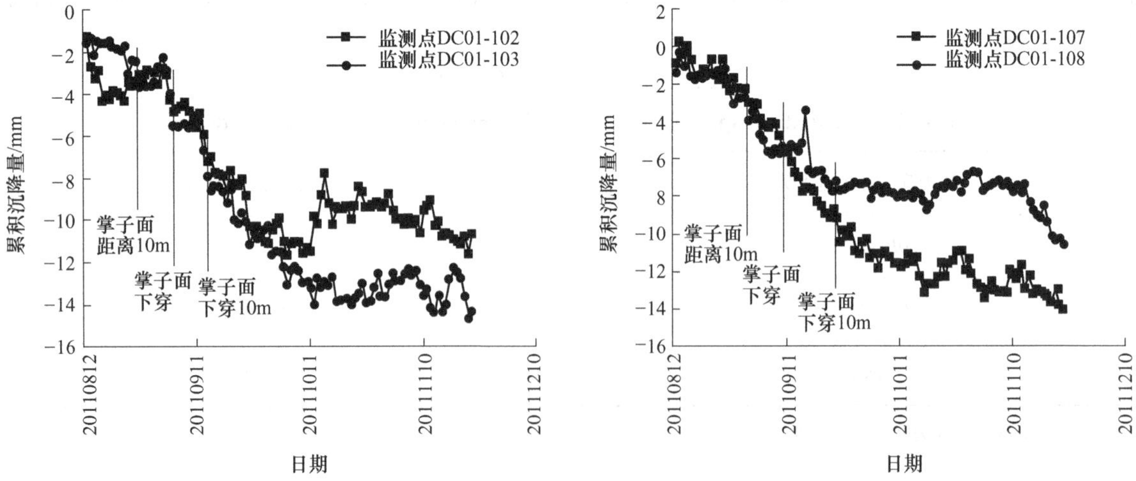

(a) Ⅴ-Ⅴ断面　　(b) Ⅵ-Ⅵ断面

图 5　左导洞地表累积沉降量随时间变化曲线

Fig. 5　Changing curves of accumulative ground subsidence above left pilot tunnel

综合导洞正上方各测点的沉降量发展规律，可得该车站导洞开挖过程中导洞正上方地表沉降量随掌子面与监测点间距离的变化曲线，如图 6 所示。

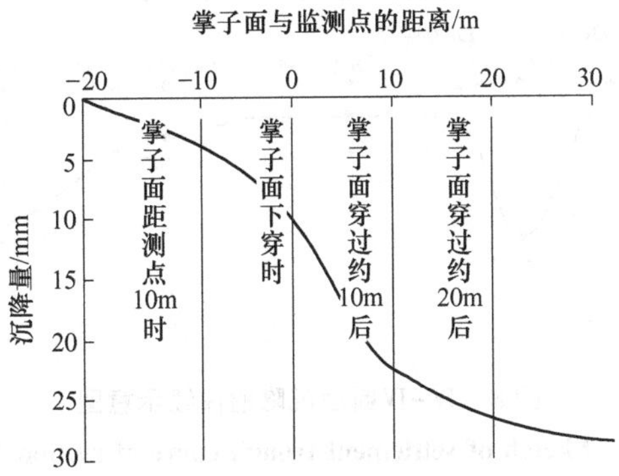

图 6　地表纵向沉降曲线

Fig. 6　Longitudinal curve of ground subsidence

由图 6 可以看出，地表沉降大致分为初期沉降阶段、快速沉降阶段、沉降收敛阶段 3 个阶段：初期沉降阶段自监测开始至距掌子面 10m 左右处，沉降速率相对较小，地表沉降量为 3~5mm；快速沉降阶段为自距掌子面 10m 左右处至掌子面下穿 10m 后处，累积沉降量为 7~15mm；沉降收敛阶段为掌子面下穿 10m 之后，该段沉降仍呈线性变化，但速率大幅降低；掌子面下穿 20m 之后，地表沉降趋于稳定。

4.2　地表沉降横向曲线分析

图 7 为Ⅳ-Ⅳ断面监测点累积沉降量随时间变化曲线。由图 4 可见，监测点 DC01-99 位于左导洞上方，DC01-100 则距左导洞正上方距离较远，DC01-95 位于右导洞上方开挖范围以外（左侧），DC01-96 位于右导洞正上方，DC01-97 位于右导洞上方偏左，DC01-98 位于右导洞上方开挖范围以外（右侧）。

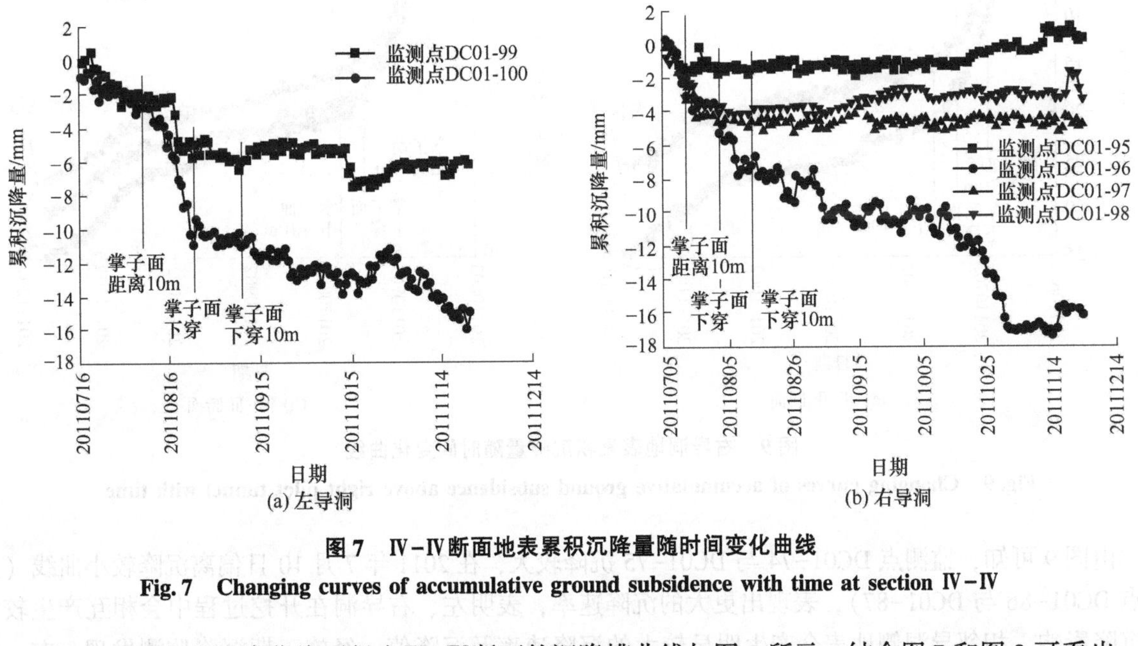

图 7　Ⅳ-Ⅳ断面地表累积沉降量随时间变化曲线

Fig. 7　Changing curves of accumulative ground subsidence with time at section Ⅳ-Ⅳ

根据各监测点的沉降曲线可得出Ⅳ-Ⅳ断面的沉降槽曲线如图 8 所示。结合图 7 和图 8 可看出，当施工从横通道进入车站主体开挖时，地表沉降变化率不大，但当掌子面距Ⅳ-Ⅳ断面 10m 范围内时，地表沉降变化率开始增大；掌子面下穿该断面时，监测点 DC01-100 地表沉降最大值约 10mm，后期沉降进一步增大到 16mm，分析其原因，主要是由于Ⅳ-Ⅳ断面距横通道较远，且监测点 DC01-100 上方为丁字路口，路面车载较大，反复扰动下产生二次沉降。

监测点 DC01-96 位于右导洞正上方，当掌子面与Ⅳ-Ⅳ断面距离 10m 时，该监测点累积沉降量最大达 6mm 左右，且变化速率大；最大掌子面通过该断面 10m 后，监测点地表沉降速率变小，而后出现

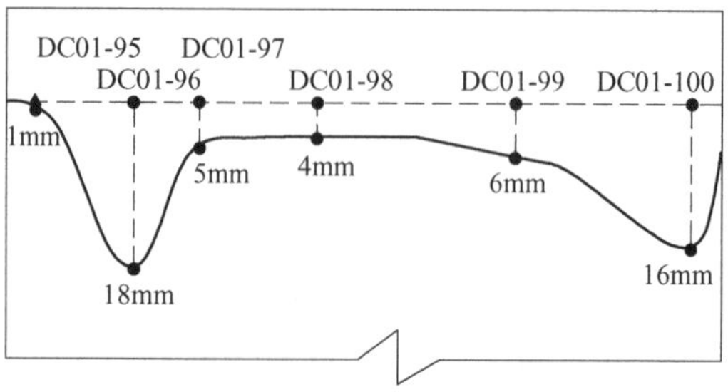

图 8 Ⅳ-Ⅳ断面沉降槽曲线示意图

Fig. 8 Sketch of settlement trough curve of section Ⅳ-Ⅳ

了较大幅度的沉降，接近 18mm，但其他监测点并未出现类似现象，推测不是中导洞开挖所致，所以不排除初期支护与围岩存在不密贴情况，导致局部发生较大后期沉降。监测点 DC01-97，DC01-98 累积沉降量随时间变化曲线相近，但 DC01-97 比 DC01-98 变化稍大，说明中部预留岩体的地表沉降与距隧道正上方的距离是负相关的。而监测点 DC01-95 累积沉降量最大只有 2mm，基本无变化，说明该点在隧道开挖对地表沉降的影响范围以外。综上可知，在土岩复合层中采用拱盖法施工开挖地铁车站时，导洞开挖对地表沉降的影响范围约为自导洞中心线向外侧 10m 左右，即 1.5 倍洞径左右。

4.3 导洞开挖的相互影响分析

图 9（a）和（b）分别为Ⅱ-Ⅱ断面监测点 DC01-74，DC01-86 和Ⅲ-Ⅲ断面监测点 DC01-75，DC01-79，DC01-87 累积沉降量随时间变化曲线。监测点 DC01-74 与 DC01-75 位于右导洞正上方偏左，DC01-86 与 DC01-87 位于右导洞正上方偏右。

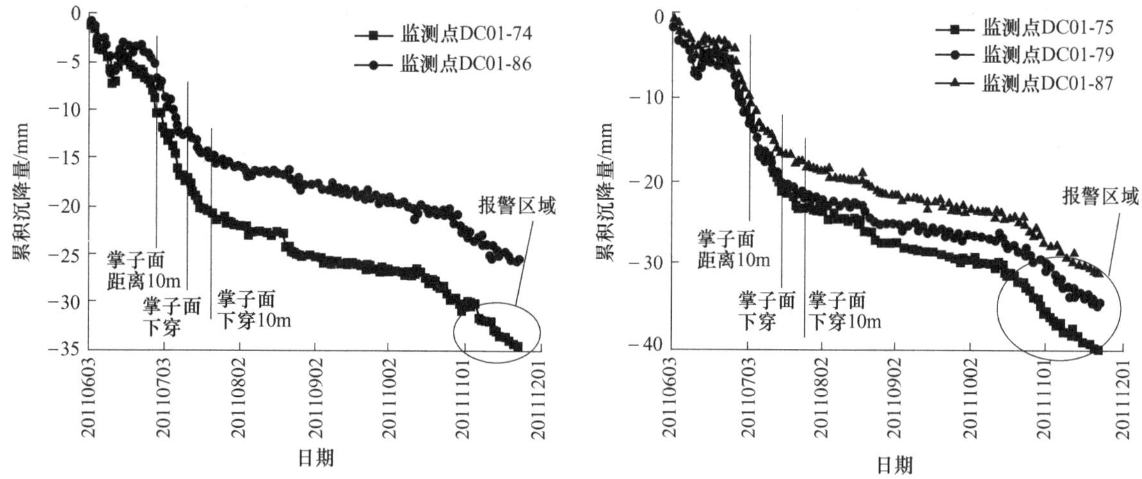

(a) Ⅱ-Ⅱ 断面 (b) Ⅲ-Ⅲ 断面

图 9 右导洞地表累积沉降量随时间变化曲线

Fig. 9 Changing curves of accumulative ground subsidence above right pilot tunnel with time

由图 9 可知，监测点 DC01-74 与 DC01-75 沉降较大，在 2011 年 7 月 10 日偏离沉降较小曲线（监测点 DC01-86 与 DC01-87)，表现出更大的沉降速率，表明左、右导洞在开挖过程中会相互产生较大的沉降影响，相邻导洞侧地表会产生明显较大的沉降速率及沉降值。经施工期沉降监测发现，左、右导洞开挖间距在 2.5 倍洞径左右时，其开挖影响较小。

4.4 导洞正上方地表沉降特性分析

为分析导洞正上方沉降特性，取Ⅲ-Ⅲ断面上的监测点 DC01-62 为研究对象，采用 Origin8.0 对该监测点的沉降数据进行线性多项式拟合，发现导洞正上方监测点沉降规律基本符合如下线性多项式：

$$S = a_0 + a_1 t^2 + a_2 t^2 + a_3 t^3 + a_4 t^4 + + a_5 t^5 \tag{2}$$

式中，S 为累积沉降量（mm）；a_i（$i=0, 1, \cdots, 5$）为待定系数，经拟合得其值分别为 2.29269，0.14138，0.00712，-1.11711×10^{-4}，6.07222×10^{-7}，-1.13174×10^{-9}。拟合曲线如图 10 所示。

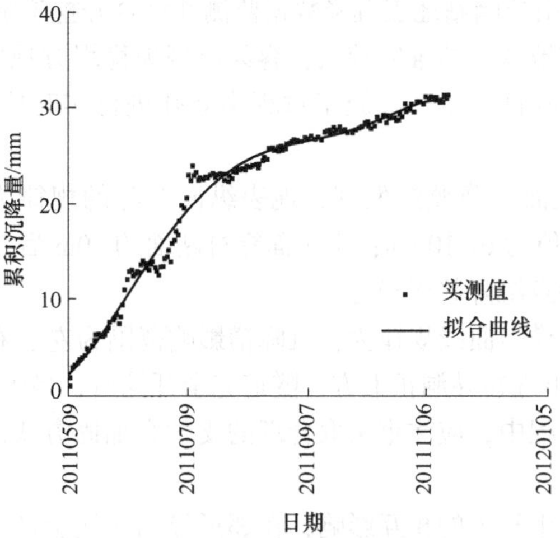

图 10　监测点 DC01-62 累积沉降量拟合曲线

Fig. 10　Fitting curve of accumulative subsidence at monitoring point DC01-62

拟合结果表明，实测值与预测值基本吻合，相关系数在 0.95 以上。根据拟合曲线的趋势能够预测导洞正上方地表沉降的发展情况，提前预估基坑变形，做到信息化施工，防患于未然。

5　控制对策

针对车站在采用拱盖法施工过程中部分监测点地表沉降较大的现状，根据监测分析并结合现场调研，采取了如下对策。

（1）严格控制超挖，出现超挖及时喷射混凝土。

（2）多次分部开挖对地表沉降产生的影响明显，为减小沉降量，在开挖前进行超前支护，并在开挖后及时进行初期支护，采用具有足够刚度的支护隔墙基础，工字钢隔墙架设在硬实的岩层上，必要时以喷射混凝土代替土层作为架设基底。

（3）改进施工工艺，减少沉降发生。做好施工准备和施工组织，细化施工工艺，快速施工，快速封闭，使初期支护和土体间顶紧，不留空隙，加强回填注浆工艺，及时填充初期支护和土体间空隙。

（4）做好地表空洞和富水异常区的处理，按照空洞探测结果，及时安排地表空洞和富水异常区处理，特别是要在开挖施工前处理完成，提高土体密实性，减少沉降发生。必要时在导洞内施作径向注浆管，在开挖轮廓外形成加固圈和隔水层。

（5）施工中加强监测，及时进行数据分析，从而指导施工。根据监测数据显示，2011 年 7 月 18 日监测点 DC01-59，21 日监测点 DC01-60，27 日监测点 DC01-61 和 DC01-62 沉降均已达到报警值，为了保证地面不再沉降，采取地层注浆加固措施固结围岩。经过 116d 的监测，最大沉降为 9.57mm，基本处于稳定状态。

（6）为有效控制控制地表沉降，施工中应准确控制各导洞施工进度，左、右导洞掌子面保持一定间距，一般为 2~3 倍洞径，最小为 2 倍洞径，同时也不宜过大，否则造成施工组织不便。本工程中，导洞直径为 6m，主体施工采用了 2.5 倍洞径，即 15m 左右，实践证明是合适的。

（7）爆破对围岩扰动较大，不利于稳定，施工过程中应通过合理安排爆破方案，减少段装药量，严格控制爆破振速，能起到良好的作用。

（8）由于地层上部围岩较差，掌子面下穿会引起 7~15mm 的沉降值，距离掌子面距离越近沉降值越大。开挖时采取减少循环进尺并尽早支护的措施，能有效减少地层沉降。

6 结论

通过对青岛地铁 3 号线中山公园站地表沉降数据监测并结合开挖工况分析，得到如下结论。

（1）土岩复合地层中开挖地铁车站难度较大，容易出现失稳塌方现象，采用拱盖法施工，能够保证施工过程拱部的安全，同时降低造价。在施工过程中必须进行实时监测，并对监测数据进行分析，为施工提供必要的参考。

（2）对拱盖法施工过程地面沉降监测发现，地表纵向沉降的规律为：隧道掌子面下穿监测断面时，沉降速率达到极值，沉降值为 6~10mm；掌子面穿过断面约 10m 后，大部分监测点沉降速率变小；掌子面穿过断面约 20m 后监测点沉降趋于稳定。

（3）拱盖法施工地表沉降横向曲线规律为：沉降槽影响范围为左、右导洞中线外侧 10m 左右，即 1.5 倍洞径左右；最大沉降值出现在导洞正上方，隧道完全开挖后，最大值约为 40mm。

（4）在采用拱盖法施工过程中，应注重采取合理的支护和加固方式。本工程中采用注浆加固地层等措施，控制沉降效果明显。

（5）左、右导洞开挖会产生较大的相互影响，在邻近导洞一侧会产生较大的沉降速率和最终沉降值。监测发现，左、右导洞开挖间距宜保持在 2.5 倍洞径左右。

参考文献

[1] Attewell P B, Yeates J, Selby A R. Soil movements induced by tunnelling and their effects on pipelines and structures [M]. New York: Blackie and Son Ltd, 1986: 52-56.

[2] Kontogianni V A, Stiros S C. Induced deformation during tunnel excavation: evidence from geodetic monitoring [J]. Engineering Geology, 2005, 79 (1/2): 115-126.

[3] 吴庆令．南京地区基坑开挖的变形预警研究［D］．南京：南京航空航天大学，2006.
Wu Qingling. Research on deformation forewarning of excavation pits in Nanjing [M. S. Thesis] [D]. Nanjing: Nanjing University of Aeronautics and Astronautics, 2006.

[4] 刘国彬，黄院雄，侯学渊．基坑工程下已运行地铁区间隧道上抬变形的控制研究与实践［J］．岩石力学与工程学报，2001，20（2）：202-207.
Liu Guobin, Huang Yuanxiong, Hou Xueyuan. The prediction and control of rebound defformation of the existed tunnels right under excavation [J]. Chinese Journal of Rock Mechanics and Engineering, 2001, 20 (2): 202-207.

[5] Bizjak K F, PetkovŠek B. Displacement analysis of tunnel support in soft rock around a shallow highway tunnel at Golovec [J]. Engineering Geology, 2004, 75 (1): 89-106.

[6] 蒋树屏，赵阳．复杂地质条件下公路隧道围岩监控量测与非确定性反分析研究［J］．岩石力学与工程学报，2004，23（20）：3460-3464.
Jiang Shuping, Zhao Yang. Study on monitoring and back analysis for road tunnel with complex geology [J]. Chinese Journal of Rock Mechanics and Engineering, 2004, 23 (20): 3460-3464.

[7] 张顶立，黄俊．地铁隧道施工拱顶下沉值的分析与预测［J］．岩石力学与工程学报，2005，24（10）：1703-1707.
Zhang Dingli, Huang Jun. Analysis and prediction of vault crown settlement in metro tunneling at shallow depth [J]. Chinese Journal of Rock Mechanics and Engineering, 2005, 24 (10): 1703-1707.

[8] 叶强，吴庆令．某深基坑工程的监测分析与变形特性［J］．岩土工程学报，2010，32（增 2）：541-544.
Ye Qiang, Wu Qingling. Monitoring analysis and deformation characteristics of a deep foundation pit [J]. Chinese Journal of Geotechnical Engineering, 2010, 32 (Supp. 2): 541-544.

[9] 朱道建，杨林德，黄建勇．厦门海底隧道地表沉降控制效果分析及其预测［J］．岩石力学与工程学报，2007，26（11）：2356-2362.
Zhu Daojian, Yang Linde, Huang Jianyong. Analysis and prediction of effect of controlling ground settlement at Xiamen subsea tunnel [J]. Chinese Journal of Rock Mechanics and Engineering, 2007, 26 (11): 2356-2362.

[10] 丁静泽，陈建平．武汉地铁区间隧道地表沉降规律探讨［J］．安全与环境工程，2011，18（5）：11-14.
Ding Jingze, Chen Jianping. Investigation of the regulation of ground surface settlements in Wuhan subway tube tunneling [J]. Safety and Environmental Engineering, 2011, 18 (5): 11-14.

复杂条件下多种控制爆破技术的综合应用

王晓帆

(广东宏大爆破股份有限公司，广东 广州，510623)

摘　要：以多种控制爆破技术在某体育训练场地平整爆破中的应用为例，介绍了在复杂条件下，浅孔控制爆破和预裂爆破的参数设计、起爆网路及起爆顺序设计和爆破安全技术措施等问题，供类似工程设计与施工借鉴。

关键词：复杂条件；控制爆破；爆破参数；爆破震动

Comprehensive Application of Various Blasting Techniques under Complex Conditions

Wang Xiaofan

(Guangdong Hongda Blasting Co., Ltd., Guangdong Guangzhou, 510623)

Abstract: Taking the land levelling of a sports training site by the application of a variety of controlled blasting technologies as an example, the paper introduces the blasting parameters, initiation network and initiation sequence of the shallow hole controlled blasting and pre-split blasting under complex conditions, and the safety technical measures for blasting, which can be used as a reference in the design and construction of similar projects.

Keywords: complex conditions; controlled blasting; blasting parameters; blasting vibration

1　工程概况

某海边有一体育训练设施现场场坪需按设计要求爆破开挖到位，需开挖石方约 15.4 万立方米（其中爆破方量 7.2 万立方米，浮渣方量 3.88 万立方米），回填石方约 3.5 万立方米，剩余 11.9 万立方米（松方）。土石方清运至指定位置（运距 2km 以内）工期 2 个月。

该区域地形起伏变化大，基岩一般直接出露，局部有小于 1m 的覆盖层。

岩性主要以安山岩为主，局部为安山质角砾岩、安山质泥灰岩、属安山岩岩相变化。颜色以淡紫红色为主，间有灰色、灰绿色、灰黄色。坚硬~较坚硬、块状~碎块状结构，局部层状结构，层理间距 10~20cm，层理部分裂开，大多紧密。裂隙较发育，一般 2~3 组，局部可见气孔、杏仁状构造。该区岩石以中等风化为主，局部强风化，强风化厚 1~2m。岩石单轴抗压强度 R_c 在 73.07~155.54MPa，饱和单轴抗压强度 R_b 在 33.08~120.56MPa，弹性模量 E 在 27.94~54.50GPa。

2　爆破环境

该体育训练设施现场场地平整爆破施工环境极为复杂，场地周围全为要保护的建筑物和设施。东侧约 10m 为码头道路，道路直通港口码头，道路边上安装有路灯，路旁地下有各种管线；北侧约 7m

原载于《中国矿业科技文汇—2013》。

为一号道路，道路边上安装有路灯，路旁地下有各种管线；西侧 10m 为规划中的码头后方道路，道路边上已建成地下输油管道；南侧为规划中的驻泊区东西向道路，路边已建成 2 栋房屋，且码头上停放着各种大小船只。爆破施工作业时要防止爆破飞石对房屋和路灯以及船舶的损坏，也要降低爆破震动对地下各种管线及码头的影响，确保码头设施的绝对安全。目前，场地内正进行护岸建设，施工单位多，施工道路交叉多，施工现场人员设备多，车辆流量大、交通状况复杂。

3 爆破方案

对于体育训练场地的开挖区域，采用小孔径和密孔距的控制爆破方法施工，来控制爆破飞石和降低爆破震动对附近建筑物的影响。为了保证工程的进度，钻孔的孔径选择 ϕ40~76mm，离保护体比较近时，采用 ϕ40mm 的孔径，开挖深度小于 1m；离保护体远的区域，采用 ϕ76mm 孔径，开挖深度 1~4m。对于一些有轮廓要求的沟槽，基坑等则采用预裂爆破技术控制边坡，确保边界平整。

4 爆破设计

4.1 主体爆区爆破设计

爆破参数的确定主要依据岩体的性质、爆破区域周边环境、钻孔机械、炸药种类等。如遇特殊地质构造等情况应适当调整爆破参数。

为了满足粒径要求，降低大块率，同时满足爆破、挖装效率的最优化，主爆破区域钻孔直径选择 ϕ=76mm。

（1）基本条件：平整场地高度 1~4m，小于 4m 的区域，施工台阶高度将根据开挖台阶高度来确定，大于 4m 的区域，进行分层爆破开挖。

台阶高度按 4m 设计，钻垂直孔，采用梅花形布置，炸药选用乳化炸药。

（2）爆破参数。爆破参数见表 1。

表 1 不同台阶高度控制爆破参数

台阶高度/m	钻孔超深/m	总孔深/m	堵塞长度/m	排距/m	孔距/m	单孔装药量/kg	平均单耗/kg · m^{-3}
1.0	0.4	1.4	1.2	1.0	1.5	0.6	0.40
1.5	0.5	2.0	1.7	1.3	1.8	1.4	0.40
2.0	0.6	2.6	2.0	1.5	2.0	2.4	0.40
2.5	0.7	3.2	2.2	1.8	2.3	4.1	0.40
3.0	0.8	3.8	2.4	2.1	2.5	6.3	0.40
3.5	1.0	4.5	2.5	2.3	2.8	9.0	0.40
4.0	1.2	5.2	2.5	2.5	3.0	12.15	0.41

注：钻孔直径 d=76mm。

4.2 小孔径浅孔控制爆破

小孔径浅孔控制爆破主要用于体育训练设施场地平整南侧区域超高（0.3~10m）部位的底板平整。由于该部位紧靠码头和南侧房屋，为了降低爆破对码头及房屋的影响，必须对爆破药量进行严格控制，对爆破作业安全有更高的要求。控制范围应该包括爆破振动、爆破飞石（进行覆盖防护）、爆破冲击破等。

控制爆破部位采用 YT-24 或 7655 型手风钻穿孔，炮孔直径选用 d=40mm，其爆破参数确定如下。

（1）抵抗线 W。

$$W = (20 \sim 45)d \tag{1}$$

对于浅孔爆破，由于炮孔直径 d 较小，一般取 W=25d，则：W=25×0.04=1.0m。

（2）炮孔长度 L 和超深 Δh（H 为孔深）。

$$L = H + \Delta h \quad (2)$$

$$\Delta h = 0.25W = 0.25\text{m}$$

（3）最小炮孔堵塞长度 h_0。

$$h_0 = 1.25W = 1.25\text{m}$$

（4）炮孔间距 a。

$$a = m_1 W \quad (3)$$

式中，m_1 为炮孔密集系数，一般取 $m_1=1$，则：

$$a = 1 \times 1 = 1.0\text{m}$$

（5）炮孔排距 b。

$$a = m_2 b \quad (4)$$

式中，m_2 为排间炮孔密集系数，一般取 $m_2=1.15$，则：

$$b = 0.80\text{m}$$

（6）炸药单耗 q。

浅孔控制爆破炸药单耗较低，一般 $q=0.4\text{kg/m}^3$。

不同台阶高度浅孔控制爆破参数见表 2。

表 2　不同台阶高度爆破参数

台阶高度/m	钻孔超深/m	总孔深/m	堵塞长度/m	排距/m	孔距/m	单孔装药量/kg	平均单耗/kg·m^{-3}
0.3	0.3	0.6	0.55	0.5	0.6	0.05	0.40
0.5	0.3	0.8	0.7	0.6	0.7	0.1	
0.7	0.3	1.0	0.8	0.7	0.9	0.2	
1.0	0.4	1.4	1.1	0.8	1.0	0.3	

注：钻孔直径 $d=40\text{mm}$。

4.3　预裂爆破

根据施工图纸要求，体育训练设施场地内还有各种规格的基坑及边坡必须采用预裂爆破。预裂爆破是在主炮孔爆破之前起爆布置在开挖边线的 1 排预裂孔，爆破的结果是相邻孔之间形成裂缝，整个预裂孔的布孔平面形成 1 个断裂面，以减弱主爆区爆破时地震波向边坡岩体的传播并阻断向边坡外发展的裂缝。主爆孔爆破后，沿预裂面形成一个超挖很少或没有超挖的光滑边坡。

4.3.1　爆破参数

（1）炮孔间距：对 ϕ76mm 的炮孔，结合现场情况，炮孔间距取 0.6~0.9m 能取得最佳效果，设计孔间距取 0.6m。

（2）线装药密度 $Q_{线}$：本工程按类似负挖工程经验，选 $Q_{线}=0.45\text{kg/m}$。

（3）不耦合系数：预裂爆破采用不耦合装药结构，本工程预裂爆破钻孔直径为 76mm，药卷直径为 32mm。不耦合系数为 76/32=2.375。

（4）堵塞长度：堵塞长度按 $L_1=1.0\text{m}$ 计，用黄泥堵塞。

（5）钻孔角度：钻孔时按设计实际坡度进行操作。

4.3.2　装药结构

不耦合装药结构，将直径为 32mm 小药卷捆绑在竹片上放入炮孔中，药卷之间用导爆索串起来，孔底装药要加强（加两卷标准药卷）。

4.3.3　起爆方法

采用导爆索起爆法，同排预裂孔必须在主炮孔起爆前同段起爆，造成爆轰波应力场及高压气体准静态应力场的叠加，形成裂缝。凡裸露导爆索全部用沙包覆盖。

4.3.4　拐角的处理

本负挖工程边线拐角多，故常出现图 1（a）所示的阳角，在四边形坑中往往又常遇到如图 1（b）

所示的阴角，统称为拐角。这种拐角成型很困难，爆破后往往按图中虚线成型，出现超、欠挖，甚至使保留岩体不稳定。为此，采取以下方法防止超欠挖和保留岩体失稳。

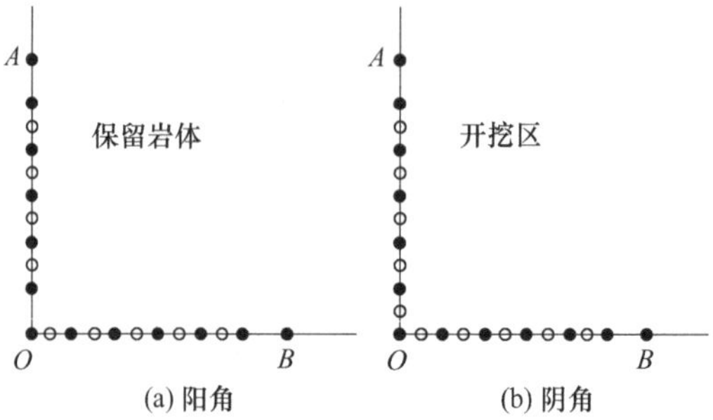

图 1 拐角的龟裂处理法

○—装药孔；●—空孔

为防止爆破 A_0 面对 B_0 面 0 点附近产生破坏使得 B_0 面在 0 点附近无法成孔而影响预裂质量，在施工 A_0 面时，必须在 B_0 面上少量钻几个孔与 A_0 面同时点火，分段起爆。为使预裂爆破能沿设计的轮廓线充分成缝，利用相邻 2 孔越接近，应力集中现象越明显的空孔效应原理，在正常预裂孔距不变的情况下，间隔钻 5 个比装药孔浅一半的空孔作导向，用龟裂的方法使之成型。

4.3.5 预裂缝的超长

为了保证保留岩体的轮廓面的完整，应避免主爆孔爆破对保留岩面的强力冲击，故此，预裂面必须超出主爆孔布孔范围，此超出部分即预裂缝的超长。

预裂缝的超长亦即预裂孔的水平布置超出最后 1 排主爆孔的水平布置长度。一般取 $b=(50\sim100)d$，在台阶宽度较小施工时，为减少前一炮次预裂缝超长给后一炮次穿孔施工带来的难度。较宽的台阶施工时可根据情况适当取大值。一般情况下预裂孔每端要比爆破孔超长 5~7 个孔。

4.4 爆破网路

本工程采用非电复式导爆管起爆网络，导爆管与导爆管之间用四通连接件相连，外接塑料导爆管用击发枪进行起爆。为保证孔内炸药可靠起爆及稳定爆轰，每个炮孔放两发起爆雷管。

本期工程的台阶爆破采用梅花形布孔，根据爆破区域的环境不同，爆破的规模和网路连接方式也不一样。在离保护体较远的主爆区，形成了良好作业条件的工作台阶，采用大角度 V 型起爆网络。利用大角度 V 型起爆，相当于宽孔距爆破，是改善爆破质量、控制大块率的有效技术措施，同时可改善尖顶位置的炮孔的夹制状态和易产生大块根底的缺点。在保护设施附近的小孔径浅孔控制爆破，需要减小爆破规模，采用逐孔起爆顺序。逐孔起爆网路孔内毫秒雷管一般为 MS9~12 段，孔间毫秒雷管一般为 MS2 段，排间毫秒雷管一般为 MS3 段。

5 爆破安全

5.1 爆破飞石的控制

本次爆破环境都比较复杂，尤其是体育训练设施场地周边都有建筑物要保护，为防止飞石损坏一号路、驻泊路的路灯和南侧房屋，爆破作业施工期间采取如下防护措施：

对浅孔控制爆破，在被爆岩体上方覆盖防护材料。网络连接完毕后，组织覆盖防护，堵塞前将覆盖炮孔的沙袋置于炮孔边，把覆盖钢板运至爆区附近，爆破网络连接好后，按设计要求进行防护，防护操作时注意保护好爆破网络的完好性，若出现网络损伤必须及时告知爆破技术人员进行修复、重新连接损伤处。爆破时，在爆破区域内炮孔口压沙袋、盖钢板、再压沙袋进行直接防护。爆区防护做法如图 2 所示。

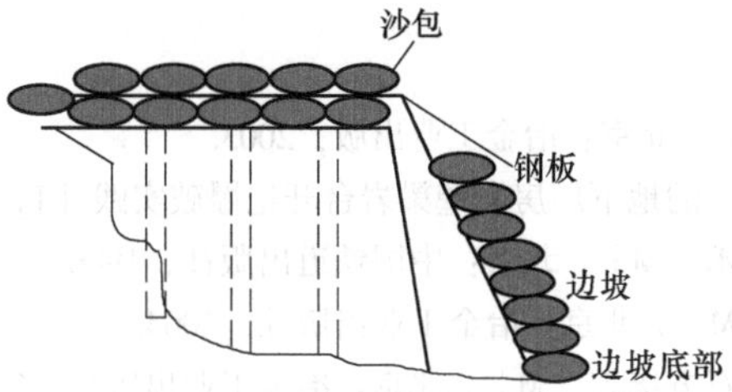

图 2 爆破飞石防护示意

5.2 爆破震动的控制

本爆破区域离地下油管、地下输水管较近，为了避免或减少震动对油管的破坏性，就必须找出控制爆破地震强度的措施和确定出爆破地震的安全距离。

（1）控制最大单响起爆装药量，以降低爆破的瞬间能量过大带来的地震效应。可根据最大单响起爆安全装药量经验公式来计算控制。

$$Q_{安} = [R(v/k)1/\alpha]^3 \quad (5)$$

式中，$Q_{安}$ 为最大一段安全装药量，kg；R 为爆区距被保护体间的距离，m；本工程要求保护的重点是输油管、电缆线、供水线及附近房屋等设施；v 为安全上允许的振动速度，取 2cm/s；k 为与爆破场地有关的系数；α 为与地质条件有关的系数。其中，k、α 值根据类似爆破试验数据取：$k=180$，$\alpha=1.75$。经计算，允许同段药量见表 3。爆破时要参照本表，严格控制药量。

表 3 最大一段起爆药量控制

距离/m	药量/kg	距离/m	药量/kg	距离/m	药量/kg
10	0.44	60	96.55	110	594.96
20	3.58	70	153.32	120	772.42
30	12.07	80	228.86	130	982.06
40	28.61	90	325.86	140	1226.57
50	55.88	100	447.00	150	1508.63

由表 3 可知，爆破区域距离保护对象距离 10m 时，单响药量只有 0.44kg，实际爆破时，采用分台阶（1m）小孔径和逐孔起爆技术，单响装药可控制在计算值范围以内，即可确保输油管等建筑物不受爆破振动破坏，逐孔起爆爆破设计药量满足安全要求。

施工过程中接近地下油管、电缆、供水管和建筑物范围时对爆破地震波进行检测，掌握爆破地震波影响范围。

（2）在开挖区域与保留区域（管线）之间，使用潜孔钻钻 1 排密集空孔作为减震孔，降低爆破振动速度。

6 结语

本文结论如下。

（1）本次工程的爆破量不大，但爆破环境非常复杂，采用不同的炮孔直径、不同的爆破方式安排施工，既保证了工程进度，又保证了爆破的安全。

（2）如果经济和工期条件允许，为了更加安全可靠，在地下输油管道等重要设施附近，可以采用静态膨胀剂施工法（静力爆破），做到无声、无飞石、无振动开挖。

参 考 文 献

[1] 刘殿中．工程爆破实用手册［M］．北京：冶金工业出版，2003.

[2] 陈彬，杜汉青，安萍．复杂条件下的地下厂房岩壁梁岩台开挖爆破实践［J］．爆破，2006，23（2）：38-52.

[3] 朱忠节，何广沂．岩石爆破新技术［M］．北京：中国铁道出版社，1986.

[4] 张正宇，等．中国爆破新技术［M］．北京：冶金工业出版社，2004.

[5] 郑炳旭，王永庆，魏晓林．城镇石方爆破［M］．北京：冶金工业出版社，2004.

硐室及其他爆破

Chamber and Other Blasting

条形药包爆破理论与技术

郑炳旭[1]　张志毅[2]

（1. 广东宏大爆破股份有限公司，广东 广州，510623；
2. 中国铁道科学研究院，北京，100081）

摘　要：介绍了条形药包爆炸应力场、条形药包爆破震动场的最新研究成果，由此还解释了条形药包的定向作用原理。另外，根据土中模型试验，对条形药包的爆破漏斗特性作了总结，讨论了条形药包长抗比对装药量计算的影响，并介绍了条形药包硐室爆破设计方法和爆破施工组织管理的经验。

关键词：条形药包；硐室爆破；应力波；地震波；爆破漏斗

Theory and Technology of Linear Charge Blasting

Zheng Bingxu[1]　Zhang Zhiyi[2]

（1. Guangdong Hongda Blasting Co.，Ltd.，Guangdong Guangzhou，510623；
2. China Academy of Railway Sciences，Beijing，100081）

Abstract: Recent achievements in research of stress and vibration fields resulted from linear charge explosion were introduced. Based on the above-mentioned achievements, the directional mechanism of a linear charge was explained. Besides, the characteristics of blasting cone produced by a linear charge were summarized through modeling tests with linear charges in earth and influence of the length-to-burden ratio on the calculation of charge mass was discussed. And the designing method of chamber blasting using linear charges and the experience on implementing management were presented.

Keywords: linear charge；chamber blasting；stress wave；earthquake wave；blasting cone

1　条形药包爆破的发展概述

条形药包通常可分成两大类型：一是用于钻孔爆破的圆柱状药包；二是本文讨论的条形硐室线型药包。虽然它们在工程应用中由于施工方法、爆破规模及工程项目的差异，各自有其个性，但在爆破作用原理方面，它们具有共性。如关于条形药包爆破应力波场的特性两者都是相同的，然而在爆破震动、抛掷堆积、药量计算和施工工艺方面，钻孔爆破和条形药包硐室爆破各有其特点，本文仅讨论条形硐室药包（简称条形药包）爆破。在条形药包爆破特性的研究方面虽然取得了一些进展，但其理论研究还不适应实践发展的需要，这主要因实验条件和科研手段的限制，阻碍了基础理论的发展。近年来条形药包爆破的研究方法也已有新发展，动光弹、动云纹试验和电磁粒子速度计算方法为条形药包应力场研究开辟了新途径；高速摄影和 X 光摄影及发光块技术的引入，为条形药包爆破抛掷堆积研究创造了条件；计算机的发展方便了数值模拟计算，有利于对岩石爆破破碎机理的探讨。

尽管条形药包爆破理论还不很完善，但在爆破工程中的应用已相当普遍。国外已有大型水电站用条形药包定向爆破筑坝的实例，国内也已有万吨级和千吨级条形药包大爆破，百吨级条形药包大爆破更为普遍。由于条形药包具有爆破成本低、施工机具要求低、施工速度快、爆破效果好等优点，所以

原载于《工程爆破》，2003，9（1）：22-26。

特别适合于我国的国情，显示出条形药包爆破的良好前景。

2 条形药包爆破应力波场特性

弄清条形药包爆破应力波场是认识条形药包爆破作用原理的基础。以前用分解球药包后再叠加求和原理计算条形药包爆炸应力波场，这一方法的主要缺点是端部及近区应力值计算误差太大。利用EPIC2数值计算原理分析了无限介质中条形药包爆破作用场的特性，对弹塑性流和波的传播考虑了非线性材料强度和可压缩性。计算时把无限介质中条形药包处理成轴对称的旋转体，然后当作二维问题求解。

根据计算结果，结合条形药包爆炸的动光弹和动云纹试验研究及土中压力波测试的对比分析，对条形药包爆炸应力波场特性得到以下的几点认识。

（1）通条线性起爆的条形药包爆炸应力波阵面形状呈轴对称分布。如图1所示，波阵面在药包径向范围内是柱形，而两端基本是半圆形，其半圆圆心在条形药包端点处，半圆半径与圆柱半径相等。另外，柱部应力条纹分布稠密，端部应力条纹稀疏，说明柱部的应力场强度大于端部。

（2）波阵面形状虽然规则，但波阵面上应力强度的分布并不均匀。药包中部径向的应力强度最大，向端部延伸径向的应力强度逐渐下降，进入端部后，应力强度明显衰减，随着与药包轴线的夹角减小，端部应力强度再次降低，药包端部轴线方向应力强度最小，其应力峰值等值线分布如图1所示。

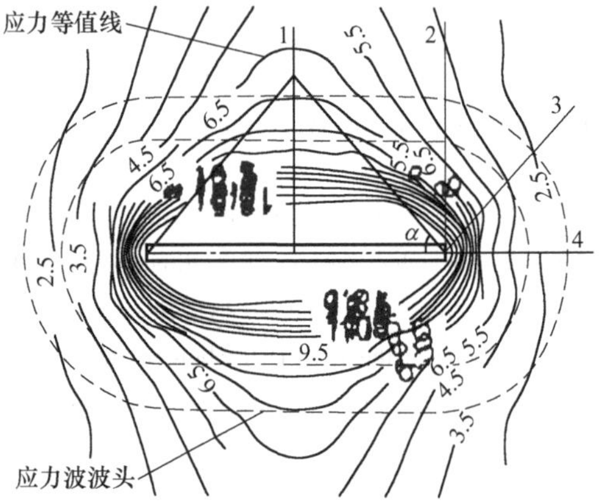

图1 条形药包爆炸应力场分布状态

Fig. 1 Distribution state of stress field from linear charge explosion

（3）从峰值应力等值线分布情况可知，在爆破源近区等值线为近似的椭圆形分布，椭圆的长轴与药包轴线重合，远区逐渐向圆形发展。之后继续向远区，并非像原来有人设想的等值线就可近似为圆形分布了，而还是近似的椭圆形分布，只是椭圆的长轴变为垂直于条形药包的轴线方向了。

以上应力峰值等值线的分布特征可以说明，条形药包爆破作用力具有良好的定向性，这可以解释条形药包的定向爆破作用原理。另外它也说明条形药包爆破作用范围和形式将与药包长度和作用距离的比值有关，当在有限介质中爆炸时，这种关系就表现在药包长度与最小抵抗线的比值上，因此可以推论，爆破漏斗的形状与药包的长抗比（药包长度与最小抵抗线之比）$\eta=L/W$ 密切相关。另外爆源远区范围的等值线形状与地震波强度有关，说明条形药包端部轴线方向的地震小于径向地震强度，这一结论与测试结果相符。

3 条形药包爆破震动场特性

条形药包爆破震动以往仅参考集中药包的公式来估算，很少考虑其方向性。为了进一步认识条形药包爆破震动的特性，在土中进行了大量的小型爆破试验，得到了大量的实测数据，再结合实际工程的震动观测结果数值模拟计算结论及以往的研究成果，对条形药包爆炸震动场特性得到如下基本认识。

（1）条形药包爆破振动速度等值线是以药包轴线为几何中心的一系列同心椭圆，如图2所示（$L=4.8\text{m}$、$W=0.8\text{m}$、$q=0.781\text{kg/m}$）。椭圆形状特征与η有关（要求$\eta>1$），在爆破源近区（至药包中心的距离R小于2倍装药长度，即$R<2L$），椭圆的长轴与药包轴线重合；在爆破源远区（$R>2L$），椭圆长轴转为与药包轴线垂直；其分界点（$R=2L$）附近，等值线近似为圆形。振动速度等值线的这一分布形式不仅得到实际验证，而且与爆炸应力场的研究成果相吻合。它表明了条形药包爆破振动速度的安全检算不能像集中药包一样只考虑比例距离，同时还应考虑方向和R/L的比值。

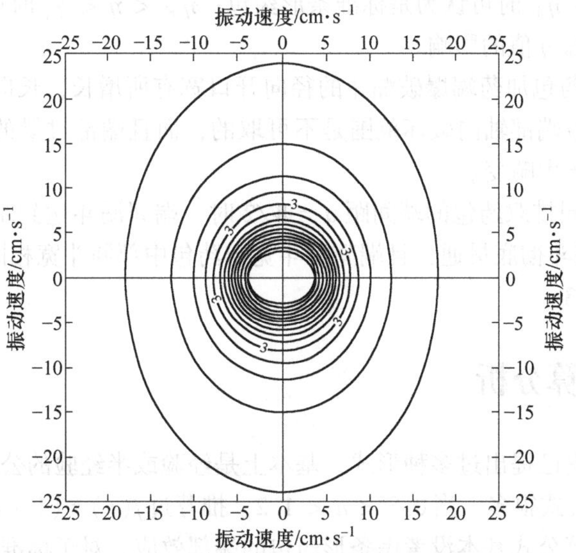

图2 条形药包爆炸震动场分布状态

Fig. 2 Distribution state of vibration field from linear charge explosion

（2）振动速度等值线的椭圆分布表明，条形药包不同方向的振动衰减规律并不相同，垂直药包轴线的方向上（药包径向），衰减最慢，而药包轴线延伸方向上衰减最快；与轴线成45°的方向上，衰减速度介于两者之间，与集中药包的衰减速度相当。

（3）与同等药量和埋深的集中药包相比，条形药包爆破震动的主振频率较低，这对周围建筑物的安全防护是不利的。

4 条形药包爆破漏斗特性

爆破漏斗特性是工程爆破研究中最基本的内容，也是推求药量计算公式的最直接依据。为此，通过土中条形药包爆破漏斗试验，对条形药包爆破漏斗的特性得到以下几点认识。

（1）条形药包爆破漏斗的基本形式如图3所示，即地面轮廓线为一椭圆，其长轴在药包轴线方向，短轴在过药包几何中心的径向上；横断面是抛物线形，纵断面为一倒立的梯形。

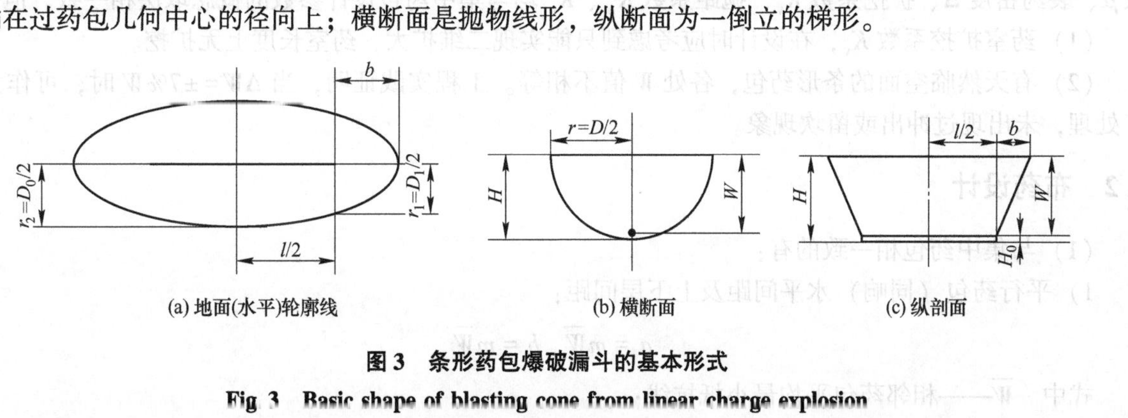

图3 条形药包爆破漏斗的基本形式

Fig 3 Basic shape of blasting cone from linear charge explosion

（2）条形药包爆破漏斗形状的变化主要受药包抗径比$\varphi=W/d$的影响，药包抗径比是决定药包爆破性质和漏斗开口宽度的主要因素，它与漏斗开口宽及漏斗体积成反比关系。

(3) 药包长抗比 η 是影响漏斗形式的次一级因素。当药包长抗比较小，漏斗地面轮廓线近似圆形时，其作用特征接近于集中药包；随长抗比增大，漏斗地面轮廓线变成椭圆，爆破漏斗横向开口宽度和漏斗体积均随长抗比增大而同步增加；然而当长抗比超过一定值之后，爆破漏斗横向开口宽度趋于稳定，爆破漏斗的地面轮廓线变成以药包中心为对称的两条平行线端接半椭圆，长抗比对漏斗的影响消失。因此，条形药包的长抗比 η 对漏斗特性的影响方面，存在上下两个分界值（$\eta_{上}$、$\eta_{下}$），$\eta < \eta_{下}$ 时可近似成集中药包；$\eta > \eta_{上}$ 时可认为是标准条形药包；$\eta_{下} < \eta < \eta_{上}$ 时可当成准条形药包处理。爆破效果及药量计算都应考虑 η 值的影响。

(4) 端部加药使条形药包加药端爆破漏斗的径向开口宽有所增长，长向开口宽增长不明显，因此以增大端部药量来提高药包端部轴向破坏范围是不可取的，而且端部过量的加药反而不利于爆炸能量的均匀分布，漏斗形状会产生畸变。

(5) 土中试验表明，同排双药包的端间距 $a = W/2$ 时，端间漏斗达到基本贯通，但仍留有少量根坎。当 $a = W/3$ 时，端间漏斗彻底贯通，且端间漏斗宽与药包中部漏斗宽相同，因此建议端间距可根据爆破要求取 $a = W/2 \sim W/3$。

5 条形药包药量计算分析

条形药包计算公式过去已提出过多种形式，基本上是经验或半经验的公式，公式的基本形式都是：$q = KW^2 f(n)$，而 $f(n)$ 的公式很多。当 $0.8 < n < 1.2$，推荐过 $f(n) = (1 + n^2)/2$，此式既简单也符合实际。然而过去的药量计算公式基本没考虑条形药包的端部效应，对于标准条形药包爆破它是合适的，但实际工程中常会遇到较短的准条形药包爆破，此时的药量计算公式应考虑长抗比的影响。试验表明：长抗比小，药量应该有所增加，而长抗比增大，药量可适当减少；当长抗比增大到一定值后，可当成无限长条形药包考虑，装药量也就达到稳定值，不再随长抗比增大而减少了。若要提出长抗比的修正函数，仍需要进一步的实践总结、检验和修正，才能应用于实践中。在此仅提出一点肤浅的认识，希望大家在条形药包爆破设计中充分重视长抗比对爆破效果的影响。

6 条形药包硐室爆破设计

把条形药包看成药量沿药室长度均匀分布的集中药包，以集中药包设计的经验方法为基础，进行一些修正并经工程实践验证，形成独立的设计体系。

6.1 爆破参数

因为把条形药包看成“拉成直线状况的集中药包”，所以爆破设计参数 K、n、W、W/H、压缩系数 μ、装药密度 Δ、扩挖系数 K_v，抛距系数 K_m、K_c 均与集中药包设计参数的概念取法相一致。但是：

(1) 药室扩挖系数 K_v，在设计时应考虑到只能实现二维扩大，药室长度上无扩挖。

(2) 有天然临空面的条形药包，各处 W 值不相等。工程实践证明，当 $\Delta W = \pm 7\% W$ 时，可作为同 W 处理，未出现过冲出或留坎现象。

6.2 布药设计

(1) 与集中药包相一致的有：

1) 平行药包（同响）水平间距及上下层间距：

$$a = m\overline{W},\ b = m\overline{W}$$

式中 $\overline{W}$——相邻药包平均最小抵抗线；

m——间距系数，m 的取值分 3 种情况（平抛、斜坡抛、松动），且 $\bar{n} \leqslant m \leqslant \sqrt{1 + \bar{n}^2}$（$\bar{n}$ 为相邻药包平均 n 值）。

2）药包埋深：$h = W/H$，$h = 0.6 \sim 0.9$。

3）后向不逸出系数：$k_{后} = W_{后}/W$，$k_{后} \geq 1.1\sqrt{1+n^2}$。

（2）与集中药包不同的有：

1）侧向不逸出系数：

$$k_{侧} = W_{侧}/W，k_{侧} \geq 1.2$$

式中　$W_{侧}$——以条形药包端头为起点实测的侧向最小抵抗线。

2）条形药包的端头与其他药包的间距。从能量观点出发，将条形药包与虚拟的集中药包分别进行能量统计与对比，找出条形药包端部以外（条形药包延长线上）多大距离处的能量流密度相当于集中药包1倍抵抗线处的能量流密度，并以此两距离之比作为处理端部效应的依据。

计算结果：端部距离

$$a' = 0.3W$$

$$\Delta Q = 0.35KW^3f(n)$$

式中　ΔQ——端部最小抵抗线与条形药包最小抵抗线相等时的增加药量。

一般经验做法是：

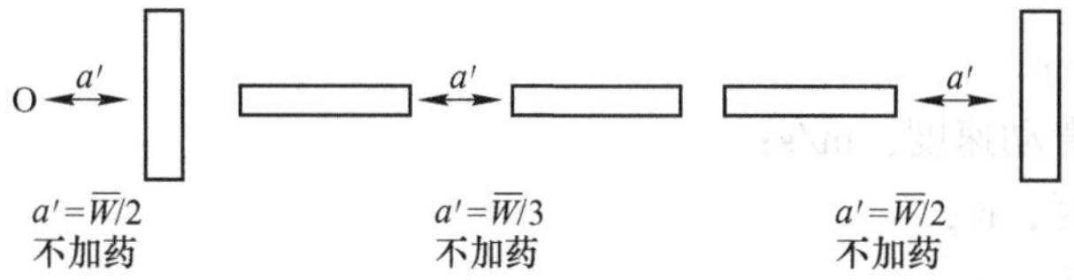

6.3　装药量计算

按“条形药包是集中药包的展开形式”，借用集中药包计算公式加以修正：

（1）延米装药量 $q = KW^2f(n)$；

（2）条形药包总装药量 $Q = qL$；

（3）端部增加药量 $\Delta Q = 0.35KW^3f(n)$。

6.4　爆破漏斗计算

（1）压缩圈半径：$R_y = 0.56\sqrt{qu/\Delta}$。

（2）上下破裂线：1）最终上下破裂线画法与集中药包相同（包括双向作用药包）；2）多排微差爆破，靠前排药包为后排药包创造“自由面”时，以 65°~75°（一般按 70°，当 W/H 大时按 65°，W/H 小时按 75°）画后破裂“面”。

（3）可见爆破漏斗计算：条形药包抛掷效率高，用集中药包经验公式计算误差较大，在工程中使用“整体弹道法”和“体积平衡经验法”计算，与实际符合较好。

6.5　抛掷堆积计算

在工程设计中，用多种方法进行过计算，对爆破效果进行对照后，认为用“整体弹道法”和“体积平衡经验法”均可满足工程设计要求。

6.6　安全计算

（1）飞石计算，同集中药包。

（2）预留边坡保护层：

$$\rho = R_y + 0.7B$$

式中　ρ——保护层厚度，m；

　　B——药室宽度，$B = 1 \sim 3$m，硬岩、低边坡，$B = 1$m；软岩，高边坡，$B = 3$m；一般，$B = 1.5 \sim 2.5$m，明显小于集中药包。

（3）震动安全计算：计算方法和控制标准与集中药包相同，但通过条形药包分段间隔堵塞“鞭炮式”起爆法，将单响药量控制在允许范围内，靠增加起爆段数来控制爆破震动效应，大大改善了硐室爆破所受到的环境限制。

6.7 涌浪

借助水库中滑坡体激起涌浪经验公式，对多项定向抛掷填海爆破工程进行涌浪观测，以涌浪高度作为判定安全的指标。

涌浪高度估算为：

$$G = \lambda \frac{T}{B} \frac{v}{\sqrt{gH}} \frac{1}{\sqrt{1 + 1.5g/H}}$$

涌浪衰减值估算为：

$$G' = 0.45 \frac{\lambda(L/B)T}{H^{2/3}X^{1/3}}$$

式中 G——涌浪高度，m；
λ——抛体前沿宽，m；
T——抛体厚，m；
H——平均水深，m；
v——抛堆入水后滑动速度，m/s；
B——抛堆水面宽度，m；
L——抛体滑动距离，m；
X——抛体至计算涌浪点的距离，m；
g——重力加速度。

以上计算较为粗略，理论尚不十分完整和严密，但基本与实测相符且偏于安全，可在实践中设防。但在涌浪扩展受到限制的水面，衰减极慢，要防止涌浪在岸边爬坡造成破坏。

6.8 对本设计体系的认识

对本设计体系的认识如下。

（1）26 次工程实践证明是可行的，能满足工程爆破的要求。

（2）本设计体系广泛吸取了“体积平衡法”和“整体弹道法”的精华。“体积平衡法”认为，爆堆是“连滚带爬”的运动散体，其运动和堆积形态符合几何相似，提出：抛出体积+残留体积=爆破体积，按抛出体呈三角形分布计算抛距，其公式特点是 $L \infty W$。“整体弹道法”认为，被爆岩体按布药关系分成正体和偏体，抛体以初速度 v 沿弹道飞行，单耗决定飞行速度 $v = f(\rho)$ 与 W 无关。通过 26 项工程实践，对上述两种理论进行验证、修正与补充完善，在前辈的基础上系统化。

（3）这套体系是逐渐形成的，目前已被爆破界所广泛采用，如珠海炮台山万吨大爆破的药量计算、布药设计、ΔW 控制、安全控制等，与本文介绍的体系一脉相承。应该说，本设计体系在“天下第一炮”中得到检验，并获得了预期的良好效果。

7 条形药包硐室爆破施工组织管理

7.1 化大为小，层层把关的施工组织

将一个大工程分若干区，由区长负责该区装药、堵塞和网路。每个区辖几条硐，每个硐设硐长，硐长负责该硐的起爆药包安放、装药、堵塞和联网。硐长对区长负责，区长对总工程师和总指挥负责。

7.2 施工分解图

装药前，将每条硐的分解图和材料用量表分发各区长和硐长，分解图上写明：该硐室装药量、延米装药量；起爆体、副起爆位置、编号、雷管段数、各段装药结构；导爆索敷放方式，线路走法及预

留接头位置；堵塞段位置；线路防护的材料及方法；防水方法；并列表给出该硐铵油炸药袋数、2号岩石炸药箱数、起爆雷管发数、起爆药和导爆索数量、导爆索总用量及各段规格、联接线总用量及各段规格、防护材料总用量、堵塞土袋个数等。硐长在硐内画上记号，区长检查验收，总工程师统一掌握和监督全局进度和质量。

7.3 改进堵塞方法

理论和实践证明，堵塞物主要靠质量惯性和摩擦阻力起作用，采用开挖硐室的石碴装入编织袋，每袋30kg左右，在堵塞段码砌，可大大提高堵塞工效和堵塞质量，按设计施工，从未发生过硐口“打炮”事故。

7.4 推广作用

上述组织管理方式、施工分解图和装袋堵塞方法，已在国内广泛应用，珠海炮台山万吨大爆破，亦采用这种组织形式和施工方法，收到良好效果。

参考文献

[1] 郑炳旭，等．条形布药多层多排微差爆破技术研究［Z］．广东省宏大爆破工程公司，1997.
[2] 王鹤鸣．条形药室端部效应的研究［A］．工程爆破文集第五辑［C］．武汉：中国地质大学出版社，1993.
[3] 张志毅，等．条形药包硐室爆破技术及其特性的研究［Z］．北京：铁道部科学研究院，1997.

定向爆破技术在惠州港搬山填海中的应用

闫 江 杨保东 郑炳旭[2] 张印祥 刘先魁 等

(1. 黄河工程技术开发公司，河南 郑州，450004；
2. 广东宏大爆破股份有限公司，广东 广州，510623)

摘 要：本文介绍惠州港搬山填海工程中定向爆破技术的应用，爆破达到设计目的，爆破振动和爆破产生的涌浪均与设计计算的结果一致。

关键词：搬山填海；定向爆破；爆破振动

Directional Blasting for Moving Mountains and Reclaiming Land From the Sea in Huizhou Port

Yan Jiang Yang Baodong Zheng Bingxu[2] Zhang Yinxiang Liu Xiankui etc

(1. Yellow River Technology Engineering Development Corporation, Henan Zhengzhou, 450004;
2. Guangdong Hongda Blasting Co., Ltd., Guangdong Guangzhou, 510623)

Abstract: This paper introduces the application of directional blasting technology in the project of moving mountains and reclaiming land from the sea in Huizhou Port. The blasting result achieves the designed goals, and the blasting vibration and surge generated by blasting are consistent with the calculated results in the design.

Keywords: moving mountains and reclaiming land from the sea; directional blasting; blasting vibration

1 工程概况

惠州港油气码头距通用码头东南隅200m处，是为通用码头提供油气的二期港建工程。油气码头设计占地面积约1km^2，建基高程5m，爆区由芝麻洲岛和杓马洲岛组成，两岛四面临海，周边海水深2~6m，水下淤泥厚4m左右，建基5m高程以上总方量为528.6万立方米。芝麻洲岛最高97m，宽150~350m，山体走向近东西，南坡地形较陡，自然坡角35°~50°，地表坡积物厚2~20m，北坡较缓，坡角25°~40°，坡面有滑坡体（滑体方量45万立方米左右）；杓马洲岛高46m，呈圆包形，周边坡角35°~45°。两岛岩性均为火山碎屑岩，抗压强度25~88MPa，岛内断裂发育，施工中挖出大小断层近百条，个别硐室涌水严重。根据建设单位要求，岛域南坡为航道，爆破以松动和弱抛掷为主，北坡为回填域。爆破采用加强抛掷方案，尽量远抛。

2 爆破设计

2.1 基本要求

（1）通用码头要求将200m宽的海峡一次爆破填平，抛体必须限制在宽306m长508~532m的范围内。油气码头爆破工程要求南坡抛体不许压盖航道，抛距限制在50m之内，北坡要求抛距200m，抛填入海量不小于30%。

（2）距爆区最近的村镇（640~1300m）不允许因爆破而破坏。

(3) 危险区以外的船舶及民房不因爆破涌浪而遭袭击或破坏。

(4) 为使爆后便于用机械推平，大块（长度大于1m）率小于7%。

2.2 爆破设计方案

通用码头爆破设计采用加强抛掷、陆岛对接定向抛掷方案，实现填平海峡的目的。陆、岛抛掷药包均采用双层、双排（或多排）小平面条形药包，最小抵抗线范围值为9~22m，用整体弹道法拟定最大抛距为160~200m，岛域南部码头前沿和周边布设单层、单排条形药包，采用加强松动和弱抛方案。设计陆域装药量为267.5t，岛域装药量为375.7t；陆、岛总装药量643.2t。油气码头爆破设计采用群体条形药包辅集中药包形式，采用抛松结合爆破设计方案，用单排条形药包开创边坡临空面，以小平面正体药包实现定向远抛、以大抵抗线平面药包实现加强松动的目的。群体药包最小抵抗线取值范围为9.06~41.08m，爆破设计底层布药最多为8排（双向布置），层次最多为4层；总装药量3250t。两次大爆破均采用了多时段毫秒延时爆破技术。通用码头爆破选用9段，最大一响药量115t。油气码头爆破选用13段，最大一响药量269t。

2.3 抛掷堆积计算

2.3.1 抛距计算

质心抛距：

$$S_c = \frac{v_c^2}{g}\sin 2\phi\left(\frac{1}{2} + \frac{1}{2}\sqrt{1 + \frac{2gH}{v_c^2\cos^2\phi}}\right) \tag{1}$$

前沿抛距：

$$S_m = \frac{v_m^2}{g}\sin 2\phi\left(\frac{1}{2} + \frac{1}{2}\sqrt{1 + \frac{2gH}{v_m^2\cos^2\phi}}\right) \tag{2}$$

式中 ϕ——抛射角，(°)；

H——抛体抛前抛后高差，m；

v_c，v_m——分别为质心、前沿抛速，m/s。

2.3.2 堆高计算（堆积三角形顶点高）

堆高：

$$h_p = \frac{2\eta A_c}{S_m - S_c}\xi \tag{3}$$

塌散系数：

$$\xi = \frac{\dfrac{L}{S_L}}{\sqrt{2}\left(1 + \dfrac{L}{2S_L}\right)\left[1 + 0.414\dfrac{S_b}{S_L\left(1 + \dfrac{L}{2S_L}\right)}\right]} \tag{4}$$

式中 η——爆破岩体松散系数；

A_c——过质心断面积，m^2；

L——条形药包长度，m；

S_b——条形药包抛堆顶边宽，m；

S_L——条形药包抛堆底边宽，m；

其他符号意义同前。

2.3.3 药量计算

单耗：

$$q = \left(\frac{v_c}{K_v}\right)^{1.5} \tag{5}$$

式中 K_v——抛速系数。

$$K_v=\begin{cases}22 & \text{群体药包}\\19 & \text{单列药包}\\14 & \text{单药包}\end{cases}$$

条形药包药量：

$$Lq = qW^2 \tag{6}$$

2.4 安全控制计算

该工程 640m 及 1300m 外有村镇分布，按国标《爆破安全规程》（GB 6722—1986）的规定，采用安全振动速度 3cm/s 核算。其计算公式为

$$v = k\left(\frac{\sqrt[3]{Q}}{R}\right)^{\alpha} \tag{7}$$

式中 k——与地形、地质有关的系数（通用码头选用 140，油气码头选用 250）；

α——衰减指数（根据岩性和现场试验采用 1.5 及 1.55）；

Q——最大一响装药量，kg；

R——被保护物距爆点距离，m。

两次施爆计算安全振动速度分别为 2.93cm/s 和 2.39cm/s，爆后调查被保护村镇的民用建筑均无损，说明选用的公式及参数是合理的。

2.5 涌浪安全距离

爆破瞬间，将有数十万方乃至上百万方的岩石抛入海中，引起涌浪，为防止涌浪的袭击破坏，需进行安全控制。在爆破引起的涌浪计算公式建立前，选用近似的涌浪公式进行核算。

抛体入海后形成的流量为

$$Q = T \cdot \lambda \cdot v = C \cdot B \cdot \xi \tag{8}$$

式中 T——抛体厚，m；

λ——抛体前沿宽度，m；

v——抛体入淤后的滑速，m/s；

B——抛堆区水面宽度，m；

C——波速，m/s。

$$C = \sqrt{gh\left(1 + 1.5\frac{\xi}{h}\right)} \tag{9}$$

式中 g——重力加速度，m/s^2；

h——平均海水深，m；

ξ——波浪高，m。

根据式（8）和式（9），抛体前沿波浪高（ξ）为

$$\xi = \lambda \cdot \frac{T}{B} \cdot \frac{v}{\sqrt{gh}} \cdot \frac{1}{\sqrt{1 + 1.5\frac{\xi}{h}}} \tag{10}$$

涌浪在传播过程中逐步衰减，其不同距离的涌浪衰减高度为

$$\xi' = 0.45\frac{\lambda \cdot L/B \cdot T}{h^{2/3} \cdot X^{1/3}} \tag{11}$$

式中 X——距抛体点位的距离或控制安全浪高的距离，m。

该两工程按浪高衰减至 1m 进行控制，计算结果为 1000~2000m 涌浪高 1.07~0.45m，实际安全警戒为 2.5km，故涌浪对船舶和人员没有影响。

2.6 毫秒延时间隔时间的确定

本工程根据现场试验结合地形地质条件，选用了25~120ms分段延期系列。根据最小抵抗线的大小，其前后排延期一般为50~100ms，同期上下层正体抛掷采用同段。为尽可能降低振动对环境的影响，同段雷管采用分散安设，如同段分设在陆、岛两地或分东、西区及南、北区，最大一响药量虽达115t（通用码头）及269t（油气码头），但并不集中，因而到达同一地点的地震波不是同时的。通用码头643t分9段起爆，油气码头3250t分13段起爆。

3 爆破效果

施爆后达到了预期的目的，海峡填平（爆后人沿爆堆直接上岛），限外无堆石，平均抛掷率高达58%。陆域爆区双排双层缓坡地形小抵抗线（$W<21m$），最远抛距达220m，抛掷率达72%，取得了正体抛掷的最佳效果。海峡中4m厚的淤泥经爆后勘探测试，淤泥已变成泥石混合体，其密度达1.7~2.0t/m^3，半年的平均沉陷量小于2cm，其沉陷量比机械夯实小得多。

爆破振动是按地面质点振动速度小于3cm/s控制的，因此小于3cm/s地区的建筑物均未破坏，有感振动也较小。原因是除在设计上对每段起爆药量进行控制和同段分散起爆外，爆区与村镇间还有200~500m宽的海水和多条断层通过，起到了一定的减振作用，而沿断层方向的同一距离，震感就较明显。距爆区100~500m的临时砖砌平房，相应振速10~30cm/s，仅墙壁产生裂缝。

爆破激起的海水涌浪，在抛堆区岸边浪高8~12m（包括爬岸），浪高在500m外急剧衰减，在25km处削减至0.3m左右，与计算的涌浪衰减距基本一致。

布药结构与抛掷堆积规律研究

郑炳旭[1]　高荫桐[1,2,3]　璩世杰[1]　李江国[3]　龚　敏[2]

（1. 广东宏大爆破股份有限公司，广东 广州，510623；
2. 北京科技大学，北京，100083；3. 河北工程学院，河北 邯郸，056002）

摘　要：定向爆破设计的核心内容是抛掷堆积计算，而抛掷堆积规律主要决定于布药结构。通过对通常采用的集中药包、条形药包和分集药包 3 种布药结构进行系统的爆破试验研究，以总结布药结构与抛掷堆积规律的关系，从而为定向爆破设计提供参考。

关键词：定向爆破；布药结构；抛掷堆积；集中药包；条形药包；分集药包

Research on Layout of Charge and Throwing Accumulati on by Directional Blasting

Zheng Bingxu[1]　Gao Yintong[1,2,3]　Qu Shijie[1]　Li Jiangguo[3]　Gong Min[2]

(1. Guangdong Hongda Blasting Co., Ltd., Guangdong Guangzhou, 510623;
2. University of Science and Technology Beijing, Beijing, 100083;
3. Hebei Institute of Engineering, Hebei Handan, 056002)

Abstract: Throwing accumulation is determined by layout of charge and the calculation of throwing accumulation is the kernel of directional blasting design. A series of experiments of the three kinds of layout of charge, concentrated charge, linear charge, and sub-concentrated charge, have been conducted to find the relationship of throwing accumulation and layout of charge. The results may serve as a reference to design of directionalb lasting.

Keywords: directional blasting; layout of charge; throwing accumulation; concentrated charge; linear charge; subconcentrated charge

1　前言

我国采用定向爆破技术已有 50 多年的历史，布药结构经历了从集中药包到分集药包，再到条形药包或混合药包的发展过程。最初多布置集中药包，当受地形、地质条件限制时，布置分集药包，为了更好地满足工程要求并降低爆破振动，则采用条形或混合布药结构。

目前定向爆破工程中，多采用条形药包、集中药包和分集药包的混合布药形式，而条形药包为首选布药结构，其次才考虑布置集中药包或分集药包。

2　目的和意义

爆破工程实践发现：条形药包（或分集药包）与集中药包相比，具有缩小压缩圈半径、降低爆破

基金项目：国家自然科学基金（19802002）。
原载于《爆破》，2006，23（2）：1-3。

振动、确保边坡稳定，有利于提高填塞质量、改善破碎效果等优点。

关于分集药包可否提高纵向抛距、减小横向堆积宽度，条形药包可否提高抛掷率、改善抛掷堆积效果等，由于现场模拟试验较少，对比资料或分析文章也不多见，人们对这 3 种布药结构的抛掷堆积效果的认识尚不明晰。为此，需要进行比较系统的试验研究，总结布药结构与抛掷堆积的规律，更好地指导定向爆破设计与工程实践。

3 试验设计

试验研究结合工程实践进行，为确保研究结论的可比性，试验条件和介质尽量相同或相近。为此，选取试验区段长度 18m、宽度 10m，人工修整为 25°左右的坡度。介质为松软红色黏土砂砾岩渣，含水率适中，容重 1.8~2.0g/cm^3。炸药为 2 号岩石乳化，爆破时摄像、摄影与测震，爆后测量爆破漏斗及爆堆形态。

试验设计为标准抛掷爆破，则每一个药包药量为

$$Q = ek_0W^3(0.4 + 0.6n^3) \tag{1}$$

式中，Q 为装药量，kg；e 为炸药换算系数，$e=1.0$；k_0 为炸药标准单耗，取 $k_0=1.4\text{kg/m}^3$；n 为爆破作用指数，取 $n=1.0$，W 为最小抵抗线，$W=1.0\text{m}$。

按照设计进行爆破试验，收集整理数据列于表 1。

表 1 实测试验数据

Table 1 Measured experimental data

组号	布药结构	序号	Q/kg	W/m	l/m	b_1/m	b_2/m	p/m	L_m/m	L_b/m	V_b/m^3	V_p/m^3	V_c/m^3	η/%
Ⅰ	集中药包	1	1.4	1.0	—	3.50	2.90	0.68	5.00	4.50	3.22	1.58	1.64	49.1
		2	1.4	1.0	—	3.25	2.75	0.65	4.50	4.20	3.10	1.45	1.65	46.7
		3	1.4	1.0	—	3.15	2.55	0.63	4.20	4.10	2.95	1.50	1.45	50.8
	平　均					3.30	2.73	0.65	4.57	4.27	3.28	1.71	1.56	48.9
Ⅱ	分集药包	1	2×0.7	1.0	1.0	2.75	3.15	0.58	4.90	5.00	3.65	1.89	1.76	51.8
		2	2×0.7	1.0	1.0	2.90	2.90	0.60	5.10	4.70	3.85	2.10	1.75	54.5
		3	2×0.7	1.0	1.0	2.60	3.00	0.55	4.70	4.80	3.05	1.56	1.49	51.1
	平　均					2.75	2.93	0.58	4.90	4.87	3.52	1.85	1.67	52.5
Ⅲ	条形药包	1	1.4	1.0	1.0	2.70	3.10	0.50	5.35	5.00	3.95	2.15	1.80	54.4
		2	1.4	1.0	1.0	2.90	3.35	0.55	5.50	5.25	4.10	2.35	1.86	57.1
		3	1.4	1.0	1.0	2.60	3.15	0.58	4.95	5.05	3.89	2.09	1.80	53.7
	平　均					2.73	3.20	0.54	5.27	5.10	3.98	2.19	1.82	55.1

注：b_1、b_2 为爆破漏斗纵、横向开度，m；p 为可见漏斗深度，m；L_m 为前沿抛距，m；L_b 为爆堆宽度，m；V_b 为爆破松方，m^3；V_p 为抛掷方量，m^3；η 为抛掷率。

4 试验研究与分析

抛掷堆积设计是定向爆破的核心，其中前沿抛距、爆堆宽度是抛掷堆积的关键，爆破方量、抛掷方量、抛掷率是体现抛掷堆积效果的标准，药包的压缩圈半径是衡量爆破振动大小，以及对周围建筑设施影响程度的重要指标。

4.1 前沿抛距

依据体积平衡法计算前沿抛距

$$L_m = K_p W^3 \sqrt{k_0 f(n)}\,(1 + \sin 2\varphi) \tag{2}$$

式中，φ 为抛角，$\varphi=25°$；K_p 为抛掷系数，$K_p=3.0$；$f(n)$ 为爆破作用指数函数，$f(n)=0.4+0.6n^3$。

3 种布药结构的设计参数相同，代入式（2）计算得到前沿抛距的理论值

$$L_m^j = L_m^f = L_m^t = 5.93m$$

由表 1 实测数据可以知道，集中药包、分集药包、条形药包前沿抛距的有效值分别为：$L_m^j=4.57m$、$L_m^f=4.90m$；$L_m^t=5.27m$。即均小于理论值，且 $L_m^t>L_m^f>L_m^j$。

从试验观察发现，条形药包有效前沿抛距最大，即抛得远且爆堆集中，连续堆积边界分明，抛掷堆积效果较好；集中药包的最大前沿抛距很大，即抛得远、抛得散，而有效前沿抛距却最小，不利于抛掷堆积；分集药包抛掷堆积效果介于集中药包和条形药包的两者之间。

4.2 压缩圈半径

集中药包的压缩圈半径

$$R_y^j = 0.062\sqrt[3]{Q\mu/\Delta} \tag{3}$$

依据相似原理，分集药包的压缩圈半径

$$R_y^f = 0.049\sqrt[3]{Q\mu/\Delta} \tag{4}$$

条形药包压缩圈半径

$$R_y^t = 0.56\sqrt[3]{q\mu/\Delta} \tag{5}$$

式中，R_y 为爆破漏斗压缩圈半径，m；q 为条形药包延米装药量，t/m；Δ 为装药密度，$\Delta=0.85t/m^3$；μ 为压缩系数，$\mu=50$。

将设计参数代入相关计算式，分别得到 3 种布药结构的压缩圈半径：$R_y^j=0.27m$、$R_y^f=0.21m$、$R_y^t=0.16m$，$R_y^j > R_y^f > R_y^t$，即集中药包爆破漏斗压缩圈半径最大、分级药包次之、条形药包最小。

4.3 爆破漏斗形状

4.3.1 爆破漏斗开口面积

集中药包纵向开度 $b_j^1=3.30m$、横向开度 $b_j^2=2.73m$，开口面积 $S_j=9.01m^2$；分集药包纵向开度 $b_f^1=2.75m$、横向开度 $b_f^2=2.93m$，开口面积 $S_f=8.06m$；条形药包纵向开度 $b_t^1=2.73m$、横向开度 $b_t^2=3.20m$，开口面积 $S_t=8.74m^2$。

即集中药包爆破漏斗纵向开度最大、横向开度最小，开口面积最大；条形药包爆破漏斗纵向开度最小、横向开度最大，开口面积较大；分集药包爆破漏斗纵向开度较小、横向开度较小，开口面积也最小。

4.3.2 爆破漏斗可见深度

斜坡地面爆破漏斗可见深度，按理论公式计算

$$P = (0.32n + 0.28)W \tag{6}$$

将已知参数代入式（6），计算得：$P_j = P_f = P_t = 0.6m$。

由爆破试验实测分别得到集中、分集、条形药包的爆破漏斗可见深度：$P_j=0.65m$、$P_f=0.58m$、$P_t=0.54m$，即：$P_j > P_f > P_t$。

对比理论值与实测值发现：集中药包漏斗可见深度的实测值大于理论值、分集药包漏斗可见深度的实测值接近理论值、条形药包漏斗可见深度的实测值小于理论值。

4.4 爆破与抛掷效果

对比 3 种布药结构下的爆破方量、抛掷方量和抛掷率的平均值可以发现：集中药包爆破方量为 $3.28m^3$，抛出方量 $1.71m^3$，抛掷率为 48.9%；分集药包爆破方量为 $3.52m^3$，抛出方量 $1.85m^3$，抛掷率为 52.5%；条形药包爆破方量为 $3.98m^3$，抛出方量 $2.19m^3$，抛掷率为 55.1%。即条形药包爆破方量、抛出方量最多，抛掷率最高，其次是分集药包，集中药包最差。

5 研究结论与推论

通过对集中药包、分集药包、条形药包3种不同布药结构抛掷堆积规律的试验研究，得出以下结论：

（1）条形药包与集中药包相比，可以明显增加前沿抛距、爆破方量、抛掷方量、提高抛掷率、改善堆积效果；

（2）分集药包较之集中药包，也具有提高前沿抛距，增加爆破方量、抛掷方量、提高抛掷率、改善堆积效果的作用；

（3）条形药包具有缩小压缩圈半径、降低爆破振动、确保边坡稳定，提高填塞质量、改善破碎、抛掷、堆积效果等优点。

参考文献

[1] 刘殿中．工程爆破实用手册［M］．北京：冶金工业出版社，1999.
[2] 颜世龙．集中药包与条形药包爆破能量分布的研究［D］．铁道部科学研究院，1994.
[3] 切尔泥高夫斯基 A A. 定向抛掷爆破［M］．北京：中国建筑出版社，1983.
[4] 高荫桐，孟海利．集中药包与分集药包爆破效果的试验研究［J］．工程爆破，2004，9（3）：4-5.
[5] 高荫桐，刘殿中．集中药包与条形药包爆破漏斗及抛掷堆积研究［J］．爆破，2003，20（3）：25-27.

定向爆破筑坝设计方法

高荫桐[1,2,3]　璩世杰[1]　武志峰[3]　李江国[1]

（1. 广东宏大爆破股份有限公司，广东 广州，510623；
2. 北京科技大学，北京，100083；3. 河北工程大学，河北 邯郸，056002）

摘　要：定向爆破筑坝施工是一项相当复杂的系统工程，受地形、地质条件、方案选择和设计程序等诸多因素影响。本文结合工程实践，提出了一套思路清晰，逻辑性、可操作性强的系统设计方法，并按此设计方法进行尾矿坝施工，取得了良好的爆破效果。

关键词：定向爆破筑坝；系统设计方法；爆破效果

Design Method of Directional Blasting for Damming

Gao Yintong[1,2,3]　Qu Shijie[1]　Wu Zhifeng[3]　Li Jiangguo[1]

（1. Guangdong Hongda Blasting Co., Ltd., Guangdong Guangzhou, 510623;
2. University of Science and Technology Beijing, Beijing, 100083;
3. Hebei University of Engineering, Hebei Handan, 056002）

Abstract: Directional blasting for dam construction is fairly complex systematic engineering, affected by terrain, geological conditions, scheme selection and design procedures and many other factors. Combining with engineering practice, this paper puts forward a set of systematic design method with clear thinking and strong logic and operability, and carries out tailings dam construction based on this design, achieving good blasting effect.

Keywords: directional blasting for damming; systematic design method; blasting effect

1　引言

定向爆破筑坝施工是一项复杂的系统工程，不仅受地形、地质条件影响，还受所筑坝体功能及爆破方案等因素影响。因此，定向爆破筑坝设计必须根据具体情况和要求“全面考虑、抓住关键、优化参数、精心设计”，青海赛什塘铜矿尾矿坝遵循该设计方针，采用定向爆破方法筑坝，取得了良好的爆破效果。

2　工程背景

2.1　坝区及爆区地形、地质

坝区地形呈漏斗状，下部为V形沟（比高约30.00m），岸坡30°~45°；上部为缓坡（缓坡高大于60m），岸坡15°~30°。坝区纵坡坡降为8%，属于较平坦地段，沟底在坝区拐了一个弯，角度120°~130°，药包布置势必形成弯道上侧与下侧两个爆区。

坝区地层大部分为第四系覆盖层，少数地段有第三系基岩（砂砾岩）出露，砂砾岩产状60°，层位稳定，未见断裂构造等不良地质现象。

原载于《有色金属（矿山部分）》，2006，58（6）：31-33。

2.2 坝体形态及工程量

坝顶高程 3594.0m，宽度 4.0m，坝轴线顶长 130.0m，坝轴线底高 3557.6m，设计坝高 36.4m，坝体在坝轴线剖面面积 $1900.0m^2$。坝体纵长 270.0m，上游坝脚标高 3564.0m，坝面坡度为 1∶2.8，比高为 30.0m；下游坝脚高 3542.5m，坝面坡度为 1∶3.0，比高 51.5m。

坝体方量为：上游侧 $60444.0m^3$、下游侧 $107527.0m^3$，合计 $16.8\times10^4m^3$，坝体清基 $0.8\times10^4m^3$，总计筑坝需要土石方量 $17.6\times10^4m^3$。

坝体下铺设Ⅲ、Ⅳ、Ⅴ型排水涵管，长度分别为 16.0m、81.0m 和 173.0m。

3 定向爆破筑坝设计

在总结以往筑坝经验基础上，将铜矿尾矿库定向爆破筑坝设计规范为 9 个阶段，这些阶段相互制约，又可相互派生，涵盖了设计的全过程（见图 1）。

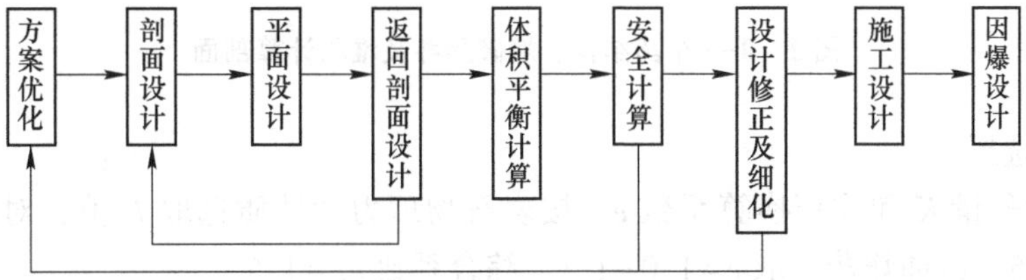

图 1 定向爆破筑坝设计方法

3.1 方案优化阶段

针对不同高程药包布置方案，进行了对比论证和优化选择。

（1）坝区之上布药方案。按水库筑坝要求，为防止绕坝渗流，药包应布置在坝体与坝肩结合面以上 10m 左右。本工程坝区横断面为漏斗形状，坝顶以上山坡平缓；则抛距太远，不能满足 70%上坝率；总药量大，爆破振动大，破坏边坡稳定，并影响周围环境安全；坝体材料砾径较小，密实度降低。

（2）低高程布药方案。依金厂峪金矿尾矿库、四川新康石棉矿筑坝经验，布药后发现：下层药包过低，则一、二层药包均低下坝肩，爆破量大但利用率低，不利于提高经济效益。

（3）低高程与坝肩之上联合布药方案。底层药包高程高于沟底 15~20m：可获得满意的堆积形态和爆破上坝率；边坡较稳定，还有一定落差，坝体密实度合理；反滤层及护坡工程量较小，经济效益较好。

比较上述布药方案，确定采用联合布药方案，本设计亦在此基础上展开、细化。

3.2 剖面设计

剖面设计包括剖面划分、药包布置、参数选择、药量、爆破漏斗及抛掷堆积计算等。

（1）剖面划分与药包布置。根据坝区地形，由坝轴线剖面分别向上、下游每 5~10m 作一个剖面，共设计计算了 12 个剖面，校核了 5 个剖面，并在这些剖面上布置药包。

1）剖面两岸布置药包，前排药包兼有改造地形、爆破方量上坝功能，爆后形成垂直于坝轴线的“临空面”，使后排主药包有理想的抛掷方向；第二排药包兼有爆破方量上坝和填补前排药包爆破漏斗坑的功能；第三排药包主要填补前两排药包爆破漏斗坑，并在其爆破漏斗内爆出和积存坝体后期加高所需的土石方量。

2）按坝体中心线上、下游侧坝体体积比（1∶1.78）布置上、下游侧药量。

3）设计条形药包最小抵抗线不超过 25m 为宜，并尽量使同岸同排相等或相近似。

4）n 值选取应使最远抛距在坝区范围，爆后上坝方量堆积三角形顶点抛距在沟底附近。

5）计算药包药量和爆破漏斗并作图，量出爆破实方、残留松方和抛出漏斗松方面积。

6）计算最远抛距、堆积三角形顶点抛距和底边长，图上定出堆积三角形起始点；计算有效抛掷面积和堆积三角形高度。

7）进行体积平衡，按作图量出该剖面的爆破漏斗和堆积散体面积，进行面积平衡计算。

8）对每个药包均重复上述1）~7）计算和作图，并调整布药高程、最小抵抗线 W 及爆破作用指数 n，直到获得满意的堆积形态。

9）参照上述计算与作图，对相邻剖面进行计算及作图，尽量使同岸同排药包布置在同一高程，取相同的 n、W 值。

在坝轴线0-0剖面投上坝体的设计断面，并布置药包，作出爆破漏斗及抛掷堆积图（比例尺1：1750）（见图2），并以2号药室为例进行了计算。

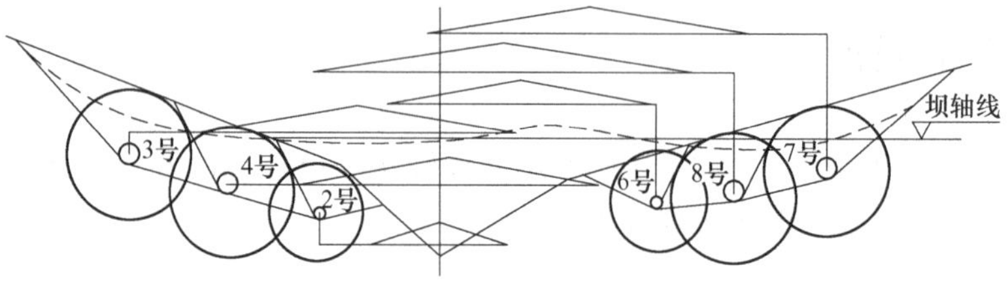

图2 0-0布药结构、爆破漏斗及堆积计算剖面

（2）爆破参数选择。

1）标准单位耗药量 K 和炸药换算系数 e。按岩石物理力学性质选取 K 值，对于砾岩，经工程类比，取 $K=1.4\sim1.45$；铵油炸药，取 $e=1.0\sim1.1$，综合系数 $e_K=1.5$。

2）最小抵抗线 W。取最小抵抗线 $W=10\sim22$m。

3）爆破作用指数 n。根据抛距要求，选取 $n=0.7\sim1.0$。

4）岩石松散系数。体积松散系数 $K_v=1.33$，面积松散系数 $K_s=1.2$。

5）岩石压缩系数 μ。本工程岩石为软岩，取 $\mu=20$。

6）装药密度。袋装码放，取 $\Delta=0.8\text{t/m}^3$。

7）岩石坍塌系数 β。取 $\beta=4$，最终边坡按45°控制，后边坡按70°控制。

8）抛散系数。单个条形药包，取 $c_s=20$、$c_x=25$（自条形药包的端头部位算起）。

9）抛掷系数。$K_m=3.1$（第一排），$K_m=3.0$（第二、三排），$K_\Delta=K_m/1.7$。

（3）药量、爆破漏斗及抛掷堆积计算等，设计了专用剖面计算表，见表1。

表1 下0-0剖面计算表（B_2C_2）

<table>
<tr><td>1</td><td>参数选择</td><td>布药高程357m</td><td>设计抛距 $L_A=40\sim50$m</td><td>最小抵抗线 $W=17$m</td><td>爆破作用指数 $n=0.9$</td></tr>
<tr><td>2</td><td>延米药量</td><td colspan="4">计算公式：$q=2(0.4+0.6n^3)e_K W^2/(1+n)$；$e_k=1.5$ 计算结果：$q=384\text{kg/m}^3$</td></tr>
<tr><td rowspan="6">3</td><td rowspan="6">爆破漏斗计算</td><td>压缩圈半径</td><td colspan="2">$R=0.56(q^\mu/\Delta)^{1/2}$，$\mu=20$，$\Delta=0.8$</td><td>$R_y=1.7$m</td></tr>
<tr><td>下破裂线</td><td colspan="2">$R=(1+n^3)^{1/2}W$</td><td>$R=22.6$m</td></tr>
<tr><td>上破裂线</td><td colspan="2">$R'=(1+\beta n^2)^{1/2}W$，按70°修正</td><td>$R'=35.78$m</td></tr>
<tr><td>可见漏斗深度</td><td colspan="2">$P=(0.32n+0.28)W$</td><td>$p=9.6$m</td></tr>
<tr><td>爆破漏斗面积</td><td colspan="2">图上实测面积（实方）、折合松散面积 $S=1.2S'$</td><td>$S'=17\text{cm}^2$</td></tr>
<tr><td>漏斗内残方面积</td><td colspan="2">图上实测面积（松方）</td><td>$S_c=7\text{cm}^2$</td></tr>
<tr><td rowspan="8">4</td><td rowspan="8">抛掷堆积计算</td><td rowspan="3">前沿抛距计算</td><td colspan="2">按 $L_{m1}=5nW$ 计算</td><td>$L_{m1}=76.5$m</td></tr>
<tr><td colspan="2">按 $L_{m2}=K_p W(kf(n))^{1/3}(1+\sin2\theta)$，$K_p=3.0$</td><td>$L_{m2}=106.4$m</td></tr>
<tr><td colspan="2">$L_{m3}=\delta K_p W(kf(n))^{1/3}(1+\sin2\theta)$，$\delta=1.2\sim1.6$</td><td>取 $L_m=95$m</td></tr>
<tr><td>堆积Δ顶点抛距</td><td colspan="2">$L_\Delta=L_m/1.7$</td><td>$L_\Delta=55.9$m</td></tr>
<tr><td>堆积Δ底边长</td><td colspan="2">堆积起点 $W\le L_0\le R$，从图上量出Δ底边长 $L=L_m-L_0$</td><td>$L_0=22.9$m；$L=73$m（14.5cm）</td></tr>
<tr><td rowspan="3">堆积Δ高度</td><td colspan="2">抛出漏斗松方面积 $S_p=S-S_c$</td><td>$S_p=13.4\text{cm}^2$</td></tr>
<tr><td colspan="2">有效抛掷面积 $S_\Delta=0.9S_p$</td><td>$S_\Delta=12.06\text{cm}^2$</td></tr>
<tr><td colspan="2">堆积Δ高度 $h=2S_\Delta/L$</td><td>$H=1.7$cm</td></tr>
</table>

（4）坝体形态计算。

坝顶宽度 δ： $$L_{上} - W_{上} \leqslant \delta < L \tag{1}$$

坝轴线以上纵向长度： $$L_{Z上} = L_1 + c_{上} n_{上} W_{上} \tag{2}$$

坝轴线以下纵向长度： $$L_{Z下} = L_2 + c_{下} n_{下} W_{下} \tag{3}$$

坝体纵向长度： $$L_Z = L_{Z上} + L_{Z下} \tag{4}$$

平均堆高：对坝轴线剖面进行面积平衡后由作图量出。

3.3 由剖面设计转化为平面设计

将剖面设计的药包位置、爆破漏斗边缘及堆积范围投到平面图上，再按平面图将各药包投影点规划成若干个条形药包或集中药包，完成药包布置平面图。

计算堆积体上、下游扩散范围，投到平面图上，结合各剖面漏斗边缘及堆积边缘的投影点，作出爆区范围图及堆积范围图。

3.4 由平面设计返回剖面设计

根据平面图上条形药包位置，将布药点再投到对应的剖面图上，再核对由于药包位置移动造成的最小抵抗线变化是否在设计允许范围内（一般为±7%），否则，在平面图上重新规划药包，直到平面图与剖面图相一致。

校核不逸出半径是否满足设计要求，否则，重复上述步骤。

3.5 体积平衡计算

体积平衡计算包括上、下游侧计算（略），堆积形态预测等内容。

（1）如坝顶高程比设计低 10m，则欠方量 $3.2\times10^4m^3$，上坝方量 $13.6\times10^4m^3$，成坝率 79%。

（2）如坝顶高程平均低 15m，则欠方量 $6.5\times10^4m^3$，上坝方量 $10.3\times10^4m^3$，成坝率 60%。

（3）本设计按成坝率 70%计算，上坝方量 $12.1\times10^4m^3$，爆破后平均坝高 3582m，比设计坝高低 12m。坝顶宽 70m，堆积体上下游坡比（1∶3）~（1∶5）（局部会出现较缓的坡度）。

3.6 安全计算

安全计算包括对飞散物、地震安全距离及坝下涵管的安全计算。

（1）飞散物安全距离。对人员：2 号药室的 $W=17m$、$n=0.9$，代入公式 $R_f=20n^2W$ 得，$R_f=275.4m$。对设备：一般取 $R_s=1/2R_f\approx140m$。

（2）爆破地震安全距离。2 号药包重 $q=384kg$，$K=150$、$a=1.5$、$v=0.5cm/s$，代入萨氏振速公式得：

$$R = (K/v)^{1/a}Q^{1/3} = 325.6m$$

3.7 设计修正及细化

分析上述设计存在不足之处，对方案进行调整和修改，并结合地质构造对剖面设计及平面设计进行修正和细化，画出更切合实际的设计剖面及平面图。

3.8 施工设计

施工设计包括导硐、药室开挖、验收、调整药量、装药堵塞、起爆网路和起爆及安全警戒设计等，定向爆破筑坝要尽量避免直硐堵塞。

3.9 因爆设计

爆后应根据爆堆实际形态，修改坝体设计形态（主要是修改上、下游坝面的坡度，马道及坝轴线方位），使后期修整坝面与加高整理工作量最少、最经济。

4 爆破结果

青海赛什塘铜矿尾矿库定向爆破筑坝工程，依据上述设计方法，优化方案、精心设计、严格施工，取得了一次爆破上坝率近90%的理想效果。

（1）方案对比、优化与选择是定向爆破筑坝成败的前提。

（2）从实践中总结并经实践检验的系统设计方法是定向爆破筑坝的核心。

（3）认真把关、严格按设计施工是定向爆破筑坝的关键。

参 考 文 献

[1] 刘殿中．工程爆破实用手册．北京：冶金工业出版社，1999.

[2] 冯叔瑜．体积平衡法［G］//冯叔瑜爆破论文选集．北京：科学技术出版社，1994.

[3] 高荫桐，张建平，田会礼，等．定向爆破筑坝系统设计体系［J］．工程爆破，2004，10（4）：17-20.

定向爆破抛掷距离研究与分析

郑炳旭[1]　高荫桐[1,2,3]　肖文雄[1]　璩世杰[3]　龚　敏[3]

（1. 广东宏大爆破股份有限公司，广东 广州，510623；
2. 河北工程学院，河北 邯郸，056002；3. 北京科技大学，北京，100083）

摘　要：定向爆破抛掷距离计算常采用体积平衡法或抛体堆积法，这 2 种计算方法的理论基础和设计原则各不相同。为了验证其客观性、准确性，通过选取不同爆破参数和布药结构，进行系列模拟试验并加以分析和研究，研究证明体积平衡法更加符合客观规律，该结论有助于指导定向爆破设计与实践。

关键词：定向爆破；爆破参数；布药结构；抛掷距离

Research and Analysis on Casting Distance of Directional Blasting

Zheng Bingxu[1]　Gao Yintong[1,2,3]　Xiao Wenxiong[1]　Qu Shijie[3]　Gong Min[3]

（1. Guangdong Hongda Blasting Co.，Ltd.，Guangdong Guangzhou，510623；
2. Heibei Institute of Engineering，Heibei Handan，056002；
3. University of Science and Technology Beijing，Beijing，100083）

Abstract：At present，two methods，the volume equilibrium method and thrown piling method are widely used in calculation of thrown pilling of directional blasting，of which the academic foundation and design principle are different. In order to validate the objectivity and validity of the methods，the paper analyzes and researches the casting distance under different instances by the field simulation test of adopting different blasting parameters and layout of charge. The results indicate that the academic foundation corresponds objective law and provide a reference to design and practice in directional blasting.

Keywords：directional blasting；blasting parameters；layout of charge；casting distance

1　前言

定向爆破设计通常采用体积平衡法或抛体堆积法，其中，抛掷堆积设计是核心，而抛掷距离计算则是关键[1]。

抛体堆积法依据弹道理论计算抛掷距离，认为前沿抛距与抛体的初速度有关，而与最小抵抗线无关[2]；体积平衡法以工程实践为背景，利用统计、回归原理提出了前沿抛距经验公式，并认为前沿抛距与最小抵抗线成正比[3]。

2　爆破试验设计

2.1　目的和意义

针对前沿抛距与最小抵抗线是否有关之异议，通过合理选取爆破参数、布药结构，进行系列爆破

基金项目：国家自然科学基金（19802002）。
原载于《爆破》，2006，23（4）：1-3，14。

模拟试验。爆后量测前沿抛距实际值，并分别与体积平衡法和抛体堆积法关于前沿抛距的理论计算值进行比较和分析，确认更加符合客观规律的抛掷堆积设计方法，为定向爆破设计与施工提供参考。

2.2 试验设计

试验介质为红色松软黏土砂岩，含水率适中，容重 1.8~2.0g/cm³。采用 2 号岩石乳化炸药，埋入药包后捣实，坡面角为 25°，爆破瞬间摄像、摄影，爆后测量抛掷距离与爆堆形态。

布药结构为集中和平面 2 种药包，集中药包最小抵抗线分别为 0.0m、0.5m、1.0m 和 1.5m。平面药包最小抵抗线、药量不变，药包间、排距分别为 0.0W、0.5W、1.0W 和 1.5W。

集中药包药量为

$$Q = ek_0W^3(0.4 + 0.6n^3) \tag{1}$$

式中，Q 为集中药包药量，kg；e 为炸药换算系数，取 $e=1.0$；k_0 为炸药单耗，$k_0=1.4\text{kg/m}^3$；W 为最小抵抗线，m；n 为爆破作用指数，取 $n=1.0$。

平面药包设计 2 种最小抵抗线：$W_2=1.0\text{m}$、$W_3=0.6\text{m}$，分别代入式（1）得 $Q_{2,i}=1.4\text{kg}$、$Q_{3,i}=0.3\text{kg}$（$i=2\sim4$）。当 $a=b=0$ 时，合药包 $Q_{2,l}=4Q_{2,i}=5.6\text{kg}$、$Q_{3,l}=4Q_{3,i}=1.2\text{kg}$。

3 试验结果分析

3.1 前沿抛距试验值

将试验实测的前沿抛距数据列入表 1。

表 1 实测试验数据

Table1 Measured experimental data

组别	Ⅰ				Ⅱ				Ⅲ			
药包形态	集中药包				平面药包				平面药包			
序号	1	2	3	4	5	6	7	8	9	10	11	12
W/m	0.6	0.8	1.2	1.5	1.0	1.0	1.0	1.0	0.6	0.6	0.6	0.6
Q/kg	0.3	0.72	2.42	4.73	5.6	4×1.4	4×1.4	4×1.4	1.2	4×0.3	4×0.3	4×0.3
a（b）/W	0	0	0	0	0	0.5	1.0	1.5	0	0.5	1.0	1.5
L_m/m	5.20	6.30	9.80	12.80	10.50	14.30	12.70	9.80	9.00	10.50	8.60	6.60
L_b/m	4.60	5.40	9.00	10.80	9.80	11.50	10.20	9.30	7.60	9.00	7.30	6.70

注：a 为药包间距，m；L_m 为前沿抛距，m；L_b 为爆堆宽度，m。

3.2 前沿抛距理论计算

3.2.1 依据抛体堆积法计算前沿抛距

3.2.1.1 集中药包前沿抛距

$$L_m = \frac{V_m^2}{g}\sin 2\phi_m \tag{2}$$

式中，L_m 为前沿抛距，m；V_m 为前沿抛速，m/s；ϕ_m 为抛射角，即铅垂线与抛掷速度方向间的夹角，$\phi_m=25°$；g 为重力加速度，$g=9.8\text{m/s}^2$。

集中药包抛体质心抛速为

$$V_c = \frac{K_v}{n}\left(\frac{Q^{1/3}}{W}\right) \tag{3}$$

式中，V_c 为抛体质心抛速，m/s；K_v 为抛速系数，$K_v=9.8\text{m/s}$。

又：$V_m=1.56nV_c$，则集中药包前沿抛距为

$$L_m = 2.43\frac{K_v^2 Q^{4/3}}{gW^4}\sin2\phi_m = 2.43K_v[eKf(n)]^{4/3}\sin2\phi_m \tag{4}$$

式中，K 为标准炸药单耗，kg/m³；$f(n)$ 为爆破作用指数函数，$f(n)=0.4+0.6n^3$。

将表 1 中 1~4 号试验设计参数代入式（4），得前沿抛距均为 $L_{m1}=L_{m4}=28.56$m。

3.2.1.2 平面药包前沿抛距

$$L_m = 1.44\frac{K_v^2}{g}q^{4/3}m^{2/3}\sin2\phi_m \tag{5}$$

式中，q 为抛方耗药量，kg/m³；m 为均方根系数，$m=\sqrt{m_a m_b}$。

因为

$$q = \frac{Q_1+Q_2+Q_3+Q_4}{4m_a m_b W_p^3} = \frac{Q_1}{m_a m_b W_p^3} \tag{6}$$

式中，m_a、m_b 为列、层间距系数，$m_a=a/W_p$，$m_b=b/W_p$；W_p 为平均最小抵抗线，m。

分别将式（1）、式（6）代入式（5）得

$$L_m = 1.44\frac{K_v^2[eK(0.4+0.6n^3)]^{4/3}}{g(m_a m_b)^4}\sin2\phi_m \tag{7}$$

将表 1 中 5~8 号、9~12 号试验设计参数分别代入式（7），得到前沿抛距

$L_{m5}=+\infty$；$L_{m6}=6497.7$m；$L_{m7}=25.4$m；$L_{m8}=0.99$m；

$L_{m9}=+\infty$；$L_{m10}=6497.7$m；$L_{m11}=25.4$m；$L_{m12}=0.99$m。

3.2.2 按照体积平衡法计算

3.2.2.1 集中药包前沿抛距

$$L_m = K_p W\sqrt[3]{k_0 f(n)}(1+\sin2\phi) = K_p\sqrt[3]{Q}(1+\sin2\phi) \tag{8}$$

式中，K_p 为抛掷系数，$K_p=3.0$；ϕ 为抛角，即最小抵抗线与铅垂线间的夹角。

将表 1 中 1~4 号试验参数代入式（8）得：$L_{m1}=3.54$m、$L_{m2}=4.75$m、$L_{m3}=7.11$m、$L_{m4}=8.89$m。

3.2.2.2 平面药包前沿抛距

A 合药包前沿抛距

表 1 中 5 号、9 号试验为平面药包特例，即当药包间距 $a_1=0W$ 时的合药包，由式（8）计算得前沿抛距为：$L_{m5}=9.41$m、$L_{m9}=5.63$m。

B 平面药包抛体载荷

表 1 中 6~8 号、10~12 号试验为平面药包，由于药包间距均小于 2W、爆破作用指数$n=1.0$，则每个药包的爆破漏斗存在重叠部分。即平面药包的实际平均载荷小于每个小集中药包的独立载荷。所以，计算前沿抛距时应该考虑此因素的影响[4]。

根据初等几何面积、体积计算方法，当 4 个集中药包间距 $a<2W$ 时，爆破漏斗重叠体积为

$$V_b = \frac{1}{3}h\cdot 4r^2(\alpha-\sin2\theta) \tag{9}$$

式中，V_b 为爆破漏斗重叠体积，m³；h 为重叠锥体高，m；r 为爆破漏斗底面积半径，m，$r=W$；α 为重叠扇形弧度数，弧度；θ 为扇形对应圆心角的二分之一度数，度。

单个药包爆破漏斗体积：$V_d=\frac{1}{3}W^3\pi$，平面药包爆破漏斗总体积：$V_z=4V_d=\frac{4}{3}W^3\pi$。

则实际爆破漏斗体积计算式为

$$V_s = V_z - V_c = \frac{4}{3}W^2[W\pi - h(\alpha-\sin2\theta)] \tag{10}$$

式中，V_d 为单个药包爆破漏斗体积，m³；V_z 为平面药包爆破漏斗总体积，m³；V_s 为实际爆破漏斗体积，m³。

由计算可知，当 $a_2=0.5W$ 时，$\alpha_2=\frac{5}{6}\pi$、$\theta_2=75°$、$h_2=\frac{3}{4}W$；当 $a_3=1.0W$ 时，$\alpha_3=\frac{2}{3}\pi$、$\theta_3=60°$、

$h_3=\frac{1}{2}W$；当 $a_4=1.5W$ 时，$\alpha_4=\frac{1}{2}\pi$、$\theta_4=45°$、$h_4=\frac{1}{4}W$。

分别代入式（10）得到：$V_2=V-V_{c2}\approx 2W^3$，同理，$V_3\approx 2.87W^3$、$V_4\approx \frac{23}{6}W^3$。

C 平面药包实际单耗[5]

平面布药结构中，设计每个药包单耗为 $k_0=1.4\text{kg/m}^3$，而实际单耗应由计算求得

$$Q=V_z\cdot k_0=V_s\cdot k_i \tag{11}$$

式中，k_i 为炸药实际单耗，kg/m^3。

分别将 V_2、V_3、V_4 代入式（11）得：$k_2=2.10k_0$、$k_3=1.46k_0$、$k_4=1.10k_0$。

D 平面药包前沿抛距[6]

将实际单耗 k_i 代入式（8），分别得到6~8号和10~12号试验的前沿抛距

$L_{m6}=7.59\text{m}$、$L_{m7}=6.72\text{m}$、$L_{m8}=6.12\text{m}$；$L_{m10}=4.55\text{m}$、$L_{m11}=4.03\text{m}$、$L_{m12}=3.67\text{m}$。

3.3 试验值与理论值对比分析

（1）集中药包实测前沿抛距分别为 $L_{m1}=5.20\text{m}$、$L_{m2}=6.30\text{m}$、$L_{m3}=9.80\text{m}$、$L_{m4}=12.80\text{m}$，与体积平衡法的理论值相近并具有相同的规律，即前沿抛距随最小抵抗线增加而增大；按抛体堆积法计算值均为 $L_{m1}=L_{m4}=28.56\text{m}$，与实测值没有相关性[7]。

（2）2组平面药包最小抵抗线比 $W_2:W_3=1:0.6$，当 a（b）：W=0、0.5、1.0、1.5时，按抛体堆积法计算的理论值分别为：$L_{m5}=L_{m9}=+\infty$；$L_{m6}=L_{m10}=6497.7\text{m}$；$L_{m7}=L_{m11}=25.4\text{m}$；$L_{m8}=L_{m12}=0.99\text{m}$，与表1中实测值不具有相关性；按体积平衡法计算值分别为 $L_{m6}=7.59\text{m}$、$L_{m7}=6.72\text{m}$、$L_{m8}=6.12\text{m}$；$L_{m10}=4.55\text{m}$、$L_{m11}=4.03\text{m}$、$L_{m12}=3.67\text{m}$，与实测值变化规律相同、具有相关性，即前沿抛距与最小抵抗线近似正比关系[8-10]。

（3）实测 $L_{m5}=10.5\text{m}$、$L_{m9}=9.00\text{m}$，与同组其他实测值不成比例关系，分析认为当药包单耗过大时，因能量过于集中而使得抛体太分散，不能形成理想的堆积体，造成前沿抛距测量误差。

4 研究结论

研究证明：定向爆破前沿抛距与最小抵抗线成正比关系；按照体积平衡法计算，前沿抛距的理论值与实测值具有相关性，体积平衡法更适合于定向爆破抛掷堆积设计；前沿抛距实测值大于理论值，分析认为是由于存在群药包共同作用的结果。

参考文献

[1] 刘殿中．工程爆破实用手册［M］．北京：冶金工业出版社，1999：345-442.
Liu Dianzhong. The Practical Manual of Engineering Blasting［M］. Beijing：Metallurgy Industrial Press，1999：345-442.

[2] 冯叔瑜．体积平衡法［A］．冯叔瑜爆破论文选集［C］．北京：北京科学技术出版社，1994：53-65.
Feng Shuyu. Volune Equilbrium Method［A］. The Florileqium of Blasting Paper of Feng Shuyu［C］. Beijing：Technologial Press，1994：53-65.

[3] 杨人光．工程爆破抛掷堆积规律［M］．北京：中国科学院力学所，1977：1-42.
Yang Renguang Thrown Piling Law of Engineering Blasting［M］. Beijing Institute of Mechanics，Chinese Academy of Sciences，1997：1-42.

[4] 高荫桐，施建俊．群药包定向爆破抛掷距离计算研究［J］．有色金属，2004，56（5）：36-38.
Gao Yintong，Shi Jianjun Calculate Research on Casting Distence of Multi-charge Directional Blasting［J］. Nonferrous Metal，2004，56（5）：36-38.

[5] 林吓平，龙源．硐室爆破平面布药方法研究［J］．工程爆破，1998，4（3）：21-25.
Lin Xiaping，Long Yuan. Study on Methods of Plane Primer of Chamber Blasting［J］. Engineering Blasting，1998，4（3）：21-25.

[6] 刘殿中. 鼓包运动和抛掷堆积 [J]. 爆炸与冲击，1983，3 (3)：1-9.
Liu Dianzhong. Bulging Movement and Throwing Stack in Explosion [J]. Explosion and Shock waves 1983, 3 (3): 1-9.
[7] 高荫桐，刘殿中. 集中药包与条形药包爆破漏斗及抛掷堆积研究 [J]. 爆破 2003，20 (3)：25-27.
Gao Yintong, Liu Dianzhong. Experiental Study on Blasting Cone and Throwing Creast of Concentration and Linear Charge Blasting [J]. Blasting, 2003, 20 (3): 25-27.
[8] 郑炳旭. 条形药包爆破理论与技术 [J]. 工程爆破，2003，9 (1)：22-26.
Zheng Bingxu. Theory and Technology of Linear Charge Blasting [J]. Engineering Blasting 2003, 9 (1): 22-26.
[9] 史家堉. 双排平面药包毫秒定向爆破的研究 [J]. 爆破，1985，3 (2)：25-28.
Shi Jiayu. Study on Doublebank Plane-charge Millisecond Delay Directional Blastingr [J]. Blasting, 1985, 3 (2); 25-28.
[10] 田国强. 分集药包在硐室爆破中的应用 [J]. 工程爆破，2002，8 (1)：38-40.
Tian Guoqiang. Applicaton of Sub-concentrated Charges in Chamber Blasting [J]. Engineering Blasting, 2002, 8 (1): 38-40.

宁煤大峰矿羊齿采区硐室爆破起爆网路及网路试验

肖文雄

（广东宏大爆破股份有限公司，广东 广州，510623）

摘　要：以宁煤大峰矿羊齿采区硐室爆破为例，详述硐室爆破起爆网路的设计步骤、施工方法及网路试验的方法和结果，同时对高温硐室的网路形式作了一下简单介绍。

关键词：硐室爆破；起爆网路；网路试验

The Chamber Blasting Explosion Network and Its Test in Dafeng Coal Mine of Yangchi Mining Area

Xiao Wenxiong

（Guangdong Hongda Blasting Co.，Ltd.，Guangdong Guangzhou，510623）

Abstract：The paper details the design steps and operation methods of the coyote blasting initiation network，and its test methods and results by using the example of coyote blasting in Yangchi mining area of Ningxia Coal Dafeng Mine. It also briefly introduces the network form of the high-temperature chamber.

Keywords：coyote blasting；initiation network；network test

1　引言

硐室爆破一次起爆药量大，为确保安全准爆，对起爆网路的安全性、可靠性、准爆性要求很高，应做到万无一失。硐室爆破起爆网路的形式通常有电爆网路、非电导爆管网路和非电混合网路。在大爆破工程中广泛采用的是便于随时监测的双电爆网路，电爆与导爆索相结合网路也常被采用。宁煤大峰矿羊齿采区硐室大爆破采用了双电爆网路并在条形药包中辅以导爆索传爆，以保证爆轰效果。

2　工程概况

羊齿采区位于汝箕沟矿区大峰井田的大峰采区与中槽采区之间。由于受火区、小窑及开采条件的影响，到2005年年末，只能再开采3~4年，为了延长整个矿井的服务年限，根据大峰露天矿初步设计和羊齿采区的采出情况，提出将羊齿采区进行露天复采。

羊齿采区属山坡型露天，山高坡陡，沟壑纵横，上覆岩层坚硬，岩性主要为砂岩和泥岩。采区局部已经井工开采，存在火区、空巷及采空区。本期剥离分为A、B两个区（见图1）。

A区最高点高程为2177.08m，爆破剥离至2100m高程，方量为136.91万立方米，分别在2100m和2130m高程布置两层药室；B区最高点高程为2254.67m，爆破剥离至2140m高程，方量为493.99万立方米，分别在2140m、2170m、2195m和2220m布置四层药室。本期爆破总工程量为630.9万立方米。

原载于《炸药与网路》。

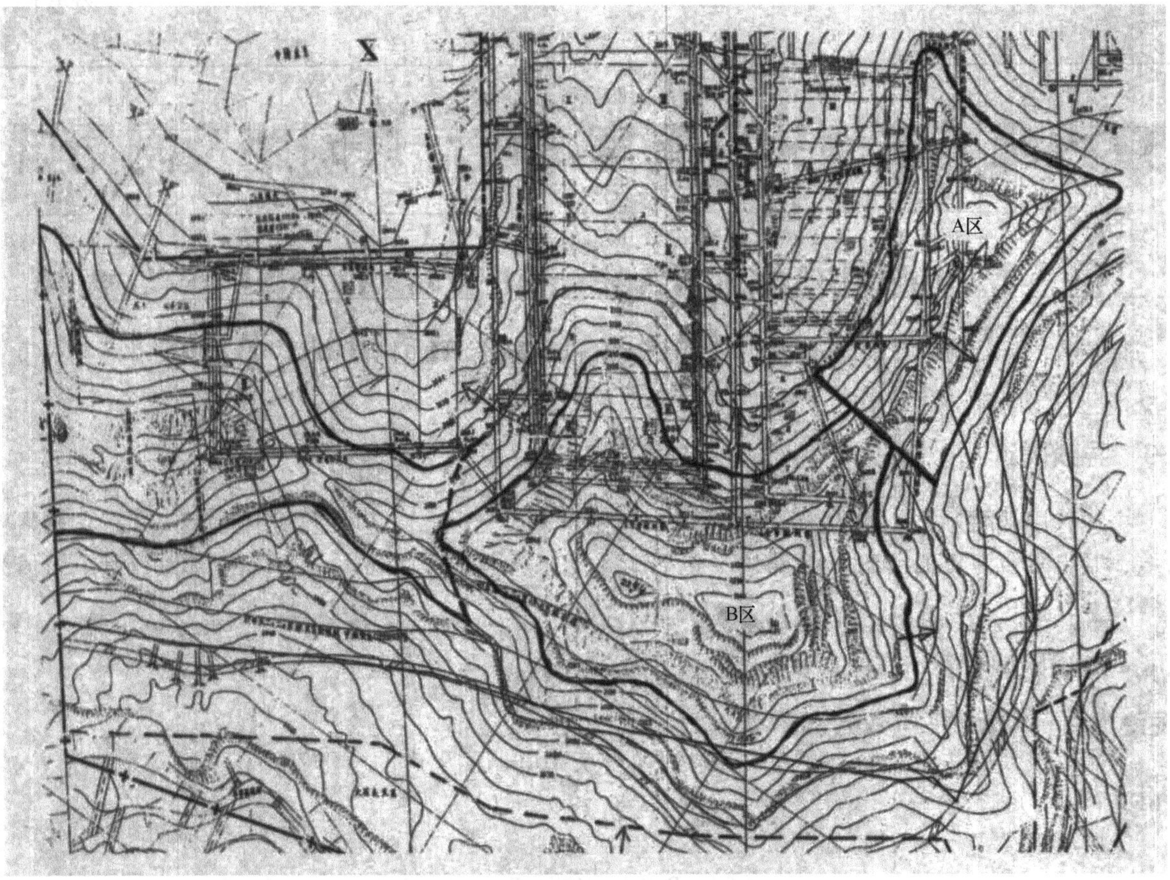

图1 羊齿采区露天硐室爆破剥离分区图

Fig. 1 Chamber blasting stripping district in Yangchi mining area

3 起爆网路设计

3.1 起爆网路的选择

根据我们以往成功的施工经验并结合本次爆破的规模、环境，采用复式电起爆网路，并在条形药包中辅以三条导爆索传爆，且每隔8~10m安放一个由导爆索结起爆的辅助起爆体。

电起爆网路由正副两套网路组成，每条药室均安放2个起爆体。正起爆体放置于条形药包靠堵塞段的一端（距端头2m左右），副起爆体放置于条形药包的另一端（距端头2m左右），辅助起爆体每间隔8~10m均匀放置于条形药包的中间位置，并用导爆索结把起爆体与主导爆索连接起来，保证主导爆索双向传爆。本次爆破共安放正、副起爆体各107个。

3.2 网路连接

根据导硐、药包的布设情况、特点及线路总电阻初步统计（包括起爆体），将整个网路分为四个区（A区、B区统一考虑），分区情况见表1。

表1 网路分区

Table 1 Network division

项目		Ⅰ区	Ⅱ区	Ⅲ区	Ⅳ区
起爆体数量/个	正	29	28	29	28
	副	29	28	29	28

续表 1

Continues Table 1

项目		Ⅰ区	Ⅱ区	Ⅲ区	Ⅳ区
硐室编号	正	B18、B21、B23、B24、B25、B26、B27、B28	B4、B5、B6、B7、B8、B9、B10、B16	B13、B14、B15、B22	A1、A2、A3、A8、A9、A10、A11、B11、B12
	副	B18、B21、B23、B24、B25、B26、B27、B28	B4、B5、B6、B7、B8、B9、B10、B16	B13、B14、B15、B22	A1、A2、A3、A8、A9、A10、A11、B11、B12

每个区内正、副起爆体各自串联，组成正支路和副支路，经电阻平衡后，所有支路并联接入事先敷设好的区域线（硐外线）中，最后区域线和主线相接。

3.3 导线的选择

主线选用截面为 $25mm^2$ 的塑料铜芯线，其电阻值为 0.5Ω/km；区域线选用截面为 $6mm^2$ 的塑料铜芯线，其电阻值为 2.92Ω/km；支路线（包括硐内线）选用截面为 $4mm^2$ 的塑料铜芯线，其电阻值为 4.4Ω/km。

3.4 电爆网路计算

3.4.1 支路电阻值计算

本次爆破采用并串并的连接方式，选用西安庆华电器厂生产的电雷管，其电阻实测值为 1.4~1.6Ω/个（剪短脚线）。

支路电阻按式（1）计算：

$$R_{支} = nr/m + R_1 \tag{1}$$

式中，r 为每个电雷管的电阻，Ω；m 为起爆体内并联电雷管的数量；n 为支路串联起爆体的数量；R_1 为支路连接线的电阻之和。

经实测，各支路的电阻值见表 2。

表 2 支路电阻实测成果表

Table 2 Circuit resistance measured results

项 目	Ⅰ区	Ⅱ区	Ⅲ区	Ⅳ区
正支路	31.15	26.15	25.80	31.50
副支路	31.10	26.00	25.60	31.35

3.4.2 准爆电流校核

用两根 $25mm^2$ 的导线作为主线，由区域线的并联接口引至起爆开关处，实测电阻 2.2Ω。

采用输出功率为 100kV·A、输出电压为 660V 的交流电作为起爆电源。

各支路在并联前按 31.5Ω 进行电阻平衡，四个区 8 条支路并联后实测网路总电阻为 6.1Ω（包括主线）。

总电流 $I = U/R_{总} = 660 \div 6.1 = 108.2A$

通过每发电雷管的电流为：

$$I = (U - IR_{主})/n'R_{支max} \tag{2}$$

$I = (660 - 108.2 \times 2.2) \div (2 \times 31.5) = 6.7(A) > I_{准}$，满足《爆破安全规程》的要求。式中，$U$ 为电源输出电压，V；I 为回路总电流，A；$R_{主}$ 为母线电阻，Ω；n' 为并联的支路数，个；$R_{支max}$ 为支路最大电阻，Ω；$I_{准}$ 为支路准保电流，A，$I_{准}=4A$。

3.4.3 电源功率验算

电源功率按式（3）计算：

$$P = IU \tag{3}$$

把 I、U 的值代入式（3）得：

$$P = 108.2 \times 660 = 71412\text{V} \cdot \text{A} < 100\text{kV} \cdot \text{A}$$

即选用的交流电源能满足起爆的要求。

3.5 起爆方法

本次爆破采用毫秒延时起爆方法，在确保最大单响药量不超标的情况下，尽量安排上下层同响（或间隔 25ms），形成平面药包，提高抛掷效果。各排的间隔时间为 75~200ms，采用 25~50ms 等间隔毫秒电雷管，段数为 1~25 段（1~20 段每段间隔时差为 25ms；21~25 段每段间隔时差为 50ms）。

3.6 起爆站

起爆站设在位于爆区北面 1.3km 处的选煤厂内，该处有 660V 的交流电源，同时起爆站还备有 100kW 发电机一台。

4 网路施工

硐内采用预先把导线敷设并固定在硐室（药室和导硐）壁上，每条硐室内布设双股导线两条（两种颜色），即硐室内形成正、副双回路；导线的四个出头均拉到导硐口且预留有一定长度，便于导线连接到区域线上，导线头固定在线头箱内并加锁。药室内导线端头距药室端头 2m。

按设计的网路分区情况，预先在硐外架设区域线。各区的区域线都经过预先选好的区域线并接点，且各区自成闭合环。

起爆体的安装十分简便，只要在安放起爆体处将预先敷好的导线破一口，然后把起爆体的两根引出线串接进去即可。不过，正起爆体接在一种颜色的线上，副起爆体必须接在另一种线上。

导爆索直接压在药包下面，采用边装药边敷设，且每隔 5~6m 绑一个导爆索结压在起爆药下面。

对高温药室，硐内不装导线和电雷管，只敷设六根导爆索，并把导爆索引到堵塞段以外 1m，再绑两发电雷管进行引爆。

5 网路试验

5.1 试验方法

试验方法如下。

（1）按设计将网路划分为一、二、三、四区，其中一区八条硐，二区八条硐，三区四条硐，四区九条硐。

（2）用四发两两并联的电雷管代表一条硐的起爆体，其中两发并联电雷管为正起爆体，另两发并联电雷管为副起爆体，硐内的其他正、副起爆体用电阻丝代替。

（3）把每个区内代表每条硐的正、副起爆体电雷管和电阻丝分别串联起来组成正、副支路，4 个区共有 8 条支路，并按设计提供的最大支路电阻值对其他支路进行配平。配平后的八条支路并联起来，然后用母线引至起爆电源的开关处接入开关的输出端。

（4）正式起爆电源采用额定电压为 660V 的供电系统交流电源，备有起爆电源采用一部 100kW 发电机经两级变压后输出 660V 交流电源。

5.2 试验情况

起爆网路采用并串并的连接方法。根据设计提供的最大支路电阻值为 41Ω 对其他支路进行配平，配平后 8 条支路并联，实测并联电阻为 5.6Ω。

试验主线为 1mm^2 铜线，长 60m，电阻值为 4Ω。接入开关前实测网路总电阻为 9.6Ω。

针对不同的起爆电源，试验分两次进行。一次起爆电源（正式）采用额定电压为660V的供电系统交流电源；另一次起爆电源（备用）采用一台100kW的发电机经两台100kW的变压器两级变压后输出660V交流电源。试验网路的其他情况不变。

两次试验实测起爆开关的输出电压分别为660V、680V。经计算，通过每发电雷管的电流分别为4.7A、4.8A，大于4A满足规程要求。

5.3 试验结果

全部电雷管准爆。由于实际起爆网路采用两根25mm^{2}的导线作为主线，实测电阻值2.2Ω，小于试验值，即实际起爆网路在主线上的电压降小于试验起爆网路，故实际起爆网路通过每发电雷管的电流值必定大于试验网路，所以实际起爆网路比试验网路更为安全、可靠。

6 结语

本文结论如下。

（1）本次硐室爆破起爆网路采用复式电爆网路，并在条形药包中辅以导爆索传爆，操作简便，又能随时监测，安全可靠。

（2）采用并串并连接方法，即分区并联、区内串联的网路形式，适合硐室多，起爆体个数多的硐室爆破。

（3）对高温药室，硐内不装导线和电雷管，只敷设6根导爆索，并把导爆索引到堵塞段以外1m，两发电雷管进行引爆，实践证明，这是一种行之有效的方法，既安全又可靠，同类工程可借鉴采用。

（4）区域线的布设，跨度不宜太大，以免受风灾影响，出现网路电阻值不稳定。

（5）硐内、硐外电爆网路采用预先敷设的做法给施工带来很多方便之处，省事又省时。

参 考 文 献

[1] 刘殿中，杨仕春．工程爆破实用手册［M］. 2版. 北京：冶金工业出版社，2003.
[2] 中华人民共和国国家质量监督检验检疫总局．GB 6722—2003爆破安全规程［S］. 北京：中国标准出版社，2004.
[3] 于亚伦．工程爆破理论与技术［M］. 北京：冶金工业出版社，2004.

平均单耗、最小抵抗线和岩性对
硐室爆破效果的影响

郑炳旭　傅建秋　肖文雄　赵维清　蔡建德

（广东宏大爆破股份有限公司，广东 广州，510623）

摘　要：将台阶爆破的 K-R 数学模型引用到硐室爆破的设计中，分析了平均单耗、最小抵抗线和岩石性质对硐室爆破效果的影响。

关键词：K-R 数学模型；硐室爆破；平均单位耗药量；最小抵抗线；岩石性质；爆破效果

The Effect of Average Explosive Specific Charge, Burden Line of Least Resistance and Rock Property to Chamber Blasting

Zheng Bingxu　Fu Jianqiu　Xiao Wenxiong　Zhao Weiqing　Cai Jiande

(Guangdong Hongda Blasting Co., Ltd., Guangdong Guangzhou, 510623)

Abstract: This paper introduces the K-R mathematical model of bench blasting into the design of coyote blasting, and analyzes the effects of average powder factor, minimum resistance line and rock properties on the effect of coyote blasting.

Keywords: K-R mathematical model; coyote blasting; average powder factor; minimum resistance line; rock properties; blast effect

1　引言

在硐室爆破工程实践中，平均单耗越大爆出的岩石越碎，最小抵抗线越大大块率越高，岩石系数 K 值与标准单耗 q 值紧密相关，这是大家一致的认知，但具体影响到什么程度是值得研究的课题。我们采用 K-R 模型对不同平均单耗 q（$q=0.4\sim1.2\text{kg/m}^3$）、不同最小抵抗线 W（10~45m）和不同岩石系数 K（7~13）条件下的 R-x 关系曲线，得出了大块率的变化规律。

2　计算方法

2.1　不同平均单耗影响的计算方法

取岩石系数 $K=9.0$，最小抵抗线 $W=25\text{m}$，平均单耗 $q=0.4\sim1.2\text{kg/m}^3$，分别计算得出 $\bar{x}$ 值和 β 值，其计算的相关公式为：

（1）平均块度尺寸 $\bar{x}$ 由 Kuznestov 方程求出：

$$\bar{x}=K\left(\frac{V_0}{Q_0}\right)^{0.8}Q^{\frac{1}{6}} \tag{1}$$

原载于《第九届全国工程爆破学术会议论文集》，2008。

式中 K——岩石系数，它是现场实验得出的数据，一般取法是：中等岩石时为7，裂缝发育的硬岩时为10，裂缝不太明显的硬岩时为13，到目前为止，研究发现，有些岩石很软，但其下限为8，还有些岩石很硬，需要一个大于13的系数；

V_0——每孔破碎岩石体积，$V_0 = abH$，m^3；

Q——相当于每孔中药包能量的TNT的当量，kg。

$\frac{V_0}{Q_e}$——平均单位耗药量 q 的倒数。

（2）β 为均匀度指标，β 值计算是在验证性计算中我们探索出来的，其中一些爆破参数的选择皆按爆破设计理想值选取，所以所选的工程例子的 β 值是一致的，其计算式为：

$$\beta = \left(2.2 - 14\frac{W}{\phi}\right)\left(1 - \frac{\Delta W}{W}\right)\left(1 + \frac{A-1}{2}\right)\frac{L}{H} \tag{2}$$

式中 $\frac{W}{\phi}$——最小抵抗线与药包直径之比，我们选 $\frac{W}{\phi}=25$，即最小抵抗线等于25倍装药直径，它接近条形药包设计的实际情况；

$\frac{\Delta W}{W}$——条形药包的施工误差，在硐室爆破条形药包设计中，控制条形药包最小抵抗线误差的范围是±7%。在计算中我们取 $\frac{\Delta W}{W}=0.14$；

A——孔距与最小抵抗线的比值，在我们实际布药时，布药立面呈45°左右的居多，当布药立面呈45°时，孔距/最小抵抗线 $A=\frac{a}{W}=1.41$；

$\frac{L}{H}$——底板以上装药长与台阶高之比，取 $\frac{L}{H}=1$。

根据以上参数选择，β 值的计算结果为1.95。

（3）由 $\bar{x}$ 和 β 值计算 x_e 值，由 x_e、β 计算值根据Rosin-Rammler曲线 $R = e^{-\left(\frac{x}{x_e}\right)^\beta}$ 作出 R-x 曲线，相关计算公式为：

$$x_e = \frac{\bar{x}}{(0.693)^{\frac{1}{\beta}}} \tag{3}$$

（4）由不同 q 值的 R-x 曲线取 $x=125$cm 时的 R 值，由 q 和 R 值作出 q-R 关系曲线，即在 $W=25$m，$K=9.0$ 的条件下，大块率随 q 的变化规律。

2.2 不同最小抵抗线影响的计算方法

取 $q=0.8\text{kg/m}^3$、$K=9.0$、根据不同 W 值（10~45m）、式（1）和式（2）分别计算得出 β 值和 $\bar{x}$ 值，再由 β 和 $\bar{x}$ 值根据式（3）计算 x_e 值，由 x_e、β 计算值根据Roisn-Rammler曲线 $R = e^{-\left(\frac{x}{x_e}\right)^\beta}$ 作出 R-x 曲线，由不同 W 值的 R-x 曲线取 $x=125$cm 时的 R 值，得出在 $q=0.8\text{kg/m}^3$，$K=9.0$ 条件下大块率随 W 的变化规律。

2.3 不同岩石影响的计算方法

取 $q=0.8\text{kg/m}^3$、$W=25$m、根据不同岩石系数 K 值（7~13m）、式（1）和式（2）分别计算得出 β 值和 $\bar{x}$ 值，再由 β 和 $\bar{x}$ 值根据式（3）计算 x_e 值，由 x_e、β 计算值根据Rosin-Rammler曲线 $R = e^{-\left(\frac{x}{x_e}\right)^\beta}$ 作出 R-x 曲线，由不同 K 值的 R-x 曲线取 $x=1.25$m 时的 R 值，得出在 $q=0.8\text{kg/m}^3$，$W=25$m 条件下，大块率随 K 的变化规律。

3 计算结果

3.1 不同平均单耗影响爆破效果的计算结果

计算获得的不同 q 值的结果见表 1，其 R-x 曲线如图 1 所示。取 x=125cm 时的 R 值，可得到在 W=25m，K=9.0 条件下，设计选用不同 q 值情况下大块率随 q 的变化规律，如图 2 所示。

表 1 不同的 q 值的计算结果表

Table 1 The calculating results of different average explosive specific charge q

工程参数					计算值		x=125cm 时的 R 值
q/kg·m^{-3}	W/m	Q/kg	K	β	$\bar{x}$	x_e	
0.4	25	8750	9	1.95	85.03	102.63	0.23
0.5	25	10937.5	9	1.95	73.83	89.10	0.144
0.6	25	13125	9	1.95	65.78	79.39	0.089
0.7	25	15312.5	9	1.95	59.66	72.00	0.053
0.8	25	17500	9	1.95	54.82	66.16	0.0315
0.9	25	19687.5	9	1.95	50.88	61.41	0.0183
1	25	21875	9	1.95	47.6	57.44	0.0105
1.1	25	24062.5	9	1.95	44.81	54.08	0.006
1.2	25	26250	9	1.95	42.41	51.18	0.0033

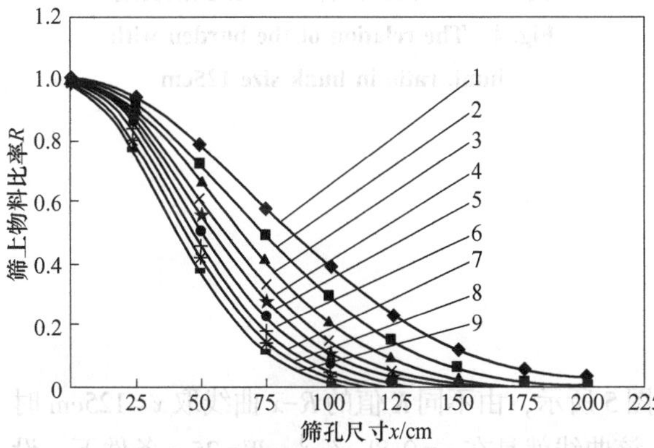

1—q=0.4 时的 R 与 x 关系曲线；2—q=0.5 时的 R 与 x 关系曲线；
3—q=0.6 时的 R 与 x 关系曲线；4—q=0.7 时的 R 与 x 关系曲线；
5—q=0.8 时的 R 与 x 关系曲线；6—q=0.9 时的 R 与 x 关系曲线；
7—q=1 时的 R 与 x 关系曲线；8—q=1.1 时的 R 与 x 关系曲线；
9—q=1.2 时的 R 与 x 关系曲线

图 1 不同 q 条件下的 R 与 x 关系曲线

Fig. 1 The relation of hunk ratio with hunk size in different average explosive specific charge

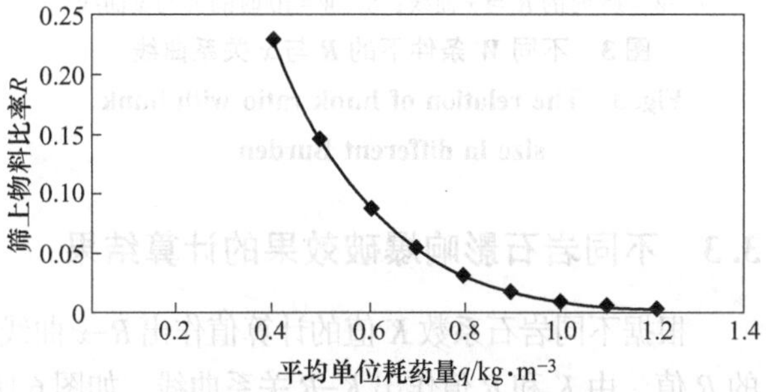

图 2 x=125cm 条件下 q-R 关系曲线

Fig. 2 The relation of average explosive specific charge with hunk ratio in hunk size 125cm

3.2 不同最小抵抗线影响爆破效果的计算结果

计算获得的不同 W 值的计算结果见表 2，并以此作出 R-x 关系曲线，如图 3 所示；在 q=0.8kg/m^3，K=9.0 的条件下，大块率随 W 的变化规律如图 4 所示。

表 2 不同的 W 值的计算结果表

Table 2 The calculating results of different Burden W

工程参数					计算值		$x=125$cm 时的 R 值
q/kg·m^{-3}	W/m	Q/kg	K	β	$\bar{x}$	x_e	
0.8	10	1500	9	1.95	36.4	43.93	4.60×10^{-4}
0.8	15	5062.5	9	1.95	44.58	53.81	5.66×10^{-3}
0.8	20	12000	9	1.95	51.48	62.13	0.02
0.8	25	23437.5	9	1.95	57.56	69.46	0.043
0.8	30	40500	9	1.95	63.05	76.09	0.0719
0.8	35	64312.5	9	1.95	68.1	82.19	0.104
0.8	40	96000	9	1.95	72.8	87.87	0.135
0.8	45	136687.5	9	1.95	77.22	93.2	0.17

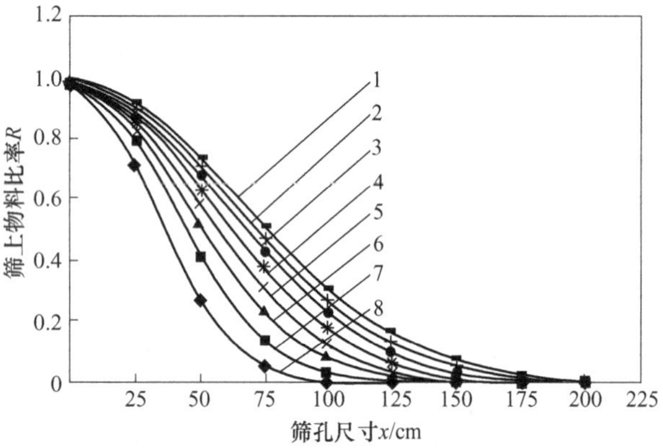

1—W=45 时的 R 与 x 曲线；2—W=40 时的 R 与 x 曲线；
3—W=35 时的 R 与 x 曲线；4—W=30 时的 R 与 x 曲线；
5—W=25 时的 R 与 x 曲线；6—W=20 时的 R 与 x 曲线；
7—W=15 时的 R 与 x 曲线；8—W=10 时的 R 与 x 曲线

图 3 不同 W 条件下的 R 与 x 关系曲线

Fig. 3 The relation of hunk ratio with hunk size in different Burden

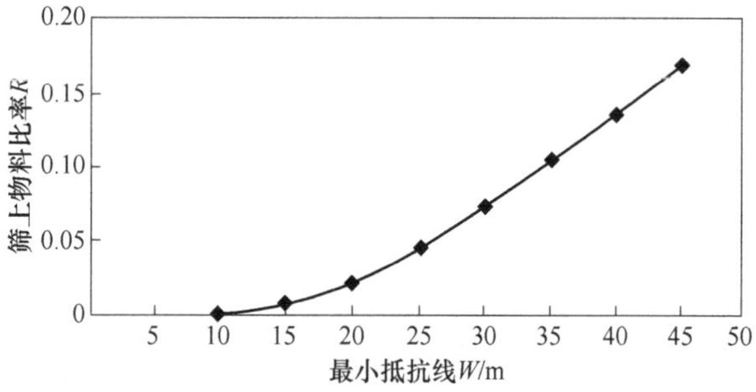

图 4 $x=125$cm 条件下 W-R 关系曲线

Fig. 4 The relation of the burden with hunk ratio in hunk size 125cm

3.3 不同岩石影响爆破效果的计算结果

根据不同岩石系数 K 值的计算值作出 R-x 曲线，如图 5 所示，由不同 K 值的 R-x 曲线取 $x=125$cm 时的 R 值，由 K 和 R 值作出 K-R 关系曲线，如图 6 所示，该曲线就是在 $q=0.8$kg/m^3，$W=25$m 条件下，设计选用不同 K 值情况下大块率（尺寸大于 125cm 时为大块）随 K 的变化规律，计算结果见表 3。

表 3 不同的 K 值的计算结果表

Table 3 The calculating results of different rock property K

工程参数					计算值		$x=125$cm 时的 R 值
q/kg·m^{-3}	W/m	Q/kg	K	β	$\bar{x}$	x_e	
0.8	25	25000	7	1.95	45.25	54.61	0.0066
0.8	25	25000	8	1.95	51.71	62.41	0.021
0.8	25	25000	9	1.95	58.18	70.22	0.046
0.8	25	25000	10	1.95	64.64	78.02	0.082
0.8	25	25000	11	1.95	71.11	85.82	0.125
0.8	25	25000	12	1.95	77.57	93.62	0.173
0.8	25	25000	13	1.95	84.04	101.42	0.222

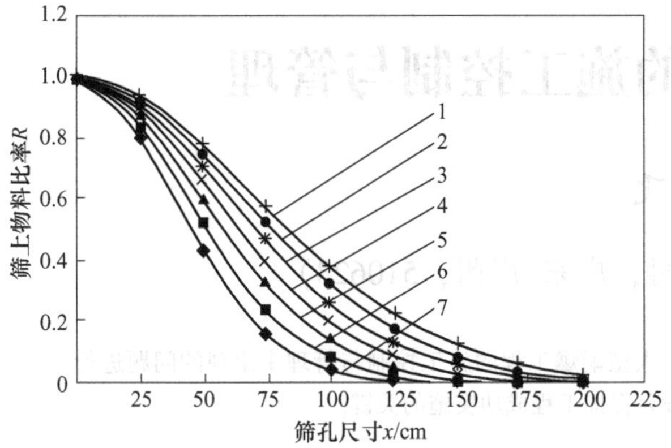

1—K=13 时的 R 与 x 曲线；2—K=12 时的 R 与 x 曲线；
3—K=11 时的 R 与 x 曲线；4—K=10 时的 R 与 x 曲线；
5—K=9 时的 R 与 x 曲线；6—K=8 时的 R 与 x 曲线；
7—K=7 时的 R 与 x 曲线

图 5　不同 K 条件下的 R 与 x 关系曲线

Fig. 5　The relation of hunk ratio and hunk size in different rock property

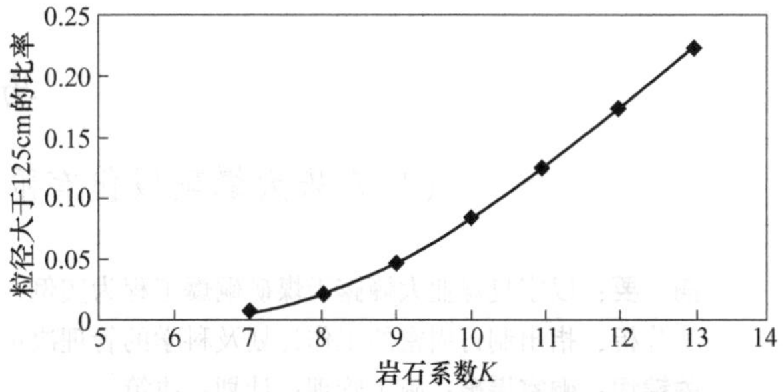

图 6　x=125cm 条件下 K-R 关系曲线

Fig. 6　The relation of rock property and hunk ratio in hunk size 125cm

4　计算结果分析

计算结果分析如下。

（1）当最小抵抗线 $W=25$m 时，对中硬岩石（$K=9.0$），设计平均单耗不同爆岩级配曲线不同，单耗越大平均块度越小，单耗 q 由 0.4kg/m^3 加大到 1.2kg/m^3 时平均块度由 85cm 减小到 42cm，相差一倍。

（2）q 越大，大块越少，对中等岩石，$W=25$m 的条形药包，平均单耗由 0.4kg/m^3 增加到 0.8kg/m^3 时大于 125cm 的大块率由 23%降到 3.1%。

（3）R-x 曲线因 W 不同也不同，在相同的岩石中，平均单耗相同时最小抵抗线越大，大块率越高，当 W 由 25m 增加到 45m 时，大块率由 4.3%增加到 17%。

（4）在最小抵抗线相同（25m），单耗相同（0.8kg/m^3）和布药模式相同的条件下，不同岩石系数 K 值其级配曲线不同；K 值由 7 增大到 13 时（有软岩到硬岩），爆堆平均块度由 45cm 增加到 84cm，增大了近一倍。

（5）K 值对爆破的效果影响很大，在我们计算的条件下，岩石系数由 8 增加到 13 时，大于 125cm 的大块率由 2%增大到 22%。

5　结语

在硐室爆破设计中，设计取合理的平均单位耗药量 q 值，是保证爆破效果的一个关键参数。W 适当小表示布药均匀，在硐室爆破设计中，布药均匀是降低大块率的关键技术，在设计中，选择合适的最小抵抗线，是控制大块率的关键技术。

参 考 文 献

[1] 刘殿中．工程爆破实用手册［M］．北京：冶金工业出版社，2004：343.

[2] 郑炳旭，王永庆，李萍丰．建设工程台阶爆破［M］．北京：冶金工业出版社，2005：56-62.

浅析硐室爆破工程的施工控制与管理

马睿飞

（广东宏大爆破股份有限公司，广东 广州，510623）

摘　要：以宁夏煤业大峰露天煤矿硐爆工程为实例，对在大型硐爆工程的施工控制与管理中出现的问题进行了分析，指出制订周密的工作计划及科学的管理决策手段是保证工程成功实施的关键。

关键词：硐室爆破；施工管理；计划；决策

The Analyais of Constructing Control and Management in Chamber Blasting Project

Ma Ruifei

(Guangdong Hongda Blasting Co., Ltd., Guangdong Guangzhou, 510623)

Abstract: Taking the coyote blasting project of Ningxia Coal Dafeng open-pit coal mine as an example, this paper analyzes the problems in the operation control and management of large coyote blasting project, and points out that a thorough work plan and scientific management and decision－making means are the key to ensure the successful implementation of the project.

Keywords: coyote blasting; operation management; plan; decision making

1　引言

如何才能对大型硐室爆破工程进行有效的管理？本文结合多年硐室爆破工程管理的实践，对在宁煤大峰矿硐爆工程管理的过程中的施工管理方法进行了探讨，提出了以“周密计划、科学决策”为核心思想的管理方式，可有效地保证工程的顺利实施。

2　硐爆工程的施工计划管理

2.1　以周密计划作为管理核心工作

在宁煤大峰矿硐爆工程管理过程中，大到人员设备进场，小到一个纽扣电池的采购，都纳入了计划工作体系之中，做到事无大小能细则细。之所以采用这样的管理方式主要是由大型硐爆工程的复杂性和不可逆性而决定的。

大型硐爆工程的复杂性体现在其涉及环节众多，管理问题千头万绪，不确定因素众多，对任何细微环节的疏漏都有可能为整个工程带来不可挽回的损失，以及管理过程的混乱。硐爆工程的不可逆性在硐爆工程的装药阶段表现得尤为突出，装药工作一旦开始就必须在限定的时间内完成。

硐爆工程的管理必须以精密的工作计划和明确的工作分工为保证。如果我们将工作计划制订看作一个三维坐标系的话，那么这个坐标系的三个轴就应该是时间、工作内容、保障措施。在硐爆工程的

原载于《第九届全国工程爆破学术会议论文集》，2008。

管理中就应确定以周密计划为核心的管理思想，而工作计划的制订又应以保证措施的细化作为整个工作的核心工作，以确保工作的有效执行。宁煤大峰矿硐爆工程的工作计划体系正是基于这种思路而建立的，以装药过程为例：在工作计划制订的过程中，不仅对装药区域、各硐室的具体工作、完成时间、管理人员配备做了详细的书面计划，同时更是明确了以施工分解图、分解表为核心的技术保证措施，以人员使用计划单、施工人员调度方案为核心的人员保障措施，以车辆调度方案和物料需求明细为基础的后勤保障措施。

2.2 合理制订工作计划

将计划管理作为硐室爆破工程管理工作的核心，是硐爆工程顺利实行的关键，而在计划制订的过程中我们应该把握两个基本原则，即集体决策原则和计划分段原则。

集体决策原则就是要求在制订相关计划和工作细分方案的过程中应该以集体决策的方式进行，以保证其全面性，同时增强不同工作在执行过程中的横向联系和整体协调性。

针对大部分施工管理人员没有参加过大规模硐爆工程管理工作这一问题，在宁煤大峰矿硐爆工程的计划制订的过程中采取了专家意见与集体讨论意见相结合的施工计划制订方式。

首先由项目部聘请的内部及外部专家通过专家会议、专题讲座、工程实例分析、专业知识培训等多种方式对工程整体的思路、流程、工作内容及可能出现的问题及解决方式进行讲解、传授并对工作任务进行第一次初步划分，使项目的管理人员对整个施工过程做到心中有数，明确大致工作范围及内容。

第二步由各分项工作负责人，结合实际情况提出有待解决的问题及初步解决方案并对工作内容进行二次细分。最后将相关问题反馈专家组，最终制订出合理可行的施工计划方案。

计划分段原则是工作计划制订过程中需要遵守的另一个重要原则，就是计划的制订不是一次完成，而是根据分工性质、执行顺序先后在不同时间段内制订相应的工作计划。

工作计划就其性质而言其本身应具有对问题进行前瞻性的预测，但是这种前瞻性的预测是具有时效性的，根据时间不同其预测内容也不相同。一般而言，宏观的、条块性质的工作计划，其时效性较长，而微观的、具体的工作计划其时效性较短。大量具体细致的工作前期制订的计划由于在施工过程中，环境的变化和客观条件的限制都有可能发生改变。因此准确把握计划制订的时间，合理组织资源就成为了项目计划制订的关键。

对于可以明确的工作，尤其是大的分项工作（如硐室施工、炸药生产、装药组织、安全管理等工作）可以尽早确定工作的大致思路、节点工期及相关负责人，便于相关负责人尽早明晰工作思路，熟悉相关环境。而对于分项工作下的具体工作则应在保证准备时间的前提下，尽量缩短计划制订与计划执行的时间间隔，便于管理人员及时根据具体情况的变化调整工作计划的内容，最大程度上实现合理高效的资源配置。

3 科学确定施工方案及其资源需求

3.1 重视试验法在管理决策中的应用

利用试验的方式为管理提供决策依据，就是要从工程的现实情况出发，解决问题。当然强调试验并不是否认经验及规范在管理决策中的作用。而是指在关键问题上一定要通过实践进行准确验证。在这里我们以宁煤大峰矿硐爆工程装药方案的确定为实例，看看试验法在这一过程中是如何发挥作用的。

（1）炸药生产及转运方案的确定。在装药方案的确定过程中遇到的第一个问题是炸药的生产及运输方式的选择问题，与以往的大型硐室爆破不同，由于此次施工采用炸药混装车进行现场制备铵油炸药。为了节省运输费用，部分管理人员就提出了混装车在施工现场生产，利用装载机将炸药运送至硐口的施工方案。为此在装药准备阶段，围绕这一方案管理人员进行了大量的模拟试验，最后证明虽然炸药混装车从其理论生产能力上可以满足炸药的生产需求，但是扣除其往返油库及原料库的时间，其实际生产能力无法保证施工现场的需求，同时由于施工现场场地狭小，根本无法满足多台装载机及混装车同时施工的要求。通过这次现场试验，管理人员最终确定了混装车场外原地生产，农用卡车、装载机两次转运的炸药生产运输方案。

（2）装药人员劳动定额的确定。装药过程中不可回避地会遇到这样的问题，那就是装药过程需要多少人来完成？劳动定额水平应该如何确定？在这一问题上，大多数专家以及参与过硐室爆破的管理人员都倾向于人均2~2.5t的定额水平，但是施工现场的管理人员，通过组织人员进行试验发现，装药人员的平均日装药量可以达到5~6t。综合考虑到硐室情况差别以及装药期间工效下降等因素，劳动定额的水平应该可以达到4t/d以上。以此为基础我们确定了75人的装药人员需求计划，通过表1可以看到，由于采用了新的劳动定额标准，减少装药及管理人员95人，如果按装药期间人均3000元的费用支出计算，仅人工费用一项就可节约费用285000元。

表1 不同定额水平下的人员需求

Table 1 Staff required in different fixed quantity levels

定额水平/t	装药人员/人	同时施工硐室数量/条	管理人员/人
2	140	10	65
4	75	5	35

3.2 以系统工程的思想实现资源优化配置

做到施工过程均衡有序，是管理过程中要解决的另一个重要问题。在工程实施的过程中我们往往会遇到两种不合理的现象，一种是某段时间内所消耗的资源数量过大，导致人员、设备负荷过大，给施工组织管理带来困难；另一种情况是在一段时间内提供的资源大于实际需要量，造成窝工和设备闲置。

我们仍以硐爆工程的装药过程为例，在确定施工顺序的过程中我们就要考虑：（1）每日的炸药的生产量、装药量基本一致，以降低库存或是防止出现缺口；（2）工人每天的工作强度基本相当，防止窝工以及人员过度疲劳；（3）通往各区域的车辆是否实现了有效分流；（4）尽量避免车辆夜间施工；（5）高温硐室特殊的装药要求。这些问题都可以用简单的线性规划或者通过网络计划的逐步调优得到最满意的解决，确定出资源使用最优的施工方案。

当然这种方式的使用比较复杂，文中不做过多的叙述，但是在应对大型硐室爆破这种复杂的工程中，施工管理人员必须树立这种系统解决问题的思想。另外随着一些管理运筹学软件，以及一些更高级的网络计划软件的出现，已经可以免去这些复杂的计算过程，在这次宁煤大峰矿硐室爆破工程装药计划的制订过程中管理人员就使用了相关的网络计划软件对硐室装药的顺序进行了确定，在装药过程中取得了明显的效果。

4 结语

硐室爆破工程具有规模庞大、条件复杂、不确定性强等明显特点，与这些特点相对应，在施工的控制与管理过程中应特别注意做好工作的细分以及制订周密的工作计划，以应对硐爆工程的复杂性。在管理决策过程中应采取科学的手段保证决策依据的可靠，同时以系统的眼光把握好整体工作的平衡，做好硐爆工程的管理工作。

参 考 文 献

[1] 刘殿中，杨仕春．工程爆破实用手册［M］．2版．北京：冶金工业出版社，2003.

[2] 汪旭光．中国典型爆破工程与技术［M］．北京：冶金工业出版社，2006.

[3] 姜东君．提高露天矿爆破质量的方法［J］．矿业工程，2005，3（3）：32-33.

[4] 季荣生，陈庆寿，王贵和，等．断层裂隙较发育地段硐室爆破［J］．爆破，2005，22（2）：41-43.

[5] 高尔新，杨仁树．爆破工程［M］．徐州：中国矿业大学出版社，1999.

条形药包硐室爆破 K-R-D 模型与爆堆级配及大块率预测方法的探讨

郑炳旭　王永庆　肖文雄　傅建秋　蔡建德

（广东宏大爆破股份有限公司，广东 广州，510623）

摘　要：将台阶爆破的 K-R 数学模型引用到条形药包硐室爆破设计中，形成硐室爆破设计应用的 K-R-D 数学模型，并根据工程实践验证了方法的可行性，结果表明，采用 K-R-D 数学模型可以预报硐室爆破的爆堆级配和大块率。

关键词：K-R 模型；条形药包；硐室爆破；K-R-D 模型；大块率

Discussion on Forecast Method of Muck Pile Graduation and Hunk Ratio and K-R-D Mathematic Model of Chamber Blasting of Linear Charge

Zheng Bingxu　Wang Yongqing　Xiao Wenxiong　Fu Jianqiu　Cai Jiande

（Guangdong Hongda Blasting Co.，Ltd.，Guangdong Guangzhou，510623）

Abstract：This paper introduces the K-R mathematical model for step blasting into the design of coyote blasting with strip charges，forming the K-R-D mathematical model for coyote blasting design and application. The feasibility of the new model is verified by engineering practice. The results show that the K-R-D mathematical model can be used to predict the blast muckpile gradation and boulder rate of coyote blasting.

Keywords：K-R model；strip charge；coyote blasting；K-R-D model；boulder rate

1　引言

如果能在爆破设计中预报爆堆的级配曲线和大块率，则可以通过爆破参数的调整优化使爆破工程取得大块含量少、级配符合工程要求的良好爆破效果，把爆破设计提高到一个新的水平。

把硐室爆破的条形药包看作水平放置的钻孔条形药包，不考虑重力影响，台阶爆破的垂直条形药包和水平放置的硐室爆破条形药包在药量和爆破漏斗计算上有可比性；影响台阶爆破爆堆级配曲线和大块率的主要参数是平均单位耗药量、最小抵抗线、布药参数和岩石可爆性，这与影响硐室爆破效果的因素是一致的，所以二者的计算方法和优选方法也是相同的。基于上述认识，利用 K-R 数学模型对我们熟悉的十几个硐室爆破工程进行了验算，且对宁煤大峰矿一次起爆 5500t 炸药的硐室爆破大块率进行预测。在计算过程中，对一些待定的参数进行了调整，计算结果与实际爆破结果比较吻合，因此认为采用 K-R 数学模型应用于硐室爆破的工程设计中是可行的。

2　K-R 数学模型到 K-R-D 数学模型

K-R 数学模型是库兹涅佐夫（Kuznectov）模型和罗森雷姆勒（Rosin-Rammler）模型的结合，前

原载于《第九届全国工程爆破学术会议论文集》，2008。

者是研究爆破的平均块度的数学模型，后者是研究块度的分布特征的数学模型。K-R 数学模型是利用 Rosin-Rammler 曲线把 Kuznestov 方程变成了一个预报爆堆级配的数学模型[1]。

（1）Rosin-Rammler 曲线被公认能够给出被爆岩石破碎情况的适合的描述。该曲线表达式为：

$$R = e^{-\left(\frac{x}{x_e}\right)^{\beta}} \tag{1}$$

式中 R——筛上物料比率，即粒径大于 x 的物料所占的比率；

x——筛孔尺寸，cm，表示筛下最大粒径或筛上最小粒径；

x_e——特性尺寸，cm，该数由 Kuznestov 方程计算出；

β——均匀度指标，这是一个经验系数，β 决定曲线的形状，它通常由 0.8 到 2.2，高值表示块度均匀，低值归因于粉矿和大块占较大比率。

其中

$$\beta = \left(2.2 - 14\frac{W}{\phi}\right)\left(1 - \frac{\Delta W}{W}\right)\left(1 + \frac{A-1}{2}\right)\frac{L}{H} \tag{2}$$

式中 W——最小抵抗线，m；

ϕ——炮孔直径，mm；

ΔW——凿岩精度的标准误差，即孔底偏离设计位置的平均距离，m；

A——孔距/最小抵抗线；

L——底板标高以上药包长度，m；

H——台阶高度，m。

这样，式（1）中，只要能知道特征尺寸 x_e，就可以通过该方程计算出大于各种粒径的成分所占的比率，而 x_e 的计算要借助于 Kuznestov 方程。

（2）Kuznestov 方程是给出平均粒径大小的经验方程，认为平均粒径的大小只决定于平均炸药单耗、炸药威力及单孔装药量（孔径），其他参数不影响平均粒径，只影响各种粒径的分配。

Kuznestov 方程的表达式为：

$$\bar{x} = K\left(\frac{V_0}{Q}\right)^{0.8} Q^{\frac{1}{6}} \tag{3}$$

式中 $\bar{x}$——平均破碎块度，其详细描述是：有 50%通过筛子，50%留在筛上时对应的筛孔尺寸，或称筛下物料的最大尺寸，等于筛上物料的最小尺寸，可以表示为 x_{50} 或 $x_{50}=\bar{x}$；

K——岩石系数，它是现场实验得到的数据，一般取法是：中等岩石时为 7，裂缝发育的硬岩时为 10，裂缝不太明显的硬岩时为 13。到目前为止，研究发现，有些岩石很软，但其下限为 8，还有些岩石很硬，需要一个大于 13 的系数；

V_0——每孔破碎岩石体积，$V_0=abH$，m^3；

Q——相当于每孔中药包能量的 TNT 的当量，kg，在硐室爆破计算中取 Q 为一倍最小抵抗线长度的装药量：$Q = Kw^3f(n)$；

$\frac{V_0}{Q}$——平均单位耗药量 q 的倒数。

（3）当式（1）中 $x=\bar{x}$ 时，$R=0.5$，可以导出：

$$x_e = \frac{\bar{x}}{(0.693)^{\frac{1}{\beta}}} \tag{4}$$

（4）β 值由布药参数决定。对条形药包硐室爆破，$\frac{W}{\phi}$为最小抵抗线与装药直径之比，W 以 m 计，ϕ 以 mm 计，则$\frac{W}{\phi}=0.025\sim0.030$；$\frac{\Delta W}{W}=0.14$（规定±7%误差）；对沿 45°坡布置的前后排条形硐室药包，当层距等于最小抵抗线时 $A=1.41$。

$\frac{L}{H}$反应不装药段对级配曲线的影响，对硐室爆破条形药包而言，当端头距离为$\frac{1}{3}W$时，不装药部分岩石中的应力场与装药部分岩石应力场很相似，故计算时取$\frac{L}{H}=1$。

以上即在硐室爆破中应用的 K-R 数学模型，定名为 K-R-D 数学模型。

3 工程验证计算

3.1 计算方法

计算方法如下所示。

(1) 首先根据式 (2) 和式 (3) 分别计算得到平均块度尺寸 $\bar{x}$ 和均匀度指标 β。其中，β 值计算式是我们在验证性计算中探索出来的，式中的一些爆破参数的选择都按爆破设计理想值选取，所以所选的工程例子的 β 值是一致的。式 (2) 中 $\frac{W}{\phi}$ 为最小抵抗线与药包直径之比，计算中取 $\frac{W}{\phi}=0.025$；$\frac{\Delta W}{W}$ 为条形药包的施工误差，在计算中取 $\frac{\Delta W}{W}=0.14$；A 为孔距与最小抵抗线的比值，在验算时取 $A=\frac{a}{W}=1.41$；$\frac{L}{H}$ 为不装药长度对级配的影响，计算时取 $\frac{L}{H}=1$。

根据以上参数选择，β 值的计算结果为 1.92。

(2) 根据计算得到的 $\bar{x}$ 和 β，利用式 (4) 计算得到 x_e，根据计算所得的 x_e 和 β，按式 (1) 作出各次爆破的 R-x 爆堆级配关系曲线。

3.2 计算结果

根据计算所得的 x_e（见表 1），按 $R=e^{-\left(\frac{x}{x_e}\right)^{\beta}}$ 作出各次爆破的 R-x 关系曲线，共 12 条，如图 1 所示。

取大块标准为 125cm，计算 12 个曲线的大块率，计算结果见表 1。

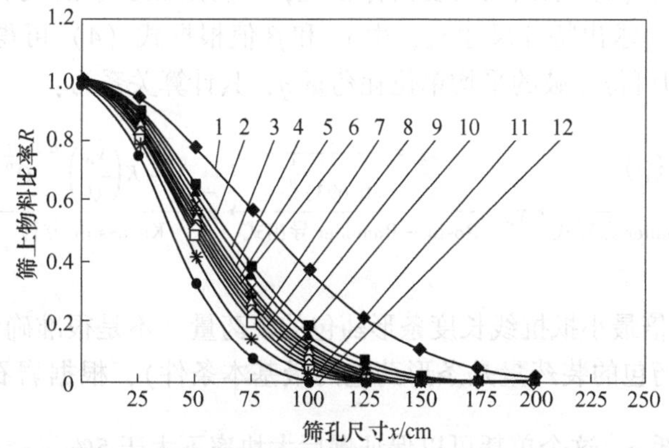

1—炮台山；2—青湾大道 1；3—芝麻州南坡；4—青湾大道 2、3；5—渡口朱家包包上层；6—横琴岛路堑；7—宁煤大峰矿；8—汕头广澳；9—芝麻州北坡；10—凤屿岛西区；11—惠州屎马坳；12—凤屿岛东区

图 1 部分硐室爆破工程的 R-x 关系曲线

Fig. 1 The relation curves of hunk ratio (R) with hunk size (x) for some chamber blasting projects

表 1 部分硐室爆破工程的大块率计算结果

Table 1 Calculating results of hunk ratio of some chamber blasting projects

工程名称	工程参数					计算值		$x=125$cm 时的 R 值
	q/kg·m^{-3}	W/m	Q/kg	K	β	$\bar{x}$	x_e	
炮台山	1.1	45	175000	12	1.92	83.16	100.36	0.216
渡口朱家包包	1.3	25	35000	12	1.92	55.64	67.15	0.035
芝麻州北坡	0.7	20	10000	8	1.92	49.39	59.62	0.0145

续表 1

Continues Table 1

工程名称	工程参数					计算值		$x=125$cm 时的 R 值
	q/kg · m^{-3}	W/m	Q/kg	K	β	$\bar{x}$	x_e	
芝麻州南坡	0.75	28	33000	8.5	1.92	60.60	73.14	0.0582
惠州屎马坳	0.95	20	12000	9	1.92	44.87	54.15	0.006
凤屿岛东区	0.87	13	3500	9	1.92	39.20	47.31	0.0013
凤屿岛西区	0.87	20	15000	9	1.92	49.96	60.30	0.0159
青湾大道 1	0.6	30	22000	8	1.92	63.73	76.91	0.076
青湾大道 2、3	0.6	20	11000	8	1.92	56.77	68.52	0.04
横琴岛路堑	0.53	15	45000	8	1.92	54.02	65.20	0.0285
汕头广澳	0.83	25	25000	8	1.92	50.21	60.60	0.0165
宁煤大峰矿	0.8	25	25000	8	1.92	51.71	62.41	0.0208

分析图 1 和表 1 的曲线、数据可以看出，计算结果与工程实际情况基本一致，表明把 K-R 数学模型引入条形药包硐室爆破设计中是可行的。

4 宁煤大峰矿硐室爆破平均单耗计算实例

4.1 计算方法

首先将爆破参数代入式（2）求出均匀度指标 β 值，再将爆破要求的大块率 $R=0.05$、大块标准 $x=125$cm 和 β 值代入式（1）求出特性尺寸 x_e，由 x_e 和 β 值根据式（4）可得平均破碎块度 $\bar{x}$，再由 $\bar{x}$ 和相关参数根据式（3）即可得爆破的平均单位耗药量 q，其计算关系为：

$$\beta \xrightarrow[\text{Rosin - Rammler 方程式}]{R=e^{-\left(\frac{x}{x_e}\right)^{\beta}}} x_e \xrightarrow[\text{Rosin - Rammler 导出式}]{x_e=\frac{\bar{x}}{(0.693)^{\frac{1}{\beta}}}} \bar{x} \xrightarrow[\text{Kuznestov 方程}]{\bar{x}=K\left(\frac{V_0}{Q}\right)^{0.8}Q^{\frac{1}{6}}} \frac{V_0}{Q} \longrightarrow q$$

按式（3），取 Q 为一倍最小抵抗线长度条形药包的装药量（不是很准确但影响不大，取一倍最小抵抗线的长度来计算条形药包的装药量是条形药包的最基本条件），根据岩石类别取适当的 K 值求出 $\frac{V_0}{Q}$具体数，其倒数即为单耗 q，这个单耗可以保证爆后大块率不大于 5%。

4.2 大峰矿硐室爆破工程合理单耗计算

按最小抵抗线 W 为 25m，装药直径 ϕ 为 1000mm，设计取最小抵抗线之差$\frac{\Delta W}{W}=0.14$，孔间距与最小抵抗线之比 $A=\frac{a}{W}$要$=1.41$，装药长度和台阶高度之比$\frac{L}{H}=1.0$，求得 $\beta=1.92$。

按 $\bar{x}=K\left(\frac{V_0}{Q}\right)^{0.8}Q^{\frac{1}{6}}$ 将 $Q=25000$kg（最小抵抗线为 25m，长 25m 的条形药包的估算总药量，此值对 $Q^{\frac{1}{6}}$影响不大），$\bar{x}=58.7$cm，$K=8$（中等硬度岩石取 $K=8$）代入得 $q=\frac{Q}{V_0}=0.69$kg/m^3。

计算结果表明，对 $W=25$m 的条形药包，只要平均单耗不小于 0.69kg/m^3，爆堆大于 125cm 的大块率不会高于 5%，即可满足爆破设计的要求。

5 结论

本文结论如下。

（1）按K-R数学模型的思路，根据经验数据和相应算法K-R-D数学模型，可以求出平均块度尺寸和岩石级配曲线，同样可以优化硐室爆破参数，使其爆破结果满足级配和大块率的要求。

（2）为爆出相似的级配，可以有大抵抗线大单耗也可以有小抵抗线小药量的不同设计方案，在最小抵抗线大小选定后，可以计算出合理单耗，以爆出符合块度要求的爆堆，平均单耗 q，岩石可爆性系数 K 对级配曲线有明显影响。

（3）最小抵抗线的大小对大块率影响很大，例如炮台山和朱家包包两次万吨级大爆破，岩石可爆性差不多，平均单耗也接近，但因最小抵抗线差异近一倍，大块率差了几倍。青湾大道三次爆破工程，平均单耗相同，最小抵抗线不同，其大块率差异也很大。

（4）在大峰矿5500t硐室爆破工程中，按主药包最小抵抗线控制在25m左右，平均单耗0.9kg/m^3（有一部分抛掷药包），爆后取得了良好的效果，级配尚未完全统计出来，但大块率明显控制在3%以内。

参考文献

[1] 郑炳旭，王永庆，李萍丰．建设工程台阶爆破［M］．北京：冶金工业出版社，2005.

[2] 刘殿中．工程爆破实用手册［M］．北京：冶金工业出版社，2004：343.

[3] 炮台山的万吨级爆破、攀钢朱家包包万吨级爆破设计及总结资料（内部资料）.

[4] 广东宏大爆破股份有限公司实施的大峰矿5500t大爆破，芝麻州3200t大爆破，屎马坳640t大爆破，风屿岛790t大爆破及青湾大道横琴环岛路路堑等二十几个条形硐室爆破工程的设计及总结资料（内部资料）.

硐室爆破在火区煤矿井采转露采中的应用（上）

邢光武 郑炳旭 傅建秋 李战军 肖文雄

（广东宏大爆破股份有限公司，广东 广州，510623）

摘 要：我国95%的煤矿属井工开采，煤炭平均回采率不足40%，大量的煤炭丢弃使得我国煤炭资源日益紧张。为了解决能源日益短缺的局面，神华宁煤大峰矿对该矿回采率极低的井工开采方法首次尝试采用露采方式来提高回采率。通过理论分析和试验研究，解决了高温火区煤矿的爆破施工难题，对高温火区的大峰矿羊齿采区上部水平山体顺利实施硐室大爆破。实践证明：硐室爆破是实现井工开采转露采的科学施工手段。

关键词：煤矿；井工开采；露采；硐室爆破

Application of Chamber Blasting for Opencast Working Instead of Underground Working in Coal Mine with the Fire（Upper）

Xing Guangwu Zheng Bingxu Fu Jianqiu Li Zhanjun Xiao Wenxiong

（Guangdong Hongda Blasting Co.，Ltd.，Guangdong Guangzhou，510623）

Abstract：Underground mining is applyed in ninety－five percent of coal mine in China，and average percentage recovery of coal is no more than forty percent in result a mass of coal is thrown away and causes increasingly short supply of coal resource in China. In order to solved this problem，opencast working is using instead of underground working for the first time so as to improve the percentage recovery in Dafeng Coal Mine of Ningxia Coal Industry Group Co. Ltd.. Here by analyse and experiment research，the problem about blasting construction of coal mine with fire and high temperature is solved，and the technique is successed in chamber blasting at upside lever of Yangchi Mining Section in Dafeng Coal Mine. It is proved，the chamber blasting is the feasible method for opencast working instead of underground working in mining.

Keywords：coal mine；underground mining；opencast working；chamber blasting

1 宁煤大峰矿的井工开采转露采的必要性及社会经济效益

1.1 宁煤大峰矿的总体概况

大峰露天煤矿是神华宁夏煤业集团下属的一个机械化程度较高的露天生产矿井。1973年建成投产，设计年生产能力为90万吨。主产优质太西无烟煤。现有大峰、羊齿2个采区，大峰采区为生产主采区，羊齿采区为接续采区。

羊齿采区是大峰露天煤矿原设计的4个露天采区之一，原设计的4个露天采区，由于沟谷切割，形成了4个相对独立的山峰，为了便于建立开拓运输系统，原设计采用了单采区开采，依次接续的开采程序，单采区就可达到矿山设计生产能力，首采区达产后开始建设第2个采区，第2个采区达产时首采区结束，并开始建设第3个采区。采区接续顺序依次为中槽—大峰—羊齿—红梁。

1986年原石炭井矿务局为解决石炭井四矿因煤炭资源枯竭而造成的人员安置问题，将大峰采区的

原载于《爆破》，2008，25（4）：28-31，35。

接续采区——羊齿采区划归石炭井四矿进行井工开采。至2006年5月关闭羊齿井工矿，共采出煤炭约370万吨。羊齿采区基建剥离于2008年开始，预计2010年可出煤。

1.2 井工开采转露采的必要性

羊齿采区自1986年井工开采以来到2005年年末，已采出煤炭365.38万吨。由于受火区、小窑及开采条件的影响，到2005年年末，羊齿采区井工开采可排产储量只有84.7万吨，按实际生产能力只能开采3.4年。且羊齿采区东、北、南三面受大石头火区影响，火区面积约37.2万平方米，火区推进速度每年约2m，火区安全生产给羊齿采区井工开采带来了严重的挑战。

大峰矿2005年只有一个露天采区（大峰采区）、一个井工采区（羊齿采区），按照2005年储量重算核实结果，大峰采区剩余储量为762.3万吨，按照大峰矿95万吨/年的能力计算，整个矿井的服务年限仅剩8年。所以对大峰矿来说，整个矿井的接续已是一个刻不容缓而且非常突出的问题。大峰矿结束后也将直接影响集团公司的无烟煤产能和产量。更为棘手的是1700名职工的安置问题。

按照大峰露天煤矿初步设计，羊齿采区地质储量为2365.3万吨，扣除历年来井工采出煤量与火区煤炭损失、小窑开采损失，羊齿采区剩余煤炭工业储量为1600万吨。露天复采时，按回采率90%计算，剩余可采煤量为1440万吨，剥离量9912.67万立方米，平均剥采比为6.2m^3/t。

为此宁煤集团根据大峰露天煤矿初步设计和羊齿采区的采出情况，提出了将羊齿采区井工开采转为露天复采，以延长整个矿井服务年限。

1.3 井工开采转露采的社会经济效益

神华宁煤大峰露天煤矿羊齿采区井采转露采后，煤炭回采率由35%提高到90%，为国家多回收1440万吨优质太西无烟煤，延长矿井服务年限14.4年，为社会增加产值78亿多元，直接收益53亿多元。同时，解决了8年后大峰采区结束，全矿1700多名职工的安置问题，对社会稳定以及创建和谐社会有着极其重要的意义和深远的影响。

2 实现井工开采转露采的科研探索与应用创新

2.1 井工开采转露采的方案比选

根据宁煤大峰矿羊齿采区地质结构、山高坡陡的地形特点、工程量和工期要求，无法采用机械设备直接进行开挖、剥离，只能采用爆破方法。开挖剥离爆破一般采用台阶爆破或硐室爆破。

通过对台阶爆破和硐室爆破方案进行比较分析[1-6]，并根据大峰矿羊齿采区上部水平剥离山体的地形地质条件，台阶爆破所适用的设备无法抵达山顶，而且台阶爆破后重复倒堆，工作效率低，火区爆破难度大，生产成本高，工期太长，严重影响羊齿采区基建进度，难以实现羊齿采区与大峰采区的顺利接续。因此，大峰矿羊齿采区上部水平山体无法采用台阶爆破，只能采用硐室爆破。

2.2 本火区煤矿井采转露采硐室爆破的特点

本次硐室大爆破在火区煤矿井工开采转露采中的应用在我国尚属首例，由于原属井工开采的原因，此次与过去的硐室爆破相比有其超乎寻常的特点[7-12]，在爆破设计与施工中遇到前所未有的一系列难题，主要表现为：

（1）地质结构复杂，塌陷区、悬崖峭壁、深沟大壑、断层裂隙遍布，为硐室爆破设计提出了新的要求；

（2）高温火区遍布，大面积高温达230℃以上，施工危险重重；

（3）硐室内毒气超标，严重威胁施工人员安全；

（4）一次起爆药量5500t，施工人数多，再加上西部冬天气候恶劣，炸药的现场生产和安全管理相当困难；

（5）爆破环境复杂，南侧450m为新太华煤矿生产和生活区、110kW高压输电线路；西北侧200m

处为项目部办公生活区；北侧 600m 为大峰矿采掘队、运输队、油库和选煤厂，爆破必须保证这些设施不受影响。

为解决以上难题，设计施工单位开展“煤矿火区井工开采转露采硐室大爆破技术与应用研究”科研项目，采用一系列的理论研究、现场试验和工程验证，保证了硐室爆破的成功实施。其中，最关键的技术难点是针对大峰煤矿特殊的高温火区条件下的爆破器材安全问题，属国内外首次遇到的技术难题，为了防患未然，在爆破前对高温火区条件下的火工品安全性能进行了反复多次试验研究。详见硐室爆破在火区煤矿井采转露采中的应用（下）。

2.3 高温火区条件下的安全施工

2.3.1 装药导硐的温度监测

为了发现高温导硐装药后导硐内的温度变化情况，高温导硐掘完以后将硐口进行堵塞，每天监测硐内的空气温度变化，由于大峰露天煤矿羊齿采区硐室爆破高温硐室较多，在此选择 B 区的 B14 硐进行监测，B14 硐左排第 1 支硐从掘完 10d 内硐内空气温度变化情况如图 1 所示。从图 1 可以看出，掘进完成且堵塞后硐内温度下降较慢，其他高温硐室情况也是如此。

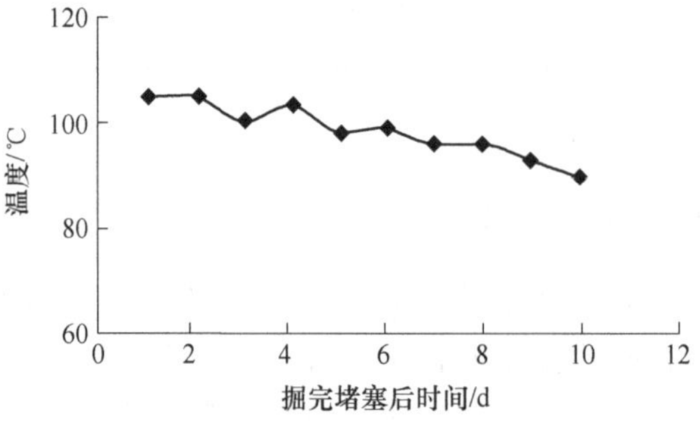

图 1 B14 左排第一支硐掘完堵塞后温度变化

2.3.2 高温硐室装药的安全技术措施

根据以上试验和监测结果，为了保证大爆破的成功，制定以下装药施工的安全防护措施：

（1）装药前对高温硐室进行机械通风，通风时间不少于 5d，并监测通风后高温硐室内的温度变化，装药后对装药硐室均采用空压机继续强制通风；

（2）根据试验结果，铵油炸药和 2 号岩石铵梯炸药的爆速大小与高温下的时间长短成反比，为了避免炸药性能下降过多，高温硐室装药距大爆破起爆时间应尽可能缩短；根据施工情况，高温硐室在起爆前 3d 开始装药；

（3）根据试验结果，在高温下 2 号岩石铵梯炸药失效的速率小于铵油炸药的失效速率，在高温硐装药时将起爆药 2 号岩石粉状铵梯炸药的药量由原来的 5%提高至 10%；

（4）装药前将高温硐内的裂隙及断层处用沙袋进行堵塞，防止高温气体涌入硐内；

（5）由于高温硐内岩体温度高于空气温度，因此高温硐室装药时为避免炸药与岩体接触，在底板上先铺 1 层红砖，再铺 1 层石棉板作为隔热层；硐室两壁及顶板用 1 层隔热板进行岩体和炸药隔离；硐室端头用 1 层沙袋进行堵塞，然后再用隔热板隔离。

（6）由于雷管的温度敏感度高于导爆索的温度敏感度，为了防止雷管在高温硐内自爆，高温硐内起爆药全用导爆索进行引爆，导爆索引出硐室再用雷管进行引爆。

2.3.3 安全技术措施效果

在通风过程中对高温硐室进行硐内温度监测，发现硐内温度经通风后温度降低，B14 左排第 1 支硐温度由原来的 93℃降为 50℃，B14 左排第 1 支硐通风后的温度变化情况如图 2 所示。

在高温硐室装药过程中，实时监测硐内温度变化，保证装药过程的安全；装药完成后，硐口暂不堵塞，并保持通风，在起爆当天提前 5h 进行堵塞。

安全防护措施实施后，硐内温度实时监测结果表明，在通风装药过程和装药后通风过程中，高温

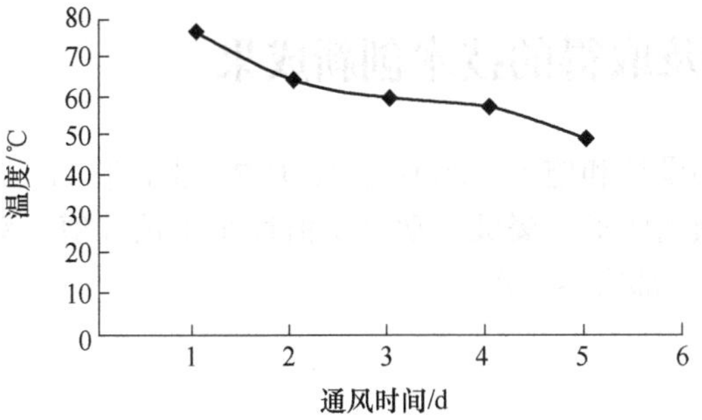

图2　高温硐温度变化与通风时间关系

硐内温度均不超过70℃。爆后检查发现高温硐室的爆破效果完全达到预期要求。

在高温硐室装药安全防护措施实施过程中，通过现场试验发现沙袋的隔热效果非常明显，高温硐端头和硐内断层裂隙采用沙袋堵塞后，高温硐内温度明显降低，同时隔热板的使用，装药堵塞时间的控制以及持续通风措施在保证高温硐装药安全和爆破效果方面起了关键性作用。

本次大爆破在试验基础上针对高温硐采取一系列的安全防护措施，保证大爆破的成功。

2.3.4　高温硐室施工安全组织措施

高温硐室施工组织措施如下。

(1) 定期监测导硐、药室内（掘进头）和炮孔内温度变化规律，并及时记录。

(2) 实行岗前培训、提高综合素质：开始装药前，对所有管理、施工人员进行岗前安全教育、技能培训，全面提高操作水平、安全意识和责任意识，为安全、快速、熟练进行装药、做好堵塞操作准备。

(3) 健全组织、强化管理：成立装药小组，包括区长、硐长和组长，落实任务、分工明确、增强责任、层层管理，相互督促、加强监督。

(4) 采取隔热和通风，确保安全：部分高温硐内温度很高，装药、堵塞既困难又危险，按照《爆破安全规程》[13]，在采取一系列安全措施的前提下，又结合实际情况，采取了如下安全措施：

1) 最后装药、集中突击：高温硐室安排在最后装药、堵塞，最大限度地缩短炸药在高温硐内的滞留时间；

2) 空气隔离、避免接触：即炸药和高温硐壁之间采用空气间隔，避免炸药与高温硐壁直接接触；

3) 热交换降温：装药过程中和装药堵塞结束后，依然采用加强通风的方法，源源不断地将硐外冷空气送进高温硐内，并将硐内高温空气排出；

4) 热的不良导体底板隔热、同时对流：在炸药底部采用不良导体铺底隔热，同时留有空气循环通道，便于冷、热空气对流；

5) 除了上述措施外，还须采用石棉布包裹炸药，使炸药与高温岩壁不仅空气间隔、而且绝缘材料隔热。

(5) 加强通风、强化监测：高毒气硐室装药和堵塞前，24h不间断加强通风和毒气监测，掌握毒气溢出规律和长时间硐内毒气浓度，摸清其规律，当毒气浓度达标时，组织3班人员轮换作业，即每班人员在硐内作业时间不超过30min，监测过程中一旦发现毒气浓度超标时立即停止作业。为此，确保了装药、堵塞工作完成，杜绝了安全隐患。

在超过60℃的高温硐室作业时，应遵守下列规定：

(1) 装药前必须测定工作面和硐内温度，硐内空气温度不应高于药包安全使用温度；

(2) 装药前必须加强通风，并采取喷雾洒水等降温措施；

(3) 选用和加工耐高温的防自爆起爆药包，不允许使用有损伤、变质的起爆药包；

(4) 装药时，采用从低温硐到高温硐、从易装硐到难装硐的装药顺序；

(5) 高温作业面附近的非爆破工作人员，应在装药前撤离；

(6) 应采用耐高温起爆器材。

3 硐室大爆破的实施及取得的技术创新成果

通过艰苦试验探索，精心设计和施工，2007 年 12 月 20 号上午 11：30 时刻硐室大爆破准时起爆，爆后检查发现爆破效果达到预期要求，爆破震动测试值远小于预计值，对周围环境设施没有造成任何危害，距离爆区 200m 处的项目部安然无恙。

3.1 大爆破科研观测

本次大爆破实施的科研观测研究包括：爆破震动，应变测试，地震波测试，建筑物爆破振动响应测试，爆后粉尘及有害气体扩散测试，爆破碎石分布分析，硐室爆破摄影观测。其中，震动及应变观测的主要结果如下：

（1）$K=120\sim140$，$\alpha=1.5\sim1.8$；水平线上爆破震动的主频率在 2~8Hz 之间。

（2）最大单响药量 250t，巷道上方单响药量 165.4t，与爆源垂直距离 150m 巷道内加速度值为 $0.615\mathrm{m/s^2}$（0.063g，平均值）、速度值为 1.53cm/s（平均值）、主频为 7.8Hz；本次大爆破地震在测试现场巷道内振动持续约 24s，有 11 次小余震。

（3）竖直方向的各层加速度最大值比水平方向的加速度最大值大；随着传感器所在层数的增加，加速度值逐渐增大；爆破前后建筑物的自振频率变化不大，所以认为爆破对选煤厂建筑物没有影响。

（4）距离爆破中心 431m 处边坡爆破振动速度 3.22cm/s，1100m 处洗煤场爆破振动只有 0.58cm/s，均小于预计振速 3.85cm/s 和 0.59cm/s，对周围建筑物没有造成任何破坏影响。

（5）应变测试结果表明：巷道纵向受拉、巷道左右两侧环向受压、巷顶中部环向受拉。本次大爆破，巷道内壁应变比较小，局部瞬时拉应力 2.1MPa 相对比较大（小于抗拉强度 25MPa），但不会产生裂纹，爆后无残余变形，对巷道不会造成破坏坍塌，与爆后现场相符。

3.2 技术创新成果

技术创新成果如下所示。

（1）本次硐室爆破的成功是首次实现国内煤矿井工开采转露采的创举，为不良地质条件下的煤炭开采和再次回采提出了新思路。

（2）首次建立了条形药包硐室爆破设计的 K-R-D 数学模型，实现合理炸药单耗计算和爆岩级配、大块率预报。

（3）首次在硐室爆破中应用精确延时干扰减震专利技术，使一次起爆 5500t 炸药的硐室大爆破震动远远小于安全规范允许值，对周围环境没有造成任何破坏影响。

（4）首次提出了一整套规范性的设计和施工方法，解决了高温火区、毒气区、塌陷区硐室爆破设计和施工难题，对恶劣环境及复杂地质条件下的资源开采提供了新方法。

（5）首次应用混装炸药车在硐室爆破现场高强度生产铵油炸药（日产 300t），探索出大量铵油炸药现场加工的安全管理、劳动力组织和质量监控新模式。

4 井工开采转露采硐室爆破技术创新成果的推广应用价值

宁夏大峰煤矿火区由井工开采转露采的顺利转型为煤田火区的开采和废弃煤炭的再次回采开拓了新思路，不仅可以有效解决煤区持续自燃带来的严重环境污染，而且还可抢救 5400 多万吨的优质太西煤，使这一珍稀煤种的开采年限至少延长 15 年。神华宁煤集团计划于 2009 年在大峰矿再进行一次条件相近的硐室爆破，该技术给神华宁煤带来了生机和活力，相信随着资源的短缺和煤价的上涨，更多的井工开采过的资源都可转为露天开采。

参 考 文 献

[1] 刘殿中，杨仕春．工程爆破实用手册［M］．北京：冶金工业出版社，2003.

[2] 于亚伦．工程爆破理论与技术［M］．北京：冶金工业出版社，2004.
[3] 罗秀豪．科技查新报告［R］．广东省科学技术情报研究所，2008.
[4] 罗德权．美国露天矿爆破设计经验［J］．煤矿设计，1989（2）：43-46.
[5] 吴子骏，高善堂，胡仁星，等．爆破参数对矿岩破碎影响的研究［J］．矿业研究与开发，1983（2）：24-34.
[6] 刘振华．大爆破在露天矿山的应用［J］．陕西煤炭技术，1989（2）：14-18.
[7] 肖富国，李启月．节理岩体爆破块度预测模型综述［J］．矿业研究与开发，2001，20（4）：42-44.
[8] Cotg P G，宁显波．英国煤炭露天开采取得成功［J］．世界煤炭技术，1989（3）：24-27.
[9] 欧勃 M D，骆中洲．南澳大利亚利克里克煤田深部露天开采方法的研究［J］．世界煤炭技术，1989（7）：47-53.
[10] 辛格 RK，陈立贵．爆破技术对露天矿经济性的影响［J］．世界煤炭技术，1989（10）：3-7.
[11] 钟再良．湛江山岱高岭土矿露天开采方案探讨［J］．矿业研究与开发，1996，16（1）：13-15.
[12] 杨树才，王喜富．露天开采方案的动态综合优化［J］．中国矿业大学学报，1995（3）：80-84.
[13] GB 6722—2003 爆破安全规程［S］．北京：中国标准出版社，2004.

5500t 硐室大爆破对边坡的破坏影响分析

刘　翼　傅建秋　魏晓林

（广东宏大爆破股份有限公司，广东 广州，510623）

摘　要：利用宁夏大峰矿 5500t 硐室爆破的能量，考查了爆破对离爆区 400m 外高边坡的破坏影响和边坡振动分布特征，得出了该区纵波的传播速度，由此反推出该区的地质条件，确定了该边坡的临界振速，为边坡安全控制提供了参考依据。

关键词：硐室爆破；振动速度；边坡破坏

Destruction of Coyote Blasting with 5500 Tone Charge on a Slope

Liu Yi　Fu Jianqiu　Wei Xiaolin

(Guangdong Hongda Blasting Co., Ltd., Guangdong Guangzhou, 510623)

Abstract: Based on the coyote blasting energy of the Ningxia Coal Dafeng Mine with 5500 t charge, the paper examines the blasting damage to the high slope 400 m away from blasting area and its vibration distribution characteristics, and achieves the spread velocity of the p-wave, from which inferring reversely the geological conditions, and determining the critical vibration velocity of the slope, which could be used as a reference for the slope safety control.

Keywords: coyote blasting; vibration velocity; slope destruction

1　引言

宁夏大峰矿羊齿采区硐室爆破工程位于宁夏回族自治区石嘴山市汝箕沟矿区，该爆破工程硐室掘进长度 8900m，开挖工程量 24500m^3，一次起爆药量近 5500t，是我国近 15 年来第一大硐室爆破工程，爆区地质构造极其复杂，爆破难度相当大，爆破规模世界罕见。

羊齿采区属山坡型露天，山高坡陡，沟壑纵横，上覆岩层坚硬，岩性主要为砂岩和泥岩；砂岩的干容重为 2.5~2.73t/m^3，f 值为 7~12，抗压强度为 654~1203kg/cm^2；泥岩的干容重为 2.6t/m^3，f 值为 5，抗压强度为 492kg/cm^2。在上部水平硐室的抛掷方向，距爆区中心 400~600m 处，有一中槽采区露天开采的永久边坡，边坡位置如图 1 所示，坡底为露天开采煤层底板，由于无序露天开采，该边坡第一台阶与第二台阶之间成绝壁状，垂直高度 55m，第二台阶与第三台阶之间的边坡出现了裂缝，有的地方裂缝达 20~30cm，第三台阶以上比较平缓，表面为堆积土层。为了考查上部水平硐室大爆破对边坡的破坏影响，在该边坡的坡顶、坡中、坡底三个位置分别设置了垂直振动速度和水平振动速度共 5 个传感器，边坡立面如图 2 所示。

2　边坡振动测点布置

边坡测线基本位于一条直线上，所用仪器为 EXP3850 爆破振动自记仪，采样率 4k，启动电平 1.5%，量程 20V，负延时-4k，传感器灵敏度 28~30V/(m·s)。为了方便测点布设以及减少布线，记

原载于《采矿技术》，2009，9（1）：117-119，130。

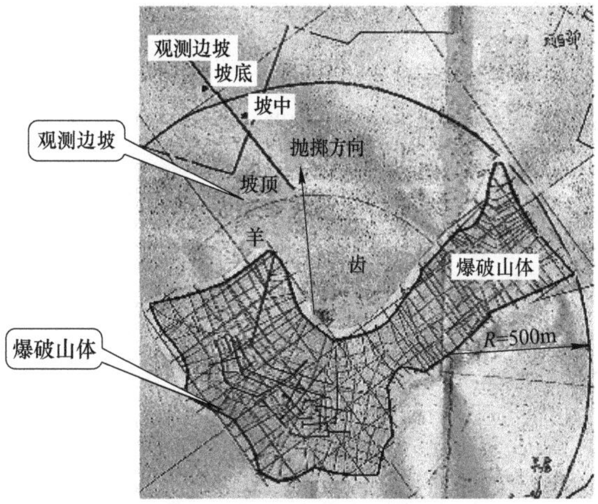

图 1　观测边坡平面位置

图 2　观测边坡立面位置

录仪置于坡中，坡顶、坡底，传感器通过屏蔽线与坡中记录仪相连，垂直振动速度和水平振动速度分量分别记录在同一台记录仪器上，这样有利于在同一记录仪上分析波形特性。边坡坡底为煤层底板，传感器直接粘贴在底板上；坡中为碎石路，坡顶为厚土层，传感器都不能直接粘贴，需要借助钢钎和钢板来固定；垂直传感器竖直安装，水平传感器背向爆源水平安装，垂直传感器和水平传感器每个测点安装在同一钢板上。边坡测试点布置如图 3 所示。

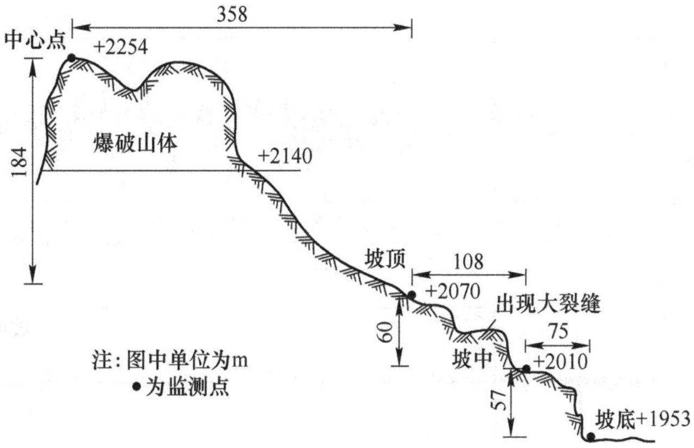

图 3　边坡测点布置

3　测试结果

振动测试结果见表 1 和表 2，速度振动波形如图 4～图 7 所示。其中垂直速度振动波形记录到了 3 段，水平振动波形只有 1 段。

表 1　垂直振动速度

位置	高程/m	距离中心/m	最大值/cm · s^{-1}	时刻/s	主频/Hz	振动历时/s
坡顶	2070	358	3.22	0.84	3.17	1.97
坡中	2010	466	1.99	0.32	9.52	2.60
坡底	1953	541	0.69	0.54	1.22	2.42

表 2　水平振动速度

位置	高程/m	距离中心/m	最大值/cm · s^{-1}	时刻/s	主频/Hz	振动历时/s
坡顶	2070	358	2.96	0.66	4.64	2.38
坡中	2010	466	3.22	0.42	3.17	2.80

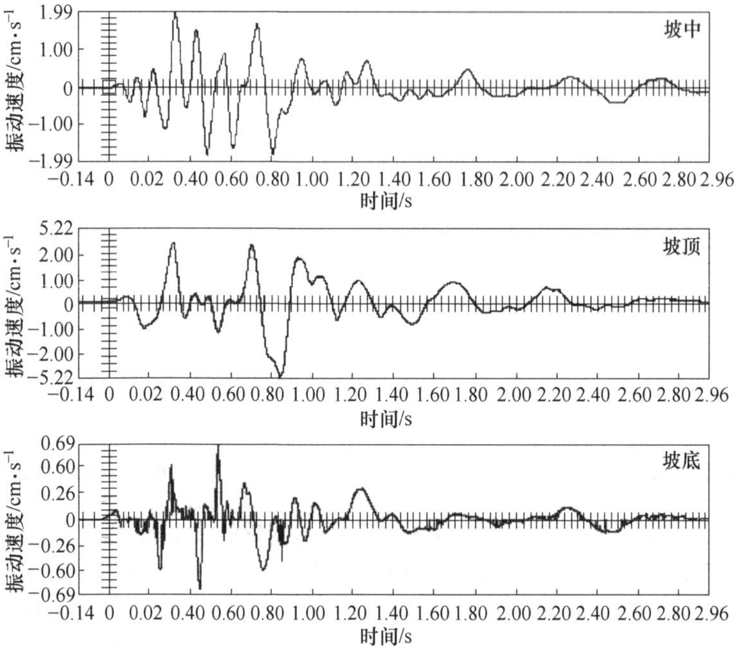

图 4 边坡垂直速度振动波形（第一段）

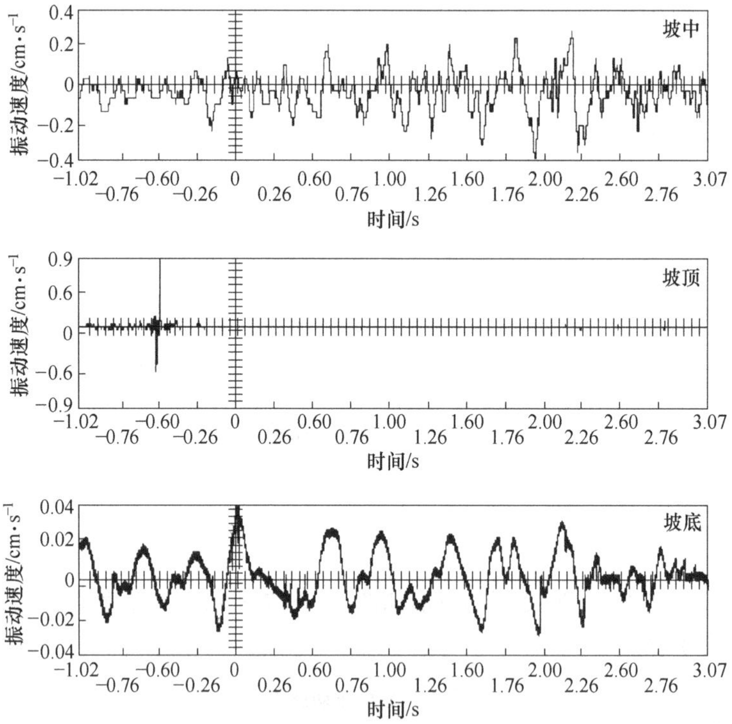

图 5 边坡垂直速度振动波形（第二段）

4 结果分析

4.1 放大规律分析

从垂直振动速度测试结果可以看出，垂直振动速度沿边坡从下到上有放大的趋势，但是由于边坡测点距离爆点不同，具体放大系数还需要考虑由于水平距离的不同垂直振动速度的衰减对测试结果的

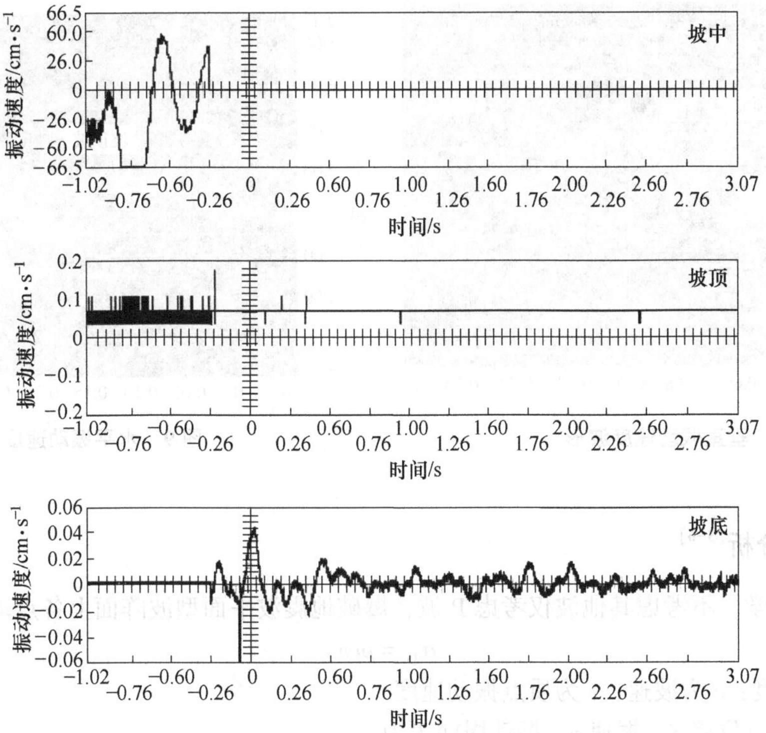

图 6　边坡垂直速度振动波形（第三段）

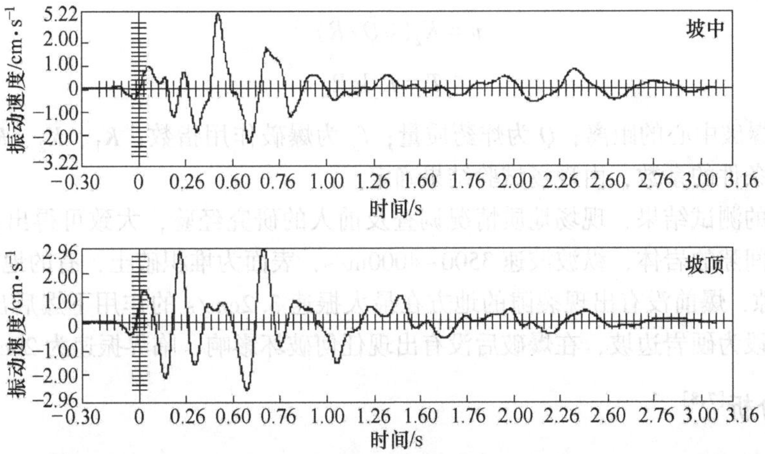

图 7　边坡水平速度振动波形（只有一段）

影响。根据文献［1］，斜边坡振动速度分析需要同时考虑距离和高程的影响，根据测试结果进行二元回归分析。本测试由于测点太少，无从进行二元回归分析，所以垂直振动速度边坡放大系数精确数值得不到确定。

4.2　地震波传播速度分析

在同一记录仪上分析不同通道的波形，可以看出振动波峰经过不同测点的精确时刻，由于测点之间距离已知，就可以计算振动波的传播速度。坡顶与坡中之间波传路径距离差值为123m。

垂直、水平振动传播速度波形分别如图 8 和图 9 所示，波速 $v_v = 3727\text{m/s}$，$v_L = 3968\text{m/s}$。

参照文献［2］的波速与岩石类型对照表可推知，纵波波速 3500~4000m/s，爆破振动所经过的边坡为具有个别裂隙和间隙的岩石，这与现场地质条件比较吻合。

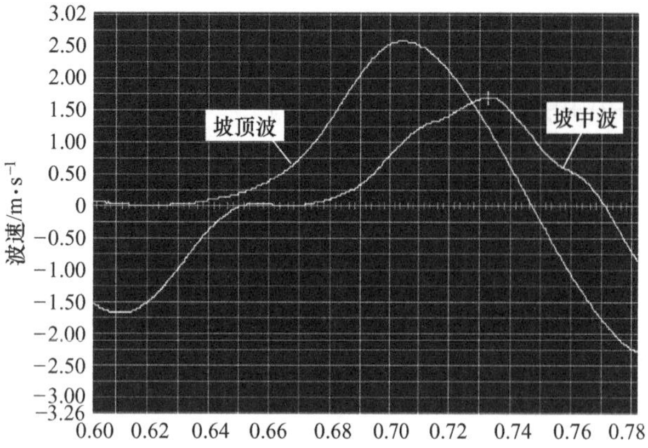

图 8 垂直振动速度波形

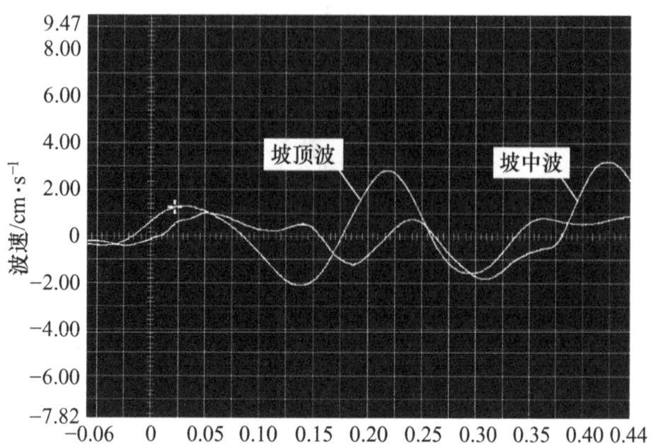

图 9 水平振动速度波形

4.3 临界振速分析[3-6]

按照弹性动力学，不考虑其他波仅考虑 P 波，爆破地震波平面型波阵面上各点动应力为：

$$\sigma_D = \rho c v \tag{1}$$

式中，ρ 为介质密度；c 为波速；v 为质点振动速度。

相应岩土各质点位移 S、振速 v、振动周期 T 为：

$$S = \frac{K_1}{2\pi(f_n)^{1/3}}(\sqrt[3]{Q}/R)^{n_1} \tag{2}$$

$$v = K_2(\sqrt[3]{Q}/R)^{n_2} \tag{3}$$

$$T = K_3 \lg R \tag{4}$$

式中，R 为质点到爆破中心的距离；Q 为炸药质量；f_n 为爆破作用指数；K_1、K_2、K_3、n_1、n_2 为决定于岩土条件、爆破条件的系数，由现场试验结果确定。

根据本次爆破的测试结果、现场地质情况调查及前人的研究经验，大致可得出：坡顶到坡中下部为具有个别裂隙和间隙的岩体，纵波波速 3500~4000m/s，表面为堆积碴土，有的地方在爆破前已出现了 10cm 左右的裂隙，爆前没有出现裂隙的地方在最大振速 3.2cm/s 的作用下爆后出现了 5cm 左右的裂隙；坡中到坡底段为硬岩边坡，在爆破后没有出现任何破坏影响，临界振速为 20cm/s 左右。

4.4 波形性质分析[7,8]

从测试结果的单个波形图可以看到，波形图中 0~1.5s 的波形频率较后段波形频率高，分别截取图中 0~1.5s 和 1.5~3.0s 的波形进行 FFT 分析，分析结果见表 3 和表 4。

表 3 垂直速度波形分段 FFT 分析

分析时段/s	主频率			分析时段/s	主频率		
	坡顶	坡中	坡底		坡顶	坡中	坡底
0~3	3.17	9.52	1.22	1.5~3.0	1.95	2.20	1.95
0~1.5	3.17	9.52	3.17				

表 4 水平速度波形分段 FFT 分析

分析时段/s	主频率		分析时段/s	主频率	
	坡顶	坡中		坡顶	坡中
0~3	4.64	3.17	1.5~3.0	2.20	2.42
0~1.5	4.39	3.42			

从以上两表 FFT 频率分析可以大致得出：0~1.5s 为爆破振动引起的波形，1.5~3.0s 为飞石、滚石引起的波形。其中起爆总延时为 750ms。

4.5 奇异波形原因分析

垂直振动速度波形记录时间比较长，并且有 3 段不连续记录，每段记录长 3s，从单个波形分析可得，坡顶传感器连接线在 3.0s 后遭到乱石砸断，所以 3s 后没有了记录信号（见图 5）；坡中传感器连接线在 6.0s 时遭到突加拉扯，并且拉断了连接线（见图 6），振动波形在 6s 左右突然超量程，并且在它之后没有了波形记录。坡顶传感器连接线被乱石砸断的推断与现场大量乱石堆积且有很强的拉扯相符，而坡中传感器与记录仪之间连线仅 2m，坡中传感器附近则没有发现一块飞石，造成坡中记录振动波形突然超过量程的原因到目前为止还不清楚，需要进一步分析原因。

5 结语

本次硐室大爆破对边坡的破坏影响测试效果分析比较困难，主要有以下几个不确定因素及原因：

（1）由于大爆破分多段起爆，造成最大振动峰值的装药量难确定；

（2）爆源分散造成测点离爆源的距离不确定；

（3）爆破振动传播的地质条件不确定；

（4）大范围多段起爆不同于单点单段起爆，在远区必然因多段爆破引发地震波叠加效应；

（5）由于测试人员不足，边坡测点设置偏少，达不到回归分析规律的要求。垂直振动速度沿边坡从下到上虽有放大的趋势，但不足以说明边坡的实际放大作用，因为距离不同也会有衰减的趋势。

本次爆破对边坡的破坏影响测试效果不好，也从反面提醒人们，测试预备工作要做充分的准备，布足测点；遇到大区分段起爆这种情况，需要借助其他分析工具或其他分析模型分析爆破振动对边坡的影响。

参 考 文 献

[1] 林大能，陈寿如，刘优平．某露天采场爆破震动特性及减震技术研究［J］．中国工程科学，2006，(6)：73-77.

[2] 黎剑华，张龙，颜荣贵．爆破地震波作用下的边坡失稳机理与临界振速［J］．矿冶，2001，(1)：11-15.

[3] 吕淑然．露天台阶爆破地震效应［M］．北京：首都经济贸易大学出版社，2006.

[4] 戴俊．岩石动力学特性与爆破理论［M］．北京：冶金工业出版社，2002.

[5] 熊代余，顾毅成．岩石爆破理论与技术新进展［M］．北京：冶金工业出版社，2002.

[6] 张永哲．爆破地震波传播特性研究［J］．爆破，2000，17（S1）：6-10.

[7] 李的林，等．爆破震动危害中的几个重要因素分析［J］．工程爆破，1999，5（3）：64-67.

[8] 国家质量监督检验检疫总局．GB 6722—2003 爆破安全规程［S］．2004.

硐室爆破时高温硐室装药的安全防护试验研究

蔡建德　李战军　傅建秋　朱志刚

（广东宏大爆破股份有限公司，广东 广州，510623）

摘　要：宁夏大峰煤矿硐室爆破时遇到了高温硐室，为了保证硐室装药的安全，对高温硐室内的温度变化进行了监测，并对硐室爆破所用的爆破器材进行了耐高温试验，得出了高温硐室的温度变化规律和爆破器材在高温下的性能变化情况。根据试验研究结果制定了高温硐室装药的安全防护措施，从而保证了高温硐室的装药安全和大爆破的圆满成功。其研究成果具有工程应用价值。

关键词：硐室爆破；高温硐室；爆速试验；隔热板

Experimental Research on Safety Protection of Chamber Blasting Charging in High-temperature Chamber

Cai Jiande　Li Zhanjun　Fu Jianqiu　Zhu Zhigang

(Guangdong Hongda Blasting Co., Ltd., Guangdong Guangzhou, 510623)

Abstract: There are some high temperature chambers in Ningxia Dafeng coal chamber blasting. In order to guarantee the charging safety in chamber, the change of temperature in high temperature chamber was monitored and the performance of explosive materials was tested under high temperature. The rule of temperature change in high temper ature chambers and the performance change of explosive materials under high temperature were obtained. According to the test results, the safety protection measures of charging were taken in high chamber, and it success fully guaranteed the charging safely and chamber blasting. The research results have some engineering value.

Keywords: chamber blasting; high-temperature chamber; detonation velocity test; thermal baffle

宁煤大峰露天矿羊齿采区硐室爆破为国内近 15 年来最大的一次硐室爆破工程，一次起爆药量 5500t，也是最为特殊的一次硐室爆破工程—受原属井工开采、山体断层裂隙和下部煤层自燃的影响，硐室部分导硐在开挖过程中遇到了高温火区，硐室内温度高达 200℃以上，如图 1 和图 2 所示。

图 1　爆区火区

图 2　爆区火区岩石

原载于《爆破》，2009，26（1）：92-95。

高温火区的存在不但对导硐的掘进施工有很大的影响，而且对硐室装药及硐室爆破也存在着很大的安全隐患[1,2]。因此检验雷管和工业炸药在高温下的热稳定性，以及对高温硐室的装药采取何种防护措施是影响硐室装药和硐室爆破成功的关键。

1 炸药、雷管和导爆索的耐热性能试验

1.1 试验内容及试验地点

根据硐室爆破设计方案，硐室爆破时采用含柴油5%的铵油炸药作为主爆药，2号岩石粉状铵梯炸药作为起爆药，起爆器材为高精度电雷管和导爆索，为了检验爆破用铵油炸药、2号岩石粉状铵梯炸药、高精度电雷管和导爆索在高温下的性能变化，在高温火区试验硐做爆破器材的耐高温试验，本着从工程实际应用出发，为了能够真实地反映山体硐室的实际温度，试验地点选在B区的B_1硐，B_1硐在B区高温火区范围内，温度较高，硐室内空气温度最高达120℃，硐室岩体温度最高达190℃，同时B_1硐距周围其他硐室距离较远，试验过程中不会造成安全事故。

1.2 试验方法

1.2.1 炸药试验

将B_1硐室掘进10m深度，测量硐室的空气温度和硐室岩体温度，将铵油炸药和2号岩石粉状铵梯炸药分别分成4包，每包3kg，将4包铵油炸药和4包2号岩石粉状铵梯炸药分别悬吊在B_1硐室内，并在悬吊炸药处悬吊2支温度计以测量温度，硐口用2层沙袋进行堵塞，如图3所示，每隔2d、5d、8d和10d从硐内分别取出1袋铵油和1袋2号岩石粉状铵梯炸药进行爆速试验（均耦合装入壁厚2mm，直径50mm的无缝钢管内），以上试验重复做3次[3-6]。

图3　试验硐口堵塞

1.2.2 雷管和导爆索试验方法

在B_1硐室分别悬吊12发高精度雷管和4段导爆索，导爆索每段长度2m，雷管和导爆索的悬吊位置间隔距离3m，防止相互引爆，悬吊雷管和导爆索处要悬吊温度计，硐口用2层沙袋进行堵塞，然后每隔2d、5d、8d和10d从硐内分别取出1段导爆索和3发高精度雷管，对导爆索进行爆速试验，高精度雷管进行电阻检测和引爆检验，以上试验重复做3次。

1.3 试验结果

2号岩石铵梯炸药在100℃左右高温下经不同的时间从试验硐取出后均已发生结块，并有明亮结晶，颜色发黄；铵油炸药取出时颜色发黄变焦，经2d时间100℃左右高温下的铵油炸药所含柴油挥发近一半，经5d时间100℃左右高温下的铵油炸药所含柴油已完全挥发；雷管在硐室内经长时间后没有发生白爆；导爆索经高温后取出时变软，冷却后变硬。取出冷却后的导爆索、2号岩石铵梯炸药和铵油炸药做爆速试验，得出导爆索、2号岩石铵梯粉状炸药和铵油炸药在高温下不同时间的平均爆速见表1。

表 1　高温下不同时间内的爆速试验结果

名称	温度/℃	高温下时间/d	平均爆速/m·s^{-1}
导爆索	常温	0	6752
导爆索	98	2	6844
导爆索	98	5	7042
导爆索	96	8	7246
导爆索	96	10	7109
2 号粉状铵锑		0	3096
2 号粉状铵锑	102	2	2878
2 号粉状铵锑	100	5	2680
2 号粉状铵锑	98	8	2560
2 号粉状铵锑	98	10	2410
铵油		0	3014
铵油	102	2	2630
铵油	100	5	2290
铵油	98	8	2150
铵油	98	10	2070

从表 1 爆速试验结果可以看出，在 100℃左右高温下 8d 时间内导爆索的爆速变化与时间长短成正比，在 100℃左右高温下经 8d 时间爆速由原来 6752m/s 增大为 7246m/s，8d 后爆速随时间增长开始下降，10d 后爆速减小为 7109m/s，用 10d100℃左右高温后的 15cm 长的双根导爆索能正常引爆铵油炸药。2 号岩石铵梯炸药和铵油炸药的爆速与 100℃左右高温下时间长短成反比，其平均爆速与高温下时间关系图如图 4 所示。从图 4 可以看出在 100℃左右高温相同时间下铵油炸药的爆速下降速率比铵梯炸药的下降速率快。高精度雷管在 100℃左右高温下经 10d 后性能和外观没有发生明显变化，能正常引爆。

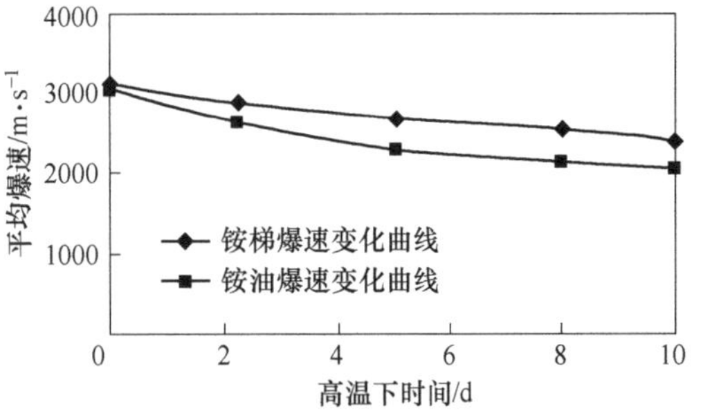

图 4　炸药高温下时间与平均爆速变化关系曲线

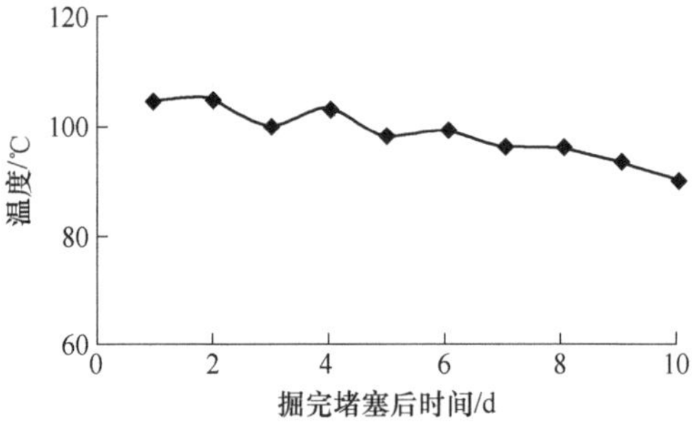

图 5　B_{14} 左排第 1 支硐掘完堵塞后不同时间内的温度变化

2　装药导硐的温度监测

为了摸清高温导硐装药后导硐内的温度变化情况，高温导硐掘完以后将硐口进行堵塞，每天监测硐内的空气温度变化。由于大峰露天矿羊齿采区硐室爆破高温硐室较多，在此选择 B 区的 B_{14} 硐进行论述，B_{14} 硐左排第 1 支硐从掘完到装药前 5d 共 10d 内硐内空气温度变化情况如图 5 所示。从图 5 可以看出，掘完经堵塞后硐内温度下降较慢，其他高温硐室情况也是如此。

3　高温硐室装药的安全防护措施

根据以上试验和监测结果，为保证大爆破的成功，制定以下装药的安全防护措施。

（1）对高温硐室装药前进行机械通风，通风时间不少于 5d，并监测通风后高温硐室内的温度变化，装药后均采用空压机对装药硐室进行通风。

（2）根据试验结果，铵油炸药和 2 号岩石粉状铵梯炸药的爆速大小与高温下的时间长短成反比，为了避免炸药失效，高温硐室装药距爆破起爆时间应尽可能缩短，在硐室爆破的装药环节，应采用常温硐室先装药，高温硐室后装药的基本原则；为了防止装完药堵塞后硐内温度升高，应采用常温硐先堵塞，高温硐后堵塞的堵塞原则。根据施工情况，高温硐室在起爆前 3d 开始装药。

（3）根据试验结果，2 号岩石粉状铵梯炸药在高温下失效的速率小于铵油炸药的失效速率，在高温硐装药时将起爆药 2 号岩石粉状铵梯炸药的药量由原来的 5%提高至 10%，以增大起爆能。

（4）装药前将高温硐内的裂隙及断层处用沙袋进行堵塞，防止高温气体涌入硐室内。

（5）由于高温硐室内岩体温度高于空气温度，因此高温硐室装药时避免炸药与岩体直接接触，高温硐室内底板铺 1 层红砖，红砖上面铺 1 层隔热层；硐室两壁及顶板用 1 层隔热板将岩体和炸药隔离；硐室端头用 1 层沙袋进行堵塞，然后再用 2 层隔热板隔离，如图 6 和图 7 所示。

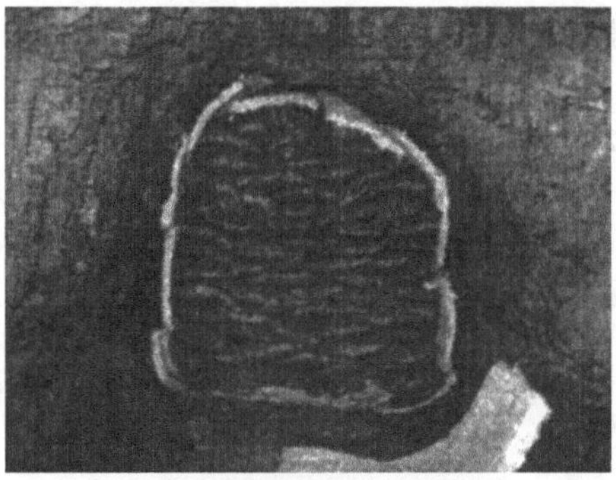

图 6　硐室端头沙袋堵塞

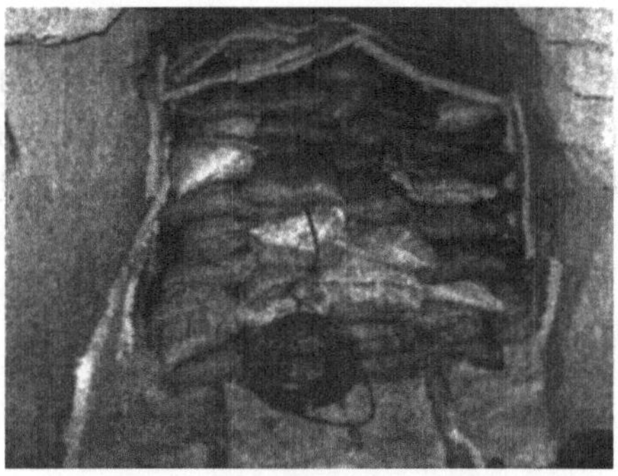

图 7　岩体与炸药隔热板隔离

（6）由于雷管的温度敏感度高于导爆索的温度敏感度，为了防止雷管在高温硐内自爆，高温硐内起爆药均采用导爆索进行引爆，导爆索引出硐室再用雷管进行引爆。

4　安全防护措施效果检验

在通风过程中监测高温硐室内温度，硐内温度经通风后温度降低，B_{14} 左排第 1 支硐温度由原来的 93℃降为 50℃，B_{14} 左排第 1 支硐通风后的温度变化情况如图 8 所示。

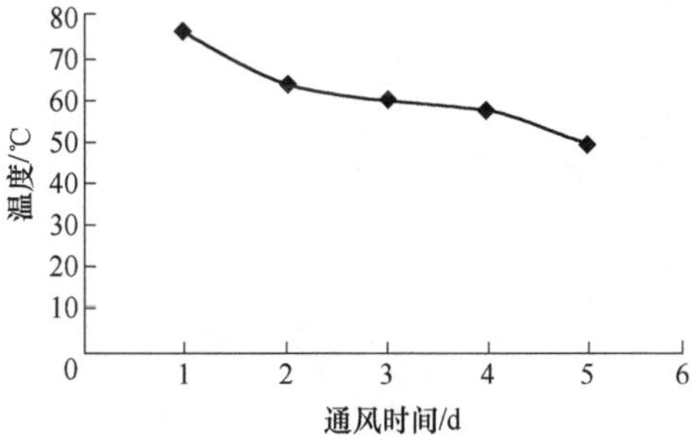

图 8　高温硐通风时间与温度变化关系图

在高温硐装药实施过程中，即时监测高温硐内的温度变化，保证装药过程中的安全；装药完成后，硐口暂不堵塞，并保持通风，在起爆的当天前 5h 再进行堵塞。

安全防护措施实施后，通过即时监测硐内温度表明，在装药通风过程和装药后通风过程中高温硐室内温度均不超过 70℃。2007 年 12 月 20 日上午 11 时 30 分准时起爆，爆后检查发现高温硐室的爆破效果达到预期要求，高温硐未出现盲炮和早爆现象。

5 结论

在高温硐室装药安全防护研究过程中，通过现场试验发现沙袋的隔热效果非常明显，高温硐端头和硐内断层裂隙采用沙袋堵塞后，高温硐内温度明显降低，同时隔热板的使用，装药堵塞时间的控制以及持续通风措施在保证高温硐装药安全和爆破效果时起到了关键性的作用。此次大爆破的高温硐室在试验研究的基础上应用一系列的安全防护技术，使工人在高温硐室装药过程中做到心中有数，保证了大爆破的成功，其方法在国内外均值得借鉴。

参 考 文 献

[1] 刘殿中，杨仕春．工程爆破实用手册［M］. 2版．北京：冶金工业出版社，2003.
[2] 汪旭光．中国典型爆破工程与技术［M］. 北京：冶金工业出版社，2006.
[3] 高 贫，刘大斌．炸药安定性试验方法的进展［J］. 爆破器材，2007，36（4）：10-12.
[4] 楚士晋．炸药热分析［M］. 北京：科学出版社，1994.
[5] 胡庆贤．炸药热安定性的讨论［J］. 四川兵工学报，2000，21（4）：22-25.
[6] 杨国满，胡晓棉．时间温度效应与塑料粘结炸药的力学性能［J］. 火炸药学报，2004，27（1）：5-10.

硐室爆破在火区煤矿井采转露采中的应用（下）

邢光武　郑炳旭　陈　飞　蔡建德　刘　畅

（广东宏大爆破股份有限公司，广东 广州，510623）

摘　要：我国95%的煤矿属井工开采，煤炭平均回采率不足40%，大量的煤炭丢弃使得我国煤炭资源日益紧张。为了解决能源日益短缺的局面，神华宁煤大峰矿对该矿回采率极低的井工开采方法首次尝试采用露采方式来提高回采率。通过理论分析和试验研究，解决了高温火区煤矿爆破施工过程中爆破器材的安全问题，保证了高温火区煤矿硐室大爆破的顺利实施。实践证明：硐室爆破是实现火区煤矿井工开采转露采的科学施工手段。

关键词：煤矿；井工开采；露采；硐室爆破；火工品

Application of Chamber Blasting for Opencast Working Instead of Underground Working in Coal Mine with Fire（Down）

Xing Guangwu　Zheng Bingxu　Chen Fei　Cai Jiande　Liu Chang

（Guangdong Hongda Blasting Co.，Ltd.，Guangdong Guangzhou，510623）

Abstract：Underground mining was applyed in ninety－five percent of coalmine in China，and average percentage recovery of coal was nomore than forty percent，in result，a mass of coal was thrown away and increasingly short supply of coal resource in China. In order to solved this problem，opencast working was used to instead of underground working firstly as to improve the percentage recovery in Da Feng Coal Mine of Ningxia Coal Industry Group Co.，Ltd.，Here by analysing and experiment research，the problem about safety capability of explosives during blasting construction of coal mine with fire and high temperature was solved，and the technique was successed application in chamber blasting in coal mine with fire and high temperature. It is proved，the chamber blasting is the feasible method for opencast working instead of underground working in mining.

Keywords：coalmine；underground mining；opencast working；chamber blasting；explosives

1　本火区煤矿井采转露采硐室爆破的技术难点

本次硐室大爆破在火区煤矿井工开采转露采中的应用在我国尚属首例，由于原属井工开采的原因，此次与过去的硐室爆破相比有其超乎寻常的特点，在爆破设计与施工中遇到前所未有的一系列难题，详见硐室爆破在火区煤矿井采转露采中的应用（上）。

为解决这些难题，特别是针对大峰煤矿特殊的高温火区条件下的爆破器材安全问题属国内外首次遇到的技术难题[1-4]，为了防患未然，在爆破前对高温火区条件下的火工品安全性能进行了反复多次试验研究[5-13]。

2　高温火区条件下火工品的安全性能试验研究

试验地点选在B区的B_1硐，距周围硐室距离较远，试验过程相对比较安全。同时，B_1硐处于火区

原载于《爆破》，2009，26（1）：42-46。

范围内，温度较高，硐室内空气温度最高达 110℃，硐室岩体温度最高达 140℃，钻孔内温度最高达 180℃。

2.1 高温下电雷管安定性能检验

高温下电雷管安定性能检验具体如下。

（1）试验内容包括对 26 组试样进行研究：

1）不同温度下雷管的性能变化；

2）高温条件下雷管的性能变化；

3）不同段别的电雷管在高温条件下性能变化的差异。

（2）试验结论：

1）孔内温度越高，电雷管的外形变化越明显，电雷管的塑料塞均发生变形和突出，温度越高塑料塞变形越严重，甚至塑料塞变形脱离，而脚线大部分保持完好；

2）电雷管在孔内发生自爆的温度均高于 125℃，当温度低于 125℃时电雷管在 6h 内不发生自爆，没有自爆的雷管可正常引爆；

3）没有发生自爆的不同段别电雷管在经高温后电阻值的变化没有规律；

4）当温度高于 125℃时，电雷管在孔内自爆的时间与温度的高低成反比，温度越高在孔内发生自爆的时间越短；

5）温度较高引起脚线脱离的电雷管在别的雷管作用下可正常殉爆。

2.2 高温下炸药性能检验

高温下炸药性能检验具体如下。

（1）试验内容，包括对 46 组试样进行 2 号岩石煤矿许用乳化炸药、煤矿许用 2 号岩石粉状铵锑炸药、2 号岩石粉状铵锑炸药及现场混制铵油炸药在高温条件下的安全准爆性能、爆速与温度时间的关系试验。

（2）试验结果：

1）在高温条件下 2 号岩石煤矿许用乳化炸药爆速随时间变化规律：2 号岩石煤矿许用乳化炸药在 80℃温度下，分别经 4h，8h 和 12h 后爆速逐次下降，平均爆速与高温下的时间段变化如图 1 所示。从图 1 可以看出，乳化炸药在 80℃高温下初期时间段 0~4h 内爆速下降较快，平均爆速下降 986m/s；在 4~8h 内爆速下降较慢，平均爆速下降 284m/s，在 8~12h 内爆速下降再次变快，平均爆速下降 711m/s。2 号岩石乳化炸药在 80℃高温下经 12h 后并没有完全失效，在孔内不会自爆，在雷管作用下能正常引爆，但是爆速下降。

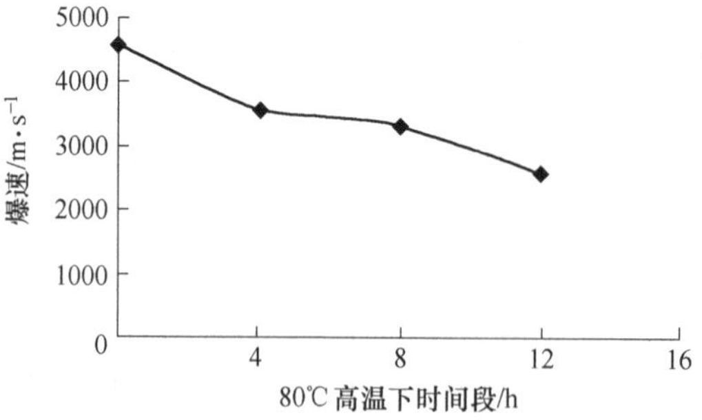

图 1　2 号岩石胶状乳化炸药 80℃高温下平均爆速与时间段关系图

2）2 号岩石煤矿许用乳化炸药在一定的高温条件和时间内性能失效。分别将 2 号岩石煤矿许用乳化炸药安装在温度较高的 8 号孔、9 号孔和 10 号孔，安装时孔内温度分别为 140℃，146℃和 158℃，经 6h 后从孔内取出，试验后的乳化炸药外包装严重烧焦，其焦化程度与温度高低成正比，乳化炸药变稀糨糊状，冷却后变硬脆，采用雷管不能正常引爆，已失效。

3）高温条件下 2 号岩石粉状铵梯炸药的安定性和爆速变化规律。从试验硐取出试验后的 2 号岩石粉状铵梯炸药发生结块，并有明显结晶，颜色发黄；冷却后做爆速试验，在高温下不同时间的平均爆速见表1。从表1可以看出，2号岩石粉状铵梯炸药爆速随高温下时间长短成反比，但在10d时间内100℃高温下2号岩石粉状铵梯炸药没有发生自爆。采用雷管能正常引爆，爆速降低，威力减小。

表1 2号岩石粉状铵梯炸药高温下爆速试验结果

试样组编号	温度/℃	高温下时间/d	平均爆速/$m \cdot s^{-1}$
1	常温	0	3096
2	102	2	2878
3	100	5	2680
4	98	8	2560
5	98	10	2410

4）高温条件下混制铵油炸药的安定性和爆速变化规律。从试验硐取出试验后的铵油炸药的颜色发黄发焦，并且里面柴油完全挥发，对试样做爆速试验，得出铵油炸药在高温下不同时间内的平均爆速见表2。从表2可以看出，铵油炸药的爆速随高温下时间长短成反比，在100℃高温下经10d时间不能自爆，能正常引爆，引爆时有大量黄烟，威力减小。

表2 混装铵油炸药高温下爆速试验结果

试样组编号	温度/℃	高温下时间/d	平均爆速/$m \cdot s^{-1}$
1	常温	0	3014
2	102	2	2630
3	100	5	2290
4	98	8	2150
5	98	10	2070

5）高温条件下铵油炸药的爆速下降速率比铵梯炸药的下降速率快。高精度电雷管在100℃高温下经10d后性能和外观没有发生明显变化，能正常引爆（见图2）。铵油炸药的温度试验发现，在80℃条件下，8h以内，铵油炸药爆速保持在2800m/s以上；超过8h以后，爆速明显下降（见表3）。

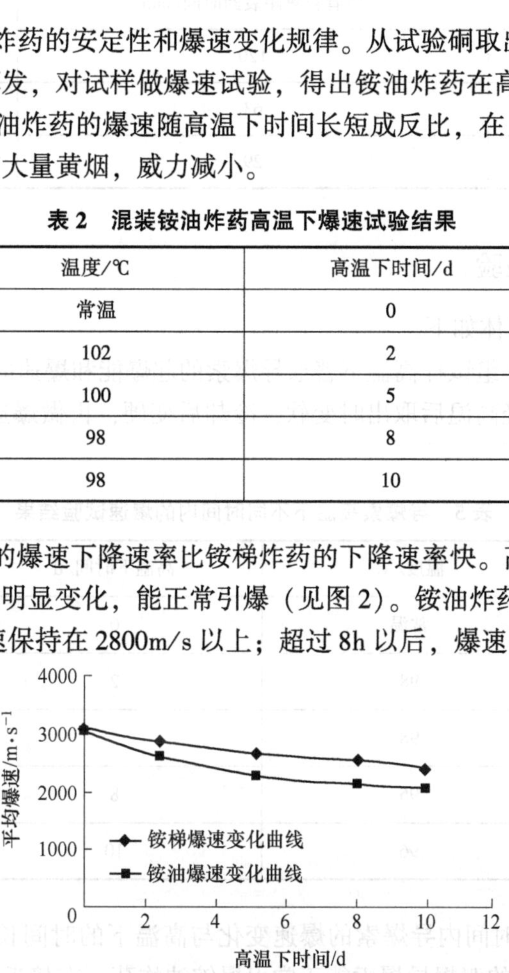

图2 炸药高温下时间与平均爆速变化关系曲线

表3 铵油炸药爆速测试数据记录表

试样组编号	80℃下时间/h	密度/$g \cdot cm^{-3}$	长度/cm	时间/μs	爆速/$m \cdot s^{-1}$
1	0	0.86	10	29.9	3345
2	0	0.86	10	30.2	3310
1	2	0.86	10	31.3	3195
2	2	0.86	10	30.6	3268
1	5	0.86	10	32.5	3077
1	8	0.86	10	34.3	2915
2	8	0.86	10	34.7	2881
1	10	0.86	10	46.6	2146
2	10	0.86	5	22.7	2203

2.3 高温下炸药和雷管的适应性检验

高温下炸药和雷管的适应性检验具体如下。

(1) 试验内容，包括高温下胶状乳化炸药和电雷管制作的起爆体安定性。在高温下乳化炸药和雷管装在一起，检测高温下雷管能否自爆，同时雷管自爆能否将炸药引爆。

(2) 试验结果：在3卷乳化炸药中分别插入1发电雷管，做成3个起爆体，分别装入8号孔、9号孔和10号孔中，将孔口堵塞，试验时间为6h。实际试验过程中，3个孔没能达到6h雷管均发生自爆，但乳化炸药在雷管作用下却未能被引爆，乳化炸药失效，试验结果见表4。

表4 胶状乳化炸药雷管起爆体高温试验结果

孔号	试验孔温度/℃	雷管自爆距装药时间/min	乳化炸药引爆情况
8号	138	120	未能被引爆
9号	144	63	未能被引爆
10号	154	29	未能被引爆

2.4 高温下导爆索性能检验

高温下导爆索性能检验具体如下。

(1) 试验内容，包括对9组试样高温下普通导爆索的起爆能和爆速的变化。

(2) 试验结果：导爆索经高温后取出时变软，冷却后变硬，再做爆速试验，得出高温下不同时间导爆索平均爆速见表5。

表5 导爆索高温下不同时间内的爆速试验结果

试样组编号	温度/℃	高温下时间/d	平均爆速/$m \cdot s^{-1}$
1	常温	0	6752
2	98	2	6844
3	98	5	7042
4	96	8	7246
5	96	10	7109

从表5可以看出，在8d时间内导爆索的爆速变化与高温下的时间长短成正比，8d后爆速开始下降，用高温10d后的长15cm的双根导爆索能正常引爆铵油炸药，在接近100℃高温下10d时间导爆索不能自爆，能用雷管正常引爆。

2.5 高温火区条件下的安全施工

2.5.1 装药导硐的温度监测

为了发现高温导硐装药后导硐内的温度变化情况，高温导硐掘完以后将硐口进行堵塞，每天监测硐内的空气温度变化，由于大峰露天煤矿羊齿采区硐室爆破高温硐室较多，在此选择B区的B_{14}硐进行监测，B_{14}硐左排第1支硐从掘完10d内硐内空气温度变化情况如图3所示。从图3可以看出，掘进完成且堵塞后硐内温度下降较慢，其他高温硐室情况也是如此。

2.5.2 高温硐室装药的安全技术措施

根据以上试验和监测结果，为了保证大爆破的成功，制定以下装药施工的安全防护措施。

(1) 装药前对高温硐室进行机械通风，通风时间不少于5d，并监测通风后高温硐室内的温度变

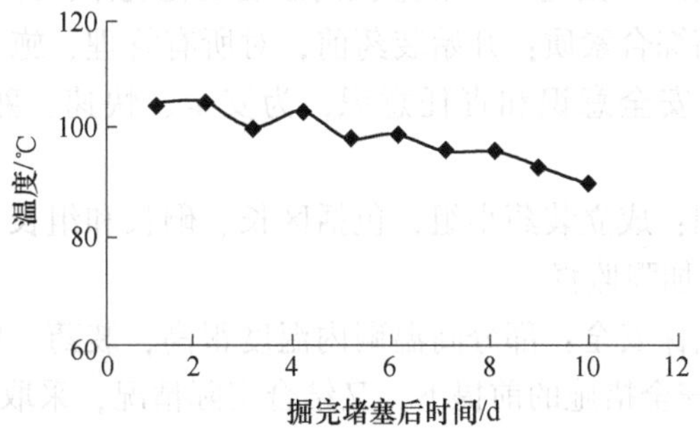

图3 B_{14} 左排第1支硐掘完堵塞后温度变化

化，装药后对装药硐室均采用空压机继续强制通风。

(2) 根据试验结果，铵油炸药和2号岩石铵梯炸药的爆速大小与高温下的时间长短成反比，为了避免炸药性能下降过多，高温硐室装药距大爆破起爆时间应尽可能缩短；根据施工情况，高温硐室在起爆前3d开始装药。

(3) 根据试验结果，在高温下2号岩石铵梯炸药失效的速率小于铵油炸药的失效速率，在高温硐装药时将起爆药2号岩石粉状铵梯炸药的药量由原来的5%提高至10%。

(4) 装药前将高温硐内的裂隙及断层处用沙袋进行堵塞，防止高温气体涌入硐内。

(5) 由于高温硐内岩体温度高于空气温度，因此高温硐室装药时为避免炸药与岩体接触，在底板上先铺1层红砖，再铺1层石棉板作为隔热层；硐室两壁及顶板用1层隔热板进行岩体和炸药隔离；硐室端头用1层沙袋进行堵塞，然后再用隔热板隔离。

(6) 由于雷管的温度敏感度高于导爆索的温度敏感度，为了防止雷管在高温硐内自爆，高温硐内起爆药全用导爆索进行引爆，导爆索引出硐室再用雷管进行引爆。

2.5.3 安全技术措施效果

在通风过程中对高温硐室进行硐内温度监测，发现硐内温度经通风后温度降低，B_{14} 左排第1支硐温度由原来的93℃降为50℃，B_{14} 左排第1支硐通风后的温度变化情况如图4所示。

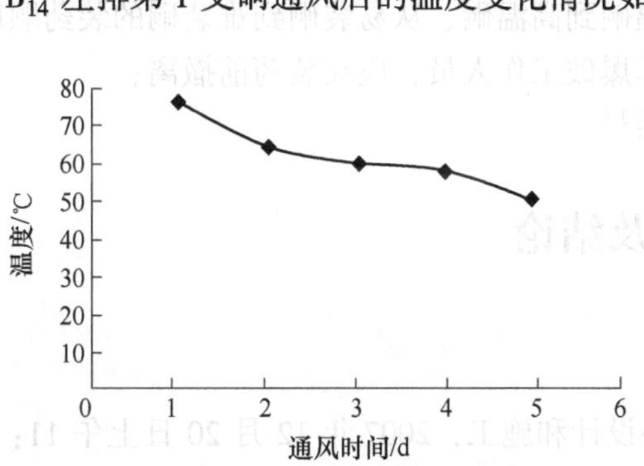

图4 高温硐温度变化与通风时间关系

在高温硐室装药过程中，实时监测硐内温度变化，保证装药过程的安全；装药完成后，硐口暂不堵塞，并保持通风，在起爆当天前5h进行堵塞。

安全防护措施实施后，硐内温度实时监测结果表明，在通风装药过程和装药后通风过程中，高温硐内温度均不超过70℃。爆后检查发现高温硐室的爆破效果达到预期要求。

在高温硐室装药安全防护措施实施过程中，通过现场试验发现沙袋的隔热效果非常明显，高温硐端头和硐内断层裂隙采用沙袋堵塞后，高温硐内温度明显降低，同时隔热板的使用，装药堵塞时间的控制以及持续通风措施在保证高温硐装药安全和爆破效果方面起了关键性作用。

2.5.4 高温硐室施工安全组织措施[5,8,13]

高温硐室施工安全组织措施如下。

（1）定期监测导硐、药室内（掘进头）和炮孔内温度变化规律，并及时记录。

（2）实行岗前培训、提高综合素质：开始装药前，对所有管理、施工人员进行岗前安全教育、技能培训，全面提高操作水平、安全意识和责任意识，为安全、快速、熟练进行装药、做好堵塞操作准备。

（3）健全组织、强化管理：成立装药小组，包括区长、硐长和组长，落实任务、分工明确、增强责任、层层管理，相互督促、加强监督。

（4）采取隔热和通风，确保安全：部分高温硐内温度很高，装药、堵塞既困难又危险，按照《爆破安全规程》，在采取一系列安全措施的前提下，又结合实际情况，采取了如下安全措施：

1）最后装药、集中突击：高温硐室安排在最后装药、堵塞，最大限度地缩短炸药在高温硐内的滞留时间；

2）空气隔离、避免接触：即炸药和高温硐壁之间采用空气间隔，避免炸药与高温硐壁直接接触；

3）热交换降温：装药过程中和装药堵塞结束后，依然采用加强通风的方法，源源不断地将硐外冷空气送进高温硐内，并将硐内高温空气排出；

4）热的不良导体底板隔热、同时对流：在炸药底部采用不良导体铺底隔热，同时留有空气循环通道，便于冷、热空气对流；

5）除了上述措施外，还须采用石棉布包裹炸药，使炸药与高温岩壁不仅空气间隔、而且绝缘材料隔热。

（5）加强通风、强化监测：高毒气硐室装药和堵塞前，24h 不间断加强通风和毒气监测，掌握毒气溢出规律和长时间硐内毒气浓度，摸清其规律，当毒气浓度达标时，组织 3 班人员轮换作业，即每班人员在硐内作业时间不超过 30min，监测过程中一旦发现毒气浓度超标时立即停止作业。为此，确保了装药、堵塞工作完成，杜绝了安全隐患。

在超过 60℃ 的高温硐室作业时，应遵守下列规定：

（1）装药前必须测定工作面和硐内温度，硐内空气温度不应高于药包安全使用温度；

（2）装药前必须加强通风，并采取喷雾洒水等降温措施；

（3）选用和加工耐高温的防自爆起爆药包，不允许使用有损伤、变质的起爆药包；

（4）装药时，采用从低温硐到高温硐、从易装硐到难装硐的装药顺序；

（5）高温作业面附近的非爆破工作人员，应在装药前撤离；

（6）应采用耐高温起爆器材。

3 硐室大爆破的实施及结论

3.1 大爆破的实施

通过艰苦试验探索，精心设计和施工，2007 年 12 月 20 日上午 11：30 时，硐室大爆破准时起爆，爆后检查发现爆破效果达到预期要求，爆破振动测试值远小于预计值，对周围环境设施没有造成危害，距离爆区 200m 处的项目部安然无恙。

3.2 结论

本文结论如下。

（1）首次对高温火区条件下的火工品安全性能进行研究，其研究成果解决了高温火区煤矿硐室爆破中的器材安全问题。

（2）在高温硐室装药安全防护措施实施过程中，通过现场试验发现沙袋的隔热效果非常明显，高温硐端头和硐内断层裂隙采用沙袋堵塞后，高温硐内温度明显降低，同时隔热板的使用、装药堵塞时间的控制以及持续通风措施在保证高温硐装药安全和爆破效果方面起了关键性作用。

大爆破在试验基础上针对高温硐采取一系列的安全防护措施，保证了大爆破的顺利实施。本研究成果对火区煤矿井采转露采的实施具有很好的指导作用。

参考文献

[1] 刘殿中，杨仕春．工程爆破实用手册［M］．北京：冶金工业出版社，2003.
[2] 于亚伦．工程爆破理论与技术［M］．北京：冶金工业出版社，2004.
[3] 罗秀豪．科技查新报告［R］．广州：广东省科学技术情报研究所，2008.
[4] 罗德权．美国露天矿爆破设计经验［J］．煤矿设计，1989（2）：43-46.
[5] 程玉泉，钱 锋．复杂环境下控制抛掷硐室大爆破［J］．爆破，2001，18（1）：76-80.
[6] 周宜光，王太兴．小抵抗线硐室爆破技术在露天矿削顶工程中的应用［J］．爆破，2004，21（1）：17-18.
[7] 余必正，王明金．紫木凼矿山66t级条形药包硐室爆破［J］．爆破，2000，17（1）：68-72.
[8] 季荣生，陈庆寿．断层裂隙较发育地段硐室爆破［J］．爆破，2005，22（2）：41-43.
[9] 欧勃 M D，骆中洲．南澳大利亚利克里克煤田深部露天开采方法的研究［J］．世界煤炭技术，1989（7）：47-53.
[10] 辛格 R K，陈立贵．爆破技术对露天矿经济性的影响［J］．世界煤炭技术，1989（10）：3-7.
[11] 许华，肖林．小型硐室崩塌爆破采矿［J］．爆破，2001，18（1）：84-85.
[12] 杨树才，王喜富．露天开采方案的动态综合优化［J］．中国矿业大学学报，1995（3）：80-84.
[13] 任金亮，袁瑞林，张志旭，等．复杂地质条件下的硐室爆破［J］．爆破，2002，19（3）：44-46.

5.5kt 硐室大爆破振动测试及分析

刘　翼　傅建秋　魏晓林

（广东宏大爆破股份有限公司，广东 广州，510623）

摘　要：宁夏大峰矿硐室爆破一次装药 5.5kt，震感不及平常 10t 炸药爆破强烈，大量监测数据显示，振动实测值普遍小于计算值。文中分析了爆破振动测试结果及造成硐室大爆破振动偏小的主要三种原因，并对这三种可能因素的影响程度一一做了引证，指出了其中引起振动偏小的最主要原因。

关键词：硐室爆破；振动监测；露天开采

Testing and Analyzing of 5.5kt Chamber Blasting Vibration

Liu Yi　Fu Jianqiu　Wei Xiaolin

（Guangdong Hongda Blasting Co., Ltd., Guangdong Guangzhou, 510623）

Abstract: The vibration of 5.5kt chambers blasting in Ningxia Dafeng is less than that of 10 t as usually; lots of test data display that vibration velocity of test less than the estimated. Test results of vibration velocity are analyzed and three main reasons that caused vibration so small are analyzed individually. Finally, the possible reason which caused vibration low is put forward.

Keywords: chamber blasting; test of vibration velocity; strip mining

1　工程概况

宁煤大峰煤矿羊齿采区原属井下开采，由于受煤层自燃引起的火区、私营小窑开采及开采条件的影响，整个采区只能再开采 3~4 年，采区报废后仍有 1440 万吨的“太西煤”被丢弃，资源严重浪费。为了延长整个矿井的服务年限，大峰矿决定将井下开采转为露天开采，其回采率可达 95%以上，延长服务年限 14 年。为加快基建剥离进度，减少初期剥离费用，大峰矿决定将羊齿采区对应的地面山体采用硐室爆破进行剥离。此次硐室大爆破一次起爆药量达 5.5kt，硐室掘进总长 8.9km，修盘山道路 7.5km，为我国近 15 年来最大的一次硐室爆破工程。由于前期的井下开采存在火区及采空区，使得此次硐室爆破的被爆山体大部分区域存在高温、塌陷破碎带、断层裂隙区和毒气区，其特殊的地质条件和施工特点在国内外硐室爆破中实属罕见。

2　测试方案

本次振动测试以测振动速度为主，监测对象遍布爆破区域四周，距离爆破区域中心 350~3960m，测试目的分别如下：

（1）通过在一条 4km 长以爆区为中心的射线上布置 6 个点，考察爆区的地质情况，即考察该区的 k、a 值；

原载于《有色金属（矿山部分）》，2009，61（2）：57-61。

（2）选择在一开挖边坡上布置测振点，考察爆破振动对边坡的破坏影响；

（3）在原井下开采平硐中选择一断面布置轴向、横向水平振动速度测点、垂直振动速度测点，以考察爆破振动对井下硐室的破坏影响；

（4）在距离爆点最近的办公楼各楼层设置3个水平速度测点，考察建筑物的结构响应情况；

（5）各重点保护对象旁设置监测点，考察爆破对保护建筑物的影响。重点保护对象有：洗煤厂、大石头井工房、两座铁路桥和一座公路桥。

3 测点布置

测点仪器布置如图1所示。测点巷道、测试边坡剖面图、测试边坡实物分别如图2~图4所示。测振所用仪器为成都中科EXP3850型记录仪，如图5所示，采样率为4k，采样负延时-4k，启动电压1.5%，量程：巷道内为20V，其余为2V。

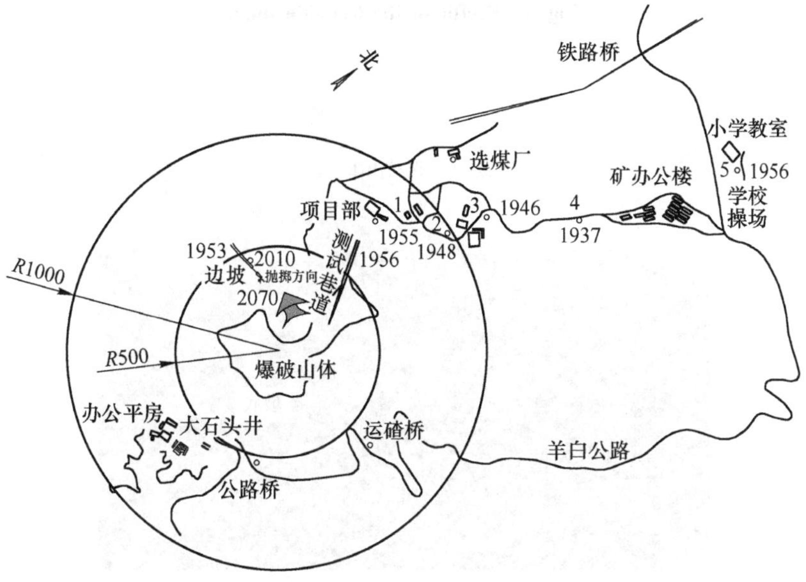

图1 振动测点总体布置图

Fig. 1 Layout of the observation points distribution

图2 测试巷道

Fig. 2 The test tunnel

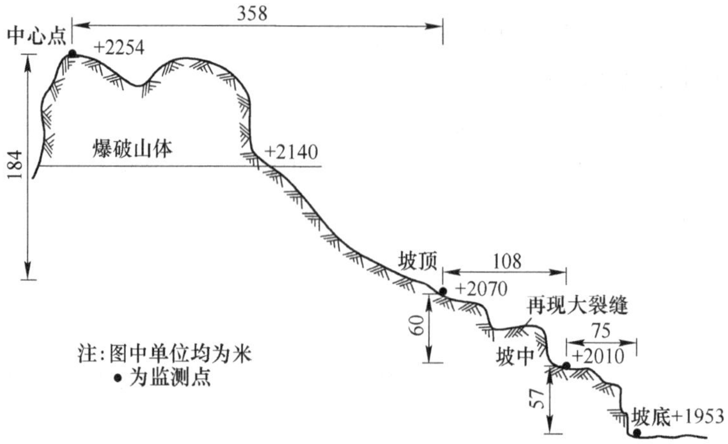

图 3 测试边坡剖面图

Fig. 3 Profile of the test side slope

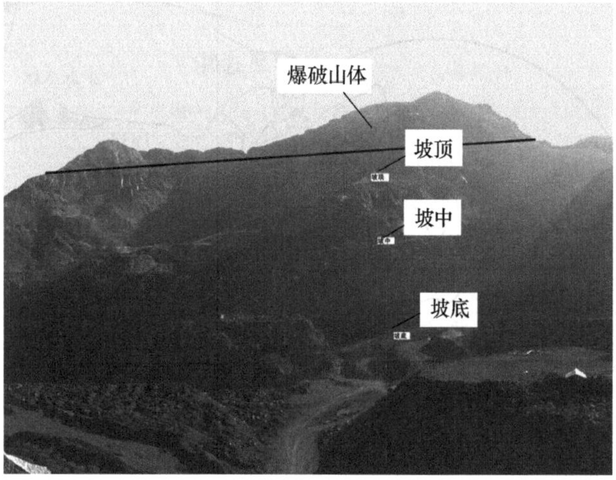

图 4 测试边坡实物

Fig. 4 The test side slope on site

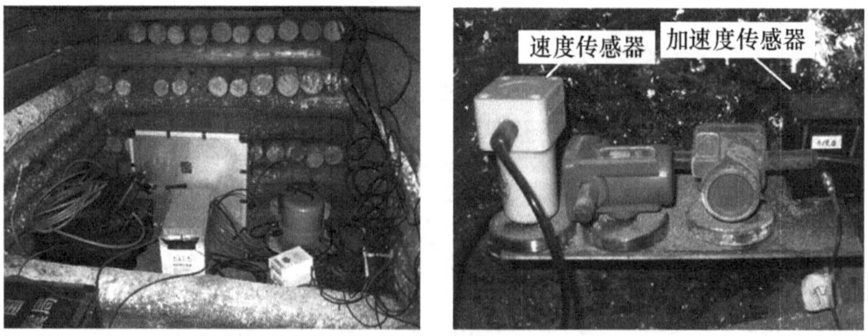

图 5 巷道内所用测试仪器及其布置

Fig. 5 The instrument for observation and the erection in the test tunnel

4 测试结果

测试结果见表 1，典型振动波形如图 6 所示。

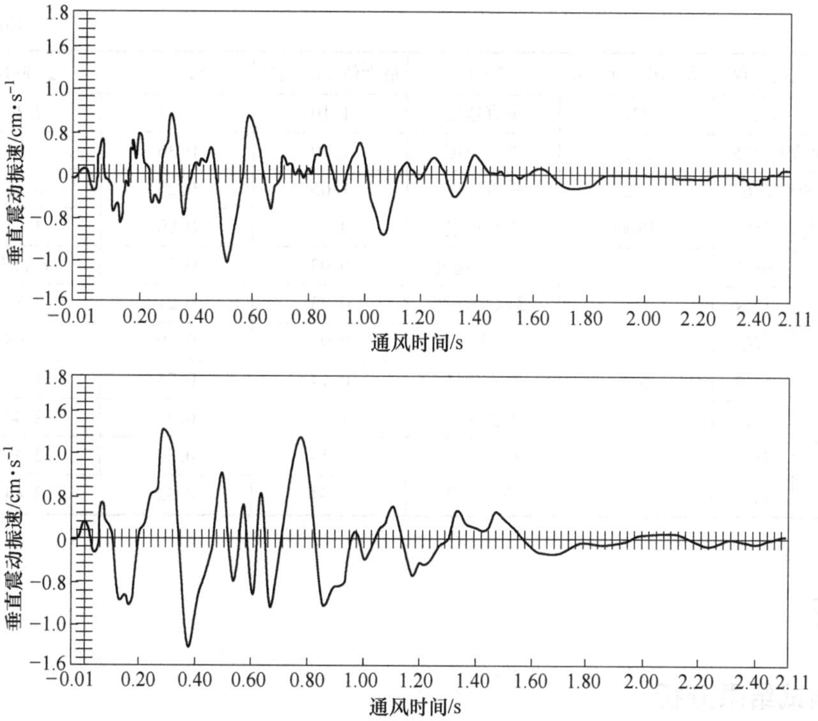

图6 典型振动波形（以测点1为例，上图为垂直速度波形，下图为水平速度波形）

Fig. 6 The typical wave of vibration (It took point 1 for example, the upper chart was vertical wave and the lower chart was horizon wave)

表1 爆破振动测试结果

Table 1 Outcome of the vibration test

测试项目	测点及记录仪		距离中心点/m	特性	最大值/$cm \cdot s^{-1}$	时刻/s	主频/Hz	振动历时/s
水平线k、a	1-322		869	垂直速度	1.00	0.51	7.32	1.86
				水平速度	1.29	0.29	3.91	1.63
	2-346		1050	垂直速度	0.97	0.50	3.66	1.80
				水平速度	0.92	0.75	7.08	1.25
	3-272		1240	垂直速度	1.15	0.71	3.66	2.66
				水平速度	2.01	1.03	5.49	2.13
	4-315		1630	垂直速度	0.75	1.11	5.37	1.65
				水平速度	1.08	1.14	6.35	1.96
	5-342		2430	垂直速度	0.51	0.57	5.43	2.88
				水平速度	0.38	1.26	1.71	6.29
				垂直加速度	1.75mg	1.25	1.65	14.43
	6-344		3960	垂直速度	0.10	0.54	2.44	4.97
				水平速度	0.07	2.01	2.26	10.72
				垂直加速度	2.75mg	3.03	2.01	16.26
边坡	293	坡中	464	垂直速度	1.99	0.32	9.52	2.60
		坡顶	358	垂直速度	3.22	0.84	3.17	1.97
		坡底	577	垂直速度	0.69	0.54	1.22	2.42
	343	坡中	464	水平速度	3.22	0.42	3.17	2.80
		坡顶	358	水平速度	2.96	0.66	4.64	2.38

续表 1

Continues Table 1

测试项目	测点及记录仪		距离中心点/m	特性	最大值/cm·s^{-1}	时刻/s	主频/Hz	振动历时/s
建筑物	大石头井 234		727	垂直速度	1.10	0.31	2.44	2.10
	公路废桥 235		529	垂直速度	1.09	0.36	1.71	0.46
	运碴桥 236		622	垂直速度	1.06	0.27	6.35	2.63
	洗煤厂 259		1300	垂直速度	0.58	0.90	3.66	2.34
平硐	247	硐顶	605	横水平速度	0.03	0.37	67.87	3.43
		左帮		横水平速度	0.73	0.21	7.32	3.99
		右帮		横水平速度	0.99	0.29	7.08	1.60
	296	硐顶		垂直速度	0.14	0.25	119.87	0.83
		左帮		垂直速度	1.33	0.30	2.44	2.41
		右帮		垂直速度	1.54	0.30	2.44	2.29
		硐底		垂直速度	0.94	0.32	2.44	2.32

5 结果分析

5.1 水平线测试结果分析

本次爆破总装药量达 5.5kt，实际由于分段分区起爆，最大单响药量只有 250t，所以，本次爆破的振动速度远远小于总装药量所产生的振动速度。本次爆破振动的主频率在 2~8Hz 之间，振动持续时间达 17s，地质参数 k 为 120~140，a 为 1.5~1.8，1km 以内近区振动衰减规律稍微不理想，主要与爆破区域相对到测点之间的距离不能简化为点爆源有关，这种简化方式过于简单，为了弄清楚整个区域的振动衰减规律，还需结合起爆网络一起作更深入的研究。

各测点测试结果远远小于预期的数值，特别是 1km 以内的测点结果；参照《爆破安全规程》（GB 6772—2003），对于硐室爆破，土窑洞、土坯房、毛石房安全允许振速为 0.7~1.2cm/s；一般砖房、非抗振大型砌块建筑物安全允许振速为 2.3~2.8cm/s；钢筋混凝土结构房屋安全允许振速为 3.5~4.5cm/s。

5.2 边坡测试结果分析

从测试结果的单个波形图中可以看到，图中 0~1.5s 的波形频率较后段波形频率高，分别截取图中 0~1.5s 和 1.5~3.0s 的波形进行 FFT 分析，分析结果见表 2 和表 3。

表 2 垂直速度波形分段 FFT 分析

Table 2 FFT analyze by section on vertical velocity wave

测点位置	主频率/Hz		
	分析时段		
	0~3s	0~1.5s	1.5~3.0s
坡顶	3.17	3.17	1.95
坡中	9.52	9.52	2.20
坡底	1.22	3.17	1.95

表 3 水平速度波形分段 FFT 分析

Table 3 FFT analyze by section on horizon velocity wave

测点位置	主频率/Hz		
	分析时段		
	0~3s	0~1.5s	1.5~3.0s
坡顶	4.64	4.39	2.20
坡中	3.17	3.42	2.42

从以上两表 FFT 分析频率以及结合波形图 7~图 10 可以看出，0~1.5s 为爆破振动引起的波形，

1.5~3.0s 为飞石、滚石引起的波形。

垂直振动速度波形记录时间比较长，并且有三段不连续记录，从单个波形分析可得，坡顶传感器连接线在3.0s 后遭到乱石砸断，没有了记录信号，坡中传感器连接线在6.0s 时遭到突加拉扯，并且拉断了连接线。坡顶传感器连接线被乱石砸断的推断与现场大量乱石堆积相符，而坡中传感器附近则没有发现一块飞石，需要进一步分析原因。

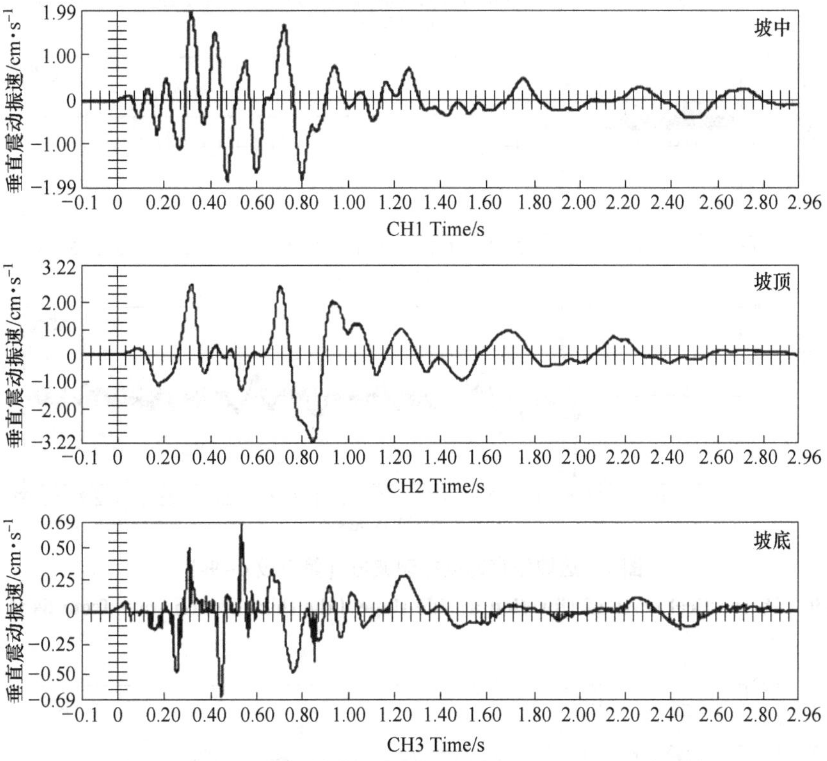

图 7 边坡垂直速度动波形（第一段 0~3s）

Fig. 7 The vertical wave of vibration at side slope (the first section wave from 0s to 3s)

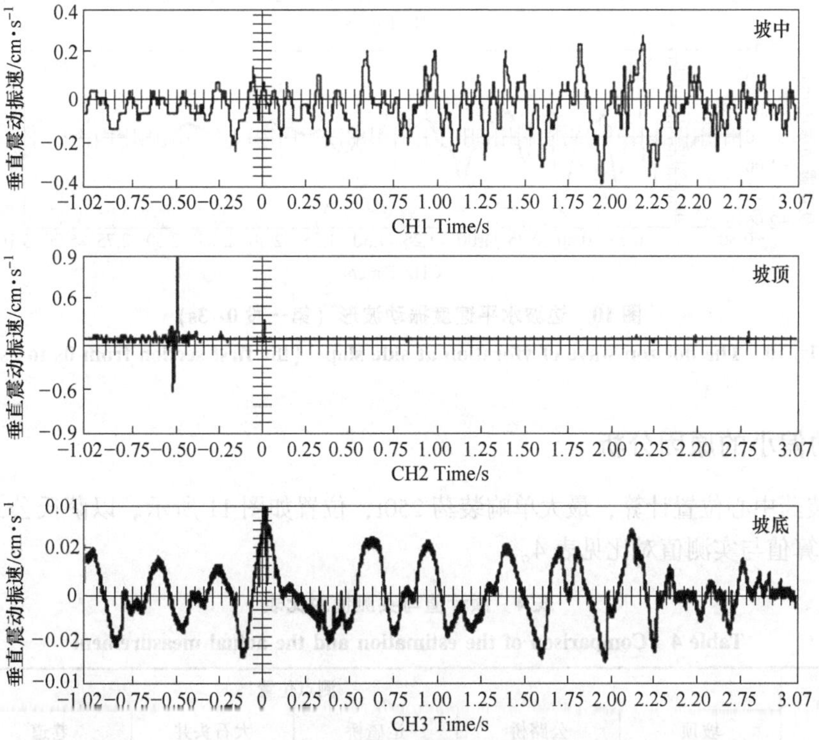

图 8 边坡垂直速度振动波形（第二段 3~6s）

Fig. 8 The vertical wave of vibration at side slope (the second section wave from 3s to 6s)

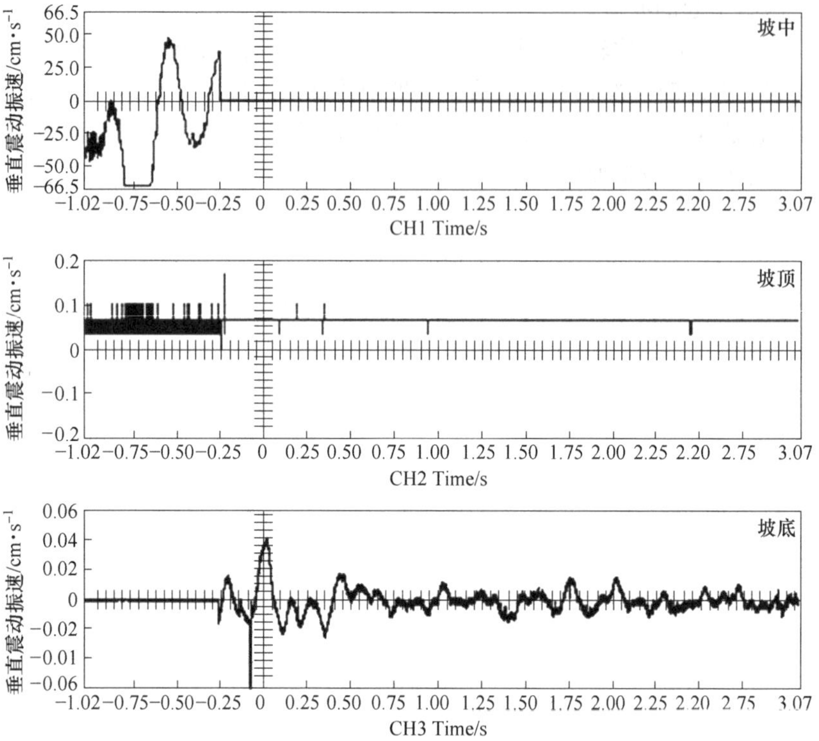

图 9 边坡垂直速度振动波形（第三段 6~9s）

Fig. 9 The vertical wave of vibration at side slope (the third section wave from 6s to 9s)

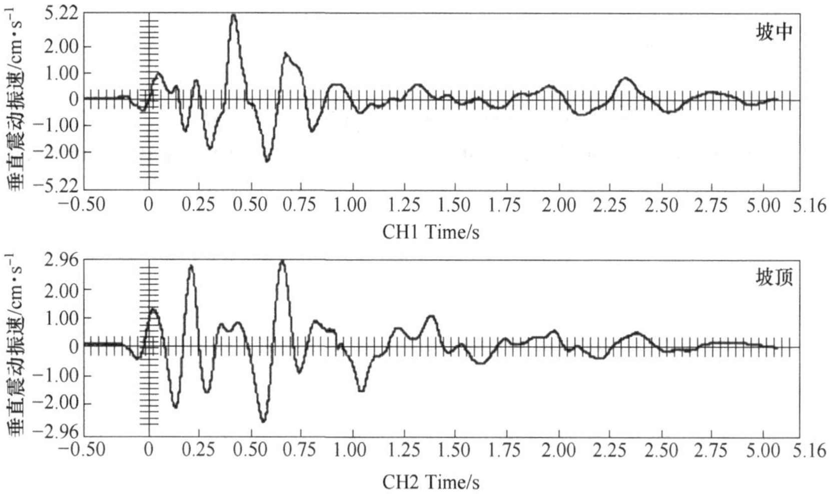

图 10 边坡水平速度振动波形（第一段 0~3s）

Fig. 10 The horizon wave of vibration at side slope (the first section from 0s to 3s)

5.3 爆破振动偏小的原因分析

以第 24 响装药中心位置计算，最大单响装药 250t，位置如图 11 所示。以萨氏公式按 k 取 150，a 取 1.5 计算。计算值与实测值对比见表 4。

表 4 预计值与实测值对比表

Table 4 Comparison of the estimation and the actual measurement

振动速度/cm·s^{-1}	测点位置					
	坡顶	公路桥	运碴桥	大石头井	巷道	选煤厂
距离/m	431	517	603	655	776	1327

续表 4

Continues Table 4

振动速度/cm·s^{-1}	测点位置					
	坡顶	公路桥	运碴桥	大石头井	巷道	选煤厂
预计值	8.38	6.38	5.07	4.47	3.47	1.55
实测值	3.22	1.09	1.06	1.10	1.54	0.58

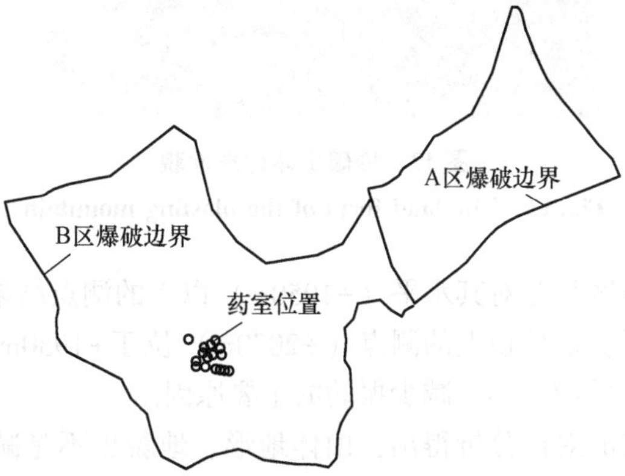

图 11　第 24 响装药位置图

Fig. 11　The chamber position at the 24 th burst

爆破振动速度测试结果显示，所有测试结果普遍远小于预计值，据当地居民反映，本次硐室大爆破的振动还没有平时 10t 炸药的震感强烈。据分析主要有以下三种原因：

（1）运用了分段延时干扰减震的爆破设计技术[1,2]。本次爆破将总药量分散布置在整个爆破山体中，使得最大单响装药只有 250t；采用延时起爆，分 25 段起爆，总延时 750ms，有的虽然同一段起爆，但药室相距 400~500m，起到了相互干扰减震的爆破作用。

（2）采空区的减震缓冲作用。爆破山体 150m 以下为大面积的井下开采采空区，采空区对爆破震动传递起到缓冲的作用，实测显示同等距离条件下，南边震动速度大于北边爆破震动速度。爆破山体下采空区分布如图 12 所示。

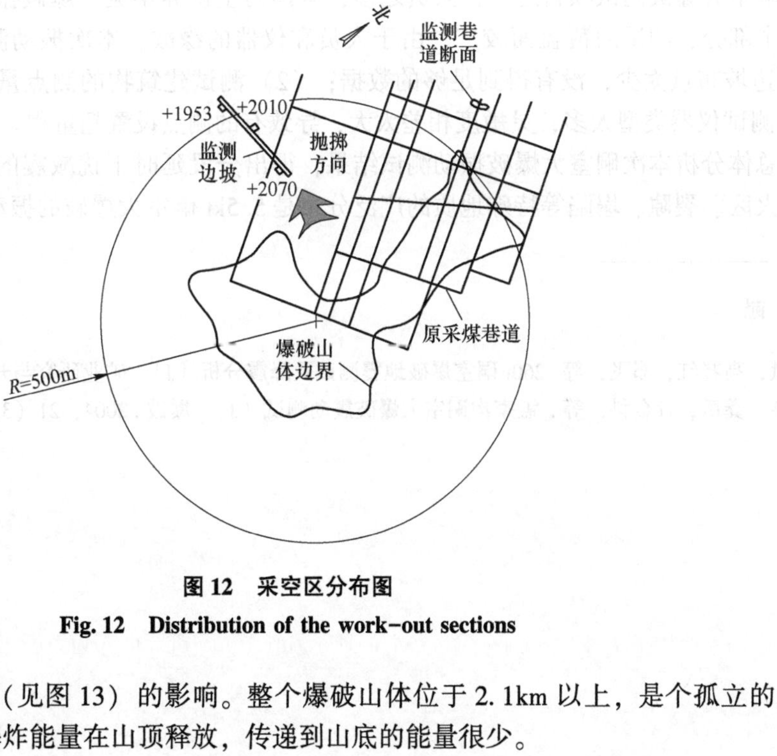

图 12　采空区分布图

Fig. 12　Distribution of the work-out sections

（3）山体地形、地貌（见图 13）的影响。整个爆破山体位于 2.1km 以上，是个孤立的山头，垂直距离测点 150m 以上，爆炸能量在山顶释放，传递到山底的能量很少。

图 13 爆破山体地形地貌

Fig. 13 The land form of the blasting mountain

然而全面分析得知，采空区只会对其水平（+1950m）以下的测点结果有影响，而对其水平以上的测点结果影响不大。实测显示，边坡顶上的测点（+2070m）位于+1950m 以上，垂直振动速度也只有 3.22cm/s，因而推断，采空区的影响不是减少振动的主要原因。

经与相似山体硐室大爆破的对比分析得出，山体地形、地貌也不是减弱爆破振动的主要原因。在大峰矿硐室大爆破的随后半年里，我们在陕西金堆城还分别进行了 400t 和 800t 级的硐室大爆破，最大单响装药分别为 40t 和 50t，其山体地形、地貌非常相似，更为难得的是，在爆破区域下方有相似的隧洞观测平台，在大峰矿爆破山体的 150m 下方有采空巷道，而在金堆成爆破区域 210m 正下方有水工隧洞。我们都分别进行了振动测试。结果显示，金堆成爆破在隧洞洞顶振动两次分别达到 8cm/s 和 15cm/s，而大峰矿爆破在采煤巷道内振动没有超过 3cm/s。因此说，山体地形、地貌也不是减弱爆破振动的主要原因。

总体分析认为，分段延时干扰减震的爆破设计是爆破震动偏小的主要原因之一，大峰矿岩石风化、高温火区、裂隙、塌陷等特殊地质的广泛分布应该是本次 5.5kt 硐室大爆破的振动偏小的主要原因。

6 结语

本次硐室大爆破测试项目之广，人员之多，全国乃至世界罕见。爆破振动测试只是其中本次科研观测的一个部分，测试的覆盖面较广，由于人员和仪器的缘故，本次振动测试还存在以下几点不足：(1) 测试边坡布点太少，没有得到足够的数据；(2) 测试建筑物的测点量程设置稍大，没有能够触发；(3) 测试仪器类型太多，灵敏度相差太大，导致有的测点设置超量程。

通过总体分析本次硐室大爆破振动测试结果，得出分段延时干扰减震的爆破设计和大峰矿岩石风化、高温火区、裂隙、塌陷等特殊地质的广泛分布是 5.5kt 硐室大爆破的振动偏小的主要原因。

参考文献

[1] 焦永斌，高赛红，邓飞，等. 260t 硐室爆破地震测试及降震分析 [J]. 矿业研究与开发. 2006, 26 (4): 83-85.
[2] 王德胜，龚敏，杜金科，等. 孟家沟硐室大爆破震动测试 [J]. 爆破. 2004, 21 (3): 96-98.

5500t 硐室大爆破观测与评价

郑炳旭

（广东宏大爆破股份有限公司，广东 广州，510623）

摘　要：大峰矿硐室爆破一次起爆药量达 5500t，是我国近 15 年来最大的一次硐室爆破。对于此次爆破进行了爆破震动、巷道应变、建筑物动态响应、地震、鼓包运动摄影观测、粉尘毒气扩散等科研观测，观测人员之多、研究科目之广是爆破界少有的。文章详述了此次科研观测各科目的整体布置以及取得的主要成果，为硐室大爆破科研观测积累了第一手资料。

关键词：硐室大爆破；科研观测；采煤巷道

Observation and Evaluation of the Large Coyote Blasting with 5500t Explosives

Zheng Bingxu

（Guangdong Hongda Blasting Co.，Ltd.，Guangdong Guangzhou，510623）

Abstract：The once initiated charge of the coyote blasting in the Dafeng mine is 5500t，which is the largest coyote blasting in China in the past 15 years. The scientific observation and research of blasting vibration，tunnel strain，building dynamic response，earthquake，bulge motion photographic observation，and dust gas diffusion are carried out during this blasting. The number of observers，and the wide range of research subjects are rare in the blasting field. This paper details the overall arrangement and main achievements of the scientific research and observation，which accumulates the first-hand data for the scientific research and observation of the large coyote blasting.

Keywords：coyote blasting；scientific research and observation；coal roadway

1　工程概况

宁煤大峰煤矿羊齿采区原属井工开采，由于受煤层自燃引起的火区、私营小窑开采及开采条件的影响，整个采区只能再开采 3~4 年，采区报废后仍有 1440 万吨的“太西煤”被丢弃，资源严重浪费。为了延长整个矿井的服务年限，大峰矿决定将井工开采转为露天复采，其回采率可达 95%以上，延长服务年限 14 年。为加快基建剥离进度，减少初期剥离费用，大峰矿决定将羊齿采区对应的地面山体采用硐室爆破进行剥离。根据设计，此次爆破一次起爆药量达 5500t，为我国近 15 年来最大的一次硐室爆破工程，也是我国煤矿第一大硐室爆破。

2　观测科目

本次 5500t 硐室爆破科研观测项目非常多，考虑到公司测试仪器有所不足以及人员的欠缺，所以

原载于《煤炭工程》，2009（5）：93-96。

还邀请了高等院校、地震局等单位一起协作进行科研观测。综合所有到场的人员和设备，主要对以下科目进行了观测[1-5]。

（1）爆破震动：包括震动衰减规律、震动频率研究、高程影响的放大规律等。

（2）应变测试：爆破对爆区下的采煤巷道破坏效应的应变测试。

（3）地震监测：近区强震和远区弱震监测。

（4）建筑物爆破震动响应测试：对警戒范围内选煤厂的两栋框架楼进行研究。

（5）爆后粉尘、有害气体扩散测试：监测粉尘的扩散速度和粉尘浓度分布，监测有害气体的扩散速度，分析有害气体的成分。

（6）硐室爆破摄影观测：研究硐室鼓包运动规律，分析设计时差的可靠度。

3 观测总体布置

（1）水平线爆破震动测试：沿道路布置，共 6 个测点，最远点离爆破中心 4km。

（2）边坡测点：在抛掷方向沿边坡布置，共 3 个测点，离爆破中心 500m。

（3）采煤巷道观测：监测断面设置在离采煤巷道口 20m 处，沿巷道环行布置。

（4）地面建筑物观测：项目部、选煤厂、大石头井平房、公路桥、铁路桥。

（5）摄影观测：分别树立 4 块观测牌在 A1、A3、B10、B13 硐口。

（6）粉尘观测和气体收集：上风布置 2 条测线，下风 3 条测线，共 15 个测点。

观测总体布置如图 1 所示。

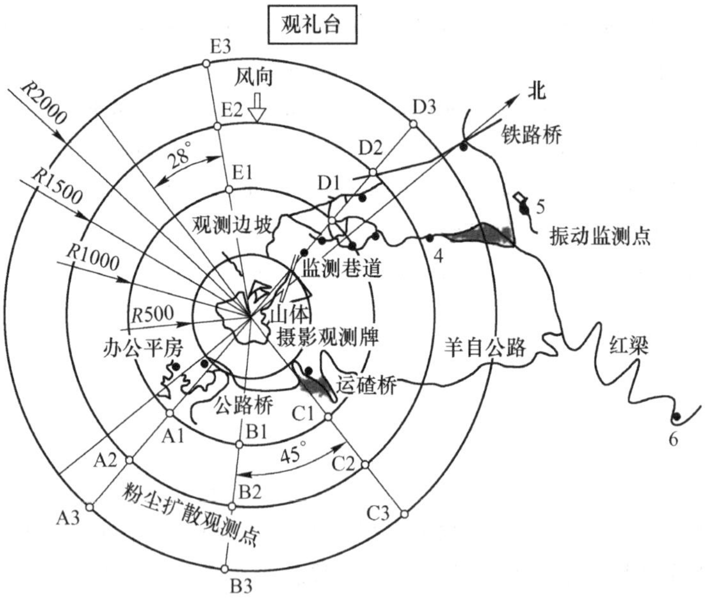

图 1 观测总体布置图

4 项目观测结果

4.1 爆破振动测试结果

爆破振动测试结果见表 1。

表 1 爆破振动测试结果

Table 1 Outcome of the vibration test

测试项目	测点及记录仪	距离中心点/m	特性	最大值/cm·s^{-1}	启动时刻/s	主频/Hz	振动时间/s
水平线	1-322	869	垂直速度	1.00	0.51	7.32	1.86
			水平速度	1.29	0.29	3.91	1.63
	2-346	1050	垂直速度	0.97	0.50	3.66	1.80
			水平速度	0.92	0.75	7.08	1.25
	3-272	1240	垂直速度	1.15	0.71	3.66	2.66
			水平速度	2.01	1.03	5.49	2.13
	4-315	1630	垂直速度	0.75	1.11	5.37	1.65
			水平速度	1.08	1.14	6.35	1.96
	5-342	2430	垂直速度	0.51	0.57	5.43	2.88
			水平速度	0.38	1.26	1.71	6.29
			垂直加速度	21.75mg	1.25	1.65	14.43
	6-344	3960	垂直速度	0.10	0.54	2.44	4.97
			水平速度	0.07	2.01	2.26	10.72
			垂直加速度	2.75mg	3.03	2.01	16.26
边坡	293 坡中	464	垂直速度	1.99	0.32	9.52	2.60
	坡顶	358	垂直速度	3.22	0.84	3.17	1.97
	坡底	577	垂直速度	0.69	0.54	1.22	2.42
	345 坡中	464	水平速度	3.22	0.42	3.17	2.80
	坡顶	358	水平速度	2.96	0.66	4.64	2.38
建筑物	大石头井 234	727	垂直速度	1.10	0.31	2.44	2.10
	公路废桥 235	529	垂直速度	1.09	0.36	1.71	0.46
	运碴桥 236	622	垂直速度	1.06	0.27	6.35	2.63
	洗煤厂 259	1300	垂直速度	0.58	0.90	3.66	2.34
采煤巷道	247 巷顶	605	横水平速度	0.03	0.37	67.87	3.43
	左帮		横水平速度	0.73	0.21	7.32	3.99
	右帮		横水平速度	0.99	0.29	7.08	1.60
	296 巷顶		垂直速度	0.14	0.25	119.87	0.83
	左帮		垂直速度	1.33	0.30	2.44	2.41
	右帮		垂直速度	1.54	0.30	2.44	2.29
	巷底		垂直速度	0.94	0.32	2.44	2.32

4.2 采煤巷道应变测试结果

采煤巷道应变测试结果见表 2。

表 2 应变测试结果表

编号	位置	粘贴方向	最大值 με	受力
1	进巷右帮	环向	95	受压
2	进巷右帮	纵向	77	受拉
3	巷顶	环向	321	受拉
4	巷顶	纵向	121	受拉
5	进巷左帮	环向	104	受压
6	进巷左帮	纵向	132	受拉

采煤巷道内应变片贴在煤石上，煤石弹性模量 $E=6500\text{MPa}$（平均值），抗拉强度为 1.2MPa，抗压强度为 25MPa，按文献［6］，根据测试结果计算

最大压应力 σ_-为：$\sigma_-=0.000104\times6500=0.68\text{MPa}<25\text{MPa}$；

最大拉应力 σ_+为：$\sigma_+=0.000321\times6500=2.1\text{MPa}>1.2\text{MPa}$，局部拉应力不大，但超过抗拉强度，会产生局部裂纹，对巷道不会造成破坏坍塌，与爆后现场情况相符。

4.3 建筑物动力响应测试结果

建筑物动力响应测试结果见表 3。

表 3 选煤厂 A、B 楼爆破前后自振特性对比

通道	爆破前自振频率/Hz	爆破后自振频率/Hz	相差/%
CH_{10}（N）	5.391	5.391	0
CH_{11}（E）	8.185	7.581	7.97
CH_{12}（V）	8.059	8.985	10.31
CH_{13}（N）	2.795	2.995	6.68
CH_{14}（E）	5.44	5.391	0.91
CH_{15}（V）	8.185	8.985	8.90

（1）爆破前后被测建筑物的自振频率变化不大，基本上在 10%以内，建筑物没有损坏。

（2）从图 2 可以看出 V（竖直）方向的各层加速度最大值明显的比 N、E（水平）方向的加速度最大值大；从各个方向的加速度最大值可以看出，随着传感器所在层数的增加加速度值逐渐增大；从各个方向地面和四层加速度最大值比较可以看出：在 N 方向建筑物把地面反应放大了 3.07 倍，在 E 方向建筑物把地面反应放大 3.49 倍，在 V 方向建筑物把地面反应放大了 3.17 倍。

（3）从图 3 也可以看出 V（竖直）方向的各层加速度最大值比 N、E（水平）方向的加速度最大值大；从各个方向的加速度最大值可以看出，随着传感器所在层数的增加加速度值逐渐增大；从各个方向地面和四层加速度最大值比较可以看出：在 N 方向建筑物把地面反应放大了 6.95 倍，在 E 方向建筑物把地面反应放大了 4.35 倍，在 V 方向建筑物把反应放大了 7.66 倍。

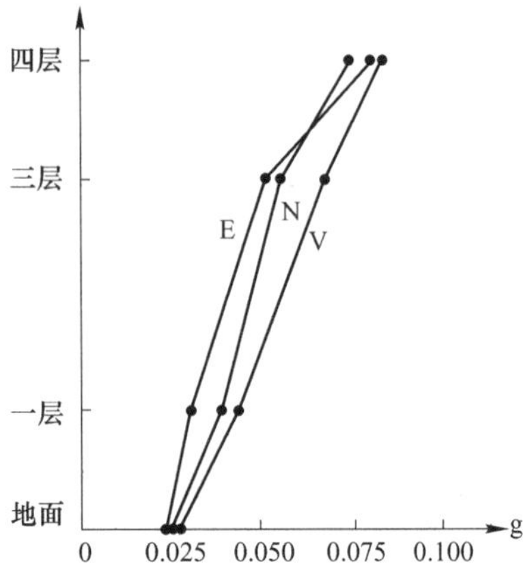

图 2 选煤厂 A 楼各层加速度最大值

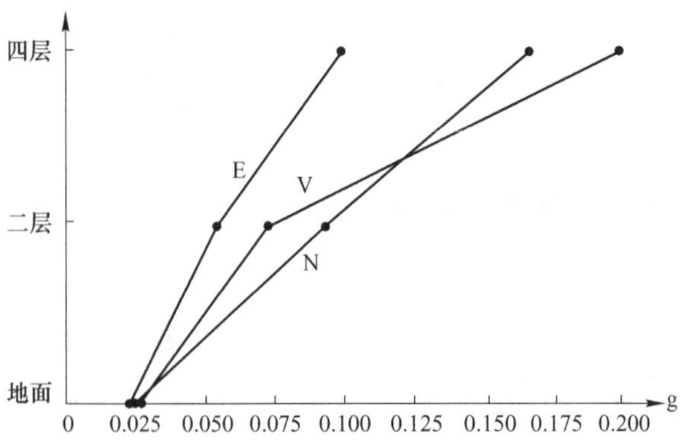

图 3 选煤厂 B 楼各层加速度最大值

4.4 爆破粉尘浓度测试结果

爆破粉尘浓度测试结果见表 4～表 6。

表 4 粉尘浓度测试结果

测点	距爆源距离/m	粉尘浓度/$mg \cdot m^{-3}$		爆后尘雾到达测点时间
B_3	2000	全尘	32.4	8min 后
		呼吸性粉尘	34.3	14min 后
B_2	1500	全尘	92.4	54min
		呼吸性粉尘	140.4	60min 后
B_1	1000	全尘	60.0	79min 后
		呼吸性粉尘	未测到	—
D_1-D_3		由于仪器问题，没有测到数据		

表 5 落尘质量

测点	距爆源距离/m	收集到的粉尘质量/g	单位面积落尘质量/$g \cdot m^{-2}$	爆后尘雾到达测点时间
A_1	1000	338.936	586.8	1 分 20 秒
A_2	1500	196.512	340.222	3 分 40 秒
A_3	2000			收集不成功
B_1	1000	319.055	552.381	1 分 35 秒
B_2	1500	20.108	34.813	3 分 50 秒
B_3	2000	3.030	5.246	6 分 25 秒
D_1	1000	185.926	321.894	2 分 40 秒
D_2	1500	58.654	101.548	5 分 30 秒
D_3	2000			收集不成功

表 6 粉尘成分分析表（质量分数）

样品来源	Fe_2O_3/%	MnO/%	TiO_2/%	CaO/%	K_2O/%	SO_3/%
A_1 测站	4.56	0.126	0.695	3.96	3.56	0.18
A_2 测站	4.59	0.126	0.696	3.85	3.59	0.16
D_1 测站	3.43	0.097	0.548	3.14	3.44	0.08
D_2 测站	3.51	0.102	0.575	3.16	3.58	0.06

样品来源	P_2O_5/%	SiO_2/%	Al_2O_3/%	Na_2O/%	MgO/%	Zn/10^{-6}
A_1 测站	0.091	57.77	15.73	1.80	1.17	144
A_2 测站	0.091	57.59	15.83	1.97	1.16	147
D_1 测站	0.077	62.17	14.27	2.35	1.02	109
D_2 测站	0.081	61.30	14.82	2.28	1.03	126

样品来源	Cu/10^{-6}	Pb/10^{-6}	Hg/10^{-6}	As/10^{-6}	Cr/10^{-6}	W/10^{-6}
A_1 测站	28	37	—	0.001	2	3
A_2 测站	33	47	—	—	1	5
D_1 测站	23	22	—	—	3	2
D_2 测站	27	39	0.001	0.001	1	2

样品来源	Cd/10^{-6}	Se/10^{-6}	U/10^{-6}	Th/10^{-6}	Ti/10^{-6}
A_1 测站	5	0.3	0.4	0.1	2
A_2 测站	4	0.5	0.2	0.2	1
D_1 测站	2	0.2	0.2	0.1	3
D_2 测站	2	0.1	0.1	0.1	1

粉尘成分分析结果显示：

（1）所有样品中主要以石英（60%）为主，其次为方解石（28%），黏土矿物（18%）（黏土矿物主有铝土矿、伊利石、高岭石和少量蒙脱石），铁质矿物（2%），其他矿物约2%（长石类矿物，以钾长石为主），同时含极少的钙铀矿物、硼镁石矿物；

（2）在检测结果中，发现了含量很低的硫的氧化物，而该矿的矿物成分中是没有硫的，只可能是来自铵油炸药中的柴油（本次爆破采用的铵油炸药，铵油炸药主要成分是硝酸铵94.5%和柴油5.5%，而柴油中含有微量硫）。

4.5 鼓包运动摄影测量结果

鼓包运动摄影测量结果见表7。

表7 不同时刻的鼓包位移及速度表

爆破时刻/ms	$X_{像}$ 相对位移/cm	$Y_{像}$ 相对位移/cm	$X_{物}$ 相对位移/m	$Y_{物}$ 相对位移/m	鼓包位移/m	鼓包速度/m·s^{-1}
初始点	0	0	0	0	0	0
11	0	-0.03	0	-0.3	0.3	27
22	0.03	-0.03	0.3	-0.6	0.67	38
33	0.06	-0.06	0.9	-1.2	1.5	77
44	0.06	-0.03	1.5	-1.5	2.12	61
55	0.06	-0.03	2.1	-1.2	2.42	61
66	0.06	0	2.7	-1.2	2.95	60
77	0.06	-0.03	3.3	-1.5	3.62	61
88	0.06	-0.09	3.9	-2.4	4.58	98
99	0.09	0.06	4.8	-1.6	5.06	98
110	0.09	0.03	5.7	-1.3	5.85	86
121	0.06	0.06	6.3	-0.7	6.34	77
132	0.06	-0.09	7.0	-1.5	7.16	97
143	0.03	-0.03	7.3	-1.8	7.52	38

5 结论

本次硐室大爆破实现了在煤矿硐室大爆破中集生产、科研、院校等单位共同进行多参数、全方位的爆破测试，爆破测试包含了爆破振动速度、爆破振动加速度、应变、建筑物爆破振动响应、地震、有害气体扩散、粉尘成分、碎石流运动、地表鼓包运动摄影等几乎全部的爆破测试项目，动员观测人员之多、测试项目之广全国乃至世界罕见。通过本次全面的测试，取得了如下主要成果和结论。

（1）地震监测结果显示，本次大爆破能量相当于3.8级地震。所有测到的爆破震动远远小于预计的震动速度，爆破山体孤立的山头地形地貌以及分段延时干扰减震爆破设计是爆破震动偏小的主要原因，而爆破山体下的采空区对爆破震动传递也起到减震的作用。

（2）本次爆破振动的主频率在2～8Hz之间，振动记录持续时间达17s，地质参数k为120～140，a为1.5～1.8。

（3）在相同距离的测点震动速度，南面的比北面的要大；抛掷引起的震动达到爆破震动33%，而滚石震动不到爆破震动的3%。

（4）采煤巷道应变测试显示：沿巷道纵向受拉，巷道左右两侧环向受压，巷顶中部环向受拉；本次硐室大爆破，巷道内壁应变比较小，局部拉应力不大，但超过抗拉强度，会产生局部裂纹，对巷道不会造成破坏坍塌，与爆后现场实际情况相符。

（5）建筑物爆破震动响应测试结果显示：爆破震动对选煤厂楼房没有产生任何破坏；楼层对地加

速度放大 3~8 倍。

（6）爆破粉尘中主要成分是石英、方解石和黏土矿物，其氧化物成分主要以 SiO_2、Al_2O_3、CaO、Fe_2O_3 等为主，其含量是正常灰成分含量，没有异常成分出现高值；大家关注的最有害元素 Hg、As、Cr、Cd 含量极低，或低于检测下线，说明这些元素在本样品中不会有毒性，Pb 元素都低于国家规定的标准；同时放射性元素 Th、U、Li 含量极低，不会造成对环境的污染；通过对本实验粒度分析，长时间人体暴露，有对人的呼吸污染的可能性。

（7）爆后测量显示山体最大降低 50m；最远爆破飞石距离中心 540m；鼓包运动最大速度 98m/s。

参考文献

[1] 王德胜，龚敏，杜金科，等．孟家沟硐室大爆破震动测试 [J]．爆破，2004，21 (3)：96-98.

[2] 张正宇．中国爆破新技术 [M]．北京：冶金工业出版社，2004.

[3] 焦永斌，高赛红，邓飞，等．260t 硐室爆破地震测试及降震分析 [J]．矿业研究与开发，2006，26 (4)：83-85.

[4] 刘冬，高文学，钱文斐，等．隧洞洞口开挖爆破振动监测与减振技术 [J]．公路，2007 (12)：218-221.

[5] 杨年华，张志毅．复杂环境下硐室爆破振动控制的应用研究 [J]．工程爆破．2008，14 (1)：20-23.

[6] 张志呈．裂隙岩体爆破技术 [M]．成都：四川科技出版社，1999.

多媒体技术在硐室爆破方案演示中的应用

唐　涛　郑炳旭　李战军

（广东宏大爆破股份有限公司，广东 广州，510623）

摘　要：在一个硐室爆破的方案设计评审阶段应用了多媒体演示技术。介绍了运用计算机制作硐室爆破的药室布局三维立体动画和爆破抛掷动画的过程，指出了硐室爆破三维动画制作中应注意的技术要点，提出了在硐室爆破中运用多媒体技术进行辅助设计的建议。

关键词：硐室爆破；方案演示；多媒体技术；计算机应用

Application of Multimedia Technology in Scheme Demonstration of Chamber Blasting

Tang Tao　Zheng Bingxu　Li Zhanjun

（Guangdong Hongda Blasting Co.，Ltd.，Guangdong Guangzhou，510623）

Abstract：The multimedia technology was used in the stage of a chamber blasting scheme evaluation. Based on that，the process of making the three-dimensional animation of the chamber layout and the blasting casting is introduced，the technical gist of making the animation is given. Finally，the computer-aided chamber blasting design is suggested.

Keywords：chamber blasting；scheme demonstration；multimedia technology；computer application

硐室爆破具有成本低、施工速度快等优点，在中国矿山、铁道、水利水电、公路等建设工程中获得了广泛应用。2007 年 12 月 20 日在宁夏回族自治区神华宁煤集团大峰露天矿羊齿采区进行的硐室爆破，一次装药量达 5499t，是近 15 年来国内规模最大的硐室爆破工程。此次硐室爆破工程在进行方案设计、方案评审和爆破效果预评价时，采用了计算机辅助设计技术，取得了显著的效果，现将本次设计中的计算机使用情况和应用效果介绍于下。

1　多媒体技术广泛应用于工程实践

传统的信息表现或传播形式所需要的媒体主要是文字、图片和讲授，其主要载体就是图纸和方案说明书。方案展示解说基本上是设计人员对着图纸讲解，观众基本上是在听，视觉冲击很弱，因为面对的始终是静止的图纸，以至于造成在投标或者设计的时候图面越来越大（A_2、A_1，甚至 A_0），但效果并没有因此而改变。

十多年来，计算机技术的飞速发展令人振奋，特别是多媒体技术的出现和发展可以说是计算机技术的又一次革命。当信息的载体不止是数字和文字，而且包括图、文、声像等多种媒体，即被称之为多媒体，其特征是能将文字、声音、图像、图形，甚至视频影像集成进入计算机中，通过计算机综合处理，在这些信息中建立某种方式的逻辑连接和输出，合成为多媒体信息，这样的信息具有很强的视觉效果和交互能力。

目前，许多领域多已经享受到了高科技和数字化带来的便利。作为爆破行业近邻的建筑业，

原载于《爆破》，2009，26（2）：108-110。

AutoCAD 和 3dsMAX 这 2 款软件得到了广泛应用，它们几乎贯穿方案设计的始终，从方案构思到方案效果图、方案图，到最终的施工图，都离不开它们，这些软件的采用提高了设计质量，加快了设计速度。这虽没有改变建筑设计和方案解说的本质，却改变了建筑设计的方法和方案解说的模式，改变了方案讲解的思路，使方案解说不再深奥难懂，而变得更为形象易解[1,2]。

2 硐室爆破技术设计现状

硐室爆破技术设计的基本内容与步骤主要包括：(1) 药包的布置设计；(2) 爆破漏斗绘制；(3) 计算爆区爆破方量；(4) 通过爆破抛掷率和抛掷堆积计算；(5) 对爆破设计方案进行安全校核分析计算，确定爆破方案的有效方量；(6) 进行爆破施工组织设计；(7) 对爆破设计方案进行综合分析评价；(8) 根据设计方案的优缺点和存在的问题，重新调整药包布置和参数选取；(9) 重复上述各步骤，设计出另一爆破方案进行比较，最后确定正式的爆破选用方案。

从上述步骤可以看出，硐室爆破的设计在所有爆破设计中应是最复杂的，同时由于硐室爆破的用药量一般较大，爆破方案的审批步骤和次数也较多，在方案的可研及其评审阶段，设计者要想把自己的意图准确地传递出去，并获得专家、业主和领导的认可，用传统的手段是十分困难的。本次硐室爆破运用 AutoCAD 和 3dsMAX 软件，制作了硐室爆破的药室布局三维立体动画和爆破抛掷过程动画，这些动画清晰、准确地反映了硐室布局形态和爆破抛掷形态，在硐室爆破的方案评审和宣传方面收到了良好效果。

3 硐室爆破药室三维立体布局图和抛掷动画的制作过程

3.1 硐室爆破药室三维立体布局图

第 1 步：准确测出施工区域的地形图并将其导入 AutoCAD 软件，做出精确的平面结构图，对地形图进行整理，将边缘处的一些等高线补充完整，如图 1 所示。

第 2 步：运用拉伸功能作出爆破区域的山形外观图，为了便于说明问题，对已经拉出的山形进行透明处理。

第 3 步：对山中根据各层药室的标高划出不同形状的硐室的剖面，然后利用 extrude 命令，拉出各层硐室。

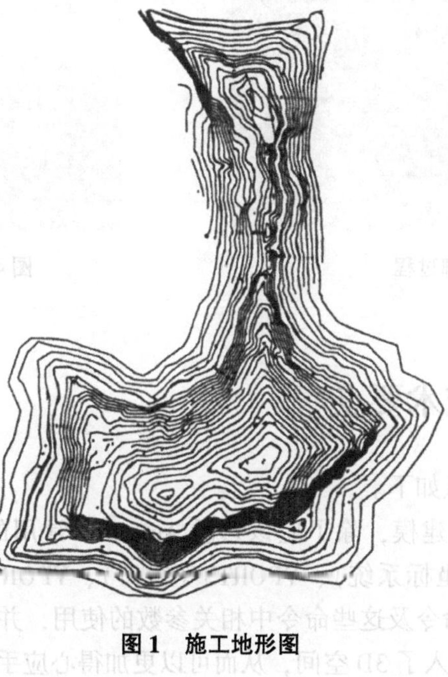

图 1 施工地形图

第 4 步：给不同层次的硐室附上不同的颜色，配景配光。

第 5 步：镜头动画，根据设计，运用不同角度的镜头观看模型，运用推、拉、摇、移动镜头运动技法产生奇妙的运动感。

形成的最终效果图，如图 2 所示。

图 2　不同角度的三维药室布局图

3.2　抛掷动画制作流程

第 1 步：准确测出施工区域的地形图并将其导入 AutoCAD 软件，做出精确的平面结构图；

第 2 步：将 AutoCAD 图导入 3dsMAX，运用拉伸和抽壳等功能作出山形外观图；

第 3 步：为山体或块赋材质，该材质具颜色、质感、纹理、反射、透明等要素；

第 4 步：设置光的位置、以求逼真；

第 5 步：设置参数，建立粒子，发射粒子；

第 6 步：进行渲染。

抛掷过程模拟如图 3 所示，抛掷爆破后模拟图如图 4 所示。

图 3　抛掷过程

图 4　硐室抛掷爆破后

4　硐室爆破三维制作技术要点

硐室爆破三维制作技术要点如下。

（1）要熟练掌握 AutoCAD 建模，除了应该熟悉 AutoCAD 常用的操作命令外，还应该着重掌握 LAYERS（图层）、UCS（用户坐标系统）、VPORTS（窗口）、VPORT（视点）、DVIEW（动态观测）等几个与三维建模密切相关的命令及这些命令中相关参数的使用，并能熟练地应用这几个命令，作图时思路就可以摆脱 2D 空间而进入了 3D 空间，从而可以更加得心应手地进行三维建模。

(2) 在 AutoCAD 里建好三维模型之后，下一步操作就是把三维模型通过 EXPORT（输出）命令另存为*.3DS 格式的文件，然后打开 3dsMAX 用 IMPORT（导入）命令导入所建的三维模型。导入的三维模型中有些构件有可能会丢失，这时需要在 AutoCAD 里补做后重新导入[3]。

(3) 给三维模型赋材质时，首先应考虑将要赋予的材质的色彩和质感要符合所绘设计方案的实际，其次还要考虑该材质应该与该建筑物所处的地理位置、自然环境、人文环境相协调。这样，绘制出来的效果图不但造型美观，而且与周围环境相协调，否则不但不能达到绘图之初的目的，而且绘制出来的效果图的艺术感染力也会大打折扣。贴图时在 Modify（编辑）面板中设置贴图坐标，这一点也是相当重要的步骤，在 MaterialEditor（材质编辑器）中根据需要制作各种材质（包括透明贴图）并赋给每个构件，这时候我们平时搜集的各种材质和素材就派上用场了。当然我们也可以根据所设计方案的特点和需要在 Photoshop 里制作专门的材质。赋材质时应注意，各种材质一定要有明确的名称而且不能重复，否则后一种材质会覆盖前一种材质，渲染时有可能造成所赋材质张冠李戴的后果。

(4) 在三维建模时，一些物体的形状比较特殊，需要进行钻孔、削边、开槽等处理，这就需要对物体进行粘贴、做交集、并集运算。由于在 CAD 软件中点组成线，线组成面，面组成体，在求交集时，可能发生切割失败等现象，所以在三维建模时特别要注意刀子和切割物体之间的位置关系。

5 感想与建议

(1) 计算机辅助设计在工程设计中的作用是显而易见的，它不仅可以在计算机中完成设计任务，而且还可以作出三维实体进行三维试布置，通过三维布置还可以找出设计中的缺陷，在软件中进行修改，这样可以缩短设计周期，还可以增加设计人员的兴趣。

(2) 三维动画可以实现从不同高度、不同角度和方位观察整个设计的各种效果。通过三维动画的制作，日常生活中一些看不到的信息可以在计算机中经过图像处理，编辑到动画中去，例如阳光、信号传递等信息都可以在计算机中反映出来。随着虚拟现实技术的应用，四维空间中的三维实体不断地应用到社会的方方面面，必将在工程设计、仿真中得到广泛应用，这一发展大方向应该是无疑的、肯定的。

(3) 三维制作和多媒体技术在项目推广、设计意图宣贯以及项目立项、夺标中有不可低估的作用。多媒体技术可以改变以往人们常用的平面媒体宣传推广方法，这样做的投入增加不多，但感官冲击大，收效良好。

(4) 硐室爆破设计的任务量大且繁重，在硐室爆破设计中“甩掉画板”既是减轻人工作业的必需，也是占领行业制高点的必需。但是，要在硐室爆破设计中彻底甩掉画板需要最新高科技手段的介入，特别是计算机科学的应用。目前，在硐室爆破设计中，药室设计剖面选择、剖面药室布局、剖面药室投影到平面、剖掷堆积图的形成等过程都是用手工完成的，这些步骤的工作量大而繁重。用计算机完成这些繁杂的工作是许多专家所共同期待的，但由于现有软件技术水平的限制或者是我们爆破从业者对现有软件的钻研不够深入，要用计算机完全完成上述工作任务，爆破从业者还有许多工作要做，并且这项工作是充满挑战的、十分艰巨的。

参 考 文 献

[1] 虞春隆，吴国波．多媒体技术在建筑设计方案演示中的运用［J］．工业建筑，2005（12）：29-31.
[2] 赵玲玲，王峰鹏，杨奎河，等．计算机三维动画技术在建筑设计中的应用［J］．邯郸大学学报，2000（3）：35-36.
[3] 新编中文 3dsMAX5.0 基础与实例教程［M］．西安：山西科学技术出版社，2004：76-104.

硐室爆破下隧洞振动监测及分析

刘 翼 魏晓林 李战军

（广东宏大爆破股份有限公司，广东 广州，510623）

摘 要：金堆城南露天揭顶硐室爆破爆区正下方210m有一高6m、宽5m的输水隧洞，为确保硐室爆破时隧洞的安全，硐室爆破分3次进行。通过在隧洞内监测一爆区小药量硐室爆破对隧洞的振动影响，寻找硐室爆破的振动传播规律，为二爆区较大硐室爆破提供参考依据。实践证明，振动监测为指导硐室大爆破提供了重要的依据，也可以为类似硐室爆破下的隧洞安全评估提供参考。

关键词：硐室爆破；爆破振动；监测；隧洞

Monitoring and Analysis for Blasting Vibration of the Hydraulic Tunnel under Chamber Blasting

Liu Yi Wei Xiaolin Li Zhanjun

（Guangdong Hongda Blasting Co.，Ltd.，Guangdong Guangzhou，510623）

Abstract：210m under JDC chamber blasting area is a hydraulic tunnel with 6 metres high and 5 metres wide. The chamber blasting was divided into three districts in order to pretect the hydraulic tunnel when the chamber blasting was detonated. The blasting vibration produced in the 1st blasting district was tested to find the earthquake wave transmitting influence of the hydraulic tunnel under chamber blasting，which will provide a reference for the 2nd district blasting whose charge is nearly two times to the charge of the 1st blasting district. The experiences have proved that the testing results of chamber blasting earthquake can provide an reference to supervise the later chamber blasting，the transmitting parameter of earthquake wave can provide a reference to similar engineering for safty assessment.

Keywords：chamber blasting；blasting vibration；monitoring；hydraulic tunnel

硐室爆破具有工期较短、施工速度快和受气候条件影响小等优点，同时又有劳动条件差、大块率高、炸药单耗高和爆破振动大等缺点。金堆城南露天矿揭顶硐室大爆破重点要克服爆破振动大的缺点，因为在硐室爆破正下方210m处有一条较大的输水隧洞正好从此经过，为了保证输水隧洞不受硐室爆破振动破坏，揭顶硐室爆破分3次进行。中国有一些硐室爆破振动的监测及破坏影响分析[1-9]，但到目前为止还没有对类似硐室爆破正下方隧洞进行过振动监测，因此其破坏影响评估的参考价值不大，必须通过现场的爆破振动实测来指导硐室爆破设计。为此，先进行小药量硐室爆破，通过正下方输水隧洞的振动监测情况预测大药量硐室爆破的振动，以此来评估大药量硐室爆破对输水隧洞的振动破坏影响。

1 工程概况

金堆城钼业集团公司是中国最大的钼采、选、冶、化、加的科、工、贸一体化企业，作为百年特大型矿山，为使矿山生产长期稳定协调发展，保证钼矿石生产均衡持续，决定开发南露天矿区，首先

原载于《交通科学与工程》，2012，28（2）：49-52。

对矿体上部大量的覆盖岩层进行爆破剥离，在剥离区 1368m 标高以上采用硐室爆破，1368m 标高以下采用中深孔爆破。硐室爆破区域包括 4 座山峰和 5 个山谷，爆区山脊为东北走向。在硐室爆破范围内，地形最高点为小梁山，其标高 1439.6m，爆区沿山体走向约 660m，垂直走向的宽度 97~260m。剥离最大厚度 71.6m，爆区面积约 $1\times10^5 m^2$，1368m 标高以上剥离总立方量为 $2.439\times10^6 m^3$。爆破剥离采用分区分次爆破，整个剥离区分为 3 个爆区，分 3 次爆破[10]。

一爆区爆破立方量为 $5.24\times10^5 m^3$，爆破装药 407t，最大单响装药 42t，开挖导硐 9 个，导硐总长 317m。药包形式以条形药包为主、集中药包为辅，一爆区 23 个药室中集中药包 7 个，条形药包 16 个。硐室爆破区域距离境界约 250m，爆破岩石必须全部装运弃渣。为确保安全，缩短工期，硐室爆破大部分采用松动爆破，少部分药包为抛掷爆破。23 个药室中，抛掷爆破 5 个，标准抛掷爆破 2 个，松动爆破 16 个。药包采用多排布置，药包走向与爆区山脊走向一致，同区爆破的各排条形药包平行，共分 12 段起爆，最大单响药量之间延时 75ms，总延时 825ms。

二区爆破是在一区爆破 3 个月后进行，二爆区爆破立方量为 $1.133\times10^6 m^3$，爆破装药 707t，最大单响装药 41t，开挖导硐 9 个，导硐总长 601m。药包形式以条形药包为主、集中药包为辅，二爆区 34 个药室中，集中药包 9 个，条形药包 25 个。在 34 个药室中，抛掷爆破 10 个，标准抛掷爆破 2 个，松动爆破 22 个，共分 22 段起爆，除最大单响药量之间延时 50ms 外，其余延时全部为 25ms，总延时 575ms。爆破区域平面如图 1 所示。

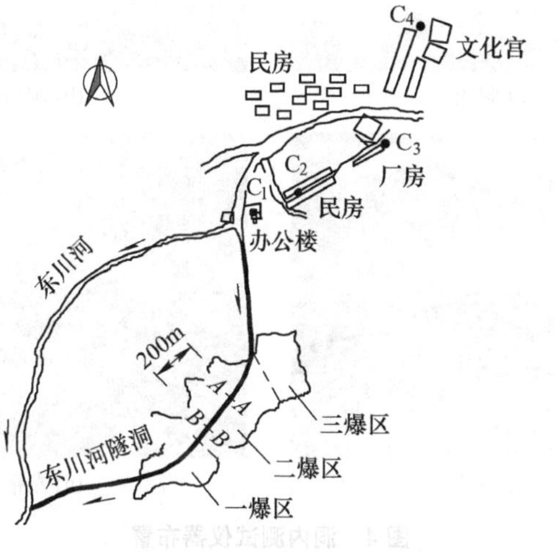

图 1 爆破区域平面示意

Fig. 1 The plan of the blasting area

2 振动监测的目的及测点布置

在硐室爆破区域内 210m 正下方，有一条输水隧洞经过。隧洞高 6m，宽 5m，它是金堆镇东川河的出口，隧洞的状况关系到金堆镇、露天矿以及上游的安全。因此，为保证上部爆破对隧洞的安全，必须对隧洞进行振动监测。首先在一区爆破时，通过隧洞内的振动监测，评估 400t 炸药条件下硐室爆破对隧洞的损伤影响，其次再考虑二爆区 700t 炸药条件下硐室爆破对隧洞的损伤影响，这将为二区爆破乃至今后台阶爆破提供重要参考。为此，在爆区 210m 下方、距隧洞入口 500m 处布置振动监测 $A-A$ 断面，距隧洞入口 700m 处布置振动监测 $B-B$ 断面，监测爆破振动速度。另外，在距爆破中心 400~1600m 之间，布置 4 个测点 C_1~C_4（其中：C_1 位于办公楼前水泥篮球场上；C_2 位于村中水泥道路边；C_3 位于机械加工厂门口；C_4 位于文化宫前广场中），以研究爆破振动在该区域的传播规律。洞外测点布置如图 1 所示，洞内测点布置分别如图 2~图 4 所示。

图 2 东川河隧洞下游洞口

Fig. 2 The exit of the tunnel in the Dongchuan River

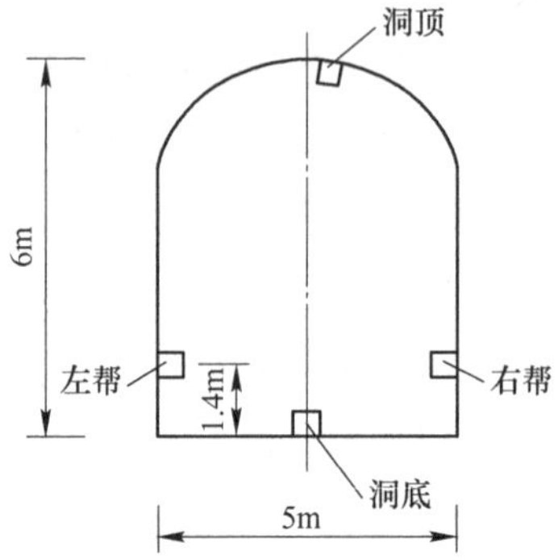

图 3 洞内监测断面测点布置示意

Fig. 3 The monitoring arrangement at the testing cross-section of the tunnel

图 4 洞内测试仪器布置

Fig. 4 The monitoring instrument arrangement in the tunnel

3 监测结果

一区爆破振动监测结果见表 1，其代表性振动波形分别如图 5 和图 6 所示；二区爆破振动监测结果见表 2，其代表性振动波形分别如图 7 和图 8 所示。

表 1 一区爆破振动监测结果

Table 1 The testing result of the vibration by the 1st district blasting

测试对象	测点位置	距爆破中心/m	通道	主频率/Hz	垂直振动速度/cm·s^{-1}
k，a	C_1（篮球场上）	785	CH1	16.6	1.53
	C_2（道路边）	912	CH1	13.4	1.06
	C_3（厂房门口）	1182	CH1	4.2	0.88
	C_4（文化宫门前）	1582	CH1	4.0	0.49

续表 1

Continues Table 1

测试对象	测点位置	距爆破中心/m	通道	主频率/Hz	垂直振动速度/cm·s^{-1}
B-*B* 断面	右帮	爆区正下方	CH1	6.59	7.17
	洞顶		CH2	6.84	13.56
	洞底		CH3	无效	0.03
	左帮		CH4	6.84	6.26
A-*A* 断面	右帮	距爆区水平距离 200m	CH1	6.84	5.50
	洞顶		CH2	6.84	8.06
	左帮		CH3	6.84	5.30

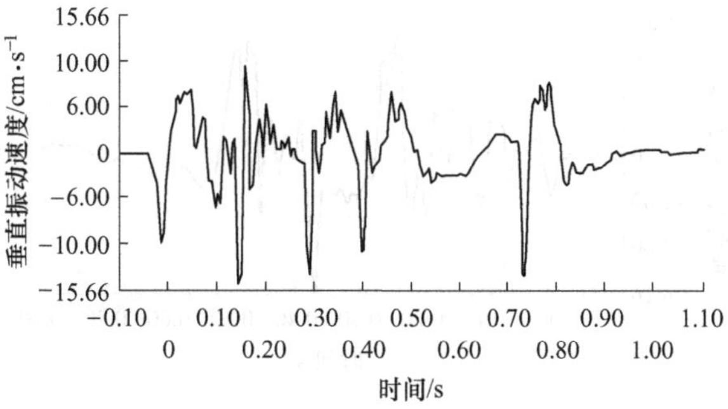

图 5 一区爆破 *B*-*B* 断面洞顶垂直振动波形图

Fig. 5 The vertical vibration wave on the tunnel roof at the *B*-*B* cross-section by the 1st district blasting

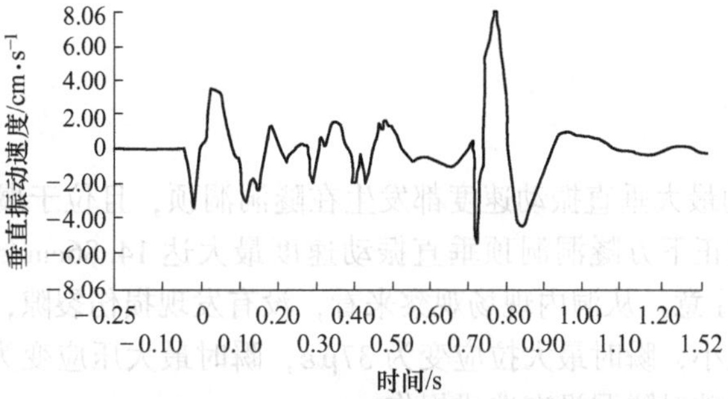

图 6 一区爆破 *A*-*A* 断面洞顶垂直振动波形图

Fig. 6 The vertical vibration wave on the tunnel roof at the *A*-*A* cross-section by the 1st district blasting

表 2 二区爆破振动监测结果

Table 2 The testing result of the vibration by the 2nd district blasting

测试对象	测点位置	距爆破中心/m	通道	主频率/Hz	垂直振动速度/cm·s^{-1}
k, *a*	C_1（篮球场上）	494	CH1	16.5	2.79
	C_2（道路边）	601	CH1	7.3	1.97
	C_3（厂房门口）	937	CH1	21.2	0.74
	C_4（文化宫门前）	1363	CH1	4.0	0.48
A-*A* 断面	洞顶	爆区正下方	CH1	8.0	14.86
	右帮		CH2	7.8	12.35
	左帮		CH3	8.0	12.53
B-*B* 断面	洞顶	距爆区水平距离 200m	CH2	4.1	6.16
	右帮		CH3	8.8	4.13
	左帮		CH4	8.5	3.32

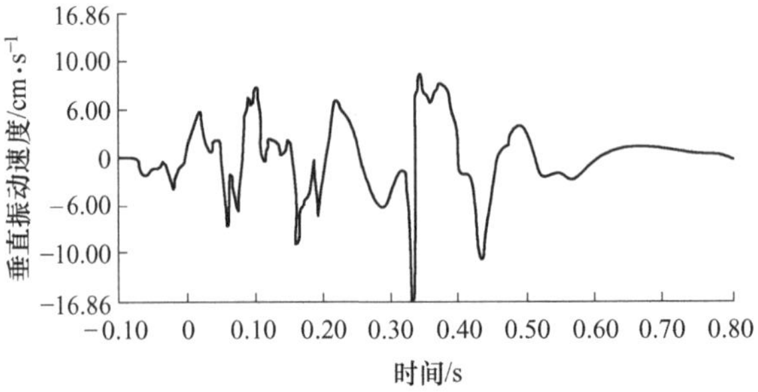

图 7　二区爆破 *A-A* 断面洞顶垂直振动波形图

Fig. 7　The vertical vibration wave on the tunnel roof at the *A-A* cross-section by the 2nd district blasting

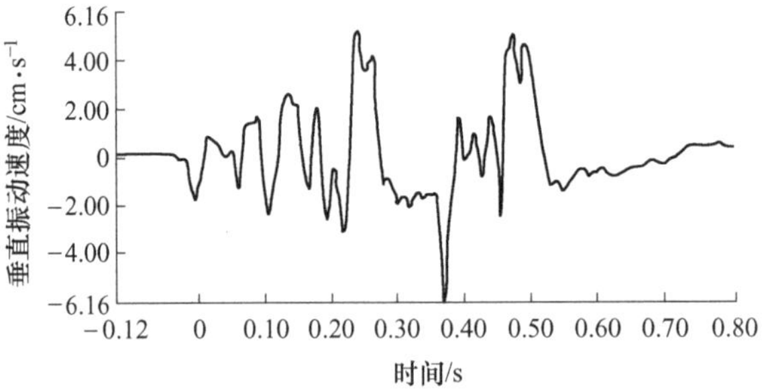

图 8　二区爆破 *B-B* 断面洞顶垂直振动波形图

Fig. 8　The vertical vibration wave on the tunnel roof at the *B-B* cross-section by the 2nd district blasting

4　监测结果分析

监测结果分析如下。

（1）这两次硐室爆破的最大垂直振动速度都发生在隧洞洞顶，且位于爆破区域正下方时垂直振动速度最大，两帮次之。爆破正下方隧洞洞顶垂直振动速度最大达 14. 86cm/s，接近隧洞安全振动速度 7～15cm/s 的极限，须引起注意。从洞内现场观察来看，没有发现损伤裂隙，另外，从应变监测结果来看，隧洞内壁附加应变比较小，瞬时最大拉应变为 37με，瞬时最大压应变为-29με，各测点处爆后没有残余变形。因此，硐室爆破对隧洞没有造成损伤。

（2）第一次爆破最大单响药量为 42t，第二次爆破最大单响药量为 41t，两次爆破的最大单响药量相当，监测条件也一致。但是，第二次爆破监测到的振动速度比第一次的爆破振动速度要大，从图 7 和图 8 的监测结果中可以看出，第二次爆破的起爆时差太短，各延期时差之间振动峰值没有错开，导致振动产生叠加。与之相对应的是，第一次爆破振动监测波形显示各波峰叠加较少，峰值错开波形比第二次爆破的要好。

（3）从两次硐室爆破振动监测结果可以看出，两次爆破作用在隧洞上的垂直振动主频率在 5～10Hz 之间，洞外垂直振动主频率则由近及远有逐渐减小的趋势。

（4）洞外监测点除钢筋混凝土办公楼处垂直振动速度在二区爆破时超过 2cm/s 外，其余振动速度都在 2cm/s 以内，不会对周围建筑物产生振动破坏。

（5）把两次硐室爆破时洞外 8 个垂直振动测点的监测结果用萨道夫斯基公式 $v=k\left(\frac{\sqrt[3]{Q}}{R}\right)^{a}$ 进行回归拟合，可以得到 $k=194.7$，$a=1.61$，爆破振动传播规律拟合曲线如图 9 所示。

5　结论

一区爆破振动监测结果显示输水隧洞最大垂直振动速度位于一爆区正下方的洞顶，为 13. 56cm/s，

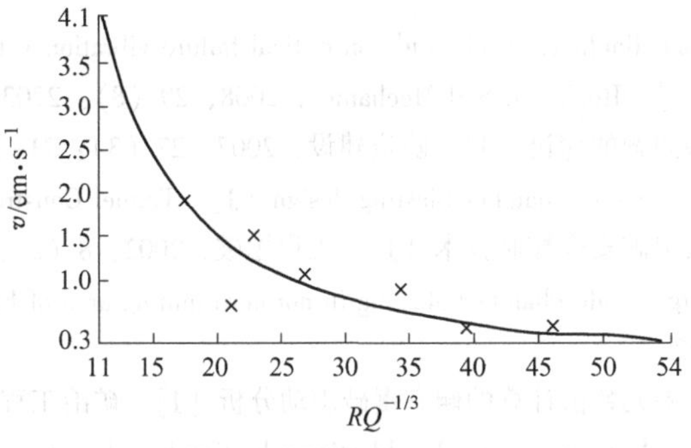

图 9 爆破振动传播规律拟合曲线

Fig. 9 The fitted regression curve of the earthquake wave transmission rule

小于水工隧洞规范的安全值，因此，二区爆破在环境相似的条件下，最大单响装药量设计成小于一区最大单响装药量就可满足输水隧洞对爆破振动的要求，为此，二区爆破最大单响装药量为 41t。爆破后，一爆区爆破飞石分布在爆区周围 180m 以内，经现场实测和抽查，100cm 以上大块率小于 0.9%，有效松动率达 99%，爆后山体最大降低高度 38m。二爆区爆破分布在爆区周围 160m 以内，经现场实测和抽查，100cm 以上大块率小于 1.6%，有效松动率达 98%，爆后山体最大降低高度 47m。

通过两次硐室爆破振动监测可以得出结论：

(1) 两次爆破的爆破振动较小，没有对房屋造成任何损坏，洞内最大爆破振动小于水工隧洞的安全振动速度，隧洞是安全的；

(2) 尽管两次爆破振动对底下输水隧洞没有产生破坏影响，但是，通过两次爆破振动监测结果对比分析可知：第二次爆破振动波形叠加较多，没有按照设计的意图将振动波峰错开，各延期时差较短；

(3) 为确保振动波形峰值错开不产生叠加，在以后类似硐室爆破设计中，建议将各段延期时间 25ms 调整为 50ms；

(4) 通过布置洞外监测点两次测振结果的拟合分析，可以得到该区域爆破振动传播的 k 为 194.7，a 为 1.61，为指导今后该区域的台阶爆破提供参考依据。

由于三区爆破的总装药量小于 300t，且爆区中心离水工隧洞比一、二爆区要远，根据前两次监测结果得出的爆破振动传播规律可以计算出最大单响装药量不超过 40t 的三区爆破振动对水工隧洞的影响比一、二爆区要小，因此，没有安排爆破振动监测。

参 考 文 献

[1] 崔积弘，周健，林从谋．爆破震动对既有硐室影响的数值模拟 [J]．有色金属，2008，60 (1)：101-104.
Cui Jihong，Zhou Jian，Lin Congmou. Numerical simulation of the effects of blasting seismic on existing chamber [J]. Nonferrous metals，2008，60 (1)：101-104.

[2] 焦永斌，高赛红，邓飞，等．260t 级硐室爆破地震测试及降震分析 [J]．矿业研究与开发，2006，26 (4)：83-85.
Jiao Yongbin，Gao Saihong，Deng Fei，et al. Test of earthquake induced by 260t charge chamber blasting and the vibration reduction measures [J]. Mining Research and Development，2006，26 (4)：83-85.

[3] 王德胜，龚敏，杜金科，等．孟家沟硐室大爆破震动测试 [J]．爆破，2004，21 (3)：96-98，104.
Wang Desheng，Gong Min，Du Jinke，et al. Virbration characteristics of a linear charge blasting [J]. Blasting，2004，21 (3)：96-98，104.

[4] 刘维忠．酒钢集团西沟矿东山头硐室爆破 [J]．工程爆破，2011，17 (4)：45-48，62.
Liu Weizhong. Chamber blasting of the east mountain in Xigou Mine of Jjiuquan Iron &Steel Group [J]. Engineering Blasting，2011，17 (4)：45-48，62.

[5] 杨年华，张志毅．复杂环境下硐室爆破振动控制的应用研究 [J]．工程爆破，2008，14 (1)：20-23.
Yang Nianhua，Zhang Zhiyi. Application research of controlling vibration from chamber blasting in the complicated environment [J]. Engineering Blasting，2008，14 (1)：20-23.

[6] 易长平，卢文波，张建华，等．爆破振动作用下城门洞形衬砌的临界振速研究 [J]．岩土力学，2008，29 (8)：

2203-2208.

Yi Changping, Lu Wenbo, Zhang Jianhua, et al. Study on critical failure vibration velocity of arch with vertical wall lining subjected to blasting vibration [J]. Rock and Soil Mechanics, 2008, 29 (8): 2203-2208.

[7] 郝飞. 对硐室爆破设计中一些问题的探讨 [J]. 隧道建设, 2007, 27 (3): 21-23.

Hao Fei. Discussion on some problems in chamber blasting design [J]. Tunnel Construction, 2007, 27 (3): 21-23.

[8] 白俊. 峨口铁矿北采场硐室大爆破安全控制技术 [J]. 工程爆破, 2002, 8 (3): 70-72.

Bai Jun. Safety technology for large-scale chamber blasting in northern mining area of Ekou iron open-pit [J]. Engineering Blasting, 2002, 8 (3): 70-72.

[9] 贾虎, 郑文豫, 徐颖. 基于有限元数值计算的硐室爆破震动分析 [J]. 矿冶工程, 2007, 27 (4): 14-16.

Jia Hu, Zheng Wenyu, Xu Ying. Analysis of chamber blasting vibration based on finite element numerical simulation [J]. Mining and Metallurgical Engineering, 2007, 27 (4): 14-16.

[10] 殷延军. 金堆城揭顶硐室爆破群药包起爆时序的设计控制 [J]. 中国钼业, 2010, 34 (6): 19-21.

Yin Yanjun. The design control of multi-charges msdelay initiation timing for explosive in the coyote blasting of JDC [J]. China Molybdenum Industry, 2010, 34 (6): 19-21.

含泡沫吸能层防护结构爆炸能量分布的数值模拟研究

王代华[1]　刘殿书[2]　杜玉兰[2]　柳慧鹏[2]

（1. 广东宏大爆破股份有限公司，广东 广州，510623；
2. 中国矿业大学 力学与建筑工程学院，北京，100083）

摘　要：采用 ANSYS/LS-DYNA 软件对复合结构各层中的爆破能量的分布进行了系统的数值模拟研究；由计算得到的复合防护结构中能量的分布规律显示，泡沫混凝土的反射、吸能作用非常明显，改变了防护结构内的能量分布状态，各层的能量分布发生了很大的改变，能量的分布向上转移，其最下层能量仅为无吸能层结构的 14%。

关键词：爆炸力学；能量分布；数值模拟；泡沫混凝土；吸能层

Numerical Simulation of Anti-blasting Mechanism and Energy Distribution of Composite Protective Structure with Foam Concrete

Wang Daihua[1]　Liu Dianshu[2]　Du Yulan[2]　Liu Huipeng[2]

（1. Guangdong Hongda Blasting Co., Ltd., Guangdong Guangzhou, 510623;
2. School of Mechanics and Civil Engineering, China University of Mining and Technology, Beijing, 100083）

Abstract: The anti-blasting and absorbing energy mechanisms of composite protective structure under blasting loads were numerically simulated by applying ANSYS/LS-DYNA. The energy distribution regulation shows that the foam concrete has greater effects of the reflection and absorbing energy, and changes the energy distribution in the protective structure. The more energy is absorbed by top layers, the energy in the bottom layer is only 14% of that in the structure without absorbing energy layer.

Keywords: mechanics of explosion; energy distribution; numerical simulation; foam concrete; absorbing energy layer

1　引言

尽管已普遍认识到掌握岩石爆破中爆炸能量分布规律的重要性，但由于问题的复杂性，其研究进展缓慢。因为至少有 20 种影响岩石破碎的因素，可分成炸药参数、装药参数和岩石参数三大类。爆炸能量分布的复杂性及研究的困难具体表现在[1]：（1）岩石爆破能量的划分以及具体的实验技术（如破碎能、表面形成能、抛掷能等的测定）目前尚未完全解决，无法测得爆破过程中形成新表面以及爆破对深部岩石产生损伤的能量消耗；（2）能量分布涉及爆破作用、岩石破碎以及抛掷的全过程；（3）施爆对象（介质的非均质性、各向异性和结构、结构的差异等）的复杂性，使爆炸能量的分布方向难以控制。在爆炸能量分布理论研究中，深入系统的研究成果不多，常见的文献资料以定性研究为主。

在破岩和防护等工程领域，更需要了解不同形式的瞬态应力波通过夹层时的透射效应和能量传递

基金项目：国家自然科学基金项目（10272109）。
原载于《爆炸与冲击》，2006，26（6）：562-567。

效果，因而在这方面已作了大量的研究[2-5]。这些研究工作主要集中在节理与分层结构中的应力波传播衰减情况，以及节理、分层对爆破效果的影响等。分层结构中爆破爆炸作用的大小、破坏程度的强弱，取决于爆破能量的分配。要彻底弄清楚复合结构的抗爆机理，必须对爆炸能量的分配规律进行定性和定量的计算[6]。本文中通过设计有限元模型、进行计算，对含泡沫混凝土防护结构爆炸载荷下能量分布规律进行研究。

2 模型及参数

2.1 模型

为研究含泡沫混凝土防护结构的抗爆性能，在实验室中进行了大量的平板结构接触爆炸，模拟模型尺寸：直径为 500mm，总厚度 $b=100$mm，采用的 TNT 炸药为 43g，炸药距结构表面距离设计为 8cm，复合结构中泡沫混凝土吸能层为 20mm，混凝土强度为 30MPa。采用 ANSYS/LS-DYNA 进行数值模拟计算。计算中采用多物质流固耦合方法，即炸药、砂、空气采用多物质 Euler 描述法，钢筋混凝土采用 Lagrange 描述法，数值模拟采用的单位制为厘米，克与微秒制。构件有限元模型如图 1 所示。

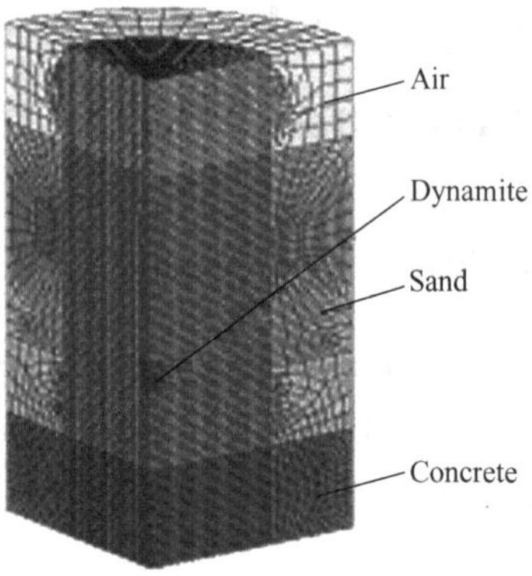

(a) Without absorbing energy layer

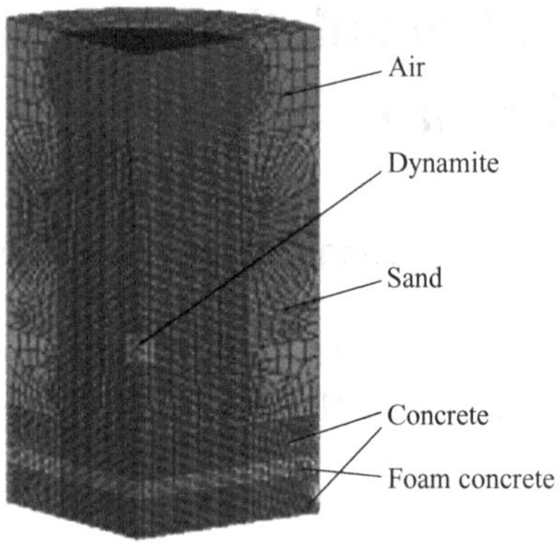

(b) With absorbing energy layer

图 1 平板构件有限元模型

Fig. 1 Finite element model

2.2 模型基本方程

混凝土选取 JOHNSON_H OLMQUIST_CONCRETE 材料模型[7]，该模型是一个适合大应变、高应变率与高压条件下的混凝土本构模型，它适合 Lagrange 和 Eulerian 算法。模型中将归一化有效应力表示成归一化压力、归一化应变率和损伤的函数，其中将归一化压力表示为体积应变的函数（状态方程），将累积损伤表示为塑性体积应变、等效塑性应变和压力的函数。该模型与 D. A. Matuska[7] 所建立的模型相似，但可拓展到包括材料损伤、应变率效应以及因压力和空隙而引起的永久性破坏等。

图 2 为归一化强度随归一化压力的变化[8]，归一化等效应力定义为

$$\sigma^* = \sigma / f'_c \tag{1}$$

式中，σ 为等效真应力；f'_c 为准静态单轴抗压强度。

归一化等效应力可表示为

$$\sigma^* = A(1-D) + Bp^{*N}(1 + C\ln\dot{\varepsilon}^*) \tag{2}$$

式中，D 为损伤参数，且 $0 \leqslant D \leqslant 1$；$p^* = p/f'_c$ 为归一化压强（其中 p 为实际压力）；$\dot{\varepsilon}^* = \dot{\varepsilon}/\dot{\varepsilon}_0$ 为量纲一应变率（$\dot{\varepsilon}$ 为实际应变率，$\dot{\varepsilon}_0 = 1.0\text{s}^{-1}$ 为参考应变率）；归一化最大抗拉静水压力 $T^* = T/f'_c$，其中 T 为最大抗拉静水压力。A，B，N，S_{max} 为材料常数，其中为 A 为归一化黏结强度，B 为归一化压力硬化因数，N 为压力硬化指数，C 为应变率因数，S_{max} 为材料所能达到的归一化最大强度。

泡沫混凝土选用 Crushable-Foam[9] 材料模型，屈服应力与体积应变关系如图 3 所示，图中显示了

从1点卸载到拉应力中止值2点，然后卸载到3点，最后重新加载到4点的过程，并且重新加载继续沿原来的加载曲线上升。

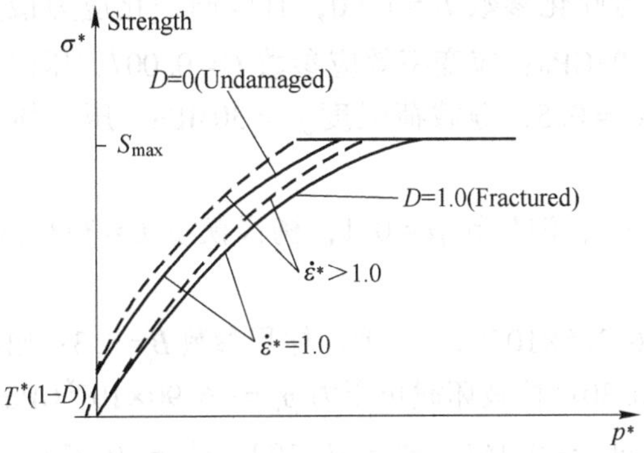

图2　归一化压力与归一化强度关系

Fig. 2　Normalized pressure-strength relationship

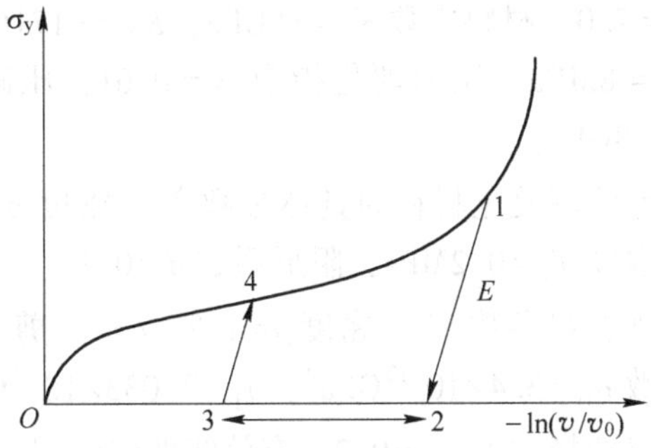

图3　屈服应力与体积应变曲线

Fig. 3　Relation between yielding stress and volume strain

假定弹性模量为常数，且修正的应力假定为弹性特性，则试应力

$$\sigma_{ij}^{\text{trial}} = \sigma_{ij}^{n} + E\dot{\varepsilon}_{ij}^{n+1/2}\Delta t^{n+1/2} \tag{3}$$

式中，E为杨氏模量。

检查试应力主值σ_i^{trial}（$i=1$，3）是否超过屈服应力σ_y，如果超过，则其值按比例回到屈服面

$$\sigma_i^{n+1/2} = \sigma_y \frac{\sigma_i^{\text{trial}}}{|\sigma_i^{\text{trial}}|} \qquad \sigma_y < |\sigma_i^{\text{trial}}| \tag{4}$$

对砂，选取SOIL_AND_FOAM_FAILURE[10]材料模型，该模型在某些方面具有流体性质，其应用于土或泡沫被限制在结构中或有几何边界存在的情况下。压力是正压缩，在负压缩情况下，体积应变是相对体积的自然对数，相对体积是计算开始时当前体积与初始体积之比。其压力与体积应变如图4所示[10]。其塑性屈服极限函数ϕ根据应力偏量第二不变量J_2描述

$$\phi = J_2 - (a_0 + a_1 p + a_2 p^2) \tag{5}$$

式中，$J_2=S_{ij}S_{ij}/2$；p为压力；a_0，a_1，a_2为常数。

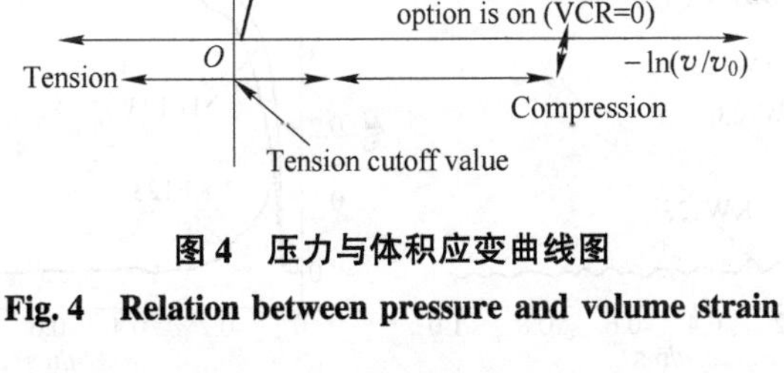

图4　压力与体积应变曲线图

Fig. 4　Relation between pressure and volume strain

2.3　模型本构方程参数选取

炸药为TNT，采用JWL状态方程，具体参数[11]：密度$\rho=1.50\text{g/cm}^3$；爆速$c_D=6930\text{m/s}$；爆压$p_{C\text{-}J}=21\text{GPa}$；材料常数$A=373.8\text{GPa}$，$B=3.747\text{GPa}$，$R_1=4.15$，$R_2=0.9$，$\omega=0.35$；爆轰产物单位体积的内能$e=6.0\text{GPa}$。

钢筋混凝土材料的等效参数[12]：密度 $\rho=2.474\text{g/cm}^3$，最大抗拉强度 $T=8.4\text{MPa}$，压实体应变 $\varepsilon_b=0.1$，剪切模量 $G=14.1\text{GPa}$，参考应变率 $\dot{\varepsilon}_0=10^{-6}\text{s}^{-1}$；损伤参数 $D_1=0.04$，$D_2=1.0$；黏性强度参数$A=0.79$，材料破坏的最小塑性应变 $\varepsilon^{p}_{min}=0.01$，压力硬化参数 $B=1.60$，有效归一化应力最大值 $\sigma^*_{max}=7.0$；材料常数 $K_1=85\text{GPa}$，$K_2=-171\text{GPa}$，$K_3=208\text{GPa}$；应变率效应参数 $C=0.007$，压碎体压强 $p_c=8\text{MPa}$，压力硬化指数 $N=0.61$，压碎体应变 $\varepsilon_c=0.5$，静载荷强度 $f_c=30\text{MPa}$，压实体压强 $p_b=0.8\text{GPa}$。

泡沫混凝土材料的具体参数[9]：密度 $\rho=0.788\text{g/cm}^3$，泊松比 $\mu=0.1$，杨氏模量 $E=342.2\text{MPa}$，抗拉强度 $T_s=0.2\text{MPa}$，阻尼系数 $d=0.1$。

砂材料参数[13]：密度 $\rho=1.8\text{g/cm}^3$；剪切模量 $G=6.385\times10^{-4}\text{GPa}$；弹性体积参数 $B=0.3$；屈服方程常数 $a_0=3.4\times10^{-13}\text{GPa}^2$，$a_1=7.033\times10^{-7}\text{GPa}$，$a_2=0.30$；拉破坏截止压力 $p_c=-6.90\times10^{-8}\text{GPa}$；单元压碎选择项 $C_{VCR}=0.0$；有效塑性应变 $\varepsilon^{p}_{e2}=-0.104$，$\varepsilon^{p}_{e3}=-0.161$，$\varepsilon^{p}_{e4}=-0.192$，$\varepsilon^{p}_{e5}=-0.224$，$\varepsilon^{p}_{e6}=-0.246$，$\varepsilon^{p}_{e7}=-0.271$，$\varepsilon^{p}_{e8}=-0.283$，$\varepsilon^{p}_{e9}=-0.29$，$\varepsilon^{p}_{e10}=-0.4$；塑性应变对应的压力 $p_2=2.0\times10^{-4}\text{GPa}$，$p_3=4.0\times10^{-4}\text{GPa}$，$p_4=6.0\times10^{-3}\text{GPa}$，$p_5=1.2\times10^{-3}\text{GPa}$，$p_6=2.0\times10^{-3}\text{GPa}$，$p_7=4.0\times10^{-3}\text{GPa}$，$p_8=6.0\times10^{-3}\text{GPa}$，$p_9=8.0\times10^{-3}\text{GPa}$，$p_{10}=4.1\times10^{-2}\text{GPa}$。

3 数值模拟结果分析

为分析方便，如图 5 所示，将三层复合结构模型的每层分别命名为 F1、F2 和 F3，同理，将无吸能层结构也人为地分为厚度与复合结构各层相同的三部分，即 W1、W2 和 W3，F 表示复合结构，W 表示无吸能层结构。

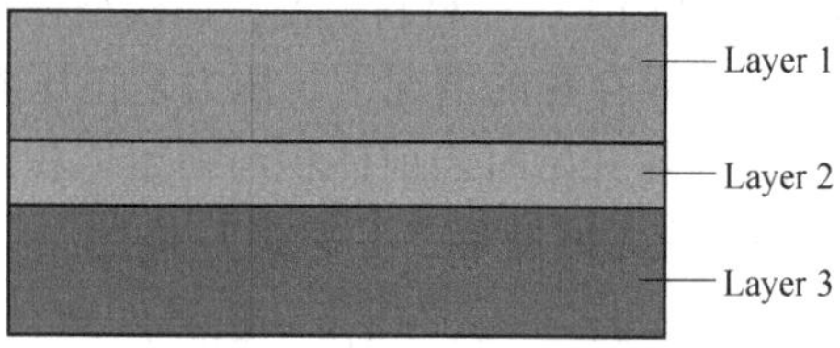

图 5 结构模型示意图

Fig. 5 The sketch model of structure

图 6 为两种结构的能量变化图，图中 I 表示内能，K 表示动能，T 表示总能量（下同）；由图中可以看出，含吸能层结构的总能量和总内能比无吸能层结构低，这可能是由于应力波在含吸能中传播过程中遇到泡沫混凝土界面后，一部分反射能量透射回结构上层砂介质的缘故，因为计算的含吸能层结构上层介质的总能量比无吸能层结构上层介质的能量大。

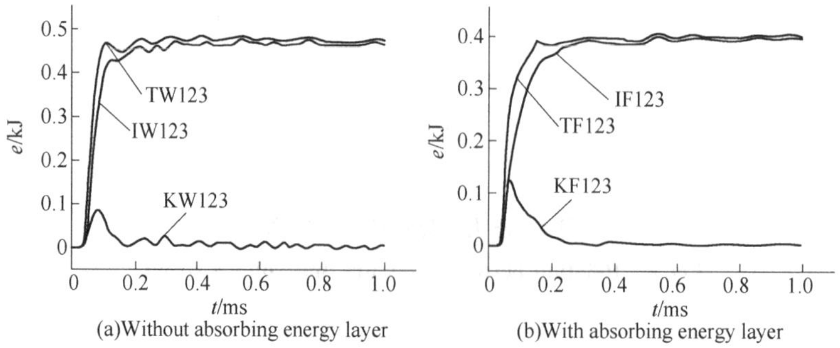

图 6 两种结构的能量变化图

Fig. 6 The energy changing for the two structures

由于结构中加入了泡沫混凝土层，使含吸能层结构刚度有所降低，总能量转化为动能增加，所以含吸能层结构的总动能比无吸能层结构高。

图 7 为两种结构层 1 的能量对比图，在层 1 中，无吸能层结构的总能量、内能均比含吸能层结构大，其中总能量 $e_{TW1}/e_{TF1}=1.085$，内能 $e_{IW1}/e_{IF1}=1.102$，动能 $e_{KW1}/e_{KF1}=0.535$，说明加入泡沫混凝土层后结构上层的总能量和内能略有减少，虽然无吸能层结构层 1 的动能小于含吸能层结构层 1 的动能，但由于动能在总能量中所占的比例较小且作用时间也较短，因此并不改变总能量的分布。

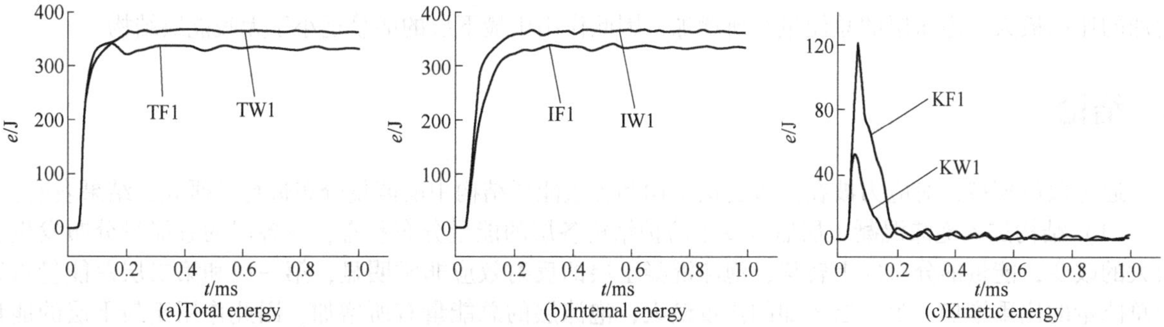

图 7　两种结构层 1 的能量对比图

Fig. 7　The energy changing constrast in layer 1 for the two structures

图 8 为两种结构层 2 的能量对比图，在层 2 中，无吸能层结构的总能量、内能及动能均比含吸能层结构大，其中总能量峰值 $e_{TW2}/e_{TF2}=1.052$，内能峰值 $e_{IW2}/e_{IF2}=1.019$，动能峰值 $e_{KW2}/e_{KF2}=3.00$，复合结构中加入泡沫混凝土后，与无吸能层结构相比，动能大大减少，说明泡沫混凝土层起到了吸收能量以及减小震动的作用。

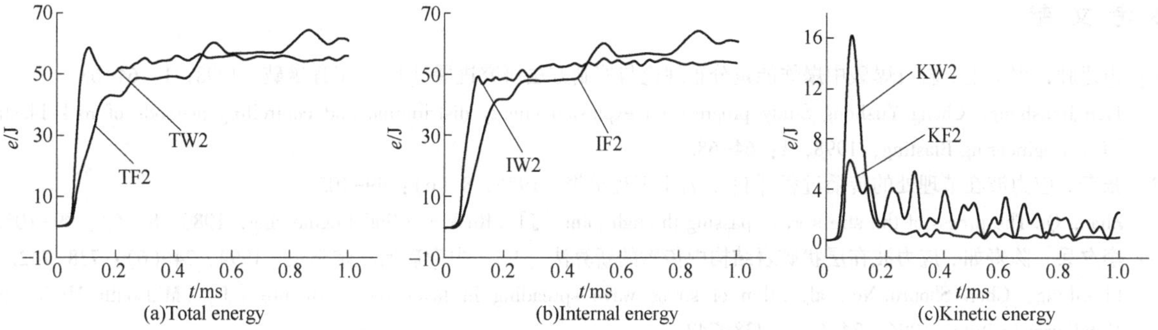

图 8　两种结构层 2 的能量对比图

Fig. 8　The energy changing constrast in layer 2 for the two structures

图 9 为两种结构层 3 的能量对比图，在层 3 中，无吸能层结构的总能量、内能及动能均比含吸能层结构大，其中总能量 $e_{TW3}/e_{TF3}=7.19$，内能 $e_{IW3}/e_{IF3}=10.17$，动能 $e_{KW3}/e_{KF3}=1.97$。表明能量经过泡沫混凝土层传入第三层后，能量水平大大降低，泡沫混凝土的吸能作用非常明显，其第三层总能量仅为无吸能层结构第三层总能量的 14%。

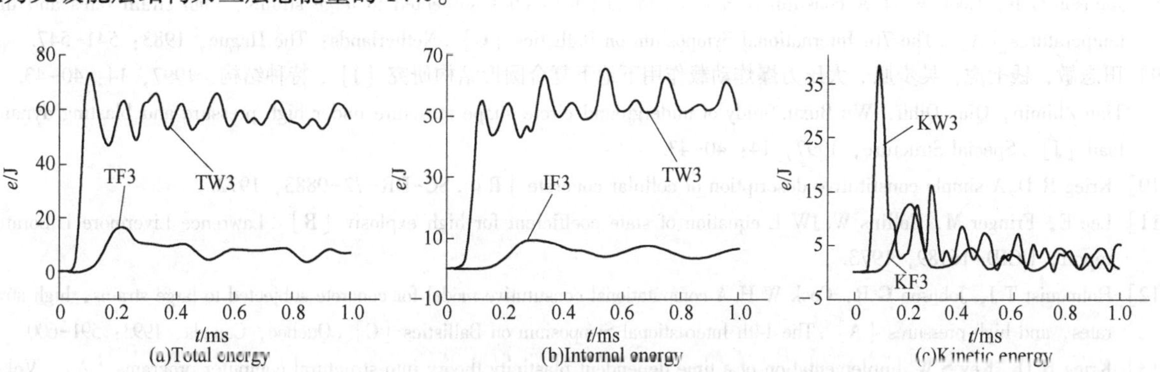

图 9　两种结构层 3 的能量对比图

Fig. 9　The energy changing constrast in layer 3 for the two structures

通过对以上一系列图的分析，可以得出，对于无吸能层结构，各层总能量占结构总能量的比例为，层1：76.5%，层2：11.5%，层3：12%；对于含吸能层结构，各层总能量占结构总能量的比例为，层1：84.9%，层2：13.1%，层3：2%。以上分析表明，结构加入泡沫混凝土层后改变了防护结构各层的能量分布状态，使各层的总能量分布发生了很大的改变，能量的分布向上转移，结构的总能量有所降低，泡沫混凝土层的反射效应非常明显，第一层和第二层总能量占结构总能量的比重增加，第一层增加的比例最大，泡沫层的总能量有所增加，因此作用于最下层的能量远小于无吸能层结构。

4 结论

通过数值模拟，对应力波在无吸能层结构和含吸能层结构中的能量分布进行了研究，结果表明：

（1）结构加入泡沫混凝土层后改变了防护结构各层的能量分布状态，使各层的总能量分布发生了很大的改变，能量的分布向上转移，泡沫混凝土层的反射效应非常明显，第一层和第二层总能量占结构总能量的比重增加，第一层增加的比重最大，泡沫层的总能量有所增加，因此作用于最下层的能量远小于无吸能层结构；

（2）在计算条件下，无吸能层结构，各层总能量占结构总能量的比例为，层1：76.5%，层2：11.5%，层3：12%；含吸能层结构，各层总能量占结构总能量的比例为，层1：84.9%，层2：13.1%，层3：2%；

（3）能量经过泡沫混凝土层传入第三层后，能量水平大大降低，泡沫混凝土的吸能作用非常明显，其第三层总能量仅为无吸能层结构第三层总能量的14%。

参考文献

[1] 田建胜，程玉生．岩石爆破中爆炸能量分布理论与控制方法研究进展［J］．工程爆破，1998，1：64-68.
Tian Jiansheng, Cheng Yusheng. Study progress on explosion energy distribution and controlling methods of rock blasting [J]. Engineering Blasting, 1998, 1: 64-68.

[2] 张奇．应力波在节理处的传播过程［J］．岩土工程学报，1986，8（6）：99-105.
Zhang Qi. The procss of the stress wave passing through joint [J]. Rock and Soil Engineering, 1986, 8 (6): 99-105.

[3] 李夕兵，陈寿如．应力波在层状矿岩结构中传播的新算法［J］．中南矿冶学院学报，1994，24（6）：738-742.
Li Xibing, Chen Shouru. New algorithm of stress wave spreading in layer rock structure [J]. Midsouth Mining and Metallurgy Insitute, 1994, 24 (6): 738-742.

[4] 李夕兵，古德生，赖海辉．爆炸应力波遇夹层后的能量传递效果［J］．有色金属，1993，45（4）：1-6.
Li Xibing, Gu Desheng, Lai Haihui. Energy transmission effects of transient stress waves through sandwiches in rock mass [J]. Nonferrous Metal, 1993, 45 (4): 1-6.

[5] 郭文章．节理岩体爆破过程数值模型及其实验研究［D］．北京：中国矿业大学北京研究生部，1997.

[6] 杨军，熊代余．岩石爆破机理［M］．北京：冶金工业出版社，2004：6-43.

[7] Matuska D A, Durrett R E, Osborn J J. Hull Users Guide for Three dimensional Linking with EPIC 3 [M]. Orlando: Orlando Technology Inc, 1982.

[8] Johnson G R, Cook W H. A constitutive model and data for metals subjected to large strains, high strain rates and high temperatures [A]. The 7th International Symposium on Ballistics [C]. Netherlands: The Hague, 1983: 541-547.

[9] 田志敏，钱七虎，吴步旭．大压力爆炸动载作用下地下复合圆形结构研究［J］．特种结构，1997，14：40-43.
Tian Zhimin, Qian Qihu, Wu Buxu. Study of underground circle shape structure under high pressure and blasting dynamic load [J]. Special Structure, 1997, 14: 40-43.

[10] Krieg R D. A simple constitutive description of cellular concrete [R]. SC-DR-72-0883, 1972.

[11] Lee E, Fringer M, Collins W. JW L equation of state coefficient for high explosiv [R]. Lawrence Livermore Laboratory report, UCID-16189, 1973.

[12] Holmquist T J, Johnson G R, Cook W H. A computational constitutive model for concrete subjected to large strains, high strain rates, and high pressures [A]. The 14th International Symposium on Ballistics [C]. Quebec, Canada, 1993: 591-600.

[13] Krieg R D, Key S W. Implementation of a time dependent plasticity theory into structural computer programs [A]. Vol 20 of Constitutive Equations in Viscoplasticity: Computational and Engineering Aspects [M]. New York: American Society of Mechanical Engineers, 1976: 125-137.

销毁废弃爆破器材的爆炸硐室设计

王文伟[1]　郑思友[2]　颜世留[1]

（1. 广东宏大爆破股份有限公司，广东 广州，510623；
2. 煤科总院爆破技术研究所，安徽 淮北，235039）

摘　要：介绍了一种用于销毁废弃爆破器材的爆炸硐室。该硐室位于某山区的采石场内，设计一次爆炸销毁能力为 2t TNT 当量。实际销毁作业表明，利用硐室爆炸销毁爆破器材较之露天爆炸销毁作业，不需要大量的人力、物力进行警戒和安全防护，作业周期短，对环境破坏小，相对成本低。

关键词：爆炸硐室；废弃爆破器材；销毁

Study on Destroying Abandon Explosive Materials in Blasting Cave

Wang Wenwei[1]　Zheng Siyou[2]　Yan Shiliu[1]

（1. Guangdong Hongda Blasting Co.，Ltd.，Guangdong Guangzhou，510623；
2. Blasting Technology Research Institute of CCRI，Anhui Huaibei，235039）

Abstract：The paper introduces a kind of blasting cave which is used for destroying abandon explosive materials. Located at a quarry in a mountainous area，the explosive destroy power for once is designed at about 2t TNT equivalent. The actual destroy works indicate：comparing with the work of destroying abandon explosive materials in the open air，working in blasting cave is characteristic of little human and material resource for safety protection、short working periods、little damage to the environment and low relative cost.

Keywords：short working periods；abandon explosive materials；low relative cost

1　引言

废弃爆破器材一般采用焚烧法销毁，销毁场地一般选在广阔无人地带，销毁前要剔除其中的雷管并按相关规定堆放，然后再添加一些助燃材料点火焚烧，每次销毁最大药量为 100kg TNT 当量。战争遗留和报废弹药的销毁几乎都采用露天爆炸法，挖一个或几个爆坑将废弃弹药放置在爆坑内，用一定药量的高爆速高猛度炸药包裹在弹药的环形面上，引爆废旧弹药。

常规方法销毁废弃爆破器材需要做大量的准备工作，销毁时要投入大量的人力、物力进行警戒和防护，销毁过程中存在很多不确定的危险因素及对当地环境产生一系列的危害，销毁后有时还要采取某些措施对当地环境进行补救。为了安全快捷地销毁废弃爆破器材，降低销毁爆破作业产生的各种危害，在硐室内爆炸销毁废弃爆破器材比露天销毁更安全、环保、方便，也可减低销毁成本。硐室位置一般可选择在一些废弃的采石厂或一些偏远无人居住的山坳里，有方便进出的道路或较容易整修出道路为宜。本文所述爆炸销毁硐室，位置选择在某地一关闭的石厂内的采石平台上，垂直高度距山脚公路约 60m，沿着山体有一条土路上山。硐室四周环山，山上植被完好，四季常青。

原载于《煤矿爆破》，2007（2）：29-31。

2 爆炸硐室设计

在岩石断面合理位置，垂直于断面爆破开挖一条20m长的巷道，再90°左拐进5m，然后扩大开挖为一个大硐室。如图1所示，巷道高1.8m，宽1.5m，顶部为半圆拱形。硐室整体高4.5m，在离巷道口3m左右用石块砌一道防护墙。该防护墙为梯形，顶宽0.5m，底宽1.5m，高3.5m，长度6m。设计要求硐室内任一点到外部的最小抵抗线不小于15m。

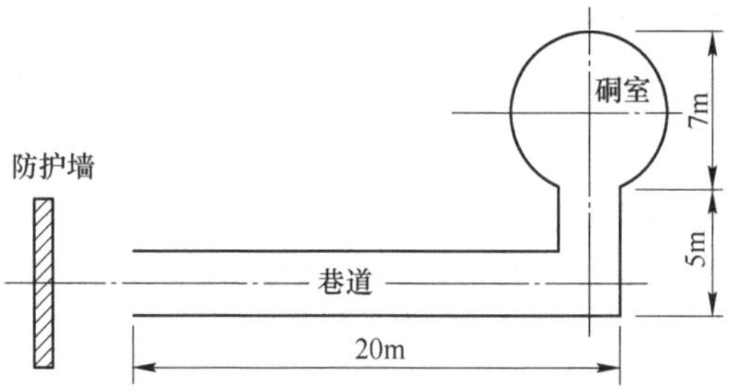

图1 爆炸硐室结构示意图（俯视）

巷道爆破开挖岩石为特坚硬的花岗岩，$f=20$。爆破施工采用手风钻钻孔，孔径42mm，孔深1.2m，装药直径32mm。孔距和排距均为50cm，采用三角掏槽爆破方式。每次爆破可进深1.0m，炮眼利用率为83%，爆破单耗6.5kg/m^3。

对半球形硐室爆破开挖，首先定出中心轴线，根据每个孔的位置及钻孔方向算出到球面的距离，超深20cm。爆破步骤由外到里，由上至下，先定出中心的最高点，再根据计算的结果依次爆破开挖。

硐室内部和巷道顶部都采用光面爆破，并用人工修护去除断面残留的浮石。为了保证硐室的安全可靠性，设计要求硐室内任一点到外部的最小抵抗线不小于15m，通过全站仪测量，经计算最小点抵抗线为16.8m，满足设计要求。

为了能在销毁爆破器材后对硐室内部进行通风和洒水，在硐室外部选取适当位置，用孔径140mm的潜孔钻水平打穿硐室，同时在深孔两端套上直径120mm的钢管并固定住，用来保护孔口的岩石的完整，避免销毁时爆炸的冲击波或震动使孔口的岩石破裂。然后，通上两根小钢管，分别与鼓风机和抽水机相连。为了保证及时排水，从硐室内部到巷道口开挖一条20cm深的排水沟。

3 硐室最大销毁当量估选及安全评估

为保护山体稳定和硐室不遭到破坏而能长期使用，需要对其一次最大销毁药量进行核算。根据岩石破碎理论，要使炸药在岩石内部爆炸而又尽量不损坏岩石，必须使作用于岩石内部的炸药为内部作用药包。药包发生内部作用时，在岩土中与药包表面直接接触的一层介质受到爆炸冲击波和高温高压气体产物的作用，会被压缩成一个球形的空腔。爆炸空腔的大小与岩石性质、炸药种类及装药方式等有关，如介质是坚硬岩石或其他不可压缩的脆性物质，与其直接接触的一层介质就会被强大的爆炸压力所粉碎并产生较大的塑性变形，这一区域被称为压碎区；但如果作用于岩石内部的炸药为内部药包作用，且药包为不耦合装药，岩石内部装药空间较大时，炸药爆炸就可能不会对岩石造成破坏，即不会形成压碎区。

岩石的相对应变值近似地与不耦合系数的1.5次幂成反比。不耦合系数对岩石切向应变的影响较大，炸药爆炸后，岩石的切向应变当不耦合系数$R_d=3.0$时仅是$R_d=1.0$时的0.04倍。由鲍列斯科夫公式：

$$Q=f(n)KW^3 \tag{1}$$

式中 Q——最大药量，kg；

K——标准抛掷爆破漏斗的单位体积用药系数，kg/m^3；

W——最小抵抗线，m；

$f(n)$——爆炸作用指数。

当$f(n)$ <0.2 时，为内部作用药包，炸药爆炸后仅对其相接触的岩体进行粉碎性破坏，此时主要是炸药猛度起作用，对外部岩体不会造成破坏。因此，根据岩石爆破的破碎原理和硐室体积，利用鲍列斯科夫公式可以估算出该硐室一次最大销毁量为 2t TNT 当量。

4 废弃弹药销毁实例

在该硐室所进行的第一次销毁作业对象是废弃军弹，销毁总量约有 5t，主要是废弃的手榴弹、迫击炮弹、高射榴弹及一些体积较大航空弹，总共使用了 192kg 诱爆炸药，其中乳化炸药 144kg，TNT 48kg。

销毁前先在硐室中间预先垫一层细沙，用来保护硐室的地板。沙层为圆形，厚度 60cm 左右，直径 3m 左右。销毁时将废弃弹药一层一层地摆放在沙层上面，将小弹放置于下面，逐个排列。每个弹头上面都摆放引爆弹，弹药之间的间隙用乳化炸药铺满。引爆炸药为 TNT 炸药和乳化炸药组成，起爆路线顺着洞壁上方悬挂。为了保证起爆的安全可靠，采用复式起爆网络，即在每层 TNT 中铺设两根导爆索，用两发导爆管雷管分别连接两个不同的导爆索，导爆管再用四发电雷管起爆，四发电雷管两两并联，并联连接到不同的电爆网络中。起爆点设在离洞口右侧 100m 处，有土坡作掩体。

这次销毁工作从弹药运达到销毁完毕，总共历时 1.5h。销毁爆破起爆后，有大量白烟迅速喷出洞口，没有任何破片或飞石飞出，但预先插在水平孔内用来喷水和通风的两根钢管被推出孔口 10m 多，距爆破点 100m 处感觉震动不是很明显。销毁完毕后，启动空压机和抽水泵对硐室内部喷水和鼓风。待洞内无烟时，由工作人员戴上防毒面具进入检查和清理。检查确认这次销毁没有对该硐室造成破坏。

由于爆炸销毁不会对硐室造成破坏，硐室可以长期使用，因此某一地区只要在合适的地理位置建造一座爆炸销毁硐室，即可方便快捷地随时销毁本地区报废的各种危爆物品。利用这种方法销毁废弃爆破器材不需要投入大量人力、财力进行前期准备工作，销毁后由于通过向硐室内喷水吸收了部分炮烟，爆后的固体废弃物又都在硐室内，减少了对环境的破坏和污染。虽建造硐室需要一定投入，从长远看，这种销毁方法安全、快捷，便于管理，不失为一种值得推广应用的销毁废弃爆破器材新方法。

复合防护结构的动力响应及破坏规律研究

刘殿书[1]　冯明德[1]　王代华[2]

（1. 中国矿业大学 力学与建筑工程学院，北京，100083；
2. 广东宏大爆破股份有限公司，广东 广州，510623）

摘　要：采用中间含吸能层的复合防护结构，其抗爆防护能力可大幅度提高，但目前对该种复合结构在爆炸作用下动力响应及破坏规律的研究较少。利用ANSYS/LS-DYNA对复合防护结构在爆炸载荷作用下的动力响应和破坏规律进行了数值计算。结果表明：外拱结构的破坏基本上属于冲切破坏，而内拱结构基本上属于拱的压弯破坏；复合结构的破坏是以牺牲外拱和泡沫混凝土为代价来保护整体防护结构；与常规防护结构相比，复合防护结构的抗爆能力明显加强。

关键词：爆炸力学；复合防护结构；动力响应；破坏规律

Research on Dynamic Response and Failure Law of Composite Protective Structure

Liu Dianshu[1]　Feng Mingde[1]　Wang Daihua[2]

（1. School of Mechanics & Civil Engineering, China University of Mining & Technology, Beijing, 100083; 2. Guangdong Hongda Blasting Co., Ltd., Guangdong Guangzhou, 510623）

Abstract: The anti-blasting ability of the protective structure can be greatly enhanced by adopting composite structure with endergonic stratum in it, but the dynamic response and failure law of this composite structure was rarely researched. The anti-blasting dynamic response and failure law of the composite protective structure under blasting was researched by numerical simulation with ANSYS/LS-DYNA. The results show that the failure of exterior ach structure represents a punching failure, and the inner arch structure represents a press-bend failure. The composite protective structure is worked by sacrificing the exterior ach and foam concrete to protect the whole structure. The anti-blasting ability of the composite protective structure is greatly enhanced compared with normal protective structure.

Keywords: blast mechanics; composite protective structure; dynamic response; failure law

随着科学技术和深钻地弹武器的发展，地下防护结构更主要的是要承受发生在岩体中的侵彻爆炸作用，而这种爆炸多发生在防护结构近区，施加在防护结构上的荷载也由触地爆炸的应力波为主发展为应力波和爆生气体以及破碎岩石动能的共同作用，其毁伤能力大为提高，对防护工程构成了严重的威胁，开展此研究不仅在理论上有重要意义，亦为工程实际应用所急需[1]。

试验和理论研究表明只靠增加防护层的厚度并不是提高防护能力的有效途径，采用新型复合结构可在同样条件下大幅度的提高防护结构的抗爆能力。试验研究表明[2,3]：采用中间含吸能层的复合结构，在材料和总厚度均不变的条件下，其防护能力可大幅度提高，单层钢筋混凝土结构的破坏是以内部的层裂和剥落为主，严重时产生震塌。对复合抗爆结构的试验显示：在大于等厚度的单层钢筋混凝土破坏药量的作用下，复合结构的内部仅产生大量的裂纹，而其外层已在强大的爆炸压力作用下呈粉碎状态，中间吸能层受到剧烈的压缩并有很大的变形。显然由于中间层的存在，复合结构的受力状态

基金项目：国家自然科学基金项目（10272109）；高等学校博士学科点专项科研基金项目（20030290008）。
原载于《中国矿业大学学报》，2007，36（3）：335-338。

和破坏机理已发生了根本的变化。

复合结构试验所显现的高抗爆性能呈现出良好的应用前景[4-7]，但到目前为止对这种结构的爆炸力学性能和防护机理研究并不多[8]。本文就是利用 ANSYS/LS-DYNA 有限元技术对复合防护结构在爆炸载荷作用下其动力响应及破坏规律进行初步研究，并通过与试验结构进行了对比分析。表明数值计算与试验结果吻合得较好。

1 复合防护结构简介及数值模型的选择

本研究中复合防护结构系指以混凝土为主，中间含有泡沫吸能层的一种半圆拱型，即由外向内为混凝土拱-泡沫混凝土拱-混凝土拱，定义为拱 1、拱 2、拱 3。采用 1：25 的比例模型模拟实际拱形防护结构，结构的上面为松散填充的砂土，条形炸药预埋于拱 1 的正上方 180mm 处。考虑到拱形结构的在冲击载荷下的结构动态响应特点，设计模型的长宽比大于 2。防护结构设计长度为 800mm，跨度为 400mm，即拱形结构外围为 400mm，长度为 800mm，防护结构总厚度 100mm，拱 1，3 厚为 40mm，中间层拱 2 厚为 20mm，其组装顺序如图 1 所示。

图 1 复合防护结构组装顺序

Fig. 1 Assemble order of composite protective structure

炸药的材料模型为 HIGH_EXPLOSIVE_BURN，状态方程由 JWL 来描述；岩石、混凝土采用 JHC 模型（JOHNSON_HOLMQUIST_CONCRETE）；泡沫材料采用压实模型（CRUSHABLE_FOAM）。其参数具体见表 1~表 4[9]。

表 1 炸药状态参数

Table 1 Detonator parameters

参数	密度/$g \cdot cm^{-3}$	爆速/$m \cdot s^{-1}$	爆压/GPa	A/GPa	B/GPa	R_1	R_2	ω	E/GPa
取值	1.50	6930	21.00	373.80	3.74	4.15	0.90	0.35	6.00

表 2 混凝土材料参数

Table 2 Concrete material parameters

参数	密度/$g \cdot cm^{-3}$	剪切模量/GPa	A	B	C	N	T/MPa	$EP_{SO}/10^{-6}$	EF_{MIN}	SF_{MAX}
取值	2.47	17.32	0.79	1.60	0.007	0.61	4	1	0.01	7.00
参数	P_C/MPa	U_C/MPa	P_L/GPa	U_L	D_1	D_2	K_1	K_2	K_3	
取值	20	1.17	0.80	0.10	0.04	1.0	85	-171	208	

表 3 泡沫混凝土材料参数

Table 3 Foam concrete material parameters

参数	密度/$g \cdot cm^{-3}$	泊松比	杨氏模量 E/MPa	抗拉强度 TSC/MPa	阻尼系数 DAMP
取值	0.79	0.1	342.2	0.20	0.10

表 4 砂材料参数

Table 4 Sand material parameters

参数	密度/g · cm^{-3}	剪切模量/10^{-4}GPa	BULK	$A_0/10^{-13}$	$A_1/10^{-7}$	A_2	$P_C/10^{-8}$	V_{CR}	EPS_2	EPS_3
取值	1. 80	2. 39	0. 30	3. 40	7. 03	0. 30	-6. 90	0. 00	-0. 104	-0. 161

参数	EPS_4	EPS_5	EPS_6	EPS_7	EPS_8	EPS_9	EPS_{10}	P_2	$P_8/10^{-3}$	P_9	P_{10}
取值	-0. 192	-0. 224	-0. 246	0. 271	-0. 283	-0. 290	-0. 400	0. 200	6. 00	0. 80	0. 041

2 数值计算结果及讨论

本计算过程中对复合结构在 300kg/m，350kg/m，400kg/m，415kg/m，430kg/m，450kg/m 和 675kg/m 爆炸载荷下的反应进行了计算。在此只对复合防护结构在 350kg/m，450kg/m 和 675kg/m 爆炸载荷下的反应进行了具体分析。

2.1 复合结构爆炸载荷作用下的动态响应

图 2 为 350kg/m 时拱 1，3 在 $t=20$ms 等效塑性应变等值线的分布。

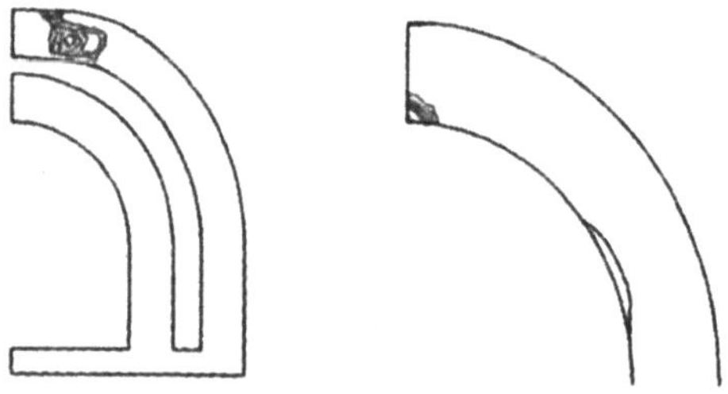

(a) 拱1(t=20)　　(b) 拱3(t=20)

图 2 等效塑性应变等值线

Fig. 2 Isometric plastic strain of concrete arch

从图 2（a）中可以看出拱 1 的塑性区域主要分布在泡沫混凝土外侧靠近弧顶的位置，呈斜线分布。等效塑性应变大于 0. 025 的区域基本贯穿拱 1。从图 2（b）中可见，塑性区域主要分布在 3 个区域。在单元 805（混凝土拱自由面与轴线交点处的单元）处最大，为 0. 0043，等效塑性应变接近 0. 0043 的区域很小，塑性区域也主要分布在内侧弧顶，呈半圆形分布。塑性应变不论是值还是区域大小明显小于常规结构。但大于以上含有泡沫混凝土结构。另外 2 个区域，等效塑性应变值很小，大约在 0. 0002~0. 0005 之间。结构在出现最大位移后，然后回弹，甚至发生向上的位移，说明结构未发生破坏。

图 3 为 450kg/m 时，拱 1 在不同时刻的等效塑性应变等值线。$t=7$ms 时塑性区域主要分布在拱 1 的外侧，呈斜线分布。等效塑性应变大于 0. 025 的区域贯穿混凝土拱 1，说明拱 1 结构已发生破坏。在 $t=20$ms 时，拱 1 等效塑性应变大于 0. 1 的区域贯穿整个拱截面，且沿环向有较大发展，如图 4 所示。表明此时拱 1 已发生较大塑性破坏。

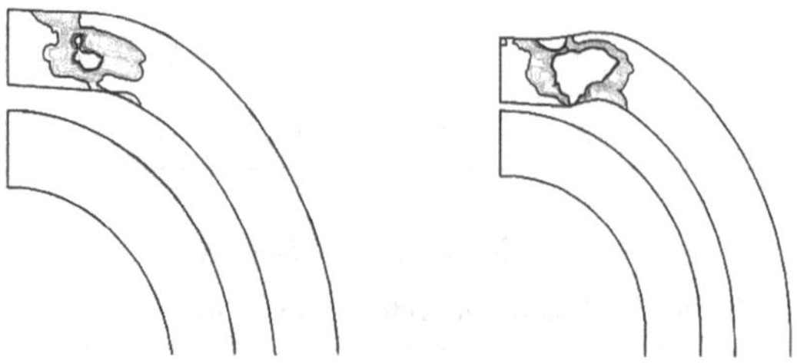

(a) t=6.4ms　　(b) t=20ms

图 3 拱 1 等效塑性应变等值线

Fig. 3 Isometric plastic strain of concrete arch

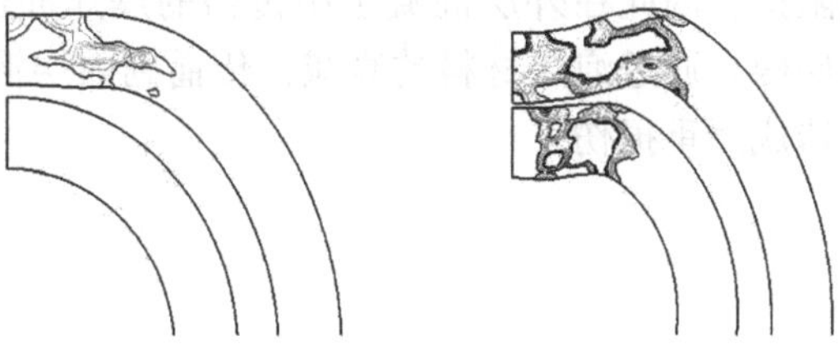

(a) 拱1(t=5ms)　　(b) 拱1，3(t=20ms)

图 4　等效塑性应变等值线

Fig. 4　Isometric plastic strain of concrete arch

图 4 显示了复合结构在 675kg/m 作用下不同时刻的等效塑性应变等值线图。在 $t=5$ms 等效塑性应变大于 0. 025 的区域基本贯穿混凝土拱 1，十字交叉分布，且沿中面的水平塑性区先发展，见图 4。在 $t=20$ms 时，等效塑性应变大于 0. 1 的区域在外拱及内拱上基本贯穿，说明结构在 $t=20$ms 时早已破坏。

2.2　复合结构的破坏形式分析

本次的数值计算主要讨论了复合防护结构在 650kg/m 和 700kg/m 作用下的破坏形态，图 5 和图 6 分别给出了混凝土拱在 650kg/m 和 700kg/m 作用下，不同时刻的等效塑性等值线图。

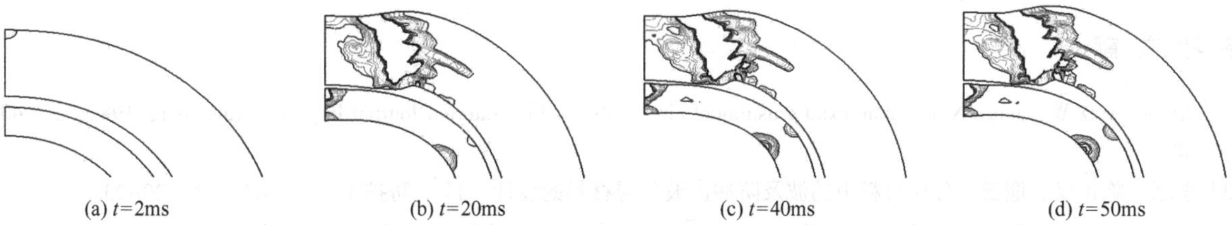

(a) t=2ms　　(b) t=20ms　　(c) t=40ms　　(d) t=50ms

图 5　650kg/m 作用下拱部的等效塑性等值线

Fig. 5　Isometric plastic strain of concrete arch under the blast effect of 650 kg /m

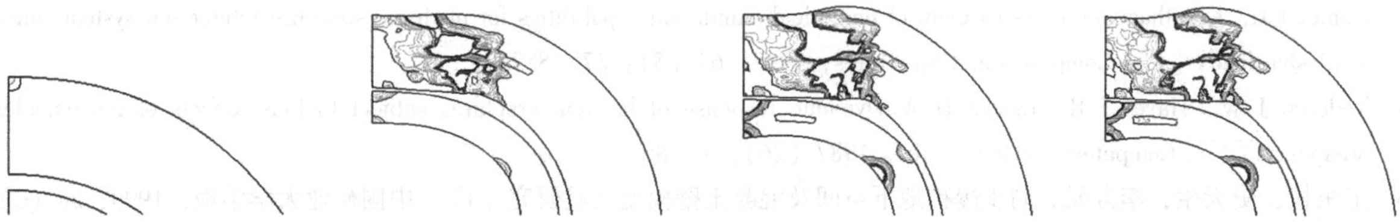

(a) t=2ms　　(b) t=12ms　　(c) t=30ms　　(d) t=50ms

图 6　700kg/m 炸药作用下拱部的等效塑性等值线

Fig. 6　Isometric plastic strain of concrete arch under the blast effect of 700 kg /m

从破坏形式上看，拱 1 的结构破坏基本上属于冲切破坏，而拱 3 的结构破坏基本上属于拱的压弯破坏。冲切破坏基本上被认为是材料的问题，而非结构的响应问题。而拱 3 结构的破坏，是材料和结构的耦合作用造成的结果。

3　结果讨论

通过一系列数值模拟，能够很明显地看到结构中添加泡沫混凝土的优越性。从能量的角度上看，加入泡沫混凝土后，延缓了拱 3 结构对爆炸作用下的反应，更多炸药能量耗散在拱 1 上，相应的减小了爆炸载荷对拱结构的作用。复合结构拱 1 无论从变形上还是塑性区的分布上都明显增大，拱 1 结构的破坏属于冲切破坏，加入泡沫混凝土后，反射波加剧了外侧混凝土拱的破坏，拱 3 结构的响应明显减小，拱 3 结构主要表现为拱的压弯破坏。是材料和结构的耦合作用造成的结果。同时，泡沫材料对爆炸冲击波有很大的反射和衰减作用。当爆炸冲击波波头到达混凝土——泡沫材料的界面时，由于泡沫材料的阻抗远小于混凝土的阻抗，因此在外层混凝土中传播的爆炸冲击波绝大部分反射为拉伸波，只有少部分透射到了泡沫材料层内。通过泡沫材料的衰减，传播到内层混凝土中的冲击波强度已大为降低，不足以对内层的混凝土造成严重损伤。

4 结论

本文结论如下。

（1）在侵彻爆炸作用下，复合结构中拱 1 无论从变形上还是塑性区的分布上都明显增大，拱 1 结构的破坏属于冲切破坏，加入泡沫混凝土后，反射波加剧了外侧混凝土拱的破坏，内拱结构的响应明显减小，拱 3 结构主要表现为拱的压弯破坏，是材料和结构的耦合作用造成的结果。

（2）从破坏形式上看，外拱结构的破坏基本上属于冲切破坏，而内拱结构基本上属于拱的压弯破坏。冲切破坏基本上被认为是材料的问题，而非结构的响应问题。而内拱结构的破坏，是材料和结构的耦合作用造成的结果。

（3）通过数值计算并与常规防护结构的试验对比，复合防护结构的抗暴能力明显加强。

（4）通过泡沫材料的衰减，传播到内层混凝土中的冲击波强度已大为降低，不足以对内层的混凝土造成严重的损伤，相应地保护了内层的混凝土。

参考文献

[1] Abramowicz W, Jones N. Dynamic axial crushing of circle tubes [J]. Internal Journal Impaction Engineer, 1984, 2: 43-48.

[2] 李刚，陈正汉，谢云. 分层材料中的波及防冲击波分层材料的设计 [J]. 防护工程，2004 (1)：20-23.
Li Gang, Chen Zhenghan, Xie Yun. Wave produced in sandwich material and design of anti-shock wave sandwich structure [J]. Journal of Vibration and Shock, 2004 (1): 20-23.

[3] Tetsuo Shirai, et al. Experiment and numerical simulation of double-layered RC plates under impact loadings [J]. Nuclear Engineering and Design, 1997 (176): 195-205.

[4] Daniel J L, Krauthammer T. Assessment of numerical simulation capabilities for medium-structure interaction systems under explosive loads [J]. Computers and Structures, 1997, 63 (5): 875-887.

[5] Tedesco J W, Hayes J R, Landis D W. Dynamic response of layered structures subject to blast effects of non-nuclear weaponry [J]. Computers and Structures, 1987 (26): 79-86.

[6] 王东权，史天生，李方元. 同步爆扩地下空间及混凝土壁模型试验研究 [J]. 中国矿业大学学报，1999，28 (3)：217-220.
Wang Dongquan, Shi Tiansheng, Li Fangyuan. Experimental research on synchronous forming of underground space and concrete support with blast-enlargement method [J]. Journal of China University of Mining & Technology, 1999, 28 (3): 217-220.

[7] Grote D L, Park S W, Zhou M. Dynamic behavior of concrete at high strain rates and pressures: Experimental characterization [J]. International Journal of Impact Engineering, 2001, 25: 869-886.

[8] 戴俊，杨永琦. 损伤岩石周边控制爆破分析 [J]. 中国矿业大学学报，2000，29 (5)：496-499.
Dai Jun, Yang Yongqi. Analyses of controlled perimeter blasting in damaged rock [J]. Journal of China University of Mining & Technology, 2000, 29 (5): 496-499.

[9] 杨军，金乾坤，黄风雷. 岩石爆破理论模型及数值计算 [M]. 科学出版社，1999：56-58.

我国残存废旧炮弹与毒气弹的处理

傅建秋[1,2]　胡小龙[2]　刘　翼[2]

（1. 北京科技大学，北京，100083；2. 广东宏大爆破股份有限公司，广东 广州，510623）

摘　要：从近几年来屡见不鲜的废旧炮弹伤人事件入手，详细介绍了中国废旧炮弹特别是日遗化武的来源、种类、数量、分布以及常用的销毁方法。通过本文的叙述，对全国废旧炮弹的现状将有一个较为全面的了解和认识。

关键词：废旧炮弹；化学武器；销毁

The Current Status of Discard Old Bomb and Gas Bomb in China

Fu Jianqiu[1,2]　Hu Xiaolong[2]　Liu Yi[2]

（1. Beijing University of Science and Technology，Beijing，100083；
2. Guangdong Hongda Blasting Co.，Ltd.，Guangdong Guangzhou，510623）

Abstract：The paper，started from the frequently happened injury accidents by discard old bomb in recent years，discussed in detail the origination，species，quantity and distribution of the bombs，specially the chemical weapons which were abandoned by Japan during World War Ⅱ. It also discussed the commonly used method of destroying these bombs in China. The paper outlined the current status of the discard bombs in China and presented a comprehensive knowledge of understanding the concerned information of the discard bombs in China.

Keywords：discard old bomb；chemical weapons；destroy

1　层出不穷的废旧炮弹伤人事件

近几年，经常有废旧炮弹伤人事件的报道，如：2004 年 3 月 20 日上午，包头市昆区张家营子 10 公里 128 号院，4 人取炮弹头上的铜，一枚弹头突然发生爆炸，当场炸死 3 人，1 人侥幸逃生。

2005 年 6 月 17 日，黑龙江虎林市虎头村，一村民发现一枚锈迹斑斑的炮弹，长约 25cm，他将炮弹挖出后随手扔到了地头的乱草中，后来在地头点火熏蚊子，引爆了炮弹。

废旧炮弹伤人事件为何层出不穷，这些废旧炮弹来自何处，政府采取了怎样的防范措施？全国还有多少废旧炮弹，主要集中分布在哪些地区？相信通过本文的介绍，都将会有一个答案。

2　废旧炮弹的来源及特点

这些废旧炮弹大致有三种来源。

（1）兵工企业的靶场试验炮弹时所遗留下的，这些炮弹被附近的居民拣拾后卖到了废品收购站，后检查时被发现。

原载于《工程爆破》，13（2）：74-77。

（2）抗日战争时期日本侵略者遗留下的，这些废旧炮弹偶尔在耕地或挖地基时被发现。据调查，全国有山东、安徽、河南、广东、广西、湖北、湖南、云南、重庆等地方都发现大量的废旧炮弹。如：2001年6月21日，成都市在一星期内分批销毁7000余枚危险炮弹。从1994年到2003年8月，武汉警方共销毁了4000多枚废旧炮弹。2004年5月23日，齐齐哈尔市昂昂溪区前站村一村民在自家房西头，挖出了52枚锈迹斑斑的炮弹。2004年9月13日，广州黄埔区九沙围渔民村珠江码头挖出33枚炮弹。从2004年10月20日至11月10日，长春市繁荣路一施工现场陆续挖出3080枚炮弹。2004年10月22日，辽宁省最大一次销毁废旧炮弹总计20t（1657枚）。2004年11月24日，北京市石景山区金顶街一处工地挖出80余枚手雷、炮弹。合肥市每年都要发现100枚废弃炮弹。2004年11月25日，宁波镇海销毁90枚各类废旧炮弹和若干枚废弃的子弹、信号弹。2004年11月28日，北京圆明园挖出600枚炮弹和地雷。2005年6月海南省某市在一废旧物质回收站缴获199枚各类废旧炮弹[1]。2005年11月26日，南京市六合区一拆迁居民小区工地下，挖出一个弹药库，共清理出炮弹、地雷等600余枚，其中5枚是化学炮弹。2006年年初至8月，黑龙江省伊春市公安机关收缴了107枚废旧炮弹，其中12枚炮弹为疑似化学武器弹。从2003年到2006年3月，包头市大规模集中销毁废旧炮弹共2000多枚。2006年12月11日，云南省德宏傣族景颇族自治州潞西市公安局收缴了一批二战时期遗留下来的废旧炮弹，其中炮弹29枚、炮弹头65枚、地雷3枚、手榴弹58枚、雷管3000枚、导火索346m。

（3）近一两年，满洲里口岸海关和蒙古国的商贸来往中，发现了一些夹杂在废旧金属中的废旧炮弹。如：2005年6月15日，在满洲里海关所辖阿日哈沙特口岸，值班关员从一辆载有废钢的进境货车中共查获旧炮弹212枚，废旧反坦克地雷22枚；2006年5月30日，在内蒙古自治区二连口岸，边防检查人员在进口废旧钢铁中查出500余枚旧炮弹；2006年11月11日，辽宁沈阳市公安局内保支队会同东北特钢集团销毁了4t（4650枚）废旧炮弹，其中炮芯4066枚、火箭开阀器273枚、手雷5枚、跳雷5枚、爆破筒40根、小炮弹80枚、大炮弹60枚、特大炮弹1枚、飞机航炮弹头25枚，其他不明爆炸物98枚。

这些废旧炮弹，形状、大小不一，长度在20~40cm不等，直径在8~15cm之间，有的炮弹引信被摘掉了，有的炮弹尾部带刺，虽然表面锈迹斑斑，但由于弹药在战时的消耗量大，平时必须生产一定数量的弹药，保持必须而又充分的储备，要求平时的弹药能储存15~20年[2]，所以尽管炮弹年代久远，如果处理不当，仍有爆炸的可能。

3 日遗化武在华的种类、数量、分布及危害

在这些废旧炮弹中，最具危险性的是侵华日军遗弃化武毒气弹。毒气弹分为呕吐性毒剂、窒息性毒剂、糜烂性毒剂和神经性毒剂4种，这些毒气化学性能稳定、不易分解、可长期保持毒效。毒气油状液体一旦同人体接触，就会发生溃疡性糜烂，难以愈合，直至死亡。人如果吸入蒸发的芥子气，就会引起肺水肿，甚至导致人窒息而死。这些毒剂能降低人的免疫力和抵抗力，危害性非常大，目前医学界还没有找到有效解除其毒害的药物。所以，人一旦沾染毒剂，便要终身承受痛苦。

日本在二战时一共生产了400万枚毒气弹，有370万枚运到了中国，二战期间使用和消耗了60万枚左右，战争结束运回日本大约100万枚，还有200万枚留在了中国。因为当时毒气弹运到中国的路线是经日本海-朝鲜半岛-中国延边，再到其他地区，所以延边遗留的毒气弹数量最多。

据解放军总参谋部防化指挥工程学院履约事务办公室负责人介绍，目前在中国境内共发现7种侵华日军遗弃的化学毒剂：芥子气、路易氏剂、二苯氰胂、二苯氯胂、苯氯乙酮、光气、氢氰酸。

芥子气，是糜烂性毒剂的代表，日军称之为“黄1号”。这种毒剂释放后呈液滴和气雾状，人通过呼吸道吸入或皮肤沾染后中毒，严重者会引起全身中毒甚至死亡。芥子气，学名二氯二乙硫醚，呈微黄色或无色的油状液体，具有芥子末气味或大葱、蒜臭味，密度为1.28，气态密度为5.5，沸点为217℃，冰点为13.4℃。芥子气对皮肤、黏膜具有糜烂刺激作用，可引起眼结膜炎，引起呼吸道黏膜发炎，严重时造成糜烂水肿，并多伴有继发感染。由于芥子毒剂沸点较高、密度大、凝固点低，如果是冬天气温低就很难出现芥子气伤人的事件。

路易氏剂，糜烂性毒剂，日军称之为“黄2号”。其性能与芥子气相似，但刺激性强，毒害作用迅

速。在芥子气罐中混入路易氏剂，两种毒气混合增加了挥发性，毒性更大。

二苯氰胂，喷嚏性毒剂，日军称之为“红 1 号”。二苯氰胂比二苯氯胂的毒性大 10 倍，其作用主要是刺激黏膜，引起连续不断的喷嚏、流泪和呕吐。在毒剂浓度为 $1mg/m^3$ 的空气中，人员暴露 30s 就能暂时失去战斗力。

苯氯乙酮，催泪性毒剂，日军称之为“绿 1 号”。它刺激眼睛、呼吸道，引起流泪、流鼻涕、结膜充血和咳嗽等症状，作用迅速。

光气，窒息性毒剂，日军称之为“青 1 号”。它的作用主要是伤害人的肺部细胞，引起肺水肿，破坏呼吸功能，浓度高时能够很快使人窒息而死。

氢氰酸，全身中毒性毒剂，日军称之为“茶 1 号”。它是一种速杀性毒剂，能够破坏血液的供氧能力，造成肌体组织缺氧。浓度高时，中毒者 1~3min 即可致人死亡。

战争虽然已经过去 60 多年，但由于侵华日军遗弃化武种类多、数量大、分布广，一直埋藏在地下或水中，大多数已经腐蚀、生锈，存在严重的毒剂泄漏问题，仍然威胁着中国人民的生命安全，化武伤人事件屡见不鲜，致死致残人数也逐年增加。如：2003 年 8 月 4 日，齐齐哈尔市 43 人遭侵华日军遗弃毒剂伤害；2004 年 7 月 23 日，吉林敦化两名男孩被一枚毒气弹灼伤；据统计，我国遭受化学武器直接伤害者已达 2000 余人。

4 废旧炮弹的处理方法

已往部分省市在对大量的废旧炮弹处理时，由于没有经验存在很多问题，有的在处理废旧炮弹时发生伤亡事故。有的处理方法不当，危险仍然没有彻底根除，在经济欠发达地区，如甘肃、新疆、西藏、四川、青海地区，认为本地区的人口稀少，土地、矿山开发较少，有的地方把废旧炮弹从坑里挖出来，挖深一点加点粗盐后继续再掩埋下去，不了了之；部分沿海城市则将废旧炮弹丢弃到深海里。这些行为和方法，都缺乏较专业的防爆排爆技术。目前比较常见的方法是采用挖深坑集中一次性炸毁的方法进行销毁处理。据调查，全国有山东、安徽、河南、广东、广西、湖北、湖南、云南、重庆等地方多采用这种沟槽诱爆方法进行废旧炮弹销毁处理。这种销毁方法场地选择灵活，只要有开阔的场地就可临时挖沟进行炮弹销毁，场地费用投入小，但不安全，需要销毁一次挖一次沟槽，适用于废旧炮弹量小的地区。而对于需要经常销毁废旧炮弹的地区，比较安全可靠的方法是硐室内炮弹销毁法，这种方法按照《地下及覆土火药炸药仓库设计安全规范》设计硐室[3]，在硐室内诱爆废旧炮弹，可避免爆炸弹片到处飞散，方便爆碴集中清理，不遗留安全隐患，爆炸能量可以根据所销毁的炮弹种类、数量加以灵活控制和调节，一次性销毁炮弹的炸药当量只要不超过硐室的设计标准，硐室就可反复使用。目前这种方法只在广州地区采用，如：2005 年 12 月 16 日，在广州市太和镇某废弃石场的硐室内，广州警方销毁了 1000 余枚废旧炮弹。2006 年 7 月 5 日，在广州市太和废旧弹药处理硐库点销毁了一批废旧及土制炸弹，其中废旧炮弹 10 枚、土制炸弹 30 多枚、手榴弹 28 枚、催泪弹 23 枚、过期雷管 2000 多发，如图 1 所示。

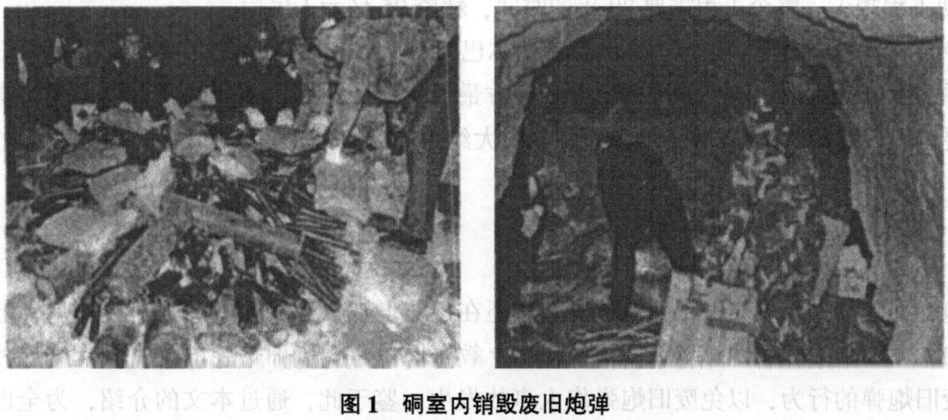

图 1 硐室内销毁废旧炮弹

Fig. 1 Distroying discard old bomb in cave

对于毒气弹的处理，由于爆炸时会释放毒气，这种挥发性毒气一旦泄漏就很难控制，所以处理方法与常规炮弹销毁方法截然不同，如图 2 和图 3 所示。首先要建一个焚烧炉，通过高温焚烧把毒气弹熔化掉，毒气也在高温中分解完。由于侵华日军遗弃化学武器主要分布在东北，而吉林敦化又集中较多，所以 2007 年将在敦化建成全国最大的化学武器集中处理场。

图 2 挖掘毒气弹
Fig. 2 Excavating gas bomb

图 3 切割研究毒气弹
Fig. 3 Cutting and researching gas bomb

在敦化遗留的毒气弹主要是糜烂性毒剂，其化学成分为芥子气和路易氏气两种。自二战以来，敦化多次发生居民毒气弹中毒事件，有的后果非常惨重。为了减少毒气弹的危害，1954 年 2 月国家有关部门发出命令，把日本在东北遗留下的毒气弹向敦化移送，集中掩埋在敦化市哈尔巴岭的四排树沟。从那时开始，一共用了 3 年冬季的时间，用爬犁为主要运输工具，完成了大约 200 万炮弹（包括毒气弹 100 万枚左右）的运送和掩埋工作。因为受客观条件的制约，当时掩埋毒气弹时并没有做防腐处理，埋藏地又是在山沟里的沼泽地，经过半个世纪的风吹雨淋，毒气弹随时都会给附近及河流下游的居民带来严重的灾难，加之还有散落各地、没被掩埋的毒气弹更是容易给老百姓造成灾难性后果。所以，尽快处理日本人遗留下的毒气弹成了当地政府的一项紧迫任务。

根据国际公约，日本政府必须把他们战争中遗留在国外的毒气弹负责销毁。从 20 世纪 80 年代末到 20 世纪 90 年代中期，中日两国政府多次就此事谈判、勘测、论证，最终决定采取日方出资、中方协助，采用高炉焚烧的方法就地销毁这些日本人留下的罪孽，消除埋藏在当地人民脚下的重大隐患。

从 2002 年开始，掩埋毒气弹的敦化哈尔巴岭山区就开始修路筑桥，并从 302 国道修了一条直通毒气弹掩埋地的国家一级公路，长珲高速公路也在这里留下了出口，以便于把东北其他地方遗留的毒气弹运送到这里统一销毁。毒气弹处理的厂房和工作人员的生活区已经完成了勘探和设计工作，预计于 2007 年前期工程竣工。整个工程需要 20 年的时间，耗资 25 亿元人民币。

根据中日双方的仪器投测确定，在敦化市哈尔巴岭的两处集中点，现在埋有约 70 万枚日军遗弃的芥子毒气弹。中国就此一直与日方进行交涉，日方最后承诺，在中国建厂销毁武器，相关费用由日方承担。而要销毁敦化的约 70 万枚毒气弹，则需要大约 10 年的时间。

5 结论

废旧炮弹伤人事件屡见不鲜，致死致残人数还在逐年增加，政府除了加强对废旧炮弹的回收处理外，还应加大废旧炮弹知识的宣传力度，从思想上教育国民重视废旧炮弹的危害，从基层杜绝私藏和私自处理废旧炮弹的行为，以免废旧炮弹伤人事故发生。鉴于此，通过本文的介绍，为全面了解全国废旧炮弹的现状提供参考。

参 考 文 献

[1] 杨军，苏平，李萍丰，等．诱爆销毁废旧炮（航）弹的爆破设计及组织实施［J］．工程爆破，2005，11（4）：83-87.
[2] 李向东，钱建平，曹兵，等．弹药概论［M］．北京：国防工业出版社，2004.
[3] GB 50154—1992 地下及覆土火药炸药仓库设计安全规范［S］．北京：中国标准出版社，1992.
[4] 邱进芬，谢筑湘．废旧炸弹销毁研究［J］．工程爆破，2004，10（1）：82-86.

硐室内爆炸法销毁废旧炮弹的设计与实施

温建平　胡小龙　魏晓林

（广东宏大爆破股份有限公司，广东 广州，510623）

摘　要：通过比较销毁炮弹的多种方法，优先采用硐室内爆炸法对广州市1000余枚总重量达5t的废旧炮弹进行了销毁。实践证明：硐室内爆炸法销毁废旧安全可靠、不留隐患、一次销毁炮弹量大，场地重复使用率高。值得在销毁废旧炮弹中推广使用。

关键词：硐室；爆炸；废旧炮弹；销毁

Design and Implementation of Discard Old Bomb Destroying Through Explosion in Cave

Wen Jianping　Hu Xlaolong　Wei Xiaolin

（Guangdong Hongda Blasting Co.，Ltd.，Guangdong Guangzhou，510623）

Abstract：After contrasting various methods of destroying old bomb，the papergave priority to distroying discard old bomb in cave to distroy more than a thousand and total weight 5 ton bombs in Guangzhou. The practice demonstated that the method of destroying discad old bomb in cave had charactersitiss of safety and reliabilty，no hidden trouble，large distroying bomb quantity a time and high repeatation utilty ratio and so on. It can be extensively app lied to destroying discard old bomb.

Keywords：cave；explosion；discard old bomb；distroy

1　引言

近年来，随着社会经济建设的迅速发展，大规模的楼房基础建设、地铁建设、地下管道建设及海底资源开发利用等，使沉睡多年战争遗留的废旧炮弹逐渐被挖掘出来。据统计：2005年广东省公安厅从各地区收缴上来的废旧炮弹达10t左右，大到直径20cm以上的航空炸弹，小到直径仅为7mm的枪弹，炮弹种类、数量众多，形状各异，这些废旧炮弹年代久远，表面锈蚀严重，已无法辨识其弹种型号及装药参数，而且大都处于非保险状态。因此，应采用一种安全彻底的方法进行销毁处理，及时消除安全隐患，确保人民生命财产的安全。2005年年底，广东宏大爆破股份有限公司配合广州市公安局在太和镇采石场对1000余枚总重量达5t的废旧炮弹进行销毁。考虑到炮弹销毁的安全性以及销毁场地需重复使用的要求，通过多种炮弹销毁方法的比较，决定采用硐室内爆炸法进行销毁。

2　废旧炮弹的种类及特点

2.1　弹径20cm以上的航空炸弹[1-3]

此类炸弹分为普通炸弹、穿甲弹、燃烧弹等，普通炸弹主要是以大剂量的装药（装填系数在

原载于《爆破》，2007，24（3）：84-87。

42%~50%）爆炸产生强烈的冲击波和弹片破坏有生力量，其特点是弹壁较薄，装药量大，弹片数量多，重量多在100kg以上；穿甲弹是以在空中投掷时产生的高速度大动能对防御工事进行穿甲破坏，其特点是弹体细长，壳厚而坚硬，弹丸内仅装有少许炸药或实心弹丸；燃烧弹内装有凝固汽油、胶状燃料等燃烧剂，爆炸后产生的火焰温度可达1000~2500℃。

2.2 弹径20cm以下的常规炮弹[1-3]

该类炮弹全弹由弹丸、引信、底火等五大元件组成，这里只阐述有装药部分的弹丸（又称炮弹的战斗部），弹丸按其破坏效果分为普通杀伤榴弹、迫击炮弹、穿甲弹、燃烧弹、照明弹等。榴弹主要用来破坏防御工事杀伤有生力量，装填系数较航空炸弹小（10%~25%），弹重也多在90kg以下。燃烧弹内装有硝酸钾、硝酸钡、镁粉、钡粉等燃烧剂，照明弹内装有照明剂。

3 销毁方法的选择

正确选择销毁处理的方法是保证人员生命和财产安全的前提，由于废旧炮弹种类繁多，性能不一，组成成分敏感特殊，且具有较大危险性，为有效防止产生强烈的冲击波和燃烧剂、照明剂及弹片的扩散，伤及周围邻近居民及建筑物的安全又能保证销毁处理的完全、彻底，经露天诱爆法[2,3]和硐室内爆炸法的认真比较，同时考虑销毁场地能重复使用的要求，决定采用硐室内爆炸法进行销毁处理。

4 销毁场地的选择

销毁场地的选择应具备下列条件：（1）位置要远离库房、城镇、居民点、工矿企业、交通要道、通信线路、森林草原；（2）交通方便，便于载重汽车能驶入销毁场内和便于人员进出；（3）采用电爆作业时，销毁场不得选在距短波无线电发射机400m的半径范围和距离高频发射机1600m的半径范围内；（4）销毁硐室设计[4]：从硐口开挖20~25m引硐，7~10m横硐，内部销毁硐室为圆拱形，圆拱半径为3.5m墙高2m，钢筋混凝土衬砌厚度25cm，开挖体积为128.3m^3，设计销毁当量为500kg TNT；（5）销毁硐室内安装有压风和喷淋系统，采用压风、向硐内喷水，形成引硐→横硐→销毁硐室→硐口的排风系统，将爆生气体及时排出硐外，使销毁硐室温度迅速恢复正常。

5 爆破参数设计

5.1 废旧炮弹的装药量估算[1,3]

在无法辨识确定弹种及类型时，可根据下式进行估算航空炸弹和炮弹的等效TNT当量。

$$Q = \frac{\pi d^2}{4}(L - L_r)\beta\gamma$$

式中，Q为等效TNT当量，g；d为弹径，cm；L为弹体长，cm；L_r为弹头长，cm；β为当量系数，对于航弹：普通炸弹取1.35，半穿甲弹和穿甲弹取1.00；对于炮弹：口径175mm以下榴弹取1.35，其他取1.00；γ为装药换算系数，对于航弹：普通炸弹取1.64，半穿甲弹和穿甲弹取0.99；对于炮弹：榴弹取0.99，穿甲弹取0.26。

5.2 起爆药用量

起爆药量的使用，根据以往的实战销毁的经验总结，主要依据1990年1月中国人民解放军总后勤部军械部制订的《报废炮弹处理规则》，规定使用起爆药量[1]（见表1）。

表1　起爆药用量表

弹丸口径/mm	单发用量/kg	成堆用量/kg
50~100	0.2~0.6	0.8~2.0
105~155	0.6~0.8	1.6~2.5

以上炮弹均以榴弹计，引爆药用量以TNT或威力相当的炸药计。穿甲弹或变质的弹丸可酌情增加。若第一次销毁不完全，再次销毁时，引爆药用量应增加一倍。

5.3　废旧炮弹硐室内的布设[4,5]

由于废旧炮弹的品种繁杂、弹径大小不一，数量较多，采用辐射状的布设方法。销毁选择用一枚弹体长1.2m左右，弹径约380~400mm爆炸威力大，易起爆的航空炸弹做中心弹，立放在中央，并将其弹尾部埋入沙袋内，然后将其余弹丸成辐射状逐层地堆码在中心弹的周围直至与中心弹齐平，将每层弹丸的易引爆端紧靠中心弹，威力较小难于引爆的弹丸（如穿甲弹、照明弹及碎甲弹等）堆码在弹堆的下层部分，而弹堆的上层部分和最上层则应堆码弹径大、爆炸威力大、易引爆的弹丸（如普通炸弹、杀伤榴弹、迫击炮弹等）；每一层弹互相紧靠、码平，弹间隙用土填实，上层弹应对着下层弹间隙堆码，以增大上下层弹之间的接触面积；最上面的几层弹逐层减少数量，收缩堆顶，便于放置炸药包使所有第一层弹的端顶部都能被炸药压住。起爆药使用32mm TNT药柱，将药柱由中心弹的顶部向四周摆放，分别放置于弹丸与弹丸的间隙内，均匀摆放四层，共六箱144kg，再在上面加压沙包袋夯实，以尽可能的使炸药与待销毁的废旧炮弹接触，压完沙袋后，人员开始撤离，然后用沙袋堵塞硐口，最后由专门作业组的人员连接线路。

废旧炮弹硐室内销毁布设如图1和图2所示。

图1　废旧炮弹硐室内销毁布设

图2　硐室内销毁废旧炮弹

5.4　起爆网路

起爆网路采用2瞬发电雷管组成串联网路，并用专门的起爆器进行起爆。

6　销毁作业的实施

严密组织，是保证安全顺利地完成废旧炮弹销毁任务的关键措施。因此应根据废旧炮弹销毁工作的总体需要，将参加人员分成指挥组、作业组、运输组、警卫组、救护组等，并进行动员和训练，使每个参加人员明确自身担负的责任，负其责，认真过细地做好废旧炮弹销毁各步骤、各环节的工作[4-6]。

（1）指挥组。由现场指挥员、通讯员和信号联络员等组成。指挥组是保证废旧炮弹销毁作业安全、顺利进行的领导中心，现场指挥员由熟悉废旧炮弹工作和《报废炮弹处理规则》、具有较丰富的销毁作业经验的负责人担任，是废旧炮弹销毁工作现场的最高领导，负责掌握工作进程，调整各项作业的关系，调度现场人员、车辆，发布各阶段作业的命令、信号等。

（2）作业组。由经过训练的业务人员和爆破员组成，作业组的组长应由有经验业务骨干担任，作业组负责硐室内对废旧炮弹的布设、起爆和清理现场等作业。

（3）运输组。由搬运、押运和车辆驾驶人员组成。负责废旧炮弹的运输、押运和搬运工作等。

（4）警戒组。由公安民警组成。负责整个废旧炮弹销毁场的警戒安全，警戒组应熟悉信号、联络方法，明确警戒有关注意事项。

（5）救护组。由医生和卫生员组成。负责全场人员的卫生、医疗工作，特别是发生意外时抢救和护理伤病人员。救护车应开到现场，以备急需。

6.1 销毁场的布置

（1）划定销毁作业区，修筑掩体和指挥所。距离销毁硐室 110m 半径范围内，划作销毁作业区（即危险区）。销毁作业区，除现场指挥人员、销毁作业人员除外，其他人员不应进入，以保持销毁作业场的秩序和安全。

在距销毁硐室 150m 左右处，利用地形修筑人员掩体、废旧炮弹及点火器材掩体，作为人员隐蔽和存放待销毁废旧炮弹、点火器材的地方。人员掩体应有足够的防护能力，通常为地沟式，沟深 1.8m 左右，沟的宽度和长度应能容纳 4~10 人，沟上盖一层枕木，然后再覆盖 0.5m 以上的土层。掩体的位置应在爆破坑的上风方向，掩体的出入口应背向销毁硐口。废旧炮弹及器材掩体应距离人员掩体 100m 以上，而且雷管和炸药不得在同一掩体内存放。指挥所应修筑在便于观察全场的山丘或高坡上，并有良好的隐蔽和防护条件使指挥员视界开阔便于观察全场；使全场人员便于聆听和看清指挥所发出的命令、信号，销毁时能确保指挥所人员的安全。

（2）在有高草、树丛可能引起火灾的地方销毁废旧炮弹时，为防止引起火灾，应将爆破坑周围 50m 半径范围内的高草、树丛全部割掉。为了防止万一引起火灾后火势不致蔓延，还必须在距离爆破坑 200~500m 半径处，再留出 20~30m 宽的一圈防火道，并将防火道内的柴草、易燃物全部清除掉。

（3）销毁场内的通信联络，一般不用电话，用对讲机，对“准备起爆”“起爆”“撤警戒哨”等命令，可用对讲机通知全场。

（4）划定警戒范围，确定警戒人员、岗哨位置。警戒圈半径的大小，应根据要销毁的废旧炮弹品种和数量并参照表 2 中规定的数据确定。

表 2 销毁场地警戒安全距离

弹 种	销毁数量/发	破片飞散距离/m	警戒安全距离/m
手榴弹	100	250	500
75mm 榴弹	14	500	1000
105mm 榴弹	4	1000	1500
150mm 榴弹	2	1250	1500
150mm 以上榴弹	2	1500	2000

当销毁废旧炮弹的数量比表 2 中所列数量增加时，应适当增大警戒安全距离；当有山丘等自然屏障时，可视隐蔽程度适当缩小警戒安全距离。

6.2 安全防护

由于把所有待销毁废旧炮弹均匀的布设在销毁硐室内进行销毁处理，爆炸所产生的强烈冲击波和弹片及燃烧剂、照明剂等飞散物均被密实的堵塞在硐室内，不易消泄到硐室外，确保了硐外人员及四周邻近建筑物的安全，也避免了即使在爆炸时万一燃烧剂被飞溅到硐外所造成的火灾损失，可谓“一硐四防”。

7 销毁效果

起爆后，首先起动压风设备和喷水系统，排出爆生气体和降低硐室内温度，0.5h 后进入硐室内。硐室内的废旧炮弹全部被爆破粉碎，爆炸完全、彻底，即使个别由于内装炸药失效的废弹也被炸裂炸开，彻底地粉碎没有留下任何安全隐患，销毁非常成功。

8 结语

实践证明硐室内爆炸法进行弹药销毁处理是安全可靠的。其优点有：

（1）爆炸能量集中，待销毁的废旧炮弹充分受到强烈冲击波的殉爆而引爆，弹丸的内装药；

（2）有效防止由爆炸所产生的强烈冲击波向四周扩散对人员及周围邻近建筑物造成危害和爆生气体所造成大面积的污染；

（3）有效地控制了大多废旧炮弹在爆炸后产生相当数量的弹片的飞散；

（4）爆破后便于清理现场，不会致使个别未爆弹被抛射较远，无法清点而留下安全隐患；

（5）有效预防了特种弹（燃烧弹、照明弹等）在进行爆炸销毁时燃烧剂照明剂的飞溅所造成的危害。

硐室内爆炸法销毁炮弹除了安全可靠优点外，集中销毁的弹药种类范围广，一次销毁的弹药量大，销毁场地重复使用效率高等更是它值得广泛推荐使用的特点。

参 考 文 献

[1] 中国人民解放军总后勤部军械部．报废炮弹处理规则［M］．北京：解放军出版社，1990.

[2] 汪泉，郭子如，黄文尧．浅谈民用爆破器材的销毁［J］．爆破，2004，21（4）：89-90.

[3] 章克凌，徐春．废旧航、炮弹的辨识与销毁当量估算［J］．爆破，2003，20（2）：80-82.

[4] 杨军，苏平，李萍丰，等．诱爆销毁废旧炮（航）弹的爆破设计及组织实施［J］．工程爆破，2005，11（4）：83-87.

[5] 国家技术监督局，中华人民共和国建设部．BG 50154—92 地下及覆土火药炸药仓库设计安全规范［S］．1992.

[6] 朱爱华．用导爆索和射孔弹销毁废旧军事弹药［J］．爆破，2004，21（3）：75-76.

一种新型软土固化剂的研制

陆 华 刘 翼 傅建秋

（广东宏大爆破股份有限公司，广东 广州，510623）

摘 要：通过对软土固化机理的研究，结合火力电厂产生大量高钙粉煤灰和石膏等工业废渣的实际情况，提出了利用高钙粉煤灰、石膏与水泥按一定比例混合作为软土固化剂的作法。通过混合料配合比的正交化实验，得到了这种软土固化剂满足工程要求的最佳配合比。

关键词：软土固化剂；高钙粉煤灰和石膏；水泥掺入比；正交化实验

Research on Development of a New Type of Soft Soil Hardener

Lu Hua Liu Yi Fu Jianqiu

（Guangdong Hongda Blasting Co.，Ltd.，Guangdong Guangzhou，510623）

Abstract：Using two sorts of industry waste residue，such as high calcium fly ash（HFA），desulphogypsum which produced from thermal power plants，this paper addressed to the research on the harden mechanism of soft soil and put forward the opinion which produce a new type of soft soil hardener using HFA，desulphogypsum and cement，through the given ratio. We achieve the exactly ratio of this soft soil through orthogonal experiment of the ratio.

Keywords：soft soil hardener；high calcium fly ash（HFA）and desulphogypsum；ratio of cement；orthogonal experiment

1 引言

高钙粉煤灰是火力发电厂排出的废渣，多年以前就有人想方设法把它作为水泥混合料加以回收利用，它具有较高的细度、较小的需水量和较好的火山灰活性，早期强度发展快，具有很好的减水效果。然而由于高钙粉煤灰含有一定量的 f-CaO，用作水泥混合材时，超过一定量可能会引起安定性不良等严重后果[1,2]，因此一直到现在还未得到很好的利用。

搅拌法是软土加固的一种常用方法，它是以水泥作为固化剂的主剂，通过特制的搅拌机械边钻进边往软土中喷射浆液或雾状粉体，在地基深处就地将软土和固化剂强制搅拌，形成的抗压强度比天然土强度高得多，并具有整体性、水稳性的水泥加固土桩柱体[3]。搅拌法常用的固化剂是水泥，其质量占原状土的10%到20%。高钙粉煤灰作为排放量越来越多的工业废渣，它的细度、需水比、抗压强度比、水硬活性均优于普通粉煤灰[4,5]。因此，考虑用高钙粉煤灰来取代部分水泥作为软土固化剂以及是否满足加固强度要求，正是以下要研究的问题。

2 固化剂配比的确定

2.1 固化剂正交实验设计

根据以往的试验，选用水泥、高钙灰、石膏、石灰作为固化剂的原材料，通过正交化实验得出它

原载于《爆破》，2007，24：185-190。

们的最佳配比。正交实验法是一种使用正交表来安排和分析多因素试验的方法，具有“均衡分散性”和“整体可比性”的特点。它的主要优点是能在很多试验方案中挑选出具有代表性的少数试验方案，并通过对这少数试验方案结果的分析推断出最优方案[6]。

资料显示[7,8]，对软土加固水泥用量不宜少于8%（说明：此配比为质量比，即 w（水泥）：w（原状土）不小于8%，以下除特殊说明都为与原状土的质量比），尤其是对于淤泥质黏土，因此本试验将 w（水泥）固定为8%，改变 A：w（高钙灰）、B：w（石膏）、C：w（石灰）的掺量，基础配比为：

（1）高钙灰质量分数定为 A_1：4%、A_2：5%、A_3：6%；

（2）石膏质量分数定为 B_1：2%、B_2：3%、B_3：4%；

（3）石灰质量分数定为 C_1：0%、C_2：0.5%、C_3：1%；

（4）试验的水灰比为 w（水）：w（固化剂）= 1：2。

考核目标是无侧限抗压强度，因此试验方案设计为三因素三水平的正交表，见表1。

表1　正交实验设计表

试样编号	1	2	3	4	5	6	7	8	9
A	A_1	A_1	A_1	A_2	A_2	A_2	A_3	A_3	A_3
B	B_1	B_2	B_3	B_1	B_2	B_3	B_1	B_2	B_3
C	C_1	C_2	C_3	C_2	C_3	C_1	C_3	C_1	C_2

2.2　正交实验的结果

设计好试验方案后，将各种试验原料按比例配制，在同等条件先进行试验，实验结果见表2。

表2　正交实验结果分析

试样号	w（水泥）/%	w（高钙灰）/%A	w（石膏）/%B	w（石灰）/%C	无侧限抗压强度/MPa		
					7d	14d	28d
1	8	4	2	0	0.824	0.992	1.001
2	8	4	3	0.5	1.086	1.279	1.441
3	8	4	4	1	1.073	1.594	1.871
4	8	5	2	0.5	0.667	0.952	1.04
5	8	5	3	1	1.031	1.204	1.287
6	8	5	4	0	1.043	1.723	2.007
7	8	6	2	1	0.748	0.907	0.889
8	8	6	3	0	0.787	1.377	1.506
9	8	6	4	0.5	1.265	1.734	1.766

2.3　正交实验结果的分析及最佳配比

2.3.1　直观分析

从表2可以直接看出，7d和14d的无侧限抗压强度最高的为9号试验，其组合条件是 $A_3B_3C_2$，第6号试验的28d无侧限抗压强度则明显高于其他试验，其组合条件是 $A_2B_3C_1$。

2.3.2 计算分析

2.3.2.1 K值和极差R

对第一列（因素A）抗压强度K1的计算：

K1是A因素1水平3次试验结果之和；

K2是A因素2水平3次试验结果之和；

K3是A因素3水平3次试验结果之和；

其他各列K的计算方法与此类同；

极差R为各列的K1、K2、K3三数中用大数减小数求得。

极差R的大小用来衡量实验中相应因素作用的大小。极差大的因素，说明它的3个水平对考核指标所造成的差别大，通常是重要因素，而极差小的因素，往往是不重要的因素。由表3可以看出，因素的主次顺序对7d，14d和28d无侧限抗压强度均为B>C>A，说明石膏的掺量为主要因素，其次是石灰，再次是高钙灰。

表3 无侧限抗压强度直观分析结果

时间	编号	高钙灰A	石膏B	石灰C	抗压强度/MPa
7d强度	K1	2.983	2.239	2.654	7d强度总合 $\sum$=8.524
	K2	2.741	2.904	3.018	
	K3	2.8	3.381	2.852	
	R	0.242	1.142	0.364	
14d强度	K1	3.865	2.851	4.092	14d强度总合 $\sum$=11.762
	K2	3.879	3.86	3.965	
	K3	4.018	5.051	3.705	
	R	0.153	2.2	0.387	
28d强度	K1	4.313	2.93	4.714	28d强度总合 $\sum$=13.008
	K2	4.534	4.234	4.247	
	K3	4.161	5.844	4.047	
	R	0.373	2.914	0.667	

2.3.2.2 方差分析

在正交实验的直观分析中，使用极差法来分析数据的，它简单易懂，能直观地描述问题。但是极差法没有把由于因素水平的改变所引起的数据波动与实验误差引起的数据波动区别开来，因而一般不能顾及实验误差的大小。同时，也没有提出一个标准，用来判断所考察的因素作用是否显著，特别是当因素是显著时，分清哪些水平之间是否有显著差别。为了搞清这些问题，可采用方差分析。

给定显著性水平$\alpha=0.01$，$\alpha=0.05$与$\alpha=0.1$，由表4计算得到加固土28d无侧限抗压强度方差分析结果，见表4。

表4 加固土28d抗压强度方差分析结果

方差来源	平方和S	自由度f	均方V	F值	临界值	显著性
高钙灰掺量	$S_A=0.023$	2	0.0115	0.535	$F_{0.01}(2,2)=99$	*
石膏掺量	$S_B=1.42$	2	0.71	33.02	$F_{0.05}(2,2)=19$	
石灰掺量	$S_C=0.078$	2	0.039	1.814	$F_{0.1}(2,2)=9.0$	
e	$S_o=0.043$	2	0.0215			
总合	$S_T=1.564$					

分析：(1) 检验高钙灰对加固土28d无侧限抗压强度的影响：给定显著性水平$\alpha=0.1$，在F分布表上查得自由度$F_{0.1}(2,2)=9.0$，而高钙灰掺量的F值$=0.535<F_{0.1}(2,2)=9.0$，所以高钙灰掺量对加固土28d强度没有较大的影响。

（2）检验石膏掺量对加固土 28d 强度的影响：给定显著性水平 $\alpha=0.05$ 和 $\alpha=0.1$，在 F 分布表上查得自由度 $F_{0.05}$（2，2）= 19，$F_{0.1}$（2，2）= 9.0，因为石膏掺量的 F 值 = 33.02 < $F_{0.01}$（2，2）= 99，但是 > $F_{0.05}$（2，2）= 19，因此石膏掺量影响显著。

（3）检验石灰对加固土 28d 无侧限抗压强度的影响：给定显著性水平 $\alpha=0.1$，在 F 分布表上查得自由度 $F_{0.1}$（2，2）= 9.0，而石灰掺量的 F 值 = 1.814 < $F_{0.1}$（2，2）= 9.0，所以石灰掺量对加固土 28d 强度没有较大的影响。

2.3.2.3 固化剂的最佳配比

对加固土 7d、14d 和 28d 无侧限抗压强度的影响：石膏掺量对强度影响显著，高钙灰和石灰的掺量看不出有较大的影响。因为以 28d 的强度作为加固土的考核指标，所以固化剂的最佳组合为 $A_2B_3C_1$，即高钙灰的质量百分比为 5%、石膏的质量百分比为 4%、石灰的质量百分比为 0%。

3 固化剂掺量变化时对加固土强度的影响

根据正交实验，得到固化剂的最佳配比为 $A_2B_3C_1$，即此固化剂由水泥、高钙灰和石膏组成，高钙灰和脱硫石膏的组合（称之为 GT 型掺合料）w（高钙灰）：w（石膏）= 56：44。因为为了减少试验数量，在正交实验中将水泥质量百分比固定为 8%，其原因在于水泥作为软土固化剂，其主要的作用是利用水泥水化所生成的 CSH 对软土的胶结作用，如果水泥量过少，则没有足够的 CSH 来胶结软土，另外由于在正交实验中得到的结果显示：高钙灰掺量对固化土的无侧限抗压强度并不显著，为了印证解释和笔者所研制的固化剂的加固效果以及高钙灰在固化剂中所起的作用，笔者设计了 4 组实验。

（1）将正交实验所得的最佳配比中将水泥量考虑进去，即 w（水泥）：w（高钙灰）：w（石膏）= 47：30：23，然后将总量固定为占原状土的质量百分比为 12%、14%、17%以及 20%，测定其 7d、14d 和 28d 的无侧限抗压强度，结果见表 5。

表 5 不同配比各龄期的固化土试验结果

w（水泥）/%	w（高钙灰）/% A	w（石膏）/% B	w（固化剂）/% C	含水率	无侧限抗压强度/MPa		
					7d	14d	28d
5.64	3.48	2.88	12	47.78	0.312	0.383	0.487
6.58	4.06	3.36	14	47.78	0.721	0.741	0.939
8	5	4	17	45.63	1.043	1.723	2.007
9.4	5.8	4.8	20	45.63	1.272	1.711	2.234

从实验结果可以看出，水泥量太少的话，即使掺加了一定比例的 GT 掺合料，也达不到好的强度。从图 1 中看水泥质量百分比从 6.58%到 8%的时候，强度有很大的增长，也很好地说明了在固化土中必须要有足够的胶结料，即水泥与 GT 掺合料配合使用才会取得更好的加固效果这个理论。

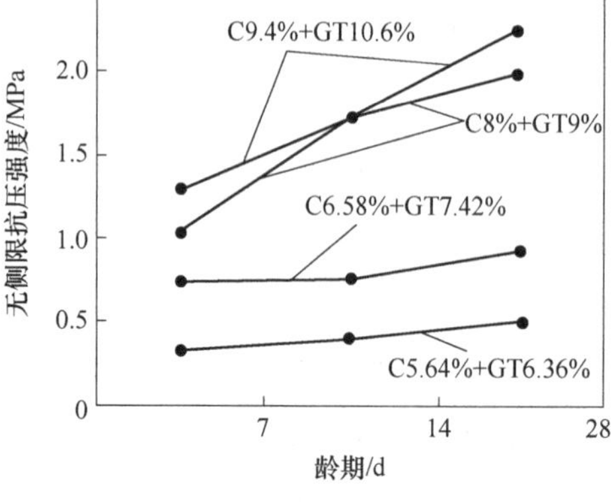

图 1 不同配比各龄期的固化土试验结果

（2）固定水泥掺量为8%，掺入总量为占原状土的质量百分比为12%、14%、16%和18%，根据不同掺量将配好的GT型固化剂（w（高钙灰）：w（石膏）= 56：44）加入其中，测其7d、14d、28d和90d的强度，并与同掺量的水泥土强度加以对比。实验结果见表6。

表6 不同配比各龄期的固化土试验结果

序号	w（水泥）/%	w（GT掺合料）/%	无侧限抗压强度/MPa			
			7d	14d	28d	90d
1	12	0	0.296	0.836	0.93	1.356
2	8	4	0.862	0.928	1.153	1.447
3	14	0	0.314	1.233	1.265	1.784
4	8	6	1.051	1.289	1.401	1.821
5	16	0	0.399	1.38	1.517	2.367
6	8	8	0.787	1.262	1.455	2.528
7	18	0	0.452	1.517	1.808	
8	8	10	0.919	1.576	1.887	

（3）固定水泥掺量为10%，掺入总量为占原状土的质量百分比为14%、16%、18%和20%，根据不同掺量将配好的GT型固化剂加入其中，测其7d、14d、28d的强度，并与同掺量的水泥土强度加以对比。实验结果见表7。

表7 不同配比各龄期的固化土试验结果

序号	w（水泥）/%	w（GT掺合料）/%	无侧限抗压强度/MPa		
			7d	14d	28d
1	14	0	0.314	1.233	1.265
2	10	4	1.034	1.119	1.236
3	16	0	0.399	1.38	1.517
4	10	6	1.025	1.614	1.822
5	18	0	0.452	1.517	1.808
6	10	8	1.417	1.965	2.337
7	20	0	0.675	1.968	2.195
8	10	10	1.127	1.776	2.051

以固化剂总量为16%，对上述①、②、③设计方案的配比作了对比（见图2），可以看到，单掺水泥的早期强度最低，14d和28d的强度②组的较低，但是单掺水泥的加固土90d的强度发展不如②组的后期强度，第③组的则无论是早期强度还是晚期强度均高于前2组，说明水泥和GT掺合料合理配合使用可以更好地发挥其作用。

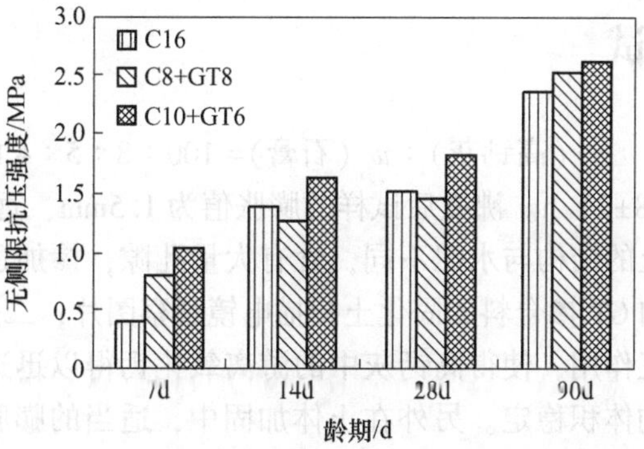

图2 不同配比固化剂（总量16%）强度对比图

（4）为了求证高钙灰的活性以及它在软土固化中所起的作用，第 4 组的试验方案为保证水泥和石膏的掺量不变，设计不掺加高钙灰以及分别掺加等量普通粉煤灰和高钙灰到固化剂中，测其 7d 和 14d 的无侧限抗压强度，试验结果见表 8。

表 8　不同加固土抗压强度结果

w（水泥）/%	*w*（高钙灰）/%	*w*（石膏）/%	*ω*（固化剂）/%	含水率	无侧限抗压强度/MPa		
					7d	14d	28d
8	4.4	3.6	0	16	47.06	0.787	1.262
8	4.4	0	3.6	16	47.78	0.592	0.813
8	4.4	0	0	12	48.51	0.406	0.684

从第 4 组的实验结果可以看出，高钙灰的活性要好于普通灰，在软土加固中也起到了较好的作用。

4　高钙粉煤灰用于水泥浆体中的安定性测试

本试验按照 EEGB 1346—89 所规定的沸煮方法进行。试验时将高钙粉煤灰按 *w*（高钙灰）：*w*（水泥+高钙灰）分别为 10%、20%、30%、40%的掺量掺入到水泥熟料中制成高钙粉煤灰水泥试样，装入预先准备好的雷氏夹，盖上稍涂油的玻璃板，接着将试件移至标准养护箱内养护（24±2）h。之后将养护好的试件先测量指针头端尖的距离，然后将试件放入沸煮箱内在（30±5）min 内加入至沸，并沸腾（180±5）min，再测定试件指针头端尖的距离，算出距离的差值。结果如图 3 所示。

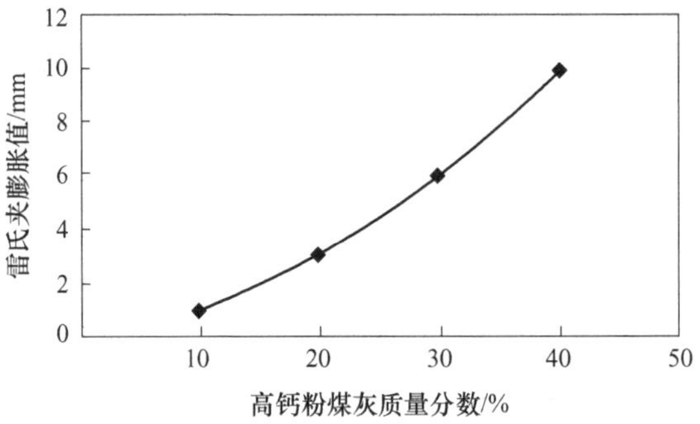

图 3　高钙粉煤灰质量分数与雷氏夹膨胀值的关系

从图 3 中可以看出，混合水泥的雷氏夹膨胀值随高钙粉煤灰的掺量增大而增大，当高钙粉煤灰质量分数大于 30%时，膨胀值就会大于 5mm，水泥就会表现出安定性不良。

5　加固土的安定性测试

将 *w*（软土）：*w*（水泥）：*w*（高钙灰）：*w*（石膏）= 100：8：5：4 的比例制成加固土试样，装入雷氏夹，在养护箱内养护（48±2）h。沸煮后试样的膨胀值为 1.5mm，远远小于 5mm，安定性为合格。分析其原因有两点：一是软土的结构与水泥不同，含有大量孔隙，掺加适量的石膏起了填充孔隙的作用，如图 4 和图 5 所示，掺加 GT 掺合料的固化土扫描电镜观察图片；二是高钙灰与土体的反应表明在高钙灰和土体拌合后发生相互作用，使得高钙灰中的游离氧化钙得以迅速消解，从而有利于加固软土产生强度，也有利于加固土的体积稳定。另外在土体加固中，适当的膨胀对桩间土有挤密作用，有利于桩间土的强度增长。

图 4 土体孔隙细部结构

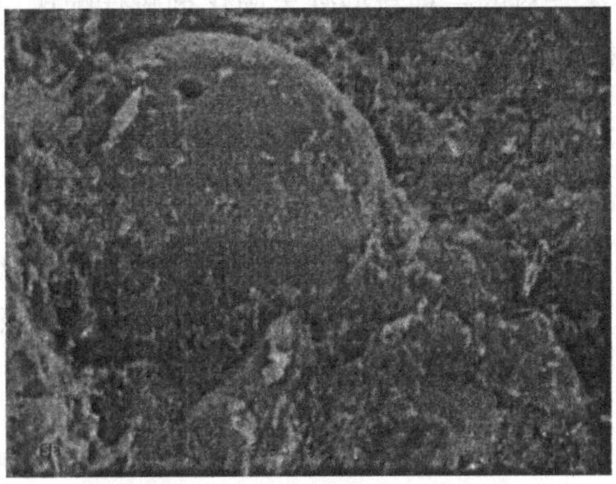

图 5 加固土高钙灰细部结构

6 加固土的变形性质

利用 MTS 试验机做出相关数据，然后选择有代表性的做出水泥土和加固土的应力-应变曲线，进行进一步的对比和分析，试验结果如图 6 和图 7 所示。

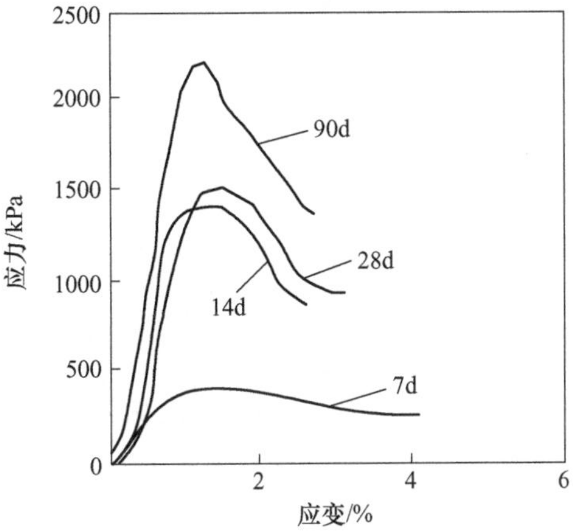

图 6 水泥加固土 e-ε 曲线（$a_w=16\%$）

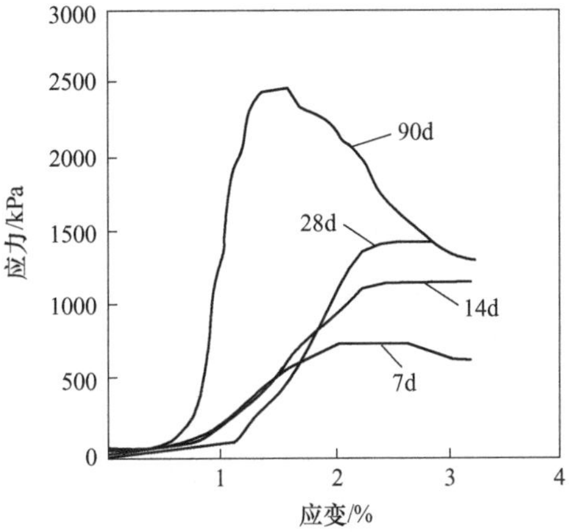

图 7 加固土 e-ε 曲线（C8%+GT8%）

由图中的应力-应变曲线可以看出无论是水泥土还是掺加了 GT 掺合料的固化土而言，在受力的开始阶段应力应变的关系基本上符合胡克定律，当外力达极限强度的 70%～80%时，应变开始增大，应力应变不再呈直线关系。不同的是，当外力达极限强度时，对此 2 种加固土，在其 7d 极限强度较小的时候，表现为弹塑性破坏。有关文献［3］指出，水泥加固土（淤泥质类黏性土）当 g_u<1. 0MPa 的时候，表现为弹塑性破坏，破坏后残余强度较大；而当 g_u>1. 0MPa 的时候，则很快出现脆性破坏，残余强度很小。从图 6 可以看出很好地符合了这个理论，并且可以看到，强度越大其残余强度越小。但是对于掺加了 GT 掺合料的固化土可以看出，当 g_u 达到 1. 5MPa 的时候，还基本表现为弹塑性破坏，到 90d 强度达到 2. 5MPa 的时候才表现为脆性破坏。

7 结论

利用电厂生产的工业废渣高钙粉煤灰和脱硫石膏与水泥配合，针对高含水量、高孔隙比以及有机质含量较高的淤泥质软黏土，做了大量的室内实验研究，通过改变单个掺量以及正交实验法得到不同配比加固土的一些物理、力学性质，通过多因素分析，得出了满足工程要求适用于淤泥质软黏土的掺有 GT 掺合料的一种新型软土固化剂较佳配比，即水泥质量百分比占固化剂总量的 40%~50%，高钙灰占 20%~30%，石膏占 20%~30%。

参 考 文 献

[1] 邓岗．高钙粉煤灰的活性及其影响因素［J］．粉煤灰，1996（3）：27-29.

[2] 施惠生．高钙粉煤灰用作水泥混合材若干问题的探讨［J］．水泥，1997（5）：3.

[3] 牛志荣．地基处理技术及工程应用［M］．北京：中国建材工业出版社，2004：391-470.

[4] 庄楚强，吴亚森．应用数理统计基础［M］．广州：华南理工大学出版社，1992：247.

[5] 周国钧，胡安同，黄新．水泥系深层搅拌法试验研究回顾［J］．工业建筑，1994（9）：3-8.

[6] 叶关宝．地基加固新技术［M］．北京：机械工业出版社，2002：124-150.

[7] 孙仁廷．粉喷桩的应用及需注意的问题［J］．建筑结构，2003：43-47.

[8] 李恒．高钙粉煤灰及水泥组合粉喷搅拌法加固地基的试验研究［J］．粉煤灰，1995（4）：14-24.

固相一次起爆型FAE燃料的优化选择

崔晓荣[1,2]　罗　勇[1]　周听清[2]　沈兆武[2]

（1. 广东宏大爆破股份有限公司，广东 广州，510623；
2. 中国科学技术大学 力学系，安徽 合肥，230027）

摘　要：为从品种繁多、特性各异的燃料中选择较佳的燃料配方，以提高固相一次起爆型FAE的威力，利用一次起爆型燃料空气炸药比两次起爆型燃料空气炸药的燃料选择和云爆技术联系更紧密的特点，建立了燃料优化设计系统模型。新模型的建立为选择较佳的燃料配方提供了可能。

关键词：材料科学；燃料空气炸药；优化设计；超压；爆炸冲量；威力评价

Optimization Design of Fuel Charged in Solid Single-event FAE

Cui Xiaorong[1,2]　Luo Yong[1]　Zhou Tingqing[2]　Shen Zhaowu[2]

(1. Guangdong Hongda Blasting Co., Ltd., Guangdong Guangzhou, 510623;
2. Department of Modern Mechanics of USTC, Anhui Hefei, 230027)

Abstract: To effectively select the fuel charged in single-event FAE warhead, and improve the power of solid single-event FAE, according to the characteristics of single-event FAE, an optimization design system model of fuel charged in FAE is established. Through the new optimization design system model, the fuel charged in single-event FAE warhead can be selected effectively.

Keywords: material science; fuel air explosives (FAE); optimization design; overpressure; explosion impulse; power evaluation

美国从1966年开始生产燃料空气炸弹，目前已经是第三代。其中第一、第二代燃料空气炸药（FAE）是两次起爆型，第三代是一次起爆型，从而简化了武器结构，提高了武器性能，拓宽了应用范围，增强了自身生存能力，降低了费效比。但一次起爆系统对燃料的离散与爆轰的协调性要求更加严格，使燃料空气炸药的两个主要研究方向——燃料组成和云爆技术更加紧密地集合在一起[1,2]。

由于一次起爆型燃料空气炸药的中心装药既是抛撒燃料的能量来源，也是二次引爆的能量来源，所以一次起爆型FAE燃料的选择要同时考虑能量性能和云爆技术。燃料选择牵涉到燃料的储能、敏感度、氧平衡、起爆机理、抛撒的均匀性、爆轰的稳定性等问题。基于燃料选择的复杂性，本研究应用系统工程中的优化理论，建立了FAE燃料的分析评价模型，筛选出较佳的燃料组分，并得出较佳的燃料配比，为后续研究提供条件。

1　评价模型

1.1　目标函数的确定

一次起爆型FAE与两次起爆型FAE相比，燃料的离散与云雾爆轰之间的自协调性要求更高，

基金项目：广东省科技计划资助（2006B37301005）。
原载于《火炸药学报》，2008，31（1）：12-15。

所以两次起爆型 FAE 的燃料分析评价模型[3] 并不适用于一次起爆型 FAE 的燃料优化选择。一次起爆型 FAE 燃料的选择，不能仅用燃料的潜能作为决策目标，而应该综合考虑高能燃料选择和云爆技术，即目标决策函数不仅要注重 FAE 战斗部潜能的大小，同时还要考虑潜能的充分、有效地激发。

衡量 FAE 战斗部威力的参数主要有超压峰值、正相超压作用时间和正相爆炸冲量。根据战场需求和目标耐压能力不同，它们的重要性不同。对耐压较高的目标，如技术兵器、车辆、舰船等，应以提高云雾区的爆炸强度为主，兼顾扩大云雾覆盖面积和延长爆炸作用时间；对耐压较低的目标，如停机坪飞机、未加固建筑物和非耐压雷场，以尽可能扩大冲击波的有效作用区为主；对于通用性的也可两者兼顾。基于 FAE 战斗部的爆炸场参数，其威力评价标准有超压准则、冲量准则、超压-冲量准则[4,5]。这 3 个威力评价准则的选取，也应根据战场需求和打击目标的抗爆性能决定。因此，选择 FAE 战斗部的威力作为目标函数。

1.2 自变量的选择

一次起爆型 FAE 的燃料选择与云爆技术是紧密相联、相互制约的，影响因素多，很难选择某一种燃料同时满足提高战斗部威力诸方面的要求。因此，要选择多种燃料进行配比、组合。为了便于定性和定量研究，将各燃料组分的质量配比作为决策系统的自变量，通过调节、改变燃料组分的质量配比优化目标函数。

1.3 约束条件

燃料是 FAE 战斗部的能量来源，其组分应根据威力评价标准（目标函数）对燃料性能的要求来确定。因此，将对燃料性能的要求作为决策系统的约束函数，包括对燃料的能量性能、起爆性能、离散性能、经济性能、使用性能等诸方面的要求。本研究主要考虑燃料的能量性能、起爆性能、离散性能这 3 个约束条件，兼顾经济性能和使用性能，从而减少约束条件的数量，有利于燃料组分的选择和后续研究工作的顺利开展。

1.4 决策系统模型

以威力评价为目标函数，燃料组分配比为自变量，对燃料性能的要求为约束条件，便可建立优化决策系统。根据目标函数（威力评价）的要求，提出约束条件（即对燃料性能的要求）；再根据燃料性能这个约束条件，选择燃料组分。燃料组分选定以后，以各燃料组分配比作为自变量，调节各组分的质量配比，进行定量分析，优化系统，最终获得较理想的 FAE 燃料配方。因此，模型简化为：在一定的约束条件下，燃料组分的配比（自变量）决定着战斗部的威力（目标函数），本系统就是寻找目标函数的极大值；另外，根据不同的威力评价标准和战场需求，又可反向调节、确定燃料配比，对系统进行优化。

威力评价、燃料性能和燃料组分之间的制约关系如图 1 所示。

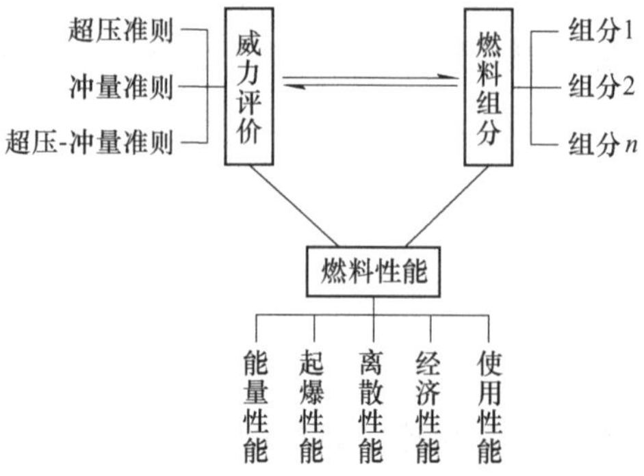

图 1 网络模型

Fig. 1 Model of network

1.5 网络关系的数学表述

基于国内外关于燃料选择的研究，能够筛选出较佳的燃料组成及配比，所以可将威力评价与燃料性能之间的因果关系弱化，避免燃料选择中出现的耦合制约，从而简化模型，便于数学表述和最终战斗部配方的选定。因此，问题简化为在一定的约束条件（即对燃料性能的要求）下，求目标函数（即威力评价）的极大值，其中目标函数是各燃料组分配比的函数。根据约束条件选定燃料组分以后，目标函数仅是各燃料组分配比的函数。

目标决策模型的数学表述为：

Max $F_i(x_j)$，其中：$i=1, 2, 3$；$j=1, 2, \cdots, n$

满足 $h_k(x_j)<0$，其中：$k=1, 2, \cdots, m$

式中，F 为目标函数；$F_1 \sim F_3$ 依次表示超压准则、冲量准则、超压-冲量准则；x 为自变量，$x_1 \sim x_j$ 依次表示各燃料组分；$h_k(x_j)$ 为约束条件。

2 燃料的优化选择

根据上述分析，对固相一次起爆型燃料空气炸药选择 3 种固态燃料组元进行配比，组成新型复合燃料，这种复合燃料自身是一个可根据燃料组分质量配比进行调节的可变系统。因此，问题简化为

目标函数： $$F(\lambda_j)_{\max} = ZF_1(\lambda_j) + (1-Z)F_2(\lambda_j)$$

式中，$F(\lambda_j)_{\max}$ 为此系列燃料空气炸药的超压；$F_2(\lambda_j)$ 为爆炸冲量；λ_1 为某高能金属粉的含量；λ_2 为某高能炸药的含量；λ_3 为某碳氢化合物的含量。

约束条件：能量性能，即高能金属粉的能量密度较高，经济适用；起爆性能，即调节某高能炸药的含量，改变冲击起爆的敏感性；离散性能，即易挥发的固体燃料，气态分子与空气的混合物填充于燃料颗粒间，有利于云雾爆轰的稳定传播，同时也是弹体成型的黏结剂。

基于一系列配套研究工作[6]：（1）通过 3 种燃料配方（3 种燃料 X、Y 和 Z 质量比分别为 50：30：20，40：30：30，30：30：40）的对比实验得出，三组元固态混合燃料较佳的质量配比为 40：30：30。（2）通过 1200kg/m^3 和 1500kg/m^3 两种弹体密度的对比研究得出，适当增加弹体密度可增强这种固态燃料混合物的爆炸威力。所以，本实验中，X 的质量分数取 40%，弹体密度取 1500kg/m^3，有利于提高燃料空气炸药的威力。3 种固态燃料组分的质量比分别为：40：30：30，40：20：40，40：10：50。

3 实验

3.1 弹体设计

弹体设计如图 2 所示。装药密度均为 1500kg/m^3，中心装药的比药量为 10%。其中，填充 0.5kg 燃料 FAE 战斗部的尺寸为 ϕ62mm×120mm，因各燃料组分的质量分数不同，弹体成型压力略有差别，以便弹体直径统一。

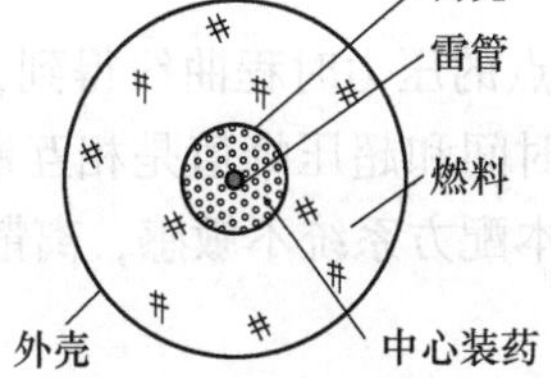

图 2 FAE 弹体结构

Fig. 2 Structure of FAE

3.2 网络测试系统

实验时将弹体悬吊在距离地面上方1.2m处（见图3），利用8号电雷管先引爆中心装药，再由被引爆的中心装药抛撒主装药，形成燃料颗粒与空气的混合物，实现分散爆轰。

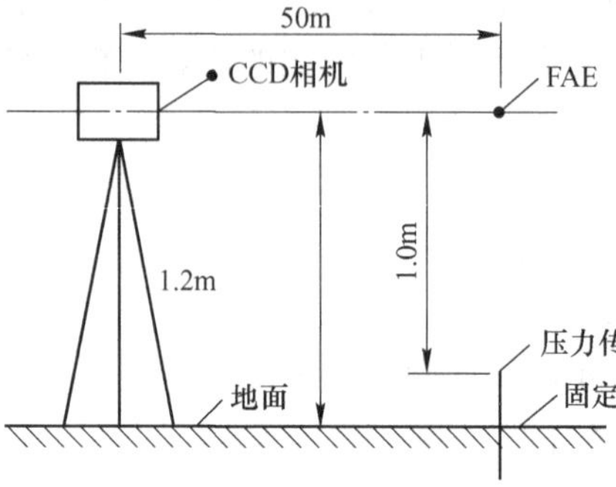

图3 弹体和仪器的安放位置

Fig. 3 Arrangement of FAE and equipment

传感器布置在弹体的东南西北4个方向，即距弹体不同测试距离均有4个测点，以消除燃料分布不均匀性的影响。

3.3 爆炸场分析

在靶场试验时，每种配方制作3个弹体，爆炸效应取3者的平均值，所测的爆炸场中各点的压力时程曲线分析如下。

（1）超压峰值。图4为爆炸场超压峰值（p）随测试距离的分布，d为FAE装置到测点的距离。FAE为分散爆轰，爆炸超压场出现二次峰值，且远场超压明显优于等质量的TNT标准弹。不同配方的FAE相比，近场超压（火球内）和中、远场超压峰值都随高能金属粉Y含量的增多而增大；随着固态有机化合物Z含量的增加而减小；随着高能金属粉含量的增大，超压增长和衰减更为迅速。

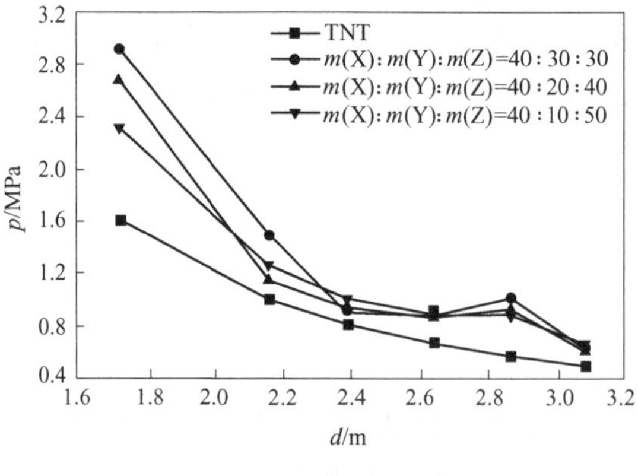

图4 超压场分布

Fig. 4 Distribution of overpressure

（2）正压作用时间。由爆炸场中各点的压力时程曲线得到，随着高能金属粉含量的增加，冲击波的正压作用时间变短。可见，正压作用时间和超压峰值是相互制约的。由压力时程曲线中的前端冲击波进行积分所得正相爆轰冲量，相对于本配方系统不敏感，离散性大，规律性不强。

4 结论

本文结论如下所示。

（1）以提高 FAE 爆轰威力（目标函数）为出发点，选择了 3 个主要约束条件（能量性能、起爆性能和离散性能）作为燃料取舍的依据。对应 3 个约束条件，分别选择各具特点的燃料组元，通过调节燃料组元的质量配比，配制成一系列复合燃料。实验证明，燃料的优化选择思路是可行的，避免了燃料选择的盲目性。

（2）通过调节各组分的质量配比，改变复合燃料的能量性能、起爆性能和离散性能，使目标函数（威力）取极大值；反之，也可根据打击目标的抗爆能力决定燃料组分的配比，攻其弱点，从而达到系统优化的目的。

参考文献

[1] 惠君明，刘荣海，葛桂兰．提高 FAE 威力的研究（Ⅰ）——高能燃料的选择［J］．南京理工大学学报，1995，19（5）：472-476.

Hui Junming，Liu Ronghai，Ge Guilan. Study on increasing the power of FAE（Ⅰ）——section of high energy fuels［J］. Journal of Nanjing University of Science and Technology，1995，19（5）：472-476.

[2] 惠君明，张正才．提高 FAE 威力的研究（Ⅱ）——云雾起爆与爆轰的讨论［J］．南京理工大学学报，1995，19（6）：493-496.

Hui Junming，Zhang Zhengcai. Study on increasing the power of FAE（Ⅰ）——The discussion of cloud initiation and detonation［J］. Journal of Nanjing University of Science and Technology，1995，19（6）：493-496.

[3] 贵大勇，冯顺山，刘吉平．高威力 FAE 液态燃料的优化选择［J］．火炸药学报，2002，25（3），14-16，25.

Gui Dayong，Feng Shunshan，Liu Jiping. The optimization selection of liquid fuels for high power FAE［J］. Chinese Journal Explosives and Propellants，2002，25（3），14-16，25.

[4] 王海福，王芳，冯顺山．FAE 威力评价方法与目标防护分析［J］．中国安全科学学报，1998，8（5）：56-59.

Wang Haifu，Wang Fang，Feng Shunshan. Evaluation method of FAE power and target protection analysis［J］. China Safety Science Journal，1998，8（5）：56-59.

[5] Abrahamson G R，Lindberg H E. Peak Load－Impulse Characterization of Critical Pulse Loads in Structural Dynamics，Dynamic Response of Structure［M］. New York：Permagan Press，1972.

[6] 王德润，周听清，周凯元，等．多元混合燃料一次引爆实验研究［J］．力学与实践，2004，26（6）：58-61.

Wang Derun，Zhou Tingqing，Zhou Kaiyuan，et al. Experimental study on singleignition of multicomponent fuel mixture［J］. Mechanics in Engineering，2004，26（6）：58-61.

民防演练中炸点显示的爆破优化

刘　翼　温建平

（广东宏大爆破股份有限公司，广东 广州，510623）

摘　要：为实现民防演练中炸点显示的爆破优化，通过多次探索和实验，分别从单点用药量、炸点之间时间与空间的间隔、炸点显示的效果、引爆炸点的时机等方面进行了优化设计，最终达到声光色俱佳的显示效果，为今后民防演练中炸点显示提供参考依据。

关键词：民防；演练；炸点显示；爆破优化

Blasting Optimization in Burst Display of the Civil Defence Simulation

Liu Yi　Wen Jianping

(Guangdong Hongda Blasting Co., Ltd., Guangdong Guangzhou, 510623)

Abstract: In order to realize blasting optimization of burst display in the civil defence simulation, explosive mass of single burst, burst interval of time and space, effect of burst display and occasion of detonation ect. were optimized based on multiple exploratory experiment in preliminary simulation, then there was a fantastic effect of sound, light and colour in formal simulation at last. It provides valuable experience for the special topic of burst display and will provide reference for burst display in civil defence.

Keywords: civil defence; simulation; burst display; blasting optimization

从20世纪80年代起，许多国家的政府将原先仅用于作战时防空袭的机构扩大为战时防空、平时防灾双重职能的民防机构。我国的许多城市也开展了人防向民防转变的工作。所谓民防，就是政府把民众对战争灾害、自然灾害、人为灾害和突发事件的预防救援工作纳入统一管理轨道。广州市自20世纪90年代末开始，在人防向民防转变、实现"两防"一体化方面进行了实践和探索，积累了经验，取得了成效。

1　民防演练概况

2007年9月，在广州市人防办的组织下，进行了一次为期4d的"羊城天盾"大型民防预案演习。预案演习是对应急能力的综合检验。应急演习包括桌面演习和实战模拟演习，组织由应急各方参加的预案训练和演习，使应急人员进入实战的状态，熟悉各类应急处理和整个应急行动的程序，明确自身的职责，提高协同作战的能力；同时对演练的结果进行评估，分析应急预案存在的不足，并予以改进和完善。应急训练的基本内容主要包括基础训练、业训练、术训练及其他训练[1]。本次预案演习属实战模拟演习，且进行了3次预演和1次正演。本次正演于2007年9月16日下午举行，涵盖全市十区，参演、控制、模拟、评价、观摩等共计2万多名干部群众，300多辆车在长1000m、宽500m三面环山的大平台上，演练了代号为"羊城天盾"的防空演习。演习模拟了大量"敌军"的战斗机、隐形轰炸

基金项目：广东省科学技术研究项目（2006B37301005）。

原载于《火工品》，2008（5）：54-56。

机、巡航导弹等武器袭击市内桥梁、供水、供电、供气、通信、交通、化工、油库等设施，设施被炸、毒气泄漏，人民生命财产安全受到威胁，警报控制中心启动预警信号，应急各方对来袭“敌机”进行拦截打击，并组织人员疏散、援救，同时扑灭大火、排除险情、抢修恢复工程。其中模拟敌机投弹引起地面爆炸的显示任务由广东宏大爆破股份有限公司承担。

2 炸点显示的方案设计

按照演练的设计，模拟敌机的航模分 3 条路线在空中盘旋后向地面投弹，敌机轰炸路径及炸点显示平面图如图 1 所示，每次投弹间隔 10min，分别向场地东边、西边、中部投弹，每次地面显示 10 个炸点。为了形象地模拟地面爆炸的情形，在航模路径下方，设置炸药爆炸点。每次事先把每个炸点连接好，用 3 条主导线引到安全范围内的同一起爆点，在敌机经过并投下模拟炸弹时起爆。

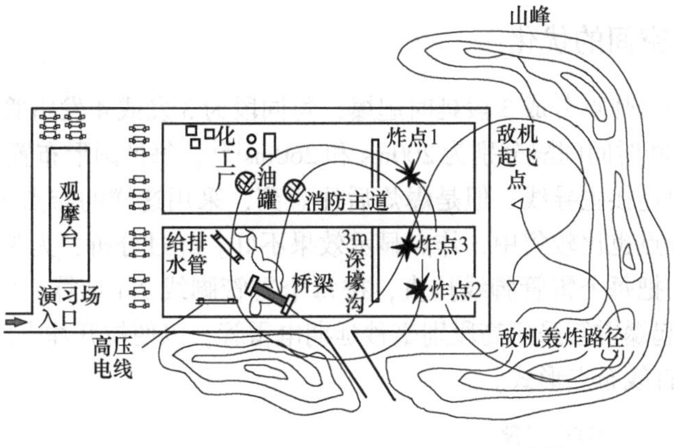

图 1 敌机轰炸路径及炸点显示平面图

Fig. 1 Plan sketch of the bombing route and burst display

3 炸点显示的爆破优化

在炸点显示的任务中，为了保证观摩人员的安全以及达到声光色等满意的效果，广东宏大爆破股份有限公司技术人员在预演阶段进行了多次模拟实验，分别从单点炸药量、炸点之间时间与空间的间隔、炸点显示的效果、引爆炸点的时机等方面进行了炸点显示的爆破优化。

3.1 单点炸药量的优化

考虑到观摩人员的安全，人防办要求把炸点设在距离主席台 500m 的空旷地带，然而实际操作中需要考虑单点装药量的问题，用药量太大则响声也大，甚至威胁人员的安全，用药量太小则起不到显示效果。单点炸药量具体用多少在类似民防演习中找不到参考依据。为了解决这一问题，广东宏大爆破股份有限公司技术人员在民防预演前进行了 3 次不同单点药量的爆炸实验，实验布置如图 2 所示。实验中采用直径 32mm 标准包装的粉状乳化炸药，每次起爆用药分别为 1 条、2 条、3 条，即分别为 150g、300g、450g，同时在主席台安装摄影机和噪声计，派专人分别记录下每次起爆的爆炸情景和噪声大小，实验结果见表 1。通过对比分析实验结果，得出单点用药量 300g 时可以看到炸点爆炸的效果并且最大噪声为 86dB，人员可以接受，故决定以后单点用药 300g 比较合适。

表 1 单点炸药量实验结果

Table 1 Result of explosive mass in single burst experiment

单点炸药量/g	150	300	450
显示效果	几乎看不到何时爆炸	能够看到爆炸	爆炸飞土到处乱溅
噪声/dB	63	86	98

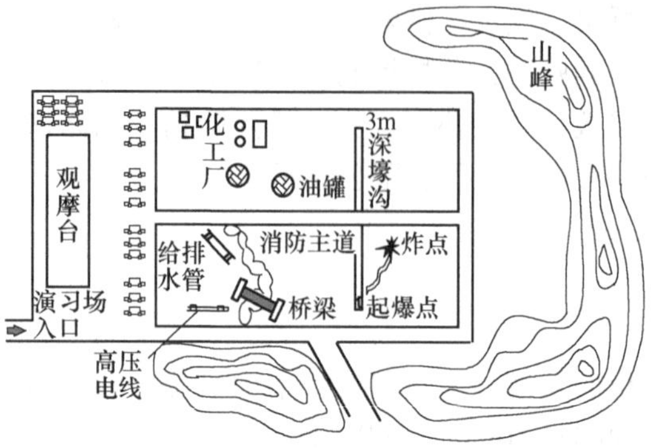

图 2 单点实验布置图

Fig. 2 Scheme of single burst experiment

3.2 炸点之间时间与空间的优化

在第 1 次预演时，每批炸点分成 3 段延时起爆，每同段为 3 发或 4 发雷管，由 1、7、11 段电雷管把炸点串联起来，3 段之间时间间隔分别为 200ms 和 260ms[2]。每批圆形布置，首尾相接，如图 3（a）环形布点形式，这样方便连接主导线。但是爆炸后注意到，采用这样的布点形式，在远距离处不但爆炸响声没有分开，而且炸点也比较集中，炸点显示效果不好。经过分析，为减少炸点之间的导线接头，充分利用电雷管的脚线，把每个雷管脚线拉直，按每个雷管脚线 2m 计算，每批炸点一字排列，炸点间距可达 4m。炸点之间起爆雷管采用高段别毫秒延期电雷管，以便拉开炸点之间的爆炸响声。修改后的炸点分布见图 3（b）直线布点形式。

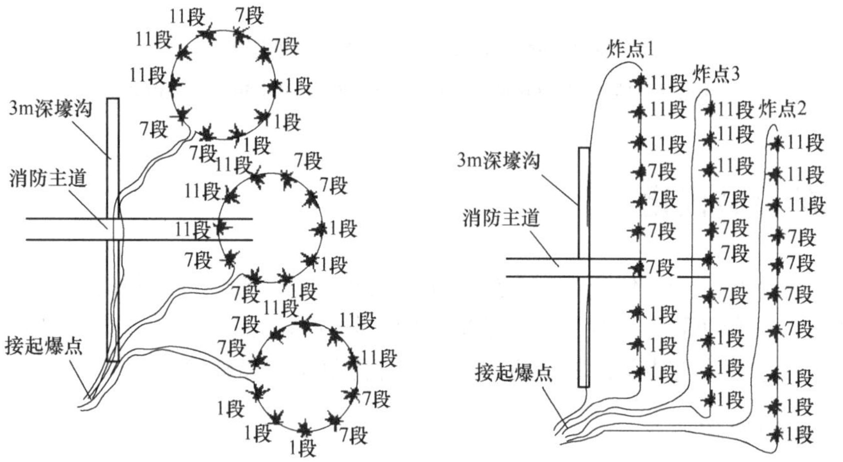

(a) 环形布点形式 (b) 直线布点形式

图 3 炸点之间时间与空间的分布图

Fig. 3 Time and space map of burst distribution

3.3 炸点显示效果的优化

为了观摩人员的安全，炸药包上没有覆盖沙土，采用裸露药包起爆。根据主席台摄像结果，经分析可知，尽管爆炸响声适中，但距离炸点远，只有少量的沙土飞起，几乎看不到炸点显示效果。为了解决显示效果问题，同时考虑周围其他参演人员的安全，经过多次实验，在每个炸药包上覆盖 100g 的袋装面粉，这样既可以达到保证人员安全又能够模拟产生大量飞土的爆炸显示效果。

3.4 炸点引爆时机的优化

按照演练的方案设计，模拟敌机的航模分 3 条路线在空中盘旋后向地面投弹，每次投弹间隔 10min，分别投向场地东边、西边、中部。为了形象地模拟地面爆炸的情形，把炸点设在航模路径下方，事先把每批炸点连接好，用3条主导线分别引到安全范围内的同一起爆点等待起爆。一般看到敌机升空后起爆器就充电，等待时机起爆，考虑到敌机升空后需要在外围盘旋一段时间才进入爆炸领空，充电时间应稍微过长。有时航模未必一进入领空就经过炸点上空，所以要准确抓住起爆时机，要与航模操作人员预先沟通好，才能达到既准确又理想的炸点显示效果。

4 效果与体会

本次炸点显示在预演中通过多次探索和实验，分别从单点用药量、炸点之间时间与空间的分布、炸点显示的效果、引爆炸点的时机等方面进行了爆破优化，最终在正式演习中达到声光色俱佳的显示效果。图4为演习现场图。

图4　演习现场图

Fig. 4　Photo of on-site simulation

本次炸点显示模拟共消耗粉状乳化炸药48kg，毫秒延期电雷管300发，起爆用导线800m，制造显示效果的精制面粉10kg，备用起爆器两台，起用噪声计、手提电脑以及摄影机各一台，参与炸点显示操作人员5名。炸点显示在整个演习中总共不到1min的时间，却隐含了不少操作人员的经验和智慧。在没有前人经验可参照的情形下，为了获得精彩的炸点显示效果，需要经过多次的实验和探索，其中花费的人力和物力不少，最主要的是要保证操作、参演、观摩等相关人员的安全。通过本次的实践，希望能够给以后类似演习的炸点显示提供一些参考，减少一些重复实验。

参 考 文 献

[1] 中国安全生产协会注册安全工程师工作委员会，中国安全生产科学研究院．安全生产管理知识［M］．北京：中国大百科全书出版社，2006.

[2] 杨文渊．工程爆破常用数据手册［M］．北京：人民交通出版社，2002.

防水耐压深井爆破筒设计与可行性试验

崔晓荣　李战军　郑炳旭

（广东宏大爆破股份有限公司，广东 广州，510623）

摘　要：为了高效开采深部温泉资源，通过系列试验论证并设计了一种加工方便、成本低廉、安全可靠的专用防水耐高压深井爆破筒。利用该爆破筒在温泉井内破碎带或非闭合裂隙处进行爆破，从而导通地下水源地与温泉井间的屏障，提高超深温泉井的涌水量。实践证明，以该防水耐压爆破筒为核心的专项爆破技术，安全可靠、经济高效。

关键词：工程爆破；温泉井；爆破筒；耐压强度

Design and Test of Pressure-type Bangalore used in Blasting in Deep Well

Cui Xiaorong　Li Zhanjun　Zheng Bingxu

(Guangdong Hongda Blasting Co., Ltd., Guangdong Guangzhou, 510623)

Abstract: In order to study deep hot spring resources efficiently, a series of tests were performed in designing the pressure-type Bangalore, for the convenience, low cost, safety and reliability. The special Bangalore was initiated in the fracture zone or the area with non closed fracture in the hot spring well, which extended fractures in the rock and then cleared up the obstacle between the water source region and the hot spring well. Finally, the flow rate of the spring well increased. Experiences showed that the special blasting technology with designed pressure-type Bangalore in deep hot spring resources was safe and efficient.

Keywords: engineering blasting; hot spring well; bangalore; ultimate strength of pressure

基于对旅游休闲市场的广大需求，自然露头热泉几乎开发殆尽，非自然露头热泉（亦称“地热资源”）的勘察和开发项目越来越多，尤其是非岩溶地质温泉资源的开发。目前，深部温泉资源的开采，主要存在以下问题。

（1）开采成本高、风险大。随着温泉井深度的增加，钻井成本数倍增加，但是出水的成功率反而大大降低，因为温泉资源的含水区域埋深越深，物探或钻探分析的可靠性越低[1-3]，钻井时越容易偏移导致井眼不能准确穿过含水区域。

（2）开采的投资建设期长。深部地热资源的探测手段有限、钻井周期长，导致单口井的成本投入大、出水成功率低，但又不宜多井盲目同时钻进，而应边钻探边分析。

（3）开采难度大。易开采的自然露头热泉和岩溶地质的非自然露头热泉已经开发殆尽，非岩溶地质的深部地热资源往往持续涌水量偏低，开采价值不大。

基于上述情况，急需水文地质人员与工程爆破人员密切配合，将深井内爆破技术引入到“非岩溶地质深部温泉资源开发”项目中，通过井内爆破的方法，在破碎带或非闭合裂隙处进行爆破，导通水源地（一般通过物探确定）与温泉井间的屏障[3-6]。但是，该类爆破施工环境特殊，爆破位置位于水下数百米甚至上千米，爆破空间狭小（温泉井的孔径一般为75mm及以下），且存在由水压力产生的几十个甚至上百个大气压的环境压力，实现成功起爆都有一定难度，科学合理地判别爆破后围岩裂隙的延伸情况及对涌水效果的影响难度更大。

原载于《爆破》，2014，31（4）：116-119，142。

1 爆破方案比选与器材选择

目前，超高环境压力下的狭窄空间爆破装置和方法在石油开采行业有较多的应用，一般采用复杂的有枪系统及石油射孔弹技术，但是有枪系统设备昂贵，爆破施工成本大、周期长[5]，普通工程难以接受，因此急需设计一种方便快捷、成本低廉的爆破工艺及装置，促进深部地下水资源的开采。

1.1 爆破系统比选

爆破位置位于水下数百米的狭小空间，存在几十个大气压的环境压力，常规爆破工艺难以满足要求。此类爆破环境在石油开采行业虽有较多的应用，即石油射孔弹技术，无论有枪系统还是无枪系统，均成本高昂，普通工程难以接受。另外，我国南方没有生产射孔弹及专用爆破器材的生产厂家，且现有成型工业产品仅适合于较大孔径的石油井，而专门定制投入大，又牵涉到多种爆炸物品的远程配送等难题。

考虑到深部温泉资源的物探解释精度问题、超深温泉井钻井垂直度问题，以及温泉井周边裂隙发育方向不准确、含水区域与井孔位置关系难以确定，希望在井壁四周均能产生贯通裂隙；另外还考虑到地质钻仍在现场，爆破后如果发生井壁坍塌，洗井相对容易，所以不采用聚能射孔方案。从爆破角度分析，井内空间十分狭窄，聚能爆破装药量少，爆破效果和爆破效率也难以保证。

综合上述因素，故决定采用无枪系统、非聚能装药结构的爆破方案，联合地方军工企业（宏大爆破全资子公司国营 806 厂）、中国科学技术大学等单位，进行专用防水耐高压深井爆破筒的设计、加工和爆破施工[7-9]。

1.2 爆破器材选型

1.2.1 炸药选型

在正常民用爆破中，一般认为含水炸药，如乳化炸药和水胶炸药的抗水性能较好，但当裸露含水炸药包在 20~30m 深的环境水压下起爆，爆炸的可靠率大大降低；在超过 50m 深的环境水压下起爆，往往发生拒爆。民用炸药成本较低，购买方便，但体积威力和质量威力较军用炸药小；针对温泉井的井孔内爆破，空间狭窄，装药量有限，采用民用炸药爆炸威力不够，难以得到业主要求的裂隙扩展长度和宽度要求。

因此，选用 TNT 和太安 1∶1 熔铸的深水炸药，其有较好的抗水抗压性能，在 200~250m 的水压环境下，裸露药包能被雷管起爆（防水耐压型雷管）。但随着环境水压的增加，起爆感度下降，爆炸威力降低，裸露药包在水压大于 250m 时往往发生拒爆现象，故深井爆破需要将炸药装填入专用的防水耐高压深井爆破筒中。

1.2.2 雷管选型

民用爆破一般使用的雷管有非电塑料导爆管雷管和电雷管，其耐温耐压性能一般比较差，在较大环境水压下容易早爆或者拒爆。考虑到该爆破工程对爆破器材的抗水耐压要求以及起爆系统的整体可靠性，决定采用抗水耐压的特种雷管（即油气井专用 DT-Y100 耐温耐压电雷管）。

本工程环境压力与油气开采行业相比较小，广东省虽不生产耐温耐压电雷管，普通工业电雷管经改良后应能满足要求，但需要在雷管壁厚（提高雷管壁的耐压性能）、管长（增加主装药量，提高水下起爆能力）和密封性能上进行改进。但本工程的雷管需求量少，分摊的原材料采购、制作的成本较高，且需要相关实验验证，费时费力，得不偿失，故采购特种耐温耐压雷管（国营 806 厂正好需要同批采购某军用产品的引信），如图 1 所示。

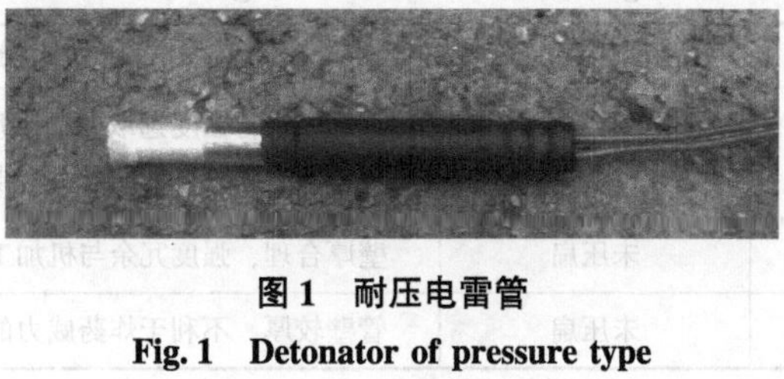

图 1　耐压电雷管

Fig. 1　Detonator of pressure type

2 耐压爆破筒设计及其密封性能实验

2.1 耐压爆破筒设计

2.1.1 爆破筒直径和长度设计

爆破位置对应井壁内径一般为75mm，少数较浅的位置为90mm。如果爆破筒的外径太接近井壁内径，则炸药下沉就位困难；如果爆破筒的外径太小，则装药量偏少，爆破效果难以保证。通过现场试验（见表1），爆破筒外径宜是井壁内径的0.8~0.9倍，炸药下沉就位方便，爆破筒的延米装药量大，爆炸威力得到保证。

表1 爆破筒外径优选

Table 1 Optimization of external diameter of Bangalore

爆破筒外径	线装药密度	爆破筒就位
小于0.8倍井孔内径	较低	容易
0.8~0.9倍井孔内径	较高	比较顺利
0.9~1倍井孔内径	高	缓慢，容易卡

另外，爆破筒宜标准化设计，每个爆破筒装药量一定，可多个爆破筒串联形成不同的爆破当量；单个爆破筒的长度不宜大于50cm，否则多个爆破筒串联后，爆破筒下沉就位时容易卡住。

2.1.2 爆破筒侧压力抗力计算

爆破筒外壳侧壁系薄壁圆柱壳结构，其必须在5MPa压力作用下（水下500m深），壳体结构不能够失稳变形，否则爆破筒内部装填的炸药将承担环境水压力。

根据文献［5］，有壳压裂弹在井下承受温度和压力的荷载，所以壳体材料必须耐温耐压，（石油行业）经过对聚氯乙烯材料、玻璃钢材料、合金铝材、合金钢材做材料对比实验，证明只有采用合金钢35CrMnSiA材料制作的压裂弹，其机械强度可满足设计要求，是压力弹壳体的最好材料。

与石油行业相比，本工程爆破深度较浅（小于1000m）、环境温度较低（小于100℃），所以可选择合金铝材或者合金钢作为爆破筒的壳体材料。另外，本工程的孔径较小，弹体的装药量较小，所以爆破筒的壳体材料不宜太厚，强度不宜太大，罩体富余强度太大影响起爆后周边岩石的压裂效果。

将材料强度、弹性模量、筒壁的内外径以及壁厚代入侧压力计算公式[5]，合金钢外壳厚度不得小于1.2mm，铝合金外壳厚度不得小于3.3mm，才能满足强度要求。经上述计算并考虑到特定规格的铝管在市场上很难买到，所以采用钢管加工爆破筒，其较铝质爆破筒的线装药量大（爆破筒外径一定，壁厚小，装药多），爆炸威力大。

2.2 爆破筒强度试验

为了确保爆破筒耐压性能的可靠性，进行了现场强度试验，分别制作了壁厚1.0mm、1.2mm和1.5mm的圆柱型钢质药筒。对药筒进行模拟装药并密封，准确就位水下480m的爆破位置，半小时后再将药筒提上井口，观察筒壁的变化（见表2），从而确定爆破筒的合理壁厚。

表2 480m水压下钢质爆破筒耐压试验

Table 2 Ultimate strength test of steel-shell Bangalore under 480m deep water

筒壁厚度/mm	水压深度/m	筒壁情况	分 析
1.0	480	未压扁	计算时钢材强度选取屈服强度（非极限强度），有强度冗余，未压扁；但爆破筒车床车薄时有误差，筒壁太薄难加工
1.2	480	未压扁	壁厚合理，强度冗余与机加工误差抵消
1.5	480	未压扁	管壁较厚，不利于炸药威力的释放

根据表 2 中的试验结果，并考虑爆破筒的强度冗余与机械加工误差相抵消，最终选择壁厚 1.2mm。

2.3 爆破筒密封性能实验

爆破筒的连接接口有焊接接口、螺纹接口和雷管脚线接口，均需要承担 5MPa 的环境压力而不渗水。爆破筒的不同接口，其密封性能分析如下。

（1）端部焊接接口：焊接接口强度高，可通过检查焊接质量判断其密封性和耐压性是否满足要求。

（2）螺纹接口：采用密螺纹设计，减小环境水压力作用下水沿螺纹间隙渗透，另外在筒身端部的外螺纹外缠绕止水带后再拧上筒盖，两者连接紧固以后，再用电工胶布紧紧缠绕住螺纹连接部位。如此，在外围的环境压力下，外围缠绕的柔性电工胶布越来越紧，牢牢堵死螺纹间隙等接触间隙，防止水渗流入爆破筒。

（3）雷管脚线接口：经调查分析，一般采用胶垫压实密封或者胶封技术进行小孔密封。前者结构复杂，但承受的环境压力较大；后者结构简单，但承受的环境压力有限。考虑环境水压不是太大、雷管脚线孔小（直径 3mm）、爆破筒尺寸小变形小，采用环氧树脂胶密封能够满足要求。经现场实验，胶封技术能够满足密封性能要求。

关于环氧树脂胶密封效果及工艺实验，总结经验如下。

（1）密封胶固化以后，胶体强度较大，在环境压力下胶体本身的变形小。

（2）胶体自身有一定的变形协调能力，在环境水压的作用下，不同介质间的连接接触面越压越紧密，而非开裂、剥离。

（3）雷管脚线要紧贴爆破筒筒盖横向铺设后上胶封闭，增大胶体与雷管脚线的接触长度，同时使两者的连接随着环境的压力增大，越压越紧，防止水从此处渗流入爆破筒。

3 耐压爆破筒设计参数及应用效果

经过上述设计及实验论证，设计专用防水耐压深井爆破筒如图 2 所示，图 2 中：1 为爆破筒筒身，2 为装填高威力炸药，3 为耐压电雷管，4 为电雷管脚线，5 为爆破筒筒盖，6 为引出雷管脚线孔，7 为环氧树脂胶压力自锁胶封，8 为爆破筒串联扣环，9 为端部焊接缝，10 为爆破筒筒身与筒盖密三角螺纹连接，11 为螺纹连接内柔性止水带密封，12 为螺纹连接外自锁型电工胶布缠绕密封。

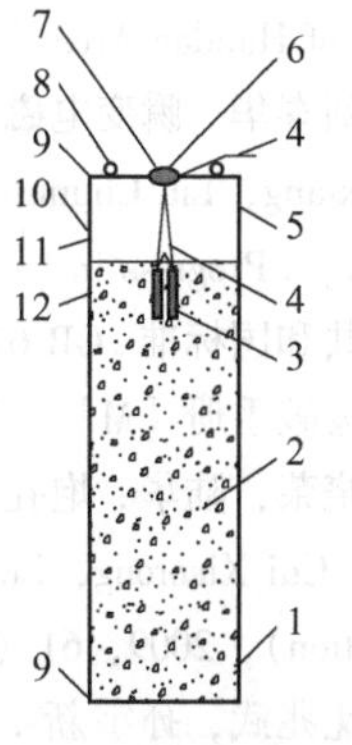

图 2　耐压爆破筒结构

Fig. 2　Structure of pressure type Bangalore

考虑到市场上无缝钢管规格以及机械加工精度限制，实际施工过程中，设计标准爆破筒长 45cm，壁厚 1.2mm，内径 63mm，装填密度为 1.6g/cm^3 的 TNT 和泰安 1∶1 配比的融铸型炸药，爆破筒的线装药密度约 50g/cm，每个标准爆破筒装药长度为 40cm，装填炸药 2kg。爆破施工的过程中，可用 2~4 个标准药筒串联爆破。

在新丰云天海温泉原始森林度假村温泉水井爆破提高涌水量工程中，利用该防水耐压爆破筒处理了 3 口超深温泉井，爆破位置位于温泉水井孔内-420~-550m 不等（静止水位以下 400~500m），均取得了良好的爆破效果，大大提高了温泉井的涌水量。施工过程中，对于首次爆破后促进涌水效果不佳的温泉井，采取增加井内爆破位置的区段长度、同位置相同药量多次爆破和多爆破筒串联加大药量爆破等技术措施改善效果，具体爆破施工工艺及爆破促进温泉涌水效果评价将在另文《超深温泉井爆破增加流量关键技术》中具体介绍，此处不再赘述。

4 结论

本文结论如下所示。

（1）实践证明，通过所设计的一种加工方便、成本低廉、安全可靠的专用防水耐高压深井爆破筒，在井内呈破碎带或非闭合裂隙处进行爆破，导通水源地与温泉井间的屏障，增加温泉井的涌水量是可行的。

（2）所设计的标准化防水耐高压深井爆破筒，其合理的爆破筒外形参数和强度设计，确保雷管和炸药在无环境压力的情况下被起爆，又可以多个爆破筒串联后同时起爆，加大爆破当量。

（3）综合采用多种爆破筒密封技术，包括引出雷管脚线的小孔采用水压环境下带自锁功能的胶封技术封闭，爆破筒筒身与筒盖密三角螺纹连接，且内外螺纹间用柔性止水带密封，螺纹接口外再用自锁型电工胶布缠绕密封，确保爆破筒内的雷管和炸药不浸水，电起爆网路不短路，从而实现安全可靠起爆。

（4）水压环境下带自锁功能的胶封技术，选用柔性和刚度适中的环氧树脂胶，要求胶体固化后强度较大，胶体本身的变形小，防止外部环境水压力将柔性胶体通过微孔被一点一点地挤入爆破筒内，从而失去密封作用；胶体自身有一定的变形能力，在环境水压的作用下，不同介质间的接触越压紧密，避免变形开裂；雷管脚线要横向紧贴爆破筒筒盖后上胶连接，增大胶体与雷管脚线的接触长度，同时随着环境水压力增大，胶体与雷管脚线间的连接和胶体与爆破筒筒盖之间的连接越压越紧，即形成自锁功能，防止水从胶体与雷管脚线、爆破筒筒盖间的间隙渗流入爆破筒内。

参考文献

[1] 喻汶，雷宛，刘垒，等．高密度电法在地热勘探中的应用［J］．勘察科学技术，2013（4）：49-51.
Yu Wen, Lei Wan, Liu Lei, et al. Application of high density resistivity method in geothermal exploration［J］. Site Investigation Science and Technology, 2013（4）: 49-51.

[2] 刘振华，李世峰，杨特波，等．综合物探技术在邯郸地热田勘查中的应用［J］．工程地球物理学报，2013，10（1）：111-116.
Liu Zhenhua, Li Shifeng, Yang Tebo, et al. The application of integral geophysical survey technology in geothermal exploration of Handan Area［J］. Chinese Journal of Engineering Geophysics, 2013, 10（1）: 111-116.

[3] 张保祥，刘春华．瞬变电磁法在地下水勘查中的应用综述［J］．地球物理学进展，2004，19（3）：537-542.
Zhang Baoxiang, Liu Chunhua. Summarization on applications to groundwater exploration by using transient electromagnetic methods［J］. Progress in Geophysics, 2004, 19（3）: 537-542.

[4] 中华人民共和国标准．GB 6722—2003 爆破安全规程［S］．北京：中国标准出版社，2004.

[5] 汪旭光．爆破手册［M］．北京：冶金工业出版社，2010.

[6] 罗勇，崔晓荣，陆华．炮孔水介质不耦合装药爆破的研究［J］．有色金属（矿山部分），2009，61（1）：49-52.
Luo Yong, Cui Xiaorong, Lu Hua. Study on blasting with water decoupling charging in borehole［J］. Nonferrous Metals (Mine Section), 2009, 61（1）: 49-52.

[7] 马宏昊，沈兆武，孙宇新．水下多次爆破法解决大口径深井卡钻问题［J］．工程爆破，2012，29（4）：38-40，23.
Ma Honghao, Shen Zhaowu, Sun Yuxin. Solution to drill jam with multiple underwater blasting in excavation of large diameter deep tunnel［J］. Engineering Blasting, 2012, 29（4）: 38-40, 23.

[8] 金志成，程扬帆，王凤英，等．新型水下爆破切割弹在卡钻事故中的应用［J］．爆破，2012，29（4）：103-105.
Jin Zhicheng, Cheng Yangfan, Wang Fengying, et al. Application of new type underwater explosion cutter in drill jamming accident［J］. Blasting, 2012, 29（4）: 103-105.

[9] 程扬帆，刘蓉，马宏昊，等．新型水下爆破切割弹的工程应用及数值模拟研究［J］．力学与实践，2012，34（6）：27-31.
Cheng Yangfan, Liu Rong, Ma Honghao, et al. Numerical simulation and engineering application of new type of underwater blasting cutter［J］. Mechanics and Engineering, 2012, 34（6）: 27-31.

超深温泉井爆破增加流量关键技术

崔晓荣　李战军　郑炳旭

（广东宏大爆破股份有限公司，广东　广州，510623）

摘　要：从爆破位置筛选、爆破装置设计、爆破效果评价等方面，系统地研究了超深温泉井爆破增加流量关键技术。设计了一种加工方便、成本低廉、安全可靠的防水耐高压深井爆破筒及其配套的爆破装置系统，并利用该系统在温泉井内呈破碎带或非闭合裂隙处爆破，导通地下水源地与温泉井间的屏障，从而增加温泉井的涌水量，达到高效开采深部温泉资源的目的。

关键词：工程爆破；温泉井；爆破筒；流量

Key Technology of Increasing Flow Rate of Warm Spring by Blasting in Deep Well

Cui Xiaorong　Li Zhanjun　Zheng Bingxu

（Guangdong Hongda Blasting Co.，Ltd.，Guangdong Guangzhou，510623）

Abstract：The technology of increasing flow rate of warm spring by blasting in the deep well was discussed from three aspects，including selection of blasting zone，design of blasting equipments and evaluation of blasting effect. To better exploit warm spring in deep area，the bangalore of pressure type and the matched equipment system were designed with convenience，low cost and safety. By using this system，blasting in the fracture zone or the area with nonclosed fracture in the warm spring well was achieved. Fractures were extended in the rock and then obstacles between the water source region and the warm spring well were cleared up. The flow rate of most of the spring well was increased obviously after blasting，and high efficient mining deep warm spring resource was achieved.

Keywords：engineering blasting；warm spring well；bangalore；rate of flow

1　引言

基于对旅游休闲市场的广大需求，自然露头热泉几乎开发殆尽，非自然露头热泉（亦称“地热资源”）的勘察和开发项目，尤其是非岩溶地质温泉资源的开发越来越多。但深部温泉资源的开采成本高、风险大、投资建设周期长，急需一种方便快捷、成本低廉的井内爆破技术，在破碎带或非闭合裂隙处进行爆破，导通水源地与温泉井间的屏障，从而提高温泉井的涌水量。

国内外的石油开采行业常采用复杂的有枪系统及石油射孔弹技术进行深井内爆破以提高石油开采效率[1,2]，但是有枪系统设备昂贵，爆破施工成本高、周期长，普通工程难以接受。考虑到该类工程的爆破位置往往位于水下数百米甚至上千米，爆破空间狭小（温泉井的孔径一般在75mm及以下），存在由水压力产生的几十个甚至上百个大气压的环境压力，即使实现成功起爆都有一定难度，而且还要科学合理地判别爆破后围岩裂隙的延伸情况及对涌水效果的影响。

本文从爆破位置筛选、爆破装置设计和爆破效果评价等几个方面，系统地研究了超深温泉井爆破增加流量关键技术。该技术还可以应用到各种深部地下气体、液体资源的开采，包括普通地下水资源以及埋深较浅的油气资源等。

原载于《工程爆破》，2015，21（2）：56-59。

2 水文地质资料分析与爆破位置确定

2.1 水文地质资料分析

广东韶关某温泉度假村的水文地质勘查资料认为，勘查区两组断裂构造带分别属于控热断裂构造带和导热断裂构造带。一组切割地壳深部增温层，是热源传递的主要或重要途径；另一组因透水性好而具有导水、导热作用，是水源运移的主要或重要通道。勘查区地热水主要赋存于燕山早期第三阶段花岗岩构造裂隙发育带中，热储岩性为中粗粒黑云母花岗岩，热储盖层为完整花岗岩和第四系土层。

爆破设计前，水文地质工程师和爆破工程师联合分析钻探资料（温泉井钻井时所取岩心编制的地质柱状图）和物探资料（采用“可控源音频大地电磁法”，并对其所测的电阻率变化图进行了电阻率异常区解释），从而选择合理的爆破位置。据水文地质资料，从 CSAMT 反演剖面视电阻率等值线剖面图中可看出，区内电性总体表现高阻特征，电阻率在 2000Ω · m 以上，基本上反映了勘查区内花岗岩高阻电性特征。在高阻背上存在一些局部形成的串珠状或“U”形下凹低阻，其电阻率相对周围电性明显呈低阻，这些局部低阻反映了花岗岩体局部电性的不均匀性，是由花岗岩局部发生裂隙破碎充水使电阻率降低而引起的。

据此，利用 CSAMT 反演视电阻率等值线剖面图上局部形成串珠状或“U”形下凹低阻，划定勘查区低阻异常带，爆破位置初选应定位在温泉井纵深方向的低阻异常带。

2.2 爆破位置筛选原则及位置确定

考虑到物探本身的局限性，判别的含水低阻异常带往往较厚，达数米甚至数十米，且埋深误差也达到十米量级，在温泉井纵深方向的低阻异常带实施全范围爆破不太现实，形成如下筛选确定爆破位置的原则[3-5]。

（1）爆破位置的周边一定范围内有充足的水源，即低阻带电性异常特征，爆破能导致裂隙拓展并延伸到水源处，才能有利于提高温泉井涌水量，如果水源处超出爆破作用半径，爆破后肯定无效果。

（2）爆破位置选择在岩石碎裂处。如果没有初始裂隙，爆破后裂纹在花岗岩中的延伸长度和裂隙宽度均难以满足温泉井涌水强度要求，故爆破位置应选择钻探资料显示温泉井纵深方向存在破碎带或者非闭合裂隙的位置。

（3）根据水文地质情况判别爆破促进涌水效果。爆破施工过程中，爆破人员和水文地质人员进行边爆破边分析，水文地质分析出水概率比较高的井先爆，并结合爆破后平衡水位是否上升、涌水量是否提高等水文地质情况变化，判别爆破效果并优化调整爆破位置和爆破顺序，防止在出水概率低的井投入太大的人力物力。

经研究分析，最终确定爆破位置见表 1。

表 1 温泉井爆破位置和施工顺序

Table 1 Position and order of the blasting in warm spring well

井号	孔深/m	爆破深度/m	最优裂隙延伸方向	范围/m	爆破段口径/mm	顺序
热 1	820	410~416	往边坡方向	3	75	3
热 2	638	510~515	往边坡方向	3	75	1
热 3	630	418~423	往池区方向	5	75	2
1	592	540~545	沿着沟的方向	3	75	5
2	557	289~294、380~386	往池区方向	3	75	9
3	467	275~285	沿着沟的方向	2	75	10
4	750	223~230、353~356、654~669	沿着沟的方向	2	75	8
5	302. 5	258~263	沿着沟的方向	2	75	7
A	317	233~238、241~242、265~266	往池区方向	3	91	6
B	321	141~144、253~285	往边坡方向	3	91	4

3 爆破装置及系统设计

3.1 耐压爆破筒设计

为了确保炸药在水下数百米安全可靠起爆，设计了一种专用防水耐高压深井爆破筒。该爆破筒包括筒身、筒盖、装填在筒身内的炸药和安置在炸药中的耐压电雷管，筒盖上设有引出孔，耐压电雷管的脚线从引出孔引出。筒身底部用与筒身相同的材料焊接，焊缝保证不出现裂隙或孔洞。

雷管脚线从引出孔引出后采用胶封技术，其在水压环境下带自锁功能，防止渗水。封胶为环氧树脂胶，固结后胶体具有一定的刚度，防止密封胶因刚度不够被环境水压力压入爆破筒内，从而失去密封作用。环氧树脂胶柔性和刚度适中，胶体自身有一定的变形协同能力，在环境水压的作用下，压力越大，环氧树脂胶与雷管脚线之间、与筒盖之间的接触越压越紧密，避免由于接触面的变形不协同引起胶封处开裂。实际应用中，雷管脚线要横向紧贴爆破筒筒盖后上胶连接，增大封胶与脚线的接触长度。同时，随着环境水压力的增大，封胶与雷管脚线间的连接和封胶与筒盖之间的连接越压越紧，即形成自锁功能，防止水从封胶与雷管脚线、筒盖间的间隙渗流入爆破筒，如图1所示。

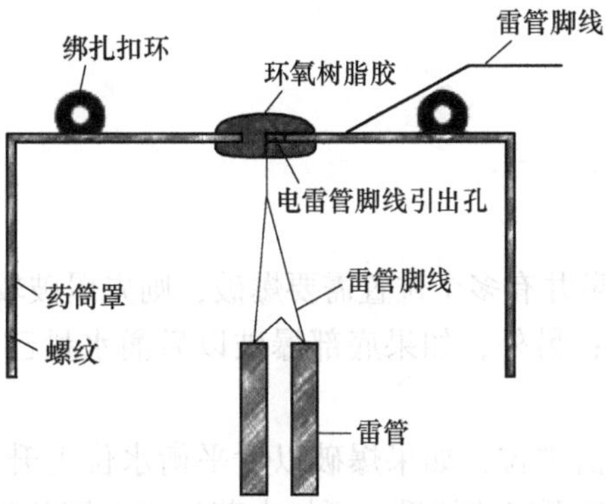

图1 爆破筒封闭技术

Fig. 1 Full-sealing technology of the bangalore

3.2 爆破筒就位装置设计

为了爆破施工的方便快捷，设计了一种可重复使用的柔性爆破筒悬吊系统，将防水耐高压深井爆破筒悬在要求爆破的位置然后起爆[6]。该系统具有如下特性。

(1) 柔性爆破筒悬吊系统可重复利用，包括爆破筒、多功能线组、井口导向装置、轱辘支架和起爆器，如图2所示。

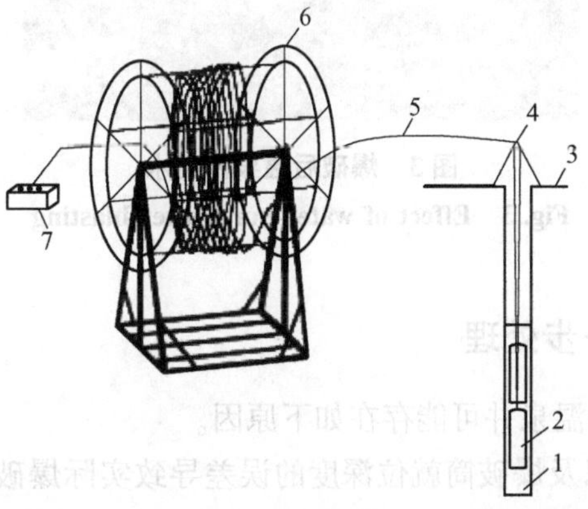

1—温泉井；2—防水耐高压型爆破筒；3—地面；4—井口导向装置；5—多功能线组；6—轱辘支架；7—起爆器

图2 超深井孔内爆破提高温泉涌水量装置示意图

Fig. 2 System of blasting equipments for increasing the flow rate of warm spring in deep well

（2）该爆破装置的多功能线组由多根细小钢丝、双股导线、医用胶布绑扎点和标注刻度组成。钢丝主要用于承载爆破筒，根据施工载荷大小确定钢丝的截面积之和，单根钢丝直径不宜过大，主要利于多功能线组的缠绕和收放；双股导线主要用于连接爆破筒内的电雷管和井口起爆器，形成电起爆网路；多根细小钢丝和双股导线每隔 1m 用医用胶布紧密缠绕使其成束，并在缠绕的医用胶布上用油性笔清晰标注刻度，确保爆破筒准确就位。

3.3 药筒与承重钢丝的连接

药筒与承重钢丝的连接，一种方法是通过雷管脚线预留孔提拉，另一种方法是通过外部绑扎或吊环提拉。

经过现场试验，采用雷管脚线预留孔提拉爆破筒技术，由于炸药就位的过程中钢丝承受的拉力较大且有晃动，导致环氧树脂与承重钢丝间的连接满足不了密封要求，出现渗水现象。因此，用外部十字绑扎的方式悬吊爆破筒，为了确保绑扎效果，在爆破筒上部加焊两个扣环，有利于多个爆破筒的串联。外部绑扎连接的时候，需要保护钢丝和通电导线，用医用胶布缠绕爆破筒外围，防止爆破筒就位时与井壁摩擦损坏起爆线路。实践证明该工艺可行，能够将爆破筒准确就位，起爆后回收承重钢丝和导线，可重复使用。

4 爆破效果评价与处理

4.1 涌水效果的初步判断

爆破施工时，如果同一口温泉井有多个位置需要爆破，则先爆破较深的位置，再爆破较浅的位置，这样地质钻洗井时可一次洗到底；另外，如果底部爆破以后涌水量已经满足要求，上部可不再爆破，依此类推。

爆破之前先测量温泉井的平衡水位，如果爆破以后平衡水位上升，说明有一定的促进涌水效果，亦说明爆破位置选择恰当。为达到更好的效果，可加大药量或在同位置多次爆破后用地质钻洗井（水流强度满足要求可不洗井）后再下深水泵抽水并观察具体效果。如果爆破前后平衡水位没有明显变化，也不能说明爆破促进涌水效果不佳，需要通过深水泵抽水确定涌水量是否提升，必要的时候用地质钻洗井，清理塌孔位置的碎石和岩粉。

通过上述爆破施工和水文地质分析，60%的井取得了良好的爆破促进涌水效果（见图 3），但仍有部分井的涌水效果不佳。

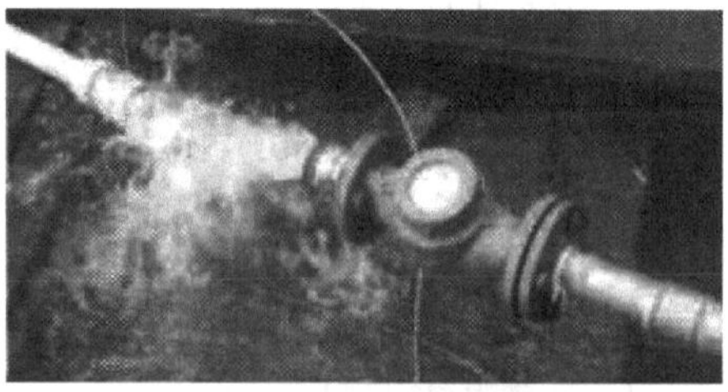

图 3 爆破后温泉井出水

Fig. 3 Effect of water burst after blasting

4.2 涌水效果不佳井的进一步处理

爆破后促进涌水效果不佳的温泉井可能存在如下原因。

（1）地质钻的垂直度偏差以及爆破筒就位深度的误差导致实际爆破位置与设计爆破位置存在一定误差，需要爆破的位置爆破威力不足。

（2）花岗岩的含水层与岩溶地质相比，水流渗透的强度较小，非集中于一点的渗水路径，而是分布于较长区段的渗水路径，沿温泉井纵深方向的渗水路径段的长度不够。

针对上述原因采取改进措施，前者通过增加一次爆破药量并多次爆破的方法，增大裂隙发展长度，使其通往水源处或含水层，多个爆破筒串联时注意保护好绑扎钢丝和电起爆网路的导线，宜采用耐磨损的医用胶布缠绕；后者通过增加爆破位置的数量和每个爆破位置区段长度的方式，增加沿温泉井纵深方向的渗水路径段的长度来提高温泉井涌水量。

通过上述技术措施进行多次爆破以后，首轮爆破后涌水效果仍不佳的井中75%有了明显改善，50%达到涌水技术指标要求。考虑投入产出性价比以及水文地质资料的不确定性，其余效果不佳的井不再爆破，作为废井进行回填处理。

4.3 涌水效果的科学判别

地质钻洗井能够促进涌水量增大，因为爆破位置产生碎石和石粉，碎石对涌水影响不大，但爆破产生的岩粉易堵塞裂隙，对涌水量提升有较大影响，所以爆破后要进行洗井。洗井深度至少要大于爆破位置4~5m，即有一定的尘沙深度，因为裂隙中的石粉和洗井时激起的泥水混合物中的泥沙沉淀以后，泥沙高度高于出水点高度，容易堵塞出水点，影响长期出水。为了更好地清洗爆破后裂隙中堵塞的岩粉，深水泵就位以后，每抽水1小时停10分钟，如此持续24小时。24小时后持续抽水不间断，记录第48小时的抽水强度作为参考，第72小时的抽水强度可作为最终的涌水强度，为判别爆破促进涌水是否成功的标志。

5 结论

本文结论如下所示。

（1）超深井爆破促进温泉涌水量是一个水文地质与工程爆破的交叉学科问题，需要联合分析水文地质的物探、钻探资料以及爆破后裂纹扩展效果，从而锁定爆破位置。

（2）爆破位置附近应有充足的水源，即低阻带电性异常特征，且钻井地质资料显示该处为破碎带或者存在非闭合裂隙。如果没有初始裂隙，爆破后裂纹在完整花岗岩中的延伸长度和裂隙宽度均难以满足要求。

（3）考虑到地质钻的偏差以及爆破筒就位深度的误差，难免存在爆破后涌水量提高不大的情况，宜增加一次爆破的药量并多次爆破，增大裂隙发展的长度，使其通往水源处或含水层。另考虑到花岗岩的含水层与岩溶地质相比水流渗透的强度较小，可增加爆破位置提升涌水强度。

（4）在非岩溶地质的坚硬岩石内找水，为了更好地判别涌水变化，需先进行地质钻洗井，再进行深水泵间隙抽水洗井，根据抽水时的涌水强度变化判别实际爆破效果。

参 考 文 献

[1] GB 6722—2003 爆破安全规程［S］．北京：中国标准出版社，2004.

[2] 汪旭光．爆破手册［M］．北京：冶金工业出版社，2010.

[3] 喻汶，雷宛，刘垒，等．高密度电法在地热勘探中的应用［J］．勘察科学技术，2013（4）：49-51.

[4] 张保祥，刘春华．瞬变电磁法在地下水勘查中的应用综述［J］．地球物理学进展，2004，19（3）：537-542.

[5] 罗勇，崔晓荣，陆华．炮孔水介质不耦合装药爆破的研究［J］．有色金属（矿山部分），2009，61（1）：49-52.

[6] 马宏昊，沈兆武，孙宇新．水下多次爆破法解决大口径深井卡钻问题［J］．工程爆破，2008，14（4）：38-40.

爆炸胀接铝/钢复合管的研究

余　勇[1]　马宏昊[1]　沈兆武[1]　缪广红[1]　李战军[2]

（1. 中国科学技术大学 近代力学系，安徽 合肥，230027；
2. 广东宏大爆破股份有限公司，广东 广州，510623）

摘　要：为了得到一种兼具优良力学性能和优异防腐特性的复合管，结合一种高爆速爆炸纤维，利用水作为传压介质，爆炸胀接得到铝/钢复合管。经超声波探伤检测其贴合率达到 100%，径向形变率仅为 0.65%，弯曲度为 0.12%。利用 809MTS 万能实验机对长径比为 1∶1 的复合管试样进行了压剪试验，得到了位移-力曲线，计算得到结合强度为 3.27MPa，高于建筑和石化行业规定的 0.2MPa 和 0.5MPa 最小值。金相实验显示，铝/钢结合界面良好，未出现界面局部过熔现象，发生了铝层与钢层的相互扩散现象。

关键词：爆炸胀接；传压介质；结合强度；微观形貌

Aluminum/Steel Composite Pipe by Explosion Expansion

Yu Yong[1]　Ma Honghao[1]　Shen Zhaowu[1]　Liao Guanghong[1]　Li Zhanjun[2]

(1. Department of Modern Mechanics, University of Science and Technology of China, Anhui Hefei, 230027
2. Guangdong Hongda Blasting Co., Ltd., Guangdong Guangzhou, 510623)

Abstract: In the present study we fabricated Al/Steel composite by explosive expansion in order to obtain a composite pipe with both good mechanical properties and fine anticorrosion properties. In our fabrication a metal detonation cord with high a detonation velocity was used as the energy source, and the water was used as the pressure medium. The ultrasonic inspection of the fabricated product shows that the binding rate, the radial deformation rate and the bending percentage of the composite pipe are 100%, 0.65% and 0.12% respectively. The compression - shear and metallographic tests were also performed to characterize the composite pipe, and the results are as follows: the bonding strength is 3.27MPa, higher than the officially required minimum value in the construction industry and the petrochemical industry. In addition, the bonding interface is flat and smooth, without evidence of any partial over-melting occurring, and the inter-diffusion between Al and steel is found to have occurred.

Keywords: explosive expansion; pressure medium; bonding strength; micro-morphology

1　引言

爆炸胀接是以炸药为能源，使管与管、管与管板形成紧密和牢固的焊接或连接的一种新工艺[1]。复合管主要的设计思路是让基管满足管道的强度需求，覆管满足耐腐蚀或耐磨损条件[2]。因为复合管的设计充分利用了基管和覆管的性能，所以，相比于单一的耐蚀或耐磨金属材料，复合管可以节约贵重金属，有效地降低成本。铝具有密度小、塑性高、抗氧化、耐腐蚀（铝表面易形成致密的氧化物薄膜）等特点。钢是世界上应用最广泛的材料之一，具有价格低廉、力学性能优良的特点。将薄壁铝管和普通钢管复合得到的铝/钢复合管，可以兼具优良的力学性能和耐腐蚀性能[3,4]。若对铝层进一步氧

基金项目：国家自然科学基金（51374189，51174183）。
原载于《高压物理学报》，2016，30（2）：130-134。

化，铝/钢复合管还可以具备优异的耐磨损性能[5]。正因为如此，铝/钢复合管不仅在城市公用管道、石油行业、化工系统、核设施和航空航天等领域具有巨大的应用潜力，而且在工程应用中也有极其重要的价值[6-8]。

目前国内外一些学者在铝/钢板材的爆炸焊接研究方面做了很多工作，得到了一些建设性的结论。由于铝、钢的密度及熔点相差较大，界面不易产生波状结合，界面处的组织存在着严重的塑性变形[9]；因此，在爆炸复合过程中，若采用传统的爆炸焊接技术，必然会造成铝/钢管材的大变形，复合界面也很难产生波状结合。本研究利用一种具备优异防水特性的爆炸纤维[10]，以水为传压介质，内胀得到铝/钢复合管。以水为传压介质的优点是大大提高了炸药的利用率，以 TNT 炸药为例，在空气中爆炸时初始冲击波压力约为 70MPa，而在水中爆炸时，冲击波压力约为 15GPa[11]。炸药利用率的提高，降低了炸药的用量，减少了噪声、粉尘和其他次生污染。

2 铝/钢同轴管爆炸胀接试验

2.1 试验材料及其基本参数

试验采用的基管为 Q235 普通无缝钢管，覆管为 1060 纯铝管。基管与覆管的规格见表 1，Q235 钢和 1060 纯铝的基本力学性能见表 2。铝管经完全去应力热处理，Q235 钢管经固溶稳定化热处理。基管、覆管均经机械抛光，并用 7%的稀盐酸对待结合表面进行了处理，除去各种表面缺陷，得到洁净的待结合表面[12]。试验所用爆炸纤维的基本参数见表 3。

表 1 材料的规格

Table 1 Specifications of materials

Material	Length/mm	Diameter/mm	Thickness/mm	Straight/mm
Q235 Steel	600	38	3	≤1
1060 Aluminum	650	30	1	≤1

表 2 材料的主要力学性能

Table 2 Main mechanical properties of materials

Material	Density /kg · m^{-3}	Yield strength /MPa	Strength limit /MPa	Elongation /%	Possion ratio	Elasticity modulus /GPa
Q235 Steel	7850	225	420	25	0. 26	206. 0
1060 Aluminum	2710	75	124	25	0. 33	68. 9

表 3 爆炸纤维的规格和成分

Table 3 Specifications and component of the metal detonating cord

Surface Materials	Diameter/mm	Linear density/g · m^{-1}	RDX/%	Paraffin/%
1070 Aluminum	3	4	85	15

2.2 爆炸胀接装置、工艺

以钢管为基管，铝管为覆管，制备铝/钢复合管的爆炸胀接装置如图 1 所示。试验时，依次将铝管、钢管以及爆炸纤维放入下定位基座，对铝管、钢管与定位基座进行密封处理，使水无法进入钢管与铝管所形成的缝隙中，缝隙上部与空气接触。各部分安装正确以后从底部起爆，这样有利于缝隙中的空气从上出口排出。爆炸纤维被雷管引爆后产生冲击波和高温高压气体，使水中压力迅速升高，由于水具有优异的传压性能[13]，使得铝管瞬间变形膨胀，直径增大。当铝管外径扩大到与钢管内径相同时，铝管与钢管发生强烈的碰撞。受到冲击波及高压水的作用，在碰撞前，只有铝管发生塑性变形，碰撞后铝管、钢管会整体塑性变形。其爆炸胀接原理示意图如图 2 所示。

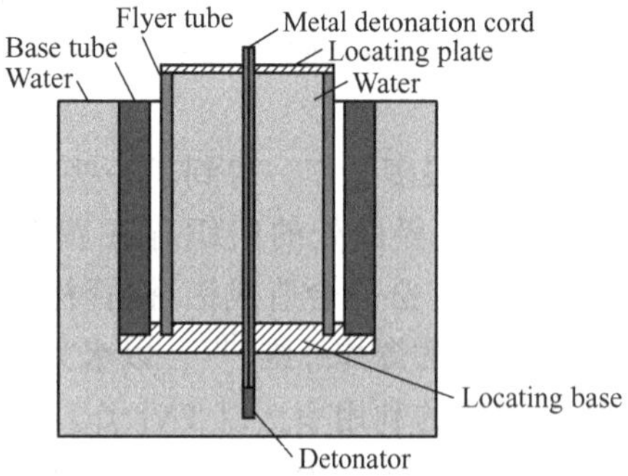

图 1 铝/钢同轴管爆炸胀接装置图

Fig. 1 Setup of Al/Steel explosive expanded composite pipe device

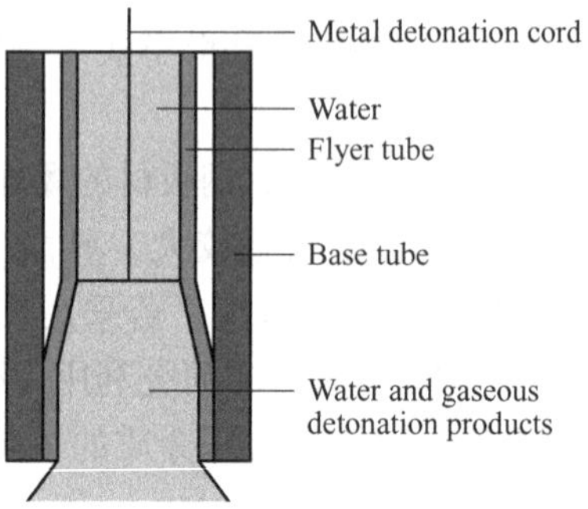

图 2 爆炸胀接原理示意图

Fig. 2 Schematic diagram of explosive expansion

试验所得铝/钢复合管如图 3 和图 4 所示，经超声波探伤检测得到，铝/钢复合管的贴合率达到 100%，径向形变率为 0.65%，弯曲度为 0.12%。

图 3 复合管截面图

Fig. 3 Cross section of composite pipe

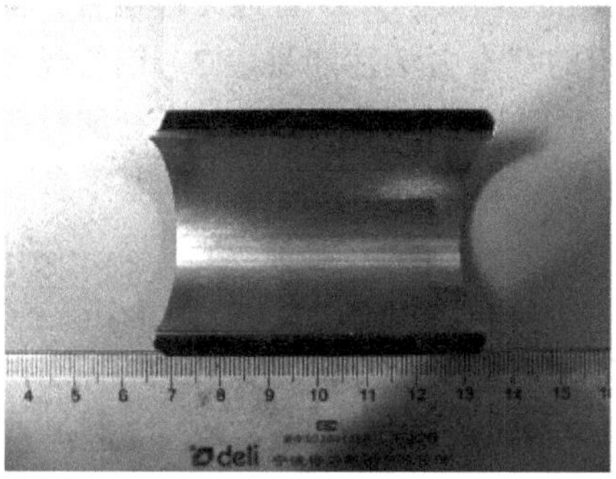

图 4 复合管剖面图

Fig. 4 Vertical section of composite pipe

3 取样分析实验

3.1 结合强度测试

从爆炸胀接得到的铝/钢复合管上截取长径比为 1∶1 的试样，在 809 Axial/Torsional Test System 上进行压剪实验。实验装置示意图如图 5 所示。实验得到了位移-力曲线，如图 6 所示。

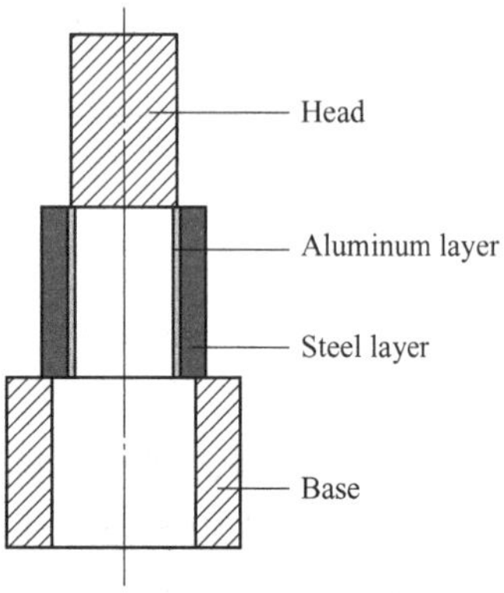

图 5 压剪测试装置示意图

Fig. 5 Setup of compression-shear experiment

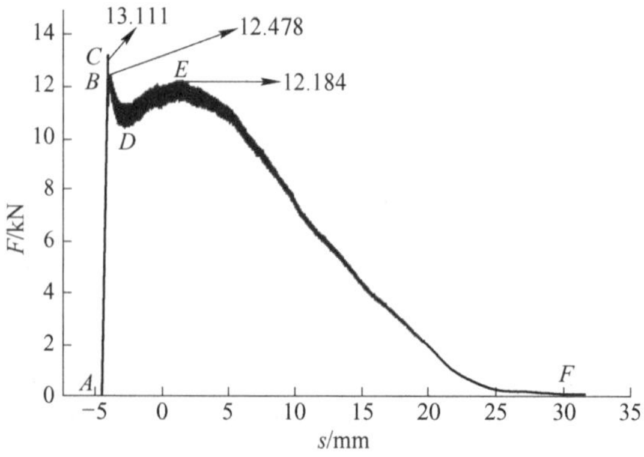

图 6 位移-力曲线

Fig. 6 Displacement-force curve

3.2 微观形貌观察

从铝/钢复合管中部截取长度为10mm的试样，经打磨抛光和稀盐酸腐蚀后得到的金相图如图7所示。由图7可以看出，界面发生了铝层与钢层的相互扩散现象，其结合界面主要为平直界面，未出现过熔现象[14]。

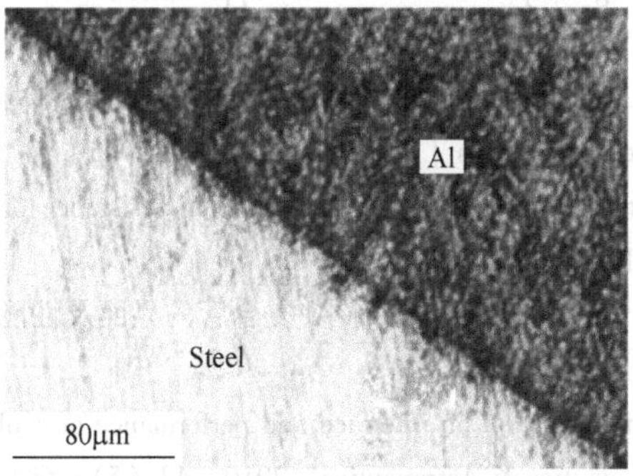

图7 复合管界面的微观形貌

Fig. 7 Micro-morphology of composite pipe's interface

3.3 实验结果分析

从图6可以看出，压力峰值为13111N，但其并不能作为计算结合强度的有效压脱力。其压剪过程可做如下解释：随着压力的增加，铝层在A-B阶段轴向被压缩，径向形变增加，从而导致结合力的突变。铝层在B处被压脱，B点可作为计算结合强度的有效压脱力值。B-D阶段随着位移少量的增加，接触面积减少，压力逐渐减小。过了D点之后，随着接触面积的减少，铝层对钢层的支撑力下降，处于弹性变形的钢层发生了收缩，其收缩所带来的压力增值大于因面积减少而引起的压力下降值，因此出现了D-E的压力上升阶段。

复合管的剪切强度可通过公式（1）计算得到

$$\tau = \frac{F}{A} = \frac{F}{\pi d L} \tag{1}$$

式中，F为有效压脱力；d和L分别为结合面的直径和试样长度。由图6可知，$F=12478\text{N}$，代入（1）式计算可得，铝/钢复合管的结合强度$\tau=3.27\text{MPa}$，远高于CJ/T 192—2004和SY/T 6623中所规定的最小为0.2MPa和0.5MPa的标准；另外，铝/钢复合管的位移-力曲线呈现出一般单一性质材料所具备的特征，包括弹性阶段、屈服阶段和强化阶段。这些特征说明复合管界面结合较好。

4 结论

本文结论如下所示。

（1）爆炸胀接方法以高爆速的爆炸纤维为能源，利用水作为传压介质。利用该方法炸药的使用量较传统的爆炸焊接方法降低了一个数量级，并且以冲击波的形式释放到空间的能量大大降低，爆炸产生的噪声小，炸药爆炸的能量利用率高，节能减排，有利于环境保护。

（2）通过对1060铝和Q235钢进行爆炸胀接试验得到了铝/钢复合管，超声波探伤检测表明，复合管的贴合率达到100%，径向形变率仅为0.65%，弯曲度为0.12%，变形很小。

（3）通过结合强度测试得到，在本试验条件下，铝/钢复合管的结合强度为3.27MPa，虽然远低于爆炸焊接结合强度，但是远高于CJ/T 192—2004标准和SY/T 6623标准规定的0.2MPa和0.5MPa。其位移-力曲线具有单一性质材料的某些特征。

（4）微观形貌图显示，复合管界面发生了铝层与钢层的相互扩散现象，未出现局部过熔现象，界面结合良好。

参考文献

[1] 郑远谋．爆炸焊接和爆炸复合材料的原理及应用［M］．长沙：中南大学出版社，2007：18-20.
Zheng Y M. Explosive welding and metallic composite and the engineering application［M］. Changsha：Central South University Press，2007：18-20.

[2] Dobis J D，Chakravarti B. Clad piping components for refinery applications［J］. Materials Performance，1997，36（7）：29-35.

[3] Mahieu J，Maki J，De cooman B C，et al. Development of an aluminized multi-phase steel with dual phase properties for high temperature corrosion resistance applications［J］. Steel Res Int，2003，74（4）：225-230.

[4] Soliman H M，Mohamed K E，Abd El-Azim M E，et al. Oxidation resistance of the aluminide coating formed on carbon steels［J］. J Mater Sci Technol，1997，13：383-388.

[5] 郭训忠，陶杰，孙显俊，等．爆炸焊接316L不锈钢/Al复合管的界面及性能研究［J］．南京航空航天大学学报，2010，42（5）：641-644.
Guo X Z，Tao J，Sun X J，et al. Investigation on interface and performance of explosive welded SS316L/Al clad tube［J］. Journal of Nanjing University of Acronautics & Astronautics，2010，42（5）：641-644.

[6] Ukai S，Fujiwara M. Perspective of ODS alloys application in nuclear environments［J］. J Nucl Mater，2002，307：749-757.

[7] Chen J，Jung P，Pouchon M A，et al. Irradiation creep and precipitation in a ferritic ODS steel under helium implantation［J］. J Nucl Mater，2008，373（1）：22-27.

[8] Ohtsuka S，Ukai S，Sakasegawa H，et al. Nano-mesoscopic structural characterization of 9Cr-ODS martensitic steel for improving creep strength［J］. J Nucl Mater，2007，367（1）：160-165.

[9] 王建民，朱锡，刘润泉．铝/钢爆炸复合界面的显微分析［J］．材料工程，2006（11）：36-44.
Wang J M，Zhu X，Liu R Q，et al. Microanalysis of bonding interfaces of explosive welded aluminum/steel plates［J］. Material Engineering，2006（11）：36-44.

[10] 梅群，沈兆武，周听清．超低能导爆索传爆原理及应用的研究［J］．中国工程科学，2005，7（6）：69-70.
Mei Q，Shen Z W，Zhou T Q. The Study on the detonation transmission rules and application of the super low energy detonting cord［J］. Engineering Science，2005，7（6）：69-70.

[11] 恽寿榕，赵衡阳．爆炸力学［M］．北京：国防工业出版社，2005：220.
Yun S R，Zhao H Y. Explosion mechanics［M］. Beijing：National Defense Industry Press，2005：220.

[12] 王宝云，马东康，李争显，等．内爆炸法制备铝/不锈钢细长双金属复合管的研究［J］．焊接，2005（9）：54-57.
Wang B Y，Ma D K，Li Z X，et al. Research of producing Al/Strainless steel thin walled clad tube by interior explosion welding［J］. Welding &Joining，2005（9）：54-57.

[13] 郑哲敏，杨振声．爆炸加工［M］．北京：国防工业出版社，1981：14.
Zheng Z M，Yang Z S. Explosion working［M］. Beijing：National Defense Industry Press，1981：14.

[14] 史长根，王耀华，周春华．爆炸焊接压力焊机理研究［J］．解放军理工大学学报，2002，3（5）：55-58.
Shi C G，Wang Y H，Zhou C H. Study on pressure welding mechanism of explosive welding［J］. Journal of PLA University of Science and Technology，2002，3（5）：55-58.

含泡沫混凝土层复合结构抗爆性能试验研究

杜玉兰[1]　王代华[2]　刘殿书[1]　汪义龙[1]

（1. 中国矿业大学（北京）力学与建筑工程学院，北京，100083；
2. 广东宏大爆破股份有限公司，广东 广州，510623）

摘　要：采用室内小型平板模型试验，利用平面药包爆炸直接加载，系统研究了爆炸作用下复合防护结构的抗爆性能和含泡沫混凝土吸能层结构中的泡沫层厚度、位置对抗爆性能的影响。结果表明采用含泡沫混凝土复合结构能大幅度提高抗爆性能；当泡沫混凝土层占结构总厚度的20%且外层混凝土与内层混凝土的厚度之比为7：3的情况下，复合结构的抗爆性能最优。

关键词：泡沫混凝土；复合结构；抗爆性能；试验研究

Experimental Research on the Characteristics of Anti-blast Compound Structures Including Foam Concrete

Du Yulan[1]　Wang Daihua[2]　Liu Dianshu[1]　Wang Yilong[1]

（1. China University of Minging and Technology（Beijing），School of Mechanics & Civil Engineering, Beijing，100083；2. Guangdong Hongda Blasting Co.，Ltd.，Guangdong Guangzhou，510623）

Abstract：Through the scaled simulation on the slab models，which assistant with the load of explosion of plane charge，the paper systemically analyzed the anti-blasting characteristics of the compound defensive structure；the thickness and location of the foam concrete energy-absorbing layer which affect the anti-blasting character. The experimentai result indicated that it is significant to raise anti-blasting characteristics by adoption with the foam concrete energy-absorbing layer in the compound structure. There are also find that it can achieve the best result to anti-blasting when the foam concrete layer has the ratio 20% of total thickness in the structure and the ratio of the outside layer to the inner concrete layer to is 7/3.

Keywords：foam concrete；compound structures；anti-blasting characteristics；experimental research

1　引言

随着科学技术和精确制导深钻地弹武器的发展，爆炸侵彻作用下武器的毁伤能力大为提高，对防护工程构成了严重的威胁。高抗力岩土防护结构本体通常采用复合结构形式[1-3]，含泡沫混凝土吸能层复合防护结构，可在同样条件下大幅度的提高防护结构的抗爆能力[4-7]。复合防护结构模型爆炸试验主要采用1：25的小结构比例模型模拟现场防护结构，利用平面药包爆炸直接加载，系统的研究了侵彻爆炸作用下复合防护结构的抗爆性能和含泡沫混凝土吸能层结构中的泡沫层厚度、位置对抗爆性能的影响。

基金项目：国家自然科学基金（10272109）。
原载于《首届全国水工抗震防灾学术会议论文集》。

2 试验设计

试验所用的圆形平板模型尺寸如图 1 所示。试验中所用的普通混凝土平均抗压强度为 57. 22MPa，泡沫混凝土抗压强度为 2. 85MPa，密度为 720kg/m^3。为了减小边界效应，试验时模型用钢套约束起来，试验装置如图 2 所示。

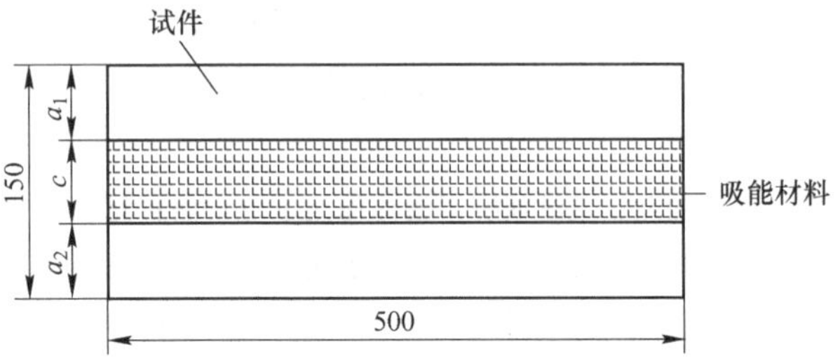

图 1 构件模型的几何关系（单位：mm）

Fig. 1 Geometry relation of the model (unit: mm)

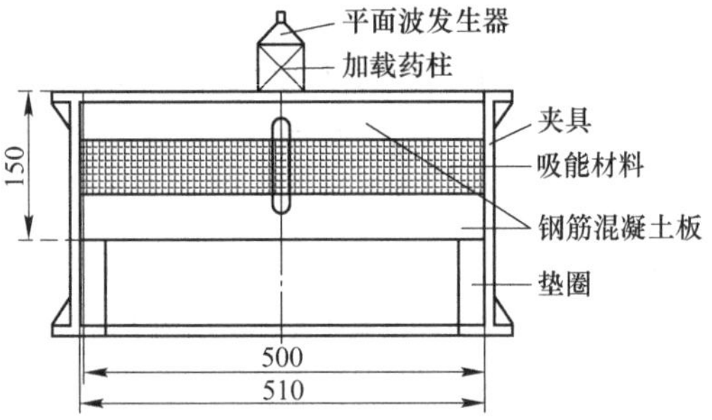

图 2 试验装置

Fig. 2 Tester of the model

试验针对不同的目的分成 4 组，即

（1）普通钢筋砼构件模型试验，目的是确定不含泡沫材料的试验模型的临界药量；

（2）含泡沫混凝土吸能层结构的抗爆性能试验，目的是比较含泡沫混凝土复合结构与普通钢筋砼构件及含等厚空气层复合结构在接触爆炸用下抗爆性能的差异；

（3）泡沫吸能层的最佳厚度试验。目的研究泡沫层厚度对抗爆性能的影响，确定泡沫层厚度的最佳比值；

（4）泡沫吸能层位置对复合防护结构抗力的影响，试验目的是研究在试件的总厚度和泡沫混凝土吸能层厚度不变时，改变泡沫吸能层的位置对复合结构抗爆性能的影响，探讨最佳的防护结构形式。

3 试验结果及分析

3.1 钢筋砼构件模型试验

结果观察中将试件的加载面的背面在爆炸作用下产生较完整的环状裂纹并伴有少量混凝土块沿环状裂缝脱落定为临界破坏状态。试件临界破坏情况如图 3 所示。试验表明，不含泡沫材料时 150mm 厚的试件的临界破坏药量约为 95g。

3.2 含泡沫材料吸能结构的抗爆性能对比试验

试件总厚度为 150mm，其吸能层厚度均为 30mm，试件临界破坏情况图 4～图 6 所示，试验结果见

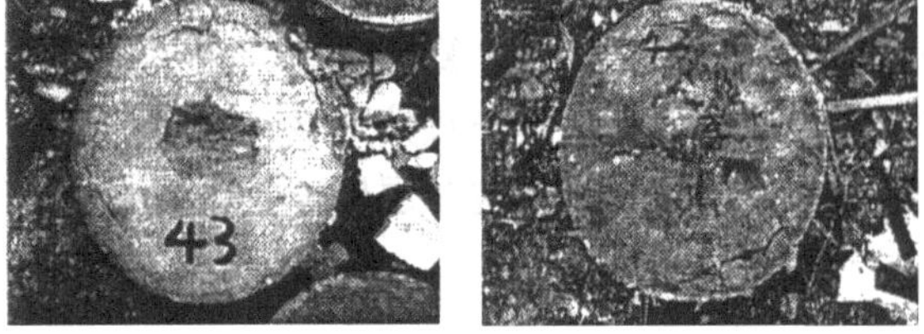

图 3 试件 43 破坏形态

Fig. 3 Destroy form of the specimen 43

图 4 试件 20 破坏形态

Fig. 4 Destroy form of the specimen 20

表 1。试验中，当 $c/b=20\%$ 时，含 30mm 厚空气层的构件的临界药量为 200g，含等厚的泡沫混凝土层结构的临界药量为 280g，而没有吸能层时的临界药量为 95g，则含泡沫混凝土吸能层的临界药量与之相比提高了近 3 倍。

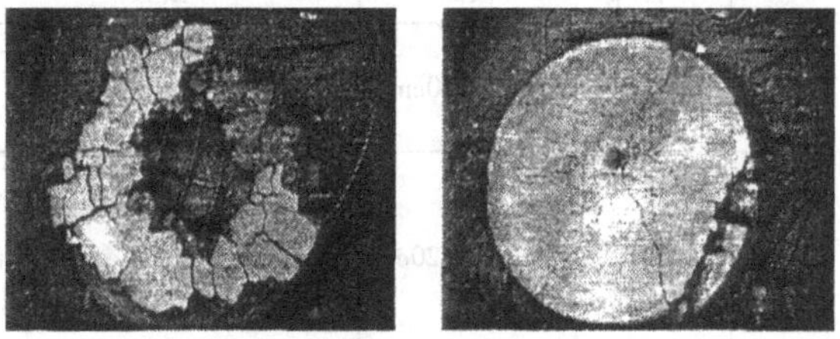

图 5　试件 23 破坏形态

Fig. 5　Destroy form of the specimen 24

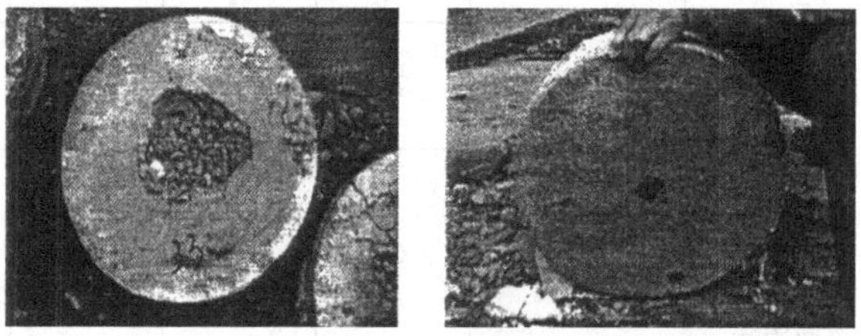

图 6　试件 33 破坏形态

Fig. 6　Destroy form of the specimen 33

表 1　典型试件试验结果

Table 1　The test result of model

吸能材料	试件编号	模型尺寸/mm				药量	破坏状况描述	
		a_1	a_2	c	b	单位/g	板面	板底
无	43				150	95	洞约 ϕ27cm	有较完整的环状裂纹，约 ϕ12cm
空气	23	60	60	30	150	200	洞约 ϕ22cm	有较完整的环状裂纹，约 ϕ13cm
泡沫混凝土	33	60	60	30	150	280	漏斗约 ϕ22cm	有较完整的环状裂纹，约 ϕ10.5cm，有少量混凝土块沿环状裂缝脱落

试验结果表明，在钢筋混凝土板中间加入一定厚度的吸能材料，其抗爆能力比同厚度同配筋率的钢筋混凝土板有大幅度提高。因此在钢筋砼之间加入吸能材料，是提高结构抗力的有效途径。分析上述几种结构爆破效果可以看出泡沫混凝土作为吸能材料的结构抗力明显优于无吸能层结构而且也优于中间为空气层的离壁式结构。

3.3　泡沫吸能层的最佳厚度试验

破坏情况如图 4、图 6~图 8，试验主要结果见表 2，由泡沫混凝土吸能层厚度与临界药量关系曲线（见图 9）分析表明复合结构的临界药量与泡沫混凝土层所占结构总厚度的比例有关。改变结构中泡沫混凝土层厚度即 c/b（6.67%、13.33%、20%及 26.67%），结果表明当 $c/b=20\%$ 时复合结构临界药量最大且为 280g，约为等厚度钢筋砼构件的 3 倍。

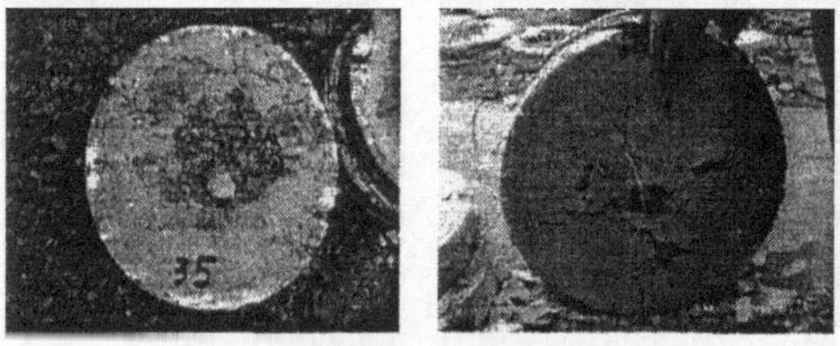

图 7　试件 35 破坏形态

Fig. 7　Destroy form of the specimen 35

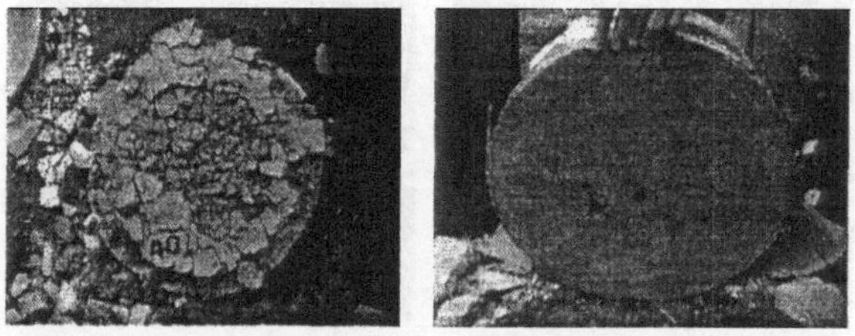

图 8　试件 40 破坏形态

Fig. 8　Destroy form of the specimen 40

表 2 试件宏观破坏现象

Table 2 The destroy phenomena on tester

试验类型	试件编号	模型尺寸/mm				临界药量	破坏状况描述	
		a_1	a_2	c	b	单位/g	板面	板底
确定泡沫混凝土最近厚度	33	70	70	10	150	150	洞约 ϕ20cm	有完整的环状裂纹，约 ϕ8cm
	35	65	65	20	150	200	漏斗约 ϕ20cm	有完整的环状裂纹，约 ϕ8cm 有少量混凝土块沿环状裂缝脱落
	20	60	60	30	150	280	漏斗约 ϕ22cm	有较完整的环状裂纹，约 ϕ10.5cm，有少量混凝土块沿环状裂缝脱落
	40	55	55	40	150	250	洞约 ϕ17cm	有完整的环状裂纹，约 ϕ8cm 有少量混凝土块沿环状裂缝脱落

3.4 泡沫吸能层位置对复合防护结构抗力的影响

试验确定的试件总厚度为 150mm，内含泡沫吸能层的厚度为 30mm，外层混凝土和内层混凝土的厚度取不同的比例（$a_1:a_2$）。典型破坏情况如图 11 和图 12，试验主要结果见表 3，泡沫吸能层位置对临界药量的影响试验曲线如图 10 所示：在 $a_1:a_2$ 分别为 5∶5、4∶6、3∶7 的情况下，临界炸药量为 150g，从构件宏观破坏效果上看，没有明显的差异。但在 6∶4 的情况下，临界炸药量为 160g，在 7∶3 的情况下，临界炸药量达到 180g，效果最优。

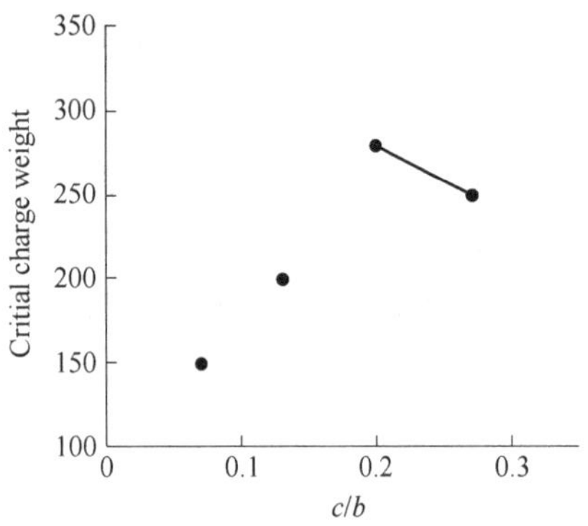

图 9 泡沫混凝土吸能层厚度与临界药量关系

Fig. 9 Relation between thickness of the foam layer and quantity

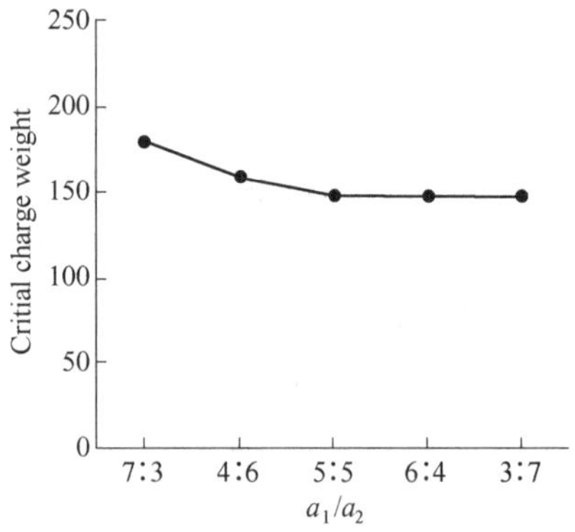

图 10 泡沫吸能层位置对临界药量的影响

Fig. 10 The foam layer location versus critical quantity

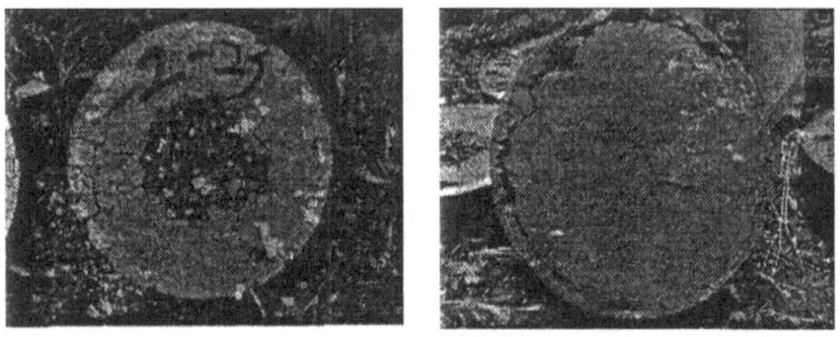

图 11 试件 2-23 破坏形态

Fig. 11 Destroy form of the specimen 2-23

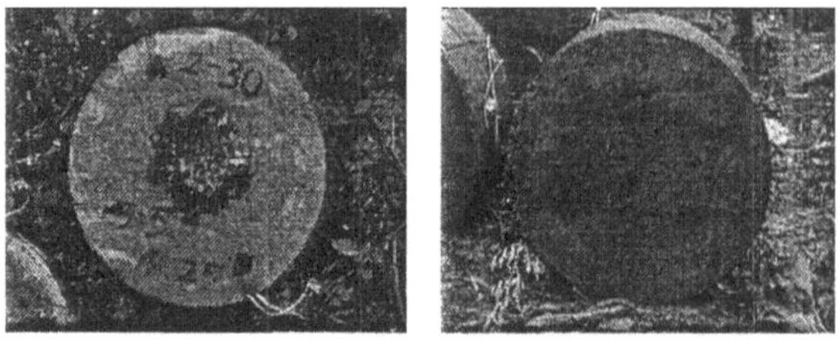

图 12 试件 2-30 破坏形态

Fig. 12 Destroy form of the specimen 2-30

表 3　试件的宏观破坏现象表

Table 3　The destroy phenomena on tester

试验类型	试件编号	模型尺寸/mm					药量/g	破坏描述	
		a_1	a_2	$a_1:a_2$	c	b		板面	板底
确定吸能层位置	2-22	48	72	4:6	30	150	150	洞约 ϕ20cm	有较完整的环状裂纹，约 ϕ17cm
	2-32	72	48	6:4	30	160	150	漏斗约 ϕ22cm 洞约 ϕ15cm	有较完整的环状裂纹，约 ϕ9cm
	2-29	36	84	3:7	30	150	150	漏斗约 ϕ20cm 洞约 ϕ13cm	有较完整的环状裂纹，约 ϕ16cm，其余裂纹呈网状分布
	2-23	84	36	7:3	30	150	180	洞约 ϕ24cm	裂纹呈网状分布
	2-30	60	60	5:5	30	150	150	漏斗约 ϕ19cm 洞约 ϕ14cm	有较完整的环状裂纹，约 ϕ16cm，径向裂纹较细，较密

4　结论

本文对单层钢筋混凝土及含泡沫混凝土吸能层防护结构进行了系统的试验研究，得到了如下结论：

（1）在防护结构中加入泡沫混凝土吸能材料可大幅度提高防护结构的抗力，含泡沫材料吸能层的复合防护结构比无吸能层结构的抗接触爆炸的能力提高近 3 倍。

（2）研究表明提高防护结构抗爆性能最佳的泡沫材料厚度范围应为混凝土结构厚度的 15%左右。

（3）泡沫材料的位置对结构的抗爆性能有明显影响，泡沫材料的最佳位置应在混凝土板的中面偏下，外侧混凝土与内侧混凝土厚度之比大致在 7/3。

参考文献

[1] 周丰峻，王仁立．高技术武器力学破坏效应及其防护技术的发展趋势［A］．中国土木工程学会防护工程学会第四届理事会暨第七次学术年会论文集［C］，2000. 9.

Zhou Fengjun，Wang Renli. The wreck effect of the high tech weapons and the develop of the defend technology［A］. The corpus of The forth council and the seventh science meet of the defend engineering academy of the civil engineering Academy［C］, 2000. 9.

[2] 田志敏，钱七虎，吴步旭．大压力爆炸作用下地下复合圆形结构研究［J］．特种结构，1997，3：40-43.

Tian Zhimin，Qian Qihu，Wu Buxu. Research on composite cylindrical structures under Expiosion induced intense dynamic loading［J］. Special structures，1997，3：40-43.

[3] 王青海，沈军辉，卫宏．爆炸冲击波对地下巷道破坏效应分析［J］．中国地质灾害与防治学报，2000，3：67-69.

Wang Qinghai，Shen Junhui，Wei Hong. Analysising the failure effect of tunnel under the act of blast impact wave［J］. The Chinese Journal of Geological Hazard and Control，2000，11（3）：67-69.

[4] 赵晓兵，方秦，张亚栋，等．爆炸荷载作用下地下复合结构的合理刚度匹配［J］．爆炸与冲击，2001，2：117-120.

Zhao Xiaobing，Fang Qin，Zhang Yadong，et al. Rational rigidity matching of underground composite structures under explosive loading［J］. Explosion and Shock Waves，2001，21（2）：117-120.

[5] 林润德，刘泽圻，卢国强，等．钢筋混凝土结构内粘钢板加固技术可行性分析［J］．爆炸与冲击，1997，3：276-280.

Lin Runde，Liu Zeqi，Lu Guoqiang，et al. A feasible analysis to the technology of increasing strength inside a reinforced concrete structure by sticking steel-plates［J］. Explosion and Shock Waves，1997，17（3）：276-280.

[6] 卢国强，林润德．混凝土-钢板结构在爆炸作用下变形的计算方法［J］．同济大学学报，2000，5：510-512.

Lu Guoqiang，Lin Runde. Calculating method for deformation of structures of reinforced concrete-steel plate against explosion action［J］. Journal of Tongji University，2000，28（5）：510-512.

[7] Abramowicz W，Jones N. Dynamic Axial Crushing of Circle Tubes［J］. In J Impact Engin，1984，2：43-48.

诱爆销毁废旧炮（航）弹的爆破设计及组织实施

杨 军[1] 苏 平[1] 李萍丰[2,3] 廖新旭[3]

（1. 海南省公安厅，海南 海口，570000；2. 中国地质大学（北京），北京，100083；
3. 广东宏大爆破股份有限公司，广东 广州，510623）

摘 要：海南省某市收缴了199枚废旧未爆炮（航）弹，为了彻底清除隐患，公安机关组织实施了建省以来规模最大的废旧炮（航）弹（含药量相当于4000kg TNT）的销毁。根据这次被销毁的废旧弹的特点，选择了爆炸法。本文按工程爆破设计的思路，阐述了销毁场地和诱爆药的选择、爆破参数选取，以及此次销毁工作的施工组织及安全措施。本文总结的成功经验值得借鉴。

关键词：废旧炮（航）弹；安全销毁；爆炸法；爆破参数

Design of Discarded Old Bomb Destroying Through Explosion and Its Organization of Implement

Yang Jun[1] Su Ping[1] Li Pingfeng[2,3] Liao Xinxu[3]

（1. The Public Science Department of Hainan Province，Hainan Haikou，570000；
2. Chinese Geology University（Beijing），Beijing，100083；
3. Guangdong Hongda Blasting Co.，Ltd.，Guangdong Guangzhou，510623）

Abstract：One of the cities in Hainan province collected 199 old discarded bombs. For eliminating the potential danger of the bombs completely，public security official organized and carried out the largest destroy of the discarded old bomb，containing explosive equivalent to 4000kg TNT，since the establishment of the province. According to the characteristics of the bomb destroying，explosion method was chosen. The present paper elaborated the selection of destroy site，inducing explosive，explosion parameters as well as the construction organization and safe measures in view of the thought of the design of engineering explosion. The successful experience summarized in this paper is worth to be consulted.

Keywords：discarded old bomb；safety destroy；explosion method；explosion parameter

1 引言

2005年6月海南省某市在一废旧物资回收站收缴199枚各类废旧未爆炮（航）弹。这批未爆废旧炮（航）弹多数外壳已锈蚀，有的已变形、内部药品已发生化学变化，性质不太稳定，具有较大爆炸燃烧性能，危险性很大，废旧物资回收站在私自处理时曾发生过燃烧。为彻底清除隐患，确保人民生命财产安全，2005年6月21~24日由海南省公安厅治安处组织，在海南省琼海市长坡镇安全顺利地实施了建省以来规模最大的废旧炮（航）弹（含药量相当于4000kg TNT）的销毁。

2 被销毁的废旧炮（航）弹特点

被销毁的废旧炮（航）弹是从大海中打捞出来的，在废旧物资回收站部分又经过私自处理。它们

原载于《工程爆破》，2005，11（4）：83-87，92。

具有如下特点。

（1）危险性大。废旧炮（航）弹经海水长期浸泡，锈迹斑斑，有一部分私自用火烧、用锯锯过、性能极不稳定，增加了销毁难度。

（2）性能、结构和含药量难以准确判断。废旧炮（航）弹废弃的时间太长，外壳又发生了变形，很难判断这些废旧炮（航）弹是哪个国家制造的？何时生产的？爆破设计施工时，诱爆药量及安全警戒距离的确定必须慎重考虑。

（3）数量、种类、规格多，形状也各异。这次销毁的废旧炮（航）弹有航空炸弹、炮弹两大类，共计 199 枚，有 4 种规格，见表 1。

表 1 被销毁废旧炮（航）弹结构参数

Table 1 Structure parameters of the old bombs

种类	自编号	长度/cm	直径/cm	弹径比	壁厚/mm	数量/枚	备注
航空炸弹	A	200	40	5.0	15	2	低阻式爆破弹
	B	170	25	6.8	7	11	
	C	24	9.7	2.47	10	46	
炮弹	D	45	9.8	4.59	7	140	榴弹

（4）销毁组织工作复杂。销毁爆炸物工作本身就是一项特殊、复杂的爆破作业，加上这批废旧炮（航）弹在市中心的废旧物资回收站内，吊装、运输都非常危险，稍有不慎后果不堪设想。

3 销毁废旧炮（航）弹方法及销毁场地的选择

3.1 销毁方法的选择

销毁方法的选择是销毁工作的关键，选择不当会引起火灾、爆炸或中毒事故，甚至造成人员伤亡和财物损失，国内外此类事故屡有报道。目前，基本销毁方法有爆炸法（诱爆法）、燃烧法及水溶解法三种，它们的适用范围、优缺点见表 2。

表 2 旧炮弹各种销毁方法对比

Table 2 Comparison of various methods of destroy old bombs

销毁方法	定义	适用范围	优点	备注
爆炸法	用起爆体去诱爆爆炸物	销毁确信能完全爆炸或被击穿的爆炸物	操作简单，处理彻底，安全性好	地雷、炮（炸）弹、航弹及各种火工品
燃烧法	用外界火源去烧毁爆炸物	没有爆炸性和已失去爆炸性，有爆炸性但在燃烧时不能由燃烧转为爆轰的爆炸物	不需要大的销毁场地，安全性好	发射药、黑火药、延期药、烟火剂、黑索金、硝铵类炸药
水溶解法	利用水溶解爆炸物，使之失去爆炸性能	能溶于水，不造成污染危害，或遇水失去燃烧和爆炸性能的爆炸物	操作方法简单，安全经济，不需要大的销毁场地	黑火药，硝铵类炸药，不含铝、镁成分的硝酸盐类烟火剂

经过认真的比较选择，这次销毁废旧炮（航）弹采用爆炸法（诱爆法）。

3.2 销毁场地的选择

销毁场地应选择：（1）具天然屏障，远离居民区、高压电线，人员、车辆、建筑物稀少的开阔地方，便于安全警戒；（2）通车性较好，要便于载重车辆、人员进出；（3）隐蔽性好，能有效地抑制冲击波的传播和碎片的飞散。

根据上述要求，经过反复勘探，本次销毁的场地选择在琼海市长坡镇一空旷的沙地内。

4 爆破设计

爆炸法销毁废旧炮（航）弹方法是诱爆药包的先驱冲击波炸破弹壳，剩余的冲击波侵彻弹丸，引爆弹丸装药（有的装药不能被引爆，但外壳一定要被击穿），达到销毁的目的。该过程属爆破作业的范畴，应按工程爆破作业的要求进行爆破设计。

4.1 废旧炸弹含药量算

待销毁废旧炮（航）弹因时间长久无法确定具体哪个国家什么时期生产的，其结构、性能及含药量无法查找资料，只能按已经处理的同类炸弹来估计。装药量按式（1）估算：

$$Q=\beta\gamma\pi d^2 L_{装}/4 \tag{1}$$

$$Q_{乳}=eQ$$

式中，Q 为废旧炮（航）弹含药量的等效梯恩梯当量，g；$Q_{乳}$ 为废旧炮（航）弹含药量换算成乳化炸药药量，g；d 为弹径，cm；$L_{装}$ 为装药段长，cm；β 是当量系数，对于航弹：普通爆破弹或低阻式爆破弹取 1.35，半穿甲弹和穿甲弹取 1.00；对于炮弹：口径 17.5cm 以下榴弹取 1.35，其他取 1.00；γ 为装药换算系数，对于航弹：普通爆破弹或低阻式爆破弹取 1.64；半穿甲弹和穿甲弹取 0.99；对于炮弹：榴弹取 0.99，穿甲弹取 0.26；e 为炸药换算系数，$e=Q_{热}/Q_{乳热}=1.35$；$Q_{热}$ 为 TNT 爆热，取 4187kJ/kg；$Q_{乳热}$为乳化炸药爆热，取 3094kJ/kg。

按式（1）计算废旧炮（航）弹含药量见表 3。

表 3 废旧炮（航）弹含药量

Table 3 Content of explosive contained in the old bombs

种类	自编号	长度/cm	直径/cm	弹径比	壁厚/mm	TNT 装药量/kg	乳化炸药换算/kg	备注
航空炸弹	A	200	40	5.0	15	417	562.95	低阻式爆破弹
	B	170	25	6.8	7	141	190.35	
	C	24	9.7	2.47	10	3.2	4.32	
炮弹	D	45	9.8	4.59	7	4	5.4	榴弹

4.2 爆破参数

4.2.1 诱爆药的选取

诱爆药是炸破弹壳、侵彻弹丸的能源，取决于诱爆药的猛度，猛度则主要与炸药的爆速和密度相关。因此诱爆药一般选择爆速和密度都较大的炸药，考虑到销毁废旧炮（航）弹的成本、销毁地点炸药来源以及每响销毁废旧炮（航）弹的数量等因素，本次采用爆速为 4300m/s 的乳化炸药作为诱爆药体。

4.2.2 诱爆药的药量计算

诱爆药需药量按经验计算公式：

$$Q_{诱1}=2q_V Sh \tag{2}$$

$$Q_{诱2}=2q_A A \tag{3}$$

式中，$Q_{诱1}$ 是按文献［1］乳化炸药需药量，g；$Q_{诱2}$ 是按文献［2］乳化炸药需药量，g；q_V 为单位体积耗炸药量，对于钢材，取 $q_V=5\text{g/cm}^3$；S 为钢板炸断面面积，cm^2，$S=K\cdot d$，其中 K 根据弹径、布药方式不同取值不同，对 A、B 型取 40，D、C 型取 30；h 为钢板厚度，cm；q_A 表示单位断面积耗药量，对于钢材，$q_A=25\sim40\text{g/cm}^2$；$A$ 表示切割处的断面积，cm^2。

按式（2）和式（3）计算的单枚废旧炮（航）弹诱爆药药量见表 4。

表 4　诱爆单枚废旧炮（航）弹的需药量

Table 4　Explosive weight required by exploding single old bomb

种类	编号	直径/cm	壁厚/cm²	钢板炸断面面积/cm²	钢板切割处面积/cm²	文献［1］乳化炸药需药量/kg	文献［2］乳化炸药需药量/kg		
							最小	最大	平均
航空炸弹	A	40	1.5	1600	188.40	24.00	9.42	15.07	12.25
	B	25	0.7	1000	54.95	7.00	2.75	4.40	3.57
	C	9.7	1	291	30.46	2.91	1.52	2.44	1.98
炮弹	D	9.8	0.7	294	21.54	2.06	1.08	1.72	1.40

经过 A 型弹的试爆，用文献［2］的计算最大药量 15kg 起爆，没有将其引爆或击穿，加大药量到文献［1］的 24kg 成功将其击穿、露出弹内的失效装药，说明按文献［1］诱爆药药量比较适合本次废旧炮（航）弹的销毁。

4.2.3　销毁废旧炮（航）弹方案的确定

按 3 天爆破销毁 199 枚废旧炮（航）弹的要求，在安全的前提下编排销毁方案见表 5。

表 5　废旧炮（航）弹销毁顺序、弹坑安排等参数

Table 5　Parameters of the old bomb destroying order and pit arrangement

爆破次数	爆破坑编号	段数	数量/枚	废弹编号	单枚炮弹参数/kg		单坑参数/kg			时间
					含药量	需药量	含药量	需药量	总药量	
1	1	1	1	A1	562.95	24	562.95	24	586.95	6.22 上午
2	1	1	1	B1	190.35	6	190.35	6	196.35	6.22 下午
	2	2	4	C1~C4	4.32	2.91	17.28	12	29.28	
	3	3	4	D1~D4	5.4	2.06	21.6	9	30.6	
	4	4	1	A2	562.95	24	562.95	24	586.95	
3	1~6	1~6	6	B2~B7	190.35	6	190.35	6（36）	196.35	6.23 上午
4	1~4	1~4	4	B8~B11	190.35	6	190.35	6（24）	196.35	6.23 上午
	5	5	8	C5~C12	4.32	2.91	34.56	24	58.56	
	6	6	8	C12~C19	4.32	2.91	34.56	24	58.56	
5	1~3	1~3	24	C20~C43	4.32	2.91	34.56	24（72）	58.56	6.23 下午
	4	4	3	C44~C46	4.32	2.91	12.96	9	21.96	
	5~6	5~6	16	D5~D20	5.4	2.06	43.2	15（30）	58.2	
6	1~6	1~6	48	D21~D68	5.4	2.06	43.2	15（90）	58.2	6.24 上午
7	1~6	1~6	48	D69~D116	5.4	2.06	43.2	15（90）	58.2	
8	1~3	1~3	24	D117~D140	5.4	2.06	43.2	15（45）	58.2	

经方案的编排要进行 8 次爆破，共需雷管 76 发、炸药 519kg。

4.2.4　诱爆坑的尺寸

根据诱爆销毁场地的现状、面积及诱爆的爆破作业时间，设计一次起爆 6 个诱爆坑。每个诱爆坑长 2m、宽 1m、深 1.5m 用于放置诱爆的废旧炮（航）弹，诱爆坑间的距离（m）按式（4）计算：

$$L = KQ_{总}^{1/2} \tag{4}$$

式中，K 为常数取 1.2；$Q_{总}$ 为单个诱爆坑内废旧炮（航）弹含药量与诱爆药之和，kg。

按销毁方案，各坑的安全距离可采用 B 型弹的参数计算，按式（4）计算结果为 16.8m，实际取 20m。A 型弹参数校核其弹坑间距为 28.8m，实际操作时隔一个坑即可达到要求。

4.2.5　诱爆药的布设

对于 A、B 型废旧炮（航）弹每坑仅诱爆一枚，炸药布置在钢壁的外面，围绕其圆周 3/4［见图 1（a）］；对于 C、D 型炮（航）弹每坑诱爆最多 8 枚，将它们并排放置坑内，在其上面布置炸药［见图

1 (b)]。安放炸药时要注意：(1) 要将炸药轻轻压实，并在炸药上再压少量沙包，尽可能使装药密度最大；(2) 要将炸药集中布置，不可均匀布置；(3) 要将炸药布置在整个弹体的关键部位。

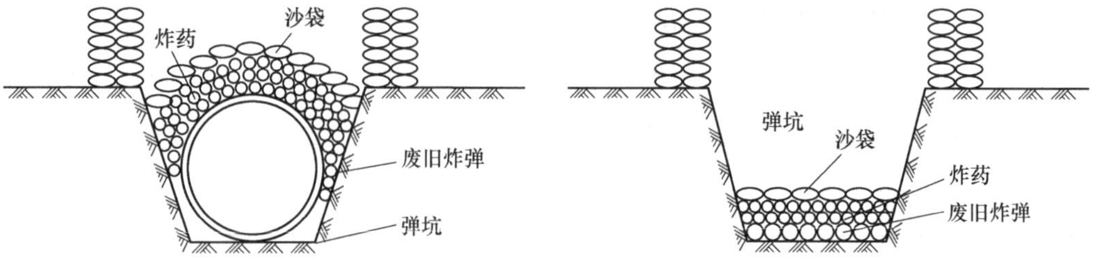

(a) A、B型弹　　(b) C、D型弹

图1　A、B型弹和C、D型弹销毁布药示意图

Fig. 1　Illustration of explosive charging in destroy of the bombs of type A, B, C and D

4.2.6　爆破网路

每坑用2发1~6段的毫秒延期电雷管，使得每坑都单独响，最大限度地降低爆破冲击波。每次爆破6坑共计12发电雷管大串联，专用起爆器起爆。

4.3　爆破安全距离的计算

安全距离包括废旧炮（航）弹爆炸地震波、爆炸冲击波、个别碎片飞散对人员、建筑物的破坏和杀伤距离。

（1）爆炸地震对建筑的最小安全距离可按式（5）计算：

$$R_Z = (Q_{总})^{1/3}/(v_q/K_A)^{1/\alpha} \tag{5}$$

式中，R_Z 为爆炸地震对建筑物的最小安全距离，m；K_A 为与传播爆炸地震波的介质有关的系数，土壤取200、岩石取30~70；α 是爆炸地震衰减指数，近距离取2、远距离取1.5；$Q_{总}$ 是炸弹含药量与诱爆药量之和，kg；v_q 表示普通建筑物不受破坏时允许的最大振动速度，cm/s，砖石结构好的取7、差的取5；混凝土建筑物坚固的取17~20，一般的取11~16。

（2）爆炸冲击波对建筑物的最小安全距离可按下式计算：

$$R_B = K_B Q_{总}^{1/2} \tag{6}$$

式中，R_B 为爆炸冲击波对建筑物的最小安全距离，m；K_B 为系数，取值50。

冲击波对人员影响的最小安全距离，可按如下公式计算：

$$R_B = K_C Q_{总}^{1/2} \tag{7}$$

式中，R_B 为爆炸冲击波对人员的最小安全距离，m；K_C 为系数，取值10。

（3）个别碎片飞散对人员影响的最小安全距离的计算公式[4]如下：

$$\begin{gathered} R_f = (2q/K_x\rho_0 F_y)[\ln(v_0/v_{min})] \\ F_y = (Lb + Lh + bh)(4/\pi^2) \\ v_0 = (D/2)\{[Q_{药}/(Q_{药}+Q_{壳})]/[2-(Q_{药}/(Q_{药}+Q_{壳}))]\}^{1/2} \\ v_{min} = (2E_{min}/q)^{1/2} \end{gathered} \tag{8}$$

式中，R_f 为个别碎片飞散对人员影响的最小安全距离，m；K_x 为碎片迎风空气阻力系数，取1.24；ρ_0 为空气密度，取1.28kg/m^3；q 为碎片平均质量，kg；F_y 是碎片迎风面积，m^2；v_0 是碎片飞散初速度，m/s；v_{min} 是碎片对人员具有杀伤作用时的最小速度，m/s；h、b、L 分别为碎片平均的厚度、宽度和长度，m，其中 $b=1.34h$、$L=3.85h$；D 为炸药爆速，m/s；$Q_{药}$ 为炸弹含药量，kg；$Q_{壳}$ 为炸弹壳体重量，kg；E_{min} 为碎片对人员具有杀伤作用时的最小功能，一般取90J。

以A型每坑最大起爆的总药量，按式（5）~式（8）计算的最小安全距离分别为：地震对建筑物的，为98m；爆炸冲击波对建筑物的，为1202m；冲击波对人员影响的，为240m；个别碎片飞散对人员影响的，为1328m。结合《爆破安全规程》确定的爆破安全警戒距离为1500m。

5　废旧炮（航）弹销毁施工组织

怎样按销毁废旧炮（航）弹的爆破设计进行组织施工，是整个销毁工作的重要环节。制定的销毁废日炮（航）弹施工组织方案，要反复论证推敲，进行模拟演练，使方案更科学、更严密、更安全，措施更可靠。

5.1　建立销毁指挥部

销毁性能不明的废旧炮（航）弹是一项复杂而危险的工作，涉及的范围广、部门多，必须进行统一指挥，严密组织，各有关部门通力合作，才能确保万无一失。本次销毁行动专门成立了由市公安局领导挂帅的销毁工作指挥部。下设运输组、销毁组、安全警戒组、消防救护组和善后处理协调组机构。

指挥部：负责销毁作业的全面组织领导，组织销毁物的检查、清理、分类；组织销毁场地的选择及警戒任务；监督作业人员遵守安全规则和操作规程，下达销毁起爆命令。

运输组：按爆破设计的销毁方案（见表5），将废旧炮（航）弹编号按销毁顺序装车运至销毁地点。装运过程中严格按照废旧爆炸品的操作规程及注意事项，为防止在装卸过程中发生意外碰撞、挤压、跌落及在运输途中振动、滚动和前后窜动，被销毁的废旧炮（航）弹必须采用人工搬运，轻拿轻放，运输车上应事先装入约40cm厚的细砂，将较大的弹平卧于细砂上，并用绳索将其捆绑后固定在车厢板上，对较小的爆炸物要进行分类装箱，箱内用棉被、泡沫、碎纸条等物品固定，所有炸弹要横放装车，防止刹车时弹头撞击车厢。

诱爆销毁组：由爆破经验丰富的专业技术人员组成，负责清理、登记销毁废旧炮（航）弹数量、状态。根据爆破设计的销毁方案（见表5）将销毁废旧炮（航）弹按顺序设置在诱爆坑中，按指挥部指食装药、连线、起爆、检查诱爆现场及评估销毁效果，确认无险情后向指挥部报告详细情况，进行下一轮作业。下设一个场地准备小组，负责构筑起爆站和人员避弹所；挖坑、砍树、砍草、道路平整、卸弹置坑。

安全警戒组：由琼海市公安局治安支队干警组成，负责诱爆现场的安全警戒工作，提前进入警戒点清除危险区内的无关人员。在确认所有人员全部撤离至安全区域后，向指挥部报告。

消防救护组：由消防救火车、消防队员、救护车、医务人员等组成。负责由爆炸引起的火灾扑救和人员伤亡的救护工作。消防救护组要提前做好器材、人员准备工作及制定抢救预案，在指定地点待命，做到“招之即来，来之能战”。

5.2　全防护措施

（1）防冲击波：为了防止空气冲击波对人员及附近建筑物的破坏，分批分次将待销毁的废旧炮弹分置于6个预先挖好的弹坑里，每坑每次炮炸弹的装药量不超过200kg（A型除外），布置药包后再用沙袋压在上面，减缓冲击波对空气的直接作用；距爆炸点500m远的起爆站人员利用避弹所进行掩护。

（2）防地震波：防止地震波对周围建筑的影响将待销毁的炮炸弹分成8次进行销毁。同时，每次分别置于6个弹坑内，用电雷管微差起爆，每一弹坑的起爆有一个时间差，以避免6个弹坑的地震波叠加，减小了一次齐爆的威力。

（3）防碎片：销毁炮炸弹的个别土石及炸弹碎片飞散距离很远、危害性极大。因此，防碎片飞散伤人是安全措施的重点。为防止碎片飞散太远，应将诱爆坑尽量挖深一些，并在弹坑四周用蛇皮袋或麻袋装土加高弹坑上缘，以减小碎片向四周飞散。同时加大警戒范围，严禁无关人员进入警戒区域。

（4）防火：炮炸弹爆炸后，弹片温度可达2000℃以上，若落在干草、枯树上，很容易引起火灾。为此，在整修场地时，要确定砍草、砍树范围，并将砍完的草木及时运走，不得堆放原地。

6　废旧炮（航）弹销毁效果

经过分批分次爆破，对现场检查清理，销毁效果有三类。

（1）有58枚废旧炮（航）弹（其中：C型35枚、D型23枚）被引爆，在现场发现弹柄、尾翼、弹壳尾部碎片，属完全销毁（占29%）。

（2）另有111枚废旧炮（航）弹（其中：A型2枚、B型11枚、C型9枚、D型89枚）未被引爆，而是被炸断、炸裂、击穿，露出了炮弹内部已经变质失效的炸药，已经没有任何危险，也属完全销毁（占56%）。

（3）还有30枚废旧炮（航）弹（其中：C型2枚、D型28枚）没有被引爆炸裂，只是外壳有变形，散落在坑内和周围20m的范围内，此部分炮弹收回后加大诱爆药量再次爆破销毁，仍没有被引爆，但都是被炸断、炸裂，漏出内部失效的炸药，说明炮弹内部装药已经失效，也完全销毁（占15%）。

7 结语

本次废旧炮（航）弹的销毁工作，历经3天时间，共用诱爆炸药519kg（占含药量的12%），最终顺利安全地销毁了199枚废旧炮（航）弹。通过本次大批量的废旧炮（航）弹销毁，有以下几点心得体会：

（1）废旧炮（航）弹的销毁要按正常的爆破作业进行设计与施工；

（2）将诱爆药集中布置，轻轻压实放在废旧炮（航）弹上面，并在诱爆药上再压少量沙包，尽可能使装药密度最大；

（3）要将诱爆药布置在整个弹体的关键部位，例如：航弹的悬挂处、废旧炮（航）弹的引信处等；

（4）销毁弹坑不宜太深，因太深易造成爆后塌方，不利于检查销毁结果，坑的四周用蛇皮袋或麻袋装土加高坑深，可防弹片飞得更远；

（5）各类型废旧炮（航）弹要进行试爆，以确定诱爆炸药量；

（6）新、旧废旧炮（航）弹分开销毁，较新的废旧炮（航）弹易爆炸，用少量的炸药即可引爆，陈旧的废旧炮（航）弹不易爆炸，需加大起爆药量，即使引爆不了废旧炮（航）弹，也能将其炸穿。

参 考 文 献

[1] 朱绍武，谢先启，罗启军．炮（航）弹及过期爆破器材销毁研究与实践［J］．爆破，2001，6（2）：87-89.

[2] 张正平，张宝国，刘文广，等．“金航”轮沉船水下爆破解体［J］．工程爆破，2003，9（2）：65-68.

[3] 刘殿中．工程爆破实用手册［M］．北京：冶金工业出版社，1999.

[4] 邱进芬，谢筑湘．废旧炮炸弹销毁研究［J］．工程爆破，2004，10（1）：82-86.

现场混装炸药

Site Mixing for Explosives

现场混装作业技术的研发现状与发展趋势

李小波[1,2]　宋锦泉[1,2]　郑炳旭[1]

（1. 广东宏大爆破股份有限公司，广东 广州，510623；
2. 北京广业宏大矿业设计研究院，北京，100035）

摘　要：文章首先介绍了现场混装作业技术具有安全可靠、计量准确、占地面积小、建筑物简单、减轻劳动强度、提高装药效率、降低成本、改善爆破效果和改善工作环境等优点，它已成为当今工程爆破技术的一个主要发展方向；然后分别介绍了国内外现场混装作业技术的研发现状，并着重介绍了国内地面辅助设施、现场混装车的发展现状及面临的障碍和我国的行业标准及规范；最后从五个方面阐明了现场混装作业技术的发展趋势。

关键词：现场混装作业技术；工程爆破技术；研发现状；发展趋势

Research Actuality and Development Tendency of Site Sensitized Technology

Li Xiaobo[1,2]　Song Jinquan[1,2]　Zheng Bingxu[1]

（1. Guangdong Hongda Blasting Co., Ltd., Guangdong Guangzhou, 510623;
2. Beijing Guangye Grand Mining Design and Research Institute, Beijing, 100035）

Abstract: Firstly, the paper introduced the site sensitized technology of explosives had so many advantages which are safe and reliable, accurate measurement, less occupied area, simple building, reducing labor intenrisity, improving the charging efficiency, cost reducing, improving blasting effect and working environment and so on, it has been one of the major development directions of blasting technology today. Secondly it introduced the research and development of technique for site mixing and loading home and abroad separately, and it highlights domestic auxiliary facilities on the ground, development and the facing obstacles of the site mix-load vehicles and the standards and specifications of our country. At last it put forward the development tendency of the site sensitized technology from seven aspects.

Keywords: site sensitized technology; blasting technology; research actuality; development tendency

1　引言

现场混装作业技术是在爆破现场将炸药原材料以散装形式用机械装填炮孔的爆破作业技术，是集原材料（半成品）运输、机械化装填、爆破作业于一体的一种爆破新技术。现场混装作业的经济性、便利性、安全性都是目前模式（传统固定工厂生产，再经运输、储存到现场装填）所无法比拟的。它是当今爆破技术最重要的进展之一，是爆破装药机械和爆破作业方式发展的必然结果[1]。因此，现场混装作业技术是当今工程爆破技术的一个主要发展方向。

2　现场混装作业技术的优点

现场混装作业技术具有较强的适应性和优越性，它不仅能满足矿山爆破的要求，同时经济效益和

原载于《广东化工》，2013，40（1）：621-627。

社会效益可观，使用方便，不用外购及储存成品炸药。现场混装作业技术的优势主要体现为以下几点。

（1）安全可靠。混装车在运输过程中，料仓内装载的是生产炸药的原料，并不运送成品炸药、只有在现场装填时才混制成炸药，不仅解决了炸药在运输、储存过程中的安全问题，而且在厂区内只存放一些非爆炸性原材料，无须储存和运输成品炸药，大大减少仓储费用和爆炸危险性。

（2）计量准确。混装车上安装有先进的微机计量控制系统，计量准确，误差小于±2%。

（3）占地面积小、建筑物简单。与地面式炸药加工厂相比，混装车只需建设原料库房及相应的地面制备站，根据《民用爆破器材工厂设计安全规范》，地面站仅为防火级。安全级别降低，减小了安全距离，减少了占地面积，节省了投资。

（4）减轻劳动强度、提高装药效率。现场混装作业技术，可实现机械化装药作业，大直径炮孔的装填速度达200~600kg/min，地下中小直径炮孔可达15~100kg/min。由于混装车的机械化程度高，装药效率也高，因此能大大减轻工人的劳动强度，提高劳动生产率，缩短装药时间。与人工装药相比，工作效率可提高数十倍。

（5）降低成本、改善爆破效果。与包装产品装填炮孔相比，现场混装可以显著提高炮孔装药密度，提高炸药与炮孔壁的耦合系数，扩大爆破的孔网参数，减少钻孔工作量。通过以前的工作可以得知，由于装药密度和耦合系数的提高，可扩大孔网参数20%~30%，减少钻孔量达25%~30%，钻孔成本明显降低，既可使爆破成本保持最低，又可以使爆破效果获得优化。

（6）改善了工作环境。现场混装车采用了先进的配方，配方也简单，不含TNT，减少了环境污染，混装过程没有废水排放，现场不残留炸药，减少了对工作环境的污染，保证了职工的身心健康[2]。

3 现场混装作业技术国内研发现状

3.1 地面辅助设施

地面辅助设施是现场混制炸药的生产场所，其发展经历了从无到有，从固定式到移动式的发展阶段。前期是将现场混装炸药直接在现场混制、装填，后来发展到采用固定式车间或厂房制备半成品。但对于工期短的工程，如果投入固定式地面站，不能重复利用，成本较高，且建站速度较慢。为满足不同爆破工程需要，自从将现场混装炸药系统用于水电开挖后，发展成了移动式地面站，该系统具有机动性、灵活性与方便性特点。目前，移动式地面站主要是针对混制乳化炸药而言，铵油炸药生产系统仍为固定式[3]。国内现场混装作业技术主要地面制备站基本情况见表1。

表1 国内主要地面制备站现状

Table 1 Situation of the main ground preparation station in Domestic

生产企业	主要产品
山西惠丰特种汽车有限公司	BYDZ型号不同规格的地面制备站（见图1）
北京北矿亿博科技有限责任公司	多孔粒状铵油地面站（见图2），MEF移动式乳胶基质地面制备站，固定式乳胶基质地面站
湖南金能科技股份有限公司	BCYD型乳化基质移动地面站（见图3）
深圳市金奥博科技有限公司	JWL-S型移动式散装乳化炸药地面站系统（见图4），JWL-S型固定式散装乳化炸药地面站系统

图 1　固定式地面站——装药车

Fig. 1　Fixed ground station—charging truck

图 2　多孔粒状铵油地面站

Fig. 2　Porous granular ANFO ground station

图 3　BCYD 型乳化基质移动地面站

Fig. 3　BCYD emulsion matrix mobile earth stations

图 4　JWL-S 型移动式散装乳化炸药地面站系统

Fig. 4　JWL-S type mobile ground station system of bulk emulsion explosives

3.2 现场混装车发展现状

我国在现场混装车技术方面的发展主要是在引进的基础上进行创新。主要创新包括六个方面：（1）车型的系列开发；（2）改进炸药配方，实现了配方的系列化；（3）控制系统的自动化；（4）液压系统的改进；（5）水相、油相流量控制的改进；（6）地面站的自动化水平全面升级[6]。目前，我国主要有山西惠丰特种汽车有限公司、北京北矿亿博科技有限责任公司、湖南金能科技股份有限公司、江苏澳瑞凯板桥矿山机械有限公司和深圳市金奥博科技有限公司等厂家生产现场混装车，详情见表 2。

表 2 国内主要现场混装车现状

Table 2 Situation of the main site mixed truck in Domestic

生产企业	主 要 产 品
山西惠丰特种汽车有限公司	BCRH-15（D）型现场混装乳化炸药车、BCJ-65 型井下现场混装乳化炸药车（见图 5）、BC-2 型井下铵油炸药装药车、炸药远程输送装填车
北京北矿亿博科技有限责任公司	BCJX 铵油炸药现场混装车、BCJ 型铵油装药车、BCJ 型多品种装药车、BCJ-5M 型小型乳化炸药装药机（见图 6）、BCJ-4 型地下矿用乳化炸药装药车、BCJ-3 型乳化炸药装药车
湖南金能科技股份有限公司	BCHR 系列现场混装乳化炸药车（见图 7）、BCHZ 系列现场混装重铵油炸药车、BCHZ 系列现场混装多孔粒状铵油炸药车
江苏澳瑞凯板桥矿山机械有限公司	BC-6 型、BC-15 型多功能铵油、重铵油（乳化）炸药现场混装车
深圳市金奥博科技有限公司	JWL-BCZH 型多功能现场混装炸药车（见图 8）、JWL-BCLH-15 型现场混装铵油炸药车、JWL-BCRH-15 型现杨混装乳化炸药车、JWL-DXRH 型地下现场混装乳化炸药车

图 5 BCJ-65 型井下现场混装乳化炸药车

Fig 5 BCJ-65 type underground site mixed emulsion explosive truck

图 6 BCJ-5M 型小型乳化炸药装药机

Fig. 6 BCJ-5M type emulsion explosive small charging machine

图 7 BCHR 系列现场混装乳化炸药车

Fig. 7 BCHR series site mixed emulsion explosive truck

图 8 JWL-BCZH 型多功能现场混装炸药车

Fig. 8 JWL-BCZH site mixed explosivesutility truck

3.3 现场混装车发展面临的障碍

我国虽已引进、消化并研制成功现场混装炸药车及其炸药产品，爆破市场需求也很强烈，但由于我国国情、历史和体制的原因，现场混装炸药实际应用占炸药总量的比例才20%左右，差距很大。现场混装炸药特别是炸药混装车发展过程中存在以下主要问题，需国家有关主管部门、科研单位和民用爆炸物品从业单位共同努力解决。

(1) 在现场炸药混装车购买和销售问题上，对是否需经行政许可及行政许可主体存在争议。

(2) 对现场炸药混装车的购买和销售以及混装车炸药生产的行政审批问题。

(3) 现场炸药混装车流动施工服务的审批手续问题。

(4) 现场混装铵油炸药、现场混装重铵油炸药、现场混装乳化炸药的产品标准问题。

(5) 现场混装车炸药生产过程的安全及监控问题。

(6) 现场混装炸药车的流动服务过积以及炸药产品的流动、流向管理控制问题。

(7) 现场混装炸药与相关爆破工艺的匹配衔接问题[7]。

3.4 行业标准及规范

行业主管部门已逐渐意识到现场混装炸药技术在生产和使用过程中的安全性、经济性、高效性。国家先后修订出台了《现场混装炸药车及地面站设施生产安全考核与管理技术条件（试行）》、《现场混装炸药车移动式地面辅助设施》（JB/T 10173—2010）、《现场混装重铵油炸药车》（JB/T 8432.1—2006）、《现场混装粒状铵油炸药车》（JB/T 8432.2—2006）、《现场混装乳化炸药车》（JB/T 8432.3—2006）、《现场混装炸药车地面辅助设施》（JB/T 8433—2006）、《井下现场混装乳化炸药车》（JB/T 10881—2008）、《矿用混装炸药车安全要求》（GB 25527—2010）、《现场混装炸药生产安全管理规程》（WJ 9072—2012）等管理规范及标准。

我国目前对现场混装炸药模式的管理仍在探讨中[3]，存在以下几方面的不足：(1) 环境条件问题。2006年版的标准只对环境温度有具体要求，但对环境湿度和环境高度未做具体要求。(2) 与其他行业标准之间存在矛盾。比如车的型号问题、基本参数问题、性能参数问题、主要部件的技术要求和检验规则等[8]。

4 现场混装作业技术国外研发现状

在北美、南美、澳洲、欧洲、南非等地区和国家的年消耗炸药总量中，绝大部分是在爆破现场制备的，混装车运往爆破现场的只是原材料或半成品，只是在装填炮孔时才敏化成为爆破剂。德国年炸药消耗量的近1/2是由移动式混装车制备装填的。21世纪前后，印度散装炸药市场正以平均35%的速度快速增长。在欧美等经济发达国家，散装炸药的使用量正在持续增长，特别是小型移动式炸药混装车的研制成功，更适用于地下和露天爆破装药作业，使乳化炸药获得了更加广泛的应用。如今在国外炸药混装车的使用已经很寻常了[5]。

5 现场混装作业技术的发展趋势

现场混装作业技术虽然已经发展了几个阶段，技术日趋成熟，管理更规范，产品适用范围更广泛，但因条件或者技术所限，其在发展过程中始终存在这样那样的弊端。科技发展永无止境，针对目前技术的现状，提出现场混装作业技术将来可能的发展趋势如下。

(1) 先进生产技术更完备。实现乳胶基质远程配送与现场混装技术，实现以点带面的远程配送技术；移动式地面站的进一步广泛应用；井下乳化炸药现场混装技术的进一步发展和应用；配方系统化，现场混装车采用多功能混装车，能够在同一台车上混制装填乳化炸药、多孔粒状铵油炸药、重铵油炸药；车载自动控制技术的应用等[5]。

(2) 作业更高效、控制更智能化。在混装炸药车将半成品制备成炸药的操作系统上，计量和生产控制以前为机械式控制，目前已发展成 PLC 编程的电子程序控制。在装药过程中，需要装药技术人员同炸药生产操作人员通过语言或手势交流，效率较低，且容易出现错误理解。未来将可能发展成红外遥控控制，即装药人员直接在炮孔通过遥控控制装药。在地面站生产过程中，硝酸铵搬运、破碎及卸料、上车，主要靠人力完成，未来将逐步用机械代替人工作业。在作业现场，炸药输入炮孔，始终需要人力拨拉输药管或转运炸药，未来可能将用小型装药车代替人力。由此减轻劳动强度，提高效率[3]。

（3）作业过程更安全。实现现场混装作业技术，无须储存和运输成品炸药，并且作业过程中自动控制技术的应用，可以保证作业更安全。

（4）行业管理更规范、标准更完善。随着行业主管部门对混装炸药作业模式的逐步重视，未来对其管理将更加合理和完善。行业管理规范将逐步完善，办理混装炸药生产及使用过程各环节手续更清晰，主管部门间职责更明确。推动取消混装炸药品种限制和许可能力限制。产品也将逐步建立和完善国家标准，更便于指导生产。

（5）理论技术更系统。随着各科技工作者对混装炸药系统的深入研究，必将会有一系列关于混装炸药技术系统的理论教材出版面世。届时，混装炸药技术不再神秘，其技术将会更快得以推广[2]。

6 结语

在近50年的时间里，现场混装作业技术从最初的“一站一点”的模式，到之后的露天现场混装乳化炸药技术和“地下现场混装乳化炸药技术及其装药车”的发展和应用，到“乳胶基质远程配送”技术系统的试验与发展，现场混装作业技术飞速地发展着。相信随着科技技术的发展，随着我国采矿业的迅速发展，现场混装作业技术必将向更高效、安全、规范发展。将来，现场混装作业技术应用越来越广泛，其工艺、装备、生产及使用技术发展也将越来越完善，行业主管部门管理更规范，其本质安全性也将越来越高。

参 考 文 献

[1] 韩修栋，熊代余，等．工业炸药现场混装系统的新进展［J］．爆破器材，2009，38（3）：8-11.

[2] 陈中亿．工业炸药现场混装技术的发展现状与展望［C］//吕春绪．中国兵工学会民用爆破器材专业委员会第七届学术年会论文集．北京：兵器工业出版社，2012：45-48.

[3] 李宏兵，江小波．现场混装炸药系统现状及未来发展构想［C］//吕春绪．中国兵工学会民用爆破器材专业委员会第七届学术年会论文集，北京：兵器工业出版社，2012：23-26.

[4] 靳永明，冯有景，秦启胜．现场混装炸药车的发展与应用［J］．机械管理开发，2006（6）：1-4.

[5] 邱位东．工业炸药现场混装技术的发展现状与新进展［J］．科技创新导报，2013（10）：96-97.

[6] 冯有景，秦启胜．露天矿现场混装炸药车的发展与应用［J］．金属矿山，2009（增刊）：474-479.

[7] 佟彦军，孙伟博，等．炸药现场混装车发展面临的障碍探究［J］．科技资讯，2011（3）：48.

[8] 邱朝阳，邹柏华．《现场混装炸药车》标准现状及修订建议［J］．国防技术基础，2009（10）：10-12.

[9] 曹爱龙．现场混装乳化炸药技术综述［C］//吕春绪．中国民用爆破器材学会第六届年会论文集，中国民用爆破器材学会，2004，4：118-121.

[10] 熊代余，顾毅成．岩石爆破理论与技术新进展［M］．北京：冶金工业出版社，2002.

Research of Manufacturing Process Improvement of Expanded Ammonium Nitrate Explosive

Zheng Bingxu　Gan Dehuai　Song Jinquan　Li Zhanjun

(Guangdong Hongda Blasting Co., Ltd., Guangdong Guangzhou, 510623)

Abstract: As Expanded AN Explosive is a new type of No Ladder Powder Explosive, it gets a wide range of application and development in china. Subject from powder explosive technology, it is based on the research of explosive theory, we put forward the thought that oil phase water phase to continuous mixed cotinuous puffed crystalline powder, we studied a new production process. The new process further enhance the technology of Expended AN explosive and simplify the production line greatly, reduce the storage quantity of production line, improve the comprehensive performance of explosive and will have a wide range of significance to develop.

Keywords: ammonium nitrate explosive; liquid mixed type; explosive producing

1 Introduction

As Expanded AN Explosive is a new type of No Ladder Powder Explosive, its design idea are based on hot spot theory, application surface and surfactants theory. We have deep research on the balace of AN saturated solution, optimize chemical unit process and we estabilsh the process of forced crystallization bulking products under the actions of surfactants so that the Self-sensitization to AN can be succeed. Technology from 1995 through the appraisal of industrial in China since the industry get a wide range of application and development. At presents, the productinons lines are more than 80, application of the technology is mainly divided into horizontal process vertical process and continuousbentroite mixed process. After twenty years of technology application practice, all kinds of process line technology is also exposed some problems and the insuffciency, such as low powder density, poor resistance to water performance, complicated production process etc.

Subject from powder explosive technology, it is based on the research of intermolecular mixed explosive explosive theory and surfactants and disperse system etc, we put forward the thought that oil phase water phase to continuous mixed continuous puffed crystalline powder, we also study a new powder AN industrial explosive production process—Antioxidant Ammonium Nitrate and Combustible composite oil are mixed in the liquid molecular statefirst, thenvacuum drying, the products have less than 0. 2 percentmoisture content. The pocess production of this industrial explosive have excellent explosion performance, water resistance performance, storage performance, it improve the perfomance of Expanded AN Explosive greatly, simplify the production process, so the new process can referred to liquid mixed type production process is a important breakthough in the process of Expanded AN Explosive and it open up a new way to product the explosive.

2 The analyze of technical conditions of the original expanded an explosive production line

The horizontal process and vertical process of the original Expanded AN Explosive and continuous bentonite

原载于 The 4th Asian-Pacific symposium on Blasting Techniques（第四届亚洲太平洋地区爆破技术研讨会论文集），2014。

mixed process production line and production process are all AN crystallization bulking, mixing of components, charging, packaging, the manufacturing process can be seen from Fig. 1.

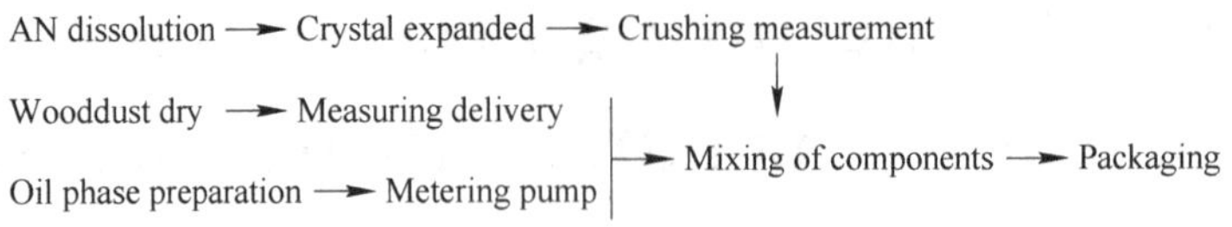

Fig. 1 Expanded AN explosive production process flow diagram

The shortage analysis.

(1) Simplify the production process. At that time because of the technical way and technical condition the influence, the production process consists of bulking various raw materials preparation and delivery ammonium nitrate crushing mixed medicine and subsequent charge package. Due to the various process, it caused many problems such as it demand more equipments and the safety of prodution process and the quality control point are increasing, so it incease the dificulty to the enterprise safety management, on the other hand, it was also disadvantageous to the energy saving and it do not conform to the new forms of saving energy and reducing production consumption.

(2) Low powder density and poor resistance to water performance. Due to the Expanded AN is based on the bubble sensitization theory that design successfully, in Expanded crystallization process water overflow and formate pore channel, the crystal surface present irregular edge crack and burr that comprise the hot source. Because of these hot source formation on one hand, it formed Expanded AN selfsensitization successful, but on the other hand it caused low powder density and poor resistance to water performance. It affect the effect of industrial explosive blasting and the acceptance of users. The author count, test and analyse according to the density of the Expanded AN Explosive and the water resistance of the process. The results can be seen from Table 1.

Table 1 The results of density and water resistance of several Expanded AN Explosive process

Process route	Product density range /$g \cdot cm^{-3}$	Expanded AN hygroscopicity① /%	AN hydroscopicity① /%	Water resistance of Expanded AN explosive②
Horizontal process	0. 85~0. 90	17. 6	15. 5	Body of explosive soluted in water
Vertical process	0. 85~0. 90	18. 8	15. 5	Body of explosive soluted in water
Continuous bentonite mixed process	0. 78~0. 85	20. 1	15. 5	Body of explosive soluted in water seriously

①Hygroscopicity test amount of expanded AN and ordinary AN which use surface plate to hold and exposed in air to moisture absorption two hours, then through the analysis of balance weight and gain weight, we can calculate suction wet.

②Cartridge are put in the container which has 1m depth of water, then test after in the water two hours.

According to the results of Table 1, we know the density of Expanded AN explosive is lower than original Ammonium ladder explosive, the density of Horizontal and Vertical process are higher than the Continuous bentonite mixed process, but it lack of unstable performance, strictly control in the process and so on. The hygroscopic of Expanded AN is higher than ordinary AN, the main reason are that these shortage are decided by the unevenness of porosity of AN and surface formed by bulking in the process.

(3) The online quantity of production line system explosive workshop are too large. As the production process include Expanded AN preparation grinding oil phase material preparation, wood powder preparation, raw material measurement conveying the raw material mix and so on. No matter horizonal process, vertical process, continuous bentonite mixed process which are existing produion technology are still belong to half continuous process, its puffed discharge process are intermittent type, one-shot process, the output samples are large. Horizontal process, vertical process can meet with large capacity, while it can parallel many equipment and feed at the same time; although continuous bentonite mixed process is single set of equipment alternate in

and out of stock, but one design charging is 750kg, obviously the quantity of these three process are too large. In order to solve the insufficiency, we use industry process isolation, control material thickness of the belt conveyor, reduce a charging rate and other techincal means, try to reduce and sympathetic detonation dose or reduce the drug with workshop, it obtained certain significance, but it can not ensure to reduce the dosage and online security risk control.

3 Characterristics of liquid mixed type production process

The Liquid mixed type of AN explosive formula design and preparation principle: first it is according to the zero oxygen balance principle of industrial AN explosive, it can design formula of high performance Expanded AN explosive; second Antioxidant AN and combustible composite oil phase in liquid molecular state mixed together, thus the uniformity of solid state can improve, the performace of dynamite exolosionis obviously improved and has certain resistance to water performance; the third is water cover oil disperse system, it uses vacuum drying process in order to reduce drying the energy consumption and enhance the drying efficiency and made high performance powder anfo explosives. The Liquid mixed type AN explosive process can be seen in Fig. 2.

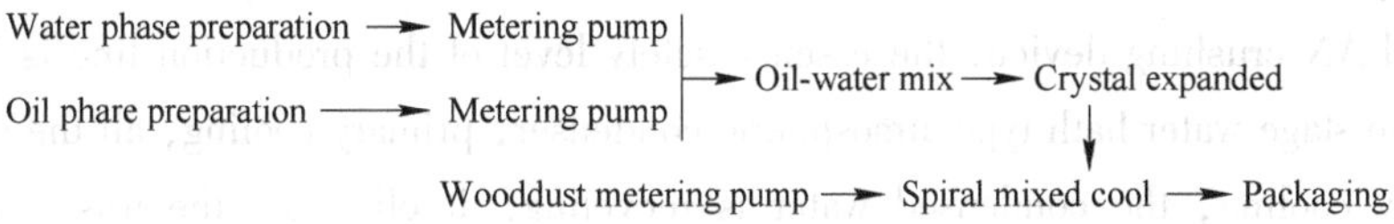

Fig. 2 Liquid mixed type production process flow diagram

The innovation technology production line of the Liquid mixed type AN explosive has some features as follows.

(1) Through the fluctuation bin series, it can realize the single set of equipment of continuous puffed crystallization, discharge intervally and the time is 90 ~ 100s, the calculation crystallization machine in the largest stock of material was only 98kg in according with the theory that the annual output of prodution line is 12000 ton. Equipment in stock is greatly reduced when match with the original process and be one-shot sample is little, so, it reduce the wave crest of production process material accumulation and provides a convenient for making subsequent eqipmentseletion and producion organization smoothly.

(2) It first innovates the process route of continous mixing with oil and water first, then continuous puffed crytalline powder, after the crystallization is the powder products (Fig. 3), it grealy simplily the subsequent process and equipment and cancel the original process of Expanded AN coaveying screw, Expanded AN mill, after crushing AN conveying screw, three material mixer and other equipment (Fig. 4). It reduces energy consumption and the online storage quantity of production line. The performance, water resistance and density of the explosive production are improved greatly. The measured performance of new process equipmet explosive can be seen from Table 2.

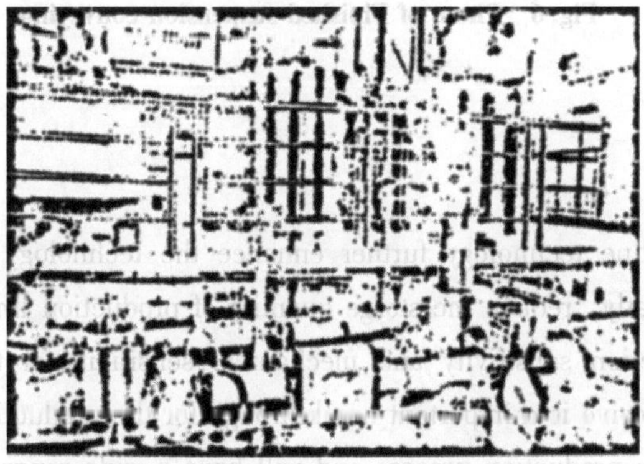

Fig. 3 Photo of hybrid crystallization

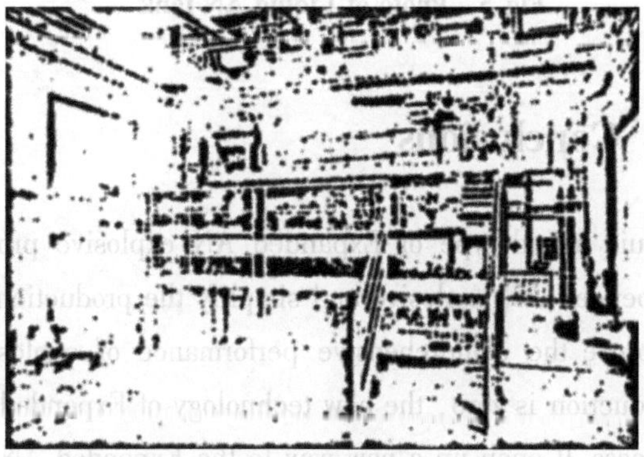

Fig. 4 Photo of hybird process

Table 2 Actual performance of liquid mixed type of Expended AN explosive production line

Index	Rock Expanded AN explosive (no wooddust)	Rock Expanded AN explosive (wooddust)	Rock Expanded AN explosive (old process)
Formula/%	AN 94.5, Oil phase 5.50	AN 92, Oil phase 4, wooddust 4	AN 92, Oil phase 4, wooddust 4
$v_d/m \cdot s^{-1}$	4000	3800	3500
Brisance/mm	16.5	16.2	14.5
Gap distance/cm	6	7	5
Density/$g \cdot cm^{-3}$	0.92	0.88	0.88
Water resistance/cm	≥4	≥4	0
Friction sensitivity/%	0	0	0~4
Impact sensitivity/%	0	0	0~4

(3) The friction sensitivity, impact sensitivity of production explosive is zero, it quite same with the sensitivity of the original Expanded AN explosive; but as the result of the new process cancel the old one in the process of Expanded AN crushing device, the essence safety level of the production line is improved.

(4) It use the two stage water bath type atmospheric condenser, primary cooling, all the condensed water are recycling, secondary cooling, the condensed water is recyeling, it eliminate the waste water treatment and discharge of the follow - up basically, at the same time it reduced cooling water circulation of subsequent pollution greatly and has siginificance meaning of environmental protection.

(5) It use new technology which simplify the production process and reduce the middle equipment, it improve the continutiy of production line and ensure the production line automatic control reliabiltiy.

(6) The develop resistance of system is strong and can provide Liquid AN (Fig. 5) can, Semi-finished suspension tansportation (Fig. 6) and so on, it further reduce the operators in production line.

Fig. 5 Photo of Liquid AN tank

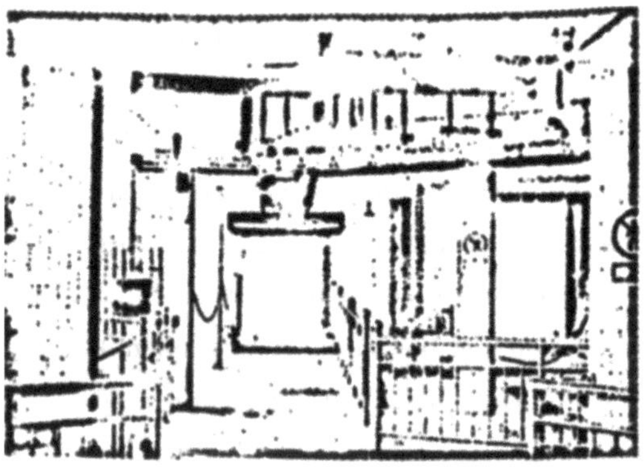

Fig. 6 Photo of Finished suspension conveying

4 Conclusions

Liquid mixed type of Expanded AN explosive production line technology further enhance the technology of Expended AN explosive and simplify the production line greatly, reduce the storge quantity of production line, Improve the comprehensive performance of explosive, Friction sensitivity and mechanical sensitivity of the production is zero, the new technology of Expended AN explosive is a important breakthrough for the production process. It open up a new way to the Expended AN explosive production process and will have a wide range of significance to develop.

References

[1] Lv Mingxu, Liu Zuliang, Lu Ming and so on. Ammonium Nitrate Explosive [M]. Beijing: Weapon Industry Press, 2001: 6-92.

[2] Lu Ming. Formula design of industrial explosive [M]. Beijing: Beijing University of Science and Technology Press, 2002, 76-103.

[3] Lu M, Lu C. A computer model for formulation of ANFO explosives [J]. Sci. Tech. Energetic Materials, 2007, 68 (4): 117-119.

[4] Lu Ming. Research of high performance powder explosive [J]. Demolitionequipments and material, 2007, 36 (6): 9-11.

爆破振动法测导爆管雷管延期时间

刘 翼 温建平 魏晓林

（广东宏大爆破股份有限公司，广东 广州，510623）

摘 要：通过观察导爆管雷管延期时间的测定过程和研究测定控制原理，提出了与传统测定方法不同的爆破振动测定方法。经过几十发导爆管雷管延期时间的爆破振动测定和传统声光控制测定的对比，得出导爆管雷管延期时间爆破振动测定方法切实可行的结论。

关键词：导爆管雷管；延期时间；爆破振动；光开声关

Blasting Vibration Method to Measure the Delay Time of Detonating Cord Detonator

Liu Yi Wen Jianping Wei Xiaolin

（Guangdong Hongda Blasting Co.，Ltd.，Guangdong Guangzhou，510623）

Abstract：A new blasting vibration method，which is different from the traditional method to measure the delay time of detonating cord detonator，is proposed through studying the testing process and principle. By comparing the delay time for dozens of detonator obtained from the blasting vibration method and the traditional voice-or light-controlled method，a reasonable conclusion was drawn that the blasting vibration method can produce practicable and reliable results of delay time.

Keywords：detonating cord detonator；delay time；blasting vibration；voice-or light-controlled

1 导爆管雷管延期时间的声光控制测定法原理

不管用哪一种方法测定导爆管雷管延期时间，都必须具备能记录两个时间的条件。一是起爆启动时间；二是延期后关闭时间。传统导爆管雷管延期时间的测定原理是以引爆导爆管为启动时间，以雷管爆炸为关闭时间，导爆管雷管的延期时间就是它们的时间差减去爆轰波在导爆管内的传播时间和声波在传导管中的传播时间。导爆管雷管延期时间在测定实施过程中，是以光开声关来记录的，通过毫秒记录仪显示可以直接读出精确到0.01ms的延期时间。

其最终结果计算式：导爆管雷管延期时间

$$t = t_2 - t_1 - 1000(L_1/v_1 - L_2/v_2) \tag{1}$$

式中 v_1——导爆管传爆速度，取1950m/s；

v_2——声波在空气中的传播速度，取340m/s；

t_1——开始记录时间，实际t_1为0；

t_2——记录结束时间，ms；

L_1——爆轰波在导爆管中的传播距离；

L_2——声波在传导管的传播距离。

原载于《爆破器材》，2006，35（1）：15-18。

导爆管雷管延期时间的声光控制测定原理如图 1 所示。

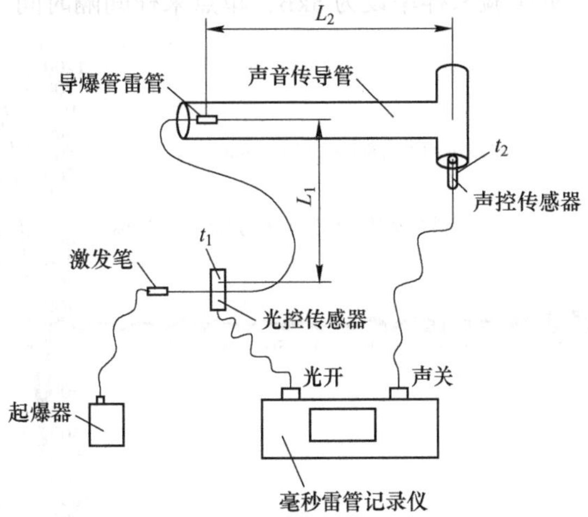

图 1　导爆管雷管延期时间声光控制测定法原理

2　导爆管雷管延期时间爆破振动测定法原理

导爆管雷管延期时间爆破振动测定法原理是通过爆破振动传感器和记录仪记录导爆管雷管的爆破振动波形，经过分析振动波形[1-3]，找出波形中前后各有一个最大波峰或波谷，这两个波峰或波谷对应的时间就是引爆导爆管和导爆管雷管爆炸时刻，以这两个时刻的差减去爆轰波在导爆管中传播的时间和声波在传导管中的传播时间，就是导爆管雷管的延期时间。

其最终结果计算式：导爆管雷管延期时间

$$t = t_2 - t_1 - 1000(L_1/v_1 - L_2/v_2) \tag{2}$$

式中　v_1——导爆管传爆速度，取 1950m/s；

v_2——声波在钢铁中的传播速度，取 5200m/s；

t_1——激发笔激发时刻；

t_2——爆破振动传到传感器的时刻，ms；

L_1——爆轰波在导爆管中的传播距离；

L_2——声波在钢铁传导管中的传播距离。

实际实施简图如图 2 所示。

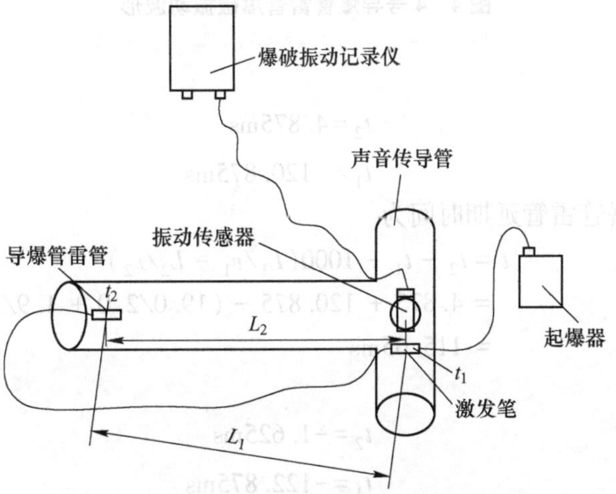

图 2　导爆管雷管延期时间爆破振动测定法原理

值得一提的是：在激发针引爆导爆管时，有一很小的响音，但这一很小的响声足以触发振动传感器。实际记录波形（见图3和图4）也清楚地显示：激发针激发时有一明显的波峰或波谷。其延期时间精度可随记录仪采样率调整，本实验采样率设为8kB，单点采样间隔时间为0.125ms。

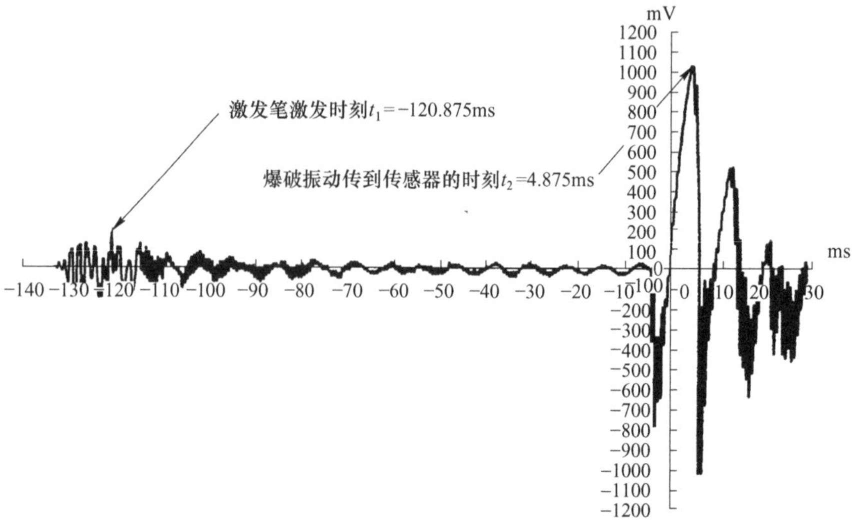

图3　2号导爆管雷管爆破振动波形

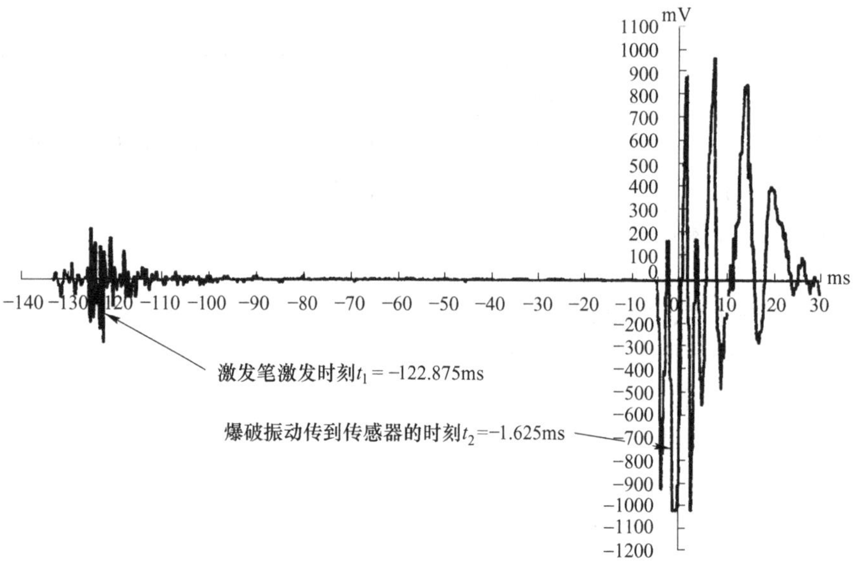

图4　4号导爆管雷管爆破振动波形

由图3可知：

$$t_2 = 4.875\text{ms}$$

$$t_1 = -120.875\text{ms}$$

由式（2）得2号导爆管雷管延期时间为

$$\begin{aligned} t &= t_2 - t_1 - 1000(L_1/v_1 - L_2/v_2) \\ &= 4.875 + 120.875 - (19.0/2.0 + 1.9/5.2) \\ &= 115.65\text{ms} \end{aligned}$$

由图4可知：

$$t_2 = -1.625\text{ms}$$

$$t_1 = -122.875\text{ms}$$

由式（2）得4号导爆管雷管延期时间为

$$\begin{aligned} t &= -1.625 + 122.875 - (18.0/2.0 + 1.7/5.2) \\ &= 111.69\text{ms} \end{aligned}$$

3 导爆管雷管延期时间的爆破振动测定法与声光控制测定法的实验对比

为了验证爆破振动法测定导爆管雷管延期时间的可行性，用以上两种方法同时记录几十发导爆管雷管的延期时间，图5是两种方法测定实施简图，其结果对比见表1。

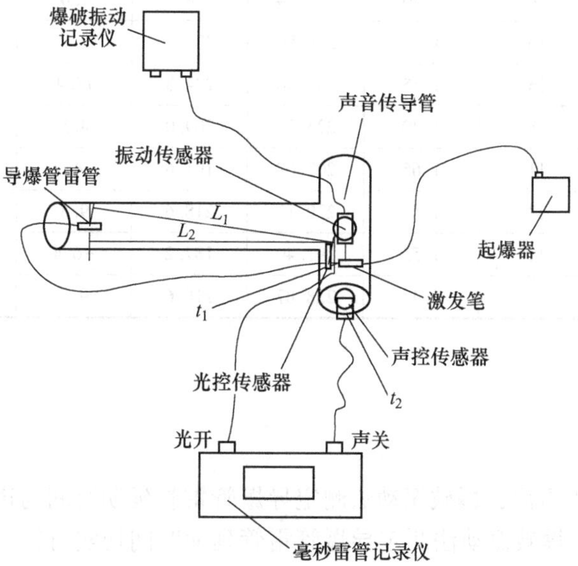

图5 导爆管雷管延期时间爆破振动测定法与声光控制测定法同步实施

表1 导爆管雷管延期时间爆破振动法与声光控制测定法试验

编号	标定延期时间/ms	标定脚线长/m	实用脚线长 L_1/m	声音导管长 L_2/m	记录仪读数/ms	声光测定结果/ms	与标定比较/%	波形读数/ms	振动法测定结果/ms	与标定比较/%
1	100	20	14	1.80	117.07	104.6	4.6	118.17	110.6	10.6
2	100	20	19	1.85	125.28	110.1	10.1	125.78	115.6	15.6
3	100	20	16	1.75	111.15	97.8	-2.2	117.95	109.4	9.4
4	100	20	18	1.70	124.03	109.8	9.8	121.23	111.7	11.7
5	100	20	15	1.80	105.39	92.4	-7.6	107.59	99.6	-0.4
6	100	14	12	1.65	104.71	93.7	-6.3	101.41	94.9	-5.1
7	100	14	11	1.80	119.64	108.7	8.7	115.44	109.5	9.5
8	100	14	12	1.50	114.37	103.8	3.8	107.97	101.5	1.5
9	100	14	12	1.65	119.21	108.2	8.2	117.31	110.8	10.8
10	100	14	11	1.55	115.10	104.9	4.9	114.10	108.2	8.2
11	150	20	17	1.40	153.24	140.4	-6.4	152.04	143.1	-4.6
12	150	20	15	1.65	168.70	156.2	4.1	158.35	150.3	0
13	150	20	16	1.40	158.27	146.0	-2.7	154.07	145.6	-2.9
14	150	20	18	1.50	170.99	157.4	4.9	176.09	166.6	11.1
15	150	20	18	1.65	153.88	139.8	-6.8	155.23	145.7	-2.9
16	150	14	12	1.55	143.91	133.2	-11.2	139.11	132.7	-11.5
17	150	14	11	1.70	167.84	157.2	4.8	168.89	162.9	8.6
18	150	14	10	1.40	169.00	159.8	6.5	170.35	164.9	10.0
19	150	14	12	1.65	153.96	143.0	-4.7	163.26	156.8	4.5
20	150	14	12	1.70	172.85	161.7	7.8	169.10	162.6	8.4

续表 1

编号	标定延期时间 /ms	标定脚线长 /m	实用脚线长 L_1/m	声音导管长 L_2/m	记录仪读数 /ms	声光测定结果 /ms	与标定比较 /%	波形读数 /ms	振动法测定结果 /ms	与标定比较 /%
21	200	20	17	1.55	222.48	209.2	4.6	221.03	212.1	6.1
22	200	20	18	1.50	227.64	214.0	7.0	230.24	220.7	10.3
23	200	20	16	1.65	218.86	205.8	2.9	205.66	197.1	-1.5
24	200	20	16	1.55	237.56	224.8	12.4	242.16	233.6	16.8
25	200	20	18	1.70	223.23	209.0	4.5	228.63	219.1	9.5
26	200	14	11	1.65	202.09	191.6	-4.2	198.29	192.3	-3.9
27	200	14	12	1.50	229.17	218.6	9.3	221.57	215.1	7.5
28	200	14	11	1.55	197.40	187.2	-6.4	199.80	193.9	-3.1
29	200	14	12	1.40	228.87	218.6	9.3	222.47	216.1	8.1

4 结论

通过以上结果对比可以看出，爆破振动法测定导爆管雷管延期时间与声光控制测定法测定结果均在工程误差范围内；因此，爆破振动法测定导爆管雷管延期时间切实可行。爆破振动法为设计及制造毫秒记录仪的厂家和相关研究人员开辟了一条新思路。由于爆破振动法简单可行，测试场地选择余地大，所以在工程实际中，爆破振动法代替声光控制法来测定导爆管雷管延期时间具有更大的实用性，而且在实际操作中，还可以克服声光控制法测定延期时间时往往声关无效导致浪费昂贵高精度导爆管雷管的弊端。

参 考 文 献

[1] 孟吉复，等. 爆破测试技术［M］. 北京：冶金工业出版社，1992：90-138.
[2] 刘建亮. 工程爆破测试技术［M］. 北京：北京理工大学出版社，1994：114-136.
[3] 李福安，等. 力学测量技术［M］. 北京：机械工业出版社，1997：203-235.

乳化炸药混装车在珠江水泥矿山的应用

李永新[1]　张福炀[2]　孙跃光[3]

（1. 广东宏大爆破股份有限公司，广东 广州，510623；
2. 安徽理工大学，安徽 淮南，232001；3. 济南黄河爆破公司，山东 济南，250022）

摘　要：根据珠江水泥矿山的实际情况，采用国内先进的乳化炸药现场混装车装药。通过对爆破参数的优化，改善了工人的作业环境，有效地提高装药质量，改善爆破效果，降低生产成本。

关键词：乳化炸药；大块率；台阶爆破；混装车

Application of Emulsion Explosive Mix-load Vehicle in Zhujiang Limestone Mine

Li Yongxin[1]　Zhang Fuyang[2]　Sun Yueguang[3]

（1. Guangdong Hongda Blasting Co.，Ltd.，Guangdong Guangzhou，510623；
2. Anhui University of Science and Technology，Anhui Huainan，232001；
3. Jinan Huanghe Blasting Co.，Ltd.，Shandong Jinan，250022）

Abstract：Advanced domestic emulsion explosive on site mix-load vehicles were employed in the paper. According toactual situation of Zhujiang limestone mine，the blasting parameters were optimized which would improve the workers' working conditions、increase the charging quality effectively、improve the blasting effect and reduce production cost.

Keywords：emulsion explosive；boulder yield；bench blasting；mix-load vehicle

与传统的商品乳化炸药一样，装药车现场制备的散装乳化炸药，是含有氧无机盐过饱和水溶液和与之不相溶的碳氢化合物，在乳化剂的乳化作用下，氧化剂水溶液以微小液滴均匀分散于碳氢化合物构成连续介质，形成一种油包水型的乳化基质，再通过物理或化学方法敏化而成。不同之处在于，炸药混装车在爆破施工现场将乳化炸药半成品通过混合等工艺直接装入炮孔，然后在炮孔内经过5～10min化学反应生成无雷管感度的炸药，因此降低了传统炸药生产、储运及装药过程中的不安定因素，在一定程度上实现了炸药生产与爆破施工的安全性。

珠江水泥矿山采用中深孔松动爆破，每次爆破规模控制在8t左右。根据矿岩性质和矿用设备实际情况，爆破参数设计原则如下。

（1）孔径根据矿山现有钻孔设备确定为$d=140$mm；孔深L按式（1）计算：

$$L=\frac{H}{\sin\alpha}+h \tag{1}$$

式中　H——台阶高度，m；

α——炮孔倾角，第一排炮孔取$\alpha=75°$；

h——超深，m。

（2）孔距a和排距b按式（2）计算：

原载于《煤矿爆破》，2008（2）：29-30。

$$a = mW_1;\ b = W \tag{2}$$

式中 m——炮孔密集系数，通常大于1.0m；

W——底盘抵抗线，$W=(0.6\sim0.9)H$，m。

(3) 炸药单耗根据岩石的普氏系数对应的单耗经验值选取，炮孔堵塞长度 $l=(20\sim30)d$。

设计计算出的爆破参数见表1和表2。

表1 传统装药的台阶爆破参数表

台阶高度/m	孔深/m	超深/m	孔距/m	排距/m	堵塞/m	抵抗线/m	炸药单耗/$kg \cdot m^{-3}$	延米装药/$kg \cdot m^{-1}$	负担面积/m^2	单孔装药量/kg	单孔爆破量/m^3
8	9.4	1.4	5.4	4.3	3.0	4.3	0.41	11.3	23.22	72.32	178.56
10	11.4	1.4	5.3	4.2	3.0	4.2	0.43	11.3	22.26	94.92	222.6
12	13.4	1.4	5.1	4.1	3.0	4.1	0.47	11.3	20.91	117.52	250.92

表2 传统装药的台阶爆破参数表

台阶高度/m	孔深/m	超深/m	孔距/m	排距/m	堵塞/m	抵抗线/m	炸药单耗/$kg \cdot m^{-3}$	延米装药/$kg \cdot m^{-1}$	负担面积/m^2	单孔装药量/kg	单孔爆破量/m^3
8	9.4	1.4	7.3	5.8	3.0	5.8	0.36	19.2	42.34	122.88	338.72
10	11.4	1.4	7.1	5.7	3.0	5.7	0.40	19.2	40.47	161.28	404.7
12	13.4	1.4	7.0	5.6	3.0	5.6	0.42	19.2	39.20	199.68	470.4

为避免爆破作业对周围村民及环境的影响，放炮时间定在每天中午12点到13点之间。采用普通包装炸药装药所需人工16人来完成炸药的装卸和装填，工作时间4~5h，若遇水孔时间要延长1h。而混装车装药时是将炸药输送软管直接放到炮孔底部开始装药，在装药过程中充填的炸药直接将水排出孔外，无须人工抽水。混装车装药有效工作效率为80~140kg/min，需4人能完成炸药装填，除去混装车的无效工作时间完成8t炸药的装药时间约为1.5h，实际工作时间约2h。

与传统装包装药包相比，混装车制乳化炸药实现了炮孔的全耦合装药，且混装车制乳化炸药密度较高、爆破威力高，因此爆破参数也会有相应的调整和变化。爆破参数的变化直接影响爆破成本变化，见表3。

表3 传统装药与混装车装药爆破成本对比

台阶高度/m	传统装药每爆破立方费用/元			混装车装药每爆破立方费用/元		
	炸药费用	钻孔费	爆破总费用	炸药费用	钻孔费	爆破总费用
8	2.79	2.25	5.04	1.98	1.26	3.24
10	2.92	2.29	5.21	2.20	1.27	3.47
12	3.20	2.38	5.58	2.30	1.28	3.58

在炮孔有水的情况下，传统装包装炸药存在装药困难，炮孔底部装药不到位，结果造成炮孔利用率降低和爆破后留有根底，给爆破后的铲装、运输带来极大的不便，使生产作业效率明显降低。通过采用现场混装车装药技术，能有效的解决爆破后根底及边坡稳定情况（见图1），大块率明显降低（见图2）。由于爆破破碎效果好，大块率降低，爆破后的铲装运工作效率大大提高，采矿设备的维修率也随之降低。

现场实践应用证明，现场混装车制炸药安全可靠，施工效率高，能够满足大方量爆破的需要。与传统工艺相比，大大降低了工程成本，节省人工，有效的缩短工期，改善施工环境。当然，装药车制乳化炸药也存在贮存期短、作功能力偏低、输送压力偏高等质量和工艺技术问题有待解决。

图 1　混装车装药爆破后的根底及边坡

图 2　混装车装药爆破后的块度及爆堆

装药车制乳化炸药的试验研究

叶图强[1] 郑炳旭[1] 汪旭光[2] 吴春平[2,3]

（1. 广东宏大爆破股份有限公司，广东 广州，510623；2. 北京矿冶研究总院，北京，100044；3. 北京科技大学 土木与环境学院，北京，100083）

摘　要：针对当前装药车制乳化炸药作功能力偏低、贮存期短、输送压力偏高等问题，对车制乳化炸药配方进行了优化试验。探讨了敏化剂配比、发泡时间、乳胶基质温度等对炸药密度的影响，研究了乳胶基质温度对管道输送压力的影响。结果表明：炸药密度为1.10~1.25g/cm³，敏化剂配比为1∶15~1∶30，炸药最佳发泡时间为15min，乳胶基质的温度为40~50℃时，可以保证管道输送压力正常，确保车制乳化炸药质量。

关键词：化学工程；装药车；乳化炸药；作功能力；炸药密度

Experimental Study on Emulsion Explosive Made by Loading Machine

Ye Tuqiang[1]　Zheng Bingxu[1]　Wang Xuguang[2]　Wu Chunping[2,3]

(1. Guangdong Hongda Blasting Co., Ltd., Guangdong Guangzhou, 510623;
2. Beijing General Research Institute of Mining and Metallurgy, Beijing, 100044;
3. School of Civil & Environment Engineering, University of Science and Technology, Beijing, 100083)

Abstract: The formulations of emulsion explosivemade by loading machine were optimized to solve the problems such as low power, short storage and high pressure in transporting. The effect of sensitizing agen tratio, foaming time and emulsionmatrix temperature on explosive density was studied, and the effect of emulsion matrix temperature on the transporting pressure of the pipeline was also studied. Results show that transporting pressure of the pipeline can be kept in a well-balanced condition and quality of emulsion explosive can be ensured when the explosive density is controlled in the range of 1.10~1.25g/cm³, the sensitization agent mixture ratio is in the range of 1∶15~1∶30, the best foaming time is 15min and the temperature of emulsion matrix must be controlled in the range of 40~50℃.

Keywords: chemical engineering; loading machine; emulsion explosive; power of explosive; explosive density

1 引言

乳化炸药是一种含水型硝铵类炸药，它集中了铵油炸药（ANFO）、浆状炸药和水胶炸药的优点，爆炸性能良好，生产和使用安全，无污染，抗水性能较强，是我国民爆行业重点推广的炸药品种[1-4]。20世纪90年代中期以来，西方发达国家发展了地面集中制备乳胶基质分散装药体系。在该体系中，乳胶基质作为一种原材料装在装药车储罐内，经敏化装填于炮孔中，或者在敏化前混入粒状ANFO和其他干料，抑或添加液体添加剂后再经敏化装填于炮孔中[5,6]。

装药车现场制备的散装乳化炸药如同普通袋装乳化炸药，含有氧无机盐过饱和水溶液和与之不相溶的碳氢化合物，在乳化剂的乳化作用下，氧化剂水溶液以微小液滴均匀分散于碳氢化合物构成连续

原载于《含能材料》，2008，16（3）：262-266。

介质，形成一种油包水型的乳化基质，再通过物理或化学方法敏化而成。由于装药车机械化装药的需要，车制乳化炸药通常是可泵送的流体，不具有雷管感度，行业标准贮存期15~30d。车制乳化炸药虽有许多优点，但也存在贮存期短、作功能力偏低、输送压力偏高等亟待解决的质量和工艺技术问题[5,6]。

针对上述问题，课题组进行了一系列试验，探讨了影响车制乳化炸药质量的相关因素，优化了车制乳化炸药配方。

2 装药车制乳化炸药的研究

2.1 装药车制乳化炸药的现状

2.1.1 乳化炸药的基本配方

组成乳化炸药的组分主要是氧化剂、可燃剂和敏化剂，另有一定量的水分和少量的添加剂。氧化剂和可燃剂是炸药的主要能量释放者，其多少直接影响乳化炸药的作功能力[6-11]。乳化炸药的基本配方见表1。

表1 乳化炸药的基本配方

Table 1 The basic formulation of emulsion explosive (%)

Ammonium nitrate	Sodium nitrate	Organic acid	Water	Emulsification agent	Mineral oil	Compound wax
70~82	10~13	0.3~0.5	10~13	2.0~2.4	2.0~3.0	0.5~1.5

2.1.2 车制乳化炸药的现状及原因

目前装药车制乳化炸药作功能力偏低、贮存期短、输送压力偏高，其原因如下。

(1) 炸药组分中存在过多的水。水将氧化剂盐溶解于其中，使氧化剂与可燃剂以近似分子状态紧密接触，有利于化学反应高速进行，降低析晶点，有利于乳化，但水的化学性质不活泼，在炸药中是一种钝感剂，爆炸释放的能量部分消耗于水的加热和蒸发。在装药车的使用过程中，由于乳胶黏稠，通常在敏化时加入过量的水，来降低乳胶输送阻力，导致炸药组分中存在过多的水。

(2) 氧化剂水溶液含过多硝酸钠。硝酸钠作为富氧源引入乳化炸药中，它可以降低硝酸铵溶液的析晶点从而增强乳化炸药的稳定性。但硝酸钠在爆轰反应中被分解生成氧化钠，将消耗一定的炸药能量。每1%的硝酸钠损失爆热19.3kJ/mol，相当于0.2%的液态水消耗的能量。

(3) 不合理的发泡作用条件。1) 采用化学发泡，最适宜的氧化剂水溶液pH值为3~4，使用过程中，因工艺控制不当，水溶液呈弱酸性，或大量加入发泡促进剂使溶液pH值小于3，此时发泡速率缓慢或过快。2) 乳胶基质温度的高低直接影响发泡的效果，此时发泡速率过快或缓慢。3) 发泡速率缓慢会影响其爆轰性能，甚至造成管道效应，引起拒爆。发泡过快会造成乳胶基质输送阻力过大，影响装药质量，影响炸药的作功能力。

(4) 炸药配方设计偏离氧平衡。一般而言，零氧平衡或微负氧平衡有助于充分发挥炸药能量，即炸药中的碳全部或尽可能氧化成二氧化碳，以获得最大的热（爆热）。若正氧平衡，不仅增加毒气生成量，而且因能量物质（碳）的不足使爆热较低；若负氧平衡过多，则使部分碳生成一氧化碳，爆热亦随之下降，严重者生成碳单质，情形更加恶化。

(5) 炸药破乳。目前，在工业炸药中乳化炸药的爆轰反应是进行最彻底的一类爆轰反应之一，当其破乳后，爆轰性能急剧下降，甚至拒爆。

2.2 装药车制乳化炸药配方的优化研究

通过理论分析和试验研究，选择恰当的含水量，按最优设计配方，选用以硝酸铵为主的氧化剂，配以辅助氧化剂的水相体系，选择价廉的商品型专用蜡为油相，寻找高分子乳化剂代替乳化炸药生产中广泛使用的Span-80，提高乳化质量及贮存稳定性，寻求一种有效降低水相析晶点的表面活性剂，使乳化在90~100℃范围进行，确保生产过程安全，并顺利实现基质低温敏化。

2.2.1 水相材料的选择

2.2.1.1 氧化剂的选择

在乳化炸药中，无机氧化剂盐的水溶液组分是制备乳化炸药的基础，为了较好地满足配方能量高、性能好、成本低的要求，应选择那些单位质量的能量贡献大，每摩尔供氧原子数多、来源广且价廉的氧化剂盐作为氧化剂。硝酸铵是工业炸药中价廉、有效、来源广、使用量最大的氧化剂，也是单位质量能量贡献较大的氧化剂，因此，选用硝酸铵作为装药车用乳化炸药的氧化剂。增加乳化炸药中硝酸铵的含量，能提高爆热和比容，但是硝酸铵在水中的溶解度的温度梯度较大，随着温度的降低，其溶解度急剧地减小。当降低到一定温度时便会发生析晶，这对提高乳化炸药性能的稳定性很不利。众所周知，乳化炸药的析晶点越低，则其性能越好，要想使乳化炸药稳定性好，就应尽可能设法降低水相的析晶点。

2.2.1.2 含水量的确定

水是乳化炸药的主要组分之一，水可使氧化剂溶解形成溶液，能够与可燃剂均匀混合，降低氧化剂与可燃剂的接近度，使爆炸效能得到充分发挥。含水量的大小对乳化炸药的稳定性、密度和爆炸性能有显著影响。在一定的水分含量范围内，乳化炸药的贮存稳定性随水分含量的增加而提高，其密度则随水分的增加而减少。减少水分含量，可使作功能力提高，但含水量太少，分散相溶解温度升高，乳化质量受影响，贮存期短。综合考虑，多次试验表明，含水量在7%~10%时，乳化炸药具有较好的贮存稳定性及较高的爆热和爆容。

2.2.2 油相材料的选择

油相材料含量直接影响乳化炸药的氧平衡。油相材料用量越大，氧平衡值越呈负值，影响乳化炸药的爆热和爆容。油相材料的用量满足整体乳化炸药为零氧平衡即可。首先要考虑选用的油相材料的亲水疏水平衡值（HLB，也称水油度）与乳化剂的HLB值相匹配，以保证使用最少量的乳化剂获得最佳的乳化效果。考虑药体黏稠度和油相材料与乳化剂匹配，选取了一种廉价的MF系列复合蜡作为装药车用乳化炸药的油相材料。该油相的特点是热值高，黏度适中，具有合适的滴点和油含量，与高分子乳化剂具有良好的匹配性，制成的乳胶基质稳定性好，且成本较低。

2.2.3 乳化剂的选择

乳化炸药的质量-无机氧化剂盐水溶液与碳质燃料的乳化效率主要取决于所选用的乳化剂的种类、活性及其搭配。乳化剂是制备乳化炸药的关键组分，它的种类、质量、含量和黏稠度对乳化工艺、乳胶体的质量、粒子大小、爆炸性能、贮存稳定性等有明显的影响。根据乳化理论和实践，生产乳化炸药，应选择那些与油相材料相容性好、分子量高、乳化能力强、性能良好、来源广泛、价格较低的油包水型乳化剂。

常用于乳化炸药的乳化剂中有Span-80（失水山梨醇单油酸酯）、PCE（聚乙烯丁二酰亚胺）和聚烯烃酰胺类高分子型乳化剂。Span-80乳化剂和聚烯烃酰胺类高分子型乳化剂以其原材料来源广泛，乳化能力较强等特点适合装药车用乳化炸药生产。

2.2.4 优化配方的确定

优化研究的方法是调整水含量、降低硝酸钠的量、解决发泡存在问题、调整炸药氧平衡以及改善油相组分。相对而言，水含量、硝酸钠、氧平衡以及改善油相组分是互相制约的影响炸药性能的主导因素，是配方优化研究的关键。

2.2.4.1 影响发泡作用的根源

在不加发泡促进剂的情况下，测得原配方氧化剂水溶液pH值为5.0左右，若拘泥于配方规定加入酸量，溶液pH值偏小，常温下发泡速度过快，气泡大、不均匀。因此，有必要减少发泡促进剂的量，对比试验结果见表2。

表 2 发泡促进剂对发泡效果的影响对比

Table 2 Foaming effects of different accelerants

Conditions					Explosivedensity/g · cm^{-3} at different foaming times/min			Air bubbles	Blasting effect
Ammonium nitrate/%	Sodium nitrate/%	Water /%	Foaming agent/%	pH value	10min	20min	30min		
70~82	10~13	10~13	0.3	2~4	1.15	1.1	0.9	Lesser and uniformity	Common
70~82	10~13	10~13	0.2	3~4	1.26	1.2	1.18	Lesser and uniformity	Well

表2结果表明：在配方其他条件不变的情况下，适当降低水相酸度，减少发泡促进剂的用量，可提高炸药的密度和作功能力，在一定程度上改善了爆破效果，有利于降低爆破成本。

2.2.4.2 以适量硝酸铵取代硝酸钠

由于硝酸钠在水中溶解的温度梯度较大，因此可以减少硝酸铵的用量，增大其在水中溶解度，降低氧化剂水溶液的析晶点，使乳化炸药状态稳定且保持必要的塑性。在不改变原配方供氧量前提下，以适量硝酸铵取代硝酸钠，不会明显改变乳胶基质的贮存期，对提高炸药的爆破效果是十分有利的。

2.2.4.3 选择优良乳化剂

长期以来，Span-80广泛地应用于乳化炸药中，尽管Span-80具有乳化温度低、易起乳、乳化效果好、价格低等优点，但是用Span-80作乳化剂制备的乳化炸药基质黏度大、流动性差、贮存期短。聚烯烃酰胺类高分子型乳化剂，是以高活性聚异丁烯基丁二酸酐为原料与不同的胺合成深色黏稠油状物，不溶于水，高温（200℃以上）能燃烧，无毒，无刺激气味、不易分解，具有良好的稳定性和化学分散性，起乳化作用，生产的乳胶基质具有良好的稳定性、流动性，是生产车用乳胶基质的优良乳化剂，其加入量一般为炸药总量的1%~3%。

试验表明：当乳胶基质配方中的组分为硝酸铵、硝酸钠、水、矿物油、乳化剂时，在试验的基础上以及满足车制乳化炸药泵送性的前提下，适当降低炸药含水量，调整溶液的pH值，同时相应增加硝酸铵用量，根据氧平衡原则确定矿物油和乳化剂的比例。通过多次试验，修改配方，最终确定了最佳配比。优化前后炸药的配方见表3。

表 3 乳化炸药配方优化前后的比较

Table 3 The composing of original and optimized formulation

Dynamite	Ammonium nitrate/%	Sodium nitrate/%	Organic acid/%	Water /%	Span-80 /%	Macromolecule emulsification agent/%	Mineral oil/%	Compound wax/%
Original formulation	70~82	10~13	0.3~0.5	10~13	2.0~2.4	0	2~3	0.5~1.5
Optimized formulation	72~85	8~10	0.2~0.3	7~10	0	1.8~2.0	3~5	0.1~0.5

3 影响装药车制乳化炸药质量的因素

3.1 敏化剂

3.1.1 敏化剂的选择

乳胶基质须经过敏化剂敏化，才成为乳化炸药，敏化通常是利用大量的微小气泡来实现的。目前，乳化炸药敏化方法主要有多孔物质截留气泡、机械冲气和化学发泡三种。加入多孔物质产生的敏化气泡能够稳定，比较可靠，控制比较准确，但由于是固态物质，不能很好地运用到装药车上；若装药车采用机械冲气使乳化炸药敏化，原理上可行，但工艺上不可行，因乳化炸药是通过螺杆泵泵送的，乳胶基质黏性较大，采用机械冲气不利于泵送。装药车用乳化炸药是选用亚硝酸钠和助泡剂联合的化学敏化技术。为使气泡分布均匀，提高贮存期气泡稳定性，在$NaNO_2$溶液中加入少量黏附剂，使乳胶基质迅速发泡敏化，且控制乳化炸药密度在 1.10~1.25g/cm^3，在装药后 10~15min 即可达到最佳爆破效果。

3.1.2 敏化剂配比

试验条件：乳胶基质温度 50℃，室外温度 25~35℃，在试验室做乳胶基质敏化试验，敏化剂配比（敏化剂：水）为 1∶8、1∶10、1∶15、1∶20、1∶25、1∶30、1∶35，每次按敏化剂比例不同分为七组，每组 10 个样品，共 70 次密度测试，密度测试时间为发泡 15min，试验结果见表 4。

表 4 敏化剂配比与乳化炸药密度的关系

Table 4 The relationship between the mixture ratios of sensitization agent and the density of emulsion explosive

Mixtureratios of sensitization agent	Average density/g · cm^{-3}
1∶35	1.30
1∶30	1.25
1∶25	1.20
1∶20	1.15
1∶15	1.10
1∶10	0.95
1∶8	0.85

表 4 结果表明：随着敏化剂的增加，车制乳化炸药的密度呈下降趋势。这是由于敏化剂含量越多，乳化炸药发泡较快，气泡大，因而炸药密度偏低，所以，炮孔每米装药量降低，并且有可能因发泡过快造成输送管堵塞，造成炸药威力明显下降，从而影响爆破效果；敏化剂浓度小，炸药发泡较慢，密度偏高，炮孔每米装药量增加，这样可以增加泵的输送能力，提高装药效率，但也有可能因炸药发泡过慢造成炸药感度降低甚至使炸药没有起爆感度造成盲炮事故。因此，合适的敏化剂配比可以取得良好的爆破效果，而且又能缩短装药时间，提高装药效率。本课题组对车制乳化炸药的敏化剂配比和密度大小的关系进行 70 次试验，得出以下结论：乳胶基质温度 50℃时，根据现场生产需要，密度一般在 1.10~1.25g/cm^3，敏化剂配比必须控制在 1∶15~1∶30，才能确保车制乳化炸药达到高性能状态。

3.2 乳化炸药发泡时间对装药车制乳化炸药的影响

为了确定最佳充填时间，确保装药车制乳化炸药的装药质量，达到车制乳化炸药的最佳作功能力，进行了车制乳化炸药发泡时间与炸药密度的试验，试验条件：选择敏化剂配比为 1∶15，室外温度 25~35℃，在试验室做乳胶基质敏化试验，乳胶基质 50℃，每隔 3min 测试乳化炸药样品的密度，每次取 10 个样品组成一组同时进行敏化试验，共进行了 100 次测试。试验结果见表 5。

表 5 乳化炸药发泡时间与密度的关系

Table 5 The relationship between foaming time and density of emulsion explosive

Foaming time/min	Average density/g · cm^{-3}
0	1.35
3	1.25
6	1.2
9	1.18
12	1.15
15	1.1
18	1.1
21	1.1

由表 5 可见，在敏化剂配比和乳胶基质温度一定的情况下，炸药密度随发泡时间的变化而变化，随着敏化剂混合时间的延长，乳化炸药的密度降低，当敏化剂混合时间延长到一定值时，密度趋于稳定，密度趋于稳定的时间为发泡 15min，这时就是装药时充填炮孔的最佳时间，这时的密度也是通常所说的车制乳化炸药的密度。

3.3 乳胶基质温度对输送管道压力的影响

试验条件：敏化剂配比为 1∶15，发泡时间 15min，乳胶基质温度在 30~62℃内，环境温度为 25~38℃，按乳胶基质温度不同分为 12 组，在矿山进行了 120 次现场装药试验，试验结果见表 6。

表 6 乳胶基质温度对输送管道压力的影响

Table 6 The relationship between the temperature of emulsion explosive matrix and the pressure of transporting pipeline

Temperature/℃	Density/g · cm^{-3}	Pressure range/MPa	Charge status
30	1.25~1.30	1.7~2.4	Foaming slow outside the pipeline, transportation unfavorable
35	1.20~1.25	1.4~1.6	Transportation favoring
40	1.15~1.20	1.2~1.6	Transportation favoring
42	1.1~1.15	1.4~1.8	Transportation favoring
45	1.1~1.15	1.2~1.7	Transportation favoring
48	1.05~1.15	1.4~1.6	Transportation favoring
50	1.05~1.15	1.4~1.6	Transportation favoring
52	1.00~1.10	1.5~1.7	Transportation favoring
55	1.00~1.10	1.5~2.3	Foaming inside the pipeline, transportation elementary
57	0.95~1.05	1.6~2.5	Foaming inside the pipeline, transportation elementary
60	0.90~0.95	1.8~2.6	Foaming inside the pipeline, transportation difficulty
62	0.85~0.90	2.2~2.6	Foaming inside the pipeline, transportation difficulty

表 6 结果表明：乳胶基质温度为 35~57℃时，输送管道压力较小，输送乳化炸药顺利。

如果温度过高，乳化炸药发泡加快，在输送过程中迅速膨胀，导致管道压力增加，严重时会造成输送药管堵塞，如果温度过低，乳胶基质的稠度增大，流动性差，乳胶基质输送不利，导致管道压力增加。因此，在敏化剂配比不变的情况下，乳胶基质必须保持适当温度，才能缩短装药时间，提高装药效率，取得良好的爆破效果。我们对车制乳化炸药的乳胶基质温度和管道输送压力的关系进行 120 次试验，得出以下结论：敏化剂配比一定时（1∶15），根据现场生产需要，密度一般在 1.10~1.25g/cm^3，乳胶基质的温度必须控制在 35~57℃，才能保证输送管道压力正常，也才能确保车制乳化炸药达到高性能状态。

4 结论

本文结论如下。

（1）适当降低水相酸度，减少发泡促进剂的用量，提高炸药的密度，提高炸药的作功能力；以适量硝酸铵取代硝酸钠，可提高炸药的作功能力；选择优良乳化剂（高分子乳化剂）取代 Span-80，可提高炸药的贮存期。

（2）乳胶基质温度 50℃时，根据现场生产需要，密度一般为 1.10~1.25g/cm^3，能确保车制乳化炸药的质量达到较佳状态，这样敏化剂配比必须控制在 1∶15~1∶30。

（3）密度趋于稳定的时间即最佳充填时间为发泡 15min。

（4）根据矿山爆破需要，乳化炸药密度需要在 1.10~1.25g/cm^3 时，当敏化剂配比为 1∶15 时，乳胶基质温度需要控制在 35~57℃。

参 考 文 献

[1] 汪旭光. 乳化炸药［M］. 北京：冶金工业出版社，1993.

[2] Wang Xuguang, Wang Guoli, Zhang Xiaozhi, et al. Study on powdered emulsified explosive［C］//The Proccedings of the 7th Rock Fragmentation by Blasting. Beijing China, 2002: 47-49.

[3] Wang Xuguang, Zhou Jiahan, Wang Zhongqian, et al. Development of blasting technique in China［C］//The Proccedings of the 7th Rock Fragmentation by Blasting. Beijing China, 2002: 3-9.

[4] 熊代余，李国仲，史良文，等. BCJ 系列乳化炸药现场混装车的研制与应用［J］. 爆破器材，2004（6）：12-16.
Xiong Daiyu, Li Guozhong, Shi Liangwen, et al. Development and application of BCJ series loading machines for site sensitized emulsion explosive［J］. Explosive Materials, 2004（6）: 12-16.

[5] 姚桂勋. BCJ 现场混装乳化炸药车的应用［J］. 矿业快报，2006（12）：65-67.
Yao Guixun. Application of BCJ loading machines for site sensitized emulsion explosive［J］. Express In formation of Mining Industry, 2006（12）: 65-67.

[6] 王肇中，汪旭光. 工业炸药作功能力试验方法的探讨［J］. 有色金属，2005，57（6）：35-36.
Wang Zhaozhong, Wang Xuguang. Discussing on testing method of the power for industrial explosives［J］. Nonferrous Metals, 2005, 57（6）: 35-36.

[7] 王军. 提高炸药威力和猛度的方法研究［J］. 爆破器材，2005，34（2）：16-18.
Wang Jun. Study on method of enhancing strength and brisance for explosive［J］. Explosive Materials, 2005, 34（2）: 16-18.

[8] 龙德权，张艳梅. ARY1 号岩石乳化炸药研制与生产应用［J］. 爆破器材，2006（3）：6-10.
Long Dequan, Zhang Yanmei. Research and application of the ARY1 rock emulsion explosive［J］. Explosive Materials, 2006（3）: 6-10.

[9] 叶志文，吕春绪. 高能乳化炸药的制备及性质［J］. 火炸药学报，2006（6）：6-9.
Ye Zhiwen, Lv Chunxu. Preparation and properties of high energy emulsion explosive［J］. Chinese Journal of Explosives & Propellants, 2006（6）: 6-9.

[10] 刘桢昊. 关于乳化炸药油相材料的研究［J］. 爆破器材，2006（2）：8-10.
Liu Zhenhao. Study on oilphase of emulsion explosive［J］. Explosive Materials, 2006（2）: 8-10.

[11] 陆明. 工业炸药配方设计［M］. 北京：北京理工大学出版社，2002.

延期雷管的殉爆和抗冲击波性能

王尹军[1]　颜事留[2]　李玉景[3]　方　宏[4]

（1. 北京矿冶研究总院，北京，100044；
2. 广东宏大爆破股份有限公司，广东 广州，510623；
3. 贵州开源爆破工程有限公司，贵州 贵阳，551400；
4. 江苏华美工程建设集团有限公司，江苏 徐州，221131）

摘　要：延期雷管的准确引爆是保证毫秒延时爆破作业成功实施的基本保证。但如果先被引爆的炮孔装药产生的冲击波传播至后爆炮孔对其内的雷管产生较大作用时，雷管有可能产生殉爆或受到损坏，这两种情况均不利于爆破工程的实施。作者观测了雷管在水中受到冲击波作用之后的殉爆与受损情况，并作了分析。结果表明，雷管受到的冲击波作用较大时（>130MPa）容易发生殉爆，作用较小时雷管容易受到损坏而可能无法被激发，但如果被成功激发，其起爆能力不会下降。因此，在爆破施工中，炮孔间距不应小于致使雷管损坏或殉爆的距离。必要时应该对延期雷管采取保护措施。

关键词：毫秒延时爆破；延期雷管；殉爆；冲击波

On Sympathetic Detonation and Anti-shockwave Performance of Delay Detonators

Wang Yinjun[1]　Yan Shiliu[2]　Li Yujing[3]　Fang Hong[4]

（1. Beijing General Research Institute of Mining and Metallurgy，Beijing，100044；
2. Guangdong Hongda Blasting Co.，Ltd.，Guangdong Guangzhou，510623；
3. Guizhou Kaiyuan Blasting Engineering Co.，Ltd.，Guizhou Guiyang，551400；
4. Jiangsu Huamei Engineering Construction Group Co.，Ltd.，Jiangsu Xuzhou，221131）

Abstract：The timely and exactig nition of delay detonator is the necessity of the successful completion of millisecond blasting. But when the shock wave produced by the first-fired charges propagates to the later-fired blast-hole charges and make a great action on the delay detonators in them，the detonators may be detonated or damaged. Both the two resulting circumstances are not favorable to the practice of the millisecond blasting. The sympathetic detonation or damage of the detonators after acted upon by shockwave in water were observed and analyzed by us. The observation shows that the detonators are prone to sympathetic detonation when subjected to a larger shockwave（>130MPa），and are prone to damage，and hence，could not be fired when subjected to a relative smaller scale shock wave，but for a successful firing ，its initiating ability would have no decline. The finding suggested that the hole spacing should not be less than the spacing which the resulted shock wave from first-fired charges can make the detonators in the later-fired charges be detonated by influence or damaged，and if necessary，safeguard measures should be taken for the detonators.

Keywords：millisecond blasting；delay detonators；sympathetic detonation；shockwave

1　引言

毫秒延时爆破是通过毫秒延期雷管的合理延滞时间，将炮孔装药分批分次、按顺序起爆的[1]。因

基金项目：国家自然科学基金资助项目（50704005）。
原载于《工程爆破》，2008，14（3）：67-69，62。

此，在毫秒延时爆破作业中雷管延期时间的选择和准确性很重要，而雷管的殉爆或拒爆均是不希望出现的。先起爆的一批炮孔装药产生的冲击波，在爆破介质中传播至后爆炮孔，对其内的装药和雷管会产生冲击压缩作用。在此过程中，如果雷管产生殉爆就会随之引爆装药而不再延滞一定的秒量，如果雷管受到损坏就可能失去起爆能力而导致炮孔装药拒爆。

本文在水中对雷管进行了殉爆和抗冲击性能试验，观察雷管在水中受到冲击波作用之后外观和起爆性能的变化情况，以期对雷管在毫秒延时爆破中产生上述意外情况的可能性和条件有所了解，从而对其合理使用提供有益的试验依据。

2 试验与分析[2]

本试验在一个直径 5.5m、水深 3.62m、壁厚 8mm 的钢制水池中进行。将 5g RDX 压制成主发药包（内部结构见图 1），以在水中产生爆炸冲击波。其外壳由牛皮纸手工卷制而成，内径 1.48cm、壁厚 2~3mm、长度 6cm。将纸筒一端密封起来并装填 2cm 厚的水泥，干燥之后相当坚硬，而且密封性很好，在水中浸泡半个多小时之后，无水从纸筒底部渗入。将称量好的 RDX 装入纸筒，装药长径比为 2 左右，压实之后装入一发雷管并装填砂子。砂子也要压实以确保雷管位置固定、且外表涂一层强力胶，既可将砂子密封起来，又可起到防水的作用。受试雷管为 2 段和 5 段法兰铁壳延期电雷管。

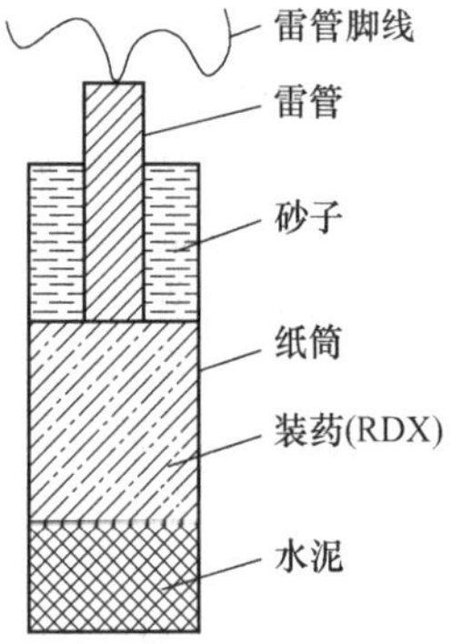

图 1 主发装药的结构示意图

Fig. 1 Schematic diagram of the host charge's structure

2.1 雷管水中殉爆试验[3,4]

试验表明，在上述装药水中爆炸产生的冲击波作用下，雷管比乳化炸药和水胶炸药等工业炸药更容易发生殉爆。亦即，在距主发装药一定距离处，用乳化炸药或水胶炸药做成的药包很难产生殉爆，而当该药包中插入 1 发雷管时则容易产生殉爆。

在做雷管水下殉爆试验时，将主发装药与 1 发雷管相隔一定距离（系指二者垂直摆放时轴线之间的距离，且前者的装药中心与后者的底部在同一水平面上）置于爆炸水池中央水下 2.4m 处，只将主发装药接入起爆电路将之引爆，然后观察雷管是否殉爆；如果殉爆则增加与主发装药的间距继续进行试验，若未发生殉爆则减少间距直至发生殉爆。相同条件下均做 3 次试验，测试结果（“殉爆”和“未殉爆”为在该间距处的 3 次试验均发生殉爆和未殉爆）如下所示：

雷管与主发药包间距/cm	10	11	12	14
雷管殉爆情况	殉爆	殉爆	未殉爆	未殉爆

可看出，当雷管与主发药包的间距小于 12cm 时发生了多次殉爆，大于 12cm 以后不再发生殉爆。经压力换算，与主发药包相距 12cm 处的爆炸冲击波峰压在 130MPa 左右。试验中还发现，纸壳电雷管比铁壳雷管更容易发生殉爆，这可能与雷管外壳的强度有关，因为纸壳比铁壳抗压强度低得多。

2.2 冲击波对雷管起爆性能的影响

由上述测试知，与主发药包的间距大于 12cm 以后，雷管就不再发生殉爆。但是，未发生殉爆的雷管的起爆能力是否受到了影响，还需要进行测试。仍然采用 5 段法兰铁壳延期电雷管，在分别与主发药包相距 12cm 和 14cm 时，将主发药包引爆。雷管受到主发药包的爆炸冲击波作用之后几分钟内，将其在一定的试验条件下引爆（试验条件主要指入水深度和与压力传感器的距离，本部分试验受试雷管与压力传感器的距离为 15cm），观察其爆炸性能与正常情况下有何差异。本文选择雷管的爆炸冲击波波峰值作为评价指标，每组测 3 次，然后求平均值（见表 1）。

表 1 冲击波对雷管起爆性能影响的测试结果

Table 1 Test results of the influence of shock wave on the initiating ability of the detonators

实验序号	受压距离/cm	冲击波电压信号参数		
		波峰/V	R_t/μs	F_t/μs
1	未	0.982	2.587	10.717
2	未	1.071	3.840	10.800
3	未	1.060	2.111	8.648
平均值		1.038	2.846	10.055
4	14	1.052	7.240	11.370
5	14	1.135	4.090	11.020
6	14	1.099	7.270	12.390
平均值		1.095	6.200	11.593
7	12	1.104	5.300	11.500
8	12	0.916	4.240	10.374
9	12	1.006	4.000	11.150
平均值		1.009	4.513	11.008

注：表 1 中 “ 未”指未受冲击波作用；“R_t”指冲击波的上升时间，即 rising time；“F_t”指冲击波的下降时间，即 falling time；表 2 同表 1。

从表 1 中数据可知，5 段法兰铁壳延期电雷管在未受外界冲击波作用的情况下，其爆炸冲击波的波峰电压值为 1.038 V；分别与主发药包相距 14cm 和 12cm 在水中受主发药包的爆炸冲击波作用之后的爆炸冲击波波峰电压值为 1.095 V 和 1.009 V。从波峰值来判断，在该两个距离点受冲击波作用后的延期电雷管，爆炸性能无明显变化，亦即起爆能力没有明显下降。

采用同样方法，测试了与主发药包间距 15cm 时的 2 段法兰铁壳延期电雷管受压之后的起爆能力变化情况。此次试验中，受试雷管与压力传感器的间距由 15cm 增加为 35cm，测试结果见表 2。从表中数据可知，2 段延期电雷管受压之后的爆炸冲击波峰值，与未受压时相差不大；亦说明雷管在此试验条件下受压之后，起爆能力几乎不受影响。

表 2 2 段延期雷管的抗冲击波能力的测试结果

Table 2 Test results of the anti-shock wave performance of the delay detonators

实验序号	受压距离/cm	冲击波电压信号参数		
		波峰/V	R_t/μs	F_t/μs
1	未	0.710	5.46	4.15
2	未	0.724	5.09	4.28
3	未	0.677	5.11	4.32
平均值		0.704	5.22	4.25
4	15	0.642	5.14	4.32
5	15	0.624	4.80	3.98
6	15	0.605	4.89	3.80
平均值		0.624	4.94	4.03

但是，有时也会出现雷管未发生殉爆、外观没有发生明显变化的情况下，无法将雷管引爆的现象（见图 2），这可能是由于雷管的点火药头在冲击振动作用之下与桥丝分离、脱落造成的；也有可能桥丝被振断，在这两种情况下雷管均无法被引爆。

试验中还发现雷管的气室容易被压扁（见图 3），这种情况对于雷管的影响很大，主要有两种可能结果，即：在压扁的同时，雷管产生殉爆；在压扁的同时，将点火药头挤掉或桥丝挤断，雷管作废。在主发药包与雷管的间距大于雷管的殉爆距离时，第 2 种情况比较常见。这种情况下，如果用导通表测量被压扁的雷管的电阻值，则会发现有时断路、有时短路、有时电阻值减小、有时电阻值正常。雷管的电阻值正常时，不代表其未受到影响，因为试验发现这种雷管被激发时，有时仍然无法起爆，激发失败之后，再次测量其电阻值发现已断路。究其原因应该为：气室是空心的（见图4），抗压强度低，容易在外压作用下发生变形。气室被压扁的同时压迫点火药头，产生三种可能的结果：(1) 点火药头被挤掉而桥丝完好无损，就会出现雷管电阻值正常而无法被激发，通电后桥丝被烧断，因而又出现了断路的现象；(2) 不只是点火药头被挤掉，桥丝也被挤断，这样就出现了断路情况；(3) 点火药头被挤掉，桥丝被挤断之后，连接桥丝的两极发生位移而相互靠近，只将半截桥丝连接起来或两极并到一起，因而出现了电阻值减小或短路的情况。有文献报道雷管的径向抗压性能小于轴向抗压性能[5]，这与本试验结果相一致。

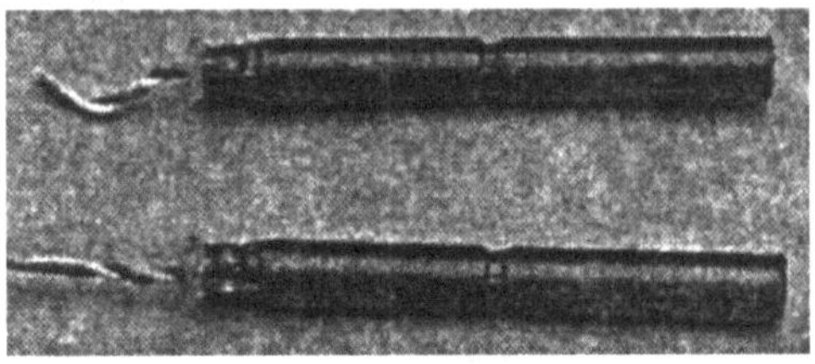

图2 受压失效而外形无明显变化的雷管

Fig. 2 The detonators which lose initiating ability by pressure and have no change in shape obviously

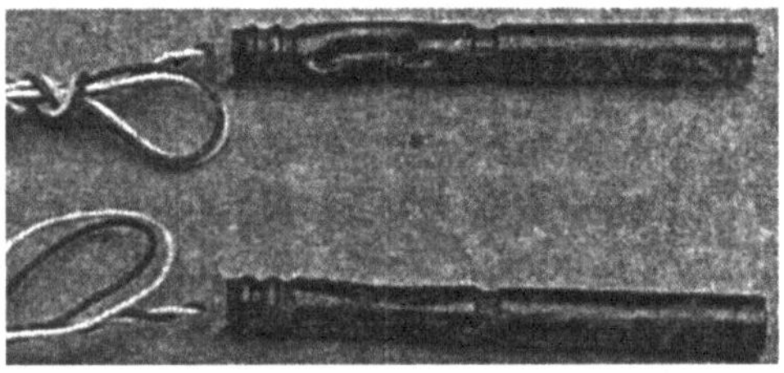

图3 气室被压扁的雷管

Fig. 3 The detonators whose air chamber squashed by shock wave

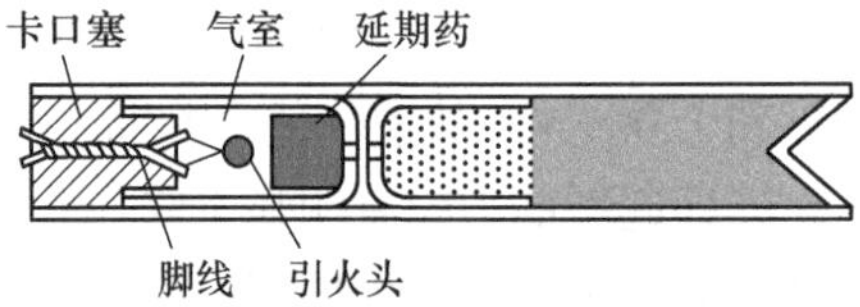

图4 毫秒延期电雷管结构示意图

Fig. 4 Schematic diagram of a millisecond delay electric detonator

3 结论

综上可知，延期雷管在水中受到主发药包冲击波作用之后，主要出现两种不利结果：一种是与主发药包距离较近时发生殉爆；另一种是距离较远时雷管受到损坏而无法被激发。只要雷管不发生这两种情况，其起爆能力不会下降。因而，在实际爆破施工中，炮孔间距不应小于致使雷管损坏或殉爆的距离，以避免这两种情况的发生。如果在实际作业中，为达到某种爆破效果而要求炮孔间距必须保持较小且可能对雷管产生影响时，可采取适当的保护措施，如在雷管外尤其是气室外套一截较硬的细管等，也可选用特制的耐压雷管。

参 考 文 献

[1] 廖先葵，李明俭．露天矿大区多排微差爆破技术的研究与实践［J］．工程爆破，1995，1（1）：38-43.

[2] 王尹军．乳化炸药压力减敏的实验研究与机理分析［D］．北京：北京科技大学，2005.

[3] 张华，郭宝义．雷管在木材中抗殉爆性能的研究［J］．矿业快报，2004（12）：26-27.

[4] 赵耀辉，焦清介，臧充光，等．雷管在密实介质中殉爆特性的实验研究［J］．含能材料，2006，14（3）：224-227.

[5] 张学舜，沈瑞琪，邓强．雷管抗过载能力的安全性试验评价［J］．火工品，2004（2）：4-7.

胶状乳化炸药和电雷管的耐高温性能试验研究

傅建秋　李战军　蔡建德　朱志刚

（广东宏大爆破股份有限公司，广东 广州，510623）

摘　要：基于宁煤大峰矿硐室爆破工程实际，分别研究了高温情况下不同段数电雷管，胶状乳化炸药，以及胶状乳化炸药电雷管起爆体经不同时间后的性能变化。结果表明毫秒电雷管在温度高于130℃时发生自爆；胶状乳化炸药在长时间高温下失效；胶状乳化炸药电雷管起爆体经长时间高温下电雷管自爆，而起爆体的胶状乳化炸药不能被引爆。此试验结果很好地指导了工程的安全施工。

关键词：硐室爆破；高温硐室；乳化炸药；性能试验

Experimental Research on Resistance to Elevated Temperatures of Colloidal Emulsion Explosive and Electric Detonator

Fu Jianqiu　Li Zhanjun　Cai Jiande　Zhu Zhigang

(Guangdong Hongda Blasting Co., Ltd., Guangdong Guangzhou, 510623)

Abstract: Based on chamberb lasting project reality of Dafeng coal in Ningxia Coal Co, Ltd, separately has studied in the high temperature situation the different section number electric fuse, the colloidal emulsion explosive, as well as detonation body after different time performance change. The resultindicated the millisecond electric fuse will spon taneous detonate when the temperature over 130℃; the colloidal emulsion explosive inactivation under the long time high tempera ture; the electric fuse of detonation body had exploded after the long time high temperature, but the gelating emulsion explosive of detonation body cannot fire. This experiment results instruct project construction safely.

Keywords: chamber blasting; high-temperature chamber; emulsion explosive; service test

宁煤大峰煤矿羊齿采区原属井工开采，由于受火区、小窑及开采条件的影响，只能再开采3~4年，采区报废后仍有1440万吨的“太西煤”被丢弃，为了延长整个矿井的服务年限，提出将羊齿采区进行露天复采。为加快基建剥离进度，减少初期剥离费用，决定将羊齿采区对应的地面山体采用硐室爆破进行剥离。由于前期的井工开采存在火区、空巷及采空区，因此，此次硐室爆破为国内最为特殊的一次硐室爆破工程，其特点为：（1）火区、冰区分布于爆区不同部位，如图1和图2所示；（2）裂

图1　爆区火区

Fig. 1　Fire region

图2　爆区冰硐

Fig. 2　Ice chamber

原载于《爆破》，2008，25（4）：7-10，27。

隙、裂缝纵横交错，塌陷区、破碎带遍布整个爆区；（3）山高坡陡（最大坡度 76°）；（4）一次起爆药量大（5500t）。这是继白银矿、四川攀枝花狮子山和珠海炮台山 3 次万吨硐室爆破后的第四大硐室爆破工程[1,2]。

基于以上特点，由于被爆山体下部煤层自燃，在工程施工过程中，A_7、A_8、A_9、B_4、B_{14}、B_{15}、B_{16}、B_{23} 导硐分别出现了高温，最高温度达 200℃以上，已影响了工程的正常施工，同时导硐高温掘进也存在着很大的安全隐患。因此，研究雷管和炸药在高温条件下的性能变化对工程的施工以及硐室的装药有非常重要的意义[3-6]。

1 试验内容

试验内容如下。

（1）高温下电雷管性能检验：

1）不同温度下，相同时间内雷管的性能变化；

2）相同温度下，不同时间内雷管的性能变化；

3）不同段数的电雷管在不同温度条件下相同时间内性能变化的差异。

（2）高温下 2 号岩石煤矿许用乳化炸药性能检验：

1）2 号岩石煤矿许用乳化炸药在相同温度（80℃）下，不同时间内（4h、8h 和 12h）的性能变化，所用乳化炸药为管状胶状乳化炸药；

2）2 号岩石煤矿许用乳化炸药在不同温度下，相同时间内（6h）的性能变化；

（3）高温下胶状乳化炸药电雷管起爆体性能检验。检验胶状乳化炸药和雷管制作的起爆体在高温下的性能变化。

2 试验方法

2.1 试验地点

从工程实际应用出发，为了能够真实反映山体硐室的实际温度，试验地点选在 B 区的 B_1 硐。B_1 硐在 B 区火区范围内，温度较高，硐室内空气温度最高达 120℃，硐室岩体温度最高达 190℃，钻孔内温度最高达 200℃以上，同时 B_1 硐距周围硐室距离较远，试验过程中不会造成安全事故。

2.2 试验方法

将 B_1 硐室掘进 10m 深度，测量硐室的空气温度和硐室岩体温度，并在导硐掘进断面打 10 个钻孔，钻孔深度 1m，孔径 ϕ40mm，测量各个钻孔内的温度，并用卡片对每个钻孔进行标号，如图 3 所示。

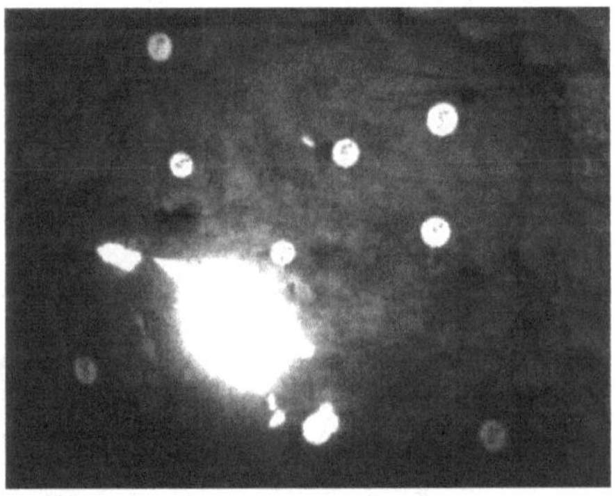

图 3 B_1 试验硐钻孔及标号

Fig. 3 Hole and numbering of test chamber

（1）高温下电雷管性能检验试验方法。

1）不同温度下，相同时间内雷管的性能变化试验方法。由于各个孔内的温度不同，试验前测量每个孔内的温度并记录，将测过电阻值后的雷管放入孔底，并记录雷管和钻孔的标号。为了保持孔内温度恒温，钻孔要进行堵塞，同时为了保证装雷管和取雷管时的安全，雷管用湿纸包裹后和堵塞连接，堵塞上面采用拉线和外面连接（见图 4），试验硐口用 2 层堵塞袋进行堵塞（见图 5），6h 后搬开堵塞袋，通过拉线将堵塞和雷管从孔内拉出，然后测量雷管电阻值的变化和检验雷管外观的变化，并对雷管进行引爆，检验其起爆性能。

2）相同温度下，不同时间内雷管的性能变化试验方法。安装方法同方法 1），在同一孔内安装同

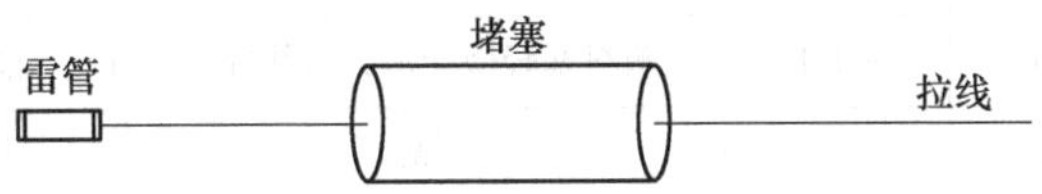

图 4 硐内雷管堵塞及安全防护

Fig. 4 Safety protection of detonator in hole

图 5 试验硐口堵塞

Fig. 5 Test chamber blinding plugging

段雷管，堵塞，然后经不同的时间（3h、6h）后取出，测量雷管电阻值的变化和检验雷管外观的变化，并对雷管进行引爆，检验其起爆性能。

3）不同段数的电雷管在不同温度条件下相同时间内性能变化的差异试验方法。安装方法同方法1），在不同孔内安装不同段雷管，堵塞，然后经 6h 后取出，测量雷管电阻值的变化和检验雷管外观的变化，并对雷管进行引爆，检验其起爆性能。

（2）高温下 2 号岩石煤矿许用炸药性能检验试验方法。

1）2 号岩石乳化炸药在相同温度下，不同时间内（4h、8h 和 12h）的性能变化试验方法。取 2 号岩石乳化炸药 15 支，分为 3 组，每组 5 支，将每组 5 支 2 号岩石乳化炸药捆绑在一起分别悬吊在硐室内，采用温度计监测硐室内空气的温度，用 2 层堵塞袋堵塞硐口，经 4h 后取出一组，8h 后取出一组，12h 后取出一组，然后检验炸药的外观变化和爆速变化。此次试验重复做 3 次。

2）2 号岩石乳化炸药在不同温度下，相同时间内（6h）的性能变化。取 2 号岩石乳化炸药 10 支，测量每个钻孔的温度，然后将 10 支乳化炸药分别装入 10 个钻孔内，乳化炸药用细铁丝捆绑并引出孔外，以便试验完后从孔内拉出，硐口用 2 层堵塞袋堵塞，经 6h 后搬开堵塞袋将炸药从孔内拉出，检验炸药的外观变化和爆速变化。此次试验重复做 3 次。

（3）高温下胶状乳化炸药电雷管起爆体性能检验方法。将 1 发电雷管插入 1 支 2 号岩石乳化炸药中，做成一个起爆体，测量高温硐钻孔内温度，将做好的起爆体装入高温硐钻孔内，将孔口堵塞，一次共做起爆体 3 个，分别装入 3 个高温孔内，6h 内检验炸药和雷管是否能正常引爆，此次试验共做 3 次。

3 试验结果及分析

3.1 高温下电雷管性能检验结果及分析

经过试验，得出了雷管在高温下的性能变化，由于试验数据较多，在此雷同的数据不再列出，部分电雷管在高温下的性能变化结果见表 1。

表 1 部分雷管试验结果记录表

Table 1 Partially test results of detonator

硐号	孔号	试验孔内温度/℃	雷管段数	孔内爆炸时间/min	试验时间/min	电阻增大值	试验后外观	试验后能否起爆
B_1	3	125	1	无	360	0.1	塑料塞膨胀变形，脚线完好	能
B_1	6	131	1	73	73	无	无	无
B_1	7	135	1	132	132	无	无	无
B_1	9	138	2	125	125	无	无	无

续表 1

Continues Table 1

硐号	孔号	试验孔内温度/℃	雷管段数	孔内爆炸时间/min	试验时间/min	电阻增大值	试验后外观	试验后能否起爆
B_1	3	123	2	无	330	-0.1	塑料塞轻微变形，脚线完好	能
B_1	5	131	2	315	315	无	无	无
B_1	7	132	3	50	50	无	无	无
B_1	1	125	3	无	360	不变	塑料塞轻微变形，脚线完好	能
B_1	3	115	3	无	360	-0.1	塑料塞溶化，脚线脱离	能
B_1	8	130	4	117	117	无	无	无
B_1	7	135	4	140	140	无	无	无
B_1	9	140	5	96	96	无	无	无
B_1	8	135	5	182	182	无	无	无
B_1	5	130	5	179	179	无	无	无

从表 1 试验结果可以得出：

（1）孔内温度越高，电雷管的外形变化越明显，电雷管的塑料塞均发生变形和突出，温度越高塑料塞变形越严重，甚至脱离，而脚线大部分保持完好；

（2）电雷管在孔内发生自爆的温度均高于 125℃，当温度低于 125℃时电雷管在 6h 内不发生自爆，没有自爆的雷管可正常引爆；

（3）没有发生自爆不同段数的电雷管在经高温后电阻值的变化没有规律；

（4）当温度高于 125℃时，电雷管在孔内自爆的时间与温度的高低成反比，温度越高在孔内发生自爆的时间越短；

（5）温度较高引起脚线脱离的电雷管在别的雷管作用下可正常殉爆。

3.2 高温下 2 号岩石煤矿许用乳化炸药性能检验结果

经过试验，在高温下经过不同时间后的 2 号岩石乳化炸药从硐内取出时药卷均发生溢出，药卷变软，乳化药液呈黄褐色，冷却后药卷变硬脆，经性能检验结果如下。

（1）2 号岩石煤矿许用乳化炸药在相同温度不同时间内的性能检验结果。

1）2 号岩石乳化炸药在相同温度（80℃）下，不同时间（4h、8h 和 12h）后用雷管能正常引爆，而威力减小，起爆后有棕黄色烟雾；

2）2 号岩石乳化炸药在相同温度（80℃）下，不同时间（4h、8h 和 12h）内的爆速测试结果见表 2。

表 2 2 号岩石乳化炸药爆速测试结果

Table 2 Blasting velocity test result of colloidal emulsion explosive

编号	80℃温度下时间/h	长度/cm	时间/μs	爆速/$m \cdot s^{-1}$	平均爆速/$m \cdot s^{-1}$
1	0	10	23.3	4329	4559
2	0	10	21.8	4587	
3	0	10	21	4762	
1	4	5	13.9	3597	
2	4	10	28.7	3485	3573
3	4	10	27.5	3636	
1	8	5	14.9	3355	

续表 2

Continues Table 2

编号	80℃温度下时间/h	长度/cm	时间/μs	爆速/m · s^{-1}	平均爆速/m · s^{-1}
2	8	10	29.7	3367	3289
3	8	10	31.8	3145	
1	12	5	20.7	2415	
2	12	10	39	2564	2578
3	12	10	36.3	2755	

从表 2 可以看出，2 号岩石胶状乳化炸药在 80℃温度下，分别经 4h、8h 和 12h 后爆速逐次下降，平均爆速与高温下的时间段变化如图 6 所示。

从图 6 可以看出，乳化炸药在 80℃高温下初期时间段（0~4h）内爆速下降较快，平均爆速下降 986m/s；在 4~8h 内爆速下降较慢，平均爆速下降 284m/s，在 8~12h 内爆速下降再次变快，平均爆速下降 711m/s。

3）2 号岩石乳化炸药在 80℃高温下经 12h 后并没有完全失效，在孔内不会自爆，在雷管作用下能正常引爆，但爆速下降。

（2）2 号岩石煤矿许用乳化炸药在不同温度相同时间内的性能检验结果。分别将 2 号岩石煤矿许用乳化炸药安装在温度较高的 8 号孔、9 号孔和 10 号孔，安装时孔内温度分别为 140℃，146℃和 158℃，经 6h 后从孔内取出，试验后的乳化炸药外包装严重烧焦，如图 7 所示，其焦化程度与温度高低成正比，乳化炸药变稀糨糊状，冷却后变硬脆，采用雷管不能正常引爆，已失效。

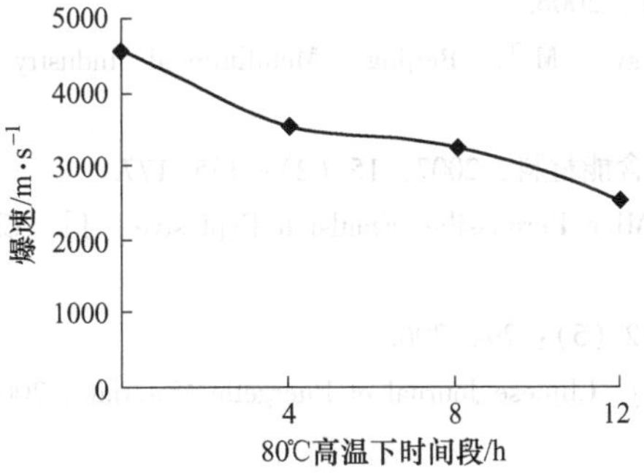

图 6 2 号岩石胶状乳化炸药 80℃高温下平均爆速与时间段关系图

Fig. 6 The relation between time and average blasting velocity of colloidal emulsion explosive under 80℃

图 7 6h 高温后的乳化炸药外观

Fig. 7 Appearance of colloidal emulsion explosive after 6 hour under high temperature

（3）高温下胶状乳化炸药电雷管起爆体性能检验结果。在 3 卷乳化炸药中分别插入 1 发电雷管，做成 3 个起爆体，分别装入 8 号孔、9 号孔和 10 号孔中，将孔口堵塞，试验时间为 6h。实际试验过程中，3 个孔没能达到 6h 雷管均发生自爆，但乳化炸药在雷管作用下却未能被引爆，经高温后的乳化炸药从孔内喷出，乳化炸药失效，试验结果见表 3。

表 3 胶状乳化炸药雷管起爆体高温试验结果

Table 3 Test result of primer-cartridge under high temperature

孔号	试验孔温度/℃	雷管自爆距装药时间/min	乳化炸药引爆情况
8	138	120	未能被引爆
9	144	63	未能被引爆
10	154	29	未能被引爆

4 结论

经过试验主要得出以下结论。

（1）温度高低对电雷管的外形变化有很大影响，温度越高雷管外观变形越严重，受温度影响不同段数的电雷管电阻值的变化没有明显的规律。

（2）电雷管在孔内发生自爆的温度均高于125℃，当温度低于125℃时电雷管一般不发生自爆，没有自爆的雷管可正常引爆。

（3）当温度高于125℃时，电雷管在孔内自爆的时间与温度的高低成反比，温度越高在孔内发生自爆的时间越短。

（4）2号岩石胶状乳化炸药在相同温度（80℃）下，不同时间（4h、8h和12h）后用雷管能正常引爆，其爆速随时间变长减小，起爆后有棕黄色烟雾。

（5）2号岩石乳化炸药在高于130℃的高温下，经6h后乳化炸药失效。

（6）2号岩石胶状乳化炸药和雷管做成的起爆体在高于138℃的高温下经不同的时间雷管发生自爆，而起爆体的乳化炸药不能被引爆，乳化炸药失效。

参考文献

[1] 刘殿中，杨仕春．工程爆破实用手册［M］．2版．北京：冶金工业出版社，2003.
Liu D Z, Yang S C. Engineering Blasting Application Manual [M]. 2 Edition. Beijing: Metallurgical Industry Book Concern, 2003.

[2] 汪旭光．中国典型爆破工程与技术［M］．北京：冶金工业出版社，2006.
Wang X G. Chinese Typical Blasting Engineering and Technology [M]. Beijing: Metallurgical Industry Book Concern, 2006.

[3] 尹利，郭子如．二级煤矿许用乳化炸药热分解动力学研究［J］．含能材料，2007，15（2）：175-177.
Yi L, Guo Z R, Thermal Decomposition Kinetics of Class 2 Coal Mine Permissible Emulsion Explosive [J]. Chinese Journal of Energetic Materials, 2007, 15 (2): 175-177.

[4] 马志刚，王瑾．乳化炸药的热分解特性［J］．含能材料，2004，12（5）：294-296.
Ma Z G, Wang J. Thermal Decomposition of Emulsion Explosives [J]. Chinese Journal of Energetic Materials, 2004, 12 (5): 294-296.

[5] 颜事龙，陈峰，马志刚．乳化炸药基质燃烧机理的研究［J］．爆破器材，2006，35（6）：7-10.
Yan S L, Chen F, Ma Z G. Research on the Burning Mechanism of Emulsion Matrix [J]. Explosive Materials, 2006, 35 (6): 7-10.

[6] 胡庆贤．炸药热安定性的讨论［J］．四川兵工学报，2000，21（4）：22-25.
Hu Q X. Disscuss of Explosion Hot Stability [J]. Sichuan Ordnance Journal, 2000, 21 (4): 22-25.

矿用火工品耐热性现场试验

李战军　郑炳旭

（广东宏大爆破股份有限公司，广东 广州，510623）

摘　要：温度对火工品的稳定性和安全使用影响很大，为了安全，通常在实验室中取少量火工品样品进行火工品的热安定性研究。文章用大量火工品，在现场进行了高温环境下常用煤矿许用爆破器材的热安定性能测定，获得了一些矿用火工品在高温条件下的热安定性能指标，这些指标对指导高温条件下的矿用火工品的安全使用具有重要的指导作用。

关键词：火工品；高温；耐热性；现场试验

On-site Heat Resistant Experiments of Permissible Explosive Materials

Li Zhanjun　Zheng Bingxu

(Guangdong Hongda Blasting Co., Ltd., Guangdong Guangzhou, 510623)

Abstract: Temperature affects the heat stability and safe use of explosive materials greatly. For the sake of safety, the experiments of heat stability usually are conducted in a laboratory with a small quantity of explosive materials. Under the conditions of high temperature, on-site experiments of heat stability were conducted with a large quantity of permissible explosive materials for coal mines in the paper. Through the experiments, some heat resistant data of the explosive mate rials are gained. The heat resistant data are important for guaranteeing the safe use of the explosive materials.

Keywords: explosive material; high temperature; heat resistance; field experiment

炸药和起爆器材通常是在常温下使用的，因为温度对火工品的性能，特别是稳定性有很大影响。由于火工品易在高温下发生爆炸，从安全考虑，通常在实验室中取少量样品进行火工品的热安定性研究，用大量火工品，在现场进行近乎实际操作的实验少有报道[1-7]。

神华宁夏煤业集团大峰煤矿羊齿采区硐室爆破工程，一次起爆药量5500t。由于受被爆山体下部煤层自燃的影响，施工硐室内温度最高达200℃。考虑到装药量大、装药时间长和炸药的热稳定性，根据有关文件和爆破专家的意见，施工前广东宏大爆破股份有限公司对火工品的耐热性进行了现场试验。这些实验结果虽然不够系统，但该数据会对类似环境下火工品的使用提供重要参考[8,9]。

1　试验条件

试验条件如下。

（1）仪器与材料。试验采用长沙矿冶研究院生产的DV-2数字测速仪测定爆速，普通水银温度计测定炮孔温度和硐室内温度；选用湖南湘西雷光爆破仪器仪表厂生产的2H-1型雷管测试仪测定电雷管电阻。实验火工品包括：药卷直径32mm的二号岩石煤矿需用乳化炸药和二号岩石粉状铵梯炸药，8号铝壳毫秒电雷管和矿用普通导爆索（12~14g/m），以上产品由宁夏天长民爆器材厂生产。试验用铵油炸药系施工现场自制，其组分为：多孔粒状硝胺94%~96%，轻柴油4%~6%。

原载于《合肥工业大学学报（自然科学版）》，2009，32（10）：1498-1500。

（2）试验方法。为了能够真实反映山体硐室的实际温度，试验地点选在高温火区内一条掘进到山内 8m 的硐内，硐室内空气温度最高达 110℃，硐室岩体温度最高达 140℃，试验过程中将该硐口进行封堵以维持温度。

（3）试验气象条件。冬季 11~12 月，温度-16~11℃，相对湿度 15%~25%。

2 试验结果

2.1 高温下电雷管性能试验结果

经过试验，部分雷管在高温下的性能变化情况，见表 1。

表 1 部分雷管试验结果记录表

孔内温度/℃	雷管段数	自爆时间/h	试验时间/h	电阻增减/Ω	试验后外观	能否起爆
125	1		6	0.1	塑料塞膨胀变形，脚线完好	能
131	1	1.1	1.1			否
135	1	2.1	2.1			否
138	2	2.0	2.0			否
123	2		5.5	-0.1	塑料塞轻微变形，脚线完好	能
131	2	5.2	5.2			否
132	3	0.9	0.9			否
125	3		6.0	不变	塑料塞轻微变形，脚线完好	能
115	3		6.0	-0.1	塑料塞溶化，脚线脱离	能
130	4	2.0	2.0			否
135	4	2.3	2.3			否
140	5	1.6	1.6			否
135	5	3.0	3.0			否
130	5	3.0	3.0			否

2.2 二号岩石煤矿许用乳化炸药性能试验

2.2.1 相同温度不同时间内的性能检验结果

（1）外观变化。经过试验，在高温下经过不同时间后的二号岩石乳化炸药从硐内取出时药卷均发生溢出，药卷变软，乳化药液呈黄褐色，冷却后药卷变硬脆。

（2）二号岩石乳化炸药在相同温度（80℃）下，不同时间（4h、8h 和 12h）后用雷管能正常引爆，而威力减小，起爆后有棕黄色烟雾。

（3）二号岩石乳化炸药在相同温度（80℃）下，不同时间（4h、8h 和 12h）内的爆速测试结果见表 2 所列。

从表 2 可以看出，在 80℃温度下，经 4h、8h 和 12h 后二号岩石胶状乳化炸药爆速逐次下降，平均爆速与高温下的时间段变化如图 1 所示。

表 2 二号岩石乳化炸药爆速测试结果

编号	持续时间/h	长度/cm	时间/μs	爆速/m · s^{-1}	平均爆速/m · s^{-1}
1	0	10	23.3	4329	4559
2	0	10	21.8	4587	
3	0	10	21.0	4762	
1	4	5	13.9	3597	3573
2	4	10	28.7	3485	
3	4	10	27.5	3636	
1	8	5	14.9	3355	3289
2	8	10	29.7	3367	
3	8	10	31.8	3145	
1	12	5	20.7	2415	2578
2	12	10	39.0	2564	
3	12	10	36.3	2755	

从图 1 可以看出，乳化炸药在 80℃高温下初期时间段（0～4h）内爆速下降较快，平均爆速下降 986m/s；在 4～8h 内爆速下降较慢，平均爆速下降 284m/s，在 8～12h 内爆速下降再次变快，平均爆速下降 711m/s。

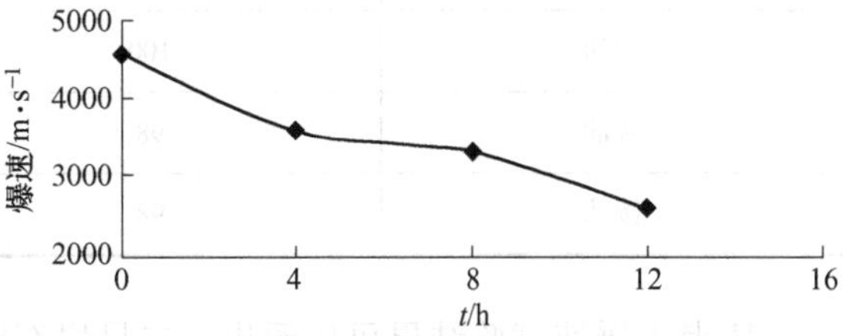

图 1 80℃时乳化炸药平均爆速与时间的关系

（4）二号岩石乳化炸药在 80℃高温下经 12h 后并没有完全失效，在孔内不会自爆，在雷管作用下能正常引爆，但是爆速下降。

2.2.2 二号岩石乳化炸药与电雷管联合试验

在 3 卷乳化炸药中分别插入 1 发电雷管，做成 3 个起爆体，分别装入 8 号孔、9 号孔和 10 号孔中，将孔口堵塞，试验时间为 6h，试验结果见表 3。

表 3 胶状乳化炸药雷管起爆体高温试验结果

孔号	试验孔温度/℃	雷管自爆时间/h	炸药引爆情况
8	138	2	未能被引爆
9	144	1	未能被引爆
10	154	0.5	未能被引爆

2.3 铵油炸药、二号铵梯炸药和导爆索性能试验

在硐室内分别悬吊 12 发高精度 8 号电雷管和 4 段导爆索，导爆索每段长度 2m，雷管和导爆索的悬吊位置间隔距离 3m，防止相互引爆。悬吊雷管和导爆索处悬吊温度计，硐口用两层沙袋进行堵塞，然后每隔 2d、5d、8d 和 10d 从硐内分别取出 1 卷导爆索和 3 发高精度雷管，对导爆索进行爆速试验，高精度雷管进行电阻检测和引爆检验，此次试验重复做 3 次。

试验后对导爆索、二号岩石铵梯炸药和铵油炸药做爆速试验，得出导爆索、二号岩石铵梯炸药和铵油炸药在高温下不同时间的平均爆速，见表 4。

表 4 高温下不同时间内的爆速试验结果

名 称	温度/℃	高温下时间/d	平均爆速/m · s^{-1}
导爆索		0	6752
导爆索	98	2	6844

续表 4

Continues Table 4

名 称	温度/℃	高温下时间/d	平均爆速/m·s^{-1}
导爆索	98	5	7042
导爆索	96	8	7246
导爆索	96	10	7109
2 号铵锑		0	3096
2 号铵锑	102	2	2878
2 号铵锑	100	5	2680
2 号铵锑	98	8	2560
2 号铵锑	98	10	2410
铵油		0	3014
铵油	102	2	2630
铵油	100	5	2290
铵油	98	8	2150
铵油	98	10	2070

从表 4 爆速试验结果可以看出，二号岩石铵梯炸药和铵油炸药在高温下放置的时间越长爆速降低越多，其平均爆速与高温下时间关系如图 2 所示。

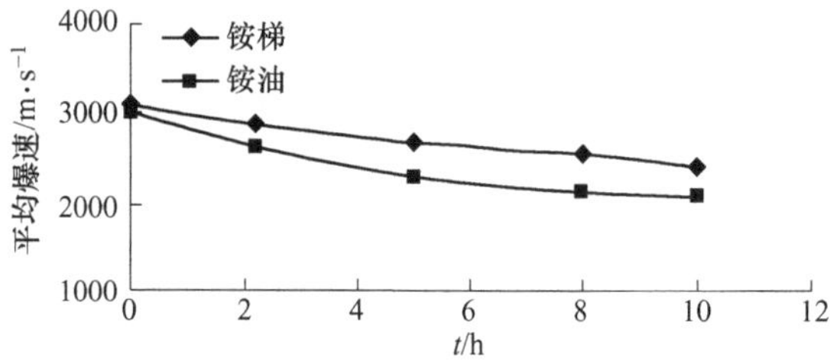

图 2 炸药高温下时间与平均爆速的关系

3 结论

本文结论如下。

（1）8 号铝壳毫秒电雷管在孔内发生自爆的温度均高于 125℃；当温度低于 125℃时电雷管在 6h 内不发生自爆，没有自爆的雷管可正常引爆炸药；当温度高于 125℃时，温度越高在炮孔内发生自爆的时间越短。高温引起脚线脱离的电雷管在别的雷管作用下可正常殉爆。8 号铝壳毫秒电雷管在 100℃高温下经 10d 后性能和外观没有发生明显变化，能正常引爆。

（2）二号岩石煤矿许用乳化炸药在温度 80℃时，经历 12h 仍能用雷管正常引爆，其爆速随放置时间延长逐渐减小；在高于 130℃的高温下，经 6h 后不能被雷管引爆。

（3）二号岩石煤矿许用乳化炸药和雷管做成的起爆体在高于 138℃的高温下 2h 雷管就发生自爆，但雷管自爆不能引爆在高温下放置同样时间的乳化炸药。

（4）普通矿用导爆索在高温下放置的时间越长爆速增加越大，在 96℃高温环境下放置 10d 的双根导爆索能正常引爆铵油炸药。

（5）在相同高温环境，相同时间下铵油炸药的爆速下降速率比铵梯炸药的下降速率快。

参考文献

[1] 汪旭光．乳化炸药［M］．北京：冶金工业出版社，1993：276-316.
[2] 高贫，刘大斌．炸药安定性试验方法的进展［J］．爆破器材，2007，36（4）：10-12.
[3] 尹利，郭子如．二级煤矿许用乳化炸药热分解动力学研究［J］．含能材料，2007，15（2）：175-177.
[4] 胡庆贤．炸药热安定性的讨论［J］．四川兵工学报，2000，21（4）：22-25.
[5] 陈鲁英，张川，杨培进，等．以六硝基二苯砜为基的耐热混合炸药的性能［J］．火炸药学报，2004，27（2）：26-34.
[6] 许光，吴承云，于荫林，等．几种火炸药的贮存安定性［J］．兵工学报（火炸药分册），1994，5（1）：36-41.
[7] 郭子如，尹利，王小红．木粉与硝酸铵混合物热分解动力学分析［J］．爆破器材，2005，34（5）：12-14.
[8] 邢光武，郑炳旭，陈飞，等．硐室爆破在火区煤矿井采转露采中的应用［J］．爆破，2009，26（1）：42-46.
[9] 刘翼，傅剑秋，魏晓林．5500 吨硐室大爆破对边坡的破坏影响分析［J］．采矿技术，2009，9（1）：117-130.

敞开式无动力冷却器的研制

陈　飞　邢光武　甘德淮　谭文斌　温建平　陈清平

（广东宏大爆破股份有限公司，广东 广州，510623）

摘　要：简述了一种敞开式无动力冷却器的设计思路，讨论了传热面积、传热系数、冷却水温度及流速对冷却效率和乳胶基质的影响因素。乳胶基质在冷却介质中停留6~10s，可由95℃冷却至55℃以下，该冷却器占地面积在1.5m^2以内。

关键词：乳化炸药；乳胶基质；冷却器；敞开；无动力

Development of Open Unpowered Cooler

Chen Fei　Xing Guangwu　Gan Dehuai　Tan Wenbin　Wen Jianping　Chen Qingping

（Guangdong Hongda Blasting Co., Ltd., Guangdong Guangzhou, 510623）

Abstract: This paper introduced an open and unpowered cooler, and studied the influence of heat transfer areas, heat transmit coefficient, the temperature and flow of cooling water on the cooling efficiency and latex matrix. 6~10s' stay in the cooling medium could cool the matrix from 95℃ to below 55℃. And this cooler covers only an area of 1.5m^2.

Keywords: emulsion explosive; latex matrix; cooler; open; unpowered

目前，乳化炸药生产线主要采用4种冷却设备：钢带冷却机、皮带浸水冷却机、封闭式冷却器、封闭式强冷机，后一种已经淘汰。

（1）钢带冷却机。钢带浸水降温冷却后，将高温乳胶基质，用胶辊将它铺成厚5~12mm，宽1200mm的薄层，钢带与乳胶基质发生热交换，产量可达4t/h，优点是敞开式，无摩擦及乳胶基质残留。缺点是冷却效率低，设备占地面积大，钢带经常性跑偏，维修费用高[1]。

（2）皮带冷却机。将高温乳胶基质，用胶辊在皮带上铺成厚5~12mm，宽1200mm的薄层，皮带与乳胶基质从冷却水中通过，乳胶基质与冷却水发生热交换，产量可达6t/h。优点是敞开冷却，冷却效率比钢带高，无摩擦及乳胶基质残留。缺点是占地面积大，皮带跑偏且易被乳胶基质腐蚀，维修费用高。

（3）封闭式冷却器。主要用于乳胶基质制备站，螺杆泵将高温乳胶基质送到冷却器内，薄壁管内通过冷却水，高温乳胶基质与薄壁管进行热交换，产量可达2t/h。优点是无摩擦，无运动部件，设备体积小[2]。缺点是冷却效率低，有乳胶基质残留，薄壁铜管容易破损，漏水后很难维修。

（4）封闭式强冷机。螺杆泵将高温的乳胶基质送到强冷机内，由夹层与空心轴，通过强冷机内的搅拌，以达到冷却的目的，产量可达4t/h。优点是设备体积小，冷却效率高。缺点是有摩擦及运动部件，有乳胶基质残留，属于行业淘汰产品。

乳化炸药正在朝着“一体化”方向发展，要实现乳化炸药管道化、全自动无人化及普及民爆“一体化”生产，上述4种冷却设备仍然不能满足技术发展需要。

原载于《爆破器材》，40（4）：12-15。

1 新型冷却器的设计思路与原理

1.1 设计思路与难点

乳胶基质是油相与水相通过乳化产生的，油相包覆水相，它具有油相（油脂）的特性，但又不同于油相。冷却乳胶基质采用油脂类冷却设备，只利用了介质的防水性能，未利用其密度大于油相的特性，造成冷却设备的功能多余或不足，因此，要充分利用防水性能与密度大于油相的特点设计冷却器。

乳胶基质冷却的工艺要求是从95℃左右，迅速冷却到55℃以下，这时的乳胶基质流动性差，黏滞性强，传热速率低，极易黏附在热交换器的管壁上，阻碍了冷热介质的热量传递，使得常规套管式换热设备无法对乳胶基质进行快速冷却[3]。

乳胶基质是氧化剂与还原剂的混合物，严禁采用铲、刮等具有摩擦运动的冷却设备与部件，使得设计冷却设备有一定的特殊性与难度。

1.2 设计基本理论

冷却传热有3种基本方式，即导热、对流传热、辐射传热。乳胶基质颗粒是由油相包覆水相溶液，如油相冷却到凝固点以下后，油相就凝聚成一层油膜，就像给水相穿上了一层保温服，对外进行对流与辐射热量很少，冷却很难达到工艺与生产要求，故采用直接导热进行冷却。

直接的热传导是指热量从物体的高温部分向同一物体的低温部分，或者从一个高温物体向一个与它直接接触的低温物体传热的过程，导热是静止物体的一种传热方式，不依靠物质的宏观位移[4]。

由传热理论知，换热设备的传热效果用传热量表示，即

$$Q = KF\Delta t_m$$

式中 Q——传热量，kJ/h；

K——介质的传热系数，kJ/(m^2·h·℃)；

F——传热面积，m^2；

Δt_m——冷热液体间的平均温度差，℃。

由上式可知，Q 与 K、F、Δt_m 成正比，要提高传热量，就要提高介质的传热系数 K、增大传热面积 F 和提高冷热液体的温差 Δt_m。

乳胶基质的传热介质系数 K，冷却后的温差 Δt_m 都是一定的，要提高冷却效率只有提高冷却面积 F。乳胶基质的冷却速度随季节的变化有所不同，夏季慢，冬季快，要保持乳胶基质的冷却温度，冷却面积也应是夏季大于冬季。

1.3 设计要点

根据民爆行业要求、乳胶基质特性及工艺要求，冷却器应有的特点：（1）敞开式，在冷却时不与乳胶基质产生摩擦；（2）冷却效率高，冷却温度可调节；（3）乳胶基质要求具有好的防水性能；（4）乳胶基质从98℃冷却到55℃（混装乳胶基质从90℃冷却到45℃）以下；（5）不能让乳胶基质黏附在设备上，以免影响冷却效率；（6）乳胶基质不能残留在设备内。

1.4 冷却器结构

敞开式、无动力的冷却器是将乳化机的高温乳胶基质出口安装分筛喷头，乳胶基质制成条状，冷却水进、出口的位置在冷却器的下部及上部，条状乳胶基质出口位于冷却器漏斗形出口，如制造物理敏化的乳化炸药，可直接与搅拌器相连，见冷却器示意图1（a）直排式冷却器，少量水珠经搅拌后进入乳胶基质内，不影响炸药质量。图1（b）S形冷却器出料口为S形，乳胶基质就必须有螺杆泵抽吸，便于自动化控制。

分筛喷头按需要采用不同直径或不同形状，制成需要的条状、粒状乳胶基质。冷却器底部出料口直接位于敏化机料斗上方或与螺杆泵的入口连接，该螺杆泵的出口与敏化工序设备连接。冷却器无乳

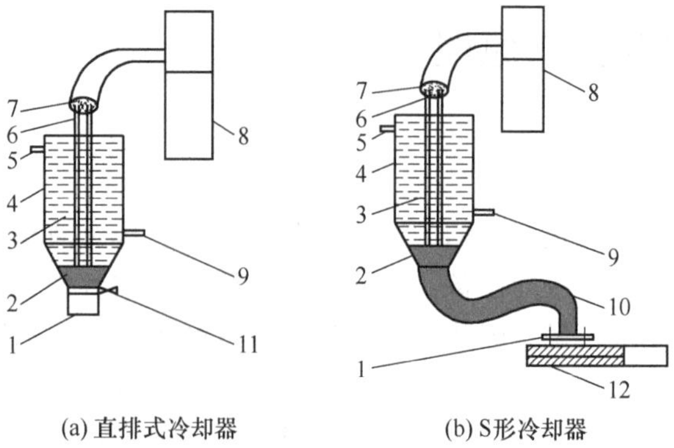

图 1 敞开式无动力冷却器示意图

1—乳胶基质出口；2—冷却的乳胶基质；3—冷却水；4—罐体；5—冷却水出口；6—条状乳胶基质制备站；7—分筛喷头；8—乳化机；9—冷却水进口；10—弯头；11—抽板；12—螺杆泵

胶基质残留、高效、几乎无须维修，冷却水循环使用，使乳化炸药生产线的占地面积大幅缩小，该冷却器已申报实用新型专利，专利号 201020650134.5[5]。

1.5 冷却过程

将高温乳胶基质，用一个筛子形状的喷头分筛成面条一样的条状，直接浸入冷却水中，冷却水从装载容器的底部进入，上部出水，形成循环。用漏斗形状的底部收集乳胶基质。因为乳胶基质不溶于水，密度较大，容易沉降在容器的底部，利用重力能将基质中的水滴挤出。降温后的乳胶基质可直接用于敏化[6]。

2 影响冷却器效率的因素

2.1 传热面积

由图 1 可见，高温乳胶基质从乳化机出来，进入冷却水，乳胶基质与冷却水的传热面积，随着喷嘴的直径减小，传热面积增大，乳胶基质冷却效果明显增强。表 1 采用 ϕ250mm 直径的喷头，加工不同直径的喷嘴，增加传热面积，冷却器长度为 2m，乳胶基质温度为 95~98℃，产能 2.4t/h，冷却水流速 $3m^3/h$。因冷水机功率不足，冷却水上升 1.5~2℃/h，循环水池容量为 $35m^3$。

表 1 增大传热面积降温效果（ϕ250mm 直径的喷头）

喷嘴直径 ϕ/mm	传热面积/m^2	冷却水进水温度/℃	冷却水出水温度/℃	基质温度/℃
10	19625	25	35	39
12	16058	27	35	45
15	12049	29	37	55
18	10808	31	38	65

2.2 传热系数

在相同的冷却条件下，乳胶基质采用不同配方，传热系数不同，下降的温度也不同，对冷却效果影响较大，见表 2。采用 ϕ300mm 直径的容器，加工 ϕ12mm 的喷嘴，冷却长度为 1m，乳胶基质温度为 95~98℃。每次冷却 1kg 乳胶基质，采用 31℃静态冷却水。从实验的统计数据可知，油相中含蜡量越高，冷却效果越差[7]。

表 2 传热系数对基质温度的影响

基质配方	油相含量/%	油相中石蜡含量/%	基质温度/℃
1号	6.5	—	67
2号	7.0	—	68
3号	7.0	3.50	70
4号	7.0	4.85	72

2.3 冷却水温度与流速

冷却水温度与流速对冷却效率有很大的影响，见表 3 和表 4。冷却水温度越低，冷却效果越好，为了与生产中乳胶基质温度一致，开始生产时冷却水温度低，流量小，到生产后期冷却水温度上升了，可增加冷却水流速，保持乳胶基质冷却温度的恒定。

表 3 流速不变时冷却水温度对基质温度的影响

冷却水温度/℃	冷却水上升 5℃的时间/min	基质温度/℃
16~20	35	30
20~25	30	35
25~30	35	38
30~35	45	43

表 3 采用 ϕ250mm 直径的喷头，ϕ20mm 的喷嘴，冷却器长度 2.8m，乳胶基质温度 95~98℃，产能 2.4t/h，冷却水流速 $4m^3/h$，未开冷水机。

表 4 冷却水温度不变时流速对乳化基质冷却效果的影响

冷却水流速/$m^3 \cdot h^{-1}$	冷却水进水温度/℃	冷却水出水温度/℃	基质温度/℃
3	24	28	41
4	24	28	39
5	24	27	39
6	24	27	37

表 4 采用 ϕ250mm 直径的喷头，ϕ20mm 的喷嘴，冷却器长度为 2.8m，乳胶基质温度为 95~98℃，产能 2.4t/h，开冷水机。

3 对乳胶基质性质的影响

3.1 浸水冷却对乳胶基质水分的影响

乳胶基质浸水冷却，热传导与热交换速度快，冷却效果好，但乳胶基质浸水后仍然会产生一些变化，乳胶基质的水分含量随着配方的不同，将会有变化，见表5。表 5 中 1 号是混装车配方，采用的是柴油、机油、Span-80；2~4 号是包装型配方，采用的是复合蜡、Span-80、T154。1 号是条状浸水，2~4 号是乳胶基质铺平成 12mm 厚浸水。

表 5 浸水冷却对乳胶基质含水量的影响

配方	浸水时间/s	冷却水温度/℃	含水量变化/%
1号	6	24	+0.40
2号	180	30	+0.43
3号	180	30	+0.35
4号	180	30	+0.27

浸水冷却增加了乳胶基质的水分含量，如采用珍珠岩敏化，即在敏化前用搅拌器将水混入乳胶基质中，并不影响乳化炸药的性能；如是化学发泡，可直接后续加工，化学敏化本身要增加1.5%左右的水分，在设计配方时，水相中减少0.5%左右的水分，提高复合蜡1~3℃的滴熔点，降低冷却水温度，整体增强配方与工艺的防水功能，将冷却水对乳胶基质的影响减到最小[8]。

3.2 冷却水温度对乳胶基质防水的影响

考虑到乳胶基质的外相是由油相材料组成，如果冷却水温度超过外相油相的凝固点时，对乳胶基质的影响见表6，实验时条状乳胶基质裸露在冷却水中。随着冷却水温度上升，乳胶基质表面反白就越快，水进入乳胶基质越多，乳胶基质表面变白，证明乳胶基质的防水性能差，同时还可能会失去爆炸性能。随着乳胶基质外相材料中油相烷烃分子量越大，在同样冷却水温度时，表面反白及浸入乳胶基质的水分就越少。

表6 冷却水温度对乳胶基质的影响

配方	冷却水温度/℃	表面转白时间/min	含水量变化/%
1号	40	2.0	+1.20
2号	40	5.0	—
3号	40	8.0	—
4号	40	11.0	+0.56
1号	50	0.5~0.9	+0.40
2号	50	3.0	—
3号	50	5.0	—
4号	50	9.0	+0.50

3.3 乳胶基质中硝酸铵在冷却水中的溶损

冷却水温度越低，表面油相冷却与热传导越快，乳胶基质颗粒收缩越紧密，防水性能好，对硝酸铵的侵蚀小，冷却后密度基本不变，见表7。

表7 冷却水温度对乳胶基质密度及性能的影响

冷却水温度/℃	密度变化/$g\cdot cm^{-3}$			爆炸性能（化学敏化）	
	冷却前（95℃）	冷却后（常温）	敏化后	爆速/$m\cdot s^{-1}$	殉爆距离/cm
自然冷却①	1.430	1.450	1.050	5128	7
16	1.430	1.450	1.060	5263	7
25	1.430	1.442	1.040	5208	7
40	1.430	1.440	1.050	5154	7

①为自然冷却，硝酸铵没有被侵蚀。配方采用的油相是复合蜡与T154，条状浸水时间为3min。

配方中含蜡量高，防水性能好，硝酸铵被侵蚀量小，见表5。浸水后，水分含量增大，即对硝酸铵侵蚀大，冷却水温度高，对油相破坏大，对硝铵侵蚀也大，根据密度变化，正常情况下浸水后硝酸铵的被水侵蚀量为0.3%~0.8%，对敏化后炸药性能基本没有影响。

4 结束语

充分利用乳胶基质防水性能与密度大的特点，成功设计了敞开式无动力冷却器，为乳化炸药生产线实现管道化、自动化、小型化完成了一个关键设备的攻关课题。

参 考 文 献

[1] 谢皆见．钢带晾药机的应用［J］．矿业快报，2005（5）：44-45.
[2] 史良文，查正清，钟荫庭．新型乳胶基质冷却器的研究与应用［J］．矿冶，1999，8（3）：13-16.
[3] 陈飞，何颖．珍珠岩敏化技术参数对乳胶基质性能的影响［J］．爆破器材，2002，31（1）：10-13.
[4] 汪旭光．乳化炸药［M］．北京：冶金工业出版社，2008：258-268.
[5] 陈飞，邢光武，郑炳旭，等．一种敞开式无动力的冷却器：中国，201020650134.5［P］．申请日：2010-12-09.
[6] 陈飞，肖才榕．乳化器中搅拌结构及参数对乳化作用的影响［J］．爆破器材，2002，31（4）：33-37.
[7] 杨民钢，于魏清，杨卫东．乳化炸药连续冷却机的研制［J］．煤矿爆破，2001（1）：4-7.
[8] 贾进宝，刘正凯，陈飞，等．AE 型乳化炸药安全性试验［J］．矿冶工程，1994，14（1）：13-16.

乳胶基质远程配送及储存技术的探讨

韦锦初　开俊俊

（广东宏大爆破股份有限公司，广东 广州，510623）

摘　要：通过对乳胶基质远程配送及储存相关技术的分析，提出了实现乳胶基质“集中制药，远程配送”系统成功开发与应用的要点。

关键词：乳胶基质；远程配送；储存；现场混装

Discussion on the Techniques of Long-distance Delivery and Storage of Emulsion Matrix

Wei Jinchu　Kai Junjun

(Guangdong Hongda Blasting Co., Ltd., Guangdong Guangzhou, 510623)

Abstract: By analyzing the related techniques of long-distance delivery and storage of emulsion matrix, the main techniques of exploitation and application of the system of "preparation in one place and long-distance delivery" were put forward.

Keywords: emulsification matrix; long-distance delivery; storage; site mixed and charged

1　引言

乳胶基质远程配送系统是指集中配制乳胶基质、运输车远程配送、现场敏化装药的散装炸药的生产服务系统。西方国家乳化炸药生产起步早，现场混装作业已经成为工业炸药主导生产方式，且现场混装车已实现了多功能化，实现“一站多点”的模式[1]，即依托大型矿山开采建设一个乳胶基质生产基地，采用集中生产乳胶基质，远程配送，向周边工程辐射，取得了很好的使用效果。国内目前包装型炸药仍是主流。2010 年 5 月工信部 227 号文《民用爆炸物品行业技术进步指导意见》已明确指出工业炸药的生产方式由固定生产线向现场混装作业方式发展，民爆行业“十二五”规划中也强调，要通过推进技术科技进步，加强技术改造，大力发展现场混装技术。目前我国现场混装药占全国工业炸药产量的 10%左右。

现场混装炸药技术在我国发展经过了两个阶段，第一个阶段乳化炸药、重铵油炸药、铵油炸药在爆破工地现场制备、现场装药。目前我国大多数现场混装技术都是采用这种“一站一点”的模式。这种模式不能实现多点共享，同时也存在着较大的安全隐患，对人力、资源、设备是一种浪费。第二个阶段就是现场混装与基质的生产相脱离，利用地面站（固定式或移动式）制备好基质，然后车载到工地现场混合、装药。目前我国乳胶基质的这种“集中制药，远程配送”模式正在兴起。

2　乳胶基质远程配送及储存技术的探讨

2.1　远程配送对乳胶基质的要求

乳胶基质的远程配送系统是建立在具有本质安全性乳胶基质生产技术、常温或低温快速敏化技术

原载于《煤矿爆破》，2011（4）：35-36。

及现场混装技术的基础上的。为了保障乳胶基质经过远程配送及储存后，依然能满足现场混装装药的要求，这对乳胶基质提出了以下要求：（1）乳胶基质的稳定性，达到至少三个月的储存期，并具有抗颠簸性，乳胶基质装在车载容器内，自然颠簸 300~500km，无析晶、脱水、破乳现象[2]；（2）乳胶基质的本质安全性，在工艺温度以下无雷管、摩擦、撞击感度，保障乳胶基质的远距离运输、使用过程中的安全性；（3）乳胶基质在常温下有较低的黏度，保证乳胶基质的可泵性及装填的高效性；（4）乳胶基质在常温或低温下可以快速敏化。

2.2 乳胶基质的稳定性影响因素分析

乳胶基质的稳定性受到工艺、配方、乳胶基质粒子大小、分散相的均匀性、界面膜强度、外相黏度等因素影响。

油相材料的选择，因为在现场混装装药中需要乳胶基质的黏度较低，能满足泵送填装，所以这就要求在选择外相时，油相材料的黏度要适中，既要考虑到强度问题，又要考虑到黏度问题及易乳性问题。乳化剂的选择及用量对乳胶基质的稳定性起着至关重要的作用[3]，乳化剂的加入可显著降低油水相间的表面张力，有利于乳胶基质的稳定性。在选择乳化剂时通常考虑以下几点：

（1）在合适的 HLB 值前提下，一个乳化剂分子中含亲油基多的乳化剂。这样的乳化效果好，其成品乳化炸药的稳定性也好。

（2）选择适宜 HLB 值的乳化剂，有利于提高乳化炸药稳定性。

（3）要尽量减少乳化剂中游离醇和游离脂肪酸的含量。

（4）选择黏度小、油溶性好和易乳化的复合乳化剂对于提高乳化炸药稳定性极有益。

水相材料选择的都是硝酸盐的混合氧化剂水溶液，应采取措施降低水相析晶点。析晶点高，所制得的乳化基质易硬化，产品质量不行；析晶点低，产品质量性能好，稳定性强，不易破乳。在水相配制中经常使用硝酸铵和硝酸钠组成的水溶液。适量的硝酸钠，可有效降低水相析晶点，另外为乳化炸药提供足量的氧。

在工艺上，包括：乳化设备、混料方式、剪切速率、物料温度、搅拌时间等。对乳化炸药稳定性的影响，一是油、水相瞬时流量进行可靠的控制是保证炸药配比的关键。二是乳化器转速稳定性。因此乳胶基质制备的油水相的泵送、计量、乳化、自控系统的稳定性和精确性是得到良好的乳胶基质的保证。

同时在基质配方中加入适量的硝酸铵分解抑制剂，油相材料阻燃剂，这样可以有效的阻止乳胶基质的自氧化还原反应，提高了乳胶基质的稳定性的同时也提供了乳胶基质的本质安全性。为了确保乳胶基质在常温下的可泵性，要求乳胶基质在（20±5）℃时，乳胶基质的黏度在 100Pa·s 以下[2]。

2.3 常温或低温快速敏化技术

常温快速敏化一般要满足以下三个条件：（1）能较迅速地与助剂或乳化基质中的游离态硝酸铵或表面油膜有缺陷的硝铵基团发生反应，产生一定量的气体；（2）发泡剂与乳化基质相容性较好，对油膜破坏小；（3）气泡大小适中、分布均匀，且稳定存在。

最常用的化学发泡剂是亚硝酸钠和酸催化剂。其敏化机理：$NaNO_2$溶液分解的 N_2O_3，与 NH_4NO_3 分解的 NH_3反应后生成 N_2，并在乳胶基质内扩散形成微气泡，从而形成起爆与传爆的“热点”[4]。在存在 H^+的酸性条件下，反应加速。通过控制适宜的 H^+、NH_3等生成物及其组分比例，调整不同组分在乳胶基质中的添加量，控制成泡速率的快慢，可以达到满意的敏化效果。常温快速敏化技术一是看成泡速率，即以上的化学反应速率；二是看乳胶基质的固泡能力，固泡能力及乳胶基质的油膜强度是影响炸药成品稳定性的关键因素。

3 结语

乳胶基质的远程配送系统是建立在具有本质安全性乳胶基质生产技术、常温或低温快速敏化技术及现场混装技术的基础上的。在保障乳胶基质的质量的情况下，应尽可能降低乳胶基质的黏度，使得乳胶基质在往炮孔填装过程中实现管道低阻力输送。

乳胶基质的远程配送及储存技术提高了民爆行业的本质安全性，乳胶基质无雷管感度，在装填进炮孔时才进行敏化，安全和质量是得到可靠的保障的。乳胶基质的远程配送及储存技术的发展，为民爆实现“集中制药，远程配送”奠定了基础，符合我国工业炸药与爆破作业的发展方向。

参考文献

[1] 汪旭光．乳化炸药［M］．北京：冶金工业出版社，2007.

[2] 李宏兵．乳胶远程配送系统相关技术研究［J］．爆破，2010，27（2）：88-91.

[3] Hiemenz P C, Rajagopalan R. Principle of Colloid and Surface Chemistry［M］. Third Ed. New York: Marcel Dekker, 1997, 357-380.

[4] 金捷，仲峰，刘咏竹，等．现场混装乳化炸药车自动计量系统误差分析［J］．爆破，2008，25（S1）：89-91.

多元易发泡型复合乳化剂乳化炸药的制备

陈 飞 邢光武 江志华 许汉杰

（广东宏大爆破股份有限公司，广东 广州，510623）

摘 要：文章论述了一种多元易发泡型复合乳化剂，它含水溶性和油溶性两种类型的乳化剂，能将内相中硝酸铵溶液极个别硝酸铵分子外移至外相，与亚硝酸钠水溶液 NO_2^- 相遇后，即产生气泡（N_2），使乳胶基质敏化成乳化炸药，消除了化学敏化中二元敏化、后效及混合不均匀的问题。

关键词：乳胶基质；乳化炸药；多元复合型；水溶性；油溶性；敏化

Preparation of Emulsion Explosive Containing Multi-element Foaming Composite Emulsifying Agent

Chen Fei Xing Guangwu Jiang Zhihua Xu Hanjie

（Guangdong Hongda Blasting Co., Ltd., Guangdong Guangzhou, 510623）

Abstract: A new kind of multi-element foaming composite emulsifying agent (DGN emulsifying agent), which has water-soluble and oil-soluble surfactant molecules, was introduced. At the effect of DGN emulsifying agent, few ammonium nitrate molecules in the solution of inner phase could transfer to external phase, react with nitrite (NO_2^-) in sodium nitrite solution and bring out nitrogen bubbles (N_2), sensitizing the emulsified bases to emulsion explosive. It owns the advantages of stable emulsified bases, good detonation performance and waterproof property, eliminating the non-uniform mixing problem in chemical sensitization.

Keywords: latex matrix; emulsion explosive; multi-element foaming; water soluble; oil-soluble; sensitization

为贯彻执行工信部颁布的《关于民用爆炸物品行业技术进步的指导意见》，研发乳化炸药管道化、无人化生产技术，就必须突破传统的敏化技术，才能完成管道化生产。

现阶段乳化炸药的敏化主要有两种形式：一是物理敏化，通过珍珠岩、玻璃微球、漂珠或其他带有气孔的物质将气泡带入乳胶基质；二是化学敏化，加入能生成气泡的化学物质，通过搅拌，均匀分散到基质中，使基质的密度降低，常见的化学发泡剂有 H 发泡剂（二亚硝基五次甲基四胺）、亚硝酸钠、碳酸氢钙等。

两种方法皆有其优点与缺点。物理敏化受温度影响较小，炸药的物理状态较硬，在南方使用较普遍。物理敏化加入的物质密度非常小，与高黏度的乳胶基质很难混合均匀，且常用敏化物质破损率高，形成的乳化炸药药体较硬。化学敏化中发泡剂容易在乳胶基质中分散均匀，化学敏化环保、日炸药性能与装药质量较好、贮存期长，是乳化炸药发展方向。但反应速度、产气量与乳胶基质的温度及质量有关，且后效严重（反应时间长，几天后或在运输途中炸药体积变大，从包装中泄漏出来），质量难以控制。

化学敏化质量难以控制的原因如下。

（1）乳化炸药生产线化学敏化一般采用亚硝酸钠，加其他无机酸或者直接加硝酸铵，形成水溶液，与乳胶基质搅拌均匀。乳胶基质的温度一般控制在 45~55℃，而亚硝酸钠最佳反应温度是 60~65℃。如果乳胶基质温度在 45℃时，亚硝酸钠反应完全要几个小时，甚至时间更长；如果提高乳胶基

原载于《爆破器材》，2011，40（6）：23-26。

质的温度，油相的固泡能力差，敏化的后效严重，影响产量与质量。

（2）考虑到提前反应、搅拌不均、参加反应的富余量等因素，敏化乳胶基质使用的亚硝酸钠一般是理论计算 2~3 倍，使得化学敏化质量难以控制。

乳化炸药生产线采用管道化生产技术，乳胶基质在没有搅拌及催化剂的情况下快速、完全、可控完成反应，就必须突破传统的敏化技术[1,2]。

1 多元易发泡型复合乳化剂乳化炸药的制备

1.1 炸药组分及其作用

多元易发泡型复合乳化剂（以下简称 DGN 乳化剂）由 T154、T152、Span-80 与大豆卵磷脂复合而成，其中 T 系列乳化剂产品与大豆卵磷脂主要增加乳胶基质的外相黏度，增加其稳定性。具有特殊作用的是 Span-80，它能使羟值高于产品标准，增加乳化的初乳与水溶性，将部分硝酸铵移动至外相。该乳化剂已经申请国家专利。

DGN 乳化剂乳化炸药的配方（质量分数）：硝酸铵 74%~69%、硝酸钠 8%~13%、水 13%~10%、DGN 乳化剂 2%~3%、复合蜡 5%~4%。

乳胶基质 95%~98%；敏化剂 5%~2%。

敏化剂配方：亚硝酸钠 3%~6%、水 97%~94%。

1.2 制备工艺

将硝酸铵、硝酸钠、水按比例配制成水相，加温到 90~105℃ 备用；将 DGN 乳化剂与复合蜡按比例配制成油相，加温到 85~90℃ 备用；将制备好的油水相按流量等工艺要求，加入低转速搅拌器内，形成油水混合物，再通过静态混合器精乳为乳胶基质；采用敞开式冷却器冷却，将乳胶基质冷却至 50~55℃，螺杆泵加压，与配制好的敏化剂按比例加入静态混合器内，敏化即时完成，然后装药、包装、入库。

2 敏化机理

DGN 乳化剂乳化炸药的敏化机理是 Span-80 乳化剂中具有水溶性和油溶性两种类型的表面活性剂分子，能将内相中硝酸铵溶液极个别硝酸铵分子移至油膜外，与亚硝酸钠水溶液中的 NO_2^- 相遇后，即产生气泡（N_2），使乳胶基质敏化成为乳化炸药。如采用静态混合方式，乳胶基质颗粒吸附含有亚硝酸钠的水溶液，浓度与质量都可控，与乳胶基质油膜外的硝酸铵接触，能在设计的时间内完成敏化反应，形成的气泡微小而均匀，基本解决了乳化炸药在各种情况下的敏化问题[3,4]。

DGN 乳化剂乳化炸药的敏化工艺是亚硝酸钠水溶液与乳胶基质中油膜外的硝酸铵反应，乳化炸药混装车反应温度在 30~45℃，包装型乳化炸药反应温度在 50~65℃。

现有化学敏化需要机械式强力搅拌器，DGN 乳化剂乳化炸药的敏化可采用静态混合器混合敏化[5]。

3 影响炸药敏化效果的部分因素

3.1 DGN 与普通复合乳化剂的区别

DGN 乳化剂中的 Span-80 质量分数为 20%~40%，主要特征是羟值较高，一般为（KOH）210~240mg/g 之间（以下特别表示为*Span-80），国标为（KOH）190~210mg/g，羟值越高发泡速度越快，初乳性能也越好，但羟值至一定值后乳化效率会降低，在炸药中*Span-80 含量一般为 0.45%~0.90%。表 1 是 DGN 与普通复配的乳化剂在敏化时的效果比较，混装车的乳胶基质较稀，通过强力搅拌或静态混合器的高压，能使油相内的硝酸铵很快移到外相，敏化时间稍长但还可完成。在乳化炸药生产线生产的乳胶基质不采用 DGN 乳化剂，如没有恒温 2~3 h，7 天以后密度仍有变化。DGN 乳化剂中含有*Span-80，使乳胶基质与敏化剂接触就能敏化成乳化炸药。

表 1　DGN 与普通复合乳化剂敏化效果比较

项目	乳化剂	混合方式	胶质密度/g·cm^{-3}	炸药密度/g·cm^{-3}	敏化时间/min	敏化温度/℃
混装车	DGN 乳化剂	静态混合	1.40	1.12	9	38
		机械搅拌	1.40	1.14	2	37
	普通复合乳化剂	静态混合	1.40	1.25	40	38
		机械搅拌	1.40	1.20	25	37
生产线	DGN 乳化剂	静态混合	1.43	1.08	5	61
		机械搅拌	1.43	1.10	3	60
	普通复合乳化剂	静态混合	—	—	—	—
		机械搅拌	1.43	1.10	180	60（恒温 120min）

3.2 DGN 中*Span-80 的含量对反应时间的影响

表 2 为*Span-80 含量与反应时间以及炸药密度的关系。基质与敏化剂比例为 97：3。当设备与工艺条件一定时（采用 2.15% DGN 乳化剂），*Span-80 的含量越高，外移的硝酸铵越多，发泡速度越快，含量大于 0.6% 以上，敏化时间太快，容易造成装药管堵塞。最佳含量为 0.4%~0.6%，时间控制在 20~25min，密度在 1.15g/cm^3 以下，不论是炸药性能还是敏化时间都是最佳。

表 2　*Span-80 含量与反应时间、炸药密度的关系

*Span-80 含量/%	反应时间/min	炸药密度/g·cm^{-3}
0.3	30	1.15
0.4	25	1.12
0.5	20	1.12
0.6	20	1.12
0.9	10	1.11
1.0	5	1.15

3.3 敏化剂浓度对反应时间的影响

当*Span-80 的含量一定时，发泡剂浓度越大，气泡越大，反应速度也越快。但反应物质多，需要的反应时间也长。浓度较小时，炸药密度偏大，影响爆破效果；炸药密度随发泡剂浓度增加而减小，浓度大到一定时，密度不变，此时有后效。敏化剂中亚硝酸钠含量的最佳范围为 3.5%~6.0%，炸药密度与反应时间见表 3。表 3 采用乳化炸药混装车配方与生产工艺，乳胶基质黏度为 78Pa·s（35℃）。乳胶基质反应温度 35℃左右。乳胶基质与敏化剂比例 97：3。

表 3　敏化剂浓度、反应时间和密度的关系

亚硝酸钠含量/%	反应时间/min	炸药密度/g·cm^{-3}
11.00	30	0.95
7.70	25	0.95
6.25	25	0.96
5.26	18	1.00
4.76	16	1.08

续表 3

亚硝酸钠含量/%	反应时间/min	炸药密度/g·cm^{-3}
3.85	18	1.10
3.45	20	1.15
3.23	20	1.18

3.4 DGN 中*Span-80 的含量对乳胶基质黏度的影响

含*Span-80 的复合乳化剂，对形成乳胶基质的黏度有很大影响，普通 Span-80 含量越高，形成乳胶基质的黏度越大，但*Span-80 的含量越高，形成的黏度越小，见表 4。表 4 采用混装车配方，*Span-80 减少由 T154 补充，DGN 含 40% 的卵磷脂。

表 4 不同黏度的发泡情况

*Span-80 含量/%	黏度/Pa·s（35℃）	敏化前密度/g·cm^{-3}	敏化后密度/g·cm^{-3}
0.6	7.8	1.38	1.20
0.5	8.0~9.0	1.39	1.04
0.4	8.5~10.5	1.40	1.05
0.3	8.5~11.5	1.40	1.07

*Span-80 在 DGN 中的含量一般为 0.3%~0.5%，DGN 中*Span-80 的减少，外移的硝酸铵减少，黏度增加，分子之间的结合紧密，乳胶基质的密度增大。

3.5 贮存稳定性能

采用 DGN 乳化剂与普通复合乳化剂形成的乳化炸药的贮存稳定性基本一致，采用化学敏化后，乳化炸药的贮存期见表 5。在同等条件下，配方只改变乳化剂，在没有采用 DGN 乳化剂的配方中，敏化时加入了 0.2%的柠檬酸做催化剂。

表 5 采用 DGN 与普通复合乳化剂炸药贮存期比较 (d)

乳化剂	混装车（敏化后）	包装条状炸药
DGN	30	180
普通复合	30	180

采用 DGN 与普通复合乳化剂形成的乳胶基质，在不同方式冷却下的贮存期见表 6。表中配方 1 号、配方 2 号都是混装车乳胶基质配方，其中配方 1 号是采用 DGN 乳化剂，配方 2 号是采用普通复合乳化剂，冷却后黏度为 80~115Pa·s。

表 6 不同冷却方式的乳胶基质的贮存期 (d)

配方	自然冷却	经封闭冷却机	水冷却
配方 1 号	15~10	9~7	20~25
配方 2 号	15~10	9~7	20~25

表 5 与表 6 的数据表明，在复合乳化剂中采用 0.4%~0.6%的高羟值 Span-80，对乳胶基质及炸药的贮存期基本无影响。

4 DGN 乳化剂乳化炸药的性能

抗水性能是乳化炸药的一个重要指标。乳胶基质在过水冷却时的水分变化见表 7。表中配方 1 号、配方 2 号都是混装车乳胶基质配方，其中配方 1 号是采用 DGN 乳化剂、配方 2 号是采用普通复合乳化剂，冷却后黏度为 80~115Pa·s。

表 7　乳胶基质过水冷却的水分变化

配方	过水冷却时间/min	水分变化/%
配方 1 号	3	0.5
配方 2 号	3	0.5

如果乳胶基质采用皮带过水冷却，乳化炸药将要增加 0.5%的水分，基本与常用乳化剂相同，防水性能主要与油相材料有关，见表 8。表中配方 1 号是混装车乳胶基质配方，主要是机油与复合蜡；配方 2 号全部采用复合蜡。

表 8　不同油相材料冷却时水分的变化

配方	过水冷却时间/min	水分变化/%
配方 1 号	3	0.5
配方 2 号	3	0.3

通过表 7 和表 8 可知，含 DGN 乳化剂的配方对乳化炸药的抗水性能影响较小，水对外移硝酸铵的侵蚀几乎可以不计，与常用乳化剂相同。

采用 DGN 乳化剂生产的乳化炸药，浸水 8h 的爆炸性能见表 9。配方中采用 DGN 乳化剂制备，爆速在冷却后稍微偏低，属正常状态。

表 9　炸药浸水前后的爆炸性能

生产线包装型配方	密度/$g\cdot cm^{-3}$	爆速/$m\cdot s^{-1}$	殉爆距离/cm	猛度/mm
敏化后	1.08	5200	7	21
蜡纸包装（浸水 8h）	1.08	5000	7	21

采用 DGN 与现有乳化剂制造的乳化炸药性能基本相同，但敏化效果更好，包装型乳化炸药敏化后炸药密度平均值为 1.05~1.10g/cm^3，爆速 4700~5300m/s，殉爆距离 4~7cm，贮存期为 6 个月，乳化炸药各项性能除作功能力外均达到一级乳化炸药水平[6,7]。

5　结束语

DGN 乳化剂制备乳化炸药的配方与工艺主要是为静态混合器设计的工艺与配方，具有乳胶基质稳定，炸药的爆轰与防水性能好，敏化剂配方简单，发泡快，无后效等优点，为实现乳化炸药的管道化、全自动化生产打好基础。

参 考 文 献

[1] 贾进宝，刘正凯，陈飞，等. AE 型乳化炸药及其安全性能的研究［J］. 爆破器材，1993，25（5）：7-9.
[2] 贾进宝，刘正凯，陈飞. AE 型高爆速高稳定性乳化炸药的研究［J］. 矿冶工程，1991，11（3）：3-7.
[3] 叶志文，吕春绪. 高能乳化炸药的制备及性质［J］. 火炸药学报，2006，29（6）：6-8.
[4] 郭敏，贾海亮，原海青，等. 高温敏化工艺乳化炸药储存期影响因素分析［J］. 爆破器材，2011，40（1）：24-27.
[5] 汪旭光. 乳化炸药［M］. 北京：冶金工业出版社，2008：100-127.
[6] 陈飞，何颖. 珍珠岩敏化技术参数对乳化炸药性能的影响［J］. 爆破器材，2002，31（1）：10-13.
[7] 陈飞，肖才榕. 乳化器中搅拌结构及参数对乳化作用的影响［J］. 爆破器材，2002，31（4）：33-37.

乳胶基质和乳化炸药受冲击波作用后的显微观察

颜世留[1]　欧阳虎[2]　颜事龙[3]　王尹军[4]

（1. 广东宏大爆破股份有限公司，广东 广州，510623；2. 广东宏大增化民爆有限责任公司，广东 广州，511300；3. 安徽理工大学，安徽 淮南，232001；4. 北京矿冶研究总院，北京，100044）

摘　要：在研究乳化炸药的压力减敏作用时，观察到程度不同的破乳现象。为深入了解此现象，分别就乳胶基质和乳化炸药在水中受到外界爆炸冲击波作用之后进行了显微观察。发现乳胶基质和乳化炸药微观结构均遭到不同程度的破坏，局部发生了破乳，且乳胶基质的表层比内部破乳情况严重，而乳化炸药表层和内部无差别。

关键词：乳化炸药；乳胶基质；冲击波；显微观察；破乳

Microscopic Examination of the Emulsion Matrix and Emulsion Explosive Subjected to Shock Wave

Yan Shiliu[1]　Ouyang Hu[2]　Yan Shilong[3]　Wang Yinjun[4]

(1. Guangdong Hongda Blasting Co., Ltd., Guangdong Guangzhou, 510623;
2. Guangdong Hongda Zenghua Dynamite Co., Ltd., Guangdong Guangzhou, 511300;
3. Anhui University of Science and Technology, Anhui Huainan, 232001;
4. Beijing General Research Institute of Mining and Metallurgy, Beijing, 100044)

Abstract: The demulsification to different degree was observed when the emulsion explosive desensitization was studied. To find out this phenomenon deeply, the microscopic examination of the emulsion matrix and emulsion explosive was studied after they were subjected to the outside shockwave in water separately. The results indicated that the microstructure of the emulsion matrix and the emulsion explosive was destroyed to different degree by the shock wave, there was demulsification in local area, the degree of demulsification of the surface layer of the emulsion matrix was higher than that of the inner part of the emulsion matrix, and while there was no difference between the surface layer and the inner part of the emulsion explosive.

Keywords: emulsion explosive; emulsion matrix; shock wave; microscopic examination; demulsification

1　引言

毫秒延时爆破先后引爆的装药有1个时间差，这个时差内先被引爆的装药产生的冲击波或应力波会对后爆装药产生作用。如果冲击波对炸药作用之后，炸药的爆炸性能下降，则原先精心设计的爆破方案有可能会失败，轻则达不到设计的爆破效果、岩石的大块率上升，重则装药发生拒爆，容易引发安全事故[1]。这种现象被称作炸药的压力减敏作用，在爆破作业中时有发生，为爆破工程带来较大的麻烦和安全隐患，因此研究炸药的抗冲击波性能具有重要意义。

基金项目：国家自然科学基金项目（50704005）。
原载于《工程爆破》，2012，18（1）：91-93，77。

国内外对乳化炸药的压力减敏作用作了研究，例如法国[2]、美国[3]、日本[4,5]、加拿大[6] 和瑞典[7] 等国家的有关专家，以及国内的颜事龙[8]、张少波[9]、解立峰[10] 等人分别对乳化炸药的压力减敏现象进行了观测和研究。近年来，王尹军对乳化炸药的压力减敏现象进行了系统研究，在大量实验数据和测试结果基础上，对实验方法、实验现象、压力减敏机理等进行了比较深入的分析，提出了压力减敏度的概念和计算方法，以及“小包”构想和气泡迁移机理设想[11,12]，并专门就乳胶基质的抗冲击波性能进行了研究[1]。张寒虹等人[13] 利用电爆炸装置对一薄层乳化炸药进行动态加载，并对加载过后的乳化炸药进行了显微观察。吴红波等人[14] 测定了受冲击波作用前后的乳胶基质和乳化炸药的电导率，结果表明在相同的受冲击波作用条件下，乳胶基质的电导率变化幅度比乳化炸药小，该结果与王尹军的研究结果相一致。

文中对乳胶基质和乳化炸药在水中分别受水下冲击波作用前后进行了显微观察，对比研究了乳胶基质和乳化炸药的破乳情况。破乳现象越严重，表明其抗冲击波性能越差。

2 实验结果

2.1 实验条件

乳胶基质各组分的质量比分别为：硝酸铵 70%、硝酸钠 10.5%、水 11%、尿素 2%、复合蜡 3.5%、乳化剂（Span-80）3%。乳化炸药在该基质内添加 0.2%*H* 发泡剂制得。生产工艺条件为：水相温度 116℃，油相温度 96℃，乳化时间 4min，乳胶基质加入发泡剂的温度为 50~60℃。

用显微镜分别观察乳胶基质和乳化炸药受冲击波作用前后的微观结构变化情况，显微镜为日本 Nikon 公司的 Nikon-E-400 荧光显微镜摄影系统。乳胶基质和乳化炸药的受冲击波作用实验，分别将 10g 乳胶基质或乳化炸药置于直径 5.5m、水深 3.62m 的爆炸水池的水面下 2.4m 处，受主发药包的爆炸冲击波作用后取出水面约 10min 置于显微镜下观察。主发药包为 3.0g 黑索今。

2.2 乳胶基质受冲击波作用前后的显微观察

图 1 是乳胶基质受冲击波作用前后的微观照片，放大倍数均为 100 倍。图 1（a）为未受冲击波作用的乳胶基质，（b）与（c）分别为与主发药包相距 8cm 受其冲击波作用后的基质表层和基质内部。显微观测显示乳胶基质在受到冲击波作用之前，分散相粒子分布均匀，在显微镜下整体呈暗灰色，少数发亮的点可能是粒径较大的分散相粒子或基质内混入的微小气泡。乳胶基质与主发药包相距 8cm 受冲击波作用之后（所受动态超压为 124MPa），颜色发生了变化，且分布不再均匀，发亮的区域变大，尤其是受冲击波作用基质的表层部分。这些迹象表明，乳胶基质受冲击波作用后微观结构遭到不同程度的破坏，局部发生了破乳。

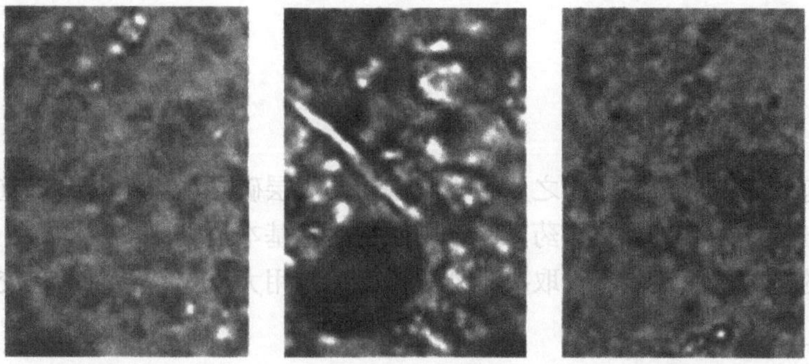

(a) (b) (c)

图 1 乳胶基质受冲击波作用前后的显微照片

Fig. 1 The micrographs before and after the emulsion matrix subjected to shock wave

2.3 乳化炸药受冲击波作用前后的显微观察

图2给出乳化炸药受冲击波作用前后的显微观察照片，其中图2（a）为受冲击波作用前的照片，图2（b）和（c）分别为与主发药包相距12cm受冲击波作用后（所受动态超压为94MPa）的乳化炸药内部和表层，放大倍数均为100倍。照片（a）与（b）、（c）明显不同之处在于发亮的椭球体（图2（a）中箭头所指为椭球体之一），不难理解那是炸药内部的敏化气泡，在光线的照射下气泡表面反光而发亮，从图中看出敏化气泡的粒径大小不等。照片（b）和（c）没有看到气泡的存在，说明受冲击波作用后炸药内部明显的气泡已经不复存在。

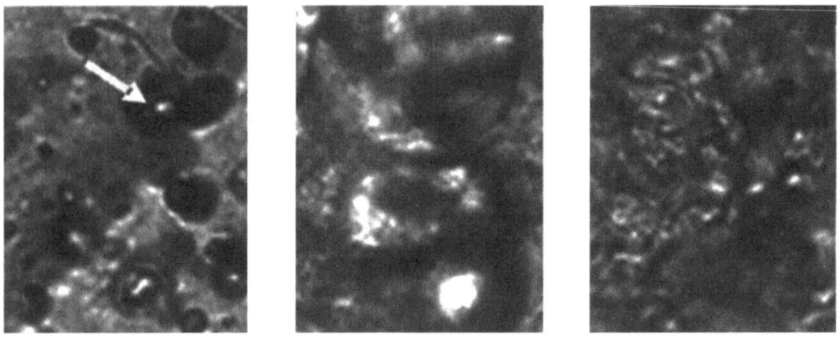

(a) (b) (c)

图2 乳化炸药受冲击波作用前后的显微照片

Fig. 2 The micrographs before and after the emulsion explosive subjected to shockwave

3 结果分析

比较图1和图2可以看出，无论是乳胶基质还是乳化炸药，在显微镜下观察，受冲击波作用前的颜色均匀，整体呈灰暗色，只有粒径较大的分散相粒子和敏化气泡呈亮色；受冲击波作用后颜色不再均匀，尤其是表层部分。根据肉眼观察，乳化炸药受冲击波作用后其表层有析晶现象，有明显的晶粒析出，那么显微镜下颜色变化的部分必然与析晶有关；可以说，颜色变化越明显、范围越广，析晶现象越严重。由图1和图2不难看出，乳胶基质受冲击波作用后，表层比内部析晶现象严重，而乳化炸药的表层与内部没有明显差异。

从受到相同外界冲击波压力作用后乳胶基质的表层析晶现象比内部严重可以看出，乳化炸药的抗冲击波性能不仅取决于外界压力的作用大小，与界面也有较大关系。不管是乳胶基质与水的接触面，还是乳化炸药内部微小气泡的界面，都促进了破乳，而且从乳化炸药表层和内部差别不大的破乳情况来看，不同大小和性质的界面对破乳的促进作用没有显明差别。换言之，只要在乳胶基质内部或外部有界面存在，就会使其抗冲击波性能不同程度下降。

4 结论

本文结论如下。

（1）受主发药包的爆炸冲击波作用之后，乳胶基质的表层破乳现象比内部严重。

（2）受外界冲击波作用后，乳化炸药内的微小敏化气泡基本消失。

（3）乳化炸药的抗冲击波性能不仅取决于外界压力的作用大小，与界面也有较大关系。

参 考 文 献

[1] 王尹军，汪旭光．乳胶基质抗压性能研究［J］．兵工学报，2005，26（5）：697-701.

[2] 米悉尔，德米西，让比古尔．由压缩引起的降敏作用［J］．段鲁珍译．炸药与爆破，1998（1）：14-17.

[3] Wieland M S. The Relative Sensitivity of Permissible Explosives to Dynamic Pressure Desensitization [A]. Proc. 21st Intl. Conf. Safety in Mines Research Inst [C]. Sydney, Australia, 1985: 168-179.

[4] Sumiya F, Hirosaki Y, Kato Y, et al. Detonation Velocity of Precompressed Emulsion Explosives [A]. Proceedings of the Twenty-eighth Annual Conference on Explosives and Blasting Technique [C]. Las Vegas, Nevada, U. S. A. 2002 (Ⅱ): 253-263.

[5] Matsuzawa T, Murakami M. Detonability of Emulsion Explosives under Dynamic Pressure [J]. Journal of the Industrial Explosives Society (Japan), 1982, 43 (5): 317-322.

[6] Liu Qian, Tidman Paul, Deane Tunaley, et al. Observation of the Shock Resistance of Emulsion Explosives in Rock Blasting [A]. Proceeding of the Eleventh Symposium on Explosion and Blasting Research [C]. Nashville, Tennessee, U. S. A. Publ. by: International Society of Explosives Engineers. 1995: 26-37.

[7] Nie S. Pressure Desensitization of a Gassed Emulsion Explosive in Comparison with Micro-balloon Sensitized Emulsion Explosives [A]. Proceedings of the Thirteenth Annual Symposium on Explosives and Blasting Research [C]. Lasvegas, Nevada, U. S. A. Publ. by: International Society of Explosives Engineers. 1997, 161-172.

[8] 颜事龙，陈东梁，王尹军．动态压力对乳化炸药分散相粒径变化和减敏效应的影响 [J]. 煤炭学报，2004，29 (6)：676-679.

[9] 张少波，高铭，滕威，等．煤矿爆破异常现象发生机理研究 [J]. 煤炭学报，2005，30 (2)：191-195.

[10] 解立峰．乳化炸药受压钝化问题的探讨 [J]. 爆破器材，1991，20 (2)：6-9.

[11] 王尹军．乳化炸药压力减敏的实验研究与机理分析（博士论文）[D]. 北京：北京科技大学，2005.

[12] 王尹军，吕庆山，汪旭光．冲击波对含水炸药减敏作用的实验研究 [J]. 爆炸与冲击，2004，24 (6)：558-561.

[13] 张寒虹，王峰，张少波，等．动载作用下乳化炸药微结构变化的显微观测 [J]. 煤矿爆破，1995 (4)：5-7.

[14] 吴红波，颜事龙，刘锋．乳化基质抗动压性能的实验研究 [J]. 火炸药学报，2008，31 (5)：9-11.

车制高硫矿山用乳化炸药的研发与应用

崔晓荣　叶图强　李战军

（广东宏大爆破股份有限公司，广东 广州，510623）

摘　要：炸药与岩石的匹配是炸药技术与爆破技术的共同关注点，是炸药在破碎岩石过程中爆炸能量得到充分利用的关键，对提高爆破效果十分有利，车制散装乳化炸药使生产实践中炸药与岩石的匹配成为可能。优化后的散装乳化炸药在高硫矿山的应用，对于提高高硫矿山的爆破效果和施工安全均有重要意义。

关键词：高硫矿山；乳化炸药；采矿；优化

Research and Using of Emulsion Explosive Made by Loading Machine for High-grade Sulfur Mine

Cui Xiaorong　Ye Tuqiang　Li Zhanjun

(Guangdong Hongda Blasting Co., Ltd., Guangdong Guangzhou, 510623)

Abstract: The matching of explosive and rock is the same focus of explosive technique and blasting technique, and is the key of taking full advantage of blasting energy of explosive. So, the matching of explosive and rock is very useful for enhancing the blasting effect. And the use of bulk emulsion explosive makes the matching of explosive and rocks become probable. The use of the optimized emulsion explosive proved the blasting effect and safety of high-grade sulfur mine are improved obviously.

Keywords: high-grade sulfur mine; emulsion explosive; ore exploitation; optimize

广东云浮硫铁矿系露天凹陷式矿山，是国家“六五”计划重点建设项目之一，于1979年开始大规模兴建，1988年1月建成投产，是我国最大的硫铁矿矿山，素有“东方硫都”之美誉。云硫矿区探明硫铁矿储量为2.08亿吨，居世界前列，矿石平均含硫31.04%，是生产硫酸的优质化工原料，年产硫原矿300万吨、硫酸近60万吨。

云浮硫铁矿是我国最大的硫铁矿生产基地和硫精矿出口基地，国内外客户对矿石的需求越来越多，导致现有矿石爆破开采技术不能满足市场的要求：原自有炸药厂设计生产能力1500t/a，而现在需要2000t/a，炸药缺口500t/a，且爆速比同类产品低，与高强度、高密度的硫矿开采不匹配，爆破效果不好；年计划采剥总量为340万立方米，现有3台牙轮钻的生产能力约为280万立方米，钻孔设备缺口60万立方米。

考虑到云浮硫铁矿炸药产能、钻孔设备短缺，矿脉复杂多变，水文地质呈中—强富水段，以及硫矿石爆破时存在硫自燃的安全隐患，经研究分析，决定聘请在“民爆一体化”方面领先的广东宏大爆破股份有限公司，对现有炸药性能和爆破施工进行系统优化，以期改变采场的被动局面。

1　现场存在问题的分析及对策

1.1　现场存在的问题

经过现场调研分析，发现采场炸药生产和爆破施工中主要存在以下问题：

原载于《民用爆破器材理论与实践——中国兵工学会民用爆破器材专业委员会第七届学术年会论文集》，2012。

(1) 炸药爆炸性能参数不合理：在硫铁矿爆破中，炸药与岩石没有进行合理匹配，低密度、低爆速的自产炸药爆破高密度、高强度的硫铁矿，炸药能量得不到高效利用[1,2]；

(2) 存在硫自燃导致早爆误爆的隐患[3-7]：自产乳化炸药的乳化效果差，没有形成理想的“油包水”的炸药分子结构体系，炸药中呈碱性的硝酸铵与炮孔中呈酸性的水接触并反应放热，进一步加速炸药分解变质和硫自燃，导致存在早爆误爆的隐患；

(3) 孔内拒爆：南方的凹陷露天硫铁矿钻孔后孔内有水，尤其是因装药扰动使水变成水、泥沙、岩屑的混合流动介质后，其密度大于炸药，导致装药过程中因各药卷间不连续导致盲炮，硫矿自燃导致盲炮在高硫矿山中的隐患尤其大[6,7]；

(4) 爆破根底较多：云浮硫铁矿以前主要采用压碴爆破，目的是减少前排孔爆破产生的大块，但因压碴爆破的自由面不够导致炸药单耗偏高、爆破后冲大、爆破根底多等负面影响；

(5) 采装效率较差：爆破效果较差，大块和根底较多，底板凹凸不平，影响正常采装，片面加大超深又导致钻孔平台虚碴太厚，影响钻孔效率，且经常塌孔影响装药爆破施工。

1.2 存在问题的分析与对策

为了实现本质安全，提高生产效率，经研究分析，提出如下解决问题的办法：

(1) 优化炸药技术：引进装药车改进装药工艺，解决水孔装药难、盲炮多的难题，同时优化炸药配方提高散装乳化炸药的作功能力、改善炸药在高硫矿山环境的安全性能，促进炸药与岩石的匹配，充分利用炸药的爆破能量。

(2) 优化爆破技术：针对云浮硫铁矿的实际条件，通过实验分析优化爆破参数（包括孔网参数、超深、充填长度、装药结构、起爆方式等），得出炸药与岩石的最佳匹配下的最佳爆破参数，从而提高爆破效果，降低采矿成本，提高矿山综合效益。

2 炸药技术的优化提升

2.1 引进混装乳化炸药车技术

考虑到国家关停矿山自有小炸药厂的要求、原乳化炸药生产工艺落后、炸药性能不能满足高硫矿山的安全生产要求，经研究分析，决定引进混装乳化装药车技术，推进民爆一体化，融合最新的炸药技术和爆破技术，总体提升采矿爆破的水平，解决采场生产的被动局面[8-12]。引进混装乳化炸药车技术，有如下好处：

(1) 混装乳化炸药的本质安全属性。一是生产、储存和运输环节中，乳胶基质感度低、安全性能高；二是车制散装乳化炸药在装药过程中才加入敏化剂，在炮孔中经过一定时间的敏化作用，乳胶基质才变成非雷管感度的乳化炸药，大大减少了炸药在酸性环境下分解变质和遭遇硫自燃诱爆的可能。

(2) 混装乳化炸药的性能可以调节，促进硫铁矿开采中炸药与矿石、岩石的合理匹配。

(3) 结合新进的混装炸药技术，研发出适合高强度、高密度硫铁矿开采的高威力乳化炸药，同时改善其在酸性环境及硫矿自燃环境下炸药的安全性能。

(4) 混装乳化炸药车彻底解决了水孔装药难的问题，因为装药过程中散装炸药输送管从孔底开始装药并向上排水，装药连续且延米装药量高，提高炮孔利用效率并改善了爆破效果，避免了因装药不连续导致盲炮的现象发生。

2.2 原配方炸药作功能力和安全性能偏低的原因分析

装药车现场制备的散装乳化炸药如同普通袋装乳化炸药，是由含氧无机盐过饱和水溶液和与之不相溶的碳氢化合物，借助于乳化剂的乳化作用，使氧化剂水溶液以微小液滴均匀分散于碳氢化合物构成的连续介质中，形成一种油包水型的乳化基质，再通过物理或化学方法敏化而成。经调查研究分析，发现原配方炸药作功能力和安全性能偏低的原因如下。

(1) 炸药组分中存在过多的水。水将氧化剂盐溶解于其中，使氧化剂与可燃剂以近似分子状态紧密接触从而有利于化学反应高速进行，降低析晶点，有利于乳化。但水的化学性质不活泼，在炸药中是一种钝感剂，爆炸释放的能量部分消耗于水的加热和蒸发。

（2）水溶液含过多硝酸钠。硝酸钠作为富氧源引入乳化炸药中，可降低硝酸铵溶液的析晶点从而增强乳化炸药的稳定性，但硝酸钠在爆轰反应中被分解生成氧化钠，将消耗一定的炸药能量。

（3）不合理的发泡敏化条件。采用化学发泡敏化，氧化剂水溶液 pH 值偏低导致发泡速率过快、气泡大而不均匀，导致炸药性能不佳。

（4）炸药的乳化效果不佳。原成品乳化炸药与炮孔中的酸性水充分接触，更容易导致乳化剂被氧化和炸药破乳的现象，即炸药中呈碱性的硝酸铵（未被油相完全包裹）与酸性的水接触并反应，导致炸药变质。

2.3 乳化炸药配方优化

基于上述原因分析，在满足装药车工艺特性要求的前提下，遵循安全性、经济性、简化生产工艺和减少或防止环境污染的原则，对原乳化炸药配方进行优化设计。优化研究的方法包括调整水含量、降低硝酸钠的量、解决发泡存在的问题、调整炸药氧平衡以及改善油相组分。相对而言，水含量、硝酸钠含量、氧平衡以及改善油相组分是影响炸药性能的主导因素，是配方优化研究的关键，具体采取以下措施来进行优化。

（1）适当降低水相酸度。原配方常温下发泡速度过快，气泡大、不均匀。如表 1 所示对比实验表明，减少发泡促进剂的含量，适当降低水相酸度，在一定程度上促使敏化气泡细小均匀，提高了炸药性能，有利于降低爆破成本。

表 1 发泡促进剂对发泡效果的影响

实验条件					炸药密度/g·cm^{-3}			气泡大小	爆破效果
					发泡时间/min				
硝酸铵/%	硝酸钠/%	水/%	发泡剂/%	pH 值	10	20	30		
70~82	3~10	10~16	0.3	2~4	1.15	1.1	0.9	细小均匀	改良
70~82	3~10	10~16	0.2	3~4	1.26	1.2	1.18		

（2）适当减少水含量并以适量硝酸铵取代硝酸钠。在不改变原配方供氧量的前提下，适当减少炸药的水含量，并以适量硝酸铵取代硝酸钠，提高了炸药的能量密度，没有明显改变乳胶基质的储存期，对提高炸药的爆破效果有利。

（3）选择优良乳化剂。长期以来，乳化剂 Span-80 广泛应用于乳化炸药中，其具有乳化温度低、易起乳、价格低等优点，但制备的乳胶基质黏度大、流动性差、储存期短。聚烯烃酰胺类高分子型乳化剂，是以高活性聚异丁烯基丁二酸酐为原料与不同的胺合成深色黏稠油状物，不易分解，具有良好的稳定性和化学分散性，是生产车用乳胶基质的优良乳化剂。

实验证明，在满足散装乳化炸药泵送性的前提下，根据氧平衡原则确定矿物油和乳化剂的份额，选择优良乳化剂提高乳化效果和乳化稳定性，可避免水含量降低流动性差、硝酸钠含量减低易析晶等负面影响，从而达到提升炸药作功能力和高硫矿山使用的安全性。优化前后炸药的配方见表 2。

表 2 不同乳化剂炸药配方对比 (%)

炸药品种	硝酸铵	硝酸钠	有机酸	水	Span-80	高分子乳化剂	矿物油	复合蜡
原配方	70~82	10~13	0.3~0.5	10~13	2.0~2.4	0	2~3	0.5~1.5
优化配方	72~85	5~8	0.2~0.3	10~13	0	1.8~2.0	3~5	0.1~0.5

3 爆破技术的优化提升

在深孔爆破中影响爆破效果的因素有单位炸药消耗量、布孔方式、孔网参数、装药结构、装填长度、起爆方式和起爆顺序等。在实际施工中要求破碎质量好、破碎块度符合生产要求、最大限度降低不合格的大块、无根底、爆堆集中、有一定的松散性、满足装运设备的高效率装载、最大限度地降低生产成本，从而实现利润的最大化，是生产单位努力追求的目标。

基于研发的高性能的高硫矿山用车制乳化炸药，通过爆区规模的工业对比试验，获得了最佳爆破参数、装药结构、起爆方式、起爆顺序及延迟时间等参数，充分发挥新炸药的功效，提高实际爆破效果[12,13]。

经过炸药技术和爆破技术的联合优化和改进，采矿和剥离施工中，爆破效果得到了提升，炸药单耗减低了约15%，钻孔的延米爆破量提高了$6m^3/m$，钻孔的利用效率提高约20%，基本解决了原炸药产能缺口（混装炸药产能充足，为后续扩大生产规模奠定了基础）、钻孔设备缺口等问题。

从2005年6月至2007年11月对综合评价指标共进行了30次爆区规模的工业对比试验统计分析，得到试验结果见表3，可见通过炸药技术和爆破技术的联合优化后不仅降低了采矿成本、提升了安全性能，而且降低了后续选矿成本。

表3 技术优化前后采矿选矿效果对比

不同工况	二次爆破雷管消耗量/发·(万立方米)$^{-1}$	装车效率/min	粗碎机台时处理量/t·(台·h)$^{-1}$	棒磨机台时处理量/t·(台·h)$^{-1}$	自磨机台时处理量/t·(台·h)$^{-1}$
优化前	110	4′	615.05	44	49.85
优化后	60	2′40	821.22	61	64.84
工效比例/%	45.45	33.33	33.52	38.64	30.07

4 结论

本文结论如下所示。

（1）立足联合炸药技术和爆破技术进行高硫矿山采掘施工的优化，基本实现了炸药爆破性能参数可调控化，并改善了其在高硫矿中使用的安全性能，为更好的爆破效果和现场施工安全奠定了基础。

（2）针对高硫矿山开采的具体特点，设计出具有针对性的安全匹配的乳化炸药和经济实用的爆破技术参数，得出炸药与岩石的最佳匹配关系（包括成分、密度、爆速）及最佳的爆破参数，提高了矿山的综合效益，达到了采矿的产能要求。

（3）上述技术成果在云浮硫铁矿的开采中得到了成功应用，大大减少了爆破根底、降低了大块率和炸药单耗，提高了铲装效率和生产效率，不仅降低了矿石开采的综合成本，选矿成本亦大大降低，近5年来为该矿创造经济效益2.8亿余万元。

参考文献

[1] 汪旭光．乳化炸药［M］．2版．北京：冶金工业出版社，2008.
[2] 钮强，熊代余．炸药岩石波阻抗匹配的实验研究［J］．有色金属，1988（4）：18-23.
[3] 中南工业大学，云浮硫铁矿企业集团公司．云浮硫铁矿炸药自爆的研究与预防［J］．云硫科技，1999（1）：1-9.
[4] 陈寿如，周治国，梨剑华，等．硫化矿预防炸药自爆技术的改进及应用［J］．工程爆破，2001，7（1）：74-78.
[5] 万勇，龚浩源．开采高硫矿床的防炸药自爆技术［J］．采矿技术，2004，4（4）：46-47.
[6] 袁昌明．硫化矿炸药自爆机理分析与实验研究［J］．爆破器材，2004，33（3）：16-20.
[7] 李孜军，古德生，吴超．高温高硫矿床开采中炸药自爆危险性的评价［J］．中国矿业，2002，11（2）：15-18.
[8] 叶图强，郑旭炳，汪旭光，等．装药车制乳化炸药的试验研究［J］．含能材料，2008，16（3）：262-266.
[9] 叶图强，郑旭炳，汪旭光，等．装药车制乳化炸药配方的优化研究［J］．中国矿业，2008，17（7）：77-81.
[10] 熊代余，李国仲，等．BCJ系列乳化炸药现场混装车的研制与应用［J］．爆破器材，2004（6）：12-16.
[11] 姚桂勋．BCJ现场混装乳化炸药车的应用［J］．矿业快报，2006（12）：65-67.
[12] 熊代余，秦虎，任小民，等．采用散装乳化炸药提高金堆城露天矿爆破、生产效率［J］．矿冶，2004（4）：1-4.
[13] 秦虎，熊代余．车制乳化炸药深孔爆破参数优化［J］．工程爆破，2000（2）：63-67.

混装铵油炸药车在大型爆破采石工程中的应用

刘春林[1]　庞海波[2]

（1. 广东宏大爆破股份有限公司，广东 广州，510623；
2. 山东天宝化工有限公司，山东 临沂，273300）

摘　要：目前我国炸药混装车应用尚不是十分广泛，且主要应用于一些大型矿山开采工程，在爆破采石工程中应用较少。本文结合某大型爆破采石工程的特点，确定了使用混装铵油炸药进行爆破开采，并通过实践证明了其可行性和优越性，大大降低了粉矿率和钻爆成本，取得了良好的经济效益和社会效益，对类似工程有一定的借鉴作用。

关键词：采石；混装车；铵油炸药

The Application of Mixed ANFO Car in the Large Scale Blasting Quarrying Project

Liu Chunlin[1]　Pang Haibo[2]

（1. Guangdong Hongda Blasting Co.，Ltd.，Guangdong Guangzhou，510623；
2. Shandong Tianbao Chemical Industry Co.，Ltd.，Shandong Linyi，273300）

Abstract：At present the mixing-loading truck is not widely used in China. It is mainly used in some large-scaled mining projects，but seldom in blasting quarrying. This paper，considering the characteristics of the large blasting quarrying project，studies the method of mining by using the mixed ANFO explosive，and has proved its feasibility and superiority through practice. It greatly reduces the powder ore rate and drilling and blasting cost，obtaining good economic and social benefit. It could serve as a reference for similar projects.

Keywords：quarrying stone；mixing loading truck；ammonium oil explosive

1　工程概况

某爆破采石工程总开采方量约为1000万立方米，开采山体属低山丘陵区，境内山峦起伏，植被覆盖较少，采区多为基岩直接出露，主要为中粗粒花岗岩，从出露基岩情况来看，节理裂隙中等发育，同时采区风化严重，风化层的厚度为30~40m。

该工程合同工期为36个月，但大方量开采主要集中在开工后的第一年，其占到总开采方量的80%以上，要求最高石料日产量不小于6万立方米。爆破开采提供的石料主要有堤心石、规格石及碎石加工原料块石，其中堤心石有4种，规格石有10种，不同石料的质量要求见表1，同时要求综合粉矿率（泥、石粉及10kg以下块石均为粉矿）控制在17%以内。

原载于《第十届全国工程爆破学术会议论文集》，2012，858-861。

表1 石料规格及质量要求统计表

Table 1 Specifications and quality requirements of stones

石料名称	规格要求	其他要求
堤心石	≤800kg 开山石	含泥和含石粉总量不大于5%，10kg以下块石不大于10%，500~800kg块石含量不超过10%，级配良好，水中浸透后的强度不低于30MPa
	≤500kg、≤200kg及300mm以内开山石	含泥和含石粉总量不大于5%，10kg以下块石不大于10%，级配良好，水中浸透后的强度不低于30MPa
碎石加工原料块石	粒径2~60cm	水中浸透后的强度不低于80MPa，含泥量不超过3%
规格石	10~100kg、60~100kg、100~200kg、100~300kg、300~400kg、400~800kg、700~900kg、1000~1500kg、1500~2000kg、1800~2500kg	不应成片状，水中浸透后的强度不低于50MPa

2 炸药车简介

本工程投入使用的是BCHZ-15型现场混装多孔粒状铵油炸药车，该车的总装载量为15t，它集多孔粒硝铵输送、柴油泵送、物料混合、炸药装填于一体，消除了商品炸药生产、运输、储存及装药过程中的不安全因素，实现了炸药生产与爆破施工的本质化安全。该车将所有混制炸药用的原材料分别装在车载料箱内，在爆破现场向炮孔内进行装填炸药的同时实现了炸药混制。

该车装药效率为240kg/min，混装车动力为250kW（340马力），生产的铵油炸药爆速为2800m/s左右。炸药配方见表2。

表2 BCHZ-15型现场混装铵油炸药配方

Table 2 Type BCHZ-15 site mixed ANFO truck formula (%)

名称	多孔粒状硝酸铵	柴油
混装铵油炸药	94~95	5~6

3 混装铵油炸药车的应用

3.1 选用混装铵油炸药车的原因

本工程选用混装铵油炸药车的原因主要有以下几点。

（1）该工程所在区域常年雨水较少，且时间相对集中，因此水孔的比例不大。

（2）从本工程开采山体的岩石性质及业主对开采石料的要求看，如何在岩石节理裂隙中等发育且风化严重的山体进行爆破开采时，保证泥和石粉含量、10kg以下块石含量及综合粉矿率均在规定要求范围内，是本工程爆破技术上的一个难点，因为业主是按照合格石料过磅称重计量并计价，粉矿不但不能计价，还要由施工单位自费装运至弃渣场，多出1方石料，可以卖十几元，多出1方粉矿，不但无收益，还得花费挖装、运输的费用；粉矿率的增加，使挖机挑选石料的作业时间加长，挖机降效又直接影响到运输设备降效，同时山体石料利用率也会降低。炸药与岩石“匹配”问题是爆破理论和技术发展的一个重要方向，炸药爆速越大，孔壁入射压力越大，对炮孔破坏的范围也就越大，粉矿率自然就高，因此根据开采山体的岩石性质，为降低粉矿率，确定选用爆速较低的铵油炸药。

（3）业主明确要求，为确保安全和降低工程造价，炸药必须采用混装车现场生产。

3.2 台阶爆破中的应用

根据施工经验，该工程钻孔直径为ϕ140mm，主体台阶高度为15m，钻孔超深1.5m，布孔形式为梅花形。在爆破设计和施工中，根据不同岩石岩性和石料规格需求，调整相应的孔网参数和装药结构，做到因岩、因需求的石料规格施爆和爆破精细化管理。

对于山体岩石相对坚硬的区域，以开采大规格石及碎石加工原料块石为主，同时在进行爆破设计时，适当加大炸药单耗；而针对山体部分区域岩石风化严重，岩石岩性极不均匀，而又要开采具有一定规格及级配的石料，为提高爆破质量，按松动爆破进行设计施工，降低炸药单耗。经过现场反复试验，大部分区域炸药单耗为0.3~0.35kg/m³，局部区域炸药单耗甚至只有0.25kg/m³。装药结构采用耦合与不耦合装药相结合：为减少根底，底部装线装药密度及爆速均较高的ϕ110mm成品乳化炸药，无水炮孔中部装混装铵油炸药，顶部吊装由ϕ95mm塑料薄膜包装的混装铵油炸药；有水炮孔中部及顶部吊装ϕ95mm和ϕ70mm成品乳化炸药，间隔装药的主要目的是一方面减少总装药量，从而避免爆破后岩石过于破碎；另一方面减少堵塞长度，降低顶部大块率。

通过现场统计，各类炸药不同的装药方式延米装药量见表3。

表3 各类炸药不同装药方式延米装药量统计表

Table 3 Charging amount per linear of various types of explosives in different charging mode

炸药规格	直接装延米装药量/kg	吊装延米装药量/kg
ϕ110mm 乳化炸药	17.8	—
混装铵油炸药	13.3	—
ϕ95mm 混装铵油炸药	—	6

无水炮孔不同岩石及不同规格石料爆破参数见表4。

表4 无水炮孔不同岩石及碎石加工料爆破参数

Table 4 Blasting parameters of different rock and gravel materials in anhydrous holes

参　数	坚硬岩石	次坚硬岩石	风化岩	碎石加工料
单耗/kg·m^{-3}	0.5	0.43	0.32	0.65
孔距×排距/m×m	3.3×6.1	4.1×5.7	5.2×5.7	3.1×5.7
底部装药量（kg）/装药长度（m）	24/1.3	24/1.3	24/1.3	48/2.7
中部装药量（kg）/装药长度（m）	106/8	109/8.2	106/8	106/8
顶部装药量（kg）/装药长度（m）	22/3.7	18/3	13/2.2	17/2.8
堵塞长度/m	3.5	4	5	3
起爆方式	大斜线或V型	排间	排间	大斜线或V型
装药结构	底部直接装ϕ110mm乳化炸药；中部装混装铵油炸药；顶部吊装ϕ95mm混装铵油炸药			

注：由于有水炮孔内装的均是乳化炸药，因此水孔爆破参数及装药结构未列入表中。

为了实现上述装药结构，经过不断探索，确定的实施程序为：中部装的混装铵油炸药在装药现场进行生产，但不直接打入炮孔，而是先装入编织袋内，用磅秤称重，每袋约40kg，然后再装入炮孔，可以边生产，边装药；对于直径ϕ95mm混装铵油炸药则是在装药前先加工好，预先定制一批质量较好的直径ϕ95mm、长约80cm的塑料薄膜，然后将生产好的铵油炸药人工装入薄膜内，由于该规格炸药每次用量不大，因此加工时间也很短。

本工程开工后第一年完成堤心石约823万松方（松方与自然方换算系数为1.6），规格石约203万松方，碎石加工料约58万松方，实际产生粉矿约158万松方，合格石料已完成量占合同总量的82.6%，最高日产量更是达到了8.2万方，而实际的粉矿率仅为12.7%，比业主要求的粉矿率低，山体石料得到了充分利用的同时，减少了挖装、运输粉矿的费用，实现了施工单位与业主方的“互利双赢”。

同期共使用炸药约2791t，其中铵油炸药约2104t，乳化炸药约687t，平均炸药单耗为0.36kg/m³。由于在爆破开采过程中，以使用成本低廉的铵油炸药为主，因此爆破成本也得到了大大降低。

4 结论

目前我国炸药混装车应用尚不是十分广泛，且主要应用于一些大型矿山开采工程，在爆破采石工程中应用较少。实践证明，在本工程中采用混装铵油炸药是成功的，不仅保证了爆破质量，加快了施工进度，同时相对成品炸药降低了钻爆施工成本，降低了粉矿率，取得了良好的经济效益和社会效益。

参 考 文 献

[1] 刘殿中．工程爆破实用手册［M］．北京：冶金工业出版社，1999.

[2] 郑炳旭，王永庆，李萍丰．建设工程台阶爆破［M］．北京：冶金工业出版社，2005.

[3] 于亚伦．工程爆破理论与技术［M］．北京：冶金工业出版社，2009.

[4] 李名松，冯辉，鲁力，等．混装铵油炸药在抽水蓄能电站爆破施工中的应用［J］．爆破，2008，9：53-55.

[5] 刘春林，邢光武，陈飞．大规模采石工程爆破施工技术［J］．爆破，2011，9：50-51，70.

膨化炸药现场混装技术研究

彭 军[1] 王晓峰[2]

（1. 广东宏大大宝山项目部，广东 韶关，512146；
2. 广东宏大爆破股份有限公司 民爆事业部，广东 广州，510623）

摘 要：混装车技术的研究、应用与发展符合当前的矿山开采设备大型化、管理集约化和信息化的需要，是大势所趋。新型液混式膨化炸药的特点可以实现混装车装药，本文探索了两种液混式膨化炸药装药车形式。
关键词：新型液混式膨化硝铵炸药；气力输送式膨化炸药装药车；螺旋输送式膨化炸药装药车；冲量；感度

Study of Site Mixing and Loading Technology of Expanded Ammonium Nitrate Explosives

Peng Jun[1] Wang Xiaofeng[2]

（1. Dabaoshan Project Unit of Hongda Blasting Engineering Co.，Ltd.，Guangdong Shaoguan，512146；
2. Civil Explosive Material Division of Hongda Blasting Engineering Co.，Ltd.，Guangdong Guangzhou，510623）

Abstract：The study，application and developent of the mixing-loading truck technology meet the needs of current mining equipment that is large-scaled，intensively managed and informationized. The mixing-loading truck can be used to transport the new expanded explosives mixed in liquid. This paper explores two kinds of loading cars for the expanded explosives mixed in liquid.
Keywords：expanded ammonium nitrate explosives mixed in liquid；the pneumatic conveying type expanded explosive charging vehicle；the screw conveying type expanded explosive charging vehicle；impulse；sensitivity

1 膨化炸药生产技术现状

我国目前有膨化硝铵炸药生产线约 80 条，2011 年产量 67 万吨，约占全国炸药年总产量的 1/6。

2009 年，原广东力拓民爆器材厂取得了新型液混式膨化硝铵炸药生产工艺设备研究成果，标志着膨化炸药进入了新的发展阶段。采用该液混技术对现有膨化硝铵炸药生产线进行改造，提高了产品的爆炸性能，简化了生产过程，降低了生产过程的存药量，提高了生产安全性及连续化和自动化水平，进而提高了生产线膨化炸药产能，对促进国内外民爆行业的技术进步将产生显著的经济和社会效益。

2 膨化炸药混制车研制意义

膨化炸药混制车研制意义如下。

（1）现场炸药混制车符合生产力发展要求。从国外民爆行业发展规律看，爆破作业机械化、规模化日臻完善。随着我国制造业和资源开采业日益发展，国内爆破作业以现场混装爆破为主的形势已经日益成熟。

原载于《第十届全国工程爆破学术会议论文集》，2012，867-870。

（2）炸药现场混装技术符合国家政策鼓励方向。2006年国务院颁布实施的《民用爆炸物品安全管理条例》，鼓励民用爆炸物品从业单位采用提高民用爆炸物品安全性能的新技术，鼓励发展民用爆炸物品生产、配送、爆破作业一体化的经营模式。在2009年全国民爆行业安全生产工作会上，吴风来司长强调，鼓励和推广现场混装炸药车作业方式，进一步打破地区封锁和市场垄断。这为一体化安全、方便、快捷、低成本的服务指明了方向。2010年5月19日，工信部安〔2010〕227号文《民爆行业技术进步指导意见》提出，发展安全环保型工业炸药及其制品、无雷管感度、散装或大直径包装工业炸药产品。

目前国内车载装药系统主要是乳化炸药和多孔粒状铵油炸药装药系统，膨化炸药混制车的研发成功将填补空白，具有独创性，为车制炸药的应用推广拓展市场空间。

（3）爆破作业的要求。爆破理论和试验表明，工业炸药的威力取决于其冲量大小。而不在于其脉冲压力大小。前者取决于炸药爆炸能量大小和作用时间长短，后者主要取决于爆速。工业炸药有用机械功的能量主要取决于炸药的爆热和比容。膨化炸药比乳化炸药和铵油炸药做功能力更强，爆速适中。

3 膨化炸药装药车技术研究

3.1 车制膨化炸药的车载原料及原料性能

车载原料为新型液混式膨化硝铵炸药。原料性能指标如下：

（1）爆速：3500~3800m/s；

（2）做功能力：330mL；

（3）感度：撞击感度和摩擦感度均为零；

（4）密度：0.8~0.85g/cm^3。

3.2 气力输送式膨化炸药装药车的研制

3.2.1 工作原理的研究

气力输送式炸药混装车（见图1）由汽车改装而成。车上仅贮存冷却至常温呈流散性的新型液混式膨化硝酸铵炸药，运至爆破现场后用压气输入炮孔。流散性膨化硝铵炸药用输料螺旋5从储箱4中输出，经星形阀6挤入混合室7。星形阀也称旋转式供料器、叶片式供料器或锁气阀，它既能将处于常压下的储箱中的膨化硝铵炸药挤入处于高压下的混合室，又能防止混合室中的压气气流进入膨化硝铵储箱中。炸药最后经输药软管送入炮孔。由于膨化硝铵炸药通过星形阀的容积效率（每一转物料的实际排量与理论排量之比）的变化很小，所以可通过星形阀的转数进行炸药的计量。其计量误差在炮孔装药量的允许误差范围内。动力一般由汽车发动机引出，带动压气机、输料螺旋、星形阀、油泵等运动部件。传动装置可采用液压传动或齿轮、链、皮带等普通机械传动。控制操纵装置可选用液压的、电液的或气动的。用活塞式或滑片式压气机供给输药及操纵所需的压气。

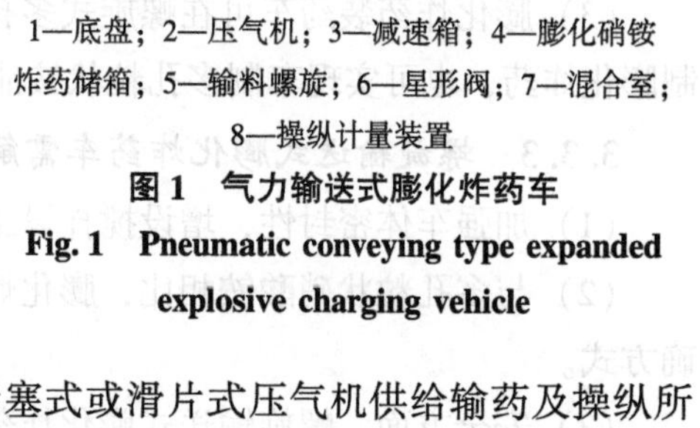

1—底盘；2—压气机；3—减速箱；4—膨化硝铵炸药储箱；5—输料螺旋；6—星形阀；7—混合室；8—操纵计量装置

图1 气力输送式膨化炸药车

Fig. 1 Pneumatic conveying type expanded explosive charging vehicle

3.2.2 气力输送式膨化炸药混装车的性能研究

（1）膨化炸药流散性差，适宜采用风力输送。

（2）气力输送式铵油炸药混装车的安全隐患是炸药在配送装药过程中产生静电容易导致电雷管早爆。膨化炸药的静电积累和静电火花感度均较小，因此不易发生由静电而引起的安全事故。

（3）非电导爆管雷管已普及，研制成功的气力输送式膨化硝铵炸药装药车可以和非电导爆管雷管匹配使用，提高使用过程的安全性。

（4）新型液混式膨化炸药较粉状铵油炸药的吸湿防潮性有较大改善，一定程度可以改善车内炸药棚料问题。

3.2.3 气力输送式膨化炸药混装车关键难题的解决

（1）加强车体密封性，增设搅拌设施解决膨化炸药吸湿和棚料问题。

（2）寻求风送工艺最佳计量方式，提高计量的准确性。

（3）增设自动控制系统，监控各危险因素，保障使用安全。

3.3 螺旋输送式膨化炸药装药车的研制

3.3.1 工作原理的研究

工作前先在地面站装入流散型膨化硝铵炸药，驶到爆破现场，启动启力器，将输送螺旋对准炮孔，在计数器上输入炮孔的装药量，按下启动按钮，膨化硝铵炸药经箱底螺旋送到斜螺旋，再由侧螺旋输送到炮孔内。当这一炮孔炸药量装够时，控制装置发出命令自动停机，移位到下一炮孔。该车主要由汽车底盘、动力输出系统、干料箱、输送螺旋、电器控制装置、燃料箱组成（见图2）。

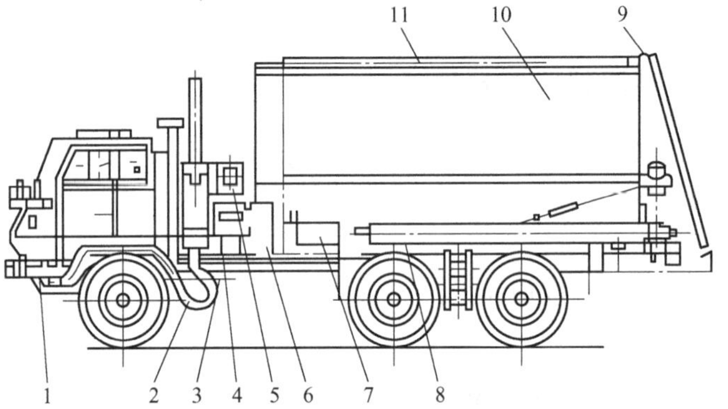

1—底盘；2—排烟管总成；3—动力输出系统；4—液压操作台；5—散热器总成；6—液压油箱；7—电气操作箱；8—螺旋输送系统；9—蹬梯部分；10—干料箱；11—走台板

图2 螺旋输送式膨化炸药车

Fig. 2 Screw conveying type expanded explosive charging vehicle

3.3.2 螺旋输送式膨化炸药混装车的性能研究

（1）与气力输送式炸药混装车相比，螺旋输送式膨化炸药混装车不需要人工拖管，解决了作业半径小的缺点，实现了现场装药作业半径大，工作效率高。

（2）比气力输送式铵油炸药混装车能耗一定程度降低。

（3）膨化炸药装药车可在螺旋式多孔粒状铵油炸药车型上进行改造，可实现一车两用（可实现车制膨化炸药，也可实现车制多孔粒状铵油炸药）。

3.3.3 螺旋输送式膨化炸药车需解决的关键难题

（1）加强车体密封性，增设搅拌设施，解决膨化炸药吸湿和棚料问题。

（2）与多孔粒状硝酸铵相比，膨化炸药流散性差，通过螺旋计量有一定难度，需试验确定计量准确方式。

（3）安全方面，螺旋输送式膨化炸药混装车的螺旋是封闭的，对于输送流散性差的膨化炸药存在堵料的可能，需考虑炸药在输送过程中的机械感度和静电感度。研究试验表明，膨化硝铵炸药对撞击作用十分钝感；膨化硝酸铵的摩擦感度很低，但比普通硝酸铵稍高。需参考膨化炸药生产线实践经验，输送螺旋改全封闭为半开启式封闭，便于每次作业完毕时清理药粉。

（4）寻求螺旋叶片最佳输送角度。

（5）增设自动控制系统，加强危险点电子自动控制。

（6）增设风动设备，解决螺旋药粉清理问题。

4 结论

本文从实际应用出发，成功研制了液混式膨化炸药混装车。随着民爆一体化技术的广泛推广应用，车制新型液混式膨化炸药具有较好的推广应用前景，膨化炸药现场混装技术需要继续深入研究。

参 考 文 献

[1] 吕春绪，等．膨化硝酸铵的感度特征研究［J］．火炸药学报，2002(3)：4-6.
[2] 冯有景，秦启胜，贺长庆．露天矿现场混装炸药车的发展与应用［J］．金属矿山，2009(增刊)：473-479.

BCJ-3 型乳化炸药现场混装车在露天矿山安全管理探讨

孙伦奎　赵　乾　周伟光

（广东宏大爆破股份有限公司，广东 广州，510623）

摘　要：介绍了 BCJ-3 型乳化炸药现场混装车露天矿山应用的安全管理经验，总结了安全管理要点及安全技术措施，可以为相关技术人员提供参考。

关键词：乳化炸药；现场混装车；安全管理

Safety Control Discussion on The BCJ-3 Type Loading Machines for Site Sensitized Emulsion Explosive in Open Pit Iron Mine

Sun Lunkui　Zhao Qian　Zhou Weiguang

（Guangdong Hongda Blasting Co.，Ltd.，Guangdong Guangzhou，510623）

Abstract：The paper introduced the safety control application of The BCJ-3 type loading machines for site sensitized emulsion explosive in open pit iron mine. Its main point of safety control and safety control measure were summarized. It would be use for reference to correlation technique personals.

Keywords：emulsion explosive；site mixed emulsion explosive truck；safety control

炸药作为一种特殊的能源材料，目前在矿产资源开采及其他岩土工程开挖中仍发挥着不可替代的作用。另外，炸药作为一种爆炸危险品，其生产、储存、运输和使用各环节的安全问题，正受到各国政府越来越多的关注，要求减少爆炸物品对社会公众危害的呼声越来越高。对此，在加强工业炸药现行安全管理工作的同时，研究开发新的技术和工艺，从本质上提高民用炸药的安全性，才是解决问题的根本途径。

目前，适合露天大直径炮孔爆破作业的现场混装乳化炸药技术及其装药车，已在国外矿业技术发达国家获得广泛应用，采掘爆破的技术水平、生产效率和作业安全性因此获得大幅度提高。北京矿冶研究总院炸药与爆破研究所研究发明了“水环润滑减阻技术”和“微型掺混装置”，实现了乳胶在小直径软管中长距离输送，计量自动化，研究开发了适于地下和中小型露天矿用的 BCJ 系列装药车。这种新型装药车具有很强的机动性和灵活性，除地下爆破作业外，也适用于中小型露天矿山、采石场及其他露天岩土爆破作业。

广东宏大爆破股份有限公司使用 BCJ-3 乳化炸药现场混装车多年，实现安全生产无事故，掌握了一整套现场混装车在露天矿山应用安全管理经验。公司积极消除人的不安全行为和设备的稳定状态，得到一定成效。

1　机构和制度建设

1.1　安全管理机构建设

公司上至总部，下至班组，建立各级安全管理监督机构、配备专兼安全员，实现了安全管理纵向

原载于《广东化工》，2012，39（18）：167-168。

到底，横向到边。

1.2 制度建设

公司建设建立起安全管理制度，认真落实办公会议、安全检查等制度，使各项规章制度落到实处，安全管理实现文字化，表格化。

2 人员管理

消除人的不安全行为，从员工安全教育抓起，层层签订安全责任制，使各项安全生产制度落到实处。

（1）从人员入场进行三级安全教育抓起，日常定期不定期培训，结合热点问题进行分析研讨，利用实例对员工进行教育。使员工了解和掌握岗位危险源、原材料性质、应急预案以及操作技能。

（2）特殊工种必须经过专业机构培训，取得相应资格证，持证上岗。

（3）在班组中配备专兼职安全员，负责日常安全监督，及时消除人员和设备隐患。

3 设备安全管理

3.1 重点设备管理

BCJ-3 乳化炸药混装车重要设备为螺杆泵，车上装有螺杆泵高压、低压安全连锁保险装置，可以有效地防止超压、低压引起的螺杆泵干磨的现象发生。因螺杆泵吸空、螺杆泵定子磨损严重时，会导致螺杆泵转速大幅提高，而导致螺杆泵干磨现象发生，要通过螺杆泵的定期保养与维修、现场定期标定重量、检测螺杆泵转速的方法解决。

3.2 车辆底盘管理

现场混装车的车况，直接影响到车辆的安全行驶。日常维护、检查、保养情况，直接影响车辆的安全行驶。

（1）混装车底盘应定期进行维修保养。

（2）对车辆轮胎应定期进行更换，在路况比较恶劣的工地行驶的车辆应加强轮胎安全状况检查。

（3）混装车出车前后应进行车辆及设备点检工作。

（4）安装合格的拖地链，保证车辆各个部位对地导通良好。

（5）在车辆上，放置合格有效灭火器。

3.3 混装车装载原料的安全管理

在往现场混装车装载乳胶基质的过程中，应严防硬性杂质的混入。在装载敏化剂的过程中严格防止亚硝酸钠溶液进入乳胶基质罐中，同时应加强配制工人的劳动保护，防止亚硝酸钠与工人皮肤接触。

4 混装车作业现场安全管理

混装车在爆破工地进行装药过程中，除了应该遵守《爆破安全规程》（GB 6722）的有关规定之外，还应该注意以下几点。

（1）混装车在爆破工地停放时，不宜停放在台阶边坡底角和顶角附近，防止边坡落石和垮塌对人员和设备造成伤害。

（2）混装车在爆破工地宜朝向驶离爆区方向，在出现异常情况下可以安全撤离。

（3）混装车输药管与车载设备宜安装可以快速拆装的接头，防止在异常情况下，车辆撤离困难。

（4）当混装车乳胶基质罐中的剩余乳胶基质不多，人员在车厢上方铲罐时，需要采取防止坠落措施。

(5) 在爆破工地工作的人员，应注意做好人员的劳动保护，如安全帽、口罩、手套等。

(6) 应配备一名混装车安全管理人员对现场进行安全监督。

(7) 在采用自动化计量装药过程中，现场人员应了解孔深、炸药线密度以及堵塞长度，防止在装药过程中因孔深不够及炮孔坍塌导致堵塞长度不够的情况发生。

(8) 应及时对炸药密度进行检测，防止因线密度变化过大，导致堵塞长度出现过大变化。

(9) 应及时对装药车计量装置进行标定，防止装药过多、过少的情况发生。

(10) 车辆在爆区行驶时，应防止压到炮孔，以及尖锐的石头。

(11) 爆破器材的放置应远离混装车的排气管。

(12) 车辆在高硫爆破工地时，应提前安装进行接触试验。

5 结论

BCJ-3乳化炸药现场混装车通过不仅要通过机构和制度建设、人员队伍建设、设备日常维护管理等方面制定对策，还应该制定相应的预防措施，另外密切跟踪国内外行业动态，随时制定和调整的安全管理措施和预防措施，保障现场混装车安全生产以及持续发展。

参 考 文 献

[1] 熊代余．BCJ 系列现场混装乳化炸药车的研制与应用 [J]．爆破器材，2004 (12)：12-17.

[2] 邹招保．现场混装炸药车安全性探讨 [J]．铜业工程，2008 (2)：22-26.

[3] 国家安全生产监督管理总局．GB 6722—2011 爆破安全规程 [S]．2011.

[4] 国家发展和改革委员会．JB/T 8432.3—2006 现场混装乳化炸药车 [S]．2006.

毫秒导爆管雷管秒量精度质量控制

开俊俊[1]　雷鹏灿[1]　赵博深[2]

(1. 广东宏大爆破股份有限公司，广东 广州，510623；
2. 中国矿业大学，北京，100083)

摘　要：针对毫秒导爆管雷管秒量精度误差问题，从延期体装药均匀性、检测验收仪器的测试接受靶的敏感度、延期药储存稳定时间和储存及装运过程中的空气湿度、延期药造黏合剂 4 个方面，分析了产生误差的原因。分析及试验结果表明：双层药杯加药，机械振动筛药等相关措施，可显著提高产品质量。

关键词：硅系延期药；秒量精度；质量控制

Delay Precision Control of Millisecond Delay Shock Tube Detonators

Kai Junjun[1]　Lei Pengcan[1]　Zhao Boshen[2]

(1. Guangdong Hongda Blasting Co., Ltd., Guangdong Guangzhou, 510623;
2. China University of Mining & Technology, Beijing, 100083)

Abstract: Aiming at the error of millisecond delay shock tube detonators, the paper analyzes the reasons for the error from four aspects, the charge uniformity of the delay composition, the sensitivity of the test acceptance instrument, the stabile storage time and the air humidity in the process of storage and shipment of the delay composition, and the adhesive in the delay composition. The analysis and test results show that charging with the double-layer cup and mechanical vibrating screen can significantly improve the quality of the product.

Keywords: silicon delay composition; delay accuracy; quality control

毫秒导爆管延期雷管是目前国内广泛使用的一种起爆器材，用来引爆炸药装药。在大中型网络爆破应用技术中，毫秒延期是最重要的起爆参数之一。但在实际生产中，由于工艺、设备和某些材料等原因经常会造成延期精度下降[1-3]。我们根据企业现状对硅系延期药及工艺、设备等进行理论与实际分析，并实施试验验证，得到了一些有实效的利于延期精度控制的途径与方法。

1　延期体延时精度不合格的原因分析与控制措施

广东宏大爆破股份有限公司生产的毫秒导爆管延期雷管采用的是内管式延期体，延期药为硅铁系。生产工艺、技术十分成熟，但从生产出的延期体和成品检测结果看，延期秒量偏低。我们查阅大量的工艺、检测记录，排查设备工装因素，对比分析认为造成延期体秒量不合格的因素是：(1) 延期体装药量不均匀。(2) 检测验收仪器设备产生误差。(3) 延期药储存稳定时间不够，储存、装药过程中空气湿度对其有影响。(4) 生产工艺过程中存在不足，造粒用黏合剂不够理想。针对分析出的因素逐项查找原因并采取相应的措施进行控制。

原载于《爆破器材——2013 年民爆技术论坛论文集》。

1.1 延期体装药均匀性影响分析与控制[4-7]

1.1.1 影响分析

在生产过程中延期药在装药杯中靠药剂自身重量与其流散性以自由落体的方式通过定量孔板装药，药杯中药量的多少造成药剂静压力变化，导致延期体内装药量的变化（见表1）。

表1 装药杯中药剂量与延期体内装入药量对比 (g)

延期体序号	满杯药剂	半杯药剂	差值
1	0.288	0.267	0.021
2	0.286	0.265	0.021
3	0.285	0.266	0.019
4	0.287	0.265	0.022
5	0.284	0.264	0.020
6	0.287	0.271	0.016
7	0.284	0.269	0.015
8	0.288	0.271	0.017
9	0.287	0.268	0.019
10	0.288	0.264	0.024

从表1对比检测数据分析可以得出：装药杯中药量的多与少造成装药后延期体内药量相对误差达7.38%，考虑抽样的概率因素，药量不均应是造成秒量精度偏差的原因之一。

1.1.2 控制措施

从上述对比检测数据分析得知，单一药杯人工控制药量的多少难以达到其一致性。针对此问题，改单一药杯为双层药杯，为保证下层药杯药量不变，上层药杯与下层药杯同时同量下料，上层对下层作补充药量用，上层药杯定时定量加料。这解决了装药杯延期药静压力不一致而影响装药量不均匀的问题，在一定程度上保证了延药秒量的精度。

1.2 检测验收仪器设备产生误差的分析与控制

1.2.1 误差分析

检测验收仪器设备的检测准确度是产品生产过程中的关键，如果其准确度超出标准范围就会对产品的质量合格与否作出错误的判断。秒量的检测用的是打靶法，如果测试接收靶发生钝感，就会产生与实际不相符的结果而误判。为此进行了新旧靶（新靶为标定后的标准靶，旧靶为原生产检测用靶）、不同靶场的对比检测验证（结果详见表2～表4）。

表2 新旧接收靶对比检测结果

段别	样本量	标准秒量	新靶参数	旧靶参数
7	32	175～225	$x=187.8$，$s=4.1$	$x=193.9$，$s=4.3$
7	32	175～225	$x=184.4$，$s=4.1$	$x=195.8$，$s=4.2$
9	32	280～345	$x=293.3$，$s=5.2$	$x=330.7$，$s=5.7$
9	32	280～345	$x=296.6$，$s=5.5$	$x=325.8$，$s=5.6$

表3 旧靶不同靶场对比检测结果

段别	样本量	标准秒量	A公司靶场参数	B公司靶场参数
5	32	92.5～130	$x=111.0$，$s=2.5$	$x=97.9$，$s=2.4$
7	32	175～225	$x=195.1$，$s=4.0$	$x=188.1$，$s=4.5$
9	32	280～345	$x=331.0$，$s=5.5$	$x=294.2$，$s=5.3$

表4 新靶不同靶场对比检测结果

段别	样本量	标准秒量	A公司靶场参数	B公司靶场参数
5	32	92.5~130	x=111.0，s=2.5	x=112.0，s=2.8
7	32	175~225	x=195.1，s=4.0	x=194.6，s=3.7
9	32	280~345	x=331.0，s=5.5	x=330.1，s=5.3

从对比检测的结果发现，使用的检测验收仪器设备的信号接收靶存在钝感问题，检测结果与产品实际质量不符，导致将不合格的产品检测为合格，发生质量误判。

1.2.2 控制措施

为保证检测结果的准确性，对在线所用的检测验收仪器设备，特别是延期体、成品检测验收仪器的信号接收靶，进行有效的检查、标定，不合格的及时更换。严格管理，定期校验，不定期抽验，确保所检测的结果准确有效。

1.3 延期药储存稳定时间不够，储存、装药过程中空气湿度影响的分析与控制

1.3.1 影响分析[8-10]

延期药在混合造粒、干燥、装药过程中发生摩擦、撞击、碾压，各物质分子的焓发生变化，活性分子增加，易发生秒量降低。近期生产的延期药的饱和蒸汽压需经过一段有效的稳定时间才能与大气中的饱和蒸汽压相平衡，药体内的水分均匀一致。储存、装药场地的空气湿度如未加控制，在不同空气湿度的条件下储存或装药，延期药受不同空气湿度的影响，药体吸收的水分不同，其秒量误差受影响的程度不同。

1.3.2 控制措施

硅铁系延期药秒量的稳定通常是在保持一定的恒温恒湿条件下存放一定的时间，以前药剂干燥后在一般条件下存放3d即使用。针对此情况，我们将干燥后的药剂装入导静电橡胶盒并密封，在加设热水保温及除湿的恒温恒湿暂存间存放并规定存放7d后才可使用。在装药工房加置空调确保药剂的秒量稳定，在储存与装药时防止吸潮效果。

1.4 对生产工艺中存在不足和黏合剂不理想的原因分析与控制

1.4.1 原因分析

原来的药剂造粒后，为保证装药颗粒的均匀度，采用人工过筛，生产人员筛药的时间与动作差异，直接影响到筛药后的药剂颗粒均匀度，影响秒量精度。

原来使用黏合剂聚乙烯醇易吸潮，对防潮的效果不理想。

1.4.2 控制措施

针对造粒后人工筛药造成的问题，为保证过筛的颗粒均匀度的一致性，将人工筛药改为规定同一时间下的机械振动筛药，保证了过筛后的颗粒均匀性。

将聚乙烯醇黏合剂改为聚乙烯醇缩丁醛，提高了黏合剂本身的防潮功能。

2 根据原因分析采取控制措施后的效果验证

根据对发生的质量情况进行原因分析，采取上述控制措施后，产品送全国民用爆破器材产品长沙质量监督检测站检测表明：其外观、起爆能力、抗震性能、抗水性能、抗拉性能、延期时间均满足国家标准要求（结果见表5）。

表5 延期时间检测结果

段别	上限 U/ms	下限 L/ms	最大值 Max/ms	最小值 Min/ms	平均值 $\bar{x}$/ms	标准差 S/ms	横坐标 X	纵坐标 Y
3	62.5	37.5	45.4	39.7	42.0	1.4	0.055	0.178

续表 5

段别	上限 U/ms	下限 L/ms	最大值 Max/ms	最小值 Min/ms	平均值 $\bar{x}$/ms	标准差 S/ms	横坐标 X	纵坐标 Y
5	130. 0	92. 5	114. 4	105. 3	109. 9	2. 8	0. 073	0. 465
7	225. 0	175. 0	223. 9	202. 7	213. 2	4. 7	0. 095	0. 764
9	345. 0	280. 0	325. 9	288. 2	312. 6	10. 1	0. 156	0. 502

3 结束语

通过对毫秒导爆管延期体秒量质量不合格发生的原因分析，采取相对应的控制措施，有效地解决了延时精度不稳定的质量问题，产品经送检和用户实际使用验证，各参数均达到国标 GB 19417—2003 的要求。

参 考 文 献

[1] 刘自锡，蒋光荣．工业火工品 [M]．北京：兵器工业出版社，2003：200-205.
[2] 刘占阳，李祥友．W 系延期药延时精度控制方法探讨 [J]．爆破器材，2011，40 (6)：32-33.
[3] 蔡瑞娇．火工品设计原理 [M]．北京：北京理工大学出版社，1999：285-295.
[4] 许俊峰，彭加斌，王秀芝，等．粘合剂对钨系延期药燃速的影响 [J]．含能材料，2007 (2)：144-147.
[5] 侯寒冬，刘晓文，胡洋勇．硅系延期药压药密度对燃烧稳定性的影响 [J]．煤矿爆破，2011 (4)：12-14.
[6] 房修义．硅系延期药延期时间稳定性研究 [D]．南京：南京理工大学，2006.
[7] 孙玉玲，颜事龙，王卫国．硅系延期药燃烧过程的研究 [J]．煤矿爆破，2006 (4)：1-3.
[8] 王志新，李国新，劳允亮，等．硅系延期药贮存与硅粉表面稳定性研究 [J]．含能材料，2005，13 (3)：158-161，172.
[9] 王惠娥，沈瑞琪，杜江媛．毫秒级桂系延期药的研究 [J]．煤矿爆破，2010 (1)：1-3.
[10] Elisher P P，Cleal G，Wilson M. The Evelopment of A Boran and Ironoxide Delay System. MRL-R-994 Australia. 1972.

现场混装乳化炸药的密度的控制

孙伦奎　周伟光　赵　乾

（广东宏大爆破股份有限公司，广东 广州，510623）

摘　要：针对在现场混装车现场作业过程中各个炮孔中的现场混装乳化炸药密度差异，通过正交试验对影响现场混装乳化炸药密度的影响因素进行研究。结果表明通过调节气温、柠檬酸量、敏化剂浓度对现场混装乳化炸药的密度进行控制。在生产应用中，可以将现场混装乳化炸药的密度控制在 1.11～1.20g/cm³。

关键词：现场混装乳化炸药；影响因素；正交试验；密度

Control of the Density of Site Mixed Emulsion Explosive

Sun Lunkui　Zhou Weiguang　Zhao Qian

(Guangdong Hongda Blasting Co., Ltd., Guangdong Guangzhou, 510623)

Abstract: To solve the problems that the different density of site mixed emulsion explosive in the blast holes, a orthogonal experiment to study the influence of the density of site mixed emulsion explosive was done. The results showed that by adjusting the temperature, the weight of citric acid, the concentration of sensitizing agent should the density of site mixed emulsion explosive. During the process of operating, the density of site mixed and charged emulsion explosive should be controlled in the range of 1.11～1.20g/cm³.

Keywords: site mixed emulsion explosive; orthogonal design; influence; density

乳化炸药自问世以来，由于它具有良好的抗水性能，以及撞击感度、摩擦感度、枪击感度、热感度、火焰感度等相对较低[1]。20 世纪 90 年代中期以来，西方发达国家已逐渐淘汰车载油水相溶液、车上制备乳胶基质、现场混制装填的乳化炸药现场混装技术与装备，继而发展了在地面上集中制备稳定好、质量高的乳胶，将乳胶基质当作一种原料装于车上的储罐内，直接经敏化装填于炮孔中或者在敏化前混入粒状 ANFO 和其他干料或液体添加剂后经敏化装填于炮孔中，并在此基础上发展了远程配送系统，实现了集中制备乳胶基质、分散装药的体系。

现场混装乳化炸药技术是用装药车装载可泵送的乳胶基质到达爆破作业现场，并用装药车将其装入炮孔，在炮孔内经化学敏化后才成为乳化炸药。乳胶基质组分中含 10%～18% 的水，在其储存、运输各环节的危险性很小，因此，现场混装乳化炸药技术是工业炸药技术发展至今最具本质安全性的一项炸药制备与爆破装药一体化新技术。广泛适用于中小型露天矿山、采石场和其他露天中小直径炮孔爆破作业，可大幅度提高装药爆破机械化水平，改善爆破效果，提高爆破效率[2]。

在现场混装乳化炸药采用化学发泡进行敏化，调整密度。由于受到各种因素的影响，现场混装乳化炸药装填在各个炮孔中的密度不均匀，造成了各孔炸药性能差异过大。

1　乳化炸药化学发泡机理

乳化炸药敏化是指通过在乳胶基质中加入一定量的密度调节剂，提高乳化炸药的爆轰感度的过程。

原载于《广东化工》，2013，40（1）：126-127。

敏化剂大致可分为物理敏化剂和化学敏化剂，其作用机理都是利用密度调节剂形成的微小气泡，在爆轰波的作用下绝热压缩形成高温高压的“热点”，进而发生爆炸[3]。亚硝酸钠本身就是一种良好的乳化炸药敏化剂，其敏化作用机理为亚硝酸钠遇硝酸铵生成不稳定、易分解的亚硝酸铵[4]，即

$$NH_4NO_3 + NaNO_2 \longrightarrow NH_4NO_2 + H_2O$$

$$NH_4NO_2 \longrightarrow N_2 + 2H_2O$$

影响亚硝酸钠发泡速率的因素较多，包括反应中的一些常数，发泡剂含量、氢离子浓度等。宏观而言，该速率随温度升高及［NO_2^-］与［H^+］的量增加而增大[5]。

2 影响控制现场混装乳化炸药密度的因素研究

2.1 乳胶基质的发泡试验方法

2.1.1 现场混装车装药过程的模拟方案

现场混装过程：现场混装车装载的乳胶基质温度近似恒温35℃，乳胶基质和敏化剂溶液在炮孔中经静态混合器混合后，在外界温度（孔温）影响下发泡，通常装药完成后10~20min，对炮孔进行填塞。

试验模拟混装乳化炸药车装药过程：在35℃中保持乳胶基质试样温度，按3.5%比例加入一定浓度亚硝酸钠溶液搅拌30s后，将试样放入的模拟气温的恒温水浴内，在15min后，测量试样的密度。

2.1.2 试验仪器

JJ-1A 100W型数显测速电动搅拌器，金坛市国旺实验仪器厂；HHS-22型恒温水浴锅，江苏宏凯仪器厂；1L密度杯；电子天平等。

2.2 乳胶基质试样

根据生产实际，试验用乳胶基质试样配方见表1。

表1 乳胶基质试样配方组成

Table 1 The latex matrix sample recipe (%)

组分名称	氧化剂	水	油类	复合乳化剂	复合蜡
含量	81	12.5	3.9	2.1	0.5

注：发泡剂使用柠檬酸，根据实际需要每kg添加1.5~2g。

2.3 因素与水平及正交试验方案

试验考察气温、乳胶基质中柠檬酸加入量、亚硝酸钠溶液浓度等3个因素，3个水平，选取$L_9(3^4)$正交试验表[6]进行试验安排，见表2，正交试验设计结果见表3。

表2 正交试验因素与水平

Table 2 Factors and levels of orthogonal test

水平	温度/℃	柠檬酸量/g	$NaNO_2$溶液浓度/$g \cdot g^{-1}$	空白
1	15	1.50	1∶42	—
2	25	1.65	1∶40	—
3	35	1.70	1∶38	—

表3 正交试验设计方案

Table 3 Design of orthogonal test

水平	温度/℃	柠檬酸量/g	$NaNO_2$溶液浓度/$g \cdot g^{-1}$
1	15	1.50	1∶42
2	15	1.65	1∶40

续表 3
Continues Table 3

水平	温度/℃	柠檬酸量/g	$NaNO_2$ 溶液浓度/g · g^{-1}
3	15	1.80	1 : 38
4	25	1.50	1 : 40
5	25	1.65	1 : 38
6	25	1.80	1 : 42
7	35	1.50	1 : 38
8	35	1.65	1 : 42
9	35	1.80	1 : 40

3 试验结果分析

正交试验密度测定结果见表 4。温度、柠檬酸量与敏化剂量对乳化炸药密度影响趋势如图 1～图 3 所示。从表 4 可以看出影响填塞炮孔时乳化炸药密度的因素的主次顺序为：温度>柠檬酸量>亚硝酸钠溶液浓度。在现场混装过程中，现场气温对炸药密度影响最为显著。

表 4 正交试验密度测定结果

Table 4 Density measurement results of orthogonal test

项目	水平	温度/℃	柠檬酸量/g	$NaNO_2$ 溶液浓度 /g · g^{-1}	密度/g · cm^{-3}
实验结果	1	15	1.50	1 : 42	1.29
	2	15	1.65	1 : 40	1.24
	3	15	1.80	1 : 38	1.17
	4	25	1.50	1 : 40	1.22
	5	25	1.65	1 : 38	1.16
	6	25	1.80	1 : 42	1.14
	7	35	1.50	1 : 38	1.07
	8	35	1.65	1 : 42	1.08
	9	35	1.80	1 : 40	1.01
直观分析	K_1	3.70	3.58	3.51	
	K_2	3.52	3.48	3.47	
	K_3	3.16	3.32	3.4	
	极差	0.54	0.26	0.11	

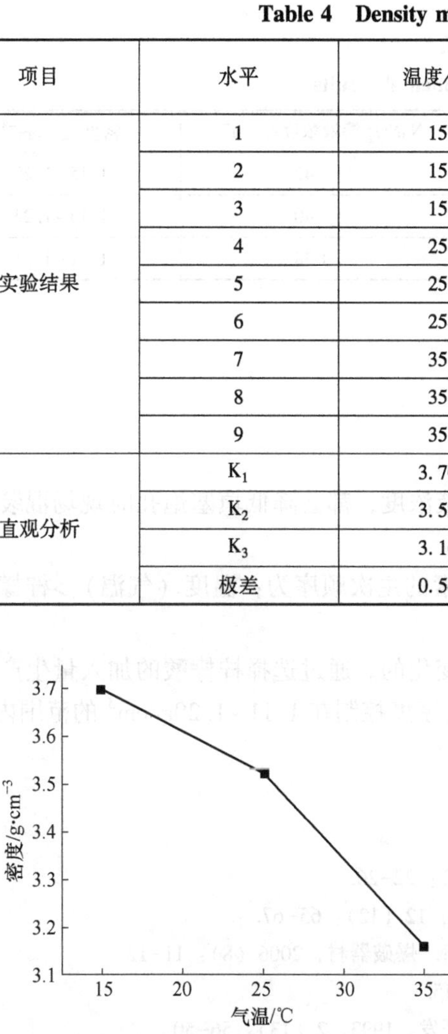

图 1 气温对影响趋势

Fig. 1 Effect of temperature on density

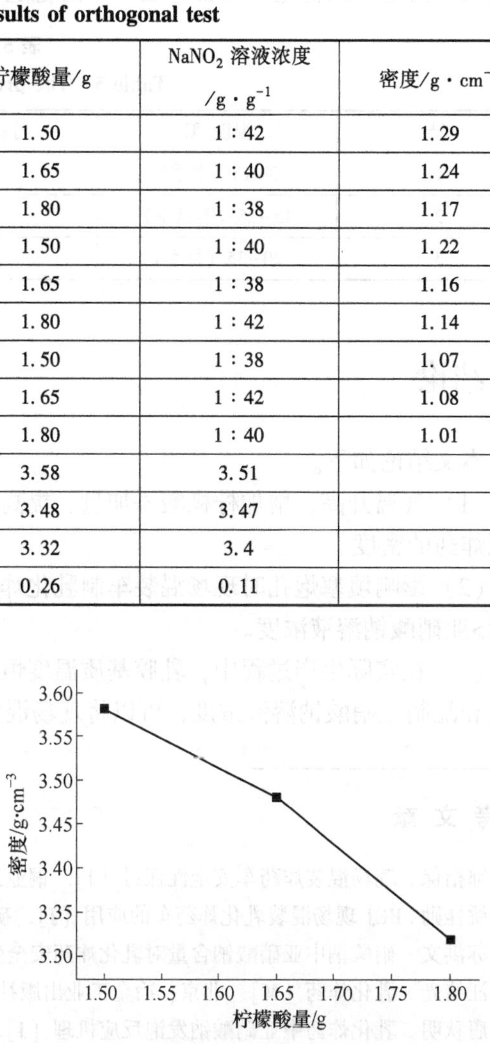

图 2 柠檬酸量对密度影响趋势

Fig. 2 Effect of citric acid on density

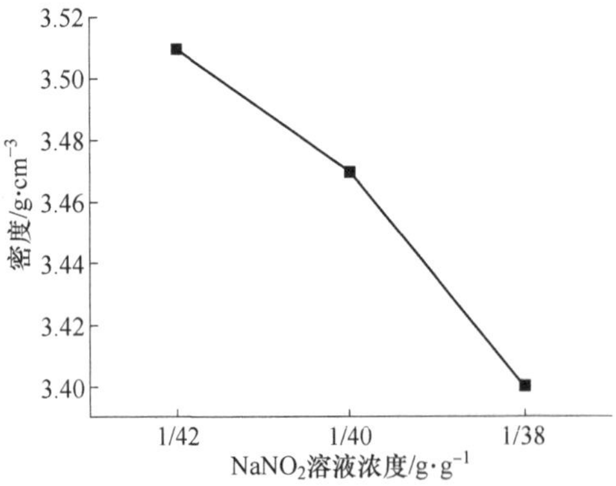

图 3 亚硝酸钠溶液浓度对密度影响趋势

Fig. 3 Effect of $NaNO_2$ on density

4 生产应用

工作人员在广东云浮硫铁矿使用 BCJ-3 型现场混装车对实验结果进行了生产应用试验。实验结果统计见表 5，实验结果表明通过添加合适的柠檬酸及亚硝酸钠溶液可以将密度控制在一定的范围之内，以达到炸药性能的稳定，保证爆破效果的稳定。

表 5 生产实验结果

Table 5 The production experimental results

序号	温度/℃	柠檬酸量/g	$NaNO_2$ 溶液浓度/$g \cdot g^{-1}$	密度/$g \cdot cm^{-3}$
1	3~15（冬季）	1.50	1：42	1.15~1.22
2	15~25（春秋季）	1.65	1：40	1.15~1.23
3	20~35（夏季）	1.80	1：38	1.11~1.21

5 结论

本文结论如下。

（1）气温升高、增加柠檬酸添加量、提高亚硝酸钠溶液浓度，都会降低填塞炮孔时现场混装车制乳化炸药的密度。

（2）影响填塞炮孔时现场混装车制乳化炸药密度的因素的主次顺序为：温度（气温）>柠檬酸添加量>亚硝酸钠溶液浓度。

（3）在实际生产过程中，乳胶基质温度恒定，气温是变化的。通过选择柠檬酸的加入量生产乳胶基质和配制亚硝酸钠溶液浓度，可以将现场混装乳化炸药的密度控制在 1.11~1.20g/cm^3 的范围内。

参 考 文 献

[1] 邹招保. 现场混装炸药车安全性探讨 [J]. 铜业工程，2008（2）：22-26.
[2] 姚桂勋. BCJ 现场混装乳化炸药车的应用 [J]. 矿业快报，2006，12（12）：65-67.
[3] 苏洪文. 硝酸钠中亚硝酸钠含量对乳化炸药安全生产的影响 [J]. 爆破器材，2006（8）：11-12.
[4] 汪绪光. 乳化炸药 [M]. 北京：冶金工业出版社，1993：43-145.
[5] 唐秋明. 乳化炸药中亚硝酸钠发泡反应机理 [J]. 矿山研究与开发，1993，2（13）：56-50.
[6] 侯化国. 基础正交试验设计与分析方法 [M]. 长春：吉林人民出版社，1986：242-243.

粉状乳化炸药在云浮硫铁矿安全开采中的应用

陶铁军[1,2] 李战军[3] 叶图强[3] 施建俊[1]

（1. 北京科技大学 土木与环境工程学院，北京，100083；2. 北京矿冶研究总院，北京，100070；3. 广东宏大爆破股份有限公司，广东 广州，510623）

摘　要：分别从位于云浮硫铁矿 3 个不同台阶的 5 个爆破区域进行矿石分类取样，将收集到的 75 个矿石样品与粉状乳化炸药混合均匀后放入 HHS-4 型电热恒温水浴锅中进行接触反应实验，根据接触反应程度判断各种因素对粉状乳化炸药发生自爆的影响。研究结果表明：粉状乳化炸药的自爆与炮孔的温度有关，温度升高，炸药发生自爆的可能性增加，当温度大于 50℃时，必须采取相应的措施防止粉状乳化炸药自爆；在弱碱性矿石条件下，粉状乳化炸药的自爆还与矿石的 pH 值有关，在同等条件下，矿样的 pH 值高，炸药发生自爆的可能性高；粉状乳化炸药发生自爆的可能性与矿石的品位无关。

关键词：粉状乳化炸药；硫化矿；自爆；接触反应

Safety Application of Powdery Emulsion Explosive in Yunfu Pyrite

Tao Tiejun[1,2] Li Zhanjun[3] Ye Tuqiang[3] Shi Jianjun[1]

（1. School of Civil and Environmental Engineering, University of Science and Technology Beijing, Beijing, 100083; 2. Beijing General Research Institute of Ming & Metallurgy, Beijing, 100070; 3. Guangdong Hongda Blasting Co., Ltd., Guangdong Guangzhou, 510623）

Abstract: 75 ore samples were collected in five blasting areas in three different benches in Yunfu pyrite. All of them were well-mixed with powdery emulsion explosive, and put into the HHS-4 type electro-thermostatic water bath to conduct the contact reaction experiments. The relationship between self-ignition and self-initiation of explosives and various actors were obtained based on the extent of contact reaction. The experimental results show that the self-initiation of powdery emulsion explosives relates to the temperature of blast hole, and the possibility of the self-initiation of explosives increases as the temperature increases, but when the temperature surpass 50℃, the corresponding measures must to be utilized to prevent the self-initiation of powdery emulsion explosives. The self-initiation of powdery emulsion explosives also relates to the pH of ore sample, and the higher pH of ore samples, the higher possibility of explosives self-initiation. The possibility of explosives self-initiation doesn't relate to the grade of ore sample.

Keywords: powdery emulsion explosives; pyrite; self-initiation; contact reaction

云浮硫铁矿为一巨大型的沉积变质热液富集矿床。矿体产于前泥盆系第四分层，目前正在开采的Ⅲ和Ⅳ矿体均属于高硫矿体，占矿区总储量的92%，Ⅲ和Ⅳ矿体是露天开采范围的主要采掘对象。由于这些矿体含硫较高，容易发生氧化反应，放出热量，造成炮采工作面温度升高，当炮孔温度升高到一定程度时，就存在炸药自爆、早爆的危险。在云硫开采过程中，就发生过矿石自燃和炸药自燃、自爆的现象。如 1995 年 1 月在 9 号勘探线 334m 台阶已穿好孔的 10 余个炮孔中有 1 个炮孔出现自燃，火焰喷出孔口；2006 年 9 月使用装药车装药过程中有 2 个炮孔冒烟等[1]。矿石自燃和炸药自燃、自爆已成为云浮硫铁矿安全生产及爆破作业的重大隐患，为了预防炸药自燃、自爆事故的发生，开展硫化矿

基金项目：国家高技术研究发展计划（“863”计划）项目（2011AA060405）；国家自然科学基金资助项目（51208036）；中央高校基本科研业务费专项资金资助项目（FRF-TP-12-009A）。

原载于《中南大学（自然科学版）》，2013，44（3）：1184-1188。

炸药自燃、自爆机理分析与实验研究以确定合理的预防措施，具有重要的理论意义和实际价值[2]。许多学者对此进行了大量研究，主要包括以下几个方面。

（1）硫化矿炸药自爆机理的研究。李荣其[3] 研究发现：硫化矿物引起的硝酸铵炸药自爆过程大致可以分为诱导期、发展期、爆炸期（燃烧期）3 个阶段。袁昌明等人[4,5] 指出硫化矿中 FeS_2的氧化放热反应是硝酸铵炸药产生自燃、自爆的主要原因，水分是硝铵炸药产生自爆的一个重要条件；矿石中可溶性铁离子的存在，矿石温度也是引起自燃、自爆的因素。阳富强等人[6] 介绍了一种新的测试硫化矿样氧化自热性质的方法，并进行了硫化矿石动态自热率测定及数值模拟。

（2）高硫高温矿用安全炸药的研究。郭素云等人[7] 采用涂覆隔离和抑制减缓的双重技术措施，研制出 BMH 型硫化矿用散装安全炸药。叶图强等人[8] 进行了云浮矿的含硫矿样与装填的乳化炸药的接触实验研究，实现了乳化炸药在硫化矿的安全应用。马平等人[9] 利用热重法研究了粉状乳化炸药的热分解过程和非等温反应动力学，研究表明：粉状乳化炸药初始分解温度稍高于乳化炸药基质。王波等人[10] 对露天粉状乳化炸药的质量控制进行了研究。

（3）炸药自爆危险性评价与治理措施的研究。李孜军等人[11] 提出了高温高硫矿床开采中炸药自爆危险性的多指标评价方法。陈寿如等人[12,13] 以 Fe^{2+}为指标代替了以往的炸药自爆判据，建立了矿样水溶液中 Fe^{2+}与 pH 值关系的回归经验公式，提出了以 pH 值为指标的炸药自爆新判据以及简单、实用的炸药自爆矿样的检测方法和防自爆措施，并采取了“分区治理”的方法防止炸药自爆。阳富强等人[14] 概述硫化矿石氧化自热的机理；详细介绍硫化矿石的自燃倾向性测试、综合因素评价、统计经验法等预测方法，提出了数学模型模拟预测方法。粉状乳化炸药的初始分解温度略高于工业硝酸铵与乳化炸药基质。与其他硝铵炸药相比，其着火点高，热感度低，因此，在高温硫化矿的开采中，具有更好的安全性。

本文作者以粉状乳化炸药在云浮硫铁矿开采中的安全应用为工程背景，进行含硫矿样与粉状乳化炸药的接触实验研究，对实验结果进行分析处理，探讨影响粉状乳化炸药自燃、自爆的重要因素及其内在关系，提出预防措施为粉状乳化炸药的在高硫铁矿的安全应用提供决策依据。

1 粉状乳化炸药与硫化矿石接触反应实验

1.1 实验设备与方法

炸药与硫化矿石的接触反应实验设备主要有：HHS-4 型电热恒温水浴锅 1 台，试管和 pH 值试纸若干，温度计 1 个。

实验步骤如下：第 1 步，取牙轮钻钻孔时不同炮孔排出的矿岩屑，经粉碎机细碎成粒度小于 120μm 的矿粉作为实验矿样；第 2 步，称取实验矿样 8g，加入 4g 粉状乳化炸药，混合均匀后滴入 4~6 滴蒸馏水再次混合均匀，倒入试管内，贴上编号标签；第 3 步，测定试样的初始温度，将浸润的 pH 值试纸置于试管口进行对比观测，判断试管内有无反应，当试管内有反应时记录反应程度；第 4 步，将试样放入水温为 50~60℃的恒温水浴锅里（试管浸入水中深度为 7~8cm）恒温水浴加热 1h，观察试管内反应情况，当试管内有反应时记录反应程度。

反应程度的判定依据为：（1）冒出深棕色（NO_2）气体较多，刺激性气味较浓，鼓泡快为强烈反应；（2）pH 值试纸显色较快，而且显色对比度很大为中强反应；（3）pH 值试纸显色较快，但显色对比度不大为中等反应；（4）pH 值试纸显色较慢，为弱反应；（5）pH 值试纸显色不明显，为很弱反应；（6）pH 值试纸不显色为无反应。

1.2 实验样品与实验结果

云浮硫铁矿Ⅲ和Ⅳ矿体均属于高硫矿体，分别从云浮硫铁矿采场的 3 个台阶共 5 个爆破区域进行矿体部分的取样，共收集到 60 个矿石样品。其中，Ⅲ矿体有 380 台阶 2 个爆破区域的 30 个矿样。Ⅳ矿体有 250 台阶 1 个爆破区域的 15 个矿样和 334 台阶 1 个爆破区域的 15 个矿样。60 个矿样的初始温度、品位、pH 值和恒温加热 1h 后的反应程度见表 1。试样放入恒温水浴锅中加热之前，共有 20 个矿样发生了弱或微弱反应。

表 1 不同爆区矿样接触实验结果

Table 1 Contact test results of ore sample of different blasting areas

取样台阶	水浴温度/℃	样本号	初始温度/℃	反应程度	pH 值	品位/%
380	50	1	23	很弱	6.43	25.33
		2	23	很弱	6.30	44.06
		3	24	弱	6.97	25.90
		4	20	很弱	6.16	28.70
		5	25	弱	6.97	23.54
		6	25	弱	6.38	24.99
		7	23	很弱	4.66	31.71
		8	23	很弱	5.42	31.68
		9	23	弱	6.66	30.94
		10	23	很弱	6.35	29.89
		11	23	弱	6.44	30.21
		12	25	弱	6.66	29.52
		13	25	很弱	6.38	23.15
		14	23	弱	6.63	28.72
		15	25	弱	6.14	26.46
	60	1	27	中	7.21	10.93
		2	24	中	7.21	9.32
		3	26	弱	7.03	12.13
		4	24	中	7.45	11.68
		5	25	中	7.12	10.47
		6	25	弱	7.04	12.29
		7	23	中	7.09	10.76
		8	23	中	7.09	9.19
		9	24	中	7.10	11.12
		10	25	中	6.99	23.83
		11	25	中	7.03	20.94
		12	24	中	7.12	10.32
		13	25	中	7.18	8.87
		14	25	中	7.20	9.87
		15	24	中	7.24	9.80
250	50	1	20	很弱	6.44	42.74
		2	19	很弱	6.50	43.65
		3	18	很弱	6.63	43.29
		4	22	很弱	4.65	47.18
		5	19	很弱	4.60	43.07
		6	20	很弱	6.40	42.14
		7	21	弱	7.07	32.94
		8	18	弱	7.11	35.35
		9	19	弱	7.36	34.53
		10	19	弱	7.30	34.99
		11	20	中	7.27	27.49
		12	19	中	7.19	32.12

续表 1

Continues Table 1

取样台阶	水浴温度/℃	样本号	初始温度/℃	反应程度	pH 值	品位/%
250	50	13	21	中	7.39	35.04
		14	22	弱	7.06	39.25
		15	18	弱	6.99	40.43
334	50	1	25	中	7.21	12.52
		2	28	中	7.06	26.38
		3	26	中	7.07	30.80
		4	27	弱	7.06	34.43
		5	28	弱	7.14	25.93
		6	30	弱	7.16	26.82
		7	30	很弱	7.04	16.22
		8	28	中	7.01	16.39
		9	29	中	7.63	13.56
		10	25	中	7.77	7.12
		11	28	中	7.42	5.99
		12	26	中	7.65	4.10
		13	25	中	7.72	4.89
		14	26	很弱	6.25	12.71
		15	27	弱	7.49	3.38

2 实验结果分析

2.1 温度对接触反应程度的影响

粉状乳化炸药与硫化矿石的接触反应实验能够直接反映出炸药自燃自爆的危险程度。当接触反应强烈时，炸药处于自燃危险区；当反应为中等反应程度时，炸药处于自燃的警戒区；当反应为弱和很弱反应程度时，此时炸药相对安全。

从表 1 可知：当水浴温度为 50℃时，12 个矿样为中等反应程度，占矿样的 26.7%；18 个矿样为弱反应程度，占矿样的 40%，15 个矿样为很弱反应程度，占矿样的 33.3%。当水浴温度为 60℃时，13 个矿样为中等反应程度，占实验矿样的 86.7%；2 个矿样为弱反应程度，占实验矿样的 13.3%。

未放入恒温水浴锅之前，试样初始温度对接触反应程度的影响如图 1 所示。由图 1 可以看出：在

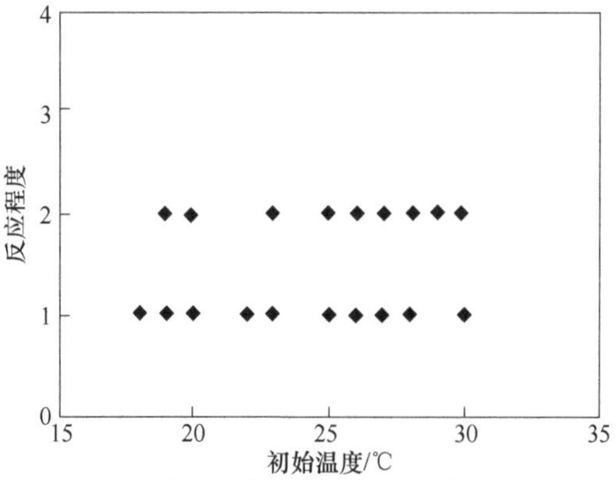

图 1 初始温度与接触反应程度的影响

Fig. 1 Effect of initial temperature on degree of contact reaction

16~30℃时，初始温度对粉状乳化炸药与矿样接触反应强弱程度的影响不大。

由表1和图1可见：在高硫矿山开采中，当孔温为30℃以下时，粉状乳化炸药的使用是很安全的；温度升高后，炸药存在自燃、自爆的危险；当孔温为50℃时，炸药处于自燃警戒区的比例明显升高；当孔温达到60℃时，这一比例为86.7%。

2.2 pH值对接触反应程度的影响

pH值是反应矿样酸碱程度的重要依据，本次试验所选矿样为弱碱性。从表1可知：在水浴温度为50℃时，发生中等反应的矿样pH值为7.01~7.72，发生弱反应的矿样pH值为6.14~7.39，发生很弱反应的矿样pH值为4.6~7.04，pH值对反应程度的影响如图2所示。从图2可以看出：粉状乳化炸药与矿样的接触反应程度与矿样的pH值呈指数关系，当矿样的pH值增大时，接触反应显著加快。

2.3 矿样品位对接触反应程度的影响

矿样品位与反应程度的关系如图3所示。从图3可知，云浮硫铁矿矿石品位对乳状乳化炸药与矿样接触反应强弱程度没有直接影响。

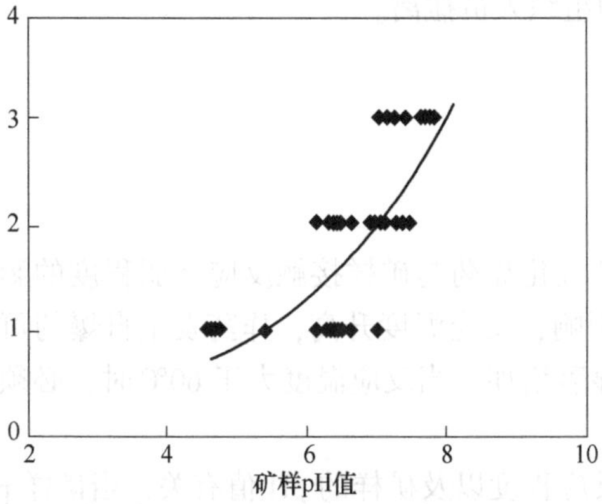

图2 pH值对接触反应程度的影响

Fig. 2 Effect of pH on degree of contact reaction

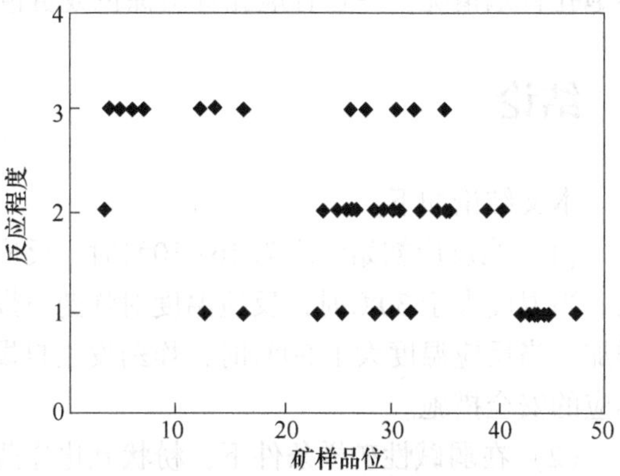

图3 矿样品位与反应程度的关系

Fig. 3 Relationship between grade of ore sample and degree of contact reaction

3 自爆原因分析及对策措施

3.1 自爆原因分析

对于炸药自燃、自爆的机理研究很多，通常认为硫化矿中FeS_2被氧化，发生放热反应，使炮孔温度升高，进而与炸药中的硝酸发生一系列的化学反应，引起炸药自燃，温度继续升高，起爆炸药被引爆，并引爆未燃炸药。其化学反应如下[8]：

$$2FeS_2 + 7O_2 + 2H_2O \longrightarrow 2FeSO_4 \quad (1)$$

$$12FeSO_4 + 6H_2O + 3O_2 \longrightarrow 4Fe(OH)_3 + 4Fe_2(SO_4)_3 \quad (2)$$

$$Fe_2(SO_4)_3 + FeS_2 + 2H_2O + 3O_2 \longrightarrow 3FeSO_4 + 2H_2SO_4 \quad (3)$$

$$H_2SO_4 + 2NH_4NO_3 \longrightarrow (NH_4)_2SO_4 + 2HNO_3 \quad (4)$$

$$64HNO_3 + 4FeS_2 \longrightarrow 2Fe_2(SO_4)_3 + 2H_2SO_4 + O_2 + 64NO_2 + 30H_2O \quad (5)$$

云浮硫铁矿矿样与粉状乳化炸药的接触实验表明：炸药与矿样的pH值和接触反应的反应温度有关，这主要是因为：

(1) 反应温度的升高有利于化学反应的进行。当温度升高到一定程度时会显著加快化学反应。

(2) pH值能够近似地表示矿样中Fe^{2+}和Fe^{3+}含量的变化即表示矿样中FeS_2的氧化程度，同时矿样的pH值测定比较方便，因此在实际工作中，常用测定pH值来代替分析Fe^{2+}和Fe^{3+}含量的变化。

3.2 预防措施

在云浮硫铁矿实际装药过程中，炸药与炮孔壁接触紧密，加大了两者之间的反应面积，且反应生成的气体不易溢出。在此密闭条件下，热量不易释放，炮孔温度逐渐升高，加速乳化炸药与炮孔壁矿岩的化学反应。当炮孔温度达到一定值时，乳化炸药出现自燃甚至爆炸。结合本次实验可知，当孔温大于等于50℃或孔温高于爆区其他炮孔平均温度10℃以上时必须采取相应的安全措施。

（1）对孔温较高的炮孔，采取注水降温办法处理。

（2）控制炸药与炮孔壁的接触时间，在炮孔装药后，在最短的时间内完成爆破作业。一般要求从装药到起爆不超过2h，对于孔温大于60℃或接触反应特别强的炮孔，将装药到起爆时间控制在1h以内。用塑料袋或沥青牛皮纸将炸药包装好，使炸药与孔壁不直接接触。

（3）对于孔温大于60℃或接触反应强烈的炮孔，不用雷管引爆，改用不涂蜡的导爆索，且炮孔口部不要堵塞；采用专门的防自燃自爆的高安全乳化炸药配方，例如北京矿冶研究总院针对德兴铜矿高硫矿岩开采而研制的BDS乳化炸药配方。

（4）在有重点防护炮孔的爆区爆破作业时，还应在爆破作业前选择好安全撤离路线，安排人员观察炮孔冒烟情况，一旦有炮孔冒出棕色或黄色烟雾，立即组织人员撤离。

4 结论

本文结论如下。

（1）当反应初始温度为16~30℃时，反应温度对散装乳化炸药与矿样接触反应强弱程度的影响不大。当温度大于30℃时，反应温度对炸药自爆有显著的影响，反应温度升高，炸药发生自爆的可能性增加。当反应温度大于50℃时，炸药发生自爆的可能性显著增加，当反应温度大于60℃时，必须采取相应的安全措施。

（2）在弱碱性矿样条件下，粉状乳化炸药与矿样的反应程度以及矿样的pH值有关，当矿样pH值增大时，反应程度增强。这是因为pH值能够近似地表示矿样中Fe^{2+}和Fe^{3+}含量的变化，即表示矿样中FeS_2的氧化程度，同时矿样的pH值测定比较方便，因此，在实际工作中，常用测定pH值来代替分析Fe^{2+}和Fe^{3+}含量的变化。

（3）粉状乳化炸药的自爆与矿样的品位关系不大。

参考文献

[1] 姜建明，赖鉴仁．云浮硫铁矿预防炸药自爆的研究与实践［C］//中国爆破新技术Ⅱ．北京：冶金工业出版社，2008：707-710.
Jiang Jianming, Lai Jianren. Research and practice on prevention of self-explosive on Yunfu pyrite［C］//New Technology of Blasting Engineering in China Ⅱ. Beijing: Metallurgical Industry Press, 2008: 707-710.

[2] 古德生，李夕兵．现代金属矿床开采科学技术［M］．北京：冶金工业出版社，2006：349-356.
Gu Desheng, Li Xibing. Modern mining science and technology for metal mineral resources［M］. Beijing: Metallurgical Industry Press, 2006: 349-356.

[3] 李荣其．高温自燃硫化矿床开采中硝铵炸药自爆原因的实验研究［J］．矿业研究与开发，1985，5（3）：17-25.
Li Rongqi. A research on spontaneous explosion causes of an-based explosives in sulphide ore mining with the tendance of high-temperature and spontaneous combustion［J］. Mining Research and Development, 1985, 5 (3): 17-25.

[4] 袁昌明．硫化矿炸药自爆机理分析与实验研究［J］．爆破器材，2004，33（3）：16-20.
Yuan Changming. Mechanism analysis and experimentation research of the self-exploded of the pyrites and dynamite contact［J］. Explosive Materials, 2004, 33 (3): 16-20.

[5] 占丰林，蔡美峰．高硫矿山高温采场的成因及危害与防治措施［J］．矿业研究与开发，2006，26（1）：71-75.
Zhan Fenglin, Cai Meifeng. The formation cause, harm and prevention and treatment measures of high-temperature stope in high-sulphur mine［J］. Mining Research and Development, 2006, 26 (1): 71-75.

[6] 阳富强，吴超．硫化矿氧化自热性质测试的新方法［J］．中国有色金属学报，2010，20（5）：976-982.
Yang Fuqiang, Wu Chao. New test method of oxidation and self-heating properties of sulfide ore samples [J]. The Chinese Journal of Nonferrous Metals, 2010, 20 (5): 976-982.
[7] 郭素云，张吉龙，王国利．BMH 型硫化矿用散装安全炸药［J］．爆破器材，1991，20（5）：9-15.
Guo Suyun, Zhang Jilong, Wang Guoli. BMH type bulk safe explosives for sulfide ore [J]. Explosive Materials, 1991, 20 (5): 9-15.
[8] 叶图强，林钦河．装药车装填的乳化炸药在高硫矿山的自燃事故原因分析与预防措施［J］．中国矿业，2007，16（10）：49-53.
Ye Tuqiang, Lin Qinhe. Reason analysis and preventive measure on self-ignite of emulsion explosive which is loaded by trucks in high sulfur mine [J]. China Mining Magazine, 2007, 16 (10): 49-53.
[9] 马平，李国仲．粉状乳化炸药热分解动力学研究［J］．爆破器材，2009，38（3）：1-3.
Ma Ping, Li Guozhong. Research on the thermal decomposition kinetics of powdery emulsion explosive [J]. Explosive Materials, 2009, 38 (3): 1-3.
[10] 王波，安立昌．露天粉状乳化炸药的研究与质量控制［J］．爆破器材，2009，38（5）：8-9.
Wang Bo, An Lichang. Research and quantity control of powdery emulsion explosive for open-pit operation [J]. Explosive Materials, 2009, 38 (5): 8-9.
[11] 李孜军，古德生，吴超．高温高硫矿床开采中炸药自爆危险性的评价［J］．中国矿业，2002，11（2）：15-18.
Li Zijun, Gu Desheng, Wu Chao. Danger of explosive's self-initiation in high temperature and high sulphur mines [J]. China Mining Magazine, 2002, 11 (2): 15-18.
[12] 陈寿如，谢圣权．硫化矿炸药自爆新判据和治理措施研究［J］．工程爆破，2005，11（3）：19-22.
Chen Shouru, Xie Shengquan. Study on a new criteria and treatment methods of auto-ignition explosive in sulphide ore blasting [J]. Engineering Blasting, 2005, 11 (3): 19-22.
[13] 陈寿如，缪世辉，林钦河．云浮硫铁矿炸药自爆问题的研究与预防［J］．矿业研究与开发，1997，17（增刊）：113-116.
Chen Shouru, Miao Shihui, Lin Qinhe. Research on spontaneous explosion of explosive and D its prevention in Yunfu troilite mine [J]. Mining Research and Development, 1997, 17 (Suppl.): 113-116.
[14] 阳富强，吴超，吴国珉，等．硫化矿石堆自燃预测预报技术［J］．中国安全科学学报，2007，17（5）：89-94.
Yang Fuqiang, Wu Chao, Wu Guomin, et al. Prediction and forecast techniques of spontaneous combustion for sulfide ore piles [J]. China Safety Science Journal, 2007, 17 (5): 89-94.

高药粉黏附性导爆管的设计及性能测试

钱 华[1,2] 刘大斌[1] 甘德淮[3] 韦锦初[3] 邓昭明[4] 侯建华[5] 朱长江[5] 鲍国钢[5]

（1. 南京理工大学 化工学院，江苏 南京，210094；
2. 国家民用爆破器材质量监督检验中心，江苏 南京，210094；
3. 广东宏大爆破股份有限公司，广东 广州，510623；
4. 南京邓氏新材料有限公司，江苏 南京，210014；
5. 南京理工科技化工有限责任公司，江苏 南京，211151）

摘 要：针对导爆药的塑料黏附性差而导致导爆管破孔率高及导爆管雷管易拒爆的现状，采用共混改性和分子定向迁移理论，通过配方优化，开发出一系列高药粉黏附性的导爆管专用塑料。根据导爆管传爆过程中对药粉黏附性的要求，确定了导爆药脱落率为 16.0%的导爆管最佳专用塑料配方。试验表明：与常用牌号 N210 和 1I2A 制备的导爆管相比，高药粉黏附性导爆管震动后每 15m 的破孔数由 N210、1I2A 制备时的 4 个、2 个下降到 0；50℃下每 15m 的破孔数由 N210、1I2A 制备时的 4 个、2 个下降到 0；雷管拒爆现象由 N210、1I2A 制备时的 10%、6%下降到 0。

关键词：导爆管；传爆可靠性；破孔；拒爆；塑料

Design of the Adhesive Shock Tube and Its Performance

Qian Hua[1,2] Liu Dabin[1] Gan Dehuai[3] Wei Jinchu[3] Deng Zhaoming[4] Hou Jianhua[5] Zhu Changjiang[5] Bao Guogang[5]

(1. School of Chemical Engineering, Nanjing University of Science and Technology, Jiangsu Nanjing, 210094;
2. National Quality Supervision and Inspection Center for Industrial Explosive Materials, Jiangsu Nanjing, 210094;
3. Guangdong Hongda Blasting Co., Ltd., Guangdong Guangzhou, 510623;
4. Nanjing Dengshi Film New Materials Co., Ltd., Jiangsu Nanjing, 210014;
5. Nanjing Science and Technology Chemical Co., Ltd., Jiangsu Nanjing, 211151)

Abstract: Due to the bad adhesivity between explosive powder and shock tube, the shock tube tends to be broken and the shock detonator sometimes misfires. According to the theory of blending modification and oriented molecule migration, a series of special dedicated plastics for shock tube with high adhesivity were designed. For the need of adhesivity between explosive powder and shock tube during transmission, the best formula with 16.0% expulsion rate of explosive powder was determined. Experimental results showed that in contrast with conventional N210 and 1I2A counterparts, the highly adhesive shock tube has decreased the number of broken holes to 0 per 15m after shock (4holes for N210 and 2holes for 1I2A), broken holes at 50℃ to 0 per 15m (4 holes per 15m for N210 and 2holes per 15m for 1I2A) and mifire rate of 0 (10% for N210 and 6% for 1I2A).

Keywords: detonating tube; reliability of diffusing detonation; broken hole; misfire; plastics

导爆管是我国 20 世纪 80 年代初投入使用的起爆器材。基于当时我国的材料工业水平和高分子加工技术状况，采用高压低密度聚乙烯（LDPE）挤出成型，管壁为单层。该产品原材料价廉，成型工艺简单，基本能够满足我国工程爆破的需要[1,2]。随着非电起爆网络应用比例的逐年上升，导爆管的使

原载于《爆破器材》，2013，42（2）：37-40。

用量也持续增长。2011 年，我国导爆管产量达 30.5 亿米[3]。

然而，生产导爆管的 LDPE 均是石化公司的通用产品，为提高流散性，通常添加一定量的润滑剂，导致其制备的塑料导爆管的管壁与导爆药的黏附性差。在生产、运输和使用过程中导爆药易脱落，在管内壁积聚形成“黑龙”现象，导致传爆过程中导爆管被炸穿，降低导爆管传爆的可靠性；更有甚者，在中深孔爆破过程中，脱落的导爆药会堵在导爆管雷管口，导致传爆中断，出现“哑炮”现象，极大地降低了工程爆破的质量和安全性[4-7]。

为此，亟须对现有导爆管管材进行研究，提高塑料管壁对导爆药的黏附性，开发出高药粉黏附性的塑料导爆管。

1 原料及测试方法

1.1 高药粉黏附性导爆管专用塑料的制备原理

塑料共混改性是在一种塑料中加入另一种或多种其他塑料（或橡胶），从而达到改变原有塑料性能的方法[8]。在改性的同时，不影响原塑料的其他性能。

相容性是塑料共混物选材时需考虑的重要因素。一方面，从共混均匀性考虑，要求相容性好，能形成均一的共混物；另一方面，从改性性能上考虑，要求相容性不能过好，否则各组分形成热力学相容体系，则共混物的性能只具有加和性，许多性能得不到明显改善。

同时，在配方体系中添加一定量的交联剂。当导爆管从口模挤出进入冷却水时，与管内壁相比，管外壁快速冷却，使得外围的高分子异相成核结晶速率加快，结晶密度增加，晶粒尺寸微细化。因此交联剂会在导爆管贮存过程中逐渐向晶粒间隙大的管内侧单向迁移，从而进一步提高了药粉的黏附性。试验中将聚酰胺、聚酯、乙烯聚合物等添加物与 LDPE 共混，制备出 1~8 号高药粉黏附性导爆管专用塑料。

1.2 高药粉黏附性导爆管的制备

将专用塑料在南京理工科技化工有限责任公司 1 号导爆管拉管机上进行拉管试验。

导爆药配方：75% RDX+25% Al。RDX 过 150 目筛，Al（50% 片状 Al+50% 球状 Al）过 200 目筛。导爆药含水量≤0.1%。

挤出机各段及口模温度（实测值）：120℃、160℃、160℃、145℃。

导爆药下药量 15.4mg/m，拉管速度 60m/min。

通过 1~8 号高药粉黏附性导爆管专用塑料制备的高药粉黏附性导爆管仍用 1~8 号标识。

1.3 导爆药黏附性定量测试法

以特定震动条件下导爆药的脱落率来表征导爆管与导爆药的黏附性。

具体测试及计算方法见文献［9］。

1.4 震动后传爆可靠性试验

（1）检查震动试验机运转是否正常；

（2）将 15m 导爆管两端封口，卷成 30 圈直径（30±5）cm 的管卷；

（3）将试样管卷垂直固定在震动试验机木箱内，连续震动 30s；

（4）起爆导爆管；

（5）统计出传爆过程中的破孔数。

1.5 高温传爆可靠性试验

（1）将 15m 导爆管两端封口，卷成直径（30±5）cm 的管卷；

（2）置于 50℃的油浴烘箱中加热 1h；

(3) 将导爆管从烘箱取出，10s 内起爆导爆管；

(4) 统计出传爆过程中的破孔数。

1.6 雷管拒爆试验

(1) 将 50 根 16m 导爆管与 8 号瞬发雷管装配成导爆管雷管；

(2) 50 根导爆管雷管分成两批，每批 25 根，用雷管脚线将 25 发雷管捆扎在一起，使其晃动时不会松散；

(3) 将导爆管和雷管垂直于地表，剧烈晃动导爆管；

(4) 逐个起爆导爆管；

(5) 统计出雷管拒爆的次数。

1.7 抗拉性能试验

根据 WJ/T 2019—2004 进行抗拉性能试验。

2 高药粉黏附性导爆管的性能比较

2.1 配方的筛选

表 1 为按照方法 1.3 测得的 1~8 号导爆管药粉黏附性。通过共混改性，可以开发出导爆药黏附性在 5.0%~29.2% 范围内的塑料导爆管，且成本控制在 14000 元/吨左右。

表 1 导爆管药粉脱落率测试

Table 1 Expulsion rate of explosive powder

导爆管类别	1号	2号	3号	4号	5号	6号	7号	8号
导爆药脱落率/%	5.0	8.3	13.7	16.0	18.7	21.3	25.8	29.2

根据“先混合后爆轰”理论：导爆管正常传爆时，在爆轰波中前沿冲击波阵面上的高温和压力作用下，导爆药先受力变形、粉碎、脱落，然后迅速向管内扩散并与空腔中的空气混合成云雾状炸药而爆轰[1]。同时，导爆管雷管起爆能量来自两个方面：冲击波和灼热的爆轰粒子[10,11]。

因此，导爆药的脱落率并非越低越好：一方面，既要保证较低的药粉脱落率，降低由于药粉堆积造成的传爆破孔和药粉堵管造成的断爆概率，提高爆破可靠性及安全性；另一方面，又要防止由于药粉和管内壁结合过紧而造成的传爆不稳定（表观现象为爆速偏低），甚至由于点火能量过低而使雷管拒爆。

通过测定 1~8 号导爆管的爆速及雷管起爆可靠性，最终确认导爆药脱落率为 16% 左右时，导爆管的传爆稳定性、可靠性及点火能量达到一个最佳点。因此，选取 4 号为进一步的测试样。

2.2 导爆药黏附性比较

目前最常见的导爆管塑料牌号为 N210 和 1I2A，其用量约占全国总用量的 70%。为此，将 4 号和 N210、1I2A 的黏附性作了对比，同时，也与相同下药量下某民爆企业进口的美国高强度导爆管的药粉黏附性作了比较，见表 2。

表 2 导爆管药粉脱落率测试

Table 2 Expulsion rate of explosive powder

导爆管类别	4号	N210	1I2A	高强度
导爆药脱落率/%	16.0	34.2	26.5	19.8

由表 2 可知，N210 的药粉脱落率最高，达到 34.2%，这也是 N210 在爆破过程中最易破孔和药粉堵管造成拒爆的原因；1I2A 的药粉脱落率达到 26.5%。同时发现，虽然美国高强度导爆管内层使用的是价格昂贵、黏附性好的沙林（Surlyn），但药粉黏附性能仍不及 4 号。

2.3 震动后传爆可靠性试验

传爆可靠性是导爆管传爆性能的最重要指标之一，也是导爆管检测的必检项目。表3为按照方法1.4测得的导爆管震动后传爆可靠性数据。

表3 导爆管震动传爆可靠性测试

Table 3 Transmission reliability of detonating tube after shock

导爆管类别	破孔数
4号	0
N210	4
1I2A	2

15m导爆管震动后，由于绕成的30圈是垂直放置，故脱落的药粉均堆积在每一圈的底部，也是最容易破孔的部位。由表3可知，N210制备的30圈导爆管的破孔数为4个，1I2A破孔数为2个，4号无破孔，传爆可靠性最佳。

2.4 高温传爆可靠性试验

根据WJ/T 2019—2004，导爆管在温度为（20±10)℃的条件下须传爆可靠。然而在实际使用过程中，尤其是夏天烈日下，地表温度高达50℃，常常由于导爆管耐温性差导致传爆不可靠，具有断爆的隐患。因此，试验将15m导爆管卷成直径（30±5)cm的管卷，置于50℃的油浴烘箱中加热1h后起爆，考察高温对导爆管的传爆可靠性的影响，见表4。

表4 导爆管高温传爆可靠性测试

Table 4 Transmission reliability of detonating tube under high temperature

导爆管类别	破孔数
4号	0
N210	4
1I2A	2

由表4可知，N210制备的15m长导爆管的破孔数为4个，即耐高温性最差，1I2A次之，4号无破孔，高温传爆可靠性最佳。

2.5 雷管拒爆试验

在中深孔爆破过程中，由于垂直于地表的导爆管较长，如果导爆药黏附性差，会导致大量脱落的药粉堆积在雷管口，造成“堵管”而使得雷管拒爆。雷管拒爆后不仅使得爆破质量下降、爆破工期延长，尤其是拒爆雷管的排查及处理是极其危险的操作。因此，提高导爆药黏附性，减少甚至消除由于药粉堵管而引起的雷管拒爆现象，也是导爆管制备过程中亟须解决的问题。

为此，按照方法1.6中的步骤，模拟导爆管中深孔爆破过程中的状态，进行雷管拒爆试验。结果见表5。

表5 雷管拒爆试验

Table 5 Misfire test of detonator

导爆管类别	雷管拒爆数	雷管拒爆率/%
4号	0	0
N210	5	10
1I2A	3	6

由表5可知，N210由于其药粉脱落率高达34.2%，所以药粉堵管概率大大增加，雷管拒爆率达到

10%。1I2A 的雷管拒爆数次之，4 号仅有少量药粉脱落，雷管不发生拒爆现象。

2.6 抗拉性能试验

在工程爆破的联接网路和装炮过程中，导爆管被不断地牵拉。管壁材料的抗拉强度越高，导爆管越不容易因拉细或拉断而失去传爆性能。因此管材须具有较好的抗拉强度。试验中对 4 号、N210、1I2A 的抗拉强度进行了测试和比较，见表 6，测试温度为 25℃。

表 6 导爆管抗拉性能试验

Table 6 Tensile strength of detonating tube

导爆管类别	伸长率/%			
	6kg	7kg	8kg	9kg
4 号	190	260	370	断裂
N210	290	断裂	—	—
1I2A	180	断裂	—	—

由表 6 可知，4 号的极限抗拉强度最大，达到 8kg，而 N210 和 1I2A 均为 6kg。故 4 号的抗拉性能最好。

3 结论

本文结论如下所示：

（1）4 号高药粉黏附性导爆管的药粉脱落率为 16.0%，达到导爆管传爆稳定性、可靠性及点火能量的最佳结合点；

（2）4 号高药粉黏附性导爆管在震动后及 50℃ 高温后每 15m 的破孔数由 N210、1I2A 制备时的 4 个、2 个下降到 0；雷管拒爆现象由 N210、1I2A 制备时的 10%、6% 下降到 0，极大地提高了导爆管的传爆可靠性和使用安全性；

（3）4 号高药粉黏附性导爆管的抗拉性能优于 N210 和 1I2A。

4 号高药粉黏附性导爆管，在南京理工科技化工有限责任公司、贵州久联民爆器材发展股份有限公司、河南前进化工股份有限公司和广州宏大爆破有限公司进行了试生产，并通过客户使用，达到应用水平。

参 考 文 献

[1] 刘自锡，蒋荣光．工业火工品［M］．北京：兵器工业出版社，2003.
Liu Zitang，Jiang Rongguang. Initiating pyrotechnics［M］. Beijing：Ordnance Industry Press，2003.

[2] 刘大斌．塑料导爆管的起爆、传爆及输出性能研究［D］．南京：南京理工大学，2002.
Liu Dabin. Study of the initiation，explosion transferring and output character of Nonel tube［D］. Nanjing：Nanjing University of Science & Technology，2002.

[3] 中国爆破器材行业协会．中国爆破器材行业简报［R］．2012（2）：9-21.

[4] 侯建华．特殊使用条件下提高导爆管传爆可靠性研究［D］．南京：南京理工大学，2004.
Hou Jianhua. Study on enhancing detonating reliability of detonating tube under special condition［D］. Nanjing：Nanjing University of Science & Technology，2004.

[5] 何中其，彭金华，刘大斌，等．导爆管传爆性能设计与参数分析［J］．爆破器材，2010，39（3）：1-3，7.
He Zhongqi，Peng Jinhua，Liu Dabin，et al. Analysis and design of detonation parameters in nonel tube［J］. Explosive Materials，2010，39（3）：1-3，7.

[6] 荆术祥，钱华，刘大斌，等．装药量对塑料导爆管传爆性能的影响［J］．爆破器材，2010，39（5）：4-6.
Jing Shuxiang，Qian Hua，Liu Dabin，et al. Influence of the explosive charge on explosion propagation of the nonel tube［J］. Explosive Materials，2010，39（5）：4-6.

[7] 段红珍，钱华，万方，等．示踪剂的添加对导爆管传爆性能的影响［J］．爆破器材，2012，41（2）：5-7.
Duan Hongzhen，Qian Hua，Wan Fang，et al. Influence of the indicator on detonation transmission performance of the shock-conducting tube［J］．Explosive Materials，2012，41（2）：5-7.
[8] 徐东．高强度导爆管研制［D］．南京：南京理工大学，2004.
Xu Dong. Study on high tensility detonating tube［D］．Nanjing：Nanjing University of Science & Technology，2004.
[9] 钱华，刘大斌．塑料导爆管药粉粘附性评价方法研究［J］．爆破器材，2013，42（1）：26-28.
Qian Hua，Liu Dabin. Study on the assessment methodology of adhesivity between detonating tube and powder［J］．Explosive Materials，2013，42（1）：26-28.
[10] 胡正平，刘大斌．导爆管雷管的安全性能及其使用中的安全探讨［J］．爆破器材，1996，25（1）：18-20.
Hu Zhengping，Liu Dabin. Safety of nobel detonators and safe discussion on their use［J］．Explosive Materials，1996，25（1）：18-20.
[11] 阳世清，王荪源，杨权中，等．塑料导爆管在燃烧转爆轰过程中的火焰结构及爆轰波生成机理［J］．爆炸与冲击，1990，10（1）：3-6.
Yang Shiqing，Wang Sunyuan，Yang Quanzhong，et al. The flame structure and the formation mechanism of detonation wave for the plastic shock tube system during deflagration to detonation transition process［J］．Explosion and Shock Waves，1990，10（1）：3-6.

乳胶基质微乳液低温快速发泡技术的研究

开俊俊　申卫峰　雷鹏灿　周军成

（广东宏大爆破股份有限公司，广东 广州，510623）

摘　要：通过制备以亚硝酸钠为内相，油相及表面活性剂为外相的微乳液，在低温和高温环境下对乳胶基质进行敏化。试验结果表明，在低温25℃时，采用微乳液发泡技术在12min内可以完成敏化，敏化后的基质密度为1.09g/cm^3，并具备良好的爆轰性能，采用常规发泡技术在低温情况下30min内无法完成敏化要求。在高温情况下，微乳液发泡技术在不需要酸催化的作用下，可以在3min内达到理想的敏化效果，而常规发泡技术则需要在酸催化作用下，经过15min才可以达到理想的敏化效果。

关键词：乳胶基质；化学敏化；微乳液；微反应器；低温；现场混装

Research on the Low Temperature Rapid Foaming Technology of Microemulsion for Emulsion Matrix

Kai Junjun　Shen Weifeng　Lei Pengcan　Zhou Juncheng

（Guangdong Hongda Blasting Co.，Ltd.，Guangdong Guangzhou，510623）

Abstract：Microemulsion was prepared by sodium nitrite as inner phase and the oil phase and the surfactant as outer phase，and was applied for emulsion matrix sensitization at low and high temperatures. The test results show that at the temperature of 25℃，sensitization can be completed within 12 min by using the microemulsion foaming technology and a matrix density of 1.09g/cm^3 can be reached with good detonation performance，but is incomplete by the employment of conventional foaming technology at a prolonged time of 30 min. At high temperature，the ideal sensitization can be accomplished within 3min by using the microemulsion foaming technology without acid catalysis，but it takes more than 15 min when the conventional foaming technology is used with the acid catalyst.

Keywords：emulsion matrix；chemical sensitization；microemulsion；micro reactors；low temperature；site mixing

从国内外应用情况看来，现场混装乳胶基质生产技术达到了联合国《关于危险货物运输的建议书——试验和标准手册》第五修订版试验系列8要求，可以按照氧化剂进行罐体运输[1]，解决了乳胶基质远程安全输送的问题，现场混装制药时大多采用化学敏化的方式，化学敏化时间与敏化时的温度有关，敏化的温度一般为40～60℃，10～20min内可以发泡，但如果在高寒地区或者乳胶基质经过长途运输后，基质温度在40℃以下，则很难发泡。本文提出一种微乳液低温快速发泡技术来解决该问题。

1　微乳液低温快速发泡技术

1.1　微乳液低温快速发泡剂技术特点

微乳液是一种透明的分散体系，与一般乳化液不同，能自发形成连续介质中的非连续相的“假溶解”[2-5]，因此当形成微乳液时，水溶液形成了油相中的水合区域或小尺寸液滴，微乳液的液滴一般在

基金项目：广州市科技计划项目（11G0067）。

原载于《爆破器材》，2013，42（2）：31-33。

5~100nm，比一般的乳液包含的液滴多1000倍[6]。微乳液低温快速发泡剂的技术则是利用表面活性剂的活性，将亚硝酸钠水溶液分散到油相中，通过搅拌分散形成油包水型的微乳液，微乳液在乳胶基质中以超细物理形态分散，提供了更多的反应中心，故而在乳化炸药化学敏化时提供了大量的场所供亚硝酸盐与水相中的硝酸铵微反应，增大了反应效率[7-10]，即使在低于40℃温度下，也能在10~20min内完成敏化。其中，微乳液的油相含有饱和烃、不饱和烃、环烃或脂环烃、芳烃、矿物油等组分，或由这些物质的混合物组成，表面活性剂采用十六烷基三甲胺、丁醇、表面活性改进剂混合而成。微乳液低温快速发泡剂制备过程在常温下完成，其组分配比见表1。

表1 微乳液低温快速发泡剂配方

Table 1 The ingredients of microemulsion fast foaming agent at low temperature (%)

组成	油	表面活性剂	亚硝酸钠	水
质量分数	30~40	10~14	6~10	40~50

将油与表面活性剂混合形成油相，往油相中缓慢加入亚硝酸钠的水溶液，搅拌均匀，混合物由乳白色转变为透明的淡黄色微乳液。

1.2 微乳液发泡剂发泡机理

在微乳液敏化中，每个微乳液滴都可以看成一个“微反应器”，乳化基质中的游离的硝酸铵被微乳液分散到各个“微反应器”中，与微乳液中的 $NaNO_2$ 发生化学反应，完成敏化功能。其敏化机理如下：

$$NO_2^- + NH_4^+ \longrightarrow N_2 + 2H_2O$$

$$2NO_2^- + 2H^+ \longrightarrow NO + H_2O$$

$$3NO_2^- + NH_4^+ + 2H^+ \longrightarrow N_2 + NO + NO_2 + 3H_2O$$

1.3 与现有的化学敏化比较

目前，现场混装方式通常采用的化学敏化方式是亚硝酸盐加酸助剂，与乳胶基质混合。经过考察，发现目前这种敏化方式存在如下缺点：对敏化温度敏感，反应温度一般在55℃左右，发泡时间在10~20min，但是在低于40℃时敏化较难进行；敏化剂在乳胶基质中混合均匀性较差，影响了乳化炸药中气泡的形成和分布，敏化剂多的地方易形成大气泡，或者在敏化剂集中的区域易聚集成大气泡，成为无效气泡。

使用微乳液敏化技术后使得敏化剂在乳胶基质中达到超细物理形态分散，所形成的小液滴平均尺寸在30~50nm，产生大量的纳米级的微反应区域，反应后形成的符合要求的敏化气泡，这些敏化气泡在微乳液中被连续相所间隔，不易产生积聚，从而改善了因为分散不均匀而产生的大气泡。

2 试验部分

按表1的配方配制微乳液发泡剂，油相选用柴油，加入乳胶基质中的常规敏化剂与微乳液发泡剂所含的亚硝酸钠的质量相等。分别对低温及高温乳胶基质进行敏化，并与常规亚硝酸钠溶液的敏化剂敏化效果进行比较。经过检测炸药密度来判断敏化程度。

试验1：取地面站现场生产的乳胶基质，室温下储存2d后，测得密度为1.34g/cm³，基质温度为25℃。取乳化基质质量的1.15%微乳液与25℃乳胶基质相混合敏化（标记为Ⅰ）；按照亚硝酸钠：水=11%：89%混合组成常规敏化剂，取乳化基质质量的0.87%的常规敏化剂与25℃乳化基质相混合敏化（标记为Ⅱ）。

试验2：取地面站现场生产的乳胶基质，冷却至55℃，取乳胶基质质量的1.15%的微乳液与高温55℃乳胶基质混合敏化，微乳液中不加柠檬酸（标记为Ⅲ）；在常规敏化剂中另外加入质量分数为0.2%柠檬酸催化，取乳胶基质质量的0.88%的常规敏化剂与55℃乳化基质混合敏化（标记为Ⅳ）。

每隔一定的时间检测基质密度一次，按照密度随时间的变化关系绘制曲线图，如图1和图2所示。

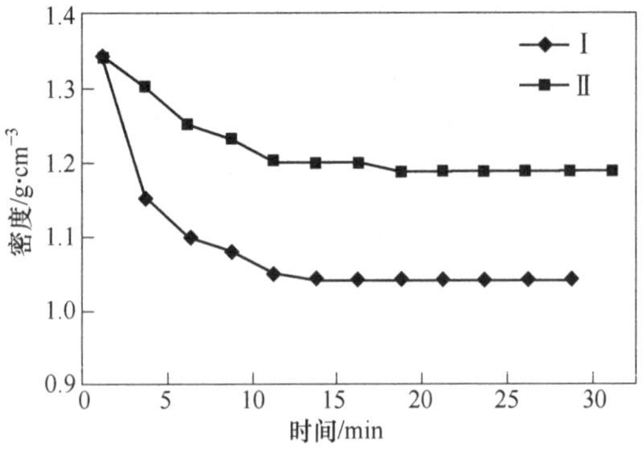

图1 敏化温度25℃时密度随时间变化曲线

Fig. 1 The density and time curve of emulsion explosive sensitized at 25℃

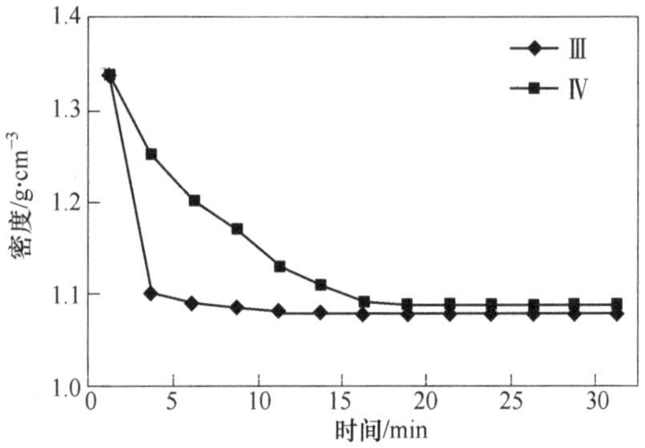

图2 敏化温度55℃时密度随时间变化曲线

Fig. 2 The density and time curve of emulsion explosive sensitized at 55℃

3 结果与讨论

3.1 微乳液发泡技术对密度的影响

乳化炸药密度范围一般为1.00~1.15g/cm^3，最佳性能范围为1.05~1.09g/cm^3。低温25℃时，如图1所示，使用微乳液敏化（曲线Ⅰ），在5min后乳胶基质的密度达到了1.13g/cm^3，12min后乳胶基质达到1.09g/cm^3，随着时间的增加，密度几乎不发生变化，说明微乳液敏化已经完成。而常规敏化（曲线Ⅱ）在20min后只达到1.20g/cm^3，随着时间的推移，乳胶基质的密度几乎不发生变化，无法达到要求的密度大小。说明在低温下，常规敏化方式受到温度的限制，在30min内无法完成敏化要求。

由图1曲线的斜率，即敏化速率$dv=\frac{d\rho}{dt}$，可以看出微乳液敏化曲线的斜率较大，说明敏化反应速度快，而采用常规敏化方式，曲线较为平坦，曲线斜率小，敏化速率小。

图2为高温55℃时，常规敏化剂中另外加入质量分数为0.2%柠檬酸催化（曲线Ⅳ），改变体系的pH值，目的是增大常规敏化剂的反应速率，在55℃时，仍然需要15min，基质的密度才能够达到1.10g/cm^3。使用微乳液发泡剂（曲线Ⅲ），不需要柠檬酸催化，在3min内，乳胶基质的密度可达到1.10g/cm^3。

由图1和图2可以看出，不论低温还是高温，微乳液的敏化速率总大于常规敏化剂，且微乳液发泡不需要酸催化。

3.2 微乳液发泡技术对炸药爆轰性能的影响

将试验1、试验2敏化后的乳化基质，制成ϕ32mm的药卷，测其爆炸性能，结果见表2。可以看出，使用微乳液发泡技术不论是在低温还是高温的情况下，敏化后的乳化炸药符合国家标准。常规发泡技术在低温下敏化，较难获得理想的爆炸性能。而在高温情况下，常规发泡技术是可以达到理想效果的。

表2 爆炸性能

Table 2 The explosion properties

类别	项目	药体密度/g·cm^{-3}	爆速/m·s^{-1}	殉爆距离/cm	猛度/mm
微乳液发泡剂	试验1（25℃）	1.09	4545	5	15.0
	试验2（55℃）	1.09	4464	5	14.7
常规发泡剂	试验1（25℃）	1.20	3378	3	12.3
	试验2（55℃）	1.09	4348	5	14.4

4 结论

微乳液所形成的小尺寸液滴可以看作一个“微反应器”，为敏化反应提供了更多的反应中心，所形成的有效气泡分布均匀、稳定。微乳液发泡技术，具有低温下快速发泡功能，与整个乳化炸药体系充分相容。试验结果表明：在低温 25℃ 时，采用微乳液发泡技术在 12min 内可以完成敏化，敏化后的基质密度为 1.09g/cm^3，并具备良好的爆轰性能。采用常规发泡技术在低温情况下 30min 内无法完成敏化要求。在高温情况下，微乳液发泡技术在不需要酸催化的作用下，可以在 3min 内达到理想的敏化效果，而常规发泡技术则需要在酸催化作用下，经过 15min 才可以达到理想的敏化效果。

参考文献

[1] 联合国．关于危险货物运输的建议书——试验和标准手册［S］．5 版．纽约和日内瓦，2009.

United nations. Recommendations on the transport of dangerous goods manual of tests and criteria ［S］. 5rd ed. New York and Geneva，2009.

[2] Shinoda K，Friberg S. Microemulsions：colloidal aspects ［J］. Adv Colloid Interface Sci，1975，4（4）：281-300.

[3] Stofer J O，Bone T. Polymerization in water-in-oil micro emulsion systems ［J］. Polym Sci Polym Chem. 1980：18（8）：2641-2648.

[4] Danielsson L，Lindman B. The definition of microemulsion ［J］. Colloids and Surfaces，1981，3（4）：391-392.

[5] 沈钟，赵振国，王果庭．胶体与表面化学［M］．3 版．北京：化学工业出版社，2004：419-518.

[6] 董松祥．微乳化清洁柴油的配制及其性能研究［D］．北京：中国石油大学，2010.

Dong Songxiang. Study on the preparation and performance of energy-saving and clean micro-emulsified diesel oil ［D］. Beijing：China University of Petroleum，2010.

[7] 袁凯．微乳化油的配制与性能研究［D］．无锡：江南大学，2008.

Yuan Kai. Studies on preparation and performance of micro emulsified oil［D］. Wuxi：Jiangnan University，2008.

[8] 陈文君，李干佐．周国伟，等．作为微反应器的微乳液体系研究进展［J］．日用化学工业，2002，32（2）：57-60.

Chen Wenjun，Li Ganzuo，Zhou Guowei，et al. Progress of microemulsion system as microreactor ［J］. Daily chemical industry，2002，32（2）：57-60.

[9] 秦承宽，柴金岭，陈景飞．微乳液的研究及应用进展［J］．山西化工．2006，26（6）：21-25.

Qin Chengkuan，Chai Jinling，Chen Jingfei. Progress of the research and application of microemulsion ［J］. Shanxi Chemical Industry. 2006，26（6）：21-25.

[10] 王笃政，王鹏，刘晓逾，等．微乳化技术及应用进展［J］．化工中间体，2011（9）：6-8.

Wang Duzheng，Wang Peng，Liu Xiaoyu，et al. Microemulsification technology and it's application development ［J］. Chemical Intermediate，2011（9）：6-8.

现场混装车载乳胶基质研究

叶图强

（广东宏大爆破股份有限公司，广东 广州，510623）

摘　要：通过研究制备现场混装车载乳胶基质，并利用热稳定试验、ANE 隔板试验、克南试验、通风管试验对其性能进行考察。结果表明，制备的乳胶基质在环境温度为100℃时，具备良好的热稳定性；在冲击波冲击下不具备冲击感度；在封闭的加热条件下，也不具备热感度；在受限制但通风的条件下不发生 DDT 过程。

关键词：现场混装；乳胶基质；热稳定性试验；ANE 隔板试验；克南试验；通风管试验；DDT

Study on the Emulsion Base Used in Mix-load Vehicle for Site

Ye Tuqiang

(Guangdong Hongda Blasting Co., Ltd., Guangdong Guangzhou, 510623)

Abstract: Through the study on the preparation of on-site mixed loading car emulsion matrix and using Thermal Stability Test, ANE Gaps Test, Koenen Test, Vented pipe Tests to study their performance. Results show that the preparation of the emulsion matrix at 100℃, with good thermal stability; under the impact of the shock wave is not sensitive to impact; in a closed heating conditions, the thermal sensitivity are also not available; no DDT occurs under conditions of restricted ventilation process.

Keywords: site mixed; emulsion matrix; thermal stability test; ANE gaps test; vented pipe tests; DDT

乳化炸药现场混装技术研究于20世纪70年代末在美国、加拿大、瑞典等国开始研制。国内在这方面的研究工作始于20世纪80年代初。目前该技术已经逐渐发展起来了，实现了民用炸药的生产、运输、爆破一体化作业模式。与使用成品炸药相比，具有机械化程度高、工作效率高、劳动强度低以及提高了运输和使用的安全性等优点[1]。现场混装技术已经显示出光明前景，其发展和应用前景正方兴未艾，特别是国家行业主管部门在《民用爆炸物品行业技术进步指导意见》和《民爆行业“十二五”规划》中明确指出，要通过技术科技进步，加强技术改造，大力发展现场混装技术。

1　乳胶基质的技术要求

为了满足现场混装作业要求，降低生产作业的危险程度，乳胶基质目前还没有一个国家标准。通用做法是按照联合国《关于危险货物运输的建议书 试验和标准手册》第五修订版试验系列 8 要求[2-6]，来判定乳胶基质危险等级，即通过热稳定性试验、ANE 隔板试验和克南试验则将乳胶基质划分到氧化剂（5.1 项）管理，通过上述三个试验后，乳胶基质通过了通风管试验，说明乳胶基质可以进行罐体运输。这就要求乳胶基质有这足够的热稳定性；较高的活化能；在加热燃烧时候，乳胶体系的保有度较低等要求。

原载于《广东化工》，2013，40（12）：62-68。

2 乳胶基质制备与性能研究

2.1 原材料的选择

2.1.1 水相材料选择

据文献，徐志详、胡已亭、刘大斌等报道的尿素对乳化炸药热稳定性的影响研究表明，添加尿素后，乳胶基质的活化能得到提高，热稳定性增强[7]。在选择水相材料时，用尿素取代了硝酸钠，直接选用硝酸铵和尿素的水溶液组成水相。经过测定水相析晶点为55℃，析晶点的降低，有利于提高乳胶基质的稳定性。

2.1.2 油相材料选择

油相材料在乳化炸药中构成连续相，在W/O体系中具备良好的抗水性能，同时在炸药配方中起到燃烧剂的作用。在考虑到现场泵送安全问题，要求配方中的油相材料有较低黏度。在选择油相材料时候，主要考察的指标是酸值、黏度、锥入度。黏度所测试的温度是55℃，因为这是现场混装作业时候的乳胶基质温度，在此温度下的油相材料的黏度大小直接影响到泵送阻力的大小。选择了复合油相材料的指标如下：酸值10mg KOH/s；黏度：8mm^2/s；锥入度：50 1/10mm。

2.1.3 乳化剂选择

乳化剂作为乳胶体系的关键组分，其种类、性能指标均对乳胶基质的质量有显著的影响。既要考虑到易乳性、又要考虑到稳定性，同时还要考虑到乳胶基质在运输过程中的安全性，这就要求乳化剂中不能含有氯离子，比如采用氯化法生产的聚异丁烯丁二酰亚胺乳化剂。硝酸铵溶液在氯催化分解作用与硝酸铵浓度的5次方成正比，分解速率的倒数与氯离子倒数呈直线关系[8]。这对乳胶基质生产及运输过程带来了一定的安全隐患。现场混装车所用的乳胶基质对储存期要求不高。综合考虑最终选择了一种以SP-80为主乳化剂和大豆卵磷脂为辅助乳化剂组成的DNG-1型复合乳化剂。

2.1.4 配方的确定

按照氧平衡原则，最终确定乳胶基质的配方见表1。

表1 乳胶基质配方

Table 1 The ingredient of Emulsion matrix

组分	硝酸铵	尿素	水	复合蜡	DNG-1 乳化剂
配比/%	70~80	6~10	15~20	4.2~5.0	1.8~2.3

2.2 乳胶基质性能研究

为了满足现场混装作业需求，满足运输条件，利用联合国《关于危险货物运输的建议书 试验和标准手册》第五修订版试验系列8试验进行乳胶基质性能进行判断。

按照表1配方制作试验样，分别进行热稳定性试验、ANE隔板试验和克南试验来考察乳胶基质的热稳定性、冲击波感度和热感度。通过这三个试验后，进行最后一项通风管试验，用来判断乳胶基质是否适合罐体运输。

2.2.1 热稳定性试验

取乳胶基质在运输过程中最高可能出现的温度为80℃，所以在热稳定性试验时候，环境温度保持在（100±2）℃。0.5L的杜瓦瓶，装基质量为杜瓦瓶容积的80%处，封闭盖好。参照物为Al_2O_3，当试样温度低于环境温度2℃开始记录，储存7天。试验结果如图1所示。

由图1可以看出当乳胶基质温度达到环境温度后，参照物与乳胶基质的最大温度差小于2℃，试样温度没有超过环境温度。依据判定准则，试验过程中，试样温度均为超过环境温度6℃或以上，则认为乳胶基质具有热稳定性。

2.2.2 ANE 隔板试验

ANE隔板试验采用一个$\phi95\times 95$mm的起爆药柱作为激发装药，爆炸后的冲击波经过有机隔板衰

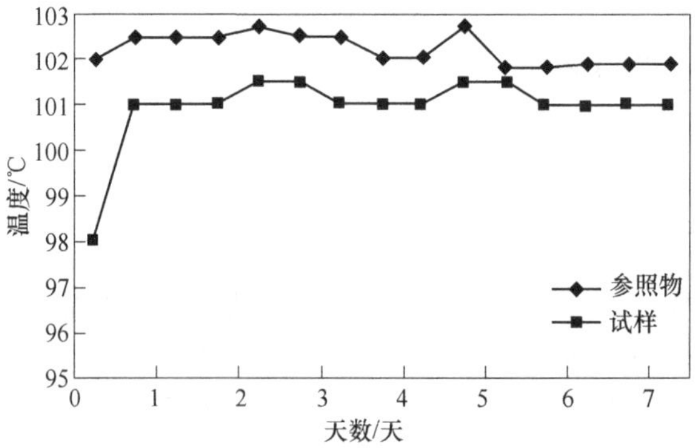

图 1 试验和参照物的温度曲线

Fig. 1 Temperature curves of sample and reference material

减后作用于钢管中的乳胶基质，观察钢管底部验证板情况。试验三次。试验结果发现验证钢板变形，但未穿孔，则表明乳胶基质在冲击波作用下未发生爆炸，对冲击波感度不敏感。

2.2.3 克南试验

克南试验将样品装入 ϕ25×75mm 试验钢管中，将乳胶基质装置钢管 60mm 高处，装药过程中不应形成空隙，将装好试验的钢管放入到克南试验装置中，将仪器的加热速率调整为 (3.3±0.3)K/s。对试验钢管进行加热，观察试验钢管的变形情况。试验结果，乳胶基质未发生爆炸，钢管有轻微变形。说明乳胶基质对热感度不敏感。

2.2.4 通风管试验

将样品装满直径 31cm、长 61cm 的钢管中，装入过程中不应夯实，缓慢装入，避免形成空隙。钢管的底部焊接 38cm 见方、10mm 厚的软钢板。钢管顶部焊接 38cm 见方、10mm 厚的软钢板，钢板中央有一直径 78mm 的通风口，在上面焊接一个 152mm 长、内径 78mm 的钢管接头。保证钢管周围至少产生 800℃的高温，至少持续 30min。观察试验情况。弱爆炸或钢管破裂则不通过。试验结果，乳胶基质完全燃烧，未发生爆炸。说明乳胶基质在受限制条件但通风的条件下完全燃烧，没发生爆炸，适合罐体运输。

3 结论

按照表 1 的配方制备的乳胶基质，通过了热稳定性试验、ANE 隔板试验和克南试验，说明乳胶基质具有热稳定性对冲击波感度和热感度不敏感，划归到氧化剂管理范畴。通风管试验表明乳胶基质在受限制但通风的空间可以顺利燃烧，不发生 DDT 过程，适合罐体运输。

参 考 文 献

[1] 汪旭光．乳化炸药 [M]．2 版．北京：冶金工业出版社，2008：405-465.

[2] 联合国．关于危险货物运输的建议书 试验和标准手册 [S]．纽约和日内瓦，2009.

[3] UN recommendations on the Transport of Dangerous Goods-Manual of Tests and Criteria, Fourth revised edition [S], 2003.

[4] UN recommendations on the Transport of Dangerous Goods-Model Regulations, Fifteenth revised edition [S], 2007.

[5] Department of Defense Ammunition and Explosives Hazard Classification Procedures, Joint Technical Bulletin TB700-2 [S], NAVSEAINST 8020.8C, TO 11A-1-47, DLAR 8220.1, June 2005.

[6] Department of Defense Ammunition and Explosives Hazard Classification Procedures, Joint Technical Bulletin TB700-2 [S], NAVSEAINST 8020.8B, TO 11A-1-47, DLAR 8220.1, June 1998.

[7] 徐志祥，胡已亭，刘大斌，等．尿素对乳化炸药热稳定性的影响研究 [A]．中国职业安全健康协会，2009 年学术年会论文集 [C]．2009.

[8] 罗宁，胡坤伦，徐国财．乳化基质的合成及其稳定性的初步研究 [J]．中国矿业，2006，15 (3)：67-69.

微乳液发泡技术在乳化炸药中的应用

叶图强

（广东宏大爆破股份有限公司，广东 广州，510623）

摘　要：通过研究制备微乳液发泡剂，并应用在低温敏化技术的包装型乳化炸药生产中，52℃的乳胶基质，4min内可以完成敏化，解决了常规敏化剂敏化后效的问题，并且敏化后的炸药黏度较低，仅有110000cp，较低黏度有利于提高炸药装药效率。在现场混装技术应用，主要应用于高寒地区，在柠檬酸作为催化剂的条件下25℃时，8min内可以完成敏化。

关键词：现场混装；乳胶基质；微乳液；化学敏化

Application of Microemulsion in Foaming Technology of the Emulsion Explosive

Ye Tuqiang

（Guangdong Hongda Blasting Co.，Ltd.，Guangdong Guangzhou，510623）

Abstract：Through the study on Preparation of micro emulsion of foaming agent，and application in low temperature sensitization technology package type in the production of emulsion explosives，at the temperature of 52℃，the micro emulsion foaming technology within 4 min can be completed after sensitization，the sensitized aftereffect problem，and the viscosity of explosive sensitization after low，only 110000 cp，low viscosity is beneficial to improve the explosive charging efficiency. In the application of on-site mixed technology，mainly used in the alpine region，in the citric acid as catalyst under the condition of 25℃，within 8 min can complete the sensitization.

Keywords：site mixed；emulsion matrix；micro emulsion；chemical sensitization

乳化炸药自发明以来得到了广泛的应用。我国是从20世纪70年代末开始研制乳化炸药的，经历了近30多年的发展，在生产工艺、设备、产品配方、安全管理技术等方面有了长足的发展进步，形成多品种多系列，基本满足了国内各种爆破工程的需要[1]。目前乳化炸药从包装形式上看有包装型乳化炸药和散装乳化炸药（现场混装乳化炸药）。在乳化炸药制作过程中采用化学敏化后效问题一直没有得到较好解决，严重影响到包装型乳化炸药生产效率及质量；影响到散装乳化炸药的炮孔装填质量，降低了爆破效果。本文提出一种采用微乳液化化学敏化方式，来解决这类问题。

1　微乳液化学发泡机理与制备

1.1　微乳液化学敏化机理

由热点起爆理论[2,3]可知，乳胶基质中均匀混入一定数量的0.5~100μm的气泡，乳胶基质具备了雷管感度，可以稳定爆轰。

微乳液发泡剂是利用一种表面活性剂将亚硝酸钠水溶液分散到另一种油相中，形成W/O型微乳液。微乳液[4-9]分散液滴的直径在5~100nm，比一般的乳液包含多1000倍的液滴。微乳液具有热力

原载于《广东化工》，2013，40（14）：33-34。

学稳定性、各向同性、透明或半透明的分散体系。微乳液敏化就是利用微小的分散粒径，较大的比表面积，以超细物理形态分散，增加了敏化剂与乳胶基质的接触面积，提供了更多的反应中心，从而提高了化学敏化效率，和气泡分布的均匀性。

1.2 微乳液发泡剂制备

微乳液的形成不需要外加功，它是在体系内各种成分达到匹配时自发形成。微乳液发泡剂所选用的分散剂 R 的 HLB 值在 4~7。分散剂 R 通常使用山梨醇脂肪酸酯、聚氧乙烯脱水山梨糖醇脂肪酸酯、表面活性剂改性剂按一定比例混合而成，油相选用柴油。将柴油和分散剂 R 按照一定比例混合组成混合油相，常温下缓慢加入亚硝酸钠的水溶液，搅拌均匀，混合物由乳白色转变为透明的淡黄色微乳液，该透明的淡黄色液体就是微乳液发泡剂。

2 微乳液发泡剂的应用

2.1 微乳液发泡剂在包装型炸药生产中的应用

目前，大多数生产厂家大多采用低温敏化技术生产包装型乳化炸药，典型代表工艺为过水皮带技术、钢带技术，敏化温度范围在 50~56℃。取过水皮带冷却技术后的乳胶基质，基质温度为 52℃，密度为 1.36g/cm^3 分别进行常规化学发泡敏化和微乳液发泡剂敏化。

常规发泡剂组成是由亚硝酸钠水溶液，外加柠檬酸作为敏化助剂；微乳液发泡剂是由柴油、分散剂 R、亚硝酸钠水溶液组成。常规发泡剂与微乳液发泡剂中所含的亚硝酸钠的量是相等的。

测定两种敏化方式乳胶基质密度随时间变化关系如图 1 所示。

乳化炸药密度一般控制在 1.08~1.18g/cm^3，由图 1 可以看出在常规敏化方式下，20min 内，密度在 1.15 g/cm^3 左右，随着时间的推移，常规发泡剂敏化将逐渐反应完全，直至产品储存一天后，炸药的密度才降到 1.10g/cm^{3}左右。在装药的时候要预留足够的空间，为后效的发泡的体积变化提供空间。而采用微乳液乳化炸药的密度在 4min 内就降到了 1.10g/cm^{3}左右，而后效炸药密度基本没变化，很好的解决敏化后效的问题。

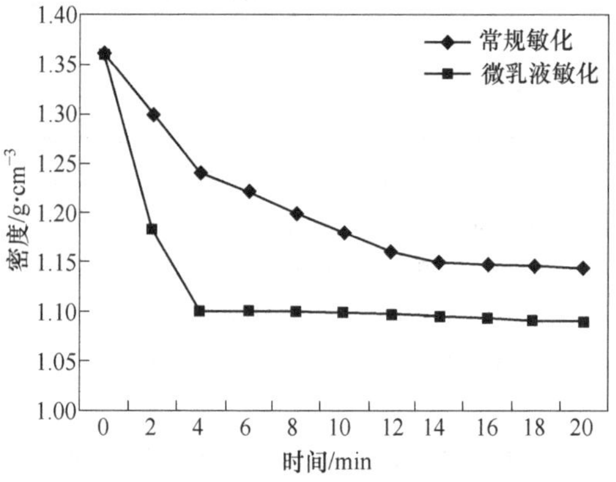

图 1 炸药密度-时间曲线

Fig. 1 The curve of density *vs* time of explosion

在敏化 3min 后，取两者敏化方式的乳化炸药进行了黏度测试，测试结果表明，采用微乳液敏化的乳化炸药黏度要小，具备足够好的流散性，这十分有利于炸药装药包装。采用常规发泡剂敏化的炸药黏度为 150000cp，微乳液敏化的炸药黏度为 110000cp。

敏化后的炸药性能及储存期情况见表 1。

表 1 爆炸性能表

Table 1 The explosion properties

时间/月	当天	2	4	6
常规敏化	5000	4763	4545	4310
(爆速 m·s^{-1}/殉爆距离 cm)	5	5	5	5
微乳液敏化	4950	4587	3876	3676
(爆速 m·s^{-1}/殉爆距离 cm)	5	5	4	3

由表 1 可以看出，常规发泡剂敏化的乳化炸药在储存期内爆炸性能衰减的较快，主要是由于常规发泡剂中的 H^+对乳胶基质有一定程度的损伤。而微乳液发泡剂本身结构为 W/O 结构，对乳胶基质起了防护作用，并且敏化的气泡在微乳液的作用下分散的均匀，故而其爆炸性能得到了较大的提高。

2.2 微乳液敏化在现场混装车上的应用

目前现场混装车乳胶基质装填炮孔时的温度一般在55~65℃，大多采用常规的化学发泡技术，装药后10~20min就敏化到适合的密度，而高寒地区或者经过远距离配送后，乳胶基质温度低于40℃，基质黏度变大，现有的混合技术很难将达到将小量的常规发泡剂均匀分布在乳胶基质中。敏化剂分布差会影响敏化后的气泡尺寸和敏化效果，常规发泡剂对反应温度敏感，常常在40℃或以下很难在规定时间内完成敏化。

取某地面站的乳胶基质，冷却到25℃，分别采用上述微乳液发泡剂敏化（标记A）、常规发泡剂（外加0.2%柠檬酸）敏化（标记为B）、上述微乳液发泡剂（外加0.2%柠檬酸）敏化（标记为C）。其中上述三种发泡剂中的亚硝酸钠的含量是相等的。基质密度为1.34g/cm^3。

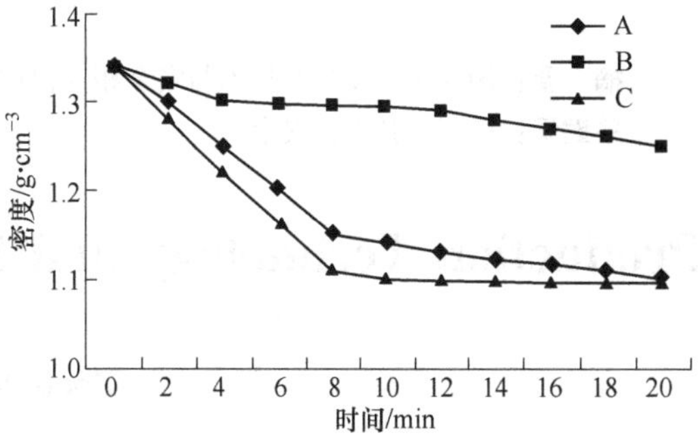

图2 25℃敏化密度随时间变化曲线图

Fig. 2 Relationship between the density of experiment 1 sensitization at temperature 25℃and time

乳化炸药的理想密度在1.08~1.15g/cm^3。从图2可以看出，25℃时候，常规发泡剂在柠檬酸作为助剂的情况下，20min内无法完成敏化，甚至更长时间也无法达到理想效果，采用微乳液敏化在15~20min内完成敏化，其原因在于微乳液发泡剂中的亚硝酸钠在油相中形成了纳米级别的小尺寸液滴，每个液滴成为了一个微型反应器，增加了敏化效率。如果外加0.2%的柠檬酸作为助剂，在酸的催化作用下，敏化将会加速，反应速率将会加快，在短短的8min内完成了敏化。采用微乳液敏化后的现场混装基质，制成ϕ32mm药卷，经过测试爆速达到4545m/s，殉爆7cm，猛度14.7mm。由此可见采用微乳液敏化能够较好地解决高寒地区乳胶基质远程配送后的现场作业需求。

3 总结

微乳液发泡技术在包装型乳化炸药生产中能够起到快速敏化，解决了后效问题，并且敏化后的基质黏度较小，能够显著地提高现有的装药机装药速度。在高寒地区，解决了乳胶基质远程配送后的敏化需求。

参 考 文 献

[1] 汪旭光．乳化炸药［M］．2版．北京：冶金工业出版社，2008：405-465.

[2] 吕春绪．工业炸药理论［M］．北京：冶金工业出版社，2003.

[3] 惠君明，陈天云．炸药爆炸理论［M］．南京：江苏科学技术出版社，1995.

[4] Lindma B，Danielson L. The definition of micro emulsion［J］．Colloids andSurfaces，1981（3）：391-392.

[5] 沈钟，赵振国，王果庭．胶体与表面化学［M］．3版，北京：化学工业出版社，2004：419-518.

[6] Stofer J O. Polymerization in a water-in-oil micro emulsion［J］．Polym. Sci. Polym. Chem，1980：393-412.

[7] Becher P. Emulsions theory and practice［M］．New York：Reinhold，1965.

[8] Shinoda K，Friberg S. Micro emulsions：colloidal aspects［J］．Adv Colloid Interface Sci，1975（4）：281-300.

[9] 袁凯．微乳化油的配制与性能研究［D］．无锡：江南大学，2008.

民用爆炸物品生产技术与安全管理

周军成　方启华

（广东宏大爆破股份有限公司，广东 广州，510623）

摘　要：阐述了民爆行业技术与安全相互促进的关系，并提出相应的安全对策。

关键词：民爆；技术；安全

Production Technology and Safety Management of Civil Explosives

Zhou Juncheng　Fang Qihua

(Guangdong Hongda Blasting Co., Ltd., Guangdong Guangzhou, 510623)

Abstract: This paper expounds the relationship between technology and safety in civil explosive industry, and puts forward the corresponding safety countermeasures.

Keywords: civil explosion; technology; safety

民用爆炸物品指用于非军事目的的各种炸药及其制品和火工品的总称[1]。其中工业炸药又称民用炸药，是以氧化剂和可燃剂为主体，按照氧平衡原理构成的爆炸性混合物；火工品是指以一定的装药形式，可用预定的刺激量激发并以爆炸或燃烧产生的效应完成规定功能（如点燃、起爆及作为某种特定动力能源等）的元件及装置[2]。

1　民爆行业的安全形势

2011 年到 2013 年民爆行业每年均有大小事故发生，范围涵盖了工业炸药生产的多个品种及生产、储存、运输等多个环节。特别是 2011 年发生的福泉爆炸事故、2013 年发生的山东某化工厂震源药柱生产线爆炸再次震动了民众的神经，也给民爆行业广大的从业者敲响了警钟。

民爆行业属于高危行业，安全风险存在于各个品种、各个环节中，安全工作不容忽视，安全生产任重道远。

2　民爆行业安全工作的重要性

2.1　事故的易发性

民爆行业涉及物品的性质决定了容易发生事故，民爆产品本身是爆炸品，生产所需的原材料也多是易燃易爆物品。民爆产品的生产过程多数伴随着加热、搅拌、研磨等过程，但是民爆成品、半成品甚至原材料对热、摩擦等产生的能量比较敏感。设备故障、人员操作失误、管理缺陷都可能成为引发事故的原因。

随着西部大开发的逐步深入和西部矿产资源的大量开采，民爆产品的地区性供需矛盾日益突出。中东部地区产量过剩，西部地区产量不足，这就增加了民爆产品的运输距离和频率，增加了运输过程

原载于《中国矿业科技文汇—2013》，2013：742，744。

中的风险。2011 年 11 月的福泉爆炸事故就是个典型。

2.2 事故后果的严重性

随着今年技术的发展，民爆生产逐渐在向大产能发展，而生产人员相对比较集中，一旦发生爆炸事故就会造成大量的人员伤亡、巨大的财产损失及重大的社会影响。由于民爆爆炸物品本身具有自供氧的性特点，即使是发生火灾也是很难扑灭的。

3 安全对策

在现代安全科学的理念中，将构成系统的人、物及人物关系称为安全三要素。这些要素中的任一要素自身即能独立地实现安全的充分条件。人若能对危害因素具有绝对的抵御能力，或物（机、环境）绝对不会造成伤害，或它们之间的关系能在时空、能量上不发生任何危险性联系，结果都是安全的。这样的系统就是绝对的本质安全化。

3.1 技术保障

要想实现本质安全就要从人、物以及人物之间的关系上着手。

(1) 加强人的防御能力；(2) 物（机、环境）绝对不会造成伤害；(3) 人和物之间的关系能在时空、能量上不发生任何危险性联系。这个主要靠技术措施来保障，如用无毒无害材料替代有毒有害的材料、给设备加装防护罩隔绝人和物、实现自动化控制等。

但是在现实生产过程中是不可能到绝对的本质安全化的，能做到的只是与现实社会、科技、经济等发展水平相适应的相对的本质安全化。如 20 世纪 80 年代的乳化炸药生产过程，大家都认为乳胶基质是绝对安全的，但是几次事故以后，大家才发现原来乳化基质也是会爆炸的。乳化的生产设备才从早期的胶体磨改变成现在的乳化器。随着我国自动化生产水平的提高，特别是最近几年出现的自动装药机、自动包装线，极大地提高了民爆器材生产的自动化程度，减少了在线人员。

3.2 安全管理

因为人是知识与技能的活的载体，管理过程同样也是发现问题的过程，进而会演化为催生产新的安全生产实用技术的过程，就企业层面而言，具体表现为对原有安全操作规程、安全管理制度的修订等；就某个行业层面而言，具体表现为安全生产标准规范的修订、监管措施的改进等。

4 结论

本质安全是作为我们安全工作追求的目标。在追求这个目标的过程中，安全技术和安全管理是相辅相成、互相促进、互为补充的，技术的发展能提高安全性，而技术的缺陷需要靠安全管理来补充。伴随着一项新的安全技术的推出和推广，相应的安全管理措施必须适时跟进，步入的起点、在更高的层次上提供保障。

参 考 文 献

[1] 陆明．工业炸药配方设计 [M]．北京：北京理工大学出版社，2002.

[2] 蔡瑞娇．火工品设计原理 [M]．北京：北京理工大学出版社，1999.

乳化炸药现场混装车在露天中深孔台阶爆破工程的应用分析

罗伟涛　周军成　唐洪佩

（广东宏大爆破股份有限公司，广东 广州，510623）

摘　要：在露天矿山采剥工程中，乳化炸药现场混装车具有安全性能好、机械化操作程度高、装药效率高、对周边影响程度小，在台阶爆破开采工程中广泛使用。描述它的工作机理、特点以及注意事项，简析它的经济效益并且得出结论。

关键词：露天中深孔台阶爆破；乳化炸药现场混装车；全耦合装药

Analysis and Application of the Emulsion Explosive Mixed Loading Truck in the Open Hole of Bench Blasting Engineering

Luo Weitao　Zhou Juncheng　Tang Hongpei

（Guangdong Hongda Blasting Co.，Ltd.，Guangdong Guangzhou，510623）

Abstract：Striping and mining engineering in surface mining，mulsion explosive mixed loading truck has a good safety performance，high degree of mechanization operation，high efficiency，charge on the surrounding smaller effect，Widely used in bench blasting mining engineering. Describe the characteristics of its working mechanism，and the matters needing attention. Economic benefit analysis of it and come to the conclusion.

Keywords：outdoor hole bench blasting；site mixed emulsion explosive car；fully coupled charge

随着国家对矿产资源的合理有序开发利用，对开采技术的要求越来越严格，如最大限度减少对周围生态环境的影响程度，降低产生二次污染产物量，保证开发利用与社会稳定和谐共处，而目前广泛采用的台阶爆破开采技术，相对硐室爆破对周围生态环境影响小，机械化程度高、安全系数大及成本低，正被爆破行业大力推广和使用，其中乳化炸药现场混装车具有安全性能好、机械化操作程度高、装药效率高、对周边影响程度小，技术水平日趋完善和成熟，在露天矿山开采工程中崭露头角，被爆破同行接受和使用，同时正得到政府管理部门的高度重视和认可，将来可直接在矿山开采中大力推广应用。本文简单介绍它的工作机理、特点、相关注意事项以及效益分析等。

1　工作机理

将混制的炸药所用的各种原材料运到爆破现场附近的地面，在地面站只制备硝酸铵水溶液，油相混合溶液和敏化剂，每次装药前将已经制备好的各种溶液装到设置在卡车底盘上的各贮存罐内，然后将汽车开往爆破现场，利用卡车的动力在车上完成乳化、掺和及泵送等工序，将成品药定量泵送入炮孔中。随着技术的不断发展，现在普遍在地面站将硝酸铵水溶液与油相混合液按比例配置加工成为乳胶基质，然后再将乳胶基质和敏化剂装到混装车底盘上的不同贮存罐内，也就是在地面站完成乳化过程，在装药现场只用混装车进行掺和、泵送过程即可。乳化炸药现场混装车装药示意图如图 1 所示。

原载于《广东化工》，2014，41（12）：125-126。

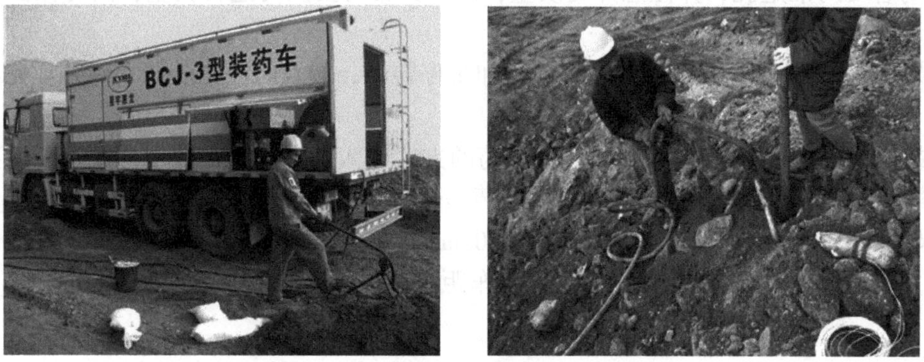

图1 乳化炸药现场混装车装药示意图

2 特点

（1）机械化程度高。乳化炸药现场混装车装药与其他装药方式相比较，操作简单，机械化程度高，现场使用混装车提供的动力装药，大大减少人工劳动强度。

（2）可靠的安全性。与传统人工装药相比较，由于装在混装车罐体内的乳胶基质在和敏化剂混合前不具备雷管感度，普通雷管无法引爆，所以使装药现场的安全性大大提高，具有可靠的安全性。

（3）装药效率高。大直径炮孔 100~240kg/min，中小直径炮孔 15~160kg/min，因而缩短炮孔装药及填塞时间，提高爆破作业效率。在台阶爆破中还可实行预装药，减少爆破次数，提高安全性，增加钻机、铲装机械的作业时间，提高产能。

（4）与包装产品不同，散装产品的炮孔装填流畅均匀，不会发生像手工装药那样药卷卡孔现象，减少殉爆风险，能保证爆轰波的稳定传爆。

（5）爆破效果好。炸药各组分的比例实现了智能化控制，比例非常准确，实现了孔底装药，炸药和炮孔的耦合性好，提高了装药密度，并且在同一炮孔内可装填不同密度、不同种类的炸药，使炸药能量得以充分发挥，降低了大块率，克服了根底，爆破效果令人满意。

（6）特别适用于水孔。在水孔装药中装填效果好，因装药最初从孔底开始，有效的将水孔中的水排出，能按爆破设计要求保证装药到位，提高了爆破效果。

（7）装药量误差小。采用计算机技术，计量精确度大幅提高。

3 注意事项

由于爆破作业其他工序技术相对成熟和使用时间长，各工种人员掌握程度良好，现对乳化炸药现场混装车提出几点注意事项。

（1）操作人员应熟练掌握混装炸药车的各种操作程序，并经培训合格后持证上岗。

（2）每次出车前，对车辆各主要部件要进行检查和维护，各部件必须运转正常，并配齐消防器具，一切正常后方可出车。

（3）上料前检查各料仓容器是否干净，不得混有其他杂物。

（4）定期清洗各系统的过滤器，检查输送料管是否畅通，往车上上料时，不得超过指定的物料量，并使三个料仓的料比例相当。

（5）上料完毕后，对计量控制系统要按配方分别进行标定至合格。

（6）混装车开往施工现场时，车上应有明显标志，要有专人押车，不允许无关人员乘坐。

（7）混装车到达施工现场时，首先应与现场爆破指挥人员取得联系，确定好停车位置。

（8）混装车在爆破现场作业时，必须听从现场负责人的统一指挥，行走对位时不准压、刮、碰坏现场爆破器材。

（9）输药管要对准炮孔，并注意炸药质量，发现异常时要及时进行调整，同时保证装药量的准确性。

（10）装药过程中，如果发现螺旋堵塞或添加泵停转时，应及时停止装药，待处理完毕后再进行装药。

（11）装药结束后，把输药管中剩余药以补药的方式吹入最后一个炮孔中并把车上的残药用干的工具清理干净；关闭所有开关、阀门，最后将装药车开离施工爆破现场。

（12）装药车行驶速度：能见度好时不超过40km/h；扬尘、起雾等能见度低时应在确保安全前提下控制速度，一般情况下车速减半；两车之间行车距离：在平坦的道路不宜小于50m，上山或下山不宜于200m。

4 应用案例

河南舞钢经山寺露天铁矿采矿工程。

本工程位于河南省舞钢市和页县境内，距舞钢市15km，矿区均有准轨铁路和高等级公路相通，交通十分便利。矿区面积6.31km^2，矿石核定储量19712万吨。矿区开采C14、C13、C12矿层组，可采矿体走向为东西，走向长度1200m。业主单位实行规模开采，合理开发，充分利用资源和保护矿产资源，最终形成采选总规模300万吨/年。本程是个负挖爆破开采工程，地质条件十分复杂，矿石品位低、埋藏分布很不规则，要求开采出来的矿石级配非常严格，爆破开采难度很大。工程中的剥离、采矿工程均由我公司施工总承包，经过精心布置，科学规划剥离区域和水平，采用先进的中深孔爆破技术，使用现场乳化炸药混装车装药，爆破方量和经济效益大大提高，取得合理的采剥比，满足了业主矿产供应量，获得了业主方的高度好评。

5 效益分析

混装车制乳化炸药不需要包装，乳胶生产和现场装药作业生产只需6人，比使用成品2号岩石乳化炸药减少16人，按每人每吨人工费6元计算，混装车制乳化炸药降低了生产成本96元，而且混装车制乳化炸药较2号岩石乳化炸药节省包装材料（如ϕ90规格每吨节约417.70元，ϕ110规格每吨节约396.06元），按每年生产1000t混装车制乳化炸药，平均每吨节省406.88元，一年可新增利润40.688万元；现场装药车装药速率为50~240kg/min，装药效率大幅度提高；应用混装药车后，爆破孔网参数得到进一步优化，如某硫铁矿中深孔爆破中原来的孔网参数8.5×4.5m优化为10.0×5.0m（其中爆破台阶高度15m，炮孔直径150mm），爆破开采每立方米矿岩穿孔成本由原来的0.95元降低到0.71元，按其年产200万立方米矿计，年节约穿孔成本48万元。同时是全耦合装药，与使用成品乳化炸药（直径140mm的炮孔装直径110mm的药卷）不耦合装药相比，增大了装药密度，炸药单位体积威力大，提高了炸药的能量利用率，爆破块度合理，有利于挖装和机械破碎。

6 结论

（1）乳化炸药现场混装车在中深孔台阶爆破工程中，具安全、高效、环保等优点，应用前景广泛。

（2）每次爆破前，技术人员要准确计算当天炸药总量，及时与混装车人员沟通联系，准备好相应量半成品材料，确保不浪费；检查所有钻孔深度，是否符合设计方案参数，不合格者要求重新加深或回填，同时准确计算每孔装药量，告知混装车现场操作人员，要求他们心中有数，不得超过计算药量，避免出现因孔内存在裂隙或溶洞超量装药，而发生爆破意外事故。现场工程技术人员做好监督装药工作。

（3）由于现场混装车前期投入大，主要适用于工程工期长、采剥量大的工程。

参 考 文 献

[1] 熊代余，李国仲，史良文．BCJ 系列乳化炸药现场混装车的研制与应用［J］，爆破器材，2004（6）：13-17.
[2] 汪旭光．乳化炸药［M］．北京：冶金工业出版社，2008：100-127.
[3] 叶志文，吕春绪．高能乳化炸药的制备及性质［J］．火炸药学报，2006，29（6）：6-8.
[4] 贾进宝，刘正凯．AE 型高爆速高稳定性乳化炸药的研究［J］．矿冶工程，1991，11（3）：3-7.
[5] 冉胜会，罗尧．BCJ-3 型乳化炸药现场混装车连续敏化器的改进及其应用［J］．科技传播，2011（11）：166-169.

现场混装民爆一体化发展的探讨

开俊俊

（广东宏大爆破股份有限公司，广东 广州，510623）

摘　要：民爆一体化是一种资源的高效整合与利用的一种新型模式，处于矿山资源的中端。文章在分析我国现场混装民爆一体化现状的基础上，阐述了现场混装民爆一体化特点。探讨提高民爆一体化水平对策和建议。
关键词：民爆一体化；现场混装；矿山开采

To Investigate the Development of the Integration Site Mixed Explosive

Kai Junjun

（Guangdong Hongda Blasting Co.，Ltd.，Guangdong Guangzhou，510623）

Abstract：The explosive integration is a kind of new model and the efficient integration of a resource，in the mid of the mine resources. Based on the analysis of the present situation of site mixed explosive integration in China，expounds the features of integration site mixed explosive. To improve the integration level of countermeasures and suggestions.
Keywords：explosive integration；site mixed；mining

民爆一体化是指生产、储存、运输、使用、回收等环节的一体化的闭环管理，处于矿山资源的中端。民爆一体化模式有两种形式，一种是专业炸药生产厂家提供爆破技术服务的一体化模式；一种是运用现场混装炸药车技术实施在爆破现场进行炸药混装、自动装填、爆破作业于一体的服务模式。本文将重点讨论第二种民爆一体化服务模式。

1　国内外现状

在国外，民爆一体化起步较早，早在20世纪70年代末已经开始研制现场混装车[1]，走一体化道路发展道路。经过近四十年的发展，这种服务模式在行业中占的整体比重非常大，通过产业链的整合，形成了比较大的民爆一体化公司，如澳瑞凯、奥斯汀。在世界范围内进行民爆一体化服务。澳瑞凯公司目前为世界公认的最为成果的民爆一体化服务商，其市场份额在澳大利亚占据65%以上，在美国市场份额高达45%以上。现场混装作业民爆一体化模式已经成为工业炸药主导生产方式，且现场混装车已实现了多功能化，实现“一站多点”的模式，即依托大型矿山开采建设一个乳胶基质生产基地，采用集中生产乳胶基质，采取远程配送方式，向周边工程辐射[2]。

在我国，工业炸药起步晚、发展慢，到目前为止，包装型炸药仍是主流，与国外的工业炸药接轨还有一段距离。现场混装技术20世纪80年代末开始研究，直到1990年成功应用在本钢南芬铁矿，但一直发展缓慢。

2006年9月国务院颁布实施的《民用爆炸物品安全管理条例》第九条指出“国家鼓励民用爆炸物品从业单位采用提高民用爆炸物品安全性能的新技术，鼓励发展民用爆炸物品生产、配送、爆破作业

原载于《广东化工》，2014，41（12）：132，124。

一体化的经营模式”[3,4]。从而确定了“一体化”经营模式是民爆行业的发展方向。

2010 年 5 月工信部 227 号文《民用爆炸物品行业技术进步指导意见》又一次明确指出工业炸药的生产方式由固定生产线向现场混装作业方式发展，同年行业主管部门在民爆行业“十二五”规划再次强调，要通过推进技术科技进步，加强技术改造，大力发展现场混装技术。据《2013 年民爆行业运行情况通报》显示，2013 年现场混装炸药年产量突破 91.4 万吨，同比增长约 10%，占工业炸药总量 21%。

在我国现场混装民爆一体化技术发展可以说经过了两个阶段，第一个阶段乳化炸药、重铵油炸药、铵油炸药在爆破工地现场制备、现场装药。目前我国大多数现场混装技术都是采用这种“一站一点”的模式。这种模式对人力、资源、设备是一种浪费，不能实现多点共享，同时也存在着较大的安全隐患。第二个阶段就是现场混装与基质的生产相脱离，利用地面站（固定式或移动式）制备好基质，然后车载到工地现场混合、装药。主要应用于露天矿山开采。目前我国的现场混装民爆一体化整体特点是“一站一点”式服务、规模小（产能小于 1 万吨/年）等特点。

2 现场混装民爆一体化特点

现场混装车民爆一体化是一种技术先进、流程合理、分工专业、管理严密的一种更加安全作业模式。主要具有如下特点。

（1）采用现场混装民爆一体化将减少涉爆单位和涉爆人员数量，降低管理风险；有利于落实爆炸物品的仓储安全防范措施，提高防流散、盗抢能力。

（2）现场混装民爆一体化具有安全、可靠特性。混装车或者乳胶输送车运输的不是成品炸药，料仓内盛装的是炸药原料，在爆破现场才进行混制并装入炮孔，在经过 5~15min 发泡敏化后才成为炸药。

（3）现场混装民爆一体化作业实现了机械化作业，装药流畅，生产效率高，减轻了人员劳动强度，不会出现人工装药过程中的药包卡孔现象，装药效率比人工提高了数十倍。

（4）现场混装民爆一体化模式的配套设施地面站，建筑物简单，占地面积小，投资小。依据《民用爆破器材工厂设计安全规范》地面站仅为防火级。

（5）爆破效果好。实现了全耦合装药提高了爆破效果。也可以依据不同的岩性，在同一炮孔内装填两种或以上的不同密度、不同能量级的炸药，扩大了孔网参数，提高了炮孔利用率，改善了爆破效果。

3 现场混装民爆一体化发展的障碍及约束

现场混装技术在我国发展多年，当前仍存在一些障碍及约束。

（1）民爆行业的管理一直沿用计划经济的管理模式，导致现场混装民爆一体化缺乏市场培育。在过去相当长的一段时间内，很多矿山业主仍习惯用包装型产品、特别是小直径具有雷管感度的产品在较长一段时间占据主导地位。

（2）多头管理是一体化的体制约束。在当前管理模式下，因研发、生产、运输、销售、使用分属不同的部门管理。将整个产业链人为的分为前后两段，前半段归属于工信部安全生产司管理，后半段归属公安部管理。形成了一种体制约束。

（3）地方保护、利益驱动机制阻碍了现场混装的发展。在我国工业炸药生产、经营、爆破应用现行体制管理下，长期以来形成了各自为政、区域封锁、条块分割的利益格局。

（4）一体化服务技术难以及时跟进。多年以来工程技术人员搞炸药的不搞爆破，搞爆破的不搞炸药，形成了各自的小专业体系，没有将炸药与爆破良好的有机结合起来，在一定程度了限制了民爆一体化发展。

4 建议与对策

我国现场混装民爆一体化的发展经历多年，特别是近年来，乳化炸药现场混装车、铵油现场混装车、重铵油现场混装车在露天矿山和大型土石方工程上取得长足发展，为全面实现一体化现场混装作业提供了条件。大力发展现场混装服务是一体化的必由之路。

（1）制度激励与约束。当前，我国包装型产品生产许可已趋向饱和，随着作业模式的改变，工厂式包装型产品的需求的下降将更为明显。建议对包转型产品原则上不再新增产能，或出台鼓励将包装型产品转换为现场混装的技术措施。

（2）培养一体化民爆专业人才，加快技术进步和产品结构优化，逐步提升技术标准和准入条件，鼓励单位产业链延伸，实现民爆一体化经营。形成民爆一体化“专有技术、优势产品、特色爆破”等核心竞争力。

（3）鼓励有条件的民爆一体化企业，进行跨区域作业，形成一体化经营，并在服务半径300~500km的爆破工程实现一站多点式的“集中制药、远程配送”一体化服务模式，建立起大产能地面站（产能上10万吨/年），一改过去一站一点小产能服务模式。

（4）提升信息化水平，利用信息化技术实现民爆一体化作业各环节信息监控和跟踪管理的一体化。

5 结语

民爆一体化服务模式是我国工业炸药与爆破作业在发展方向、发展模式、发展理念一次根本性的转变。民爆一体化服务模式确保爆破服务资源得到有效整合，爆破服务需求得到有效保障，爆破实施程序得到有效控制，爆破作业安全得到有效保证，从而形成整体共赢的良好局面。

参考文献

[1] 汪旭光. 乳化炸药［M］. 2版. 北京：冶金工业出版社，2008：405-465.
[2] 李宏兵. 乳胶远程配送系统相关技术研究［J］. 爆破，2010，27（2）：88-91.
[3] 卢国显. 对民用爆炸物品管理问题的再思考［J］. 江西公安专科学校学报，2009，16（5）：23，26.
[4] 刘振华，张碉明. 加强我国民用爆炸物品安全管理的思考［J］. 公共安全，2011，23（2）：17-20.

冲击片雷管爆炸箔的制备与电爆性能

黄 娜[1] 唐洪佩[2] 黄寅生[1] 何 义[1]

（1. 南京理工大学 化工学院，江苏 南京，210094；
2. 广东宏大爆破股份有限公司，广东 广州，510623）

摘 要：为了提高爆炸箔起爆系统的能量利用率，采用闭合场非平衡磁控溅射离子镀技术和皮秒激光微加工系统，制备了 Cu、Cu/Au、Cu/Al/Ni 三种爆炸箔，并利用自制起爆回路对其电爆性能进行了研究，结果表明，在充电电压为 2000，2500V 时，Cu 爆炸箔在电爆过程中能量利用率较高；在此电压下对三种爆炸箔的性能进行了对比测试，得到在相同的充电电压下 Cu/Al/Ni、Cu/Au、Cu 爆炸箔的爆发电流 Cu/Al/Ni > Cu/Au > Cu，且充电电压为 2500V 时 Cu/Al/Ni 爆发电流比 Cu 增长了 36%，2000V 下比 Cu 增长了 15%；在充电电压 2500V 时利用高速摄影法对三种爆炸箔电爆时产生的等离子体羽进行了观测，结果表明，等离子体羽的尺寸 Cu/Al/Ni > Cu/Au > Cu。在相同的起爆条件下 Cu/Al/Ni 爆炸箔更利于爆炸箔起爆系统低能化研究。

关键词：军事化学与烟火技术；冲击片雷管；磁控溅射；激光微加工；电爆性能

Preparation and Electrical Performance of Exploding Foil in Slapper Detonator

Huang Na[1] Tang Hongpei[2] Huang Yinsheng[1] He Yi[1]

（1. School of Chemical Engineering，Nanjing University of Science and Technology，Jiangsu Nanjing，210094；
2. Guangdong Hongda Blasting Co.，Ltd.，Guangdong Guangzhou，510623）

Abstract：In order to improve energy utilization ratio of initiation system，three kinds of exploding foils Cu，Cu/Au and Cu/Al/Ni were prepared by the closed-field unbalanced magnetron sputtering iron plating technology and pico-second laser micromachining system. And their electro explosive performances were studied by designed test circuit. It is found when charging voltage are 2000V or 2500V，initiation voltage can match with Cu exploding foil in high energy utilization rate. And the electrical explosion performances in three kinds of exploding foils were also tested at 2000V and 2500V. which indicates that Cu/Al/Ni burst current is much higher than the Cu/Au and Cu with an increase of 36% compared with Cu at charging voltage of 2500V，and 15% compared with Cu at 2000V. The plasma plumes generated during the explosion in three kinds of exploding foils were observed by high-speed photography when the charging voltage is 2500V. Results show that the size of the plasma plumes Cu/Al/Ni > Cu/Au > Cu. Finally，Cu/Al/Ni exploding foil is more conducive to low energy exploding foil initiator systems under the same initiating condition.

Keywords：military chemistry and pyrotechnics；slapper detonators；magnetron sputtering；laser micromachining；electro explosive performance

1 引言

冲击片雷管的发展已有 40 多年的历史，但是起爆系统较大的体积制约了其在常规武器系统上的应

基金项目：国防预研基金（51305100202）。
原载于《含能材料》，2014，22（4）：514-520。

用，因此，各国竞相开展了爆炸箔起爆系统（exploding foil initiator system，EFIS）低能化、小型化研究，以实现低的发火能量和 EFIS 的高度集成化。提高冲击片雷管的能量利用率是低能化的重要途径，对 EFIS 的小型化研究也具有一定指导作用[1]。爆炸箔作为冲击片雷管的核心部件之一，在系统中起重要的换能元件的作用，它的材料、形状、厚度及桥区尺寸对 EFIS 的能量利用率都有影响。国内在爆炸箔的参数设计方面做了大量的工作[2-4]，得到了桥区形状、尺寸、厚度等参数在特定起爆装置下的最优匹配值，但关于爆炸箔材料的选用研究比较少。而箔材料的比热、汽化热及密度都会影响爆炸特性，因此，对爆炸箔材料的研究很有意义。2004 年冯长根[5] 采用 Lee 提出的 FIRESET 模型，对 Cu、Au、Al、Au-Pt 合金四种爆炸箔电爆炸过程进行数值模拟，得出了在相同的起爆和爆炸箔几何参数的条件下，Cu、Au 桥箔的爆发电流密度较大，能量利用率高，Al 次之，Au-Pt 合金最小。近几年来，由于 Al/Ni 金属复合含能薄膜能够发生自蔓延反应，同时又具有优良的导电、导热性能，形成的金属间化合物具有较高的熔点、较低的密度和抗氧化等特性，有可能成为一类新型的含能桥膜材料，受到了国外研究人员的重视。2010 年，美国 AMSRD-ARL-SE-RL 军方实验室[6] 在 Cu 箔基础上溅射了不同调制周期、不同厚度的纳米级 Al/Ni 多层复合膜用于快速起爆反应，发现其在高压、大电流的作用下 100ns 内能将电能转化为速度为 2~6km/s 飞片动能，认为 Al/Ni 的合金化反应对提高动能确有作用。2012 年，南京理工大学的周翔[7] 研究了 Al/CuO 复合膜应用于冲击片雷管的可行性，得到了添加复合膜后的 Cu 爆炸箔，对其电爆性能和飞片速度进行了测试，结果其驱动飞片所达到的平均速度较之单纯 Cu 爆炸箔并无明显提升。鉴于金属 Au、纳米级 Al/Ni 多层复合膜在电爆炸方面的优良性能，将其用附加到传统的冲击片雷管的 Cu 爆炸箔上，望其能提高其能量利用率，实现爆炸箔的能量倍增。为此本研究结合微机电系统（micro-electro-mechanical systems，MEMS）火工技术制作 Cu、Cu/Au、Cu/Al/Ni 三种爆炸箔，并对其电爆性能进行比较，研究其膜材料不同对冲击片雷管起爆电流的影响，优选出能量利用率高的爆炸箔。

2 爆炸箔样品制备

冲击片雷管的爆炸箔制样采用闭合场非平衡磁控溅射离子镀技术和皮秒激光微加工系统共同加工完成。实验选用 $99Al_2O_3$ 陶瓷基片作为反射片，其规格为 200mm×100mm×0.6mm。镀膜前分别用丙酮和去离子水超声清洗 15min 后，在空气中吹干放入 110℃烘箱中，烘烤 30min 后放入洁净的基片袋中备用。本实验所使用镀膜沉积设备为英国 Teer 公司生产的 UDP450 型闭合场非平衡磁控溅射镀膜机，它由真空系统、电源系统、控制系统、冷却系统四部分组成。使用 Advanced Energy 公司的 Pinnacle 直流电源电离 Ar 气对尺寸为 330mm×134mm×12mm 的高纯度 99.99%的金属靶材进行溅射，真空腔内起始真空度为 8×10^{-3}Torr，镀层沉积前先以-350V 偏压对基片清洗 10min，而后设定各磁控阴极的靶电流均为 1A，基片偏压-70V，此时工作气压为 0.8Pa。根据前期的试验已得到各个金属的成膜速率（见表 1）和设计的爆炸箔的厚度（Cu 爆炸箔 5μm，Cu/Au 爆炸箔为 4μmCu-1μm Au，Cu/Al/Ni 爆炸箔为 4μm Cu-0.3μmAl-0.2μm Ni）开始沉积。镀膜过程中需保持试样以 5r/min 的速度绕中心轴顺时针旋转。

表 1 金属膜的成膜速率

Table 1 Rate of the metal film formation

Membrane material	Flow rate of argon gas /sccm	Sputtering pressure /MPa	Sputtering power /W	Average rate of deposition /nm · min^{-1}
Cu	12	7×10^{-4}	400	36
Au	12	8×10^{-4}	220	30
Al	10	8×10^{-4}	350	30
Ni	10	8×10^{-4}	300	45

爆炸箔桥形的刻蚀采用德国 Super-Dmirco650 超快皮秒激光微加工系统进行金属膜的激光刻蚀，Super-Driling 600F 激光微切割钻孔系统进行陶瓷基板的打孔切割，得到的样品如图 1 所示。

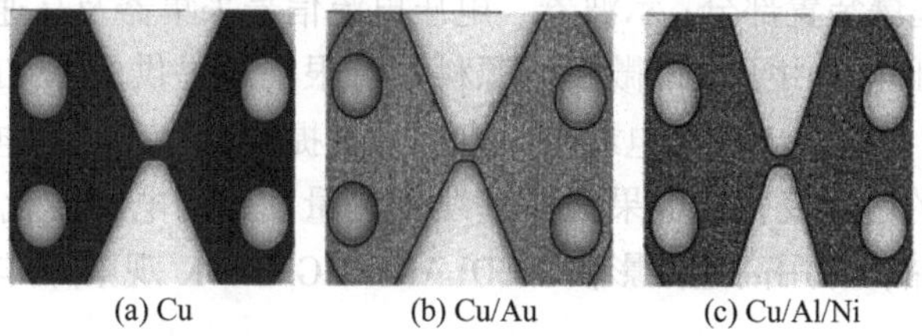

图 1　显微镜下爆炸箔的样品图

Fig. 1　Sample figures of exploding foils under the microscope

3　爆炸箔样品表征

利用德国布鲁克公司生产的 D8 ADVANCE 型 X 射线衍射仪，对所制备的不同种类的爆炸箔进行 20°~80°扫描检测，得到衍射谱图。由 XRD 谱（见图 2）可以看出存在 Al_2O_3、Cu、Au 等特征峰，检测中没有明显的 CuO 或 Cu_xO 等特征峰，这说明 Cu 膜在制备时几乎未被氧化。在 Cu/Al/Ni 爆炸箔中，由文献［8］可知 Al/Ni 合金复合膜中，预混层厚度只有几个纳米，当复合膜调制周期很小 Al 膜单层厚度小于 200nm 时，Al 峰不易检测到，所以本研究将 Al/Ni 复合膜调制周期调整为 1μm，又根据薄膜金属反应热表[9] 可以发现 Al+Ni→AlNi 时放热量相对较高，结合金属 Al、Ni 的相对原子序数可以得到 Al、Ni 调制比应为 3∶2，则 Al 膜单层厚度为 300nm，Ni 膜单层厚度为 200nm，这样可观测到明显的 Al、Ni 特征峰。又因 99 氧化铝陶瓷基片在制备过程中添加了其他微量元素，所以在 25°附近出现了一峰，在各种爆炸箔检测中均有出现，并非杂质峰。

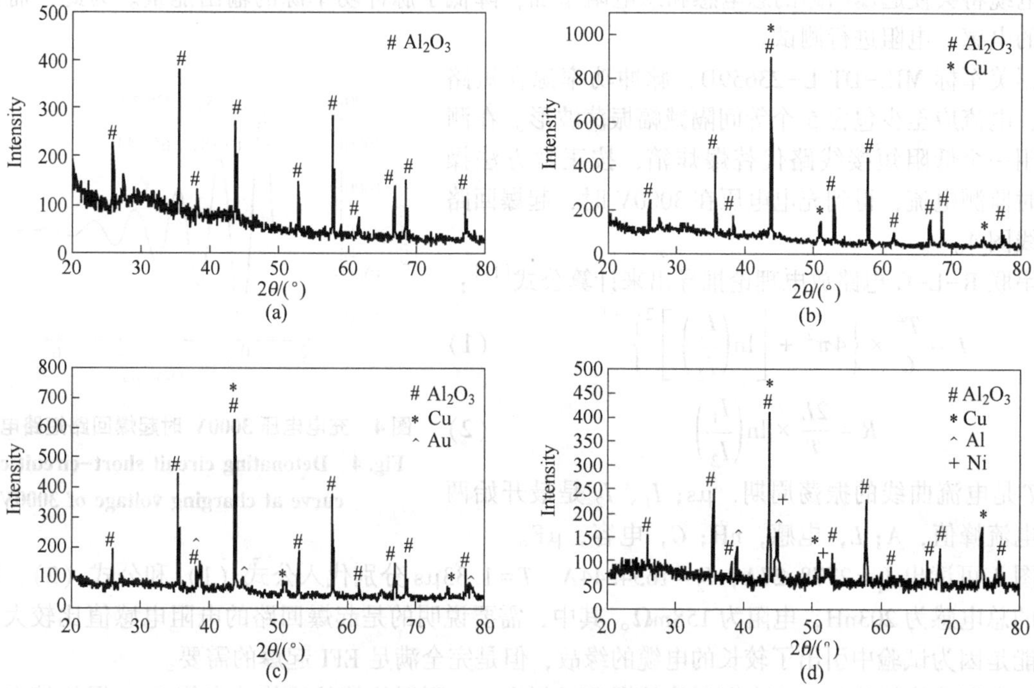

图 2　不同种类的爆炸箔的 XRD 图

Fig. 2　XRD figures of different exploding foils

4　爆炸箔电爆实验

4.1　实验装置

实验装置如图 3 所示。主要由三部分组成：高压电源、电容器和真空火发隙开关组成的高压脉冲功率源部分；爆炸箔样品起爆装置部分；示波器、电压电流信号采集器及高速摄影仪等组成信号采集观测部分。实验中所用的高压电源由天津市微模电源科技有限公司提供的 WMHT45B 型高压源，可提供 0~4000V 高压，为电容器（0.22μF）充电以及为真空开关提供脉冲高压，电爆性能测试时采用 Lecroy 高压探头测试爆炸箔两端的电压变化，罗果夫斯基线圈测量回路的电流变化，所得电压、电流信号用 Lecroy44Xs 示波器记录存储，并用高速摄影仪 REDLAKE HG-100K 观察爆炸箔电爆现象。

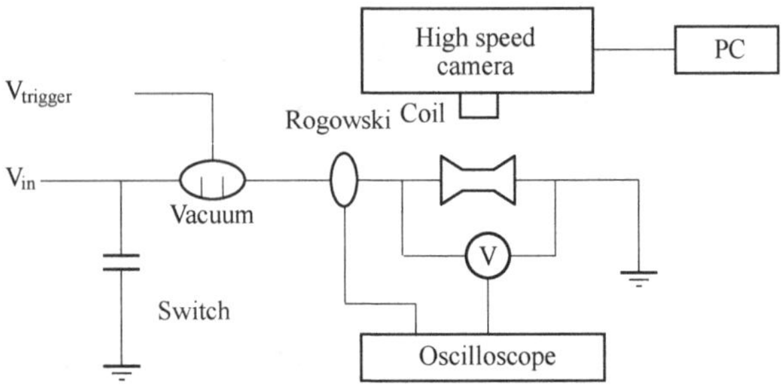

图 3 电爆装置示意图

Fig. 3 Schematic diagram of electro explosive device

4.2 起爆回路电阻、电感测试

在爆炸箔电爆实验中，由于高压脉冲功率源能量输出较大，各元器件经常被损坏，耗费较大。为了保护起爆装置，节约试验成本，在高压脉冲功率源输出端与爆炸箔样品起爆装置部分之间增加引出了电缆。然而，由于高压脉冲功率源的输出特性与起爆回路的等效电感、等效电阻有很大关系[10]，增加引出电缆将会使起爆回路的总电感和总电阻增加，降低了脉冲功率源的输出能量。为此，需要对起爆回路的电感、电阻进行测试。

根据美军标 MIL-DT L-23659D，脉冲功率源在短路放电时，电流应至少包含 5 个等间隔减幅振荡波形。在测试中，用一个低阻短接线路代替爆炸箔，按正常方法操作，同时监测电流，得到充电电压在 3000V 时，起爆回路电流曲线图 4。

由串联 R-L-C 电路放电理论推导出来计算公式[11]：

$$L = \frac{T^2}{C} \times \left\{ 4\pi^2 + \left[\ln\left(\frac{I_1}{I_2}\right) \right]^2 \right\}^{-1} \tag{1}$$

$$R = \frac{2L}{T} \times \ln\left(\frac{I_1}{I_2}\right) \tag{2}$$

式中，T 是电流曲线的振荡周期，μs；I_1、I_2 是最开始两个正向电流峰值，A；L，电感，nH；C，电容，μF。

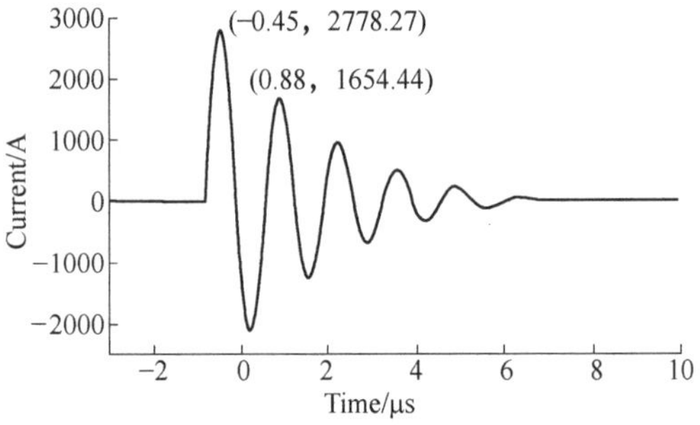

图 4 充电电压 3000V 时起爆回路短路电流曲线

Fig. 4 Detonating circuit short-circuit current curve at charging voltage of 3000V

由图 4 可读出 I_1=2778.27A，I_2=1654.44A，T=1.33μs 分别代入公式（1）和公式（2），得到起爆回路的总电感为 203nH，电阻为 158mΩ。其中，需要说明的是起爆回路的电阻电感值比较大，究其原因可能是因为试验中引出了较长的电缆的缘故，但是完全满足 EFI 起爆的需要。

定义电压曲线峰值的对应点即爆炸箔爆发时刻为 t_b，则爆炸箔的峰值功率值 P_b，爆炸箔在电爆炸过程中沉积的能量 W，能量利用效率 η，按下面公式计算：

$$P_b = u_b \times i_b \tag{3}$$

$$W = \int_{t_1}^{t_b} U \cdot I \mathrm{d}t \tag{4}$$

$$\eta = \frac{2W}{CU_0^2} \tag{5}$$

式中，u_b 为爆炸箔爆发时刻的电压，V；i_b 为爆发时刻电流，A；t_1 为电压开始时刻，μs；C 为储能电容，μF；U_0 为充电电压，V。

4.3 爆炸箔电爆伏安特性曲线

对 Cu 爆炸箔，常态电阻约为 100mΩ，分别在不同充电电压 3000V、2500V、2000V、1500V 下进行起爆，得到伏安特性曲线图 5。由图 5 可见：爆炸箔的爆发时刻（即电压峰值时刻）都选在电流曲线的前 1/4 周期附近。究其原因可能为爆炸箔的电阻随着脉冲大电流通过时温度的升高而不断增大，造成箔两端的电压不断上升。当爆炸箔被加热到汽化阶段时，其电阻达到最大值，此时通过爆炸箔的电流继续上升，已经达到汽化状态的金属气就会发生击穿，变成电阻率极低的等离子体，桥端电压便会急剧下降。

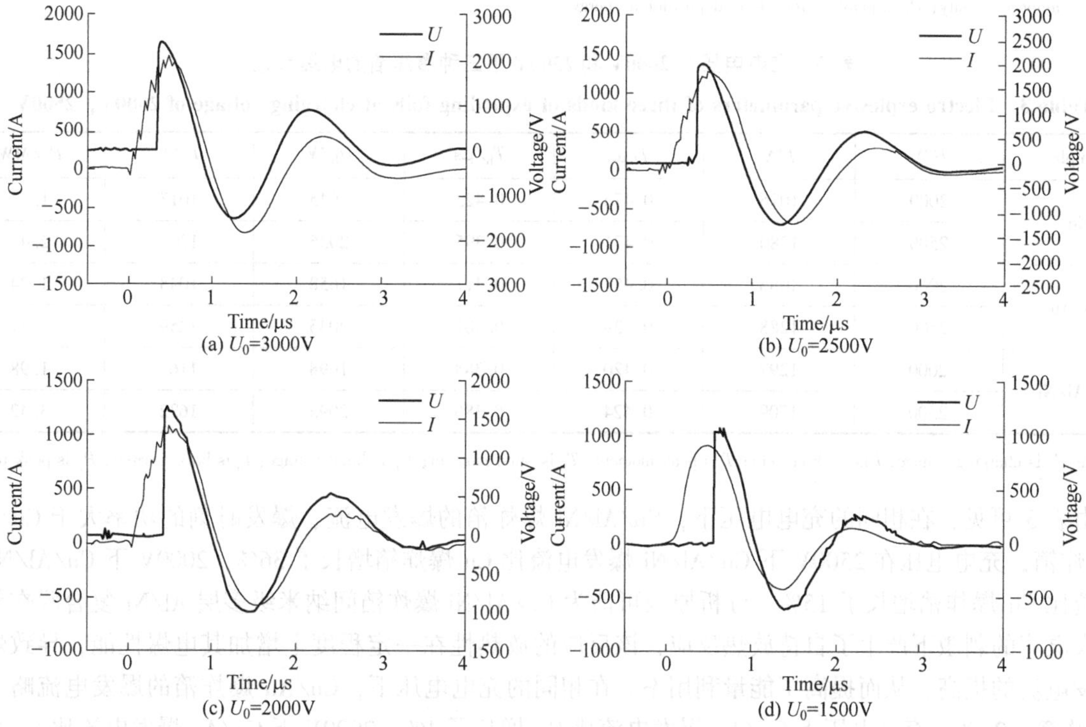

图 5 爆炸箔 Cu 在不同充电电压下伏安特性曲线

Fig. 5 Volt-ampere characteristic curves of Cu exploding foils at different charging voltages

由图 5、公式（3）~公式（5）得到 Cu 爆炸箔在不同充电电压下的电爆参数，见表 2。由表 2 可知：（1）Cu 爆炸箔的爆发电流密度很大、达到了 10^7A/cm^2 的数量级，根据导体电爆炸的判据依据[12] 可知导体发生电爆炸，而且随着充电电压的增大，爆炸箔的峰值电流、爆发电流增大，爆炸时间缩短，但电流的峰值时刻变化不大。（2）充电电压在 3000V 下其爆发时刻超前于电流峰值时刻，约为脉冲电流峰值时刻的 1/5~1/4。所以爆炸箔爆炸后，电容后续放电的能量都被浪费在回路中而得不到利用，导致能量利用率较低。可降低充电电压，在 2500V，2000V 时电压峰值较接近于电流峰值时刻，电爆后桥区气化完全，这说明起爆电压与爆炸箔匹配度较高，爆炸箔爆炸后电流的迅速下降损失的能量较少，能量利用率也较高。继续降低电压在 1500V 爆炸箔就会在电流峰值稍后处发生电爆炸，电爆后桥区气化不完全，部分爆炸箔还有电阻，不利于飞片形成及加速。可见爆发时刻与电流峰值时刻越接近，能量利用率越高，选择在充电电压 2000V，2500V 下对三种爆炸箔进行电爆实验，所得结果会更有意义。测试不同爆炸箔的电爆参数，结果见表 3。

表 2 爆炸箔 Cu 在不同充电电压下电爆参数

Table 2 Electro explosive parameters of Cu exploding foils at different charging voltages

U_0/V	I/A	T/μs	T_b/μs	U_b/V	I_b/A	j_b/A · cm^{-2}	P_b/MW	W/J	Energy utilization efficiency/%
3000	1472	0.472	0.384	2421	1302	8.7×10^7	3.2	0.13	13
2500	1280	0.471	0.395	2036	1205	8.0×10^7	2.5	0.11	18

续表 2

Continues Table 2

U_0/V	I/A	T/μs	T_b/μs	U_b/V	I_b/A	j_b/A·cm^{-2}	P_b/MW	W/J	Energy utilization efficiency/%
2000	1073	0.476	0.423	1645	1017	6.8×10^7	1.7	0.06	15
1500	907	0.473	0.397	1201	845	5.7×10^7	1.0	0.03	12

Note: U_0 is charging voltage; I is peak current; T is peak moment; T_b is burst moment; U_b is burst voltage; I_b is burst current; j_b is current ampere density; P_b is peak power; W is depositional energy.

表 3 充电电压为 2000V 和 2500V 下三种爆炸箔的电爆参数

Table 3 Electro explosive parameters of three kinds of exploding foils at charging voltage of 2000V, 2500V

sample	U/V	I/A	T/μs	T_b/μs	U_b/V	I_b/A	P_b/MW
Cu	2000	1076	0.476	0.423	1645	1017	1.67
	2500	1280	0.471	0.395	2036	1205	2.45
Cu/Au	2000	1086	0.457	0.411	1658	1048	1.74
	2500	1288	0.439	0.401	2045	1259	2.57
Cu/Al/Ni	2000	1297	0.420	0.388	1698	1167	1.98
	2500	1709	0.424	0.386	2093	1632	3.42

Note: U is charging voltage; I is peak current; T is peak moment; T_b is burst moment; U_b is burst voltage; I_b is burst current; P_b is peak power.

由表 3 可见，在相同的充电电压下，Cu/Al/Ni 爆炸箔的爆发电流、爆发时刻的功率大于 Cu/Au、Cu 爆炸箔，充电电压在 2500V 下 Cu/Al/Ni 爆发电流比 Cu 爆炸箔增长了 36%，2000V 下 Cu/Al/Ni 爆发电流比 Cu 爆炸箔增长了 15%。分析原因可能为 Cu/Al/Ni 爆炸箔间纳米级多层 Al/Ni 复合膜在外界瞬时大电流的刺激下产生了自持放热反应，该反应的放热性在一定程度上增加其电爆性能，导致爆炸箔爆发电流的提高，从而提高了能量利用率。在相同的充电电压下，Cu/Au 爆炸箔的爆发电流略大于 Cu 爆炸箔，2500V 充电电压下 Cu/Au 爆发电流比 Cu 增长了 4%，2000V 下 Cu/Au 爆发电流比 Cu 增长了 3%。分析原因可能为 Cu/Au 爆炸箔因表面溅射了一层金属 Au，Au 属于导电性好、沸腾温度值低且升华能值低的金属导体，实际应用中若用比电阻和升华能量的乘积作为评价标准，Au 比 Cu 更适合做电爆炸导体。韩成智[13] 利用对爆炸箔起爆的物理过程深入分析的基础上，建立了模拟电爆炸箔起爆过程的二维模型对 Au、Cu 材料的爆炸箔进行模拟计算，得到在相同起爆条件下，Au 材料的爆炸箔的爆发电流略大于 Cu，与实验结论吻合。综上结果，可见 Cu/Al/Ni、Cu/Au、Cu 爆炸箔的爆发电流在相同的充电电压下 Cu/Al/Ni >Cu/Au>Cu，且充电电压在 2500V 时比 2000VCu/Al/Ni 爆炸箔的爆发电流相对于 Cu 爆炸箔增长得更多。所以选择在该电压 2500V 下对三种爆炸箔起爆时产生的等离子体进行进一步研究。

4.4 爆炸箔等离子强度和尺寸分析

采用高速摄影仪 REDLAKE HG-100K，拍摄速率为 20000frames/s，直观观测爆炸箔的电爆过程。表 4 为 Cu/Al/Ni、Cu/Au、Cu 三种爆炸箔在充电电压为 2500V 下的电爆过程，关于电爆过程的起始时刻，这里认为是在第一张，其中图中相邻照片时间间隔 50μs。

由表 4 可见，在 2500V 充电电压下起爆时三种爆炸箔的桥区周围的空间里都形成了一个边界模糊的等离子体羽，中间部分呈明亮的白炽色，在 50μs 时等离子体体羽强度最大，且 Cu/Al/Ni 产生的等离子体羽大于 Cu/Au、Cu。在 100μs 时，Cu/Al/Ni 爆炸箔相对于其他爆炸箔出现了明显黄色的火花光斑，伴随着产物粒子的飞溅，且持续时间比 Cu/Au、Cu 多出 100μs，（由于图片过多，未全部列出）。分析原因可能为与单纯的金属薄膜材料相比，Al/Ni 纳米级多层复合膜在电能的作用下不仅发生了与单纯金属薄膜材料相同的物理行为而且发生两金属相之间的反应，转化电能能量的同时释放出材料本身的能量，使得在 2500V 起爆时，Cu/Al/Ni 的电爆性能明显优于 Cu/Au、Cu 爆炸箔。

表4　2500V 充电电压下三种爆炸箔的电爆现象

Table 4　Electro explosive phenomenon of three kinds of exploding foils at charging voltage of 2500V

Time/μs	Cu	Cu/Al/Ni	Cu/Au
0			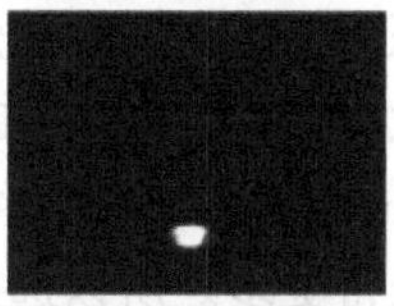
50			
100			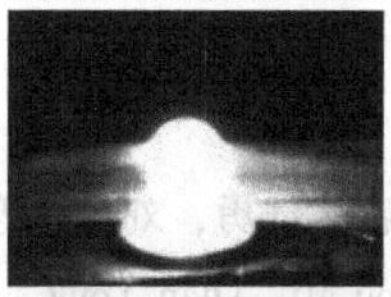
150	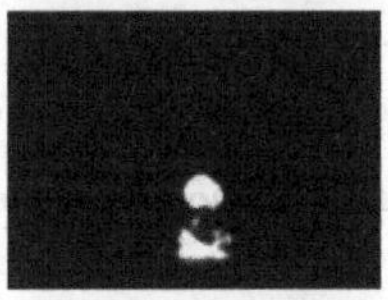	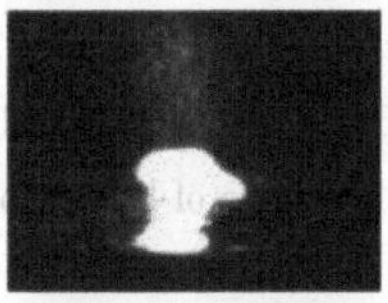	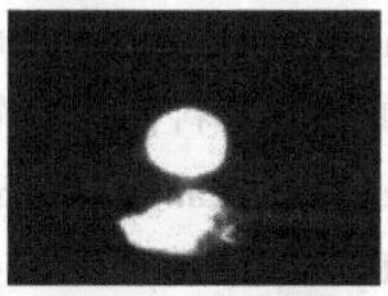
200	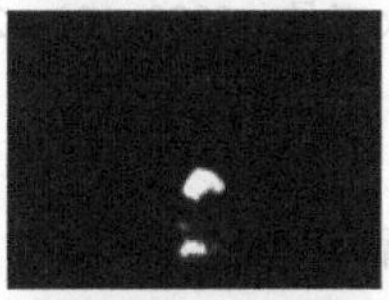	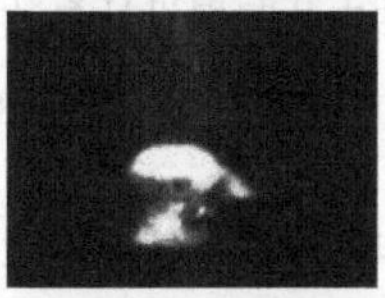	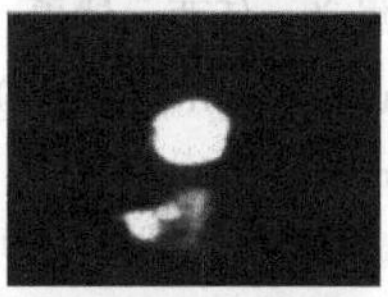
250		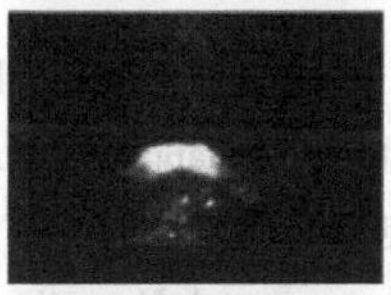	
300		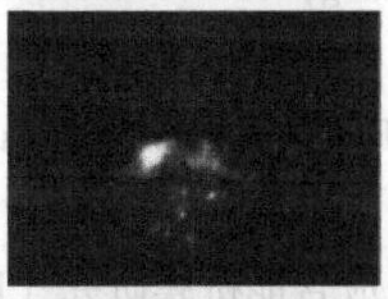	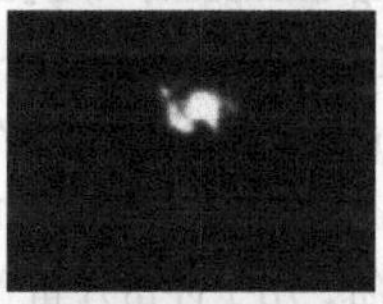
350		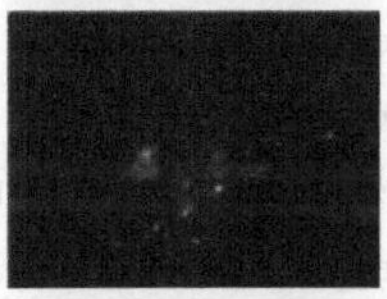	
400			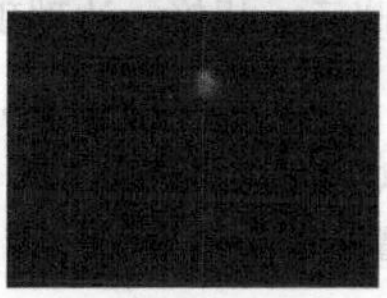

5　结论

本文结论如下。

（1）采用闭合场非平衡磁控溅射离子镀技术和皮秒激光微加工系统，制备出具有优良电爆性能的 Cu 爆炸箔（厚度为 5μm），Cu/Au 爆炸箔（厚度为 4μmCu/1μm Au），Cu/Al/Ni 爆炸箔（厚度为 4μmCu/0.3μm Al/0.2μm Ni）三种爆炸箔，利用 XRD 检测手段对其化学成分进行了分析，得到爆炸箔的纯度很高，发现 Cu、Au、Al、Ni 等特征峰，未检测到明显的 CuO 或 Cu_xO 等特征峰。

（2）利用自制起爆回路对爆炸箔的电爆性能进行了研究，得到爆发电流密度达到了 $107A/cm^2$ 数量级，充电电压在 2000V、2500V 时，爆发时刻与电流峰值时刻较接近，能量利用率也较高。并此充电电压下进行了三种爆炸箔的性能对比测试，得到在相同的充电电压下 Cu/Al/Ni、Cu/Au、Cu 爆炸箔的爆发电流 Cu/Al/Ni>Cu/Au>Cu，在充电电压 2500V 时 Cu/Al/Ni 爆发电流比 Cu 增长了 36%，2000V 下比 Cu 增长了 15%，可见充电电压在 2500V 时比 2000V Cu/Al/Ni 爆炸箔的爆发电流相对于 Cu 爆炸箔增长得更多。所以选择在该电压 2500V 下通过高速摄影法对三种爆炸箔的等离子体进行进一步的研究，得到 50μs 时 Cu/Al/Ni 产生的等离子体羽的尺寸大于 Cu/Au、Cu 爆炸箔。可见 Al/Ni 多层复合膜在纳米级范围内具有优良的电爆性能，添加到传统的冲击片雷管的爆炸箔 Cu 膜中，能提高其能量利用率，从而实现起爆系统的低能化。

参 考 文 献

[1] 周密，钱勇，刘燕，等．爆炸箔起爆器桥箔夹角优化设计［J］．含能材料，2012，20（1）：109-112.
Zhou Mi，Qian Yong，Liu Yan，et al. Optimal design of foil bridge included angle of exploding foil initiator［J］．Chinese Journal of Energetic Materials（Hanneng Cailiao），2012，20（1）：109-112.

[2] 王殿湘，王科伟．爆炸箔尺寸对冲击片电爆参数的影响［J］．火工品，2010（6）：17-19.
Wang Dianxiang，Wang Kewei，et al. Influence of bridge foil size on electric initiation parameters of slapper［J］．Initiators & Pyrotechnics，2010（6）：17-19.

[3] 褚恩义，任西，钱勇，等．爆炸箔冲击片起爆设计参数研究［J］．火工品，2008（3）：26-29.
Chu Enyi，Ren Xi，Qian Yong，et al. Study on the design parameters of exploding foil initiation［J］．Initiators & Pyrotechnics，2008（3）：26-29.

[4] 韩志伟，褚恩义，王可喧，等．爆炸箔厚度与其电爆性能和冲击片雷管感度的关系研究［J］．火工品，2009（6）：8-10.
Han Zhiwei，Chu Enyi，Wang Kexuan，et al. Study on the relationship between the thickness of exploding foil and its electrical explosion performance &sensitivity of slapper detonator［J］．Initiators & Pyrotechnics，2009（6）：8-10.

[5] 冯长根，伍俊英，陈郎，等．桥箔电爆炸过程数值计算分析［J］．含能材料，2004（12）：484-487.
Feng Changgen，Wu Junying，Chen Lang，et al. Numerical simulation of the electrical explosion of exploding foils［J］．Chinese Journal of Energetic Materials（Hanneng Cailiao），2004（12）：484-487.

[6] Morris C J，Mary B，Zakar E，et al. Rapid initiation of reactions in Al/Ni multilayers with nanoscale layering［J］．J Phys Chem Solids，2010，71（2）：84-89.

[7] 周翔．用于冲击片雷管的 Al/CuO 反应含能桥膜研究［D］．南京：南京理工大学，2012.
Zhou Xiang. Research on Al/CuO-based reactive energetic bridge foils applied in exploding foil initiator［D］．NanJing：Nan Jing University of Seience &Technology，2012.

[8] Fischer S H，Grubelich M C. Theoretical energy release of thermites intermetallics and combustible metals［R］．OSTIID：658208 Sandia National Labs，Albuquerque，NM（US），1988.

[9] 金晓云，胡艳，沈瑞琪，等．嵌入式 Al/Ni 纳米复合材料的制备与表征［J］．火工品，2011（5）：24-28.
Jin Xiaoyun，Hu Yan，Shen Ruiqi，et al. Fabrication and characterization of embedded Al/Ni nanocomposition［J］．Initiators & Pyrotechnics，2011（5）：24-28.

[10] 谭迎新，张景林．飞片起爆试验装置中能源供给系统的性能［J］．火炸药学报，2005，28（1）：22-24.
Tan Yingxin，Zhang Jinglin. Properties of the supplying power system for the flyer-initiating device［J］．Chinese Journal of Explosives & Propellants，2005，28（1）：22-24.

[11] 张仁豫，陈昌渔，王昌长，等．高电压试验技术［M］．北京：清华大学出版社，2009.
Zhang Renyu，Chen Changyu，Wang Changchang，et al. High voltage test techniques［M］．Beijing：Tsinghua University Press，2009.

[12] 王莹．电爆炸导体及其应用［J］．爆炸与冲击，1986，6（2）：184-191.
Wang Ying. Electrical exploding conductor and its applications［J］．Explosion and Shock Waves，1986，6（2）：184-191.

[13] 韩成智．电爆炸箔起爆系统作用过程研究［D］．北京：北京理工大学，2006.
Han Chengzhi. Study on the electric explosion system［D］．Beijing：Beijing Institute of Technology University，2006.

水和油脂对硝酸铵热稳定性的影响

苏　洪[1,2]　颜事龙[1]　李萍丰[2]　龚　悦[1]　胡洋勇[1]　康　磊[1]

（1. 安徽理工大学 化学工程学院，安徽 淮南，232001；
2. 广东宏大爆破股份有限公司，广东 广州，510623）

摘　要：为了研究水和油脂对硝酸铵热稳定性的影响规律，采用 FCY-1 型发火点测定仪测定爆发点的方法对含有不同杂质的硝酸铵的热稳定性进行了研究。实验结果表明，纯硝酸铵中加水至硝酸铵质量分数为 95%时，爆发点由 333.65℃降至 311.69℃，热稳定性降低，继续加水至硝酸铵质量分数为 85%时，爆发点略微升高至 317.79℃，热稳定性略微增强。在 95%硝酸铵中加入油脂至油脂质量分数为 3.85%时，爆发点降至 295.66℃，热稳定性降低。

关键词：硝酸铵；热稳定性；爆发点；油脂

Influences of Water and Oil on the Thermal Stability of Ammonium Nitrate

Su Hong[1,2]　Yan Shilong[1]　Li Pingfeng[2]　Gong Yue[1]　Hu Yangyong[1]　Kang Lei[1]

(1. School of Chemical Engineering, Anhui Uriversity of Science and Technology, Anhui Huainan, 232001;
2. Guangdong Hongda Blasting Co., Ltd., Guangdong Guangzhou, 510623)

Abstract: The influence of waler and oil on thermal stability of ammonium nitrate was studied by the method of testing explosion point with FCY-1 ignition point tester. The results showed that explosion point dropped from 333.65℃ to 311.69℃ with the thermal stability decreaaing when mass fraction of pure ammonium nitrate was changed to 95%. While water was added into the 95% ammonium nitrate to a mass fraction of 85%, the explosion point rose up to 317.79℃ with thermal stability slightly increasing. Additionally, while oil was added into the 95% ammonium nitrate in which the mass fraction of oil was 3.85%, the explosion point dropped to 295.66℃ with the thermal stability decreasing.

Keywords: ammonium nitrate; thermal stability; explosion point; oil

1　引言

硝酸铵在 1659 年由德国人 J. R. 格劳贝尔[1] 首次制得，用途非常广泛，是军用含能材料、民用爆炸物品和农用肥料的基本原料[2,3]。硝酸铵是一种弱酸性、弱爆炸性的氧化剂，在常温下是稳定的，但是在高温高压和明火的条件下有可能发生爆炸。国内外曾发生过多起由硝酸铵爆炸引发的特大事故[1]，均造成了重大人身财产损失。

硝酸铵的热稳定性对其安全生产、存储、运输和使用都具有重要的意义。硝酸铵是一种极易潮解的物质，容易吸收水分，在生产运输存储和乳化炸药生产中极易混入油脂，因此研究水和油脂对硝酸铵爆炸温度和热稳定性的影响规律显得尤为重要。目前，国内外学者对硝酸铵热稳定性的研究已经很

基金项目：国家自然科学基金煤炭联合基金（51134012）；工业和信息化部科技合作项［安（科）-2013-04］。
原载于《工程爆破》，2014，20（5）：55-58。

多[4,5]，但大部分停留在理论分析的基础上，采用各种热分析的方法如 DSC、TG、C80 等来计算硝酸铵的化学动力学参数，本文通过采用爆发点法测定加入不同量水和油脂的硝酸铵 5s 延滞期时的爆炸温度来研究水和油脂含量对硝酸铵爆炸温度和热稳定性的影响规律，以期为硝酸铵的贮存、运输和安全使用提供参考。

2 实验

2.1 实验器材

硝酸铵（上海试剂一厂综合经营公司）、去离子水、柴油、电子天平、FCY-1 型发火点测定仪（鹤壁市鑫泰高科技仪器制造有限公司）、雷管壳（铝制、60mm 长）、铜塞（具有一定锥度）和试管夹（木制）。

2.2 实验原理

实验装置原理如图 1 所示，其主要原理是在一定条件下加热试样，经过一定延滞期（5s）后，试样发生爆炸时介质的温度为爆发点，主要参数是时间和温度[6]。本文通过改变水和油脂的加入量，测得不同水和油脂含量的硝酸铵 5s 延滞期时的爆炸温度，并绘制出水和油脂含量与爆发点的关系图，研究水和油脂含量对硝酸铵热稳定性的影响规律。

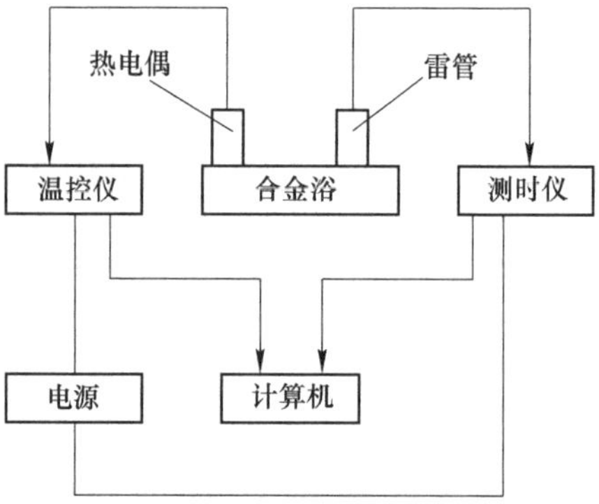

图 1 测试装置原理图

Fig. 1 Schematic diagram of test device

5s 延滞期 τ(s) 与爆炸温度 T(K) 服从下列关系：

$$\tau = ce^{\frac{E}{RT}} \tag{1}$$

两边取自然对数得：

$$\ln\tau = \ln c + \frac{E}{RT} \tag{2}$$

式中，E 为爆发点反应相应的炸药活化能，J/mol；R 为气体常数，8.314J/(mol·K)；C 为与炸药成分有关的常数，取 1.16×10^{-9}；T 为爆发点温度，K。

2.3 实验内容

实验一：配制质量分数分别为 100%、95%、90%、85%的 4 组硝酸铵试样，分别标号为水 1 号、水 2 号、水 3 号、水 4 号，然后进行测试。

实验二：先配制质量分数为 95%的硝酸铵试样，然后在硝酸铵试样里滴加质量不同的柴油，配成硝酸铵与柴油质量比分别为 100∶0、100∶1、100∶2、100∶3、100∶4 的 5 种试样，分别标号为油 0 号、油 1 号、油 2 号、油 3 号、油 4 号，然后进行测试。

将试样称取（50±2）mg 装入雷管壳内，用连有导线的铜塞塞好，铜塞与雷管壳口部密合。接通电源，加热合金浴，当合金浴达到温度要求时，把雷管壳垂直插入合金浴中，深度不小于 30mm，此时计时，直到爆炸记下时间，此时间为样品在此温度下的爆发延滞期。在 2~10s 范围内至少选取 4~5 个温度点进行测试[7]，每个温度点至少测 5 次，用算术平均法算出各个温度 T，做出 τ-T 的点阵图，然后根据线性拟合求出 5s 延滞期所对应的温度即为该样品的爆发点。

3 实验结果与分析

3.1 水对硝酸铵爆发点的影响

为了分析水对硝酸铵热稳定性的影响规律，将纯硝酸铵的爆发点与不同质量分数的硝酸铵爆发点进行比较。表 1 为各质量分数硝酸铵爆炸时合金浴温度与延滞期数据（为了消除水蒸气可能冲掉铜塞造成“假爆”对数据的影响，本文测得的数据均为确定雷管壳口和铜塞之间有火光及确定硝酸铵爆炸时记录的数据）。

表 1　各质量分数硝酸铵介质温度与延滞期对应关系

Table 1　The relation between medium temperature of ammonium nitrate in different mass fractions and delay time

温度/℃	水 1 号延滞期/s	水 2 号延滞期/s	水 3 号延滞期/s	水 4 号延滞期/s
365	2.52	—	—	—
355	3.92	2.03	—	2.41
345	4.62	—	2.57	—
335	5.54	2.99	2.36	3.20
325	7.35	3.37	3.92	—
315	—	4.02	4.98	4.54
305	—	5.35	5.87	5.91
295	—	7.31	—	7.60

将表 1 数据进行拟合可得出不同质量分数硝酸铵 5s 延滞期所对应硝酸铵爆炸时合金浴温度，即为爆发点，见表 2。

表 2　不同质量分数硝酸铵的爆发点

Table 2　Explosion points in different mass fractions of ammonium nitrate

质量分数/%	爆发点/℃
100	333.65
95	311.69
90	314.54
85	317.79

由表 2 可以看出，纯硝酸铵中加入少量的水使分析纯硝酸铵变成高浓度硝酸铵时会使硝酸铵的爆发点降低，但是随着水的增多，高浓度硝酸铵的爆发点会略微升高。

为了更精确地表述爆发点升高过程，对实验数据进行拟合可得到硝酸铵在 85%～95%范围内爆发点随质量分数的变化关系式：

$$T = 0.008\rho^2 - 2.05\rho + 434.24 \tag{3}$$

式中，T 为爆发点，℃；ρ 为硝酸铵质量分数，%。

通过表 2 可以看出，在分析纯硝酸铵中加入水（质量分数由 100%降低到 95%左右时）由纯硝酸铵变成高浓度硝酸铵时可以降低硝酸铵的爆发点及其热稳定性，但是随着水的加入（质量分数由 95%降低到 85%左右时），爆发点会略微升高。

从两方面分析其原因：

（1）水的加入使硝酸铵的爆发点从 330.65℃降低到 310℃左右，主要是因为如果硝酸铵中有水分子，那么水分子会参与硝酸铵氢键的形成[8]。当有水的时候，水分子会与硝酸铵氢键作用，削弱硝酸铵本身的氢键强度，所以当硝酸铵中加入水的时候，就会破坏硝酸铵的热稳定性，使硝酸铵的爆发点降低。

（2）随着水的质量分数增大，高浓度硝酸铵的爆发点从 311.69℃略微升高至 317.79℃，是因为这时化学平衡起到了主要的作用。Wood 等人认为硝酸催化硝酸铵分解反应的机理为[9]：

$$NH_4NO_3 \longrightarrow NH_3 + HNO_3 \tag{4}$$

$$HNO_3 + H^+ \longrightarrow H_2NO_3 \longrightarrow H_2O + NO_2 \tag{5}$$

$$NO_2 + NH_3 \longrightarrow NH_3NO_2^+ \longrightarrow H_2O + NO_2 \tag{6}$$

从化学平衡角度来说．水的增加使反应（5）向左移动，从而造成反应（4）也向左移动，因而水总是阻碍硝酸铵的总分解速率。所以在本实验浓度范围内，随着水的加入增多，爆发点会略微升高。

3.2 油脂对硝酸铵爆发点的影响

为了分析油脂对硝酸铵热稳定性的影响，将95%硝酸铵的爆发点与加入不同油脂质量后的95%硝酸铵爆发点进行比较，实验结果见表3。

表3 不同油脂含量硝酸铵介质温度与延滞期对应关系

Table 3 The relation between the medium temperature of ammonium nitrate in different mass fractions of oil with delay time

温度/℃	油0号延滞期/s	油1号延滞期/s	油2号延滞期/s	油3号延滞期/s	油4号延滞期/s
355	2.03	—	—	—	—
345	—	1.96	2.01	2.24	2.09
335	2.99	—	2.75	—	—
325	3.37	3.14	3.03	2.94	2.55
315	4.02	3.84	3.57	3.71	3.61
305	5.35	5.11	5.03	4.57	4.39
295	7.31	7.02	6.43	5.16	5.18
285	—	—	—	6.51	5.83

将表3数据进行拟合可求出不同油脂含量硝酸铵5s延滞期所对应的硝酸铵爆炸时合金浴温度，即为爆发点，见表4。

表4 不同油脂含量的硝酸铵爆发点

Table 4 Explosion points of ammonium nitrate in different mass fractions of oil

样　品	油脂质量分数/%	爆发点/℃
油0号	0	311.69
油1号	0.99	308.90
油2号	1.96	305.79
油3号	2.91	300.10
油4号	3.85	295.66

根据表4可以得出在一定质量分数范围内，油脂含量与爆发点对应关系，如图2所示。

对实验数据进行拟合可得到硝酸铵爆发点随油质量分数的变化关系式：

$$T = -0.495W^2 - 2.338W + 311.749 \qquad (7)$$

式中，T为爆发点，℃；W为油脂质量分数，%。

通过表4和图2可以看出，油脂的加入会降低硝酸铵的爆发点，这是因为首先硝酸铵分解成氨和硝酸，硝酸又与有机油类中的碳氢化合物反应，随着温度的升高，一方面硝酸铵继续分解成N_2O，另一方面由于硝酸铵的强氧化性，有机油完全氧化，两种反应均放出大量热量，构成在较高温度时的剧烈放热效应。因此油脂的加入降低了硝酸铵的热稳定性，从而降低了硝酸铵的爆发点。

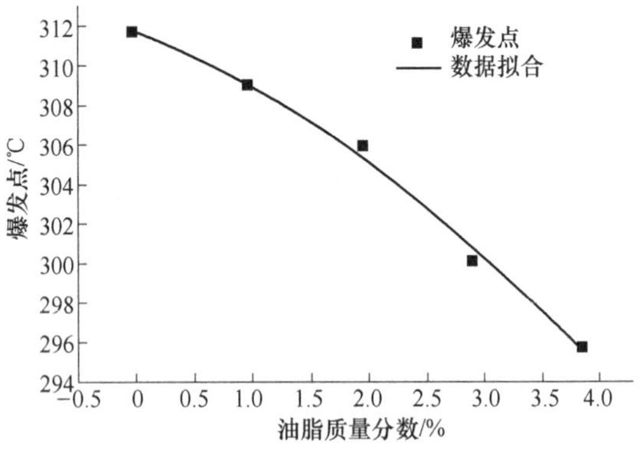

图2 爆发点随油脂含量变化规律

Fig. 2 The change law of explosion point with mass frections of oil

4 结论

本文结论如下。

（1）分析纯硝酸铵最为稳定，爆发点温度最高。

（2）对于分析纯硝酸铵，水的加入会减弱硝酸铵的热稳定性，明显降低硝酸铵的爆发点。但随着水的加入增多，在一定浓度范围内反而会使爆发点略微增高。

（3）油脂的存在会降低 95%硝酸铵的热稳定性，使爆发点降低，在本实验浓度范围内油脂的含量越高，爆发点会越低。

参 考 文 献

[1] 孙金华，丁辉．化学物质热危险性评价［M］．北京：科学出版社，2007：19.

[2] 吕春旭，刘祖亮，倪欧琪．工业炸药［M］．北京：兵器工业出版社，1994：218.

[3] 中国农业科学院土壤肥料研究所．中国肥料［M］．上海：科学技术出版社，1994：219.

[4] 陈网桦，陈利平，吴燕，等．硝酸及氯离子对高温硝酸铵水溶液热危险性的影响研究［J］．中国安全科学学报，2007，17（5）：102-105.

[5] 孙占辉，孙金华，陆守香，等．无机酸对硝酸铵热稳定性影响的研究［J］．中国安全科学学报，2005，15（9）：57-62.

[6] 张立．爆破器材性能与爆炸效应测试［M］．合肥：中国科学技术大学出版社，2006：13-16.

[7] GJB 772A-97 中华人民共和国国家军用标准-炸药试验方法［S］．北京：国防科学技术工业委员会，1997.

[8] 宋远达，汪旭光．添加剂对硝酸铵晶体热稳定性和防结块的影响［J］．爆破器材，1992，21（1）：1-6.

[9] 王小红，郭子如．硝酸铵的热分解和热稳定性研究［J］．煤矿爆破，2004（1）：27-30.

一种新型乳化炸药专用高分子乳化剂的研发与应用

颜小东[1]　叶志文[1]　崔晓荣[2]　尤静娴[2]

（1. 南京理工大学 化工学院，江苏 南京，210094；
2. 广东宏大爆破股份有限公司，广东 广州，510623）

摘　要：以聚异丁烯丁二酸酐、山梨醇为原料合成聚异丁烯丁二酸山梨醇酯乳化剂，用红外光谱对产物进行结构表征。并通过与 Span-80、T152 作乳化力、乳胶基质形貌、乳胶基质稳定性的对比实验及该乳化剂在乳化炸药中的热安定性和爆炸性能来考察制备的乳化剂在乳化炸药中的应用情况。结果表明，该乳化剂的乳化力介于 Span-80 和 T152 之间，但用该乳化剂制备的乳胶基质的粒径更小、稳定性更高，制备的乳化炸药热安定性好，爆炸性能优异。

关键词：聚异丁烯丁二酸酐；山梨醇；乳化剂；乳化炸药

The Development and Application of a New Polymeric Emulsifier Designed for Emulsion Explosives

Yan Xiaodong[1]　Ye Zhiwen[1]　Cui Xiaorong[2]　You Jingxian[2]

（1. School of Chemical Engineering，Nanjing University of Science and Technology，Jiangsu Nanjing，210094；
2. Guangdong Hongda Blasting Co.，Ltd.，Guangdong Guangzhou，510623）

Abstract：Polyisobutylene succinic acid sorbitol ester was synthesized using polyisobutylene succinic anhydride and sorbitol as raw material. The structure of the product was characterized by infrared spectrum. To investigate the application of the emulsifier in emulsion explosives，the emulsifying ability，the morphology and stability of the emulsion matrix，thermal stability and detonation performance preparaed with the product were tested. Compared to the emulsion and emulsion explosives prepared by Span-80 and T152 as emulsifiers，the rusults show that the emulsifying ability of the emulsifier is beween Span-80 and T152，but smaller size of the emulsion matrix and longer storage period. Besides，the detonation velocity is excellent，the thermal stability in emulsion explosives is good.

Keywords：polyisobutylene succinic anhydride；sorbitol；emulsifier；emulsion explosive

目前国内用于乳化炸药的乳化剂可分为低分子乳化剂和高分子乳化剂[1]。低分子乳化剂以 Span-80 为代表，这种乳化剂典型特征是易乳化，具有初始乳化温度低，易成乳的特点。但是低分子乳化剂形成的乳化体系的立体空间障碍较低，势垒较小，粒子间易发生碰撞、聚集，且有双键的存在，使得该乳化剂容易被氧化，分子结构易遭破坏，从而导致炸药储存期较短[2]。高分子乳化剂以 T152 为代表，该乳化剂在一定程度上提高了乳化炸药的贮存期，但是 T152 乳化剂的乳化性能较差，需要在较高的剪切强度下才能达到良好的乳化状态，但在这种剪切强度下也容易出现“破乳”现象，不能适应连续化生产工艺的要求，而且由于亲水基团小，亲水性较差，因而乳化效率也较低[3]。研究工作者[4] 尝试将上述两种乳化剂按一定比例复配从而形成复合乳化剂。研究表明复合乳化剂能够有效改善乳化性能，同时表面膜上有可能形成“复合物”，使膜的强度增加，堆积更加紧密，减少液珠的凝结，使乳化液更加稳定。然而这种简单的物理混合并不能达到人们预期的目标，不能真正实现降低剪切线速度、提高贮存期的目的[1]。

原载于《中国矿业》，2014，23（12）：128-131。

为了得到性能优良且成本相对较低的乳化剂，以弥补上述乳化剂的不足，国内外许多学者进行了比较广泛的研究，聚异丁烯丁二酸酐（简称 PIBSA）与醇胺[5]、聚甘油[6]、多元醇[7] 等反应生成高分子酯类乳化剂。本文采用聚异丁烯丁二酸酐与山梨醇为原料，合成了聚异丁烯丁二酸山梨醇酯，测定了产物的乳化力及考察了其在乳化炸药中的应用情况。

1 实验部分

1.1 剂与仪器

PIBSA，工业纯，辽宁锦州惠发天合化工有限公司；山梨醇，分析纯，阿拉丁试剂上海有限公司；磷酸，分析纯，国药集团化学试剂有限公司；碳酸氢钠，分析纯，成都市科隆化工试剂厂；硝酸铵，分析纯，广东省汕头市西陇化工厂；硝酸钠，分析纯，上海新宝精细化工厂；Span-80，工业纯，山东天宝化工厂；T152，工业纯，山东天宝化工厂；复合蜡，工业纯，南京炼油厂；二甲苯，分析纯，上海凌峰化学试剂有限公司；玻璃微球，美国 3M 公司。

SHZ-Ⅲ循环水式真空泵，南京科尔仪器设备有限公司；JJ300 型精密电子天平，常熟双杰测试仪器厂；DV-Ⅰ爆速测定仪，长沙矿山研究院；DSC823e 差示扫描量热仪，瑞士-梅特勒托利多；日立 S-4800 型扫描电子显微镜，日本日立公司；Nicolet IS-10 型傅立叶变换红外光谱仪，美国赛默飞世尔科技公司；乳化器，德国 INVENSYS 公司。

1.2 实验过程

1.2.1 聚异丁烯丁二酸山梨醇酯的合成

将 3.5g 山梨醇、0.035g 磷酸依次加入 50mL 三口烧瓶中，反应过程中抽真空，缓慢升温到 170℃，反应 2h。然后加入 PIBSA 10g，碳酸氢钠 0.2g，升温到 195℃反应 3h，最终得到产物聚异丁烯丁二酸山梨醇酯。

1.2.2 乳化炸药的制备

乳胶基质的制备：按照表 1 称取一定质量的复合蜡和乳化剂加热熔化形成油相，温度控制在 95℃左右；将硝酸铵和硝酸钠加入水中形成水相，温度控制在 100℃左右。调节转速为 550r/min，然后将水相缓慢加入油相中。待水相加入完毕后，1500r/min 精乳化 5min 即得到乳胶基质。

表 1 乳胶基质的配方 (%)

硝酸铵	硝酸钠	水	乳化剂	复合蜡
76.0	7.5	10.0	2.0	4.5

乳化炸药的制备：将上述乳胶基质冷却至 55℃左右，加入质量分数为 1.5%的玻璃微球，即为乳化炸药。

1.2.3 实验方法

乳化力测试[7]：以二甲苯为油相，用 Span-80、T152 及合成的乳化剂分别配制成质量分数为 2%的二甲苯溶液。然后移取 4mL 水、6mL 二甲苯溶液于具塞量筒中。上下震荡 10 下，停 0.5min，重复三次后开始计时，以油相析出 3mL 二甲苯的时间作为乳化力的量度。该实验在室温下进行。

乳胶基质颗粒形貌观察：采用扫描电镜观察乳胶基质颗粒的结构特征。

乳胶基质高低温循环实验：将制备的乳化炸药置于培养皿中，加盖密封，然后依次置于冰箱和烘箱中进行高低温循环实验。实验条件为：高温 50℃，恒温 6h；转入低温-20℃，恒温 6h；每 12h 为一循环。经过高低温循环后观察硝酸铵及硝酸钠析晶情况及硬化情况。实验结果见表 2。

表 2 三种乳胶基质高低温循环实验结果

乳化剂	析晶情况			硬化情况		
	8 循环	16 循环	24 循环	8 循环	16 循环	24 循环
聚异丁烯丁二酸山梨醇酯	无	无	无	无	无	无
Span-80	无	析晶	析晶	硬化	硬化	硬化
T152	无	无	析晶	无	无	硬化

乳化炸药的热安定性测试：采用差示扫描量热仪测试聚异丁烯丁二酸山梨醇酯、Span-80 及 T152 制备的乳化炸药的热安定性。测试条件为：升温速率 5℃/min；N_2 保护；样品质量：0.4~0.5mg。

乳化炸药爆炸性能测试：将三种乳化剂制备的乳化炸药分别装入规格为 ϕ32mm×20cm 的纸卷中测定其爆炸性能。实验结果见表 3。

表 3 三种乳化炸药的爆炸性能

乳化剂	装药密度/$g\cdot cm^{-3}$	爆速/$m\cdot s^{-1}$	猛度/mm
聚异丁烯丁二酸山梨醇酯	1.15~1.20	5150	18.1
Span-80	1.15~1.20	4967	17.2
T152	1.15~1.20	4893	17.0

2 结果与讨论

2.1 FTIR 图谱分析

图 1 和图 2 分别为聚异丁烯丁二酸酐和产物的红外光谱图。在图 1 中，1860cm^{-1} 和 1780cm^{-1} 附近的吸收峰是五元环状酸酐的不对称与对称伸缩吸收峰，而在图 2 中，酸酐的特征吸收峰消失，表明酸酐已经基本反应完全，在 3350cm^{-1} 附近出现羟基的吸收峰，1730cm^{-1} 附近出现酯类羰基特征峰，这表明合成了聚异丁烯丁二酸山梨醇酯。

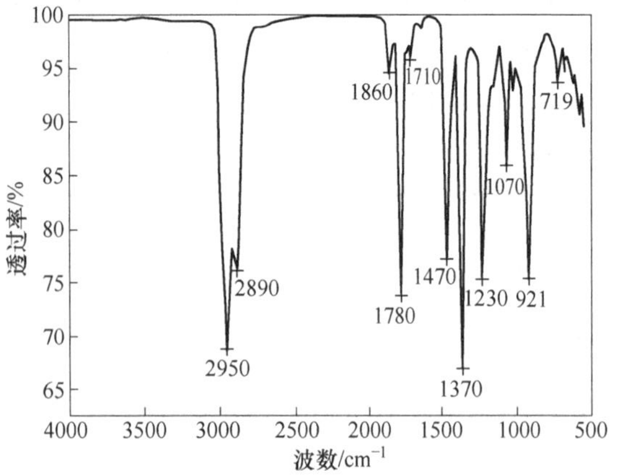

图 1 聚异丁烯丁二酸酐的 FTIR 图谱

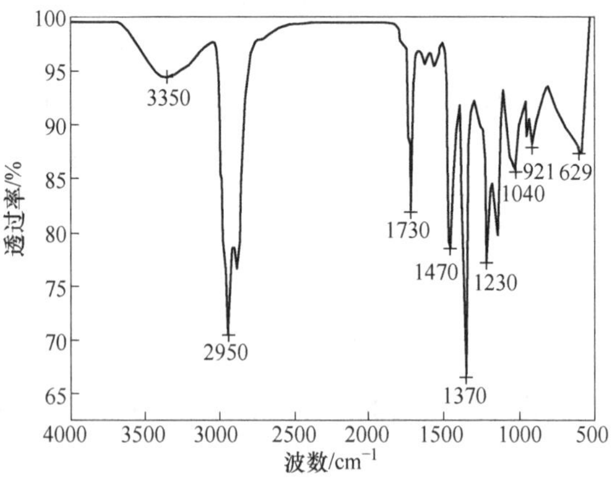

图 2 聚异丁烯丁二酸山梨醇酯 FTIR 图谱

2.2 乳化力测试

实验测得聚异丁烯丁二酸山梨醇酯配制的乳化液 76min 后分出了 3mL 二甲苯，而分别用同样浓度的 Span-80、T152 配制的乳化液分别放置 215min、14min 后分出了 3mL 二甲苯。聚异丁烯丁二酸山梨醇酯的乳化力介于 Span-80 和 T152 之间。这有可能是因为聚异丁烯丁二酸山梨醇酯和 T152 都是高分子乳化剂，相对于低分子乳化剂较难在低剪切作用下乳化完全。但聚异丁烯丁二酸山梨醇酯比 T152 较易乳化，这有可能是因为聚异丁烯丁二酸山梨醇酯相对于 T152 具有较多的亲水性较好的亲水基—羟基，因此表现出良好的乳化能力。

2.3 乳胶基质颗粒形貌对比实验

研究表明，贮存稳定性好的乳化炸药，其乳胶基质粒子小，分布均匀[8]。从图 3~图 5 可知，通过聚异丁烯丁二酸山梨醇酯制得的乳胶基质在扫描电镜下为细小的 W/O 球型粒子，颗粒分布均匀，粒径在 1~2μm，小于 Span-80、T152 乳胶基质的粒径（2~4μm）。这可能是因为聚异丁烯丁二酸山梨醇酯的亲水亲油性能较好，降低界面张力的能力强，使得其制备的乳胶基质颗粒较小且均匀。

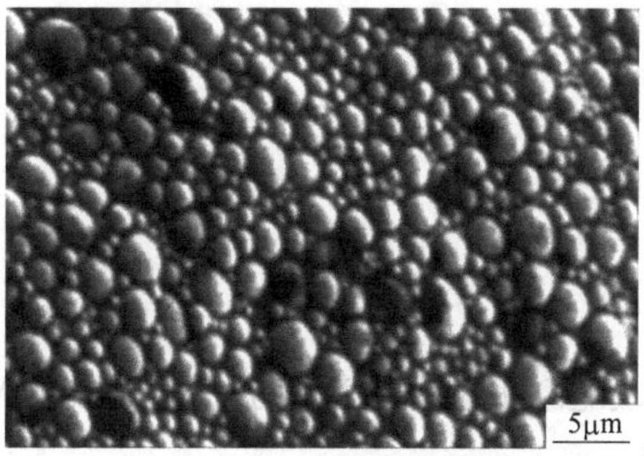

图 3 Span-80 制备的乳胶基质扫描电镜图

图 4 T152 制备的乳胶基质扫描电镜图

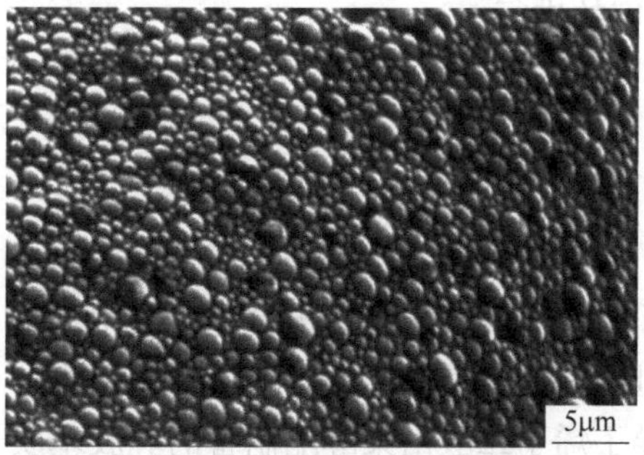

图 5 聚异丁烯丁二酸山梨醇酯制备的乳胶基质扫描电镜图

2.4 乳胶基质稳定性对比实验

从表 2 可知，聚异丁烯丁二酸山梨醇酯制备的乳胶基质经过 24 个高低温循环仍然无析晶和硬化现象，而 Span-80 和 T152 制备的乳胶基质分别经过 16 个、24 个高低温循环就开始析晶和硬化。这可能主要是因为聚异丁烯丁二酸山梨醇酯具有亲油的高活性聚异丁烯链，同时具有内酯及羟基较强的亲水基团，使其具有良好的乳化能力和立体阻碍能力，使水相和油相联系更为紧密和牢靠。同时，聚异丁烯丁二酸山梨醇酯制备的乳胶基质中，聚异丁烯丁二酸山梨醇酯较多的亲水极性基团可与水相中的 NH_4NO_3、H_2O 分子形成氢键，增加了油膜与水相的吸附强度，降低了分散相的界面张力，从而使油膜能够紧紧包裹在分散相微粒表面，形成一层致密的保护膜，使乳胶基质更加稳定。

2.5 乳化炸药的热安定性测试

由图 6 可知，三种乳化炸药初始分解温度分别为：237℃（Span-80）、265℃（T152）、273℃（聚异丁烯丁二酸山梨醇酯）、峰点温度分别为 260℃（Span-80）、280℃（T152）、285℃（聚异丁烯丁二酸山梨醇酯）。这三种乳化炸药的分解温度远高于乳化温度和敏化温度，更高于乳化炸药的使用温度，因此，这三种乳化炸药的均具有良好的热安定性。同时，用聚异丁烯丁二酸山梨醇酯制备的乳化炸药分解温度最高，Span-80 制备的乳化炸药分解温度最低，也说明了聚异丁烯丁二酸山梨醇酯制备的乳化炸药的热安定性最好。

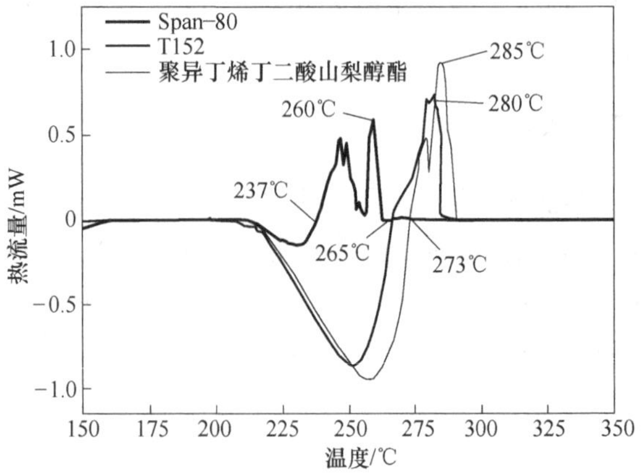

图 6 三种乳化炸药的 DSC 谱图

2.6 乳化炸药爆炸性能测试

根据 WJ/T9052.1-2 方法测定了由三种乳化炸药的摩擦感度和撞击感度均为 0，并将其装入规格为 ϕ32mm×20cm 的纸卷中测定其爆炸性能，实验结果见表 3。

从表 3 可知，由聚异丁烯丁二酸山梨醇酯制备的乳化炸药的爆炸性能优于 Span-80 和 T152 制备的乳化炸药，这可能是因为由聚异丁烯丁二酸山梨醇酯制备的乳化炸药的颗粒较小，使氧化剂和还原剂的接触面积增大，有利于爆炸反应的进行。

3 结论

本文结论如下。

（1）实验合成的聚异丁烯丁二酸山梨醇酯高分子乳化剂的乳化力介 Span-80 和 T152 之间，分出 3mL 二甲苯所用时间为 76min，但远高于 T152（14min）。

（2）SEM 研究表明，用聚异丁烯丁二酸山梨醇酯制备的乳胶基质 W/O 颗粒小而均匀，粒径在 1~2μm，而 Span-80 及 T152 制备的乳胶基质颗粒粒径在 2~4μm；用聚异丁烯丁二酸山梨醇酯制备的乳胶基质 24 个高低温循环后仍未析晶和硬化，大于 Span-80（16 个）及 T152（24 个），说明其具有良好的贮存稳定性。

（3）用聚异丁烯丁二酸山梨醇酯制备乳化炸药中热安定性较好，其初始分解温度为 273℃，峰点温度为 285℃，略高于 Span-80 及 T152 制备的乳化炸药的分解温度。

（4）用聚异丁烯丁二酸山梨醇酯制备的乳化炸药具有优异的爆炸性能，爆速为 5150m/s，猛度为 18.1mm，具有良好的应用前景。

参考文献

[1] 尹国靖．新型乳化剂的合成及其在工业炸药中的应用［D］．南京：南京理工大学，2012.
[2] 谢丽．聚异丁烯丁二酸醇胺乳化剂的合成、性能及应用研究［D］．南京：南京理工大学，2012.
[3] 张凯铭，倪欧琪，俞珍权，等．醇胺乳化剂的合成及其在乳化炸药中的应用［J］．爆破器材，2013，42（4）：6-11.
[4] 李冰，胡坤伦，罗宁．复合乳化剂对提高乳化炸药稳定性的初步研究［J］．火工品，2007（3）：37-39.
[5] 谢丽，郭晓晶，李斌栋，等．聚异丁烯丁二酸三乙醇胺酯的合成及应用研究［J］．爆破器材，2012，41（2）：1-4.
[6] 罗强章，许虎君，刘勇，等．聚异丁烯丁二酸聚甘油酯的制备及其性能研究化学试剂［J］．化学试剂，2013，35（8）：746-748.
[7] 郭晓晶．聚异丁烯丁二酸糖醇酯类乳化剂的合成、性能及应用研究［D］．南京：南京理工大学，2012.
[8] 汪旭光．乳化炸药［M］．2 版．北京：冶金工业出版社，2008：599-609.

炸药热感度测试方法的应用价值及其对高温爆破的启示

束学来[1]　郭子如[1]　崔晓荣[2]　郑炳旭[2]

（1. 安徽理工大学 化学工程学院，安徽 淮南，232001；
2. 广东宏大爆破股份有限公司，广东 广州，510623）

摘　要：论述了高温爆破存在的问题及炸药的热感度测试方法，通过分析每种炸药的热感度测试方法，探讨其应用价值，然后得出其对高温爆破的启示。结果表明：炸药热感度测试方法各有优缺点，需要改进，烤燃弹试验能够较好地模拟高温炮孔中炸药的状态。

关键词：炸药热感度；热感度测试标准；高温爆破

Application Value of Explosive Sensitivity Test Method and Its Enlightenment on High Temperature Blasting

Shu Xuelai[1]　Guo Ziru[1]　Cui Xiaorong[2]　Zheng Bingxu[2]

（1. School of Chemical Engineering，Anhui University of Science and Technology，Anhui Huainan，232001；
2. Guangdong Hongda Blasting Co.，Ltd.，Guangdong Guangzhou，510623）

Abstract: Discusses the problems of high temperature blasting and the thermal sensitivity test methods of explosives. Including the analysis of thermal sensitivity test methods of each kind explosives. Discusses its application value，then get some implications for high temperature blasting. It is showed that: every explosive sensitivity method has merits and demerits，need to be improved，and cook－off test can better simulation the explosive state in high temperature holes.

Keywords: thermal sensitivity of explosive; thermal sensitivity test standards; high temperature blasting

炸药的耐热性研究，对高温爆破有着现实的指导意义，例如可以根据耐热性选择合适的高温爆破炸药，根据炸药在高温下稳定存在的时间，控制装药到起爆的时间等。高温爆破时，有些高温炮孔的温度很高，炸药在炮孔中处于加热状态，导致炸药安全性成为问题。炸药的耐热性主要与炸药的热感度有关，在我国，炸药的热感度测试方法有多种，每种方法都有其各自的特点和理念，其测试方法、条件和高温爆破现场都有着一些关联，其测试结果对炸药的性能都有一定的反映。故可以通过分析每种热感度的测试方法应用价值，进而得出其对高温爆破的启示。

1　高温爆破

高温爆破是指炮孔温度大于60℃ 的爆破作业。现今的高温爆破存在以下几方面问题。

（1）爆破施工方面。煤矿火区的高温对钻孔机械损坏大，火区作业设备易发生陷落、电缆着火等事故；工人易受到高温烘烤和炮孔逸出水蒸气的伤害，也受到二氧化硫、硫化氢等有毒物质的危害。

（2）耐高温爆破器材方面。现今的耐高温器材价格高，在高温爆破施工中难以推广使用；另外国家还没有耐高温爆破器材的标准，造成耐高温爆破器材生产混乱，器材的安全性存在问题。

原载于《煤炭技术》，2015，34（2）：330-333。

（3）规程、标准方面。爆破安全规程对高温爆破的描述比较简单，无法详细的指导高温爆破复杂的现场操作和满足施工方的需求。

2 炸药热感度测试方法及对高温爆破的启示

炸药的热感度是指炸药在热作用下发生爆炸的难易程度。根据谢苗诺夫热爆炸理论，在一定条件下，若放出的能量大于热传导所散失的能量，将使炸药发生热积累，从而自行加速，最后发生爆炸。故可以通过比较炸药的热感度得出炸药适不适合高温爆破、哪种炸药最适合高温条件下使用。

2.1 5s 延滞期法

2.1.1 方法简介

本方法适用于炸药、火药和火工药剂5s延滞期爆发点的测定；原理是在一定的条件下，对定量试样进行加热，测得在某温度下试样发生燃烧或爆炸所需要的时间（爆发延滞期），然后根据爆发温度和爆发时间的关系求得试样的5s爆发点。

2.1.2 应用价值

本方法试样为固体小颗粒，药量少，模拟的是雷管中起爆药等单体炸药的装药环境。故此试验注重的是其在高温下短时间内的快速起爆，对于工业炸药由于爆轰成长期长等原因，导致其测试误差较大。其应用价值如下。

（1）测得炸药、火药和火工药剂的5s爆发点，也可以定性测量乳化炸药等含水炸药爆发点；用该试验研究不同组分含量、不同物理性质对炸药的影响。

（2）根据不同炸药的5s爆发点大小比较炸药热感度高低，爆发点越大，热感度越低。火药等固体小颗粒试样可以直接根据爆发点大小比较炸药的热感度高低，乳化炸药等可以定性测其爆发点，在一定的误差允许范围内，估计炸药的热感度高低。

（3）由试验数据求得凝聚炸药爆发点与延滞期关系式中的与炸药有关的常数A和活化能E，然后根据$\ln\tau=A+\dfrac{E}{RT}$求得某温度下炸药的延滞期及某延滞期下炸药的爆发点，并可根据此公式分析炸药热稳定性。如炸药的活化能一般在100kJ/mol左右，$-\ln A$在20s左右，故选择$E=100$kJ/mol、$-\ln A=20$s做曲线如图1所示。

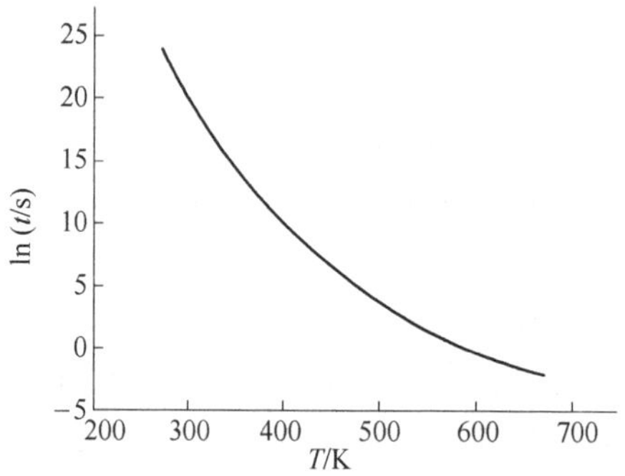

图1 凝聚炸药延滞期随爆发点变化曲线

由此曲线可以观察到，随着温度的升高，曲线的斜率绝对值减小，意味着延滞期变化速率减小。

（4）根据活化能E的大小，初步判断炸药的起爆难易程度，E越大，炸药感度越小，炸药越难起爆。且可以通过热爆发活化能把延滞期爆发试验与其他感度试验如撞击感度试验等相联系。

2.1.3 对高温爆破的启示

（1）根据炸药的爆发点大小，选择合适的高温爆破炸药，炸药的爆发点越大，其耐热性能越好，在高温爆破中使用也就更安全。

（2）根据爆发点与延滞期关系式求得的高温爆破时某高温炮孔温度对应的延滞期，初步控制炸药从装药到起爆的时间，提高高温爆破的安全性。

（3）根据求得的高温炮孔温度下炸药的延滞期，指导爆破方案的设计，包括爆破规模、使用的炸药种类和数量、预计的施工时间等。

（4）根据凝聚炸药延滞期随爆发点变化曲线，对火区温度进行分区，完善高温爆破制度。

2.2 1000s 延滞期法

2.2.1 方法简介

该方法适用于固体炸药小药量热爆炸临界温度的测定；原理是将（40±1）mg 试样放在雷管壳中压实并在真空条件下密封，然后放入恒温合金浴中加热，测得 1000s 试样不发生爆炸的最高温度即为试样的热爆炸临界温度。

2.2.2 应用价值

本方法和 5s 延滞期法相似，最大的不同就是加热时间的不同，1000s 延滞期法的时间远远大于 5s 延滞期的时间，反应的是炸药从缓慢热分解直至爆炸的长时间过程，其历程符合炸药安全储存下的状态转化。其应用价值如下。

（1）测得小药量固体炸药的热爆炸临界温度。1000s 临界温度点说明在该温度点，炸药的自身吸热和放热达到了相对平衡状态，高于该温度点，炸药就会热量积累发生爆炸。也可以用于定性分析非固体炸药如水胶炸药等的热爆炸临界温度。

（2）判断炸药的热感度大小。

（3）由该试验得出的结果，对炸药的生产、运输、使用提供指导意义。

2.2.3 对高温爆破的启示

（1）根据热爆炸临界温度，选择耐热性能优越的高温爆破炸药。热爆炸临界温度高，其热稳定性越好。

（2）根据热爆炸临界温度指导高温爆破排险。

（3）根据试验，可以得出热爆炸临界温度与时间的关系，由此来研究试样的性质，包括组分对试样的影响、添加剂对试样的影响、试样的物理化学性质等。

2.3 铁板加热法

2.3.1 方法简介

本标准主要用于水胶炸药、乳化炸药等含水炸药的热感度试验，用来判断炸药是否合格；测试原理为（200±5）℃，恒温 10min 加热炸药，以其发生燃烧或爆炸的难易程度来表示炸药的热感度。

2.3.2 应用价值

本方法是用于含水炸药的热感度试验，方法操作简单，对试验设备损坏小，且使用药量较大，样孔为 15mm，与工业炸药的临界直径相差不大，可表示工业含水炸药的实际情况；对于固体小颗粒炸药用此方法对试验设备损坏大。另外此试验是在开放条件下进行的，炸药在分解过程中产生的热量会向环境散失，使炸药感度降低，这与高温爆破时炸药在炮孔中相对封闭的条件不符。其应用价值如下。

（1）根据试验结果，判断水胶、乳化等含水炸药是否合格，即 3 次试验均出现燃烧和爆炸则炸药即合格。

（2）通过在相同加热温度下，观察炸药发生的变化，包括热分解速率、发生燃烧和爆炸的时间等来判断炸药的热感度高低，越易发生燃烧和爆炸、热分解速率越快，其热感度越高。

（3）观察铁板试验中炸药发生的变化，根据观察数据可以分析炸药包括热分解特性等的性质。

2.3.3 对高温爆破的启示

（1）方法检验高温爆破所使用的炸药是否合格。

（2）根据试验得出的炸药热感度高低，优选高温爆破使用的炸药。

（3）把铁板试验温度调至高温炮孔温度，对炸药进行铁板试验，观测炸药的反应，记录从开始加热到发生快速热分解、燃烧或爆炸的时间，然后在高温爆破时把装药到起爆的时间控制在此时间之内，提高爆破安全性。

2.4 烤燃弹法

2.4.1 方法简介

该试样主要用于评定弹药及含能材料的热感度；原理为将一定量的试样放入密闭的容器中，在外部逐渐升温加热，从而观察、评价其反应程度。

2.4.2 应用价值

该试验使用的药量大，弹体内径在60mm左右，在密闭条件下进行的试验，这和高温爆破使用的药卷相似，试验条件基本上能代表炸药在炮孔中的状态；不足之处为烤燃弹试验的温度是变化的，升温速率对炸药性质有一定的影响，这和炮孔中温度相对恒定的环境不相符，使得试验数据准确度有待商榷，且试验操作复杂，实验材料昂贵。其应用价值如下。

（1）联合隔板试验判断物质是否具有爆炸性，是否过于钝感而不属于第一类，只要隔板试验和烤燃弹试验有一项结果不合格，该物质就属于第一类，具有爆炸性。

（2）此试验记录反应时间、破片大小、破片的数量，观察试样的残留，并以此表征反应类型是燃烧，还是爆燃或爆轰，最后可根据反应时间和反应类型综合比较炸药的热稳定性大小。

（3）可以通过烤燃弹试验，研究升温速率对炸药的性能影响。

（4）通过烤燃弹试验，观察反应后破片的分布状态、采集温度与时间关系等方法，研究物理状态（晶型、颗粒度等）和装药条件对炸药性质的影响。

（5）测得炸药的自发火温度、爆发点、活化能等数值，评价其热安全性。

（6）作为炸药耐热试验装置，测定炸药耐热性能。设定加热温度和加热时间，测定炸药的热减量，以来衡量其耐热性能。

2.4.3 对高温爆破的启示

（1）根据烤燃弹试验得出的不同炸药的热感度高低，优选出合适的高温爆破使用炸药。

（2）根据试验测得的自发火温度指导现场高温爆破，当炮孔的温度高于炸药自发火温度时，表明此时炸药可能瞬间爆炸，需对炮孔进行降温和对炸药进行隔热防护。

（3）在试验条件允许的条件下，当高温炮孔温度远低于炸药的自发火温度时，可以先把温度调至炮孔同一温度，然后对烤燃弹进行恒温加热，记录其发生燃烧或爆炸的时间，用此时间来指导高温爆破时从装药到起爆所需要控制的时间。

3 结语

本文结语如下。

（1）现今高温爆破存在较多问题，爆破施工、耐高温爆破器材、规程标准方面都需要改进。

（2）炸药的热感度测试标准可以研究炸药的多方面性质，增加我们对炸药的认识。

（3）各种炸药热感度测试标准适用范围局限性大，各有其侧重点，可以把多种热感度测试方法结合起来来判断不同性质炸药热感度的高低。

（4）炸药的热感度测试标准的方法、结果等可以对高温爆破现场进行指导，增加其安全性，同时也存在不足，需对试验方法进行改进，如使烤燃弹恒温、铁板试验温度改变等。

（5）烤燃弹试验基本上能模拟高温炮孔中炸药的状态，未来可以研究降低其价格或者能进行多次试验。

参 考 文 献

[1] 刘子如，岳璞，任晓宁，等．热爆发活化能研究［J］．火炸药学报，2011，34（6）：58-63，83.

[2] 郑亚峰，常海，张修博，等．RDX基含铝炸药的特性落高能与热爆发参数的关系［J］．含能材料，2012，20（6）：754-757.

[3] 郑炳旭．中国高温介质爆破研究现状与展望［J］．爆破，2010，27（3）：13-17，35.

[4] 张锦，张旭．铁板实验法研究消焰剂对煤矿许用炸药热分解特性的影响［J］．煤矿爆破，2012，96（1）：18-21.
[5] 安强，胡双启．装药密度对钝化黑索今快速烤燃特性的影响［J］．四川兵工学报，2010，31（10）：64-66.
[6] 代晓淦，黄毅民，吕子剑，等．不同升温速率热作用下 PBX-2 炸药的响应规律［J］．含能材料，2010，18（3）：282-285.
[7] 赵孝彬，李军，程立国，等．固体推进剂慢速烤燃特性的影响因素研究［J］．含能材料，2011，19（6）：669-672.
[8] 王红星，王晓峰，罗一鸣，等．DNAN 炸药的烤燃实验［J］．含能材料，2009，17（2）：183-186.

导爆管性能测试研究

陈雄胜[1,2]

（1. 广东宏大爆破股份有限公司，广东 广州，510623；
2. 广东明华机械有限公司韶关分公司，广东 韶关，512146）

摘　要：研究了塑料导爆管爆速成长情况，以及管内断药、极限药量、温度对导爆管的影响。采取电测法测试导爆管爆轰波成长情况；空管连接法测试断药对爆轰波的传播影响；测试了极限药量和温度对导爆管的影响。结果表明，塑料导爆管被激发后，传播800mm后，基本可以达到稳定爆轰状态。塑料导爆管内的断药在200mm以下不影响正常传爆。为了确保塑料导爆管不被击穿，并能正常传爆，管内的上限药量18mg/m，下限药量12mg/m。环境温度偏高时，温度越高，塑料导爆管管壁越软，吸收的能量就会越多，爆速越低；温度越高，导爆管越容易被击穿。

关键词：导爆管；传爆；断药；极限药量；温度

Test Study on Properties of Nonel Tube

Chen Xiongsheng[1,2]

(1. Guangdong Hongda Blasting Co., Ltd., Guangdong Guangzhou, 510623;
2. Shaoguan Branch, Guangdong Minghua Machinery Co., Ltd., Guangdong Shaoguan, 512146)

Abstract: The detonation velocity growth of nonel and the effects of detonation parameters such as explosive internal faults, limit dose, temperature were studied. The detonation wave and the effects of explosive faults were tested by electrical measuring method and empty-tube connecting method respectively. Limit explosive dose and temperature were also considered. Results show that steady detonation process happens after propagating 800mm, and explosive faults length less than 200mm will have no significant effect on detonation propagation. To prevent nonel tube from being penetrated and keep detonation propagating reliably, the maximum explosive loading should be set in the range of 18mg/m and 12mg/m. The higher the temperature, the softer the tube wall and the more energy it absorbs, and hence the lower the detonation velocity and the more likely the nonel is penetrated.

Keywords: nonel tube; detonation propagation; explosive faults; limit explosive dose; temperature

随着国内爆破器材和爆破技术的发展，非电雷管特别是导爆管雷管的市场用量越来越大。导爆管雷管由塑料导爆管、封口塞、延期体和基础雷管组成，它专门和塑料导爆管配套使用，是导爆管雷管起爆系统的起爆元件。塑料导爆管是一根内壁涂有薄层炸药粉末的空心塑料软管，普通的塑料导爆管管壁呈乳白色，管芯呈灰或深灰色。在生产及科研中，对塑料导爆管的爆轰传播、起爆感度、耐火、耐静电、高低温、抗撞击、传爆安全性能及抗拉强度进行了大量的研究，并取得了很大的成果。本文针对实际生产中遇到的问题，对塑料导爆管管内爆速的成长、管内断药距离对爆轰波传播的影响、极限装药量及温度对塑料导爆管性能的影响进行了研究分析。

原载于《爆破器材》，2014，44（3）：48-50，54。

1 塑料导爆管性能的测试

1.1 导爆管内爆速成长试验

在实际生产中，测量导爆管爆速一般使用电测法[1]。导爆管内使用的导爆药主要成分为猛炸药和添加剂，国内使用的猛炸药一般为黑索金或泰安。本文中所用的导爆药以纯黑索金为猛炸药，粒度为11~13μm；铝粉和石墨粉为添加剂，铝粉平均粒度为50nm，形状球形。导爆药的配比（质量分数）如下：65%~68% 黑索金，32%~35% 铝粉，以及外加 0.2%~0.4%的石墨。导爆管管壁材料为北京燕山石化生产的 1I2A-1 型低密度聚乙烯。

根据炸药的爆轰理论[2]，导爆药爆轰波的稳定传播条件是反应终了气体的流速与音速之和必须等于爆速。在导爆管管口，反应终了的气体有部分会向管口流失，气体的流速与音速之和小于爆速，使导爆药爆轰不能稳定传播。随着沿管轴向的深入，离管口越来越远，气体的流失也会越来越少，直到可以忽略不计，这时的气体流速和音速之和等于爆速，形成稳定的冲击波，即爆轰。在电测法中，这个距离是测试导爆管爆速时，光电感应元件离管口的最小安放距离。光电感应元件安放距离小于最小距离时，测试的爆速不稳定，代表不了导爆管的实际爆速。

用 140 根普通变色导爆管进行爆速测试，140 根导爆管分 7 组，每组 20 根。定义测试时第一个光电感应元件离管口的距离 L 为测试距离，L 分别为 50mm、100mm、200mm、500mm、800mm、1000mm、1200mm。每一个测试距离，测试 20 根导爆管。测试结果见表 1。

表 1 离导爆管管口不同测试距离的爆速

Table 1 Detonation velocity in different test distances from pipe orifice of nonel tube

距离 L/mm	样本爆速/m·s^{-1}										平均爆速/m·s^{-1}
50	1649	1612	1666	1603	1672	1620	1658	1639	1637	1664	1639
	1617	1684	1656	1614	1608	1629	1615	1668	1676	1599	
100	1793	1812	1821	1813	1842	1836	1821	1784	1773	1781	1806
	1798	1832	1811	1796	1786	1823	1797	1798	1803	1807	
200	1846	1860	1855	1880	1832	1821	1834	1826	1856	1843	1846
	1854	1849	1835	1839	1828	1865	1873	1855	1838	1827	
500	1870	1898	1896	1863	1874	1880	1886	1853	1897	1899	1879
	1902	1868	1875	1858	1867	1891	1855	1867	1879	1888	
800	1897	1884	1886	1903	1875	1888	1896	1895	1912	1910	1895
	1903	1896	1885	1897	1885	1891	1890	1886	1903	1915	
1000	1890	1896	1893	1885	1876	1889	1893	1900	1908	1876	1892
	1885	1896	1887	1906	1910	1889	1876	1883	1902	1900	
1200	1876	1885	1884	1903	1896	1897	1886	1885	1887	1912	1894
	1913	1906	1885	1897	1885	1883	1887	1886	1896	1906	

从表 1 的测试数据可以看出，在测试距离 L 小于 800mm 时，爆速随着测试距离的增加而增加。但测试距离达到一定值时，爆速会稳定，不会随着测试距离的增加而增加，如本测试中 L 超过 800mm 时，爆速稳定，不会随测试距离 L 的增加而增加。在实际生产中，测试导爆管的爆速，在有一定的预留额下，可以规定测试距离 L 不小于 1000mm，而行业规定测试距离不小于 1300mm[3]。

1.2 导爆药中断距离对传爆的影响

导爆管内爆轰波的传播受导爆管的约束，是一个不断向前推进的过程。当导爆药中断，在惯性的作用下，爆轰波继续向前推进，不会马上停止。爆轰波在推进过程中不断地衰减，衰减到一定程度时，爆轰波将会自动湮灭[4-7]。在爆轰波衰减到一定程度之前，如推进前方遇到导爆药，将会重新激发导爆药，使爆轰波重新获得能量，爆轰得以重新传播。导爆管爆轰波的衰减距离可以用管内断药后能重新传爆的距离 L'来表示。

为测试距离 L'，可以用以下的近似方法测量，即采取空管连接法测试。取一根 L' 长的无导爆药的导爆管空管，另取一根正常的导爆管。把正常的导爆管用剪刀剪断，用胶布接上 L'长的导爆管空管，如图 1 所示，用高压脉冲起爆器起爆。

在 L'小于一定长度时，爆轰波将会传过空管，引爆空管后面的正常导爆管，使爆轰波通过空管正常传播下去，如图 2 所示。当 L'大于一定长度时，爆轰波传过空管会衰减到不能引爆空管后面的正常导爆管，使爆轰波在空管及后面的导爆管内湮灭，如图 3 所示。

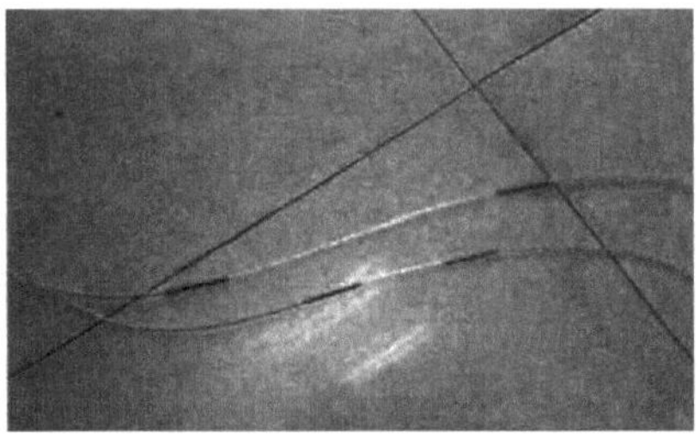

图 1　测试中断距离的连接方式

Fig. 1　Connections of break distance test

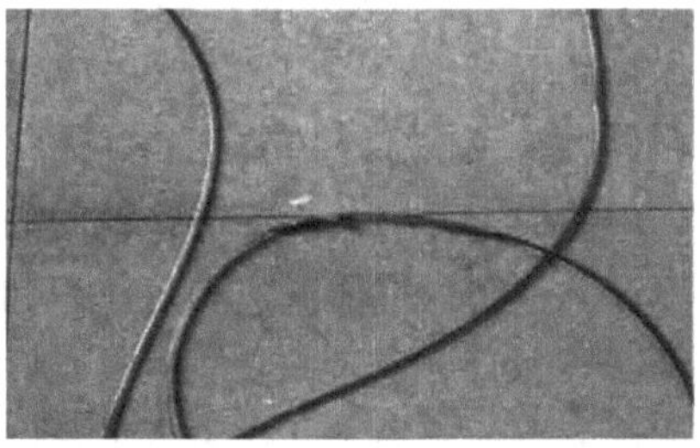

图 2　爆轰波经过空管传爆后情况

Fig. 2　Detonation after detonation wave passing blank tube

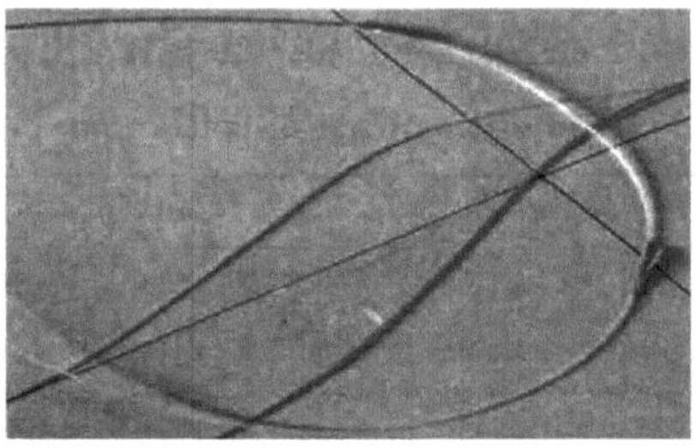

图 3　爆轰波经过空管熄爆情况

Fig. 3　Incomplete detonation after detonation wave passing blank tube

根据空管后面的导爆管能否正常起爆，测量不同长度的 L'，以近似地测定导爆管内导爆药中断距离对传爆的影响，见表 2。

表 2　不同长度的中断距离对传爆的影响

Table 2　Effect of break distance with different length to detonation

空管长度 L'/mm	能正常传爆的数目/根	不能传爆的数目/根	合计
20	20	0	20
100	20	0	20
150	20	0	20
180	20	0	20
195	20	0	20
200	19	1	20
210	16	4	20
220	5	15	20
250	0	20	20

从表 2 中可以看出，在长度 L'小于 195mm 时，连接的导爆管都能正常传播爆轰波；在 L' 大于（或者等于）200mm 时，有部分连接的导爆管不能传播爆轰波。考虑在用胶布连接时，爆轰波能量有少量

的外泄，所以在一条正常的导爆管中，导爆药中断距离在200mm以下时，爆轰波还能继续传播。

1.3 导爆管中导爆药的极限药量[8]

导爆管的爆轰过程与一般炸药爆轰相同，都存在着稳定传播的冲击波，但是由于导爆管存在管道效应，其炸药爆轰是个低速的稳定爆轰。当导爆管内的导爆药厚度足够小时，不能稳定地传播爆轰，但是导爆药过多时，其产生的爆轰能量太大，将会击穿导爆管，也会使导爆药不能在导爆管内稳定爆轰。所以导爆管内的导爆药药量有上下极限，为测定上下限药量，分别生产8mg/m、10mg/m、12mg/m、14mg/m、16mg/m、18mg/m、20mg/m的导爆管各100根。其中50根用来测试爆速，另外50用来装配雷管，测试导爆管的点火能力。

在爆速测试中，8mg/m的不能测试爆速，说明药量太小，不能形成爆轰波传播；10mg/m、12mg/m、14mg/m、16mg/m、18mg/m的能正常测试爆速；20mg/m的导爆管会击穿导爆管，说明药量太多。在点火能力测试中，12mg/m、14mg/m、16mg/m、18mg/m能正常引爆秒延期元件，8mg/m和20mg/m会使延期元件出现瞎火，说明不能正常点火。10mg/m能够点火延期元件，但是会使延期时间发生很大的偏移，说明药量偏少，点火能力不足。在生产中，一般规定药量为14~16mg/m或者16~18mg/m。

1.4 温度对导爆管的影响

导爆管使用的一般是线性低密度聚乙烯，是一种热塑性材料，受温度的影响非常大。热塑性表明，温度越高，导爆管管壁越软。而爆轰波在传播时，遇到管壁会被管壁吸收部分能量，当管壁越软，吸收的能量就会越多。表现在爆速上就是在温度越高时，导爆管的爆速就会越低。通过试验发现，在导爆药药量为16mg/m，温度为10℃时，爆速为1850~1900m/s；在温度为40℃时，爆速为1650~1700m/s。

在温度偏高时，低密度聚乙烯会变软，其强度也会减小。通过试验发现，在温度为10℃、导爆管药量为19mg/m时，导爆管不会被击穿，能正常起爆；在温度为40℃、导爆管药量为19mg/m时，导爆管会被严重击穿。

2 结论

本文结论如下。

（1）导爆管内爆轰波的成长需要一定的距离，其距离最少为500mm。一般在传播到800mm后基本可以形成稳定的爆轰。

（2）导爆管内导爆药的中断会影响爆轰波的传播。在中断距离小于200mm时，爆轰波还能传播。

（3）导爆管内的上限药量为18mg/m，下限药量为12mg/m。

（4）温度对导爆管的性能有很大的影响。温度越高，管壁越软，吸收的能量越多，导爆管爆速越低；温度越高，导爆管越容易被击穿。

参 考 文 献

[1] 张立．爆破器材性能与爆炸效应测试［M］．合肥：中国科学技术大学出版社，2006：309-319.

[2] 约翰逊C H，铂森P A．猛炸药爆轰学［M］．北京：国防工业出版社，1976.

[3] WJ/T 2019—2004 塑料导爆管［S］．北京：中国标准出版社，2004.

[4] 胡升海，房泽法，熊鹏，等．导爆管起爆与传爆过程的高速摄像研究［J］．爆破器材，2013，42（4）：45-48.
Hu Shenghai，Fang Zefa，Xiong Peng，et al. Detonating on high speed camera tube initiation and detonation process［J］. Explosive Materials，2013，42（4）：45-48.

[5] 钱华，刘大斌，甘德淮，等．高药粉粘附性导爆管的设计及性能测试［J］．爆破器材，2013，42（2）：37-40.
Qian Hua，Liu Dabin，Gan Dehuai，et al. Design of the adhesive shock tube and its performance［J］. Explosive Materials，2013，42（2）：37-40.

[6] 廖小翠，郭学彬．断药导爆管传爆过程的高速摄影试验研究［J］．爆破，2009，26（1）：90-95.
Liao Xiaocui，Guo Xuebin. Experiment study of highspeed photography on detonation propagating of explosive faults nonel

[J]. Blasting, 2009, 26 (1): 90-95.

[7] 何中其，彭金华，刘大斌，等．导爆管传爆性能设计与参数分析［J］. 爆破器材，2010，39（3）：1-3.
He Zhongqi, Peng Jinhua, Liu Dabin, et al. Analysis and design of detonation parameters in nonel tube [J]. Explosive Materials, 2010, 39 (3): 1-3.

[8] 荆术祥，钱华，刘大斌，等．装药量对塑料导爆管传爆性能的影响［J］. 爆破器材，2010，39（5）：4-6.
Jing Shuxiang, Qian Hua, Liu Dabin, et al. Influence of the explosive charge on explosion propagation of the nonel tube [J]. Explosive Materials, 2010, 39 (5): 4-6.

RDX 基铝纤维炸药静态压缩力学性能

林谋金[1,2] 崔晓荣[1] 马宏昊[2] 李战军[1] 贾 虎[3]

（1. 广东宏大爆破股份有限公司，广东 广州，510623；
2. 中国科学技术大学 近代力学系，安徽 合肥，230027；
3. 南阳师范学院 土木建筑工程学院，河南 南阳，473061）

摘 要：为了提高 RDX 基含铝炸药的力学性能，用铝纤维替代含铝炸药中的铝粉制备了 RDX 基铝纤维炸药。进行了准静态力学实验，将得到的不同铝纤维含量的铝纤维炸药的弹性模量以及单轴抗压强度拟合计算，得到了铝纤维炸药弹性模量以及单轴抗压强度与铝纤维体积含量的关系表达式。结果表明，用拟合弹性模量实验数据得到的铝纤维的增强系数为 8.19。铝纤维能显著增强铝纤维炸药的力学性能，其弹性模量、抗压强度以及残余强度随着铝纤维体积含量增加而增大。当铝纤维体积含量为 0~30%时，铝纤维炸药的临界应变随着铝纤维含量的增加而增大，当铝纤维体积含量高于 30%时，铝纤维炸药的临界应变不随着铝纤维含量变化。采用正态分布函数，进行了铝纤维体体积含量为 10%~40%的铝纤维炸药工程应力-应变曲线的拟合，其拟合的校正决定系数为 0.987~0.998。体积分数小于 38.1%的特定铝纤维含量的铝纤维炸药的单轴抗压强度可用拟定的关系式计算。

关键词：铝纤维炸药；力学性能；增强系数；弹性模量；抗压强度；临界应变；正态分布函数

Static Compression Mechanical Properties of RDX Based Aluminum Fiber Explosive

Lin Moujin[1,2] Cui Xiaorong[1] Ma Honghao[2] Li Zhanjun[1] Jia Hu[3]

(1. Guangdong Hongda Blasting Co., Ltd., Guangdong Guangzhou, 510623;
2. Department of Modern Mechanics, University of Science and Technology of China, Anhui Hefei, 230027;
3. School of Civil Engineering and Architecture, Nanyang Normal University, Henan Nanyang, 473061)

Abstract: To improve mechanical properties of RDX based aluminized explosives, the RDX based aluminum fiber explosive was prepared by replacing aluminum powder in aluminized explosive with aluminum fiber. The fitting calculation of the elastic modulus and uniaxial compression strength of aluminum fiber explosive with different content of aluminum fiber obtained by quasi-static compression mechanical experiment was carried out. The relation expression of the elastic modulus and compression strength with aluminum fiber volume content for aluminum fiber explosive was obtained. Results show that the reinforcement coefficient of aluminum fiber obtained by fitting experimental data of elastic modulus is 8.19. The aluminum fiber can significantly enhance the mechanical properties of aluminum fiber explosive. With increasing the aluminum fiber content, its elastic modulus, compression strength and residual strength of aluminum fiber explosive increase When aluminum fiber volume content is 0-30%, the critical strain of aluminum fiber explosive increases. When aluminum fiber volume content is higher than 30%, the critical strain of aluminum fiber explosive does not change The fitting of the engineering stress-strain curves of aluminum fiber explosive with aluminum fiber volume content of 10%-40% is performed by a normal distribution function, its fitting correction coefficient of determination is 0.987-0.998. The uniaxial compression strength of aluminum fiber explosive with specific aluminum fiber content of less than 38.1% for volume fraction can be calculated by the proposed relation.

Keywords: aluminum fiber explosive; mechanical properties; enhancement factor; elastic modulus; compression strength; critical strain; normal distribution function

基金项目：国家自然科学基金面上项目（51174183，51374189）；国家自然科学基金青年科学基金项目（11202109）。
原载于《含能材料》，2015，23（9）：898-902。

1 引言

近年来，随着装甲防护的加强，动能穿甲弹以及钻地弹在使用过程中遭遇的环境条件越来越恶劣，因此要求这类弹药具有良好的力学性能[1,2]，而传统的熔铸炸药（TNT）具有低强度、韧性差以及易发生脆裂损伤等缺点，不能满足新时期武器装备的要求[3]，因此目前主要有采用浇注的高聚物黏结炸药（PBX）来替代早期的TNT熔铸炸药。PBX中的惰性添加剂较高，使其在受力后可以产生较大的变形，能将高速碰撞过程中的一部分撞击能量储存和消耗在黏结剂中，使混合炸药中的主体炸药颗粒所承受外界作用力大大降低，从而使PBX具备较强的抗过载能力[4]，因此PBX在复杂环境中的力学性能及力学响应已成为含能材料研究的热点[5-8]。部分研究者[9]为了提高药柱力学性能，向炸药中添加纤维类材料，纤维材料在炸药基质间起连接作用，因此该方法也可以提高炸药的强度和韧性。目前，在炸药中添加纤维的工作仍不深入，不同基体炸药、不同类型的纤维材料、长度以及添加量等对药柱力学性能的影响还需进一步探讨。本研究综合考虑炸药的能量以及力学性能，以RDX为基体炸药，采用铝纤维为药柱的增强材料，即将传统含铝炸药中的铝粉用铝纤维替代，得到新型铝纤维炸药，以期改善铝纤维炸药的成型性，同时增强铝纤维炸药的力学性能。前期研究表明[10]，铝纤维能提高基体炸药RDX的爆炸威力，本工作主要研究RDX基铝纤维炸药静态压缩力学性能，以加深对纤维类炸药力学性能认识，为含铝炸药的研究工作提供参考。

2 药柱制备与实验

将10g含有不同质量分数（0、10%、20%、30%、40%、50%、60%）的铝纤维炸药在相同压力下压制成长径比相近的圆柱形药柱（无壳药柱），因此药柱的高度随着铝纤维含量增加而降低（16.71~21.4mm），药柱的密度随着铝纤维含量增加而增加（1.60~2.05g/cm^3），其中，药柱的直径为19.28mm，基体炸药RDX的配比为RDX∶Wax=95∶5，铝纤维采用熔喷法制成，其直径为50~90μm。另外铝纤维为长纤维，因此制备药柱时需要将铝纤维与基体炸药（RDX）分批依次加入到药柱模具中。实验采用MTS809材料试验机对不同含量的铝纤维炸药进行准静态压缩实验，以位移加载方式进行加载，加载速率为1mm/min，药柱两端涂有凡士林，以降低药柱端面摩擦力的影响。

3 结果与讨论

3.1 实验结果

实验得到含有不同铝纤维含量的铝纤维炸药载荷（F）-位移（s）曲线，如图1所示。

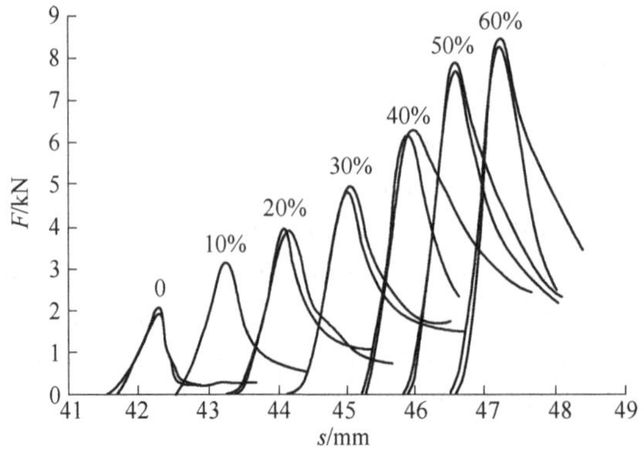

图1 不同铝纤维含量的铝纤维炸药载荷-位移曲线

Fig. 1 Loading-displacement curves of aluminum fiber explosives with different content of aluminum fiber

由图 1 可得，实验得到不同铝纤维含量的铝纤维炸药在载荷-位移曲线上升阶段与峰值部分重复性较好，但其在下降阶段，铝纤维含量为 0~30% 的重复性较好，而铝纤维含量为 40%~60% 的曲线下降阶段重复性较差，与铝纤维开始出现断裂导致残余强度不稳定有关。随着铝纤维含量增加，铝纤维炸药的最大压缩载荷从 2kN 增加到 8.5kN，说明铝纤维能显著提高无壳药柱的抗压缩能力。实验后得到部分铝纤维炸药的压缩破坏效果，如图 2 所示。

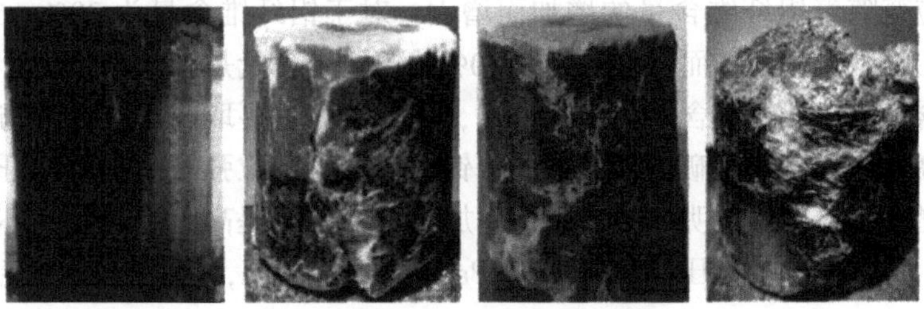

图 2 含有不同铝纤维含量的铝纤维炸药压缩破坏效果

Fig. 2 Compression failure effect of aluminum fiber explosives with different content of aluminum fiber

(a) 0；(b) 10%；(c) 20%；(d) 50%

由图 2 可知，铝纤维含量为 0 的基体炸药 RDX 在压缩加载过程中，首先是药柱表面裂纹沿轴向裂开，说明药柱外表面在加载初期以拉应力形式破坏为主，如图 2（a）所示，同时也说明基体炸药 RDX 的抗拉强度较低。在加载结束后药柱外面部分完全散掉，内部破坏为顶角约为 50°的圆锥体，说明药柱内部在加载后期以剪切形式破坏。铝纤维含量为 10% 的铝纤维炸药在压缩破坏时，药柱破坏过程与 RDX 相似，说明铝纤维炸药的抗拉强度依然较低，药柱外表面仍以拉应力形式破坏为主，但裂纹间有铝纤维连接，整个药柱没有完全散掉，药柱具有残余强度，如图 2（b）所示。铝纤维含量为 20%的铝纤维炸药在压缩加载前期，药柱外表面未出现轴向裂纹；药柱在压缩加载后期，与轴线成 45°的方向上开始出现明显裂纹，如图 2（c）所示，说明药柱整体是仍以剪切形式破坏的，即铝纤维显著增强了基体炸药的抗拉强度，但对其抗剪强度没有显著增强，铝纤维含量为 30% 的铝纤维炸药破坏形式与含量为 20%的相似。铝纤维含量为 50% 的铝纤维炸药在压缩加载结束时部分铝纤维发生断裂现象，如图 2（d）所示，铝纤维含量为 40%以及 60%的破坏形式与含量为 50%的相似。铝纤维含量少于 30% 时，药柱在压缩加载破坏后主要是以 RDX 破碎脱落为主，而发生断裂的铝纤维较少，当铝纤维含量大于 30% 时，铝纤维炸药在压缩加载破坏后部分铝纤维开始出现断裂情况，说明铝纤维对基体炸药的抗拉强度增强效果开始减弱。综上所述，铝纤维含量较低时，铝纤维炸药的无壳药柱的力学性能主要取决于铝纤维与基体炸药之间的黏结力，铝纤维含量较高时，铝纤维炸药的无壳药柱的力学性能主要取决于铝纤维自身的抗拉强度。

3.2 应力-应变曲线拟合

对不同铝纤维含量的铝纤维炸药载荷-位移曲线计算处理得到对应的工程应力-应变曲线，如图 3 所示。

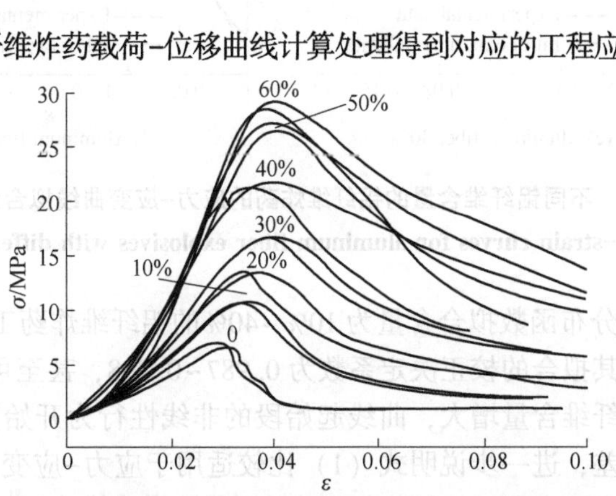

图 3 不同铝纤维含量的铝纤维炸药应力-应变曲线

Fig. 3 Stress-strain curves of aluminum fiber explosiveswith different content of aluminum fiber

由图 3 可知，铝纤维炸药药柱的工程应力-应变曲线在加载初期阶段表现出非线性行为，可能与药柱加载端面不平整有关，另外随着铝纤维含量的增加，曲线起始段的非线性行为开始变得不明显，因此曲线初始段的非线性行为也可能与加载初期压实药柱中孔隙有关。在载荷继续作用下，曲线近似为线性关系，随着载荷的继续增加，曲线并未出现明显的屈服行为，所以不同铝纤维含量的铝纤维炸药仍属于脆性材料。曲线上最大应力所对应的应变可以确定为临界应变，对于铝纤维含量为 0~30% 的铝纤维炸药，其临界应变随着铝纤维含量的增加而增大，对于铝纤维含量为 30%~60%的铝纤维炸药，其临界应变不随着铝纤维含量增加而增加，说明 30%的铝纤维含量是影响药柱力学性能的主要因素开始发生变化的临界含量，即铝纤维含量低于 30%时，药柱破坏主要取决于铝纤维与基体炸药之间的黏结力，铝纤维含量高于 30%，药柱破坏开始取决于铝纤维自身抗拉强度。另外铝纤维炸药的残余强度随着铝纤维含量的增加而增大，说明在基体炸药中加入铝纤维能提高无壳药柱破坏后的残余强度。随着铝纤维含量增加，药柱的单轴抗压强度从 6.9MPa 增加到 28MPa，说明铝纤维能显著提高无壳药柱的单轴抗压强度。

针对低含量的铝纤维炸药在准静态下的应力-应变曲线的起始段存在一个非线性缓慢上升过程，且得到的应力-应变曲线加载阶段与正态分布函数曲线相似，因此本研究取正态分布函数作为低含量的铝纤维炸药在准静态下的工程应力-应变拟合函数，其表达式为：

$$\sigma = \sigma_{\mathrm{m}} \cdot e^{\frac{-(\varepsilon-\varepsilon_{\mathrm{m}})^2}{n^2}} \tag{1}$$

式中，σ_{m} 为试样的单轴抗压强度，MPa；ε_{m} 为试样的临界应变，n 为无量纲常数。根据式（1）对实验得到的铝纤维炸药工程应力-应变曲线进行拟合，其中含量为 10%~40%的铝纤维炸药拟合效果如图 4 所示。

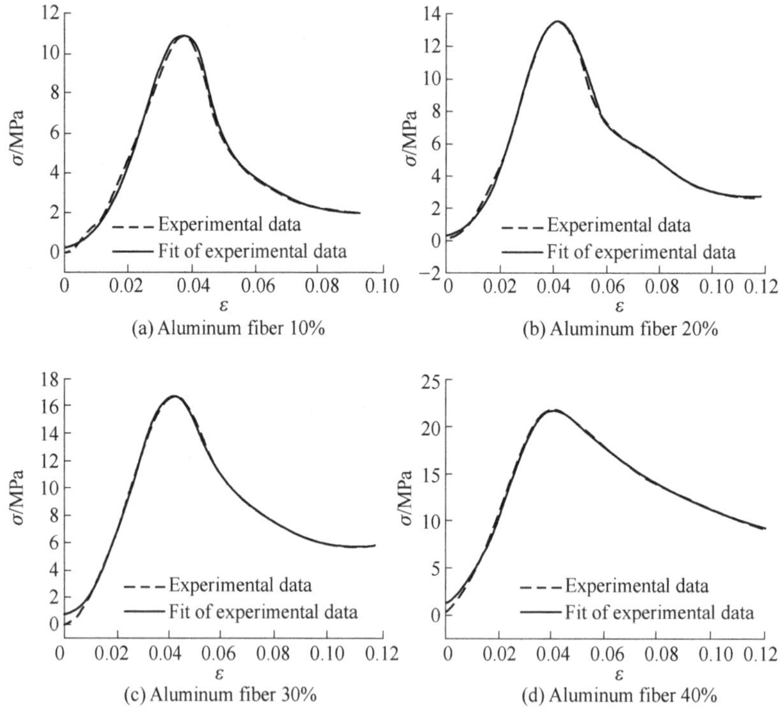

图 4　不同铝纤维含量的铝纤维炸药的应力-应变曲线拟合结果

Fig. 4　Fitting results of stress-strain curves for aluminum fiber explosives with different content of aluminum fiber

由图 4 可知，采用正态分布函数拟合含量为 10%~40%的铝纤维炸药工程应力-应变曲线的加载阶段能得到较好的拟合效果，其拟合的校正决定系数为 0.987~0.998，甚至可以对应力-应变曲线的部分卸载阶段进行拟合。随着铝纤维含量增大，曲线起始段的非线性行为开始变得不明显，因此函数对曲线起始段的拟合效果开始变差，进一步说明式（1）比较适用于应力-应变曲线的初始阶段具有非线性的情况，具体的拟合系数见表 1。利用表 1 中系数可以用函数形式描述铝纤维含量为 10%~40%的铝纤维炸药应力-应变曲线。

表 1 不同铝纤维含量的铝纤维炸药应力-应变表达式拟合系数

Table 1 Fitted coefficient of stress-strain expression for aluminum fiber explosives with different content of aluminum fiber

Aluminum fiber	10%	20%	30%	40%
σ_m/MPa	10. 885	15. 334	16. 699	21. 689
ε_m	0. 0373	0. 0416	0. 0418	0. 0397
n	0. 0185	0. 0207	0. 0227	0. 0232

3.3 弹性模量分析

由于含有不同铝纤维含量的铝纤维炸药属于纤维复合材料，因此其弹性模量可用函数描述为[11]：

$$E_l = \frac{1 + \xi V_f \dfrac{(E_f/E_m) - 1}{(E_f/E_m) + \xi}}{1 - V_f \dfrac{(E_f/E_m) - 1}{(E_f/E_m) + \xi}} E_m \tag{2}$$

式中，E_l 为复合材料弹性模量，GPa；E_f 为纤维弹性模量，GPa；E_m 为基体弹性模量，GPa；V_f 为纤维的体积含量,%；ξ 为纤维的增强系数，ξ 越大表示纤维的增强作用越显著。铝纤维炸药中的基体弹性模量即为基体炸药 RDX 的弹性模量，纤维的弹性模量即为铝纤维含量为 100%的铝纤维柱体弹性模量。由于公式中含有纤维的体积含量，而实验中的铝纤维炸药配方采用质量配比，故需要通过铝纤维的密度计算铝纤维炸药中铝纤维的体积含量，得到铝纤维炸药弹性模量与铝纤维体积含量关系，如图 5 所示。其中，炸药药柱的弹性模量由非线性不是很明显的一段应力-应变曲线进行确定，或者根据最大载荷的 5%~20%载荷范围对应的曲线段进行确定[6]。

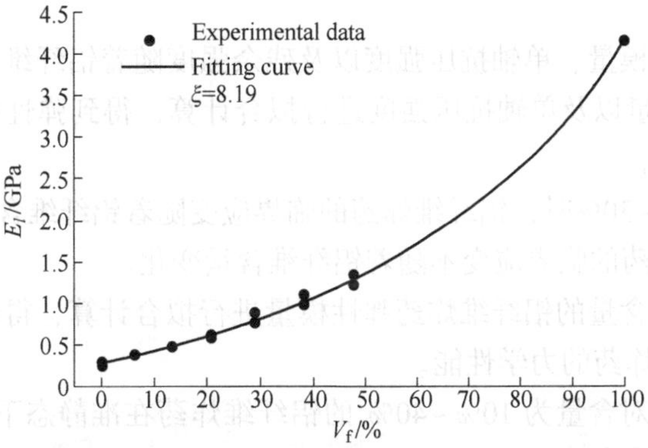

图 5 铝纤维炸药的弹性模量与 V_f 的关系曲线

Fig. 5 The relation curve of E_l-V_f for aluminum fiber explosives

由图 5 可得，随着铝纤维含量增加，铝纤维炸药药柱的弹性模量从 0. 25GPa 增加到 1. 25GPa。实验中得到不同铝纤维含量的铝纤维炸药弹性模量重复性较好，说明铝纤维炸药中的铝纤维与基体炸药 RDX 混合地比较均匀。通过不同含量铝纤维炸药的弹性模量拟合计算得到铝纤维增强系数 ξ= 8. 19，并且拟合效果较好，说明铝纤维能显著增强铝纤维炸药的力学性能。另外将 ξ= 8. 19 代入公式（2）可得到不同含量的铝纤维炸药弹性模量计算公式，因此可根据基体炸药（RDX）的弹性模量方便计算得到不同含量的铝纤维炸药弹性模量。

3.4 抗压强度分析

对不同铝纤维含量的铝纤维炸药工程应力-应变曲线进行分析计算，得到单轴抗压强度与铝纤维体积含量的关系，如图 6 所示。

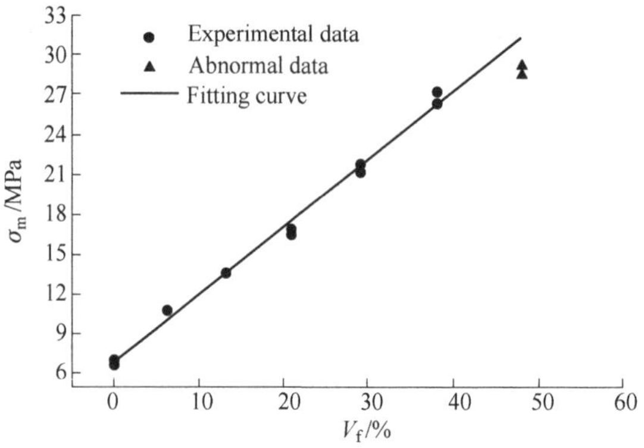

图 6 铝纤维炸药的单轴抗压强度与 V_f 关系

Fig. 6 The ultimate stress-V_f curve for aluminum fiber explosives

由图 6 可得，实验得到不同铝纤维含量的铝纤维炸药抗压强度重复性较好。当 $V_f<38.18\%$，铝纤维炸药的单轴抗压强度随着铝纤维含量增加而线性增加，即铝纤维能显著提高铝纤维炸药的单轴抗压强度。铝纤维炸药的抗压强度与铝纤维体积含量的关系表达式为：

$$\sigma_m = 6.903 + 50.79V_f \tag{3}$$

式中，σ_m 为铝纤维炸药试样的单轴抗压强度，MPa。根据公式（3）可以计算体积含量小于 38.18% 下特定铝纤维含量的铝纤维炸药单轴抗压强度。

4 结论

对不同铝纤维含量的铝纤维炸药进行准静态压缩实验，探讨铝纤维含量对无壳药柱压缩力学性能的影响，得到如下主要结论。

（1）铝纤维炸药的弹性模量、单轴抗压强度以及残余强度随着铝纤维含量增加而增大，通过对不同含量的铝纤维炸药弹性模量以及单轴抗压强度进行拟合计算，得到弹性模量以及单轴抗压强度与铝纤维体积含量的关系表达式。

（2）当铝纤维含量为 0~30%时，铝纤维炸药的临界应变随着铝纤维含量的增加而增大，当铝纤维含量高于 30%时，铝纤维炸药的临界应变不随着铝纤维含量变化。

（3）通过对不同铝纤维含量的铝纤维炸药弹性模量进行拟合计算，得到铝纤维增强系数 $\xi=8.19$，说明铝纤维显著增强铝纤维炸药的力学性能。

（4）采用正态分布函数对含量为 10%~40% 的铝纤维炸药在准静态下的工程应力-应变曲线进行拟合，其拟合的校正决定系数为 0.987~0.998，因此可用拟合得到的表达式描述低含量铝纤维炸药的应力-应变曲线。

（5）体积含量小于 38.18% 下特定铝纤维含量的铝纤维炸药单轴抗压强度可用公式 $\sigma_m=6.903+50.79V_f$ 计算。

（6）铝纤维炸药（无壳药柱）的力学性能在铝纤维含量较低时主要取决于铝纤维与基体炸药之间的黏结力，在铝纤维含量较高时主要取决于铝纤维自身的抗拉强度。

参 考 文 献

[1] 郑保辉，王平胜，观罗，等．短切纤维对 RDX/T NT 熔铸炸药的力学改性［J］．含能材料，2013，21（6）：786-790.

Zheng Baohui, Wang Pingsheng, Luo Guan, et al. Mechanical reinforcement on the melt-cast explosive of RDX/TNT by chopped fibers [J]. Chinese Journal of Energetic Materials (Hanneng Cailiao), 2013, 21 (6): 786-790.

[2] Rumchik C G, Jordan J L. Effect of aluminum particle size on the high strain rate properties of pressed aluminized explosives

[J]. Shock Compression of Condensed Matter, 2007: 95-798.

[3] 郑保辉，罗观，舒远杰，等．熔铸炸药研究现状与发展趋势［J］．化工进展，2013（6）：134-136.
Zheng Baohui, Luo Guan, Shu Yuanjie, et al. Research status and prospect of melt-cast explosive [J]. Chemical Industry and Engineering Progress, 2013 (6): 134-136.

[4] 林聪妹，刘世俊，张娟，等．黏结剂增强对 TATB 基 PBX 力学性能的影响［J］．广州化工，2012，40（14）：77-79.
Lin Congmei, Liu Shijun, Zhang Juan, et al. Influences of binder enhancement technology on mechanical properties of TATB-Based polymer bonded explosives [J]. Guangzhou Chemical Industry, 2012, 40 (14): 77-79.

[5] 郭虎，罗景润，谢朝阳．PBX 细观损伤特征及表征方法研究综述［J］．四川兵工学报，2012（1）：125-129.
Guo Hu, Luo Jingrun, Xie Zhaoyang. Review of microscopic damage characteristics and characterization methods of polymer bonded explosives [J]. Journal of Sichuan Ordnance, 2012 (1): 125-129.

[6] 罗景润．PBX 的损伤、断裂及本构关系研究［D］．中国工程物理研究院，2001.
Luo Jingrun. Study on damage, fraxture and constitutive relation of PBX [D]. Mianyang: China Academy of Engineering Physics, 2001.

[7] Ellis K, Leppard C, Radesk H. Mechanical properties and damage evaluation of a UK PBX [J]. Journal of Materials Science, 2005, (40): 6241-6248.

[8] 李俊玲，卢芳云，傅华，等．某 PBX 炸药的动态力学性能研究［J］．高压物理学报，2011（2）：159-164.
Li Junling, Lu Fangyun, Fu Hua, et al. Research on the dynamic behavior of a PBX explosive [J]. Chinese Journal of High Pressure Physics, 2011 (2): 159-164.

[9] 刘艳秋，马忠亮，肖忠良，等．碳纤维对无壳弹药柱力学性能影响的研究［J］．火炸药学报，1999（3）：30-32.
Liu Yanqiu, Ma Zhongliang, Xiao Zhongliang, et al. Study on effect of carbon fiber on mechanical property of caseless ammunition [J]. Chinese Journal of Explosives & Propellants, 1999 (3): 30-32.

[10] 林谋金，马宏昊，沈兆武，等．铝纤维对黑索今水下爆炸性能的影响［J］．爆炸与冲击，2014（3）：379-384.
Lin Moujin, Ma Honghao, Shen Zhaowu, et al. The effect of aluminum fiber on underwater detonation performance of RDX [J]. Explosion and Shock Waves, 2014 (3): 379-384.

[11] Halpin J C, Tsai S W. Effects of environmental factors on composite materials [R]. AFML-TR-67-423, 1969.

基于现场混装的宽孔距空气间隔预裂爆破技术

陈　明[1a,1b]　张　俊[1a,1b]　郑炳旭[2]　胡英国[1a,1b]　卢文波[1a,1b]　宋锦泉[2]

（1. 武汉大学 a. 水资源与水电工程科学国家重点试验室；b. 水工岩石力学教育部重点试验室，湖北 武汉，430072；2. 广东宏大爆破股份有限公司，广东 广州，510623）

摘　要：采用理论分析与现场试验相结合的方法研究了混装车装药条件下的宽孔距空气间隔预裂爆破技术。理论分析结果表明：空气间隔装药预裂爆破条件下，即使预裂孔间距较大，炮孔间岩体在爆生气体压力作用下产生的应力强度因子也往往大于岩石的断裂韧度，炮孔间可以形成预裂缝。结合河南经山寺露天铁矿上覆岩层剥离进行的现场试验结果显示：岩体质量较好时，采用 18 倍孔径的宽孔距空气间隔装药预裂爆破技术，可获得较好的边坡轮廓成型质量，但是炮孔装药段的岩体损伤较严重，损伤深度明显大于非装药段。

关键词：炸药混装车；空气间隔；预裂爆破；轮廓；损伤

Wide-space and Air-decking Pre-splitting Blasting Technique Based on Explosive Mixing-loading Truck

Chen Ming[1a,1b]　Zhang Jun[1a,1b]　Zheng Bingxu[2]　Hu Yingguo[1a,1b]　Lu Wenbo[1a,1b]　Song Jinquan[2]

(1. a. State Key Laboratory of Water Resources and Hydropower Engineering Science; b. Key Laboratory of Rock Mechanics in Hydraulic Structural Engineering, Ministry of Education, Wuhan University, Hubei Wuhan, 430072; 2. Guangdong Hongda Blasting Co., Ltd., Guangdong Guangzhou, 510623)

Abstract: The wide-space and air-decking presplitting blasting technique based on explosive mixing-loading truck was studied combined with theoretical analysis and field test. Theoretical analysis results show that, under presplitting blasting condition of air-decking charge, even if the spacing between presplitting holes was relatively big, the stress intensity factor of blasthole rock mass resulted from detonation gas pressure was generally larger than rock fracture toughness. Therefore, the presplitting cracks could be formed between the blastholes. Combined with the field test results of open pit iron mine overburden stripping in Jingshan temple of Henan province, some conclusions could be drawn that when the rock mass quality was relatively good, much better forming quality of slope contour profile could be obtained when the presplitting blasting technique was applied with wide-space and air-decking charge with 18 times of blasthole diameter. However, the disadvantage of this method mainly due to the serious damage on rock mass around the blasthole charge segments, and the rock damage zone was obviously larger than the non-charge segments.

Keywords: explosive mixing-loading truck; air-decking charge; pre-splitting blasting; contour profile; damage

矿山开采过程中，为了达到安全、经济及快速开采的目的，邻近矿山边坡部位的岩体开挖通常采用轮廓控制爆破技术。传统的轮廓爆破技术在装药时采用径向不耦合装药结构方式，费时且造价高。探求一种既能达到控制爆破开挖质量，又能快速、经济施工的新型轮廓爆破方式，是工程爆破领域的新需求。采用现场混装车装药条件下的空气间隔装药预裂爆破技术，就是能够满足上述要求的新型轮廓爆破方式之一。与传统预裂爆破不同的是，该技术采用径向耦合装药，且装药相对集中，利用炸药爆炸后在孔内空气中形成的冲击波及爆生气体压力破坏岩体形成预裂缝。

基金项目：国家自然科学基金面上项目（No. 51279146、No. 51479147）；水利部科技推广计划项目（TG1522）。
原载于《爆破》，2016，33（3）：1-4，30。

关于空气间隔装药预裂爆破技术的理论和工程实践，国内外已有研究。1981 年 Mohanty B 首次在英国的一个露天煤矿中将空气间隔爆破技术用于预裂爆破[1]。Nicholas 等随后在澳大利亚的矿山开采中使用了空气间隔预裂爆破技术[2]。Correa 等在实验室和现场对空气间隔爆破技术用于预裂爆破进行了较为详细的研究[3]。孙再南在武钢大冶铁矿东露天采场临近边坡爆破起爆方式采用空气间隔爆破技术[4]。毕可程在露天铁矿进行了大孔径预裂爆破技术的实验与应用研究[5]。以上的空气间隔预裂爆破技术研究，预裂爆破炮孔间距一般局限于 7~12 倍孔径，而且炮孔径向较少采用耦合装药。基于现场混装的空气间隔装药预裂爆破技术，因炮孔装药段周围岩体的爆破损伤相对较严重，以及相关的爆破机理和设计准则尚需完善，在实际工程中应用并不多。

基于矿山经济、快速开采的需求，分析空气间隔预裂爆破的成缝机理，并结合现场生产进行试验，研究炸药混装车装药条件下的边坡宽孔距空气间隔装药预裂爆破技术。

1 空气间隔装药预裂爆破成缝机理

1.1 空气间隔装药爆炸荷载的确定

炸药混装车装药条件下的轴向空气层间隔装药爆破，其装药段为耦合装药，根据凝聚炸药爆轰波的 CJ 理论，对于耦合装药，炮孔初始平均爆轰压力 p_0 为波阵面后最大压力的一半，即

$$p_0 = \frac{\rho_e D^2}{2(\gamma + 1)} \tag{1}$$

式中，ρ 为炸药密度；D 为炸药的爆轰速度；γ 为爆生气体的绝热指数，γ 近似取为 3.0。

空气段的孔壁受到的荷载主要由装药段炸药起爆后沿炮孔轴向传播过来的冲击波所提供，经过炮孔中反射波及稀疏波的反复作用后，炮孔平均压力 p^* 为[6]

$$p^* = p_0 \left(\frac{L_e}{L_e + L_a} \right)^{\gamma} \tag{2}$$

式中，L_e 为炮孔内装药长度；L_a 为炮孔内空气层长度，其他符号含义同式（1）。

1.2 空气间隔装药预裂爆破裂纹扩展模型

预裂爆破成缝理论分析中，假定岩体为均质材料。预裂爆破中要形成炮孔间贯穿裂缝，需满足 2 个条件：（1）沿炮孔连线方向发展的裂缝的尖端应力强度因子超过岩体的断裂韧度；（2）非装药段炮孔内的爆生气体压力小于岩石的动态抗压强度，炮孔周围的岩体不被压碎。

裂纹稳定传播的条件可描述为

$$K_I(t) > K_{ID} \tag{3}$$

式中，$K_I(t)$ 为缝裂纹尖端应力强度因子；K_{ID} 为岩石的动态断裂韧度。

卢文波等改进了轮廓爆破裂纹扩展模型和相应的裂纹尖端应力强度因子的计算方法[7]。考虑相邻炮孔爆炸荷载和岩体地应力的联合作用的裂纹扩展模型如图 1 所示。

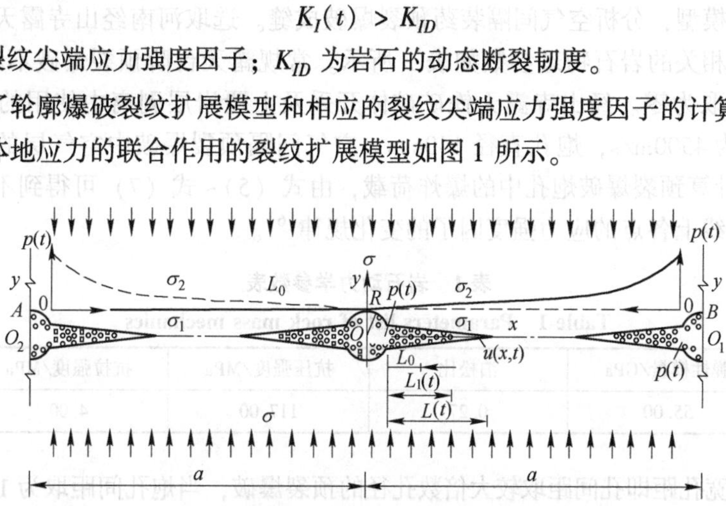

图 1 爆生气体驱动下的裂纹扩展模型

Fig. 1 Crack propagation model under detonation gas

图1中，$u(x, t)$ 为 t 时刻裂纹的张开位移；$L(t)$ 为 t 时刻爆生气体驱动的裂纹的总长度；$L_1(t)$ 为 t 时刻爆生气体贯入裂纹的长度；L_0 为应力波作用下产生的径向裂纹的初始长度，这里 L_0 取 $3R$，R 为炮孔半径；a 为炮孔间距；$p(t)$ 为炮孔中气体压力衰减过程；$p(x, t)$ 为沿裂纹方向分布的爆炸气体压力；σ 为垂直于裂纹面的岩体远场应力。

邻近炮孔的爆生气体准静态压力引起的炮孔裂纹尖端侧向拉应力 σ_1 和 σ_2，可通过轮廓爆破过程中围岩瞬态应力场的数值计算得到。

则作用在裂缝面上的有效闭合应力 σ' 为

$$\sigma' = \sigma - \sigma_1 - \sigma_2 \tag{4}$$

由此得到此模型下的裂纹尖端的应力强度因子为

$$K_I(t) = 2\left(\frac{L(t) + R}{\pi}\right)^{0.5} \int_0^{L_1(t)+R} \frac{p(x, t) - \sigma'}{[L(t) + R]^2 - x^2} \mathrm{d}x \tag{5}$$

式中，裂纹扩展总长度 $L(t) = \int_0^t C_f(t)\,\mathrm{d}t$，其中，$C_f(t)$ 为裂纹的扩展速度，一般可取 $C_f(t) = 0.38C_p$，C_p 为岩石介质的纵波波速；爆生气体贯入长度 $L_1(t) = \int_0^t v_e(t)\,\mathrm{d}t$，$v_e(t)$ 为爆生气体在裂纹中前端的流动速度。

裂纹的张开位移可用 Pair 公式计算

$$u(x, t) = \frac{4(1 - \mu)}{\pi G} \int_0^{L(t)+R} \left[\int_0^{\xi} \frac{p(\zeta, t) - \sigma'}{(\xi^2 - \zeta^2)^{0.5}}\right] \cdot \frac{\xi \mathrm{d}\xi}{(\xi^2 - x^2)^{0.5}} \tag{6}$$

式中，μ 为岩体的泊松比；G 为岩体的剪切模量；ξ 为裂纹扩展的瞬间长度；ζ 为该瞬间长度的微段长度。

计算中假设爆生气体压力沿裂纹长度方向呈近似均匀分布，且等于 $p(t)$。炮孔中爆生气体的压力可由多方气体状态方程得到

$$p(t)[V(t)]^{\gamma} = \mathrm{const} \tag{7}$$

式中，$V(t)$ 为爆生气体的总体积；γ 为等熵指数，近似取为3.0。

由式（2）~式（7）可判断裂纹的扩展状态，进而分析裂纹的整个扩展过程。

为防止预裂爆破本身对孔壁附近保留岩体产生过大损伤，需要保证预裂爆破过程中非装药段炮孔压力低于孔壁岩体的动态抗压强度，即

$$p_0 < [\sigma_d] \tag{8}$$

式中，$[\sigma_d]$ 为岩石的动态抗压强度。

1.3 宽孔距空气间隔装药预裂爆破成缝分析

由以上裂纹扩展模型，分析空气间隔装药预裂爆破成缝。选取河南经山寺露天铁矿上覆盖的大理岩作为研究对象，其相关的岩石物理参数如表1所示。常规露天台阶预裂爆破不考虑地应力的影响，垂直于缝面的地应力取为零。经山寺露天铁矿矿体开采及上覆岩层剥离中使用的混装炸药密度约为 1.25g/cm^3、爆速约为 4500m/s，炮孔直径 140mm。空气间隔预裂爆破中空气层的比例通常为 70%~90%，可由式（2）计算预裂爆破炮孔中的爆炸荷载，由式（5）~式（7）可得到不同孔距、不同空气层比例时炮孔中心连线上各点的应力强度因子的变化规律[6]。

表1 岩石动力学参数表

Table 1 Parameters list of rock mass mechanics

密度/kg·m^{-3}	弹性模量/GPa	泊松比	抗压强度/MPa	抗拉强度/MPa	剪切模量/GPa
2600.00	55.00	0.27	117.00	4.00	21.70

计算结果表明，宽孔距即孔间距取较大倍数孔径的预裂爆破，当炮孔间距取为 12~24 倍孔径时，炮孔间的应力强度因子主要受爆炸荷载变化的影响，如炮孔间距为 18 倍孔径时，岩石应力强度因子随空气层比例及距离的变化如图2所示，其他炮孔间距条件下炮孔间的岩石应力强度因子分布规律近似于图2。

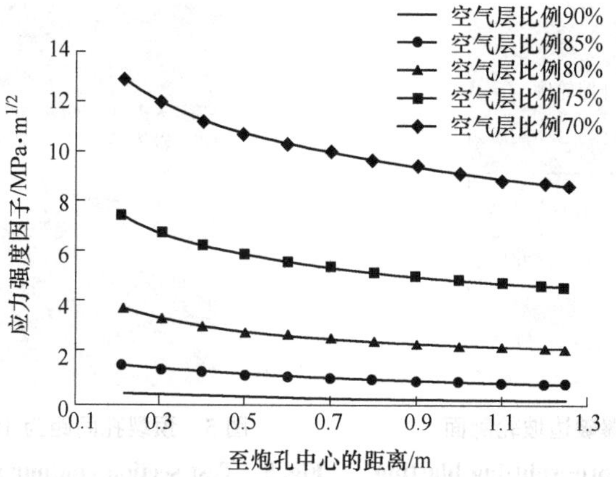

图 2 应力强度因子的变化规律

Fig. 2 The changing rule of the stress intensity factor

由图 2 可知，当爆炸荷载足够大时，即使预裂炮孔间距较宽，炮孔间的应力强度因子仍可大于大理岩 0.6~1.5MPa·$m^{1/2}$ 的断裂韧度[8]，表明较大的炮孔间距也可预裂成缝。如图 2 所示，当预裂孔中空气层比例小于 85%时，炮孔间距为 18 倍孔径仍可预裂成缝。

2 宽孔距空气间隔装药预裂爆破现场试验

2.1 爆破试验设计

为进一步验证宽孔距预裂爆破效果，结合河南经山寺铁矿上覆岩层的剥离施工，开展了空气间隔装药预裂爆破的现场试验研究。预裂孔布置设计如图 3 所示，预裂孔长约 12.5m，孔径 140mm，炮孔倾角 80°，炸药采用现场混装乳化炸药。为了比较不同孔间距预裂爆破孔的轮廓成型质量，设计预裂孔为宽孔距即孔间距取较大倍数孔径，预裂孔间距分别取 12 倍、15 倍及 18 倍孔径，预裂孔距离前排缓冲孔 3.0m，孔底装药，为了确保预裂成缝，试验中的空气层比例约为 75%，堵塞长度 1.2m。爆破试验的炮孔布置及起爆网路见图 3。

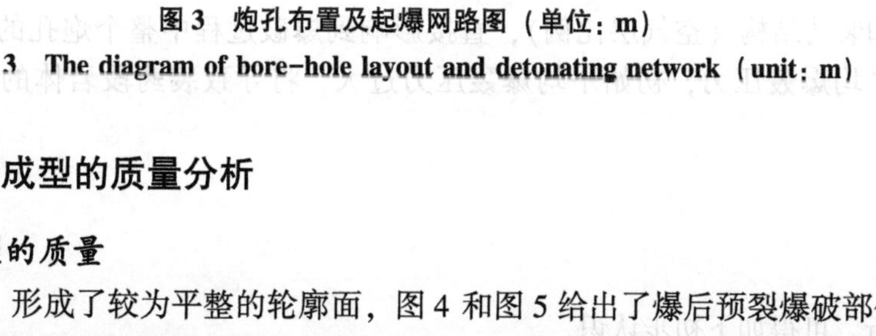

图 3 炮孔布置及起爆网路图（单位：m）

Fig. 3 The diagram of bore-hole layout and detonating network (unit: m)

2.2 预裂爆破轮廓成型的质量分析

2.2.1 轮廓成型的质量

预裂爆破完成后，形成了较为平整的轮廓面，图 4 和图 5 给出了爆后预裂爆破部位的轮廓图。

图 4 中由空气间隔装药预裂爆破形成的轮廓面以上，是铁矿开采中实际采用的缓冲爆破形成的开挖轮廓[8]，对比可知，采用空气间隔装药预裂爆破形成的开挖轮廓相对较为平整。

炸药混装车条件下的空气间隔装药预裂爆破试验受试验场地工程地质条件的影响较大，预裂爆破区试验区域跨过一段较为破碎的岩体，爆破后，破碎岩体段难以发现残存的半孔，但在岩性较好的试

图 4 空气间隔装药预裂爆破边坡轮廓面
Fig. 4 Slope contour record of pre-splitting blasting of air-decking charge

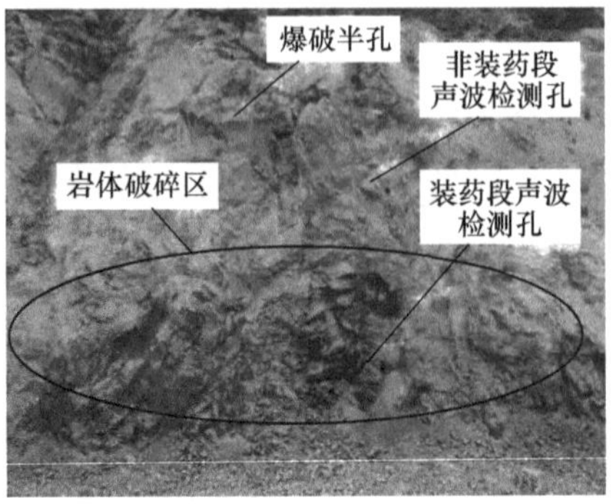

图 5 预裂孔间距为 18 倍孔径试验段的轮廓面
Fig. 5 Test section contour surface of pre-splitting distance between holes of 18 times blast-hole diameter

验段，岩体的半孔率较高，尤其是炮孔间距为 18 倍孔径（距离约 2.5m）的空气间隔装药预裂爆破试验段，如图 5 所示，轮廓的平整度较好，半孔率较高。试验结果表明，在岩性较好的开挖段，采用较大的孔间距，仍可取得较好的效果。

2.2.2 损伤范围

图 5 给出了爆破完成后，开挖轮廓面保留岩体的宏观损伤破坏图。由图 5 可知，爆破过程中，爆炸荷载对后台阶岩体有较强的抬动、拉裂作用。岩体爆后保留岩体表层分布有不同密集程度的爆生裂隙，这些裂隙以张开拉裂为主要特征，分布无明显规律，在地质条件较好，岩体均一性较强的区域裂纹密度较低，而在地质条件较差的区域，不但裂纹密度大，而且伴随有岩体破碎的特征。其中装药段的保留岩体较未装药段岩体的裂隙明显增多，装药部位炮孔壁岩体被明显破碎。而传统的预裂爆破，由于沿炮孔的径向及轴向均是不耦合装药，炮孔周围的可能产生爆生裂纹，但一般不产生粉碎区。

通过布置在炮孔装药段及非装药段岩体中的声波检测孔得到的声波波速变化趋势也表明，非装药段的损伤深度较装药段的明显偏小，岩体较好的区域，损伤深度一般较小，预裂孔间距为 18 倍孔径（2.5m）的预裂爆破试验段声波检测结果表明，其空气间隔段声波速度没有明显的降低。而装药段的声波速度则有明显降低。通过测孔声波速度变化趋势并以声波速度较平均速度降低 10%为标准判别的各个测孔的损伤深度，则预裂孔间距为 18 倍孔径的试验区装药段损伤深度约为 1.2m，空气层段损伤不明显。其他部位的声波检测结果表明，岩体质量较差的区域，损伤深度较大。

2.3 空气间隔装药预裂爆破轮廓成型的影响因素

本次现场试验发现，在保证钻孔质量、起爆网路质量的前提下，影响空气间隔装药预裂爆破轮廓成型的因素主要有工程地质条件、炸药性能和装药结构。岩体的工程地质条件，直接影响到预裂爆破的成型质量。在岩性较差的试验段，即使采取较小倍数的炮孔间距，也难形成质量较好的轮廓，而岩性较好的试验段，较大倍数的炮孔间距可得到质量较好的轮廓面。

炸药的性能和装药结构（空气层比例），直接影响到爆破过程中整个炮孔的平均爆轰压力以及耦合装药段的初始平均爆轰压力，初始平均爆轰压力过大，将导致装药段岩体的压碎区及损伤区显著增大。

3 结论

通过以上分析，可得如下初步认识。

（1）空气间隔装药预裂爆破条件下，即使炮孔间距较大，由炮孔爆生气体压力形成的应力强度因子也往往大于岩石的断裂韧度，炮孔间仍可以形成预裂缝。

（2）岩体的工程地质条件直接影响空气间隔装药预裂爆破的轮廓成型质量。岩体质量较好时，采用宽孔距的空气间隔装药预裂爆破技术，可取得较好的轮廓成型质量。

（3）炸药混装车装药条件下的空气间隔预裂爆破，装药段的损伤受炸药的性能和装药结构影响。装药段的损伤深度明显大于非装药段的。

需要说明的是，本次现场试验仅进行了 3 组参数的爆破试验，有待结合现场生产进行更多的试验，以积累更多的试验数据，完善炸药混装车条件下的空气间隔装药预裂爆破设计，控制装药段的爆破损伤破坏问题，从而推广该项技术在水电、矿山等行业领域非关键开挖轮廓部位的应用。

参 考 文 献

[1] Mohanty B. Wall control blasts and explosive systems [R]. C-I-L Technical, December, 1981.

[2] Carland Robert M, Biggs Horace Gene, Holland David. Achieving ore-waste separation by dual-fragmentation blasting [C] //Proceedings of the Conference on Explosives and Blasting Technique, 1990: 423-428.

[3] Correa Carlos E. Use of air-decks to reduce subdrillings in Escondida Mine [J]. Fragblast, 2003, 7 (2): 79-86.

[4] 孙再南．东露天采场临近边坡的爆破工作 [J]. 爆破，1998，15 (4)：12-19.
Sun Zainan. Near slope blasting experience in open pit [J]. Blasting, 1998, 15 (4): 12-19.

[5] 毕可程．大孔径预裂爆破技术在高村露天铁矿的实验与应用 [J]. 现代矿业，2011，7 (7)：85-86.
Bi Kecheng. The experimental and application of largespace pre-splitting blasting technique in open pit iron mine of Gao village [J]. Modern Mining, 2011, 7 (7): 85-86.

[6] 朱红兵．空气间隔装药爆破机理及应用研究 [D]. 武汉：武汉大学博士学位论文，2006.
Zhu Hongbing. Study on the mechanism and application of air-decking blasting [D]. Wuhan: Doctoral Dissertation of Wuhan University, 2006.

[7] 卢文波，陶振宇．爆生气体驱动的裂纹扩展速度研究 [J]. 爆破与冲击，1994，14 (3)：264-268.
Lu Wenbo, Tao Zhenyu. A study of fracture propagation velocity driven by gases of explosion products [J]. Explosion and Shock Waves, 1994, 14 (3): 264-268.

[8] 郑炳旭．经山寺铁矿优化开采综合爆破技术 [J]. 岩石力学与工程学报，2012，31 (8)：1530-1536.
Zheng Bingxu. Multiple blasting techniques for exploitation optimizion of Jingshan temple iron mine [J]. Chinese Journal of Rock Mechanics and Engineering, 2012, 31 (8): 1530-1536.

水浴加热对乳化炸药爆炸威力的影响

林谋金[1]　刘　畅[1]　马宏昊[2]　王　飞[2]　王佩佩[1]

（1. 广东宏大爆破股份有限公司，广东 广州，510623；
2. 中国科学技术大学 中国科学院材料力学行为和设计重点实验室，安徽 合肥，230026）

摘　要：为了研究高温炮孔对水浴防护下乳化炸药爆炸威力的影响，采用100℃水浴加热模拟高温炮孔中防护下乳化炸药的环境温度，通过水下爆炸实验计算得到水下爆炸参数。结果表明：乳化炸药的爆速、冲击波冲量、比冲击波能、比气泡能以及总能量随着水浴加热时间的增加而下降，其中乳化炸药比气泡能与总能量随着水浴加热时间增加呈近似线性降低，水浴加热时间增加对比气泡能占总能量的比例变化影响较小，其比例保持在65%左右。

关键词：乳化炸药；水浴加热；高温炮孔；比冲击波能；比气泡能

Effect of Water-bath Heating on the Explosion Power of Emulsion Explosive

Lin Moujin[1]　Liu Chang[1]　Ma Honghao[2]　Wang Fei[2]　Wang Peipei[1]

(1. Guangdong Hongda Blasting Co., Ltd., Guangdong Guangzhou, 510623; 2. CAS Key Laboratory of Mechanical Behavior and Design of Materials (LMBD), University of Science and Technology of China, Anhui Hefei, 230026)

Abstract: To study the effect of high temperature blast hole on the explosion power of water bath protected emulsion explosive, the enviroment temperature of protected emulsion explosive in high temperature blast hole were simulated by 100℃ water bath heating and the underwater explosion parameters were caculated and obtained through underwater explosion experiments. Results show that the detonation velocity, shock wave impulse, specific shock wave energy, specific bubble energy and total energy of emulsion explosive decrease with the increase of water bath heating time. In which, the specific bubble energy and total energy of emulsion explosive decrease in approximately linearly with the increase of water bath heating time, whereas, the effect of increase of water bath heating time on the proportion of specific bubble energy in total energy is smaller and the proportion remains at about 65%.

Keywords: emulsion explosive; water-bath heating; high temperature blast hole; specific shock energy; specific bubble energy

1　引言

我国露天煤矿的覆盖层硬度普遍比较大，因此需要通过深孔松动爆破进行剥离。煤矿火区导致的高温炮孔环境可能使爆破器材发生早爆而威胁爆破作业人员的生命安全，另外高温环境也可能使工业炸药加快热分解而降低炸药性能或者产生拒爆，从而影响爆破作业整体效果并留下安全隐患[1]，因此迫切需要对高温爆破存在的相关问题进行研究。目前，研究人员对热作用下的爆破器材性能变化情况

基金项目：广东省产学研合作院士工作站（2013B090400026）；国家自然科学基金面上项目（51374189）。
原载于《含能材料》，2016，24（12）：1214-1218。

进行了广泛研究，其中傅建秋[2]研究电雷管在高温作用下的性能变化，结果表明电雷管在温度高于130℃时发生自爆；李战军[3]研究表明2号岩石乳化炸药在80℃炮孔中放置数小时后仍能用雷管正常起爆，在130℃的高温作用下经过6h后失效；廖明清[4]研究表明受热后的导爆索爆速不变且能起爆防自爆药包。上述研究结论主要是将未防护的爆破器材直接放置在高温炮孔中得出的，而林谋金[5]提出的全孔蓄水施工方法以及套筒隔热防护都是将爆破器材处于水环境中进行防护，从而实现工业炸药与起爆器材较长时间保持在安全温度的环境中。水下爆炸测试方法已经广泛应用于工业炸药的做功能力测试，其通过测定炸药的冲击波能和气泡能而得到做功能力数据，并与通常评价工业炸药威力的爆力值呈良好的线性关系，已逐步成为评价炸药做功能力的重要手段，其做功能力数值通常很接近用爆热弹测量炸药爆轰所释放出的化学能（爆热），可以用于比较各种炸药的做功能力[6]。目前乳化炸药的爆炸威力在水浴加热后的变化情况在国内外相关文献中公开报道较少，本研究对乳化炸药采用水浴恒温箱进行水浴加热（以下简称“水浴加热”）来模拟高温炮孔中乳化炸药（水浴防护下）的环境温度，同时采用水下爆炸实验测定水浴加热前后的乳化炸药爆炸威力的衰减情况，其结果可为煤矿火区高温爆破提供参考。

2 实验部分

2.1 样品制备

采用珍珠岩敏化乳胶基质（水含量为12%），其比例为乳胶基质：珍珠岩=96：4，敏化温度为60℃，其中膨胀珍珠岩的粒度90%以上为20~80目，墩实密度小于0.07g/mL。将乳化炸药用塑料包装成球状药包，其质量为30g，直径约为1.84cm，密度为1.13~1.18g/cm^3。采用水浴恒温箱对药包进行100℃水浴加热，加热时间分别为0h、1h、2h、3h、6h，分别得到不同受热时间的样品。

2.2 水下爆炸实验

水下爆炸实验采用爆炸罐的直径为D为5m，水深H为5m，测试装置包括水下压力传感器（PCB，ICPW138A25）、恒流源（482A22）以及泰克示波器（TEKDSO8064A），如图1所示。为了满足冲击波和气泡脉动的测试要求，将药包和传感器置于水面下3m处，药包与传感器的距离为120cm，每组实验重复3次。

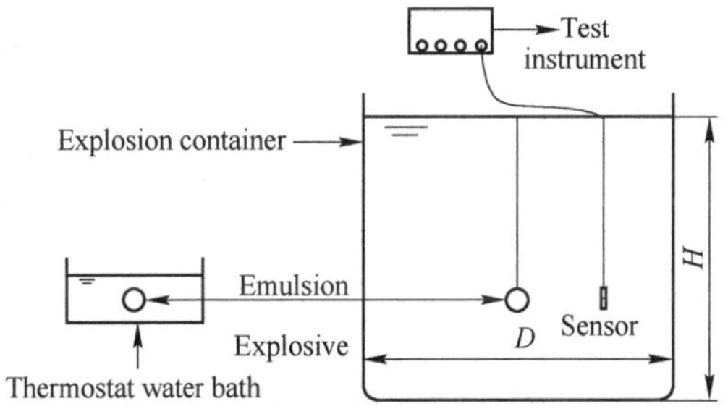

图1 水浴加热与水下爆炸实验示意图

Fig.1 Schematic diagram of underwater explosion experimental system and water-bath heating

2.3 炸药爆速测试实验

采用图1所示装置对水浴加热不同时间后的乳化炸药进行水下爆炸爆速实验。爆速实验设备包含有多段智能爆速测量仪2BS-110、空中爆炸容器、细漆包线制成的探针、电线以及ϕ32mm PVC管，探针间距为4cm，炸药质量约为200g，测量时将爆速测量仪的时基调至0.1μs。水浴加热前需要将乳化炸药装入聚氯乙烯（PVC）管后进行密封处理，防止其在加热过程中膨胀溢出。

3 实验结果与讨论

3.1 冲击波与气泡脉动压力时程曲线

水浴加热不同时间的乳化炸药在水下爆炸后产生的典型冲击波压力时程曲线与气泡脉动压力时程曲线如图2所示，为了便于比较，将图2中水浴加热不同时间的冲击波压力时程曲线起跳点适当往后调整。

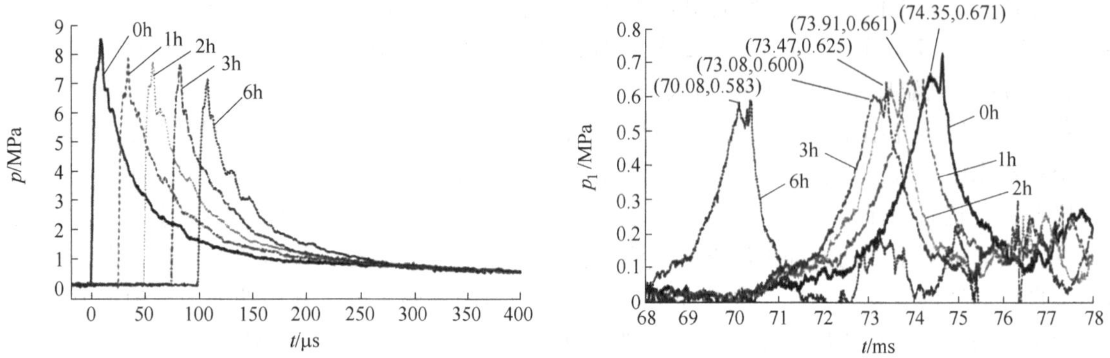

(a) Shock wavo (b) Bubble pulse

图 2 冲击波压力时程曲线与脉动压力时程曲线图

Fig. 2 Pressure-time curves for shock wave and bubble pulse

由图 2 可得，乳化炸药的冲击波压力峰值（见图 2（a））随着水浴加热时间的增加而下降，其原因是乳化炸药水浴加热后出现破乳析晶现象，从而使水浴加热后的乳化炸药的爆炸威力降低。乳化炸药的气泡脉动周期（见图 2（b））随着水浴加热时间的增加而下降，脉动压力峰值也是随着水浴加热时间的增加而下降。

3.2 水浴加热时间对水下爆炸参数的影响

柯克伍德（Kirkwood）和贝蒂（Bethe）通过对压力时程曲线进行积分得到冲击波冲量的计算公式为[7]：

$$i = \int_0^{6.7\theta} \Delta p(t)\,\mathrm{d}t \tag{1}$$

式中，i 为冲击波冲量，MPa · s；$\Delta p(t)$ 为冲击波压力随时间变化函数，MPa；θ 为衰减时间常数，其是压力从峰值 p_m 衰减到 p_m/e 所需的时间，s。G. Bjarnholt 得到的水下爆炸参数计算公式为[8,9]：

$$E_s = 4\pi R^2 \int_0^{6.7\theta} \Delta p^2(t)\,\mathrm{d}t / W\rho_w C_w \tag{2}$$

$$E_b = (\sqrt{1 + 4CT_b} - 1)^3 / 8C^3 k_1^3 W \tag{3}$$

$$k_1 = 1.135\rho_w^{1/2}/p_h^{5/6} \tag{4}$$

$$T_b = aW^{1/3} + bW^{2/3} \tag{5}$$

$$C = b/a^2 \tag{6}$$

$$E = K_f(\mu E_s + E_b) \tag{7}$$

$$\mu = 1 + 1.3328 \times 10^{-1} p_{CJ} - 6.5775 \times 10^{-3} p_{CJ}^2 + 1.2594 \times 10^{-4} p_{CJ}^3 \tag{8}$$

$$p_{CJ} = \rho_0 D^2 / 4 \times 10^9 \tag{9}$$

式中，E_s 为比冲击波能，MJ/kg；R 为药包与传感器的距离，m；W 为炸药质量，kg；ρ_w 为水的密度，kg/m^3；C_w 为水中声速，m/s；θ 为衰减时间常数，ms；E_b 为比气泡能，MJ/kg；T_b 为气泡第一次脉动周期，s；p_h 为测点处流体总静水压力，Pa；E 为总能量，MJ/kg；μ 为冲击波能损失系数，由 G. Bjarnholt 根据实验值拟合得到；K_f 为炸药的形状参数，对于球形取 1.00，对于非球形取 1.02~1.10；ρ_0 为药包的密度，kg/m^3；D 为炸药的爆速，m/s；p_{CJ} 为 C-J 压力，GPa。a，b 为一定试验条件下的固有常数，其可根据（T_b，$W^{1/3}$）数据进行最小二乘法近似拟合计算，C 为边界效应的校正系数。实验前取不同质量的乳化炸药（15~50g）在同等条件下进行实验后拟合得到 a=0.239，b=−0.019，C=−0.332s^{-1}，拟合过程考虑了起爆雷管的影响，其拟合相关系数为 0.99989，说明拟合效果较理想。根据上述相应的计算公式对水浴加热不同时间后的乳化炸药水下爆炸参数进行计算，得到的水下爆炸参数与水浴加热时间的关系如图 3 所示。

由图 3 可得，乳化炸药的比冲击波能（见图 3（a））、比气泡能（见图 3（b））、总能量（见图 3（c））、冲击波冲量（见图 3（d））以及爆速（见图 3（e））随着水浴加热时间的增加而出现下降，其

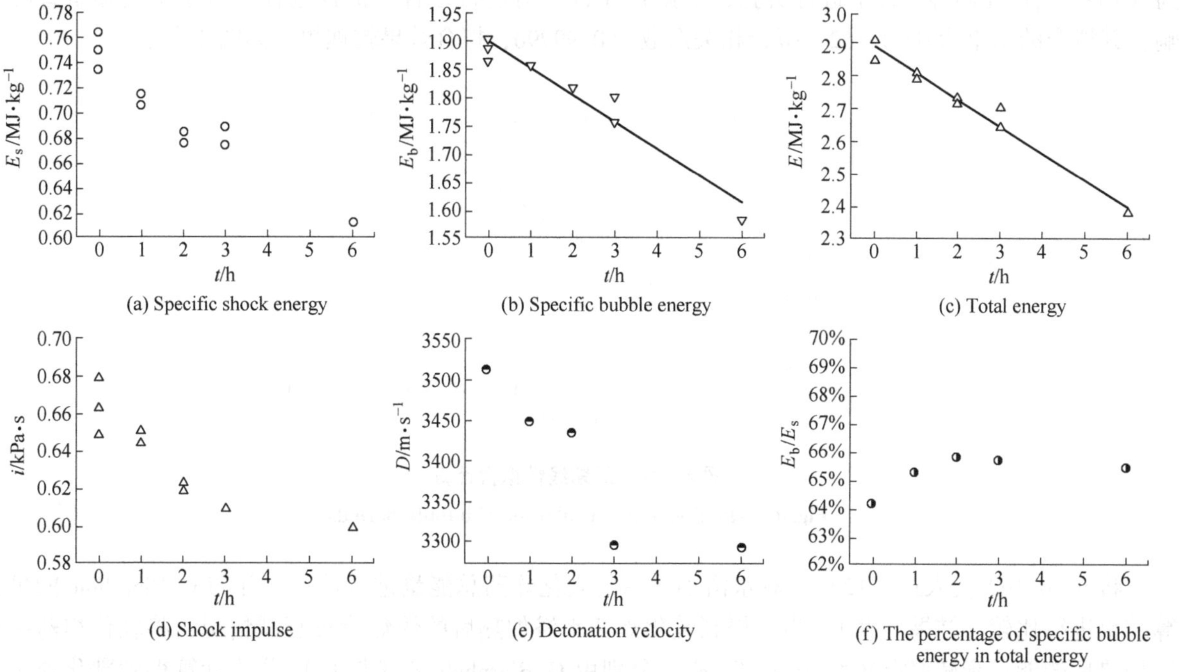

图 3　水浴加热对乳化炸药水下爆炸参数的影响

Fig. 3　Effect of water-bath heating on the explosion parameter of emulsion explosives

中乳化炸药的比气泡能与总能量随着水浴加热时间增加呈近似线性降低，另外乳化炸药比气泡能占总能量的比例（见图 3（f））随着水浴加热时间增加而变化较小，其比例保持在 65%左右。煤矿火区高温爆破施工中的乳化炸药处于水浴加热时间一般不超过 1h，因此本文重点关注爆破施工中最不利情况下的爆炸威力衰减情况，即重点关注乳化炸药在水浴加热 1h 后爆炸威力变化。水浴加热 1h 后的乳化炸药总能量平均值 2. 808MJ/kg 比未水浴加热的乳化炸药总能量平均值 2. 901MJ/kg 降低了 3. 17%，冲击波冲量平均值降低了 2. 54%，比冲击波能平均值降低了 5. 32%，比气泡能平均值降低了 1. 33%，即水浴加热 1h 后的乳化炸药爆炸威力下降较小，同时乳化炸药的油包水结构使大直径药卷内部温度低于水沸点温度，因此水浴防护后的乳化炸药对煤矿火区爆破效果的影响可以忽略，即火区爆破的孔网参数设计可以采用常温区爆破的孔网参数。

3. 3　能量衰减率计算

目前水下爆炸能量的计算公式主要有 G. Bjarnholt 计算公式[8] 与 Cole 计算公式[10]，G. Bjarnholt 计算公式计算精度较好而被广泛应用，但需要另外进行爆速实验得到炸药的爆速参与计算，而 Cole 计算公式则不需要另外进行爆速实验且计算过程简单方便，但需要满足炸药的比气泡能占总能量的比值保持不变的条件。由上文计算结果可知珍珠岩敏化的乳化炸药中比气泡能占总能量的比例（见图 3（f））在水浴加热前后变化较小，因此也可采用 Cole 计算公式快速计算乳化炸药水浴加热后的总能量。根据 Cole 理论，炸药在水下爆炸后第一次脉动周期的计算公式为[10,11]：

$$T_b = K \cdot \rho_w^{1/2} \cdot (W \cdot E)^{1/3} / P_h^{5/6} \tag{10}$$

令 $\beta = K \cdot \rho_w^{1/2} / P_h^{5/6}$，式（10）可变换为：

$$T_b = \beta \cdot (W \cdot E)^{1/3} \tag{11}$$

在特定的实验条件下（水域大小、水深以及炸药类型等保持不变），可假定 β 是固定不变，从而得到水浴加热前后的乳化炸药总能量计算表达式为：

$$E_t = (T_{bt}/\beta)^3 / W \tag{12}$$

式中，T_{bt} 为水浴加热 t 小时后第一次脉动周期，s；E_t 为乳化炸药在水浴加热 t 小时后的总能量，MJ/kg；β 值可通过改变特定炸药（未水浴加热）的质量可标定。为了确定实验的 β 值，取不同质量的乳化炸药（15~50g）在同等条件下进行实验，根据式（11）对进行拟合，拟合过程也考虑了起爆雷管的影响，其拟合的结果为β=0.162，拟合相关系数为0.99996，拟合效果较理想，如图4所示。

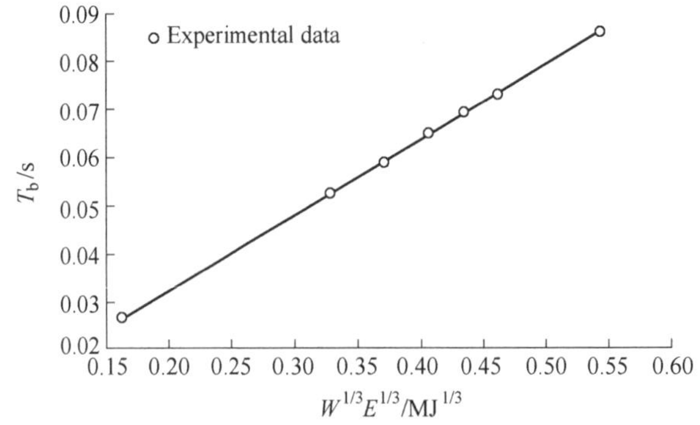

图4 脉动周期线性拟合计算

Fig. 4 The linear fit calculation of bubble periods

将β=0.162代入式（12）后对水浴加热后的乳化炸药总能量进行计算，并与G. Bjarnholt能量计算结果进行比较，结果见表1。为了得到乳化炸药水浴加热后的爆炸能量衰减情况，将乳化炸药在水浴加热后的能量衰减率定义为$\eta=1-E_t/E_0$，分别由G. Bjarnholt公式与Cole公式计算得到乳化炸药经过水浴加热不同时间后的能量衰减率见表1。

表1 Cole与G. Bjarnholt公式计算的总能量

Table 1 The total energy calculated by formula of Cole and G. Bjarnholt

Time/h	T_b/ms	G. Bjarnholt E_t/MJ · kg^{-1}	G. Bjarnholt η/%	Cole E_t/MJ · kg^{-1}	Cole η/%
0	74.27	2.934	0	3.048	0
1	73.94	2.845	3.03	3.008	1.31
2	73.42	2.76	5.93	2.944	3.41
3	72.93	2.708	7.7	2.885	5.35
6	70.16	2.413	17.76	2.569	15.72

Note: The data are average values of experimental results.

由表1可得，分别由G. Bjarnholt公式与Cole公式计算得到的能量衰减率都随着水浴加热时间增加呈近似线性增加，其与乳化炸药的破乳析晶程度随着水浴加热时间增加而加重有关。两种公式计算得到乳化炸药经过水浴加热不同时间后的总能量比较接近，其最大的相对误差约为6%，因此采用Cole公式计算乳化炸药水浴加热不同时间后的总能量是可行的。

4 结论

本文结论如下。

（1）乳化炸药的爆速、冲击波冲量、比冲击波能、比气泡能以及总能量均随着水浴加热时间的增加而出现下降，其中乳化炸药的比气泡能与总能量随着水浴加热时间增加呈近似线性降低。

（2）100℃水浴加热1h后的乳化炸药总能量平均值2.808MJ/kg，比未水浴加热的乳化炸药总能量平均值2.901MJ/kg只降低了3.17%，另外煤矿火区爆破施工中的乳化炸药处于水浴加热时间一般不超过1h，同时乳化炸药的油包水结构使大直径药卷内部温度低于水沸点温度，因此水浴防护后的乳化炸药对煤矿火区爆破效果的影响可以忽略。

（3）乳化炸药比气泡能占总能量的比例随着水浴加热时间增加而变化较小，其满足采用Cole公式计算乳化炸药水浴加热不同时间后总能量的前提条件，因此也可采用Cole公式计算炸药总能量。

参考文献

[1] 许晨，李克民，李晋旭，等．露天煤矿高温火区爆破的安全技术探究［J］．露天采矿技术，2010（4）：73-75，89.

Xu Chen，Li Kemin，Li Jinxu，et al. Security technology research on high-temperature fire area blasting in surface mine［J］．Opencast Mining Technology，2010（4）：73-75，89.

[2] 傅建秋，李战军，蔡建德，等．胶状乳化炸药和电雷管的耐高温性能试验研究［J］．爆破，2008，25（4）：7-10，27.

Fu Jianqiu，Li Zhanjun，Cai Jiande，et al. Experimental research on resistance to elevated temperatures of colloidal emulsion explosive and electric detonator［J］．Blasting，2008，25（4）：7-10，27.

[3] 李战军，郑炳旭．矿用火工品耐热性现场试验［J］．合肥工业大学学报（自然科学版），2009，32（10）：1498-1500.

Li Zhanjun，Zheng Bingxu. On-site heat resistant experiments of permissible explosive materials［J］．Journal of Hefei University of Technology（Natural Science），2009，32（10）：1498-1500.

[4] 廖明清，孙孚锜．普通导爆索在高温爆破中的应用［J］．爆破器材，1991（1）：19-21.

Liao Mingqing，Sun Fuqi. Application of common detonating fuses in high-temperature blasting jobs［J］．Explosive Materials，1991（1）：19-21.

[5] 林谋金，郑炳旭，李战军，等．高温炮孔中乳化炸药升温规律分析［J］．爆破器材，2016，45（1）：47-50.

Lin Moujin，Zheng Bingxu，Li Zhanjun，et al. Temperature raising analysis of emulsion explosive in high temperature blast hole［J］．Explosive Materials，2016，45（1）：47-50.

[6] 汪旭光．乳化炸药［M］．北京：冶金工业出版社，2008：859-864.

Wang Xuguang. Emulsion explosives［M］．Beijing：Metallurgical Industry Press，2008：859-864.

[7] Kirkwood J G，Bethe H A. The pressure wave produced by an underwater explosion［R］．OSRD Rep，1942，588.

[8] G. Bjarnholt. Suggestions on standards for measurement and data evaluation in the underwater explosion test［J］．Propellants，Explosives，Pyrotechnics，1980，5（2）：67-74.

[9] 林谋金，马宏昊，沈兆武，等．铝薄膜含量对 RDX 基铝薄膜炸药水下爆炸威力影响［J］．含能材料，2014，22（5）：678-683.

Lin Moujin，Ma Honghao，Shen Zhaowu，et al. Effect of aluminum film content on underwater explosion performance of RDXbased aluminum film explosive［J］．Chinese Journal of Energetic Materials（Hanneng Cailiao），2014，22（5）：678-683.

[10] Cole R H. Underwater explosions［M］．Dover Publications New York，1965.

[11] Willis H F. Underwater explosions：the time interval between successive explosions［R］．British Report，1941，WA-47-21.

防护下的导爆索在高温火区爆破中的应用

林谋金[1,2]　郑炳旭[1]　李战军[1]　周科平[2]　束学来[1]

（1. 宏大矿业有限公司，广东 广州，510623；
2. 中南大学 资源与安全工程学院，湖南 长沙，410083）

摘　要：为了使普通导爆索能应用在高温炮孔中，采用陶瓷纤维套管与胶体水对导爆索进行防护，通过热电偶测温技术测量陶瓷纤维套管中的温度变化以及高温炮孔填土前后的温度变化。结果表明：填土后的炮孔中心温度在较长时间内才回升到先前的温度，有利于导爆索的保护；耐温隔热套管内下部温升速率比上部温升速率快，但最终都稳定在水沸点温度，防护下的导爆索在其底部温度为320℃炮孔中放置40min后能正常起爆。

关键词：露天开采；火区爆破；导爆索；耐火隔热套管；胶体水

Application of Protected Detonating Cord in Fire Area Blasting

Lin Moujin[1,2]　Zheng Bingxu[1]　Li Zhanjun[1]，Zhou Keping[2]　Shu Xuelai[1]

（1. Hongda Mining Co.，Ltd.，Guangdong Guangzhou，510623；
2. School of Resources and Safety Engineering，Central South University，Hunan Changsha，410083）

Abstract：In order to use the detonating cord in high temperature blast hole safely，the detonating cord is posed in the ceramic fiber sleeve filled jelling water and the thermocouple is applied to measure the temperature in the ceramic fiber sleeve and blasthole before and after explosive charging. The results show that the temperature in the middle of blasthole returns to the previous temperature for a long time after filled soil，which is advantageous to protect the detonating cord. The temperature rise rate in the bottom of the thermal insulation sleeve is faster than that in the top，both of which remain at boiling point of water in the end. The protected detonating cord in the blasthole（320℃）for 40minutes can be detonated normally.

Keywords：open-pit mining；fire area blasting；detonating cord；thermal insulation sleeve；jelling water

我国某些煤炭与含硫矿等矿山由于有长时间的自燃现象而造成部分矿岩存在高温现象[1]，为了保证爆破开采安全，需要对高温火区爆破施工方法进行研究，周明辉采用加入$CaCl_2$、$MgCl_2$的水对炮孔降温，并选用粉状乳化炸药外缠三层石棉实现高温火区爆破[2]。王涛采用干冰在露天煤矿高温火区内进行炮孔局部降温试验，结果表明干冰对孔深小于8m的炮孔能起到有效降温及维持低温效果的作用[3]。蔡建德探索出进行深孔高温爆破的反程序爆破方法，保证深孔高温台阶爆破的施工安全[4]。上述方法对自燃高温火区的爆破施工一般采用降温方法使炮孔温度降低到普通工业炸药安全许可温度范围内，由于高温火区中的岩石裂隙发育充分以及炮孔内的水难以存留，炮孔温度回升较快，需要在炮孔温度回升前进行快速装药、填充、起爆等工作，整个爆破作业过程非常仓促，导致高温火区爆破作业单次炸药装填量少，安全隐患大，严重制约剥离挖运工作的进度。因此寻找一种施工方便、在保证安全前提下能进行大规模爆破的方法是高温火区爆破工程的迫切需要，而爆破器材在耐火隔热材料防护下使高温火区大规模爆破成为可能，但耐火隔热材料防护下的爆破器材在高温炮孔中的应用在国内

基金项目：广东省产学研合作院士工作站（2013B090400026）。
原载于《爆破》，2016，33（4）：123-126。

研究较少，石文才提出一种可以有效地减缓套筒内炸药温升速度的耐温隔热护套，但未涉及起爆器材的防护[5]。史秀志通过现场和室内试验研究高温控制爆破过程中容易出现的安全问题，同时给出了不同温度条件下应采用的新型隔热材料及装药结构[6]。目前对爆破器材进行防护的研究主要集中在对药卷的防护，因此为了探索防护下的导爆索在高温火区爆破中应用，在高温火区现场采用热电偶测温技术对防护下的导爆索不同位置的温度变化以及高温炮孔填土前后的温度变化进行测量[7]，其结果可为防护下的导爆索在高温火区爆破中应用提供一定参考。

1 现场试验

导爆索的防护结构包括超强吸水剂、纸筒、水、塑料薄膜、陶瓷纤维套管，其中，超强吸水剂具有很好的吸水性能以及保存水分的能力，陶瓷纤维套管具有重量轻、耐高温、良好的隔热、无毒、较高的抗拉强度和韧性等特点。试验时将超强吸水剂装入纸筒中，然后将纸筒与导爆索捆绑后装入塑料薄膜，将塑料薄膜套入陶瓷纤维套管后注水。水可以透过纸筒被超强吸水剂吸附，纸筒在超强吸水剂吸附水后可被撑破，使吸附水后的超强吸水剂均匀分布在导爆索与塑料薄膜之间，这样就解决了超强吸水剂在套管中轴向分布的均匀性问题。被超强吸水剂吸附后的水为膏状，其在外层结构破损情况下不易流失，另外塑料薄膜可以有效减缓结构中水分的蒸发速度，因此该耐温吸热保护结构能够满足现场恶劣的施工环境。试验中使用的陶瓷纤维套管厚度为 2mm，直径为 3cm，套筒内套有塑料薄膜的直径为 3. 5cm，其直径略大于陶瓷纤维套管的内径，使得塑料薄膜内的水压力由陶瓷纤维套管承受。纸筒的直径为 4mm，需要根据超强吸水剂吸收水的能力以及塑料薄膜中的水量进行确定。现场试验的炮孔温度为 250~400℃。试验时将一个热电偶固定耐温吸热保护结构外面，用于测量炮孔的温度；一个热电偶固定在耐温吸热保护结构内部下方（4m），用于测量导爆索下部的温度；一个热电偶固定在耐温吸热保护结构内部上方（0. 5m），用于测量导爆索上部温度，防护下的导爆索如图 1 所示。

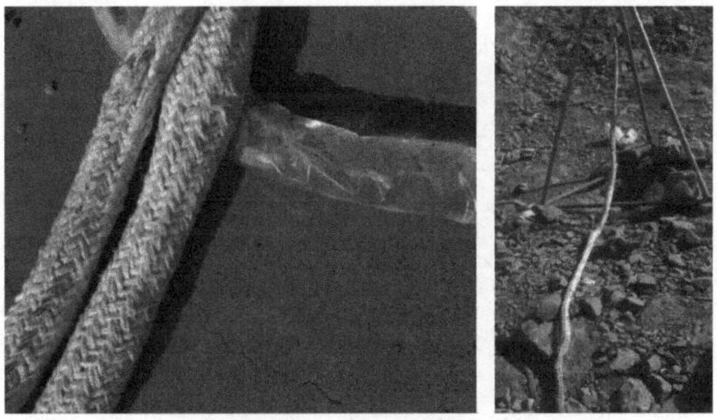

图 1　防护下的导爆索

Fig. 1　The protected detonating cord

2 试验结果与分析

2.1 填土前后的炮孔温度

为了对比填土前后的炮孔温度变化情况，将 4 个热电偶绑在 3m 长铁管上，然后将铁管下放到炮孔中（居中），待测温仪上的温度显示稳定后往炮孔内填上干燥的土石，得到炮孔在不同深度的温度变化曲线如图 2 所示。

由图 2 可得，炮孔中深度为 3m 的初始稳定温度为 277. 6℃，深度为 2. 5m 的初始稳定温度为 228. 6℃，深度为 1. 5m 的初始稳定温度为 187. 7℃，深度为 0. 5m 的初始稳定温度为 109. 3℃，即炮孔中初始温度与孔深成近似线性增加关系。填土后不同深度的炮孔温度都出现急剧下降到 100℃以下，下降后的炮孔温度在初期出现无规律回升，在后期成近似线性回升，但不同深度的温度回升速率有所

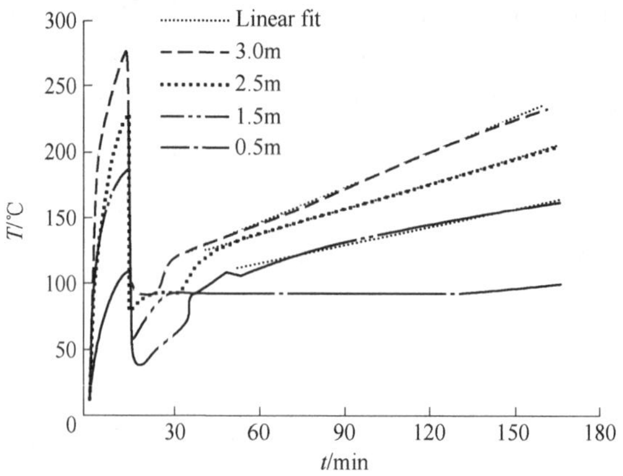

图 2 填土前后的炮孔温度历史曲线

Fig. 2 The temperature-history curves of blasthole before and after filling

不同。约 10min 后往炮孔中填土，深度为 3m 的炮孔温度在填土后约 55min 才回升到 150℃，最终经过三个多小时后才回升到初始温度（277.6℃），因此上述现象有利于导爆索的防护工作，也使采用消防水带替代内层附有塑料薄膜的陶瓷纤维套管成为可能，另外为了验证填塞沙土的含水量对填土前后炮孔温度的影响，需要进一步研究往炮孔内填上潮湿的土石后的炮孔温度变化情况。

2.2 耐温吸热保护结构内部温度分布

为了验证耐温吸热保护结构的隔热保护效果，由热电偶测得耐温吸热保护结构内部不同位置温度的变化曲线如图 3 所示。

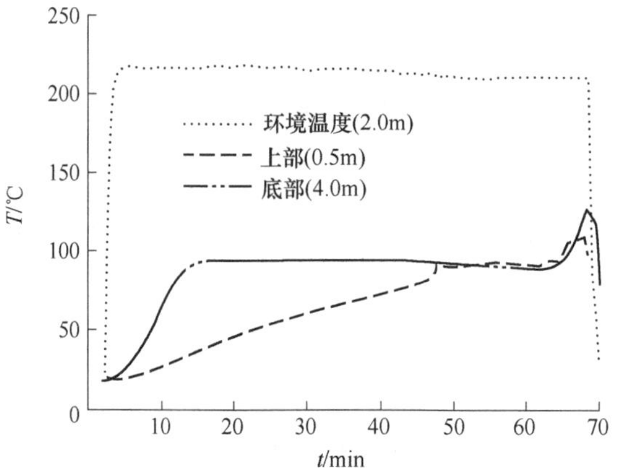

图 3 防护下导爆索不同位置的温度历史曲线

Fig. 3 The temperature-history curves of protected detonating cord at different positions

由图 3 可得，耐温吸热保护结构外围的中部温度为 220℃左右，另外根据前期炮孔测温显示耐温吸热保护结构外围的底部温度约为 320℃。耐温吸热保护结构内部底部在 12min 左右上升到水沸点温度，而后在 1h 内保持在水沸点温度环境；耐温吸热保护结构内部上部在 45min 左右才上升到水沸点温度，而后在 1h 内也保持在水沸点温度环境，温升速率主要与炮孔温度随孔深增大而增大有关。通过增加陶瓷纤维套管的直径即通过增加套管中的水量不能明显减小保护结构内部温升速率，但可以延长套管内部环境处于水沸点温度的时间，主要是由于在增大套管直径的同时也增大套管与炮孔中空气接触的面积，因此后期需要进一步优化套管的直径大小。综上所述，耐温吸热保护结构通过外围的耐温吸热保护结构对内部导爆索进行隔热与保护，高比热容的水可将炮孔传导到结构内部的热量进行吸收，使导爆索在后期能保持在恒温环境中，因此耐火隔热套管中的温度环境能使导爆索能够满足高温火区爆破要求。

2.3 起爆试验

现场试验时将两组 4m 的导爆索分别用隔热套管进行保护，保护后的导爆索放置在其底部温度为 320℃的炮孔中，其中一组放置 40min 后取出，一组放置 60min 后取出，将上述试验重复 3 次，放置 40min 一组试验后的导爆索如图 4 所示。

图 4 试验后的导爆索

Fig. 4 The detonating cord after field tests

由图 4 可得，在最高温度为 320℃炮孔中放置 40min 后取出的导爆索外层塑料完整且能正常起爆，而放置 60min 后取出的导爆索下半部分有部分烧断，因此该导爆索已经失效。另外上述研究表明填土后的炮孔中间温度在较长时间内才恢复到先前的温度，因此耐火隔热套管基本能满足高温火区爆破中导爆索的防护要求。

2.4 靠壁试验

为了验证极端条件下耐温吸热保护结构的防护效果，将导爆索固定在耐温吸热保护结构内部靠近壁面的位置上，保护后的导爆索在其底部温度为 320℃的炮孔中放置 40min 后取出，试验前后的导爆索如图 5 所示。

图 5 试验前后的导爆索

Fig. 5 The detonating cord before and after field tests

由图 5 可得，靠近在耐温吸热保护结构内部壁面上的导爆索外围塑料层有部分烧焦，但其内部的棉线未烧断，其可被正常引爆，即该导爆索并未失效，因此耐火隔热套管在极端条件下也能满足高温火区爆破中导爆索的防护要求。

3 结论

采用耐温吸热保护结构对现有的普通导爆索进行保护，使得现有的普通导爆索能够应用到高温火区爆破中，通过热电偶测温技术测量填土前后的高温炮孔温度变化情况以及耐温隔热套管在高温炮孔中的温度变化情况，得到的结论如下。

（1）填土后不同深度的炮孔温度都出现急剧下降，下降后的炮孔温度在初期出现无规律回升，在后期成近似线性回升，但不同深度的温度回升速率有所不同。

（2）填上干燥土后的炮孔中间温度在较长时间内才恢复到先前的温度，其有利于导爆索的保护，但需要进一步研究往炮孔内填上潮湿的土石后的炮孔温度变化情况。

（3）耐温隔热套管内下部温升速率比上部温升速率快，但最终都稳定在水沸点温度，因此防护下的导爆索在其底部温度为 320℃炮孔中放置 40min 后能正常起爆。

（4）通过增加陶瓷纤维套管的直径即通过增加套管中的水量不能明显减小保护结构内部温升速率，但可以延长套管内部环境处于水沸点温度的时间，因此后期需要进一步优化套管的直径大小。

参 考 文 献

[1] 齐俊德，禹学成．浅谈宁夏煤田火灾现状及综合治理［J］．陕西煤炭，2007（1）：36-38.
Qi Junde，Yu Xuecheng. Present situation and comprehensive treatment of fire accident in Ningxia coal-field［J］．Shaanxi Coal，2007（1）：36-38.

[2] 周名辉，唐洪佩，杨开山．露天煤矿高温爆破技术研究［J］．爆破，2014，31（2）：119-122.
Zhou Minghui，Tang Hongpei，Yang Kaishan. Study of high temperature area blasting in opencast coal mine［J］．Blasting，2014，31（2）：119-122.

[3] 王涛，张贵峰，廖新旭．露天煤矿高温火区干冰降温试验研究［J］．工程爆破，2014，20（4）：45-47，22.
Wang Tao，Zhang Guifeng，Liao Xinxu. Experimental study of high temperature area cooling of opencast coal mine by using solid carbon dioxide［J］．Engineering Blasting，2014，20（4）：45-47，22.

[4] 蔡建德．露天煤矿高温区爆破安全作业技术研究［J］．工程爆破，2013，19（1/2）：92-95，73.
Cai Jiande. Security technology of high-temperature blasting in open pit coal mine［J］．Engineering Blasting，2013，19（1/2）：92-95，73.

[5] 石文才．耐温隔热护套：中国，专 CN 104006709 A［P］．2014-08-27.

[6] 史秀志，谢本贤，鲍侠杰．高温控制爆破工艺及新型隔热材料的试验研究［J］．矿业研究与开发，2005（1）：68-71.
Shi Xiuzhi，Xie Benxian，Bao Xiajie. Experimental study of controlled blasting technology of high temperature coagulation and new heat insulation material［J］．Mining R & D，2005（1）：68-71.

[7] 张明春，肖燕红．热电偶测温原理及应用［J］．攀枝花科技与信息，2009，34（3）：58-62.
Zhang Mingchun，Xiao Yanhong. Principle and application of thermocouple temperature［J］．Panzhihua Sci-Tech & Information，2009，34（3）：58-62.

水浴防护下敏化剂对乳化炸药爆炸威力的影响

李战军[1]　林谋金[1]　马宏昊[2]　王　飞[2]　刘　翼[1]

（1. 广东宏大爆破股份有限公司，广东 广州，510623；
2. 中国科学技术大学 中国科学院材料力学行为和设计重点实验室，安徽 合肥，230026）

摘　要：为了研究不同敏化剂对水浴加热后乳化炸药爆炸威力的影响，将含有不同敏化剂的乳化炸药经水浴加热不同时间后进行水下爆炸实验并得到压力时程曲线，通过对压力时程曲线进行计算得到相应的爆炸性能参数。结果表明，不同敏化剂敏化的乳化炸药爆速、压力峰值、冲量、比冲击波能、比气泡能以及总能量总体上随着水浴加热时间增加而降低，其中，$NaNO_2$ 敏化的乳化炸药总能量在水浴加热 1h 后降低量大于 10%，物理敏化的乳化炸药总能量在水浴加热 1h 后降低量小于 5%。另外，$NaNO_2$ 敏化的乳化炸药在水浴加热后容易散失雷管感度，而物理敏化的乳化炸药不存在散失雷管感度现象。

关键词：爆炸力学；敏化剂；水浴加热；乳化炸药；爆炸威力；雷管感度

Effects of Sensitizers on Explosion Power of Emulsion Explosives Under Water-bath Protection

Li Zhanjun[1]　Lin Moujin[1]　Ma Honghao[2]　Wang Fei[2]　Liu Yi[1]

（1. Guangdong Hongda Blasting Co., Ltd., Guangdong Guangzhou, 510623; 2. CAS Key Laboratory of Mechanical Behavior and Design of Materials (LMBD), University of Science and Technology of China, Anhui Hefei, 230026）

Abstract: In order to study effects of different sensitizers on explosion power of emulsion explosives after water-bath heating, the pressure-time curves of emulsion explosives with different sensitizers after different time durations of waterbath heating were measured through underwater explosion tests. The corresponding explosion performance parameters were calculated using the curves. The results showed that detonation velocity, peak pressure, impulse, specific shock energy, specific bubble energy and total energy of emulsion explosives with different sensitizers decrease with increase in waterbath heating time; the total energy of emulsion explosives sensitized by $NaNO_2$ decreases by more than 10% after one hour of water-bath heating, while that of emulsion explosives sensitized by physical sensitizer decreases by less than 5% after one hour of water-bath heating; emulsion explosives sensitized by $NaNO_2$ is easy to lose cap sensitivity after water-bath heating, but there is not such a phenomenon for emulsion explosives sensitized by physical sensitizer.

Keywords: explosion mechanics; sensitizer; water-bath heating; emulsion explosive; explosion power; cap sensitivity

为了使普通爆破器材能够用于自燃煤矿高温爆破，主要采取的措施有炮孔降温、爆破器材的隔热防护以及缩短装药施工时间等[1]，但爆破器材仍受到炮孔温度的影响。有研究表明爆破器材受到外界影响（温度、压力）容易出现能量下降、早爆以及拒爆等情况，其中，压力对爆破器材影响的研究相对较多，而温度对爆破器材影响的研究相对较少，如陈东梁等人[2,3]研究表明乳化炸药的爆炸威力在动态压力作用下产生衰减；吴红波等人[4,5]研究表明玻璃微球敏化的乳化炸药抗动压性能优于膨胀珍

基金项目：广东省产学研合作院士工作站（2013B090400026）；国家自然科学基金面上项目（51374189；51174183）。
原载于《振动与冲击》，2017，36（24）：165-169。

珠岩敏化的乳化炸药；颜事龙等人[6] 通过水下爆炸性能参数表征压力对乳化炸药爆炸能量的影响程度；傅建秋等人[7] 研究表明电雷管在温度高于130℃时发生自爆；李战军等人[8] 研究表明乳化炸药在80℃炮孔中放置数小时后仍能用雷管正常起爆，但在130℃的高温作用6h后失效。目前，不同敏化剂敏化的乳化炸药爆炸威力经水浴加热后的变化情况在国内相关文献中公开报道较少，本文采用水浴恒温箱对乳化炸药进行水浴加热来模拟高温炮孔中的水浴防护下的乳化炸药的环境温度，然后采用水下爆炸实验方法研究温度作用下不同敏化剂对乳化炸药爆炸威力的影响，其结果可为火区高温爆破器材选择提供参考。

1 药卷制备与实验装置

将乳胶基质分别采用膨胀珍珠岩（perlite）、玻璃微球（glass microballoon，GMB）以及亚硝酸钠（$NaNO_2$）敏化成乳化炸药，其中，乳胶基质中水含量为12%。乳化炸药所添加的不同类型敏化剂含量为目前广泛所采用的配比，即膨胀珍珠岩敏化的乳化炸药配比为乳胶基质：膨胀珍珠岩=96：4，其中，膨胀珍珠岩的粒度为90%以上在20~80目（0.850~0.178mm），墩实密度< 0.07g/mL；玻璃微球敏化的乳化炸药配比为乳胶基质：玻璃微球= 97：3，其中，玻璃微球为美国3M公司产品，其粒径为20~50μm，堆积密度为0.22g/cm³；亚硝酸钠敏化的乳化炸药配比为乳胶基质：$NaNO_2$=99.75：0.25，其中，$NaNO_2$的纯度为99%，密度为2.19g/cm³。制备乳化炸药时将乳胶基质与敏化剂混合均匀，水下爆炸实验所制成的药包为球状，即将乳化炸药用塑料包装成球状，其质量为30g，直径约为1.84cm，密度为1.1~1.2g/cm³。采用水浴恒温箱对药包进行100℃水浴加热，加热时间分别为0h、1h、2h、3h以及6h，其中，采用膨胀珍珠岩与玻璃微球敏化的乳化炸药在水浴加热前后密度变化不大，而采用$NaNO_2$敏化的乳化炸药在水浴加热前后密度变化较大，如图1所示。

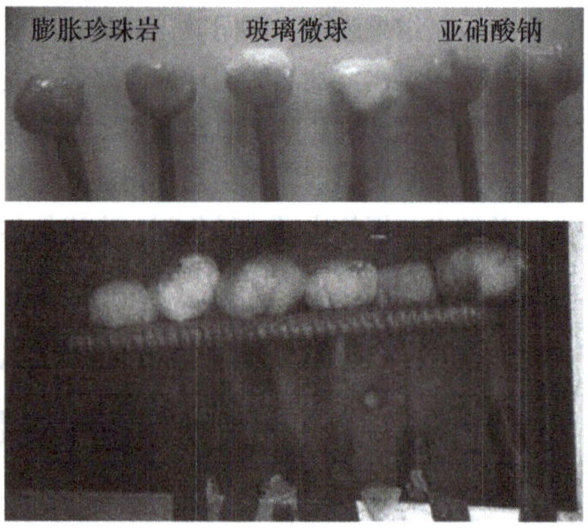

图1 不同敏化剂敏化的乳化炸药

Fig. 1 The emulsion explosives with different sensitizers

水下爆炸测试方法是通过测定炸药的水中冲击波能和气泡能而得到做功能力数据，该数值与评价工业炸药威力的爆力值呈良好线性关系，已逐步成为评价炸药做功能力的重要手段[9]，因此本文将含有不同敏化剂的乳化炸药经水浴加热不同时间后采用水下爆炸实验测定其爆炸威力的衰减情况。水下爆炸实验采用的爆炸罐直径5m，水深5m，测试装置包括恒流源（482A22）、泰克示波器（TEKDSO8064A）、水下压力传感器（PCB，ICPW138A25）。另外，为了满足冲击波和气泡脉动的测试要求，测量时将球形药包和传感器置于水面下3m处，药包与传感器的距离为120cm。

爆速实验设备包含有多段智能爆速测量仪2BS-110，空中爆炸罐、细漆包线制成的探针、电线以及ϕ32mmPVC管，探针间距为4cm，测量时将乳化炸药装入PVC管，其质量约为200g，时基调至0.1μs。

2 实验结果与讨论

2.1 压力时程曲线

不同敏化剂敏化的乳化炸药经水浴加热不同时间后在水下爆炸后产生的典型冲击波压力时程曲线如图2所示。

由图2可得，乳化炸药经水浴加热不同时间后在水下爆炸后产生的压力时程曲线变化明显，同时得到的压力时程曲线较为理想，因此实验数据满足水下爆炸参数计算与分析的要求。

2.2 爆炸威力参数计算

通过分析计算压力时程曲线得到含有不同敏化剂的乳化炸药在水浴加热前后的压力峰值、冲量、

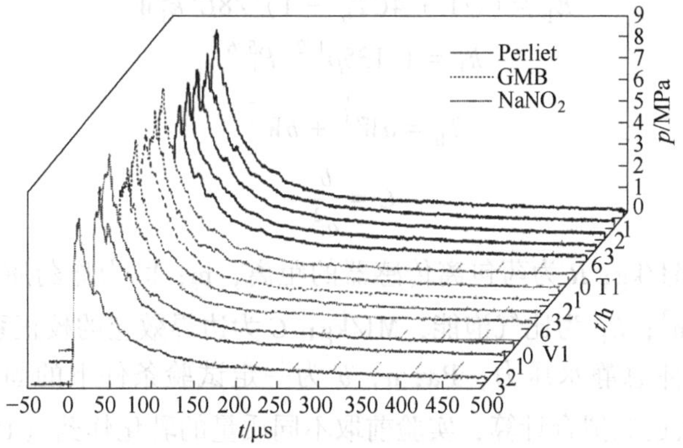

图 2　冲击波压力时程曲线

Fig. 2　Pressure-time curve for shock wave

比冲击波能、比气泡能，并对它们之间的变化进行分析，其中，柯克伍德（Kirkwood）和贝蒂（Bethe）通过对压力时程曲线进行积分得到冲击波冲量的计算公式为[10]

$$i = \int_0^{6.7\theta} \Delta p(t)\,\mathrm{d}t \tag{1}$$

式中，i 为冲击波冲量，MPa · s；$\Delta p(t)$ 为冲击波压力随时间变化函数；θ 为衰减时间常数，指压力从峰值 p_m 衰减到 p_m/e 所需的时间，ms。通过计算得到的不同敏化剂敏化的乳化炸药压力峰值、冲击波冲量与水浴加热时间关系如图 3 所示。

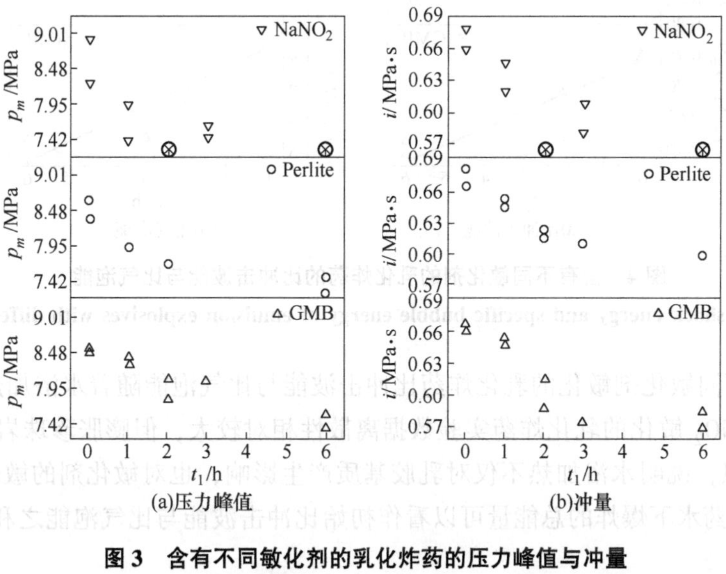

图 3　含有不同敏化剂的乳化炸药的压力峰值与冲量

Fig. 3　The peak pressure and impulse of emulsion explosives with different sensitizers

由图 3 可得，不同敏化剂敏化的乳化炸药压力峰值与冲击波冲量总体上随着水浴加热时间增加而降低，其中不同敏化剂敏化的乳化炸药变化规律基本一致，即在前 3 h 的下降速度较快，但在 3~6h 区间的下降速度相对较为平缓。实验得到的数据相对离散，因此根据冲击波压力峰值与冲量无法直观判断出敏化剂对乳化炸药水浴加热后能量下降的影响情况。另外 $NaNO_2$ 敏化的乳化炸药在水浴加热 2h 以及 6h 后均出现无法用 8 号雷管起爆的情况，即其散失了雷管感度，其原因是乳化炸药中的基质黏度在水浴加热后降低，$NaNO_2$ 产生的小气泡慢慢聚集后成为大气泡，生成的大气泡再从乳胶基质中逃逸，使化学敏化的乳化炸药容易散失雷管感度。Bjarnholt 等人[11,12] 得到的水下爆炸比冲击波能与比气泡能的计算公式为

$$E_s = \frac{4\pi R^2}{W\rho_w C_w}\int_0^{6.7\theta} \Delta p^2(t)\,\mathrm{d}t \tag{2}$$

$$E_b = (\sqrt{1 + 4CT_b} - 1)^3 / 8C^3k_1^3W \tag{3}$$

$$k_1 = 1.135\rho_w^{1/2}/P_h^{5/6} \tag{4}$$

$$T_b = aW^{\frac{1}{3}} + bW^{\frac{2}{3}} \tag{5}$$

$$C = \frac{b}{a^2} \tag{6}$$

式中，E_s 为比冲击波能，MJ/kg；R 为药包离传感器的距离，m；W 为炸药质量，kg；C_w 为水中声速，m/s；ρ_w 为水的密度，kg/m^3；E_b 为比气泡能，MJ/kg；C 为边界效应的校正系数；T_b 为气泡第一次脉动周期，s；P_h 为测点处流体总静水压力，Pa；a，b 为一定试验条件下的固有常数，其可根据（T_b，$W^{1/3}$）数据进行最小二乘法近似拟合计算，实验前取不同质量的乳化炸药（15~50g）在同等条件下进行实验后拟合得到 $a=0.2386$，$b=-0.0189$，$C=-0.331986884\text{s}^{-1}$，其拟合相关系数为 0.99989，说明拟合效果较理想。根据上述相应的计算公式计算得到不同敏化剂敏化的乳化炸药比冲击波能与比气泡能与水浴加热时间关系如图 4 所示。

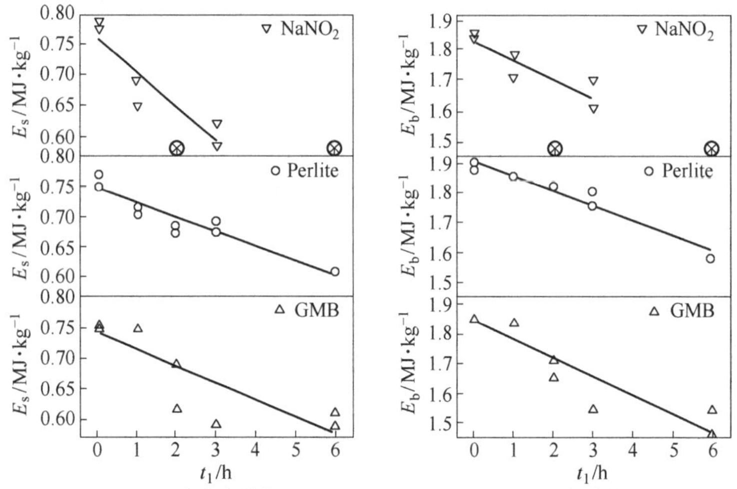

图 4 含有不同敏化剂的乳化炸药的比冲击波能与比气泡能

Fig. 4 Specific shock energy and specific bubble energy of emulsion explosives with different sensitizers

由图 4 可得，不同敏化剂敏化的乳化炸药比冲击波能与比气泡能随着水浴加热时间增加而降低，其中玻璃微球与 $NaNO_2$ 敏化的乳化炸药实验数据离散性相对较大，但膨胀珍珠岩敏化的乳化炸药实验数据重复性较理想，说明水浴加热不仅对乳胶基质产生影响，也对敏化剂的敏化效果产生影响。

Bjarnholt 认为炸药水下爆炸的总能量可以看作初始比冲击波能与比气泡能之和，即炸药总能量计算公式为

$$E = K_f(\mu E_s + E_b) \tag{7}$$

$$\mu = 1 + 1.3328 \times 10^{-1}p_{CJ} - 6.5775 \times 10^{-3}p_{CJ}^2 + 1.2594 \times 10^{-4}p_{CJ}^3 \tag{8}$$

$$p_{CJ} = \rho_0 D^2 / 4 \times 10^9 \tag{9}$$

式中，E 为总能量，MJ/kg；K_f 为炸药的形状参数，对于球形取 1.00，对于非球形取 1.02~1.10；μ 为冲击波损失系数，其由 Bjarnholt 根据实验值拟合得到，p_{CJ} 为 C-J 压力，GPa；ρ_0 为药包的密度，kg/m^3；D 为炸药的爆速，m/s。由炸药总能量计算公式可得，计算初始冲击波能的损失系数需要相应炸药的爆速，因此由爆速实验得到的不同敏化剂敏化的乳化炸药爆速平均值以及根据上述计算公式计算的总能量与水浴加热时间的关系如图 5 所示。由于 $NaNO_2$ 敏化的乳化炸药在水浴加热后容易散失雷管感度，因此进行爆速实验时需要采用未水浴的 $NaNO_2$ 敏化乳化炸药进行端部引爆。

由图 5 可得，不同敏化剂敏化的乳化炸药爆速与总能量总体上随着水浴加热时间增加而降低，其

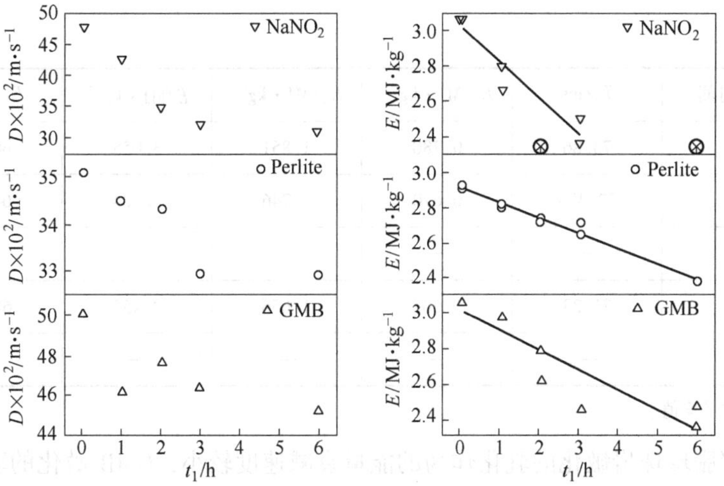

(a)乳化炸药爆速 (b)总能量

图 5 含有不同敏化剂的乳化炸药爆速与总能量

Fig. 5 Detonation velocity and total energy of emulsion explosives with different sensitizers

中 $NaNO_2$ 敏化的乳化炸药爆速与总能量在水浴加热后降低幅度相对较大，而玻璃微球与膨胀珍珠岩敏化的乳化炸药爆速在水浴加热不同时间后下降幅度相对较小，其原因除了乳胶基质受到水浴加热后出现破乳析晶现象而影响炸药的能量，基质中 $NaNO_2$ 敏化气泡因水浴加热更容易失效也是其中原因，另外膨胀珍珠岩敏化的乳化炸药实验数据重复性较好而玻璃微球敏化的乳化炸药实验数据重复性较差，其原因是玻璃微球为封闭球形，其表面比较光滑，在加热后的基质中易于移动，因此玻璃微球在水浴加热后乳胶基质（黏度变小）中的分布位置发生变化，即玻璃微球在基质中的分布变得不够均匀，从而影响玻璃微球敏化的乳化炸药爆炸威力。膨胀珍珠岩有部分开放孔隙，表面比较粗糙并具有许多棱角，在加热后的基质中不易移动，因此膨胀珍珠岩在水浴加热后乳胶基质中的分布位置比较稳定，从而使水浴加热前后的敏化效果比较稳定。

2.3 敏化剂对爆炸威力影响

将 E_t/E_0 定义为不同敏化剂敏化的乳化炸药在水浴加热后的能量保有率，其中 E_t 为含有不同敏化剂的乳化炸药在水浴加热 t 小时后的炸药总能量。将不同敏化剂敏化的乳化炸药在不同水浴加热下的比冲击波能 E_s、比气泡能 E_b、总能量 E 以及气泡的第一次脉动周期 T_b 平均值列于表 1，从而分析不同敏化剂敏化后的乳化炸药各个爆炸参数随着水浴加热时间增加而变化情况。

表 1 含有不同敏化剂的乳化炸药的爆炸参数

Table 1 Explosion parameters of emulsion explosives with different sensitizers

敏化剂	水浴时间	T_b/ms	E_s/MJ · kg^{-1}	E_b/MJ · kg^{-1}	E/MJ · kg^{-1}	E_b/E/%	E_t/E_0/%
膨胀珍珠岩	0	74.274	0.752	1.883	2.934	64.18	100
	1	73.945	0.712	1.858	2.845	65.31	96.97
	2	73.42	0.681	1.817	2.760	65.83	94.07
	3	72.93	0.682	1.78	2.708	65.73	92.30
	6	70.16	0.612	1.58	2.413	65.48	82.24
GMB	0	73.783	0.752	1.849	3.039	60.84	100
	1	73.634	0.746	1.834	2.968	61.79	97.66
	2	71.595	0.654	1.682	2.692	62.48	88.58
	3	69.664	0.617	1.546	2.486	62.19	81.80
	6	68.99	0.600	1.5	2.404	62.40	79.10

续表 1

Continues Table 1

敏化剂	水浴时间	T_b/ms	E_s/MJ·kg^{-1}	E_b/MJ·kg^{-1}	E/MJ·kg^{-1}	E_b/E/%	E_t/E_0/%
$NaNO_2$	0	73.86	0.780	1.851	3.055	60.59	100
	1	72.475	0.670	1.746	2.724	64.10	89.17
	2	—	—	—	—	—	—
	3	71.23	0.605	1.656	2.435	68.01	79.71
	6	—	—	—	—	—	—

注：数据为实验结果的平均值。

由表 1 可得，膨胀珍珠岩敏化的乳化炸药的能量衰减速度较小，GMB 敏化的乳化炸药的能量衰减速度次之，$NaNO_2$ 敏化的乳化炸药的能量衰减速度最快，即 $NaNO_2$ 敏化的乳化炸药总能量在水浴加热 1h 后降低量大于 10%，说明水浴加热不仅可以使乳胶基质出现破乳析晶情况，也可使气泡敏化效果发生变化。$NaNO_2$ 敏化的乳化炸药因气泡逸出容易散失雷管感度而出现拒爆情况，另外 $NaNO_2$ 敏化的乳化炸药在水浴加热后其体积变化较大，因此 $NaNO_2$ 等化学敏化的乳化炸药不适用于高温爆破中。物理敏化的乳化炸药总能量在水浴加热 1h 后降低量小于 5%，另外物理敏化的乳化炸药在水浴加热后无明显体积变化，因此物理敏化的乳化炸药比较适用于高温爆破。

采用 GMB 与 $NaNO_2$ 敏化的乳化炸药计算的总能量接近 3.096MJ/kg（爆热），而采用膨胀珍珠岩敏化的炸药计算的总能量略低于 3.096MJ/kg（爆热），说明敏化剂对炸药爆热产生影响以及敏化剂添加量也会影响最终的总能量。不同敏化剂敏化的乳化炸药中比气泡能占总能量的比例有所不同，采用 GMB 与 $NaNO_2$敏化的乳化炸药的爆速相近并远高于采用膨胀珍珠岩敏化的乳化炸药，说明采用 GMB 与 $NaNO_2$ 敏化的乳化炸药爆轰反应速率相近并远高于采用膨胀珍珠岩敏化的乳化炸药，从而使采用 GMB 与 $NaNO_2$ 敏化的乳化炸药的比冲击波能所占的比例（39.16%，39.41%）相近并高于采用膨胀珍珠岩敏化的乳化炸药（35.82%）。未水浴加热的乳化炸药（物理敏化）比气泡能占总能量的比例略小于水浴加热后的乳化炸药比气泡能占总能量的比例，其原因可能是水浴加热后敏化剂周围的乳胶基质的油包水结构遭到破坏，从而降低水浴加热后乳化炸药的爆轰反应速率，因此使比气泡能的比重得到微小提升。物理敏化的乳化炸药比气泡能占总能量的比例在水浴加热前后变化较小，即膨胀珍珠岩敏化的乳化炸药中比气泡能占总能量的比例约为 0.65，GMB 敏化的乳化炸药中比气泡能占总能量的比例约为 0.62，而 $NaNO_2$ 敏化的乳化炸药比气泡能占总能量的比例在水浴加热前后变化较大。

3 结论

本文结论如下。

（1）不同敏化剂敏化的乳化炸药爆速、压力峰值、冲量、比冲击波能、比气泡能以及总能量总体上随着水浴加热时间增加而降低，其中 $NaNO_2$ 敏化的乳化炸药在水浴加热后容易散失了雷管感度，而物理敏化的乳化炸药不存在散失雷管感度现象。

（2）玻璃微球与 $NaNO_2$ 敏化的乳化炸药实验数据离散性相对较大，但膨胀珍珠岩敏化的乳化炸药实验数据重复性较理想，说明敏化气泡的特性影响其在水浴加热后的乳胶基质中的分布情况，从而影响水浴加热后的乳化炸药爆炸威力。

（3）$NaNO_2$ 敏化的乳化炸药总能量在水浴加热 1h 后降低量大于 10%，物理敏化的乳化炸药总能量在水浴加热 1h 后降低量小于 5%，另外 $NaNO_2$ 敏化的乳化炸药在水浴加热后体积膨胀变化较大，物理敏化的乳化炸药在水浴加热后无明显体积变化，因此 $NaNO_2$ 敏化的乳化炸药不适用于高温爆破中，而物理敏化的乳化炸药比较适用于煤矿火区高温爆破。

参考文献

[1] 郑炳旭．中国高温介质爆破研究现状与展望［J］．爆破，2010，27（3）：13-17.

Zheng Bingxu. Current status and prospect of high-temperature blasting research in China［J］. Blasting，2010，27（3）：13-17.

[2] 陈东梁，颜事龙，刘义，等．动压作用下乳化炸药微结构变化的实验［J］．煤炭学报，2006，31（3）：287-291.

Chen Dongliang，Yan Shilong，Liu Yi，et al. Experimental on the microstructure changing of emulsion explosives under dynamic pressure［J］. Journal of China Coal Society，2006，31（3）：287-291.

[3] 王尹军，汪旭光．乳胶基质抗冲击波性能研究［J］．兵工学报，2005，26（5）：697-701.

Wang Yinjun，Wang Xuguang. A study on the anti-shockwave performance of emulsion matrix［J］. Acta Armamentarii，2005，26（5）：697-701.

[4] 吴红波，颜事龙，刘锋．动压作用下敏化剂对乳化炸药破乳程度的影响［J］．含能材料，2008，16（3）：247-250.

Wu Hongbo，Yan Shilong，Liu Feng. Effect of sensitizing agent on demulsification degree of emulsion explosive under dynamic pressure［J］. Chinese Journal of Energetic Materials，2008，16（3）：247-250.

[5] 颜事龙，吴红波，刘锋．动压作用下敏化剂对乳化炸药析晶量的影响［J］．煤炭学报，2011，36（11）：1836-1839.

Yan Shilong，Wu Hongbo，Liu Feng. Influence of sensitizing agent on crystallization quantity of emulsion explosive under dynamic pressure［J］. Journal of China Coal Society，2011，36（11）：1836-1839.

[6] 颜事龙，王尹军．冲击波作用下乳化炸药压力减敏的表征方法［J］．爆炸与冲击，2006，26（5）：441-447.

Yan Shilong，Wang Yinjun. Characterization of pressure desensitization of emulsion explosive subjected to shock wave［J］. Explosion and Shock Waves，2006，26（5）：441-447.

[7] 傅建秋，李战军，蔡建德，等．胶状乳化炸药和电雷管的耐高温性能试验研究［J］．爆破，2008，25（4）：7-10.

Fu Jianqiu，Li Zhanjun，Cai Jiande，et al. Experimental research on resistance to elevated temperatures of colloidal emulsion explosive and electric detonator［J］. Blasting，2008，25（4）：7-10.

[8] 李战军，郑炳旭．矿用火工品耐热性现场试验［J］．合肥工业大学学报（自然科学版），2009，32（10）：1498-1500.

Li Zhanjun，Zheng Bingxu. On-site heat resistant experiments of permissible explosive materials［J］. Journal of Hefei University of Technology（Natural Science），2009，32（10）：1498-1500.

[9] 汪旭光．乳化炸药［M］．北京：冶金工业出版社，2008：541-542.

[10] Kirkwood J G，Bethe H A. The pressure wave produced by an underwater explosion［R］. Office of Scientific Research and Development，1942：588.

[11] Bjarnholt G. Suggestions on standards for measurement and data evaluation in the underwater explosion test［J］. Propellants，Explosives，Pyrotechnics，1980，5（2）：67-74.

[12] 林谋金，马宏昊，沈兆武，等．RDX基铝薄膜炸药与铝粉炸药水下爆炸性能比较［J］．化工学报，2014，65（2）：752-758.

Lin Moujin，Ma Honghao，Shen Zhaowu，et al. Difference between RDX based aluminum film explosive and aluminum particle explosive on underwater detonation［J］. CIESC Journal，2014，65（2）：752-758.

RDX 基铝纤维炸药空中爆炸性能

林谋金[1,2]　崔晓荣[1]　马宏昊[2]　郑炳旭[1]　贾　虎[3]

(1. 广东宏大爆破股份有限公司，广东 广州，510623；
2. 中国科学技术大学 近代力学系，安徽 合肥，230027；
3. 南阳师范学院 土木建筑工程学院，河南 南阳，473061)

摘　要：将铝纤维炸药与传统铝粉炸药和 RDX 炸药进行空中爆炸实验并得到压力时程曲线，经过分析计算得到 3 种炸药的压力峰值、二次击波、正相持续时间以及冲量。结果表明：铝纤维炸药的压力峰值相对于 RDX 没有明显提高，但其压力时程曲线衰减速度慢于 RDX 的，使铝纤维炸药的正相持续时间大于 RDX，铝纤维炸药的冲击波冲量相对于 RDX 的平均提高了 18%，与铝粉炸药的相当。铝纤维炸药的二次击波超压幅值与到达时间与铝粉炸药的接近，而铝纤维炸药的二次击波到达时间早于 RDX，说明二次击波的超压幅值与到达时间与炸药类型有关。

关键词：爆炸力学；压力峰值；空中爆炸；铝纤维炸药；二次击波；正相持续时间；冲击波冲量

Air Blast Performance of RDX-based Aluminum Fiber Explosive

Lin Moujin[1,2]　Cui Xiaorong[1]　Ma Honghao[2]　Zheng Bingxu[1]　Jia Hu[3]

(1. Guangdong Hongda Blasting Co., Ltd., Guangdong Guangzhou, 510623;
2. Department of Modern Mechanics, University of Science and Technology of China, Anhui Hefei, 230027;
3. School of Civil Engineering and Architecture, Nanyang Normal University, Henan Nanyang, 473061)

Abstract: The pressure history curves of aluminum fiber explosive and traditional aluminized explosives were measured by air blast experiments, and then the peak pressure, the secondary shock wave, the time of positive phase and the impulse were obtained by analyzing the curves. The result show that the peak pressure of the aluminum fiber explosive is not improved obviously with regard to the matrix explosives (RDX). The pressure decay rate of the aluminum fiber explosive is slower than that of RDX, resulting in that the time of the positive phase of the aluminum fiber explosive is longer than that of RDX. Compared with RDX, the impulse of the aluminum fiber explosive increases on the average by 18%, close to that of the traditional aluminized explosive. The amplitude and the occurrence of the secondary shock wave of the aluminum fiber explosive are the same as the traditional aluminized explosives and the secondary shock wave of aluminum fiber explosive occurs earlier than the matrix explosives (RDX), which shows that the amplitude and the occurrence time of the secondary shock wave are correlated with the types of explosive.

Keywords: mechanics of explosion; peak pressure; air blast; aluminum fiber explosive; secondary shock wave; positive phase duration; shock wave impulse

对空武器的装药选取需要考虑多方面因素，其中重要的性能指标有冲击波压力峰值和冲量。有学者对不同等效距离上的 TNT 压力峰值的实验和理论值进行了总结，得到不同的压力峰值经验计算公式。H. L. Brode 等人[1] 总结的压力峰值经验公式计算结果与实验验数据有较大的偏差，因此无法直接应用到战斗部威力评估中。於津等人[2] 提出的压力峰值经验公式虽然精度有所提高，但由于缺乏大

基金项目：国家自然科学基金项目（51174183，51374189，11202109）。
原载于《爆炸与冲击》，2016，36（2）：230-235。

量实验数据导致其经验公式的适用范围较小。张陶等人[3]分别测试了油气炸弹（fuel air explosives，FAE）和 TNT 爆炸场压力峰值，结果表明 FAE 爆炸场压力分布规律与 TNT 有显著区别。牛余雷等人[4]测量了 3 种双元炸药空中爆炸冲击波压力时程曲线，并与单一炸药进行比较，结果表明双元炸药的装药结构可使两部分装药之间产生能量耦合，从而提高装药的能量输出。仲倩等人[5]对于不同装药量的 TNT 冲击波压力进行测定，提出了压力峰值与比例距离关系的改良经验公式，其与文献数据相对偏差的平均值为 5.61%。传统上，对于非 TNT 炸药，可通过实验得到其冲击波压力峰值，并与 TNT 炸药的压力峰值进行比较，从而求出该炸药的爆炸威力（TNT 当量比）[6]，但这种方法仅对理想炸药适用。空中武器装填的炸药由于类型并不相同，不同类型的炸药在空中爆炸时爆轰特性以及冲击波衰减规律也不尽相同，按照冲击波压力峰值进行估算炸药威力往往会得出错误结论，因此需要对不同类型的炸药进行空中爆炸实验[7]。有学者对如何提高炸药爆炸后在介质中产生的压力以及冲击波冲量进行了深入研究，认为在炸药中加入金属粉末可以在爆炸中额外释放出能量，虽然这部分能量对爆速和爆压均无贡献，但可以增强炸药在周围介质中形成的冲击波压力和冲击波冲量[8]。本文中，将传统含铝炸药（RDX/Al）中的铝粉用铝纤维替代，得到新型铝纤维炸药[9]，通过对铝纤维炸药与传统含铝炸药以及基体炸药 RDX 进行空中爆炸实验，分析三者空中爆炸性能的差异，以期为进一步提高含铝炸药的性能提供参考。

1　药柱制备与实验设备

制成长径比相近的 20g 的圆柱形药柱（直径为 26mm）。其中，基体炸药 RDX 中成分间的质量分数比为 w(黑索金)：w(石蜡) = 95：5，铝纤维炸药与铝粉炸药中成分间的质量分数比为 w(黑索金)：w(石蜡)：w(铝纤维/铝粉) = 76：4：20。铝纤维炸药密度为 1.69~1.71g/cm^3，铝粉炸药密度为 1.68~1.70g/cm^3，基体炸药 RDX 密度为 1.60~1.63g/cm^3。铝纤维炸药中的铝纤维由压制法制成，压制的铝纤维厚度为 8~10μm。

空中爆炸实验采用直径为 2.4m、长为 4.5m 的空中爆炸容器，测试装置包括压力传感器、恒流源和示波器。固定传感器时确保传感器水平，传感器的平面部分平行于铅垂面，传感器指向被测药柱，并与药柱处于同一水平面上，实验装置如图 1 所示。为了对比研究铝纤维炸药与铝粉炸药以及基体炸药 RDX 空中爆炸性能参数和衰减规律，在距离药柱 0.7m 处安放传感器，并测得压力时程曲线。

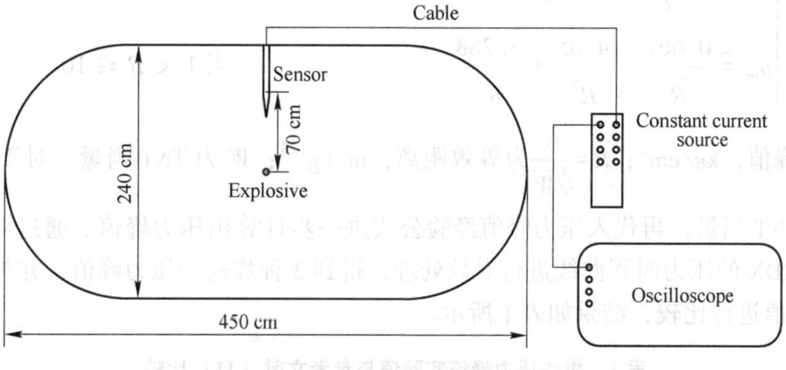

图 1　实验装置示意图
Fig. 1　Schematic of experimental setup

2　实验结果与分析

2.1　压力峰值与二次击波

通过对铝纤维炸药、传统含铝炸药及 RDX 进行空中爆炸实验，得到 3 种炸药的压力时程曲线如图

2 所示。在压力时程曲线中，可定义时间常数 θ 为冲击波压力从峰值 p_m 衰减到 $\frac{p_m}{e}$ 所需的时间[9]，因此由图 2 可以得出 3 种炸药的时间常数约为 125μs。空中爆炸实验测试的准确度受到许多因素影响，容易产生不稳定的信号或者振荡信号，而具体的实验可能是代价较高的实验，因此必须经常从较差的记录中恢复数据。文献［10］推荐了一种方法，可以通过该方法对仪器尺寸和频率响应等因素产生的压力峰值误差进行修正，具体方法是将实验得到的压力时程曲线转换成对数压力时间关系曲线，可以用直线来精确地拟合对数压力时程曲线的初始部分，得到压力峰值和初始衰减率，铝纤维炸药的对数压力时间关系曲线如图 3 所示。

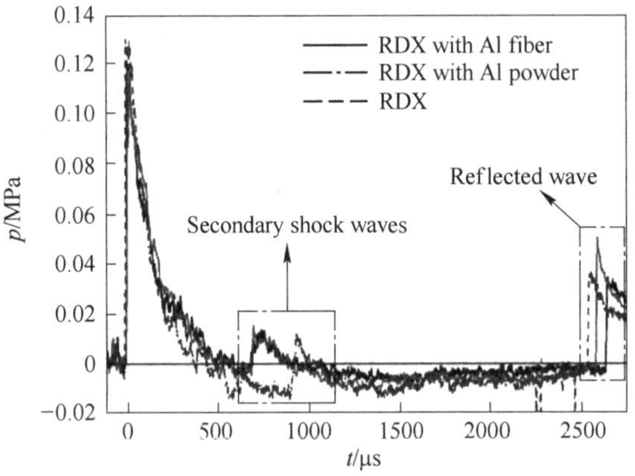

图 2 3 种炸药爆炸压力时程曲线对比

Fig. 2 Comparison of pressure histories between three kinds of explosives

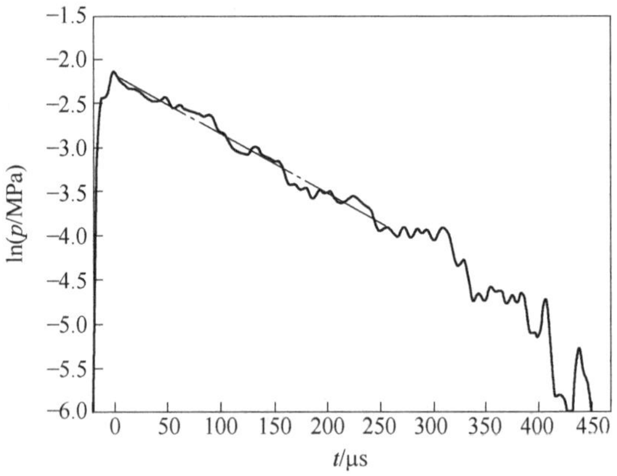

图 3 对数压力时间关系曲线

Fig. 3 Logarithmic pressure-time curve

不同研究者根据实验得到的或者理论上预测的不同位置上的压力峰值进行经验拟合，并得到相应的表达式，其中，文献［11］中压力峰值经验表达式为：

$$\begin{cases} p_m = \dfrac{14.0717}{\overline{R}} + \dfrac{5.5397}{\overline{R}^2} - \dfrac{0.3572}{\overline{R}^3} + \dfrac{0.00625}{\overline{R}^4} & \text{当 } 0.05 < \overline{R} \leqslant 0.3 \\ p_m = \dfrac{6.1938}{\overline{R}} - \dfrac{0.3262}{\overline{R}^2} + \dfrac{2.1324}{\overline{R}^3} & \text{当 } 0.3 < \overline{R} \leqslant 1.0 \\ p_m = \dfrac{0.662}{\overline{R}} + \dfrac{4.05}{\overline{R}^2} + \dfrac{3.288}{\overline{R}^3} & \text{当 } 1 < \overline{R} \leqslant 10 \end{cases} \tag{1}$$

式中，p_m 为压力峰值，kg/cm^2；$\overline{R}=\dfrac{R}{\sqrt[3]{W}}$ 为等效距离，m/kg$^{1/3}$；W 为 TNT 当量。对于非 TNT 炸药，可通过爆热换算为 TNT 当量，再代入压力峰值经验公式进一步计算出压力峰值。通过对铝纤维炸药、传统含铝炸药以及 RDX 的压力时程曲线进行对数处理，得到 3 种炸药的压力峰值，并与文献［11］中采用式（1）的计算值进行比较，结果如表 1 所示。

表 1 爆炸压力峰值实验值与参考文献［11］比较

Table 1 Comparison of peak pressures between test and reference［11］

p_m（RDX)/MPa		p_m（RDX，Al fiber)/MPa		p_m（RDX，Al powder)/MPa	
实验	文献［11］	实验	文献［11］	实验	文献［11］
0.1295	0.1235	0.1358	0.1392	0.1342	0.1392
0.1285	—	0.1214	—	0.1178	—
0.1220	—	0.1148	—	0.1280	—
0.1333	—	0.1240	—	0.1175	—

从表1中可以看出，实验数据的离散性较大，与空中爆炸实验为小药量实验以及空气可压缩性较大有关。铝纤维炸药和铝粉炸药的压力峰值相对于RDX没有得到明显提高，甚至低于RDX，说明铝纤维炸药与铝粉炸药属于非理想炸药，金属铝参与反应所释放出的能量对实验中测试位置处的压力峰值贡献不大。

RDX的压力峰值实验值与文献［11］中采用式（1）的计算得到的值相近，但总体趋势略高于计算值。由于含铝炸药中的部分爆热是由金属铝提供的，因此通过含铝炸药的爆热计算出的TNT当量偏大，使得通过式（1）计算得到的值高于压力峰值实验值，进一步说明式（1）对于理想炸药比较适用，而对非理想炸药的计算出的压力峰值偏高。

二次击波的产生是由于爆炸产物和空气之间的接触界面所发出朝向中心的稀疏波相继发生内爆而引起的，这种现象最初是用特征线方法对炸药爆炸过程进行计算时被观察到的[12]。由图2可以看出，实验得到的冲击波压力时程曲线在负相区域出现小振幅击波，与理想的冲击波压力时程曲线有所差异。由于实验是在空中爆炸罐中进行的，传感器与罐壁的距离约为0.5m，根据空气中冲击波的波速初步判断第1次出现的小振幅击波非反射波，而负相后面的峰值判定为反射波。文献［13］中压力时程曲线在正相后面也紧跟着小振幅击波，说明小振幅击波的出现与实验条件无关，因此综合判断负相区域出现小振幅击波为二次击波。铝纤维炸药的二次击波超压幅值和到达时间与传统含铝炸药相近，而铝纤维炸药的二次击波到达时间早于RDX的，说明二次击波的超压幅值与到达时间和炸药类型有关。

冲击波压力时程曲线在衰减阶段偶尔会出现许多反复的小击波，如果二次击波出现的位置恰好在压力衰减到达大气压之前，则正相持续时间能够显著地变化，但这些后期波除了对正相持续时间以外的任何正相特性的影响都比较小。二次以及反复出现的击波对负相影响较大，即可以使负相冲量和幅值大幅减少，或者使负相突然中止。由于实验得到二次击波处于负压区前端，对负压的持续时间影响较小，而对负压峰值与负压冲量影响较大。另外，铝纤维炸药与铝粉炸药的压力时程曲线衰减速度慢于RDX的，与铝纤维以及铝粉参与炸药爆炸产物的二次反应有关。

2.2 冲量

由于正相冲击波冲量计算的精确性受限于正相持续时间的确定，而正相持续时间变动幅度较大，而且几乎不可避免，因此，在冲击波压力时程曲线处理中除了修正压力峰值以外，还需要尽可能准确地确定正相持续时间。为了确定正相持续时间，对铝纤维炸药的冲击波压力时程曲线的时间轴采用对数坐标，如图4所示，同时用直线进行拟合，最后通过拟合直线的斜率计算正相持续时间[10]。

通过对铝纤维炸药、传统含铝炸药以及RDX的压力时程曲线进行对数处理，得到3种炸药爆炸冲击波的正相持续时间，见表2。

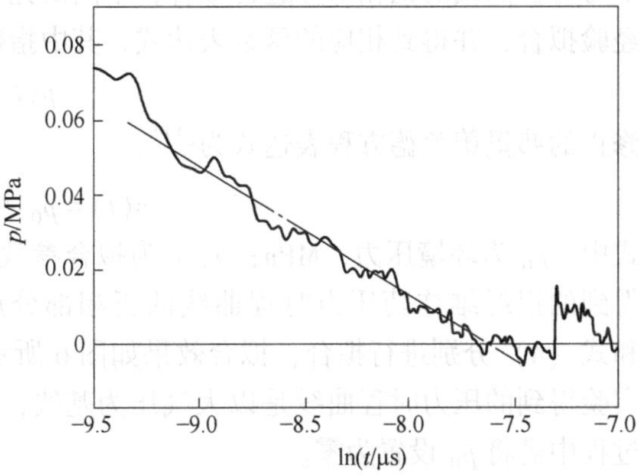

图4 冲击波压力对数时间关系曲线

Fig.4 Shock wave pressure-logarithmic time curve

表2 3种炸药正相持续时间比较

Table 2 Comparison of positive phase duration of the shock wave between three kinds of explosives

Test	T^{+}/μs		
	RDX	RDX with Al fiber	RDX with Al powder
1	501.00	531.76	542.00
2	467.81	500.00	535.00
3	480.20	533.00	506.64
4	532.33	527.00	538.68

由表2可以看出，不同炸药的正相持续时间的实验数据重复性较差，但总体趋势上含铝炸药略高于RDX。由于铝纤维炸药与铝粉炸药属于非理想炸药，金属铝参与二次反应释放出的能量延缓了压力

下降的速度，所以含铝炸药的正相持续时间应略大于 RDX 的正相持续时间。在空中爆炸实验中，正相冲击波冲量也是重要的冲击波参数，正相冲击波冲量的表达式为[11]：

$$I^+ = \int_0^{T^+} [p(t) - p_0] \mathrm{d}t \tag{2}$$

式中，I^+为正相冲击波冲量，Pa · s；T^+为正相持续时间，μs；p_0 为环境压力，MPa，实验中得到的压力时程曲线是以大气压为基线，因此计算过程中需将 p_0 值设置为零。通过对铝纤维炸药、传统含铝炸药以及 RDX 的压力时程曲线进行积分计算，得到 3 种炸药的冲击波正相冲量时程曲线，如图 5 所示。

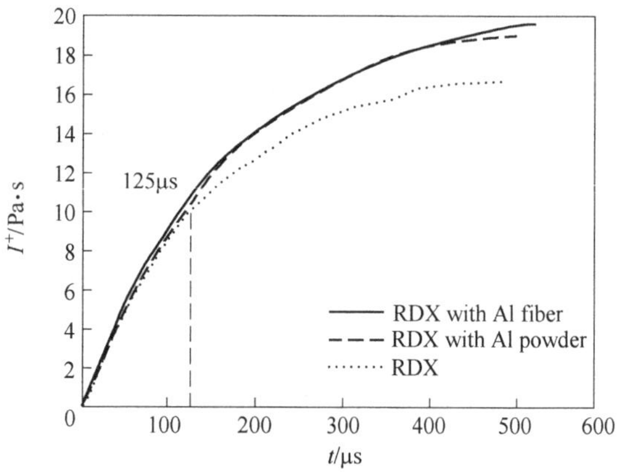

图 5　3 种炸药冲击波冲量时程曲线对比

Fig. 5　Comparison of impulse histories among three kinds of explosives

由图 5 可以看出，铝纤维炸药与铝粉炸药的冲击波冲量高于 RDX 的，其中铝纤维炸药的冲击波冲量相对于 RDX 的平均提高了 18%，与铝粉炸药相当。这说明在 RDX 中加入铝纤维能显著提高炸药空中爆炸时的冲击波冲量。铝纤维膜炸药与铝粉炸药的冲击波冲量约在 125μs 后开始超过 RDX，说明铝纤维与铝粉参与二次反应所释放的能量在时间常数之后开始延缓基体炸药爆炸压力的下降速率，从而使含铝炸药的冲击波冲量得到提高。

2.3　压力时程曲线

为了描述空中爆炸的理想冲击波压力时程曲线的特性，需要将压力表述为时间的函数。目前主要是对时程曲线的正相部分进行拟合，不同研究者根据实验得到的或者理论上预测的压力时程曲线进行经验拟合，并得到相应的函数表达式，其中指数衰减形式的表达式为[14]：

$$p(t) = p_0 + p_m e^{-ct} \tag{3}$$

修正的弗里德兰德方程表达式为[14]：

$$p(t) = p_0 + p_m(1 - t/T^+) e^{-bt/T^+} \tag{4}$$

式中，p_0 为环境压力，MPa；b、c 为拟合参数。将实验得到的铝纤维炸药压力时程曲线的正相部分用式（3）和式（4）分别进行拟合，拟合效果如图 6 所示。另外，实验得到的压力时程曲线是以大气压为基线，因此拟合过程中需将 p_0 设置为零。

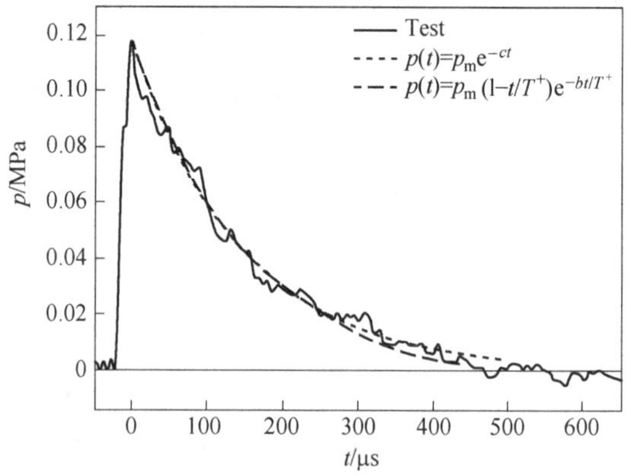

图 6　铝纤维炸药压力时程曲线与拟合曲线的对比

Fig. 6　Comparison between test pressure history and fitting curves for RDX based aluminum fiber explosive

由图 6 可以看出：指数衰减方程能较好地描述压力时程曲线的正相前段大部分，而修正的弗里德兰德方程能较好地拟合实验得到的压力时程曲线的正相部分，且表达式也相对简单，因此铝纤维炸药的压力时程曲线的正相部分可采用"修正的弗里德兰德"方程进行较好的描述，最终得到的表达式为：

$$p(t) = 0.11776\left(1 - \frac{t}{500}\right) e^{\frac{-2.1731t}{500}} \tag{5}$$

3　结论

本文中通过对铝纤维炸药、传统含铝炸药以及基体炸药 RDX 进行空中爆炸实验，得到结论如下。

（1）铝纤维炸药的压力峰值相对于 RDX 的没有得到明显提高，但铝纤维炸药的冲击波冲量相对于 RDX 的平均提高了 18%，与铝粉炸药相当，说明在 RDX 中加入铝纤维能使显著提高混合炸药在空中爆炸的冲击波冲量。

（2）铝纤维炸药的二次击波压力幅值和到达时间与铝粉炸药相近，而铝纤维炸药的二次击波到达时间早于 RDX 的，说明二次击波的压力幅值与到达时间与炸药类型有关。

（3）炸药空中爆炸的压力时程曲线的正相前段部分采用指数衰减方程进行拟合得较好，修正的弗里德兰德方程能够对压力时程曲线正相部分进行很好的描述。

参 考 文 献

[1] Brode H L. Blast wave from a spherical charge [J]. Physics of Fluids, 1959, 2 (2): 217-229.

[2] 於津，彭金华，张陶，等．基于 MATLAB 的 FAE 战斗部超压计算的公式拟合 [J]. 弹箭与制导学报，2004 (S4): 306-308.
Yu Jin, Peng Jinhua, Zhang Tao, et al. Formula fitting to overpressure calculation of FAE warhead in MATLAB [J]. Journal of Projectiles, Rockets, Missiles and Guidance, 2004 (S4): 306-308.

[3] 张陶，惠君明．FAE 爆炸场超压与威力的实验研究 [J]. 爆炸与冲击，2004，24 (3): 176-181.
Zhang Tao, Hui Junming. Experimental research on the overpressure and power in the FAE blast field [J]. Explosion and Shock Waves, 2004, 34 (3): 176-181.

[4] 牛余雷，王晓峰，冯晓军．双元炸药装药空中爆炸的输出特性 [J]. 火炸药学报，2009，32 (4): 45-49.
Niu Yulei, Wang Xiaofeng, Feng Xiaojun. Characteristics of air explosion output for dual explosive charge [J]. Chinese Journal of Explosives & Propellants, 2009, 32 (4): 45-49.

[5] 仲倩，王伯良，黄菊，等．TNT 空中爆炸超压的相似律 [J]. 火炸药学报，2010，33 (4): 32-35.
Zhong Qian, Wang Boliang, Huang Ju, et al. Study on the similarity law of TNT explosion overpressure in air [J]. Chinese Journal of Explosives & Propellants, 2010, 33 (4): 32-35.

[6] 北京工业学院八系．爆炸及其作用：下册 [M]. 北京：国防工业出版社，1979.

[7] 王建灵，郭炜，冯晓军．TNT、PBX 和 Hexel 空中爆炸冲击波参数的实验研究 [J]. 火炸药学报，2008，31 (6): 42-44.
Wang Jianling, Guo Wei, Feng Xiaojun. Experimental research on the air explosion shock wave parameters of TNT, PBX, and Hexel [J]. Chinese Journal of Explosives & Propellants, 2008, 31 (6): 42-44.

[8] 孙业斌，惠君明，曹欣茂．军用混合炸药 [M]. 北京：兵器工业出版社，1995.

[9] 林谋金，马宏昊，沈兆武，等．铝纤维对黑索今水下爆炸性能的影响 [J]. 爆炸与冲击，2014，34 (3): 379-384.
Lin Moujin, Ma Honghao, Shen Zhaowu, et al. The effect of aluminum fiber on underwater detonation performance of RDX [J]. Explosion and Shock Waves, 2014, 34 (3): 379-384.

[10] Ethridge N H. A procedure for reading and smoothing pressure-time data from HE and nuclear explosions [R]. Ballistic Research Laboratories, 1965.

[11] 亨利奇 J. 爆炸动力学及其应用 [M]. 熊建国，译．北京：科学出版社，1987: 161-324.

[12] 奥尔连科．爆炸物理学 [M]. 孙承纬，译．北京：科学出版社，2011.

[13] 宋浦，肖川，梁安定，等．炸药空中与水中爆炸冲击波超压的换算关系 [J]. 火炸药学报，2008，31 (4): 10-13.
Song Pu, Xiao Chuan, Liang Anding, et al. Conversion relation of shock wave overpressure about underwater explosion and air blast [J]. Chinese Journal of Explosives & Propellants, 2008, 31 (4): 10-13.

[14] 贝克 W E. 空中爆炸 [M]. 江科，译．北京：原子能出版社，1982.

矿山治理

Mine Treatment

繁昌县峨山头废弃矿山的生态复绿技术

陈　雷[1]　王　铁[2]　杨家富[1]　欧　哲[1]　邹　明[1]

（1. 宏大国源（芜湖）资源环境治理有限公司，安徽 芜湖，241200；
2. 广东宏大爆破股份有限公司，广东 广州，510623）

摘　要：繁昌县峨山头矿山自然资源丰富，连续多年的开采导致矿区原有地形地貌景观和植被环境受到很大破坏。为了恢复矿区的生态环境，结合矿山存在的地质灾害隐患、恶劣的地质条件及周边环境复杂的技术难点，采取高次团粒喷播及平台复绿法对矿区进行绿化，使矿山植被得到很好的恢复，为同类工程提供了参考。
关键词：废弃矿山；生态环境；高次团粒喷播；平台复绿

Ecological Regreening Technology of the Abandoned Eshantou Mine in Fanchang County

Chen Lei[1]　Wang Tie[2]　Yang Jiafu[1]　Ou Zhe[1]　Zou Ming[1]

(1. Hongda Guoyuan (Wuhu) Resources and Environment Management Co., Ltd., Anhui Wuhu, 241200;
2. Guangdong Hongda Blasting Co., Ltd., Guangdong Guangzhou, 510623)

Abstract: The Eshantou mine in Fanchang County is rich in natural resources. Years of continuous mining has led to the destruction of the original landforms and vegetation environment. In order to restore the ecological environment of the mining area, combined with the technical difficulties of the hidden dangers of geological disasters, harsh geological conditions and complex surrounding environment, this paper introduces the high order granular spraying seeding and platform planting method adopted to green the mining area, which achieves a good restoration result. This paper can be used as a reference for similar projects.
Keywords: abandoned mine; ecological environment; high order granular spray seeding; platform planting

繁昌县位于安徽省芜湖市西南部，该地区自然资源丰富，繁昌县峨山镇峨山头矿山的开采为当地经济发展做出了很大的贡献，但是由于施工条件和其他原因的限制，开采时没有合理规划和保护，多年来的露天开采使自然环境受到了严重的破坏，给矿区的环境带来了极大的安全隐患及诸多的不利影响，矿山关闭后急需对该废弃矿山进行治理。为了使该地区的植被得到恢复，针对该矿区的气候、地质和立地条件，采取高次团粒喷播和平台复绿法，对矿区进行生态复绿，为以后的生态复绿工程提供了借鉴。

1　项目概况

安徽省芜湖市繁昌县峨山镇峨山头废弃矿山位于繁昌县城马仁山路南端东侧，紧临峨山头。地处长江南岸，属亚热带湿润季风气候区，气候温和湿润，光照充足，雨量适中。治理区总占地面积约115684m^2，为南、北两个独立的采石场（见图1），包括露采边坡及废弃地。项目区及周边主要赋存孔隙水和基岩裂隙水两类地下水，排泄方式主要为地表径流及裂隙渗透。项目区边坡岩体主要为较坚

原载于《现代矿业》，2015（11）：216-219。

硬~坚硬的层状碳酸盐岩组，岩性主要为南陵湖组泥晶灰岩，薄层~中层状结构，裂隙较稀疏。项目区土体主要为松散的黏土、砂砾石层和碎渣土。

图1　治理区边坡全景

2　施工技术难点

2.1　地质灾害隐患

据野外调查发现，治理区存在两处崩塌，崩塌1位于边坡中段（见图2），崩塌方量约10m^3，崩塌体主要为块状岩石，直径为0.5~1.0m；崩塌2位于边坡北段（见图3），崩塌方量约8m^3，坡脚崩塌体呈片状。两处崩塌均为小型规模。

图2　边坡中段状况（崩塌1）

图3　边坡北段状况（崩塌2）

2.2　恶劣的地质条件

本工程山体坡度较大，采石场整体坡度为55°~70°，局部陡立甚至反坡，坡面基岩裸露，植被零星发育，水土流失严重，立地条件差，原有地形地貌景观和植被环境遭到很大破坏。

2.3　复杂的周边环境

治理区紧邻凤峨全景和鑫山家园小区（常住居民3000人），施工过程中造成的噪声和大气污染可能会存在扰民的情况，给施工带来了一定的难度。

3　生态复绿技术分析

3.1　生态复绿技术选择

利用矿区自身资源优势，以改善生态环境及视觉景观为目标，提升整个矿山关闭后自然生态环境的价值品位。遵循自然规律和经济规律，因地制宜、适地适树，选择适合于繁昌地区生长的乡土树种，同时考虑树种的生态习性、立地条件及观赏价值，进行合理布局。

结合矿区的气候、地质和立地条件，矿区边坡修复采用国内先进的高次团粒喷播技术，采取“乔、灌、草结合”的方法，喷播区以喷播植物种子为主，植物配置立足于其生理生态特性，构建植物配置的多层次结构，丰富物种多样性，提高景观效果。喷播植物选用适应繁昌气候和土壤条件，抗旱性、抗寒性、抗热性、抗贫瘠性及抗病虫性强，耐粗放管理并能产生适量的种子；植物选配宜冷暖季草种相结合，草本与灌木相结合，一年生与多年生相结合。高次团粒喷播可有效解决矿区地质灾害隐患、地质条件恶劣及周边环境复杂这 3 个技术难点。矿区平台绿化采取平台复绿法，在坡脚废弃地种植乔木、灌木和藤本植物，建立立体植被体系，丰富整治区植被生物多样性，营造良好景观质量，达到整体绿化效果。

3.2 高次团粒喷播

3.2.1 技术原理

高次团粒喷播技术适用于岩质和土质边坡、贫瘠山地酸碱性土壤和裸露岩面。在喷播时会发生“团粒化”反应，形成具有“团粒结构”的土壤培养基，喷播后发生疏水反应，黏结力极强的土壤培养基会牢固地吸附于坡面上，能抵抗雨蚀和风蚀，防止水土流失。采用“湿式喷播”的方式进行施工，混合后的泥状基材呈流动状，不使用空气压缩机。

3.2.2 技术优势

技术优势：(1) 喷播后土壤培养基的水土保持能力强，喷播后坡面无须任何覆盖物，可培育幼芽生长缓慢的木本植物，可解决矿山水土流失严重的问题；(2) 饱和吸水时基质重量轻，降低了坡地结构的荷载，避免喷播材质过重而剥落，能有效解决边坡坡度过陡而导致基材脱落的情况；(3) 基质渗水性强，可有效避免矿山淤积危害；(4) 纯有机栽培基质，理化指标稳定，植物长久栽培无须换土，能降低矿山修复成本；(5) 基质的多孔性极大地促进了植物根系的生长和发育，对树木有着极好的固定作用，同时防止树木主根对建筑结构的破坏，能最大程度地恢复矿山边坡的植被；(6) 洁净无异味，施工简单，养护方便，降低了施工难度。

3.3 平台绿化法

利用藤本植物、灌木丛、乔木树群和山体相结合，形成乔、灌、藤立体结构，树种选择应注意常绿树种与落叶树种搭配，生态树种与绿化树种结合，乡土树种与园林树种融合，按照形式美的构图思路，既能体现树木群体美，又能烘托树木个体美，在平台营造一个生态型森林艺术景观。

4 施工工艺

高次团粒喷播（湿喷）施工工艺流程：坡面处理—铺网和钉网—喷播—养护管理；平台复绿法：种植土回填—施肥—浇水—苗木种植—养护管理。

4.1 坡面处理

采用人工风镐和机械相结合的方法，清除表面松散块石及杂物，确保坡面平整。光滑岩面需通过加密锚杆或挖掘横沟等进行加糙处理，防止基材下滑（见图4）。

图4 边坡坡面处理

4.2 铺网和钉网

(1) 采用镀锌铁丝网，选 14 号铁丝，网孔 4cm×4cm，网宽 200cm。将镀锌铁丝网向坡顶上方延伸 60cm 以上，用锚钉固定，回土压实，自上而下挂网，用火烧丝将其绑扎牢固，网面和坡面间保持 3~4cm 的空隙。

(2) 较陡坡面上坡顶线每米设置 1 根主锚杆，主锚杆采用 ϕ16mm 钢筋，与铁丝牢固连接。岩面上按 2m×2m 设置，局部裂隙较多岩面按 1.5m×1.5m 设置。

(3) 其他锚钉采用“L”型 ϕ6~8mm 钢筋，按间距 50cm×50cm 设置。在铺面网搭接处布置一行间距 1m 的“L”型锚钉，在坡面其他位置，每平方米不少于 5 个“L”型锚钉，呈梅花形布置。“L”

型锚钉嵌入岩体深度不小于5cm，空隙处用水泥注浆。

(4) 对于覆盖层较厚的非岩质边坡，采用长250~300mm或更长的T型竹钉紧固，每平方米设置不少于8个竹钉（可根据边坡覆盖层厚度等实际情况作相应调整）。具体施工如图5所示。

图5 边坡铺网和钉网

4.3 喷播

使用专门的设备进行喷播，该设备有两个搅拌仓（基材仓和团粒剂仓）和能够发生“团粒反应”的特制喷枪，通过特定的施工工艺制备适合于本地区气候特点的土壤培养基，并将这种土壤培养基喷薄到坡面上。该培养基具有高次团粒结构，非常适合植物生长，其材料配比见表1，高次团粒喷播施工如图6和图7所示。

表1 高次团粒配比材料

物料品种	说　明
客土材料	黏土、砂、有机质，比例理想
养生材料	缓释肥中添加植物纤维
安定剂	由天然植物性油脂的诱导体构成
团粒剂	线状有机高分子
连续纤维	植物性连续纤维，对绿化基盘起加固作用
种子	紫穗槐、刺槐、臭椿、火炬、马棘等乔灌木

图6 高次团粒喷播

图7 基质喷播

4.4 平台绿化法

4.4.1 种植土回填、施肥及浇水

对坡脚废弃地进行挖高填低，利用挖掘残丘等产生的土石方回填至废弃地低洼处，并对场地进行平整。种植土宜选取乡土（耕植土或山土），土壤pH值一般为5.5~8.5、含盐量不大于0.3%、富含有机腐殖质，并在土中加入适量的有机肥、缓释复合肥，种植土回填厚度约0.6m，回填的种植土需浇一定量水，土层自然沉降，结合人工干扰加固。土壤自然沉实后土面基本平整，排水坡度基本恰当，无明显的低洼和积水处。土壤中无明显的石砾、瓦砾等杂物。

4.4.2 苗木种植

爬山虎、常春藤、迎春及黄馨相间种植，种植间距0.1m；距离坡脚0.5m向外种植2排山竹，株行距均为0.2m；距离坡脚1.0m向外紫叶李和香樟相间种植，株行距均为1.0m。紫叶李，胸径4.0~5.0cm；香樟，胸径4.0~5.0cm；山竹，胸径2.0cm；藤本：包括爬山虎、常春藤、迎春及黄馨，长度1.0m。

4.5 植被养护管理

4.5.1 高次团粒喷播区的养护

在草籽萌发前期，应根据土壤湿度的变化多浇水，保证种子萌发所需水分，在种子发芽后，根据发芽情况适当浇水至其自然生长，形成稳定的生物群落。至此，养护工作基本完成，定期清除杂草，同时注意防治病虫害，养护施工如图 8 所示。

图 8 边坡植被养护

4.5.2 平台种植区的养护

根据繁昌气候特点，3~6 月和 9~11 月是对树木浇水的关键时期。新植树木在连续 3 年内都应充足浇水，同时做好修剪、施肥和除草工作。

5 项目治理成果

5.1 治理效果

本工程生态复绿施工已 1 年，坡面上已形成与当地植被混交的植物群落（见图 9），达到坡面上的植被与周围山体混为一体，坡面稳定，绿化效果良好。目前，该项目边坡复绿工作已进入后期养护阶段，平台复绿施工正在进行，结束后即可进行项目整体竣工验收，整个废弃矿山将恢复原始生态，营造出适宜植物生长的生态环境。

图 9 矿山边坡修复后景观

5.2 经济效益

该项目消除了该地区的地质灾害，实现治理区生态复绿，坑底矿山废弃地经修复后，可恢复 7.13hm^2 建设用地，预期可获得 8000 万元土地收益，既弥补了废弃矿山地质环境治理所需的资金，也使闲置的土地资源得到了充分利用。项目采用了新技术，直接在高陡边坡上完成坡面复绿工程，避免在对高陡边坡采用普通喷播前所进行的削坡降坡工程，在不影响治理效果的前提下，节约了约 1000 万元的工程费用。

5.3 社会效益

该项目取得了显著的社会效益，安徽省委宣传部将其定位为“又一个小岗村”，同时受到中央组织部领导、国家林业局领导、部分外省市领导、周边县市相关部门的高度评价，是废弃矿山环境治理工程项目的示范工程。

6 结论

本文结论如下。

(1) 该项目消除了矿区的地质灾害隐患，克服了地质条件恶劣的困难，矿区水土流失问题得到了解决，在不影响周边居民生活的情况下，完成了整个项目的施工。

(2) 采取国内较为先进的高次团粒喷播对矿山边坡进行生态复绿，使具有“团粒结构”的土壤培养基牢固吸附于坡面上，能抵抗风雨的侵蚀，防止水土流失；平台复绿法以“乔、灌、藤”和山体相结合为原则，意在矿区坡脚废弃地营造一个生态型森林景观。

(3) 高次团粒的喷播工艺流程为：坡面处理—铺网和钉网—喷播—养护管理；平台复绿法工艺流程为：种植土回填—施肥—浇水—苗木种植—养护管理。

(4) 该项目治理效果良好，坡面上形成了与当地植被混交的植物群落，也取得了显著的经济效益，土地复垦可使闲置土地得到充分利用，社会效益也很明显，被媒体誉为环境治理的示范工程。

混凝土锚喷边坡植被恢复施工技术研究

欧　哲[1]　罗国庆[1]　杨家富[2]　张鹃红[1]

（1. 宏大国源（芜湖）资源环境治理有限公司，安徽 芜湖，241200；
2. 广东宏大爆破股份有限公司，广东 广州，510623）

摘　要：混凝土锚喷防护作为一种物理防护方法可有效地防治边坡失稳坍塌、岩石滚落、水土流失等地质灾害，但此种方法虽然解决了边坡防护问题，但同时也使坡面失去了植物生长的自然条件，带来了诸如热岛效应、食物链破坏、视觉污染等生态环境问题。解决上述问题最好的方法是对混凝土锚喷边坡进行人工植被恢复，但由于混凝土坡面较为平滑，水土极易流失，因此采用普通客土喷播的绿化效果较差。针对该技术难题，在客土喷播工艺的基础上，通过设置植生孔、铺设植生毯、提高基材质量、优化植物配比等方法，有效地提高了混凝土坡面保水保墒的能力，确保了坡面植被的成活率和覆盖率。

关键词：混凝土边坡；植被恢复；客土喷播；施工技术

Study on Vegetation Restoration Technology for Shotcrete and Anchor Bolt Shored Slopes

Ou Zhe[1]　Luo Guoqing[1]　Yang Jiafu[2]　Zhang Juanhong[1]

(1. Hongda Guoyuan (Wuhu) Resources and Environment Management Co., Ltd., Anhui Wuhu, 241200;
2. Guangdong Hongda Blasting Co., Ltd., Guangdong Guangzhou, 510623)

Abstract: The shoring with shotcrete and anchor bolts as a physical protection method is effective in prevention and control of geological disasters, like slope failure, rock fall, soil erosion, but it also makes the slope loses its natural conditions for the growth of plant, bringing the ecological environment problems, such as heat island effect, food chain disruption, and visual pollution. The best way to solve the above problems is to artificially restore vegetation to the slope. However, since the slope of concrete is relatively smooth and soil and water are easily lost, the greening effect of ordinary guest soil shotcrete is poor. In view of the technical problems, this paper takes measures like setting planting holes, laying planting blankets, improving the quality of substrate, and optimizing the ratio of plants on the basis of the guest soil spray seeding technology, and effectively improves the water and moisture retention of the slope, ensuring the survival rate and coverage of slope vegetation.

Keywords: concrete slope; vegetation restoration; guest soil spray seeding; construction technology

混凝土锚喷防护作为一种物理防护方法可有效地防治边坡失稳坍塌、岩石滚落、水土流失等地质灾害，但此种方法虽然解决了边坡防护问题，但同时也使坡面失去了植物生长的自然条件，带来了诸如热岛效应、食物链破坏、视觉污染等生态环境问题。随着社会经济的发展，人们的环保观念也越来越强，逐渐意识到单纯采用这类护坡形式会对环境带来不良影响，容易引起生态退化，于是，人们便在混凝土锚喷防护的基础上，增加生态型护坡[1,2]用于恢复坡面植被，不仅提高坡面的稳定性，同时可以形成与周围景观相协调的生态系统。

客土喷播[3]是生态护坡工程中最常用的施工技术之一，目前我国常用的客土喷播施工技术包括：

基金项目：芜湖市科技计划重大项目（项目编号：2016zd16，立项批文：芜科计〔2016〕23号）。
原载于《安徽建筑》，2017，24（2）：59-62。

高次团粒喷播技术[4]、植被混凝土喷播技术[5]、厚层基材喷播技术[6]、CS 混合纤维法喷播技术[7]等。客土喷播技术在岩面粗糙度大、裂隙发育的原始开挖坡面上的应用效果较好，但是当坡面被喷上一层混凝土后，之前原始开挖坡面上的凹凸岩面和节理裂隙被混凝土覆盖，坡面变得较为平滑，喷播基材难以稳定的附着在坡面上，且在降雨条件下坡面水土极易流失，此时采用上述常用的客土喷播技术就难以达到理想的绿化效果。

针对上述混凝土坡面的特殊情况，本文在客土喷播工艺的基础上，一方面通过设置植生孔、铺设植生毯来改善混凝土坡面的植被生长条件，降雨条件下坡面喷播基材的流失量得到了明显的控制，有效地提高了混凝土坡面保水保墒的能力；另一方面通过提高基材质量、优化植物配比使得喷播基材和植物种子更符合混凝土边坡的立地条件，确保坡面植被的成活率和覆盖率。在明确工艺流程和操作要点的基础上，给出相应的材料设备要求和质量控制标准，形成一套针对混凝土边坡的植被恢复施工技术。

1 关键技术原理

1.1 改善坡面立地条件的原理

混凝土锚喷边坡的坡面完整光滑，不利于植物在坡面生根发芽，也不利于坡面的水土保持。针对上述情况，本施工技术采用设置植生孔和铺设植生毯的方法来改善混凝土坡面恶劣的立地条件。坡面设置植生孔并在孔内填充营养土，坡面植物可以通过植生孔，将植物根系扎入边坡岩体内部，一方面可以让植物吸收到边坡岩体深处的水分和营养，另一方面通过植物根系的锚固作用，进一步提高边坡的稳定性。植生毯的保水保墒功能，可以为坡面植物创造出一个良好的临时生长环境，有效控制坡面水土流失，以保证植物的发芽率和成活率。

1.2 提高基材层整体质量的原理

基材层整体质量的好坏是决定边坡复绿工程质量好坏的重要因素之一，整体质量较好的基材层应形成类似蜂窝状的土壤结构，具有耐冲蚀、蓄水、保肥、透气等优良性状。为了达到上述要求，本施工技术对基材配比进行了优化设计，主要包括以下 3 个方面：

(1) 在喷播基材中加入棉絮状木质纤维，该纤维可起到保水、保肥及加强土壤基质团粒连接的作用；

(2) 在喷播基材中加入阳离子乳化沥青作为土壤稳定剂，可以使得土壤基质的团粒结构稳定持久，使基材具有良好的耐雨水冲刷能力；

(3) 在喷播基材中加入聚丙烯酸酯作为团粒剂，能使基材形成良好的团粒结构，利于植物的根系生长，同时可以提高基材的透气性能。

1.3 植物种子优化配比的原理

坡面植被恢复的效果不仅取决于基材层的整体质量，而且与植物种子的配比密切相关，基材层的质量决定了植物能否出芽生长，植物种子的配比则决定了植物能否持续在特定的坡面坏境中持续存活下去。因此，针对混凝土坡面这一特殊的生长环境，植物种子的配比应进行优化选择。

(1) 由于混凝土坡面呈碱性，且保水保墒性能较差，因此，应选择耐碱性好、抗逆性强、耐瘠薄、耐旱的优良灌木及草本植物混播，同时考虑选择的植物要与周边环境相协调。

(2) 充分利用坡面设置的植生孔，选择攀爬能力较强的藤蔓植物，以及扎根能力较强的乡土植物，同时注意植物生态互相搭配，减少生存竞争的矛盾，如浅根与深根的配合，根茎型与丛生型的搭配等。

(3) 植物种子的类型不宜过多也不宜过少，根据国内外多年的生态护坡经验，合理选择 4~8 种植物种子类型建立坡面植物群落，且以木本植物为主的，草种的数量和种类宜控制在 15%以下。

2 施工工艺流程及操作要点

2.1 施工工艺流程

施工工艺流程如图1所示。

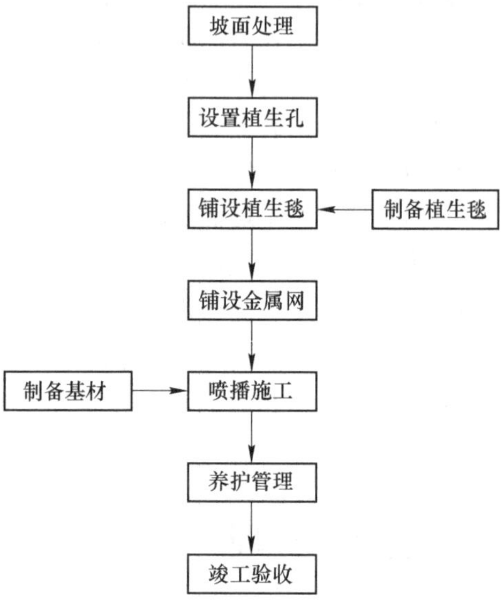

图1 工艺流程图

2.2 操作要点

2.2.1 坡面处理

清除与混凝土坡面交界处1m范围内边坡表面的危岩和浮石，以及有碍于喷播基材附着的浮根、浮土和垃圾，再用高压水枪清洗坡面，如有木本植物，以不妨碍铺设金属网为准，适当修剪木本植物的地上部分。

2.2.2 设置植生孔

在混凝土坡面钻凿植生孔，植生孔的直径为10~30cm，深度以穿过混凝土层为准，密度为1~4个/平方米，植生孔间距为40~100cm，呈梅花状排列。植生孔内破碎的混凝土要彻底清除，然后再用普通的种植土加入体积比为0.5%~0.8%的复合肥填满植生孔并捣实。

2.2.3 铺设植生毯

选取规格为长80~150cm、宽50~100cm的麻袋，沿麻袋的纵向每间隔10cm用缝纫机缝合成为条形分格室，再用漏斗往植生毯的分格室内装添体积比为1：1：1：0.02的种植土、有机质、蛭石、复合肥，装料后再把开口处用封口机缝合。制备好的植生毯通常厚度为5cm左右。植生毯自上而下进行铺设，保证植生毯上的缝纫线呈水平状态，应尽可能使植生毯贴紧坡面，植生毯的上下、左右间距不宜大于20cm。

2.2.4 铺设金属网

用电锤在混凝土坡面打孔，孔深15~60cm，呈梅花状或不规则状布置，不得排成直线。采用ϕ10~18的圆钢作为锚杆，将其用手锤嵌入孔中并注浆固定。金属网采用14号镀锌铁丝网，菱形网孔（5~7）cm×(5~7)cm。金属网自上而下铺设，金属网搭接间的搭接长度必须大于等于10cm，圆钢顶部进行弯折处理用于固定金属网。

2.2.5 喷播施工

按照体积比，将黏土15%~25%、细砂5%~10%、有机质40%~50%、复合肥0.5%~1.2%、复合纤维3%~10%、土壤稳定剂1%~3%、种子（在表层的种子层添加）0.2%~0.29%、清水30%~45%在料仓内搅拌均匀，形成泥浆状。基材制备过程中应注意：黏土应不含杂草种子，且使用前要求过1cm孔径的筛，满足喷枪孔径的要求；有机质采用农作物秸秆、树木枝丫、稻壳、锯末、工业生产的植物类下脚料中的一种或几种，经过初选、粉碎、堆置发酵、干燥环节制得，碳、氮比控制为（25~30）：1。

将团粒剂溶于水中，配成0.08%~0.2%的溶液，由喷播设备的管道分别把上述泥浆物与团粒剂溶液按照100：（7~10）的体积比输送到喷枪口，在喷枪口汇合发生团粒反应，并附着到坡面上形成喷播层。喷播层厚度为5~10cm，其中基材层（泥浆物中不含种子）为3~9cm，种子层（泥浆物中包含种子）为1~3cm。

2.2.6 养护管理

喷播后及时覆盖无纺土工布，根据气候情况及边坡坡度，来确定在喷播层面盖单层或多层无纺布，以减少因强降水造成对喷播基材的冲刷，同时也减少边坡表面水分的蒸发，进一步改善种子的发芽、生长环境。

苗期注意浇水，确保种子发芽、生长所需的水分。前期喷灌水养护为60天，中期靠自然雨水养护，若遇干旱，每月喷水2~3次，后期养护每月喷水2次；适时揭开无纺布，保证草苗生长正常；适度施肥，一般使用进口复合肥，为植物生长提供所需养分。在苗高8~10cm时进行第一次追肥，还可依据实际情况进行叶面追肥；定时针对性地喷洒农药，定期清除杂草，保证植物健康生长。

3 材料与设备

3.1 材料

本施工工艺的材料主要用于坡面挂网、制备植生毯和喷播基材，主要材料及规格见表1。

表1 主要材料列表

序号	名称	规格、型号	用　途
1	金属网	14号镀锌铁丝网，菱形网孔（5~7）cm×（5~7）cm	坡面挂网
2	麻袋	长（80~150）cm、宽（50~100）cm	制备植生毯
3	圆钢	ϕ10~18	固定金属网
4	黏土	粒径小于等于1cm	制备喷播基材
5	细砂	细度模数（1.6~2.2）	
6	有机质	碳、氮比（25~30）：1	
7	复合肥	进口复合肥	
8	复合纤维	棉絮状木质纤维	
9	土壤稳定剂	阳离子乳化沥青	
10	团粒剂	聚丙烯酸酯	
11	种子	草种小于等于15%	
12	无纺布	129g/m^2	养护管理

3.2 设备

本施工工艺的设备主要是用于坡面挂网和客土喷播的机械设备，主要设备及规格见表2。

表2 主要设备列表

序号	名称	规格、型号	数量	用　途
1	注浆机	560W	2台	注浆固定圆钢
2	电锤	30mm	2个	坡面打孔
3	柴油发电机	30kW	1台	提供动力
4	破碎机	15kW	1台	基材破碎
5	搅拌机	15kW	1台	基材搅拌
6	客土喷播机	125kW	1台	基材喷播
7	空压机	10m^3/min	1台	基材喷射动力
8	洒水车	≥5t	2台	坡面养护
9	高压水泵	≥100m	1台	坡面养护

4 质量控制

4.1 坡面处理质量控制

（1）对于边坡表面的危石、松石、浮石必须清除干净。

（2）应去除原坡面上有碍于基质附着的枯草、浮根、零星草本植物和垃圾；但原坡面如生长有较大型的木本植物（乔木、灌木）或成片的地被植物（如蕨类等）应尽量予以保留。

（3）清理坡面时尽量保持坡面的原有坡形状态，只要稳定安全就可。

4.2 锚杆施工质量控制

（1）每批锚杆材料应附有生产厂家的质量证明书，承包人应按照施工图纸规定的材质标准以及监理工程师的指示检验锚杆性能。

（2）锚杆孔的开孔应按照设计图纸布置的钻孔位置进行，其孔位偏差应小于10cm。

（3）锚杆孔深度必须达到施工图纸的规定，孔深偏差值不大于5cm。

（4）注浆锚杆的水泥应优先选用不低于425 标号的普通硅酸盐水泥。

（5）骨料宜采用中、细砂，最大粒径应小于2.5mm，使用前须过筛。

（6）根据需要可在注浆锚杆水泥砂浆中掺入减水、早强、速凝等外加剂，但它们不得含有对锚杆产生腐蚀作用的化学成分。

（7）未注浆以及只在孔口用砂浆封口的锚杆视为不合格锚杆。

4.3 镀锌铁丝网施工质量控制

（1）镀锌铁丝网进场后，必须要有相关的材料质量证明、合格证、产品说明书，并按有关要求进行抽查并送有资质的部门进行检验，产品质量符合设计要求才能进行施工。

（2）镀锌铁丝网的规格、孔网参数要符合设计要求。

（3）镀锌铁丝网之间搭接宽度不应小于10cm，用火烧铁丝将其绑牢。

（4）网面和坡面之间保持3~4cm 的空隙，可用木方块或草把塞于空隙，保证空隙满足要求。

（5）用直径不小于1.2mm 的铁丝对钢丝绳网和铁丝网进行相互扎结，扎结点纵横向间距不大于1m。

4.4 客土喷播质量控制

4.4.1 喷播基材质量控制

（1）基材物理、化学和环保性能指标必须符合设计要求和国家有关技术标准要求规定。

（2）基材层必须紧贴坡面，无分离和脱开现象。

（3）基材应有良好的附着力和黏结力，经得起自然降雨和人工喷灌的液力冲刷而不会出现大的侵蚀及基盘成分（包括种子）的流失（流失体积小于等于10%）。

（4）基材应具有良好的团粒和多孔结构。

4.4.2 植物种子质量控制

（1）植物种子应有国家法定种子检验机构出具的检验合格报告，若外地调入的种子还应有符合国家种子调拨规定的检疫报告。

（2）自行采集的乡土树种、乡土草种在使用前必须进行发芽试验以确定合适的播种量。

（3）对可能导致生态危害的外来入侵种、植物绞杀种等不得乱用，事前须经专家论证后方可应用，并在养护实践中严加监管。

（4）草本植物用种量每平方米一般应控制在5g 之内，但应根据发芽率高低、喷播季节和环境、建植目标群落的不同适当增减；木本种子植物密度应保证成苗数平均每平方米不小于3 株。

5 结论

本文结论如下。

（1）本施工技术将设置植生孔、铺设植生毯和客土喷播有机结合在一起，有效地改善了混凝土坡面恶劣的立地条件，为植物创造了一个良好的临时生长环境，提高了混凝土坡面的保水保墒功能和植物成活率，降低了因植物未成活而返工造成施工成本增加的风险。

（2）相对于混凝土边坡传统的浆砌片石植草的护坡措施，本施工技术合理的利用一些低成本的农作物秸秆、稻壳、锯末等废弃物，配置出适合混凝土边坡植物生长的高质量喷播基材，不仅降低了护坡措施成本，而且提高了坡面植被覆盖率，使其更容易形成原生态植物群落，护坡效果优势明显。

（3）本施工技术科学合理的植物配置和高质量的喷播效果，使得基材植物种子能较好地适应混凝土坡面这一特殊的生长环境，并且可以在较短的时间内进入免养护阶段，节约了大量的后期养护成本，这对那些缺乏养护条件地区的边坡绿化工程具有一定的参考和应用价值。

参考文献

[1] 季永兴，刘水芹，张勇．城市河道整治中生态型护坡结构探讨［J］．水土保持研究，2001，8（4）：25-28.

[2] 殷铭，丁浪，洪杰．三维排水柔性生态边坡施工技术研究［J］．安徽建筑，2011（2）：64-66.

[3] 张玉杰．岩石边坡客土喷播生态防护施工技术［J］．安徽建筑，2013（1）：78-79.

[4] 王鹏杰．高次团粒喷播生态防护施工技术［J］．铁道建筑技术，2015（8）：78-80.

[5] 宋玲，余娜，许文年，等．植被混凝土护坡绿化技术在高陡边坡生态治理中的应用［J］．中国水土保持，2009（5）：15-16.

[6] 占仲国，张亚明，彭浩．大坡度 TBS 岩质植被护坡施工工艺［J］．施工技术，2011，40（S1）：208-210.

[7] 何贤军．浅谈高速公路 CS 混合纤维法植灌边坡生态恢复施工技术［J］．安徽建筑，2009（6）：84-86.

金川二矿区绿色矿山建设规划方案

王晓帆

（广东宏大爆破股份有限公司，广东 广州，510623）

摘　要：以金川集团有限公司二矿区为例，详细分析了该矿区绿色矿山建设规划方案。在详细分析矿区建设条件的基础上，分别从资源节约与综合利用、科技创新、生态环境保护、科学管理、节能减排以及社区和谐等方面提出了绿色矿山建设规划目标，并着重探讨了各建设领域的具体任务，供类似金属矿的绿色矿山建设规划参考。

关键词：绿色矿山；建设规划方案；资源合理利用；节能减排；生态环境保护

Planning for Green Mine Construction in Jinchuan No. 2 Mining Area

Wang Xiaofan

(Guangdong Hongda Blasting Co., Ltd., Guangdong Guangzhou, 510623)

Abstract: This paper studies the green mine construction plan for the No. 2 mining area of Jinchuan Group Co., Ltd. With the detailed analysis of the construction conditions of the mining area, it puts forward the green mine construction planning objectives respectively from resources saving and comprehensive utilization, technological innovation, ecological environment protection, scientific management, energy conservation and emission reduction, and community harmony, and highlights the specific tasks in each aspect. It can be used as a reference for similar green mine construction planning of metal mines.

Keywords: green mine; construction planning scheme; rational utilization of resources; energy saving and emission reduction; ecological environment protection

绿色矿山建设是一项复杂的系统工程，涉及资源合理利用、节能减排、环境保护、矿地和谐等内容，代表着一个地区矿业开发利用的总体水平、可持续发展潜力[1-5]。本研究以金川集团有限公司二矿区为例，对该矿区绿色矿山建设方案进行探讨。

1　金川二矿区建设条件

金川二矿区是金川集团有限公司的主力矿山，于 1966 年开工建设，1982 年试生产，1983 年正式投产，1987 年井下出矿突破百万吨大关，之后矿山年产量逐年以 10% 的速度增长，至 1996 年出矿量突破 200 万吨[6,7]。矿山二期工程于 1996 年建成并投产，设计年生产能力为 264 万吨，2002 年全面实现达产达标。二期改扩建工程设计生产能力为 297 万吨/年，于 2005 年全面建成[6-8]。2003 年井下出矿 300 万吨，提前 2 年达到改扩建的生产能力。改扩建工程的顺利完成使二矿区的年生产能力稳定在 300 万吨以上。2004 年井下出矿达到 320 万吨，2007 年出矿量达到 365 万吨，2008 年出矿量达到 400 万吨。目前，出矿量达 450 万吨，已成为我国有色金属地下矿山年生产能力最大、机械化和现代化程度较高的下向胶结充填采矿法矿山[6-8]。目前主要开采 1 号矿体，倾角 60°～75°，回采中段主要为

原载于《现代矿业》，2017，(5)：245-247。

1000m，850m 中段。矿区总面积 2.9761km^2，可供绿化区域的面积约 22 万平方米。经过近年来的努力，实现了近20 万平方米的绿化面积，占可绿化面积的91% 以上，2003 年12 月获得“甘肃省绿化模范单位”称号。

2 绿色矿山建设基本原则及目标

金川二矿区绿色矿山建设的基本原则有：(1) 符合国家现行的产业政策、法律、法规和金昌市矿产资源总体规划，对金昌市的社会经济发展有利；(2) 矿产资源合理开发与环境恢复治理协调统一，促进矿业秩序根本好转和矿业结构的根本性转变；(3) 优先考虑城市周边、矿区周边、主要交通干线两侧可视范围内和饮用水源地的原则；(4) 从矿区客观实际出发，尊重已有的治理基础，本着以较少的投入换取更大的经济、环境、社会效益的原则，以科学的态度，采用先进的科学手段，制定切实可行的措施进行规划；(5) 遵循“谁使用谁保护、谁破坏谁治理、谁投入谁受益”的基本原则，制定切实有效的保障制度，对矿区的生产和绿化工作进行统一规划管理。

金川二矿区绿色矿山建设的目标为：(1) 通过绿色矿山建设，使二矿区区域内存在的地质环境问题得到有效地治理和控制；(2) 生态环境达到绿色矿山建设标准；(3) 深入研究多中段大面积无矿柱连续开采工艺，解决矿山开采技术难题，提高开采工艺技术水平，使得矿产资源开发更趋合理，使矿产资源的综合利用水平达到一个新台阶；(4) 提升矿山生产管理水平，完善绿色矿山管理制度、责任制度；(5) 使矿产资源开发和矿山环境保护工作同步进行；(6) 使矿业活动规范化，实现资源开发与生态环境保护协调发展，将矿产资源开发对矿山环境的破坏程度降至最低水平。

3 绿色矿山建设方案

3.1 资源节约与综合利用

(1) 狠抓重点项目，建设示范工程。二矿区深部 850m 中段复杂条件下的多金属伴生硫化铜镍矿资源开发工程，是该矿区 1 号矿体 1150m 中段的接替工程，是金川集团有限公司的重点建设工程，将高效、安全地开采深部复杂破碎岩体条件下的硫化铜镍矿资源，充分开发伴生的钴、铂族金属、黄金和白银等 13 种矿产资源，有助于提高资源的综合利用水平。该工程的顺利实施有助于形成深部复杂条件下高效大规模成套采矿工艺技术，推动多中段大面积连续采矿工艺、深部高效率卸荷采矿成套工艺技术、深部尾砂膏体充填技术的发展，实现贫富矿资源综合高效均衡开采。

(2) 加强地质勘探，扩大资源拥有量。随着矿山生产规模的日益扩大，资源储量的耗竭速度明显加快，为此，矿山应加大生产地质勘探粒度，扩大资源拥有量，不断探寻接替资源，准确掌握矿体赋存条件及储量，努力扩大铜镍矿的经济可采储量，尽可能延长开采中段的服务年限。

(3) 加大贫矿回采力度，实现资源合理开发。该矿山原执行的“采富保贫”的方针，已不符合当前国际局势和经济全球化、区域经济一体化的趋势，也不利于矿产资源的合理开发和综合利用。受回采面积的限制，矿山年产量增加后，一方面由于大盘区产量不可能无限度增加以及小盘区产量的持续增加，使得小盘区下降速度进一步加快，盘区间不均衡下降造成的采掘矛盾突出。若不及时回采贫矿资源，留待日后回采，将面临系统工程早已破坏报废、开采贫化率高、损失大、成本高等问题。另一方面，应加大贫矿资源的开采力度，实现资源的合理开发与利用。

(4) 狠抓损失贫化管理。对品位实行动态管理，进一步提高品位预测的准确性，加大品位调控管理力度，合理调整贫矿回采比例，统筹安排各盘区的作业计划，提高品位管理的预见性和超前管理能力。加强采掘生产地质指导与地质技术管理工作，开展好盘区夹石分出的地质超前预报工作，从地质预报、通知下发、现场验收、结果反馈等方面实行流程化确认，减少一次贫化。规范盘区毛石堆放，对废料进行全过程监督，积极协调采矿工区加大可分出废石的分出工作，加强现场指导和监管，强化责任落实。监督边角残矿回采，坚持现场技术交底，指导采矿工区严格按设计要求进行回采，确保回采质量。狠抓工程质量，加强技术服务及指导，严格按设计标定中心、腰线，严肃采矿工艺纪律。有针对性地开展损失贫化管理的专项检查工作，严格落实损失贫化专项管理办法。加强损失贫化意识教育，提升员工损失贫化管理意识，实现工区自主管理和科室监督管理相结合。定期召开质量工作例会，分析总结各采区月、季、半年和年度的出矿品位指标完成情况，对全矿的出矿品位管理工作进行统筹安排。

3.2 科技创新

（1）技术升级改造。新建充填自流系统、下料竖井和充填回风副中段等。

（2）数字化矿山建设。在测量、地质、采矿等专业知识和技术资料的基础上，坚持以先进的矿业软件应用为基础，不断建立健全科学规范的矿山损失贫化、储量动态和地测技术管理体系，促进矿业软件在井下工程验收、地表矿量盘点、矿区地形图绘制和井下采空区建模、矿区测量数据库建设等领域全面应用，全面加快数字化矿山建设的步伐。

（3）实施联合科技攻关战略。与多所高校、研究院所建立密切的技术合作关系，探索形成深部复杂条件下高效大规模成套采矿工艺技术，并深入研究多中段大面积连续采矿工艺、深部高效采矿成套工艺技术以及深部尾砂膏体充填技术。

3.3 生态环境保护

（1）狠抓矿山绿化，建设绿化示范区。按照绿色矿山建设标准开展生态恢复及地质环境整治工作，建立副井提升工区、充填工区、维修工区等3个示范区，为该矿山环境恢复治理探索出一条切实可行的途径。

（2）利用GPS技术监测地表变形，并预测变形趋势。为有效掌握金川矿区地表变形规律，进而对变形趋势进行科学预测，须继续利用矿区已建立的地表变形监测网进行变形监测，采集大量数据，基于地表岩移GPS监测信息，将理论分析、数值模拟与工程实践相结合，深入研究金川矿区地表移动规律、井巷围岩破坏模式并对岩体移动和变形机理与趋势进行精确预测。

（3）加强边坡治理，防止山体滑坡。对矿山公路两侧山体进行剥离、浮石检撬、喷锚网支护、砌筑块石护坡，以有效防止山体滑坡和泥石流风险，避免发生重大地质灾害。

（4）利用废水种草植树，改善矿山面貌。继续加大矿区废水利用力度，将区内井下每年排放的充填废水在排放至地表后，经多级拦坝沉淀处理后用于矿山绿化，通过种草植树，努力将矿区周围的荒山变为林区，有效改变矿山废石堆的面貌。

3.4 科学管理

以“将二矿区建设成为管理科学的大型坑采矿山”为愿景目标，扭住“安全、质量和效益”的管理工作中心，坚持清洁生产、低碳排放、绿色环保理念，为实施绿色矿山建设发展战略创造条件。推进安全文化和安全标准化建设，以矿山的安全发展来保证绿色矿山建设目标的实现；不断提升绿色矿山整体装备水平；强化质量标准体系的运行和管理，以卓越的工作质量为绿色矿山建设增添后劲；狠抓标准成本和全面预算管理，扎实开展“科学支出，杜绝浪费”主题管理工作；进一步完善管理创新机制，以项目化的管理运作模式解决绿色矿山发展难题；不断提高绿色矿山信息化建设水平，为实施绿色矿山战略注入新的活力；依托协同管理工作平台的流程定制和二次开发功能，力争形成部门联合办公的协同效应。

3.5 节能减排

（1）扎实推进节能降耗、节能减排工作。推广运用节能产品，逐步淘汰落后的高耗能设备，完善矿井节能管理体系，提高全员节能意识；强化能源队伍建设，进一步加大能源现场管理和监察工作；改变矿区供暖方式，完善供暖系统实时管理工作流程；编制二矿区节能操作指导书，规范设备节能操作流程。

（2）推进“无废开采”，强化“三废利用”。继续加大废水利用工艺水平，特别注意充填废水的利用，加强井下废石的坑内回填工作，利用井下产生的废石作为充填骨料，就地将废石与水泥等材料通过机械或人工搅拌混合后形成混凝土料浆，直接充填至采空区形成充填体，以减少井下废石的拉运、提升费用。开展深部尾砂膏体充填技术研究，实现深部尾砂膏体充填，加大全尾砂的使用，减少尾砂排放。

3.6 社区和谐

积极为周边地区农村富余劳动力就业创造条件；教育员工树立现代文明意识，自觉维护农民利益；加强与周边村镇的沟通与联系，不断增进地企之间的友谊；加大与城市社区的沟通与联系；实施困难职工帮扶工程；开展社会公益活动，不定期地组织义务劳动、爱心捐款捐物等活动；注重开展好民调和信访工作，妥善解决各类潜在矛盾，积极履行企业的社会责任，实现矿区和社区的和谐发展，树立良好的企业形象。

4 结语

以金川二矿区为例，分析了该矿区绿色矿山建设条件，并就建设方案进行了详细探讨，对于进一步落实绿色矿山具体建设任务，大幅提升矿区生产能力，促进矿区生产与周边生态环境保护的协调发展具有一定的借鉴价值。

参 考 文 献

[1] 杨玲．发展矿业循环经济建设绿色矿山［J］．中国矿业，2006（4）：23-25.

[2] 李昌干．绿色矿山建设实践与发展论述——以庆安帝圣矿业有限公司为例［J］．中国矿业，2012（9）：57-60.

[3] 乔繁盛．建设绿色矿山发展绿色矿业［J］．中国矿业，2009（8）：4-6.

[4] 陈斌，张有乾，艾聪．基于绿色开采的绿色矿山建设［J］．山西焦煤科技，2010（6）：50-53.

[5] 崔周全，李小双，李云驹，等．绿色矿山建设实践中磷矿资源税费改革的思考［J］．现代矿业，2016（6）：1-4.

[6] 江家谱．金川三维矿山模型的研究与建立［D］．昆明：昆明理工大学，2005.

[7] 张登军，孙杰．金川二矿区开采设备的现状和发展综述［J］．矿山机械，2010（10）：17-21.

[8] 张琳琳．金属矿山井下灾害预警监测体系研究［D］．沈阳：东北大学，2009.

废弃矿山破碎岩质边坡地质环境治理

欧 哲[1] 王 铁[2] 杨家富[2] 罗国庆[1]

（1. 宏大国源（芜湖）资源环境治理有限公司，安徽 芜湖，241200；
2. 广东宏大爆破股份有限公司，广东 广州，510623）

摘 要：未及时治理的废弃矿山存在地质灾害隐患、水土流失、视觉污染等问题，其中，边坡岩质破碎的石灰石废弃矿山是废弃矿山地质环境治理的难点之一。以安徽省繁昌县“三线三边”废弃矿山地质环境治理项目为依托，选取具有典型的破碎岩质边坡的石灰石废弃矿山作为研究对象，对其已有的地质环境问题进行了调查和分析。针对边坡较陡，坡面岩石风化、破碎严重，节理、裂隙发育的工程地质特征，以及边坡植被资源和地貌景观破坏造成视觉污染和地质灾害的现状，对相应的治理技术进行了研究，采用“双网结合”护坡、截排水、改良型喷混植生护坡等技术对废弃矿山进行了地质环境治理，并及时对初步治理成果进行了养护管理和动态监测。实践表明：所提技术方案的成功应用使得边坡已基本消除地质灾害隐患且处于稳定状态，坡面植被根基扎实且覆盖率达到 90% 以上，基本形成了稳定的植物群落和良好的生态系统。

关键词：废弃矿山；岩质边坡；地质环境；治理技术方案

Geological Environment Treatment of Broken Rock Slope in Abandoned Mines

Ou Zhe[1] Wang Tie[2] Yang Jiafu[2] Luo Guoqing[1]

（1. Hongda Guoyuan（Wuhu）Resources and Environment Management Co., Ltd., Anhui Wuhu, 241200;
2. Guangdong Hongda Blasting Co., Ltd., Guangdong Guangzhou, 510623）

Abstract: There are many geological environment problems (such as geological hazards, soil erosion and visual pollution and so on) are existed in abandoned mines, it is one of the key tasks for geological environment treatment of abandoned mines, among them, the geological environment treatment of abandoned limestone mines with broken rock slope is one the difficult problems of the geological environment treatment of abandoned mines. Based on the “three lines and three sides” abandoned mine geological environment treatment project, the typical abandoned limestone mine with typical broken rock slope is chosen as the study example, its existing geological environment problems are investigated and analyzed in detail. In view of the engineering geological characteristics of the steep slope, the slope rock is weathered and broken seriously, joints and fissures are developed, and the current situation of visual pollution and geological disaster caused by the destruction of vegetation resources and geomorphologic landscape, the corresponding treatment techniques of geological environment is proposed, the techniques such as “dual network combination” slope protection, intercepting drainage, improved spray planting slope protection and so on are adopted to deal with the geological environment problems existed in the mine. Besides that, the preliminary treatment results is conducted maintenance management and dynamic monitoring. The engineering practice results show that the slope has basically eliminated geological hazards and it is in a stable state, the slope vegetation is solid and the coverage rate is above 90%, the stable community and good ecosystem are basically formed.

Keywords: abandoned mine; rock slope; geological environment; treatment technical scheme

废弃矿山即开采完毕后未及时进行边坡治理、复垦绿化等生态环境恢复性治理工作的矿山，该类矿山的存在不仅损害了当地生态环境，而且对矿区周边矿产资源开发利用带来了一定程度的安全隐

原载于《金属矿山》，2017，(7)：178-185。

患[1-5]。近年来，矿产资源开发引发的地质环境问题日益受到人们的关注，学术界对其开展了广泛研究[6-8]。2013 年年底，安徽省开始了“三线三边”环境治理工作[9]，位于“三线三边”的废弃矿山即为环境治理的主要对象之一。繁昌县为安徽省石灰石矿资源大县，以水泥为代表的建材产业为该县的经济发展作出了巨大贡献，然而，为发展建材产业而涌现出的相当一部分石灰石矿山在停止开采后未能及时治理，从而引发了一系列的地质环境问题，如水土流失、植被破坏、视觉污染、地质灾害等。

石灰石矿山开挖后形成的裸露岩面失去了土壤和植被的保护，坡面岩体长期在自然环境的风化作用下，使得原本因开挖而损坏的岩体变得更加破碎，更易发生滑坡、崩塌、泥石流等地质灾害。在废弃的石灰石矿山中该类破碎岩质边坡较多，对该类废弃矿山进行地质环境治理时，所采用的技术方案不仅要发挥稳固破碎岩体、提高坡面稳定性、消除地质灾害隐患的作用，还应确保坡面恢复可观的植被覆盖率，最终形成物理护坡和生态护坡相结合的效果。本研究依托繁昌县“三线三边”废弃矿山地质环境治理工程，选取具有典型破碎岩质边坡的石灰石矿山作为研究对象，对其已有的地质环境问题进行调查分析，研究治理技术方案。

1 研究区概况

研究区位于繁昌县繁阳镇，该区中心地理坐标为东经 118°11′32″，北纬 31°06′50″（见图 1）。区内有简易道路与 S321 省道衔接，交通较便捷，区域面积为 0.04km^2。区内包含 3 个矿权区，4 个采坑，分别为铁塔村采石厂（CK_1）、民兵采石厂（CK_2）、铁塔西山联合采石厂（CK_3、CK_4）。铁塔西山联合采石厂初设矿权时间为 1993 年 11 月，关闭时间为 2007 年 5 月，属于未治理的废弃矿山。根据现场调查，CK_1 的边坡高度为 10~55m，边坡面倾角约 60°，测量得 2 组节理产状分别为 154°∠18°、320°∠78°；CK_2的边坡高度为 5~30m，边坡面倾角约 80°，测量得 2 组节理产状分别为 108°∠14°、177°∠84°；CK_3的边坡高度为 10~35m，边坡面倾角约 85°，测量得 2 组节理产状分别为 147°∠7°、131°∠88°；CK_4 的边坡高度为 5~10m，边坡面倾角约 85°，测量得 2 组节理产状分别为 154°∠22°、272°∠68°，CK_4 的坡脚处有 2 处废土堆，分别高约 1.5m。

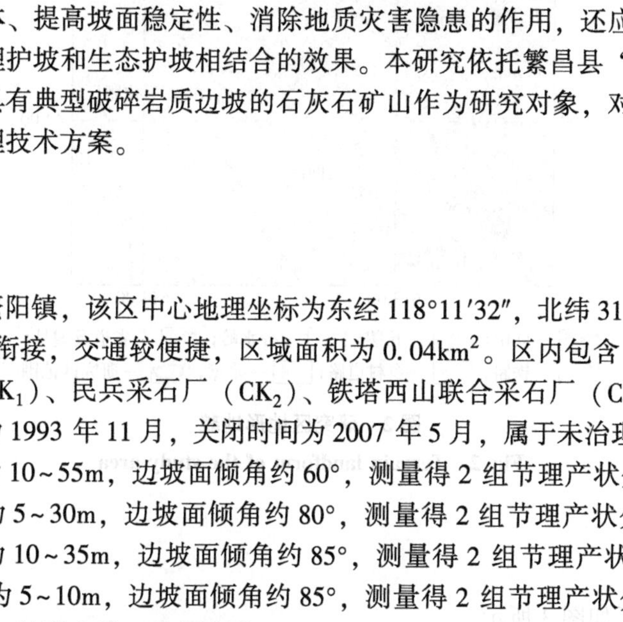

图 1 研究区地理位置

Fig. 1 Geological location of the study area

2 研究区地质特征

2.1 地形地貌

研究区属于沿江平原丘陵区，地貌类型为低山丘陵和山前斜地，海拔 45~131.4m，地表坡度 25°~30°，由于采矿活动形成了不规则的高陡边坡，坡高 10~50m，坡度 60°~85°（见图 2）。低山丘陵分布于整个研究区，地层岩性由三叠系下统和龙山组深灰、青灰色条带状灰岩组成；山前斜地分布于研究区东南方向，地层岩性由第四系粉质黏土和碎石土组成。

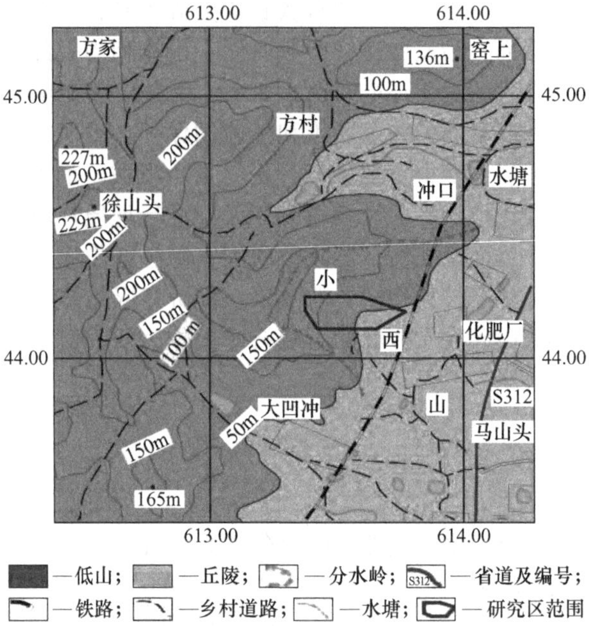

图 2　研究区地形地貌

Fig. 2　Terrain landform of the study area

2.2　工程地质特征

研究区工程地质特征如图 3 所示。

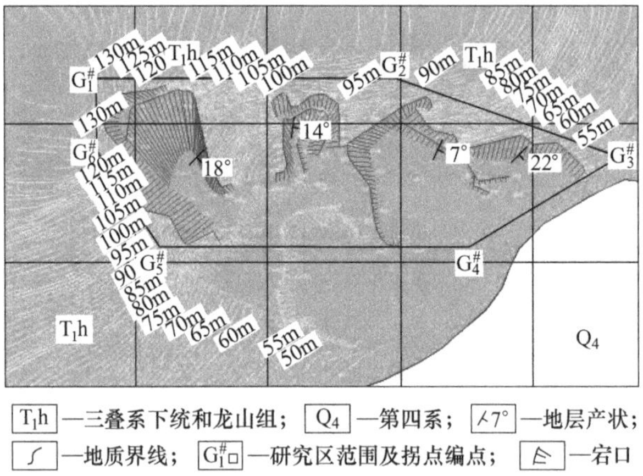

图 3　研究区工程地质特征

Fig. 3　Engineering geological characteristics of the study area

2.2.1　地层

研究区位于扬子准地台、下扬子台坳，沿江拱断褶带，繁（昌）—铜（陵）凹断褶束北东段南缘，红花尖背斜北东倾伏端南东翼。区内地层均属于扬子地层区、下扬子地层分区，出露地层由老至新分别为古生界志留系、泥盆系、石炭系、二叠系，中生界三叠系、侏罗系、白垩系，新生界第四系。该区除第四系外，出露地层主要为三叠系下统和龙山组（T_1h）。三叠系下统和龙山组（T_1h）下部为深灰、青灰色条带状灰岩，夹中层—中厚层砾屑灰岩及薄—中薄层粉晶灰岩，底部黄绿色泥质页岩夹条带状灰岩，厚 23.06m；中部为灰—青灰色条带状灰岩夹中层微晶灰岩，厚 74.44m，分布于整个研究区。第四系（Q）分布于研究区东南方向山脚，厚 0~2m，上部为土黄—杂色粉质黏土夹碎石，下部为碎石层，碎石成分与基岩一致，其磨圆度呈棱角状。

2.2.2 构造

研究区新构造运动的主要特征为大面积的间歇性、缓慢升降运动，总体以下降为主，表现为在长江沿岸形成了Ⅰ、Ⅱ级河流阶地，以堆积阶地为主，局部见有侵蚀阶地；低山丘陵区则经受侵蚀、剥蚀，形成了宽平的U形谷。新构造运动期间，沿江地区经历了2次明显的构造隆升，其中一次发生于上新世和第四纪之间，表现形式为洞穴沉积间断，溶洞普遍抬升，河谷区则出现侵蚀阶地。研究区范围内岩体呈单斜构造，地层倾向SE，倾角较小，一般7°~22°。

2.2.3 岩（土）性

研究区的岩体为坚硬的中—厚层状碳酸岩类工程地质岩组，岩性为龙山组灰岩，属中等强度—高强度的坚硬岩石。岩石致密坚硬，呈层状，倾角7°~22°，层状裂隙较发育，完整性一般。岩石饱和抗压强度最高33.07MPa，最低18.1MPa，平均27.04MPa。研究区的土体为松散黏土层，分布于区内东南部，主要为土黄—杂色粉质黏土夹碎石及砾石，厚0~2m，散体结构，承载力特征值为100~200kPa。

2.3 水文地质特征

（1）地下水类型与特征。根据研究区地下水的赋存条件、水理性质，将该区地下水类型划分为松散岩类孔隙水、碳酸盐岩类岩溶水2种基本类型。第四系松散岩类孔隙含水岩组分布于研究区东南部，岩性主要为土黄—杂色粉质黏土夹碎石及砾石，砾石成分与基岩一致，磨圆度呈棱角状，该岩组富水性较差，为弱含水层。碳酸盐岩裂隙岩溶含水岩组分布于研究区内，主要岩性为三叠系下统和龙山组灰岩，岩溶较发育，地表岩溶以溶沟为主，该岩组富水性较强，透水性亦强，为强含水层。

（2）地下水补给、径流、排泄规律。研究区主要接受大气降水补给，地表水通过发育的小溶沟、溶槽、岩溶裂隙下渗补给地下含水层，地下水主要以地下径流的方式排出区外。第四系松散岩类孔隙水接受大气降水补给，并与地表水呈季节性互补，除蒸发和向外径流排泄外，还下渗补给下伏基岩。

3 研究区存在的地质环境问题

3.1 视觉污染

由于矿区以往开采导致区内地质环境和生态环境均遭到较大程度的破坏，设计范围内原生的山体植被被破坏殆尽，取而代之的是数段大面积裸露的岩壁，据现场调查，S321省道沿线和宁安城际铁路沿线可视范围内的岩壁裸露面积达11574m^2。植被资源和地貌景观的破坏造成了严重的视觉污染，从S321省道沿线和宁安城际铁路沿线观察，原本绿意悠悠、生机盎然的山体变得斑驳破碎、满目疮痍（见图4）。视觉污染严重影响了繁阳镇乃至繁昌县的对外形象，在一定程度上阻碍了当地经济、社会的可持续发展。

3.2 地质灾害隐患

研究区多段边坡较陡，岩石风化、破碎严重，节理、裂隙发育（见图5）。据调查，治理范围内边

图4 裸露边坡造成的视觉污染

Fig. 4 Visual pollution caused by exposed slopes

图5 滑坡地质灾害（CK_1）

Fig. 5 Landslide geological hazard（CK_1）

坡高度一般为10~30m，最高达55m，边坡坡度一般为50°~70°，最高达85°。调查发现，部分边坡段已发生了小型崩塌地质灾害，多段边坡具有发生滑坡、崩塌等地质灾害的隐患，威胁到当地居民的生命安全。经调查，研究区共有崩塌地质灾害隐患点2处。以往采矿活动中剥离的表土和废弃岩石沿 CK_4 坑底堆放，未进行处理，在雨水冲刷下，造成大量水土流失。

4 废弃矿山地质环境治理技术方案

4.1 “双网结合”护坡

由于研究区内坡面岩体风化程度高，地质灾害隐患严重，为实现消除地质灾害隐患，提高坡面绿化（采用喷混植生护坡技术）的目标，采用“双网结合”的方式进行护坡处理，即首先在坡面铺挂镀锌铁丝网，然后铺设主动柔性防护网。“双网结合”的优点：（1）主动柔性防护网具有较大的接触面和粗糙度，配合镀锌铁丝网，可进一步提高对植生基材的黏附力，即便在较陡的坡面上，喷混植生基材层仍然能在满足设计厚度的条件下，稳定地吸附于坡面岩体上，且具有良好的抗雨水冲刷能力；（2）镀锌铁丝网的金属骨架相比柔性防护网具有更高的强度，可在不改变柔性防护本质的条件下，较好地提高柔性防护网的防护安全系数，通过该类“刚柔互补”的施工工艺，可有效提高柔性防护网防治破碎岩质坡面崩塌、滑坡等地质灾害的可靠性。

（1）钻孔植锚。从防护区域下沿中部开始向上和两侧放线测量确定锚杆孔位，最上排锚杆位置位于坡顶线以下约1m处，并在每一孔位开凿深度不小于锚杆外露环套长度的凹坑，以确保支撑绳张拉后尽可能紧贴坡面，凹坑直径20cm，深15cm。锚杆位置尽可能避开破碎带区域。按照锚杆设计深度钻锚杆孔，孔深较设计锚杆长度长5cm以上，钻孔完毕后及时用高压风清除孔内岩体碎屑、粉尘。

（2）锚杆注浆。注浆并插入锚杆，锚杆外露环套顶端切勿高出坡面，且环套段不注浆，注浆浆体采用M30纯水泥浆，水灰比0.45~0.5，水泥采用42.5R普通硅酸盐水泥。注浆时确保孔内浆液饱满，并且在进行下一道工序前，注浆体的养护时间不少于3d。

（3）铺挂镀锌铁丝网。由上至下铺挂镀锌铁丝网，铁丝网之间的重叠宽度不小于10cm，两张铁丝网之间缝合用直径不小于1.2mm的铁丝扎结，铁丝网与支撑绳间用直径不小于2.2mm的铁丝或钢绳扎结，扎结点间距不大于1m。采用U形钉（ϕ8mm钢锚钉）进行钉网固定，锚钉长200mm。在坡面铁网搭接处布置一行锚钉，间距100mm，在坡面其余位置每平方米布置不少于5个锚钉，施工中在岩质坡面区域用电钻钻孔后，将U形钉插入锚固。

（4）支撑绳安装。支撑绳下料安装前，准确量测每根支撑绳两端锚杆间的距离，支撑绳下料时其长度在测得每根长度的基础上两端各增加1m。将支撑绳从一端锚杆开始依次穿过各锚杆的外露环套，并用拉紧力不小于5kN的紧绳器或葫芦张紧，其间若长度较长，或因支撑绳锚杆与坡面间的摩擦力大而无法张紧时，可逐段张紧，最后将尾绳用绳卡固定。支撑绳两端各用2~4个绳卡。

（5）铺挂柔性防护网。镀锌铁丝网铺设完毕后，由上至下铺设柔性防护网并用直径为8mm的钢绳缝合，每张钢丝绳网用一根长33.5m的缝合绳与四周支撑绳进行缝合并张拉，缝合绳两端各用2个绳卡进行固定连接。用直径不小于1.2mm的铁丝对钢丝绳网和铁丝网间进行相互扎结，扎结点的纵横向间距不大于1m。

4.2 边坡截、排水

研究区破碎岩质边坡裂隙发育，岩体稳定性较差，在强降雨条件下，雨水对坡面岩体产生的不利影响为：（1）坡面岩体被降雨形成的水流冲刷，水会对坡面破碎岩体产生托浮、润滑和推动作用，导致坡面岩体滑塌；（2）雨水沿坡顶和坡面的岩石裂隙渗入边坡内部，浸润并软化岩体构造面和软弱夹层，形成连片的滑移面，从而引发更大规模的边坡内部崩塌、滑坡等地质灾害。对此，本研究采用截、排水沟和排水孔相结合的方法对边坡进行截、排水设计，在边坡顶部修建截水沟，以减少地表水下渗损害岩体，避免坡顶水流对边坡的冲刷以及防止由于排水不畅而影响植被的正常生长；在坡面有针对性地布设排水孔，通过管道将渗入边坡内部的地表水及时排出，在坡脚修筑排水沟与截水沟相连，防止施工场地内形成积水和径流。

4.2.1 截、排水沟设计

根据《室外排水设计规范》（GB 50014—2006）[10]，截、排水沟设计重现期取3年，由于区域面积不大，降雨历时取10min。根据繁昌县降雨观测资料，采用数理统计法计算出的暴雨强度为211.7 L/(s·ha)；研究区四周为岩石边坡，综合径流系数取0.5。区内截、排水沟的汇水面积和雨水设计流量见表1。

表1 截、排水沟雨水设计流量

Table 1 Rainwater design flow of drain

编 号	汇水面积/$\times10^{-2}$km^2	雨水设计流量/m^3·s^{-1}	备 注
1-1号	7.94	0.840	截水沟
1-2号	7.94	0.840	截水沟
1-3号	7.94	0.840	截水沟
2-1号	0.14	0.015	排水沟
2-2号	0.29	0.031	排水沟
2-3号	0.82	0.087	排水沟

结合表1，根据地形、初拟纵坡、施工材料等因素，采用谢才公式和曼宁公式计算各截、排水沟的断面几何尺寸，结果见表2。截、排水沟断面设计为矩形，水沟采用200mm厚的M7.5浆砌块石砌筑，砌筑前夯实基底、坡面，研究区共修筑截水沟长615m，排水沟长352m。

表2 截、排水沟几何设计参数

Table 2 Geometric design parameters of drain

编号	雨水设计流量/m^3·s^{-1}	纵坡坡度/%	渠床糙率	渠深和底宽/m	渠道设计流量/m^3·s^{-1}	备 注
1-1号	0.840	3.31	0.025	0.5	1.742	截水沟
1-2号	0.840	3.51	0.025	0.5	1.794	截水沟
1-3号	0.840	1.61	0.025	0.5	1.251	截水沟
2-1号	0.015	1.09	0.025	0.2	0.087	排水沟
2-2号	0.031	0.52	0.025	0.2	0.060	排水沟
2-3号	0.087	1.06	0.025	0.3	0.253	排水沟

注：截、排水沟类型为矩形开敞明渠；边坡系数为0。

4.2.2 排水孔设计

排水孔的施工工艺流程为钻进、拔杆、清孔、成孔、移机下管、进管就位，在排水孔设计时，一方面，考虑到降雨入渗的通道主要来自坡顶的岩石裂隙；另一方面，考虑到坡面岩体破碎，在钻进过程中受钻机冲击力的影响，易发生岩块塌落而难以成孔。因此，将坡面上部的排水孔间距设置得较紧密，有利于入渗的雨水及时排出，将坡面中、下部的排水孔间距设置得较稀疏，降低施工难度。排水孔的详细设计参数为：（1）坡面上部（如CK_1坡面72m水平以上）的排水孔的水平孔间距为5~10m，垂直方向孔间距5m，孔深3m，孔径60mm，方向为上向5°~10°；（2）坡面中、下部（如CK_1坡面72m水平以下）的排水孔为水平孔，间距10~15m，垂直方向孔间距5m，对于部分位于崩滑体处的排水孔，由于岩体过于松散，排水孔参数可进一步调整为水平孔间距15~20m，垂直方向孔间距10m，孔深、孔径及排水孔方向与坡面上部的排水孔一致。

4.3 改良型喷混植生防护

4.3.1 喷混植生技术原理

喷混植生防护技术是集岩石工程力学、生物学、土壤学、肥料学、园艺学、环境生态学等学科于一体的综合环保技术，被广泛应用于岩质边坡强制绿化施工。该技术通过采用专用喷射机械，将拌和均匀的“基层材料”（采用一般种植土，掺入一定量的草灌混合种子、肥料、保水剂、黏结剂、pH 值缓解剂、水等）喷射至欲绿化的岩质坡面上，依靠“基层材料”使植物生长发育，形成坡面植物防护[11-14]。喷混植生的核心技术在于“基层材料”，通过对“基层材料”中各成分的合理配置，在岩石坡面上营造一个既适合植物生长发育，又能稳定附着于岩质坡面不被雨水冲刷的多孔稳定结构，使建植层固、液、气三相物质基本平衡。由于本研究边坡坡面岩质破碎，坡度较大，且坡脚堆砌有采矿时剥离的表土和废弃岩石，在较强降雨情况下极易发生滑塌和水土流失，因此，对用于坡面绿化的“基层材料”的自稳能力和坡面附着能力要求较高。喷混植生的“基层材料”由于含有黏合剂，使“基层材料”被喷附于坡面后能产生硬化反应，并与坡面岩体互相黏合，覆盖坡面后的“基层材料”凭借着自身的强度，能同时起到保护坡面水土和抵抗雨水冲刷的作用。

喷混植生“基层材料”中的黏结剂是决定其自身强度的关键因素之一，目前国内用于喷混植生“基层材料”的黏合剂主要有 2 种，即具有黏结性的人工合成高分子材料和硅酸盐水泥[15]。该 2 种黏合剂在应用过程中均具有一定的不足：人工合成高分子材料成本较高，且在自然条件下易分解，有效期较短；硅酸盐水泥虽然成本低、有效期长，但水泥碱性较强，且水泥在凝固过程中，易造成土壤板结，肥力下降，影响了植物种子生根发芽和后期成长。为确保坡面绿化效果，本研究在已有技术成果的基础上，同时参考其他常用的坡面绿化技术，对喷混植生施工工艺和“基层材料”配比进行改良。

4.3.2 喷混植生技术改良

厚层基材护坡施工工艺[16-18] 将“基层材料”分为护坡基材层和生长基材层，两者区别在于：(1) 前者厚度大于后者，约为后者的 3 倍；(2) 前者的材料配比中不含植物种子，而后者包含植物种子，两者其他材料配比一致。在施工过程中，首先将护坡基材层喷射至坡面上，喷射完毕待基材层稳定后，再喷射生长基材层。参照厚层基材护坡技术，将喷混植生“基层材料”也分为护坡基材层和生长基材层，两者喷射顺序不变，在原有单一的喷混植生“基层材料”配比的基础上，对护坡基材层和生长基材层的配比分别进行了优化调整，且两者配比的差别不局限于植物种子。

4.3.2.1 护坡基材层

护坡基材层较生长基材层厚，占“基层材料”整体用量的 70%~80%，因此，其强度和稳定性直接关系到“基层材料”的黏附力和抗冲刷性。本研究将护坡基材层中的黏结剂设定为硅酸盐水泥，确保“基层材料”的强度和稳定性满足要求。但考虑到水泥的强碱性、板结性对植物和土壤产生不良影响，在应用时一方面严格控制水泥用量，另一方面添加适量的 pH 值缓解剂（如红黏土、过磷酸钙），利用其化学反应产生的酸性物质抵消水泥的碱性，使“基层材料”的酸碱性满足植物生长要求。由于水泥成本较低，而护坡基材层的黏结剂用量较大，因此采用水泥可更有效地控制施工成本。本研究护坡基材层的参考材料配比见表 3。

表 3 护坡基材层材料配比

Table 3 Ratio of slope protections substrate layer (kg)

种植土	有机质	复合肥	保水剂	水泥	pH 值缓解剂	水
1500~1800	30~60	1~1.25	0.05~0.08	12.5~20	1~1.2	30~60

4.3.2.2 生长基材层

生长基材层较薄，仅占“基层材料”整体用量的 20%~30%，主要功能是为植物种子提供一个良好的生长环境，确保种子成活并将根系扎入护坡基材层。植物种子在发芽初期，自身抗逆性较弱，难以适应碱性过大的土壤环境，因此，在生长基材层中用人工高分子材料替代水泥作为黏结剂，提高植物的发芽率和成活率。尽管人工高分子材料成本较高，但由于生长基材层黏结剂用量较少，不会对施工成本造成较大压力。另外，生长基材层中适当加大了有机质和复合肥的用量，进一步改良了土壤环境。生长基材层的参考材料配比见表 4。

表 4 生长基材层配比

Table 4 Ratio of growth protections substrate layer

(kg)

种植土	有机质	复合肥	保水剂	人工高分子材料	植物种子	水
1500~1800	40~60	1.25~1.5	0.03~0.06	6~10	0.16~0.24	30~50

在工程应用前，对护坡基材层和生长基材层分别进行了盆栽试验，首先将植物种子埋入生长基材层所在的试验盆，待其生根发芽后，将植物幼苗移植至护坡基材层所在的试验盆，并观察记录植物的生长情况。试验表明，植物在生长基材层中的发芽率可达到90%以上，将植物幼苗移植至护坡基材层的试验盆后，植物的成活率仍可达到90%以上。

5 工程应用

将本研究提出的地质环境治理技术方案应用于繁昌县城关镇铁塔村采石厂（CK_1）废弃矿山治理工程，该工程项目于2014 年5 月开始施工，2014 年9 月坡面绿化施工结束进入养护阶段，目前已基本脱离了人工养护。

5.1 坡面稳定性效果

采用改良型喷混植生护坡技术对CK_1边坡进行的绿化施工经历了7、8 月份（2014 年），该段时间恰为研究区集中降雨时期，尤其是 7 月份受 10 号台风“麦德姆”影响，区内普降中到大雨，局部暴雨，降雨量较往年同期偏多。在该条件下，即便采取了相应的防护措施，坡面的“基层材料”仍难免遭到强降雨冲刷，对此，本研究加强了现场巡查和监测频率。在巡查和监测过程中，发现除局部少数陡立面的“基层材料”有轻微脱落外，未发现“基层材料”有大面积垮塌和形成明显冲沟的现象，降雨结束后，对坡面“基层材料”厚度进行了复测，测量结果显示厚度仍可以满足设计要求。

进入养护阶段的第 1 年是体现坡面持续稳定性效果的关键一年，在此期间坡面“基层材料”随着季节的变化会经历雨水冲刷、霜冻、暴晒等多种不利影响。为确保施工质量，坚持 1 周进行 1 次现场巡查，在巡查过程中，着重检查了“基层材料”出现过脱落的位置，该类位置已陆续开始生长植物，且未发现有进一步增大脱落面积的趋势，而且坡面其他位置也基本保持稳定状态。

5.2 植被恢复效果

进入养护阶段 7d 后，坡面出现草种发芽，经过 2 个多月的生长，先锋植物已基本覆盖了坡面，刨开基质层可看到，植被根系已与铁丝网结合在一起，且密布于基质层并深入到坡面土层或石缝间，地上冠层与地下根系形成了一个立体的生态防护屏障。截至 2014 年年底，施工坡面未发现塌陷及滑落现象，植被根系已初步形成了立体的根系防护网，植被已初步发挥了护坡作用。

2015 年春天，灌木开始大量生长，坡面整体呈现绿色，植被生长良好。进入夏季后，除少量直立坡面以外，其余坡面已完全被植被覆盖，坡面植被覆盖率达到了 90%以上，植被平均高度达到 80cm。经观察发现，植被下部草层致密，禾草成熟后脱落的新种子已有一部分长出新苗，地下部分植被根系也生长良好；坡面植被的根系已完全布满基质层，有缝隙处的根系已深入缝隙；植被组成趋于稳定，同时发现有本土植物侵入坡面，但未形成大面积的侵入，本土植被已与坡面植被逐步融合，不仅形成了和谐统一的景观，而且有效防止了水土流失，消除了边坡碎石坠落路面的隐患。工程治理效果如图 6 所示。

图 6 工程治理效果（CK_1）

Fig. 6 Engineering treatment effect (CK_1)

6 结论

本文结论如下。

（1）在破碎岩质边坡地质环境治理中采用“双网结合”的“刚柔互补”施工工艺进行护坡处理，既可提高镀锌铁丝网对植生基材的黏附力，使植生基材能稳定地吸附于较陡的坡面上，又可提高柔性防护网的防护安全系数，更有效地防治破碎岩质坡面崩塌、滑坡等地质灾害。

（2）改良型喷混植生技术综合了喷混植生技术和厚层基材护坡技术的优势，将“基层材料”分为护坡基材层和生长基材层，并对护坡基材层和生长基材层的材料配比分别进行了优化，不仅克服了喷混植生“基层材料”中黏结剂含量的不足，而且更适用于破碎岩质边坡地质环境治理。

（3）将“双网结合”护坡、截排水、改良型喷混植生护坡等技术应用于繁昌县石灰石废弃矿山破碎岩质边坡地质环境治理，治理后的边坡已基本消除了地质灾害隐患且处于稳定状态，坡面植被根基扎实且覆盖率达到90%以上。

参考文献

[1] 石永国．露天废弃矿山治理方式及安全措施［J］．金属矿山，2012（8）：151-168.
Shi Yongguo. Treatment method and safety measures of open-pit abandoned mine［J］. Metal Mine，2012（8）：156-168.

[2] 王维理，陈昌彦．废弃矿山植被恢复工程中弃渣边坡地质灾害危险性评估［J］．地质灾害与环境保护，2013，24（3）：17-20.
Wang Weili，Chen Changyan. Risk assessment of geo-hazards at waste slopes in vegetating abandoned mines［J］. Journal of Geological Hazards and Environment Preservation，2013，24（3）：17-20.

[3] 朱红霞，张家洋，朱晓勇．废弃矿山植被恢复技术方案设计初探［J］．湖北农业科学，2012，51（13）：2698-2700.
Zhu Hongxia，Zhang Jiayang，Zhu Xiaoyong. Preliminary study on vegetation restoration technology scheme design of abandoned mines［J］. Hubei Agricultural Sciences，2012，51（13）：2698-2700.

[4] 李雄峰，陈鹏宇，师华鹏．焦作市龙寺废弃矿山边坡危岩体稳定性及其稳定可靠度研究［J］．地质灾害与环境保护，2015，26（3）：92-97.
Li Xiongfeng，Chen Pengyu，Shi Huapeng. Evaluating stability and its reliability of dangerous rock at abandoned Longsi Mine in Jiaozuo［J］. Journal of Geological Hazards and Environment Preservation，2015，26（3）：92-97.

[5] 朱鹏，张铁群，陈建昌，等．某废弃矿山生态破坏与环境修复研究［J］．东华理工大学学报：自然科学版，2016，39（4）：341-346.
Zhu Peng，Zhang Yiqun，Chen Jianchang，et al. Study on the design scheme of ecological environment restoration and management for one abandoned mine［J］. Journal of East China University of Technology：Natural Science Edition，2016，39（4）：341-346.

[6] 康志勇，索赟，黄海波．鞍山铁矿区地质环境恢复对策探讨［J］．金属矿山，2010（2）：159-162.
Kang Zhiyong，Suo Yun，Huang Haibo. Countermeasures on geological environmental recovery of Anshan Iron Mine［J］. Metal Mine，2010（2）：159-162.

[7] 程宝成，陈震．我国矿山环境治理现状及措施研究［J］．资源与产业，2014，16（4）：95-99.
Cheng Baocheng，Chen Zhen. Mine environmental treatment status and measures of China［J］. Resources & Industries，2014，16（4）：95-99.

[8] 苗泽华，孙文博．矿山企业生态环境及其生态工程研究［J］．生态经济，2015，31（2）：184-187.
Miao Zehua，Sun Wenbo. Eco-environment and eco-engineering of mine enterprise［J］. Ecological Economy，2015，31（2）：184-187.

[9] 张彦英，樊笑英．矿产资源开发与生态保护协调发展问题研究［J］．中国国土资源经济，2015（10）：4-7.
Zhang Yanying，Fan Xiaoying. Research on coordinated development of mineral resources exploitation and ecological protection［J］. Natural Resource Economics of China，2015（10）：4-7.

[10] 中华人民共和国住房和城乡建设部，中华人民共和国国家质量监督检验检疫总局．GB 50014—2006 室外排水设计规范［S］．北京：中国标准出版社，2016.

Ministry of Housing and Urban-Rural Construction of the People's Republic of China, General Administration of Quality Supervision Inspection and Quarantine of People' Republic of China. GB 50014—2006 Code for Design of Outdoor Wastewater Engineering [S]. Beijing: China Standard Press, 2016.

[11] 汪群，徐忠诚，周建文．喷混植生技术在岩石边坡护坡绿化中的应用 [J]．公路，2007 (11)：210-212.
Wang Qun, Xu Zhongcheng, Zhou Jianwen. Application of spraying and planting technology in slope protection of rock slope [J]. Highway, 2007 (11): 210-212.

[12] 李纯，李从昀，王月婷．北京地区公路岩质边坡生态护坡中喷混植生技术的适宜性研究 [J]．交通节能与环保，2012 (1)：42-45.
Li Chun, Li Congyun, Wang Yueting. Study on the suitability of spray seeding for ecological revetment along the roads in Beijing region spray mixed vegetation [J]. Energy Conservation & Environmental Protection in Transportation, 2012 (1): 42-45.

[13] 赵春权．喷混植生技术在高速公路岩石边坡防护中的应用 [J]．北方交通，2013 (1)：27-29.
Zhao Chunquan. Application of spray sowing technique in rock slope protection of expressway [J]. Northern Communications, 2013 (1): 27-29.

[14] 李荣海，张玉辉，朱万刚，等．喷混植生技术在冶金矿山岩石边坡加固绿化中的应用 [J]．现代矿业，2012 (11)：17-20.
Li Ronghai, Zhang Yuhui, Zhu Wangang, et al. Application of spray sowing technology in rock slope strengthening green of metallurgical mine [J]. Modern Mining, 2012 (11): 17-20.

[15] 张秉银，康觉．喷混植生防护技术在高速公路边坡防护中的应用 [J]．公路，2006 (8)：346-348.
Zhang Bingyin, Kang Jue. Application of spray mixing plant protection technology in highway slope protection [J]. Highway, 2006 (8): 346-348.

[16] 王晓梅，陈建平，周云艳，等．厚层基材植物防护在红色粉砂岩边坡的应用 [J]．公路交通科技，2010，27 (2)：152-158.
Wang Xiaomei, Chen Jianping, Zhou Yunyan, et al. Application of plant protection of thick-layer backing in red siltstone slope [J]. Journal of Highway and Transportation Research and Development, 2010, 27 (2): 152-158.

[17] 田青怀，廖绫，张洋宁，等．厚层基材 (TBS) 工艺在功果桥电站边坡生物防护中的应用 [J]．草业科学，2016，33 (10)：2144-2152.
Tian Qinghuai, Liao Ling, Zhang Yangning, et al. Application of TBS in biological protection of slope at Gongguoqiao hydropower station [J]. Pratacultural Science, 2016, 33 (10): 2144-2152.

[18] 李义强，王英宇，宋桂龙，等．厚层基材喷播技术在北方半干旱区岩石边坡植被恢复中的应用——以京承高速公路（三期）植被恢复工程为例 [J]．草原与草坪，2012，32 (3)：58-64.
Li Yiqiang, Wang Yingyu, Song Guilong, et al. Application of technique of thick-layer base material spraying technology on vegetation restoration of rock slop in semiarid area of north China: a case of Jingcheng expressway (the third phase) [J]. Grassland and Turf, 2012, 32 (3): 58-64.

基于人工台阶加固引流系统的矿山边坡生态修复技术

欧 哲[1] 罗国庆[1] 杨家富[2] 姚 玮[1]

（1. 宏大国源（芜湖）资源环境治理有限公司，安徽 芜湖，241200；
2. 广东宏大爆破股份有限公司，广东 广州，510623）

摘 要：目前客土喷播技术在应用于矿山高陡边坡生态修复时，坡面的喷播基材厚度难以达到设计要求，且在强降雨条件下喷播基材流失严重，造成坡面植被成活率、覆盖率均较低，为此，在客土喷播技术中引入了坡面人工台阶加固引流系统。以繁昌县青山采石厂废弃矿山生态环境治理工程为例，在坡面清理、测量分区的基础上，通过锚杆、连接装置将人工台阶安装于坡面上，在人工台阶两侧通过螺栓、插槽安装引流装置，人工台阶正下方坡底处设置回收水槽，上述工作完成后即可按照设计方案进行客土喷播施工。研究表明：（1）人工台阶加固引流系统可代替坡面挂网工艺取得更好的坡面加固效果，通过设计安装人工台阶可使高陡边坡的喷播基材厚度达到设计要求；（2）人工台阶配合引流装置可有效减少强降雨对喷播基材的冲刷，并且可对坡面多余的喷播基材进行回收处理，防止喷播基材的流失和浪费；（3）喷播完毕后，植被在人工台阶上茂密生长可形成台阶生态景观，使绿化后的坡面具有较好的立体美感。

关键词：矿山边坡；生态修复；客土喷播；人工台阶；坡面加固；喷播基材

Ecological Rehabilitation Technique of Mine Slope Based on Artificial Steps Reinforcing and Diverting System

Ou Zhe[1] Luo Guoqing[1] Yang Jiafu[2] Yao Wei[1]

（1. Hongda Guoyuan（Wuhu）Resources and Environment Management Co., Ltd., Anhui Wuhu, 241200;
2. Guangdong Hongda Blasting Co., Ltd., Guangdong Guangzhou, 510623）

Abstract: In view of the application of external－soil spray seeding technique in mine high steep slope ecological rehabilitation, the thickness of spray seeding base material on the slope surface is difficult to meet the design requirements, and the erosion situation of the spray seeding base material is serious under the condition of heavy rainfall, which causing the survival rate and coverage rate of vegetation on the slope are lower, the slope artificial steps reinforcing and diverting system is introduced in the external-soil spray seeding technique. Taking the ecological treatment engineering of abandoned mine of Qingshan Quarry in Fanchang County as the study example, based on slope cleaning and measuring zoning, the artificial steps are installed on the slope by means of bolts and connecting devices, the drainage devices are installed at the both sides of the artificial step through bolts and slots, the bottom of the artificial steps is equipped with a recycling tank at the bottom of slope, after the completion of the above work, the externalsoil spray seeding can be carried out in accordance with the design scheme. The study results show that: (1) better slope reinforcement effect can be obtained under the condition of the slope surface screening technique is replaced by the artificial steps reinforcing and diverting system, the thickness of the spray seeding base material of high steep slope can meet the design requirements by the design and installation of artificial steps; (2) the erosion of the spray seeding base material by heavy rainfall can be effectively reduced by the combination of artificial steps and diverting device, the redundant spray seeding base material of slope surface can be recycled to prevent the loss and waste of spray seeding base material; (3) after spray seeding, dense growth of the vegetation on the artificial steps are done, and the ecological landscape of the artificial steps can be formed, therefore the good three-dimensional beauty of the slope after green treatment can be obtained.

原载于《现代矿业》，2017，（7）：294-299。

Keywords: mine slope; ecological rehabilitation; external-soil spray seeding; artificial steps; slope reinforcement; spray seeding base material

矿产资源的开发利用不仅为国家经济发展提供了大量的能源和原材料，也给生态环境带来了一系列问题，特别是露天开采矿山，不但造成地表景观破坏、植被破坏、环境污染，还诱发山体滑坡，造成水土流失[1]。传统护坡工程中，多采用浆砌或干砌块石、现浇或预制混凝土等刚性材料护坡，传统硬质护坡能够有效形成边坡防护面，但缺乏生态因素，缺少植物生长条件，不具有绿化和环保的功能[2,3]。

客土喷播是生态护坡工程中最常用的生态修复技术之一，是一种在边坡坡面上挂网，通过机械喷射（或人工铺设）一定厚度且适宜植被生长的喷播基材和种子的边坡绿化防护措施[4]。当客土喷播技术应用于矿山边坡生态修复工程中时，常因边坡坡面过陡而难以取得较好的坡面绿化效果，主要原因在于喷播基材与坡面之间的摩擦力有限，喷播基材受重力影响难以稳定地附着于过陡的坡面上，喷播厚度常达不到设计要求，且在强降雨条件下，已经附着于坡面上的喷播基材极易流失，使植物丧失了在坡面上生存的基本环境。

针对上述难题，常用方法是通过削坡降低坡度，或在喷播基材中添加黏结剂（如水泥）[5]，增强喷播基材在坡面的黏附力和抗冲刷性。前者会极大提高施工成本，导致预算超标；后者则可能由于黏结剂添加不当导致客土性质劣化，阻碍植物的正常生长[6]。本研究通过在原有的客土喷播技术中引入坡面人工台阶加固引流系统，在喷播基材能够确保植物正常生长的条件下，使得喷播基材能在矿山陡坡面上达到设计的厚度要求，并且能有效减少强降雨条件下坡面喷播基材的流失量，实现既提高客土喷播的工程质量，又控制施工成本的目的。

1　技术原理

坡面人工台阶加固引流系统主要由人工台阶、引流装置和锚杆组成，系统中的各主要装置都是依据一定的工程技术原理进行优化设计，并在互相协调的基础上共同发挥各项功能。

（1）坡面岩体加固。客土喷播前在坡面上打锚杆以便于挂网，此时，岩体内的锚杆通常以个体的形式对岩体起到一定的加固效果，相邻锚杆之间不存在相互作用关系，因此单个锚杆的加固范围较有限，且当某一根锚杆的加固效果减弱或失效时，相邻锚杆难以对其进行相应的力学响应，从而影响了整体加固效果。通过安装人工台阶，将坡面岩体、人工台阶和锚杆构成了一个完整的坡面加固体系。当某一根锚杆的加固效果减弱或失效时，由于人工台阶的水平连接特性，使得位于同一台阶水平的所有锚杆都会对其作出相应的力学响应，共同分担加固任务，如此既可充分发挥相邻锚杆的加固功能，又能提高整体加固效果。

（2）保证喷播厚度。在自重应力场的作用下，允许的土质边坡倾角最大值称为天然休止角，若边坡倾角超过自然休止角会导致坡体不稳定。喷播基材的主要成分为种植土，当喷播基材位于上下相邻两个台阶面之间时，在自重应力场的作用下会沿台阶面形成一排小边坡体，该类边坡体同样具有相应的天然休止角。本研究在已知喷播基材天然休止角、坡面倾角和相邻台阶垂直距离的条件下，建立了台阶面、基材边坡体和坡面所组成的几何模型，通过几何计算，可得出当基材边坡体的平均水平厚度达到设计要求时台阶面所对应的宽度。即台阶面在该宽度条件下，相邻台阶面之间的基材边坡体的平均水平厚度不仅可达到设计要求，而且能保持稳定状态。

（3）引流回收。通过人工台阶和引流装置将坡面的水和多余的基材由坡面引至坡底，将水和多余的基材在坡底回收处理后，通过喷播方式重新喷至坡面上，在该引流回收和重新喷播的循环过程中，不仅可减少坡面径流对喷播基材的侵蚀和冲刷，进一步保证喷播厚度和坡面稳定，而且可实现基材的回收利用。

本研究矿山边坡生态修复的工艺流程如图1所示。

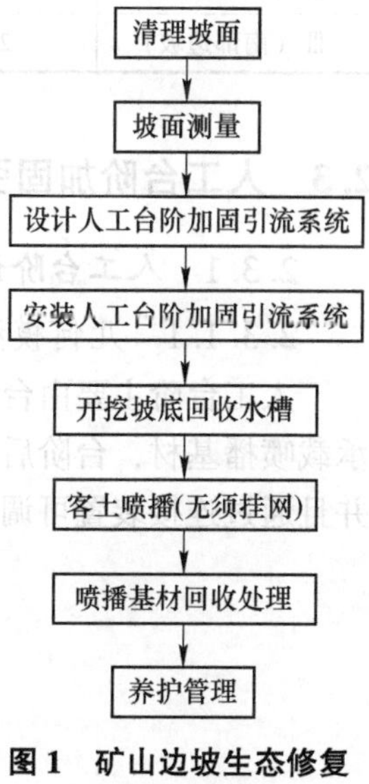

图1　矿山边坡生态修复工艺流程

2　人工台阶加固引流系统设计及工程应用

2.1　工程概况

繁昌县孙村镇枫墩村青山采石厂位于省道 S321 西北侧，与省道 S321 的可视距离约 2km。该矿山是历史上因不规范开采形成的，现已废弃。矿区边坡陡峭，危岩悬挂，坡面上浮石滚石堆放，随时有下滑的可能，存在地质灾害隐患。裸露的岩石边坡与周边地貌景观极不协调，严重影响了该区的自然景观环境（见图 2）。

图 2　工程治理前的坡面

区内废弃矿山边坡坡底标高 69.00~70.21m，边坡坡顶标高 95.00~142.51m。边坡坡顶走向长 234m，边坡坡底走向长 88m，边坡最高处垂高达 72.30m，边坡角 60°~76°，矿山边坡复绿面积 8 448m^2。由于工点与省道 S321 的可视距离较近，视觉污染较严重，为彻底消除视觉污染，设计采用客土喷播复绿施工工艺，并要求坡面植被的覆盖率达到 80%以上。考虑到现状边坡坡度较陡，若直接进行客土喷播则坡面喷播厚度难以达到 10cm 厚的设计要求，喷播厚度不足必将影响坡面植被成活率及后期植被覆盖率。为此，本研究在客土喷播施工工艺的基础上引入了人工台阶加固引流系统，以确保喷播厚度满足设计要求，为坡面植物营造一个良好的生长环境。

2.2　坡面测量

施工坡面上的危岩、浮石、植物残根等清理完毕后即可开展坡面测量工作，坡面测量的参数主要有坡面倾向（α）、坡面倾角（β）、平行于走向的坡面长度（L_h）、垂直于走向的坡面长度（L_v）。首先，根据 α 值对坡面进行分区，当 α 值的变化幅度小于 10°时，划为 1 个区；然后，对各区内的 β、L_h、L_v 值进行测量，测量结果作为设计人工台阶加固引流系统的主要依据。其中，β、L_h 分别为人工台阶的底板宽度和水平长度的设计依据，L_v 为引流装置底板长度的设计依据。根据上述测量数据，将坡面划分为 3 个区，如表 1 所示。

表 1　治理工程坡面测量分区参数

分区（位置）	α/(°)	β/(°)	L_h/m	L_v/m	坡高/m
Ⅰ（北部边坡）	185~192	60~70	42~80	62~79	56~72
Ⅱ（西部边坡）	118~125	60~70	23~66	14~62	13~56
Ⅲ（南部边坡）	240~249	60~70	23~88	29~79	26~72

2.3　人工台阶加固引流系统设计

2.3.1　人工台阶设计

2.3.1.1　几何模型构建及参数确定

人工台阶主要由台阶底板、台阶后壁、连接装置 3 部分组成（见图 3），其中，台阶底板主要用于承载喷播基材，台阶后壁与坡面平行并固定于坡面上，连接装置主要用于连接台阶底板和台阶后壁，并且通过连接装置可调整和固定台阶底板与台阶后壁的夹角。

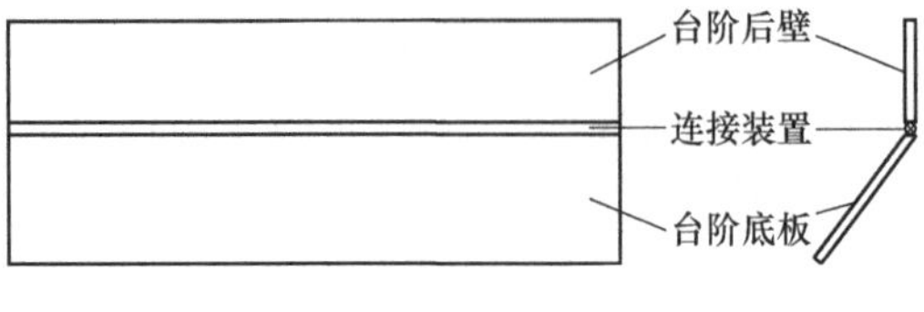

图 3　人工台阶设计示意

当人工台阶底板处于水平状态，且台阶后壁的产状、走向与剖面一致时，通过锚杆将台阶后壁固定于坡面上，喷播前人工台阶与坡面的几何关系如图4（a）所示。将人工台阶固定于坡面上后，开始进行客土喷播，当位于上下相邻台阶底面之间的喷播基材达到边坡体稳定状态时，上下相邻台阶底面、基材边坡体与边坡坡面之间的关系可概化成一个几何模型，并假设喷播基材足够多，在此条件下，可认为基材边坡体的坡脚线与台阶底板远离坡面的边线重合，喷播后人工台阶、喷播基材与坡面的几何关系如图4（b）所示。

构建如图4（b）所示的几何模型的主要目的是，计算当喷播基材的平均水平厚度（最大水平厚度 a 和最小水平厚度 b 的算术平均值）满足设计要求，即大于或等于设计要求的喷播厚度 c 时，台阶底板的宽度（a 值）所对应的最小值。故需确定图4（b）中的几何参数值：（1）基材边坡体的天然休止角（φ），可通过对喷播基材取样后用休止角测定仪进行测定，测试次数应不少于3次，取算术平均值作为 φ 的最终值；（2）坡面倾角（β），可通过核对人工台阶所在的坡面区域，在此基础上根据区域内坡面倾角的测量值给出；（3）上下相邻台阶底板的垂直距离（h），可根据锚杆间距和坡面倾角之间的三角函数关系计算出；（4）台阶后壁长度、台阶底板长度，可根据台阶所在坡面区域的 L_h 值确定，台阶后壁宽度可根据锚杆垂直于坡面走向的间距确定。

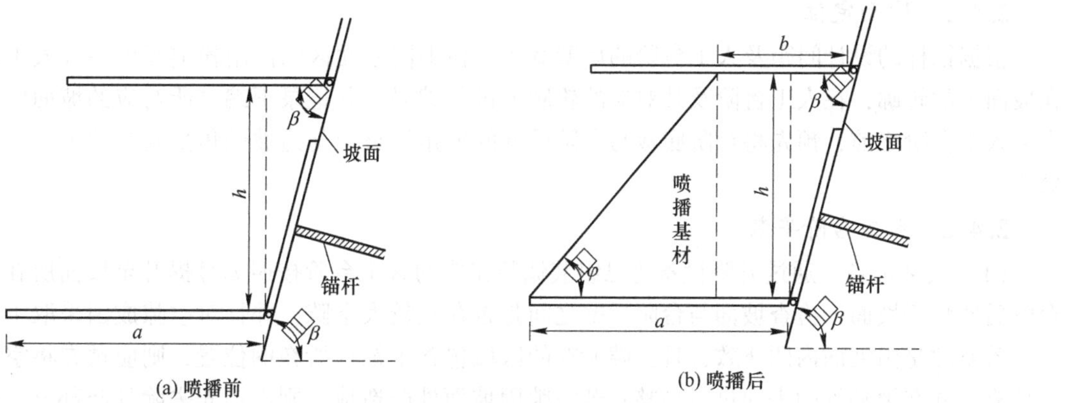

图4 几何模型

图4（b）所示的几何模型中 a、b 均为待定参数，喷播基材的平均水平厚度应满足：

$$(a+b)/2 \geqslant c \tag{1}$$

根据图4（b）中 a、b 的几何关系，可得

$$b = a - h\cdot\cot\varphi + h\cdot\cot\beta \tag{2}$$

将式（2）代入式（1）可得

$$(2a - h\cdot\cot\varphi + h\cdot\cot\beta)/2 \geqslant c \tag{3}$$

将 h、φ、β 值代入式（3），即可计算出台阶底板宽度的最小设计值 a。

2.3.1.2 工程应用

本研究喷播基材采用的土壤为松散的无黏性土，该土质土坡 ϕ 值通常为33°~37°，而喷播基材内通常含有一定量的黏结剂，成形能力较强，且在喷枪喷射力的作用下，提高了喷播基材在坡面的附着力，因此喷播基材边坡体的 ϕ 值应大于松散的无黏性土坡。工程中喷播基材边坡体 $\varphi=50°$，$\beta=65°$。据《锚杆喷射混凝土支护技术规范》（GB 50086—2001）[7]，为保证坡面岩体的加固效果，锚杆间距宜为50~100cm，不得大于125cm，故本工程中锚杆间排距取75cm×75cm。客土喷播岩石表面的c值一般为10cm[8]，据 $\beta=65°$ 及图4（b），可得 $h=68$cm。将 $\varphi=50°$、$\beta=65°$、$h=68$cm、$c=10$cm 代入式（3），得出 $a\geqslant 22.6$cm，即台阶底板宽度至少需23cm方可确保喷播基材边坡体的平均水平厚度达到10cm。

2.3.2 引流装置设计

坡面上的雨水和多余的喷播基材通过引流装置底板汇于坡底，引流装置底板与人工台阶底板通过插槽连接固定，因此，在设计时须确保插槽高程与人工台阶底板高程准确对应，插槽深度一般不大于

引流装置底板宽度的 1/3。引流装置底板长度根据其所在坡面区域的 L_v 值确定。如 I 区引流装置底板的长度可按照 62~79m 的长度范围设计，引流装置底板的宽度可参照《滑坡防治工程设计与施工技术规范》（DZ T0219—2006）[9] 设计，本工程中引流装置底板的宽度设计为 8cm。挡板单独设置于底板外侧，挡板宽度为底板宽度的 1/2，挡板长度与底板一致。上下相邻两条底板通过连接装置连成一个整体，连接装置主要由固定于底板两端上下方的底座、螺栓组成，位于同一端的螺栓应不少于 2 个。引流装置设计如图 5 所示。

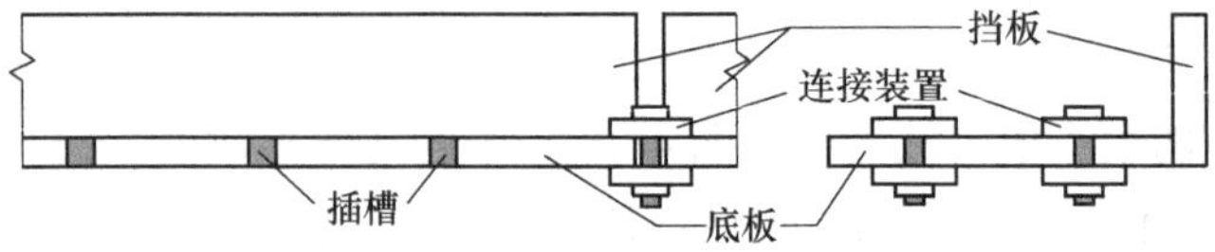

图 5 引流装置设计示意

2.4 人工台阶加固引流系统安装

2.4.1 坡面定位

根据锚杆的设计间距及人工台阶的后壁宽度，在不同坡面区间内用粉笔画出各级人工台阶的后壁在坡面上的轮廓，在人工台阶及其对应的轮廓上进行编号，并记录下编号所对应的坡面倾角，以便在安装人工台阶之前，预先将台阶底板与台阶后壁的夹角调整至与边坡倾角呈互补的关系，以提高安装效率。

2.4.2 人工台阶安装

（1）安装准备。通过升降设备将已组装调整完毕的人工台阶按照编号提升至坡面所在的位置，将台阶后壁贴于坡面，检查坡面与台阶后壁之间是否存在较大空隙，并针对空隙成因采取不同的处理方法。若空隙是由坡面内凹所致，且空隙所在的区域包含了锚杆所在的位置，则应预先将空隙用水泥砂浆填充，并在填补处的表面进行平整；若空隙因坡面外凸造成，则需预先去除外凸部分，若突出部位较小，可用地质锤直接敲掉，若突出部位较大，可用便携式轮锯锯除，在处理过程中应确保处理面平整，避免形成新的空隙。

（2）安装操作。将台阶后壁贴于坡面，按照台阶后壁标记的锚杆位置用钻机打通台阶后壁和坡面，用锚杆将台阶后壁和坡面连接固定，锚杆孔径、孔深依据《锚杆喷射混凝土支护技术规范》（GB 50086—2001）[7] 分别设计为 30mm、1.5m。在固定人工台阶时，采用由台阶两端同时向中间靠近的施工方法，施工时应预先固定人工台阶两端，提高人工台阶在施工过程中的稳定性。在安装人工台阶时按照由下至上的工艺顺序，避免在高处已安装完毕后的人工台阶，由于锚杆或岩体的松动而塌落并砸伤正在低处安装人工台阶的工作人员。

2.4.3 引流装置安装

（1）安装准备。人工台阶安装完毕后，测量上下相邻两个台阶底板之间垂直于坡面走向的距离，将测量值与相邻台阶的编号一一对应并进行记录。根据测量结果确定引流装置底板上插槽的位置，并将插槽按照其所对应的台阶进行编号。插槽定位后按照设计尺寸进行挖槽，槽口表面用砂布打磨光滑。

（2）安装操作。根据编号将引流装置固定于相应的人工台阶，固定前预先在槽口表面涂抹适当的强力胶，在强力胶凝固之前将台阶底板插入槽口中，完成人工台阶与引流装置的连接。在插入过程中，可将引流装备底板的外侧稍向坡面倾斜，使得雨水或多余的喷播基材更集中地被引流至坡底。引流装置在安装时采用由下至上的施工顺序，且在安装某一段引流装置时，应首先与其相邻的引流装置完成连接，再与人工台阶进行连接，利用已安装的引流装置承担一部分当前引流装置的重量，减轻安装人员的劳动强度。人工台阶和引流装置均安装完毕后如图 6 所示。

2.5 坡底回收水槽开挖

（1）开挖设计。开挖前应对水槽进行平面定位。首先，水槽靠近坡面的边界应与引流装置延伸至

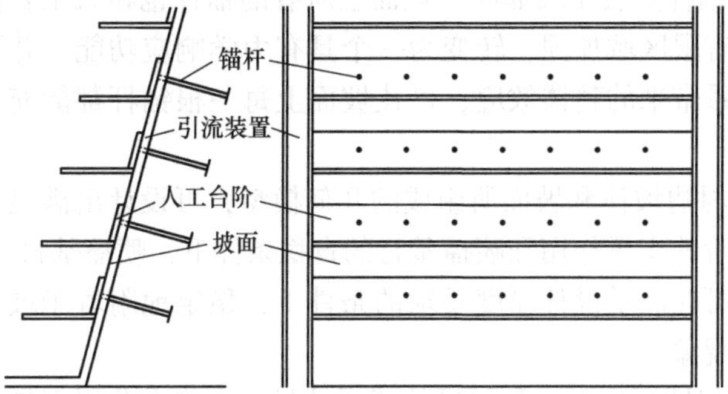

图6 人工台阶加固引流系统示意

坡底的端部相连，边界长度稍大于两侧引流装置挡板之间的距离，且边界线应与最低处人工台阶底板远离坡面的边线位于同一垂直平面，确保由台阶底板上滑落下的雨水或喷播基材能够流入回收水槽；其次，通过估算汇水量和多余喷播基材量，并结合现场实际地形给出水槽的宽度和深度；最后，在距水槽底面一定高度处设计排水沟与水槽相连，防止水槽内积水过多而溢出。根据上述设计方法，本工程中回收水槽的边界长度、宽度、深度分别设计为 90m, 1m, 0.5m。

（2）开挖操作。在开挖水槽时从靠近坡面的一侧向远离坡面一侧逐步开挖，在开挖时切勿损坏坡底处的人工台阶和引流装置。水槽开挖完毕后（见图7），在水槽远离坡面的一侧开挖排水沟。在水槽和排水沟的侧壁和底面均涂抹砂浆水泥，以防渗漏。

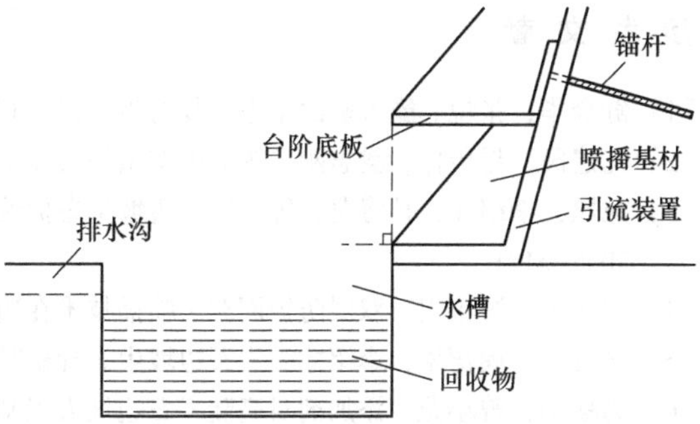

图7 回收水槽示意

3 应用效果

客土喷播完毕后，对喷播质量进行了第1次检查，位于人工台阶上的喷播基材的平均厚度达到了设计要求，并且能稳定性地附着于坡面上。进入养护阶段7d后，喷播基材表面即出现草种发芽，经过2个多月的生长，先锋植物已基本覆盖了喷播基材。养护阶段的第1年，喷播基材经历了雨水冲刷、霜冻、暴晒，在此期间，技术人员坚持1周进行1次现场巡查，在巡查过程中通过观察喷播基材厚度和坡底回收水槽，未发现喷播基材有明显垮塌和流失的现象，并且已陆续开始生长植物，同时，坡面岩体也保持了较好的稳定性。

第2年春天，灌木也开始大量生长，坡面整体呈现绿色，植被生长良好。进入夏季后，人工台阶已基本被坡面植物覆盖，坡面植被覆盖率达到了设计要求的80%以上。观察植被下部，草层致密，禾草成熟后脱落的新种子已有一部分长出新苗。地下部分植被根系也生长良好，坡面植被的根系已完全布满基质层，有缝隙处的根系已深入缝隙。植被组成趋于稳定，同时发现有本土植物侵入坡面，但都未形成大面积的侵入，本土植被已与坡面植被逐步融合，不仅形成了和谐统一的景观，而且有效防止了水土流失，消除了边坡地质灾害隐患。根据相关的竣工验收标准[8-11]，目前的工程治理效果（见图8）可评为优良等级。

图8 工程治理效果

4 结论

本文结论如下。

（1）当人工台阶通过锚杆安装于坡面时，坡面上所有的锚杆也在人工台阶的搭接作用下，由原本以个体的形式对岩体进行有限区域加固，转变为一个具有力学响应功能，并可互相分担坡面岩体加固任务的加固体系，加固体系带来的整体效应，可让坡面上每一根锚杆都能充分地发挥加固作用，进一步提高坡面的整体稳定性。

（2）通过台阶面、基材边坡体和坡面所组成的几何模型，可设计出满足各种喷播基材厚度要求的人工台阶装置，在人工台阶的支撑作用和喷播基材的自稳条件下，喷播基材可不受坡面角大小的影响，且无须网状结构辅助，即可在满足设计厚度要求的条件下，稳定地附着于坡面上，避免出现因坡面过陡，造成喷播基材下滑的现象。

（3）通过引流装置可将坡面的雨水和过量的喷播基材由人工台阶引至坡底，再通过坡底的水槽和排水沟进行回收，回收后的基材可重新喷播至其他未施工的坡面上，如此不仅可减少坡面径流对基材和岩体的侵蚀，进一步保证喷播厚度和坡面稳定，又可实现对基材的回收利用，有效避免基材浪费，节约施工成本。

参考文献

[1] 舒金华，张悦．露天矿山生态恢复对策探讨［J］．现代矿业，2014（7）：137-139.

[2] 亢建民，母传伟，樊志刚，等．生态型护坡在矿山中的应用［J］．现代矿业，2015（6）：127-128.

[3] 龙凤，李绍才，孙海龙，等．岩石边坡生态护坡效果评价指标体系及应用［J］．岩石力学与工程学报，2009（S）：3095-3101.

[4] 谢实宇，游小川．双层防护网客土喷播技术在边坡防护中的应用［J］．人民长江，2015（14）：105-107.

[5] 张俊云，周德培，李绍才．岩石边坡生态种植基试验研究［J］．岩石力学与工程学报，2001，20（2）：239-242.

[6] 高桂娟，曾小龙．添加剂对高陡岩石边坡人工基质性状的影响［J］．草业科学，2009，26（4）：154-158.

[7] 中华人民共和国国家质量监督检验检疫总局，中华人民共和国建设部．GB 50086—2001 锚杆喷射混凝土支护技术规范［S］．北京：中国计划出版社，2001.

[8] 沈毅，晏晓林，梁爱学，等．厚层基材喷播边坡防护技术研究［J］．公路交通科技，2007，24（2）：151-154.

[9] 中华人民共和国国土资源部．DZT 0219—2006 滑坡防治工程设计与施工技术规范［S］．北京：中国标准出版社，2006.

[10] 许文年，叶建军，周明涛，等．植被混凝土护坡绿化技术若干问题探讨［J］．水利水电技术，2004，35（10）：50-52.

[11] 邢海涛，王玉波，杨磊勤．厚层基材喷播护坡防护绿化施工技术研究［J］．公路，2014（9）：146-149.

BQ 法边坡工程岩体质量指标计算的修正系数研究

欧　哲[1]　王　铁[2]　杨家富[2]　邹　明[1]

（1. 宏大国源（芜湖）资源环境治理有限公司，安徽 芜湖，241200；
2. 广东宏大爆破股份有限公司，广东 广州，510623）

摘　要：《工程岩体分级标准》（GB/T 50218—2014）（简称《国标》）中给出了边坡工程岩体质量指标［BQ］（简称边坡［BQ］）的计算公式以及计算公式中修正系数的取值方法，用于国内边坡工程岩体质量分级和边坡自稳能力评估。通过对边坡［BQ］计算公式的研究，并参考其他常用的边坡工程岩体分级方法，指出了边坡［BQ］计算公式中的修正项和修正系数评价指标存在改进和完善的空间。在现有的边坡［BQ］计算公式的基础上，补充了坡高影响修正系数和应力状态影响修正系数以及相应的计算公式和取值标准，在结构面性状影响修正上细化了评价指标和相应的取值标准，使其更适用于复杂地质条件下的高陡边坡岩体分级，并给出了优化后的边坡［BQ］计算公式以及相应的 BQ 法边坡稳定性评价系统。研究成果有助于准确地进行边坡工程岩体质量分级，从而为评价边坡稳定性、设计加固方案提供参考依据。

关键词：BQ 法；修正系数；边坡工程；岩体质量分级；稳定性评价

Correction Factor in Calculating Rock Mass Quality Index by BQ Method in Slope Engineering

Ou Zhe[1]　Wang Tie[2]　Yang Jiafu[2]　Zou Ming[1]

(1. Hongda Guoyuan (Wuhu) Resources and Environment Management Co., Ltd., Anhui Wuhu, 241200;
2. Guangdong Hongda Blasting Co., Ltd., Guangdong Guangzhou, 510623)

Abstract: The calculation formula of rock quality index in slope engineering (hereafter referred to as BQ (basic quality)), together with the valuing of correction factor in the formula, is given in *Standard of Engineering Rock Mass Classification* (GB/T 50218—2014) for the rock quality rating and self-stability evaluation of slope engineering in China. With other commonly used rating methods as reference, we pointed out that the evaluation index of correction term and correction factor in the BQ formula needs to be improved. On the basis of the current BQ formula, we propose the correction factor of slope height influence and the correction factor of stress state influence, and give the corresponding calculation formulas and valuing criteria. We also refined the evaluation indexes and valuing criterion of the correction factor of structural plane influence for high and steep slope in complex geological conditions. Finally, we give the optimized BQ formula and the corresponding stability evaluation system for BQ method. The research results are conducive for a correct rock quality rating, and offer reference for slopc stability evaluation and reinforcement design work.

Keywords: BQ method; correction factor; slope engineering; rock mass quality classification; stability evaluation

1　研究背景

边坡工程岩体质量分级是在以往工程实践经验和大量岩石力学试验基础上，配合少量简易的地质勘查和室内、现场试验，通过比较确定的量化经验公式计算出工程岩体质量等级。准确的分级能反映

原载于《长江科学院院报》，2018，35（3）：151-158。

工程岩体的固有属性，为评价边坡稳定性、选取岩体力学参数和设计加固方案提供重要依据。

回顾整个边坡岩体分级的发展过程，按照其来源可将边坡岩体分级方法归为 2 个大类：第 1 类为源于边坡的岩体分级方法，如国外的边坡稳定概率分级 SSPC[1-3] 和自然边坡分级 NSM[4]，以及国内的定性分级——建筑边坡工程规范岩质边坡岩体分类[5] 和水利水电工程边坡设计规范边坡岩体分类[6] 等；第 2 类为源于地下工程的岩体分级方法，如 Bieniawski[7,8] 提出的 RMR、《工程岩体分级标准》（GB/T 50218—2014）（以下简称《国标》）中的 BQ 法[9]，在这类边坡岩体分级方法中大部分是在 RMR 基础上经过修正后建立的，如 SMR[10,11]、水利水电工程边坡岩体分级 CSMR[12]、西南山区高等级公路边坡岩体分级 HSMR[13]、天山公路边坡岩体分级 TSMR[14] 以及适用于边坡岩体稳定性评价的 GSMR[15] 等。在 2015 年发布的最新《国标》[9] 中给出了基于 BQ 法的边坡工程岩体质量指标修正值［BQ］（以下简称边坡［BQ］），已经初步应用于边坡工程岩体分级和边坡自稳能力评估。

通过对边坡岩体分级的现状研究可知：在第 1 类边坡岩体分级方法中，来自国外的 SSPC 和 NSM 具有较强的地区针对性，并不适合我国边坡岩体分级[16]；而国内的方法则以边坡岩体的定性分级为主，无法给出定量的分级指标，因此容易受主观性思维的影响，且对研究人员的专业知识和工程经验要求较高。以上这些因素造成了第 1 类方法未能在国内的边坡岩体分级中得到广泛的应用。相比之下，第 2 类边坡岩体分级法在各岩体行业的边坡工程中应用广泛，且随着工程的发展不断地更新完善。

《国标》BQ 法在其制定过程中，综合参考国内外岩体质量分级方法，同时紧密结合我国岩体工程特征，通过少量的岩石试验和简单的数学计算获得工程岩体基本质量指标 BQ，再根据岩体的工程性质进行修正，通过岩体质量指标修正值［BQ］确定工程岩体级别。BQ 法采用的是定性和定量相结合的方法，具有较强的科学性和实用性，推广至今，已在各岩体行业得到广泛应用，为工程建设提供了必要依据，并取得了较高的认可[17,18]。

《国标》BQ 法最初发布的时间为 1994 年，但当时的分级标准仅给出了地下工程岩体质量指标修正值［BQ］（以下简称地下［BQ］）的计算公式，未涉及边坡［BQ］的计算，因此基于 BQ 法的边坡岩体分级法的研究和发展落后于基于 RMR 法的各种边坡岩体分级法。为了满足工程和研究的需要，2015 年发布的《国标》中给出了边坡［BQ］计算公式，填补了这一方面的空白。为了使 BQ 法能更好地用于边坡工程岩体质量分级及其他与边坡工程相关的研究工作，有必要对边坡［BQ］计算公式进行研究和完善。

本文通过对《国标》中边坡［BQ］计算公式的研究，指出了边坡［BQ］计算公式中的修正项和修正系数评价指标存在改进和完善的空间。因此，在现有的边坡［BQ］计算公式的基础上，补充了坡高影响修正系数和应力状态影响修正系数以及相应的计算公式和取值标准，在结构面性状影响修正上细化了评价指标和取值标准，给出了优化后的边坡［BQ］计算公式和 BQ 法边坡稳定性评价系统。

2 基于 BQ 法的边坡岩体分级研究

大多数工程岩体分级方法是以岩石强度和岩体完整性作为其基本要素，在此基础上再考虑其他的因素进行修正[19]，BQ 法也参考了这种模式，采用两步分级法：第 1 步，按岩体的基本质量指标 BQ 进行初步分级，岩体的基本质量由岩石坚硬程度和岩体完整程度来衡量，以岩石饱和单轴抗压强度来划分岩石的坚硬程度，而岩体的完整程度则采用岩体完整性指数来表示；第 2 步，针对各类工程岩体的特点，考虑其他因素（地下水、应力状态和结构面等）对岩体质量的影响，对 BQ 进行修正，按修正后所得的［BQ］进行再次分级。《国标》中的边坡［BQ］计算考虑了结构面产状、类型、延伸性以及地下水的影响，并在计算公式中给出了相应的修正系数。

边坡［BQ］计算公式在计算形式上参考了《国标》中的地下［BQ］计算公式，在结构面影响修正上参考了 CSMR 和 SMR 的修正方法，上述 3 种岩体分级方法均已得到了较为广泛的应用和认可，因此，边坡［BQ］的计算结果具有合理性和实用性。但经过分析发现，其计算公式仍有少许改进和完善的空间。

（1）边坡［BQ］的计算中缺少坡高修正，《国标》中也指出边坡［BQ］只能直接用于高度小于等于 60m 的边坡，而对于高度大于 60m 的边坡需要结合工程进行专门论证。但现实工程中存在许多高度大于 60m 的边坡（如水利水电边坡和矿山边坡），这些边坡的工程岩体质量等级则难以通过现有的边坡［BQ］计算公式直接给出，增加了工作量和应用难度。

（2）边坡［BQ］缺少应力状态影响修正，因此只适用于地势平缓、应力水平较低的边坡岩体分级，而对于那些开挖程度深且处在高地应力区的高陡边坡，应力状态对岩体质量的影响是不能忽略的。

（3）边坡［BQ］在进行结构面影响修正时涉及结构面类型与延伸性，缺少结构面的其他主要性状，如结构面的张开度、风化程度、起伏粗糙状况和填充物情况等。即使在结构面类型与延伸性相同的条件下，结构面也会因为上述主要性状的差异，而对岩体质量产生不同程度的影响。

本文针对上述 3 点，补充了必要的修正系数，细化了评价指标和取值标准，给出了优化后的边坡［BQ］计算公式和 BQ 法边坡稳定性评价系统。

3 坡高影响修正系数

3.1 等效指标比

BQ 法和 RMR 法在国内具有广泛的研究和应用，2 种分级法都将岩体划分成 5 个等级，其中 RMR 法的每个等级可进一步划分出 2 个亚级，见表 1，且在岩体等级上存在一定的对应关系。因此，人们常常同时用这 2 种方法对工程岩体进行分级，再将 2 种分级结果进行对比分析，给出综合性的岩体等级。

表 1 RMR 岩体分级标准

Table 1 RMR rock mass classification criterion

等级	亚级	等级对应的 RMR 值	亚级对应的 RMR 值	岩体质量描述
Ⅰ	$Ⅰ_1$	(80, 100]	(90, 100]	很好
	$Ⅰ_2$		(80, 90]	
Ⅱ	$Ⅱ_1$	(60, 80]	(70, 80]	较好
	$Ⅱ_2$		(60, 70]	
Ⅲ	$Ⅲ_1$	(40, 60]	(50, 60]	一般
	$Ⅲ_2$		(40, 50]	
Ⅳ	$Ⅳ_1$	(20, 40]	(30, 40]	较差
	$Ⅳ_2$		(20, 30]	
Ⅴ	$Ⅴ_1$	[0, 20]	(10, 20]	很差
	$Ⅴ_2$		[0, 10]	

在岩体分级的研究过程中，许多学者[20-25] 将 BQ 和 RMR 绘在同一坐标系中，尝试用不同类型的曲线进行拟合，建立了单个或多个工程条件下 BQ 和 RMR 之间的函数关系式，其中采用最多的是线性拟合。通过查阅相关文献[26-31] 可知，以 RMR 为 x 轴，BQ 为 y 轴，按照 $y=kx+b$ 拟合出的函数式会出现 $b>0$ 和 $b<0$ 这 2 种情况。本文将 $b>0$ 的称为第 1 类函数式，$b<0$ 的称为第 2 类函数式。在第 1 类和第 2 类函数式中分别选取 6 个拟合相关系数较高的函数式来进行分析，具体函数式见表 2。

表 2 RMR-BQ 线性函数关系式

Table 2 RMR-BQ linear functional relation

类型	编号	斜率 k	截距 b	决定系数 R^2
第 1 类	1	1.6778	292.14	0.6634
	2	1.6925	287.81	0.5977
	3	2.5509	238.35	0.6138
	4	2.5569	211.36	0.7487
	5	3.5597	124.07	0.6951
	6	3.6152	136.65	0.7925

续表 2

Continues Table 2

类型	编号	斜率 k	截距 b	决定系数 R^2
第 2 类	1	10.2041	-191.01	0.6066
	2	10.5932	-203.64	0.7591
	3	10.7411	-209.85	0.7734
	4	11.1857	-134.74	0.6388
	5	11.2360	-240.20	0.7049
	6	11.5741	-214.28	0.7316

为了研究 RMR 和 BQ 之间的等效线性关系，本文通过“平均函数式”来等效替代同一类型的函数式。求取“平均函数式”的方法是对同一类型函数式中对应的各常数项求平均值，计算式为

$$y = \frac{1}{n}\left(\sum_{i=1}^{n} k_i\right)x + \frac{1}{n}\sum_{i=1}^{n} b_i \tag{1}$$

将表 2 中所列数据代入式（1），可分别得出第 1 类和第 2 类函数式的“平均函数式”：

$$y = 2.6088x + 215.06 \tag{2}$$

$$y = 10.9224x - 198.95 \tag{3}$$

联立式（2）和式（3）可得

$$y/x = \mathrm{BQ/RMR} = 344.98/49.80 = 6.9273 \tag{4}$$

RMR 法和 BQ 法的岩体分级都是按 5 个等级来划分，《国标》中指出 RMR 与 BQ 的各级别界限划分值具有较好的对应关系，对相同岩体进行分级时，BQ 法可能比 RMR 法保守半级至 1/4 级。根据表 1 可知，式（4）中 RMR 值对应的岩体等级为Ⅲ级，且位于等级区间的中部；根据《国标》中的工程岩体基本质量分级表可知，式（4）中 BQ 值对应的岩体等级为Ⅳ级，且非常接近Ⅲ级的下限。由此可见，式（4）中 BQ 比 RMR 对应的岩体等级恰好保守半级左右，与《国标》中的结论较为一致。

将表 2 中 2 种类型的函数式和式（4）绘在同一坐标系内，如图 1 所示。

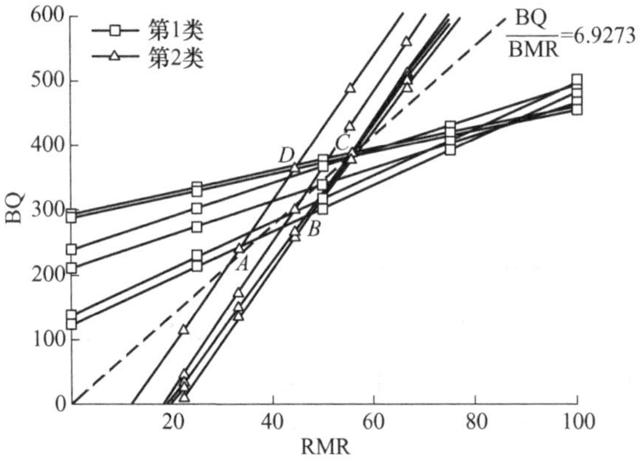

图 1　RMR 与 BQ 之间的函数关系

Fig. 1　Functional relationship between RMR and BQ

第 1 类函数的 6 条曲线和第 2 类函数的 6 条曲线分别组成了 2 个相交的条带状区域，相交部分为一个近似于平行四边形的狭小区域 $ABCD$，而式（4）所对应的曲线几乎与对角线 AC 重合。将 2 个条带状区域视为一个整体区域，式（4）所对应的曲线则恰好位于整体区域的中部，从整体上综合反映了 BQ 随着 RMR 变化的趋势，可看作 RMR 和 BQ 之间的等效线性关系。引入与 RMR 和 BQ 相关的常量 k_e，其定义式为

$$k_e = \frac{(\mathrm{BQ})_e}{(\mathrm{RMR})_e} \tag{5}$$

式中，$(\mathrm{RMR})_e$ 和 $(\mathrm{BQ})_e$ 分别为 RMR 和 BQ 的等效指标，是 RMR 和 BQ 在不同工程和地质条件下所取的等效均值，与收集整理的 RMR-BQ 线性函数式的来源、数量和离散程度等因素有关。等效指标

$(BQ)_e$ 和 $(RMR)_e$ 的比值 k_e 称为等效指标比，反映了在线性拟合条件下，BQ 和 RMR 之间的等效线性关系。由式（5）可知，根据本文搜集整理的 RMR-BQ 线性函数式所算出的 $(BQ)_e = 344.98$，$(RMR)_e = 49.80$，$k_e = 6.9273$。k_e 作为常量可以很方便地用于 RMR 和 BQ 之间的换算。

3.2 坡高影响修正系数的计算公式

边坡的稳定性与坡高关系密切，在岩层倾角、结构面抗剪强度不变的情况下，边坡稳定性随边坡高度的增大而减小。而边坡岩体等级在一定程度上也反映了边坡的稳定性情况，因此有必要在边坡岩体质量分级中补充坡高对岩体质量等级的影响。

CSMR 分类体系[12] 是 RMR-SMR 系统的一种应用，它是在 RMR-SMR 体系的基础上，引入坡高影响修正系数和结构面条件修正系数，提出的一种用于边坡岩体质量评价的方法，其具体表达式为

$$CSMR = \xi_r RMR - \lambda F_1 F_2 F_3 + F_4 \tag{6}$$

式中，ξ_r 为坡高影响修正系数；λ 为结构面条件修正系数，和《国标》中边坡［BQ］计算公式中的 λ 含义相近；F_1，F_2，F_3 为结构面产状调整值，和《国标》中边坡［BQ］计算公式中的 K_5 含义相近；F_4 是与边坡开挖方式有关的修正系数。

令 RMR 经过坡高修正后为 $(RMR)_h$，根据 CSMR 分类体系中给出的 ξ_r 的计算公式可得

$$\frac{(RMR)_h}{RMR} = \xi_r = 0.57 + 0.43\frac{H_r}{H} \tag{7}$$

式中，H 为坡高；H_r 为参考坡高，在 CSMR 分类体系中 $H_r = 80$m。H_r 的含义在于当 $H = H_r$ 时，RMR 无须进行坡高修正，即 $\xi_r = 1$，因此式（7）又可写作

$$\frac{(RMR)_h}{RMR} = \xi_r = 0.57 + \frac{34.4}{H} \tag{8}$$

之前设定，在式（2）和式（3）中 $x = RMR$，$y = BQ$。由 BQ 公式易知 BQ≥100，代入式（2）和式（3）可得

$$BQ = 2.6088RMR + 215.06 \geq 100 \tag{9}$$

$$BQ = 10.9224RMR - 198.95 \geq 100 \tag{10}$$

由式（9）得 RMR≥-44.10，由式（10）得 RMR≥27.37。因此，当 27.37 >RMR≥0 时，式（3）不再适用；而当 RMR 取满整个区间，即当 100≥RMR≥0 时，式（2）都适用。因此，式（2）比式（3）更适合作为研究对象。

由于式（2）为“平均函数式”，所以对于坡高修正前的 RMR 和坡高修正后的 $(RMR)_h$ 都适用，将 RMR 和 $(RMR)_h$ 分别代入式（2）可得

$$BQ = 2.6088RMR + 215.06 \tag{11}$$

$$(BQ)_h = 2.6088(RMR)_h + 215.06 \tag{12}$$

式中，$(BQ)_h$ 为经过坡高修正后的 BQ 值，与 $(RMR)_h$ 相对应。将式（11）和式（12）相减再整理可得

$$1 - \frac{(BQ)_h}{BQ} = 2.6088\frac{RMR}{BQ}\left(1 - \frac{(RMR)_h}{RMR}\right) \tag{13}$$

等效指标比 k_e 可用于 RMR 和 BQ 之间的关系换算，因此可令式（13）中的 $RMR/BQ = 1/k_e = 1/6.9273$，同时将式（8）代入式（13），再将式（13）按照式（8）的形式变形整理后，即可给出适用于 BQ 法边坡岩体质量分级的坡高修正系数 ξ_b 的计算公式，即

$$\frac{(BQ)_h}{BQ} = \xi_b = 0.8381 + \frac{12.9549}{H} \tag{14}$$

令 $\xi_b = 1$，解出坡高 $H = 80.02$m，此时的 H 为参考坡高 H_r，与 CSMR 分类体系中所设定的参考坡高 $H_r = 80$m 一致，由此可见式（14）给出的 ξ_b 是合理的。

4 应力状态影响修正系数

地应力是引起矿山、水利水电、土木建筑等地下或露天岩土开挖工程变形和破坏的根本作用力，

是影响工程岩体稳定性的重要因素，因此，在工程岩体分级（尤其是稳定性分级）时，工程岩体的应力状态是影响岩体质量指标的修正项之一。在边坡岩体质量分级中，对于高度较低和坡度较缓的边坡可忽略应力状态的影响；而对于处于高地应力区的河流深切或人工开挖的高陡边坡，则不能忽略其影响，需根据岩体的应力状态进行适当修正。

4.1 应力状态指标

岩体内地应力的高低程度可通过应力状态指标来进行描述。最大主应力 σ_1 是岩体地应力分析中的重要指标，岩石饱和单轴抗压强度 R_c 是常用的岩石强度参数，对于同一种岩石，R_c 可认为是一个常量，因此，通常采用岩石饱和单轴抗压强度 R_c 和最大主应力 σ_1 的比值 R_c/σ_1 作为应力状态指标来描述地应力的高低程度。显然，R_c/σ_1 越小意味着地应力越高，反之则意味着地应力越低。

最大主应力 σ_1 可通过现场地应力测量给出，但其测量所需的时间较长，成本较高，有时由于地质条件复杂，甚至无法获得理想的测量值，这些都不利于 R_c/σ_1 在应力状态影响修正中的应用。因此，可以考虑采用其他与 σ_1 相关且容易获取的岩体应力指标来估算 σ_1。岩体的自重应力 σ_H 和最大主应力 σ_1 同属于地应力的范畴，且自重应力 σ_H 可直接通过岩体重度 γ_r 和上覆岩体厚度 h_r 的乘积 $\gamma_r h_r$ 给出，因此可以考虑根据自重应力 σ_H 来估算最大主应力 σ_1，从而更方便地给出 R_c/σ_1 的值。

在地应力测量过程中，不仅会给出最大主应力 σ_1 的测量值，还会记录相应测量点的岩性和埋深等测量信息，通过岩性可推测出岩体重度 γ_r，埋深近似为上覆岩体厚度 h_r，从而估算出该测量点的自重应力 σ_H。通过查阅相关文献中的地应力测量结果，计算出同一测点最大主应力 σ_1 和自重应力 σ_H 的比值 σ_1/σ_H，以测点埋深 h_r 为 x 轴，以 σ_1/σ_H 为 y 轴，对所有测点进行曲线拟合，设定拟合函数的边界条件：(1) 在地面附近，即当 $h_r \to 0$ 时，$\sigma_1/\sigma_H \to \infty$；(2) 在深部岩体，即当 $h_r \to \infty$ 时，$\sigma_1/\sigma_H \to 1$。根据边界条件给出拟合函数：$\sigma_1/\sigma_H = ah_r^b +$ (a>0, b<0)，拟合结果如图 2 所示。

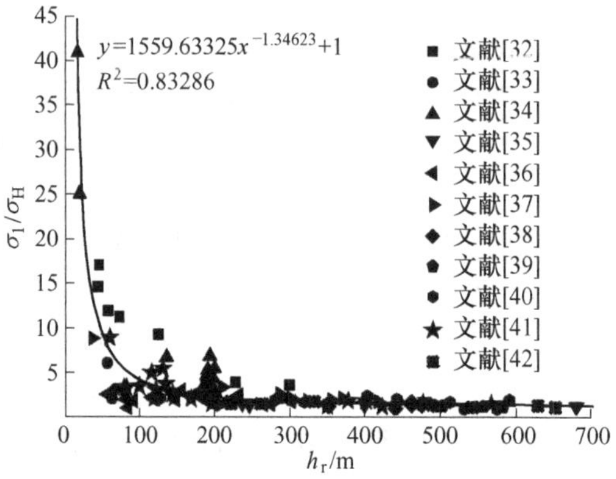

图 2 σ_1/σ_H 和 h_r 的关系拟合结果

Fig. 2 Fitting result between σ_1/σ_H and h_r

拟合结果表明 σ_1/σ_H 和 h_r 之间具有良好的非线性函数关系，具体函数关系式为

$$\sigma_1/\sigma_H = 1559.63325h_r^{-1.34623} + 1 \tag{15}$$

式 (15) 满足设定的边界条件，且拟合相关系数较高，能较好地描述 σ_1/σ_H 和 h_r 之间的关系。当缺乏相关条件时，可通过式 (15) 估算最大主应力 σ_1，进而给出应力状态指标 R_c/σ_1，以此提高分级效率。

4.2 应力状态影响修正系数的取值标准

在确定应力状态影响修正系数之前，首先要判断边坡岩体是否处于高地应力状态，若处在非高地应力状态则无须修正，即修正系数取 0。《国标》以 R_c/σ_1 为应力状态评价指标来判别岩体是否处于高应力状态。具体判别标准如下：当 $R_c/\sigma_1<4$ 时，岩体处于极高地应力状态；当 $4 \leqslant R_c/\sigma_1 \leqslant 7$ 时，岩体处于高地应力状态；当 $R_c/\sigma_1>7$ 时，岩体处于低地应力状态。本文采用的判别标准与此一致。

《国标》BQ 法在地下工程岩体分级中给出了地应力状态影响修正系数及其取值标准[9]。地应力状态对地下工程岩体（尤其是深部岩体）的稳定性影响较大，因此在地下工程岩体分级中，地应力状态影响系数的取值下限和上限都较高。虽然边坡工程岩体的稳定性也受到地应力状态的影响，但其程度比不上地下工程岩体，因此，本文将地下工程岩体分级中的地应力状态影响修正系数的取值下限和上限均适当降低，给出了适用于边坡工程岩体分级的地应力影响修正系数 K_6 的取值标准，具体如表 3 所示。

表 3 应力状态影响修正系数 K_6 的取值标准

Table 3 Valuing criterion of correction factor K_6 affected by stress condition

BQ	K_6	
	极高应力区	高应力区
>550	0.8	0.3
(450, 550]	0.8	0.3
(350, 450]	0.8~1.3	0.3
(250, 350]	0.8~1.3	0.3~0.8
≤250	0.8	0.3~0.8

5 结构面性状影响修正系数

《国标》边坡［BQ］计算公式中的结构面类型与延伸性修正系数 λ 的评价指标较为笼统，仅对结构面做了简单的分类和描述，忽略了结构面的风化程度、起伏粗糙状况、填充物和张开度等因素对结构面性状的影响。这些因素的综合作用会导致结构面出现 2 种情况：(1) 结构面的类型和延伸性相近，然而其实际表现出来的对岩体质量的影响程度却相差较大；(2) 结构面的类型和延伸性不一致，然而其实际对岩体质量的影响程度却相近。由此可见，仅包含结构面的类型和延伸性，难以较全面地衡量结构面性状对岩体质量的影响程度。因此，本文建议将《国标》现有的“结构面类型与延伸性修正系数”修改为“结构面性状影响修正系数”，并将其评价指标由笼统的结构面类型和延伸性划分，细分为结构面的风化程度、起伏粗糙状况、填充物和张开度等主要性状，在保持《国标》中 λ 原有取值范围不变的条件下，将取值点根据性状的搭配组合进一步细化，优化后的具体取值标准见表 4。

表 4 结构面性状影响修正系数取值标准

Table 4 Valuing criterion of correction factor impacted by structural plane character

结构面性状			修正系数 λ		
张开度/mm	填充物	起伏粗糙状况	微风化	中风化	强风化
<0.5	—	起伏粗糙	0.60	0.60	0.68
<0.5	—	平直光滑	0.66	0.66	0.75
0.5~5.0	无填充	起伏粗糙	0.63	0.63	0.70
0.5~5.0	无填充	起伏光滑或平直粗糙	0.66	0.66	0.75
0.5~5.0	无填充	平直光滑	0.72	0.72	0.90
0.5~5.0	硬质填充	起伏粗糙	0.66	0.66	0.75
0.5~5.0	硬质填充	起伏光滑或平直粗糙	0.70	0.70	0.80
0.5~5.0	硬质填充	平直光滑	0.77	0.77	0.90
0.5~5.0	软质填充	起伏粗糙	0.72	0.72	0.83
0.5~5.0	软质填充	起伏光滑或平直粗糙	0.77	0.77	0.90
0.5~5.0	软质填充	平直光滑	0.85	0.85	0.95
>5.0	硬质填充	—	0.77	0.77	0.90
>5.0	软质填充	—	0.95	0.95	1.00

6 优化后的边坡［BQ］计算公式

在《国标》中给出的边坡［BQ］计算公式的基础上，对修正系数及其取值标准做适当的补充和优化：(1) 补充了坡高影响修正系数 ξ_b 及其计算方法；(2) 补充了地应力影响修正系数 K_6 及其计算方法、取值标准；(3) 将《国标》现有的"结构面类型和延伸性修正系数 λ "修改为"结构面性状影响修正系数 λ "，并将其评价指标进行细化后给出了相应的取值标准。在上述研究成果的基础上，本文给出了优化后的边坡［BQ］计算式，具体为

$$[BQ] = \xi_b BQ - 100(K_4 + \lambda K_5 + K_6) \tag{16}$$

式中，K_4 和 K_5 分别为《国际》中原有的边坡工程地下水影响修正系数和边坡工程主要结构面产状影响修正系数，取值方法与《国际》给出的一致。

式 (16) 中补充了坡高影响修正系数 ξ_b 和地应力影响修正系数 K_6，细化了结构面性状影响修正系数 λ，因此，在应用于复杂地质条件下的高陡边坡岩体分级时更具优势，进一步明确了式 (16) 的适用范围。式 (16) 较为全面地考虑了各种影响边坡稳定性的重要因素，因此所计算出的边坡［BQ］不仅可以用于划分边坡岩体质量等级，还可以用于边坡稳定性评价。研究表明 BQ 岩体等级和 RMR 岩体等级之间存在着一定的对应关系[20]，而由 RMR 法衍生出的边坡岩体分级法（如 SMR，CSMR，HSMR，TSMR，GSMR 等）都有边坡稳定性评价系统。本文通过研究 BQ 岩体等级和 RMR 岩体等级的对应关系以及各种 RMR 衍生分级法的边坡稳定性评价系统，给出了 BQ 法边坡稳定性评价系统（见表 5）。该系统在稳定性评价的基础上，给出边坡岩体的可能破坏模式和加固措施建议，对工程实践具有较好的参考和应用价值。

表 5 BQ 法边坡稳定性评价系统

Table 5 Slope stability evaluation system of BQ method

BQ 等级	RMR 等级	稳定性评价		可能破坏模式	建议加固方式
		整体边坡	局部坡体		
Ⅰ	$Ⅱ_1$—Ⅰ	极稳定	稳定	无	1. 岩体自稳； 2. 点状锚固
Ⅱ	$Ⅱ_2$	稳定	稳定	块体松动掉落	1. 网点锚固或系统锚固； 2. 设置脚沟或挡石栅
Ⅲ	$Ⅲ_1$	稳定	基本稳定	小规模平面、楔形体滑动或浅层倾倒	1. 网点锚固和系统喷射混凝土锚固； 2. 设置脚沟
Ⅳ	$Ⅲ_2$	基本稳定	不稳定	较大规模平面、楔形体滑动或深层倾倒	1. 系统锚固，加预应力长锚杆，全面挂网喷射混凝土； 2. 设置坡脚砌石挡墙或混凝土挡墙，且加脚沟； 3. 浅部排水
Ⅴ	Ⅳ—Ⅴ	不稳定	极不稳定	大规模平面滑动或类似土质滑坡	1. 系统锚固，加预应力长锚杆，全面加强挂网喷射混凝土； 2. 设置混凝土挡墙、重力式挡墙或预应力锚杆挡墙； 3. 深部排水； 4. 更改设计方案，重新开挖

7 结论

通过对《国标》边坡［BQ］计算公式中修正系数的计算方法和取值标准的研究和优化，得出以下主要结论和研究成果。

(1) 现有《国标》中的边坡［BQ］计算公式的修正项和修正系数评价指标存在改进和完善的空间，在应用过程中不仅影响了分级结果的客观性和准确性，而且限制了 BQ 法在边坡工程岩体稳定性评价中的推广和发展。因此，有必要对边坡［BQ］计算公式进行优化和完善。

（2）对 RMR 和 BQ 之间的线性函数关系进行了深入研究，提出了等效指标和等效指标比的概念。在此基础上，结合 CSMR 法中的坡高修正系数 ξ_r 计算公式，推导出了适用于 BQ 法的坡高修正系数 ξ_b 计算公式，并且通过参考坡高 H_r 对 ξ_b 计算公式进行了合理性检验。检验结果表明，ξ_b 和 ξ_r 对应的参考坡高 H_r 皆为 80m，证明 ξ_b 计算公式是合理的。

（3）以现场地应力测量数据为基础，在设定的边界条件下，通过曲线拟合的方式给出了岩体最大主应力 σ_1 和自重应力 σ_H 的比值 σ_1/σ_H 与岩体埋深 h_r 之间的函数关系。当缺乏地应力测量条件和测量数据时，可通过 σ_1/σ_H 和 h_r 的函数关系估算最大主应力 σ_1，从而更加便捷地给出应力状态评价指标 R_c/σ_1 的值。参照《国标》地下［BQ］计算公式中的应力状态影响修正系数取值标准，同时考虑边坡工程通常的实际应力状态，给出了用于边坡［BQ］计算的应力状态影响修正系数 K_6 的取值标准。

（4）将《国标》中原有的“结构面类型和延伸性影响修正系数 λ”修改为“结构面性状影响修正系数 λ”，后者较前者在评价指标的分类和描述上更为细化和具体，充分考虑了张开度、填充物、起伏粗糙状况和风化程度等因素对结构面性状的影响，对前者的评价指标在分类和描述上进行了改进和完善。在保持《国标》中 λ 原有取值范围不变的条件下，将取值点根据性状的搭配组合进一步细化，给出了优化后的 λ 取值标准。

（5）在《国标》边坡［BQ］计算公式的基础上，对修正系数及其取值标准做适当的补充和优化，使其更适用于复杂地质条件下的高陡边坡岩体分级，并给出了优化后的边坡［BQ］计算公式。通过研究由 RMR 法衍生出的多种边坡岩体分级法中的边坡稳定性评价系统，并结合 RMR 等级和 BQ 等级之间的对应关系，给出了适用于 BQ 法的边坡稳定性评价系统。

参 考 文 献

[1] Hack R. Slope Stability Probability Classification (SSPC) [M]. Delft: International Institute for Aerospace Survey and Earth Sciences, 1996: 258.

[2] Hack R. An Evaluation of Slope Stability Classification [C] // International Society for Rock Mechanics and Rock Engineering, ISRM International Symposium-EUROCK 2002, Madeira, Portugal, November 25-27, 2002: 3-32.

[3] Hack R, Price D, Rengers N. A New Approach to Rock Slope Stability—A Probability Classification (SSPC) [J]. Bulletin of Engineering Geology and the Environment, 2003, 62 (2): 167-184.

[4] Shuk T. Key Elements and Applications of the Natural Slope Methodology (NSM) with Some Emphasis on Slope Stability Aspects [C] //Proceedings of the 4th South American Conference on Rock Mechanics. Santiago de Chile: Pergamon Press, 1994: 255-266.

[5] GB 50330—2002，建筑边坡工程技术规范［S］．北京：中国建筑工业出版社，2002：66-67.

[6] SL 386—2007，水利水电工程边坡设计规范［S］．北京：中国水利水电出版社，2009：43-44.

[7] Bieniawski Z T. Rockmass Classifications in Rock Engineering [C] // International Society for Rock Mechanics and Rock Engineering, Symposium on Exploration for Rock Engineering, Johannesburg, November 1-5, 1976. Rotterdam: Balkema, 1976: 97-106.

[8] Bieniawski Z T. Engineering Rockmass Classifications [M]. New York: Wiley, 1989: 251.

[9] GB/T 50218—2014，工程岩体分级标准［S］．北京：中国计划出版社，2015.

[10] Romana M. New Adjustment Ratings for Application of Bieniawski Classification to Slopes [C] //Proceedings of the International Society for Rock Mechanics and Rock Engineering. Zacatecas, Mexico: International Symposium on Role of Rock Mechanics, 1985: 49-53.

[11] Romana M. SMR Classification [C] // International Society for Rock Mechanics and Rock Engineering, 7th ISRM Congress, Aachen, Germany, September 16-20, 1991: 955-960.

[12] 孙东亚，陈祖煜，杜伯辉，等．边坡稳定评价方法 RMR-SMR 体系及其修正［J］．岩石力学与工程学报，1997，16（4）：297-304.

[13] 石豫川，王哲，万国荣，等．山区高等级公路边坡岩体分级研究［J］．岩石力学与工程学报，2005，24（6）：939-944.

[14] 张元才，黄润秋，赵立冬，等．天山公路边坡岩体质量评价 TSMR 体系研究［J］．岩石力学与工程学报，2010，29（3）：617-623.

[15] 巫德斌，徐卫亚．岩石边坡力学参数取值的GSMR法［J］．岩土力学，2005，26（9）：1421-1426.
[16] 张菊连，沈明荣．水电边坡岩体稳定性分级系统研究［J］．岩石力学与工程学报，2011，30（增2）：3481-3490.
[17] 蔡斌．国标《工程岩体分级标准》应用中的几个问题［J］．岩土力学，2003，24（增刊）：74-76.
[18] 申艳军，徐光黎．国标岩体分级标准BQ的图解法表示［J］．岩石力学与工程学报，2012，31（增2）：3659-3665.
[19] 李长雄．对现行工程岩体及隧道围岩分级标准的探讨［J］．路基工程，2009，(4)：96-97.
[20] 蔡斌，喻勇，吴晓铭．《工程岩体分级标准》与Q分类法、RMR分类法的关系及变形参数估算［J］．岩石力学与工程学报，2001，20（增刊）：1677-1679.
[21] 邬爱清，柳赋铮．国标《工程岩体分级标准》的应用与进展［J］．岩石力学与工程学报，2012，31（8）：1513-1523.
[22] 魏云杰．中国西南水电工程区峨眉山玄武岩岩体结构特性及其工程应用研究［D］．成都：成都理工大学，2007.
[23] 张强．金沙江观音岩电站红层钙质砂岩类岩溶发育特征及渗透稳定性研究［D］．成都：成都理工大学，2010.
[24] 李攀峰．大型地下洞室群围岩稳定性工程地质研究［D］．成都：成都理工大学，2004.
[25] 张曙光．金沙江白鹤滩水电站高拱坝建设工程地质适宜性研究［D］．成都：成都理工大学，2007.
[26] 王广德．复杂条件下围岩分类研究——以锦屏二级水电站深埋隧洞围岩分类为例［D］．成都：成都理工大学，2006.
[27] 张占荣．裂隙岩体变形特性研究［D］．武汉：中国科学院武汉岩土力学研究所，2010.
[28] 唐胜传．复杂场地高坝建设适宜性的工程地质研究［D］．成都：成都理工大学，2002.
[29] 陈近中．双江口电站工程岩体质量分级研究［D］．成都：成都理工大学，2007.
[30] 孙苗．岩体质量分级的程序设计及应用［D］．西安：长安大学，2011.
[31] 卢书强．澜沧江糯扎渡水电站地下洞室群岩体质量分级及其对围岩稳定性的控制作用［D］．成都：成都理工大学，2004.
[32] 何江达，谢红强，王启智，等．官地水电站坝址区初始地应力场反演分析［J］．岩土工程学报，2009，31（2）：166-171.
[33] 胡斌，冯夏庭，黄小华，等．龙滩水电站左岸高边坡区初始地应力场反演回归分析［J］．岩石力学与工程学报，2005，24（22）：4055-4064.
[34] 陈秀铜，李璐．某水电站地下洞室群初始地应力场反演回归分析［J］．岩土力学，2007，28（增）：540-544.
[35] 杨强，刘福深，任继承．三维初始地应力场的多尺度弹塑性校正［J］．水力发电学报，2007，26（6）：24-29.
[36] 蔡美峰，乔兰，李长洪，等．深凹露天矿高陡边坡稳定性分析与设计优化［J］．北京科技大学学报，2004，26（5）：465-470.
[37] 付成华，汪卫明，陈胜宏．溪洛渡水电站坝区初始地应力场反演分析研究［J］．岩石力学与工程学报，2006，25（11）：2305-2312.
[38] 侯明勋，葛修润．岩体初始地应力场分析方法研究［J］．岩土力学，2007，28（8）：1626-1630.
[39] 许传华，刁虎，任青文，等．紫金山金铜矿初始地应力场反演分析［J］．岩土力学，2009，30（2）：425-428，432.
[40] 金长宇，冯夏庭，张春生．白鹤滩水电站初始地应力场研究分析［J］．岩土力学，2010，31（3）：845-850，855.
[41] 张建国，张强勇，杨文东，等．大岗山水电站坝区初始地应力场反演分析［J］．岩土力学，2009，30（10）：3071-3078.
[42] 周华，陈胜宏．高拱坝坝址区初始地应力场的二次计算［J］．岩石力学与工程学报，2009，28（4）：767-774.